光盘导航

光盘界面

案例欣赏

案例欣赏

素材下载

视频文件

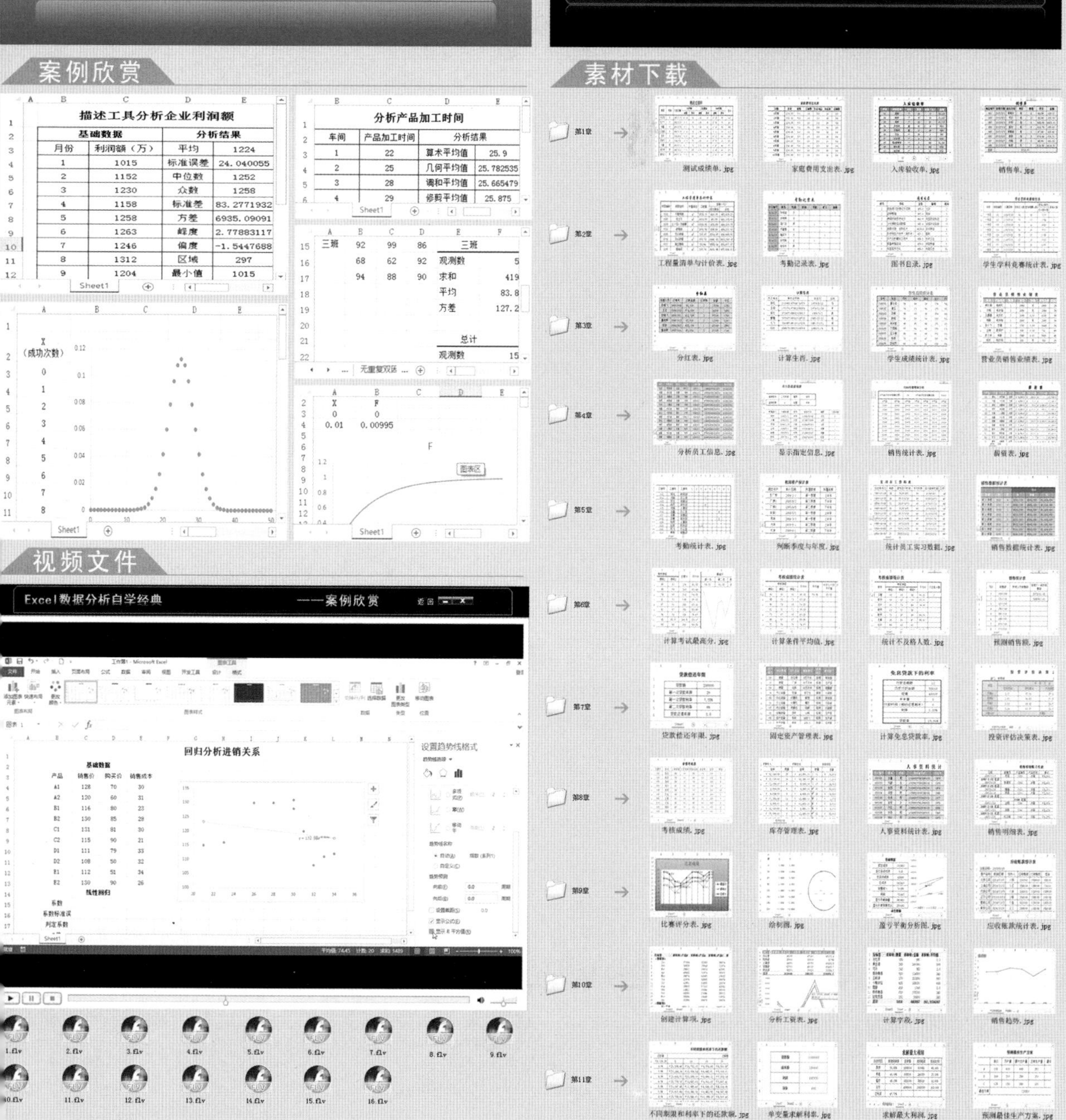

案例欣赏

比赛评分表

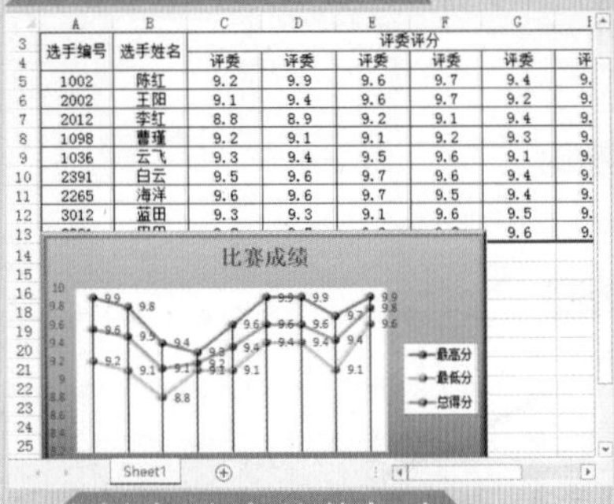

产品销售报表

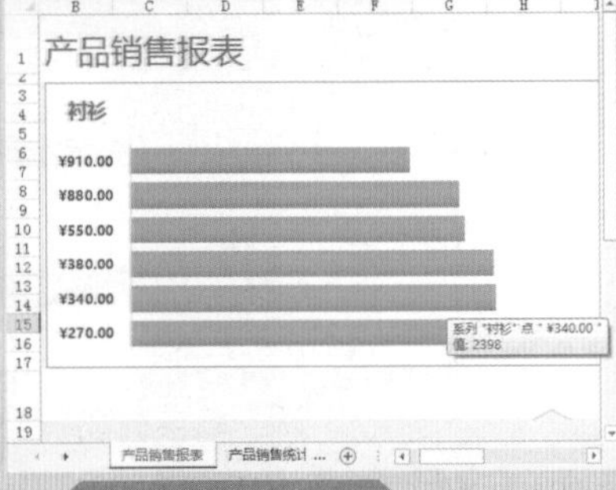

多项式曲线拟合线性回归

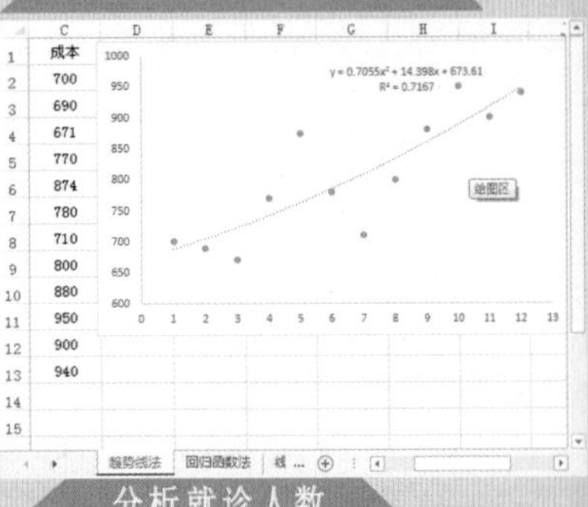

分析产品次品的概率

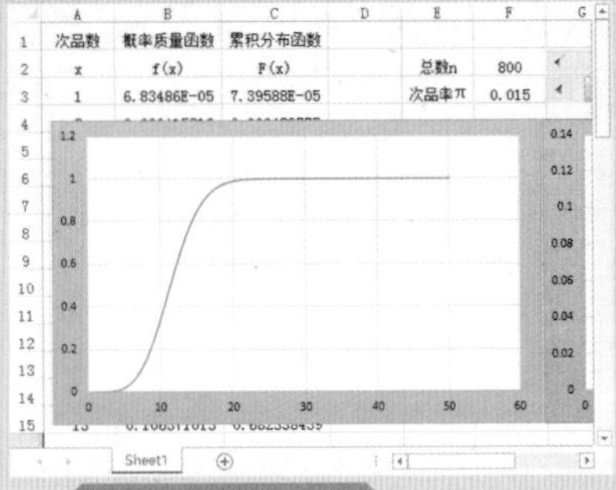

分析工资表

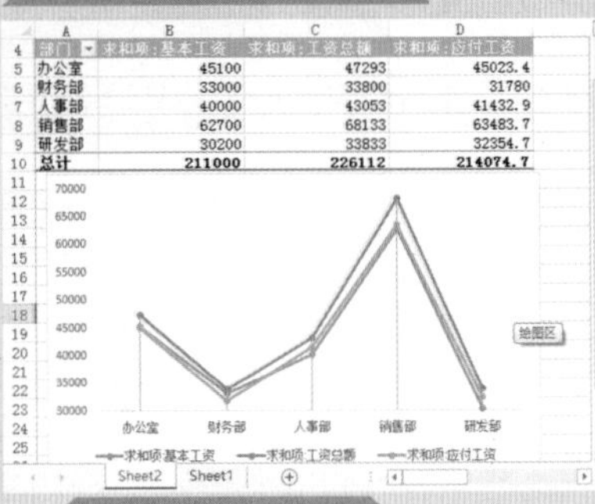

分析就诊人数

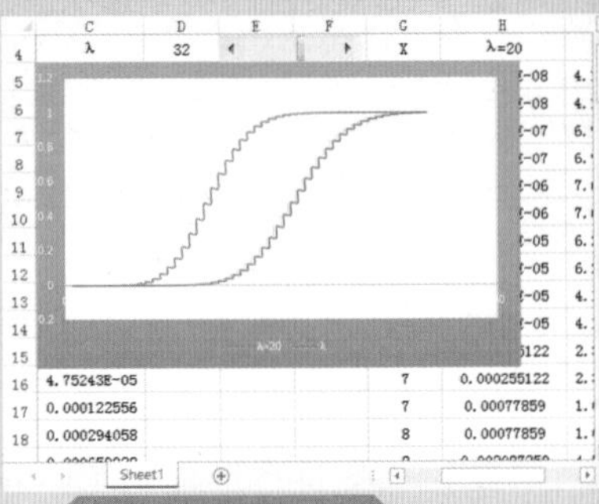

股票价格指数

描述分析销售额

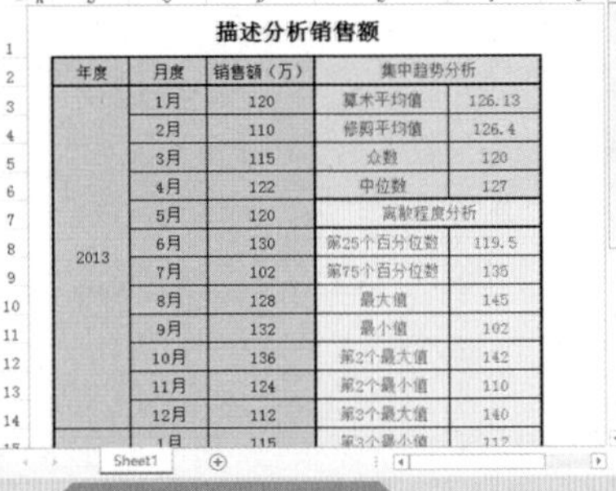

手机销售图表

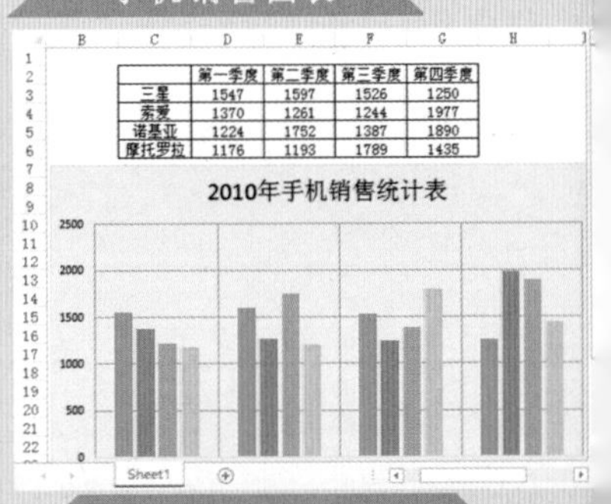

相关分析成本利润关系

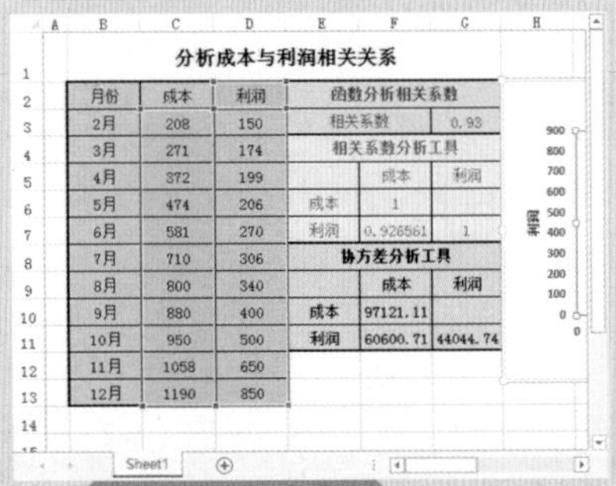

应收账款统计表

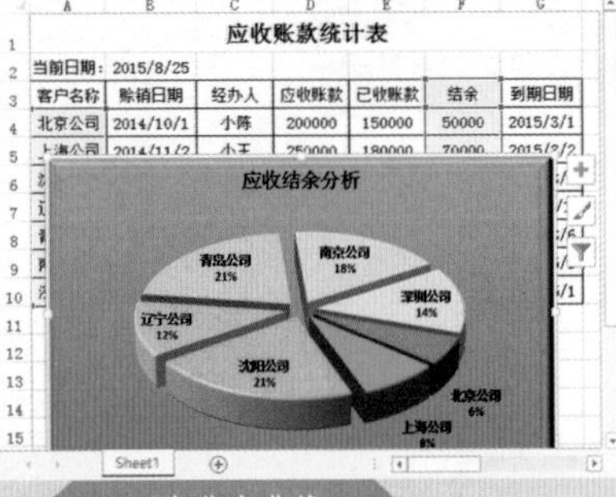

预测单因素盈亏平衡销量

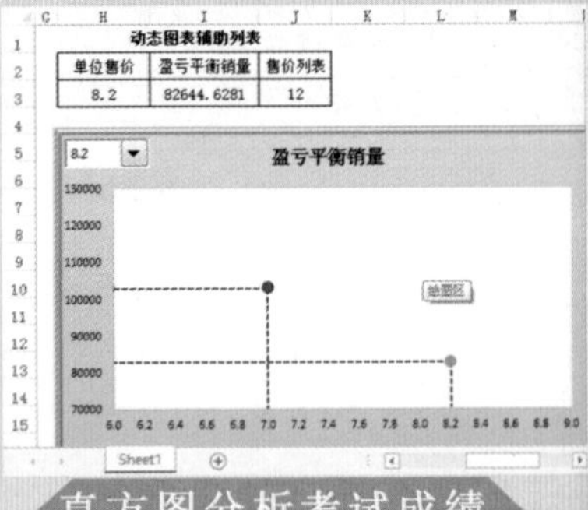

账目支出图表

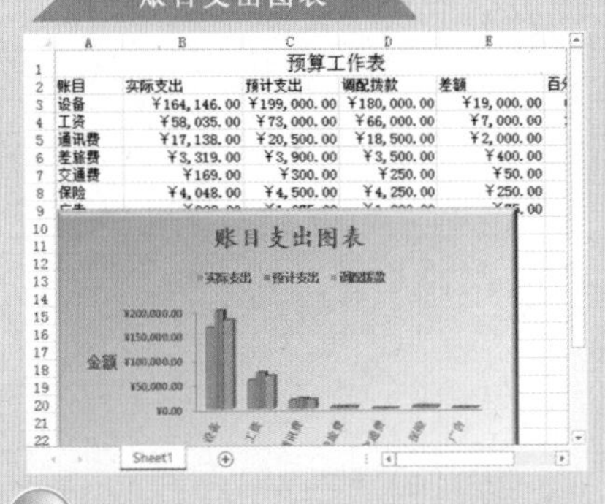

正态分布曲线

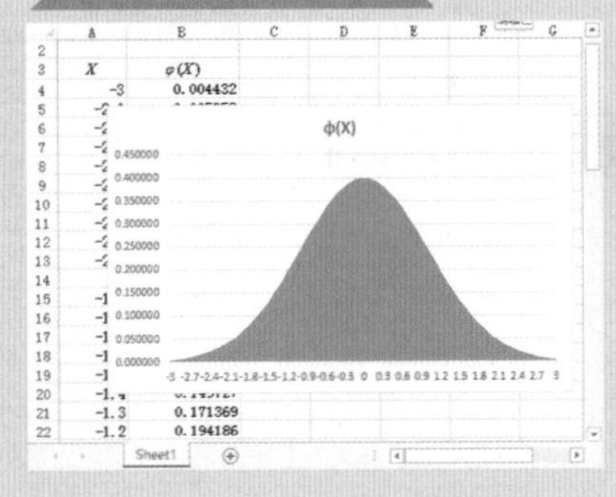

直方图分析考试成绩

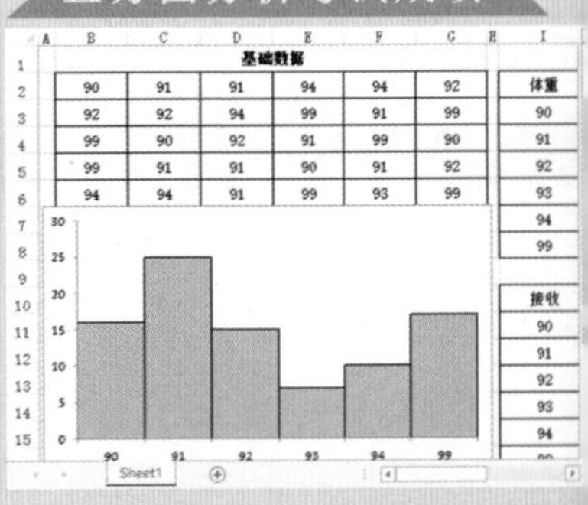

Excel数据分析自学经典

王志超　编著

清华大学出版社
北京

内 容 简 介

本书全面、详细地讲解了 Excel 强大的数据处理、计算与统计分析功能。全书共分为 15 章，涉及 Excel 基础操作、编辑 Excel 数据、函数基础、应用日期时间函数、应用查找引用函数、应用财务函数、应用统计函数、管理数据、使用图表、数据透视表和数据透视图、不确定值分析、描述性统计分析、相关与回归分析、假设检验分析、概率分布等内容。

本书图文并茂，实例丰富、结构清晰、实用性强，配套光盘提供了语音视频教程和素材资源。本书既适合作为高校 Excel 教材，也是 Excel 自学用户的必备参考书。

图书在版编目（CIP）数据

Excel 数据分析自学经典/王志超编著. —北京：清华大学出版社，2016 (2019.1重印)
（自学经典）
ISBN 978-7-302-41845-0

Ⅰ. ①E…　Ⅱ. ①王…　Ⅲ. ①表处理软件　Ⅳ. ①TP391.13

中国版本图书馆 CIP 数据核字（2015）第 252048 号

责任编辑： 冯志强　薛　阳
封面设计： 吕单单
责任校对： 徐俊伟
责任印制： 沈　露

出版发行： 清华大学出版社
网　　址：http://www.tup.com.cn, http://www.wqbook.com
地　　址：北京清华大学学研大厦 A 座　　邮　　编：100084
社 总 机：010-62770175　　邮　　购：010-62786544
投稿与读者服务：010-62776969，c-service@tup.tsinghua.edu.cn
质量反馈：010-62772015，zhiliang@tup.tsinghua.edu.cn
印 装 者： 涿州市京南印刷厂
经　　销： 全国新华书店
开　　本： 190mm×260mm　**印　张：** 22.75　**插　页：** 1　**字　数：** 659 千字
版　　次： 2016 年 1 月第 1 版　**印　次：** 2019 年 1 月第 3 次印刷
附光盘 1 张
定　　价： 59.80 元

产品编号：065856-01

前　　言

Excel 是微软公司发布的 Office 办公软件的重要组成部分，主要用于数据计算、统计和分析。使用 Excel 不仅可以高效、便捷地完成各种数据的整理与计算，并可以通过单变量求解、规划求解、方案管理器、分析工具等功能对数据进行统计与分析，以掌握错综复杂的客观世界变化规律，进行科学发展趋势预测，为企事业单位决策管理提供可靠依据。

本书以 Excel 中的数据整理、计算与分析等实用知识点出发，配以大量实例，采用知识点讲解与动手练习相结合的方式，详细介绍了 Excel 在统计分析中的基础应用知识和高级使用技巧。每一章都配合了丰富的插图说明，生动具体、浅显易懂，使读者能够迅速上手，轻松掌握功能强大的 Excel 在统计分析中的应用体系，为读者的工作和学习带来事半功倍的效果。

1．本书内容介绍

全书系统全面地介绍了 Excel 数据分析的应用知识，每章都提供了丰富的实用案例，用来巩固所学知识。本书共分为 15 章，内容概括如下。

第 1 章全面介绍了 Excel 基础操作，包括初识 Excel 2013、编辑单元格、操作工作表、美化工作表、应用表格样式和格式等内容。

第 2 章全面介绍了编辑 Excel 数据，包括输入数据、自动填充数据、同步数据、查找与替换数据、设置数字格式、链接数据等内容。

第 3 章全面介绍了函数基础，包括公式的应用、使用公式、数组公式、公式审核、使用函数、使用名称等内容。

第 4 章全面介绍了应用查找引用函数，包括单条件查找、反向查找、跨工作表查找、单向多条件查找、多向查找、连续多列查找、区间查找等内容。

第 5 章全面介绍了应用日期时间函数，包括提取当前系统日期时间、提取常规日期时间、提取周信息、构建日期时间、构建特定日期时间等内容。

第 6 章全面介绍了应用统计函数，包括自动排位函数、显示百分比排位、显示最小值、显示最大值、检验数值的频率性、统计分布个数、统计值函数等内容。

第 7 章全面介绍了应用财务函数，包括利率与本金函数、还款额函数、预测投资函数、未来值和现值函数、金融投资函数、折旧函数等内容。

第 8 章全面介绍了管理数据，包括数据排序、数据筛选、分类汇总数据、使用条件格式、使用条件规则、使用数据验证等内容。

第 9 章全面介绍了使用图表，包括创建图表、编辑图表、设置图表布局、设置图表样式、添加分析线、设置图表格式等内容。

第 10 章全面介绍了数据透视表与数据透视图，包括使用数据透视表、自定义数据透视表、设置计算方式、排序数据、筛选数据、创建数据透视图、分析数据、美化数据透视图等内容。

第 11 章全面介绍了不确定值分析，包括单变量求解、模拟运算表、规划求解、使用方案管理器等内容。

第 12 章全面介绍了描述性统计分析，包括单项式频数分析、组距式频数分析、频数统计直方图、集中趋势分析、离散程度分析、分布形态分析、描述总体分析等内容。

第 13 章全面介绍了相关与回归分析，包括简单相关分析、多元和等级相关分析、简单回归分析、多元线性与非线性回归分析等内容。

第 14 章全面介绍了假设检验分析，包括假设检验概述、单样本假设检验、双样本假设检验、单因素方差分析、双因素方差分析等内容。

第 15 章全面介绍了概率分布，包括正态分布、二项分布、泊松分布、指数分布、Beta 分布、Weibull 分布、均匀分布、超几何分布等内容。

2. 本书主要特色

（1）系统全面，超值实用。全书提供了 72 个练习案例，通过示例分析、设计过程讲解 Excel 数据分析的应用知识。每章穿插大量提示、分析、注意和技巧等栏目，构筑了面向实际的知识体系。采用了紧凑的体例和版式，相同的内容下，篇幅缩减了 30%以上，实例数量增加了 50%。

（2）串珠逻辑，收放自如。统一采用三级标题灵活安排全书内容，摆脱了普通培训教程按部就班讲解的窠臼。每章都配有扩展知识点，便于用户查阅相应的基础知识。内容安排收放自如，方便读者学习图书内容。

（3）全程图解，快速上手。各章内容分为基础知识和实例演示两部分，全部采用图解方式，图像均做了大量的裁切、拼合、加工，信息丰富，效果精美，阅读体验轻松，上手容易。让读者在书店中翻开图书的第一感就获得强烈的视觉冲击，与同类书在品质上拉开距离。

（4）书盘结合，相得益彰。本书使用 Director 技术制作了多媒体光盘，提供了本书实例完整素材文件和全程配音教学视频文件，便于读者自学和跟踪练习图书内容。

（5）新手进阶，加深印象。全书提供了 87 个基础实用案例，通过示例分析、设计应用全面加深 Excel 数据统计分析的基础知识应用方法的讲解。在新手进阶部分，每个案例都提供了操作简图与操作说明，并在光盘中配以相应的基础文件，以帮助读者完全掌握案例的操作方法与技巧。

3. 本书使用对象

本书从 Excel 的基础知识入手，全面介绍了 Excel 面向数据统计分析的知识体系，并制作了多媒体光盘，图文并茂，能有效吸引读者学习。本书适合作为高校教材使用，也可作为计算机办公用户深入学习 Excel 的参考资料。

参与本书编写的人员除了封面署名人员之外，还有王翠敏、吕咏、常征、杨光文、冉洪艳、刘红娟、于伟伟、谢华、张彬、程博文、方芳、张慧、房红、孙佳星等。

编　者

目 录

第 1 章

Excel 基础操作

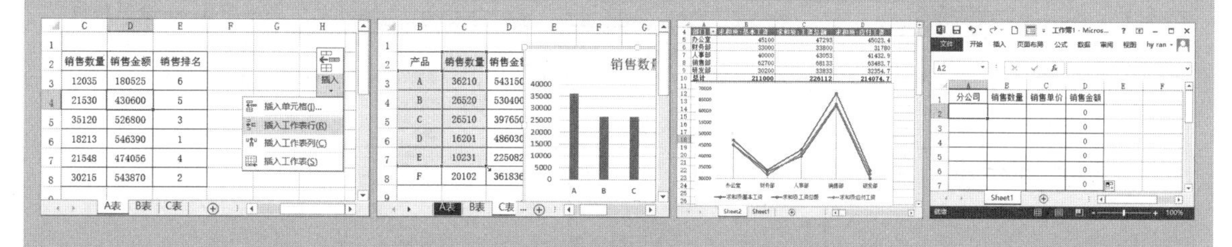

Excel 2013 属于电子表格软件，主要用于统计、计算和分析各类报表数据。由于 Excel 集数据表格、图表和数据库三大基本功能于一身，不仅具有直观方便的制表功能和强大而又精巧的数据图表功能，而且还具有丰富多彩的图形功能和简单易用的数据库功能；因此被广泛应用于各行各业，是办公人员处理各类数据的必备工具。本章将从认识 Excel 的操作界面入手，循序渐进地向读者详细介绍 Excel 的一些基本操作方法，为读者将来学习高深的 Excel 知识打下坚实的基础。

Excel 1.1 初识 Excel 2013

相对于上一版本，Excel 2013 突出了对高性能计算机的支持，并结合时下流行的云计算理念，增强了与互联网的结合。在使用 Excel 2013 处理数据之前，还需要先了解一下 Excel 2013 的工作界面，以及常用术语。

1.1.1 Excel 2013 工作界面

Excel 2013 采用的 Ribbon 菜单栏，主要由标题栏、工具选项卡栏、功能区、编辑栏、工作区和状态栏等 6 个部分组成。在工作区中，提供了水平和垂直两个标题栏以显示单元格的行标题和列标题。

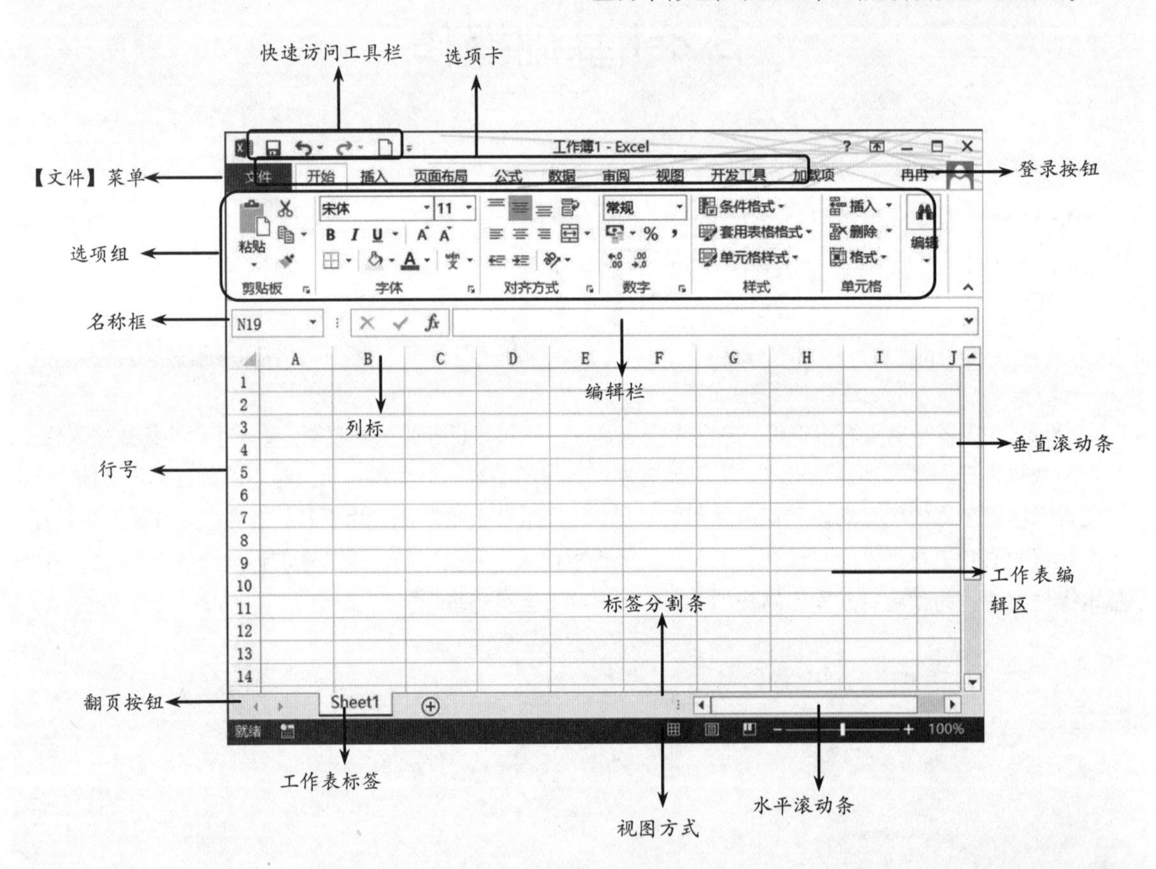

通过上图，用户已大概了解了 Excel 2013 的界面组成，下面将详细介绍具体部件的详细用途和含义。

1. 标题栏

标题栏由 Excel 标志、快速访问工具栏、文档名称栏和窗口管理按钮等 4 部分组成。

双击 Excel 标志，可立刻关闭所有 Excel 窗口，退出 Excel 程序，而单击或右击 Excel 标志后，用户可在弹出的菜单中执行相应的命令，以管理 Excel 程序的窗口。

快速访问工具栏是Excel提供的一组可自定义的工具按钮，用户可单击【自定义快速访问工具栏】按钮▾，执行【其他命令】命令，将 Excel 中的各种预置功能或自定义宏添加到快速访问工具栏中。

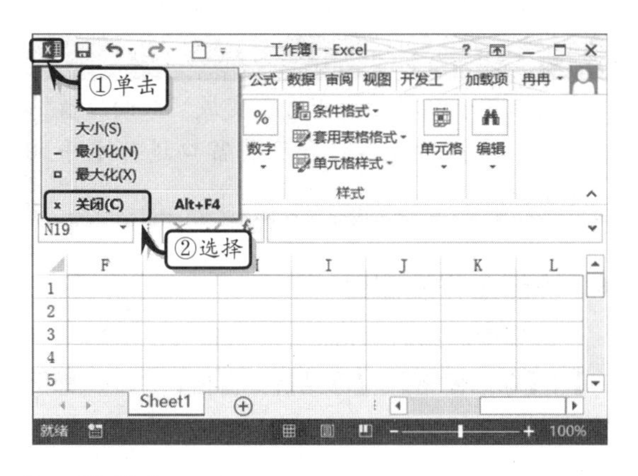

2．选项卡

选项卡栏是一组重要的按钮栏，它提供了多种按钮，用户在单击该栏中的按钮后，即可切换功能区，应用 Excel 中的各种工具。

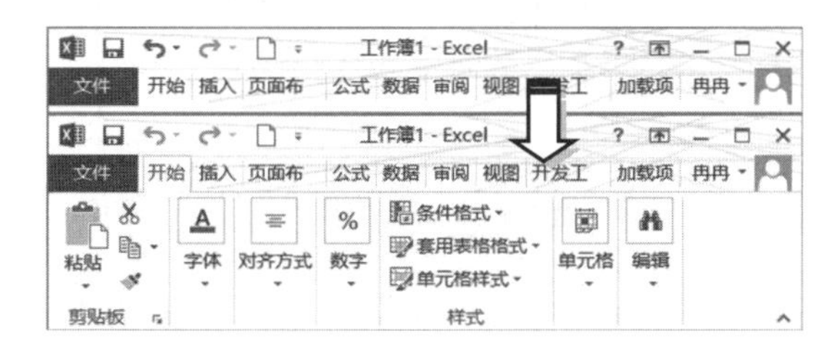

3．选项组

选项组集成了 Excel 中绝大多数的功能。根据用户在选项卡栏中选择的内容，功能区可显示各种相应的功能。

在功能区中，相似或相关的功能按钮、下拉菜单以及输入文本框等组件以组的方式显示。一些可自定义功能的组还提供了【扩展】按钮，辅助用户以对话框的方式设置详细的属性。

4．编辑栏

编辑栏是 Excel 独有的工具栏，其包括两个组成部分，即名称框和编辑栏。

在名称框中，显示了当前用户选择单元格的标题。用户可直接在此输入单元格的标题，快速转入到该单元格中。

编辑栏的作用是显示对应名称框的单元格中的原始内容，包括单元格中的文本、数据以及基本公式等。单击编辑栏左侧的【插入函数】按钮，可快速插入 Excel 公式和函数，并设置函数的参数。

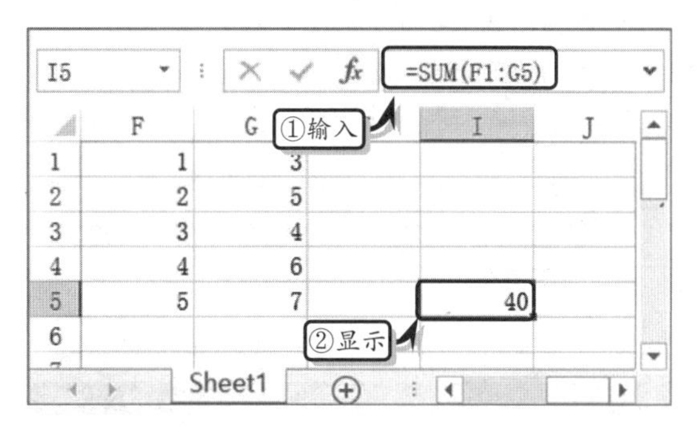

5．工作区

工作区是 Excel 最主要的窗格，其中包含【全选】按钮、水平标题栏、垂直标题栏、工作窗格、工作表标签栏以及水平滚动条和垂直滚动条等。

单击【全选】按钮，可选中工作表中的所有单元格。单击水平标题栏或垂直标题栏中的某一个标题，可选择该标题范围内的所有单元格。

6．状态栏

状态栏可显示当前选择内容的状态，并切换 Excel 的视图、缩放比例等。在状态栏的自定义区域内，用户可右击，在弹出的菜单中选择相应的选项。然后当用户选中若干单元格后，自定义区域内就会显示相应的属性。

1.1.2 设置 Excel 窗口

对于工作簿中数据进行比较，或者工作簿与工作簿内容进行比较时，需要改变窗口的显示方式。此时，同时可浏览相同工作簿数据，或者多个工作簿内容。

1．新建窗口

执行【视图】|【窗口】|【新建窗口】命令，即可新建一个包含当前文档视图的新窗口，并自动在标题文字后面添加数字。如原来标题“工作簿 1.xlsx”，变为“工作簿 1-2.xlsx”。

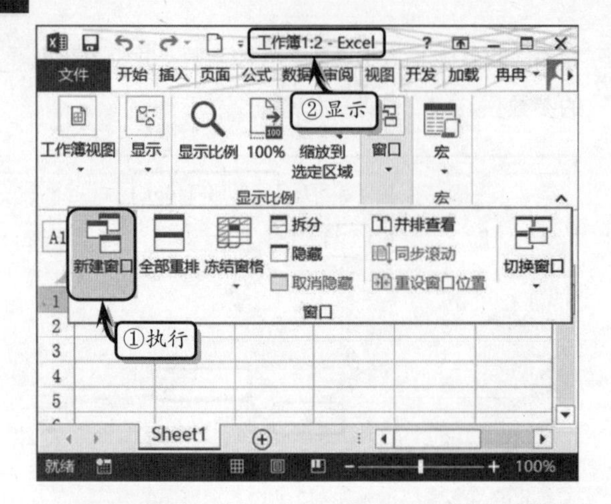

2. 全部重排

执行【视图】|【窗口】【全部重排】命令，弹出【重排窗口】对话框。在【排列方式】栏中，选择【平铺】选项即可。

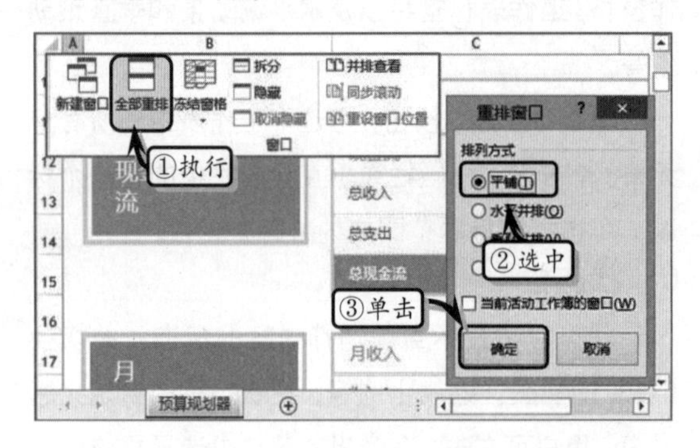

另外，如果用户启用【当前活动工作簿的窗口】复选框，则用户无法对打开的多个窗口进行重新排列。

3. 拆分工作表窗口

使用拆分工作表窗口功能可同时查看分隔较远的工作表部分。首先应选择要拆分的单元格，并执行【视图】|【窗口】|【拆分】命令。

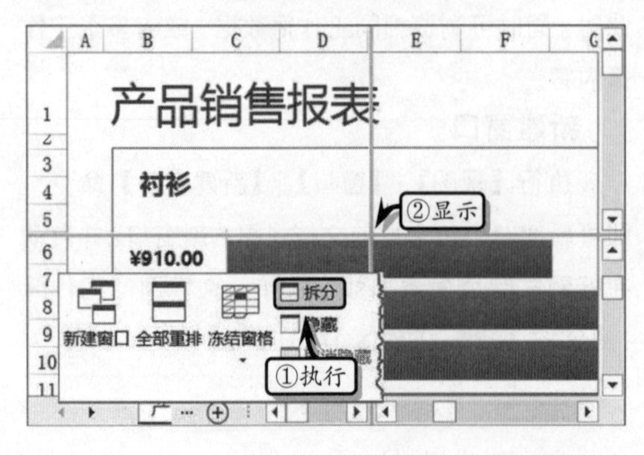

> **技巧**
>
> 将鼠标置于编辑栏右下方，变成“双向”箭头时，双击拆分框，即可将窗口进行水平拆分。

4. 冻结工作表窗口

选择要冻结的单元格，并执行【视图】|【窗口】|【冻结窗格】|【冻结拆分窗格】命令，即可冻结窗口。

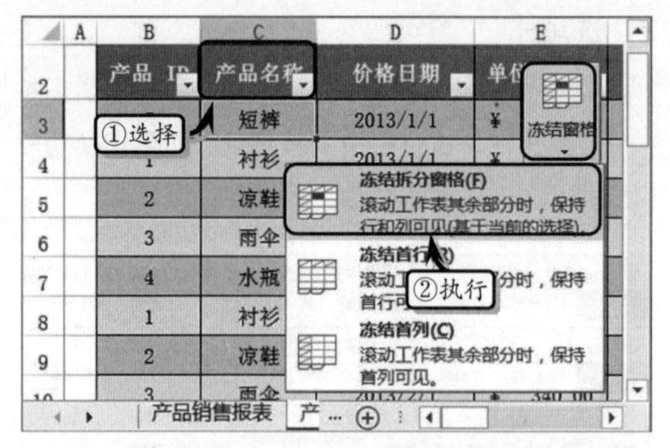

冻结与拆分类似，除包含水平、垂直和水平/垂直拆分外，其中，【冻结首行】选项表示滚动工作表其余部分时保持首行可见，而【冻结首列】选项表示滚动工作表其余部分时保持首列可见。

5. 隐藏或显示窗口

为了隐藏当前窗口，使其不可见。用户可以通过执行【窗口】|【隐藏】命令来隐藏窗口。

为了对隐藏的窗口进行重新编辑，可取消对它的隐藏。用户只需要执行【窗口】|【取消隐藏】命令，在弹出的【取消隐藏】对话框中，选择要取消隐藏的工作簿，单击【确定】按钮。

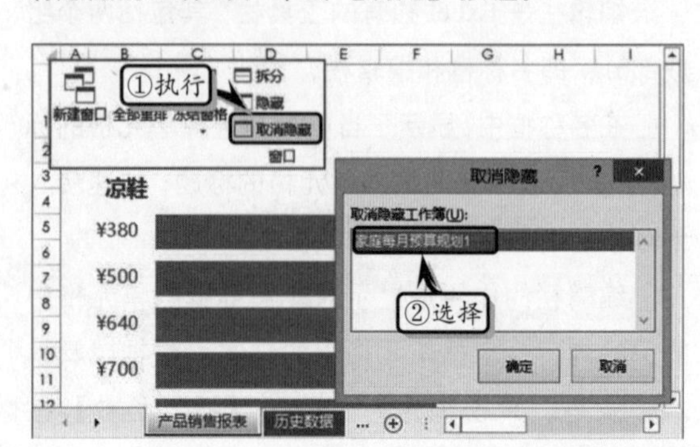

6. 并排查看

“并排查看”功能只能并排查看两个工作表以便比较其内容。执行【窗口】|【并排查看】命令，在弹出的【并排比较】对话框中，选择要并排比较的工作簿，单击【确定】按钮即可。

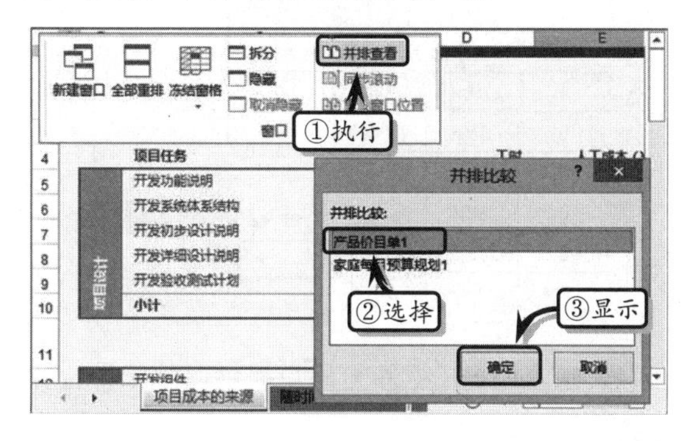

当用户对窗口进行并排查看设置之后，将发现【同步滚动】和【重设窗口位置】两个按钮此时变成正常显示状态（蓝色）。此时用户可以通过执行【同步滚动】命令，同步滚动两个文档，使它们一起滚动。

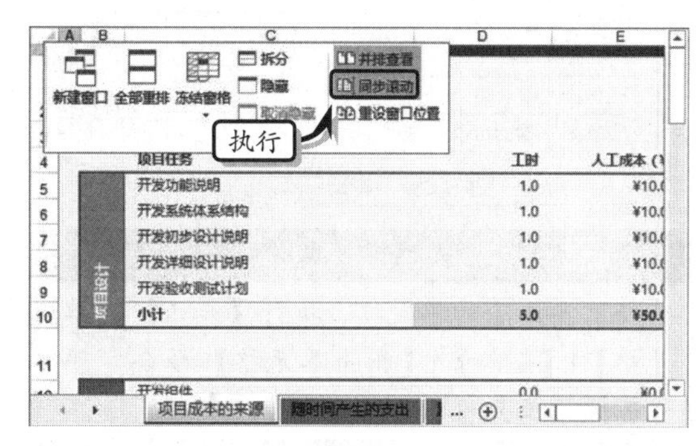

另外，还可以通过执行【重设窗口位置】命令，重置正在并排比较的文档的窗口位置，使它们平分屏幕。

1.2 编辑单元格

在进行数据处理过程中，往往需要进行插入单元格、插入行/列或合并单元格等操作。在本节中，将详细介绍插入和合并单元格的基础知识。

1.2.1 插入单元格

当用户需要改变表格中数据的位置或插入新的数据时，可以先在表格中插入单元格、行或列。

1. 插入空白单元格

在选择要插入新空白单元格的单元格或者单元格区域时，其所选择的单元格数量应与要插入的单元格数量相同。例如，要插入两个空白单元格，需要选取两个单元格。

然后，执行【开始】|【单元格】|【插入】|【插入单元格】命令，或者按 Shift+Ctrl+=键。在弹出的【插入】对话框中，选择需要移动周围单元格的方向。

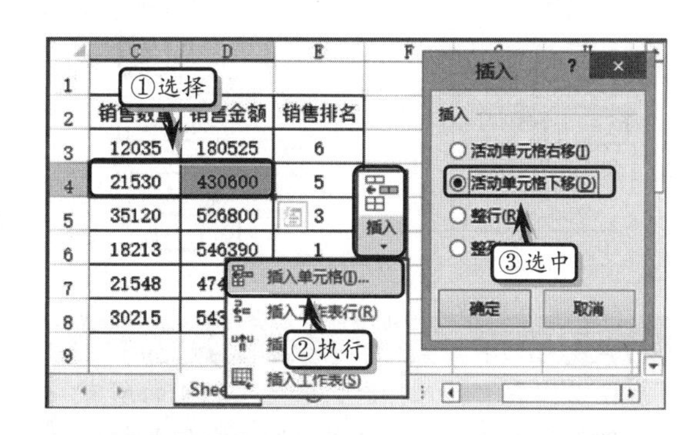

> **提示**
>
> 选择单元格或单元格区域后，右击执行【插入】命令，也可以打开【插入】对话框。

2. 插入行

要插入一行，选择要在其上方插入新行的行或该行中的一个单元格，执行【开始】|【单元格】|【插入】|【插入工作表行】命令即可。

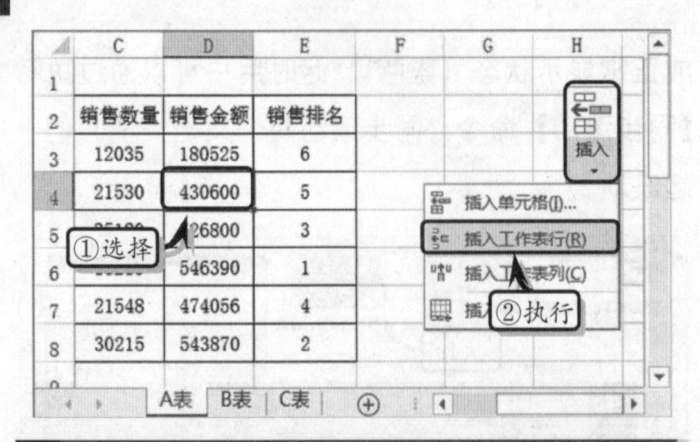

注意

选择需要删除的单元格，执行【开始】|【单元格】|【删除】|【删除单元格】命令，即可删除该单元格。

另外，要快速重复插入行的操作，请单击要插入行的位置，然后按 Ctrl+Y 键。

3. 插入列

如果要插入一列，应选择要插入新列右侧的列或者该列中的一个单元格，执行【开始】|【单元格】|【插入】|【插入工作表列】命令即可。

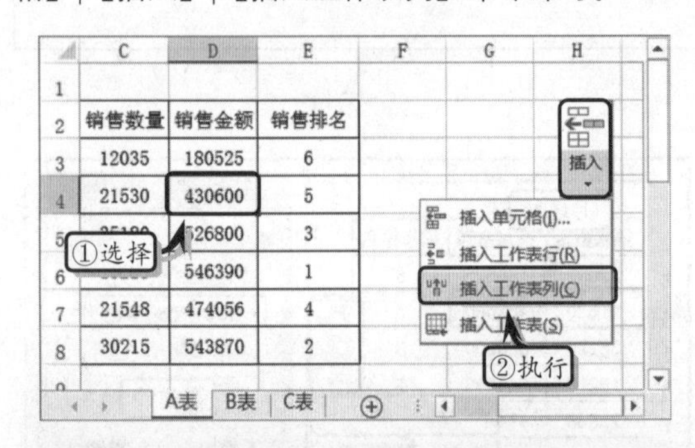

注意

当在工作表中插入行时，受插入影响的所有引用都会相应地做出调整，不管它们是相对引用，还是绝对引用。

1.2.2 合并单元格

当一个单元格无法显示输入的数据，或者调整单元格数据与其单元格数据对齐显示方式时，可以使用合并单元格功能。合并单元格，即将一行或一列中的多个单元格合并成一个单元格。

1. 选项组合并

选择要合并的单元格后，执行【开始】|【对齐方式】|【合并后居中】命令，选择相应的选项即可。例如，选择 B1 至 E1 单元格区域，执行【开始】|【对齐方式】|【合并后居中】命令，合并所选单元格。

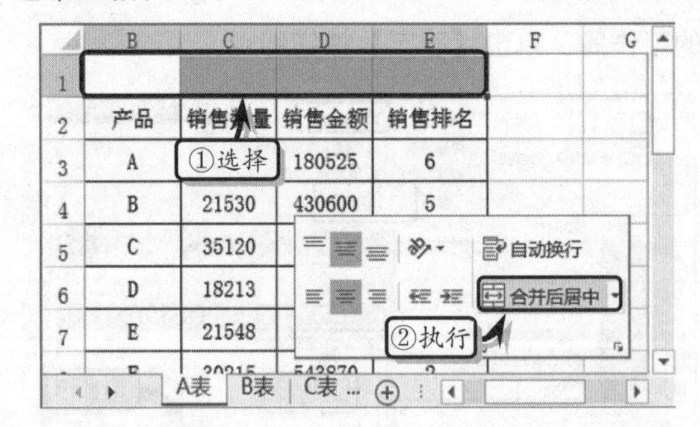

其中，Excel 组件为用户提供以下三种合并方式。

方　式	含　义
合并后居中	将选择的多个单元格合并成一个大的单元格，并将单元格内容居中
跨越合并	行与行之间相互合并，而上下单元格之间不参与合并
合并单元格	将所选单元格合并为一个单元格

2. 撤销合并

选择合并后的单元格，执行【对齐方式】|【合并后居中】|【取消单元格合并】命令，即可将合并后的单元格拆分为多个单元格，且单元格中的内容将出现在拆分单元格区域左上角的单元格中。

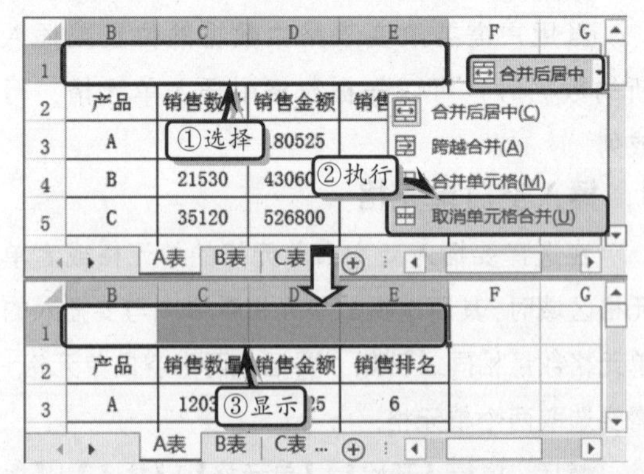

提示

另外，选择合并后的单元格，执行【开始】|【对齐方式】|【合并后居中】命令，也可以取消已合并的单元格。

1.3 操作工作表

在使用 Excel 进行各种报表统计工作时，经常会需要将多种类型的数据表整合在一个工作簿中进行运算和发布，此时可以使用移动和复制操作，将不同工作表或不同工作簿之间的数据进行相互转换。另外，为了使表格的外观更加美观、排列更加合理、重点更加突出、条理更加清晰，还需要对工作表进行整理操作。

1.3.1 选择工作表

指定相应的工作表为当前工作表，以确保不同类型的数据放置于不同的工作簿中，便于日后的查找和编辑。

1. 选择单个工作表

在 Excel 中，单击工作表标签即可选定一个工作表。例如，单击工作表标签 Sheet2，即可选定 Sheet2 工作表。

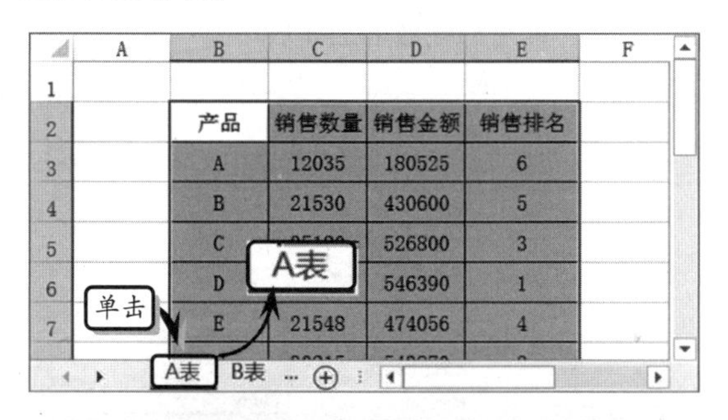

提示

工作表标签位于工作簿窗口的底端，用来显示工作表的名称。标签滚动按钮位于工作表标签的前端。

2. 选择相邻的多个工作表

首先应单击要选定的第一张工作表标签，然后按住 Shift 键的同时，单击要选定的最后一张工作表标签，此时将看到在活动工作表的标题栏上出现“工作组”的字样。

3. 选择不相邻的多个工作表

单击要选定的第一张工作表标签，按住 Ctrl 键的同时，逐个单击要选定的工作表标签即可。

技巧

Shift 键和 Ctrl 键可以同时使用。也就是说，可以用 Shift 键选取一些相邻的工作表，然后再用 Ctrl 键选取另外一些不相邻的工作表。

4. 选择全部工作表

右击工作表标签，执行【选定全部工作表】命令，即可将工作簿中的工作表全部选定。

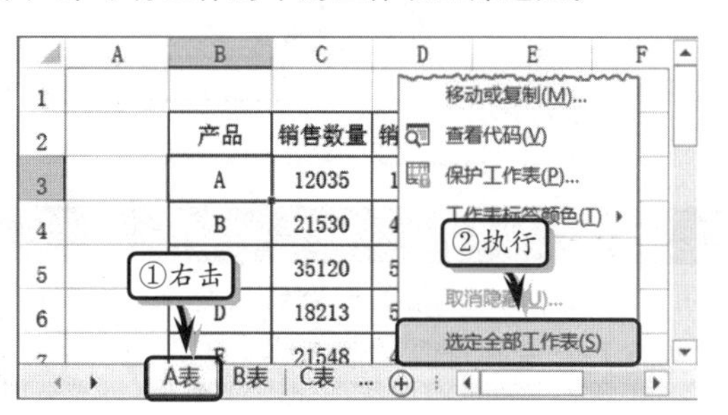

1.3.2 更改工作表的数量

在工作簿中默认有一个工作表，用户可以根据在实际工作中的需要，通过插入和删除工作表，来更改工作表的数量。

1. 插入工作表

用户只需单击【状态栏】中的【插入工作表】按钮，即可在当前的工作表后面插入一个新的工作表。

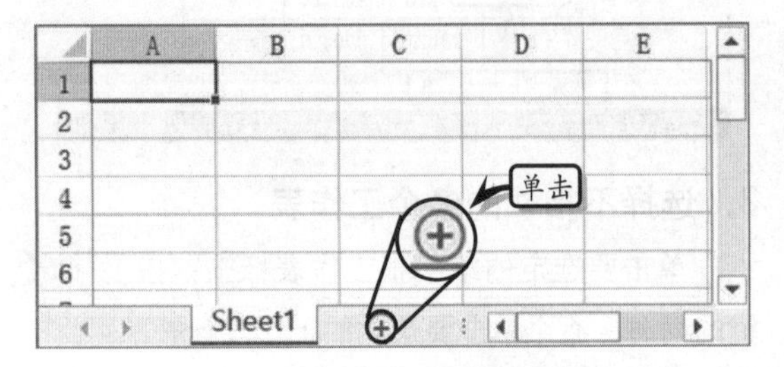

另外，执行【开始】|【单元格】|【插入】|【插入工作表】命令，即可插入一个新的工作簿。

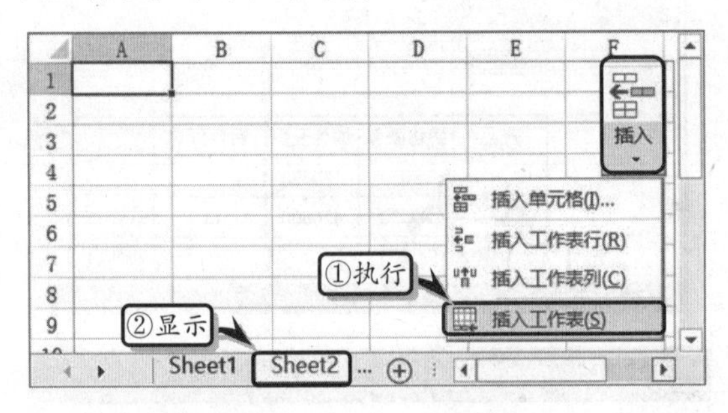

2. 删除工作表

选择要删除的工作表，执行【开始】|【单元格】|【删除】|【删除工作表】命令即可。

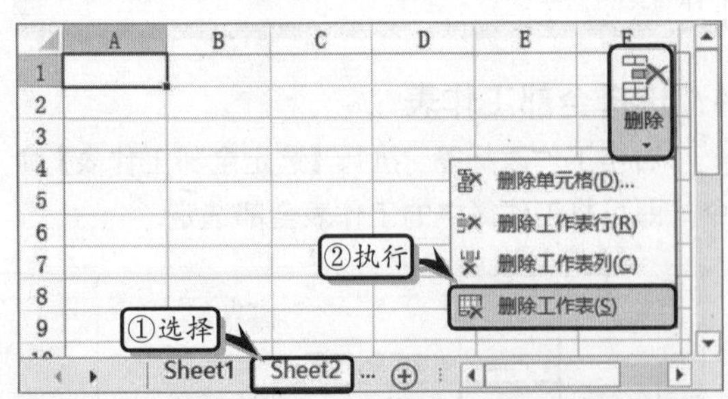

技巧

用户也可以右击需要删除的工作表，执行【删除】命令，即可删除工作表。

3. 更改默认的工作表数量

执行【文件】|【选项】命令，激活【常规】选项卡，在【包含的工作表数】微调框中输入合适的工作表个数，单击【确定】按钮即可。

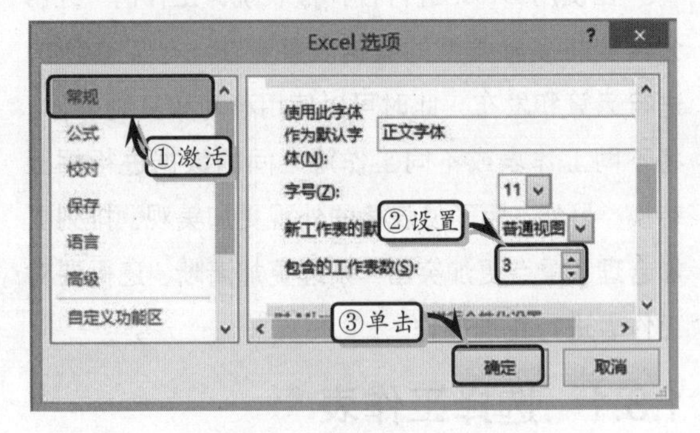

1.3.3 隐藏与恢复工作表

用户在进行数据处理时，为了避免操作失误，需要将数据表隐藏起来。当用户再次查看数据时，可以恢复工作表，使其处于可视状态。

1. 隐藏工作表

激活需要隐藏的工作表，执行【开始】|【单元格】|【格式】|【隐藏和取消隐藏】|【隐藏工作表】命令，即可隐藏当前工作表。

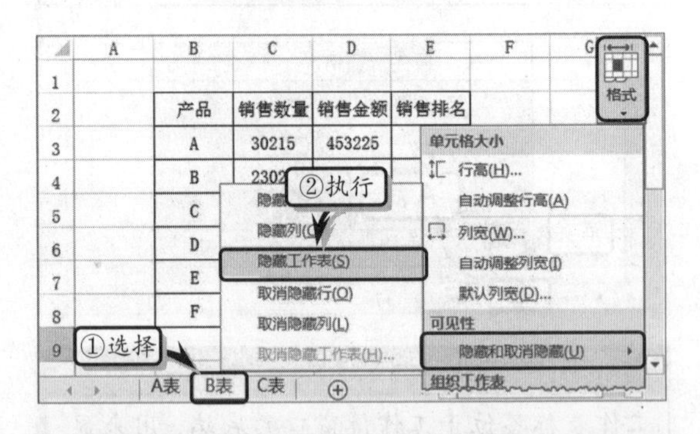

技巧

用户也可以右击工作表标签，执行【隐藏】命令，来隐藏当前的工作表。

2. 隐藏工作表行或列

选择需要隐藏行中的任意一个单元格，执行【开始】|【单元格】|【格式】|【隐藏和取消隐藏】|【隐藏行】命令，即可隐藏单元格所在的行。

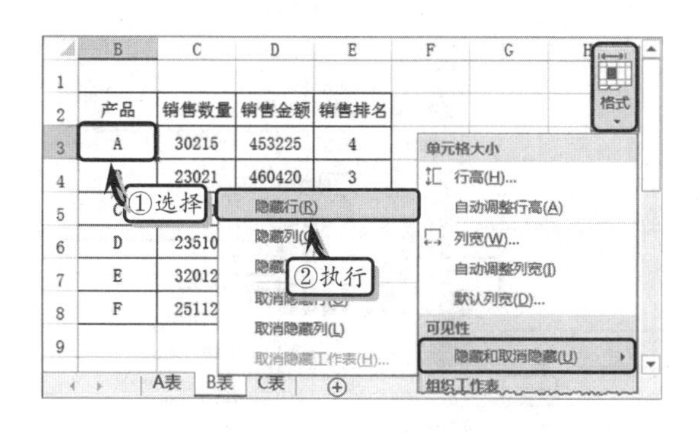

另外，选择需要隐藏列中的任意一个单元格，执行【开始】|【单元格】|【格式】|【隐藏和取消隐藏】|【隐藏列】命令，即可隐藏单元格所在的列。

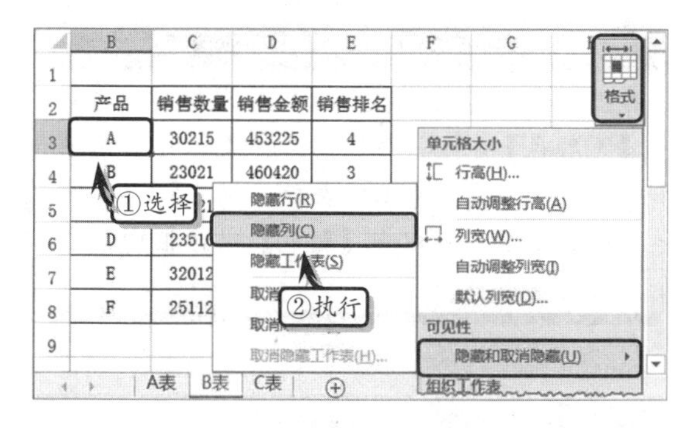

技巧

选择任意一个单元格，按 Ctrl+9 键可快速隐藏行，而按 Ctrl+0 键可快速隐藏列。

3. 恢复工作表

执行【单元格】|【格式】|【隐藏和取消隐藏】|【取消隐藏工作表】命令，同时选择要取消的工作表名称，单击【确定】按钮即可恢复工作表。

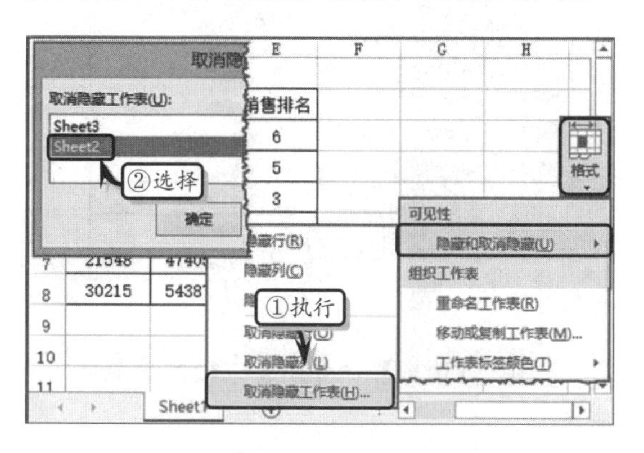

提示

右击工作表标签，执行【取消隐藏】命令，在弹出的【取消隐藏】对话框中，选择工作表名称，单击【确定】按钮，即可显示隐藏的工作表。

4. 恢复工作表行或列

单击【全选】按钮或按 Ctrl+A 键，选择整张工作表。然后，执行【单元格】|【格式】|【隐藏和取消隐藏】|【取消隐藏行】或【取消隐藏列】命令，即可恢复隐藏的行或列。

技巧

按 Ctrl+A 键，全选整张工作表，然后按 Shift+Ctrl+(键即可取消隐藏的行，按 Shift+Ctrl+)键即可取消隐藏的列。

1.3.4　美化工作表标签

工作表名称都是默认的。为了区分每个工作表中的数据类别，也为了突出显示含有重要数据的工作表，需要设置工作表的标签颜色，以及重命名工作表。

1. 重命名工作表

Excel 默认工作表的名称都是 Sheet 加序列号。对于一个工作簿中涉及的多个工作表，为了方便操作，需要对工作表进行重命名。

右击需要重新命名的工作表标签，执行【重命名】命令，输入新名称，按 Enter 键即可。

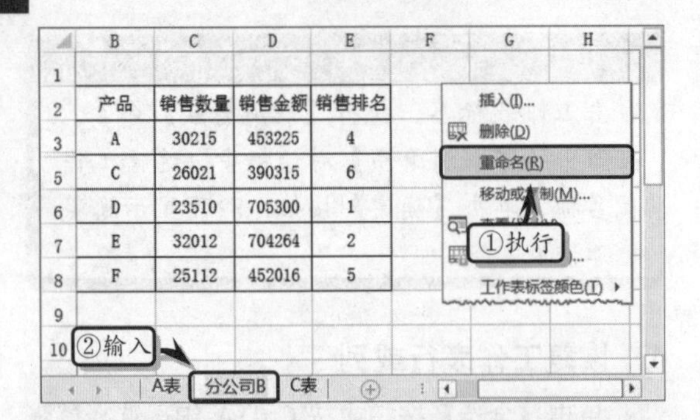

技巧

双击需要重命名的工作表标签，此时该标签呈高亮显示，即标签处于编辑状态，在标签上输入新的名称，按 Enter 键即可。

2. 设置工作表标签的颜色

Excel 允许用户为工作表标签定义一个背景颜色，以标识工作表的名称。

选择工作表，执行【开始】|【单元格】|【格式】|【工作表标签颜色】命令，在其展开的子菜单中选择一种颜色即可。

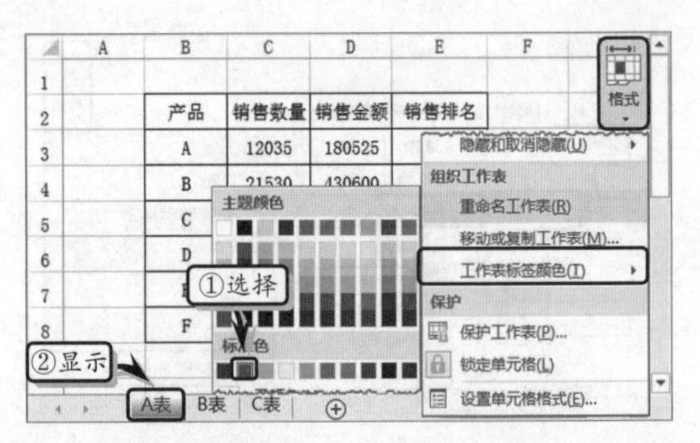

另外，选择工作表，右击工作表标签，执行【工作表标签颜色】命令，在其子菜单中选择一种颜色。此时，选择其他工作表标签后，该工作表标签的颜色即可显示出来。

提示

右击工作表标签，执行【工作表标签颜色】|【无颜色】命令，可取消工作表标签中的颜色。另外，执行【工作表标签颜色】|【其他颜色】命令，可以在【颜色】对话框中，自定义标签颜色。

1.4 美化工作表

在 Excel 2013 中，默认的工作簿无任何修饰，仅仅是以单元格为基本单位排列行与列。此时，用户可以使用系统自带的格式集，通过设置数据与单元格的格式，来使工作表的外观更加美观、整洁与合理；以及，通过设置边框与填充颜色以及应用样式等，使工作表具有清晰的版面与优美的视觉效果。

1.4.1 设置边框格式

Excel 2013 中默认的表格边框为网格线，无法显示在打印页面中。为了增加表格的视觉效果，也为了使打印出来的表格具有整洁度，需要美化表格边框。

1. 使用内置样式

Excel 2013 为用户提供了 13 种内置边框样式，以帮助用户美化表格边框。

选择需要设置边框格式的单元格或单元格区域，执行【开始】|【字体】|【边框】命令，在其列表中选择相应的选项即可。

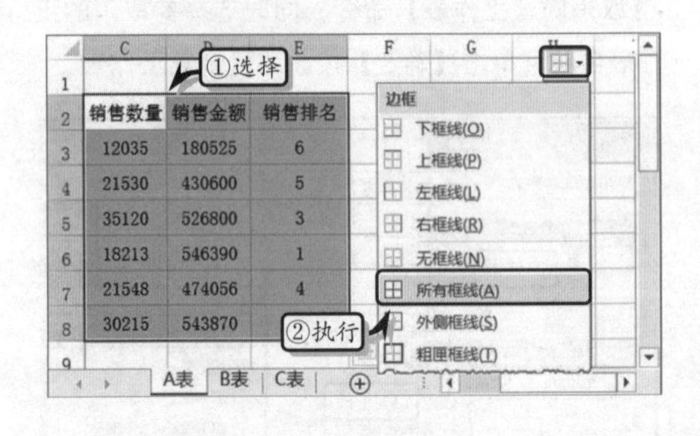

其中，【边框】命令中各选项的功能如下表所述。

图标	名　称	功　能
	下框线	执行该选项，可以为单元格添加下框线
	上框线	执行该选项，可以为单元格添加上框线
	左框线	执行该选择，可以为单元格添加左框线
	右框线	执行该选择，可以为单元格添加右框线
	无框线	执行该选择，可以清除单元格中的边框样式
	所有框线	执行该选择，以为单元格添加所有框线
	外侧框线	执行该选择，可以为单元格添加外部框线
	粗匣框线	执行该选择，可以为单元格添加较粗的外部框线
	双底框线	执行该选择，可以为单元格添加双线条的底部框线
	粗底框线	执行该选择，可以为单元格添加较粗的底部框线
	上下框线	执行该选择，可以为单元格添加上框线和下框线
	上框线和粗下框线	执行该选择，可以为单元格添加上部框线和较粗的下框线
	上框线和双下框线	可以为单元格添加上框线和双下框线

2. 自定义边框样式

在 Excel 2013 中除了可以使用内置的边框样式，为单元格添加边框之外，还可以通过绘制边框和自定义边框功能，来设置边框线条的类型和颜色，达到美化边框的目的。

执行【开始】|【字体】|【边框】|【线型】和【线条颜色】命令，设置绘制边框线的线条型号和颜色。

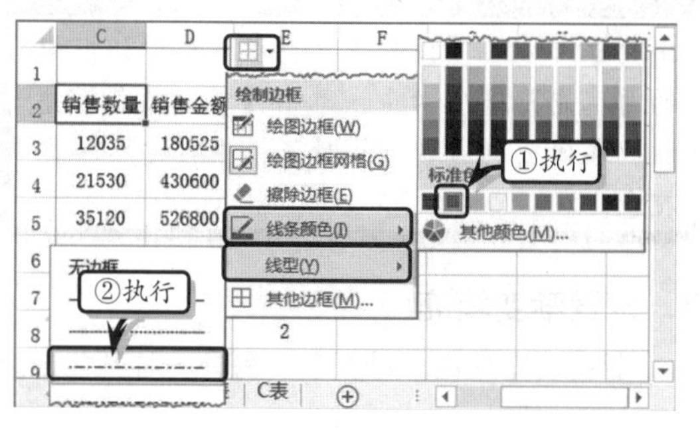

然后，执行【开始】|【字体】|【边框】|【绘制边框网格】命令，拖动鼠标即可为单元格区域绘制边框。

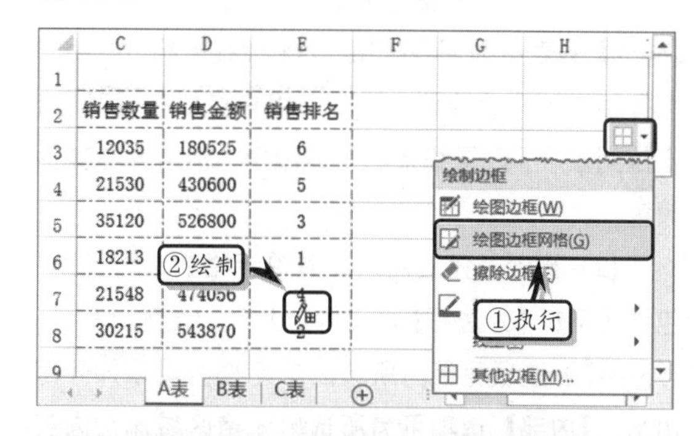

> **提示**
>
> 为单元格区域添加边框样式之后，可通过执行【边框】|【擦除边框】命令，拖动鼠标擦除不需要的部分边框或全部边框。

另外，选择单元格或单元格区域，右击执行【设置单元格格式】命令。激活【边框】选项卡，在【样式】列表框中选择相应的样式。然后，单击【颜色】下拉按钮，在其下拉列表中选择相应的颜色，并设置边框的显示位置，在此单击【内部】和【外边框】按钮。

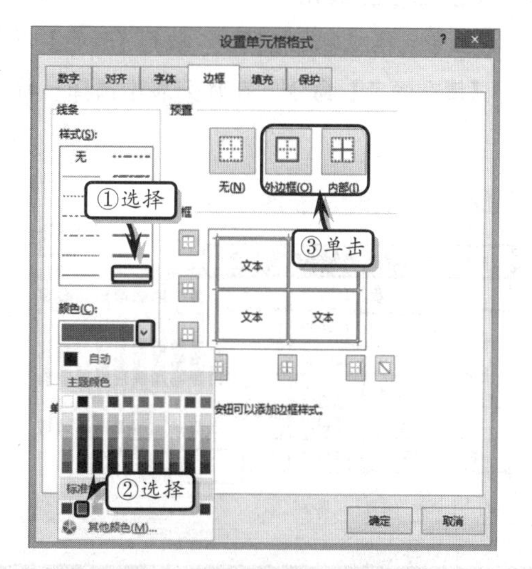

> **提示**
>
> 为单元格区域添加边框样式之后，可通过执行【边框】|【无框线】命令，取消已设置的边框样式。

在【边框】选项卡中，主要包含以下三种选项组。

（1）线条。主要用来设置线条的样式与颜色，【样式】列表中为用户提供了 14 种线条样式，用户选择相应的选项即可。同时，用户可以在【颜色】下拉列表中，设置线条的主题颜色、标准色与其他颜色。

（2）预置。主要用来设置单元格的边框类型，包含【无】、【外边框】和【内部】三种选项。其中，【外边框】选项可以为所选的单元格区域添加外部边框，【内部】选项可为所选单元格区域添加内部框线，【无】选项可以帮助用户删除边框。

（3）边框。主要按位置设置边框样式，包含上框线、中间框线、下框线和斜线框线等 8 种边框样式。

1.4.2 设置填充格式

为单元格或单元格区域设置填充颜色，不仅可以达到美化工作表外观的效果，还能够区分工作表中的各类数据，使其重点突出。

1. 预定义纯色填充

选择单元格或单元格区域，执行【开始】|【字体】|【填充颜色】命令，在其列表中选择一种色块即可。

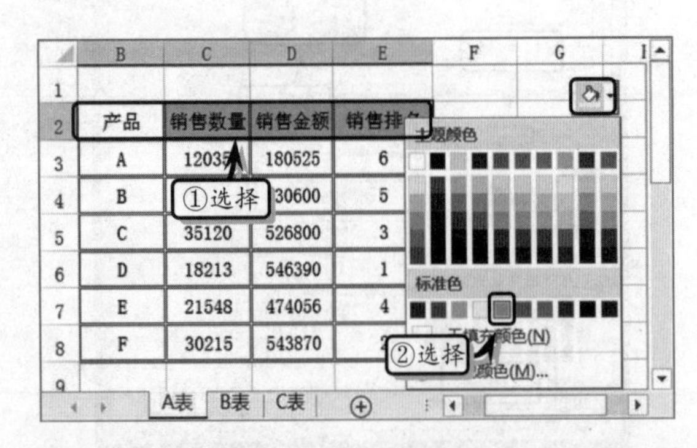

技巧

为单元格区域设置填充颜色之后，执行【填充颜色】|【无填充颜色】命令，即可取消已设置的填充颜色。

另外，选择单元格或者单元格区域，单击【字体】选项组中的【对话框启动器】按钮，激活【填充】选项卡，选择【背景色】列表中相应的色块，并设置其【图案颜色】与【图案样式】选项。

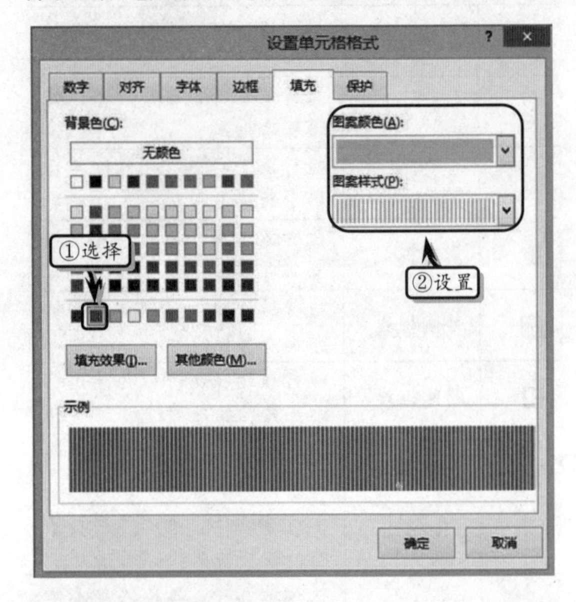

2. 自定义纯色填充

选择单元格或单元格区域，执行【开始】|【字体】|【填充颜色】|【其他颜色】命令，在弹出的【颜色】对话框中设置其自定义颜色即可。

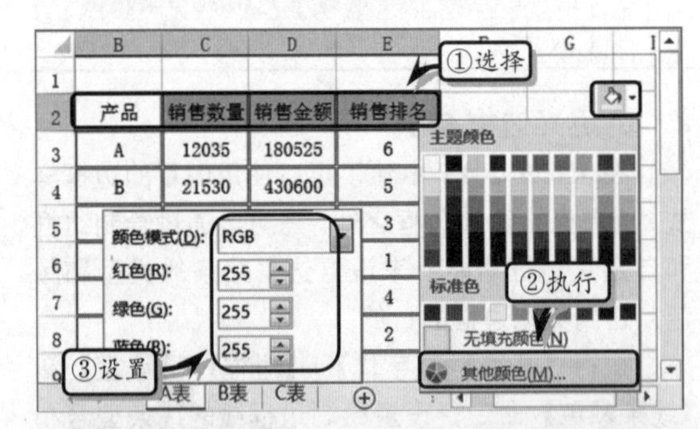

提示

用户也可以在【设置单元格格式】对话框中的【填充】选项卡中，单击【其他颜色】按钮，在弹出的【颜色】对话框中自定义填充颜色。

3. 设置渐变填充

渐变填充是由一种颜色向另外一种颜色过渡

的一种双色填充效果。

选择单元格或者单元格区域，右击执行【设置单元格格式】命令。在【填充】选项卡中，单击【填充效果】按钮，在弹出【填充效果】对话框中设置渐变效果即可。

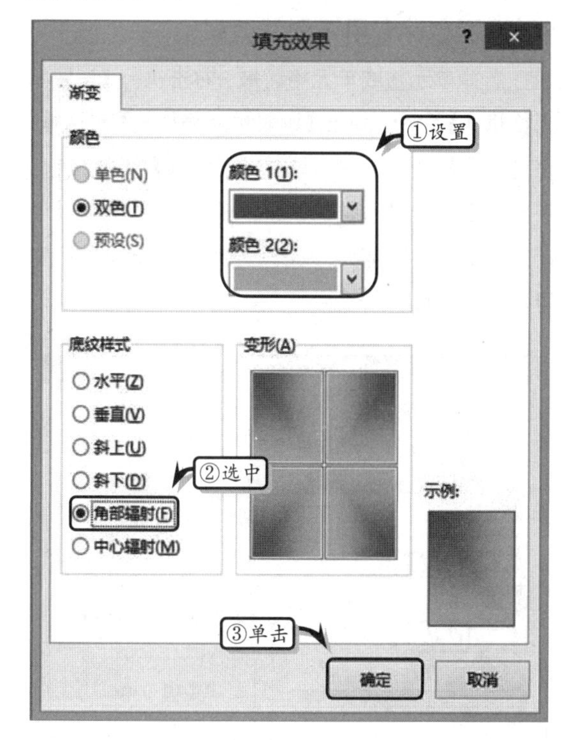

其中，【底纹样式】选项组中的各种填充效果如表所述。

名　称	填 充 效 果
水平	渐变颜色由上向下渐变填充
垂直	渐变颜色由左向右渐变填充
斜上	渐变颜色由左上角向右下角渐变填充
斜下	渐变颜色由右上角向左下角渐变填充
角部辐射	渐变颜色由某个角度向外扩散填充
中心辐射	渐变颜色由中心向外渐变填充

1.4.3　设置字体格式

字体格式包括文本的字体样式、字号格式和字形格式，其具体操作方法如下所述。

1．设置字体样式

在 Excel 中，单元格中默认的【字体】为【宋体】。如果用户想更改文本的字体样式，只需执行【开始】|【字体】|【字体】命令，选择一种字体格式即可。

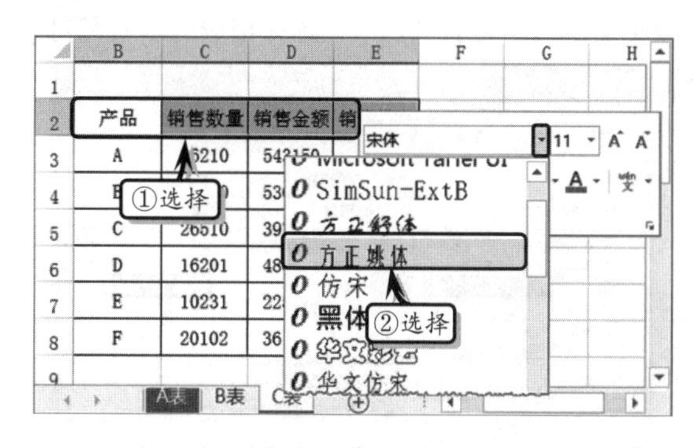

另外，单击【字体】选项组中的【对话框启动器】按钮，在【字体】选项卡中的【字体】列表框中选择一种文本字体样式即可。

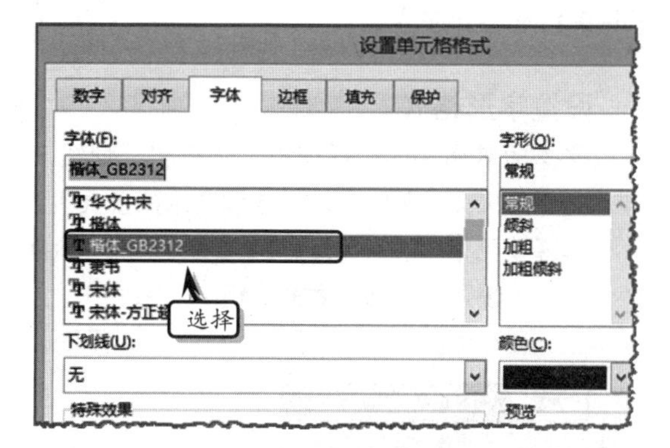

> **技巧**
>
> 选择需要设置文本格式的单元格或单元格区域。按 Shift+Ctrl+F 或 Ctrl+1 键快速显示【设置单元格格式】对话框的【字体】选项卡。

2．设置字号格式

选择单元格，执行【开始】|【字体】|【字号】命令，在其下拉列表中选择字号。

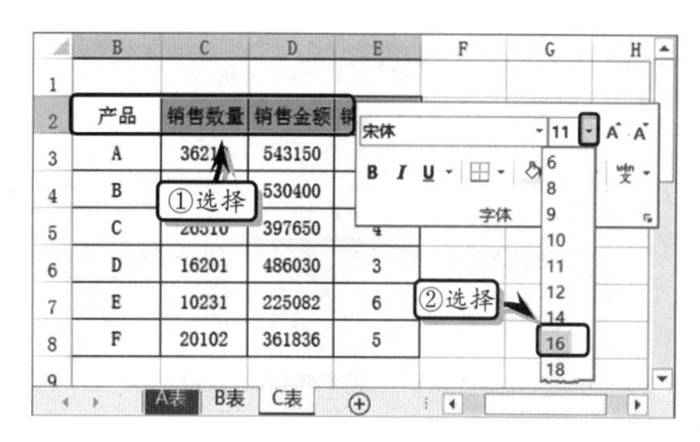

另外，选择需要设置的单元格或单元格区域，右击执行【设置单元格格式】命令，在【字体】选项卡中的【字号】列表中，选择相应的字号即可。

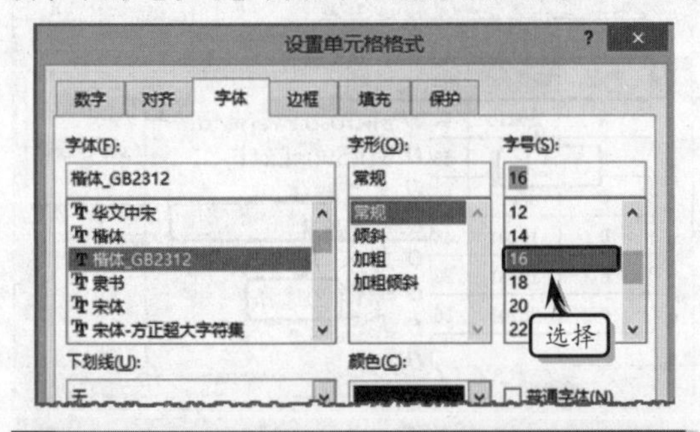

提示

用户也可以选择需要设置格式的单元格或单元格区域，右击选区，在弹出的【浮动工具栏】中设置字号。

3. 设置字形格式

文本的常用字形包括加粗、倾斜和下划线三种，主要用来突出某些文本，强调文本的重要性。

选择单元格，执行【开始】|【字体】|【加粗】命令，即可设置单元格文本的加粗字形格式。

另外，单击【开始】选项卡【字体】选项组中的【对话框启动器】按钮，在弹出的【设置单元格格式】对话框中的【字体】选项卡中，设置字形格式即可。

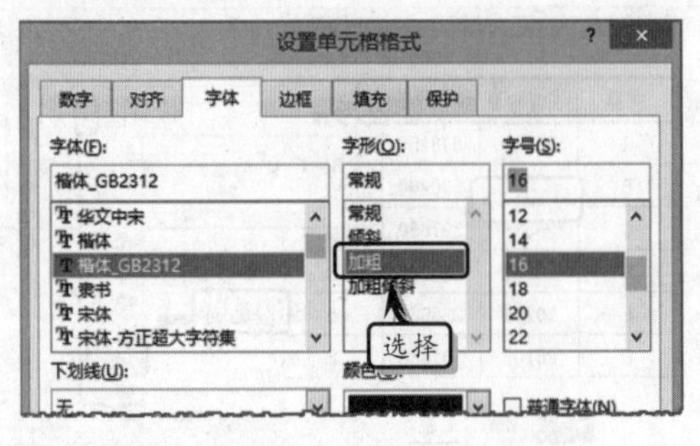

技巧

选择需要设置的单元格或单元格区域，按 Ctrl+B 键设置【加粗】；按 Ctrl+I 键设置【倾斜】；按 Ctrl+U 键添加【下划线】。

4. 设置会计专用下划线效果

选择单元格或单元格区域，右击执行【设置单元格格式】命令，弹出【设置单元格格式】对话框。在【字体】选项卡中，单击【下划线】下拉按钮，在其列表中选择一种下划线样式。例如，选择【会计用双下划线】选项，系统则会根据单元格的列宽显示双下划线。

5. 设置删除线效果

选择单元格或单元格区域，右击执行【设置单元格格式】命令。弹出【设置单元格格式】对话框。在【字体】选项卡中启用【删除线】复选框。

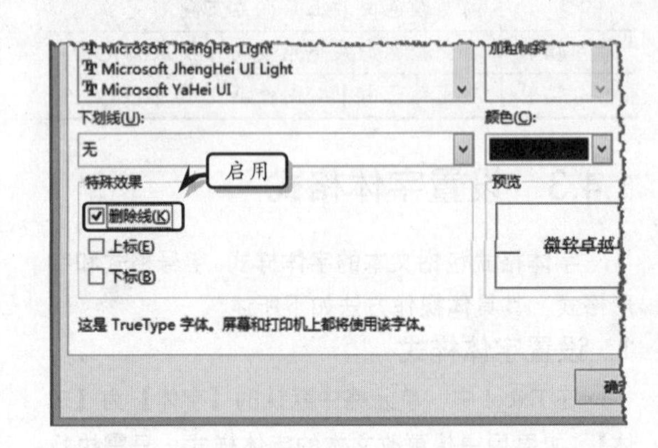

Excel

1.5 应用表格样式和格式

在编辑工作表时，用户可以运用 Excel 2013 提供的样式和格式集功能，快速设置工作表的数字格式、对齐方式、字体字号、颜色、边框、图案等格式，从而使表格具有美观与醒目的独特特征。

1.5.1 应用表格样式

样式是填充颜色、边框样式和图案样式等多种格式的样式合集。

1. 应用样式

选择单元格或单元格区域，执行【开始】|【样式】|【单元格样式】命令，在其列表中选择相应的表格样式即可。

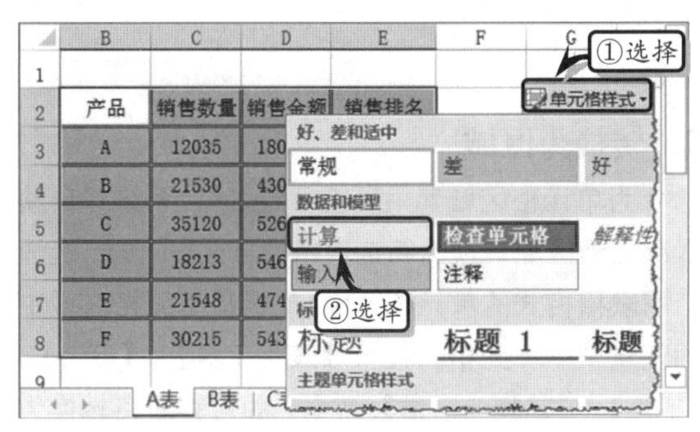

2. 创建新样式

执行【开始】|【样式】【单元格样式】|【新建单元格样式】命令，在弹出的【样式】对话框中设置各项选项。

在【样式】话框中，主要包括下表中的一些选项。

样　式		功　能
样式名		主要用来输入所创建样式的名称
格式		启用该选项，可以在弹出的【设置单元格格式】对话框中设置样式的格式
样式包括	数字	显示已定义的数字的格式
	对齐	显示已定义的文本对齐方式
	字体	显示已定义的文本字体格式
	边框	显示已定义的单元格的边框样式
	填充	显示已定义的单元格的填充效果
	保护	显示工作表是锁定状态还是隐藏状态

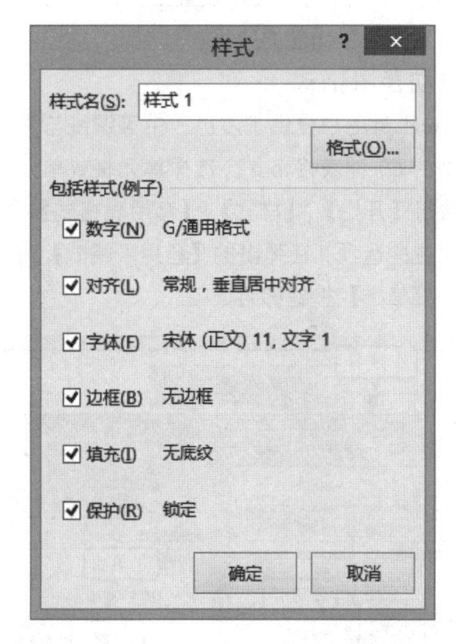

3. 合并样式

合并样式是指将工作簿中的单元格样式，复制到其他工作簿中。首先，同时打开包含新建样式的多个工作簿。然后，在其中一个工作簿中执行【单元格样式】|【合并样式】命令。在弹出的【合并样式】对话框中，选择合并样式来源即可。

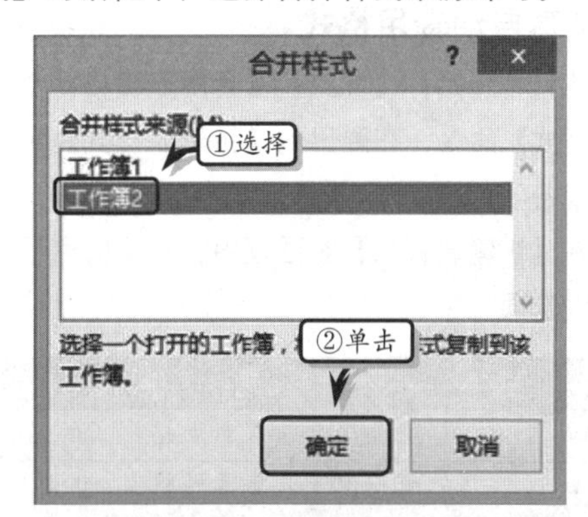

注意

合并样式应至少打开两个或两个以上的工作簿。合并样式后会发现自定义的新样式将会出现在被合并的工作簿的【单元格样式】下拉列表中。

1.5.2　应用表格格式

Excel 为用户提供了自动格式化的功能，它可以根据预设的格式，快速设置工作表中的一些格式，达到美化工作表的效果。

1．自动套用格式

Excel 为用户提供了浅色、中等深浅与深色三种类型的 60 种表格格式。选择单元格或单元格区域，执行【开始】|【样式】|【套用表格式】命令，选择相应的选项，在弹出的【套用表格式】对话框中单击【确定】按钮即可。

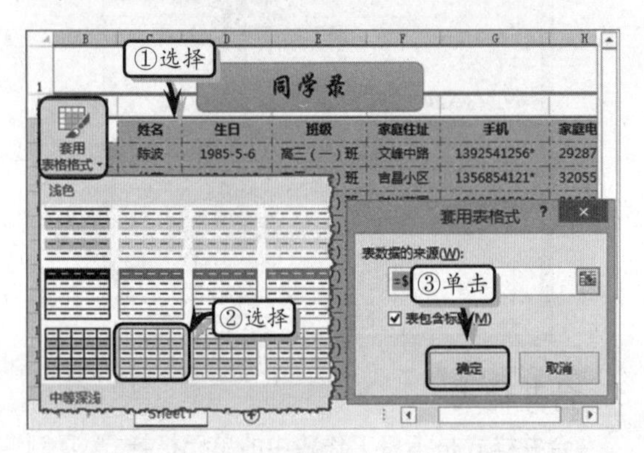

在【套用表格式】对话框中，包含一个【表包含标题】复选框。若启用该复选框，表格的标题将套用样式栏中的标题样式，反之，则表格的标题将不套用样式栏中的标题样式。

2．新建自动套用格式

执行【开始】|【样式】|【套用表格格式】|【新建表样式】命令，在弹出的【新建表样式】对话框中设置各项选项。

在【新建表样式】对话框中，主要包括下表中的一些选项。

样　式	功　能
名称	主要用于输入新表格样式的名称
表元素	用于设置表元素的格式，主要包含 13 种表格元素
格式	单击该按钮，可以在【设置单元格格式】对话框中，设置表格元素的具体格式
清除	单击该按钮，可以清除所设置的表元素格式

续表

样　式	功　能
设置为此文档的默认表格样式	启用该选项，可以将新表样式作为当前工作簿的默认的表样式。但是，自定义的表样式只存储在当前工作簿中，不能用于其他工作簿

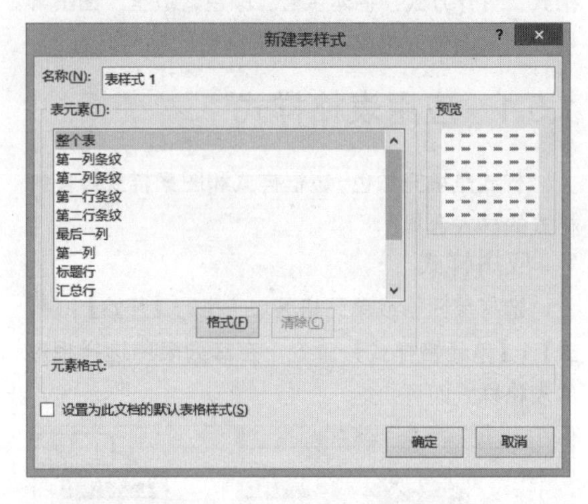

3．转换为区域

为单元格区域套用表格格式之后，系统将自动将单元格区域转换为筛选表格的样式。此时，选择套用表格格式的单元格区域，或选择单元格区域中的任意一个单元格，执行【表格工具】|【设计】|【工具】|【转换为区域】命令，即可将表格转换为普通区域，便于用户对其进行各项操作。

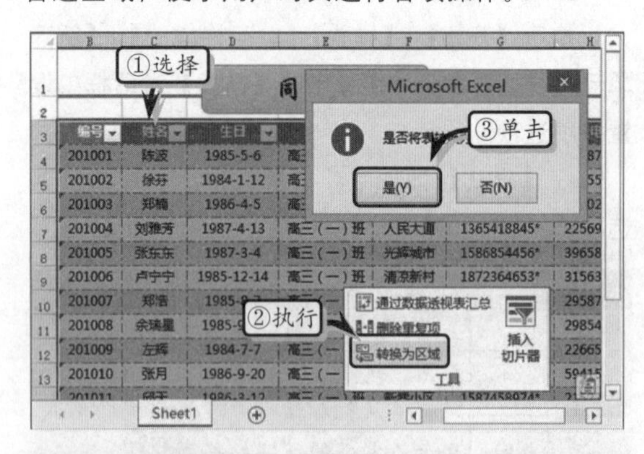

技巧

选择套用单元格格式的单元格，执行【表格工具】|【设计】|【表格样式】|【快速样式】|【清除】命令，即可清除已应用的样式。

Excel 1.6 练习：制作测试成绩单

在各级各类学校体育教学及活动中，对学生进行阶段性身体素质和体质测试，有利于掌握学生的身体素质情况，为教师进一步调整教学和训练计划提供依据。在本练习中，通过学生体育“测试成绩单”的制作，来介绍数据的输入方法和操作技巧。

练习要点

- 选择单元格
- 输入数据
- 填充数据
- 合并单元格
- 输入公式
- 设置边框格式

测试成绩单

姓名	性别	出生日期	50米跑		立定跳远		800米跑		总分
			成绩	得分	成绩	得分	成绩	得分	
杜红杏	女	1992/11/6	10.60	50	1.45	45	4.25	50	145
杜宁宁	女	1992/6/29	9.60	65	1.65	65	3.56	70	200
陈鑫	女	1993/1/25	9.10	70	1.60	60	4.16	55	185
王旌如	女	1994/11/9	10.80	30	1.55	55	5.40	30	115
李朵	女	1992/8/8	9.80	60	1.60	60	4.13	60	180
李世杰	女	1994/1/4	10.00	55	1.60	60	5.35	20	135
马驰	男	1993/1/11	8.20	70	2.15	60	4.47	40	170
陈文桦	男	1993/6/11	7.90	65	2.25	70	4.48	40	175

操作步骤

STEP|01 设置工作表。单击工作表左上角【全选】按钮，选择整个工作表，右击行标签，执行【行高】命令，设置工作表行高。

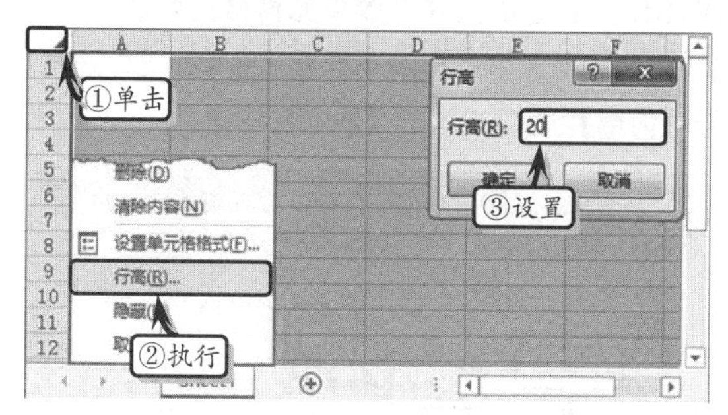

STEP|02 制作标题文本。选择单元格区域 B1:K1，执行【开始】|【对齐方式】|【合并后居中】命令，合并单元格区域并输入标题文本。

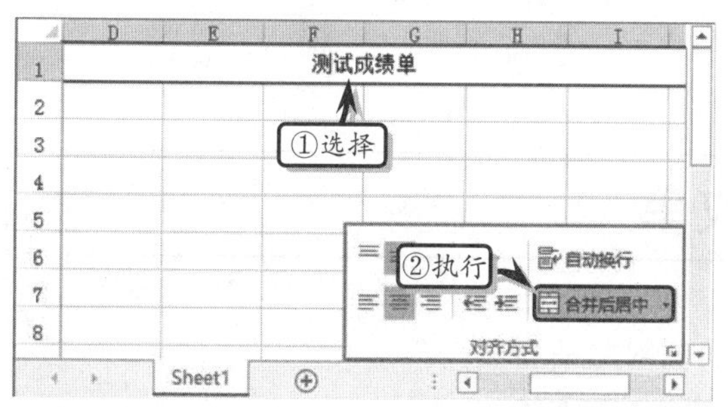

STEP|03 设置标题文本格式。选择单元格区域 B1:K1，执行【开始】|【字体】|【华文宋体】命令，同时执行【字号】|【18】命令，设置文本字体格式，并调整行高。

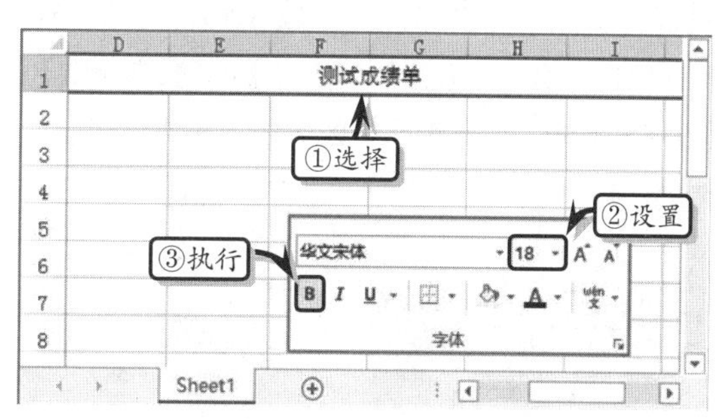

STEP|04 制作列标题。合并单元格区域 B2:B3，输入列标题，用同样的方法，分别制作其他列标题。

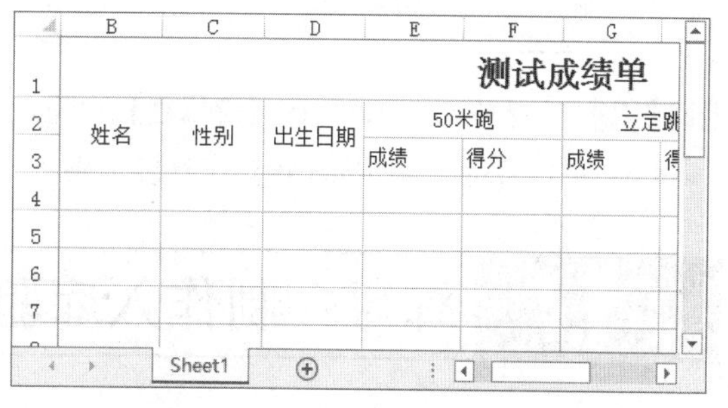

STEP|05 输入基础数据。输入表格基础数据。然后，选择单元格区域 B2:K14，执行【开始】|【对齐方式】|【居中】命令，设置其居中对齐方式。

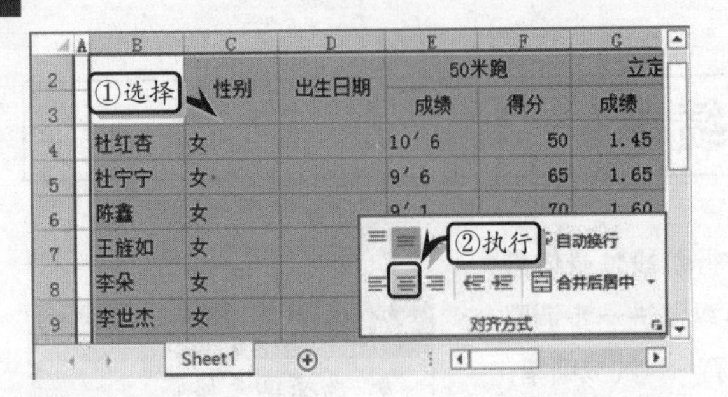

STEP|06 选择单元格区域 D4:D14，执行【开始】|【数字】【数字格式】|【短日期】命令，设置单元格区域数据格式。

STEP|07 同时选择单元格区域 E4:E14、G4:G14 和 I4:I14，执行【开始】|【数字】|【数字格式】|【数字】命令，设置单元格区域数字格式。

STEP|08 选择单元格 K4，在【编辑栏】中输入"=F4+H4+J4"公式，按 Enter 键返回计算结果。

STEP|09 选择单元格区域 K4:K14，执行【开始】|【编辑】|【填充】|【向下】命令，向下填充公式。

STEP|10 设置边框格式。选择单元格区域 B2:G12，右击执行【设置单元格格式】命令，在【边框】选项卡中选择线条样式，并单击【外边框】与【内部】边框，单击【确定】按钮。

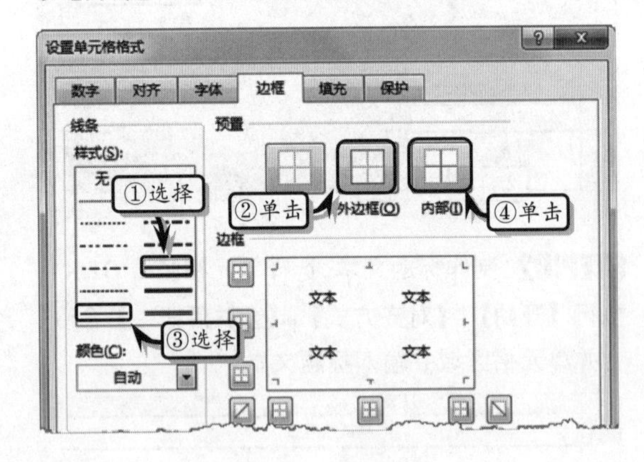

1.7 练习：制作入库验收单

入库验收单是各级各类物品购置后，库管员负责对物品名称、数量、金额等并做好登记，办理入库手续的一种表格。在本练习中，通过介绍数据输入、背景填充等功能的使用方法和操作技巧，来制作表格。

入库验收单

序号	器材名称	单位	数量	单价（元）	金额
01	篮球	个	30	70	¥2,100
02	排球	个	30	55	¥1,650
03	足球	个	30	57	¥1,710
04	乒乓球	盒	50	16	¥800
05	羽毛球	盒	10	25	¥250
06	口哨	个	30	3	¥90

练习要点

- 选择单元格
- 输入数据
- 填充数据
- 合并单元格
- 输入公式
- 输入以“0”开头的数据
- 设置边框格式

操作步骤

STEP|01 设置工作表。单击工作表左上角【全选】按钮，选择整个工作表，右击行标签，执行【行高】命令，设置工作表行高。

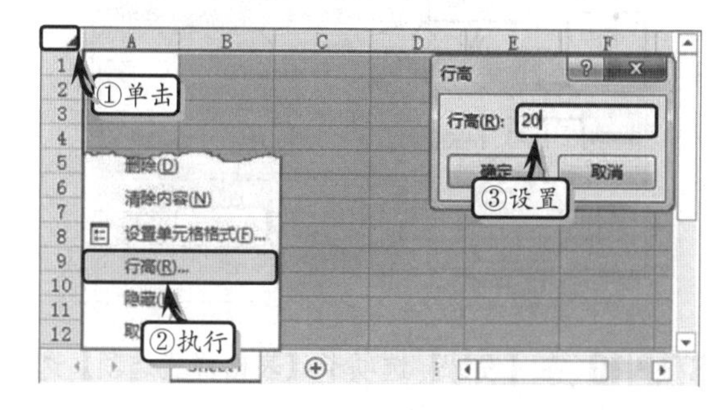

STEP|02 制作表格标题。选择单元格区域 B1:H1，执行【开始】|【对齐方式】|【合并后居中】命令，合并单元格区域，输入标题文本，并设置文本字体格式。

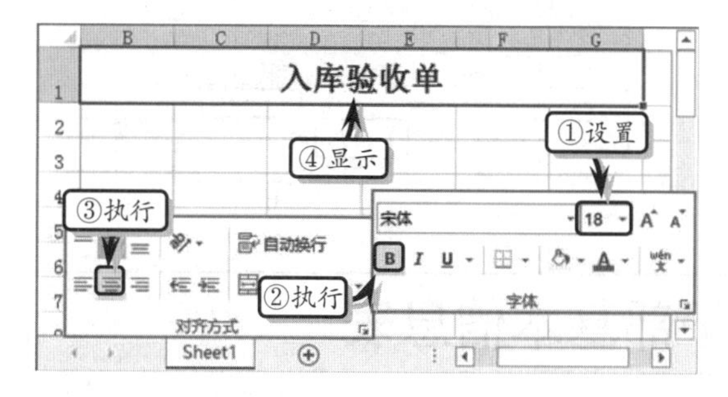

STEP|03 制作基础数据表。输入基础数据，选择单元格 B3，在编辑栏中先输入英文状态下的“'”符号，然后继续输入“01”数字。使用同样方法，输入其他序号。

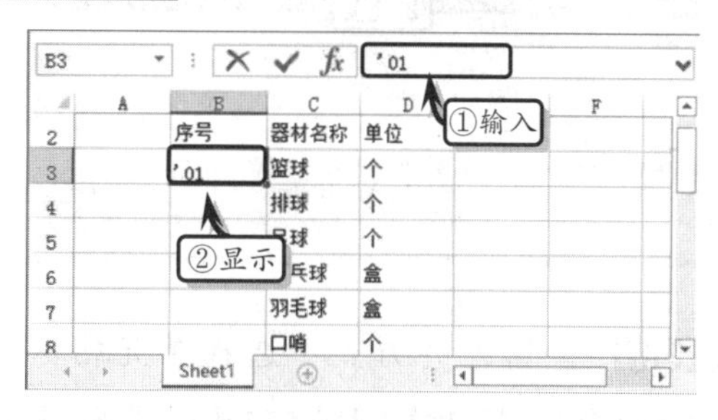

STEP|04 设置数据格式。选择单元格区域 E3:E12，右击执行【设置单元格格式】命令，选择【数值】选项，并设置小数位数。

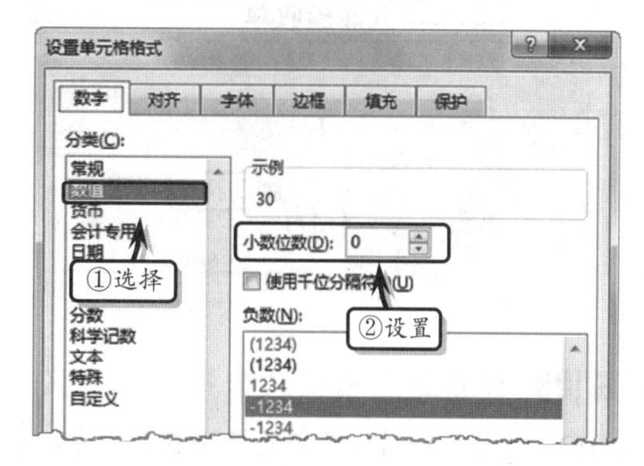

STEP|05 选择单元格 G3，在【编辑栏】中输入公式“=E3*F3”，按 Enter 键返回计算结果。使用同样的方法，计算其他金额。

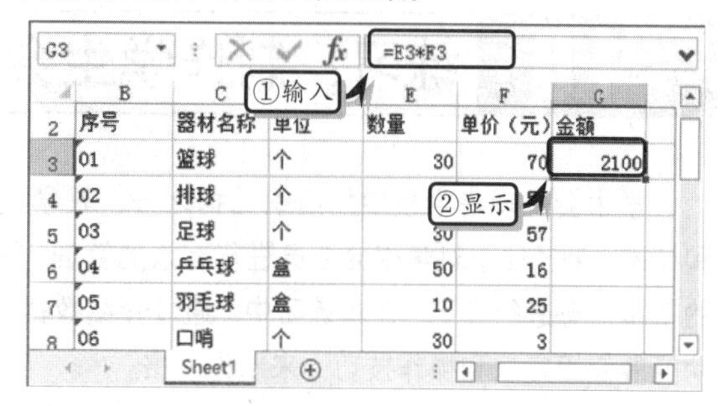

STEP|06 选择单元格区域 F3:G12，右击执行【设置单元格格式】命令，选择【货币】选项，设置小数位数和货币符号。

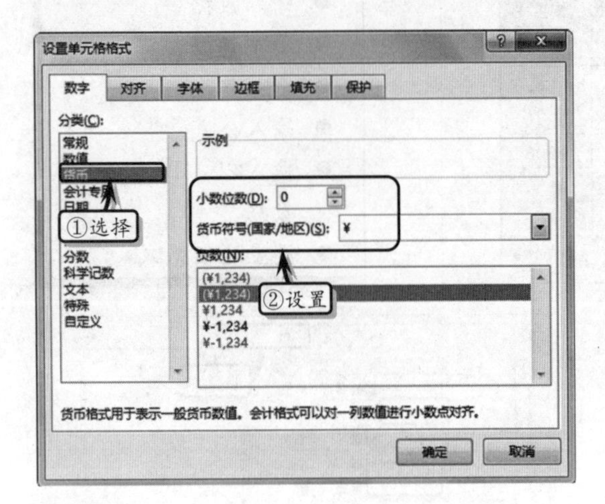

STEP|07 设置对齐方式。选择单元格区域 B2:G12，执行【开始】|【对齐方式】|【居中】命令，设置单元格区域的居中对齐方式。

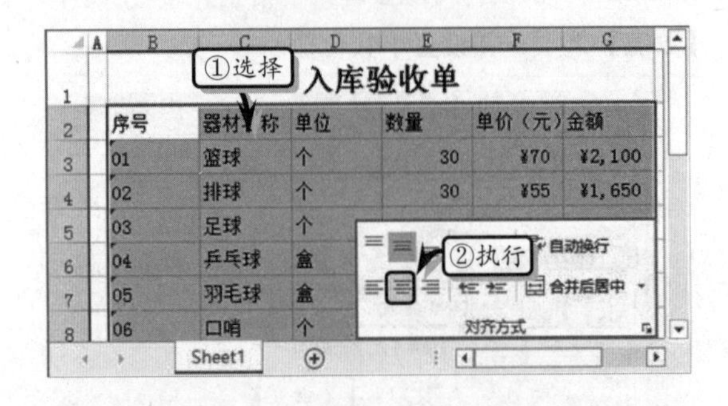

STEP|08 设置边框格式。选择单元格区域 B2:G12，右击执行【设置单元格格式】命令，在【边框】选项卡中选择线条样式，并单击【外边框】与【内部】边框，单击【确定】按钮。

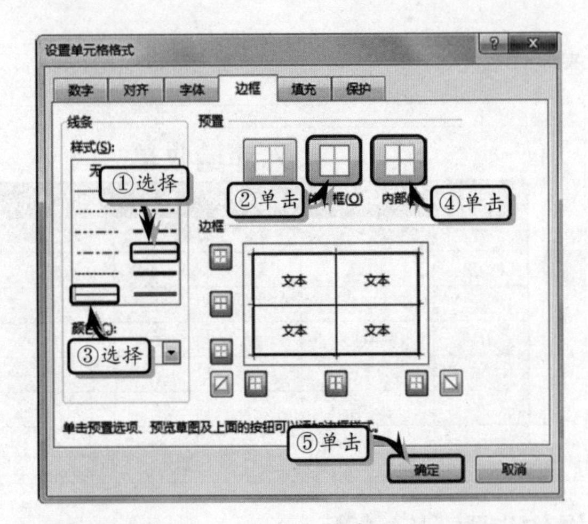

STEP|09 套用表格样式。选择单元格区域 B2:G12，执行【开始】|【样式】|【套用表格式】|【表样式中等深浅 9】命令，设置表格格式。

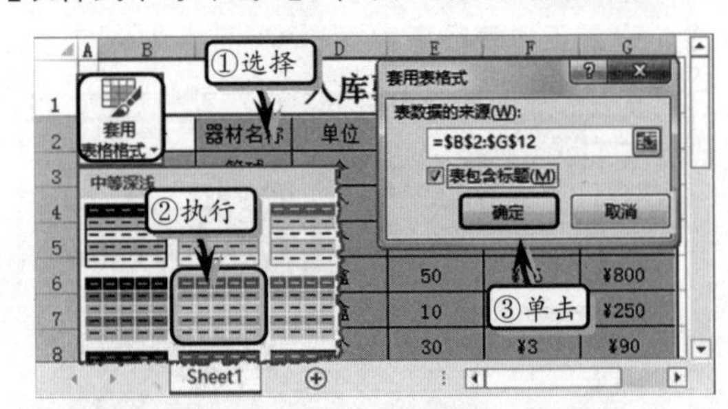

STEP|10 在【设计】选项卡【表格样式选项】选项组中，禁用【筛选按钮】复选框，取消表格中的筛选状态。

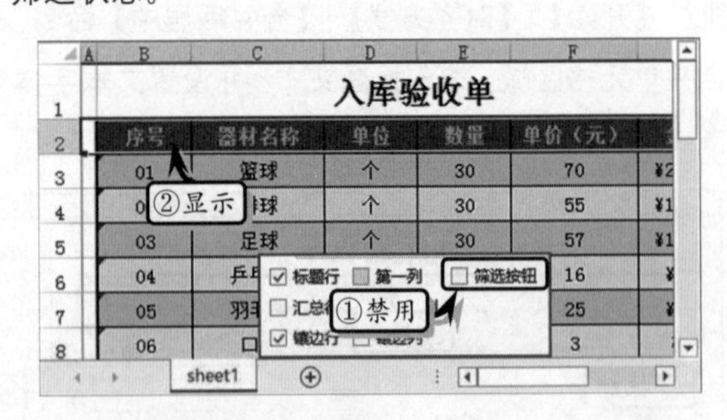

1.8 练习：制作学生会干部基本信息表

学生会是现在学校中的组织结构之一，是学校联系学生的桥梁和纽带。为了便于对学生会成员进行有效的管理，需要对学生会成员的基本信息进行登记。在本练习中，通过介绍数据输入、背景填充等功能的使用方法和操作技巧，来制作表格。

学生会干部基本信息表

学号	系别	班级	姓名	性别	入学时间	身份证号
0701010001	13级大专护理系	1班	刘静	女	2013/9/1	410222199611174541
0301040012	13级大专建筑系	4班	刘杨	女	2013/9/1	410922199501016225
0501030033	13级大专汽车系	3班	郭晶	女	2013/9/1	410224199404265400
0401010014	13级大专航空系	1班	任雪	女	2013/9/1	410511199402250621
0201020025	13级大专经管系	2班	姚梦杰	女	2013/9/1	410504199506061522
0601010016	13级大专艺术系	1班	毛孟凯	男	2013/9/1	410511199410125003
0701060037	14级大专护理系	6班	王芳芳	女	2014/9/1	410222199205103529
0501020028	14级大专汽车系	2班	张梦婷	女	2014/9/1	410527199312102925
0401010019	14级大专航空系	1班	李宁	女	2014/9/1	410504199406185026
0201040010	14级大专经管系	4班	王思衡	男	2014/9/1	410504199410011520

练习要点

- 选择单元格
- 输入数据
- 合并单元格
- 输入以“0”开头的数据
- 设置边框格式
- 设置背景填充色

操作步骤

STEP|01 设置工作表。单击工作表左上角【全选】按钮，选择整个工作表，右击行标签，执行【行高】命令，设置工作表行高。

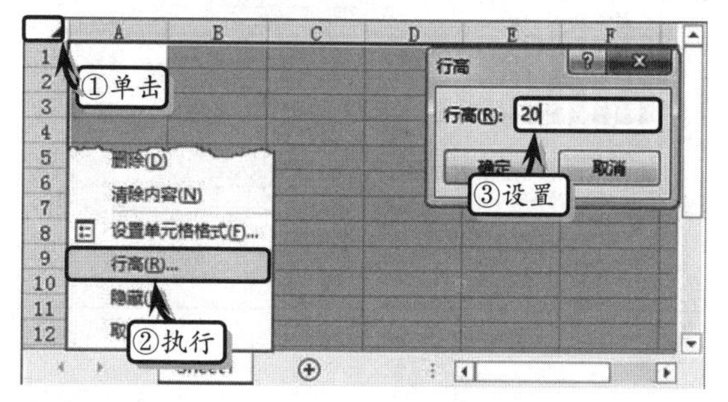

STEP|02 制作表格标题。选择单元格区域 B1:G1，执行【开始】|【对齐方式】|【合并后居中】命令，合并单元格区域。

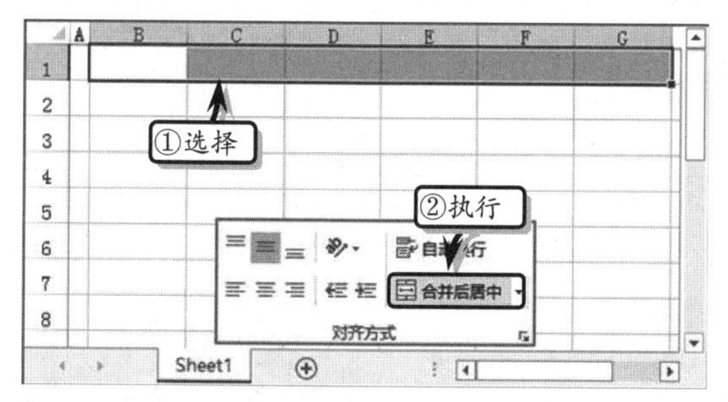

STEP|03 然后，在合并的单元格中输入标题文本，执行【开始】|【字体】命令，设置文本字体格式。

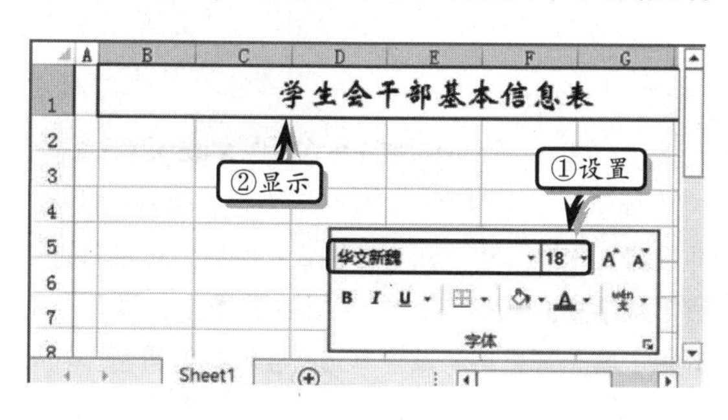

STEP|04 制作基础数据表。输入表格的基础数据，同时在单元格 B3 中输入英文状态下的“'”符号，然后继续输入“0701010001”数字。使用同样的方法，输入其他学生学号。

STEP|05 设置数据格式。选择单元格区域 G3:G15，右击执行【设置单元格格式】命令，选择【日期】选项，设置日期类型。

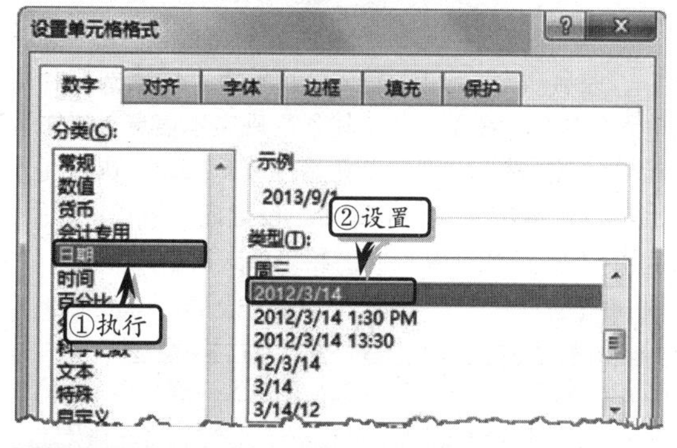

STEP|06 选择单元格区域 H3:H15，执行【开始】|【数字】|【数字格式】|【文本】命令，设置数据格式。

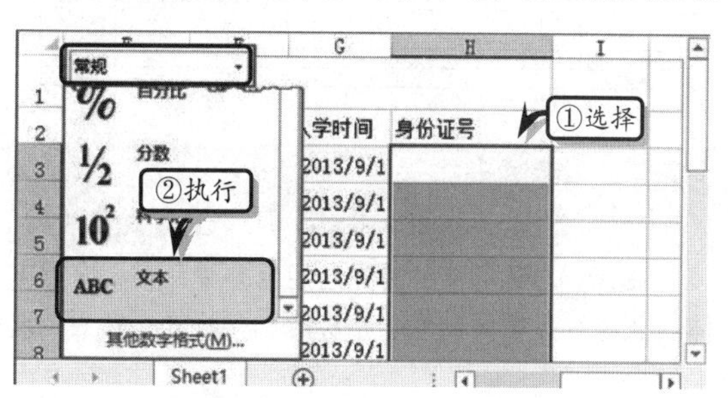

STEP|07 设置对齐方式。选择选择单元格区域B3:H15，执行【开始】|【对齐方式】|【居中】|命令。设置单元格区域的居中对齐方式。

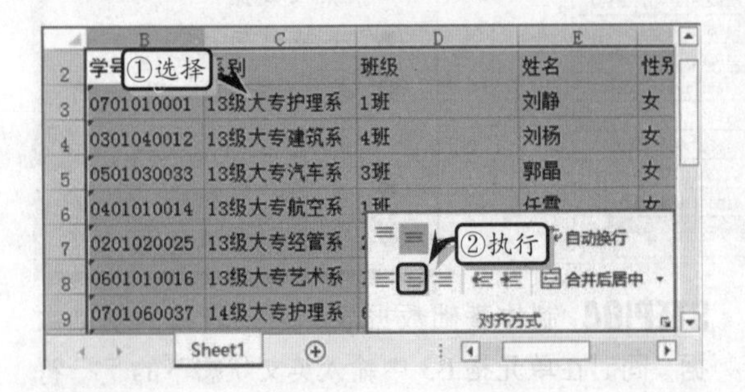

STEP|08 选择单元格区域B3:H15，执行【开始】|【字体】|【边框】|【所有框线】命令，设置单元格区域的边框格式。

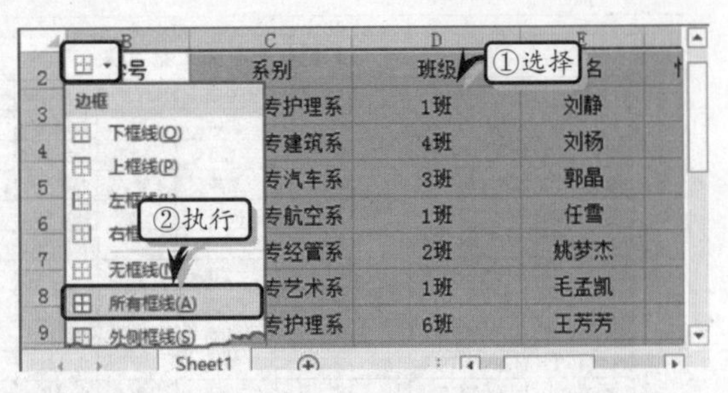

STEP|09 选择单元格区域B3:H15，执行【开始】|【字体】|【填充】|【橙色，着色2，淡色80%】命令，设置表格背景填充色。

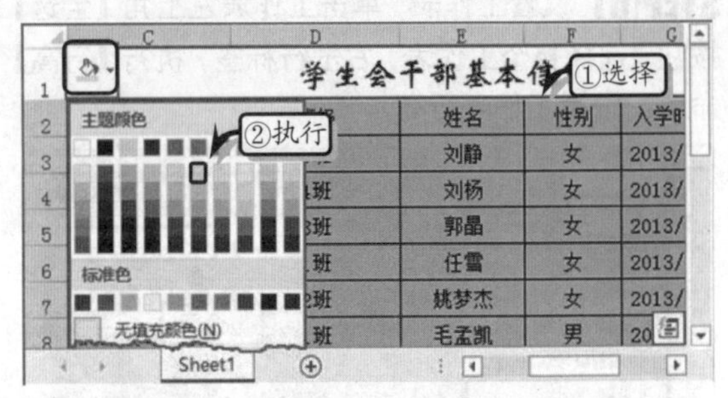

1.9 新手训练营

练习1：家庭费用支出表

downloads\1\新手训练营\家庭费用支出表

提示：本练习中，首先运用设置字体格式与合并单元格功能，在工作表中输入基础文本信息，制作基础数据表。然后，选中单元格区域C3:J16，执行【开始】|【数字】|【货币】命令，设置数据格式。最后，运用SUM函数计算月支出和年总支出金额。

家庭费用支出表

日期	房贷	餐费	交通费	生活用品	电话费	应酬费	暖气费	月支出
1月份	¥2,296.65	¥500.00	¥100.00	¥200.00	¥80.00	¥200.00	¥785.30	¥4,161.95
2月份	¥2,296.65	¥500.00	¥100.00	¥200.00	¥80.00	¥200.00	¥0.00	¥3,376.65
3月份	¥2,296.65	¥500.00	¥100.00	¥200.00	¥80.00	¥200.00	¥0.00	¥3,376.65
4月份	¥2,296.65	¥500.00	¥100.00	¥200.00	¥80.00	¥200.00	¥0.00	¥3,376.65
5月份	¥2,296.65	¥500.00	¥100.00	¥200.00	¥80.00	¥200.00	¥0.00	¥3,376.65
6月份	¥2,296.65	¥500.00	¥100.00	¥200.00	¥80.00	¥200.00	¥0.00	¥3,376.65
7月份	¥2,296.65	¥500.00	¥100.00	¥200.00	¥80.00	¥200.00	¥0.00	¥3,376.65
8月份	¥2,296.65	¥500.00	¥100.00	¥200.00	¥80.00	¥200.00	¥0.00	¥3,376.65
9月份	¥2,296.65	¥500.00	¥100.00	¥200.00	¥80.00	¥200.00	¥0.00	¥3,376.65
10月份	¥2,296.65	¥500.00	¥100.00	¥200.00	¥80.00	¥200.00	¥0.00	¥3,376.65
11月份	¥2,296.65	¥500.00	¥100.00	¥200.00	¥80.00	¥200.00	¥785.30	¥4,161.95
12月份	¥2,296.65	¥500.00	¥100.00	¥200.00	¥80.00	¥200.00	¥785.30	¥4,161.95
各费用支出小计	¥27,559.80	¥6,000.00	¥1,200.00	¥2,400.00	¥960.00	¥2,400.00	¥2,355.90	¥42,875.70
年总支出	¥42,875.70							

练习2：考试安排表

downloads\1\新手训练营\考试安排表

提示：本练习中，首先运用合并单元格、设置字体格式与对齐格式制作表格标题和列标题。然后，选择相应的单元格区域，右击执行【设置单元格格式】命令，激活【数字】选项卡，分别选择日期、时间、数值选项，设置考试日期、考试时间以及学生人数的数据格式。

考试安排表

考试日期	考试时间	考试课程	考场	行政班级	学生人数	主监考	辅监考
2015年1月11日	9:00-11:00	数学	410教室	14级建筑班	21	牛小强	李冰莹
				14级工程班	30		
			413教室	14级航空班	39	冯娟	张红娟
				14级机电班	29		
2015年1月11日	15:00-16:40	语文	410教室	14级建筑班	21	李冰冰	梁霞
				14级工程班	30		
			413教室	14级航空班	39	程芬	闫宇
				14级机电班	29		
2015年1月12日	9:00-10:40	物理	410教室	14级建筑班	21	郝红红	徐满仓
				14级工程班	30		
			413教室	14级航空班	39	严秋义	魏燕
				14级机电班	29		

练习3：销售单

downloads\1\新手训练营\销售单

提示：本练习中，首先输入表格文本基础数据，并设置文本字体格式和对齐格式。然后，设置日期、货币数字格式和输入以“0”开头的数据。最后，还运用了填充背景功能设置单元格区域的背景色。

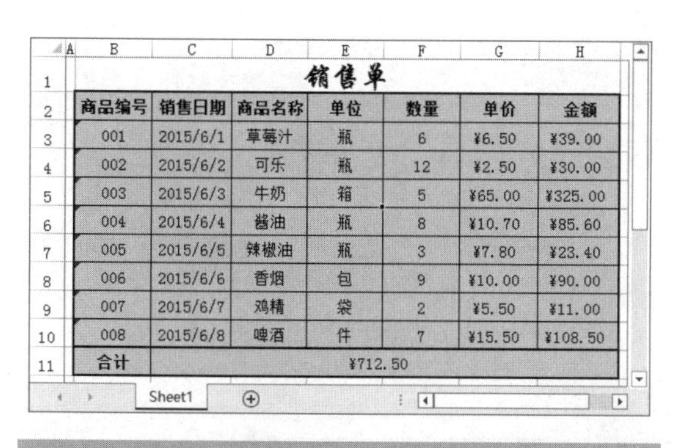

销售单						
商品编号	销售日期	商品名称	单位	数量	单价	金额
001	2015/6/1	草莓汁	瓶	6	¥6.50	¥39.00
002	2015/6/2	可乐	瓶	12	¥2.50	¥30.00
003	2015/6/3	牛奶	箱	5	¥65.00	¥325.00
004	2015/6/4	酱油	瓶	8	¥10.70	¥85.60
005	2015/6/5	辣椒油	瓶	3	¥7.80	¥23.40
006	2015/6/6	香烟	包	9	¥10.00	¥90.00
007	2015/6/7	鸡精	袋	2	¥5.50	¥11.00
008	2015/6/8	啤酒	件	7	¥15.50	¥108.50
合计	¥712.50					

练习 4：学生体质测试基本信息表

downloads\1\新手训练营\学生体质测试基本信息表

提示：本练习中，首先制作表格标题，输入表格基础数据并设置字体和对齐格式。然后，设置日期和输入以“0”开头的数据，以及运用边框功能，为表格添加所有框线。

学生体质测试基本信息表								
年级编号	班级编号	班级名称	学籍号	民族代码	姓名	性别	出生日期	家庭住址
41	0140101	会计1班	20140401010001	1	万思佳	女	1996/6/21	河南省新乡市
41	0140102	会计1班	20140401010002	1	李传达	男	1996/4/10	河南省林州市
41	0140103	会计1班	20140401010003	1	陈春	男	1995/1/3	河南省开封市
41	0140104	会计1班	20140401010004	1	任晓彤	女	1995/7/17	河南省洛阳市
41	0140105	会计1班	20140401010005	1	丁媛媛	女	1995/3/30	河南省新乡市
41	0140106	会计1班	20140401010006	1	亓关沛	男	1996/7/18	河南省鹤壁市
41	0140107	会计1班	20140401010007	1	桂田田	女	1995/7/12	河南省安阳市
41	0140108	会计1班	20140401010008	1	郭易乔	男	1995/4/7	河南省安阳县
41	0140109	会计1班	20140401010009	1	张琦	男	1991/4/7	河南省开封市
41	0140110	会计1班	20140401010010	1	李亮鹏	男	1990/10/15	河南省安阳县
41	0140111	会计1班	20140401010011	1	王晓航	男	1995/2/27	河南省安阳市
41	0140112	会计1班	20140401010012	1	黄鹏燕	女	1996/10/9	河南省博爱县
41	0140113	会计1班	20140401010013	1	张燕	女	1996/10/9	河南省安阳市
41	0140114	会计1班	20140401010015	1	马艾伦	男	1995/3/22	河南省南阳市
41	0140115	会计1班	20140401010016	1	郭思晗	女	1994/6/21	河南省安阳市

练习 5：学生成绩表

downloads\1\新手训练营\学生成绩表

提示：本练习中，首先运用合并单元格功能和设置字体格式，在工作表中输入基础文本信息，制作基础数据表。然后，输入以“0”开头的数据，并运用 SUM 函数计算总成绩，计算平均分。最后，执行【开始】|【样式】|【单元格样式】|【差】命令，设置单元格区域的背景色。

学生成绩表							
学号	姓名	语文	数学	外语	政治	总成绩	平均分
0012023	张红	98	97	87	76	358	89.50
0012024	韩侨生	67	87	76	79	309	77.25
0012025	郑月霞	76	67	71	95	309	77.25
0012026	马云	87	98	81	75	341	85.25
0012027	张小飞	94	67	93	83	337	84.25
0012028	扬帆	85	85	73	73	316	79.00
0012029	韩小月	79	93	62	72	306	76.50
0012030	郑恺	78	84	85	91	338	84.50
0012031	李红霞	56	72	83	89	300	75.00
0012032	王峰	87	84	73	67	311	77.75

第 2 章

编辑 Excel 数据

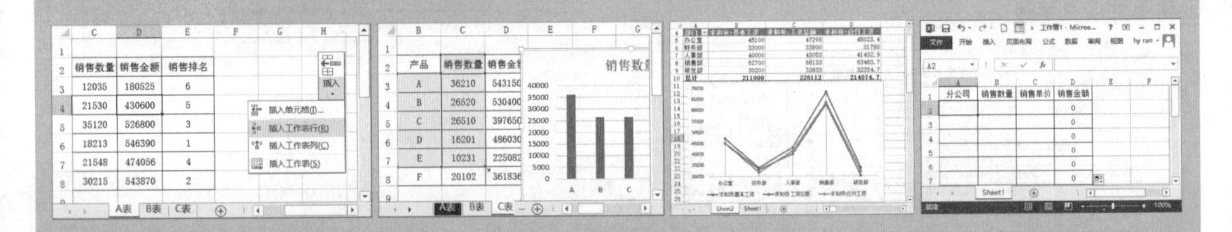

数据是 Excel 最基础的元素，是所有操作的依据，而数据处理功能则是 Excel 中最强大、最实用的功能。在 Excel 中，用户不仅可以输入、编辑和删除各种类型的数据，而且还可以检验、隐藏与自动更正数据。在本章中，将以编辑数据为基础，详细介绍快速输入内容形同、具有规律的数据，以及美化数据、查找与替换数据等数据编辑操作方法和实用技巧。

Excel

2.1 输入数据

在 Excel 中，用户不仅可以输入一些常见的数据，而且还可以输入一些特殊数据，例如输入分数、以 0 开头的数据、输入较长数据等。

2.1.1 输入普通数据

选择单元格后，用户可以在其中输入多种类型及形式的数据。例如，常见的数值型数据、字符型数据、日期型数据以及公式和函数等。

1. 输入文本

输入文本，即输入以字母或者字母开头的字符串和汉字等字符型数据。输入文本之前应先选择单元格，然后输入文字。此时，输入的文字将同时显示在编辑栏和活动单元格中。单击【输入】按钮✓，即可完成输入。

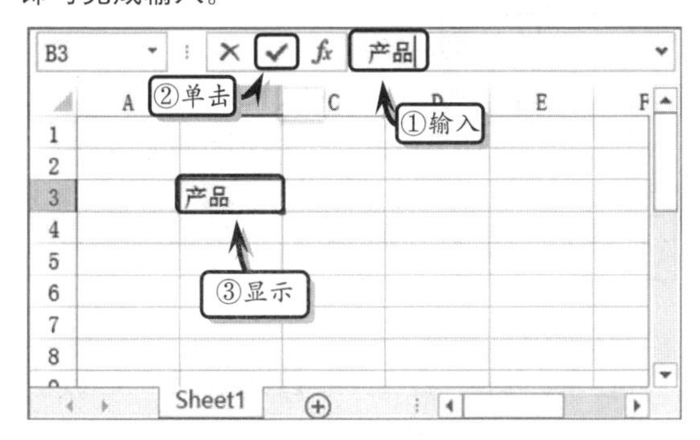

其中，输入文字之后，单击其他按钮或快捷键，也可完成输入或取消输入（输入其他数据也可进行相同操作），其功能如下表所示。

按钮或快捷键	功　能
Enter 键	确认所做的输入，且下一个单元格将成为活动单元格
Tab 键	确认所做的输入，且右侧的单元格将成为活动单元格
【取消】按钮×	取消文字输入
Esc 键	取消文字输入
BackSpace 键	可以将单元格中的数据清除，然后重新输入

2. 输入数字

数字一般由整数、小数等组成。输入数值型数据时，Excel 会自动将数据沿单元格右边对齐。用户可以直接在单元格中输入数字，其各种类型数字的具体输入方法，如下表所述。

类　型	方　法
负数	在数字前面添加一个“－”号或者给数字添加上圆括号。例如：－50 或（50）
分数	在输入分数前，首先输入“0”和一个空格，然后输入分数。例如：0+空格+1/3
百分比	直接输入数字然后在数字后输入%，例如：45%
小数	直接输入小数即可。可以通过【数字】选项组中的【增加数字位数】或【减少数字位数】按钮调整小数位数。例如：3.1578
长数字	当输入长数字时，单元格中的数字将以科学计数法显示，且自动调整列宽直至到显示 11 位数字为止。例如，输入 123456789123，将自动显示为 1.23457E+11
以文本格式输入数字	可以在输入数字之前先输入一个单引号“'”（单引号必须是英文状态下的），然后输入数字，例如输入身份证号

3. 输入日期和时间

在单元格中输入日期和时间数据时，其单元格中的数字格式会自动从“通用”转换为相应的“日期”或者“时间”格式，而不需要去设定该单元格为日期或者时间格式。

输入日期时，首先输入年份，然后输入 1～12 数字作为月，再输入 1～31 数字作为日。注意，在输入日期时，需用“/”号分开“年/月/日”。例如：“2013/1/28”。

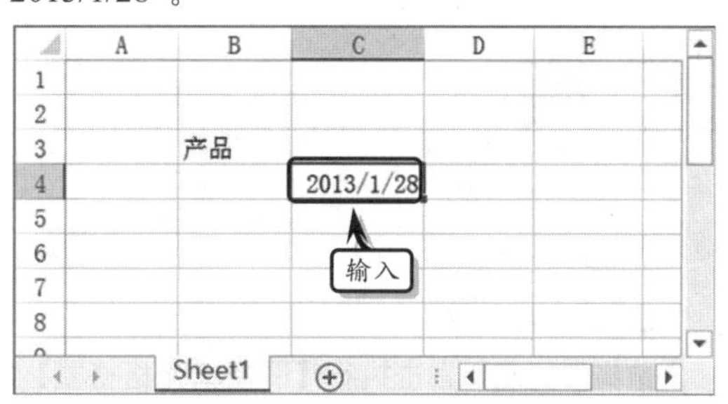

在输入时间和日期时，需要注意以下几点。

（1）时间和日期的数字格式。时间和日期在 Excel 工作表中，均按数字处理。其中，日期被保存为序列数，表示距 1900 年 1 月 1 日的天数；而时间被保存为 0~1 之间的小数，如 0.25 表示上午 6 点，0.5 表示中午 12 点等。由于时间和日期都是数字，因此可以进行各种运算。

（2）以 12 小时制输入时间和日期。要以 12 小时制输入时间和日期，可以在时间后加一个空格并输入 AM 或者 PM，否则 Excel 将自动以 24 小时制来处理时间。

（3）同时输入日期和时间。如果用户要在某一个单元格中同时输入日期和时间，则日期和时间要用空格隔开，例如 2007-7-1 13：30。

2.1.2 输入特殊数据

在利用 Excel 处理数据的过程中，经常会遇到输入一些特殊数据的情况。此时，用户可以通过下列方法，轻松输入特殊数据。

1．输入以 0 开头的数据

默认情况下，Excel 会自动将以 0 开头的数字默认为普通数字，不会显示在单元格中。一般情况下，用户可通过下列三种方法，来输入以 0 开头的数据。

1）文本标记法

选择单元格，先在单元格中输入单引号“'”，然后再输入以 0 开头的数字，按 Enter 键即可。

此时，在该单元格的左上角将显示一个蓝色的三角符号，表示该单元格内的数据类型是非数值型的，而是以文本形式存入的。

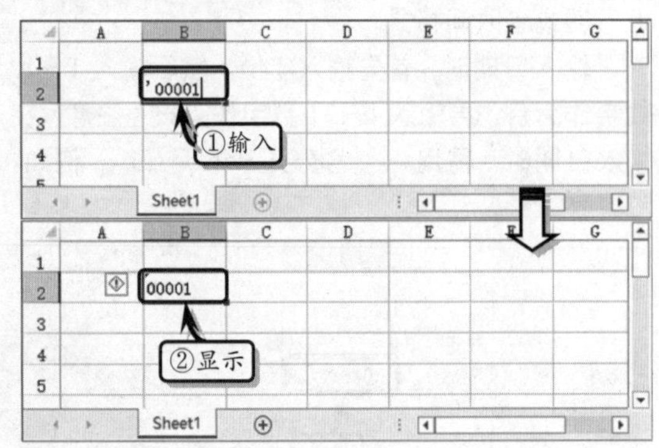

2）固定数位法

选择单元格，右击执行【设置单元格格式】命令，在弹出来的【设置单元格格式】对话框中，激活【数字】选项卡，选择【自定义】选项，在【类型】文本框中输入“000#”代码。

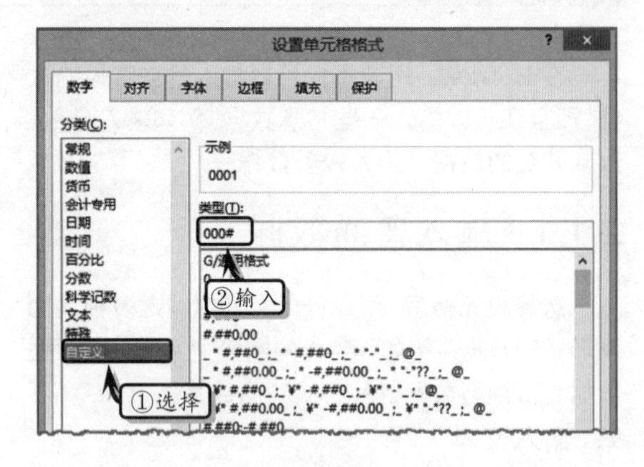

然后，单击【确定】按钮后，在单元格中输入“1”数字，按 Enter 键即可显示以 0 开头的数据。

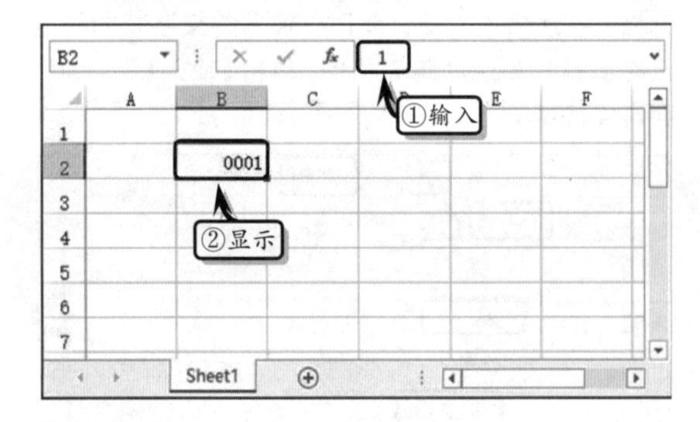

3）固定长度数字法

选择单元格，右击执行【设置单元格格式】命令，在弹出来的【设置单元格格式】对话框中，激活【数字】选项卡，选择【自定义】选项，在【类型】文本框中输入“000000”代码。

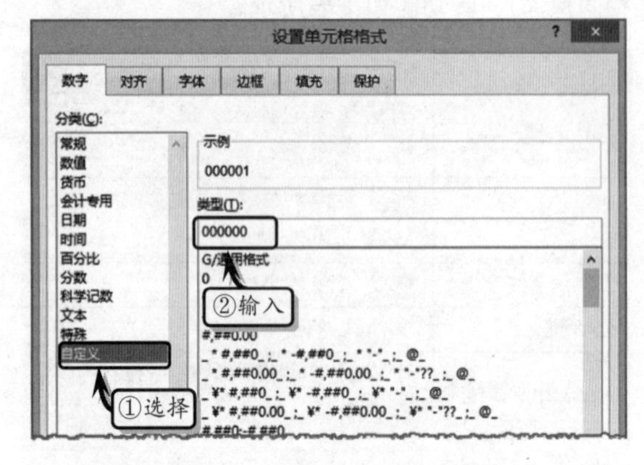

然后，单击【确定】按钮后，在单元格中输入“1”数字，按 Enter 键即可显示以 0 开头的数据。

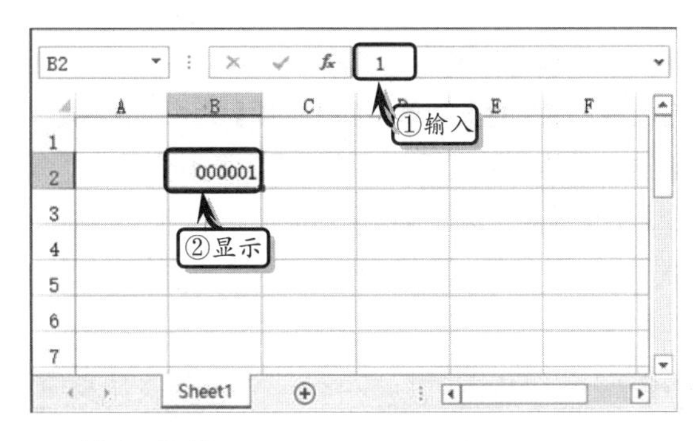

2. 输入分数

当用户在 Excel 中输入数学公式，或利用 Excel 完成数学作业时，输入分数是必不可少的工作。在 Excel 中输入分数的顺序为：

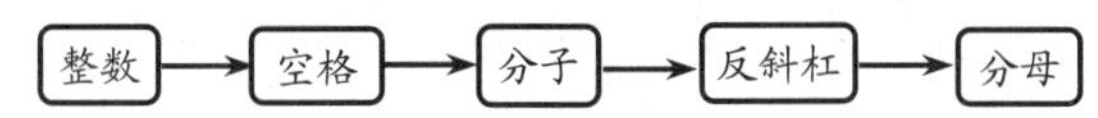

例如，当用户需要在单元格中输入$2\frac{1}{2}$时，先在单元格中输入 2，按【空格】键。然后，输入数字 1，再输入反斜杠与数字 2，按 Enter 键。此时，单元格中显示分数形式的数据，而在编辑栏中则显示数值“2.5”。

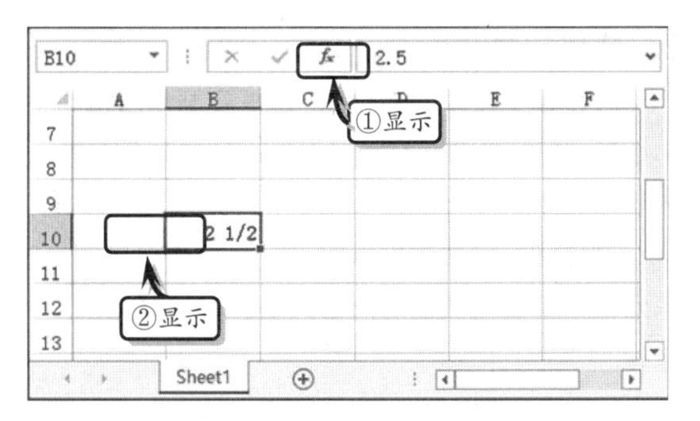

另外，当用户需要在单元格中输入$\frac{1}{2}$时，需要先在单元格中输入 0，按【空格】键。然后，输入数字 1，再输入反斜杠与数字 2。最后，按 Enter 键即可。

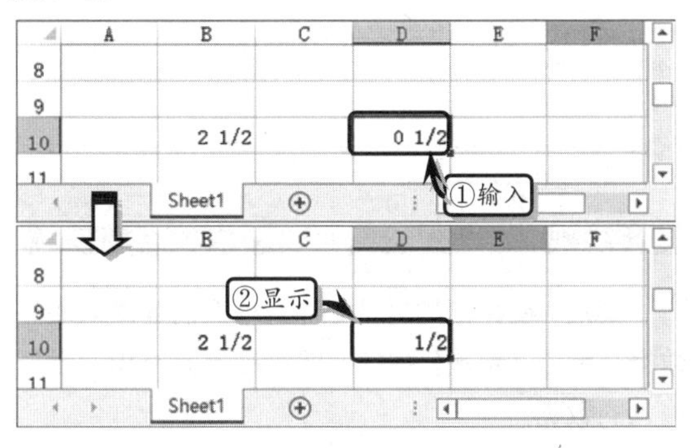

而当用户在单元格中输入的分子大于分母时，Excel 会自动将分数转换为一个整数与分数。例如，在单元格中输入$\frac{3}{2}$时，系统会自动显示为“1 1/2”。

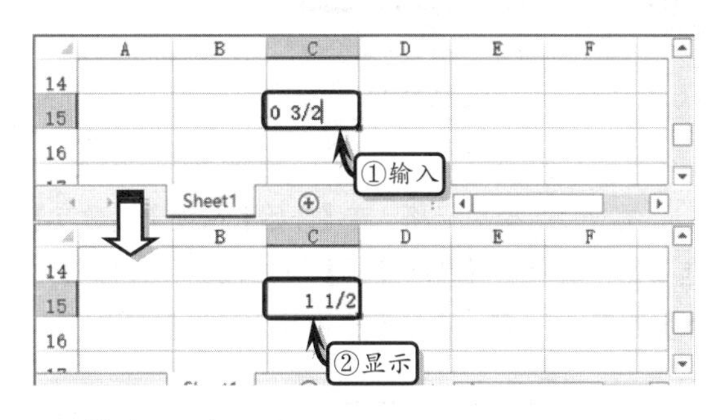

3. 输入平方

首先，在单元格中输入“X2”。然后，双击单元格，选中数字“2”，右击执行【设置单元格格式】命令。在弹出的对话框中，启用【上标】选项即可。

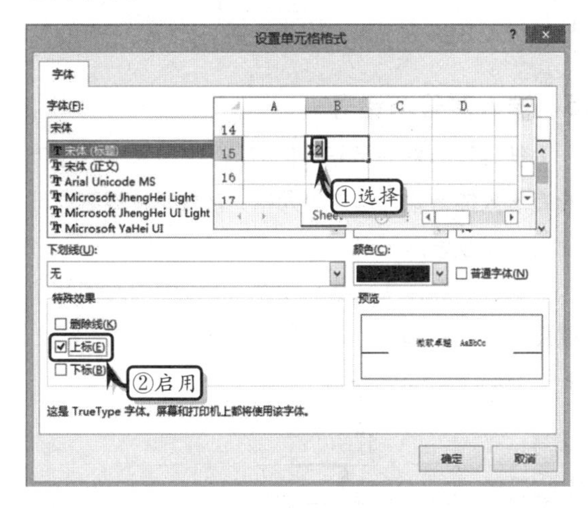

> **提示**
>
> 在单元格中输入“X”，然后按住 Alt 键的同时，使用小键盘输入“178”值，也可为数字添加平方。

4. 输入较长的数据

当用户在单元格中输入较长的数据时，系统将自动以科学计数的方式显示。

在单元格中输入较长数据之前，先在单元格中输入单引号“'”，然后输入数据即可。

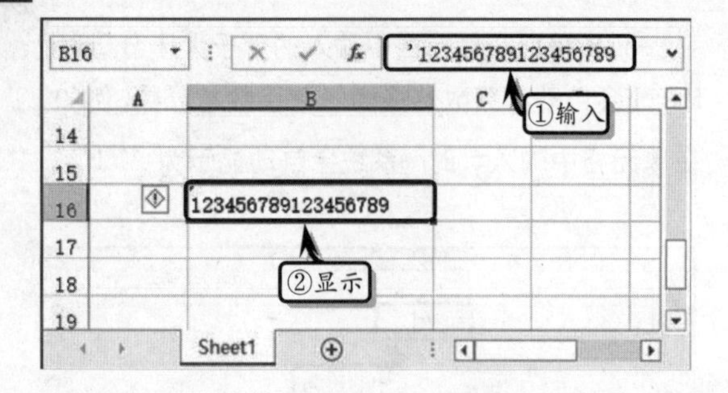

另外，选择单元格，在【开始】选项卡【数字】选项组中，单击【数字格式】下拉按钮，选择【文本】选项。然后，在单元格中输入较长数据即可。

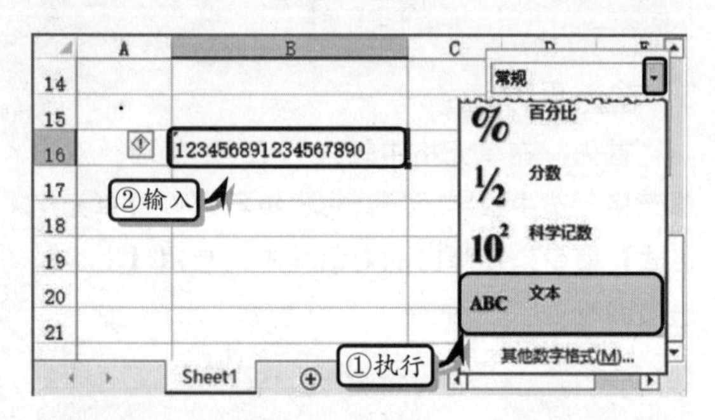

5．输入对号与错号

快速输入对号与错号的方法，与前面输入平方的方法大体一致。选择单元格，按住 Alt 键的同时使用小键盘输入“41420”，即可输入对号。

另外，选择单元格，按住 Alt 键的同时使用小键盘输入“41409”，即可输入错号。

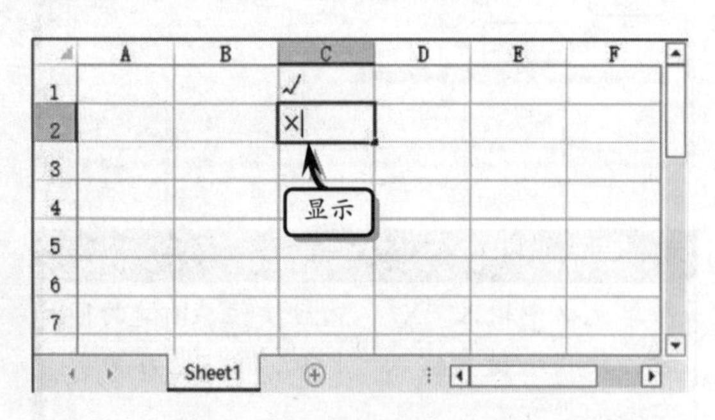

2.1.3 输入固定类型的数据

Excel 内置了“记录单”功能，以帮助用户输入那些具有固定类型的数据，以便于查找与编辑数据。

1．添加记录单

由于“记录单”是嵌入式的，因此需要先将该功能调整到【快速访问工具栏】中。

执行【文件】菜单中的【选项】命令，激活【快速访问工具栏】选项卡。单击【从下列位置选择命令】下列按钮，选择【不在功能区中的命令】选项。然后，在列表框中选择【记录单】选项，并单击【添加】按钮。

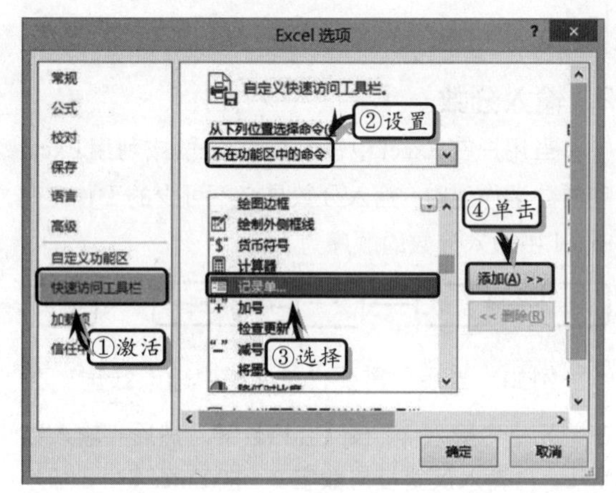

此时，在【快速访问工具栏】中，将显示“记录单”功能。

2．使用记录单

在使用记录单之前，用户还需要制作表格的整体框架，以方便记录单根据表格设计自动显示输入内容。

制作完标题整体框架之后，选中表格内的 A2 单元格，单击【快速访问工具栏】中的【记录单】按钮。

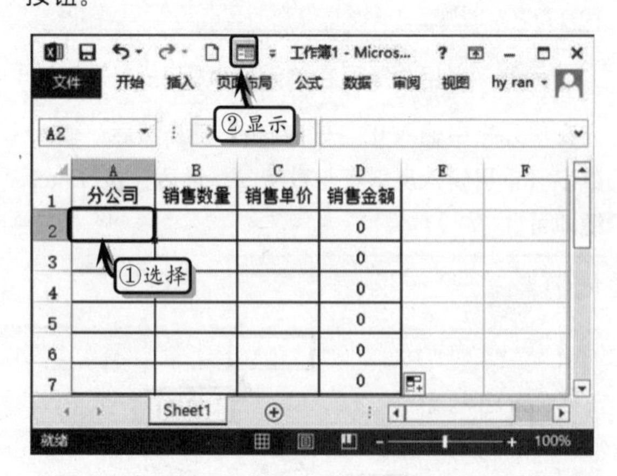

然后，在弹出的对话框中，根据内容输入表格数据，单击【新建】按钮，即可在单元格中显示所输入的数据。

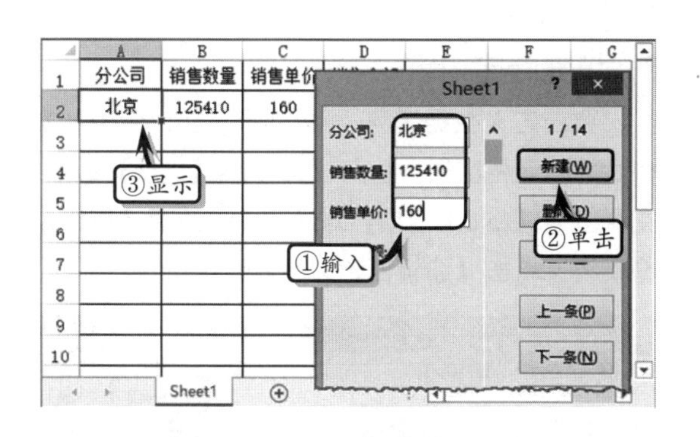

在该对话框中，输入完数据之后，可通过单击【下一条】按钮，继续输入剩余的数据，直到输入完所有数据后，单击【新建】按钮，创建数据。

2.2 数据自动化

Excel 为用户提供了数据自动化功能，运用该功能不仅可以快速输入具有一定规律的数据及有选择性地复制，而且还可以实现数据之间的完美同步。

2.2.1 自动填充数据

在 Excel 中处理数据时，往往需要快速输入多个内容相同、等差数据、序列等数据，从而帮助用户在很大程度上节省了工作时间，提高了工作效率。

1. 输入序列数据

最常用数据处理，便是在表格中输入表示序列的数字。

在单元格中输入数字"1"，将鼠标移至单元格右下角，当鼠标变成"十字"形状时，按住 Ctrl 键的同时向下拖动鼠标即可。

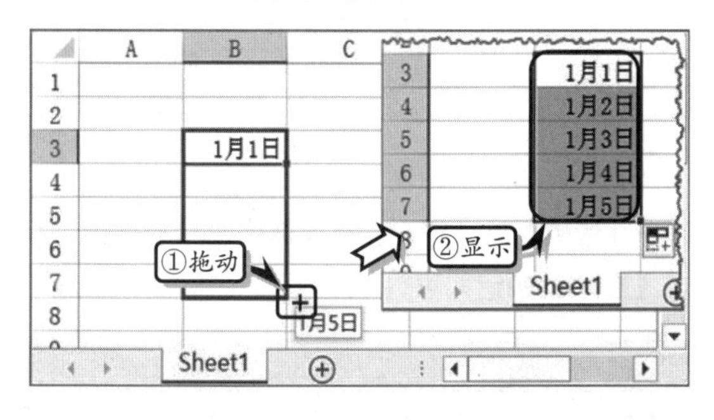

另外，在单元格 A2 中输入数字"1"。然后，将鼠标移至单元格的右下角，当鼠标变成"十字"形状时，向下拖动鼠标。此时，松开鼠标之后，单击【自动填充】图表，在列表中启用【填充序列】选项即可。

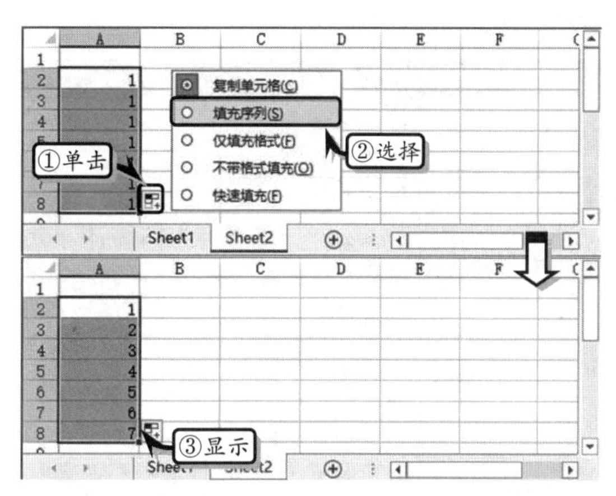

除此之外，选择需要填充数据的单元格区域。然后，执行【开始】|【编辑】|【填充】|【向下】命令，即可向下填充相同的数据。

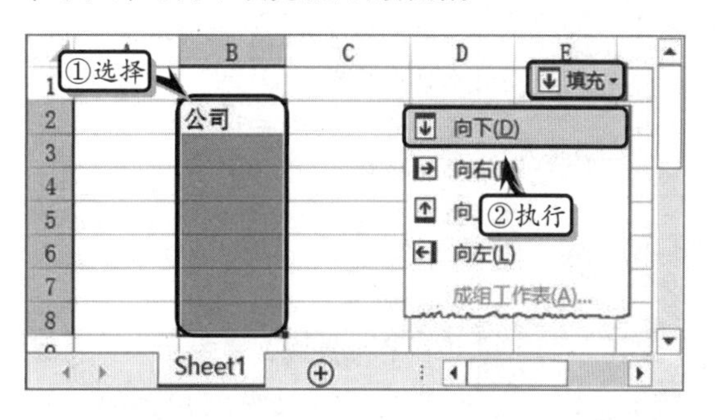

2. 序列填充

执行【开始】|【编辑】|【填充】|【系列】命令，在弹出的【序列】对话框中，可以设置序列产生在行或列、序列类型、步长值及终止值。

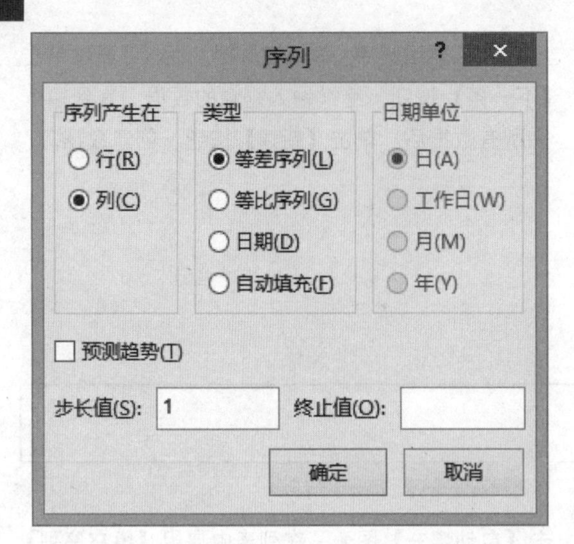

在【序列】对话框中，主要包括序列产生在和日期单位等选项组或选项，其具体请如下表所述。

选项组	选项	说　明
序列产生在		用于选择数据序列是填充在行中还是在列中
类型	等差序列	把【步长值】文本框内的数值依次加入到单元格区域的每一个单元格数据值上来计算一个序列。等同启用【趋势预测】复选框
	等比序列	忽略【步长值】文本框中的数值，而直接计算一个等差级数趋势列。把【步长值】文本框内的数值依次乘到单元格区域的每一个单元格数值上来计算一个序列。如果启用【趋势预测】复选框，则忽略【步长值】文本框中的数值，而会计算一个等比级数趋势序列
	日期	根据选择【日期】单选按钮计算一个日期序列
	自动填充	获得在拖动填充柄时产生相同结果的序列
预测趋势		启用该复选框，可以让 Excel 根据所选单元格的内容自动选择适当的序列
步长值		从目前值或默认值到下一个值之间的差，可正可负，正步长值表示递增，负的则为递减，一般默认的步长值是 1
终止值		用户可在该文本框中输入序列的终止值

3. 填充特定内容

要自定义数据序列，可以选择需要设置为文本格式的单元格区域。执行【文件】|【选项】命令，在弹出的【Excel 选项】对话框中，激活【高级】选项卡，单击【编辑自定义列表】按钮。

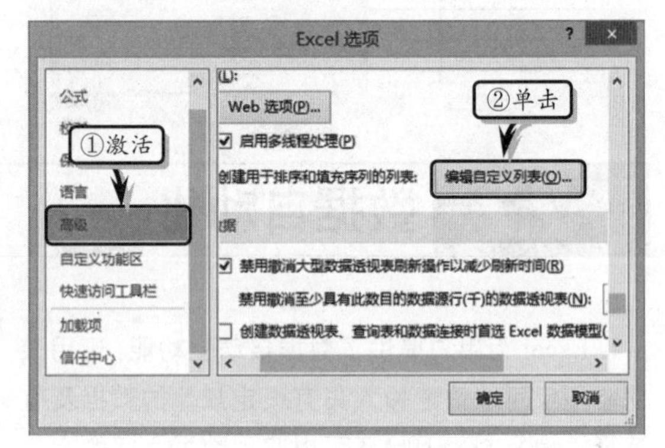

然后，在弹出的【选项】对话框中，选择序列或输入定义填充的序列，如果输入定义填充的序列，则需要单击【添加】按钮。然后选择需要填充的单元格区域，并单击【导入】按钮。最后依次单击【添加】按钮，完成自定义数据序列填充的设置。

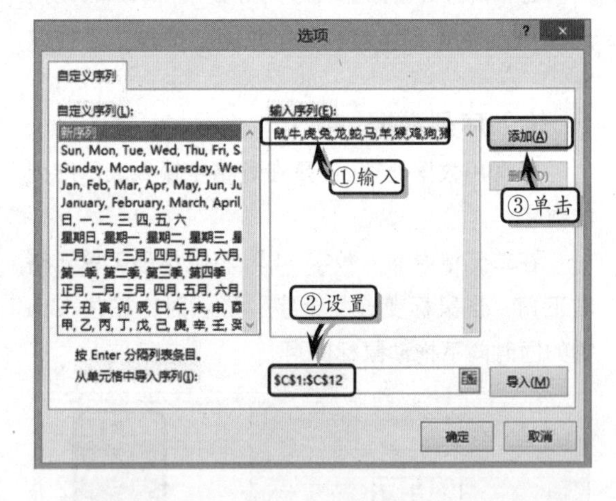

另外，如果用户需要删除自定义填充序列，可以在【选项】对话框中，选择需要删除的序列，单击【删除】按钮即可。

> **注意**
>
> 自定义列表只可以包含文字或混合数字的文本。对于只包含数字的自定义列表，必须首先创建一个设置为文本格式的数字列表。

4. 右键填充数据

在单元格中输入日期数据，将鼠标移至单元格右下角，当鼠标变成“十字”形式时，按住鼠标右键向下拖动鼠标。松开鼠标时，在弹出的列表中选择【以工作日填充】选项，单元格区域中将以工作日格式的日期序列填充。

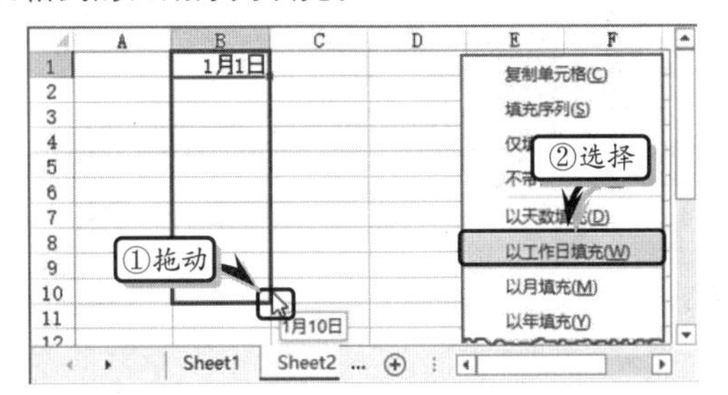

另外，在弹出的列表中还可以通过选择【以天数填充】选项，在单元格区域中显示工作天数的日期序列。通过选择【以月填充】选项，在单元格区域中以月份值显示日期序列。通过选择【以年填充】选项，在单元格区域中以年份值显示日期序列。

2.2.2 妙用粘贴功能

Excel 为用户提供了多功能的粘贴功能，不仅可以进行普通的粘贴，而且还可以快速粘贴数值、公式、图片、链接等功能。另外，用户还可以运用选择性粘贴功能，进行粘贴数据、格式、边框等。

1. 普通粘贴

普通粘贴继承了旧版本中的粘贴功能，主要包括粘贴、公式、保留原格式等 7 种粘贴方式。

选择单元格，执行【开始】|【剪贴板】|【复制】命令。然后，选择粘贴位置，执行【开始】|【剪贴板】|【粘贴】|【粘贴】命令，即可粘贴原数据。

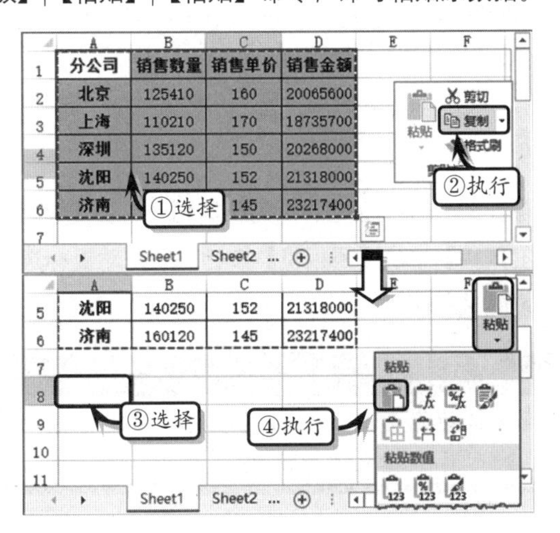

另外，复制相应的单元格区域，选择粘贴位置，执行【开始】|【剪贴板】|【粘贴】|【无边框】命令，即可粘贴不包含边框格式的数据。

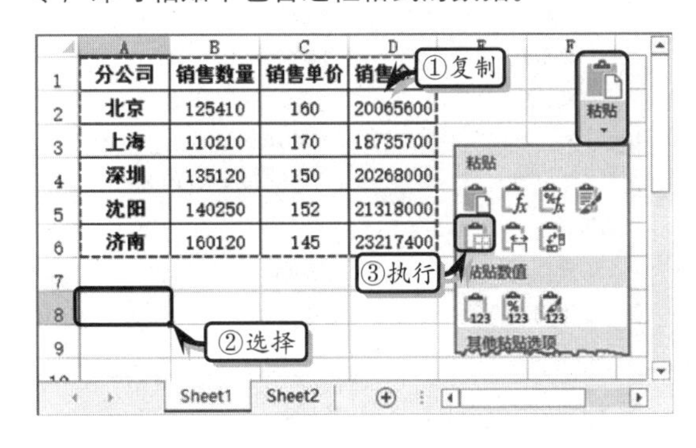

2. 粘贴数值

粘贴数值功能用于粘贴工作表中的数值数据，主要包括值、值和数据格式、值和原格式三种粘贴方式。

选择单元格，复制数据区域。然后，选择粘贴位置，执行【开始】|【剪贴板】|【粘贴】|【值】命令，即可将只粘贴数值。

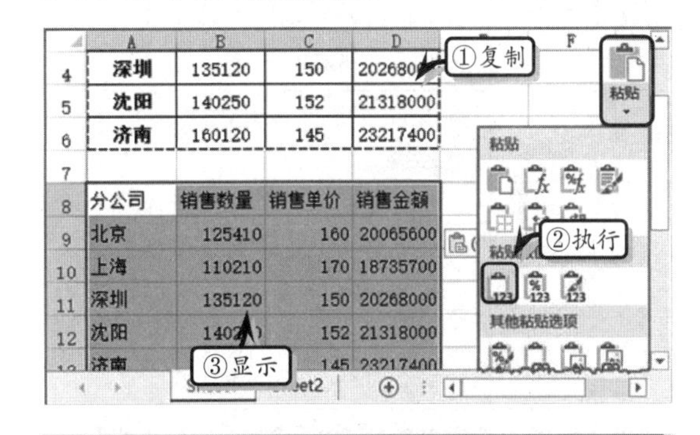

提示

用户还可以通过执行【粘贴】|【格式】、【粘贴链接】或【图片】等命令，将复制的数据粘贴为相应的格式。

3. 选择性粘贴

选择单元格，复制数据区域。然后，选择粘贴位置，执行【开始】|【剪贴板】|【粘贴】|【选择性粘贴】命令，在弹出的【选择性粘贴】对话框中，设置相应的选择，单击【确定】按钮即可粘贴所需要的数据。

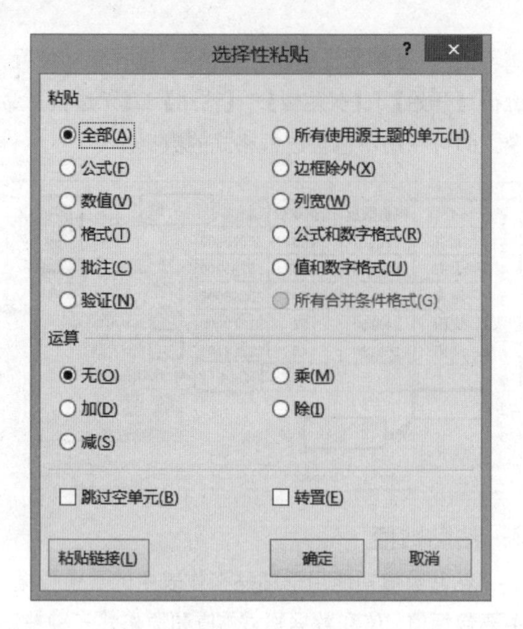

在【选择性粘贴】对话框中，各选项的功能如表所示。

参　数	说　明
粘贴	按照要求选择需要粘贴的内容，例如，粘贴全部内容，粘贴单元格中的公式、数值、格式、批注等
运算	用于指定要应用到所复制的数据的数学运算
跳过空单元	选中此复选框，则当复制区域中有空单元格时，可避免替换粘贴区域中的值
转置	选中此复选框时，可将所复制数据的列变成行，将行变成列
粘贴链接	将所粘贴的数据链接到活动工作表上所复制的数据

2.2.3　同步数据

在 Excel 中，可以使用粘贴链接的方法，将工作表中某一单元格区域中的数据同步到其他单元格区域中时。除此之外，用户还可以使用粘贴图片链接与照相机功能，制作完美的数据同步效果。

1. 粘贴图片链接

粘贴图片链接是将复制的数据以图片的方式显示，并创建图片与原数据区域的链接。

首先，复制单元格区域内的数据。然后，选择粘贴位置，执行【开始】|【剪贴板】|【粘贴】|【链接到图片】命令，将数据粘贴为图片格式。

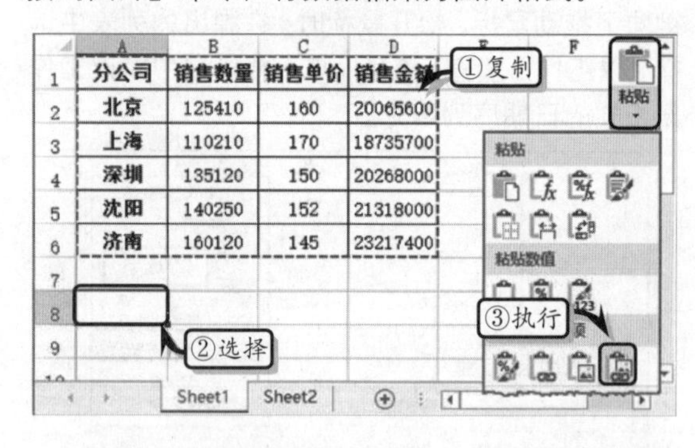

此时，更改原始数据区域中的数值，所粘贴链接图片中的数据也会随之改变。

2. 使用照相机功能

在 Excel 中，用户还可以使用照相机功能，实现数据同步的效果。

执行【文件】|【选项】命令，在弹出的【Excel 选项】对话框中，激活【快速访问工具栏】按钮，在其下拉列表中选择【不在功能区中的命令】选项。同时，在列表框中选择【照相机】选项，并单击【添加】按钮。

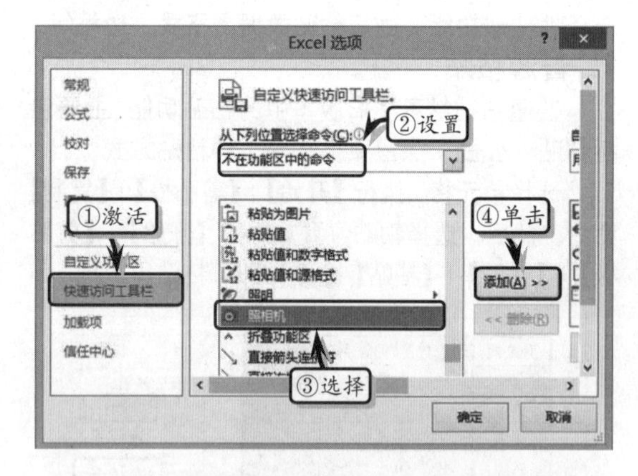

此时，选择相应的单元格区域，单击【快速访问工具栏】中的【照相机】按钮，并拖动鼠标选择放置区域即可。

> **提示**
>
> 照相机功能类似于粘贴图片链接功能，也是通过图片链接来实现数据同步。

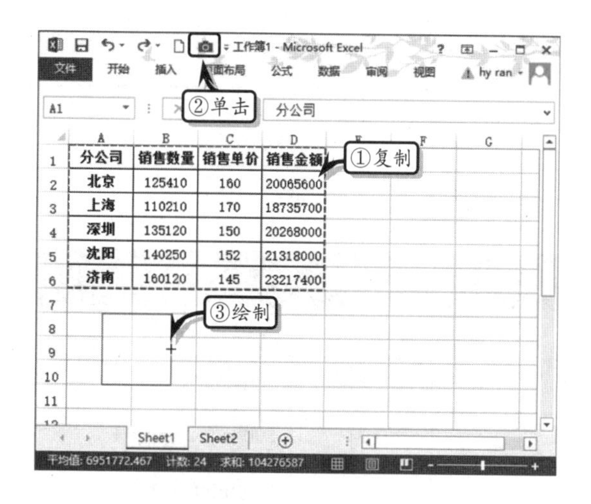

2.2.4　查找与替换数据

查找和替换是字处理程序中非常有用的功能。查找功能只用于在文本中定位，而对文本不做任何修改。替换功能可以提高录入效率，并更有效地修改文档。

1. 查找

执行【开始】|【编辑】|【查找和选择】|【查找】命令，在【查找内容】文本框中输入查找内容，并单击【查找下一个】按钮即可。

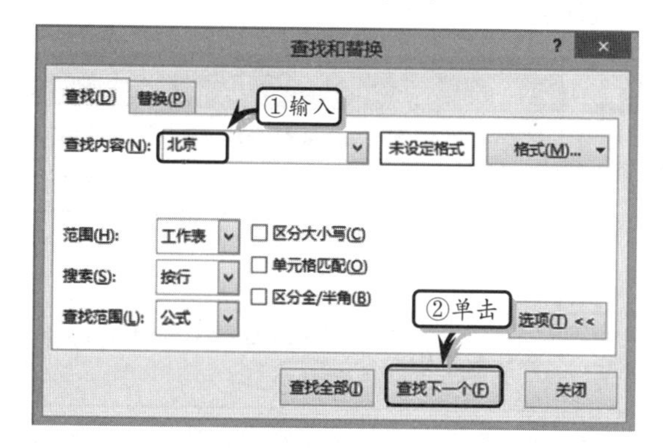

另外，单击【查找和替换】对话框中的【选项】按钮，将弹出具体查找的一些格式设置，其功能如下。

名　称	功　能
格式	用于搜索具有特定格式的文本或数字
选项	显示高级搜索选项
范围	选择"工作表"可将搜索范围限制为活动工作表。选择"工作簿"可搜索活动工作簿中的所有工作表

续表

名　称	功　能
搜索	单击所需的搜索方向，包括按列和按行两种方式
查找范围	指定是要搜索单元格的值还是要搜索其中所隐含的公式或是批注
区分大小写	区分大小写字符
单元格匹配	搜索与"查找内容"框中指定的内容完全匹配的字符
区分全/半角	查找文档内容时，区分全角和半角
查找全部	查找文档中符合搜索条件的所有内容
查找下一个	搜索下一处与"查找内容"框中指定的字符相匹配的内容
关闭	完成搜索后，关闭【查找和替换】对话框

技巧

按 Ctrl+F 键，即可打开【查找与替换】对话框。

2. 替换

执行【开始】|【编辑】|【查找和选择】|【替换】命令，弹出【查找和替换】对话框。分别在【查找内容】与【替换为】文本框中输入文本，单击【替换】或者【全部替换】按钮即可。

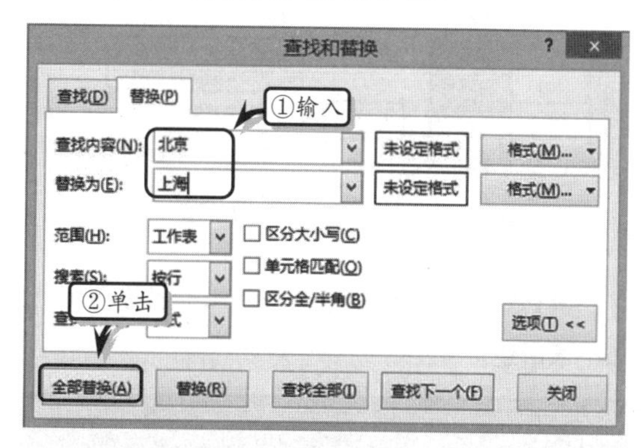

技巧

按 Ctrl+H 键，也可弹出【查找和替换】对话框，可进行替换操作。

2.3 设置数字格式

默认情况下，Excel 中的数字是以杂乱无章的方式进行显示，既不便于查看也不便于分析。此时，用户可以使用“数字格式”功能，根据不同的数据类型设置相对应的数字格式，以达到突出数据类型和便于查看和分析的目的。

2.3.1 使用内置格式

内置格式是 Excel 2013 为用户提供的数字格式集，包括常规、数值、货币、会计专用、日期、时间、百分比、分数、科学记数、文本、特殊以及自定义等类型。

1．选项组设置法

选择含有数字的单元格或单元格区域，执行【开始】|【数字】|【数字格式】命令，在下拉列表中选择相应的选项，即可设置所选单元格中的数据格式。

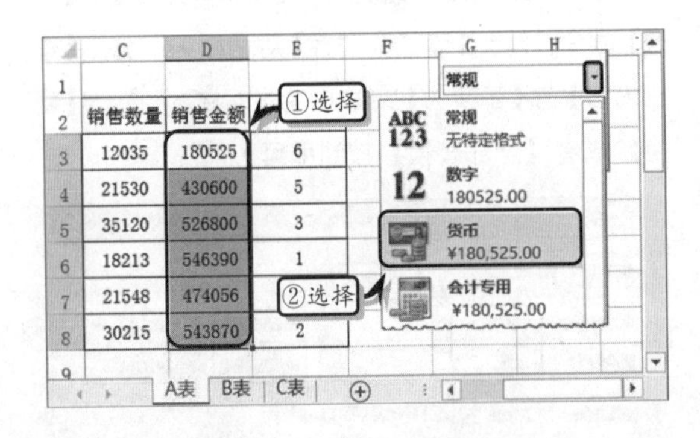

其【数字格式】命令中的各种图标名称与示例，如下表所述。

图　标	选　项	示　例
ABC 123	常规	无特定格式，如 ABC
12	数字	2222.00
	货币	￥1222.00

续表

图　标	选　项	示　例
	会计专用	￥1232.00
	短日期	2007-1-25
	长日期	2008 年 2 月 1 日
	时间	12:30:00
%	百分比	10%
½	分数	2/3、1/4、4/6
10^2	科学记数	0.09e+04
ABC	文本	中国北京

另外，用户还可以执行【数字】选项组中的其他命令，来设置数字的小数位数、百分百、会计货币格式等数字样式。各项命令的具体含义如下表所述。

按钮	命　令	功　能
	增加小数位数	表示数据增加一个小数位
	减少小数位数	表示数据减少一个小数位
,	千位分隔符	表示每个千位间显示一个逗号
	会计数字格式	表示数据前显示使用的货币符号
%	百分比样式	表示在数据后显示使用百分比形式

2．对话框设置法

选择相应的单元格或单元格区域，单击【数字】选项组中的【对话框启动器】按钮。在【数字】选项卡中，选择【分类】列表框中的数字格式分类即可。例如，选择【数值】选项，并设置【小数位数】选项。

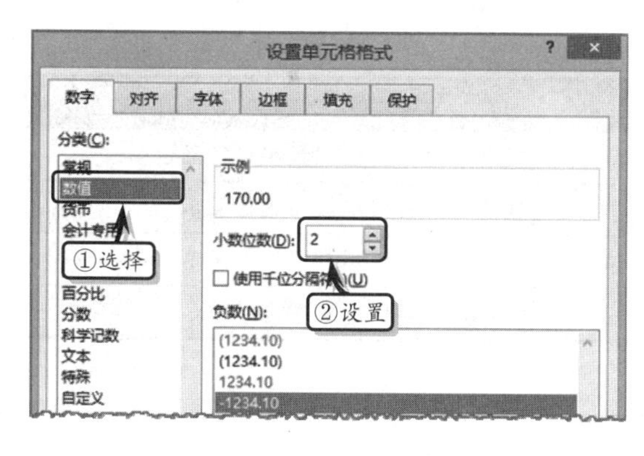

在【分类】列表框中，主要包含数值、货币、日期等 12 种格式，每种格式的功能如表所述。

分　类	功　能
常规	不包含特定的数字格式
数值	适用于千位分隔符、小数位数以及不可以指定负数的一般数字的显示方式
货币	适用于货币符号、小数位数以及不可以指定负数的一般货币值的显示方式
会计专用	与货币一样，但小数或货币符号是对齐的
日期	将日期与时间序列数值显示为日期值
时间	
百分比	将单元格乘以 100 并为其添加百分号，而且还可以设置小数点的位置
分数	以分数显示数值中的小数，而且还可以设置分母的位数
科学记数	以科学记数法显示数字，而且还可以设置小数点位置
文本	表示数字作为文本处理
特殊	用来在列表或数字数据中显示邮政编码、电话号码、中文大写数字和中文小写数字
自定义	用于创建自定义的数字格式，在该选项中包含了 12 种数字符号

2.3.2　自定义数字格式

自定义数字格式是使用 Excel 允许的格式代码，来表示一些特殊的、不常用的数字格式。

在【设置单元格格式】对话框中，用户还可以通过选择【分类】列表框中的【自定义】选项，来自定义数字格式。例如，选择【自定义】选项，在【类型】文本框中输入“000”数字代码，单击【确定】按钮即可在单元格中显示以零开头的数据。

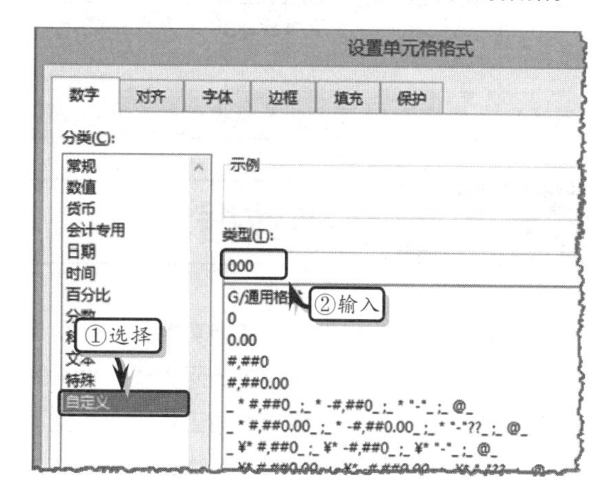

另外，自定义数字格式中的每种数字符号的含义，如下表所述。

符　号	含　义
G/通用格式	以常规格式显示数字
0	预留数字位置。确定小数的数字显示位置，按小数点右边的 0 的个数对数字进行四舍五入处理，当数字位数少于格式中零的个数时，将显示无意义的 0
#	预留数字位数。与 0 相同，只显示有意义的数字
?	预留数字位置。与 0 相同，允许通过插入空格来对齐数字位，并除去无意义的 0
.	小数点，用来标记小数点的位置
%	百分比，其结果值是数字乘以 100 并添加%符号
,	千位分隔符，标记出千位、百万位等数字的位置
_（下划线）	对齐。留出等于下一个字符的宽度，对齐封闭在括号内的负数，并使小数点保持对齐
：￥-()	字符。表示可以直接被显示的字符
/	分数分隔符，表示分数
“”	文本标记符，表示括号内引述的是文本

续表

符 号	含 义
*	填充标记，表示用星号后的字符填满单元格剩余部分
@	格式化代码，表示将标识出输入文字显示的位置
[颜色]	颜色标记，表示将用标记出的颜色显示字符

续表

符 号	含 义
h	代表小时，其值以数字进行显示
d	代表日，其值以数字进行显示
m	代表分，其值以数字进行显示
s	代表秒，其值以数字进行显示

2.4 链接数据

Excel 还为用户提供了超链接功能，以帮助用户链接多个工作表中的数据，以及网页或文件中的数据。从而解决了用户为结合不同工作簿中数据而产生的需求，方便了数据的整理与统计。

2.4.1 使用超链接

超链接是将多个不同类型的文件链接到工作簿中，适用于将多个工作簿或不同类型的文件，集合在一个工作簿之中。用户可通过执行【插入】|【链接】|【超链接】命令，来超链接新建文档、原有文件、网页与电子邮件地址。

1. 创建现有文件或网页的超链接

在工作表中选择需要插入链接的单元格，然后在【插入超链接】对话框中的【原有文件或网页】选项卡中，设置相应的选项，即可链接本地硬盘中的文件与指定的网页。

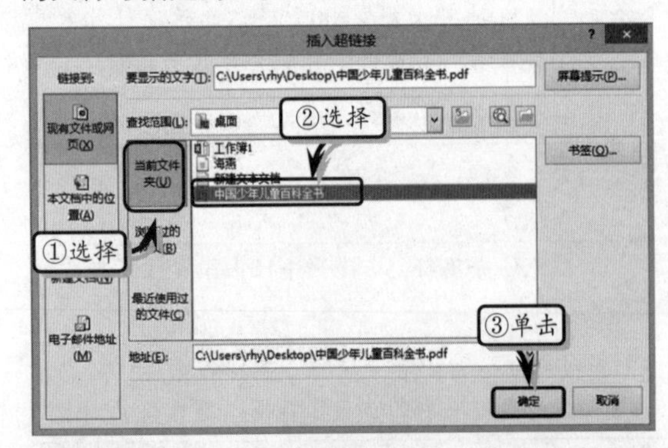

提示

在使用【书签】选项创建特定位置的超链接时，要链接的文件或网页必须具有书签。

2. 创建工作簿内的超链接

在工作表中选择需要插入链接的单元格，然后在【本文档中的位置】选项卡中，选择工作表并输入引用单元格的名称，即可链接同一工作簿中的工作表。

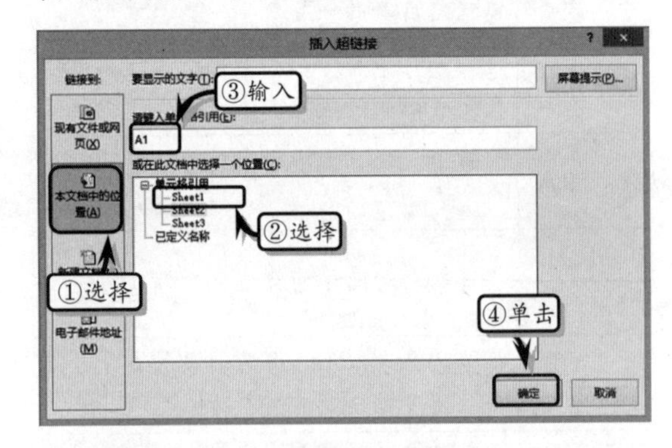

3. 创建指向电子邮件的超链接

在工作表中选择需要插入链接的单元格，然后在【电子邮件地址】选项卡中，设置电子邮件的地址与主题即可。

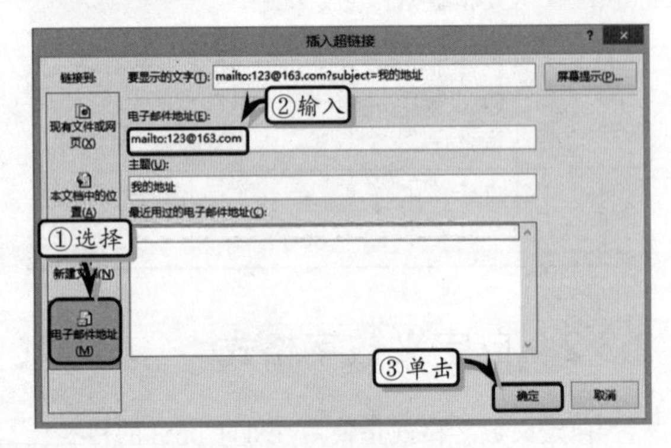

4. 创建新文档中的超链接

在工作表中选择需要插入链接的单元格，然

后在【新建文档】选项卡中，设置新文件的名称与位置。

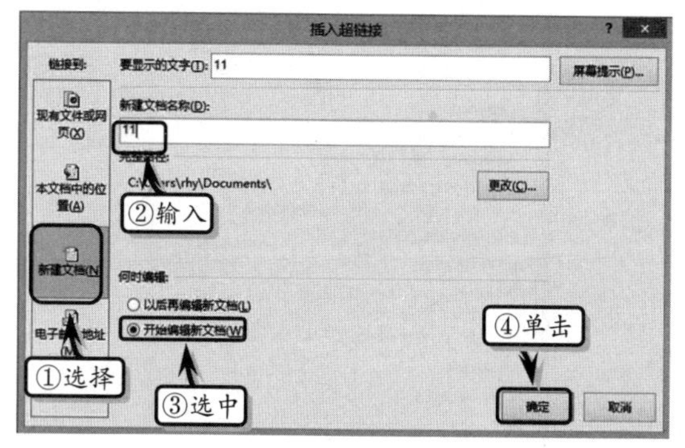

另外，在【何时编辑】选项组中可以设置新文档的编辑时间。选中【以后再编辑新文档】选项时，系统将立即保存新建文档。而选中【开始编辑新文档】选项时，系统则会自动打开新建文档，以方便用户进行编程操作。

2.4.2　使用外部链接

在 Excel 中，除了可以链接本文档中的文件以及邮件之外，还可以链接本工作簿之外的文本文件与网页，以帮助用户创建文本文件与网页的链接。

1．通过网页创建

在工作表中选择导入数据的单元格，执行【数据】|【获取外部数据】|【自网站】命令，在对话框中输入网站地址，选择相应的网页内容，单击【导入】按钮后选择放置位置。

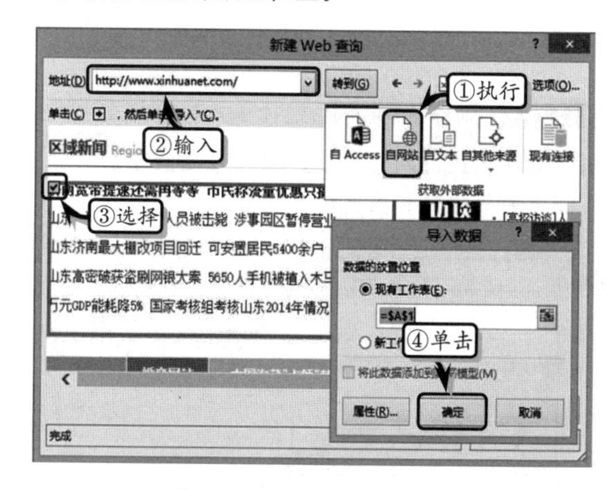

2．通过文本创建

执行【数据】|【获取外部数据】|【自文件】命令，在弹出的对话框中选择需要导入的文本文件，单击【导入】按钮即可。

在【导入文本文件】对话框中执行【导入】选项之后，用户只需根据【文本导入向导】对话框中的提示步骤操作即可。

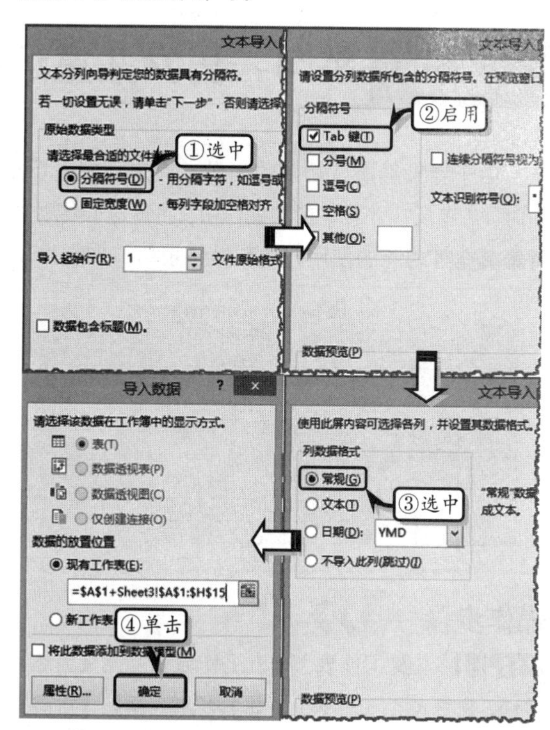

3．刷新外部数据

创建外部链接之后，用户还需要刷新外部数据，使工作表中的数据可以与外部数据保持一致，以便获得最新的数据。首先，打开含有外部数据的工作表，选择包含外部数据的单元格。然后，执行【数据】|【连接】|【全部刷新】|【刷新】命令。

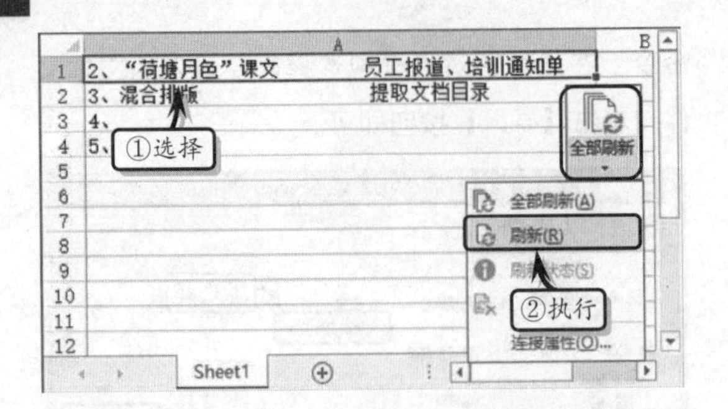

另外，选择包含外部数据的单元格，执行【数据】|【连接】|【全部刷新】|【连接属性】命令，即可在【连接属性】对话框中设置刷新选项。

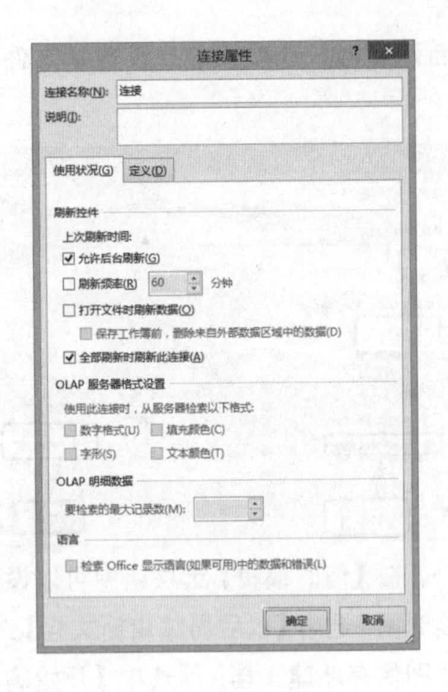

2.5 练习：男女儿童运动后的脉率变化

由于男女形态、功能的差异，决定了在进行定量及极量负荷运动时，二者反应不同。在本练习中，将通过介绍数据输入、上标输入、背景填充等功能的使用方法和操作技巧，来制作表格。

练习要点

- 选择单元格
- 合并单元格
- 输入数据
- 输入平方
- 设置边框格式
- 设置单元格样式

男女儿童少年30秒20次起蹲后脉率的变化

年龄组	组别	性别	人数	安静时脉率（次 min^{-1}）	负荷后脉率（次 min^{-1}）	负荷后2-3min后脉搏恢复的百分比（%）
11岁	锻炼组	男	18	79.0	120.7	77.8
		女	23	83.1	122.9	74.0
	对照组	男	16	88.1	133.9	56.3
		女	20	91.1	131.4	50.0
15岁	锻炼组	男	23	72.5	114.8	87.0
		女	23	80.2	119.5	56.5
	对照组	男	13	77.3	119.5	50.0
		女	10	87.5	129.5	15.8

操作步骤

STEP|01 设置工作表。单击工作表左上角【全选】按钮，选择整个工作表，右击行标签，执行【行高】命令，设置工作表行高。

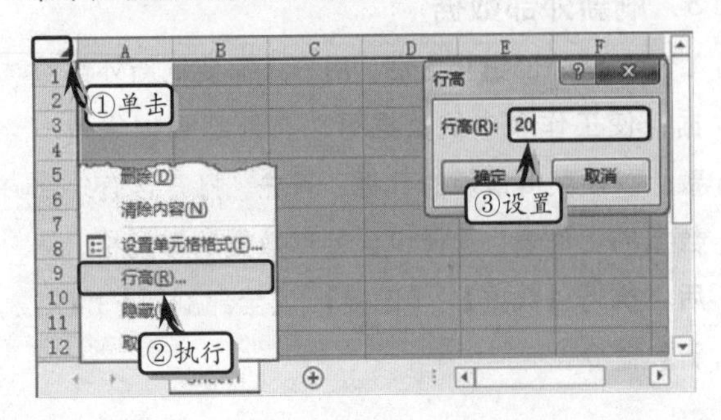

STEP|02 制作标题文本。选择单元格区域 B1:H1，执行【开始】|【对齐方式】|【合并后居中】命令，合并单元格区域并输入标题文本。

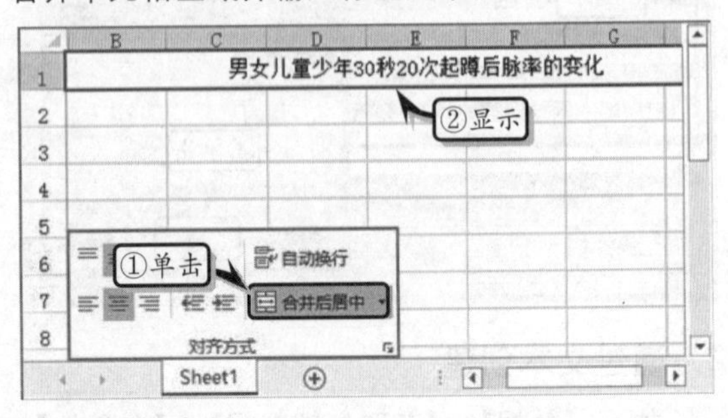

STEP|03 设置标题文本格式。选择单元格区域

B1:H1，设置文本字体格式，并调整行高。

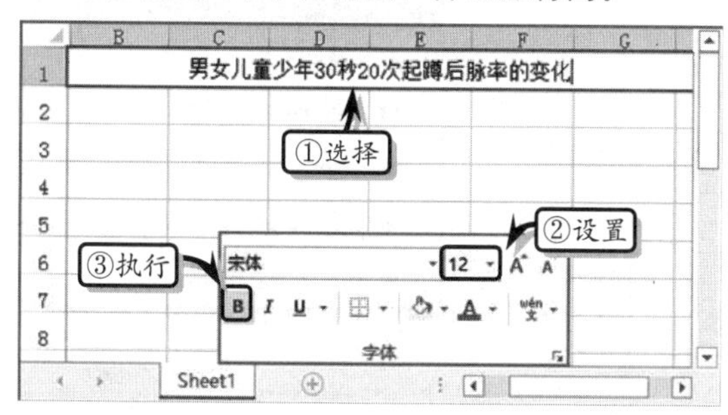

STEP|04 输入基础数据。合并相应的单元格区域，输入表格基础数据。然后，选择单元格区域 B2:H11，执行【开始】|【对齐方式】|【居中】命令，设置其居中对齐方式。

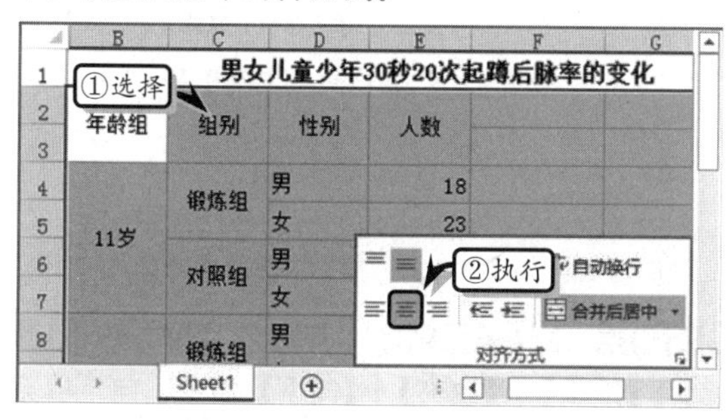

STEP|05 输入上标。选择单元格 F3，选中数字"-1"，右击执行【设置单元格格式】命令。在弹出的对话框中，启用【上标】选项，单击【确定】按钮。用同样的方法，制作其他上标，并调整列宽。

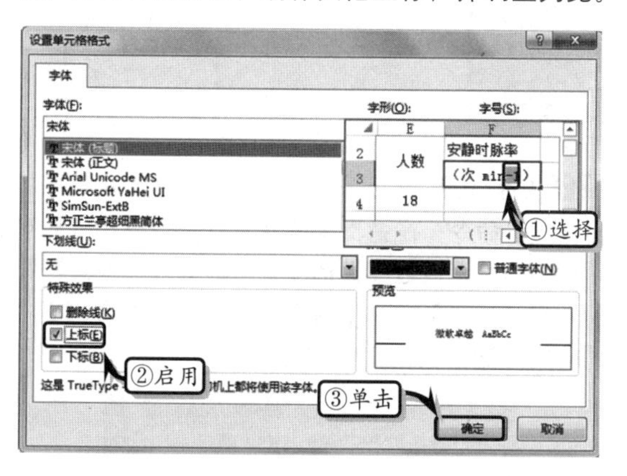

STEP|06 设置数据格式。选择单元格区域 F4:H11，右击执行【设置单元格格式】命令，激活【数字】选项卡，选择【数值】选项，设置小数位数。

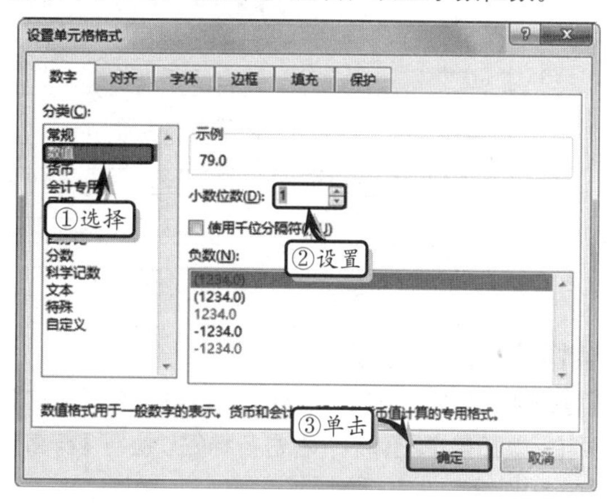

STEP|07 选择单元格区域 B2:H11，执行【开始】|【字体】|【边框】|【所有框线】命令，设置单元格区域的边框格式。

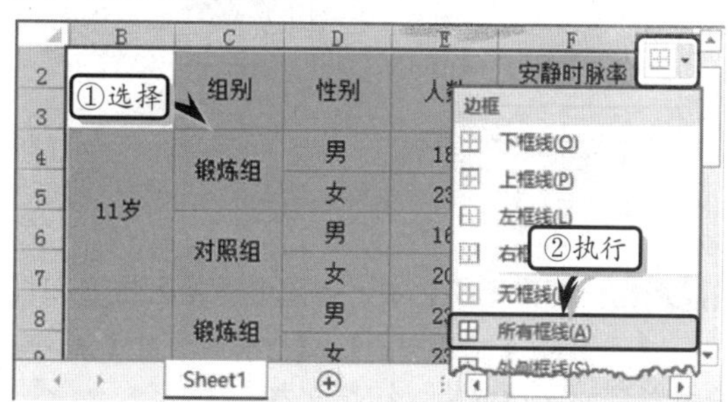

STEP|08 选择单元格区域 B2:H11，执行【开始】|【样式】|【单元格样式】|【差】命令。设置单元格区域样式。

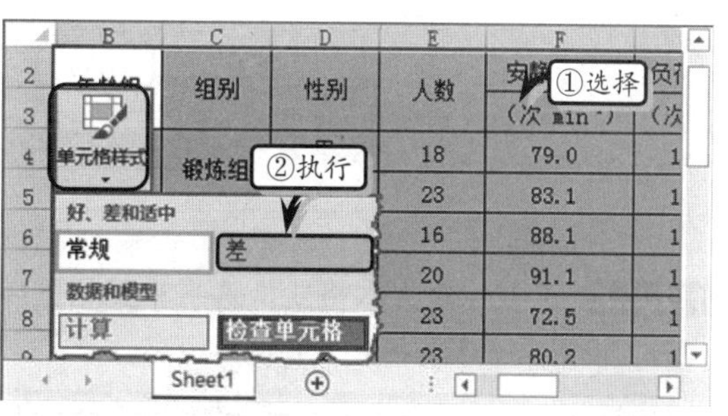

2.6 练习：学生学科竞赛统计表

学科竞赛是锻炼人智力的，超出课本范围的一种特殊的考试。通过学科竞赛，可以选拔优秀的学生进行更进一步的学习，是培养高级人才的一种途径。在本练习中，将通过介绍数据输入、分数输入等功能的使用方法和操作技巧，来制作表格。

学生学科竞赛统计表

年级	班级编号	比赛日期	班级总人数	参加竞赛人数	参加人数与总人数比值	获奖人数	获奖人数与参加人数比值
一年级	001	2015/5/15	54	10	5/27	1	1/10
一年级	002	2015/5/15	56	13	13/56	2	2/13
一年级	003	2015/5/15	61	14	14/61	4	2/7
一年级	004	2015/5/15	54	10	5/27	3	3/10
一年级	005	2015/5/15	55	12	12/55	3	1/4
一年级	006	2015/5/15	62	15	15/62	2	2/15
一年级	007	2015/5/15	57	10	10/57	5	1/2
一年级	008	2015/5/15	54	9	1/6	2	2/9

练习要点

- 选择单元格
- 合并单元格
- 输入数据
- 输入分数
- 设置边框格式

操作步骤

STEP|01 设置工作表。单击工作表左上角【全选】按钮，选择整个工作表，右击行标签，执行【行高】命令，设置工作表行高。

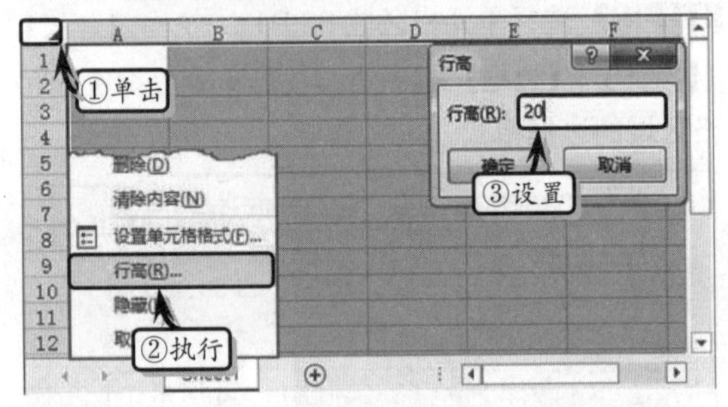

STEP|02 制作标题文本。选择单元格区域 B1:I1，执行【开始】|【对齐方式】|【合并后居中】命令，合并单元格区域并输入标题文本。

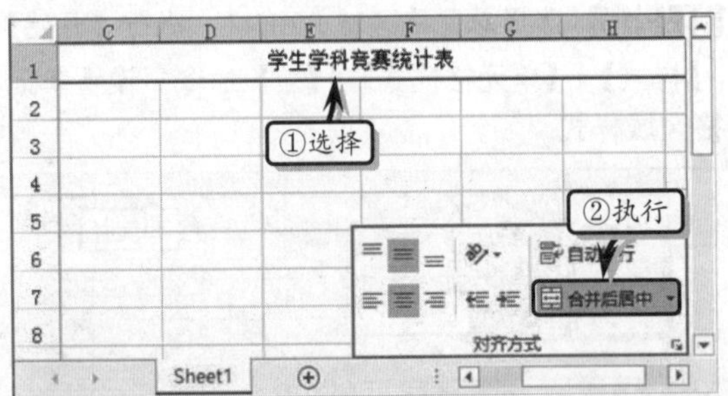

STEP|03 设置标题文本格式。选择单元格区域 B1:I1，设置文本字体格式，并调整行高。

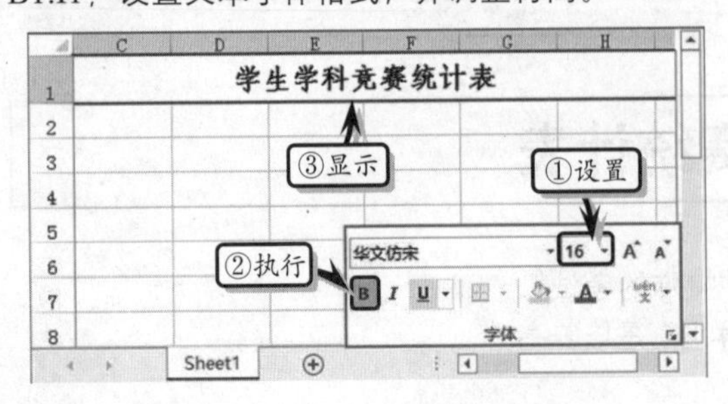

STEP|04 制作列标题。合并单元格区域 B2:B3，输入列标题，用同样的方法，分别制作其他列标题。

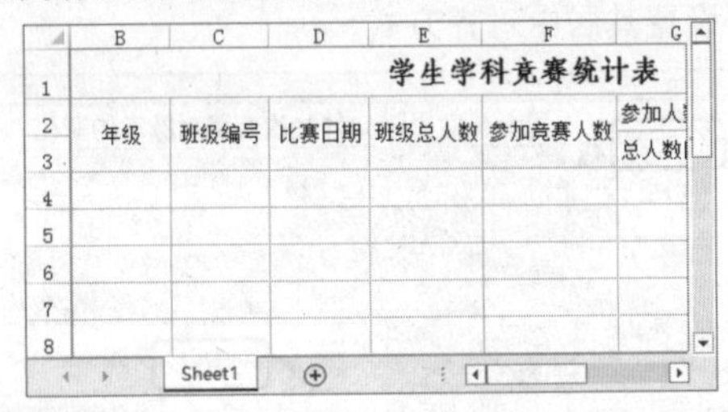

STEP|05 选择单元格区域 B4:B11。然后，执行【开始】|【编辑】|【填充】|【向下】命令，向下填充相同的数据。

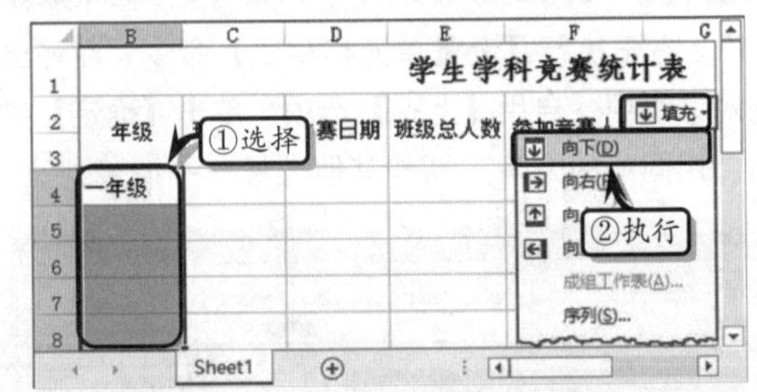

STEP|06 选择单元格 B4，右击执行【设置单元格格式】命令，在弹出来的【设置单元格格式】对话框中，激活【数字】选项卡，选择【自定义】选项，在【类型】文本框中输入“00#”代码。使用同样的方法，输入其他序号。

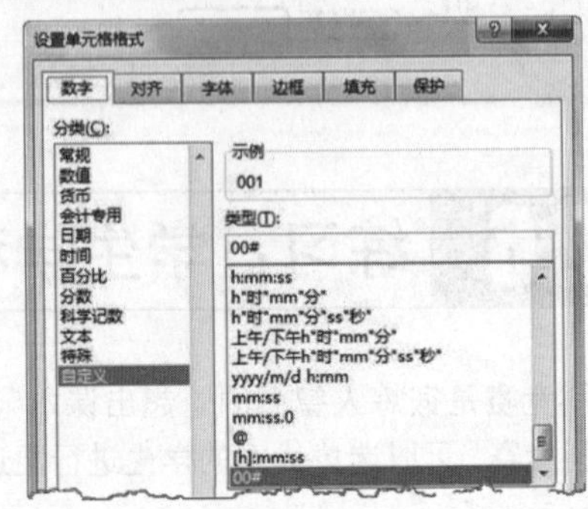

STEP|07 设置数据格式。选择单元格区域 D4:D11，执行【开始】|【数字】|【数字格式】|【短日期】命令，设置单元格区域数据格式。

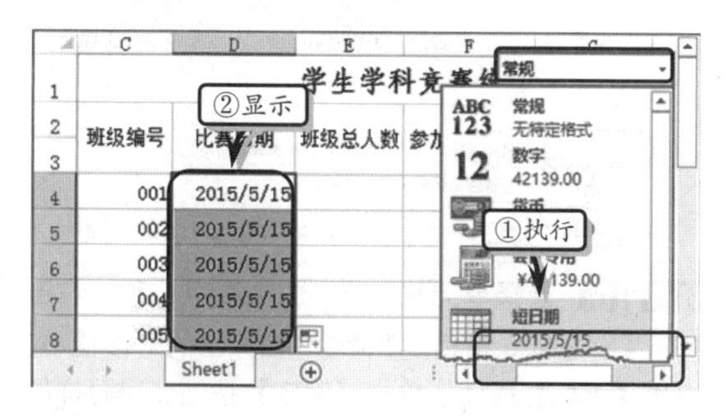

STEP|08 选择单元格 G4，在单元格中输入 0，按【空格】键。然后，输入数字 10，再输入反斜杠与数字 54。最后，按 Enter 键。用同样的方法，输入其他比值。

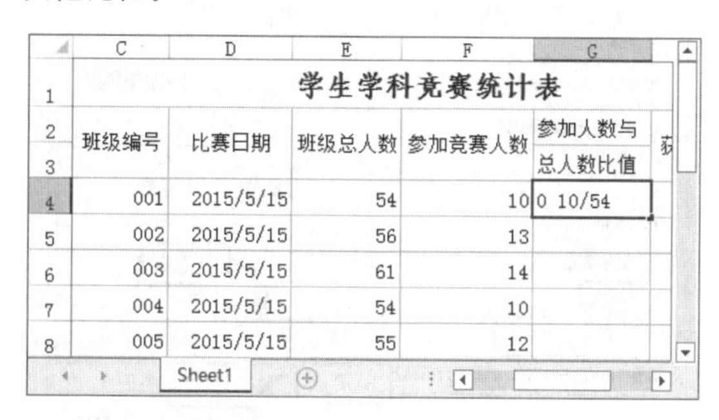

STEP|09 选择单元格区域 B2:I11，执行【开始】|【对齐方式】|【居中】命令，设置其居中对齐方式。

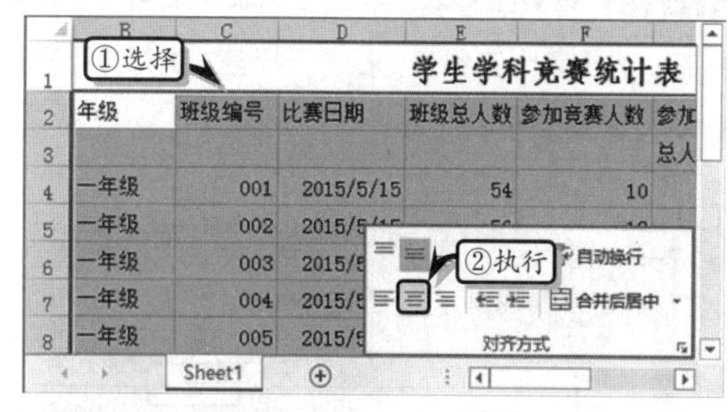

STEP|10 设置边框格式。选择单元格区域 B2:I11，右击执行【设置单元格格式】命令，在【边框】选项卡中选择线条样式，并单击【外边框】与【内部】边框，单击【确定】按钮。

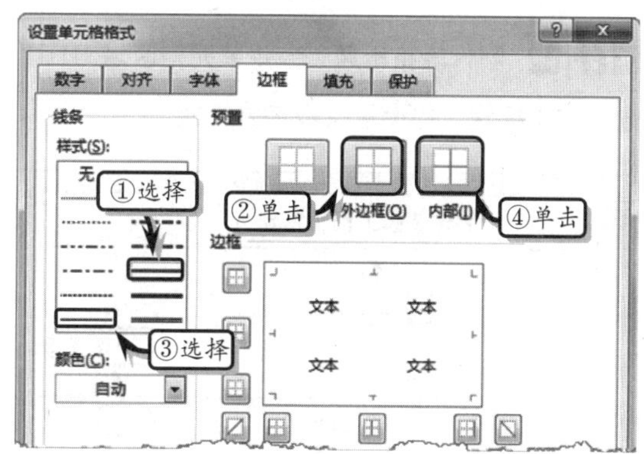

Excel 2.7 练习：装饰装修工程预算表

建筑装饰工程预算表是在建筑装饰工程施工图纸设计完成的基础上，按工程程序要求，由编制单位根据建筑装饰工程施工图纸、地区建筑装饰工程基础定额和地区建筑装饰工程费用文件等所编制的一种“单位建筑装饰工程预算造价”的表格。在本练习中，将通过介绍数据输入、平方输入等功能的使用方法和操作技巧，来制作表格。

练习要点

- 选择单元格
- 合并单元格
- 输入数据
- 设置数据格式
- 输入平方
- 设置边框格式

装饰装修工程预算表

序号	分部分项工程名称	单位	工程量	单价				金额
				基价	其中			
					材料	人工费	其他	
	一、地面工程							
01	室内所有地面找平(青石粉末沙、水泥)	m²	9191	¥40.0	¥2,489.9	¥535.0	¥651.5	¥3,676.4
02	伙房地面砖（广东蒙娜丽莎）	m²	15	¥420.0	¥5,600.0	¥350.0	¥350.0	¥6,300.0
03	卫生间地面砖（广东蒙娜丽莎）	m²	18	¥280.0	¥1,890.0	¥1,350.0	¥1,800.0	¥5,040.0
04	室内所有强化地板（影莱竹地板	m²	9191	¥380.0	¥33,125.8	¥800.0	¥1,000.0	¥34,925.8
05	客厅阳台玻璃幕墙（1.2厚钢化玻璃）	m²	25	¥250.0	¥4,000.0	¥2,000.0	¥250.0	¥6,250.0
06	伙房工作台（豪华成型工作台）	m²	5	¥1,480.0	¥7,000.0	¥200.0	¥200.0	¥7,400.0
	二、墙面工程							
07	室内所有墙面及顶面乳胶漆	m²	480	¥32.0	¥10,420.0	¥3,220.0	¥1,720.0	¥15,360.0
08	伙房墙面砖（广东蒙娜丽莎）	m²	40	¥340.0	¥7,000.0	¥3,000.0	¥3,600.0	¥13,600.0
09	卫生间墙面砖（广东蒙娜丽莎）	m²	50	¥340.0	¥11,700.0	¥3,000.0	¥2,300.0	¥17,000.0

操作步骤

STEP|01 设置工作表。单击工作表左上角【全选】按钮，选择整个工作表，右击行标签，执行【行高】命令，设置工作表行高。

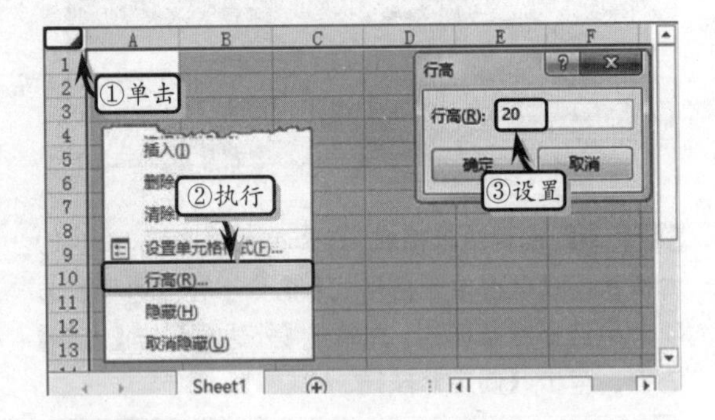

STEP|02 制作表格标题。合并单元格区域 B1:J1，输入文本标题，并设置文本字体格式。

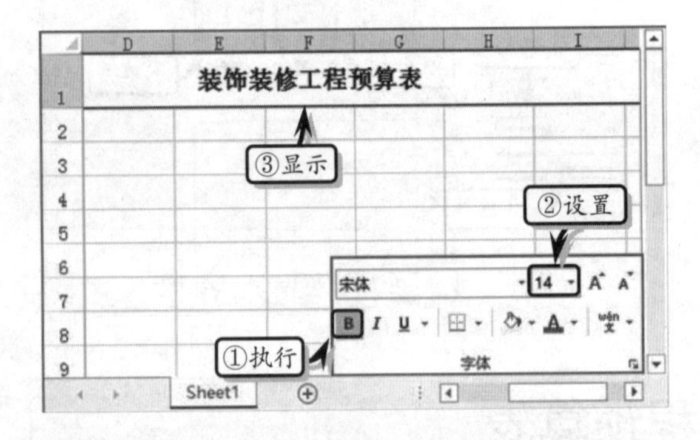

STEP|03 制作基础数据表。合并相应的单元格区域，输入基础数据，并设置其字体与对齐格式。

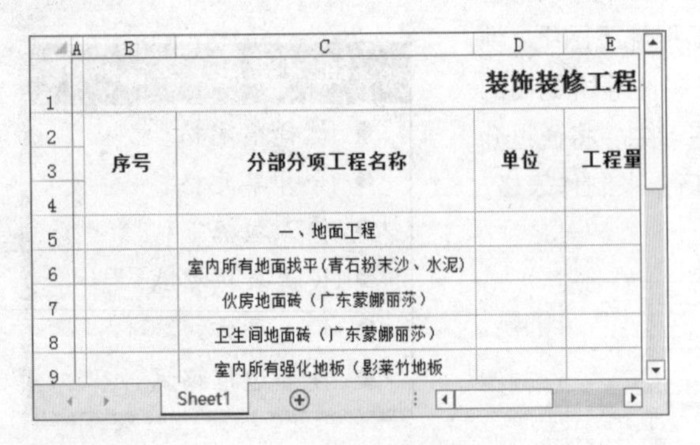

STEP|04 选择单元格 B6，在编辑栏中先输入英文状态下的“'”符号，然后继续输入“01”数字。使用同样方法，输入其他序号。

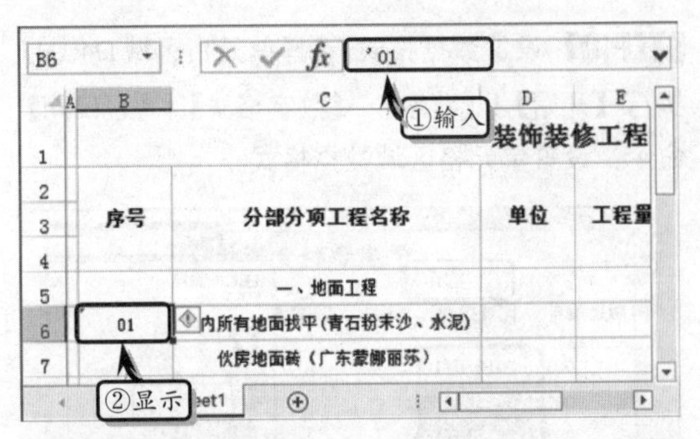

STEP|05 选择单元格 D6，选中数字“2”，右击执行【设置单元格格式】命令。在弹出的对话框中，启用【上标】选项，单击【确定】按钮。用同样的方法，制作其他平方。

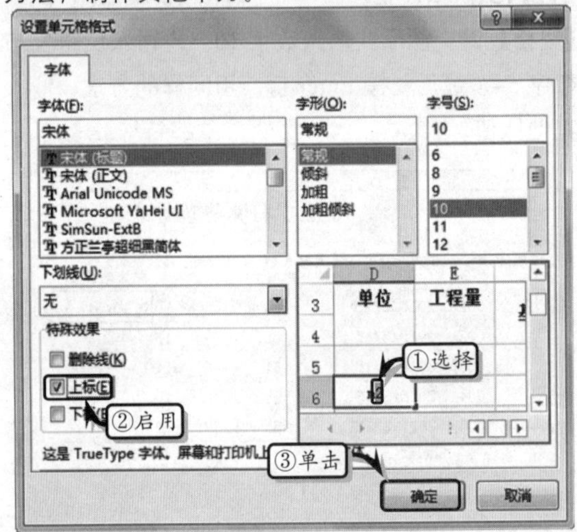

STEP|06 设置数据格式。选择单元格区域 F6:J15，右击执行【设置单元格格式】命令，激活【数字】选项卡，选择【数值】选项，设置小数位数。

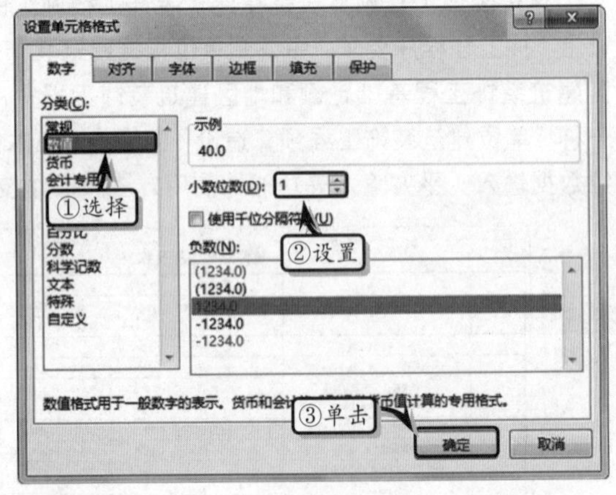

STEP|07 选择单元格区域 J6，在编辑栏中输入计算公式，按 Enter 键返回计算结果。使用同样的方

法，计算其他金额。

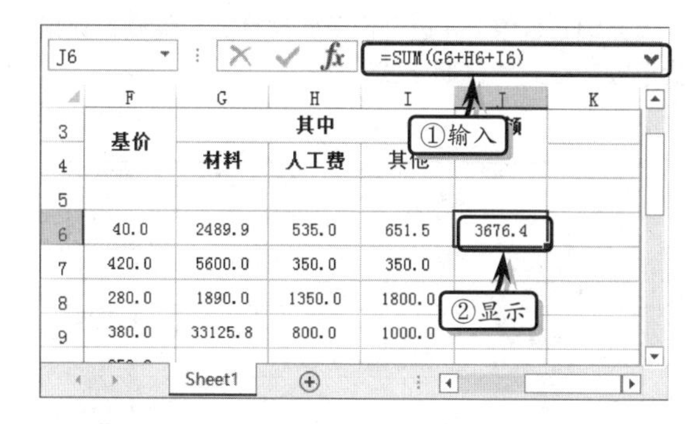

STEP|08 选择单元格区域 E6:J15，右击执行【设置单元格格式】命令，激活【数字】选项卡，选择【货币】选项，设置数据格式。

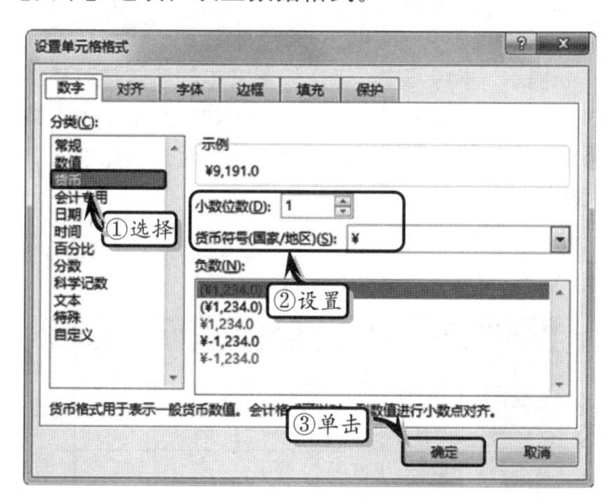

STEP|09 设置边框格式。选择单元格区域 B2:J4，右击执行【设置单元格格式】命令，在【边框】选项卡中选择线条样式，并单击【外边框】与【内部】边框，单击【确定】按钮。使用同样的方法，设置其他边框格式。

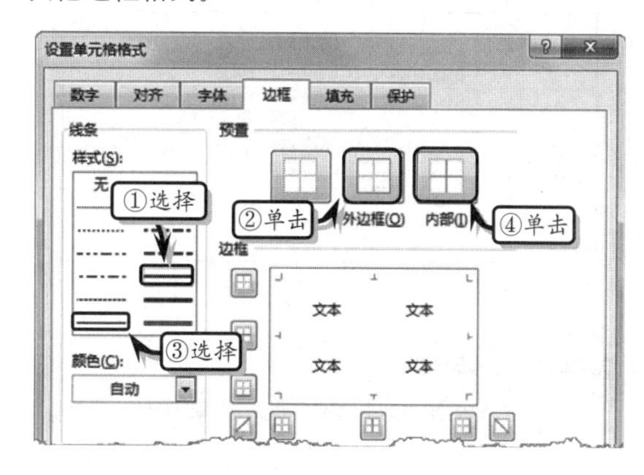

2.8 新手训练营

练习 1：工程量清单与计价表

downloads\2\新手训练营\工程量清单与计价表

提示：本练习中，首先运用合并单元格与设置字体格式功能，在工作表中输入基础文本信息，制作基础数据表。然后，选中单元格 D4，选择数字“2”。右击执行【设置单元格格式】命令。在弹出的对话框中，启用【上标】选项，单击【确定】按钮。选中单元格 G4，在编辑栏中输入计算公式，计算合价金额。最后，选中单元格区域 B2:G11，执行【开始】|【字体】|【填充】|【灰色-50%，着色 3，淡色 60%】命令，设置背景填充色。

工程量清单与计价表

项目编码	项目名称	计量单位	工程量	金额（元）	
				综合单价	合价
0101	平整场地	m^2	1536.00	¥60.95	¥93,619.20
0102	挖土方	m^3	1913.53	¥5.75	¥11,002.80
0103	土（石）方回填	m^3	1969.68	¥32.65	¥64,310.05
0104	砖基础	m^3	3476.56	¥28.54	¥99,221.02
0105	空心砖墙	m^3	306.65	¥314.67	¥96,493.56
0106	实心砖墙	m^3	876.72	¥491.51	¥430,916.65
0107	独立基础	m^3	53.44	¥555.34	¥29,677.37
0108	基础梁	m^3	167.76	¥451.86	¥75,804.03

练习 2：员工信息统计表

downloads\2\新手训练营\员工信息统计表

提示：本练习中，首先制作标题文本，输入表格基础数据，并设置数据的对齐和边框格式。然后，选择单元格 D3，在单元格中输入单引号“'”，然后输入长数据。最后，选择单元格区域 H3:H11，右击执行【设置单元格格式】命令，设置数据格式。

员工信息统计表

姓名	性别	身份证号	联系地址	所属部门	职务	入职时间
郭杰	男	411503199012155021	山东省	人事部	科长	2013/8/1
魏小超	男	411521199206060023	北京市	财务部	会计	2014/9/1
张涛	男	411521199109136022	河北省	财务部	经理	2013/8/1
马尚魁	男	411521199109207021	山西省	宣传部	推广员	2015/2/1
郑文星	男	411522199007030944	陕西省	销售部	销售员	2015/2/1
康向铎	男	411522198707122421	北京市	生产部	部长	2012/9/1
景妖冰	男	411524199410060046	天津市	生产部	职员	2015/2/1
李彩	女	411526199105290526	山东省	广告部	策划	2015/2/1
常丰祥	男	411302199112285125	河北省	人事部	经理	2014/9/1

练习 3：团体操课程

downloads\2\新手训练营\团体操课程

提示：本练习中，首先运用设置字体格式、文本居中对齐格式并为表格添加所用框线，制作基础数据表。然后，选择单元格，执行【开始】|【剪贴板】|【复制】命令，选择粘贴位置，执行【开始】|【剪贴板】|【粘贴】|【粘贴】命令，粘贴原数据。最后，利用添加边框与自动换行功能制作斜线表头。

团体操课程

星期 节次	星期一	星期二	星期三	星期四	星期五	星期六	星期日
第一节	18：00-19：00	18：00-19：00	18：00-19：00	18：00-19：00	18：00-19：00	18：00-19：00	18：00-19：00
	有氧搏击	街舞	拉丁	健身操	肚皮舞	普拉提	综合舞蹈
	露露	刘建	孟佳	毛毛	王怡	胡瑶	兰兰
第二节	19：10-20：00	19：10-20：00	19：10-20：00	19：10-20：00	19：10-20：00	19：10-20：00	19：10-20：00
	有氧步伐	狂野时速	综合舞蹈	车轮飞速	踏板	街舞	动感单车
	毛毛	刘伟	兰兰	海龙	黄鹂	刘建	海龙

练习 4：图书目录

downloads\2\新手训练营\图书目录

提示：本练习中，首先运用合并单元格与设置字体格式功能，制作表格标题。然后，运用填充数据功能填充编号数值，并运用设置数据格式功能设置数据货币数字格式和日期格式。

图书目录

序号	书名	定价	版别	库存	出版时间
1	网络学习的理论与实践	¥39.8	北京	23	2014年3月29日
2	动物繁殖	¥27.0	科学	5	2011年7月24日
3	养鸽实用技术全攻	¥60.0	中国农业科技	28	2012年1月13日
4	乡村兽医培训教程	¥21.0	中国农业科技	55	2012年5月12日
5	河南济源　古树名木	¥168.0	中共林业	4	2012年12月13日
6	农作物生产技术（南方本）	¥27.1	高教	5	2012年12月25日
7	农产品贮藏加工技术	¥29.8	化学工业	2	2013年1月15日
8	家畜养殖实训	¥20.0	中国铁道	5	2013年3月29日
9	中国孤竹文化	¥88.0	中国文史	11	2013年5月1日
10	蔬菜园艺工培训教程	¥17.0	中国农业科学	9	2013年5月23日
11	农产品质量安全	¥16.8	中国科学文化	7	2013年5月24日
12	乡村干部农事手册	¥18.8	中国农业科学	14	2013年11月23日

练习 5：考勤记录表

downloads\2\新手训练营\考勤记录表

提示：本练习中，运用设置文本的字体与对齐格式，制作基础表格内容；以及运用边框功能，为表格添加所有框线。另外，还运用了填充背景功能设置单元格区域的背景色。

考勤记录表

员工编号	姓名	性别	迟到	早退	旷工
SL04025	张晓丽	女	2		
SL04012	孙艳艳	女			
SL04241	周广西	男		1	1
SL04015	乔蕾蕾	女	2		
SL04013	魏家平	女			1
SL04130	孙茂艳	女		1	

第 3 章

函 数 基 础

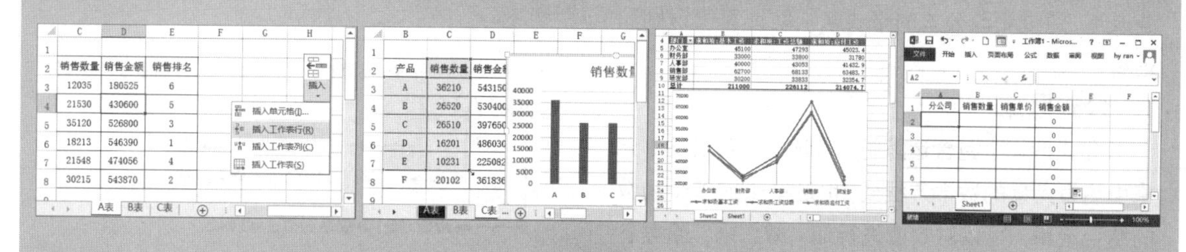

Excel 是办公室自动化中非常重要的一款软件，不仅具有创建、存储与分析数据的功能，而且还具有强大的数学运算功能，并被广泛应用于各种科学计算、统计分析领域中。在使用 Excel 进行数学运算时，用户不仅可以使用表达式与运算符，还可以使用封装好的函数进行运算，并通过名称将数据打包成数组应用到算式中。在本章中，将详细介绍 Excel 公式和函数的使用方法，以及名称的管理与应用。

3.1 公式的应用

在使用 Excel 进行数学运算时，用户可以使用表达式与运算符，也可以使用封装好的函数，并通过名称将数据打包成数组应用到算式中。本章将详细介绍 Excel 公式和函数的使用方法，以及名称的管理与应用。

3.1.1 公式与 Excel

传统的数学公式通常只能在纸张上演算，如需要在计算机中使用这些公式，则需要对公式进行一些改造，通过更改公式的格式来帮助计算机识别和理解。

1．公式概述

公式是一个包含运算符、常量、函数以及单元格引用等元素的数学方程式，也是单个或多个函数的结合运用，可以对数值进行加、减、乘、除等各种运算。

一个完整的公式，通常由运算符和参与计算的数据组成。其中，数据可以是具体的常数数值，也可以是由各种字符指代的变量；运算符是一类特殊的符号，其可以表示数据之间的关系，也可以对数据进行处理。

在日常的办公、教学和科研工作中会遇到很多的公式，例如：

```
E = MC²
sin2α + cos2α = 1
```

在上面的两个公式中，E、M、C、sin α、cos α 以及数字 1 均为公式中的数值。而等号“=”、加号“+”和以上标数字 2 显示的平方运算符号等则是公式的运算符。

2．全部公式以等号开始

在 Excel 中使用公式时，需要遵循 Excel 的规则，将传统的数学公式翻译为 Excel 程序可以理解的语言。这种翻译后的公式就是 Excel 公式。

Excel 将单元格中显示的内容作为等式的值，因此，在 Excel 单元格中输入公式时，只需要输入等号“=”和另一侧的算式即可。在输入等号“=”后，Excel 将自动转入公式运算状态。

3．以单元格名称为变量

如用户需要对某个单元格的数据进行运算，则可以直接输入等号“=”，然后输入单元格的名称，再输入运算符和常量进行运算。

例如，将单元格 A2 中的数据视为圆的半径，则可以在其他的单元格中输入以下公式来计算圆的周长。

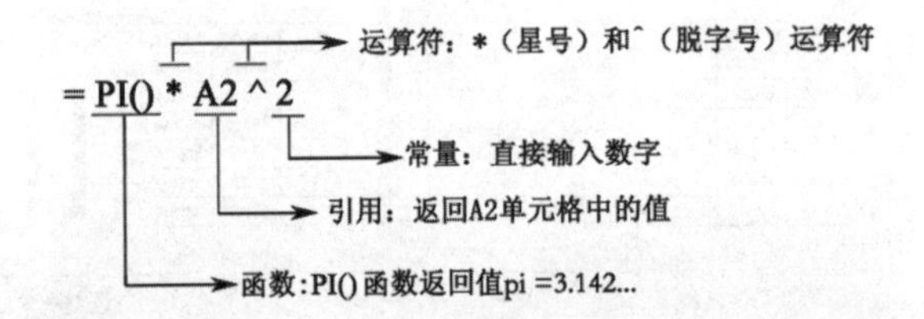

在上面的公式中，单元格的名称 A2 也被称作“引用”。

> **提示**
>
> PI()是 Excel 预置的一种函数，其作用是返回圆周率 π 的值。关于函数的使用方法，可参考之后相关的章节。

在输入上面的公式后，用户即可按 Enter 键退出公式编辑状态。此时，Excel 将自动计算公式的值，将其显示到单元格中。

3.1.2 公式中的常量

常量是在公式中恒定不发生改变、无须计算直接引用的数据。Excel 中的常量分为 4 种，即数字常量、日期常量、字符串常量和逻辑常量。

1．数字常量

数字常量是最基本的一种常量，其包括整数和小数等两种，通常显示为阿拉伯数字。例如，3.14、25、0 等数字都属于数字常量。

2．日期和时间常量

日期与时间常量是一种特殊的转换常量，其本身是由 5 位整数和若干位小数构成的数据，包括日期常量和时间常量等两种。

日期常量可以显示为多种格式，例如，"2010 年 12 月 26 日"、"2010/12/26"、"2010-12-26" 以及 "12/26/2010" 等。将 "2010 年 12 月 26 日" 转换为常规数字后，将显示一组 5 位整数 40538。

时间常量与日期常量类似，也可以显示为多种格式，例如，"12:25:39"、"12:25:39 PM"、"12 时 25 分 39 秒" 等。将其转换为常规数字后，将显示一组小数 0.5178125。

> **提示**
>
> 日期与时间常量也可以结合在一起使用。例如，数值 40538.5178125，就可以表示 "2010 年 12 月 26 日 12 时 25 分 39 秒"。

3．字符串常量

字符串常量也是一种常用的常量，其可以包含所有英文、汉字及特殊符号等字符。例如，字母 A、单词 Excel、汉字 "表"、日文片假名 "せす" 以及实心五角星 "★" 等。

4．逻辑常量

逻辑常量是一种特殊的常量，其表示逻辑学中的真和假等概念。逻辑常量只有两种，即全大写的英文单词 TRUE 和 FALSE。逻辑常量通常应用于逻辑运算中，通过比较运算符计算出最终的逻辑结果。

> **提示**
>
> 有时 Excel 也可以通过数字来表示逻辑常量，用数字 0 表示逻辑假（FALSE），用数字 1 表示逻辑真（TRUE）。

3.1.3　公式中的运算符

运算符是 Excel 中的一组特殊符号，其作用是对常量、单元格的值进行运算。Excel 中的运算符大体可分为如下 4 种。

1．算术运算符

算术运算符是最基本的运算符，其用于对各种数值进行常规的数学运算，包括如下 6 种。

算术运算符	含　义	解释及示例
+	加	计算两个数值之和（6=2+4）
-	减	计算两个数值之差（3=7-4）
*	乘	计算两个数值的乘积（4*4=16 等同于 4×4=16）
/	除	计算两个数值的商（6/2=3 等同于 6÷2=3）
%	百分比	将数值转换成百分比格式（10+20）%
^	乘方	数值乘方计算（2^3=8 等同于 2^3=8）

2．比较运算符

比较运算符的作用是对数据进行逻辑比较，以获取这些数据之间的大小关系，其包括如下 6 种。

比较运算符	含　义	示　例
=	相等	A5=10
<	小于	5<10
>	大于	12>10
>=	大于等于	A6>=3
<=	小于等于	A7<=10
<>	小于等于	8<>10

3．文本连接符

文本运算符只有一个连接符&，使用连接符 "&" 运算两个相邻的常量时，Excel 会自动把常量转换为字符串型常量，再将两个常量连接在一起。

例如，数字 1 和 2，如使用加号 "+" 进行计算，其值为 3，而使用连接符 "&" 进行运算，则其值为 12。

4．引用运算符

引用运算符是一种特殊的运算符，其作用是将不同的单元格区域合并计算，包括如下三种类型。

引用运算符	名　称	含　义
:	区域运算符	包括在两个引用之间的所有单元格的引用
,	联合运算符	将多个引用合并为一个引用
空格符	交叉运算符	对两个引用共有的单元格的引用

3.2 使用公式

在了解了Excel公式的各种组成部分以及运算符的优先级后，即可使用公式、常量进行计算。另外，在Excel中，用户还可以像操作数据那样复制、移动和填充公式。

3.2.1 创建公式

在Excel中，用户可以直接在单元格中输入公式，也可以在【编辑】栏中输入公式。另外，除了在单元格中显示公式结果值之外，还可以直接将公式显示在单元格中。

1. 输入公式

在输入公式时，首先将光标置于该单元格中，输入"="号，然后再输入公式的其他元素，或者在【编辑】栏中输入公式，单击其他任意单元格或按Enter键确认输入。此时，系统会在单元格中显示计算结果。

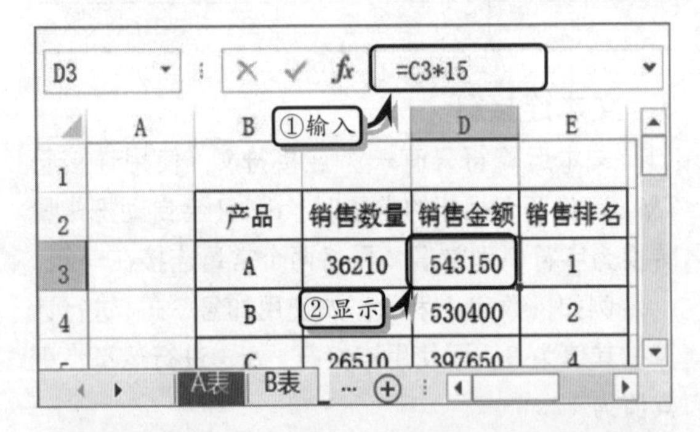

技巧

用户也可以输入公式后，单击【编辑】栏中的【输入】按钮√，确认公式的输入。

2. 显示公式

在默认状态下，Excel 2013只会在单元格中显示公式运算的结果。如用户需要查看当前工作表中所有的公式，则可以执行【公式】|【公式审核】|【显示公式】命令，显示公式内容。

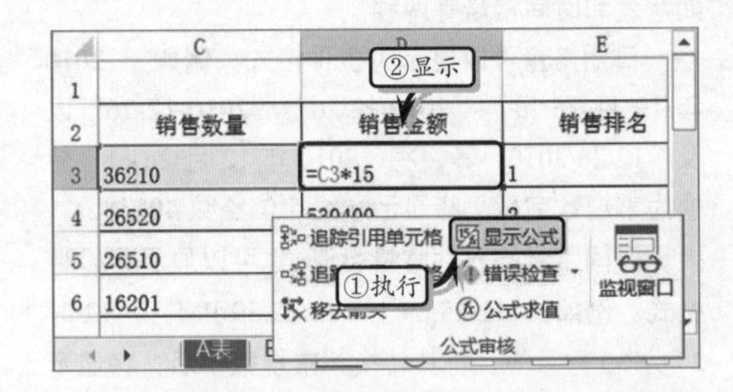

再次单击【公式审核】组中的【显示公式】按钮，将其被选中的状态解除，然后Excel又会重新显示公式计算的结果。

提示

用户也可以按Ctrl+'键快速切换显示公式或显示结果的状态。

3.2.2 创建公式

如果多个单元格中所使用的表达式相同，可以通过移动、复制公式或填充公式的方法，来达到快速输入公式的目的。

1. 复制公式

选择包含公式的单元格，按Ctrl+C键，复制公式。然后，选择需要放置公式的单元格，按Ctrl+V键，复制公式即可。

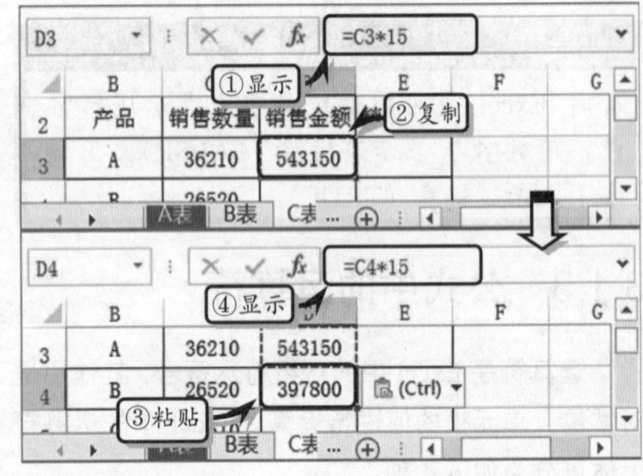

2. 移动公式

用户在复制公式时，其单元格引用将根据所用引用类型而变化。但当用户移动公式时，公式内的单元格引用不会更改。例如，选择单元格 D3，按 Ctrl+X 键剪切公式。然后，选择需要放置公式的单元格，按 Ctrl+V 键，复制公式，即可发现公式没有变化。

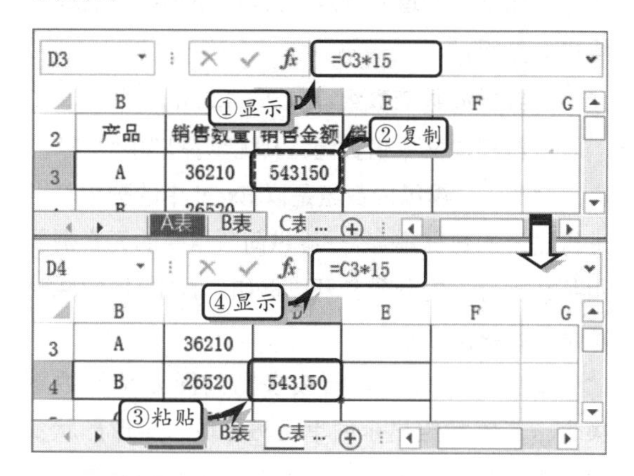

3．填充公式

通常情况下，在对包含多行或多列内容的表格数据进行有规律的计算时，可以使用自动填充功能快速填充公式。

例如，已知单元格 D3 中包含公式，选择单元格区域 D3:D8，执行【开始】|【编辑】|【填充】|【向下】命令，即可向下填充相同类型的公式。

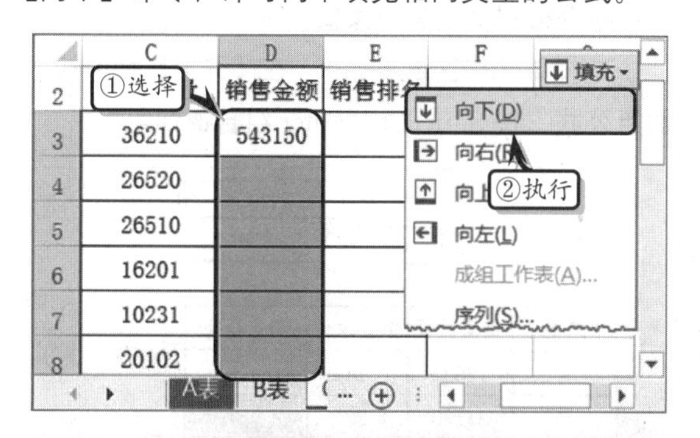

提示

用户也可将鼠标移至单元格 D3 的右下角，当鼠标变成“十”字形状时，向下拖动鼠标即可快速填充公式。

3.2.3　数组公式

数组是计算机程序语言中非常重要的一部分，主要用来缩短和简化程序。运用这一特性不仅可以帮助用户创建非常雅致的公式，而且还可以帮助用户运用 Excel 完成非凡的计算操作。

1．理解数组

数组是由文本、数值、日期、逻辑、错误值等元素组成的集合。这些元素是按照行和列的形式进行显示，并可以共同参与或个别参与运算。元素是数组的基础，结构是数组的形式。在数组中，各种数据元素可以共同出现在同一个数组中。例如，下列 4 个数组。

{1 2 3 4 5 6 7 8 9}

111 112 113 111 115
211 212 213 211 215
311 312 313 311 315
411 412 413 411 415

1　2　3　4　5　6
壹　贰　叁　肆　伍　陆

而常数数组是由一组数值、文本值、逻辑值与错误值组合成的数据集合。其中，数值可以为整数、小数与科学计数法格式的数字；但不能包含货币符号、括号与百分号。而文本值必须使用英文状态下的双引号进行标记，文本值可以在同一个常数数组中并存不同的类型。另外，常数数组中不可以包含公式、函数或另一个数组作为数组元素。例如，下列常数数组，便是一个错误的常数数组。

{1 2 3 4 5 6% 7% 8% 9% 10%}

2．输入数组

在 Excel 中输入数组时，需要先输入数组元素，然后用大括号括起来即可。数组中的横向元素需要用英文状态下的“,”号进行分隔，数组中的纵向元素需要运用英文状态下的“;”号进行分隔。例

如，数组{1 2 3 4 5 6 7 8 9}表示为{1,2,3,4,5,6,7,8,9}。数组

$$\begin{Bmatrix} 1 & 2 & 3 & 4 & 5 & 6 \\ \text{壹} & \text{贰} & \text{叁} & \text{肆} & \text{伍} & \text{陆} \end{Bmatrix}$$

表示为{1,2,3,4,5,6;"壹","贰","叁","肆","伍","陆"}

横向选择放置数组的单元格区域，在【编辑】栏中输入“=”与数组，按 Shift+Ctrl+Enter 组合键即可。

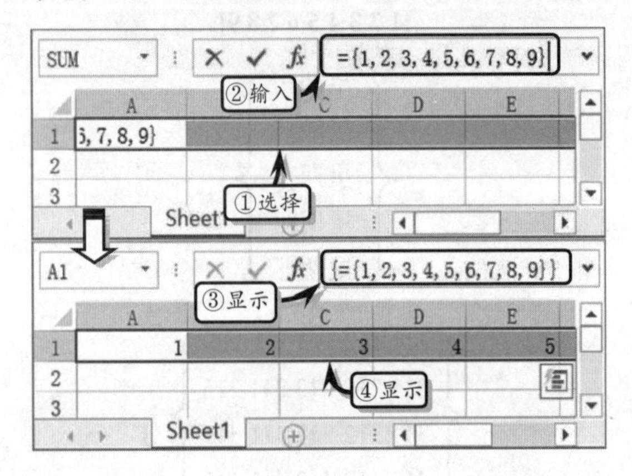

纵向选择单元格区域，用来输入纵向数组。然后，在【编辑】栏中输入“=”与纵向数组。按 Shift+Ctrl+Enter 组合键，即可在单元格区域中显示数组。

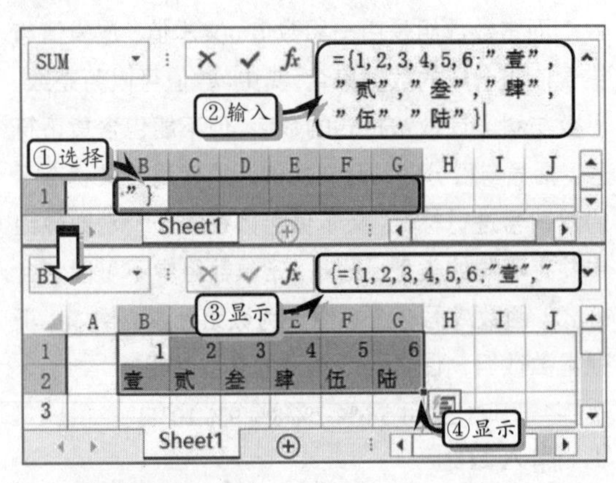

3. 理解数组维数

通常情况下，数组以一维与二维的形式存在。

数组中的维数与 Excel 中的行或列是相对应的，一维数组即数组是以一行或一列进行显示。另外，一维数组又分为一维横向数组与一维纵向数组。

其中，一维横向数组是以 Excel 中的行为基准进行显示的数据集合。一维横向数组中的元素需要用英文状态下的逗号分隔，例如，下列数组便是一维横向数组。

一维横向数值数组：{1,2,3,4,5,6}

一维横向文本值数组：{"优","良","中","差"}

另外，一维纵向数组是以 Excel 中的列为基准进行显示的数据集合。一维纵向数组中的元素需要用英文状态下的分号分开。例如，数组{1;2;3;4;5}便是一维纵向数组。

二维数组是以多行或多列共同显示的数据集合，二维数组显示的单元格区域为矩形形状，用户需要用逗号分隔横向元素，用分号分隔纵向元素。例如，数组{1,2,3,4;5,6,7,8}便是一个二维数组。

4. 多单元格数组公式

当多个单元格使用相同类型的计算公式时，一般公式的计算方法则需要输入多个相同的计算公式。而运用数组公式，一步便可以计算出多个单元格中相同公式类型的结果值。

选择单元格区域 E3:E8，在【编辑】栏中输入数组公式，按 Shift+Ctrl+Enter 组合键即可。

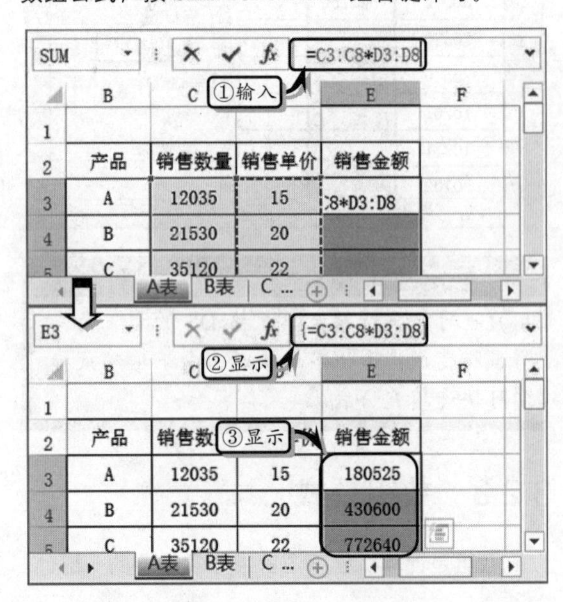

提示

使用数组公式，不仅可以保证指定单元格区域内具有相同的公式，而且还可以完全防止新手篡改公式，从而达到包含公式的目的。

5．单个单元格数组公式

单个单元格数组公式即是数组公式占据一个单元格，用户可以将单个单元格数组输入任意一个单元格中，并在输入数组公式后按 Shift+Ctrl+Enter 组合键，完成数组公式的输入。例如，选择单元格 E9，在【编辑】栏中输入计算公式，按 Shift+Ctrl+Enter 组合键，即可显示合计额。

提示

使用数组公式时，可以选择包含数组公式的单元格或单元格区域，按 F2 键进入编辑状态。然后，再按 Shift+Ctrl+Enter 键完成编辑。

3.2.4　公式审核

Excel 中提供了公式审核的功能，其作用是跟踪选定单位内公式的引用或从属单元格，同时也可以追踪公式中的错误信息。

1．审核工具按钮

用户可以运用【公式】选项卡【公式审核】选项组中的各项命令，来检查公式与单元格之间的相互关系。其中，【公式审核】选项组中各命令的功能，如表所示。

续表

按钮	名　称	功　能
	追踪引用单元格	追踪引用单元格，并在工作表上显示追踪箭头，表明追踪的结果
	追踪从属单元格	追踪从属单元格（包含引用其他单元格的公式），并在工作表上显示追踪箭头，表明追踪的结果
	移去箭头	删除工作表上的所有追踪箭头
	显示公式	显示工作表中的所有公式
	错误检查	检查公式中的常见错误
	追踪错误	显示指向出错源的追踪箭头
	公式求值	启动【公式求值】对话框，对公式每个部分单独求值以调试公式

2．查找与公式相关的单元格

如果需要查找为公式提供数据的单元格（即引用单元格），用户可以执行【公式】|【公式审核】|【追踪引用单元格】命令。

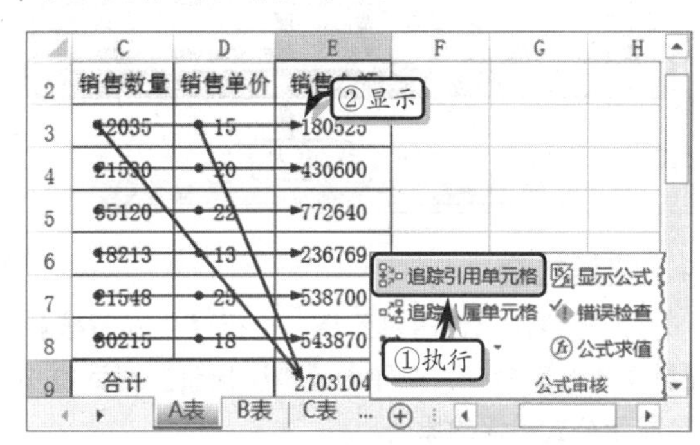

追踪从属单元格是显示箭头，指向受当前所选单元格影响的单元格。执行【公式】|【公式审核】|【追踪从属单元格】命令即可。

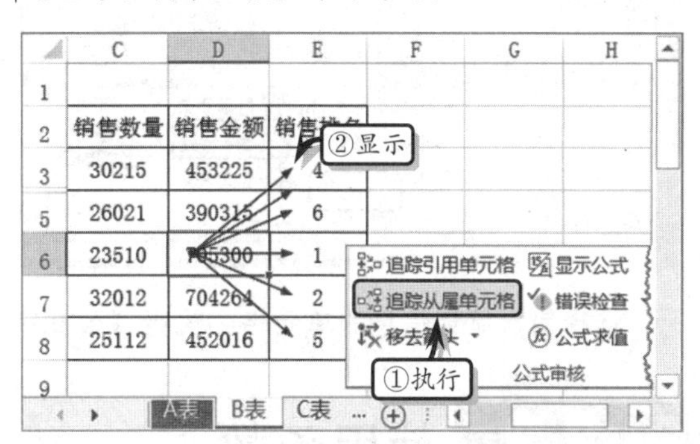

3．在【监视窗口】中添加单元格

使用【监视窗口】功能，可以方便地在大型工作表中检查、审核或确认公式计算及其结果。

首先，选择需要监视的单元格，执行【公式审核】|【监视窗口】命令。在弹出的【监视窗口】对话框中单击【添加监视】按钮。

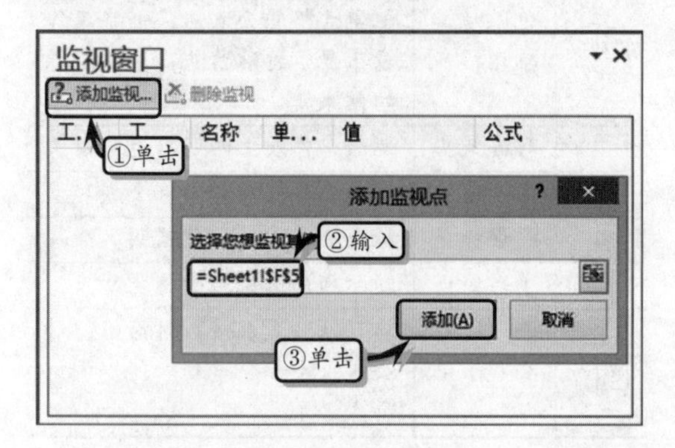

另外，在【监视窗口】中，选择需要删除的单元格，单击【删除监视】按钮即可。

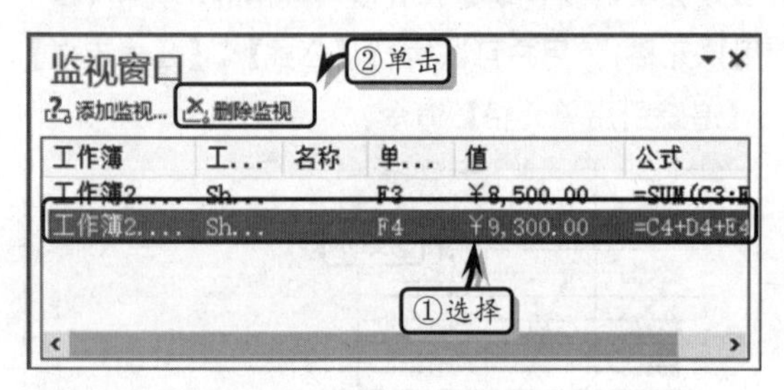

4．错误检查

选择包含错误的单元格，执行【公式审核】|【错误检查】命令，在弹出【错误检查】对话框中将显示公式错误的原因。

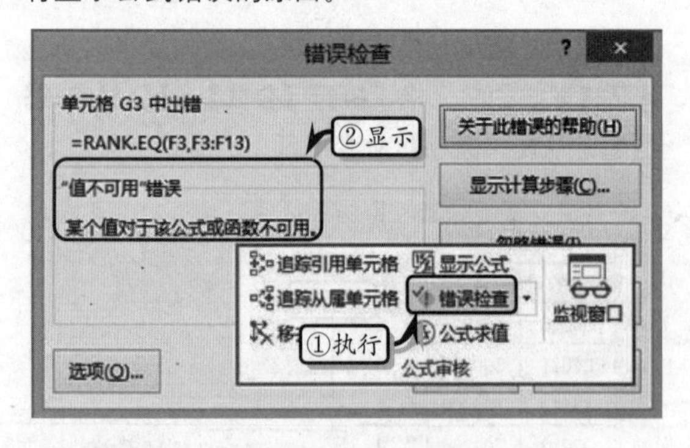

选择包含错误信息的单元格，执行【公式审核】|【错误检查】|【追踪错误】命令，系统会自动指出公式中引用的所有单元格。

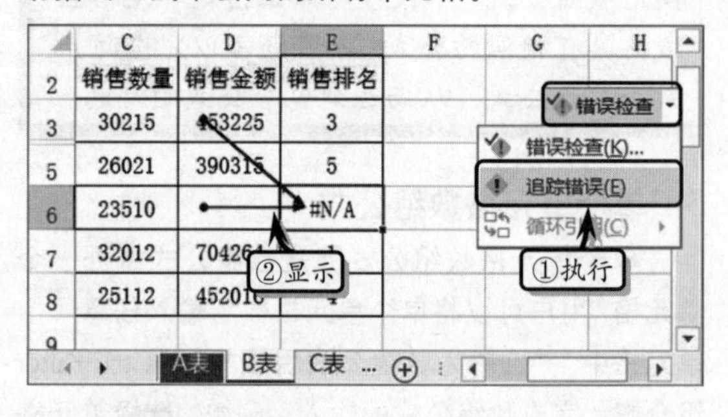

5．显示计算步骤

在包含多个公式的单元格中，可以运用【公式求值】功能，来检查公式计算步骤的正确性。

首先，选择单元格，执行【公式】|【公式审核】|【公式求值】命令。在弹出的【公式求值】对话框中，将自动显示指定单元格中的公式与引用单元格。

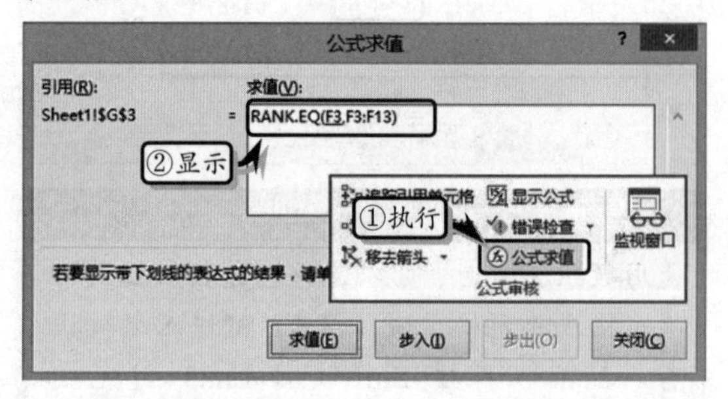

单击【求值】按钮，系统将自动显示第一步的求值结果。继续单击【求值】按钮，系统将自动显示最终求值结果。

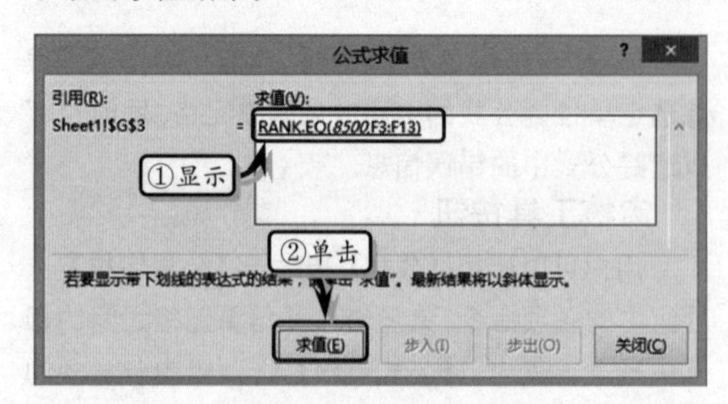

3.3 使用函数

在使用 Excel 进行数学运算时，用户不仅可以使用表达式与运算符，还可以使用封装好的函数进行运算，并通过名称将数据打包成数组应用到算式中。Excel 为用户提供了强大的函数库，其应用涵盖了各种科学技术、财务、统计分析领域中。

3.3.1　函数概述

函数是一种由数学和解析几何学引入的概念，其意义在于封装一种公式或运算算法，根据用户引入的参数数值返回运算结果。

1．函数的概念

函数表示每个输入值（或若干输入值的组合）与唯一输出值（或唯一输出值的组合）之间的对应关系。例如，用 f 代表函数，x 代表输入值或输入值的组合，A 代表输出的返回值。

$$f(x) = A$$

在上面的公式中，x 称作参数，A 称作函数的值，由 x 的值组成的集合称作函数 $f(x)$ 的定义域，由 A 的值组成的集合称作函数 $f(x)$ 的值域。下图中的两个集合，就展示了函数定义域和值域之间的对应映射关系。

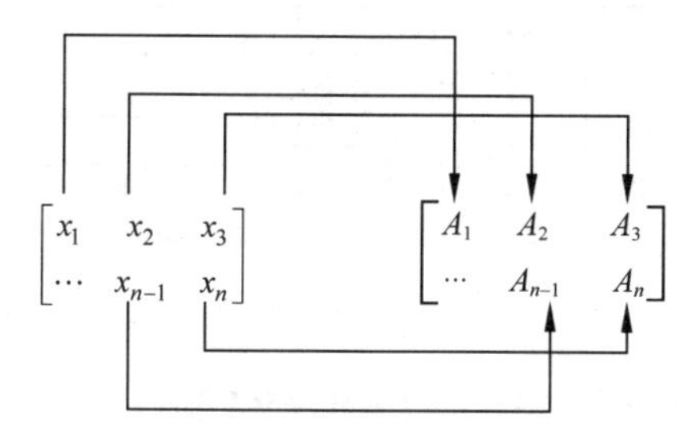

函数在数学和解析几何学中应用十分广泛。例如，常见的计算三角形角和边的关系所使用的三角函数，就是典型的函数。

2．函数在 Excel 中的应用

在日常的财务统计、报表分析和科学计算中，函数的应用也非常广泛，尤其在 Excel 这类支持函数的软件中，往往提供大量的预置函数，辅助用户快速计算。

典型的 Excel 函数通常由三个部分组成，即函数名、括号和函数的参数/参数集合。以求和的 SUM 函数为例，假设需要求得 A1～A10 之间 10 个单元格数值之和，可以通过单元格引用功能，结合求和函数，具体如下。

```
SUM(A1,A2,A3,A4,A5,A6,A7,A8,A9,
A10)
```

提示

如函数允许使用多个参数，则用户可以在函数的括号中输入多个参数，并以逗号“,”将这些参数隔开。

在上面的代码中，SUM 即函数的名称，括号内的就是所有求和的参数。用户也可以使用复合引用的方式，将连续的单元格缩写为一个参数添加到函数中，具体如下。

```
SUM(A1:A10)
```

提示

如只需要为函数指定一个参数，则无须输入逗号“,”。

用户可将函数作为公式中的一个数值来使用，对该数值进行各种运算。例如，需要运算 A1～A10 之间所有单元格的和，再将结果除以 20，可使用如下的公式：

```
=SUM(A1:A10)/20
```

3．Excel 函数分类

Excel 预置了数百种函数，根据函数的类型，可将其分为如下几类。

函数类型	作　用
财务	对数值进行各种财务运算
逻辑	进行真假值判断或者进行复合检验
文本	用于在公式中处理文字串
日期和时间	在公式中分析处理日期值和时间值
查找与引用	对指定的单元格、单元格区域进行查找、检索和比对运算
数学和三角函数	处理各种数学运算
统计	对数据区域进行统计分析
工程	对数值进行各种工程运算和分析
多维数据集	用于数组和集合运算与检索
信息	确定保存在单元格中的数据类型
兼容性	之前版本 Excel 中的函数（不推荐使用）
Web	用于获取 Web 中数据的 Web 服务函数

4．Excel 常用函数

在了解了 Excel 函数的类型之后，还有必要了解一些常用 Excel 函数的作用及使用方法。在日常工作中，以下 Excel 函数的应用比较广泛。

函　数	格　式	功　能
SUM	=SUM（number1, number2…）	返回单元格区域中所有数字的和
AVERAGE	=AVERAGE（number1, number2…）	计算所有参数的平均数
IF	=IF（logical_tset,value_if_true, value_if_false）	执行真假值判断，根据对指定条件进行逻辑评价的真假，而返回不同的结果
COUNT	=COUNT（value1, value2…）	计算参数表中的参数和包含数字参数的单元格个数
MAX	=MAX（number1, number2…）	返回一组参数的最大值，忽略逻辑值及文本字符
MIN	=MIN（number1, number2…）	返回一组参数的最小值，忽略逻辑值及文本字符
SUMIF	=SUMIF（range,criteria, sum_range）	根据指定条件对若干单元格求和
PMT	=PMT（rate, nper,fv,type）	返回在固定利率下，投资或贷款的等额分期偿还额
STDEV	=STDEV（number1, number2…）	估算基于给定样本的标准方差

3.3.2　创建函数

在 Excel 中，用户可通过下列 4 种方法，来使用函数计算各类复杂的数据。

1．直接输入函数

当用户对一些函数非常熟悉时，便可以直接输入函数，从而达到快速计算数据的目的。首先，选择需要输入函数的单元格或单元格区域。然后，直接在单元格中输入函数公式或在【编辑】栏中输入即可。

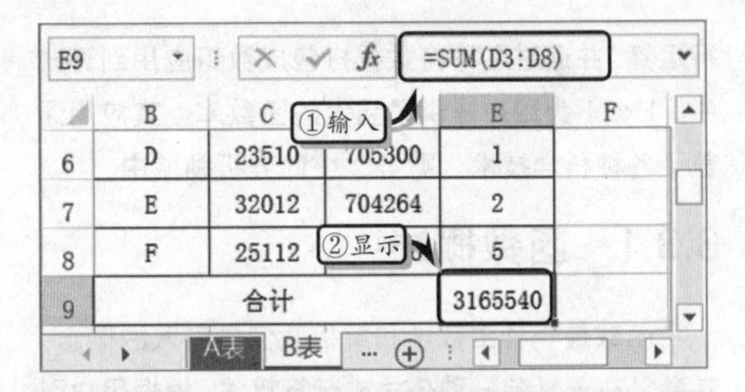

提示

在单元格、单元格区域或【编辑】栏中输入函数后，按 Enter 键或单击【编辑】栏左侧的【输入】按钮完成输入。

2．使用【函数库】选项组输入

选择单元格，执行【公式】|【函数库】|【数学和三角函数】命令，在展开的级联菜单中选择 SUM 函数。

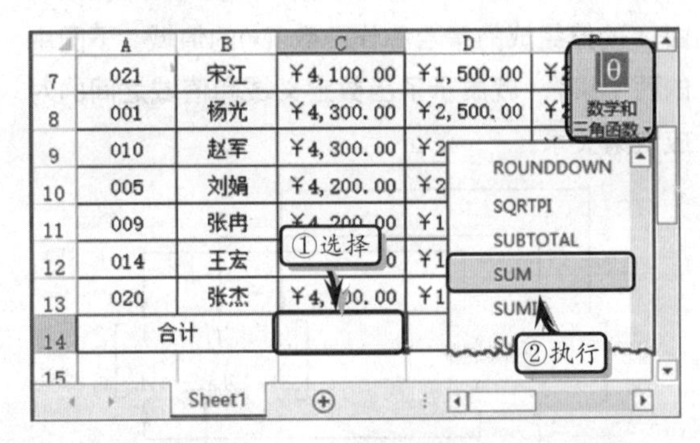

然后，在弹出的【函数参数】对话框中，设置函数参数，单击【确定】按钮，在单元格中即可显示计算结果值。

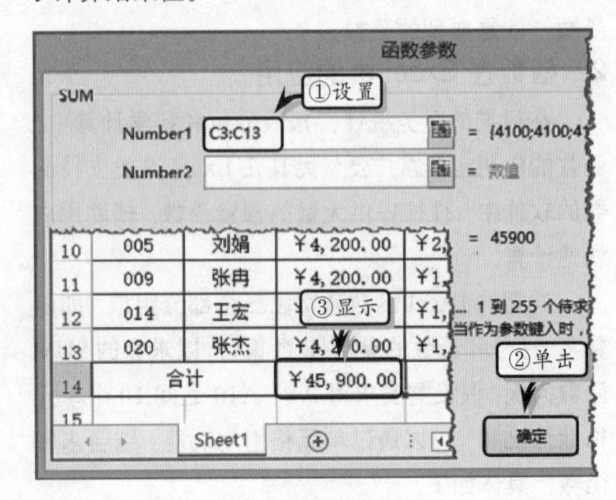

> **提示**
> 在设置函数参数时，可以单击参数后面的▦按钮，来选择工作表中的单元格。

3．插入函数

选择单元格，执行【公式】|【函数库】|【插入函数】命令，在弹出的【插入函数】对话框中，选择函数选项，并单击【确定】按钮。

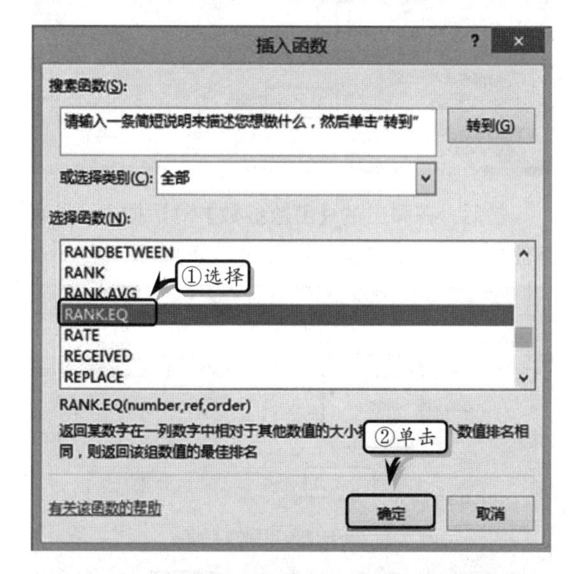

> **提示**
> 在【插入函数】对话框中，用户可以在【搜索函数】文本框中输入函数名称，单击【转到】按钮，即可搜索指定的函数。

然后，在弹出的【函数参数】对话框中，依次输入各个参数，并单击【确定】按钮。

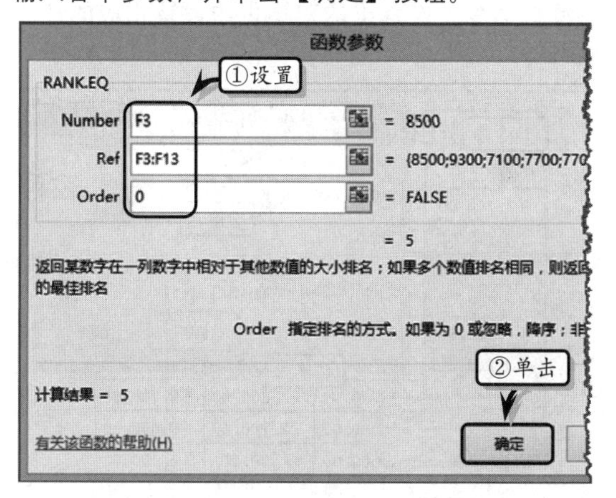

> **提示**
> 用户也可以直接单击【编辑】栏中的【插入函数】按钮，在弹出的【插入函数】对话框中，选择函数类型。

4．使用函数列表

选择需要插入函数的单元格或单元格区域，在【编辑】栏中输入"="号，然后单击【编辑】栏左侧的下拉按钮▾，在该列表中选择相应的函数，并输入函数参数即可。

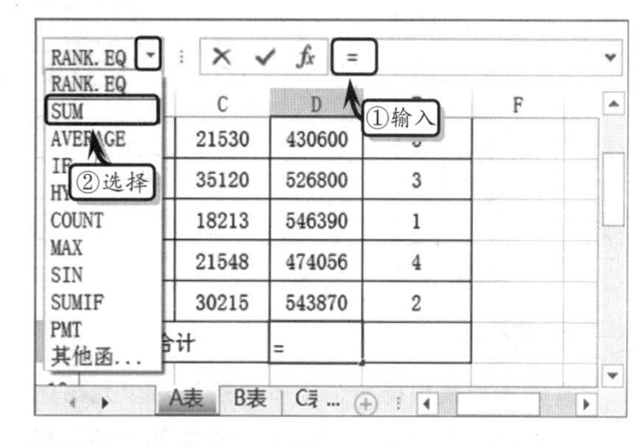

3.3.3　求和计算

一般情况下，求和计算是计算相邻单元格中数值的和，是 Excel 函数中最常用的一种计算方法。除此之外，Excel 还为用户提供了计算规定数值范围内的条件求和，以及可以同时计算多组数据的数组求和。

1．自动求和

选择单元格，执行【开始】|【编辑】|【求和】命令，即可对活动单元格上方或左侧的数据进行求和计算。

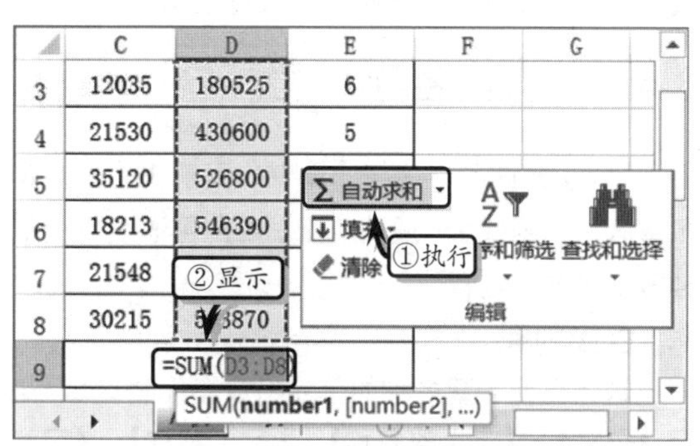

注意

在自动求和时，Excel 将自动显示出求和的数据区域，将鼠标移到数据区域边框处，当鼠标变成双向箭头时，拖动鼠标即可改变数据区域。

另外，还可以执行【公式】|【函数库】|【自动求和】|【求和】命令，对数据进行求和计算。

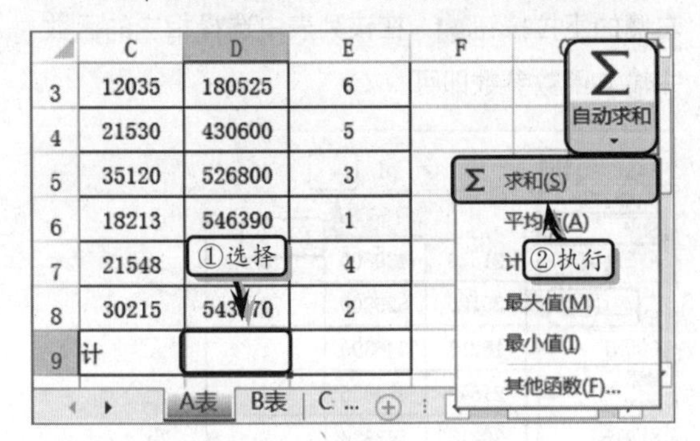

2．条件求和

条件求和是根据一个或多个条件对单元格区域进行求和计算。选择需要进行条件求和的单元格或单元格区域，执行【公式】|【插入函数】命令。在弹出的【插入函数】对话框中，选择【数学与三角函数】类别中的 SUMIF 函数，并单击【确定】按钮。

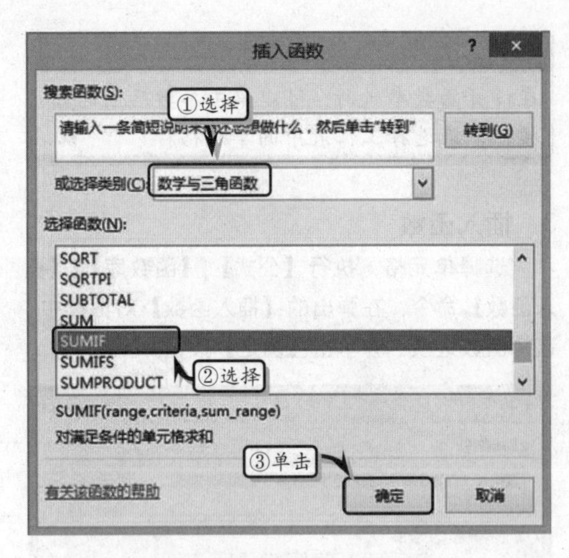

然后，在弹出的【函数参数】对话框中，设置函数参数，单击【确定】按钮即可。

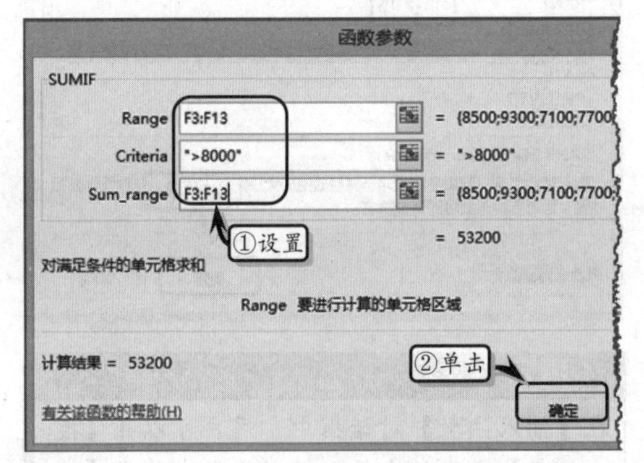

3.4 使用名称

在 Excel 中，除允许使用除单元格列号+行号的标记外，还允许用户为单元格或某个矩形单元区域定义特殊的标记，这种标记就是名称。

3.4.1 创建名称

Excel 允许名称参与计算，从而解决用户选择多重区域的困扰。一般情况下，用户可通过下列三种方法来创建名称。

1．直接创建

选择需要创建名称的单元格或单元格区域，执行【公式】|【定义的名称】|【定义名称】|【定义名称】命令，在弹出的对话框中设置相应的选项即可。

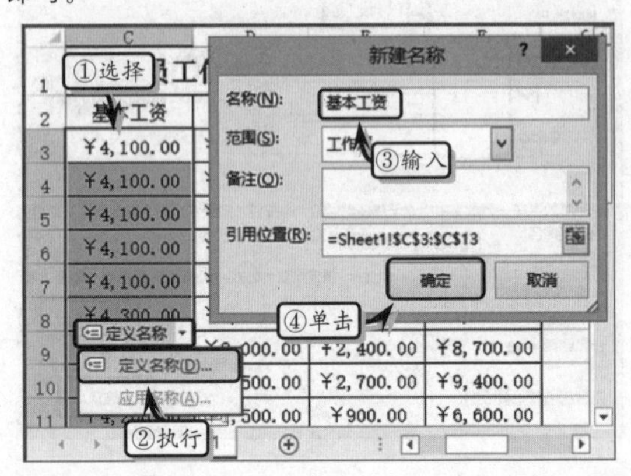

另外，也可以执行【公式】|【定义的名称】|【名称管理器】命令。在弹出的【名称管理器】对话框中，单击【新建】按钮，设置相应的选项即可。

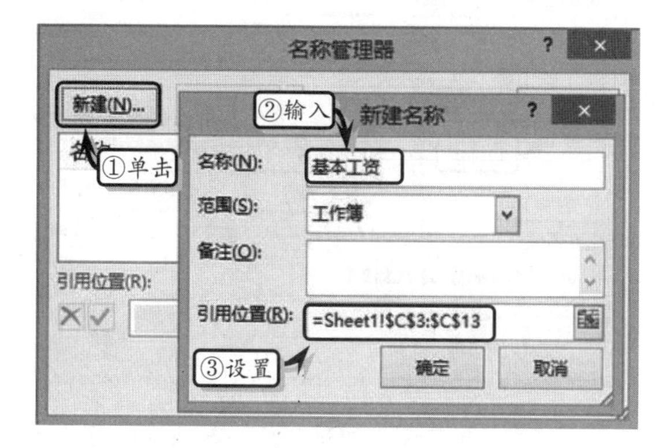

2．使用行列标志创建

选择单元格，执行【公式】|【定义的名称】|【定义名称】命令，输入列标标志作为名称。

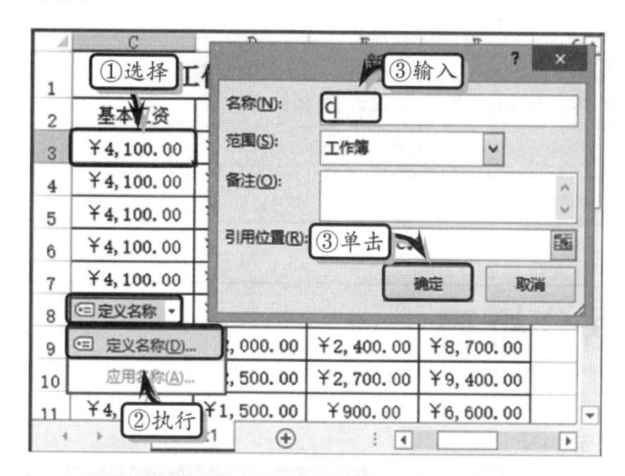

注意

在创建名称时，用户也可以使用行号作为所创建名称的名称。例如，选择第 2 行中的单元格，使用“_2”作为定义名称的名称。

3．根据所选内容创建

选择需要创建名称的单元格区域，执行【定义的名称】|【根据所选内容创建】命令，设置相应的选项即可。

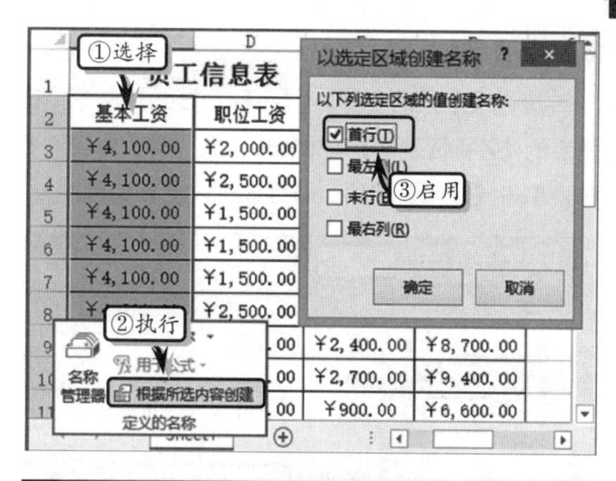

注意

在创建名称时，名称的第一个字符必须是以字母或下划线（_）开始。

3.4.2 使用和管理名称

创建名称之后，便可以将名称应用到计算之中。另外，对于包含多个名称的工作表，可以使用“管理名称”功能，删除或编辑名称。

1．使用名称

首先选择单元格或单元格区域，通过【新建名称】对话框创建定义名称。然后在输入公式时，直接执行【公式】|【定义的名称】|【用于公式】命令，并在该下拉列表中选择定义名称，即可在公式中应用名称。

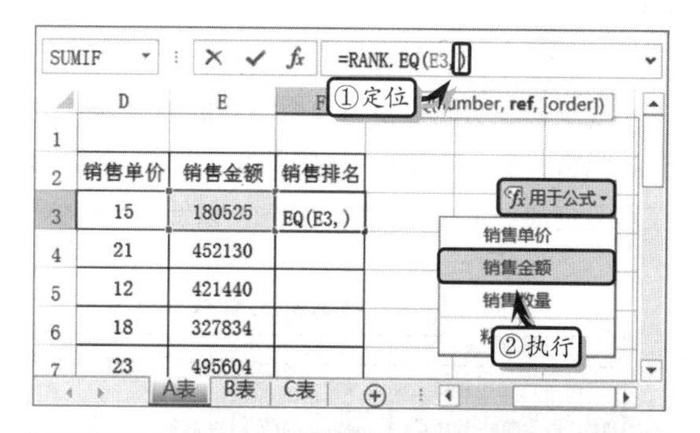

提示

在公式中如果含有多个定义名称，用户在输入公式时，依次单击【用于公式】列表中的定义名称即可。

2. 管理名称

执行【定义的名称】|【名称管理器】命令，在弹出的【名称管理器】对话框中，选择需要编辑的名称。单击【编辑】选项，即可重新设置各项选项。

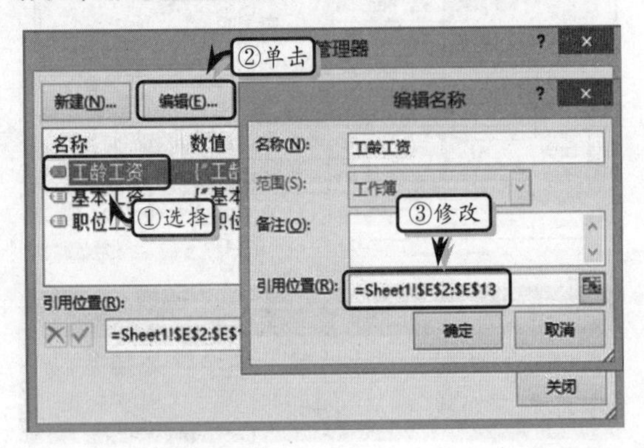

另外，在【名称管理器】对话框中，选择具体的名称，单击【删除】命令。在弹出的提示框中，单击【是】按钮，即可删除该名称。

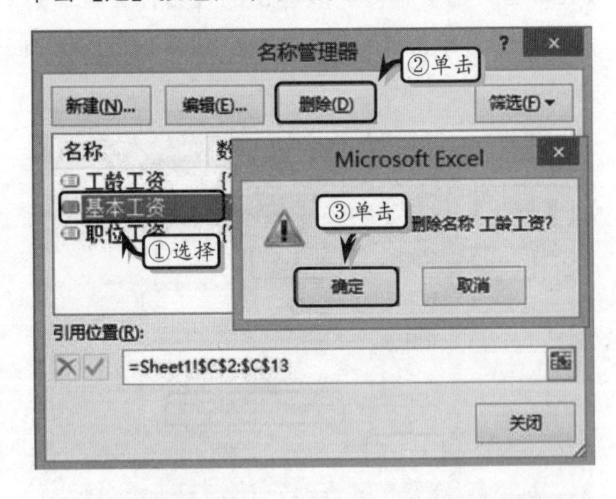

在【名称管理器】对话框中，各选项的具体功能，如下表所述。

选　项	功　能
新建	单击该按钮，可以在【新建名称】对话框中新建单元格或单元格区域的名称
编辑	单击该按钮，可以在【编辑名称】对话框中修改选中的名称
删除	单击该按钮，可以删除列边框中选中的名称
列表框	主要用于显示所有定义了的单元格或单元格区域的名称、数值、引用位置、范围及备注内容
筛选	该选项主要用于显示符合条件的名称
引用位置	主要用于显示选择定义名称的引用表与单元格

3.5 练习：动态交叉数据分析表

交叉数据分析表是将两个不同的数据列表按照指定的规定重新进行组合。在本练习中，将使用数组公式，依据日期统计的销售额与工牌号创建一个交叉数据分析表，以便统计每位员工每天的销售额。

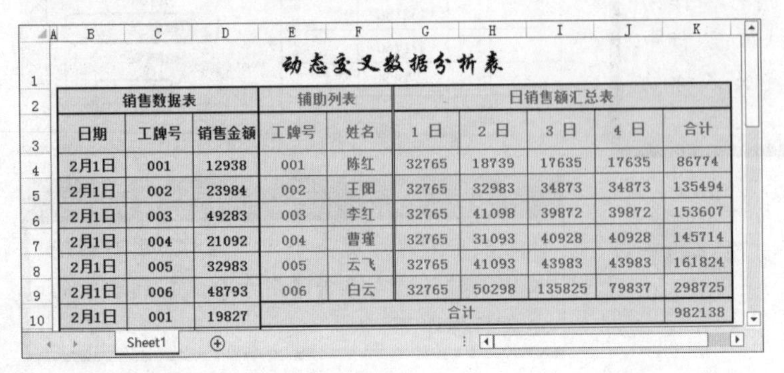

练习要点

- 设置文本格式
- 应用数组公式
- 设置边框格式
- 应用函数
- 设置单元格格式
- 自定义数据格式

操作步骤

STEP|01 单击工作表左上角【全选】按钮，选择整个工作表，右击行标签，执行【行高】命令，设置工作表行高。

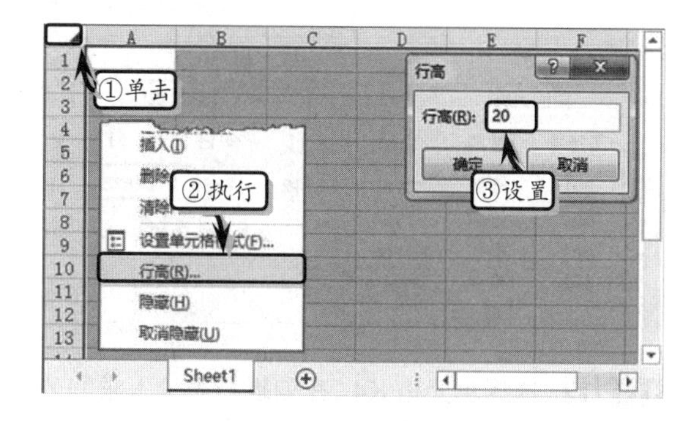

STEP|02 制作表格标题。合并单元格区域 B1:K1，输入文本标题，并设置文本字体格式。

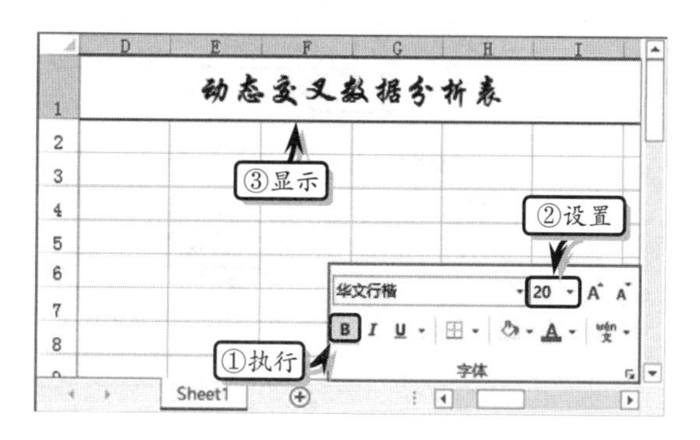

STEP|03 输入数据表基础数据，并设置字体格式。

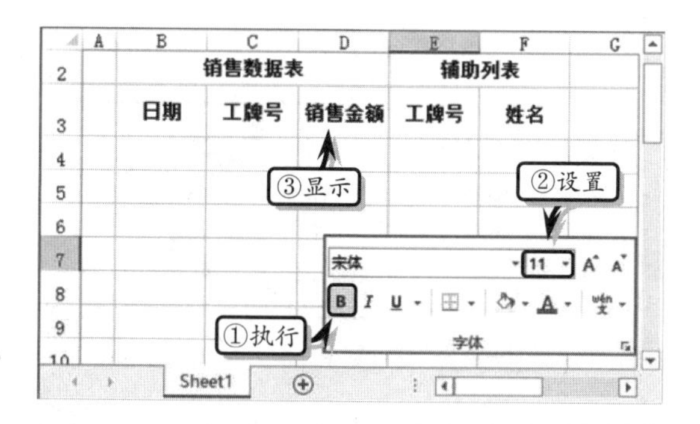

STEP|04 制作销售数据表。选择单元格区域 B4:B33，右击鼠标执行【设置单元格格式】命令。选择【自定义】选项，并输入自定义代码。

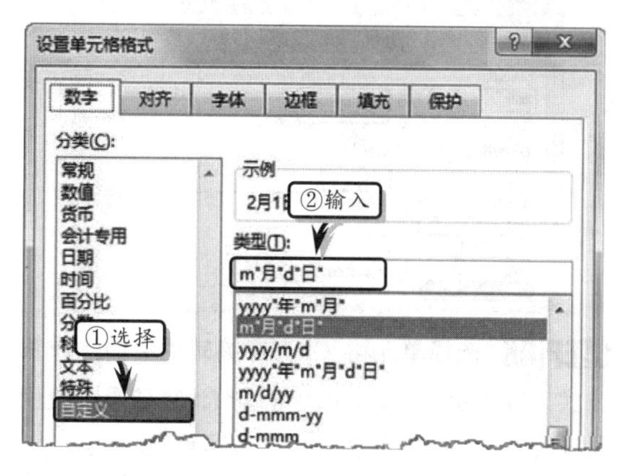

STEP|05 选择单元格区域 C4:C33，右击执行【设置单元格格式】命令。选择【特殊】选项，并在【类型】列表框中选择数据类型。用同样的方法，设置单元格区域 E4:E9 的字体格式。

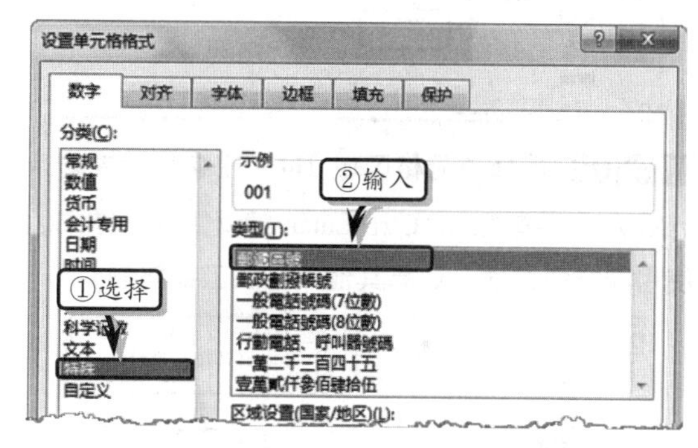

STEP|06 然后，根据实际销售数据输入每日销售数据，并设置数据的对齐格式。用同样的方法制作辅助列表。

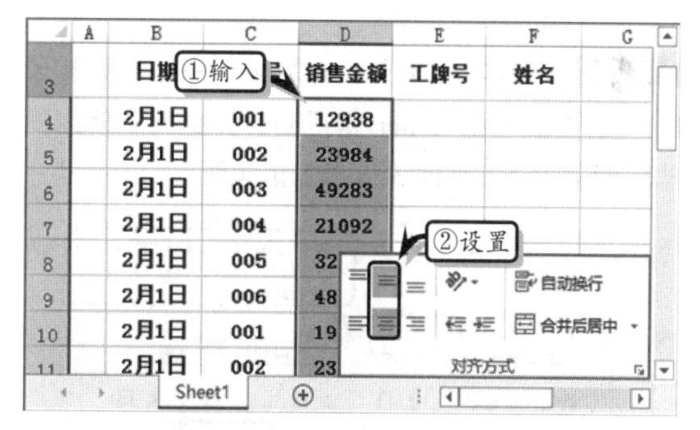

STEP|07 制作日销售额汇总表。选择单元格区域 G3:J3，右击执行【设置单元格格式】命令。选择【自定义】选项，并输入自定义代码。

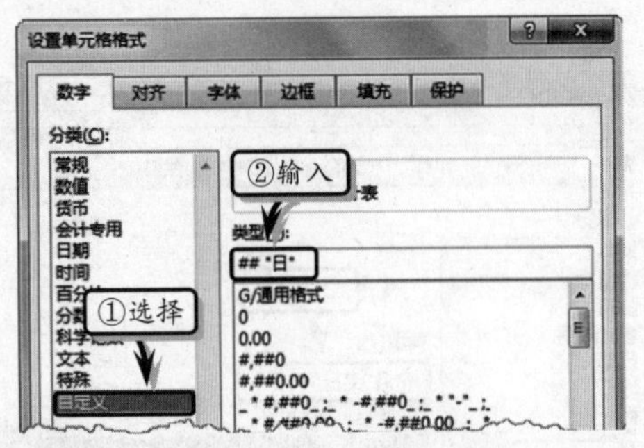

STEP|08 选择单元格 G4，在编辑栏中输入计算公式，按 Shift+Ctrl+Enter 键返回计算结果。使用同样的方法，计算其他 1 日员工销售额。

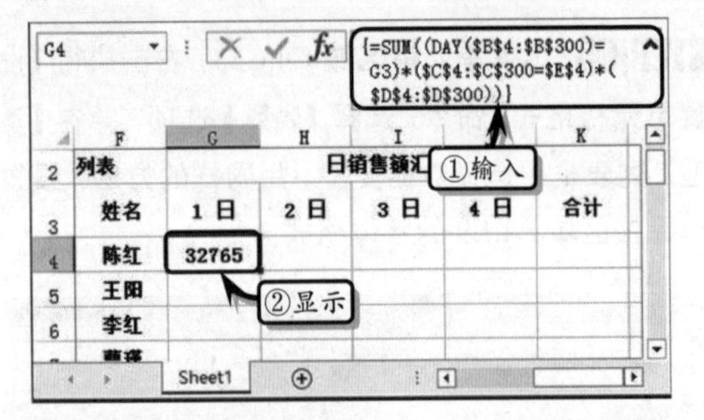

STEP|09 选择单元格区域 H4，在编辑栏中输入计算公式，按 Shift+Ctrl+Enter 键返回计算结果。使用同样的方法，计算其他 2 日员工销售额。

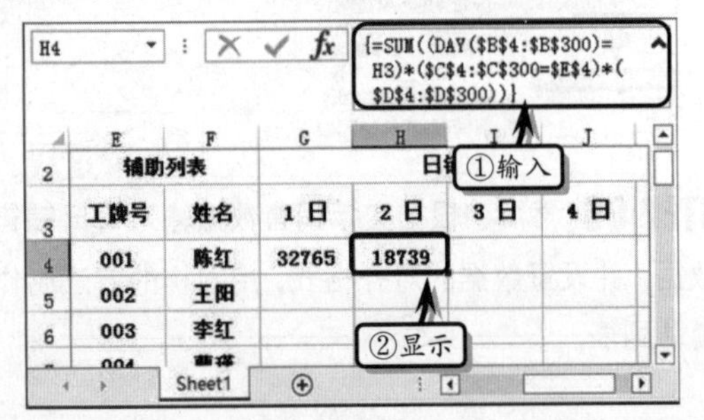

STEP|10 选择单元格 I4，在编辑栏中输入计算公式，按 Shift+Ctrl+Enter 键返回计算结果。使用同样的方法，计算其他 3 日员工销售额。

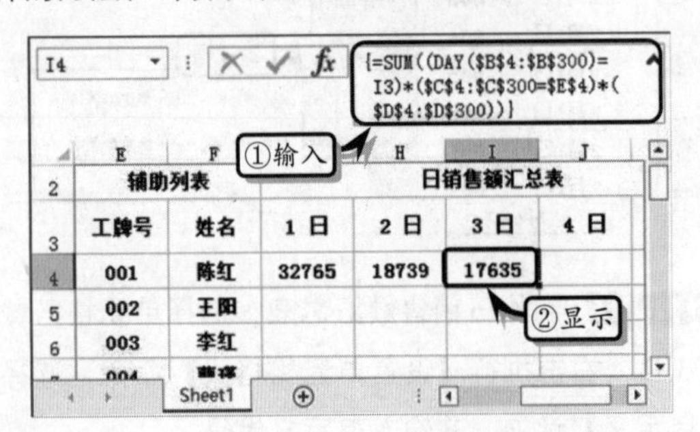

STEP|11 选择单元格 J4，在编辑栏中输入计算公式，按 Shift+Ctrl+Enter 键返回计算结果。使用同样的方法，计算其他 4 日员工销售额。

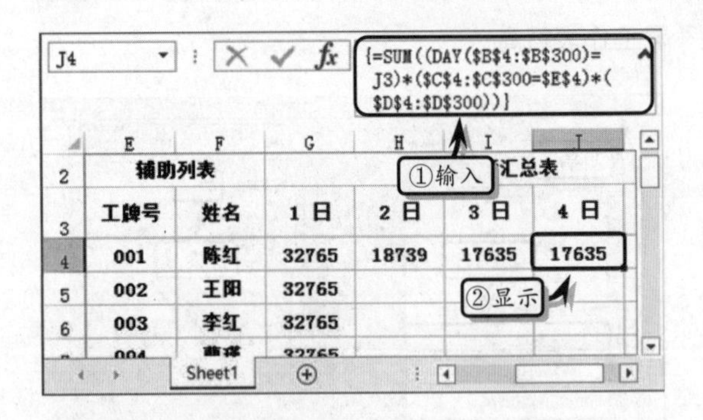

STEP|12 选择单元格 K4，在编辑栏中输入求和公式，按 Enter 键返回计算结果。使用同样的方法，计算其他合计销售额。

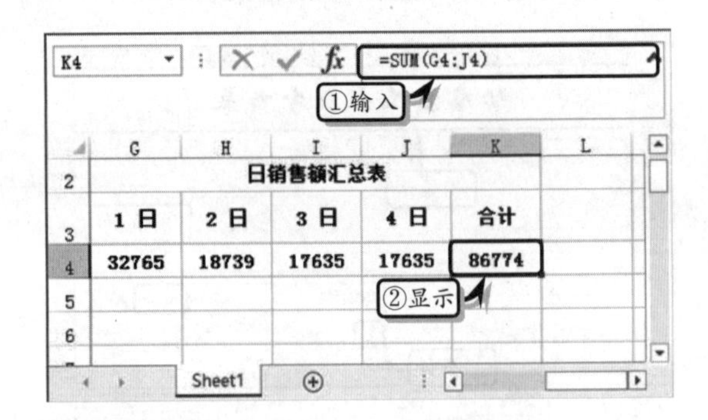

STEP|13 选择单元格 K10，在编辑栏中输入计算公式，按 Shift+Ctrl+Enter 键返回合计额。

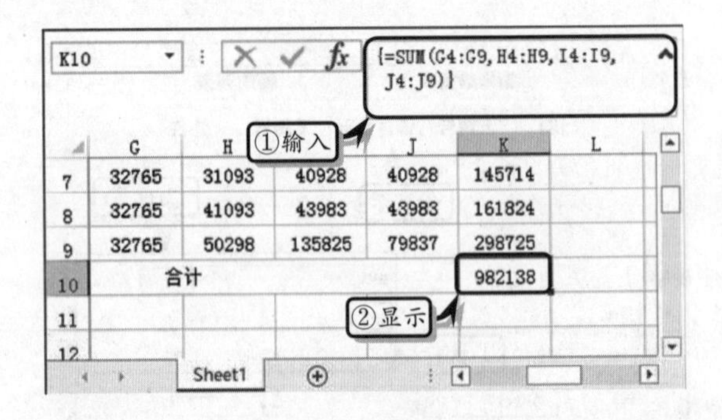

STEP|14 设置单元格样式。选择单元格区域 B2:D33，执行【开始】|【样式】|【单元格样式】|【输出】命令，设置单元格区域的样式。

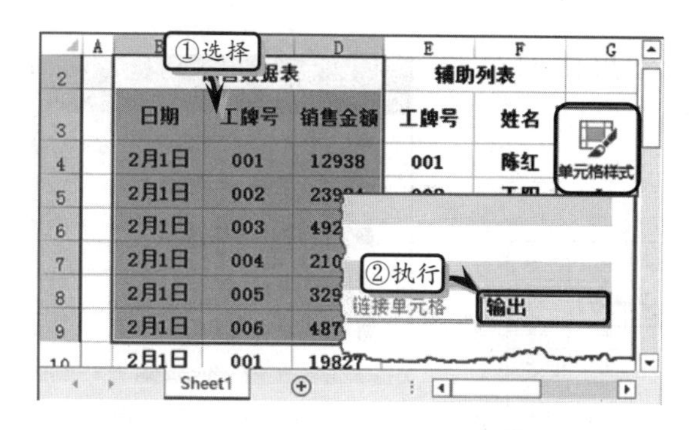

STEP|15 选择单元格区域 E2:K10，执行【开始】|【样式】|【单元格样式】|【计算】命令，设置单元格区域的样式。

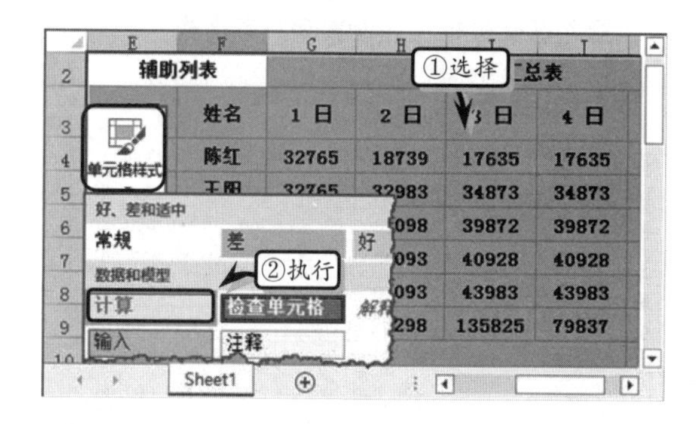

STEP|16 设置边框格式。选择单元格区域 B2:D33，执行【开始】|【字体】|【边框】|【粗匣框线】命令。使用同样的方法，设置 B3:D3，E3:K9，E10:K10，以及单元格 B2，E2 与 G2 的边框格式。

STEP|17 选择单元格区域 E2:F9，右击执行【设置单元格格式】|【边框】命令，选择相应的线形，设置边框的线条样式与显示位置。

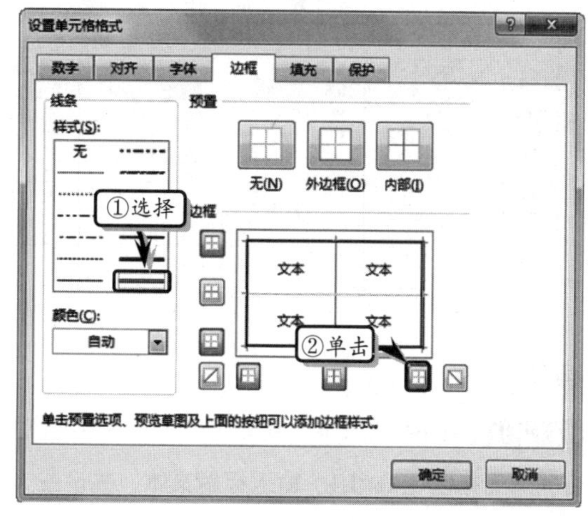

STEP|18 隐藏网格线。在【视图】选项卡【显示】选项组中，禁用【网格线】复选框，隐藏网格线。

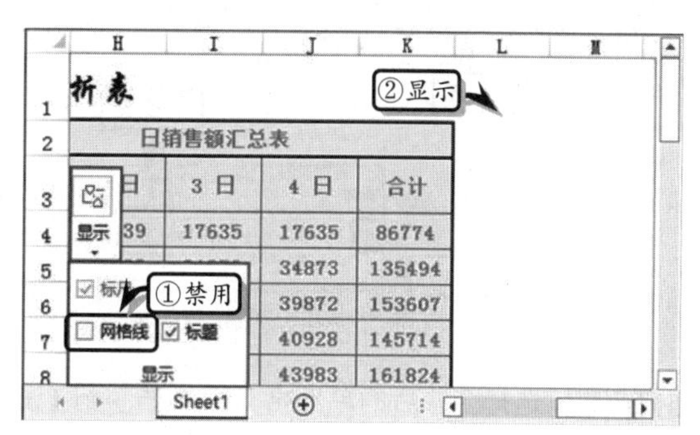

STEP|19 最后，执行【文件】|【另存为】命令，保存工作表即可。

3.6 练习：库存统计表

统计与分析库存数据是财务工作中必不可少的任务之一，也是制作各项财务报表的主要数据之一。对于库房管理人员来讲，为了更好地管理库存商品，也为了能及时补充库存商品，可以运用 Excel 中的函数等功能，制作自动显示补货信息的库存统计表。

练习要点

- 设置字体格式
- 设置填充颜色
- 设置对齐格式
- 使用函数
- 设置边框格式

库 存 统 计 表

本期库存总金额		1017900	本期发出最大值		360		本期发出最小值			100
商品名称	上期结存		本期收入		本期发出		本期结存		库存标准	进货标识
	数量	金额	数量	金额	数量	金额	数量	金额		
显示器	120	¥144, 000. 00	100	¥120, 000. 00	200	¥240, 000. 00	20	¥24, 000. 00	100	进货
机箱	160	¥32, 000. 00	200	¥40, 000. 00	350	¥70, 000. 00	10	¥2, 000. 00	100	进货
键盘	200	¥13, 000. 00	100	¥6, 500. 00	280	¥18, 200. 00	20	¥1, 300. 00	100	进货
硬盘	150	¥90, 000. 00	120	¥72, 000. 00	200	¥120, 000. 00	70	¥42, 000. 00	100	进货
显卡	150	¥135, 000. 00	150	¥135, 000. 00	180	¥162, 000. 00	120	¥108, 000. 00	100	
主板	120	¥144, 000. 00	160	¥192, 000. 00	200	¥240, 000. 00	80	¥96, 000. 00	100	进货
内存条	300	¥90, 000. 00	200	¥60, 000. 00	360	¥108, 000. 00	140	¥42, 000. 00	100	
CPU	120	¥180, 000. 00	200	¥300, 000. 00	120	¥180, 000. 00	200	¥300, 000. 00	100	
风扇	200	¥9, 000. 00	190	¥8, 550. 00	180	¥8, 100. 00	210	¥9, 450. 00	100	

操作步骤

STEP|01 制作标题文本。新建工作表，设置行高，合并单元格区域 B1:L1，输入标题文本，并设置文本的字体格式。

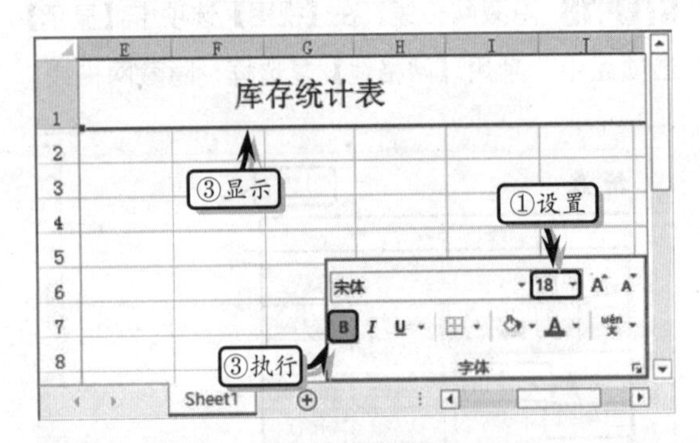

STEP|02 选择合并后的单元格 B1，右击执行【设置单元格格式】命令，在弹出的【设置单元格格式】对话框中，激活【对齐】选项卡，设置文本对齐方式，并单击【确定】按钮。

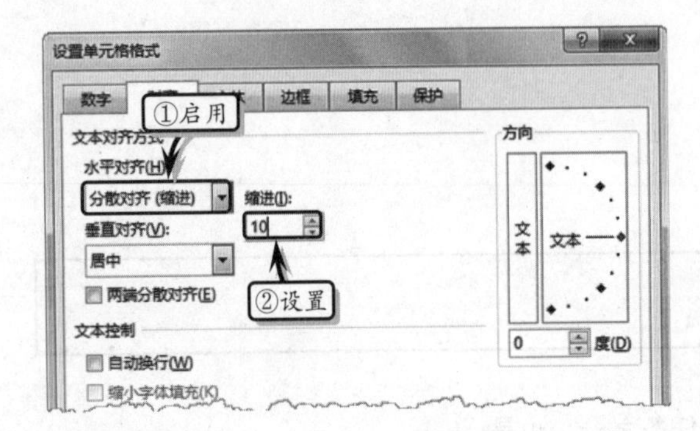

STEP|03 制作基础数据表。合并相应的单元格区域，输入基础数据，并设置其对齐格式。

商品名称	上期结存		本期收入	
	数量	金额	数量	金额
显示器	120	¥144, 000. 00	100	¥120, 000. 00
机箱	160	¥32, 000. 00	200	¥40, 000. 00
键盘	200	¥13, 000. 00	100	¥6, 500. 00
硬盘	150	¥90, 000. 00	120	¥72, 000. 00
显卡	150	¥135, 000. 00	150	¥135, 000. 00
主板	120	¥144, 000. 00	160	¥192, 000. 00
内存条	300	¥90, 000. 00	200	¥60, 000. 00

STEP|04 设置数字格式。选择单元格区域 D5:D22，执行【设置单元格格式】命令，选择【自定义】选项，在【类型】文本框中输入格式代码，并单击【确定】按钮。同样方法，设置其他单元格区域的数字格式。

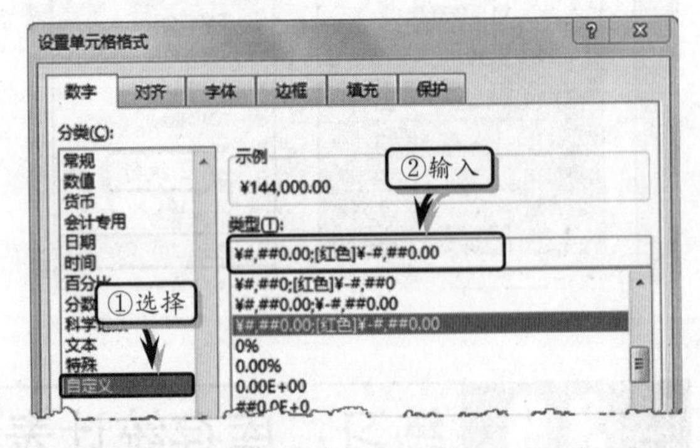

STEP|05 计算数据。选择单元格 I5，在编辑栏中输入计算公式，按 Enter 键返回本期结存数量。使用同样的方法，计算其他本期结存数量。

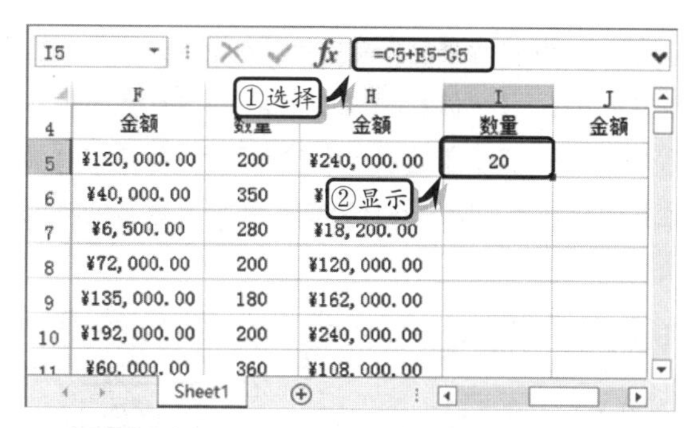

STEP|06 选择单元格 J5，在编辑栏中输入计算公式，按 Enter 键返回本期结存金额。使用同样的方法，计算其他本期结存金额。

STEP|07 选择单元格 L5，在编辑栏中输入计算公式，按 Enter 键返回进货标识。

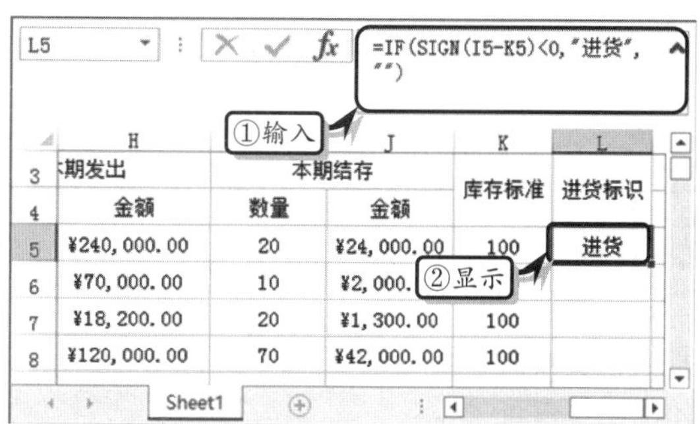

STEP|08 选择单元格 D2，在编辑栏中输入计算公式，按 Enter 键，返回本期库存总金额。

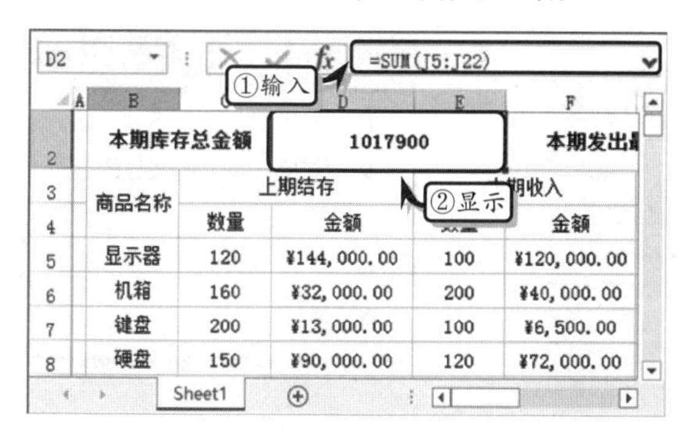

STEP|09 选择单元格 H2，在编辑栏中输入计算公式，按 Enter 键，返回本期发出最大值。

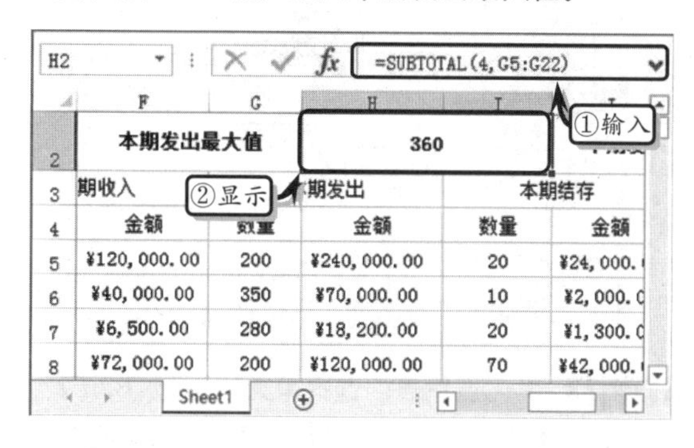

STEP|10 选择单元格 L2，在编辑栏中输入计算公式，按 Enter 键，返回本期发出最小值。

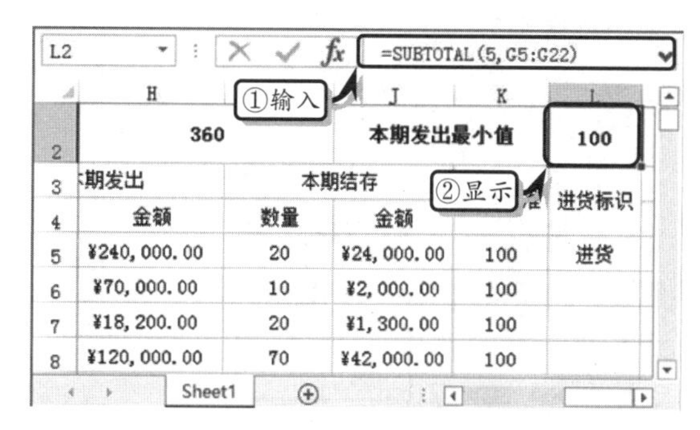

STEP|11 设置条件格式。选择单元格区域 L5:L22，执行【开始】|【条件格式】|【新建规则】命令，选择【只为包含以下内容的单元格设置格式】选项，设置规则，并单击【格式】按钮。

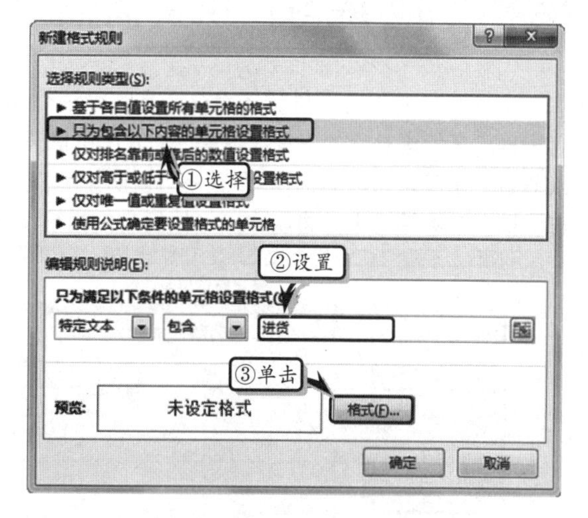

STEP|12 激活【字体】选项卡，设置字形和颜色，并单击【确定】按钮。

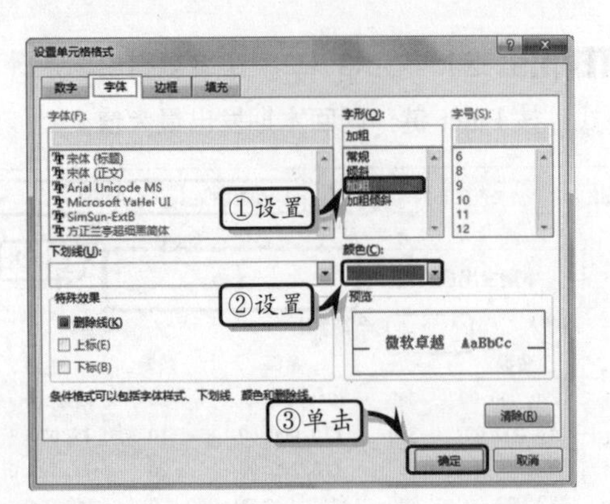

STEP|13 美化工作表。选择单元格区域 B2:L2，右击执行【设置单元格格式】命令，在【边框】选项卡中选择线条样式，并单击【外边框】与【内部】边框，单击【确定】按钮。使用同样的方法，设置其他边框格式。

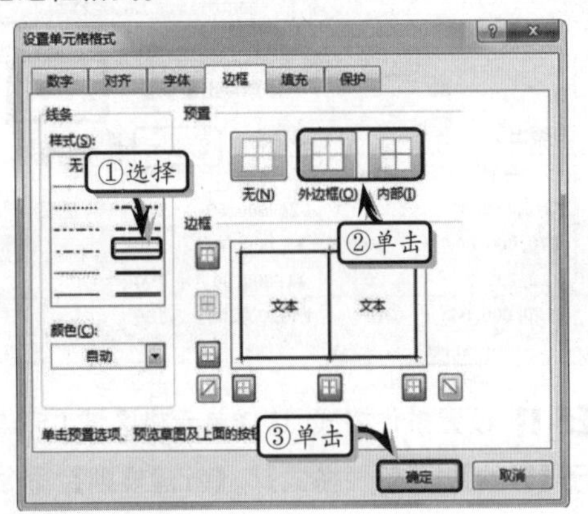

STEP14 设置背景色。选择单元格区域 B2:L2，执行【开始】|【字体】|【填充颜色】|【其他颜色】命令，在【自定义】选项卡中输入颜色值，单击【确定】按钮即可。使用同样方法，分别设置其他单元格区域的背景颜色。

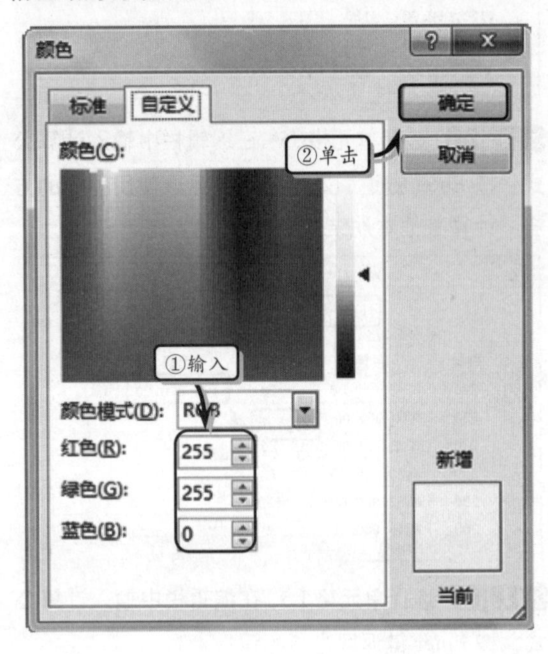

3.7 练习：供货商信用统计表

企业在补充生产原材料与库存商品时，往往需要根据供货商的信用程度来考虑补货的时间与数量，及时评价供货商的信用，不仅可以节省企业库管人员的工作，而且还可以防止补库中存在的商品中断与脱销。在本练习中，将制作一份供货商信用统计表。

供货商信用统计表

序号	供货商	商品名称	商品编号	数量	金额	延迟天数	退货记录	信用评价
1	京鑫	白酒	101	129	103200	0	0	优
2	张钰	红酒	102	166	99600	1	0	良
3	鸿运	啤酒	103	220	6600	1	0	良
4	麦迪	饮料	104	139	4170	4	0	差
5	恒通	瓜果	105	347	1071	2	0	良
6	永达	蔬菜	106	522	1121.2	0	0	优
7	徐晃	肉类	107	364	3396.5	0	0	优
8	大丰	海鲜	108	140	28000	0	0	优
9	绿竹	干货	109	45	54000	2	1	差
10	永庆	调料	110	50	3000	1	1	差

供应商信用统计表

练习要点

- 设置单元格格式
- 使用 VLOOKUP 函数
- 使用 SUMIF 函数
- 填充颜色

操作步骤

STEP|01 制作商品信息代码表。新建工作簿，更改工作表的名称。同时，单击【全选】按钮，右击鼠标执行【行高】命令，将行高设置为“20”。

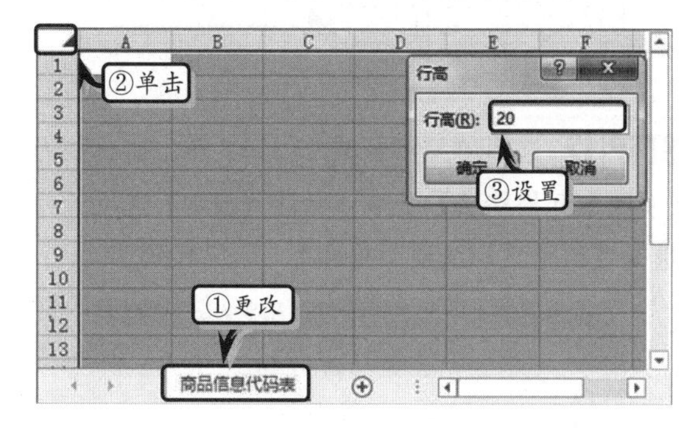

STEP|02 然后，合并单元格区域 B1:E1，输入标题文本并设置文本字体格式。

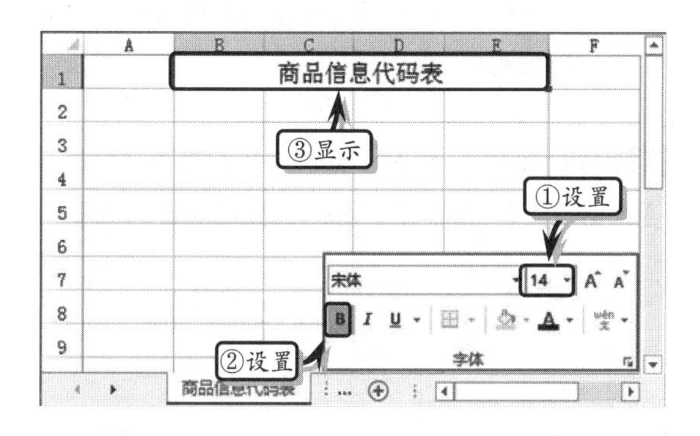

STEP|03 在工作表中输入商品信息，选择单元格区域 B2:E12，执行【对齐方式】|【居中】命令。

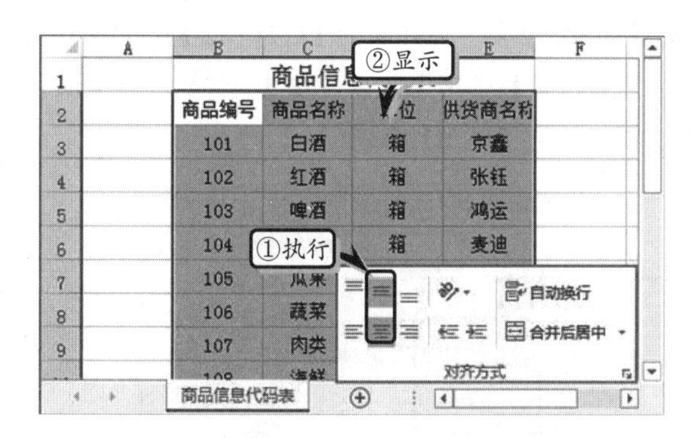

STEP|04 同时，执行【开始】|【字体】|【边框】|【所有框线】选项，设置边框格式。

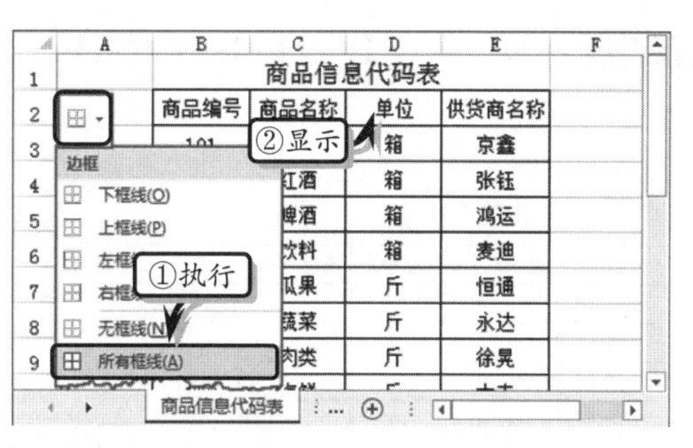

STEP|05 制作采购统计表。双击工作表标签 Sheet2，将其更改为“采购统计表”。然后，单击【全选】按钮，右击执行【行高】命令，将工作表的行高设置为“20”。

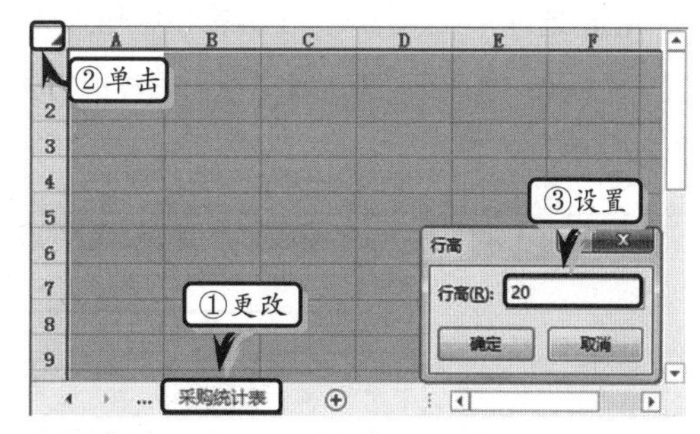

STEP|06 合并单元格区域 A1:M1，输入标题文本，并在【字体】选项组中，设置文本的【加粗】与【字号】格式。

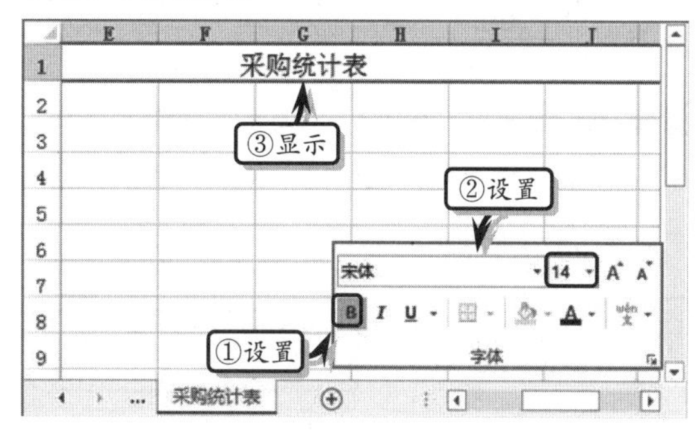

STEP|07 在工作表中输入基础数据，选择单元格区域 A2:M46，执行【对齐方式】|【居中】命令。

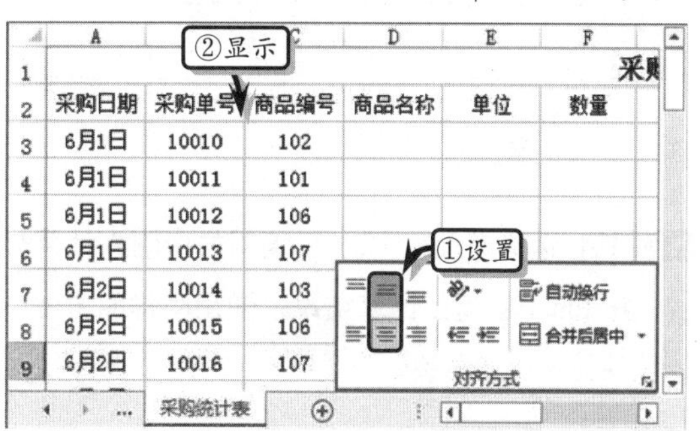

STEP|08 同时，执行【边框】|【所有框线】选项，设置边框格式。

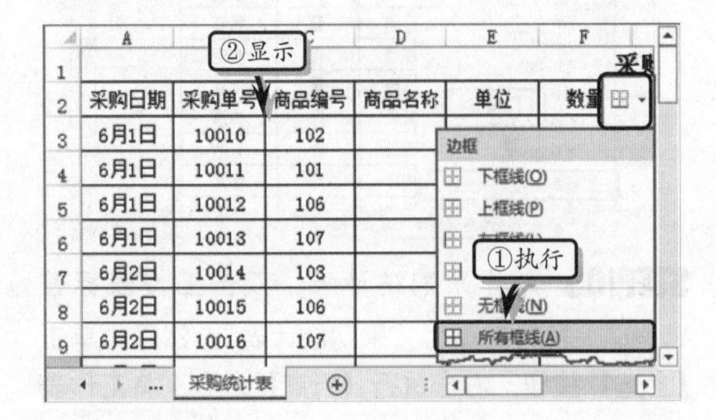

STEP|09 选择单元格 D3，在编辑栏中输入计算公式，按 Enter 键返回计算结果。使用同样的方法，计算其他商品名称。

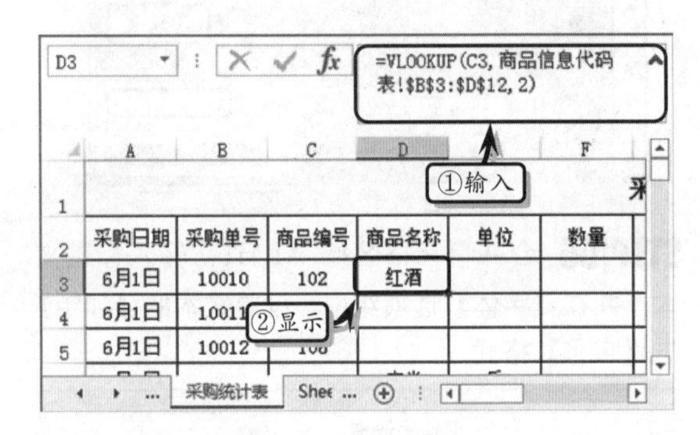

STEP|10 选择单元格 E3，在编辑栏中输入计算公式，按 Enter 键返回计算结果。使用同样的方法，计算其他单位名称。

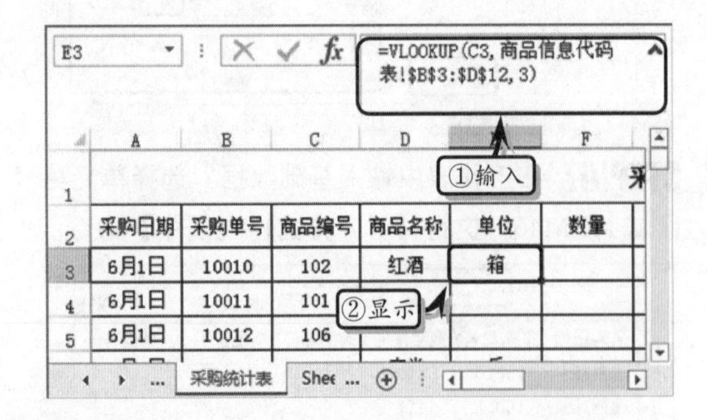

STEP|11 选择单元格 H3，在编辑栏中输入计算公式，按 Enter 键返回计算结果。使用同样的方法，计算其他供货商名称。

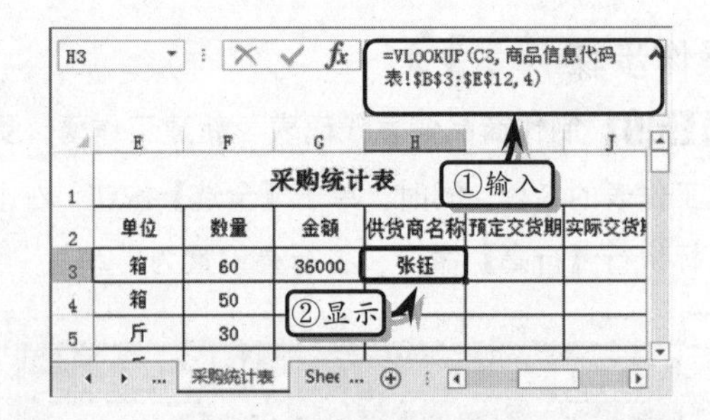

STEP|12 选择单元格区域 I3:J46，右击鼠标执行【设置单元格格式】命令。激活【数字】选项卡，选择【自定义】选项，并输入自定义代码。

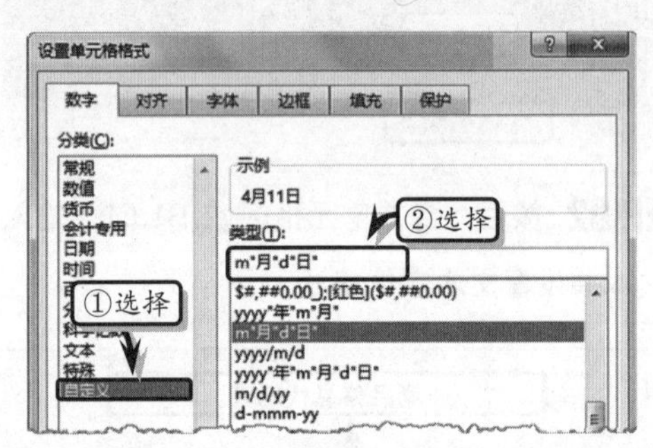

STEP|13 选择单元格区域 L3:L46，执行【数据】|【数据工具】|【数据验证】|【数据验证】命令。

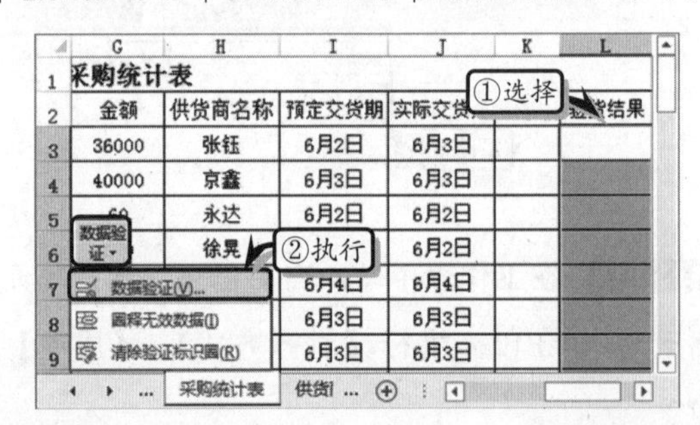

STEP|14 然后，在弹出的【数据验证】对话框中，激活【设置】选项卡，设置其【允许】与【来源】选项。单击【确定】按钮。

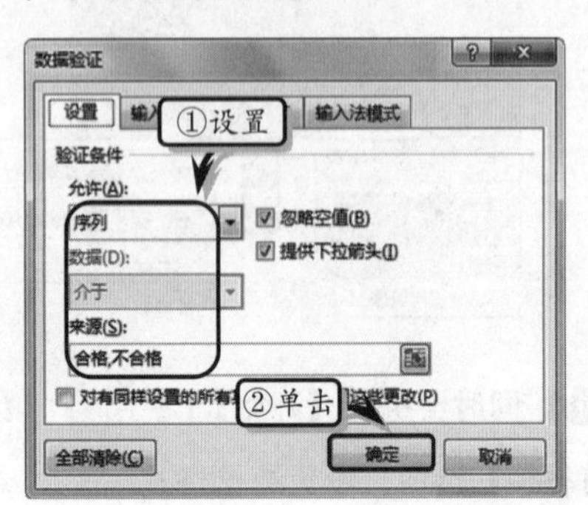

STEP|15 选择单元格 K3，在编辑栏中输入计算公式，按 Enter 键返回计算结果，判断延迟天数。

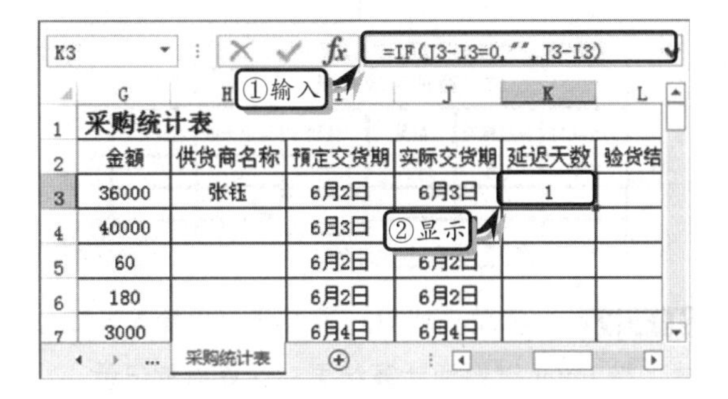

STEP|16 选择单元格 M3，在编辑栏中输入计算公式，按 Enter 键返回计算结果，判断退货记录。

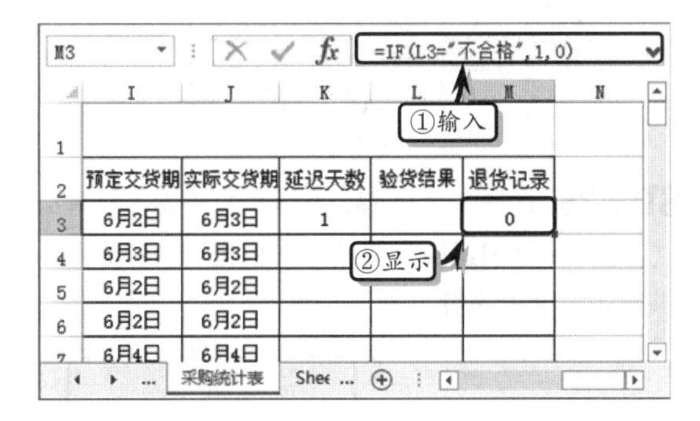

STEP|17 选择单元格区域 K3:K46，执行【开始】|【编辑】|【填充】|【向下】命令。计算延迟天数。用同样的方法，计算退货记录。

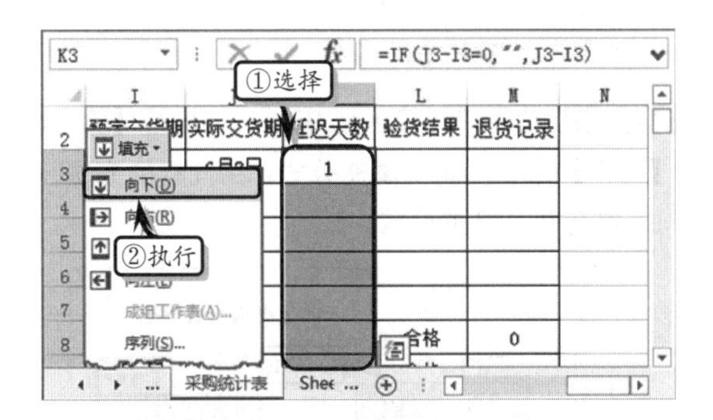

STEP|18 制作供货商信用统计表。双击工作表标签 Sheet3，将其更改为“供货商信用统计表”。设置工作表的行高。

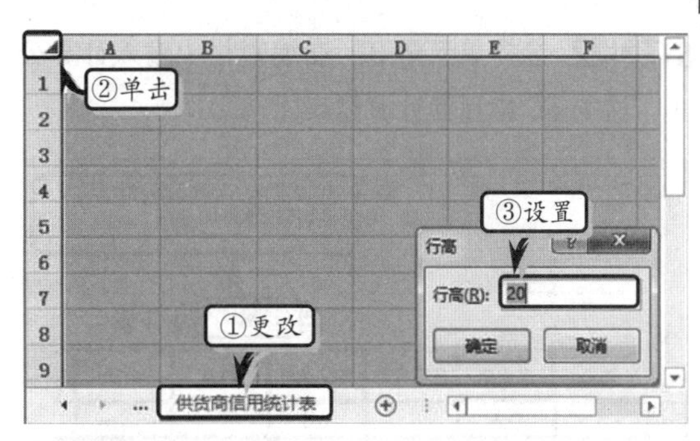

STEP|19 合并单元格 A1:I1，输入标题文本，并设置文本字体格式。

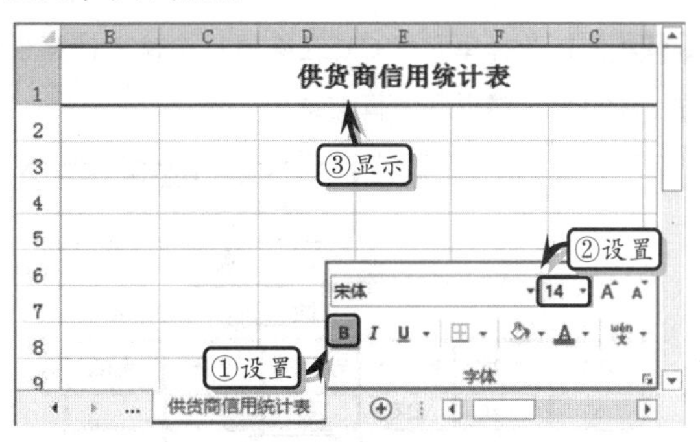

STEP|20 在工作表中输入基础数据，并设置单元格区域 A2:I12 的对齐格式。

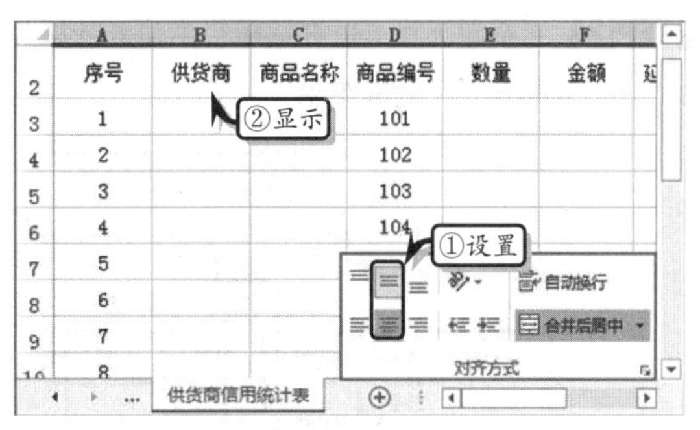

STEP|21 然后，选择单元格区域 A2:I12，右击鼠标执行【单元格格式】|【边框】命令，选择相应的线形，设置边框格式。

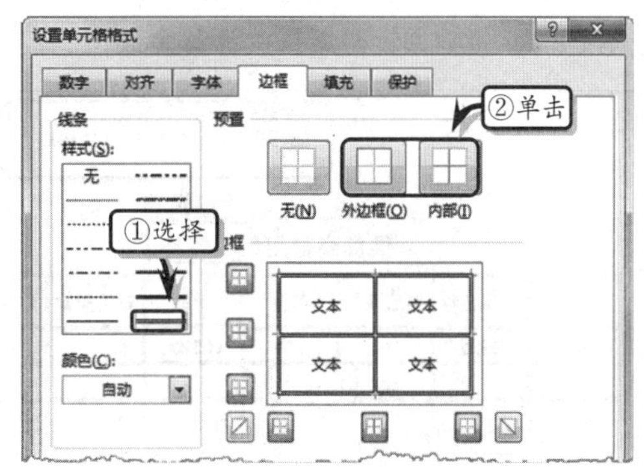

STEP|22 选择单元格 B3，在编辑栏中输入计算公式，按 Enter 键返回计算结果。

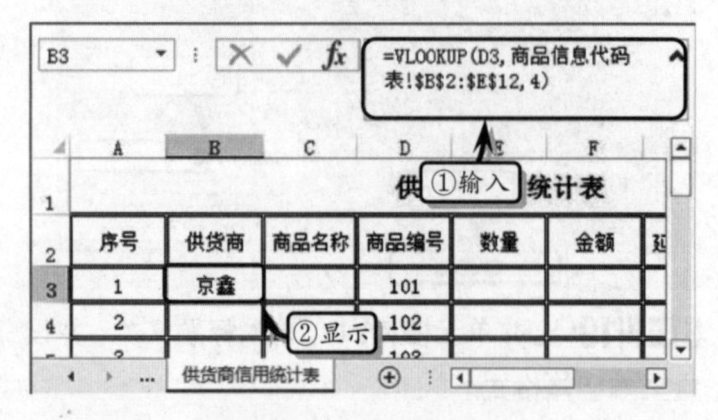

STEP|23 选择单元格 C3，在编辑栏中输入计算公式，按 Enter 键返回计算结果。

STEP|24 选择单元格 E3，在编辑栏中输入计算公式，按 Enter 键返回计算结果。

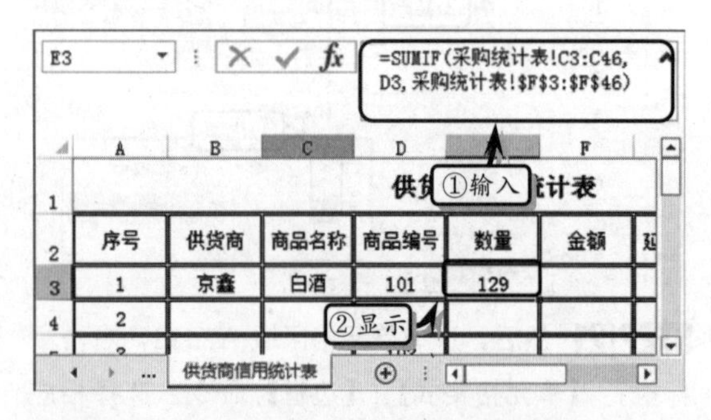

STEP|25 选择单元格 F3，在编辑栏中输入计算公式，按 Enter 键返回计算结果，计算金额值。

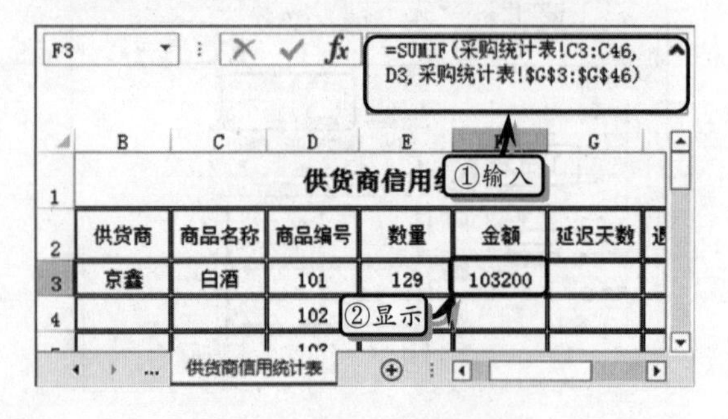

STEP|26 选择单元格 G3，在编辑栏中输入计算公式，按 Enter 键返回计算结果，计算延迟天数。

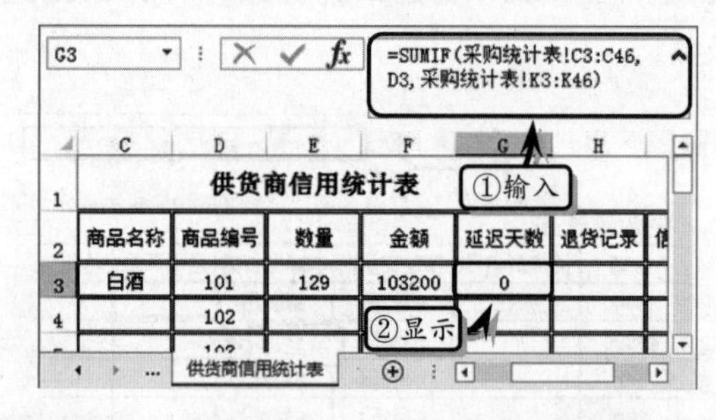

STEP|27 选择单元格 H3，在编辑栏中输入计算公式，按 Enter 键返回计算结果，计算退货记录。

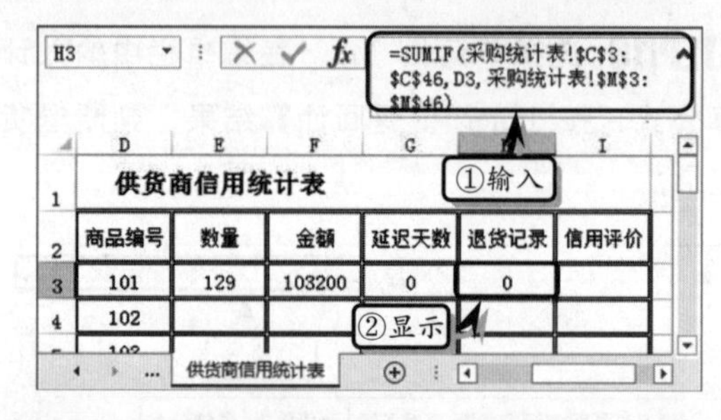

STEP|28 选择单元格 I3，在编辑栏中输入计算公式，按 Enter 键返回计算结果，根据退货记录判断供货商的信用评价。

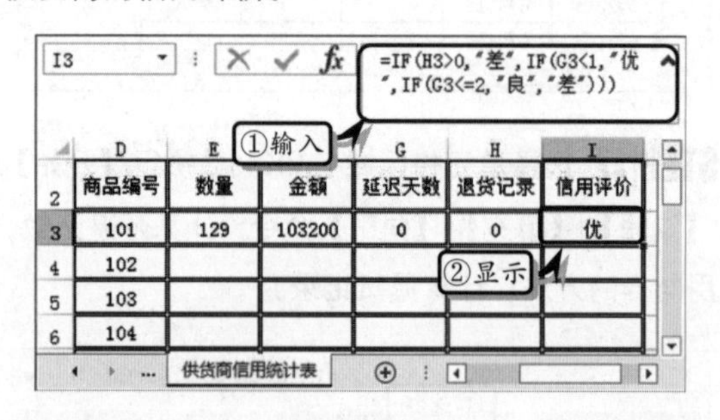

STEP|29 选择单元格区域 B3:C12，执行【填充】|【向下】命令，向下填充公式。用同样的方法，向下填充 E3:I12 的公式。

STEP|30 选择单元格区域 A2:I2，执行【开始】|【样式】|【单元格样式】|【检查单元格】命令。设置单元格样式。使用同样的方法，按照信用评价级别分别设置其他单元格区域的样式。

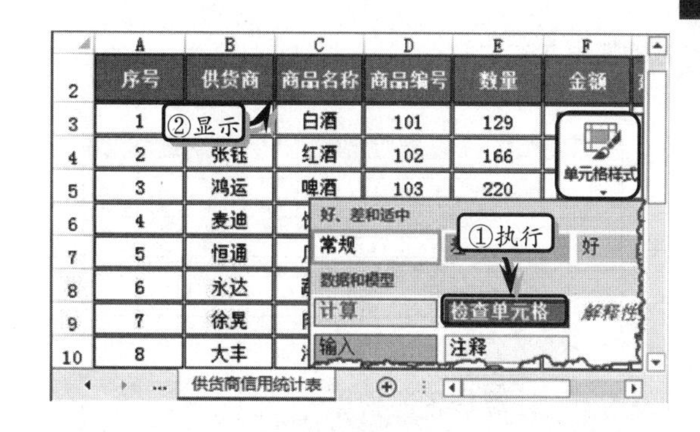

Excel 3.8 新手训练营

练习 1：学生成绩统计表

downloads\3\新手训练营\学生成绩统计表

提示：本练习中主要体现了 Excel 中设置字体格式、段落与边框格式，及单元格背景色等基础操作练习与函数的方法。

其中，计算总分、平均分与等级的公式如下所述。

总分公式：G3=SUM(D3:F3)

平均分公式：H3=AVERAGE(D3:F3)

等级公式：I3=IF(H3>=85,"优",IF(H3<60,"不及格",IF(H3>=70,"良",IF(H3<70,"及格"))))

学生成绩统计表

学号	姓名	平时	期中	期末	总分	平均分	等级
060101	夏小冬	56	64	54	174	58.0	不及格
060102	谢红	74	29	56	159	53.0	不及格
060103	刘敏	96	68	90	254	84.7	良
060104	陈翔	56	59	54	169	56.3	不及格
060105	孙水松	98	85	88	271	90.3	优
060106	丁国瑞	57	64	68	189	63.0	及格
060107	王少渊	85	89	98	272	90.7	优
060108	李季	76	63	67	206	68.7	及格
060109	李肖杰	64	68	62	194	64.7	及格

练习 2：分红表

downloads\3\新手训练营\分红表

提示：分红是指员工在正常的薪资以外，分配一部分雇主所得的利润。本练习中，首先设置填充颜色与设置数据类型等基本操作技巧，制作基础表格。然后，运用 SUMIF 函数、IF 函数与 RANK 函数分别计算金额、分红与排名。其中，计算金额、分红与排名的公式如下所述。

订单数：E3=COUNTIF($B$3:$B$8,B3)

金额：F3=SUMIF($B$3:$B$8,B3,$D$3:$D$8)

分红：G3==IF(F3<50000,0.1,0.15)*F3

排名：H3==RANK(G3,$G$3:$G$8,0)

分红表

销售人员	订单号	订单金额	订单数	金额	分红	排名
彭晓飞	20060009	¥5,000	2	17500	1750	2
王宏	20060010	¥14,500	1	14500	1450	4
彭晓飞	20060011	¥12,500	2	17500	1750	2
董肖寒	20060012	¥7,500	2	11000	1100	5
张跃	20060013	¥25,000	1	25000	2500	1
董肖寒	20060014	¥3,500	2	11000	1100	5

练习 3：计算生肖

downloads\3\新手训练营\计算生肖

提示：本练习中，运用 DATE 函数与 MID 函数，根据身份证号码计算出生日期；再运用 MID 函数与 MOD 函数计算生肖。其中，计算出生日与生肖的公式，如下所述。

出生日期计算公式：C3=DATE(MID(B3,7,4),MID(B3,11,2),MID(B3,13,2))

生肖计算公式：D3=MID("鼠牛虎兔龙蛇马羊猴鸡狗猪",MOD(YEAR(C3)-4,12)+1,1)

计算生肖

员工姓名	身份证号码	出生日	生肖
陈红	110983197806124576	1978/6/12	马
王阳	120374197912286384	1979/12/28	羊
李红	371487198601025917	1986/1/2	虎
曹瑾	377837198312128733	1983/12/12	猪
云飞	234987198110113226	1981/10/11	鸡
白云	254879198812048769	1988/12/4	龙

练习 4：营业员销售业绩表

downloads\3\新手训练营\营业员销售业绩表

提示：在本练习中，主要体现了字体格式、段落与边框格式以及单元格背景色等基础操作练习与函数的使用方法。

营业员销售业绩表									
日期	员工编号	姓名	产品名称	数量	单价	折扣	销售金额	提成比例	奖金
2015/6/10	800210	姚红艳	电视机	1	2900	无	2900	2%	58.0
2015/6/11	800210	刘梅	电冰箱	1	2650	无	2650	2%	53.0
2015/6/12	800210	王晶晶	洗衣机	2	2400	0.90	4320	3%	129.6
2015/6/13	800210	陈静	电冰箱	1	2650	无	2650	2%	53.0
2015/6/14	800210	李小飞	空调	3	3200	0.88	8448	2%	169.0
2015/6/15	800210	王坤	微波炉	1	900	0.88	792	4%	31.7
2015/6/16	800210	沈小妹	电脑	2	3500	0.80	5600	4%	224.0
2015/6/17	800210	陈成	电饼铛	1	350	无	350	2%	7.0

练习 5：计算贷款还款额

downloads\3\新手训练营\计算贷款还款额

提示：在本练习中，已知某企业需要贷款 300 万，其年利率为 6%，还款期数为 5 年。运用 PMT 函数，计算贷款还款额。

PMT 函数主要用于计算贷款的偿还额，其偿还额中包括本金与利息，但不包括税款、保留支付或某些贷款有关的费用。PMT 函数的功能是在基于固定利率及等额分期付款方式下，返回贷款偿还额，该函数的表达式为：

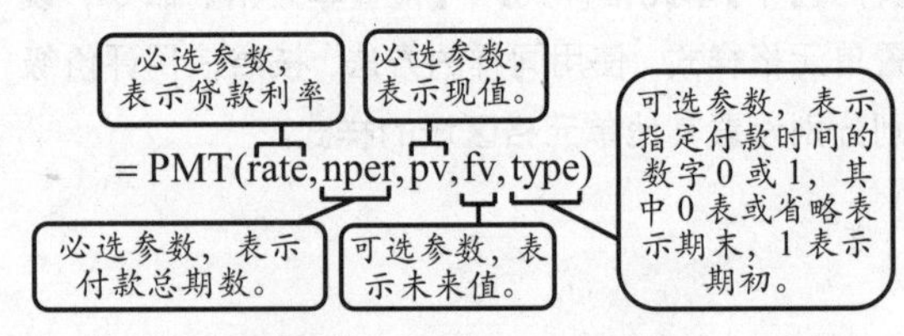

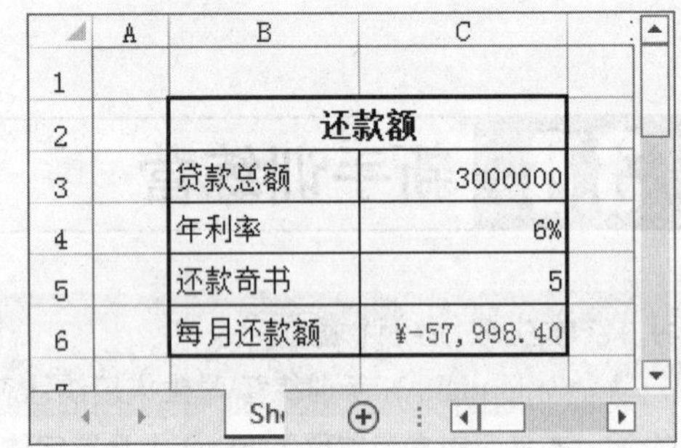

还款额	
贷款总额	3000000
年利率	6%
还款奇书	5
每月还款额	¥-57,998.40

第 4 章

应用查找与引用函数

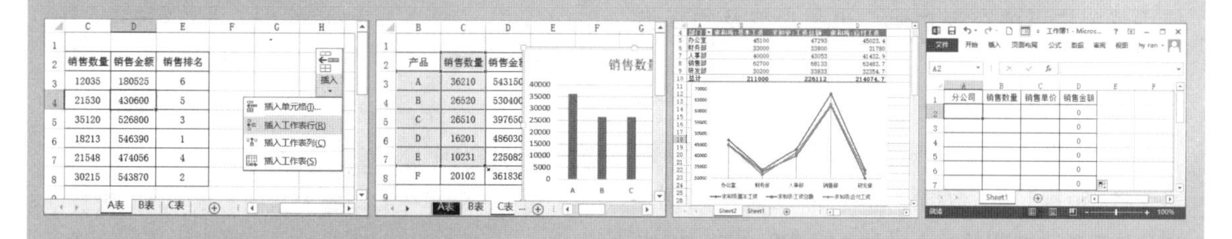

查找引用函数是一种简化工作表函数，该类函数是所有函数中使用比较广泛的函数之一，不仅可以按指定要求查找当前工作表或其他工作表中的数据，而且还可以查找指定单元格区域中数值的位置，以及链接不同工作表或本地硬盘中的文件。另外，通过查找与引用函数，还可以方便、快捷地操作不同的工作表、不同位置中的数据，在很大程度上帮助用户提高数据的输入与计算速度，从而提高用户的工作速度，缩短数据的采集与计算程序。在本章中，将通过具体实例，详细介绍查找引用函数的基础知识和实用方法。

4.1 简单查找

Excel 中的查找类函数，是所有函数中使用率相当高的函数之一，它不仅具有强大的查询功能，可以实现大数据表的单条件和多条件查询，而且还可以实现反向查询和跨工作表查询等查询功能。

4.1.1 单条件查找

单条件查询，顾名思义就是在查询过程中，函数只满足于指定的一个条件。这种查询方法是使用最为广泛的查询功能，也是最普及的查询使用。

1．案例分析

例如，用户在编制“进销存统计表”数据表时，需要将“销售汇总”数据添加到“本期销售”列中，如果使用普通数据的录入方法，需要用户在“销售汇总”列中根据“商品编码”值来查找相对应的数据，并将数据录入在“本期销售”列中。如此一来，既烦琐又容易出现录入错误。此时，用户可以使用 VLOOKUP 函数，来根据“商品编码”值快速查找相对应的“销售汇总”值，并将其返回到指定单元格中。

2．函数介绍

在 Excel 中，VLOOKUP 函数的功能是在表格或单元格区域的首列查找指定的值，并由此返回区域中当前行中的任意值。

VLOOKUP 函数的表达式为：

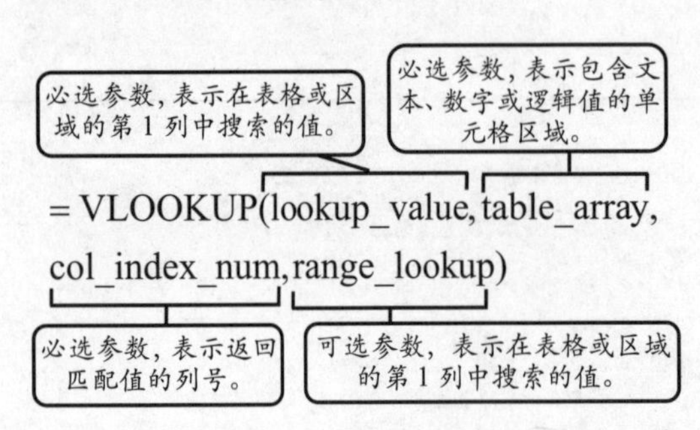

其中，VLOOKUP 函数参数的注意事项如下表所示。

参　数	注 意 事 项
lookup_value	当该参数的值小于 table_array 参数的第 1 列中的最小值时，函数将返回错误值#N/A!
col_index	当该参数的值小于 1 时，函数将返回错误值#VALUE!
table_array	当 col_index 参数大于该参数的列数时，函数将返回错误值#REF!
range_lookup	当该参数为 TRUE 或被省略时，函数将返回精确匹配值或近似匹配值

3．案例实现

首先，在工作表中输入基础数据，并设置数据表的对齐格式。

进销存统计表

商品编码	期初数量	本期进货	本期销售	期末结存	商品编码	销售汇总
A1001	200	300		500	A1001	400
A1002	320	500		820	C1002	430
B2001	150	200		350	C2001	298
B2002	260	600		860	A2001	362
C3001	120	400		520	A3002	220
C1002	300	300		600	B3001	310

然后，选择单元格 E3，在编辑栏中输入计算公式，按 Enter 键，返回商品编码对应的本期销售额。

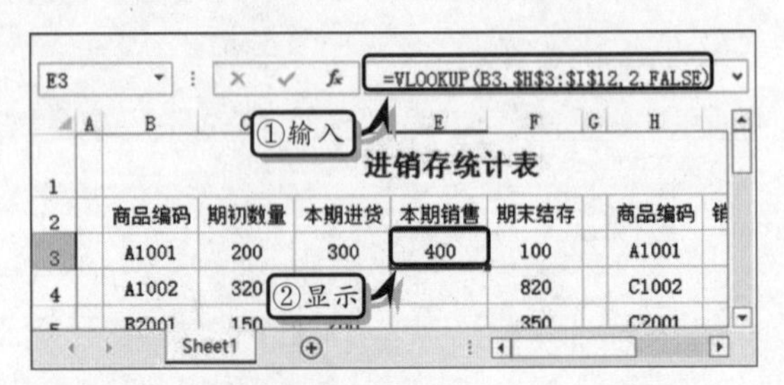

最后，选择单元格区域 E3:E12，执行【开始】|【编辑】|【填充】|【向下】命令，向下填充公式。

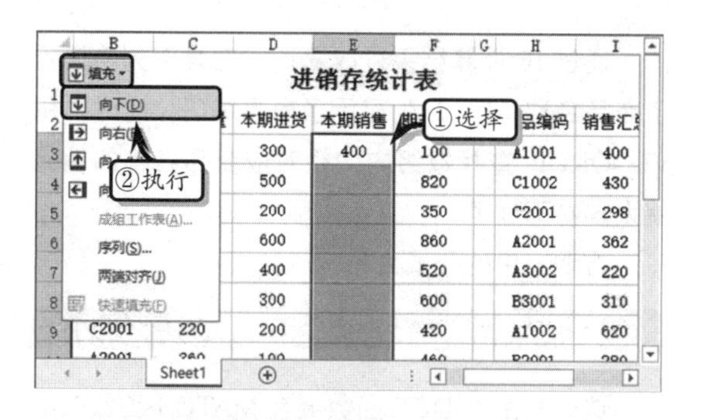

4．公式解析

在该案例中的单元格 E3 中的公式为：

```
=VLOOKUP(B3,$H$3:$I$12,2,FALSE)
```

在该公式中，B3 代表需要对其进行搜索的值，即在该公式中需要搜索商品编号为“A1001”所对应的数值；而公式中的$H$3:$I$12 则表示系统搜索的区域范围，由于该范围是固定的，因此需要添加绝对引用符号；公式中的 2 表示获取搜索范围内的第 2 列中的数值；公式中的 FALSE 表示对搜索范围进行模糊查询。

4.1.2　反向查找

在使用 VLOOKUP 函数查找数据时，用户会发现该函数中的查找值必须位于被查找区域中的第 1 列。而对于一些不在第 1 列中的数据，则无法对其进行直接查询。此时，用户便需要使用“反向查找”功能，运用嵌套函数来实现查找需求。

1．案例分析

例如，“进销存统计表”中的商品编码和商品名称是一一对应的。默认情况下，用户可以使用 VLOOKUP 函数通过商品编码来查找并返回商品名称。但是，由于商品名称位于商品编码的右侧，并不是单元格区域内的第 1 列；因此无法使用 VLOOKUP 函数，通过商品名称来反向查找商品编码。此时，用户可以通过 VLOOKUP 嵌套 IF 函数，以及 INDEX 嵌套 MATCH 函数两种方法，来实现反向查找。

2．函数介绍

在 Excel 中，INDEX 函数可以显示表格或区域的值或值的引用，该函数存在数组和引用两种形式。当函数的第 1 个参数为数组常量时，将会使用数组形式进行计算。

INDEX 函数的数组形式的功能是返回表格或数组中的元素值，此元素是由行号和列号的索引值组成。NDEX 函数的数组形式的表达式为：

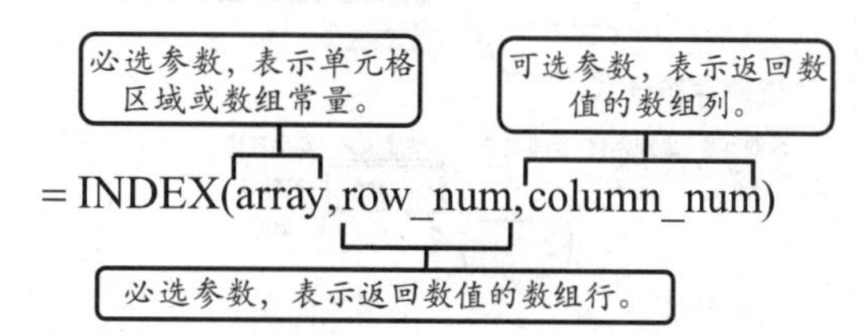

INDEX 函数的引用形式的功能是返回指定的行与列交叉处的单元格引用，该函数的引用形式的表达式为：

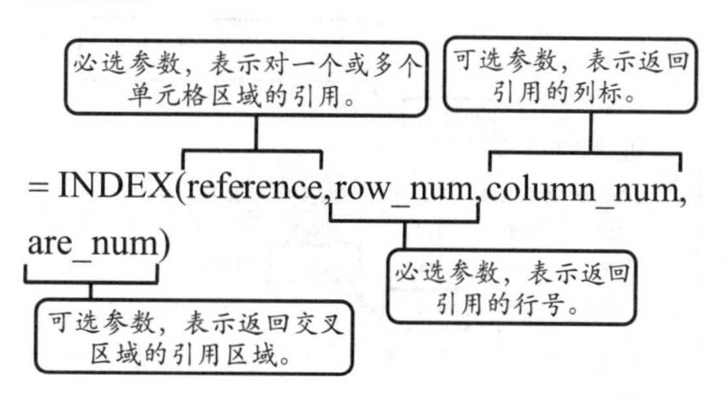

而 MATCH 函数则用于返回符合特定值特定顺序的项在数组中的相对位置，其函数表达式为：

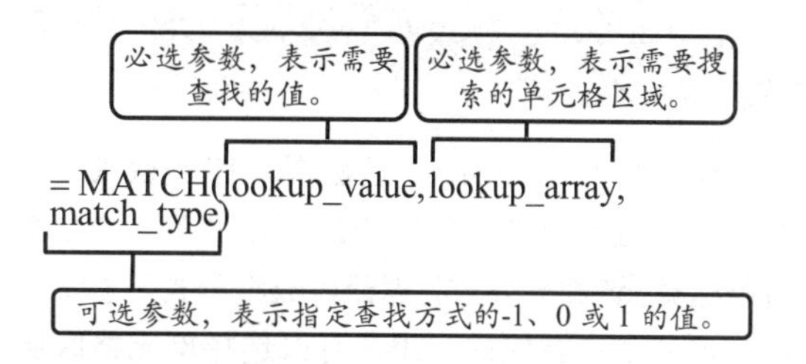

3．案例实现

首先，在工作表中输入基础数据，并设置数据表的对齐格式。

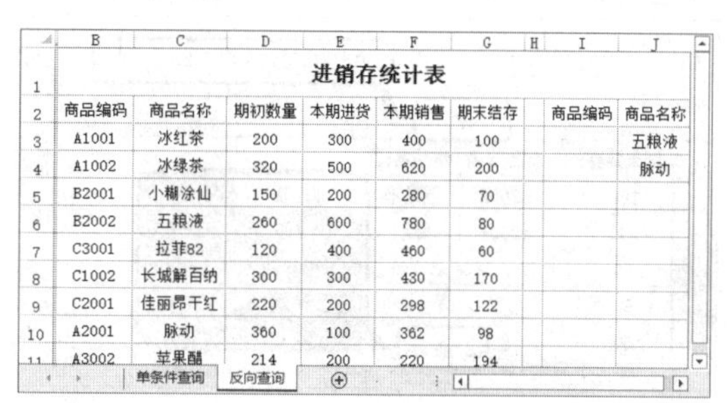

进销存统计表

商品编码	商品名称	期初数量	本期进货	本期销售	期末结存	商品编码	商品名称
A1001	冰红茶	200	300	400	100		五粮液
A1002	冰绿茶	320	500	620	200		脉动
B2001	小糊涂仙	150	200	280	70		
B2002	五粮液	260	600	780	80		
C3001	拉菲82	120	400	460	60		
C1002	长城解百纳	300	300	430	170		
C2001	佳丽昂干红	220	200	298	122		
A2001	脉动	360	100	362	98		
A3002	苹果醋	214	200	220	194		

方法一：选择单元格 I3，在编辑栏中输入计算公式，按 Enter 键，返回 J3 单元格对应的商品编码。

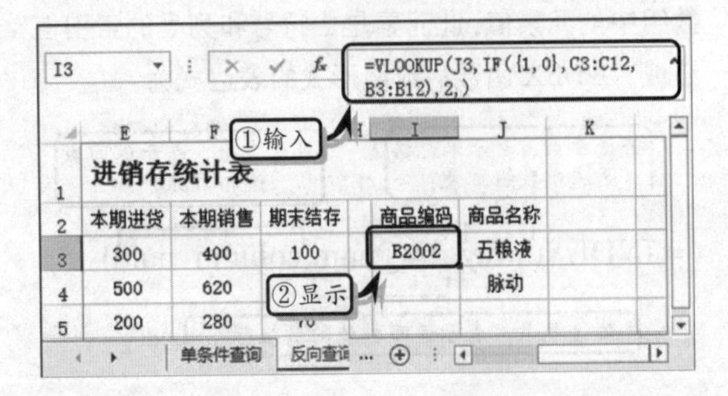

方法二：选择单元格 I4，在编辑栏中输入计算公式，按 Enter 键，返回 J4 单元格对应的商品编码。

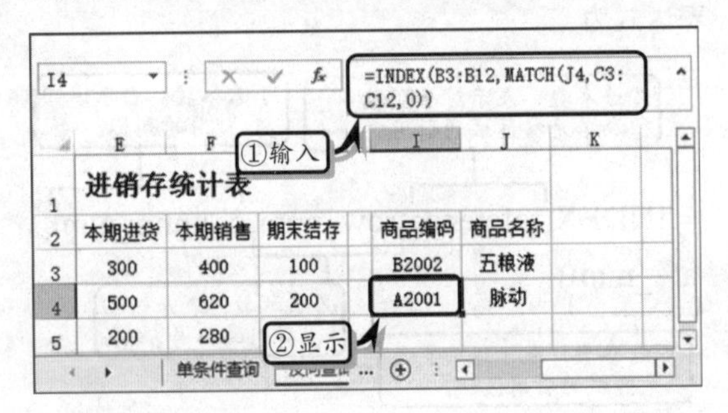

4. 公式解析

方法一中的公式为：

```
=VLOOKUP(J3,IF({1,0},C3:C12,B3:B12),2,)
```

该公式由 VLOOKUP 函数嵌套 IF 函数来实现的，其 IF 函数作为 VLOOKUP 函数的第 2 个参数进行运算，该部分公式将返回以数组形式所显示的商品名称和商品编码。用户可以选择单元格区域 K3:L12，在编辑栏中输入 IF 函数，按 F9 键或 Shift+Ctrl+Enter 键，即可显示商品名称和商品编码数组。

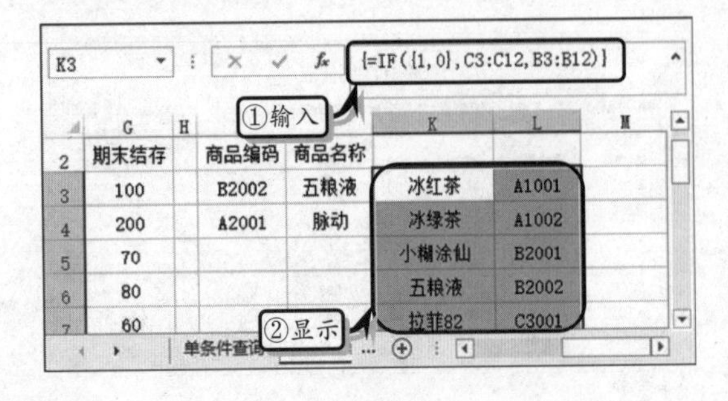

通过 IF 计算结果可以发现，在第 1 列中显示了商品名称，第 2 列显示了商品编码，此时再用 VLOOKUP 查找数组内的相对应商品名称的编码就太容易不过了。

方法二中的公式为：

```
=INDEX(B3:B12,MATCH(J4,C3:C12,0))
```

该公式由 INDEX 函数嵌套 MATCH 函数来实现的，其中 MATCH 函数是根据单元格 J4 中的内容，在 C 列中来定位该内容的显示行数（8），并返回给 INDEX 函数。而 INDEX 函数，则把第 1 个参数理解成为一个矩阵，并根据第 2 个参数值来返回矩阵区域中符合标准的值，即返回 MATCH 函数返回的行数（8）对应的矩阵第 1 列中的值。

4.1.3 跨工作表查找

当用户在同一工作簿中创建多个工作表时，经常会遇到互相使用其他工作表数据的情况。此时，用户可以使用 VLOOKUP 函数，实现跨工作表查找，并将查找到的结果快捷且准确地返回到当前工作表中。

1. 案例分析

例如，用户在编制“应扣应缴统计表”数据表中的“工资总额”时，需要依据员工的“工牌号”，通过查找“员工信息表”数据表中的“合计”值，对其进行填制。此时，为了保证数据的准确性，还需要运用 VLOOKUP 函数，根据“工牌号”值跨工作表查找相对应的“合计”值，并将其返回到“工资总额”列中。

2. 案例实现

首先，在工作表中输入基础数据，并设置数据表的对齐格式。

应扣应缴统计表

工牌号	姓名	所属部门	职务	工资总额	养老保险	医疗保险	失业
001	杨光	财务部	经理		¥ -	¥ -	¥
002	刘晓	办公室	主管		¥ -	¥ -	¥
003	贺龙	销售部	经理		¥ -	¥ -	¥
004	冉然	研发部	职员		¥ -	¥ -	¥
005	刘娟	人事部	经理		¥ -	¥ -	¥
006	金鑫	办公室	经理		¥ -	¥ -	¥
007	李娜	销售部	主管		¥ -	¥ -	¥
008	李娜	研发部	职员		¥ -	¥ -	¥
009	张冉	人事部	职员		¥ -	¥ -	¥

员工信息表　应扣应缴统计表

然后，选择单元格 F3，在编辑栏中输入计算公式，按 Enter 键，返回工牌号对应的工资总额。

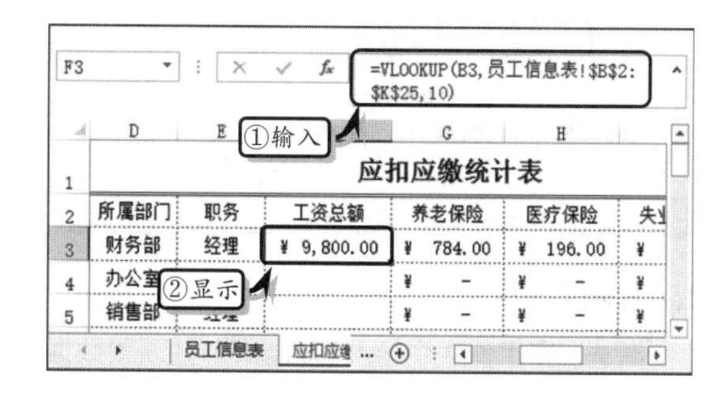

3．公式解析

在该案例中的单元格 E3 中的公式为：

```
=VLOOKUP(B3,员工信息表!$B$2:$K$25,10)
```

在该公式中，B3 代表需要对其进行搜索的值，即在该公式中需要搜索工牌号为“001”所对应的数值；而公式中的“员工信息表!$B$2:$K$25”则表示系统搜索的区域范围，即搜索“员工信息表”工作表中的$B$2:$K$25 单元格区域；公式中的 10 表示获取搜索范围内的第 10 列中的数值，即单元格区域$B$2:$K$25 中的第 10 列。

4.2 多条件查找

在 Excel 中，除了进行单个条件的查找之外，还可以使用嵌套函数实现多条件查找，包括单向多条件查找、多向查找和多列查找等内容。

4.2.1 单向多条件查找

单向多条件查找是指查找的条件分布在一个方向，即列方向或行方向。

1．案例分析

例如，在“进销存统计表”数据表中，其原始数据存储在单元格区域 B2:G12 中。此时，需要根据单元格 I3 和 J3 中的条件，查找并返回相对应的“期末结存”数值。下面，将运用 VLOOKUP 嵌套 IF 函数，以及 INDEX 嵌套 MATCH 函数两种方法来进行单向多条件查找。

2．案例实现

首先，制作基础数据表。然后，选择单元格 K3，在编辑栏中输入计算公式，按 Shift+Ctrl+Enter 键，返回对应的期末结存值。

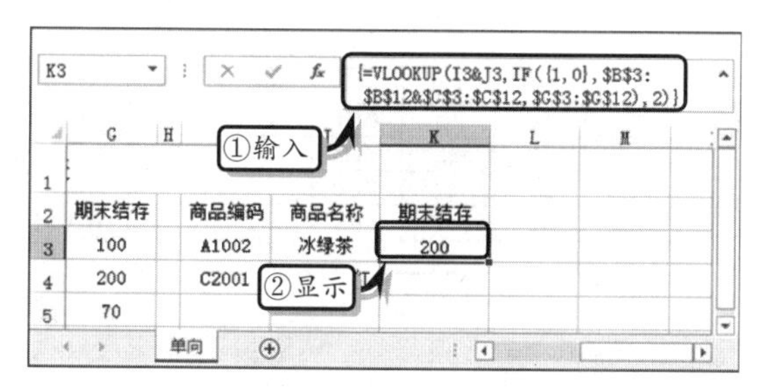

同时，选择单元格 K4，在编辑栏中输入计算公式，按 Shift+Ctrl+Enter 键，返回对应的期末结存值。

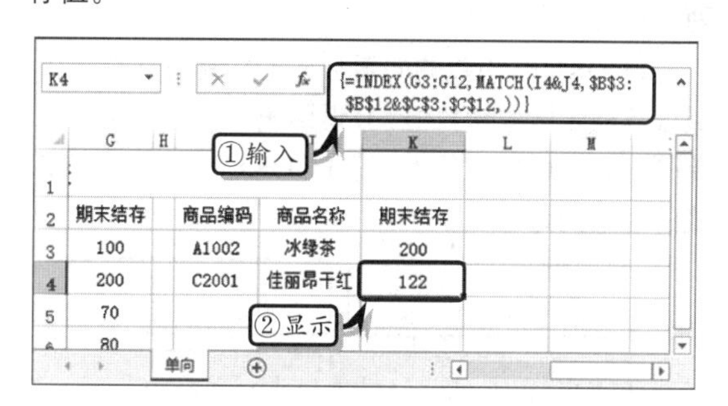

3．公式解析

方法一中的公式为：

```
=VLOOKUP(I3&J3,IF({1,0},$B$3:$B$12&$C$3:$C$12,$G$3:$G$12),2)
```

该公式是由 VLOOKUP 函数嵌套 IF 函数来实现的，其 IF 函数作为 VLOOKUP 函数的第 2 个参数进行运算。除此之外，在公式中还通过使用连接符&，将两个查询条件进行连接，以实现多条件查询功能。另外，在 IF 函数中，也同样使用连接符&连接两个数据区域。

方法二中的公式为：

```
=INDEX(G3:G12,MATCH(I4&J4,$B$3:$B$12&$C$3:$C$12,))
```

该公式由 INDEX 函数嵌套 MATCH 函数来实现的，其 MATCH 函数作为 VLOOKUP 函数的第 2 个参数进行运算。而 MATCH 函数中，同样使用了连接符&连接条件和数据区域。需要注意的是，在该公式中必须使用 Shift+Ctrl+Enter 键结束公式的输入，以促使 Excel 实现多重运算。

4.2.2 多向查找

双向查找是指查找条件分别位于行或列中，而非单纯的唯一列或行中。

1．案例分析

例如，用户在编制科目成绩统计表时，需要统计不同科目不同部门下的成绩。此时，用户可以使用 VLOOKUP 嵌套 IF 函数、INDEX 嵌套 MATCH 函数，以及 LOOKUP 函数，来实现多向查找。

2．函数介绍

Excel 中的 LOOKUP 函数可以从单行、单列区域或数组中返回值，该函数主要包括向量与数组两种形式。

LOOKUP 函数的向量形式的功能是在单行区域或单列区域中查找值，并返回第 2 个单行区域或单列区域中相应位置的值。LOOKUP 函数向量形式的表达式为：

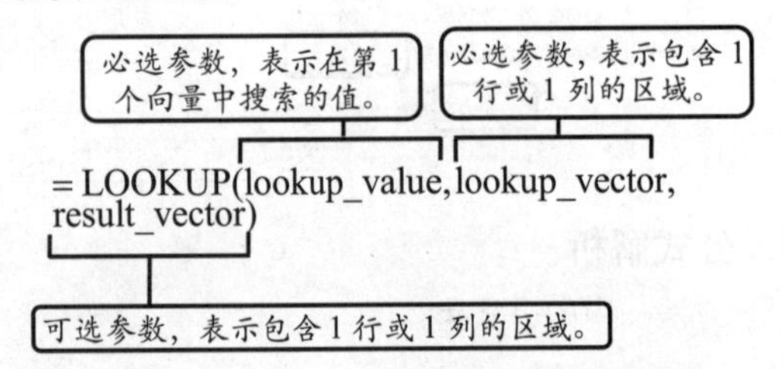

其中，LOOKUP 函数参数的注意事项如下表所示。

参　数	注 意 事 项
lookup_value	该参数可为数字、文本、逻辑值、名称或对值的引用
lookup_vector	该参数可以为文本、数字或逻辑值。另外，该参数中的值必须以升序排列
table_array	当 col_index 参数大于该参数的列数时，函数将返回错误值#REF!
resuli_vector	该参数必须与参数 lookup_vector 的大小相同

LOOKUP 函数数组形式的功能是在数组的第 1 行或第 1 列中查找指定的数值，并返回数组最后 1 行或 1 列内相同位置的数值。该函数的表达式为：

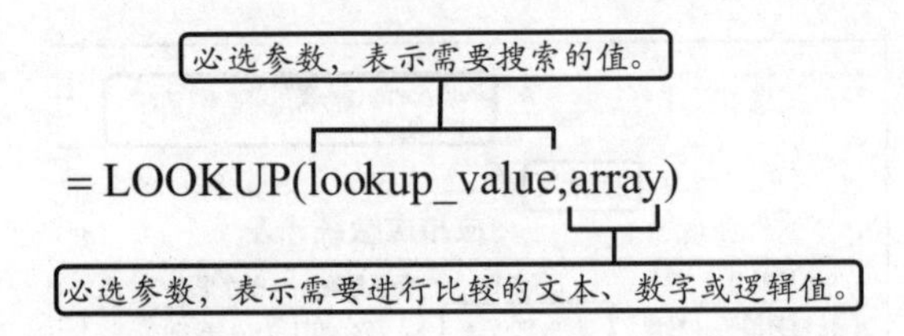

3．案例实现

首先，在工作表中输入基础数据，并设置数据表的对齐格式。

	A	B	C	D	E	F	G	H
1								
2		源数据				方法一		
3	科目	部门	平均成绩			销售	人事	
4	科目A	销售	85		科目A			科目A
5	科目B	销售	82		科目B			科目B
6	科目C	销售	91		科目C			科目C
7	科目D	销售	78		科目D			科目D
8	科目A	人事	92					
9	科目B	人事	88					
10	科目C	人事	80					

单向　多向

方法一：选择单元格 F4，在编辑栏中输入计算公式，按 Shift+Ctrl+Enter 键，返回查找结果。

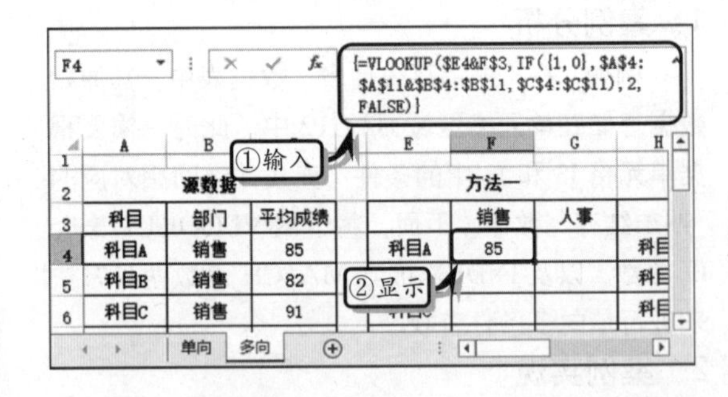

然后，选择单元格 G4，向下填充公式；同时选择单元格区域 G4:G7，向右填充公式。

	D	E	F	G	H	I	J	K
1								
2			方法一			方法二		
3			销售	人事		销售	人事	
4		科目A	85	92	科目A			科目A
5		科目B	82	88	科目B			科目B
6		科目C	91	80	科目C			科目C
7		科目D	78	93	科目D			科目D
8								
9								
10								

填充

单向　多向

方法二：选择单元格 I4，在编辑栏中输入计算公式，按下 Shift+Ctrl+Enter 键，返回查找结果。

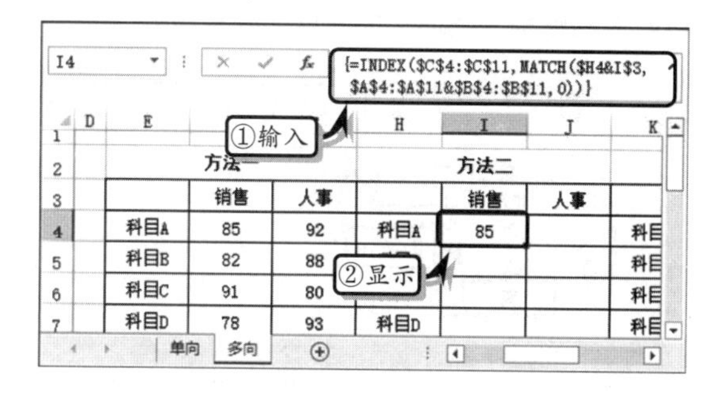

	方法一			方法二	
	销售	人事		销售	人事
科目A	85	92	科目A	85	
科目B	82	88			
科目C	91	80			
科目D	78	93	科目D		

然后，选择单元格 J4，向下填充公式；同时选择单元格区域 J4:J7，向右填充公式。

	方法一			方法二	
	销售	人事		销售	人事
科目A	85	92	科目A	85	92
科目B	82	88	科目B	82	88
科目C	91	80	科目C	91	80
科目D	78	93	科目D	78	93

填充

方法三：选择单元格 L4，在编辑栏中输入计算公式，按 Shift+Ctrl+Enter 键，返回查找结果。

L4　{=LOOKUP(1,0/(($A$4:$A$11=$K4)*($B$4:$B$11=L$3)),$C$4:$C$11)}

①输入　②显示

人事		销售	人事		方法三 销售	人事
92	科目A	85	92	科目A	85	
88	科目B	82	88			
80	科目C	91	80			
93	科目D	78	93	科目D		

然后，选择单元格 M4，向下填充公式；同时选择单元格区域 M4:M7，向右填充公式。

	方法二			方法三	
	销售	人事		销售	人事
科目A	85	92	科目A	85	92
科目B	82	88	科目B	82	88
科目C	91	80	科目C	91	80
科目D	78	93	科目D	78	93

填充

4．公式解析

方法一中的公式为：

```
=VLOOKUP($E4&F$3,IF({1,0},$A$4:
$A$11&$B$4:$B$11,$C$4:$C$11),2,
FALSE)
```

在该公式中，也是使用连接符&，通过连接两个条件，将多条件变成单条件进行运算。但是，在该公式中需要注意必须使用数组输入方式，才可以显示正确的运算结果。除此之外，还需要注意对单元格的引用类型，以确保可以正确填充各单元格中的公式。

方法二中的公式为：

```
=INDEX($C$4:$C$11,MATCH($H4&I$3,
$A$4:$A$11&$B$4:$B$11,0))
```

在该公式中，使用了 INDEX 嵌套 MATCH 函数进行运算，而 MATCH 函数则作为 INDEX 函数的第 2 个参数参与运算。其实，整个公式没有太大的使用悬念，唯一需要注意的是必须使用数组运算，而且还需要注意单元格的引用类型。

方法三中的公式为：

```
=LOOKUP(1,0/(($A$4:$A$11=$K4)*
($B$4:$B$11=L$3)),$C$4:$C$11)
```

该公式中的 LOOKUP 函数是使用向量形式参与运算，整个公式没有太大的使用悬念，唯一需要注意的是必须使用数组运算。

4.2.3　连续多列查找

连续多列查找是根据指定条件同时查询多个列中的内容，其查询条件分别位于不同的列中。

1．案例分析

例如，在“员工基本信息”数据表中，包含工牌号、姓名、性别、所属部门、职务等信息。如果用户需要根据员工姓名，来查找相对应的性别、所属部门、工作年限等信息，则需要在不同条件下的单元格中，依次输入查找公式，以获取准确的查找信息。但这样一来，便突显出 Excel 函数的烦琐性了。此时，用户可以使用 VLOOKUP 嵌套 COLUMN

函数、VLOOKUP 嵌套 IF 函数，以及 INDEX 嵌套 MATCH 函数的方法，批量显示多条件查找信息。

2．函数介绍

COLUMN 函数的功能是返回指定单元格引用的列号，其函数表达式为：

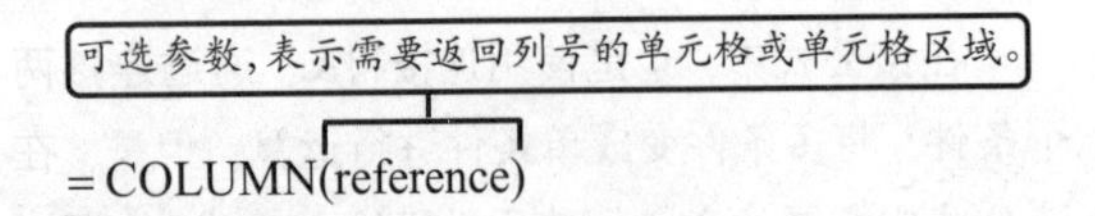

3．案例实现

首先，在工作表中输入基础数据，并设置数据表的对齐格式。

	A	B	C	D	E	F	G
1	工牌号	姓名	性别	所属部门	职务	工作年限	
2	1002	赵恒	男	财务部	经理	5	
3	1003	金鑫	女	人事部	主管	3	
4	2001	陈旭	男	销售部	经理	4	
5	2002	刘能	男	推广部	职员	2	
6	2003	张娟	女	财务部	职员	1	
7							
8	姓名	性别	所属部门	职务			
9	陈旭						

方法一：选择单元格 B9，在编辑栏中输入计算公式，按 Enter 键，返回单元格 B9 所对应的性别。随后，向右填充公式即可。

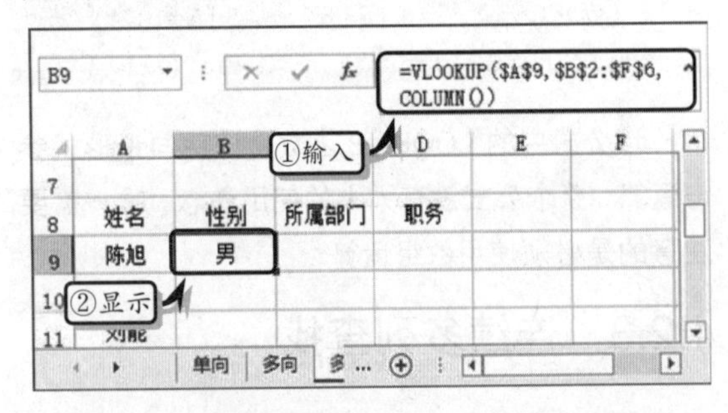

方法二：选择单元格 B10，在编辑栏中输入计算公式，按 Enter 键，返回单元格 B10 所对应的性别。随后，向右填充公式即可。

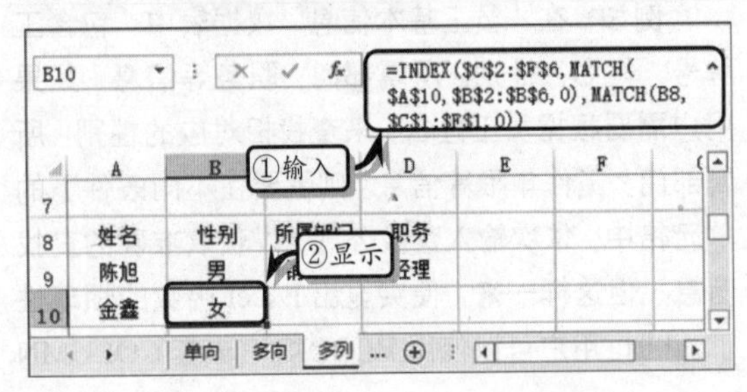

方法三：选择单元格 B11，在编辑栏中输入计算公式，按 Shift+Ctrl+Enter 键，返回单元格 B11 所对应的性别。随后，向右填充公式即可。

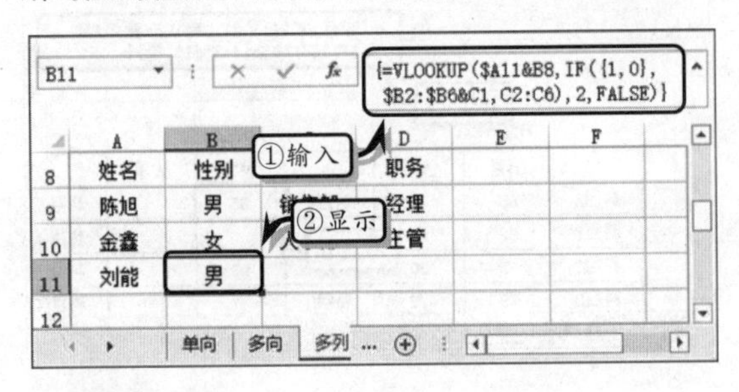

4．公式解析

方法一中的公式为：

```
=VLOOKUP($A$9,$B$2:$F$6,COLUMN())
```

在该公式中，COLUMN 函数作为 VLOOKUP 函数的第 3 个参数参与运算，而 COLUMN 函数在参数省略的情况下，将会返回该函数所在单元格的列号。

提示

用户在使用 COLUMN 函数时，如果公式不放在 B~D 列中，其函数需要添加参数，参数为计算条件所位于的单元格，例如单元格 B1 等。

方法二中的公式为：

```
=INDEX($C$2:$F$6,MATCH($A$10,$B$2:$B$6,0),MATCH(B8,$C$1:$F$1,0))
```

在该公式中，使用了 INDEX 嵌套 MATCH 函数进行运算，而 MATCH 函数则作为 INDEX 函数的第 2 和第 3 个参数参与运算。

方法三中的公式为：

```
=VLOOKUP($A11&B8,IF({1,0},$B2:$B6&C1,C2:C6),2,FALSE)
```

在该公式中，IF 作为 VLOOKUP 函数的第 2 个参数参与计算。另外，该公式也是使用连接符&，通过连接两个条件，将多条件变成单条件进行运算。但是，在该公式中需要注意必须使用数组输入方式，才可以显示正确的运算结果。除此之外，还需要注意对单元格的引用类型，以确保可以正确填充各单元格中的公式。

4.3 模糊查找

简单查找和多条件查找等查找方式，属于 Excel 中的精确查找，该查找方式下所返回的结果都是满足条件的单个值。但是，当用户在查找满足条件的多个值时，则需要使用 Excel 中的模糊查找功能了。

4.3.1 查找条件中的最后一个值

当用户在查找满足条件的多个值，并希望返回满足条件的最后一个值时，则需要使用 LOOKUP 函数，进行模糊查找。

1. 案例分析

例如，在“出厂货品统计表”数据表中，已知货品的出厂时间是按照升序进行排列的。当用户需要提取当前各货品出厂的最后一批数量，仅使用 VLOOKUP 函数进行查找，将会返回各货品出厂的第一批数量，无法查找并返回最后一批数量。此时，可通过 LOOKUP 函数进行模糊查找的方法，来解决这一问题。

2. 案例实现

首先，在工作表中输入基础数据，并设置数据表的对齐格式。

	A	B	C	D	E	F
1	出厂货品统计表					
2	出厂时间	货号	数量		货号	最后一批数量
3	9:00:00	A	100		A	
4	10:00:00	B	200		B	
5	11:00:00	A	150		C	
6	12:00:00	C	230			
7	13:00:00	B	310			
8	14:00:00	A	200			

选择单元格 F3，在编辑栏中输入计算公式，按 Enter 键，返回货号为 A 的货品最后一批出厂数量。随后，向下填充公式即可。

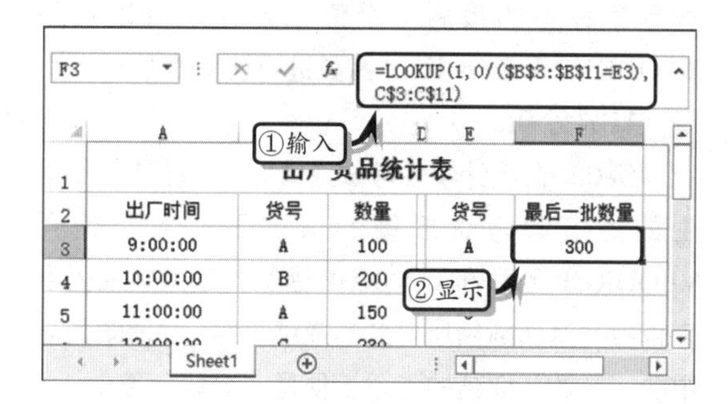

3. 公式解析

在该案例中的单元格 F3 中的公式为：

```
=LOOKUP(1,0/($B$3:$B$11=E3),C$3:C$11)
```

在该公式中的 LOOKUP 本身便为一个模糊查找函数，但在使用该函数进行运算之前，还需要将被查找区域的第 1 列转换为 1 或 0 之类的数值，即公式中的“1,0/($B$3:$B$11=E3)”部分。因此，该公式可以理解为下列公式：

```
=LOOKUP(1,0/(条件区域=条件),返回值区域)
```

公式中的“($B$3:$B$11=E3)”部分，将返回判断结果 TRUE 或 FALSE，而“0/($B$3:$B$11=E3)”则会返回 0 值或错误值#DIV/0!，相当于将返回结果构建一个作为第二参数的辅助列，以供公式进行运算。

到此为止，用户可以发现 LOOKUP 函数使用向量形式拥有三个参数，在第 2 个参数的辅助列中将查找第 1 个参数“1”，并根据查找结果返回第 3 个参数区域中相同位置的值。在第 2 个参数中，只有 0 或错误值，错误值是不参与运算的，而其他值则都是 0 值，公式在此是无法查找到参数“1”的。由于 Excel 默认辅助列中的值是以升序进行排列的，该公式一开始只能查找到 0 值，系统会继续往下查找，以便可以查找到最大的值，直到定位到最后一个 0 值为止。如此一来，便会返回指定条件对应的最后一个数值。

4.3.2 区间查找

使用 Excel 中的模糊查找功能，除了可以查找满足条件中的最后一个值之外，还可以使用 VLOOKUP 和 LOOKUP 函数进行区间查找。

1．案例分析

例如，在统计学生考试成绩时，在已知每位学生的姓名和考试成绩的情况下，可以使用 VLOOKUP 函数和 LOOKUP 函数，运用辅助列表来查找并返回成绩所对应的成绩等级。而辅助列表中的“分数”取值的上限，便是“分段”取值。

2．案例实现

首先，在工作表中输入基础数据，并设置数据表的对齐格式。

	A	B	C	D	E	F	G	H
1	成绩统计					辅助列表		
2	姓名	成绩	等级			分段	分数	等级
3	张蓉	90				0	[0, 60)	不及格
4	陈曦	85				60	[60, 80)	及格
5	刘浩	79				80	[80, 90)	良好
6	泰阳	60				90	[90.100)	优秀
7	金鑫	56						
8	王阳	80						

方法一：选择单元格 C3，在编辑栏中输入计算公式，按 Enter 键，返回单元格 B3 对应的等级。随后，向下填充公式。

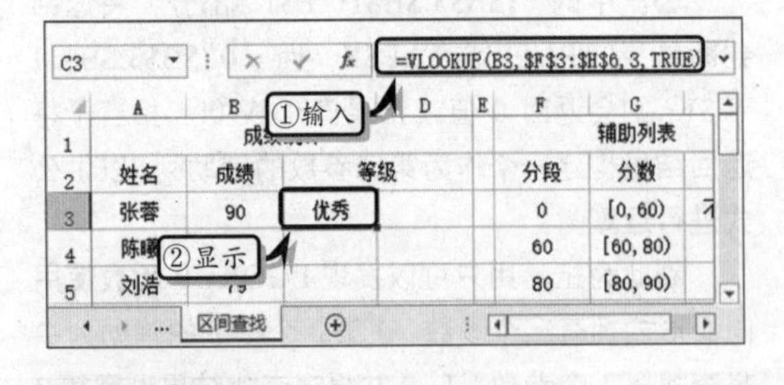

方法二：选择单元格 D3，在编辑栏中输入计算公式，按 Enter 键，返回单元格 B3 对应的等级。随后，向下填充公式。

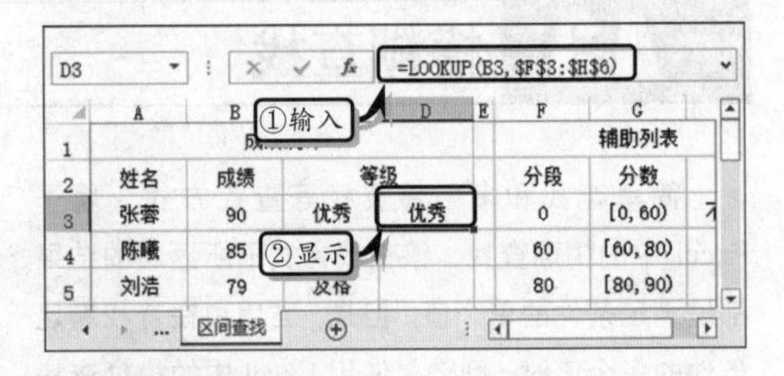

3．公式解析

方法一中的公式为：

```
=VLOOKUP(B3,$F$3:$H$6,3,TRUE)
```

在该公式中，使用 VLOOKUP 函数，通过辅助列表来查找满足条件的值。其中，B3 表示需要在数据表首列进行搜索的值；$F$3:$H$6 则表示需要在其中搜索数据的信息表，即辅助列表；3 表示满足搜索条件的单元格在数据信息表（辅助列表）中的列数；而 TRUE 则表示进行精确查找。

方法二中的公式为：

```
=LOOKUP(B3,$F$3:$H$6)
```

在该公式中，使用了 LOOKUP 函数的数组形式。其中，B3 表示需要在指定数据表或单元格区域中所查找的值，而$F$3:$H$6 表示需要在其中搜索数据的信息表，即辅助列表。

Excel 4.4 其他查找与引用函数

在 Excel 中，除了经常使用的 VLOOKUP、LOOKUP、INDEX、MATCH 等函数之外，还内置了多种查找与引用函数，包括返回区域个数、行数、首行数值、列标等函数。

4.4.1　其他查找函数

查找函数，主要按照指定要求对数据进行查找，并返回查找结果，适用于数据比较庞大的工作表。

1．CHOOSE 函数

CHOOSE 函数的功能是返回参数列表中的值，可以根据索引号从最多 254 个数值中选择一个。CHOOSE 函数的表达式为：

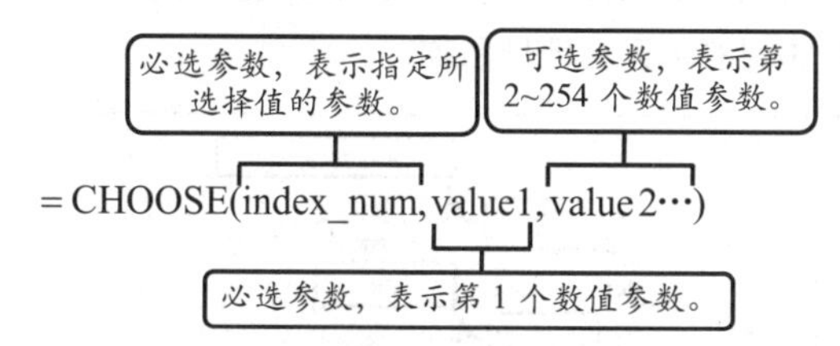

提示

当参数 index_num 为 1 时，函数将返回 value1；为 2 时返回 value2。当参数 index_num 小于 1 或大于列表中最后一个值的序号时，函数将返回错误值#VALUE!。当 index_num 为小数时，将会在计算前截尾取整。

已知某公司每位员工的合计工资额，使用 SUM 嵌套 CHOOSE 函数，计算所有员工的工资总额。

首先，制作基础数据表。然后，选择单元格 M3，在编辑栏中输入计算公式，按 Enter 键，即可返回所有员工的工资总额。

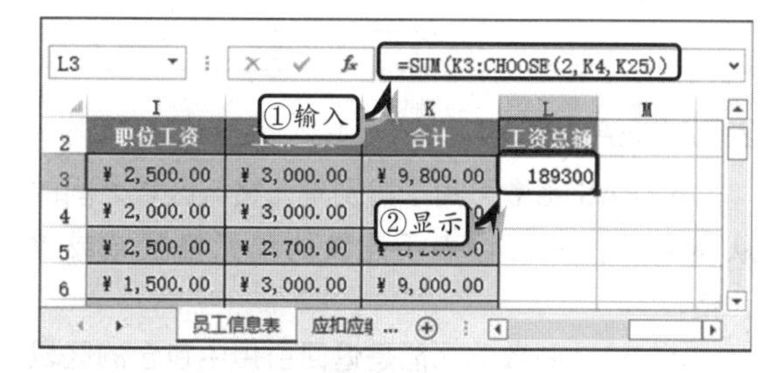

2．HLOOKUP 函数

HLOOKUP 函数适用于查找比较值位于数据区域的首行，且要查找位于首行下面给定的行中的数值。

HLOOKUP 函数的功能是在表格或数值数组的首行查找指定的数值，并在指定行的同一列中返回一个数值。该函数的表达式为：

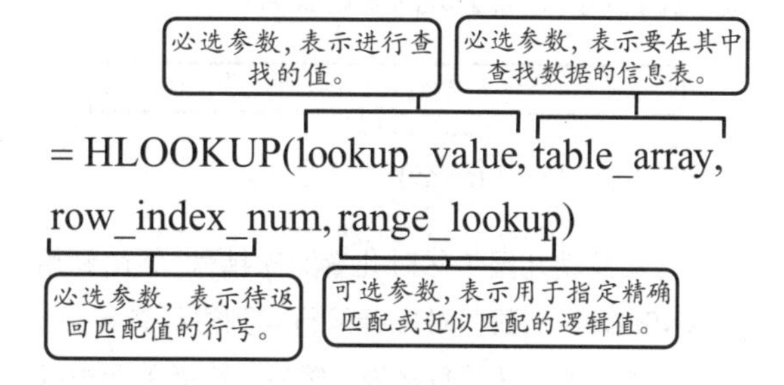

其中，HLOOKUP 函数的参数及注意事项如下表所示。

参　数	注 意 事 项
lookup_value	该参数可为数字、引用或文本字符串
table_array	该参数第 1 行的数字可以为文本、数字或逻辑值。另外，当参数 lookup_value 为 TRUE 时，该参数的第 1 行数值必须按升序排列
row_index_num	该参数为 1 时返回 table_array 第 1 行的数值，为 2 时返回 table_array 第 2 行的数值，小于 1 时返回错误值#VALUE!，大于 table_array 的行数时返回错误值#REF!
Range_liikup	该参数为 TRUE 或省略时返回近似值；该参数为 FALSE 时函数将查找精确匹配值，如果找不到，将返回错误值#N/A

已知某公司每位员工的合计工资额，使用 HLOOKUP 函数，查找第三行的合计额。

首先，制作基础数据表。然后，选择单元格 M3，在编辑栏中输入计算公式，按 Enter 键，即可返回“合计”列中的第 3 行数值。

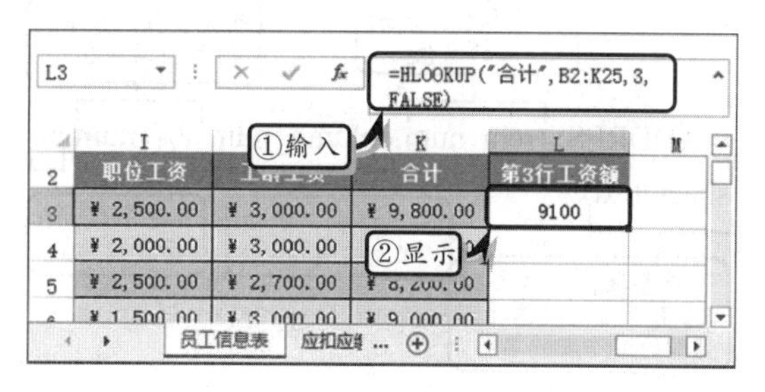

3．TRANSPOSE 函数

TRANSPOSE 函数的功能是，返回转置单元格区域，即将一行单元格区域转置成一列单元格区域，反之亦然。该函数的表达式为：

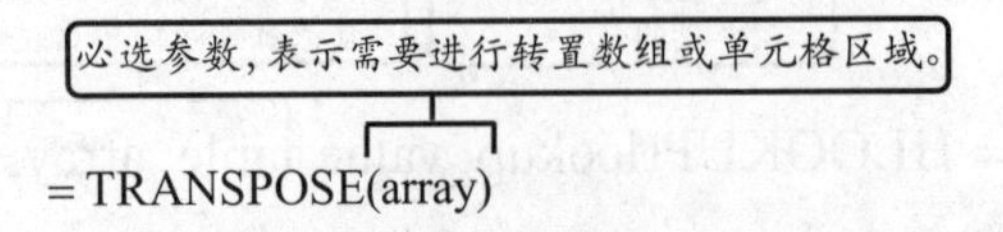

= TRANSPOSE(array)

已知某幼儿园午休时儿童的床铺号，下面利用 TRANSPOSE 函数，对床铺号行与列进行转置。

首先，制作基础数据表。然后，选择单元格区域 A6:C7，在编辑栏中输入计算公式，按 Shift+Ctrl+Enter 键，即可返回转置后的数组。

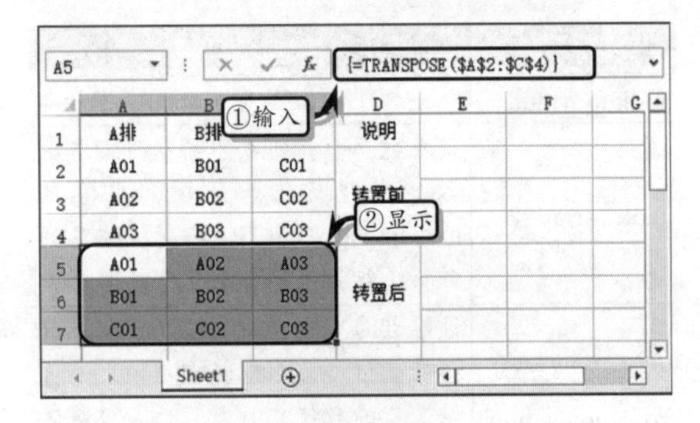

4.4.2 其他引用函数

引用函数是在当前工作表中，通过运用函数使用自身工作簿或外部其他中的数据。例如，使用工作表中不同部位的数据，或引用同一个工作簿中的不同工作表，也可引用网络、本地硬盘地址中的文件等。

1．ADDRESS 函数

ADDRESS 函数主要用于查找单元格并返回单元格的具体地址，该函数的功能是返回指定行数和列数的单元格地址，函数的表达式为：

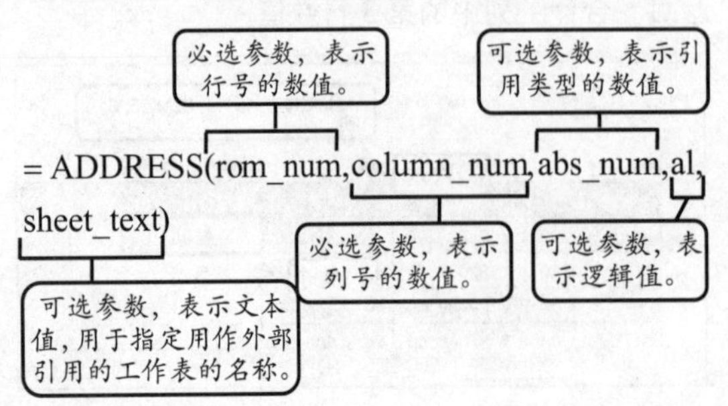

= ADDRESS(rom_num,column_num,abs_num,al,sheet_text)

> **提示**
>
> 当 abs_num 参数为 1 或省略时表示绝对单元格引用，为 2 时表示绝对行号，为 3 时表示绝对列号，为 4 时表示相对单元格引用。

已知某幼儿园午休时儿童的床铺号，下面利用 ADDRESS 函数，查找行号为 8，列号为 3 的床铺号。

首先，制作基础数据表。选择单元格 D2，在编辑栏中输入计算公式，按 Enter 键，即可返回 8 行 3 列的单元格地址名称。

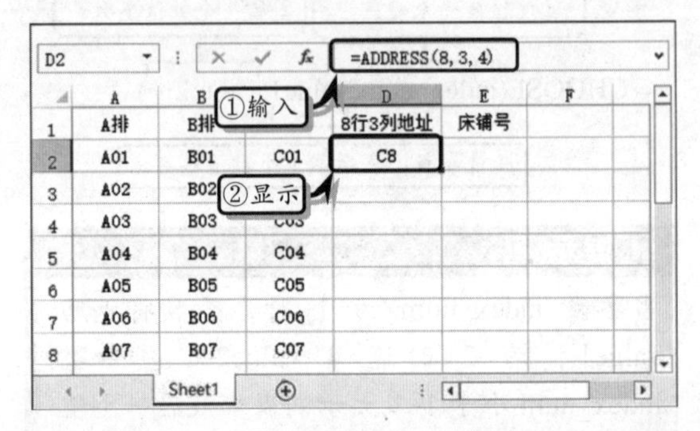

然后，选择单元格 E2，在编辑栏中输入计算公式，按 Enter 键，即可返回已查找到的单元格地址中的床铺号。

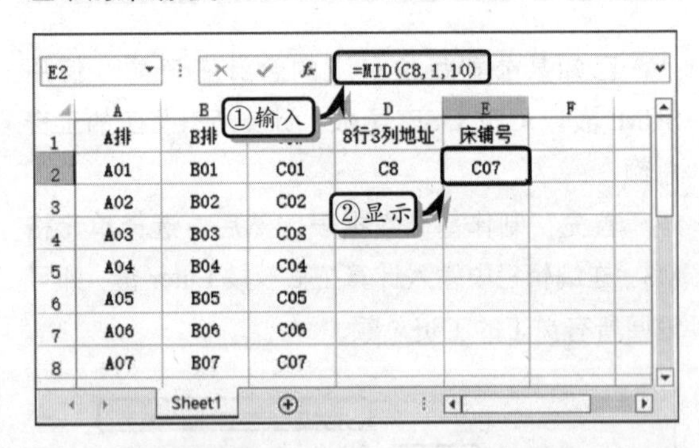

2．AREAS 函数

AREAS 函数可用于辨别单元格与区域之间的从属关系，其区域表示连续的单元格区域或单元格。

AREAS 函数的功能是返回引用中包含的区域个数，该函数的表达式为：

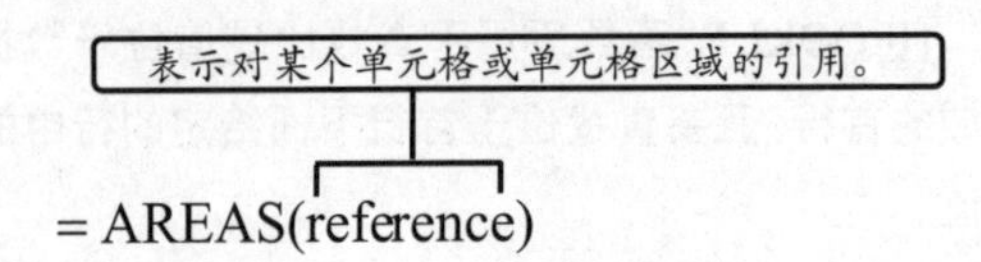

= AREAS(reference)

已知某公司的员工档案信息表，下面运用 AREAS 函数，统计员工的信息统计数，即列标题个数。

首先，制作基础数据表。然后，选择单元格 H2，在编辑栏中输入计算公式，按 Enter 键，即可返回单元格个数。

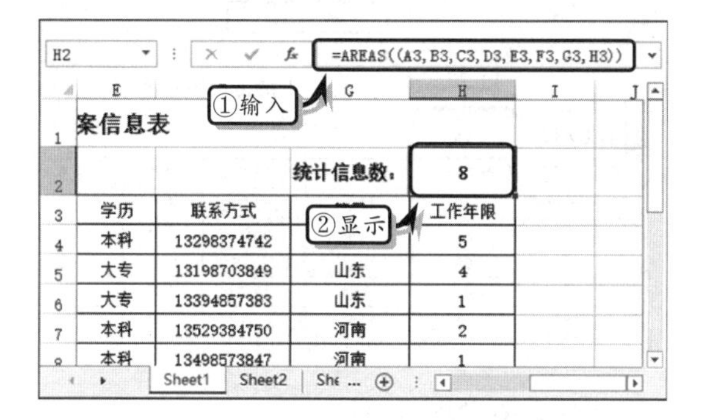

3. COLUMNS 函数

COLUMNS 函数可以显示区域的列数，适用于统计大量数据中的具体数值的列数。当统计一个单元格区域的列数时，该函数将以水平数组的形式返回所统计的列号。

COLUMNS 函数的功能是返回指定单元格引用的列标，该函数的表达式为：

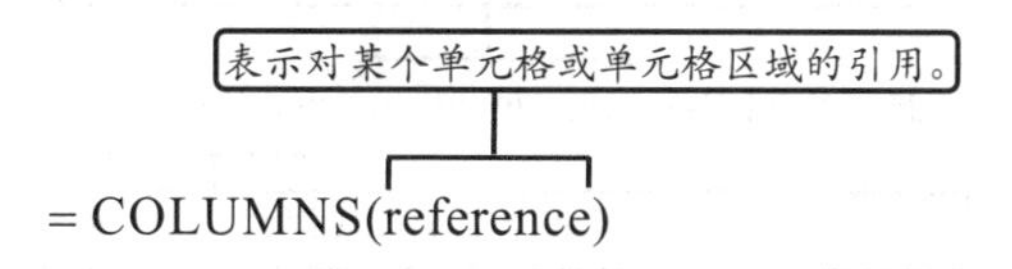

已知某公司的员工档案信息表，下面运用 COLUMNS 函数，统计员工的信息统计数，即列标题个数。

首先，制作基础数据表。然后，选择单元格 H2，在编辑栏中输入计算公式，按 Enter 键，即可返回单元格个数。

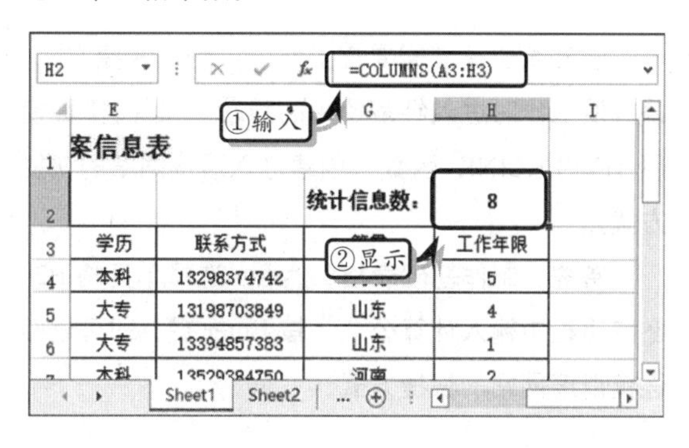

4. INDIRECT 函数

INDIRECT 函数可以返回由文本字符串指定的引用，此函数可以立即对引用进行计算，并显示其内容。INDIRECT 函数的表达式为：

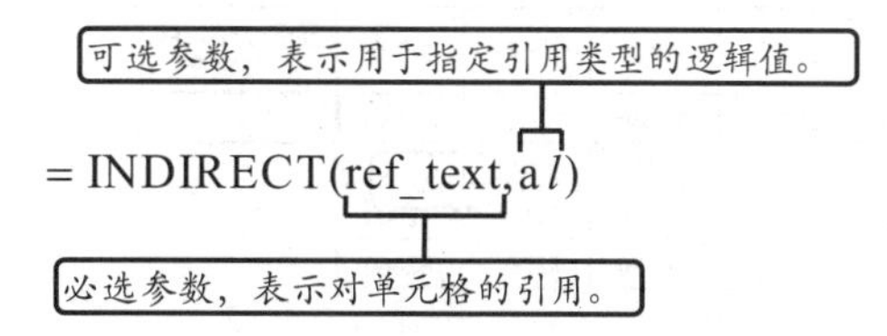

已知某公司的销售统计表，下面运用 INDIRECT 函数，显示指定文本并连接单元格中的文本值。

首先，制作基础数据表。然后，选择单元格 G2，在编辑栏中输入计算公式，按 Enter 键，即可显示文本值。

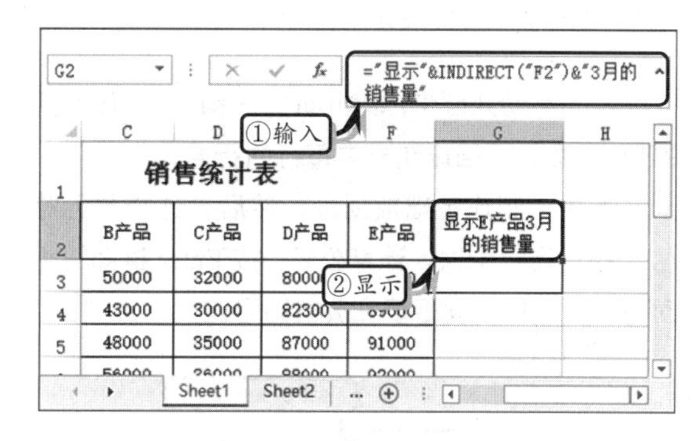

5. OFFSET 函数

OFFSET 函数可以显示新的引用，且新的引用可以为一个单元格或单元格区域，并可以指定返回的行数和列数。该函数也可以用作查找函数。

OFFSET 函数的功能是以指定的引用为参照系，通过给定偏移量得到新的引用。该函数的表达式为：

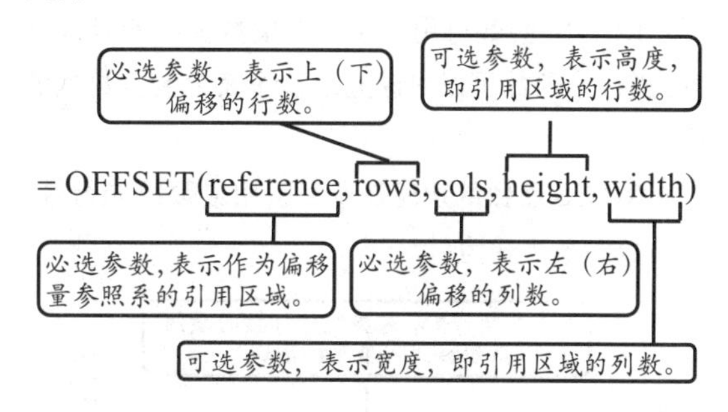

已知某公司的销售统计表，下面运用 OFFSET

函数，显示 E 产品 3 月份的销售量。

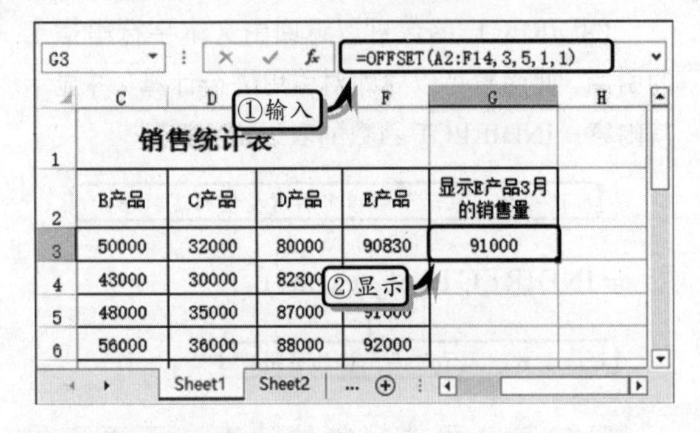

6．ROW 函数

ROW 函数的功能是返回引用的行号，该函数的表达式为：

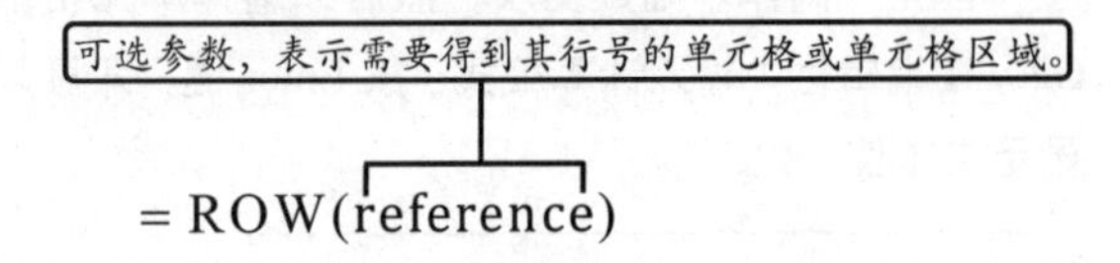

已知某幼儿园午休时儿童的床铺号，下面利用 ROW 函数，返回床铺号中每行的行号。

首先，制作基础数据表。然后，选择单元格 A2，在编辑栏中输入计算公式，按 Enter 键即可返回行号。随后，向下填充公式即可。

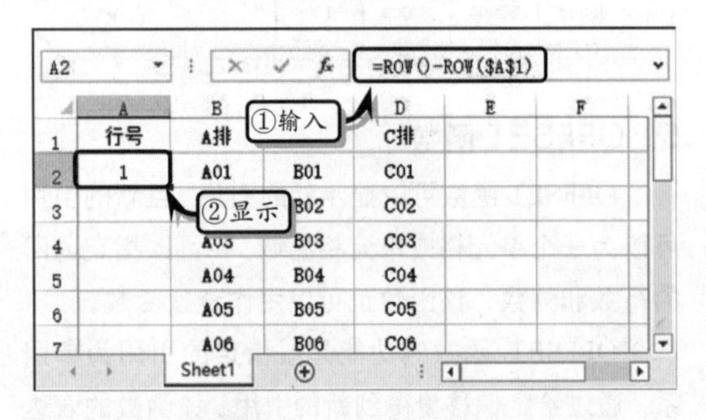

7．ROWS 函数

ROWS 函数可用于统计大量数据中的具体行数，通过该函数可以快速显示工作表中包含数据的行。

ROWS 函数的功能是返回引用或数组的行数，该函数的表达式为：

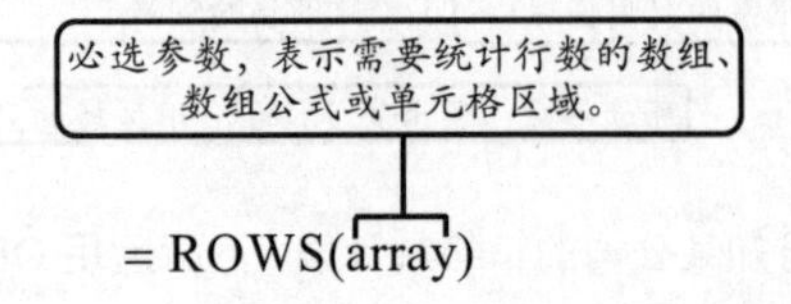

已知某公司的员工档案信息表，下面运用 ROWS 函数，统计员工的人数。

首先，制作基础数据表。然后，选择单元格 B2，在编辑栏中输入计算公式，按 Enter 键，即可返回单元格行数，即员工的人数。

B2 =ROWS(A4:A17) ①输入 ②显示

员工档案信息表

	员工人数：	14			
	员工姓名	所属部门	入职时间	学历	联系
	AC	财务	2005/1/1	本科	13298
601	BC	人事	2006/6/2	大专	13198
201	CS	市场	2008/12/9	大专	13394
202	DS	企划	2008/5/2	本科	13529
203	EG	销售	2009/5/3	本科	13498

8．HYPERLINK 函数

在 Excel 中，除了运用特有的超链接功能之外，还可以运用 HYPERLINK 函数建立超链接。

HYPERLINK 函数的功能是创建快捷方式或跳转，用以打开存储在网络服务器、Intranet 或 Internet 中的文档。该函数的表达式为：

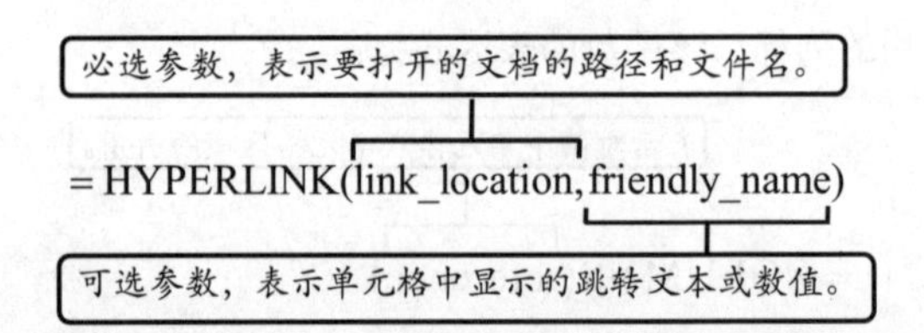

提示

当用户选择一个包含超链接的单元格，且不希望跳转到超链接目标时，可以单击单元格并按住鼠标按钮直到指针变成✚形状时，释放鼠标即可。

已知某位读者需要在工作表中制作快捷方式，以方便工作时进入经常使用的网站与文件。下面使用 HYPERLINK 函数，创建进入百度网站的快捷方式。

首先，制作基础表格。然后，选择单元格 B2，在编辑栏中输入计算公式，按 Enter 键，即可返回连接百度网站的快捷方式。

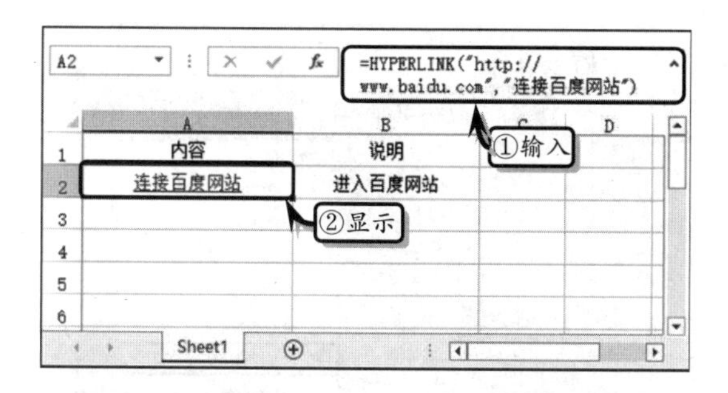

Excel 4.5 练习：制作薪酬表

薪酬表主要用于记录员工基本工资、应扣应缴及应付工资等数据的表格，是财务人员发放员工工资的依据。在本练习中，将运用 Excel 强大的数据计算和处理功能，构建一份员工薪酬表。

薪　资　表

工牌号	姓名	所属部门	职务	工资总额	考勤应扣额	业绩奖金	应扣应缴	应付工资	扣个税	实付工资
001	杨光	财务部	经理	¥ 9,200.0	¥ 419.0	¥ -	¥1,748.0	¥ 7,033.0	¥ 248.3	¥ 6,784.7
002	刘晓	办公室	主管	¥ 8,500.0	¥ 50.0	¥ -	¥1,615.0	¥ 6,835.0	¥ 228.5	¥ 6,606.5
003	贺龙	销售部	经理	¥ 7,600.0	¥ 20.0	¥ 1,500.0	¥1,444.0	¥ 7,636.0	¥ 308.6	¥ 7,327.4
004	冉然	研发部	职员	¥ 8,400.0	¥ 1,000.0	¥ 500.0	¥1,596.0	¥ 6,304.0	¥ 175.4	¥ 6,128.6
005	刘娟	人事部	经理	¥ 9,400.0	¥ -	¥ -	¥1,786.0	¥ 7,614.0	¥ 306.4	¥ 7,307.6
006	金鑫	办公室	经理	¥ 9,300.0	¥ -	¥ -	¥1,767.0	¥ 7,533.0	¥ 298.3	¥ 7,234.7
007	李娜	销售部	主管	¥ 6,500.0	¥ 220.0	¥ 8,000.0	¥1,235.0	¥ 13,045.0	¥1,381.3	¥11,663.8

薪酬表　工资条

工资条

工牌号	姓名	所属部门	职务	工资总额	考勤应扣额	业绩奖金	应扣应缴	应付工资	扣个税	实付工资
001	杨光	财务部	经理	¥ 9,200.00	¥ 419.00	¥ -	¥ 1,748.00	¥ 7,033.00	¥248.30	¥ 6,784.70
工资条										
工牌号	姓名	所属部门	职务	工资总额	考勤应扣额	业绩奖金	应扣应缴	应付工资	扣个税	实付工资
002	刘晓	办公室	主管	¥ 8,500.00	¥ 50.00	¥ -	¥ 1,615.00	¥ 6,835.00	¥228.50	¥ 6,606.50
工资条										
工牌号	姓名	所属部门	职务	工资总额	考勤应扣额	业绩奖金	应扣应缴	应付工资	扣个税	实付工资
003	贺龙	销售部	经理	¥ 7,600.00	¥ 20.00	¥ 1,500.00	¥ 1,444.00	¥ 7,636.00	¥308.60	¥ 7,327.40

薪酬表　工资条

练习要点

- 设置对齐格式
- 设置边框格式
- 套用表格格式
- 设置数据格式
- 使用函数

操作步骤

STEP|01 重命名工作表。新建工作簿，设置工作表的行高。右击工作表标签，执行【重命名】命令，重命名工作表。

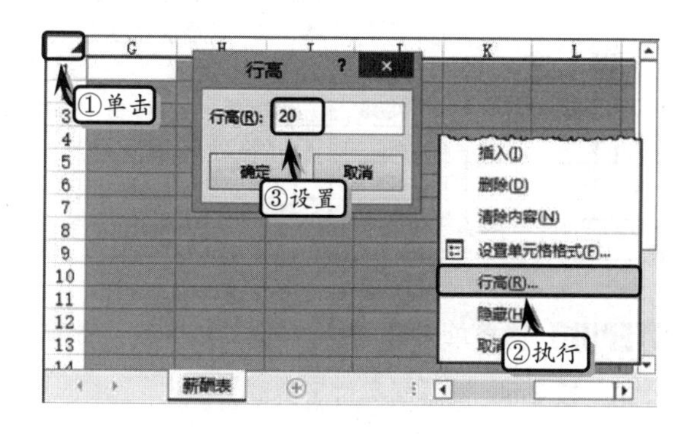

STEP|02 制作表格标题。选择单元格区域 A1:K1，执行【开始】|【对齐方式】|【合并后居中】命令，合并单元格区域。然后，输入标题文本，并设置文本的字体格式。

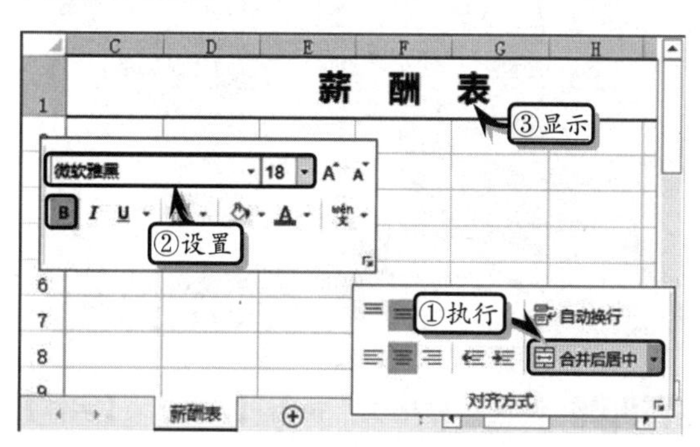

STEP|03 制作数据格式。输入列标题，选择单元格区域 A3:A25，右击执行【设置单元格格式】命令，在【类型】文本框中输入自定义代码。

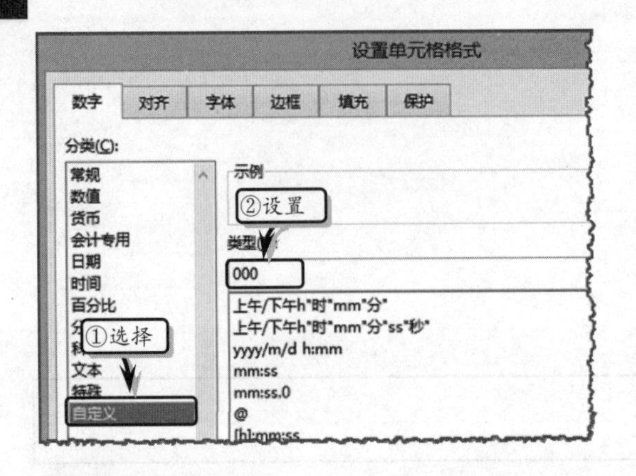

STEP|04 选择单元格区域 E3:K25，执行【开始】|【数字】|【数字格式】|【会计专用】命令，设置其数字格式。

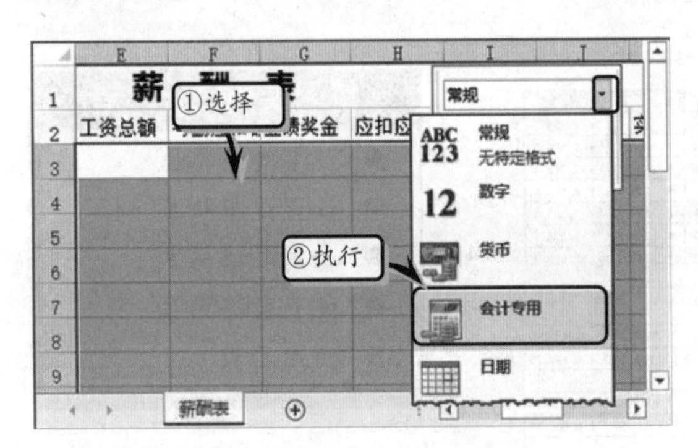

STEP|05 设置对齐格式。在表格中输入基础数据，选择单元格区域 A2:K25，执行【开始】|【对齐方式】|【居中】命令，设置其对齐格式。

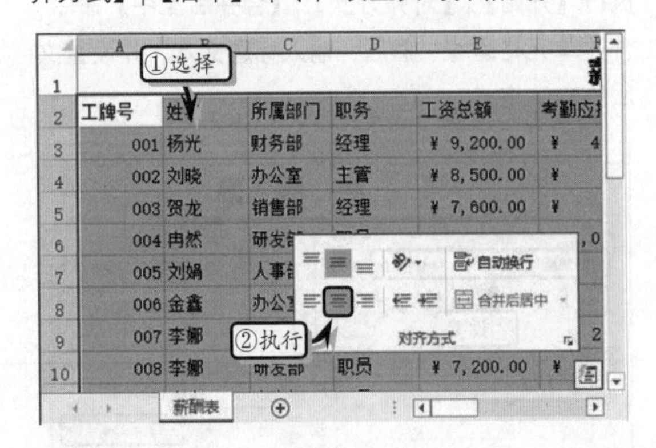

STEP|06 设置边框格式。执行【开始】|【字体】|【边框】|【所有框线】命令，设置单元格区域的边框样式。

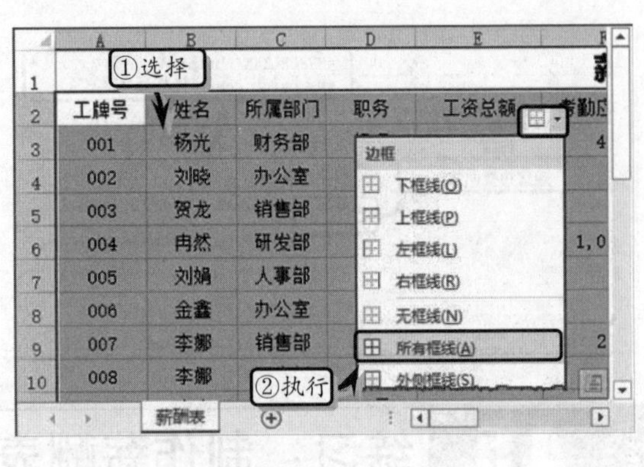

STEP|07 计算数据。选择单元格 I3，在编辑栏中输入计算公式，按 Enter 键返回应付工资额。

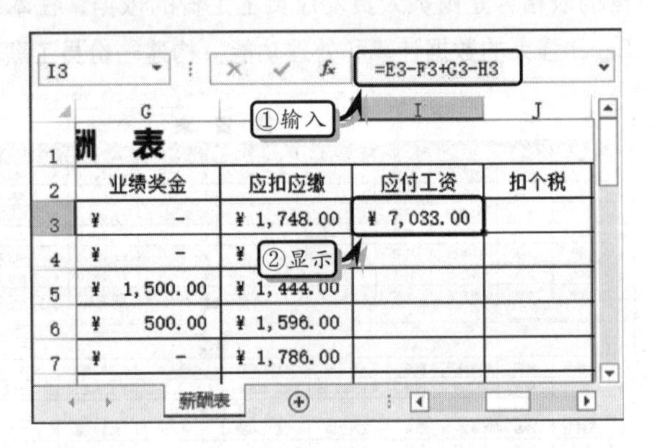

STEP|08 在表格右侧制作"个税标准"辅助列表，然后选择单元格 J3，在编辑栏中输入计算公式，按 Enter 键返回扣个税额。

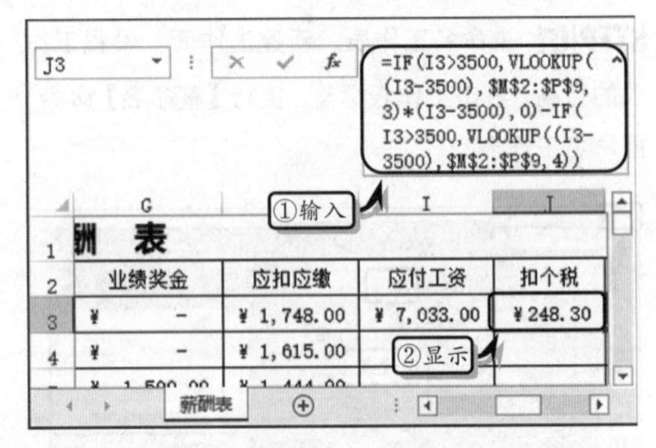

STEP|09 选择单元格 K3，在编辑栏中输入计算公式，按 Enter 键返回实付工资额。

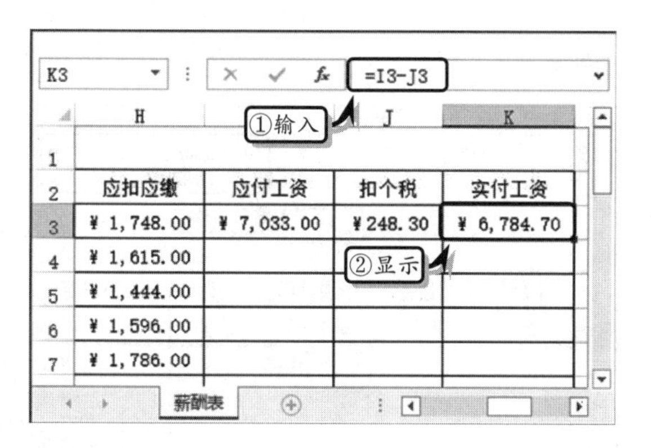

STEP|10 选择单元格区域 I3:K25，执行【开始】|【编辑】|【填充】|【向下】命令，向下填充公式。

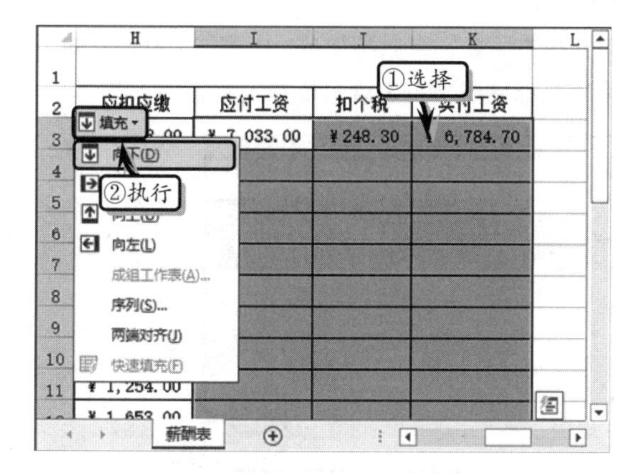

STEP|11 套用表格格式。选择单元格区域 A2:K25，执行【开始】|【样式】|【套用表格格式】|【表样式中等深浅 7】命令。

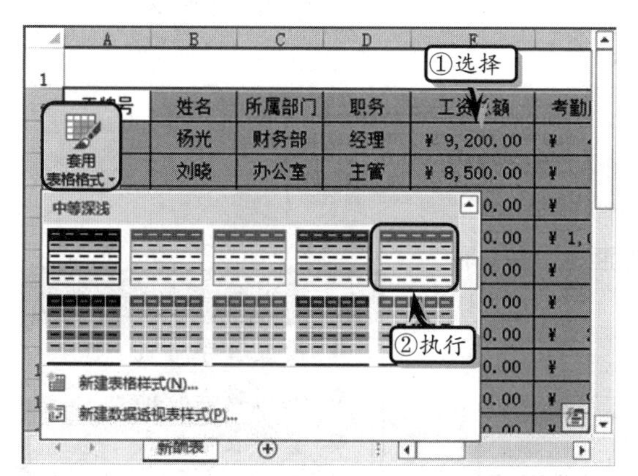

STEP|12 然后，在弹出的【套用表格格式】对话框中，启用【表包含标题】复选框，单击【确定】按钮即可。

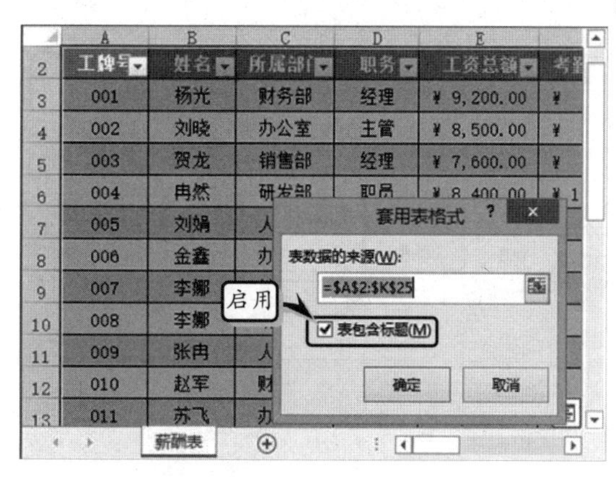

STEP|13 制作工资条。新建工作表并重命名工作表，在工作表中构建工资条的基础框架。

STEP|14 选择单元格 A3，右击执行【设置单元格格式】命令，选择【自定义】选项，并在【类型】文本框中输入自定义代码。

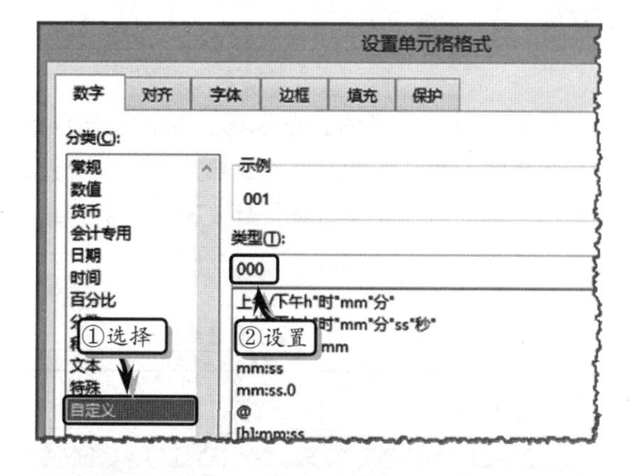

STEP|15 选择单元格 B3，在编辑栏中输入计算公式，按 Enter 键返回员工姓名。

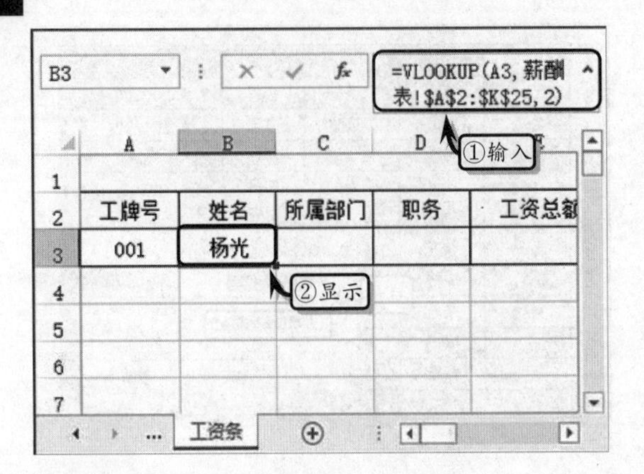

STEP|16 选择单元格 C3，在编辑栏中输入计算公式，按 Enter 键返回所属部门。

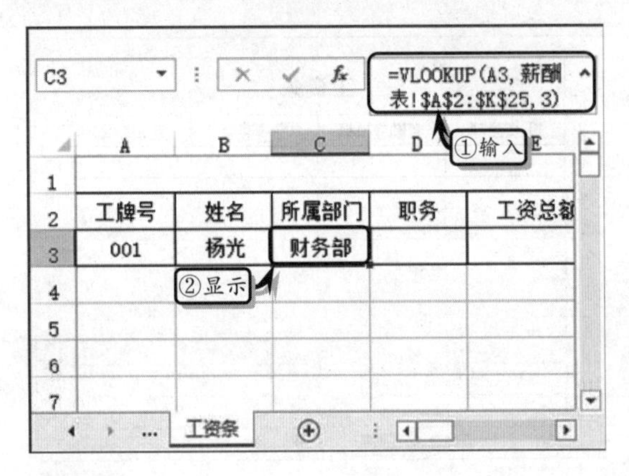

STEP|17 选择单元格 D3，在编辑栏中输入计算公式，按 Enter 键返回职务。用同样的方法，计算其他数据。

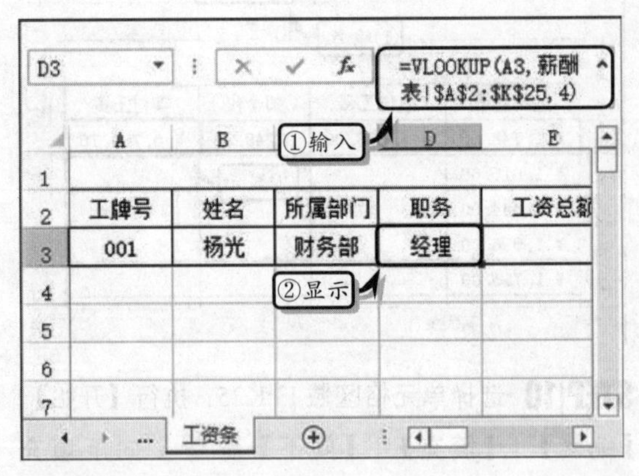

STEP|18 选择单元格区域 A1:K3，将光标移动到单元格右下角，当鼠标变成“十字”形状时，向下拖动鼠标按照员工工牌号填充工资条。

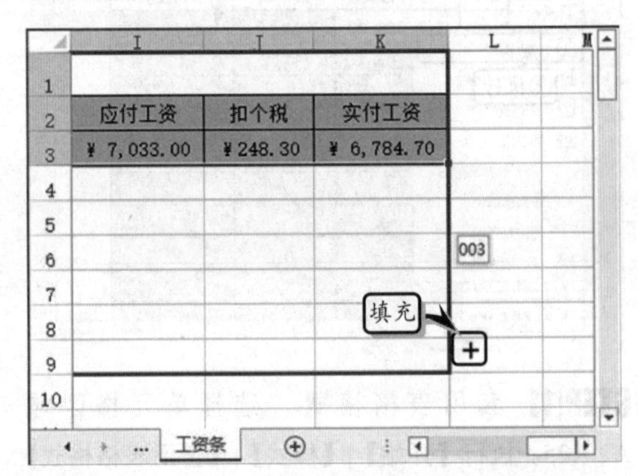

4.6 练习：分析员工信息

对于职员比较多的企业来讲，统计不同学历与不同年龄段内职员的具体人数，将是人力资源部人员比较费劲的一件工作。在本练习中，将运用函数等功能，对人事数据进行单条件汇总、多条件汇总。

员工信息统计表

条件汇总人事数据

本科学历人数：	11	介于25~30岁之间的人数	12
年龄大于等于30的人数：	12	年龄大于30岁的男性人数：	9
女性员工人数：	6	年龄大于30岁的本科学历人数：	6

基础数据

工号	姓名	所属部门	职务	学历	入职日期	身份证号码	联系电话	出生日	性别	年龄	生肖
01	欣欣	财务部	总监	研究生	2005/1/1	110983197806124576	11122232311	1978/6/12	男	37	马
02	刘能	办公室	经理	本科	2004/12/1	120374197912281234	11122232312	1979/12/28	男	36	羊
03	赵四	销售部	主管	本科	2006/2/1	371487198601025917	11122232313	1986/1/2	男	29	虎
04	冉然	研发部	主管	大专	2005/3/1	377837198312128735	11122232314	1983/12/12	男	32	猪
05	刘洋	人事部	经理	本科	2004/6/1	234987198110113223	11122232315	1981/10/11	女	34	鸡
06	陈鑫	办公室	职员	大专	2004/3/9	254879198812048769	11122232316	1988/12/4	女	27	龙

Sheet2 Sheet1

练习要点

- 设置数字格式
- 使用数据验证
- 套用表格格式
- 使用函数
- 填充公式
- 使用数组公式

操作步骤

STEP|01 制作标题。设置工作表的行高，合并单元格区域 B1:M1，输入标题文本并设置文本的字体格式。

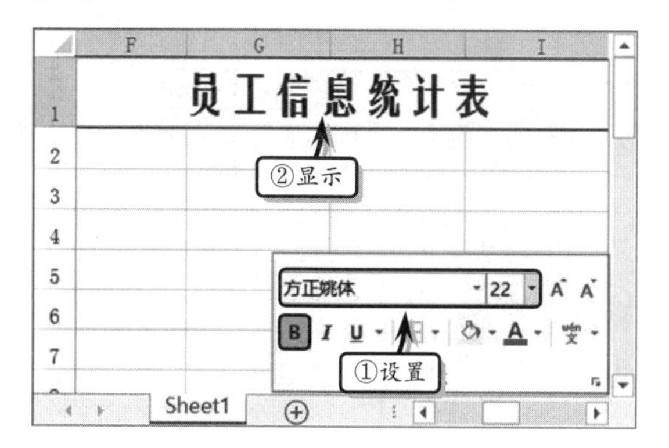

STEP|02 设置数字格式。输入列表标题和列标题文本，选择单元格区域 B8:B31，右击执行【设置单元格格式】命令，自定义单元格区域的数字格式。

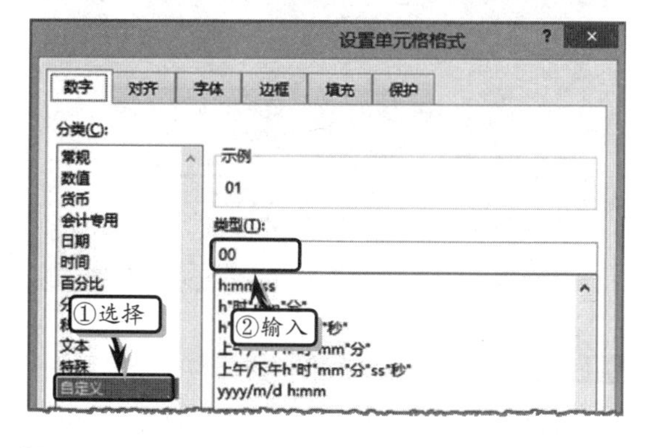

STEP|03 同时选择单元格区域 G8:G31 和 J8:J31，执行【开始】|【数字】|【数字格式】|【短日期】命令，设置单元格区域的日期格式。

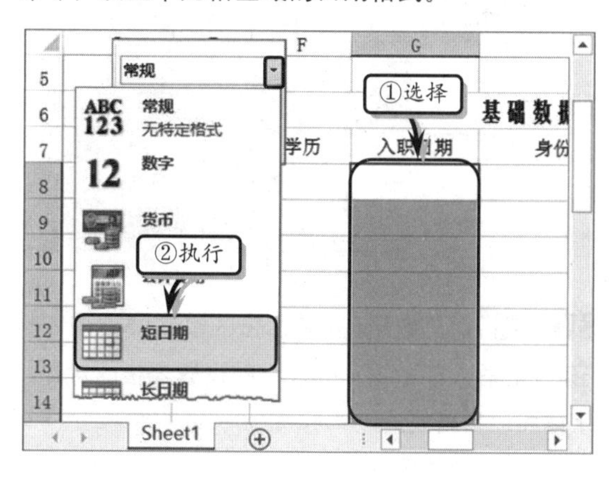

STEP|04 使用数据验证。选择单元格区域 D8:D31，执行【数据】|【数据工具】|【数据验证】|【数据验证】命令，在弹出的对话框中设置验证条件。使用同样方法，设置其他单元格区域的数据验证。

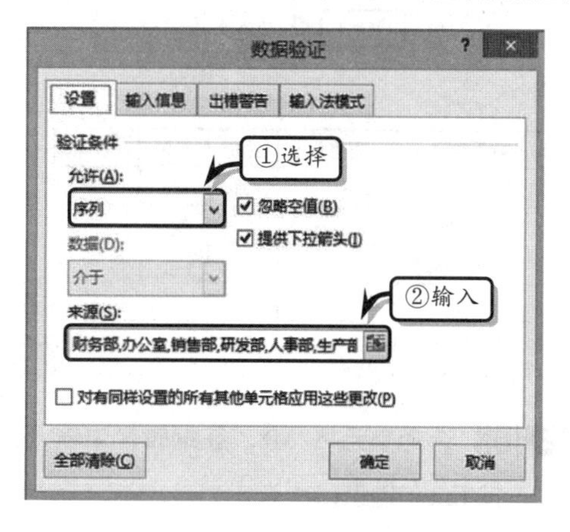

STEP|05 计算数据。输入基础数据，选择单元格 J8，在编辑栏中输入计算公式，按 Enter 键返回出生日。

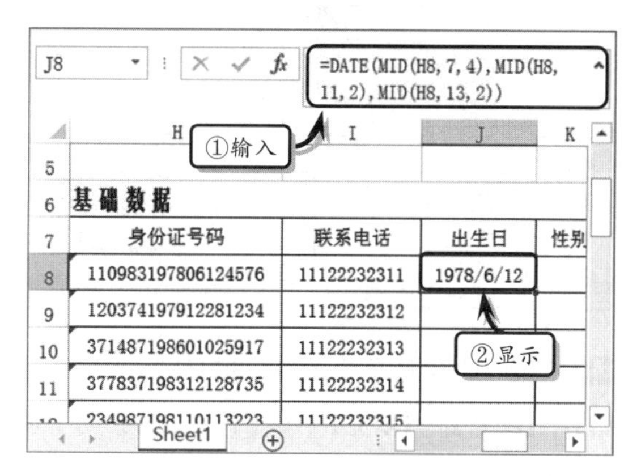

STEP|06 选择单元格 K8，在编辑栏中输入计算公式，按 Enter 键返回性别。

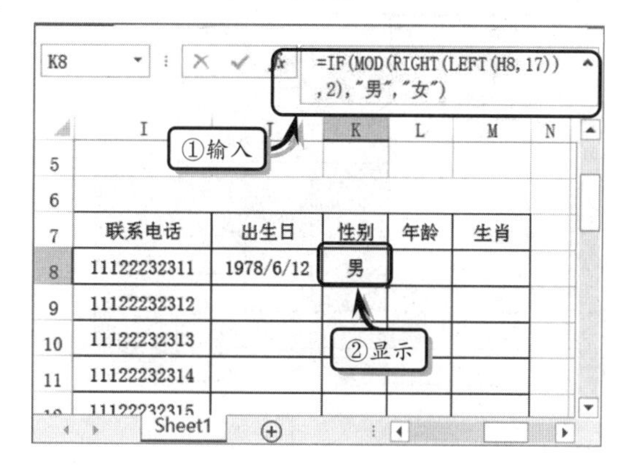

STEP|07 选择单元格 L8，在编辑栏中输入计算公式，按 Enter 键返回年龄。

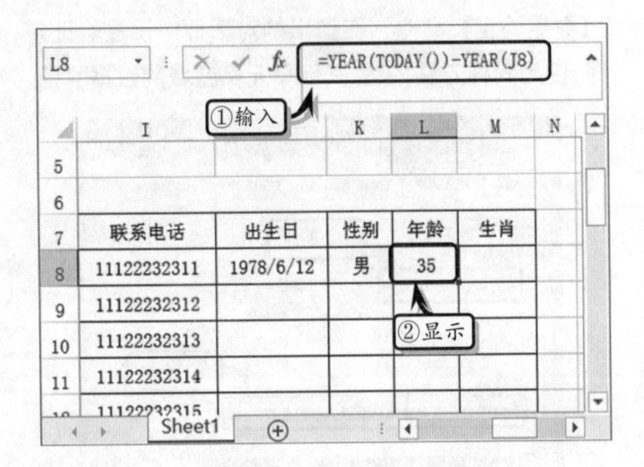

STEP|08 选择单元格 M8，在编辑栏中输入计算公式，按 Enter 键返回生肖。

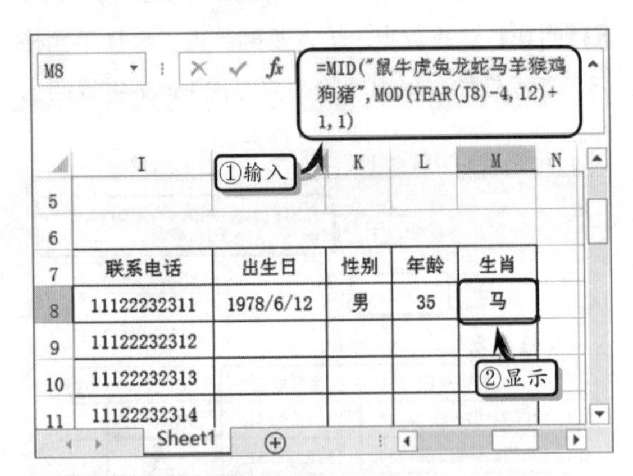

STEP|09 选择单元格区域 J8:M31，执行【开始】|【编辑】|【填充】|【向下】命令，向下填充公式。

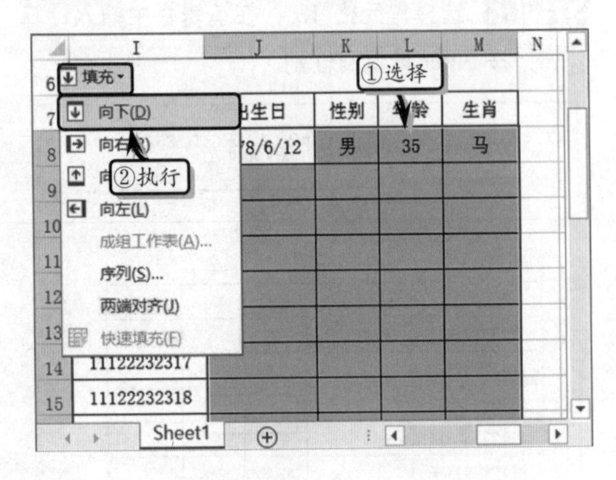

STEP|10 美化表格。选择单元格区域 B7:M321，执行【开始】|【样式】|【套用表格格式】|【表样式中等深浅 14】命令。

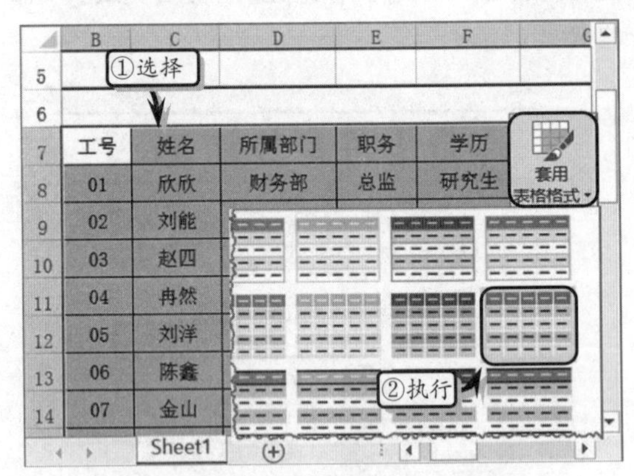

STEP|11 在弹出的【套用表格式】对话框中，启用【表包含标题】复选框，单击【确定】按钮即可。

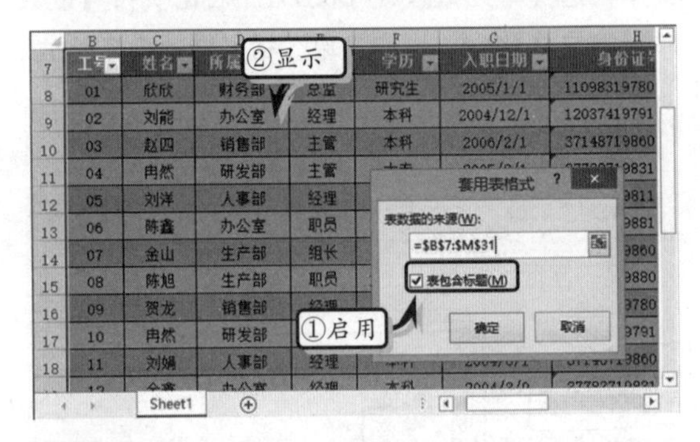

STEP|12 选择套用的表格中的任意一个单元格，右击执行【表格】|【转换为区域】命令，将表格转换为普通区域。

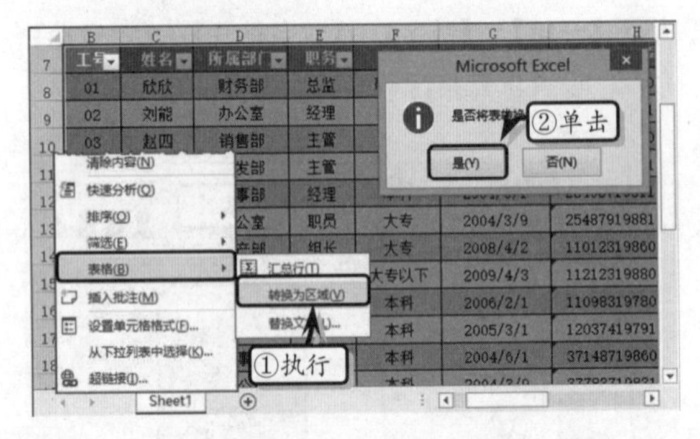

STEP|13 汇总数据。在单元格区域 B2:M5 中制作“条件汇总人事数据”列表，并设置表格的对齐、字体和边框格式。

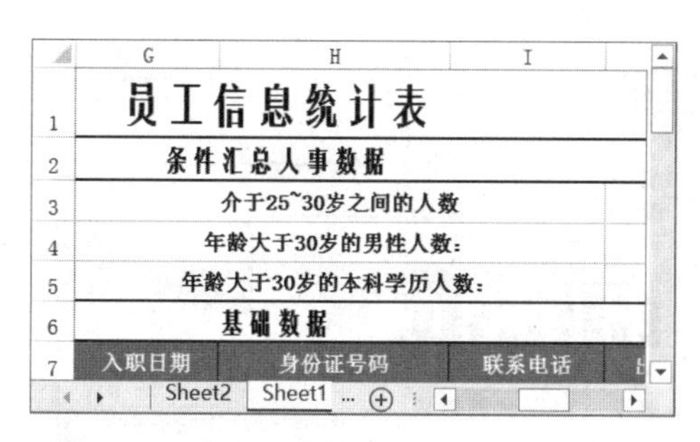

STEP|14 选择单元格 E3，在编辑栏中输入计算公式，按 Enter 键返回本科学历人数。

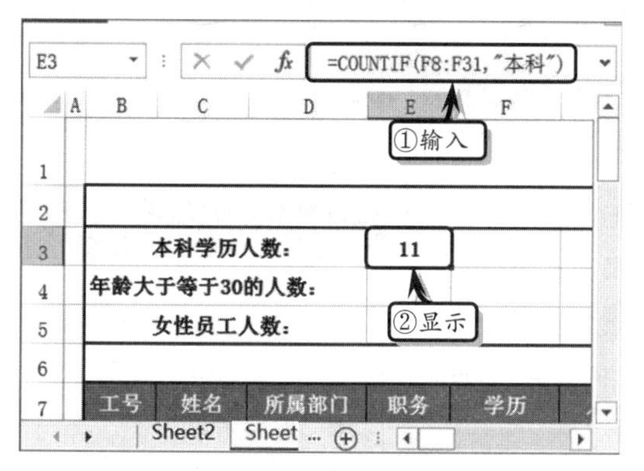

STEP|15 选择单元格 E4，在编辑栏中输入计算公式，按 Enter 键返回年龄大于等于 30 的人数。

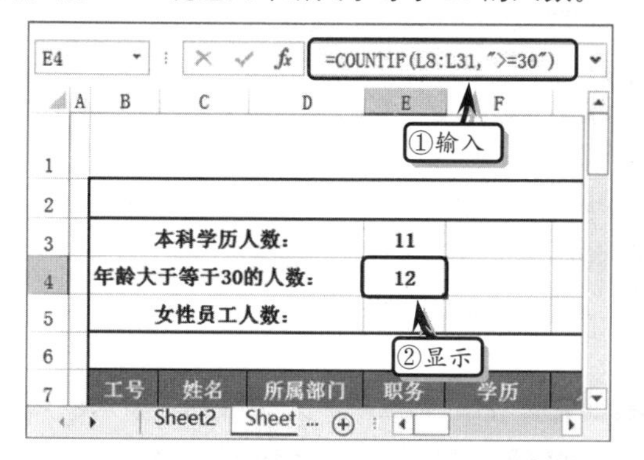

STEP|16 选择单元格 E5，在编辑栏中输入计算公式，按 Enter 键返回女性员工人数。

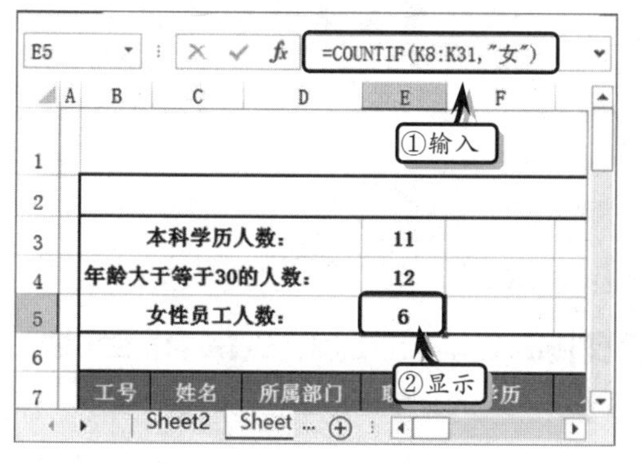

STEP|17 选择单元格 J3，在编辑栏中输入计算公式，按 Enter 键返回介于 25~30 岁之间的人数。

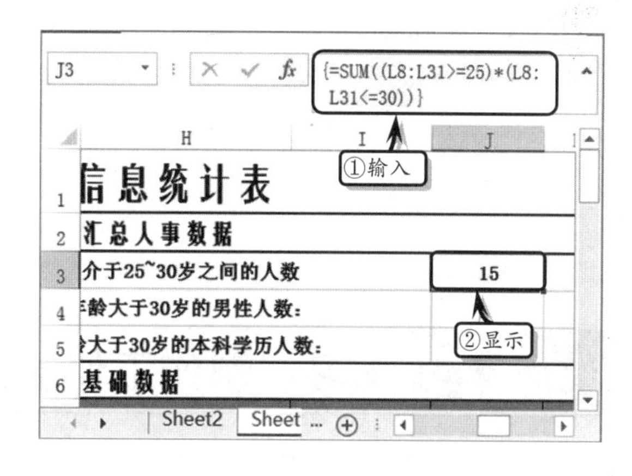

STEP|18 选择单元格 J4，在编辑栏中输入计算公式，按 Enter 键返回年龄大于 30 的男性人数。

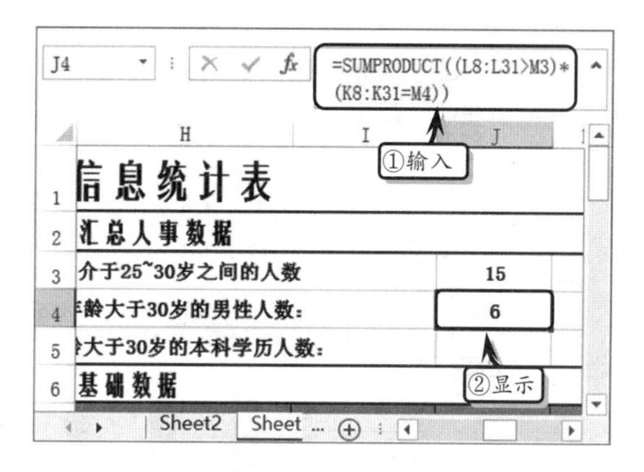

STEP|19 选择单元格 J5，在编辑栏中输入计算公式，按 Enter 键返回年龄大于 30 岁本科学历人数。

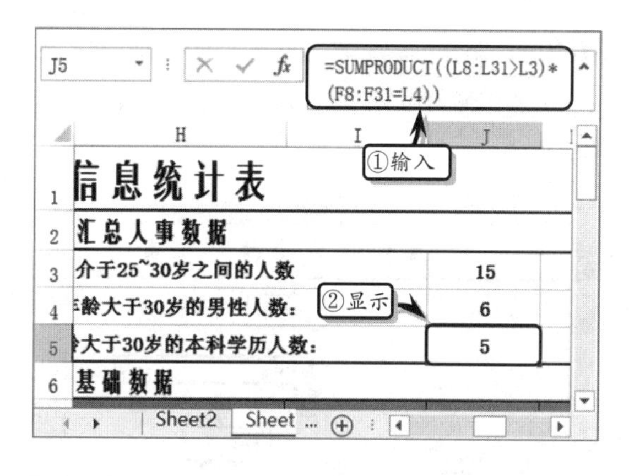

STEP|20 选择单元格区域 L3:M4，执行【开

始】|【字体】|【字体颜色】|【白色,背景 1】命令，隐藏数据。

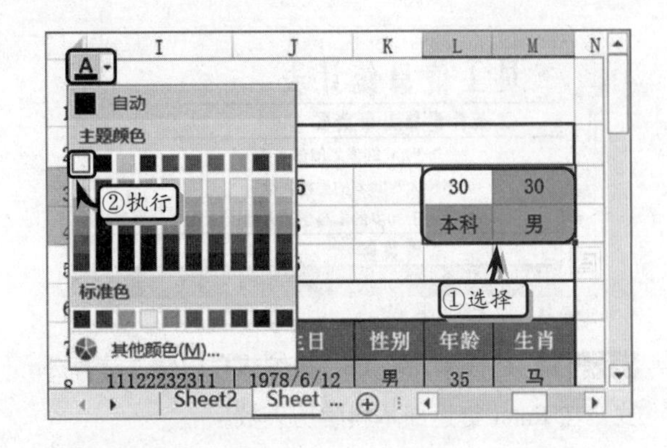

4.7 练习：制作工作能力考核分析表

工作能力考核统计表是用于统计员工每个季度的工作能力与工作态度考核成绩的表格，通过该表不仅可以详细地显示员工每个季度工作能力与工作态度考核成绩，而且还可以根据考核成绩分析员工一年内工作中的工作态度与能力的变化情况。在本练习中，将运用 Excel 函数和图表功能，制作一份工作能力考核分析表。

练习要点

- 设置单元格格式
- 使用公式
- 填充公式
- 使用图表
- 设置图表格式

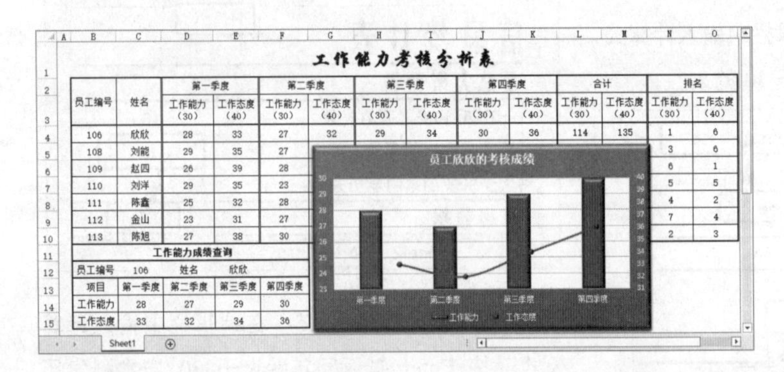

操作步骤

STEP|01 制作标题。首先设置工作表的行高，合并单元格区域 B1:O1，输入标题文本并设置文本的字体格式。

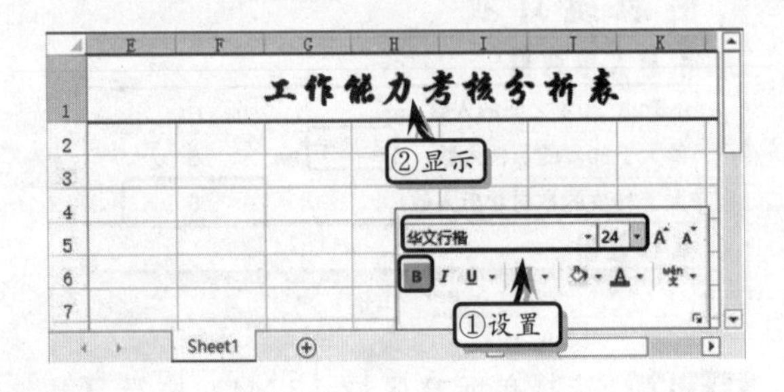

STEP|02 合并相应的单元格区域，输入基础数据，并设置数据区域的对齐和边框格式。

第二季度		第三季度		第四季度	
工作能力(30)	工作态度(40)	工作能力(30)	工作态度(40)	工作能力(30)	工作态度(40)
27	32	29	34	30	36
27	36	28	33	26	31

STEP|03 选择单元格 L4，在【编辑】栏中输入计算公式，按 Enter 键返回工作能力合计值。

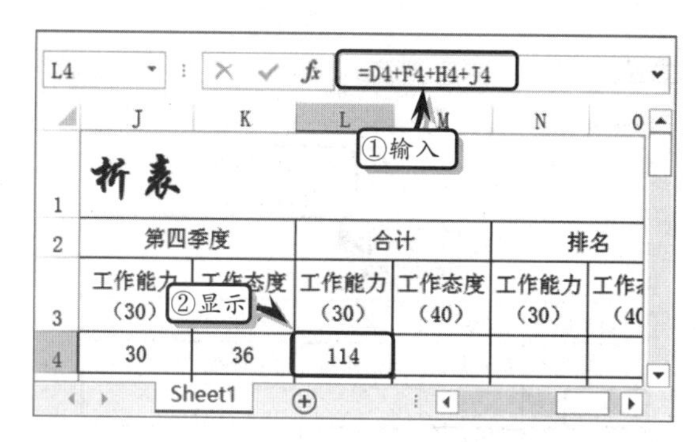

STEP|04 选择单元格 M4，在【编辑】栏中输入计算公式，按 Enter 键返回工作态度合计值。

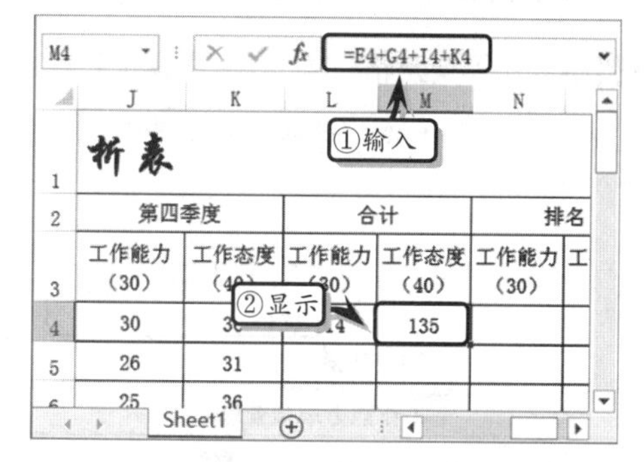

STEP|05 选择单元格 N4，在【编辑】栏中输入计算公式，按 Enter 键返回工作能力排名值。

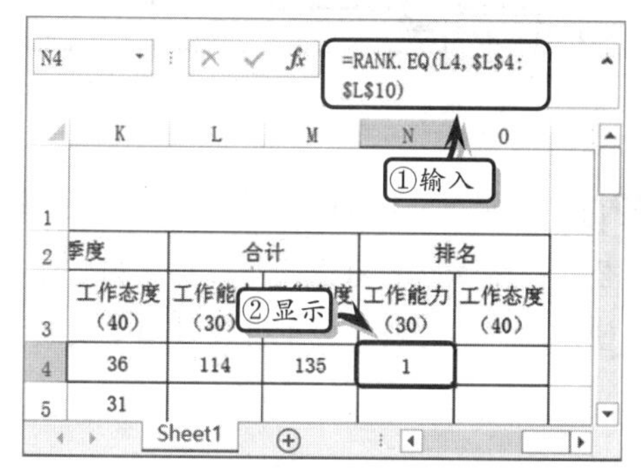

STEP|06 选择单元格 O4，在【编辑】栏中输入计算公式，按 Enter 键返回工作态度排名值。

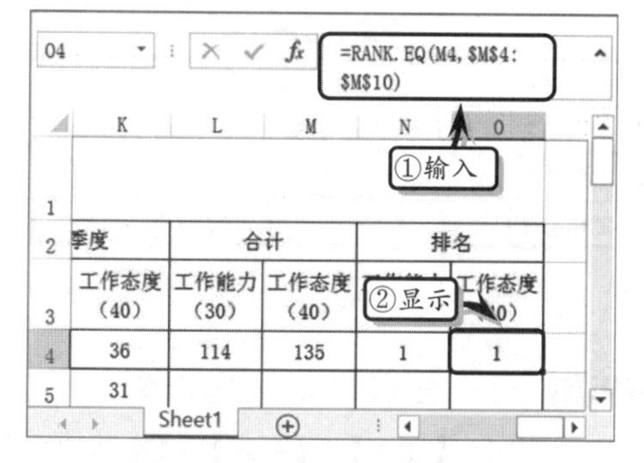

STEP|07 选择单元格区域 L4:O10，执行【开始】|【编辑】|【填充】|【向下】命令，向下填充公式。

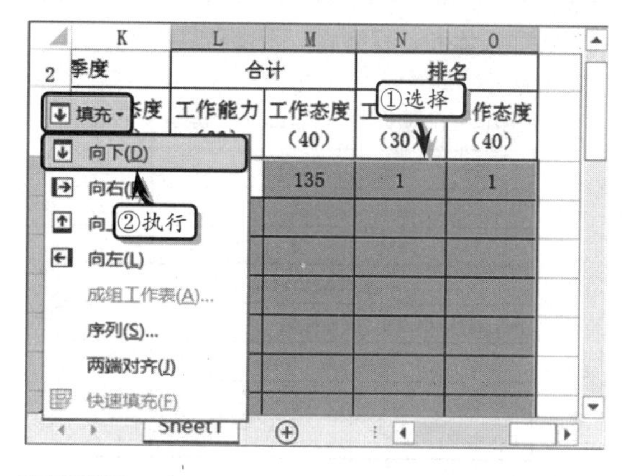

STEP|08 同时选择单元格区域 B2:O3 与 B4:O10，执行【开始】|【字体】|【边框】|【粗匣框线】命令。

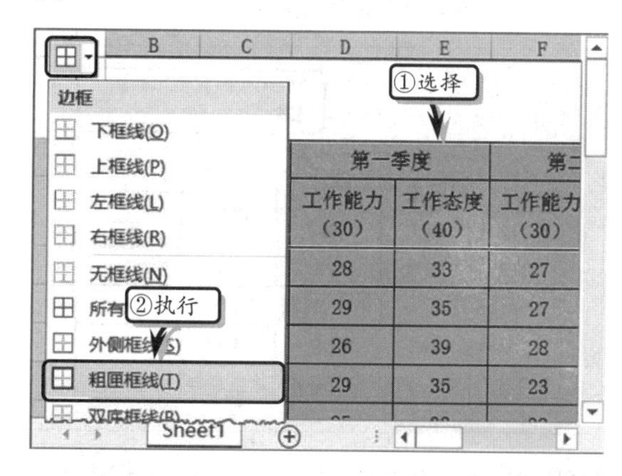

STEP|09 同时选择单元格区域 B2:C10、D2:E10、F2:G10、H2:I10、J2:K10 与 L2:M10，右击执行【设置单元格格式】命令，在【边框】选项卡中设置边框的样式与位置。

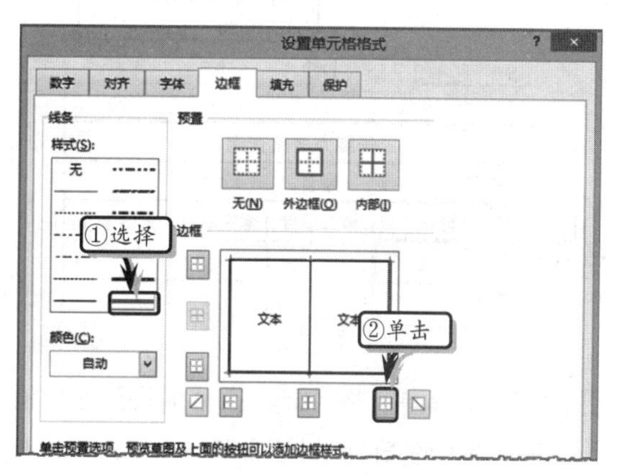

STEP|10 制作工作能力成绩查询表。在单元格区域 B11:F15，输入查询表格基础数据，并设置数据的对齐、字体和边框格式。

	B	C	D	E	F
7	110	刘洋	29	35	23
8	111	陈鑫	25	32	28
9	112	金山	23	31	27
10	113	陈旭	27	38	30
11	工作能力成绩查询				
12	员工编号	106	姓名		
13	项目	第一季度	第二季度	第三季度	第四季度
14	工作能力				
15	工作态度				

STEP|11 选择单元格 E12，在【编辑】栏中输入计算公式，按 Enter 键返回员工姓名。

E12 =VLOOKUP($C$12, $B$4:$K$10, 2)

①输入

	B	C	D	E	F
8	111	陈鑫	25	32	28
9	112	金山	23	31	27
10	113	陈旭	27	38	30
11	工作能力成绩查询				
12	员工编号	106	姓名	欣欣	
13	项目	第一季度	第二季度	第三季度	第四季度

②显示

STEP|12 选择单元格 C14，在【编辑】栏中输入计算公式，按 Enter 键返回第一季度的工作能力值。

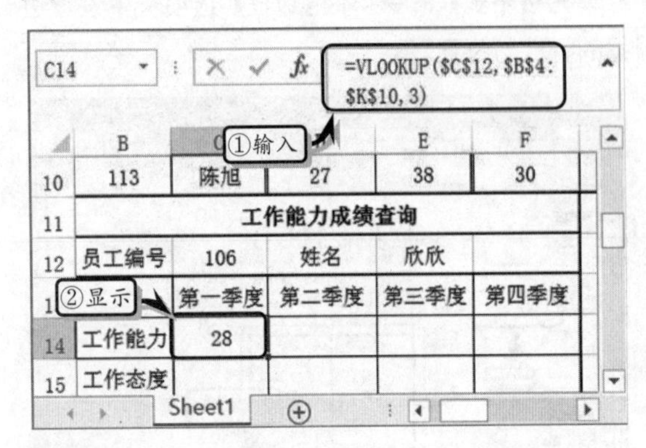

STEP|13 选择单元格 C15，在【编辑】栏中输入计算公式，按 Enter 键返回第一季度的工作态度值。

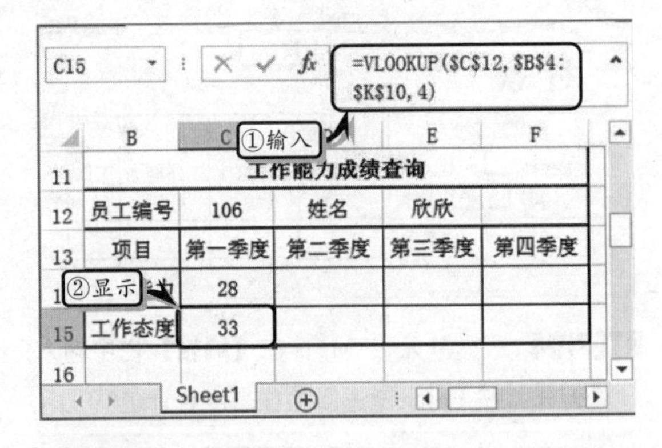

STEP|14 选择单元格 D14，在【编辑】栏中输入计算公式，按 Enter 键返回第二季度的工作能力值。

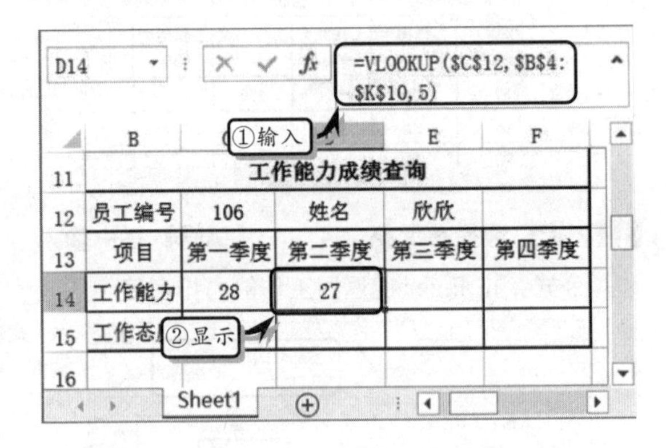

STEP|15 选择单元格 D15，在【编辑】栏中输入计算公式，按 Enter 键返回第二季度的工作态度值。使用同样的方法，分别计算其他季度的考核成绩。

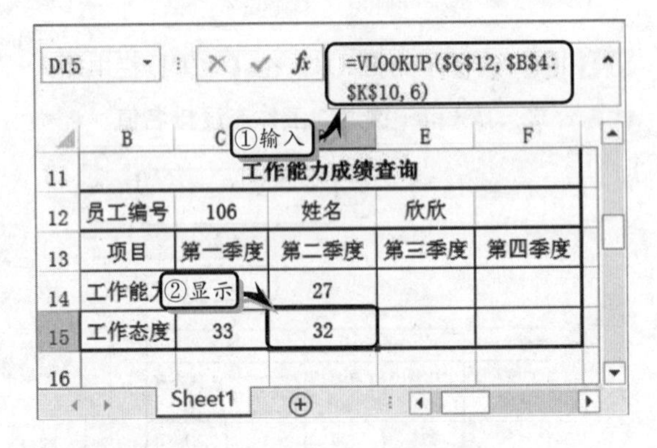

STEP|16 制作分析图表。选择单元格区域 B13:F15，执行【插入】|【图表】|【推荐的图表】

命令。

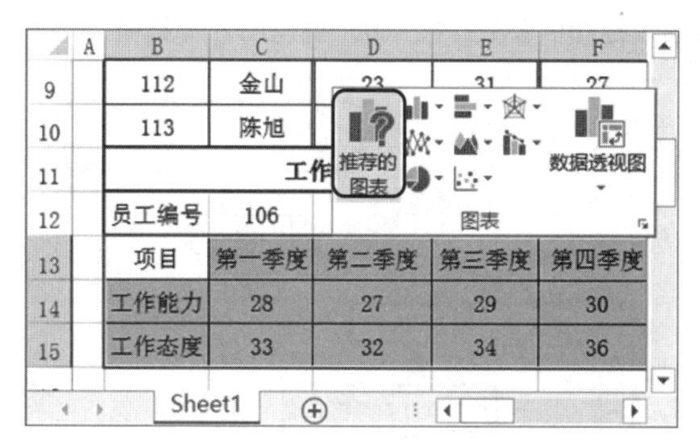

STEP|17 在弹出的【插入图表】对话框中，激活【所有图表】选项卡，选择【组合】选项，并设置组合图表的类型。

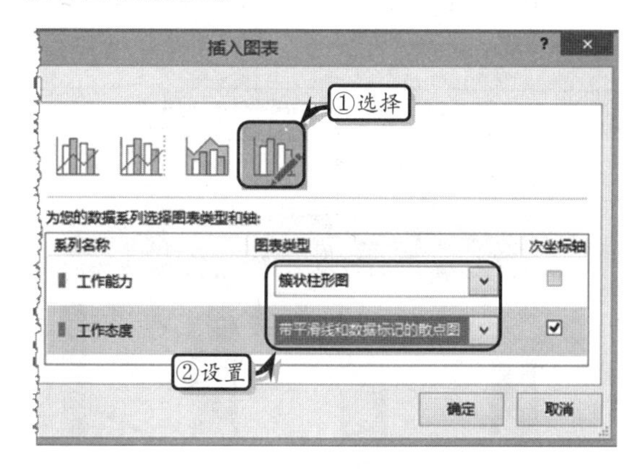

STEP|18 双击【垂直（值）轴】坐标轴，设置坐标轴的最大值、最小值、主要刻度单位与次要刻度单位。

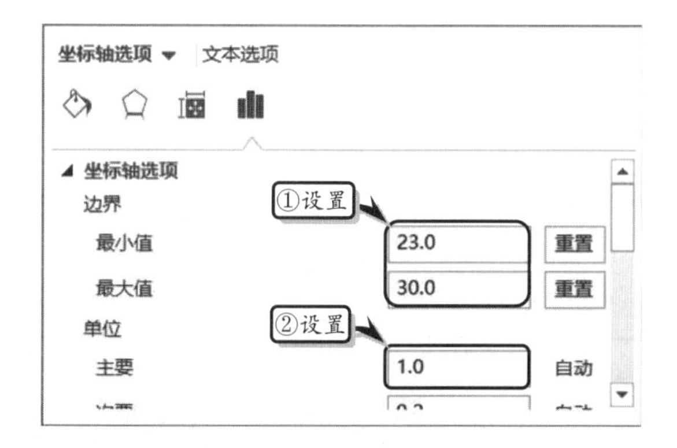

STEP|19 双击【次坐标轴 垂直（值）轴】坐标轴，设置坐标轴的最大值、最小值、主要刻度单位与次要刻度单位。

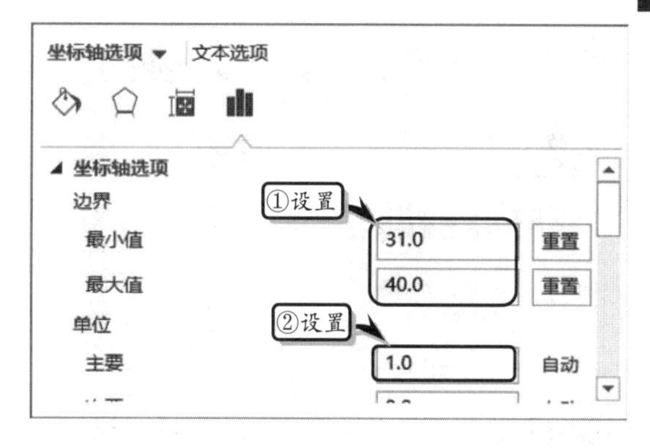

STEP|20 双击【次坐标轴水平（值）轴】坐标轴，将【刻度线标记】选项组中的【主要类型】设置为【无】，同时将【标签】选项组中的【标签位置】设置为【无】。

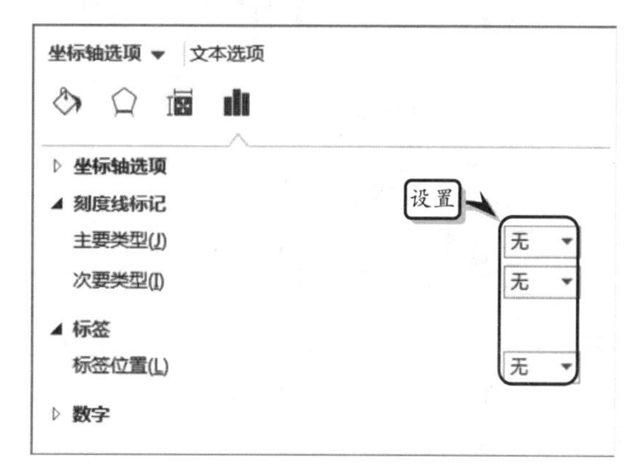

STEP|21 选择图表，执行【图表工具】|【格式】|【形状样式】|【强烈效果-绿色，强调颜色 6】命令，设置图表的样式。

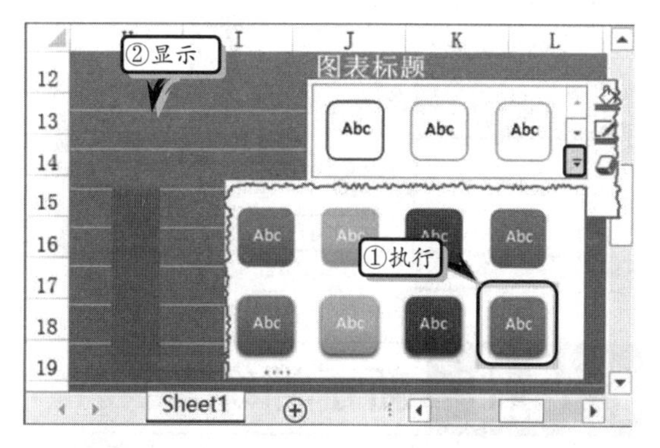

STEP|22 选择绘图区，执行【图表工具】|【格式】|【形状样式】|【形状填充】|【白色，背景 1】命令，设置绘图区的填充颜色。

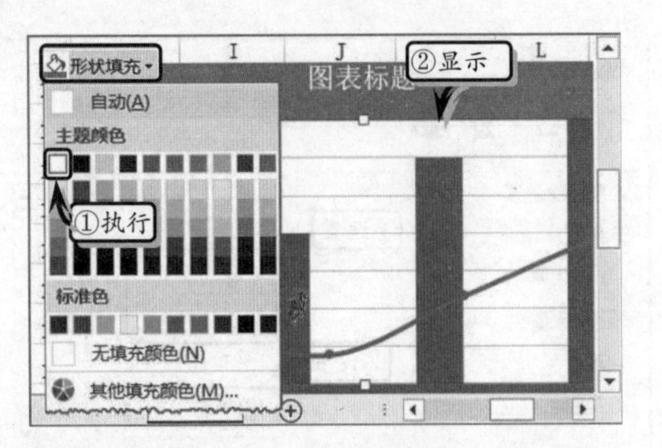

STEP|23 选择图表，执行【图表工具】|【格式】|【形状样式】|【形状效果】|【棱台】|【圆】命令，设置图表的棱台效果。

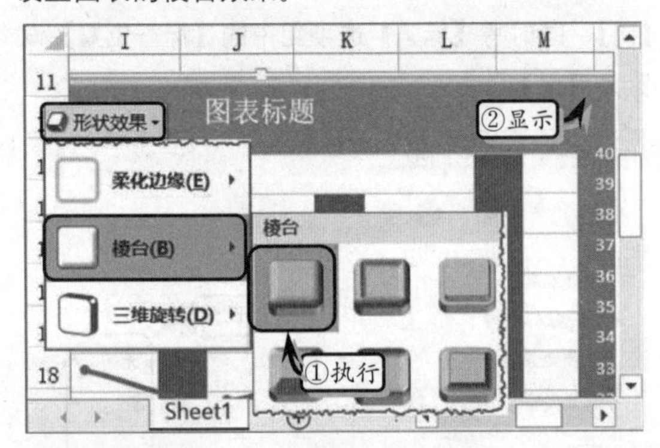

STEP|24 选择“工作能力”数据系列，执行【图表工具】|【格式】|【形状样式】|【形状效果】|【棱台】|【圆】命令，设置图表的棱台效果。同样方法，设置另外一个数据系列的棱台效果。

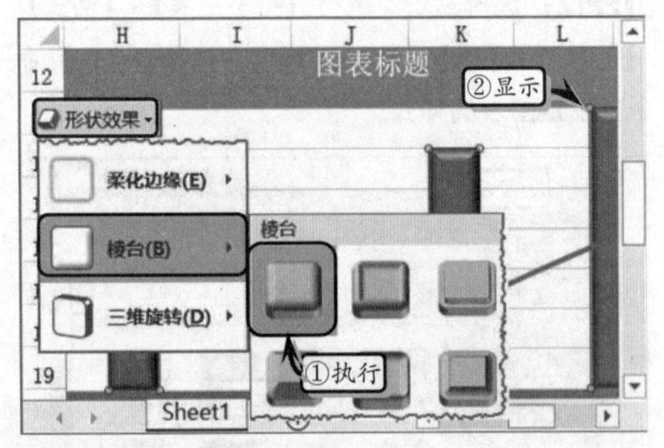

STEP|25 选择单元格 C31，在编辑栏中输入显示图表标题的公式，按 Enter 键返回计算结果。

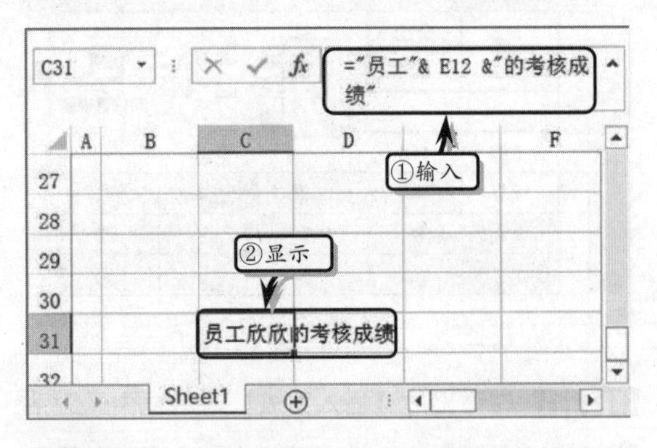

STEP|26 选择图表标题，在编辑栏中输入显示公式，按 Enter 键显示标题文本，并设置文本的字体格式。

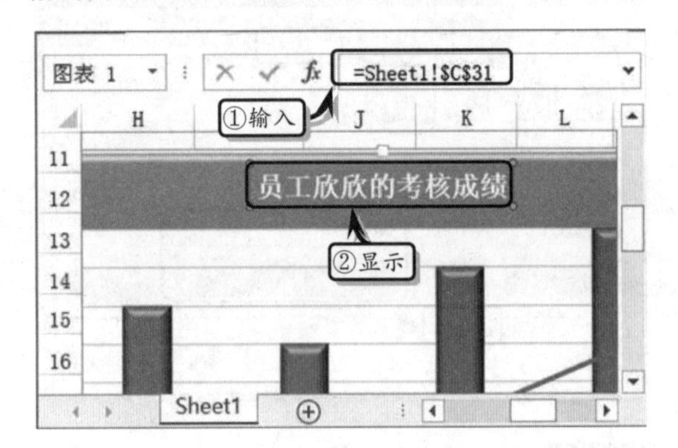

4.8 新手训练营

练习 1：查询销售数据

downloads\4\新手训练营\查询销售数据

提示：本练习中，首先制作基础数据表。然后，选中单元格 D2，在编辑栏中输入显示 C 产品 5 月份销售额位置的公式，按 Enter 键返回计算结果。

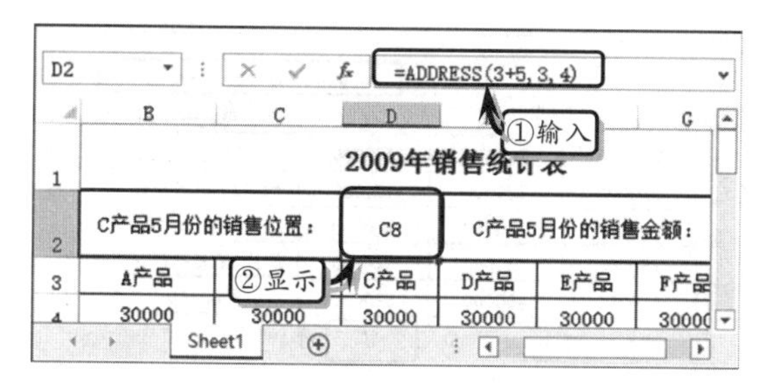

最后，选择单元格 H2，在编辑栏中输入显示 C 产品 5 月份销售额的公式，按 Enter 键返回计算结果。

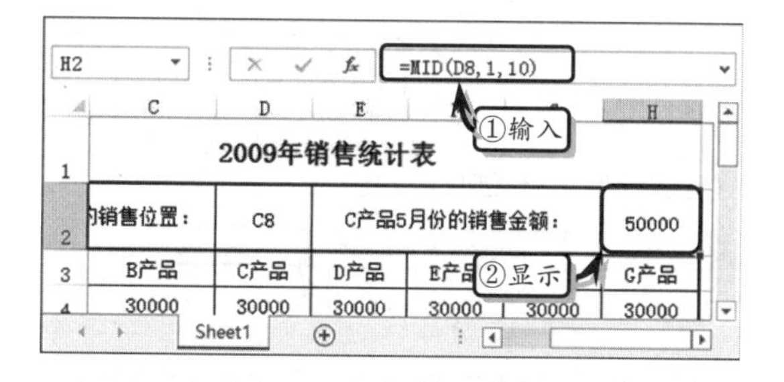

练习 2：查询员工信息

downloads\4\新手训练营\查询员工信息

提示：本练习中，首先制作基础数据表。然后，选择单元格 B4，在编辑栏中输入计算公式，按 Enter 键返回计算结果。

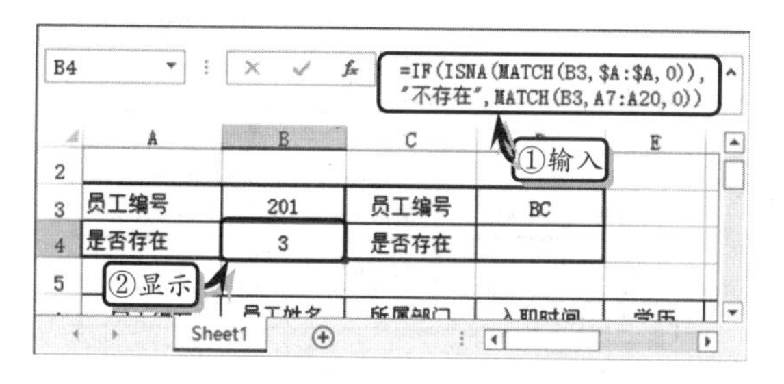

最后，选择单元格 D4，在编辑栏中输入计算公式，按 Enter 键返回计算结果。

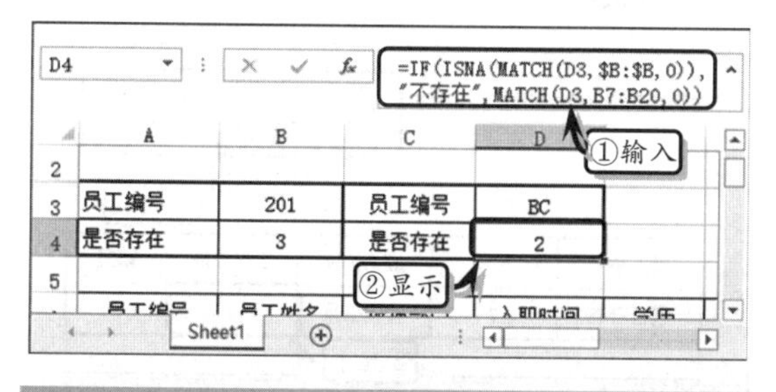

练习 3：查找产品销售额

downloads\4\新手训练营\查找产品销售额

提示：本练习中，首先制作基础数据表。选择单元格 F3，在编辑栏中输入计算公式，按 Enter 键返回产品 1 最低销售额的销售员名。

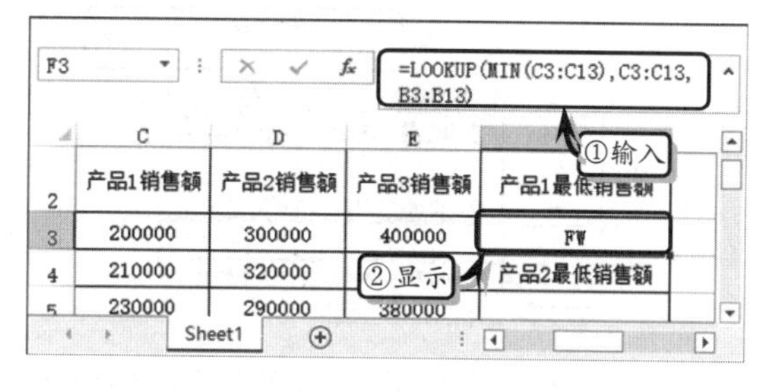

然后，选择单元格 F5，在编辑栏中输入计算公式，按 Enter 键返回产品 2 最低销售额的销售员名。

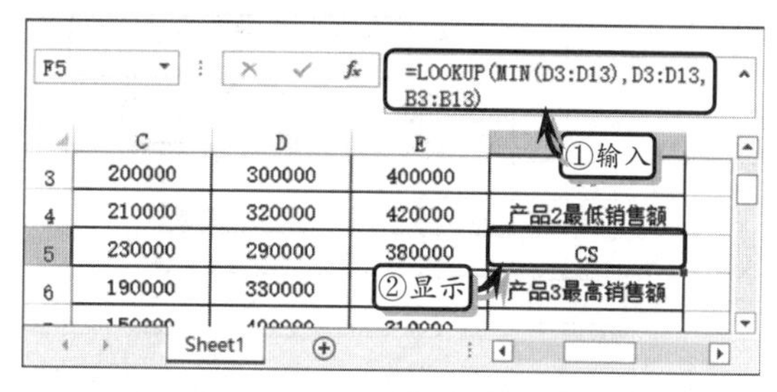

最后，选择单元格 F7，在编辑栏中输入计算公式，按 Enter 键返回产品 3 最低销售额的销售员名。

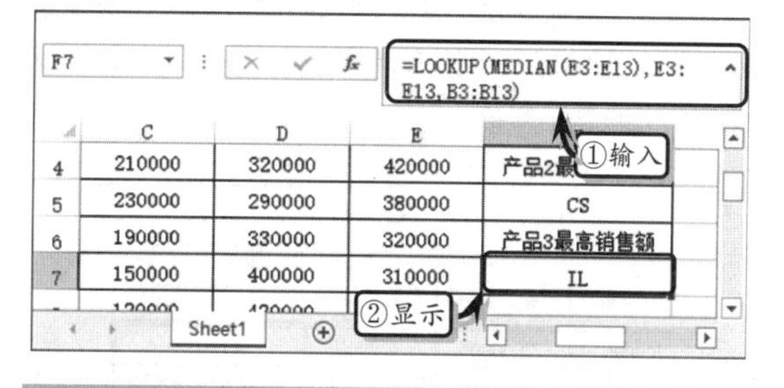

练习 4：查找指定位置的数据

downloads\4\新手训练营\查找指定位置的数据

提示：本练习中，首先制作基础数据表。选择单元格 G3，在编辑栏中输入计算公式，按 Enter 键返回总分列中第 5 行的数值。

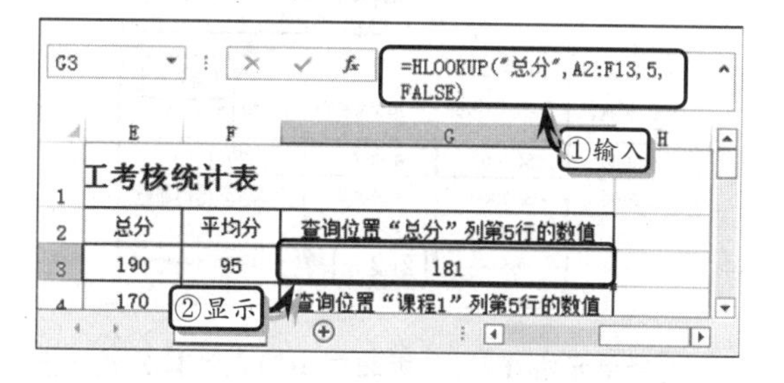

然后，选择单元格 G5，在编辑栏中输入计算公

式，按 Enter 键返回课程 1 列中第 5 行的数值。

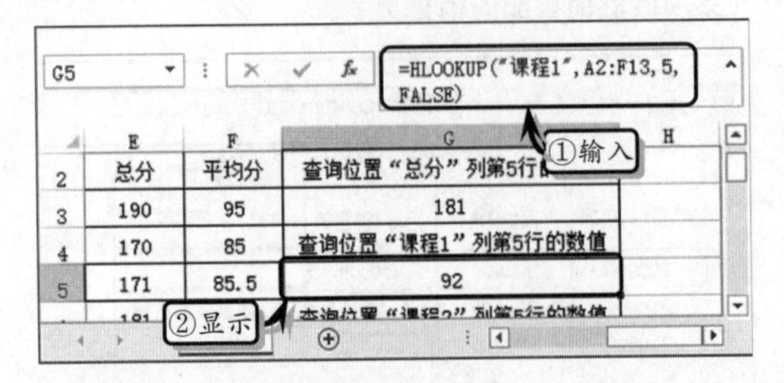

最后，选择单元格 G7，在编辑栏中输入计算公式，按 Enter 键返回课程 2 列中第 5 行的数值。

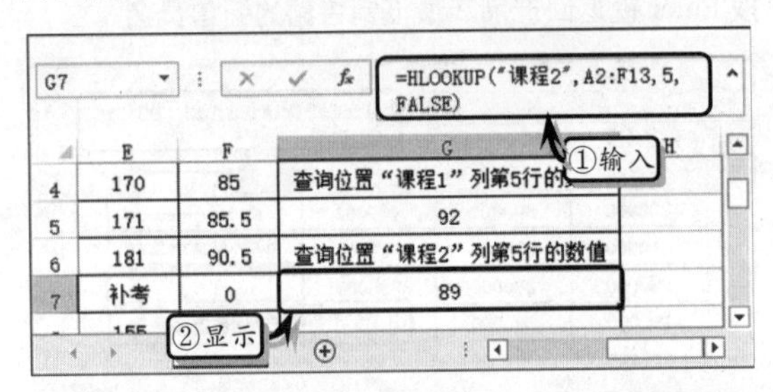

练习 5：计算产品销售总额

downloads\4\新手训练营\计算产品销售总额

提示：本练习中，首先制作基础数据表。选择单元格 F3，在编辑栏中输入计算公式，按 Enter 键，返回产品 1 的总销售额。

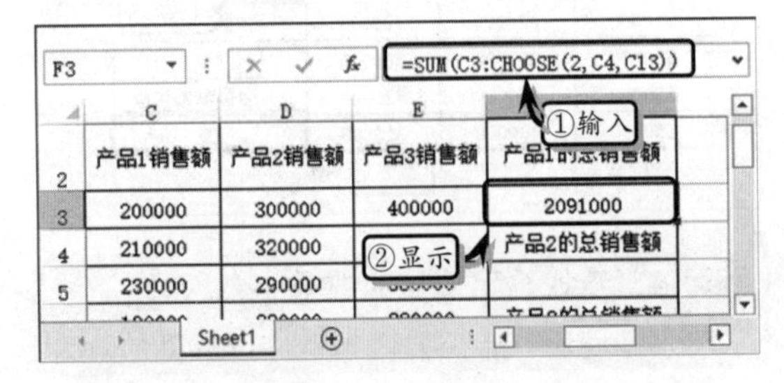

然后，选择单元格 F5，在编辑栏中输入计算公式，按 Enter 键，返回产品 2 的总销售额。

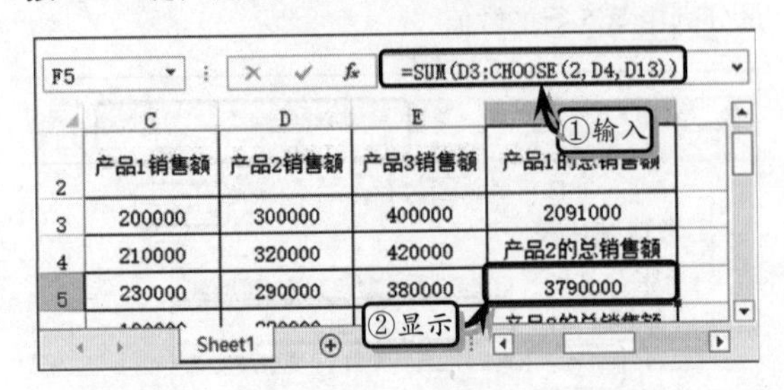

选择单元格 F7，在编辑栏中输入计算公式，按 Enter 键，返回产品 3 的总销售额。

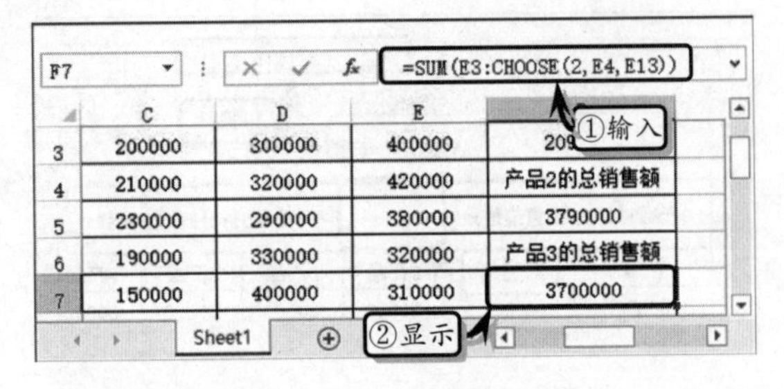

最后，选择单元格 F9，在编辑栏中输入计算公式，按 Enter 键，返回所有产品的总销售额。

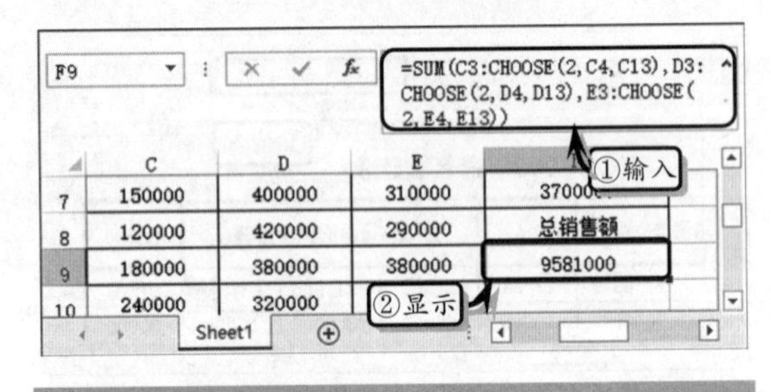

练习 6：显示指定信息

downloads\4\新手训练营\显示指定信息

提示：本练习中，首先制作基础数据表。选择单元格 B4，在编辑栏中输入计算公式，按 Enter 键，返回计算结果。

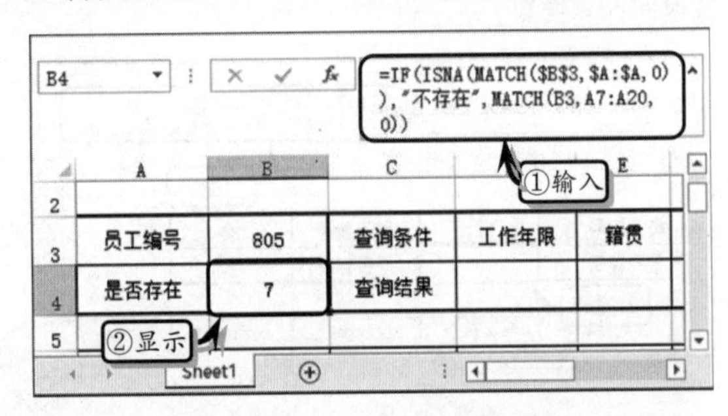

然后，选择单元格 D4，在编辑栏中输入计算公式，按 Enter 键，返回工作年限。

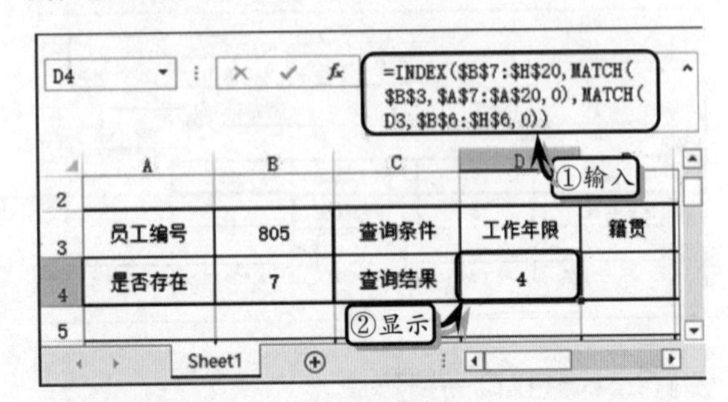

选择单元格 E4，在编辑栏中输入计算公式，按 Enter 键，返回籍贯。

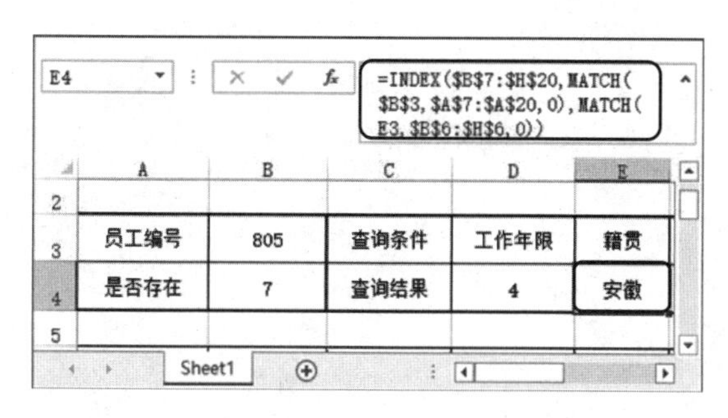

最后，选择单元格 F4，在编辑栏中输入计算公式，按 Enter 键，返回学历。

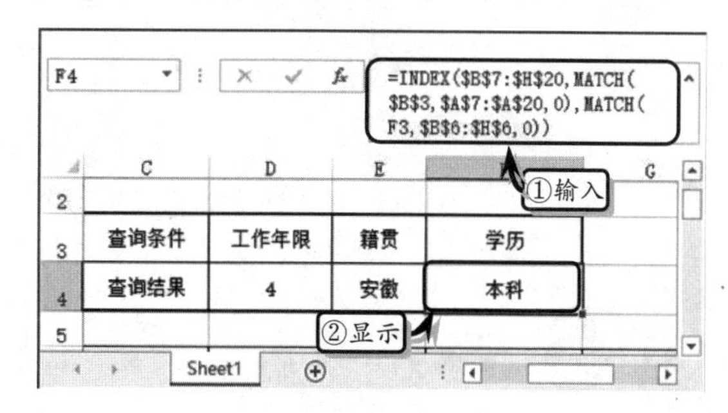

第 5 章

应用日期时间函数

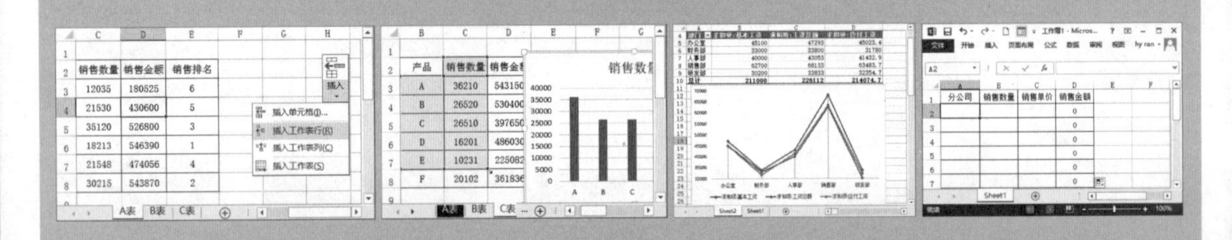

日期与时间函数是按照一定的规定处理工作表中的日期与时间值，是被经常使用的函数之一，一般用于获取与掌控日期，以及细化时间。顾名思义，日期时间函数可分为日期函数和时间函数两大类，其中日期函数主要用于计算两个日期之间的天数、提取出生日期、计算生肖、显示当前日期等，而时间函数主要用于显示当前时间、凑整时间值等。在本章中，将通过具体实例的方法，来详细介绍查找引用函数的基础知识和实用方法。

5.1 提取日期时间信息

Excel 中的日期时间函数中，比较常用的一类函数便是日期时间提取函数。运用该类型的函数，不仅可以提取当前系统中的日期时间，而且还可以提取一些常规的日期时间，以及周信息等日期时间信息。

5.1.1 提取当前系统日期时间

在 Excel 中，虽然用户可以通过 Ctrl+;快捷键输入当前系统日期，而通过 Shift+Ctrl+;快捷键则可以输入当前系统时间。但是，通过快捷键所输入的日期时间值，无法随着当前系统日期时间的更改而自动更改。此时，用户可以通过使用提取日期时间的 TODAY 和 NOW 函数，既快速地输入当前系统日期时间，又使日期时间随着系统日期时间的改变而改变。

1. TODAY 函数

Excel 中的 TODAY 函数，不仅可以显示本地计算机中的日期，而且该日期会随着计算机中日期的改变而改变。也就是说，无论用户何时打开工作簿，工作表中都能显示当前日期。

TODAY 函数的功能是返回当前日期的序列号，该函数的表达式为：

= TODAY()——无参数

提示

当 TODAY 函数未按预期更新日期值时，则需要执行【文件】菜单中的【选项】命令。在【公式】选项卡中，执行【自动重算】选项即可。

例如，在统计应收账款工作表中，用户需要根据客户货款的到期日期和当前系统中的日期，来决定是否办理催款手续。首先，在工作表中输入基础数据，并设置数据表的对齐格式。

	A	B	C	D	E
1	客户代码	到期日期	应收账款	已收账款	是否催款
2	AC1002	2015/6/8	200000	100000	
3	AC1003	2015/7/9	500000	300000	
4	AB2001	2015/9/10	150000	50000	
5	AB2003	2015/5/21	800000	300000	
6	CA1001	2015/9/30	600000	200000	
7	CA1002	2015/6/8	400000	0	

Sheet1

然后，选择单元格 E2，在编辑栏中输入计算公式，按 Enter 键，返回是否催款。随后，向下填充公式即可。

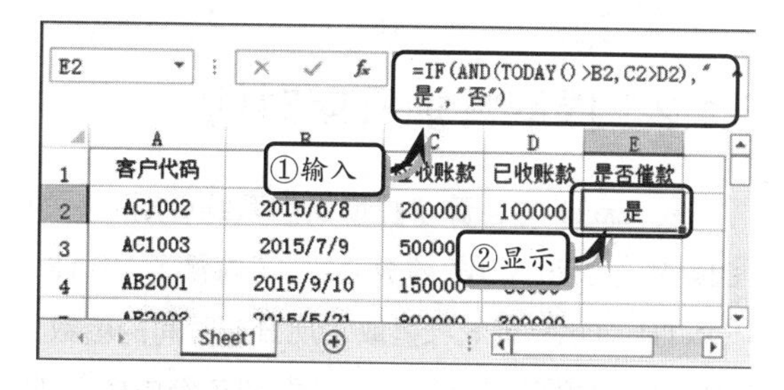

在该案例中的单元格 E2 中的公式为：

```
=IF(AND(TODAY()>B2,C2>D2)," 是 ",
"否")
```

在该公式中，最外层为 IF 函数，用于判断是否催款。而 AND 函数则作为 IF 函数的第 1 个参数参与运算，该函数中包含两个参数，当所有参数都返回 TRUE 时，AND 函数则返回 TRUE，否则返回 FALSE。而当 AND 函数返回 TRUE 时，IF 函数则返回“是”，否则返回“否”。

提示

公式中的 AND 函数，主要用于检查是否所有参数均为 TRUE，如果所有参数均为 TRUE，则返回 TRUE；而当有任意一个参数的计算结果为 FALSE 时，则返回 FALSE。

2. NOW 函数

Excel 中的 NOW 函数的功能是返回当前日期

和时间的序列号，该函数的表达式为：

= NOW()——无参数

例如，在统计应收账款工作表中，用户需要在表头位置显示当前日期时间，以方便核对计算数据。

此时，选择单元格 B1，在编辑栏中输入计算公式，按 Enter 键，即可返回当前日期与时间。

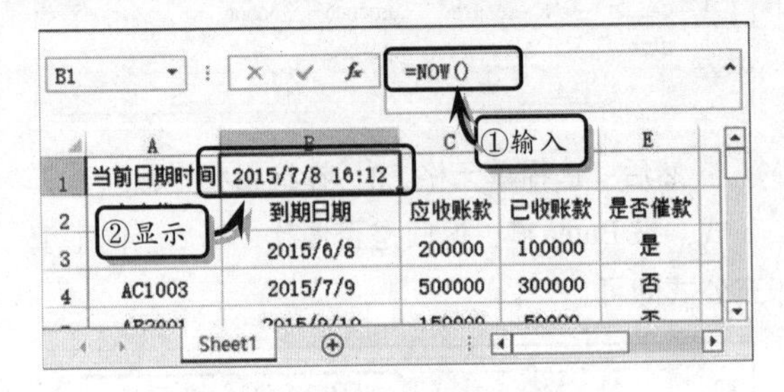

5.1.2 提取常规日期时间

在 Excel 中，除了提取当前系统日期时间的 TODAY 函数和 NOW 函数之外，还内置了 YEAR、MONTH、DAY 等 6 种提取常规日期时间的函数，以协助用户提取不同天数、月份和年份中的日期时间。

1. YEAR 函数

在 Excel 中，可以运用日期函数中的 YEAR 函数，来显示当前年份，以及之前或之后的年份值。另外，用户还可以通过该函数计算闰年。

YEAR 函数的功能是返回某日期对应的年份，其返回值为介于 1900-9999 之间的整数。该函数的表达式为：

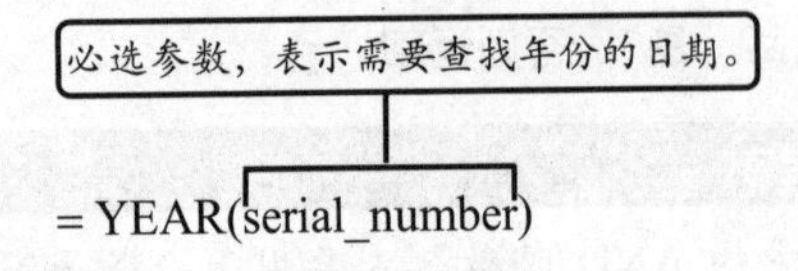

已知员工的身份证号码，下面运用 YEAR 函数，根据身份证号码计算出生年份和生肖。

首先，制作基础数据表。选择单元格 H3，在编辑栏中输入计算公式，按 Enter 键返回出生年份。随后，向下填充公式即可。

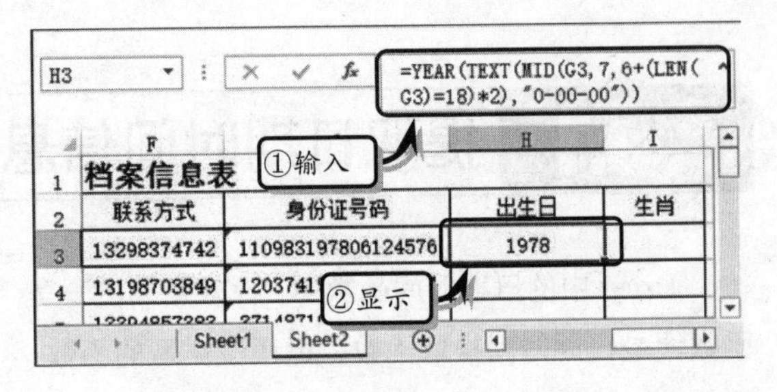

然后，选择单元格 I3，在编辑栏中输入计算公式，按 Enter 键返回生肖。随后，向下填充公式即可。

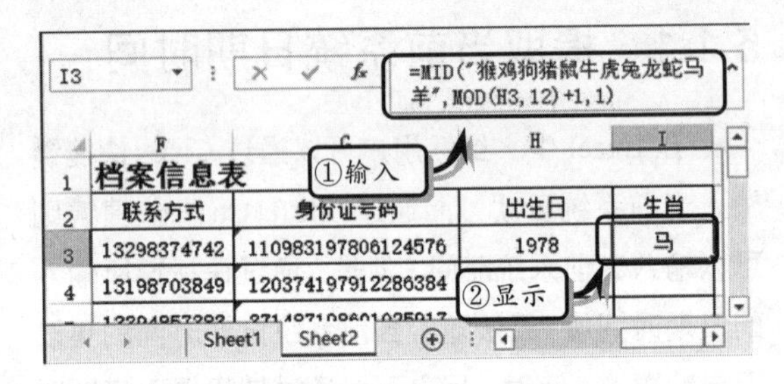

2. MONTH 函数

MONTH 函数可以结合其他返回日期的函数，来获取身份证号码或其他日期中的月份，其月份值为介于 1~12 之间的整数。

MONTH 函数的功能是返回以序列号表示日期中的月份，该函数的表达式为：

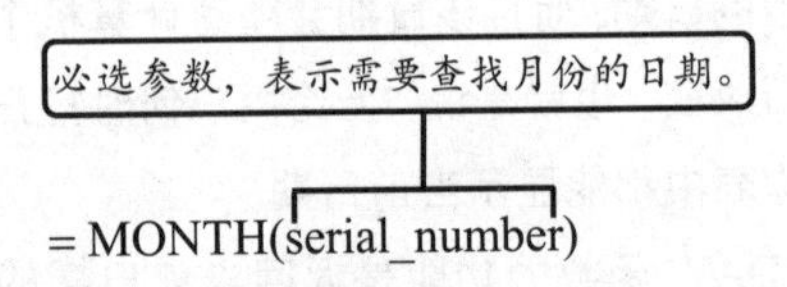

已知员工的身份证号码，下面运用 MONTH 函数，根据身份证号码计算出生月份。

首先，制作基础数据表。然后，选择单元格 H3，在编辑栏中输入计算公式，按 Enter 键，返回计算结果。随后，向下填充公式即可。

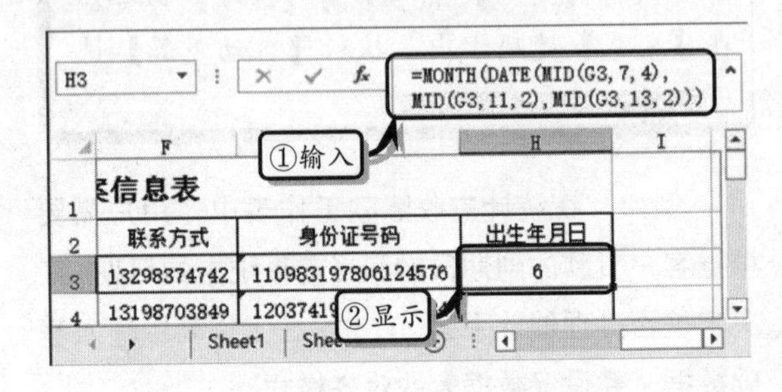

在该案例中的单元格 H3 中的公式为：

```
=MONTH(DATE(MID(G3,7,4),MID(G3,
11,2),MID(G3,13,2)))
```

该公式属于三级嵌套函数，其"DATE(MID(G3,7,4),MID(G3,11,2),MID(G3,13,2))"部分作为 MONTH 的参数参与运算。而 MID 函数作为 DATE 函数的参数，则用于提取身份证号中不同位置的数字串，以返回具体年月日。

3．DAY 函数

用户可以使用 DAY 函数，来获取某日期的天数。DAY 函数的功能是返回以序列号表示的某日期的天数，所返回的数值以 1~31 表示。DAY 函数的表达式为：

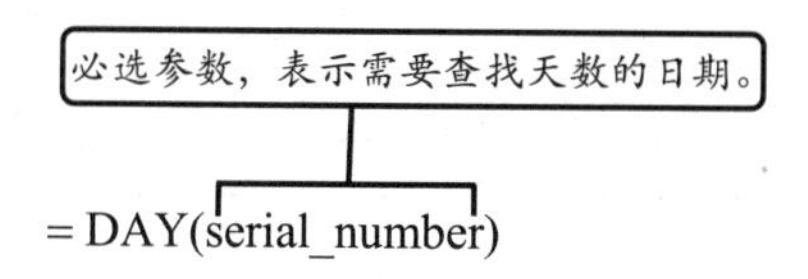

已知某企业为了便于不同国籍的员工查看数据，需要将表格中的日期转换为各国经常使用的样式。下面将运用 DAY、IF、MOD、TEXT 等函数，将指定日期转换为英式与美式状态。

首先，制作基础数据表。然后，选择单元格 B4，在编辑栏中输入计算公式，按 Enter 键，返回计算结果。随后，向下填充公式即可。

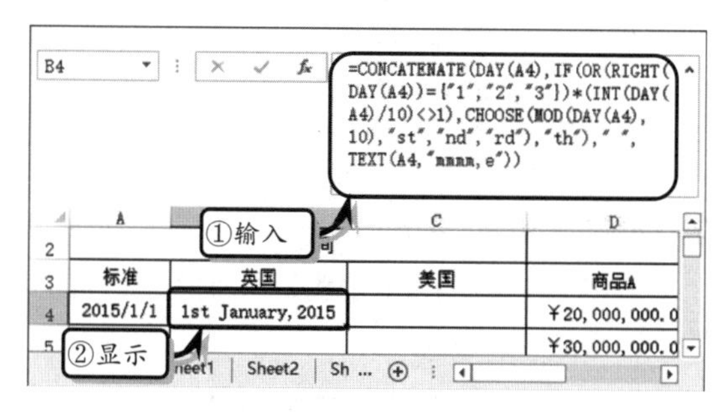

然后，选择单元格 C4，在编辑栏中输入计算公式，按 Enter 键，返回计算结果。随后，向下填充公式即可。

4．HOUR 函数

HOUR 函数的功能是返回时间值的小时数，该小时数为介于 0~23 之间的整数。

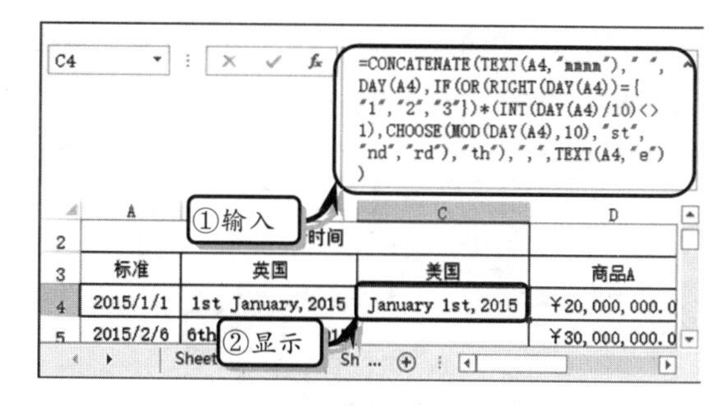

HOUR 函数的表达式为：

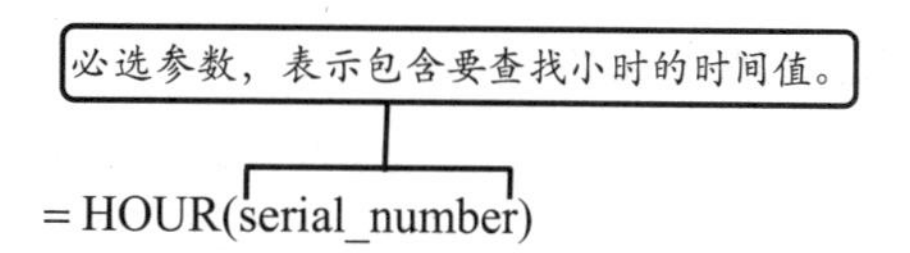

已知某公司营业部，需要通过前台客人结账的时间段，以小时为时间准则，来统计客人离店的时间。

首先，制作基础数据表。然后，选择单元格 D3，在编辑栏中输入计算公式，按 Enter 键，即可返回计算结果。随后，向下填充公式即可。

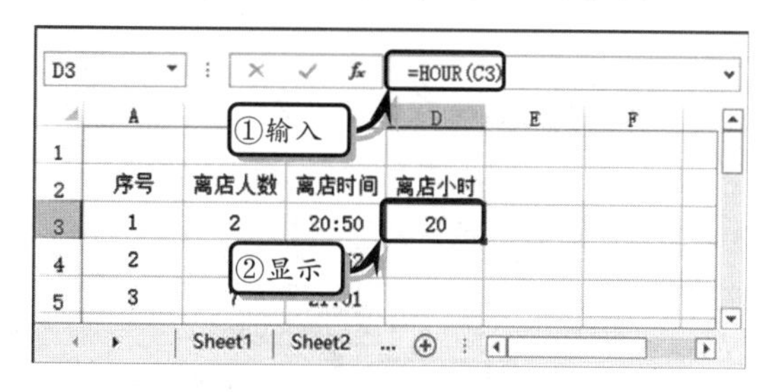

5．MINUTE 函数

MINUTE 函数的功能是返回指定时间值中的分钟数，分钟数为介于 0～59 之间的整数。该函数表达式为：

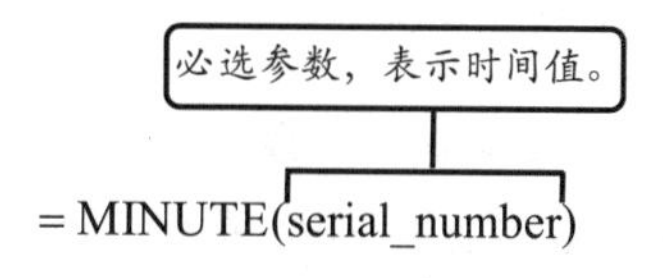

已知某公司营业部，需要通过前台客人结账的时间段，以分钟数为时间准则，来统计客人离店的时间。

首先，制作基础数据表。然后，选择单元格E3，在编辑栏中输入计算公式，按 Enter 键，返回计算结果。随后，向下填充公式。

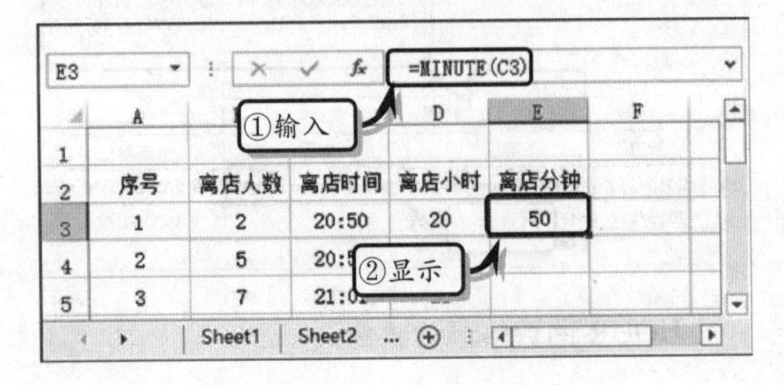

6．SECOND 函数

SECOND 函数的功能是返回指定时间值的秒数，其秒数为介于 0～59 之间的整数。SECOND 函数的表达式为：

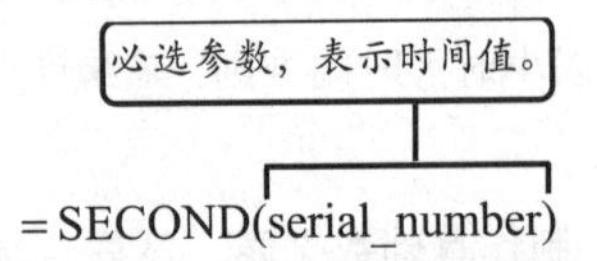

已知某公司营业部，需要通过前台客人结账的时间段，以秒数为时间准则，来统计客人离店的时间。

首先，制作基础数据表。然后，选择单元格F3，在编辑栏中输入计算公式，按 Enter 键，返回计算结果。随后，向下填充公式。

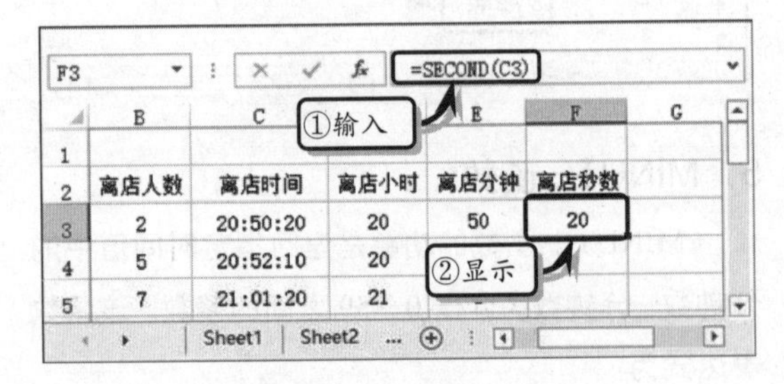

5.1.3 提取周信息

Excel 中的日期时间函数，还内置了两个与周相关的函数，以方便用户按“星期”计算日期。

1．WEEKDAY 函数

WEEKDAY 函数的功能是返回某日期为星期几。默认情况下，其值为介于 1~7 之间的整数。WEEKDAY 函数的表达式为：

必选参数，表示指定的日期序列号。

= WEEKDAY(serial_number,return_type)

可选参数，表示确定返回值类型的数字。

其中，参数 return_type 代表每种值类型数字的含义如下表所示。

参数	返回的数字
1 或省略	数字 1（星期日）到数字 7（星期六）
2	数字 1（星期一）到数字 7（星期日）
3	数字 0（星期一）到数字 6（星期日）
11	数字 1（星期一）到数字 7（星期日）
12	数字 1（星期二）到数字 7（星期一）
13	数字 1（星期三）到数字 7（星期二）
14	数字 1（星期四）到数字 7（星期三）
15	数字 1（星期五）到数字 7（星期四）
16	数字 1（星期六）到数字 7（星期五）
14	数字 1（星期日）到 7（星期六）

已知某公司新员工培训统计表，下面运用 WEEKDAY 函数，分别计算培训日期中是否有双休日。

首先，制作基础数据表。选择单元格 C3，在编辑栏中输入计算公式，按 Enter 键，返回计算结果。随后，向下填充公式即可。

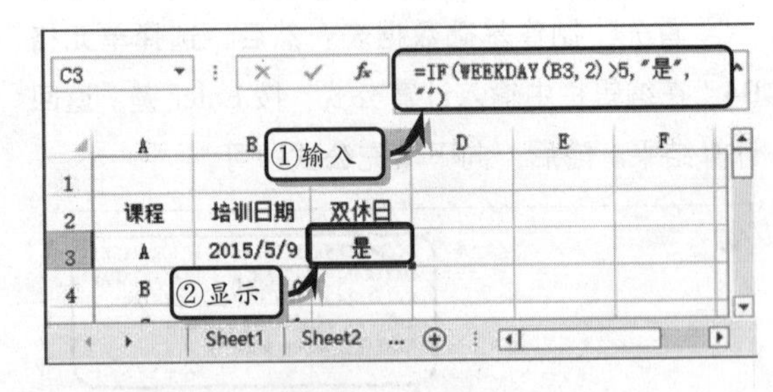

2．WEEKNUM 函数

WEEKNUM 函数的功能是返回指定日期的周数，该函数的表达式为：

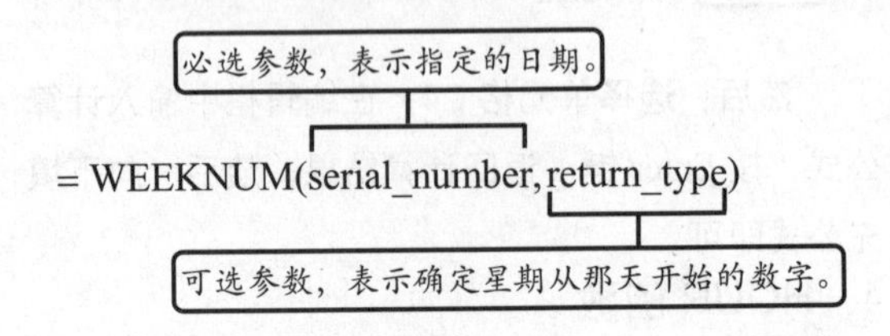

WEEKNUM 函数包括：包含 1 月 1 日的周为

该年的第 1 周，以及包含该年的第一个星期四的周为第 1 周的两种机制。其中，参数 return_type 的默认值为 1，其中该参数所代表各数字表示的含义如下所示。

参数	一周的第一天为	机制
1 或省略	星期日	1
2	星期一	1
11	星期一	1
12	星期二	1
13	星期三	1
14	星期四	1
15	星期五	1
16	星期六	1
14	星期日	1
21	星期一	2

已知某公司新员工培训统计表，下面运用 WEEKNUM 函数，计算培训起始日为一年中的第几周，以及计算培训期间内的周次。

首先，制作基础数据表。然后，选择单元格 D4，在编辑栏中输入计算公式，按 Enter 键，返回计算结果。随后，向下填充公式。

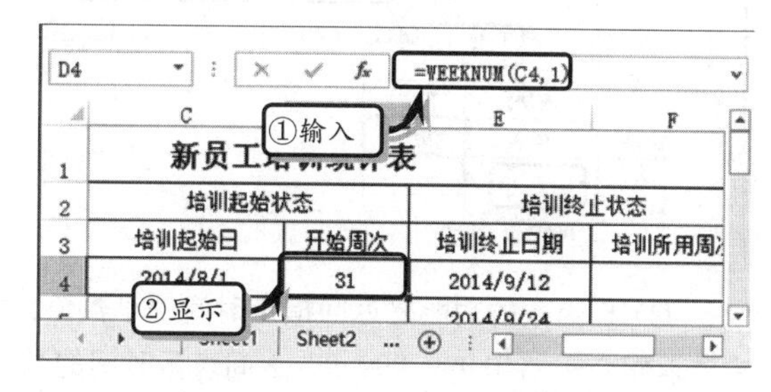

然后，选择单元格 F4，在编辑栏中输入计算公式，按 Enter 键，返回计算公式。

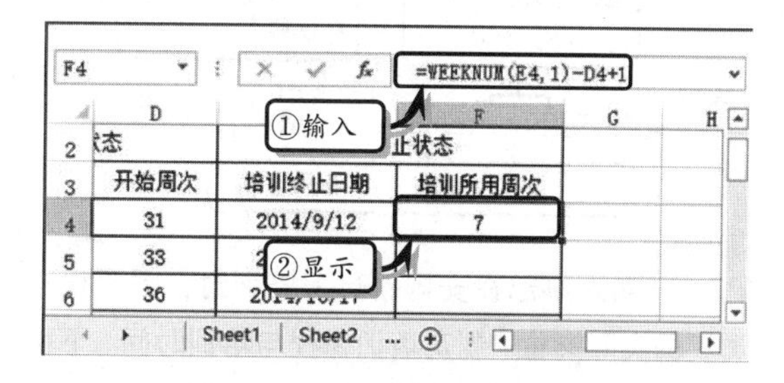

5.2 构建和计算日期时间

在 Excel 中，除了使用 TODAY、NOW 函数来显示当地时间，以及使用 YEAR、DAY 等函数来提取日期时间之外，还可以使用日期时间函数来构建和计算日期与时间。

5.2.1 构建普通日期时间

构建普通日期时间，主要运用 DATE 函数和 TIME 函数，根据指定条件显示所需的日期时间值。

1. DATE 函数

DATE 函数的功能是返回指定日期的连续序列号，函数的表达式为：

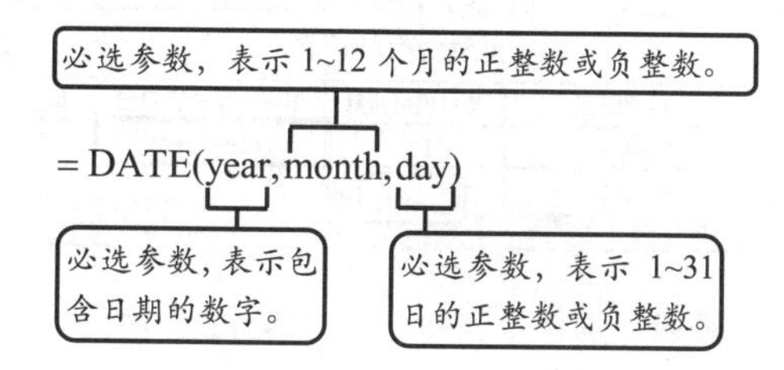

已知多个年份值，下面运用 DATE 函数，通过嵌套其他函数，来判断该年份是否为闰年。

首先，制作基础数据表。然后选择单元格 B3，在编辑栏中输入计算公式，按 Enter 键返回计算结果。随后，向下填充公式即可。

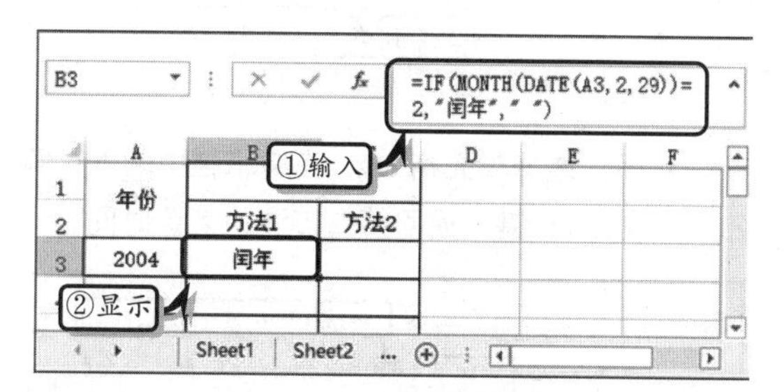

然后，选择单元格 C3，在编辑栏中输入计算公式，按 Enter 键，返回计算结果。随后，向下填充公式即可。

2. TIME 函数

在 Excel 中，可以运用时间函数中的 TIME 函数，来计算两个时间之间的间隔。

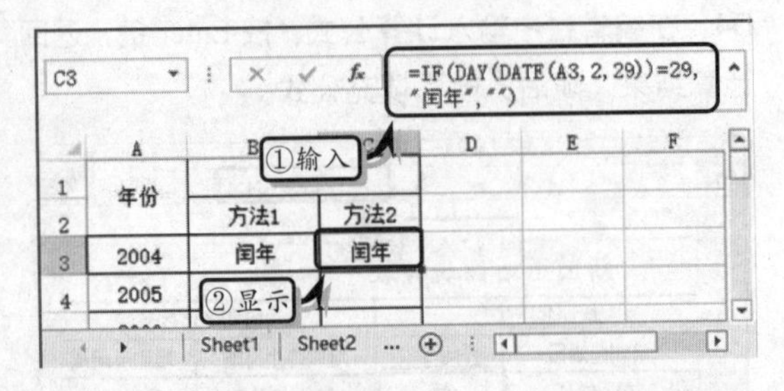

TIME 函数的功能是返回指定时间的小数值，主要返回介于 0~0.999 999 99 之间表示时间的数值。该函数的表达式为：

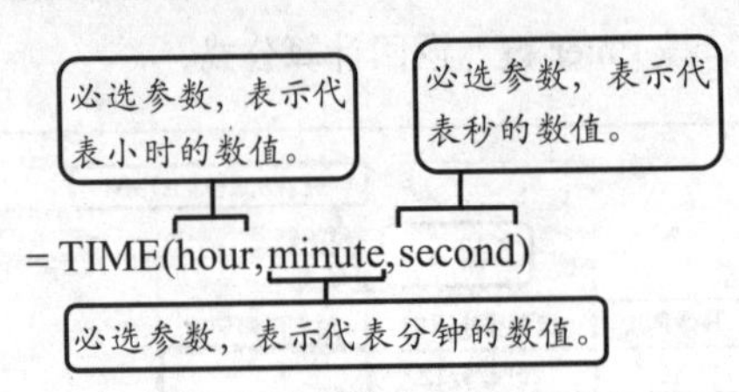

已知人事部在安排新员工培训时，需要根据员工的实际岗位，制定培训课程与培训时间。下面将运用 TIME 函数，来计算员工的培训课时。

首先，制作基础数据表。选择单元格 D3，在编辑栏中输入计算公式，按 Enter 键，返回第一节课的下课时间。

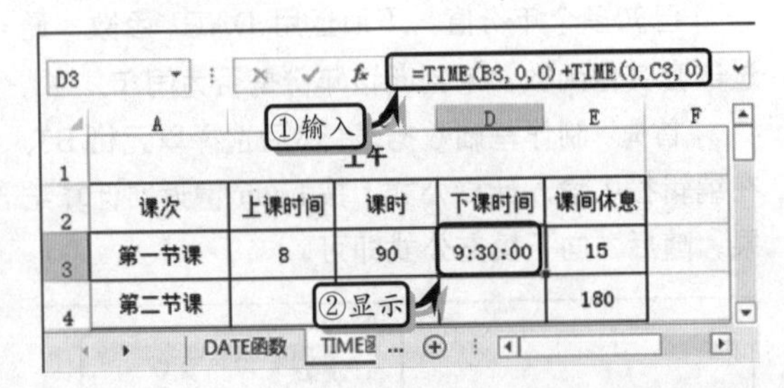

然后，选择单元格 B4，在编辑栏中输入计算公式，按 Enter 键，返回第二节课的上课时间。

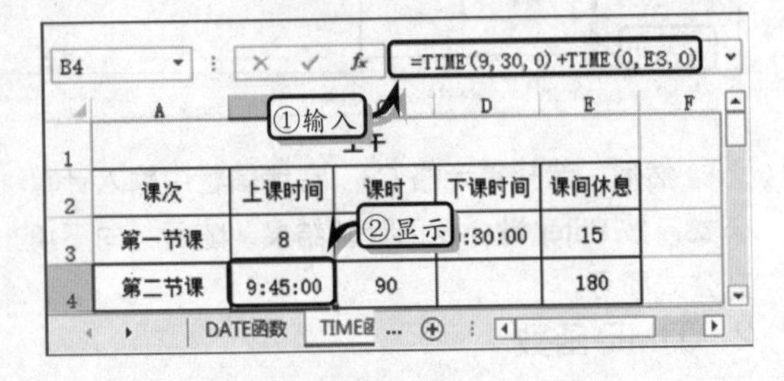

最后，选择单元格 D4，在编辑栏中输入计算公式，按 Enter 键，返回第二节课的下课时间。

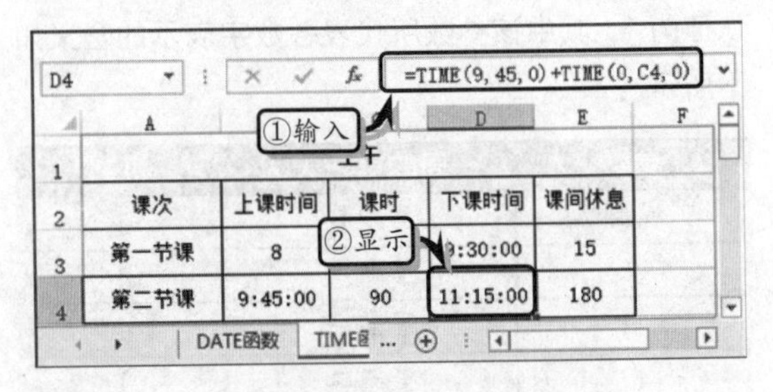

5.2.2 构建特定日期

Excel 中的日期时间函数中，还内置了一些构建特定日期的函数。例如，构建隔月对日、隔月末日，以及间隔若干个工作日后的日期等。

1．EDATE 函数

EDATE 函数的功能是按指定月份返回表示某个日期之前或之后的月数，该函数的表达式为：

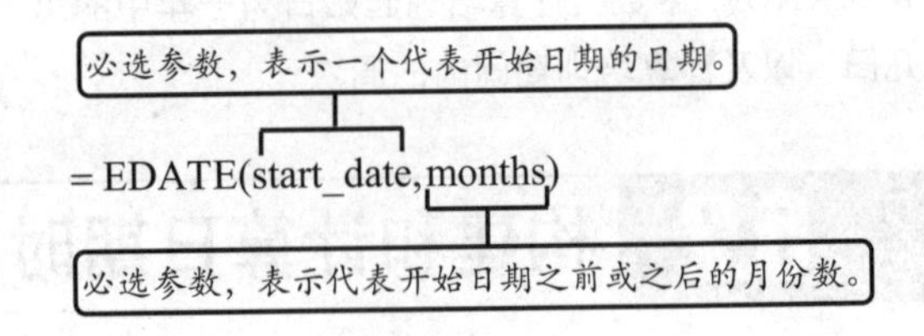

使用 EDATE 函数不仅可以获取指定日期，而且可以计算与发行日处于同一月中同一天的到期日的日期。

已知某公司的租用资产统计信息，下面运用 EDATE 函数与 TEXT 函数，计算第一个租金支付日与第二个租金支付日。

首先，制作基础表格。然后，选择单元格 D3，在编辑栏中输入计算公式，按 Enter 键，即可返回第一个租金的支付日。随后，向下填充公式即可。

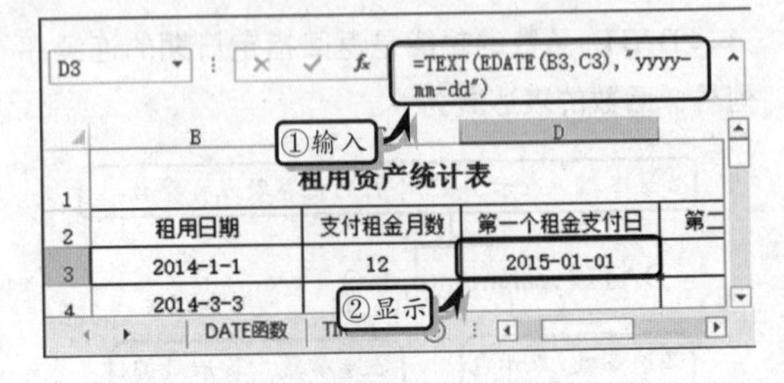

最后，选择单元格 E3，在编辑栏中输入计算

公式，按 Enter 键，即可返回第二个租金的支付日。随后，向下填充公式即可。

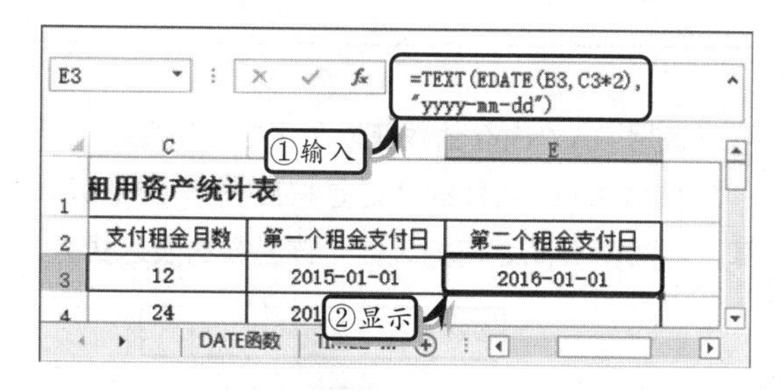

2．EOMONTH 函数

EOMONTH 函数的功能是返回某个月份最后一天的序列号，该函数的表达式为：

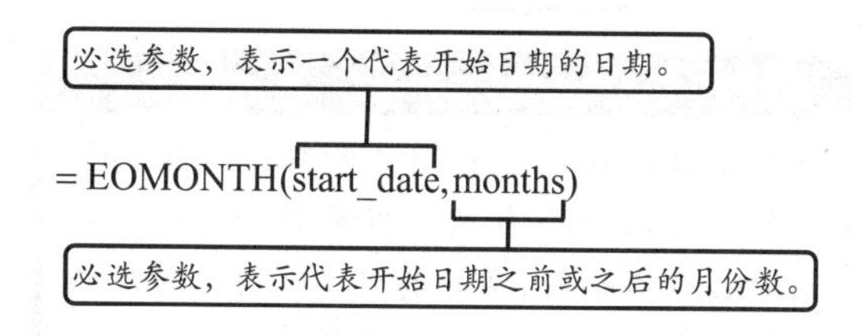

已知某学校实现绿色通道，帮助困难学生进行贷款，此贷款可于毕业后分期还款。为了方便统计学生第一个还款日期，下面运用 EOMONTH 函数，统计指定月份的第一个还款日。

首先，制作基础数据表。然后，选择单元格 E2，在编辑栏中输入计算公式，按 Enter 键，即可返回第一个还款日。随后，向下填充公式即可。

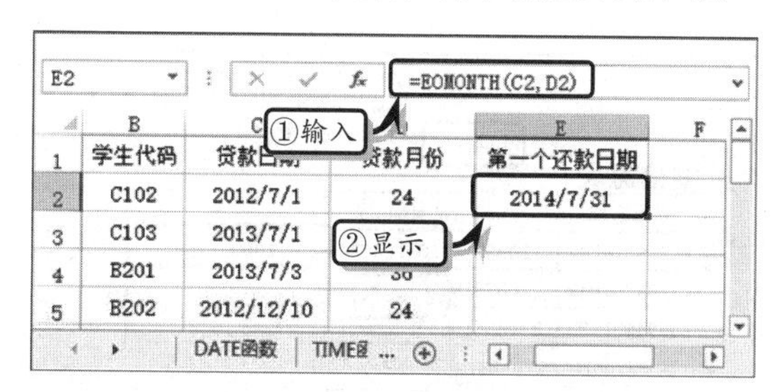

3．WORKDAY 函数

WORKDAY 函数的功能是返回在起始日期之前或之后，且与该日期相隔指定工作日的某一日期的日期值，该函数的表达式为：

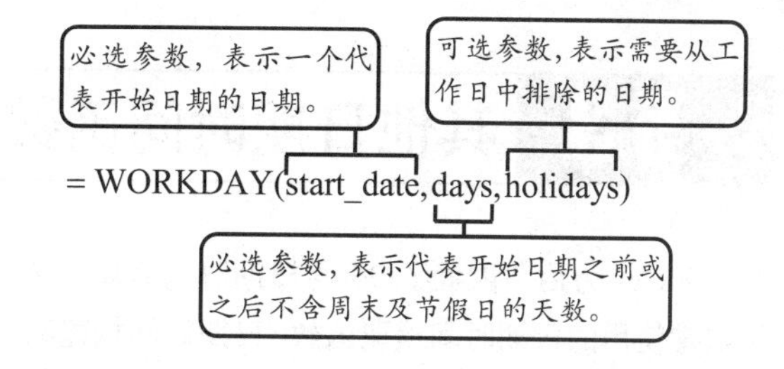

4．NETWORKDAYS 函数

NETWORKDAYS 函数的功能是返回起止时间之间完整的工作日数值，其工作日不包括周末和专门指定的假期。该函数的表达式为：

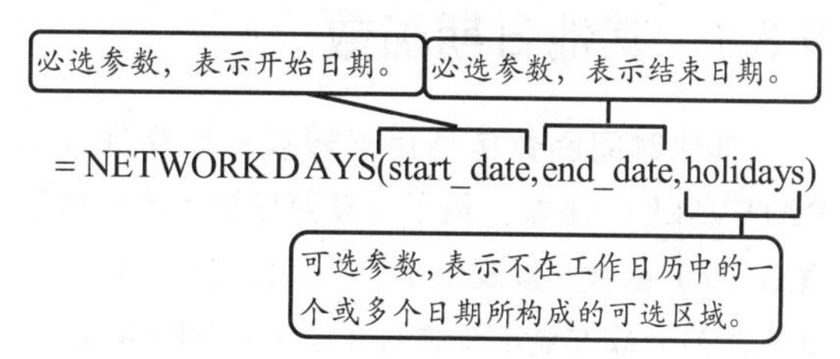

已知某企业新员工入职时，需要进行为期 30 天的培训。下面，为减少实际工作量，需要运用 WORKDAY 函数与 NETWORKDAYS 函数，根据培训起始日期计算培训终止日期与实际培训天数。

首先，制作基础数据表。选择单元格 D3，在编辑栏中输入计算公式，按 Enter 键返回培训终止日期。随后，向下填充公式即可。

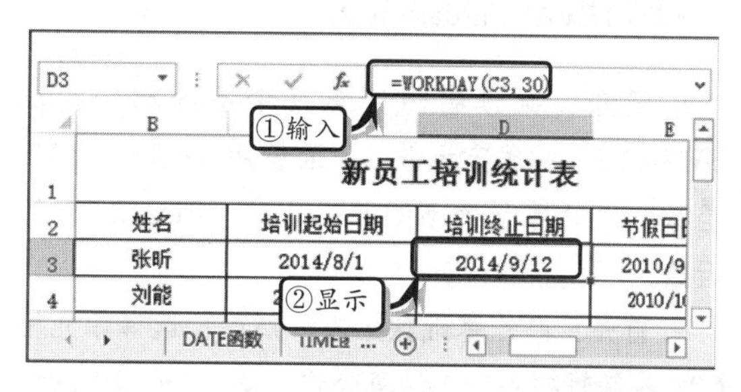

然后，选择单元格 F3，在编辑栏中输入计算公式，按 Enter 键返回实际培训天数。随后，向下填充公式即可。

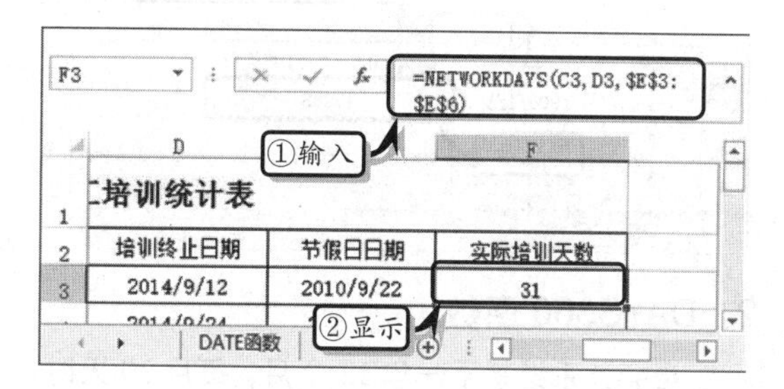

5.3 其他日期时间函数

Excel 为用户内置了 24 种日期时间函数，除了最常使用的日期时间提取函数、日期时间构建和计算函数之外，还包括 DAYS360、DAYS、YEARFRAC 函数等其他日期时间函数。

5.3.1 其他日期函数

其他时间函数包括用于转换日期序列号的 DATEVALUE 函数、用于计算两日期之间天数的 DAYS360 函数，以及用于计算开始日期和终止日期之间的天数占全年天数的百分比的 YEARFRAC 函数等函数。

1．DATEVALUE 函数

DATEVALUE 函数的功能是将存储为文本的日期转换为 Excel 识别为日期的序列号，该函数的表达式为：

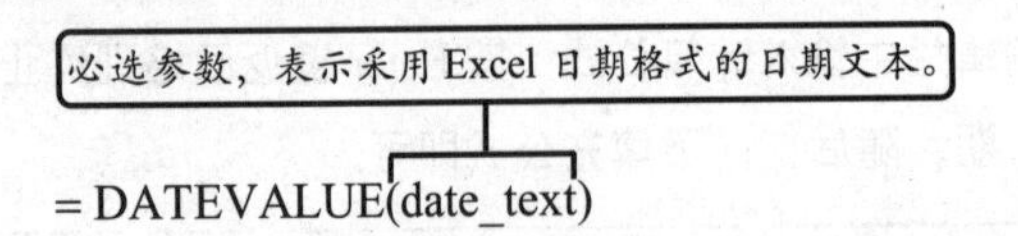

已知，某读者想计算几个不同年份距离 2015-12-31 的确定天数。下面使用 DATEVALUE 函数，来计算几个不同年份距离 2015-12-31 的天数。

首先，制作基础数据表。然后，选择单元格 C2，在编辑栏中输入计算公式，按 Enter 键返回计算结果。使用同样方法，计算其他距离天数。

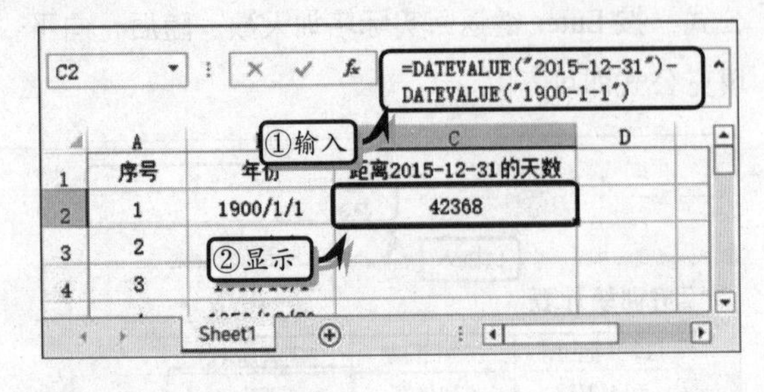

2．DAYS360 函数

当会计系统基于一年 12 个月，每月 30 天时，可以运用 DAYS360 函数获取员工的工龄值。

DAYS360 函数的功能是按照一年 360 天计算，返回两日期之间的天数。该函数的表达式为：

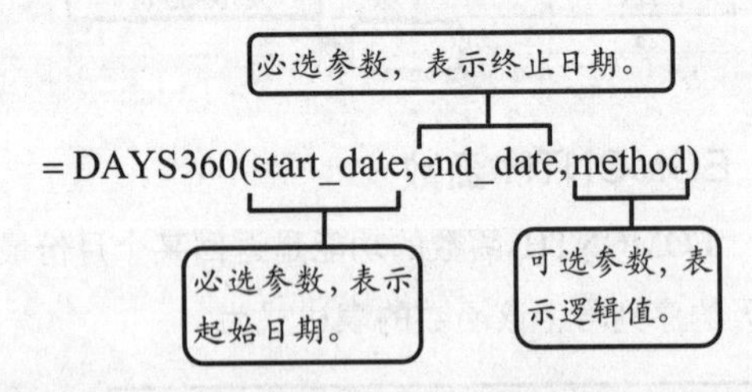

> **提示**
>
> 当起始日期在终止日期之后时，DAYS360 函数将返回一个负数。当参数 method 为 FALSE 或省略时，函数将自动使用美国方法计算，为 TRUE 时将使用欧洲方法计算。

已知某公司的员工档案信息表，下面运用 DAYS360 函数，根据员工的入职日期计算员工的实际工龄。

首先，制作基础数据表。然后，选择单元格 H3，在编辑栏中输入计算公式，按 Enter 键，返回对应身份证号码的员工工龄。随后，向下填充公式即可。

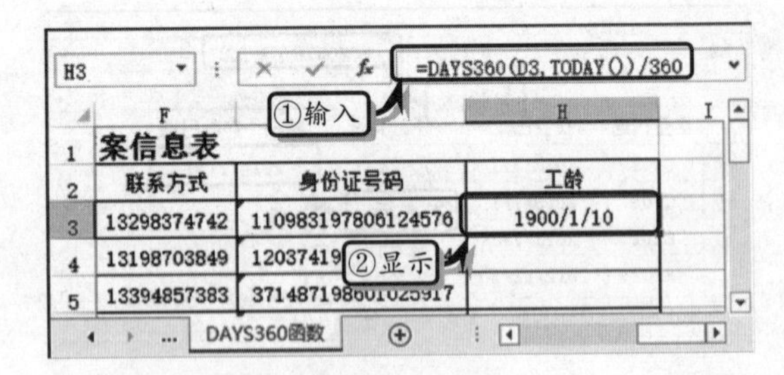

3．YEARFRAC 函数

YEARFRAC 函数的功能是返回开始日期和终止日期之间的天数占全年天数的百分比，该函数的表达式为：

其中，参数 basis 代表每种日计算基准类型的含义如下表所示。

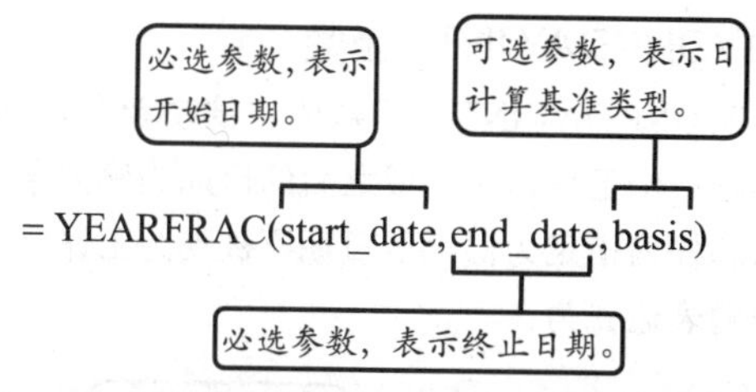

参数	日计算基准
0 或省略	US(NASD)30/360
1	实际/实际
2	实际/360
3	实际/365
4	欧洲 30/360

已知某公司租用短期机器进行生产，为了比较各租用机器所创造的效益，需统计每种机器使用的天数所占全年天数的比例。由于租用的是欧洲机器，在统计百分比时需按正常类型及欧洲类型两种类型进行统计。下面利用 YEARFRAC 统计使用天数所占全年天数的比例。

首先，制作基础数据表。选择单元格 E2，在编辑栏中输入计算公式，按 Enter 键，返回天数百分比值。随后，向下填充公式即可。

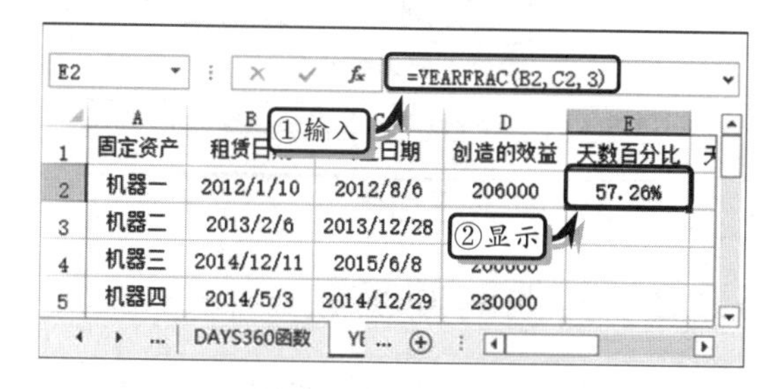

然后，选择单元格 F2，在编辑栏中输入计算公式，按 Enter 键，返回欧洲类型天数百分比值。随后，向下填充公式即可。

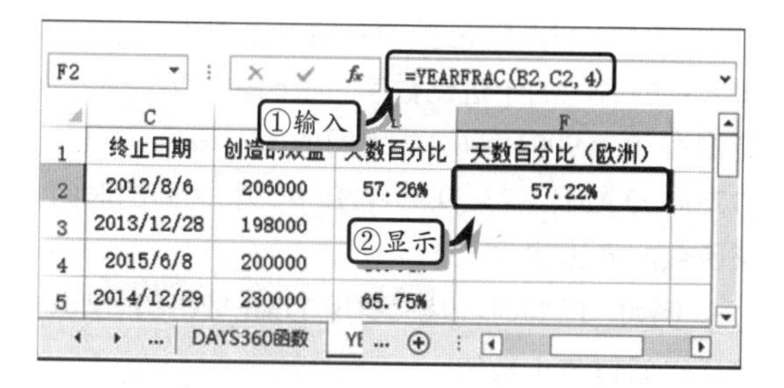

4. DAYS 函数

DAYS 函数的主要功能是返回两个日期之间的天数，该函数的表达式为：

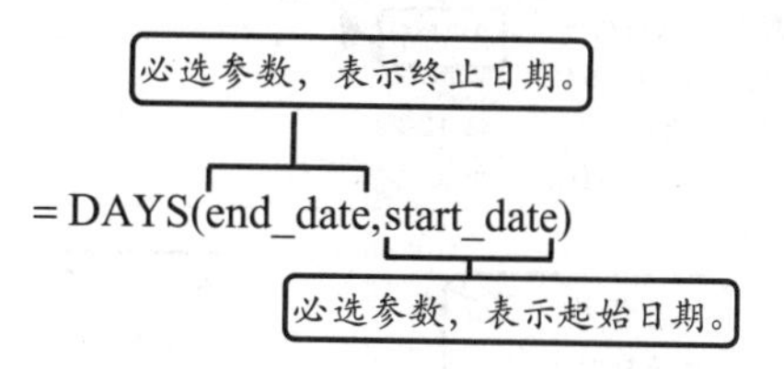

已知某公司租用短期机器进行生产，为了比较各租用机器所创造的效益，需要使用 DAYS 函数统计每种机器使用的天数。

首先，制作基础数据表。然后，选择单元格 E2，在编辑栏中输入计算公式，按 Enter 键，即可返回机器一的使用天数。随后，向下填充公式即可。

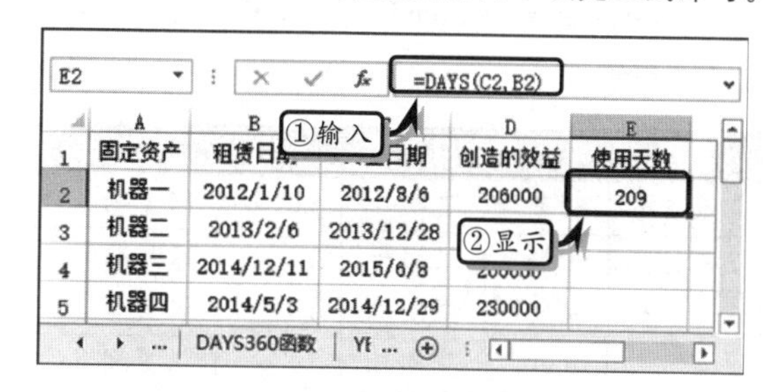

5. ISOWEEKNUM 函数

ISOWEEKNUM 函数的主要功能是返回给定日期在全年中的 ISO 周数，该函数的表达式为：

必选参数，表示日期-时间代码。

= ISOWEEKNUM(date)

已知某公司租用短期机器的租赁日期和终止日期，为了便于分析租赁机器的具体信息，需要使用 ISOWEEKNUM 函数计算终止日期的 ISO 周数。

首先，制作基础数据表。然后，选择单元格 D2，在编辑栏中输入计算公式，按 Enter 键，即可返回终止日期的 ISO 周数。随后，向下填充公式即可。

6. NETWORKDAYS.INTL 函数

NETWORKDAYS.INTL 函数的功能是返回两个日期之间的所有工作日数，而周末和任何指定为假期的日期不被视为工作日。该函数的表达式为：

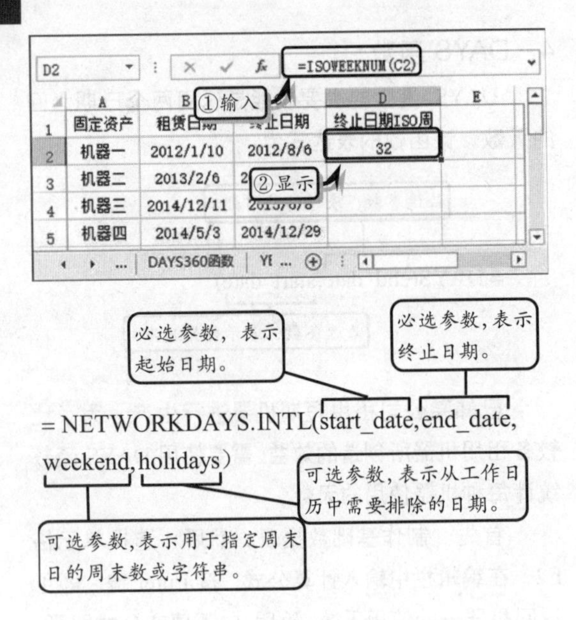

其中，参数 weekend 代表周末日的具体含义如下表所示。

参数	周末日	参数	周末日
1 或省略	星期六、星期日	11	仅星期日
2	星期日、星期一	12	仅星期一
3	星期一、星期二	13	仅星期二
4	星期二、星期三	14	仅星期三
5	星期三、星期四	15	仅星期四
6	星期四、星期五	16	仅星期五
7	星期五、星期六	17	仅星期六

已知某企业新员工入职时，需要进行为期 30 天的培训。下面，为减少实际工作量，需要运用 WORKDAY 函数与 NETWORKDAYS 函数，根据培训起始日期计算培训终止日期与实际培训天数。

首先，制作基础数据表。然后，选择单元格 F3，在编辑栏中输入计算公式，按 Enter 键，返回实际培训天数。随后，向下填充公式即可。

7．WORKDAY.INTL 函数

WORKDAY.INTL 函数的主要功能是返回指定的若干个工作日之前或之后的日期的序列号，而周末和任何指定为假期的日期不被视为工作日。该函数的表达式为：

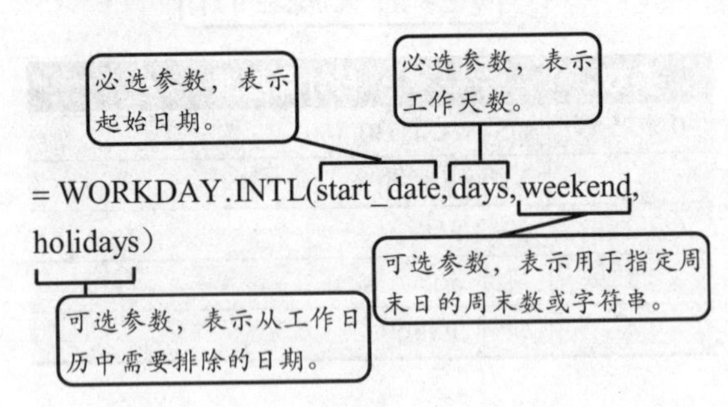

已知某企业新员工入职时，需要进行为期 30 天的培训。下面，为减少实际工作量，需要运用 WORKDAY.INTL 函数，根据培训起始日期计算培训终止日期。

首先，制作基础数据表。然后，选择单元格 D3，在编辑栏中输入计算公式，按 Enter 键，返回培训终止日期。随后，向下填充公式即可。

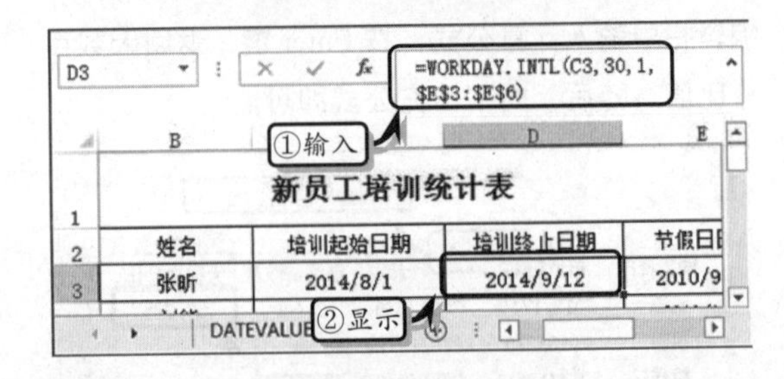

5.3.2 其他时间函数

Excel 中有关时间的函数比较少，除了用于提取小时、分钟、秒数，以及提取指定时间的连续序列号之外，还内置了一个返回指定小时的小数值函数，即 TIMEVALUE 函数。

TIMEVALUE 函数的功能是返回由文本字符串表示的时间的十进制数字，而十进制数字是一个范围在 0~0.999 884 26 之间的值，表示 0:00:00（12:00:00 AM）~23:59:59（11:59:59）之间的时间。该函数的表达式为：

例如，已知时间值，利用 TIMEVALUE 函数，返回时间值与小数值。

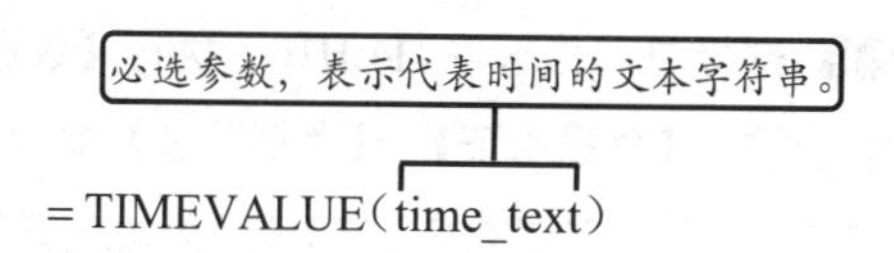

首先，选择单元格 B2，在编辑栏中输入计算公式，按 Enter 键，即可返回时间值。

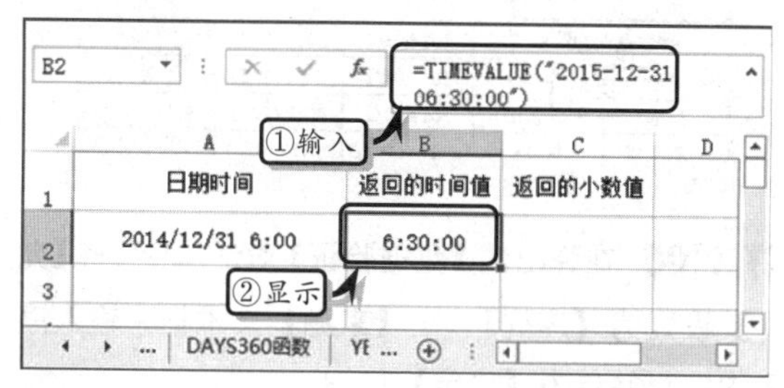

选择单元格 C2，在编辑栏中输入计算公式，按 Enter 键，即可返回小数值。

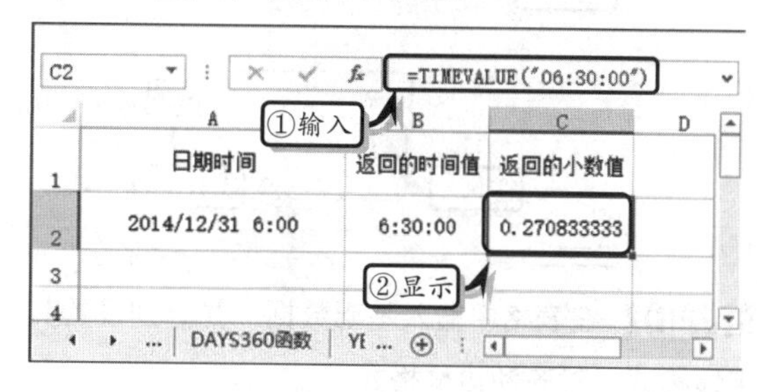

5.4 练习：制作合同续签统计表

某企业的行政部门负责管理公司内除劳动合同之外的所有合同，在合同到期前一个月提醒相关部门续签合同。为了便于及时提醒相关部门续签合同，行政部门管理人员需要比较当前日期与合同终止日期，如两者之差小于 30 天即将提醒相关部门准备续签合同，如果两者之差大于合同终止日期，则表示合同已过期。此时，用户可以通过使用 Excel 中的函数和条件格式等功能，来突出显示过期和即将到期的合同。

练习要点

- 设置单元格格式
- 使用数据验证
- 使用条件格式
- 使用公式
- 嵌套函数

合同续签统计表

当前日期	2015/7/9		即将到期	3	已过期	1
序号	合同号	合同种类	签约单位	开始日期	终止日期	是否续签
1	A211010	建筑工程	单位A	2014/7/1	2015/6/30	
2	A211011	建筑工程	单位B	2014/7/10	2015/7/9	
3	B211012	运输	单位A	2014/9/1	2015/8/31	
4	B211013	运输	单位C	2013/8/1	2015/7/31	
5	B211014	运输	单位D	2014/2/1	2015/7/31	
6	A211015	建筑工程	单位A	2014/1/1	2015/12/31	
7	C211016	技术	单位B	2014/8/1	2015/7/31	

Sheet1

操作步骤

STEP|01 **制作基础数据表。**新建工作表，设置行高。然后，合并单元格区域 B1:H1，输入标题文本并设置文本的字体格式。

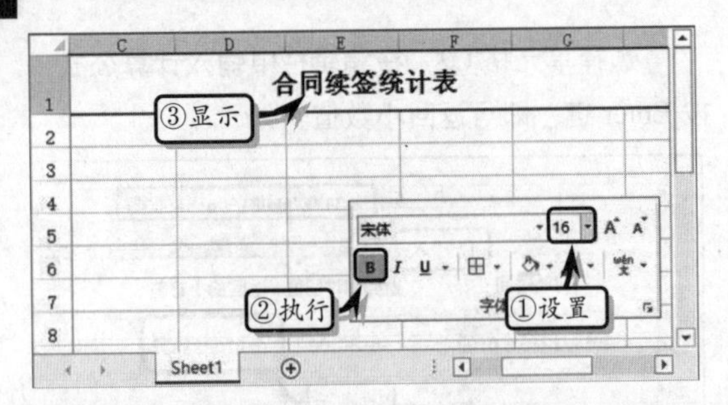

STEP|02 在表格中输入基础数据，并分别设置其字体格式、对齐和边框格式。

	B	C	D	E	F	G
2	当前日期			即将到期		已过
3	序号	合同号	合同种类	签约单位	开始日期	终止日
4	1	A211010		单位A	2014/7/1	2015/6
5	2	A211011		单位B	2014/7/10	2015/
6	3	B211012		单位A	2014/9/1	2015/8
7	4	B211013		单位C	2013/8/1	2015/7
8	5	B211014		单位D	2014/2/1	2015/7
9	6	A211015		单位A	2014/1/1	2015/1
10	7	C211016		单位B	2014/8/1	2015/7

STEP|03 设置数据验证。选择单元格区域 D4:D10，执行【数据】|【数据工具】|【数据验证】|【数据验证】命令。

	B	C	D	E	F	G
2	当前日期			即将到期		已过
3	序号	合同号	合同种类	签约单位	开始日	终止日
4	1	A211010		单位A	2014/7	015/6
5	2	A211011				2015/
6	3	B211012				015/8
7	4	B211013				015/7
8	5	B211014				015/7
9	6	A211015		单位A	2014/1/1	2015/1
10	7	C211016		单位B	2014/8/1	2015/7

①选择 ②执行 数据验证(V)... 圈释无效数据(I)

STEP|04 在弹出的【数据验证】对话框中，将【允许】设置为【序列】，在【来源】文本框中输入序列内容，并单击【确定】按钮。

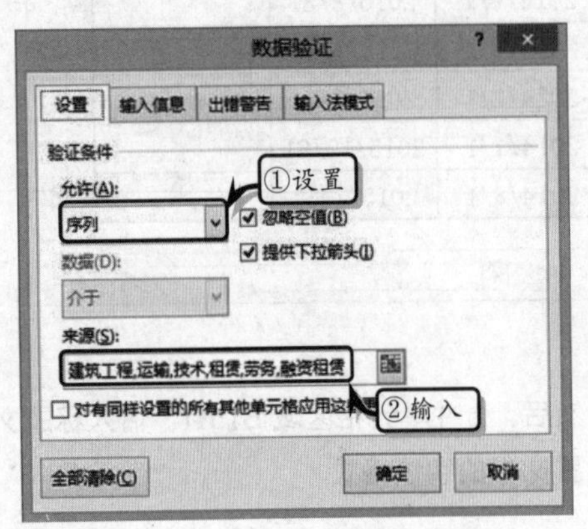

STEP|05 选择单元格区域 H4:H10，执行【数据】|【数据工具】|【数据验证】|【数据验证】命令。

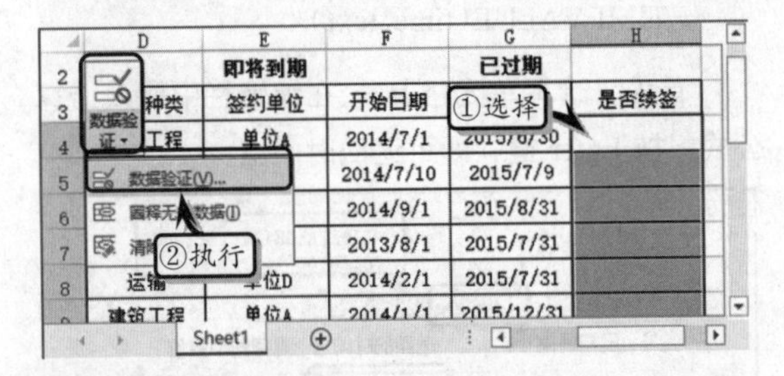

STEP|06 在弹出的【数据验证】对话框中，将【允许】设置为【序列】，在【来源】文本框中输入序列内容，并单击【确定】按钮。

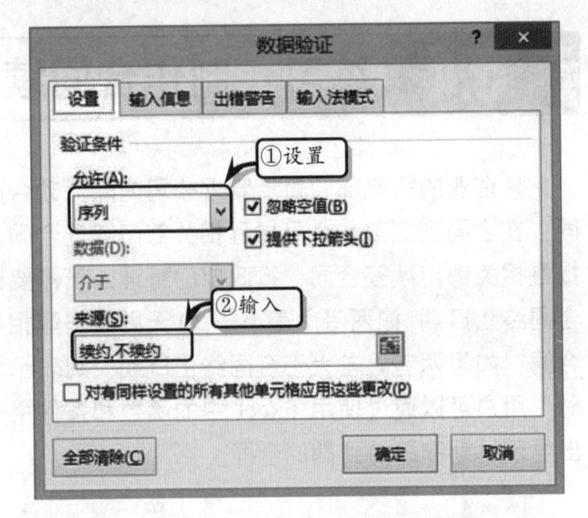

STEP|07 显示当前日期。选择单元格 C2，在编辑栏中输入计算公式，按 Enter 键，返回当前日期。

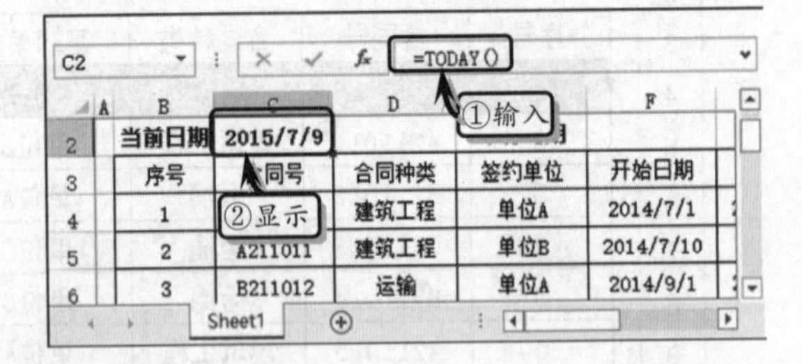

STEP|08 计算统计数据。选择单元格 F2，在编辑栏中输入计算公式，按 Shift+Ctrl +Enter 键，返回即将到期的合同数目。

STEP|09 选择单元格 H2，在编辑栏中输入计算公式，按 Shift+Ctrl+Enter 键，返回已过期的合同数目。

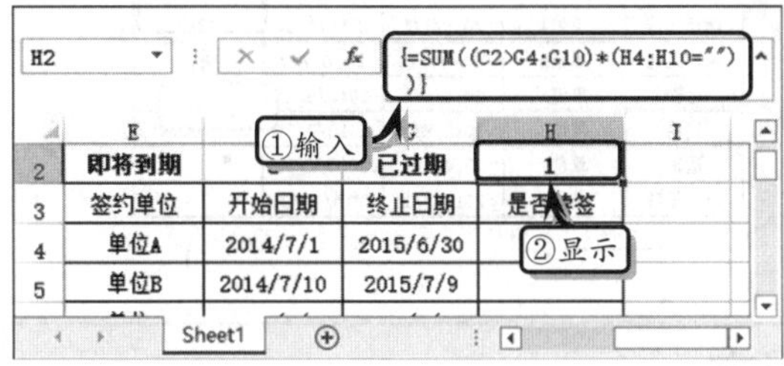

STEP|10 设置即将过期的条件格式。选择单元格区域 E4:H10，执行【开始】|【样式】|【条件格式】|【新建规则】命令。

STEP|11 选择【使用公式确定要设置格式的单元格】选项，在【为符合此公式的值设置格式】文本框中，输入格式公式，并单击【格式】按钮。

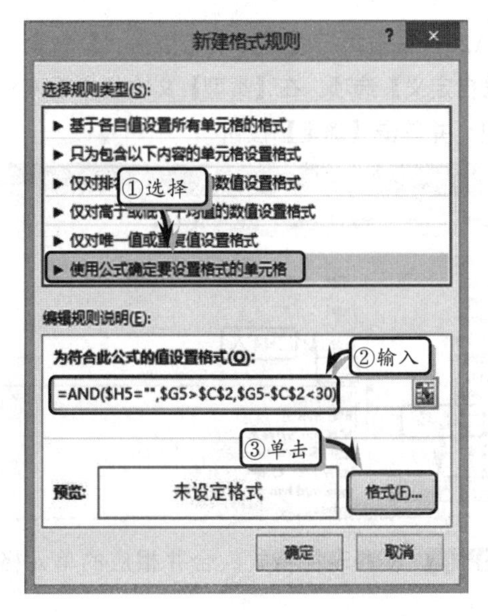

STEP|12 然后，在弹出的【设置单元格格式】对话框中，激活【填充】选项卡，选择【黄色】选项，并单击【确定】按钮。

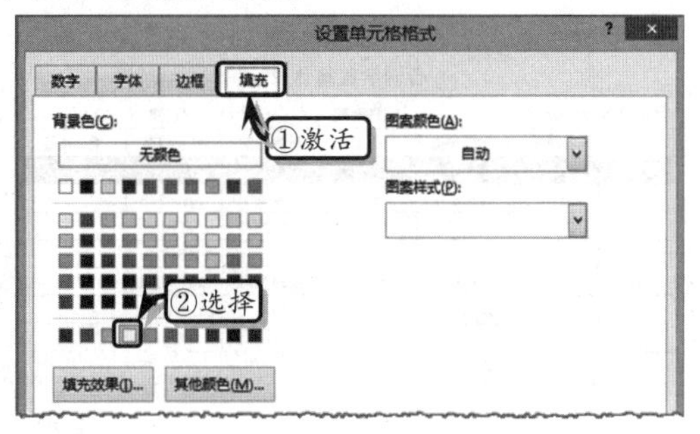

STEP|13 设置已过期条件格式。再次执行【条件格式】|【新建规则】命令，选择【使用公式确定要设置格式的单元格】选项，在【为符合此公式的值设置格式】文本框中，输入格式公式并单击【格式】按钮。

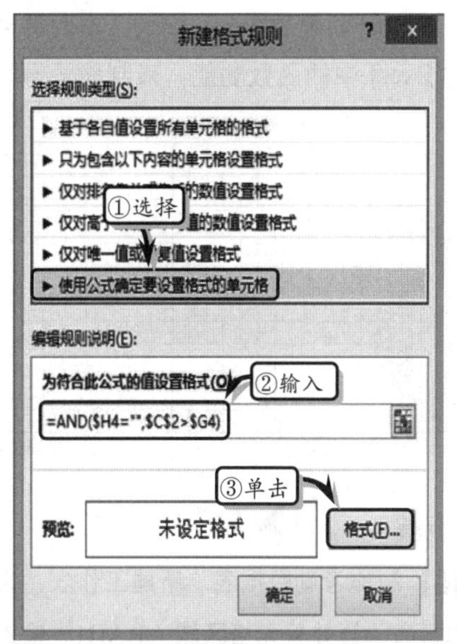

STEP|14 然后，在弹出的【设置单元格格式】对话框中，激活【填充】选项卡，选择【红色】选项，并单击【确定】按钮。

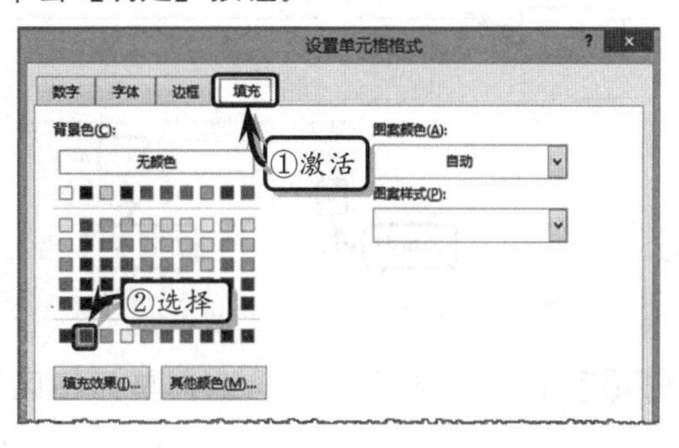

STEP|15 此时，单元格区域中将以黄色背景色显示即将过期的合同数据，以红色背景色显示已过期的合同数据。

	B	C	D	E	F	G	H
1	合同续签统计表						
2	当前日期	2015/7/9		即将到期	3	已过期	1
3	序号	合同号	合同种类	签约单位	开始日期	终止日期	是否续签
4	1	A211010	建筑工程	单位A	2014/7/1	2015/6/30	
5	2	A211011	建筑工程	单位B	2014/7/10	2015/7/9	
6	3	B211012	运输	单位A	2014/9/1	2015/8/31	
7	4	B211013	运输	单位C	2013/8/1	2015/7/31	
8	5	B211014	运输	单位D	2014/2/1	2015/7/31	
9	6	A211015	建筑工程	单位A	2014/1/1	2015/12/31	
10	7	C211016	技术	单位B	2014/8/1	2015/7/31	

STEP|16 当用户单击单元格 H4 中【是否续签】下拉按钮，选择【续签】选项后，其单元格 H2 中的计算结果，将变为 0。

	D	E	F	G	H
1	合同续签统计表				
2		即将到期	3	已过期	0
3	合同种类	签约单位	开始日期	终止日期	是否续签
4	建筑工程	单位A	2014/7/1	2015/6/30	续约
5	建筑工程	单位B	2014/7/10	2015/7/9	
6	运输	单位A	2014/9/1	2015/8/31	
7	运输	单位C	2013/8/1	2015/7/31	
8	运输	单位D	2014/2/1	2015/7/31	
9	建筑工程	单位A	2014/1/1	2015/12/31	

②显示
①设置

5.5 练习：制作考勤统计表

考勤统计表是根据员工实际考勤数据统计而来，主要用于记录员工一定时期内的迟到、病假、事假等考勤信息。在本练习中，将通过 Excel 中的函数功能，来制作一份“考勤统计表”数据表。

练习要点

- 设置字体格式
- 设置对齐格式
- 设置边框格式
- 自定义数字格式
- 使用公式
- 填充公式
- 冻结窗格

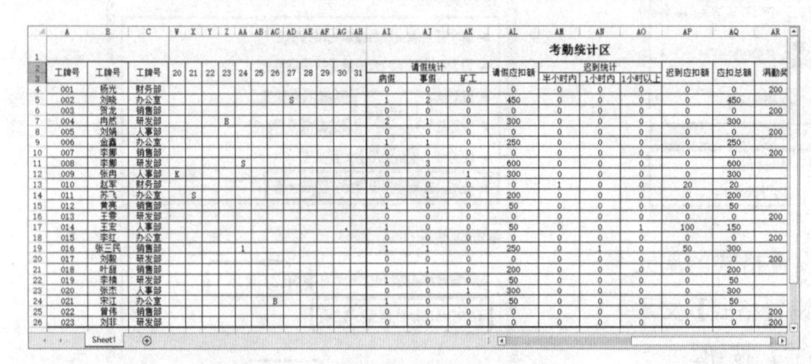

操作步骤

STEP|01 制作考勤数据表。新建工作表，设置工作表的行高，合并单元格区域 A1:AH1，输入标题文本并设置文本的字体格式。

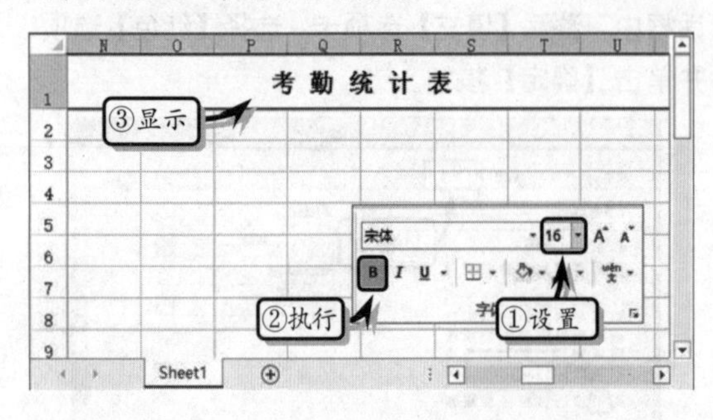

STEP|02 自定义数字格式。选择单元格区域 A4:A26，右击执行【设置单元格格式】命令，选择【自定义】选项，在【类型】文本框中输入格式代码，并单击【确定】按钮。

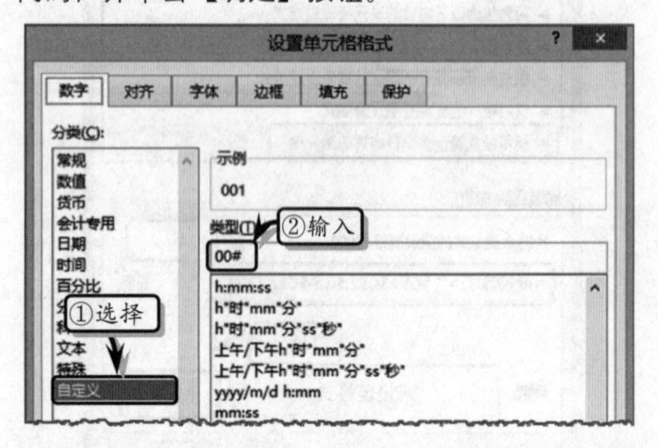

STEP|03 设置表格格式。合并相应的单元格区

域，输入基础数据，并设置数据区域的对齐和边框格式。

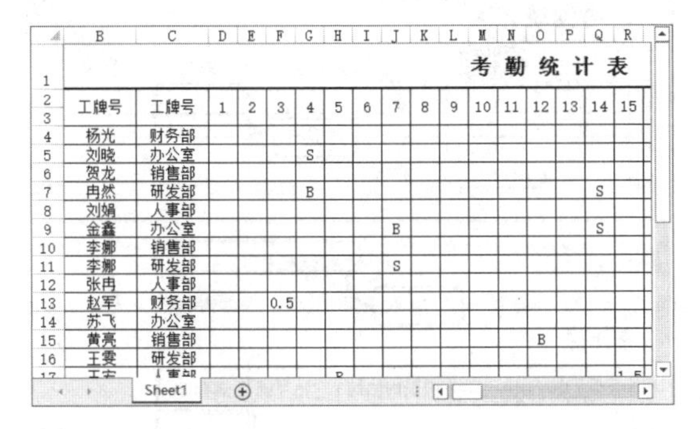

STEP|04 制作考勤统计区。合并单元格区域 AI1:AR1，输入标题文本，并设置文本的字体格式。

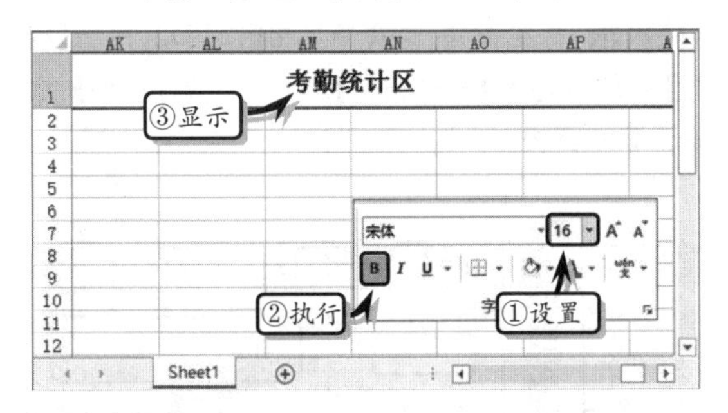

STEP|05 合并相应的单元格区域，输入列标题，并设置数据表的对齐和边框格式。

考勤统计区						
请假统计			请假应扣额	迟到统计		
病假	事假	矿工		半小时内	1小时内	1小时以

STEP|06 计算考勤数据。选择单元格 AI4，在编辑栏中输入计算公式，按 Enter 键，返回病假天数。同样方法，计算其他员工的病假天数。

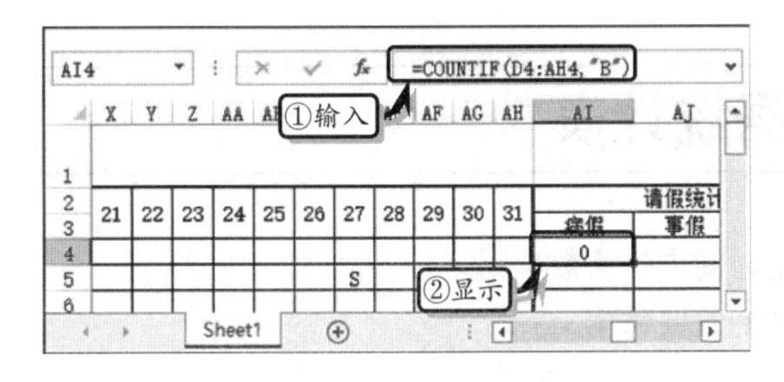

STEP|07 选择单元格 AJ4，在编辑栏中输入计算公式，按 Enter 键，返回事假天数。同样方法，计算其他员工的事假天数。

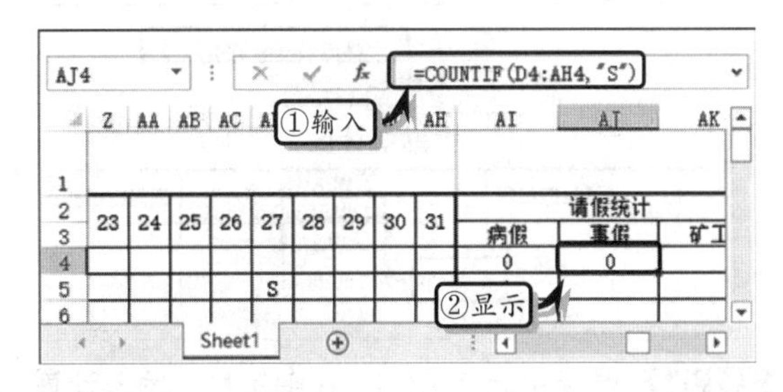

STEP|08 选择单元格 AK4，在编辑栏中输入计算公式，按 Enter 键，返回旷工天数。同样方法，计算其他员工的旷工天数。

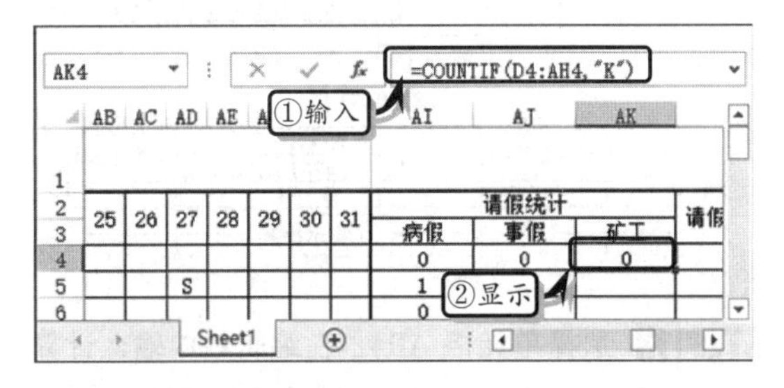

STEP|09 选择单元格 AL4，在编辑栏中输入计算公式，按 Enter 键，返回请假应扣额。同样方法，计算其他员工的请假应扣额。

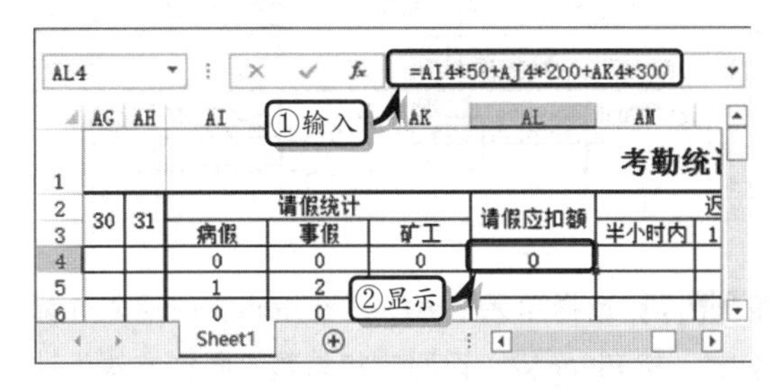

STEP|10 选择单元格 AM4，在编辑栏中输入计算公式，按 Enter 键，返回迟到半小时内数值。同样方法，计算其他员工的迟到半小时内数值。

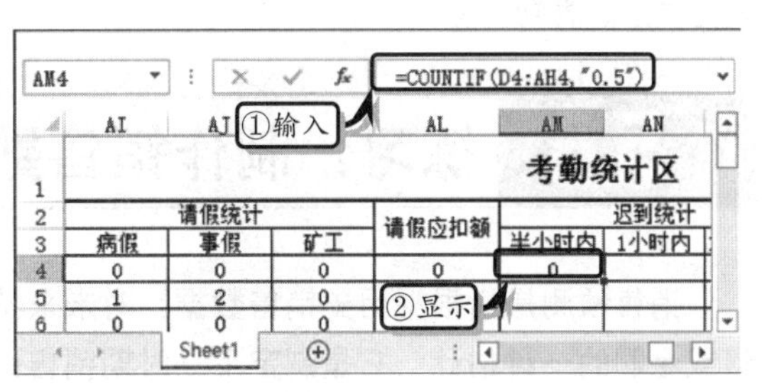

STEP|11 选择单元格 AN4，在编辑栏中输入计算公式，按 Enter 键，返回迟到 1 小时内的数值。同样方法，计算其他员工的迟到 1 小时内的数值。

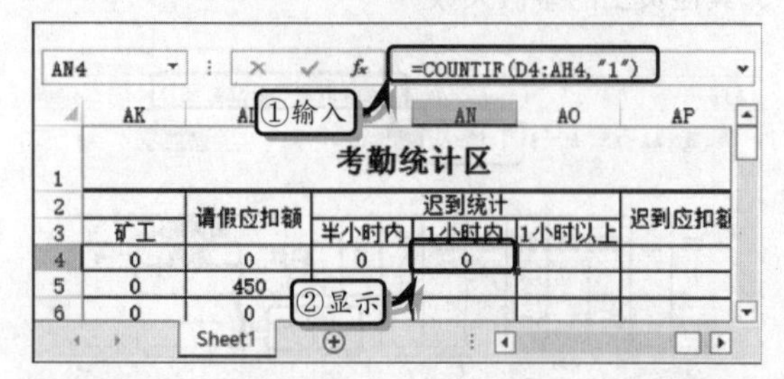

STEP|12 选择单元格 AO4，在编辑栏中输入计算公式，按 Enter 键，返回迟到 1 小时以上的数值。同样方法，计算其他员工的迟到 1 小时以上的数值。

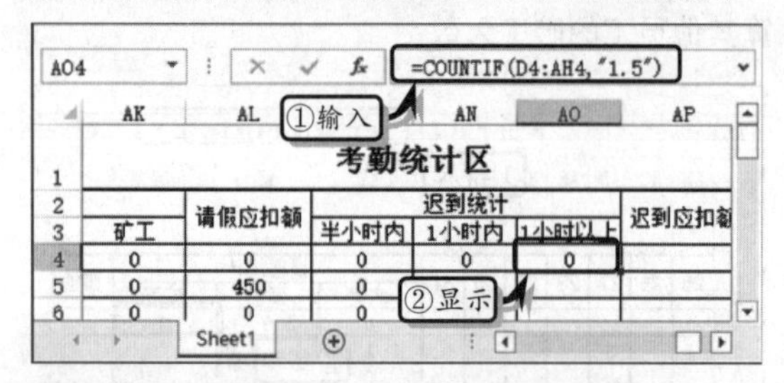

STEP|13 选择单元格 AP4，在编辑栏中输入计算公式，按 Enter 键，返回迟到应扣额。同样方法，计算其他员工的迟到应扣额。

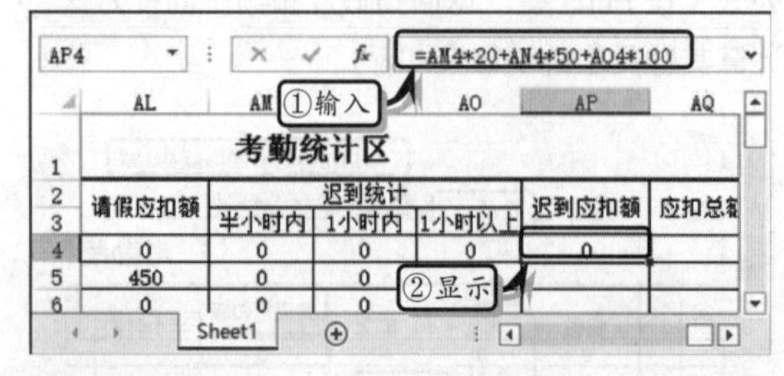

STEP|14 选择单元格 AQ4，在编辑栏中输入计算公式，按 Enter 键，返回应扣总额。同样方法，计算其他员工的应扣总额。

STEP|15 选择单元格 AR4，在编辑栏中输入计算公式，按 Enter 键，返回满勤奖。同样方法，计算其他员工的满勤。

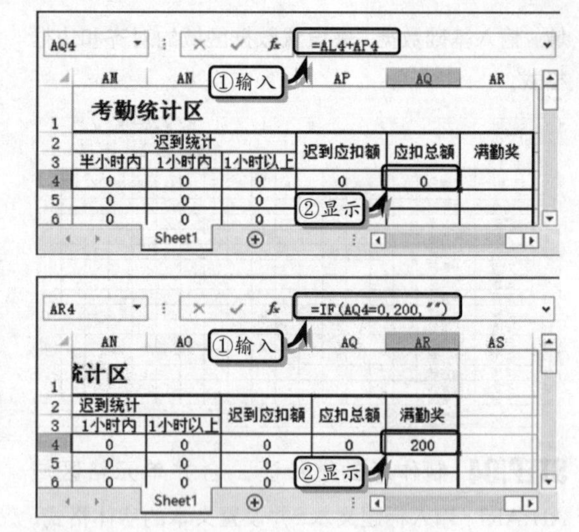

STEP|16 冻结窗格。选择单元格区域 D2，执行【视图】|【窗口】|【冻结窗格】|【冻结拆分窗格】命令，冻结窗格。

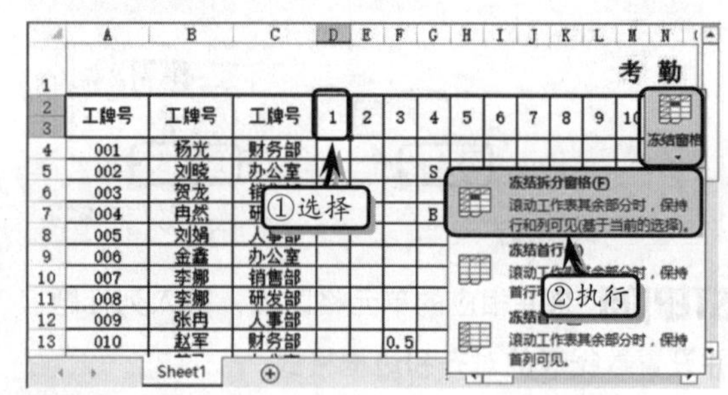

STEP|17 最后，为方便其他用户可以清楚考勤表的扣款事项，还需要在数据表的下方输入考勤表的说明性文本。

5.6 练习：制作销售数据统计表

销售预测是指根据历史销售数据，对未来特定时间内销售数量或金额的一种估计，它是制定下一时期销售计划的主要依据。

在本练习中，将运用函数等功能，根据三个季度内的销售数据，预测下个月、下一季度和下年的销售数据。

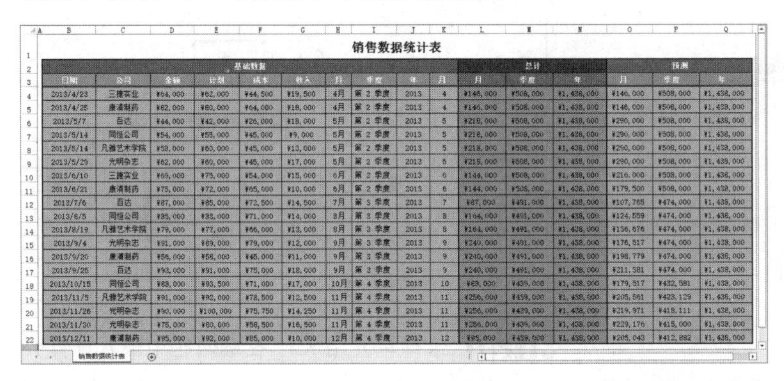

练习要点

- 重命名工作表
- 设置文本格式
- 设置数字格式
- 设置边框格式
- 使用公式
- 嵌套函数
- 设置背景色

操作步骤

STEP|01 重命名工作表。新建工作表，右击工作表标签，执行【重命名】命令，输入新的工作表名称，单击其他位置即可。

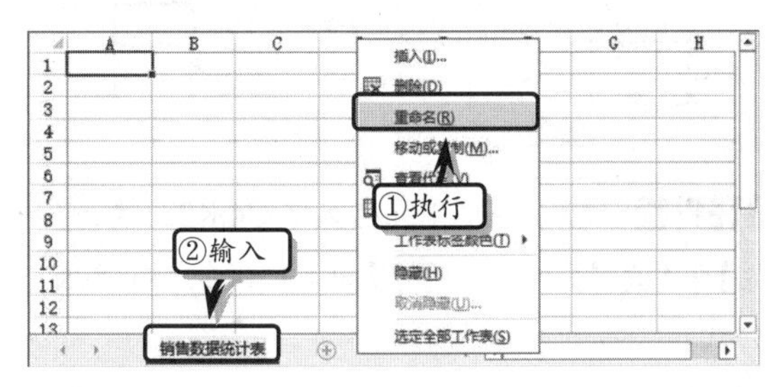

STEP|02 制作表格标题。设置工作表的行高，合并单元格区域 B1:Q1，输入标题文本并设置其字体格式。

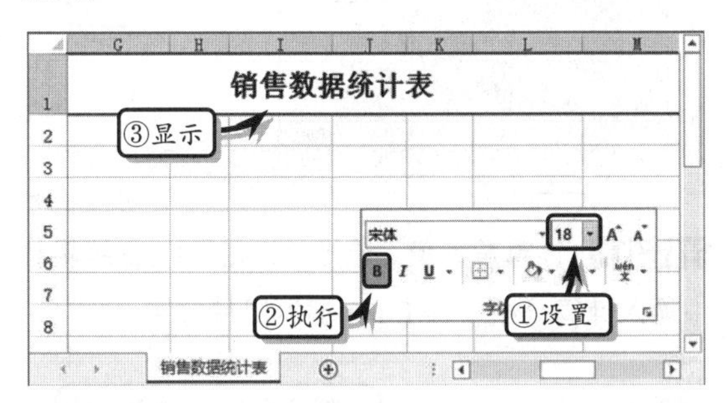

STEP|03 输入基础数据。输入列标题和基础数据，并设置数据区域的对齐格式和所有框线边框格式。

STEP|04 设置数字格式。选择单元格区域 D4:G22，执行【开始】|【数字】|【数字格式】|【货币】命令，使用同样方法，设置其他单元格的货币数字格式。

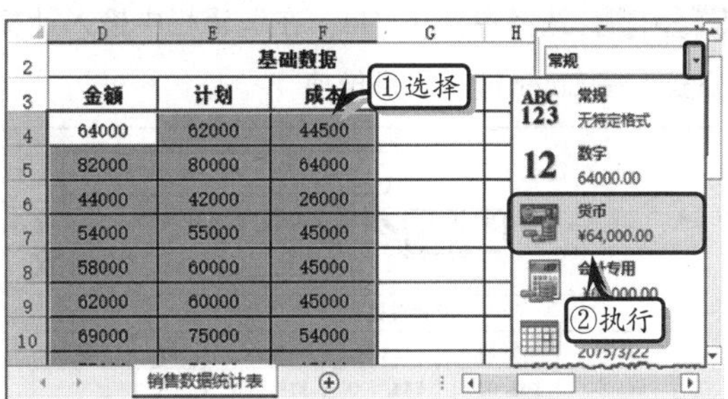

STEP|05 自定义数据格式。选择单元格区域 H4:H22，右击执行【设置单元格格式】命令，选择【自定义】选项，并输入自定义代码。

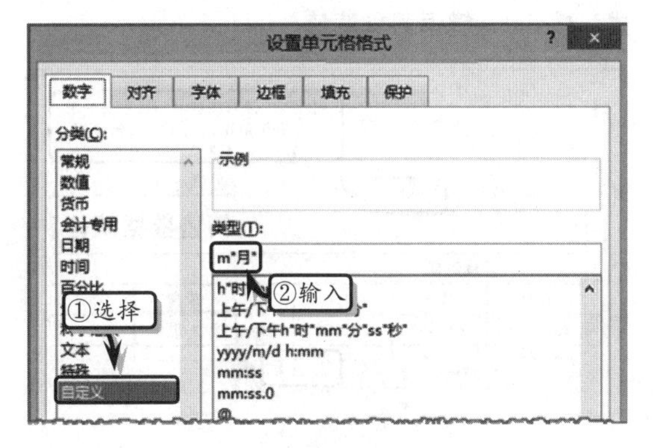

STEP|06 然后，选择单元格区域 I4:I22，右击执行【设置单元格格式】命令，选择【自定义】选项，并输入自定义代码。

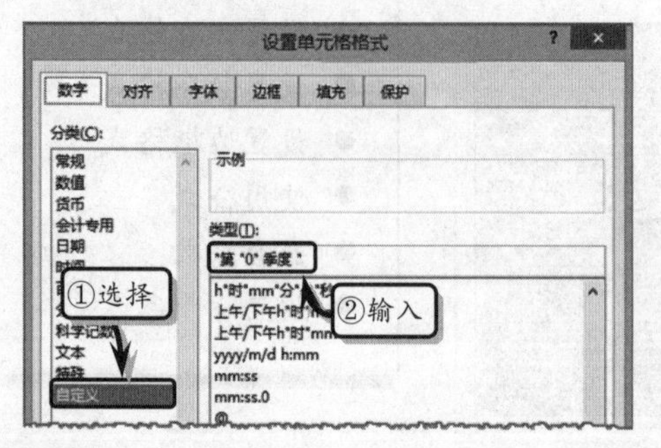

STEP|07 计算基础数据。选择单元格 G4，在编辑栏中输入计算公式，按 Enter 键返回收入值。

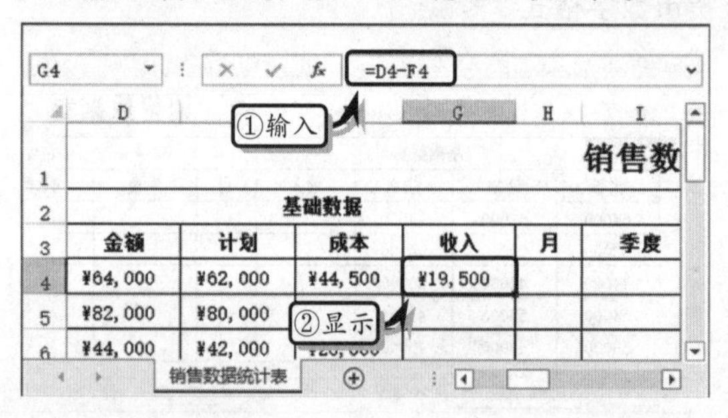

STEP|08 选择单元格 H4，在编辑栏中输入计算公式，按 Enter 键返回月份值。

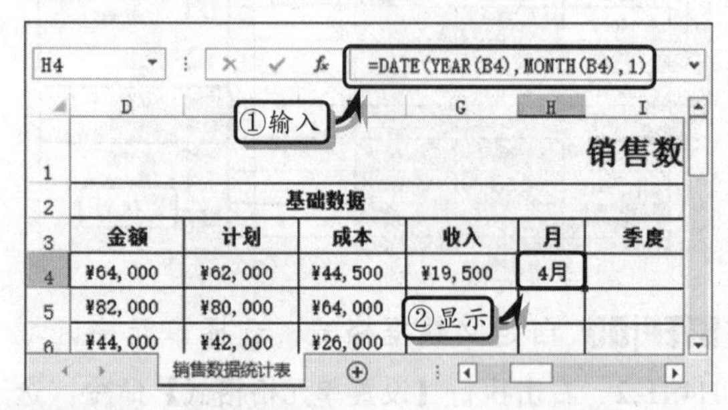

STEP|09 选择单元格 I4，在编辑栏中输入计算公式，按 Enter 键返回季度值。

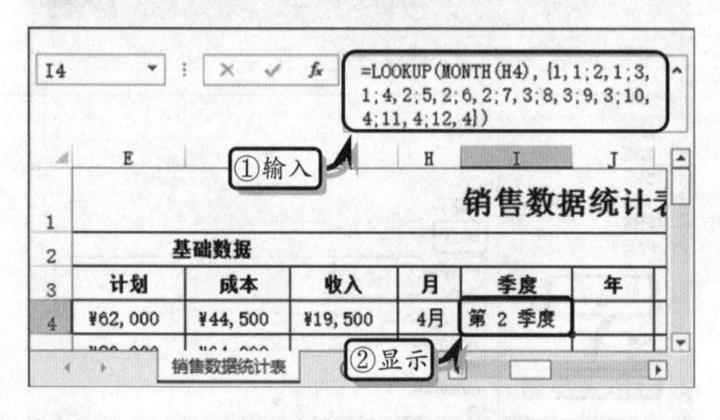

STEP|10 选择单元格 J4，在编辑栏中输入计算公式，按 Enter 键返回年份值。

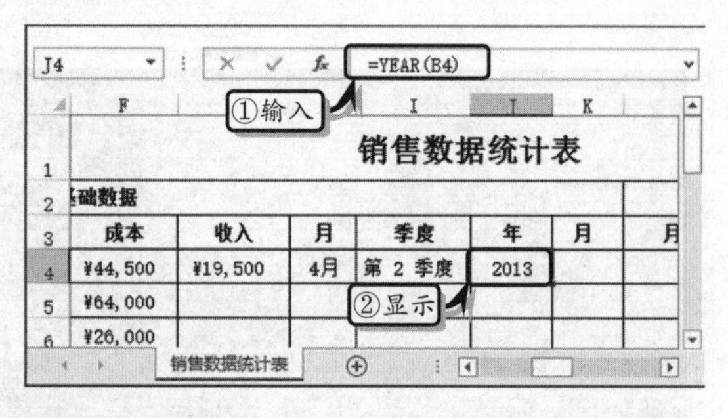

STEP|11 选择单元格 K4，在编辑栏中输入计算公式，按 Enter 键返回月份值。

STEP|12 然后，选择单元格区域 G4:K22，执行【开始】|【编辑】|【填充】|【向下】命令，向下填充公式。

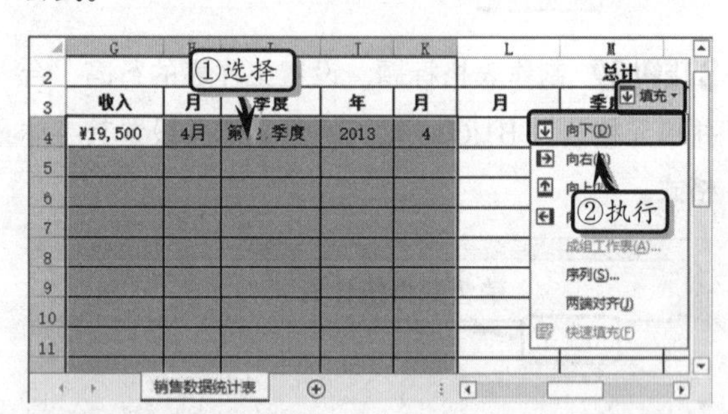

STEP|13 计算总计值。选择单元格 L4，在编辑栏中输入计算公式，按 Enter 键返回月份值。

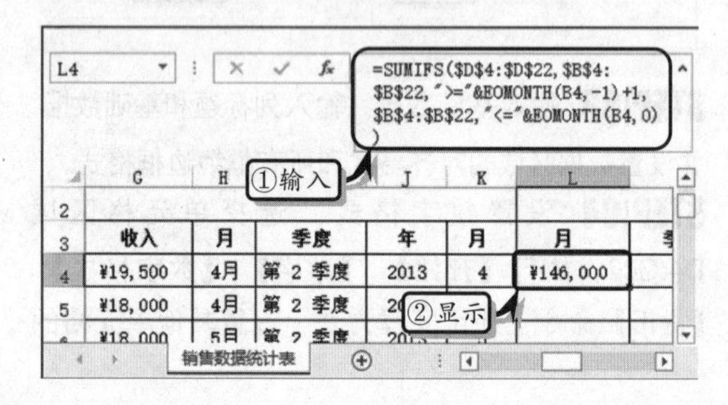

STEP|14 选择单元格 M4，在编辑栏中输入计算公式，按 Enter 键返回季度值。

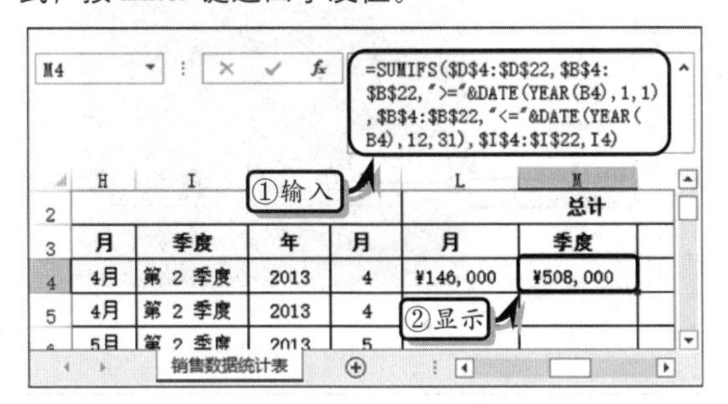

STEP|15 选择单元格 N4，在编辑栏中输入计算公式，按 Enter 键返回年份值。

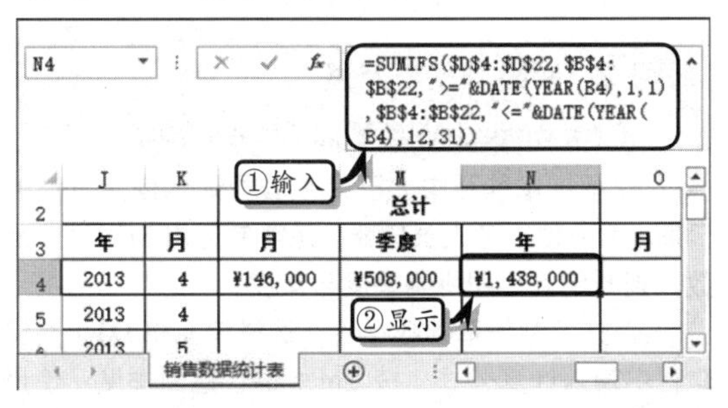

STEP|16 选择单元格区域 L4:N22，执行【开始】|【编辑】|【填充】|【向下】命令，向下填充公式。

STEP|17 计算预测值。选择单元格 O4，在编辑栏中输入计算公式，按 Enter 键返回月份值。

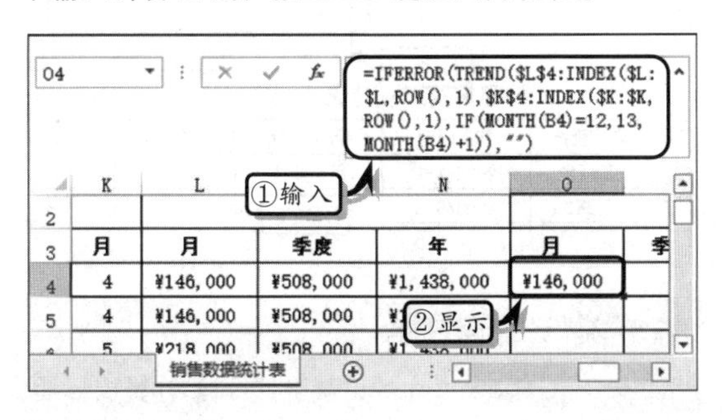

STEP|18 选择单元格 P4，在编辑栏中输入计算公式，按 Enter 键返回季度值。

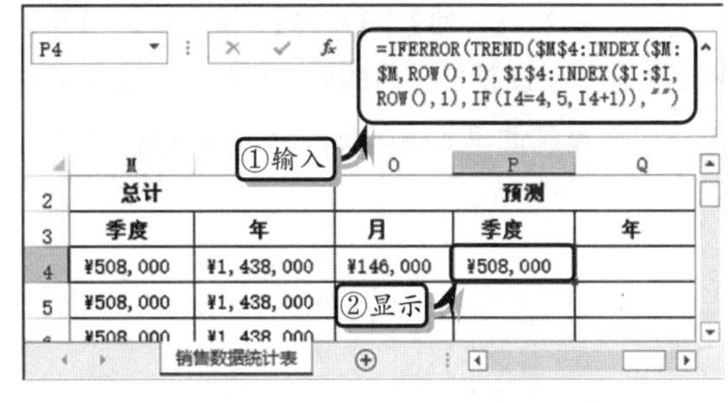

STEP|19 选择单元格 Q4，在编辑栏中输入计算公式，按 Enter 键返回年份值。

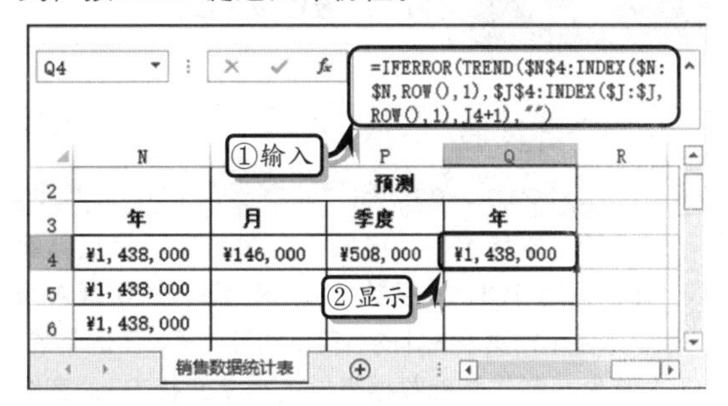

STEP|20 选择单元格区域 O4:Q22，执行【开始】|【编辑】|【填充】|【向下】命令，向下填充公式。

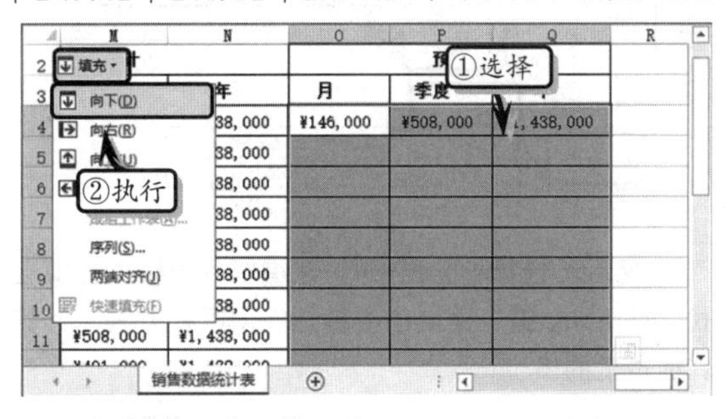

STEP|21 设置背景色。选择合并后的单元格 B2，执行【开始】|【样式】|【单元格样式】|【着色 6】命令。使用同样方法，设置其他单元格区域的单元格样式。

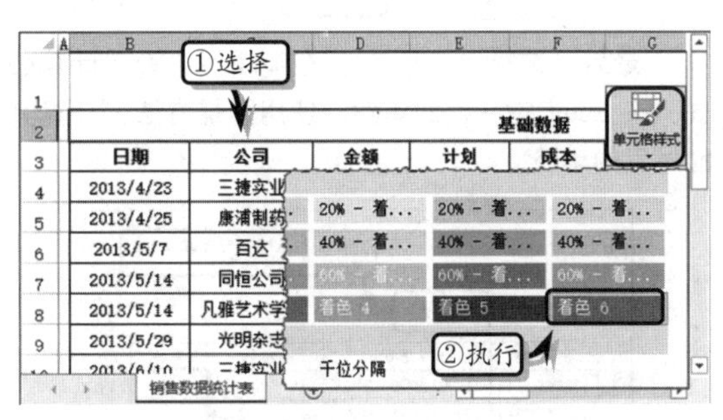

STEP|22 设置外边框格式。选择单元格区域B2:K22，执行【开始】|【字体】|【边框】|【粗匣框线】命令，设置单元格的外边框格式。使用同样方法，设置其他单元格区域的外边框格式。

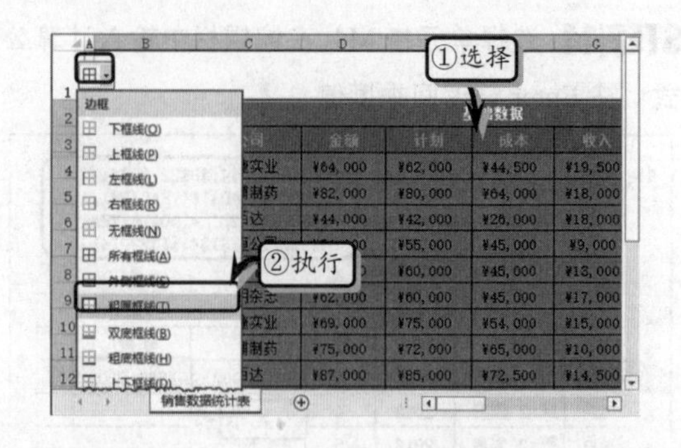

5.7 新手训练营

练习 1：计算员工年龄

downloads\5\新手训练营\计算员工年龄

提示：本练习中，已知某公司的员工信息档案表，下面运用 TODAY 函数、YEAR 函数与 REPLACE 函数，来显示档案表统计的当前日期与计算员工的年龄。

首先，制作基础数据表。选择单元格 B3，在编辑栏中输入计算公式，按 Enter 键，返回当前日期。

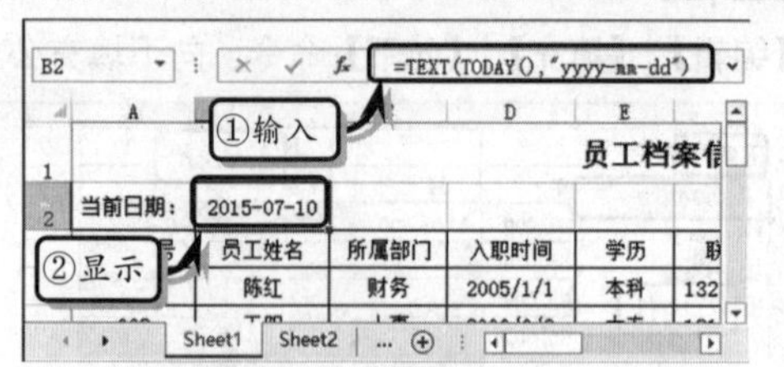

然后，选择单元格 H4，在编辑栏中输入计算公式，按 Enter 键，返回出生日。使用同样方法，计算其他员工的出生日。

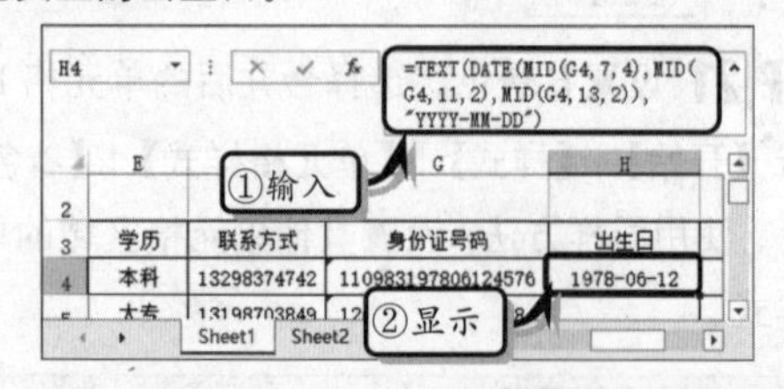

最后，选择单元格 I4，在编辑栏中输入计算公式，按 Enter 键，返回年龄。使用同样方法，计算其他员工的年龄。

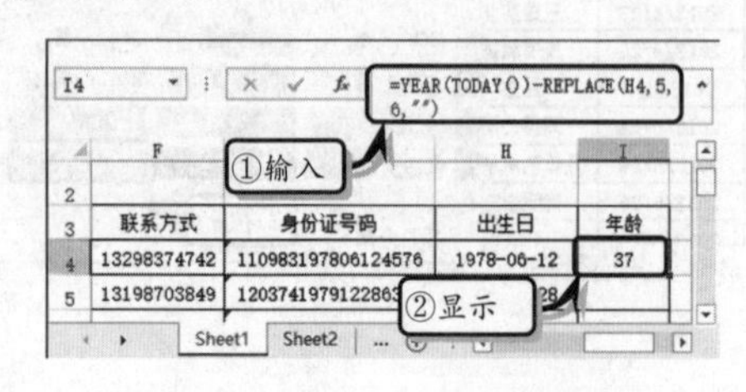

练习 2：判断季度与年度

downloads\5\新手训练营\判断季度与年度

提示：本练习中，已知某公司购入固定资产的日期，为方便财务人员做账，还需要运用 MONTH 函数，判断购入日期所属季度与年度。

首先，制作基础数据表。选择单元格 D3，在编辑栏中输入计算公式，按 Enter 键，返回季度。使用同样方法，计算其他日期对应的季度。

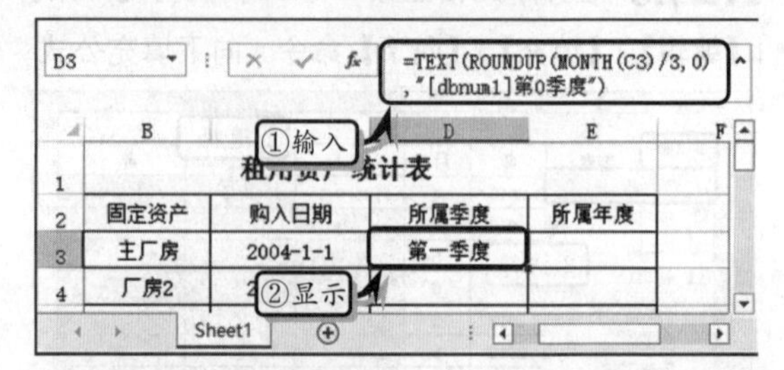

然后，选择单元格 E3，在编辑栏中输入计算公式，按 Enter 键，返回年度。使用同样的方法，计算其他日期对应的年度。

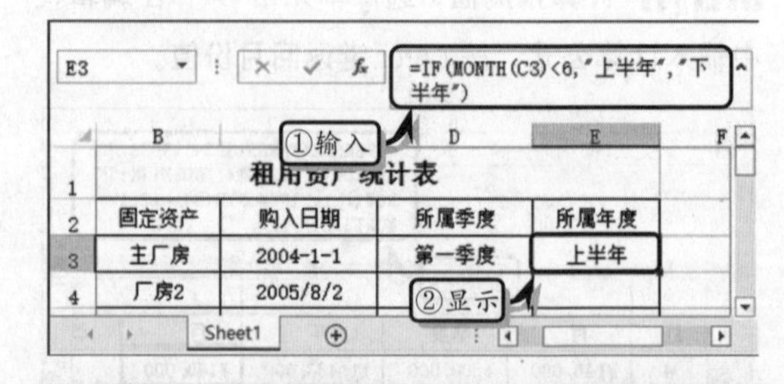

练习 3：计算周日期

downloads\5\新手训练营\计算周日期

提示：本练习中，已知某公司新员工培训统计表，下面运用 WEEKDAY 函数，计算培训起始日为一年中的第几周，以及计算培训期间内的周次。

首先，制作基础数据表。选择单元格 D4，在编辑栏中输入计算公式，按 Enter 键，返回星期数。使用同样方法，计算其他星期数。

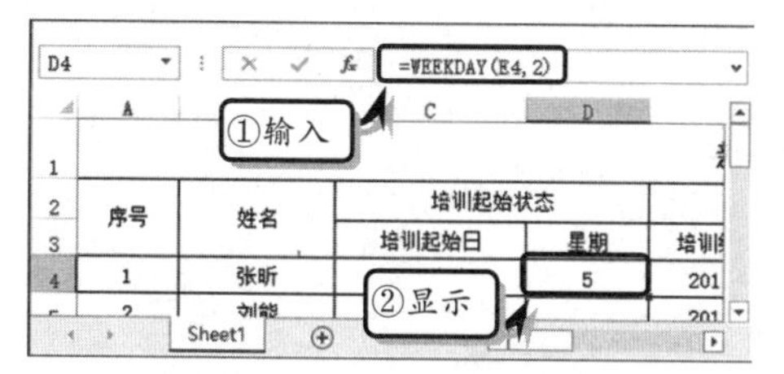

然后，选择单元格 G4，在编辑栏中输入计算公式，按 Enter 键，返回培训内的星期六与星期天的个数。使用同样的方法，计算其他日期内星期六与星期天的格式。

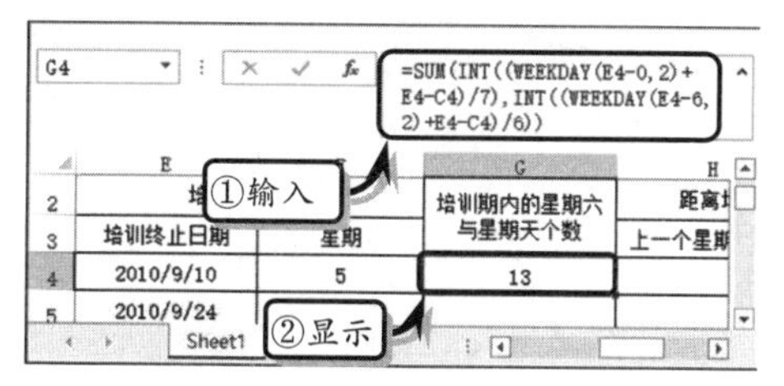

选择单元格 H4，在编辑栏中输入计算公式，按 Enter 键，返回上一个星期天的日期。使用同样方法，计算其他上一个星期天的日期。

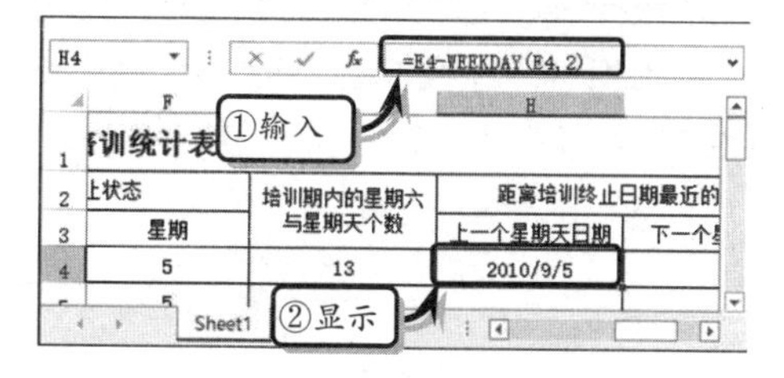

最后，选择单元格 I4，在编辑栏中输入计算公式，按 Enter 键，返回下一个星期天的日期。使用同样方法，计算其他下一个星期天的日期。

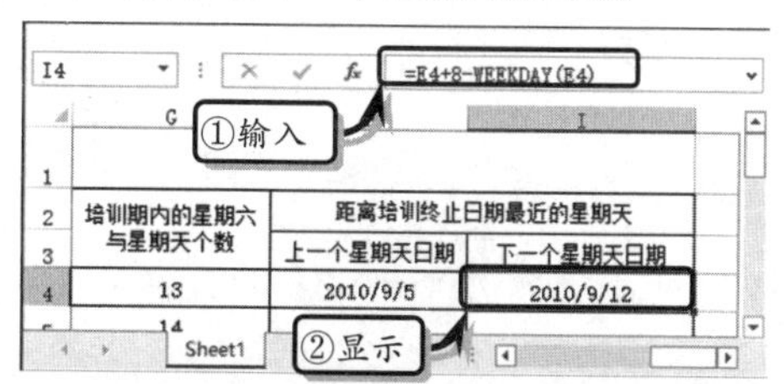

练习 4：统计员工实习数据

downloads\5\新手训练营\统计员工实习数据

提示：本练习中，已知某公司在暑期招聘学生进行实习，为了完成对实习员工的信息管理，将利用日期与时间函数进行设置实习员工资料表。此表格将实现创建表格中的当前时间、利用员工出生日期计算员工年龄、计算员工实习结束时间、计算员工的工作天数及剩余实习天数等。

首先，制作基础数据表。选择单元格 C3，在编辑栏中输入计算公式，按 Enter 键，返回出生年月日。同样方法，计算其他出生年月日。

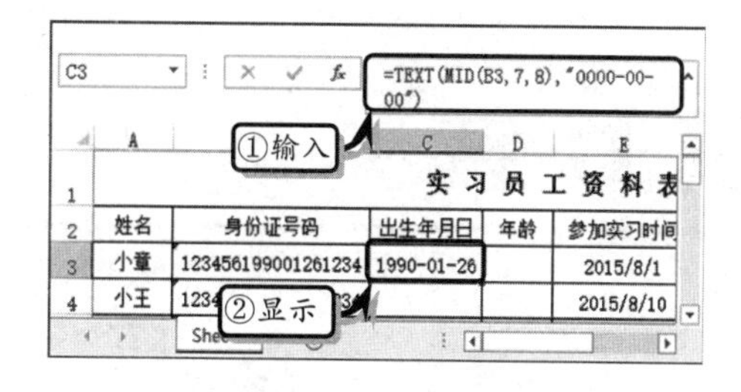

选择单元格 D3，在编辑栏中输入计算公式，按 Enter 键，返回员工年龄。使用同样方法，计算其他员工年龄。

选择单元格 G3，在编辑栏中输入计算公式，按 Enter 键，返回实习结束时间。使用同样方法，计算其他员工的实习结束时间。

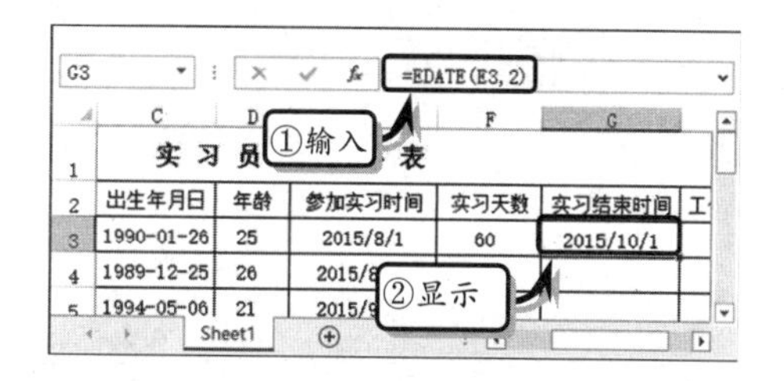

选择单元格 H3，在编辑栏中输入计算公式，按 Enter 键，返回实习天数。使用同样方法，计算其他员工的实习天数。

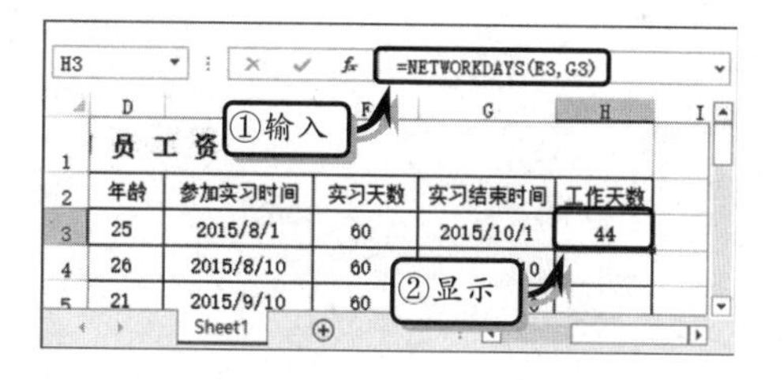

第 6 章

应用统计函数

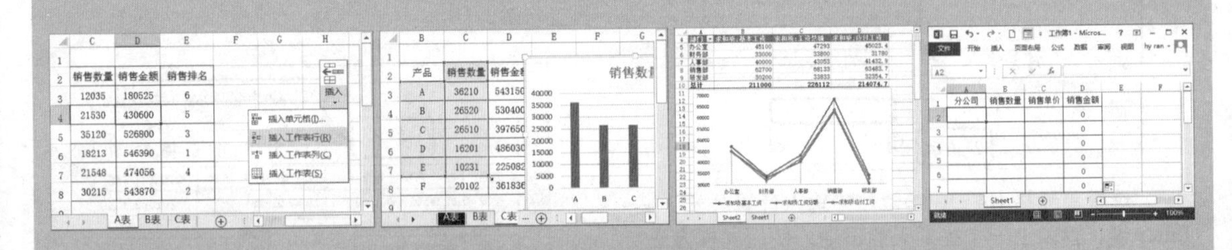

统计函数是 Excel 函数库中的核心函数，主要用于专业的统计领域、数学、财务等领域，也是应用领域比较广泛的函数之一。用户可以运用统计函数，对工作表中的数组或数据区域进行统计分析。例如，统计数据组的最大值、最小值、平均值等。通过熟练掌握并使用统计函数，不仅可以提高用户统计数据的能力，而且可以帮助用户对数据进行详细的分析与准确的预测。在本章中，将通过实例分解，详细介绍统计函数的基础知识和实用技巧。

6.1 排位函数

对于包含大量数据的工作表来讲，对每个数据进行排位将变成一件非常烦琐的事情。此时，用户可运用统计函数中的 RANK 函数、PERCENTRANK.EXC 函数等排位函数，自动显示数据的排位。

6.1.1　自动排位函数

用户可以运用统计函数中的 RANK.EQ 函数与 RANK.AVG 函数来显示数据的排名。上述两种函数与旧版本中的 RANK 函数的用法大体一致。

1．RANK.EQ 函数

RANK.EQ 函数的功能是返回一个数字在数字列表中的排位，当列表中多个值具有相同的排位时，系统将返回该数组值的最高排位。RANK.EQ 函数的表达式为：

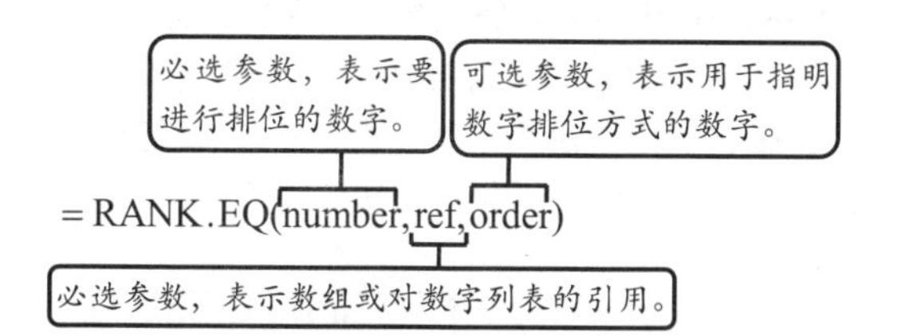

注意

当参数 order 为 0 或省略时，表示对数字的排位是按照降序排列的列表。当参数 order 不为零时，表示对数字的排位是按照升序排列的列表。

已知某水果销售商一天的销售数据，运用 RANK.EQ 函数，对每种水果的销售量进行排名。

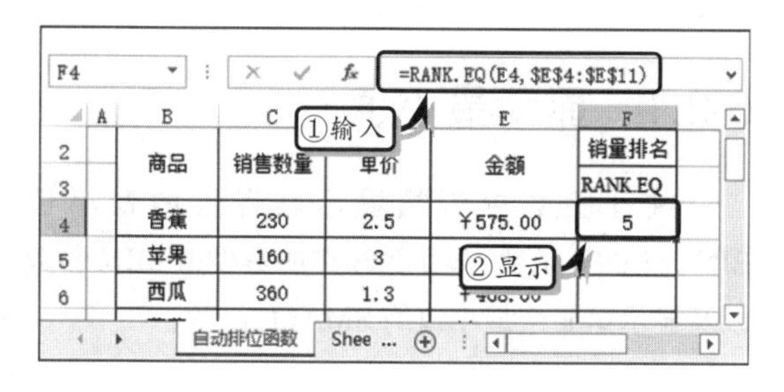

首先，制作基础数据表。然后，选择单元格 F4，在编辑栏中输入计算公式，按 Enter 键，返回排名值。随后，向下填充公式即可。

2．RANK.AVG 函数

RANK.AVG 函数的功能是返回一个数字在数字列表中的排位，当列表中多个值具有相同的排位时，系统将返回平均排位。RANK.AVG 函数的表达式为：

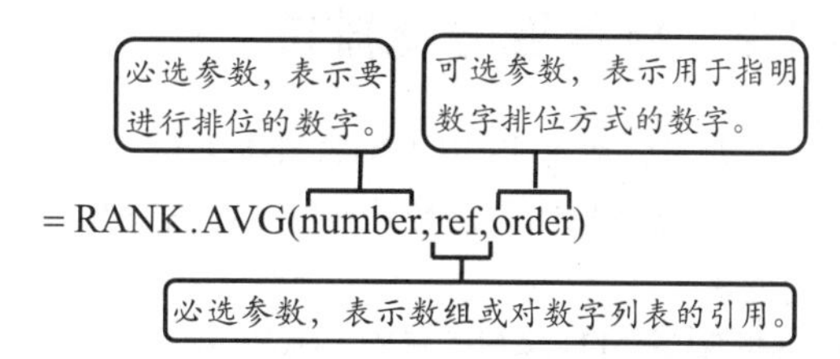

已知某水果销售商一天的销售数据，运用 RANK.AVG 函数，对每种水果的销售量进行排名。

首先，制作基础数据表。然后，选择单元格 G4，在编辑栏中输入计算公式，按 Enter 键，返回排名值。随后，向下填充公式即可。

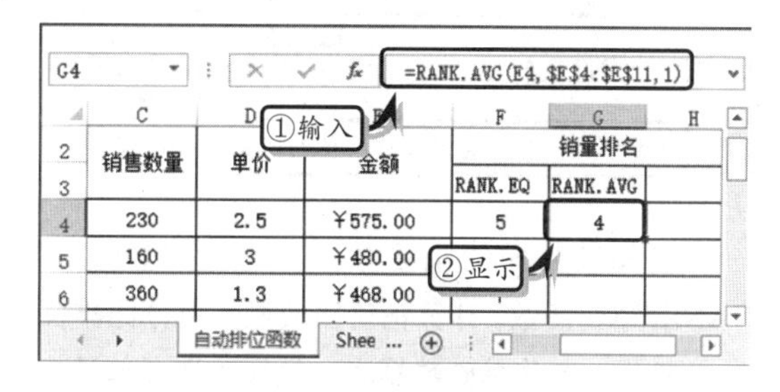

3．RANK 函数

RANK 函数的功能是返回一个数字在数字列表中的排位，该函数已被 RANK.EQ 函数与 RANK.AVG 等新函数取代。RANK 函数的表达式为：

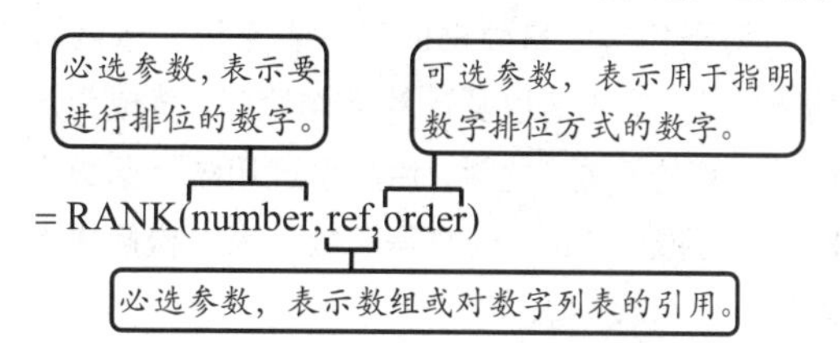

已知某水果销售商一天的销售数据，运用RANK函数，对每种水果的销售量进行排名。

首先，制作基础数据表。然后，选择单元格H4，在编辑栏中输入计算公式，按Enter键，返回排名值。随后，向下填充公式即可。

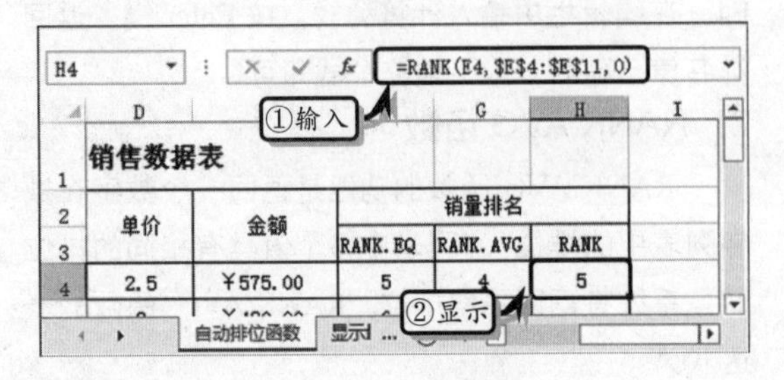

6.1.2 显示百分比排位

用户可以运用PERCENTRANK.EXC函数与PERCENTRANK.INC函数计算特定数据在数据集中的位置。

1．PERCENTRANK.EXC函数

PERCENTRANK.EXC函数的功能是返回某个数值在一个数据集中的百分比（0~1，不包括1和0）排位，该函数的表达式为：

已知某公司的销售数据，运用PERCENTRANK.EXC函数，计算销售提成额的百分比排位。

首先，制作基础数据表。然后，选择单元格E2，在编辑栏中输入计算公式，按Enter键，返回百分比排位。随后，向下填充公式即可。

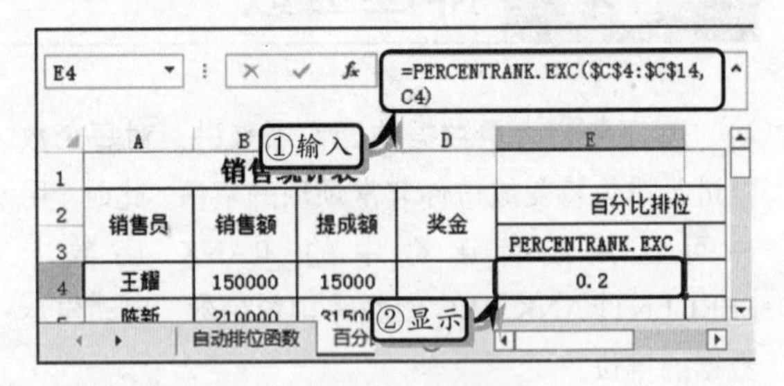

2．PERCENTRANK.INC函数

PERCENTRANK.INC函数的功能是返回某个数值在数据集中排位的百分比值，该函数的表达式为：

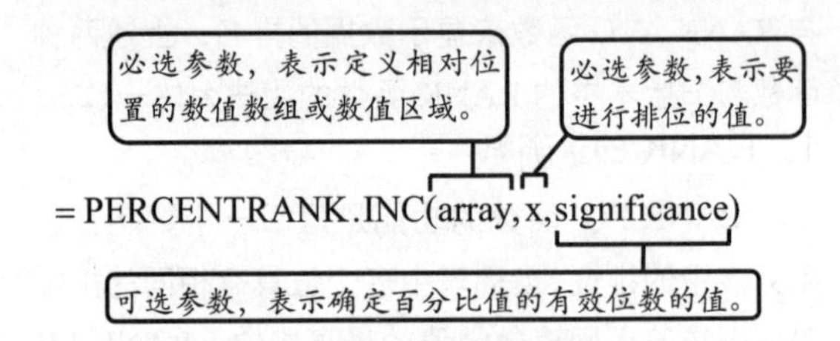

已知某公司的销售数据，运用PERCENTRANK.INC函数，计算销售提成额的百分比排位。

首先，制作基础数据表。然后，选择单元格F4，在编辑栏中输入计算公式，按Enter键，返回百分比排位。随后，向下填充公式即可。

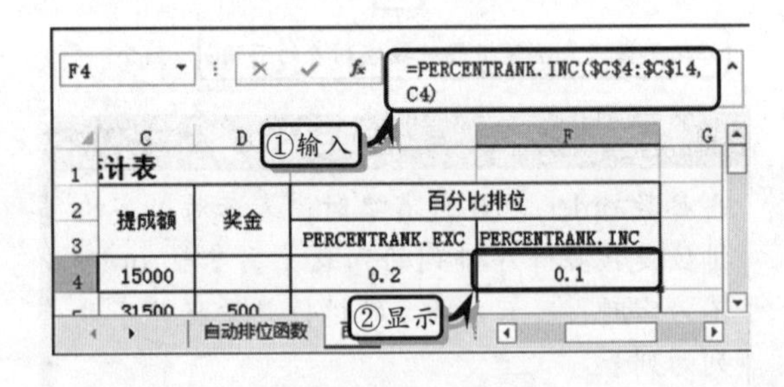

6.2 显示值函数

对于包含大量数据的工作表来讲，查找数值的最大值、最小值以及计算平均值等，将成为用户比较头疼的问题。此时，用户可运用统计函数中的RANK函数、MIN函数等函数，来轻松解决上述难题。

6.2.1 显示最小值

统计函数中包括显示临界值的最小值BINOM.INV函数、显示列表中的最小值MIN函数以及显示第k个最小值的SMALL函数。

1．BINOM.INV 函数

BINOM.INV 函数的功能是返回使累积二项式分布大于等于临界值的最小值，该函数的表达式为：

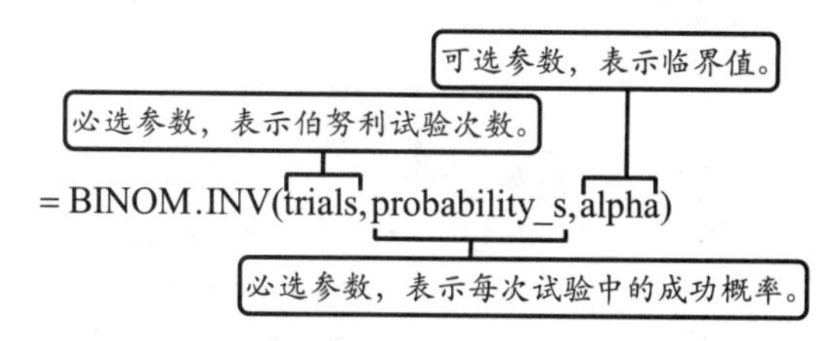

已知伯努利试验次数，以及每次试验成功的概率和临界值。下面，运用 BINOM.INV 函数计算累积二项式分布大于等于临界值的最小值。

选择单元格 B4，在编辑栏中输入计算公式，按 Enter 键，返回最小值。

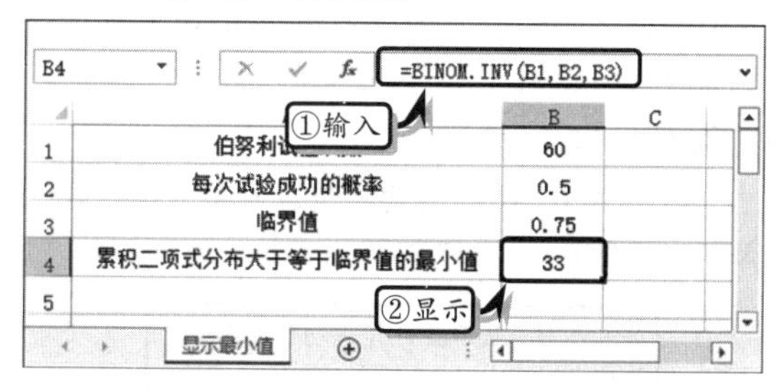

2．MIN 函数

MIN 函数的功能是返回一组值中的最小值，该函数的表达式为：

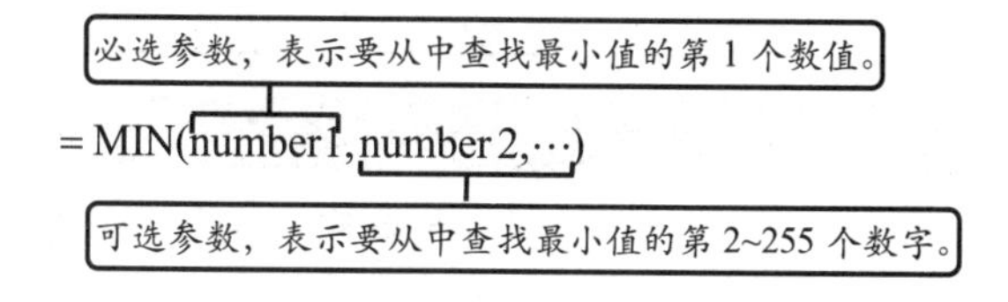

已知某水果销售商一天的销售数据，运用 MIN 函数，计算水果的销售量的最小值。

首先，制作基础数据表。然后，选择单元格 H3，在编辑栏中输入计算公式，按 Enter 键，返回销量最小值。

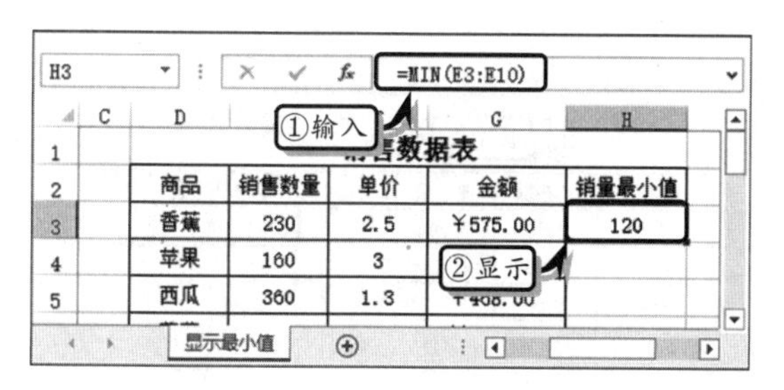

3．SMALL 函数

SMALL 函数的功能是返回数据集中第 k 个最小值，另外该函数还可以返回数据集中特定位置上的数值。SMALL 函数的表达式为：

必选参数，表示要查找第 k 个最小值的数组或数据区域。

= SMALL(array,k)

必选参数，表示要返回数值在数组或数据区域中的位置。

已知某水果销售商一天的销售数据，运用 SMALL 函数，计算水果的销售量的第 2 个最小值。

首先，制作基础数据表。然后，选择单元格 I3，在编辑栏中输入计算公式，按 Enter 键，返回销售量的第 2 个最小值。

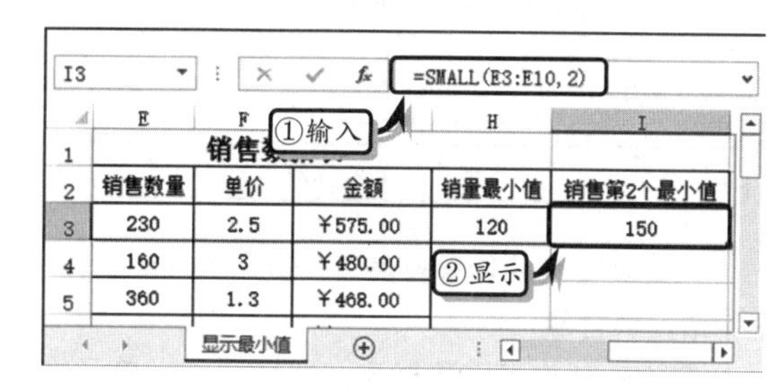

6.2.2　显示最大值

显示最大值包括第 k 个最大值的 LARGE 函数、显示列表中最大值的 MAX 函数与 MAXA 函数。

1．LARGE 函数

用户可以使用 LARGE 函数根据相对标准来选择数值。LARGE 函数的功能是返回数据集中的第 k 个最大值，该函数的表达式为：

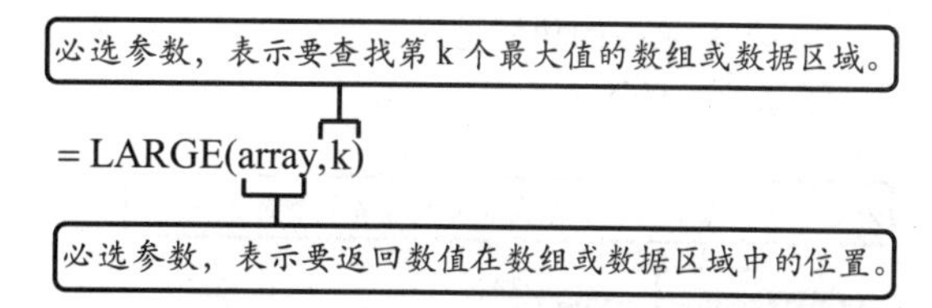

注意

当参数 k≤0 或 k 大于数据点的个数，LARGE 函数将返回错误值#NUM!。

已知某公司的销售业绩表，运用 LARGE 函数，显示销售额最大与排名第 2 大的销售额。

首先，制作基础数据表。然后，选择单元格 E3，在编辑栏中输入计算公式，按 Enter 键，返回排名第 2 大的销售额。

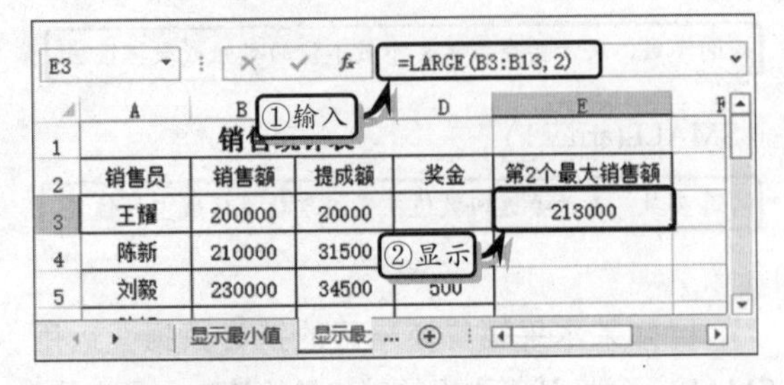

2．MAX 函数

MAX 函数的功能是返回一组值中的最大值，该函数的表达式为：

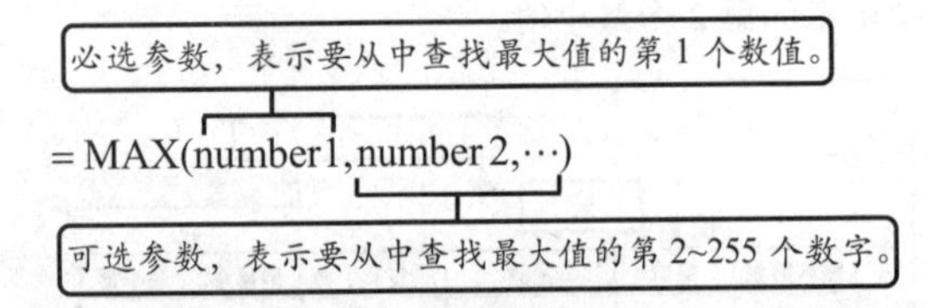

已知某公司的销售业绩表，运用 MAX 函数，显示最大销售额。

首先，制作基础数据表。然后，选择单元格 F3，在编辑栏中输入计算公式，按 Enter 键，返回最大销售额。

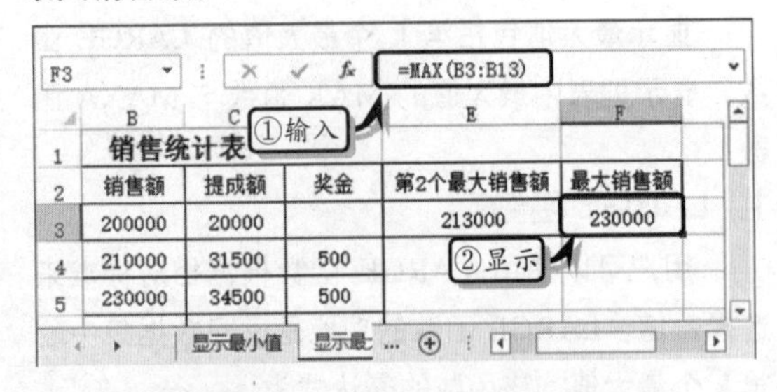

3．MAXA 函数

MAXA 函数的功能是返回参数列表中的最大值，该函数的表达式为：

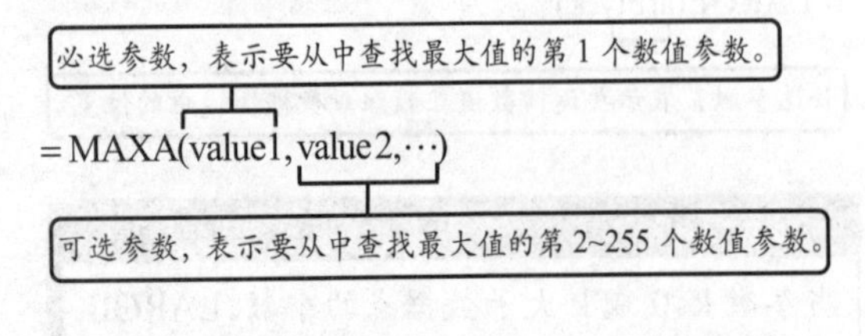

已知某公司的销售业绩表，运用MAXA 函数，显示最大提成额。

首先，制作基础数据表。然后，选择单元格 G3，在编辑栏中输入计算公式，按 Enter 键，返回最大提成额。

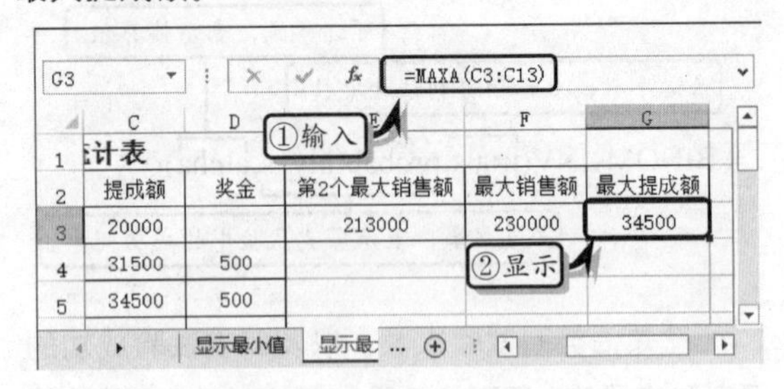

6.2.3 显示平均值

显示平均值函数主要包括显示数据区域平均值的 AVERAGE 函数、显示满足条件数据平均值的 AVERAGEIF 函数与显示数据内部平均值的 TRIMMEAN 函数。

1．AVERAGE 函数

AVERAGE 函数的功能是返回参数的平均值（算术平均值），该函数的表达式为：

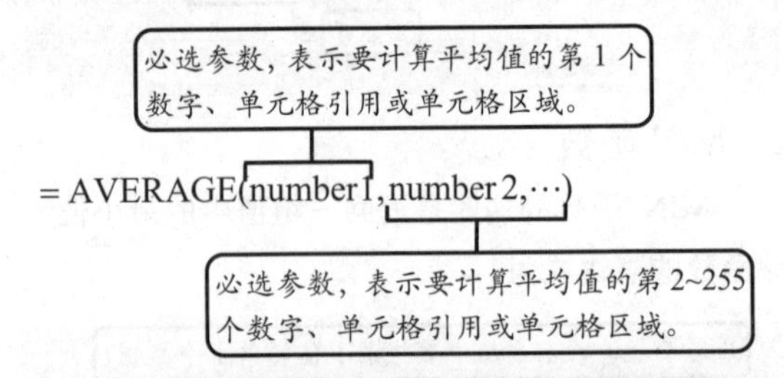

> **注意**
>
> 用户可以运用 AVERAGEA 函数，来计算包含数字、文本和逻辑值列表数据的平均值。

已知某公司的销售业绩表，运用 AVERAGE 函数显示销售额的平均值。

首先，制作基础数据表。然后，选择单元格 E3，在编辑栏中输入计算公式，按 Enter 键，返回销售额的平均值。

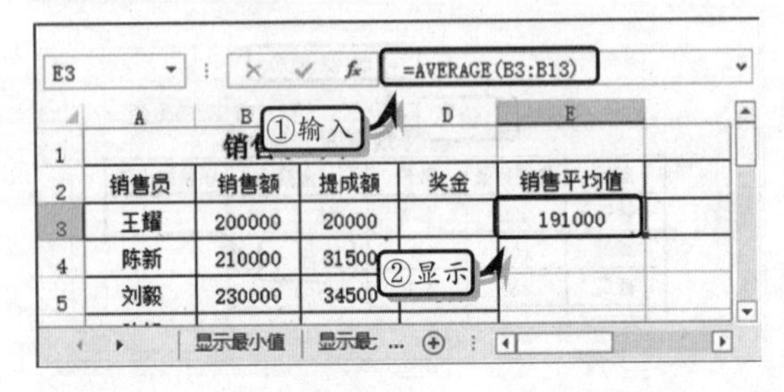

2．AVERAGEIF 函数

AVERAGEIF 函数的功能是返回某个区域内满足条件的所有单元格的平均值，该函数的表达式为：

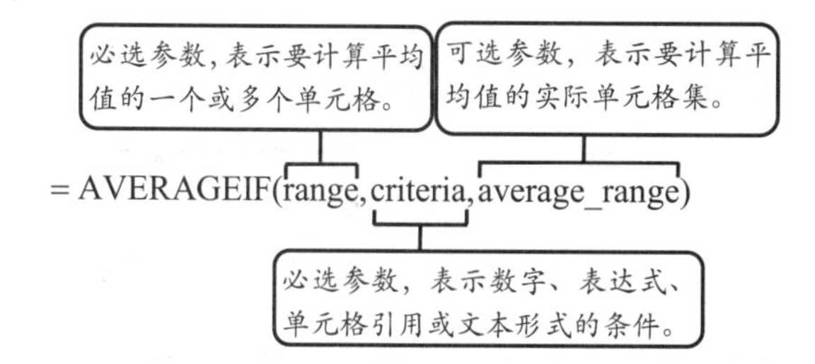

已知某公司的销售业绩表，运用 AVERAGEIF 函数显示 20 万以上销售额的平均值。

首先，制作基础数据表。然后，选择单元格 F3，在编辑栏中输入计算公式，按 Enter 键，返回 20 万以上销售额的平均值。

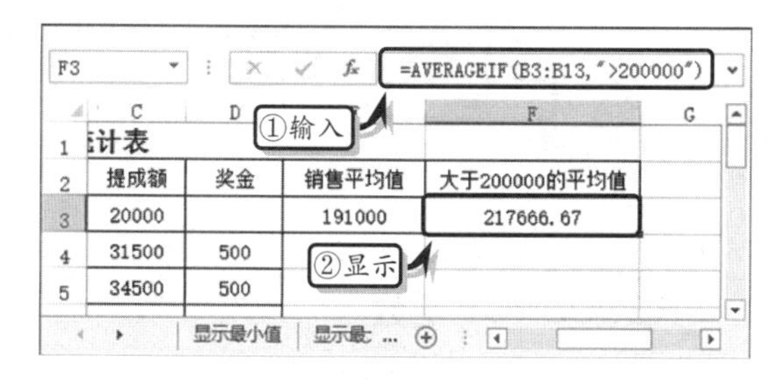

3．TRIMMEAN 函数

TRIMMEAN 函数的功能是返回数据集的内部平均值。该函数先从数据集的头部和尾部除去一定百分比的数据点，然后再求平均值。TRIMMEAN 函数的表达式为：

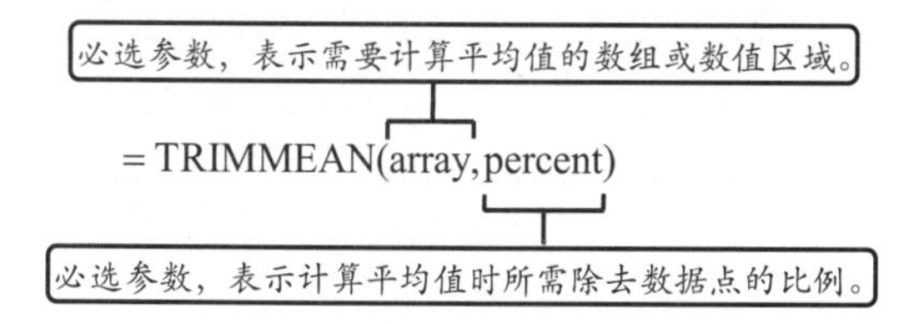

已知某公司的销售业绩表，运用 TRIMMEAN 函数显示提成额的内部平均值。

首先，制作基础数据。然后，选择单元格 G3，在编辑栏中输入计算公式，按 Enter 键，即可返回提成额的内部平均值。

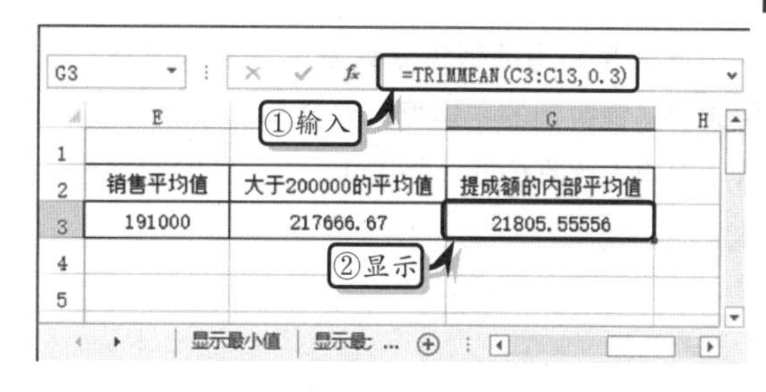

6.2.4　显示中值和峰值

在 Excel 中，除了可以统计数据区域的最大值、最小值和平均值之外，还可以统计数据区域的中值和峰值。

1．MEDIAN 函数

MEDIAN 函数的功能是返回给定数值的中值，其中值是表示中间的数值。该函数的表达式为：

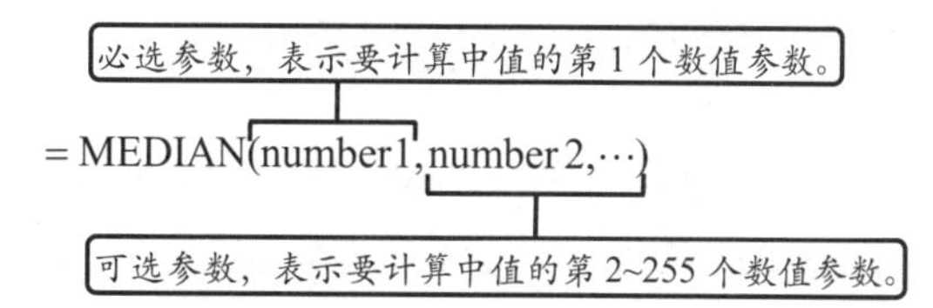

已知某公司的销售业绩表，运用 MEDIAN 函数，显示所有销售额的中值。选择单元格 E3，在编辑栏中输入计算公式，按 Enter 键，返回销售额的中值。

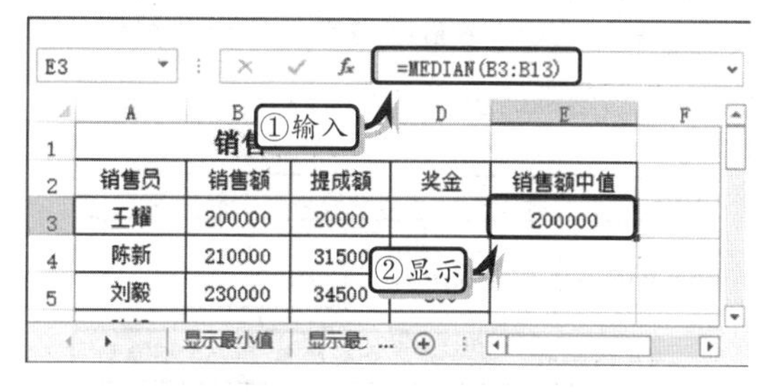

2．KURT 函数

峰值反映与正态分布相比某一分布的尖锐度或平坦度，正峰值表示相对尖锐的分布，负峰值表示相对平坦的分布。

KURT 函数的功能是返回数据集的峰值，该函数的表达式为：

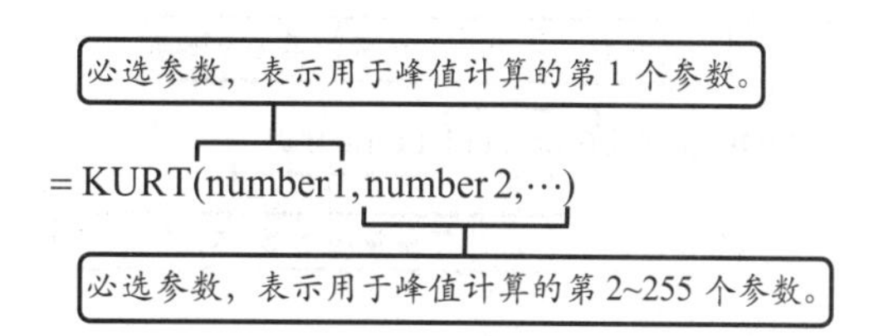

已知某公司的销售业绩表，下面运用 KURT 函数检测销售额的平坦度。选择单元格 F3，在编辑栏中输入计算公式，按 Enter 键，返回销售额的峰值。

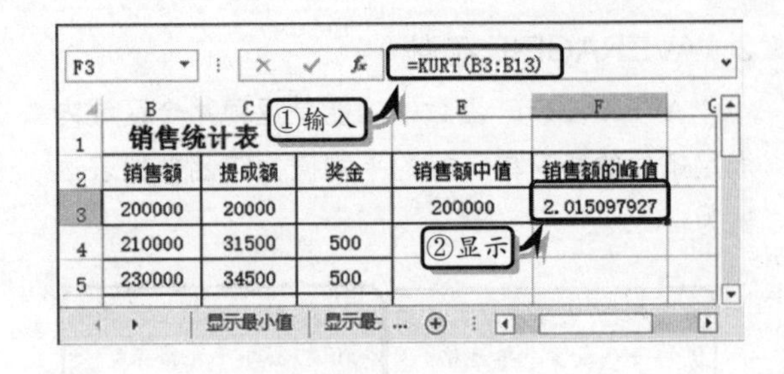

6.3 统计分析函数

用户还可以通过统计函数来掌握数据的未来值、数值的个数、数据的增长值及数据的频率分布等数据的动态值。

6.3.1 检验数值的频率性

可以运用统计函数中的 MODE.MULT 函数与 MODE.SNGL 函数，来检验数组或数据区域中出现最多次数的数字。

1. MODE.MULT 函数

MODE.MULT 函数的功能是返回一组数据或数据区域中出现频率最高或重复出现的数值的垂直数组，该函数的表达式为：

必选参数，表示要计算众数的第一个数字参数。

= MODE.MULT(number1,number2,···)

可选参数，表示计算众数的第 2~254 个参数。

2. MODE.SNGL 函数

MODE.SNGL 函数的功能是返回某一数组或数据区域中出现频率最多的数值，该函数的表达式为：

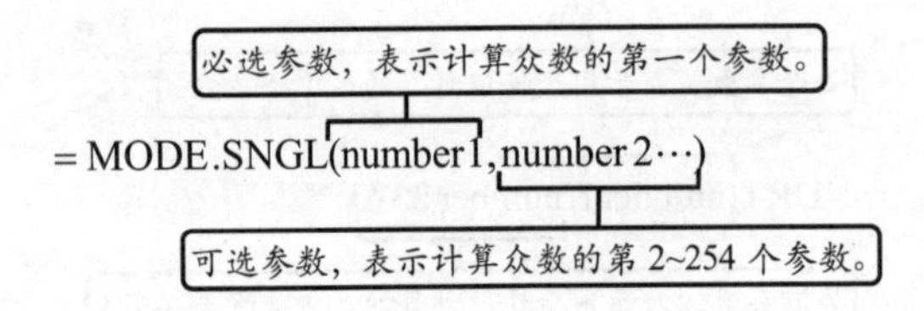

已知一组随机数，下面运用 MODE.SNGL 函数显示出现频率最多的数值。

首先，制作基础数据表。然后，选择单元格 B2，在编辑栏中输入计算公式，按 Enter 键，返回计算结果。

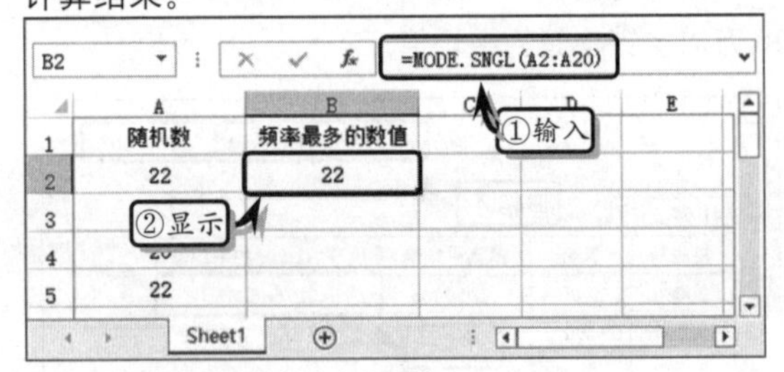

3. FREQUENCY 函数

通过 FREQUENCY 函数，可以在分数区域内计算测验分数的个数。在使用该函数时，必须以数组公式的形式进行输入。

FREQUENCY 函数的功能是返回数值在区域内出现的频率，该函数的表达式为：

必选参数，表示一个值数组或对一组数值的引用。

= FREQUENCY(data_array,bins_array)

必选参数，表示一个区间数组或对区间的引用。

已知一组随机数，下面运用 FREQUENCY 函数，显示不同区间分隔点中出现频率最多的数值。

首先，制作基础数据表。然后，选择单元格 E3:E5，在编辑栏中输入计算公式，按 Shift+Ctrl+Enter 键，返回计算结果。

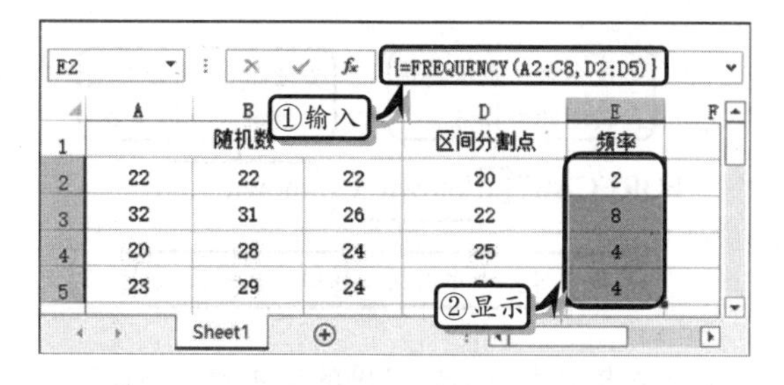

6.3.2　统计分布个数

统计分布个数函数主要用于统计单元格的个数，包括非空单元格的个数、空白单元格的格式，以及满足指定条件单元格的个数等统计函数。

1．COUNTA 函数

COUNTA 函数的功能是返回数据区域中非空单元格的个数，该函数的表达式为：

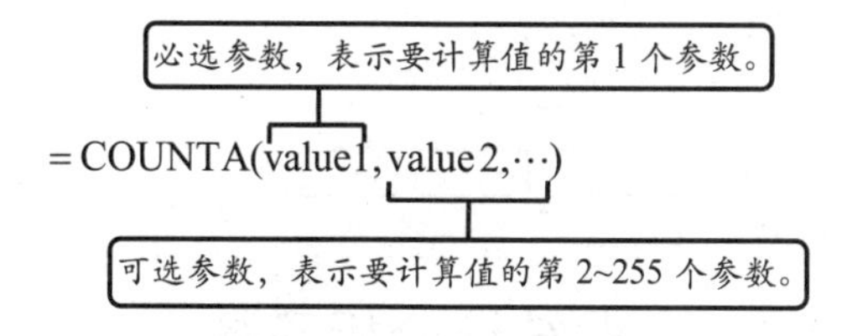

已知某公司的销售统计数据，下面运用 COUNTA 函数，计算销售人员的数量。

首先，制作基础表格。然后，选择单元格 E3，在编辑栏中输入计算公式，按 Enter 键，返回销售员的数量。

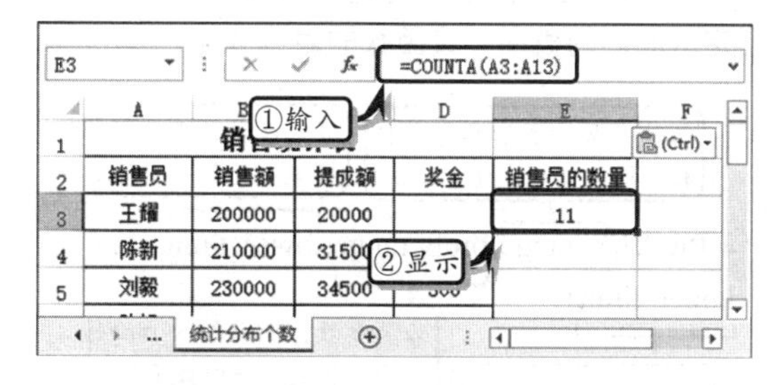

2．COUNTBLANK 函数

COUNTBLANK 函数的功能是返回单元格区域中空白单元格的个数，该函数的表达式为：

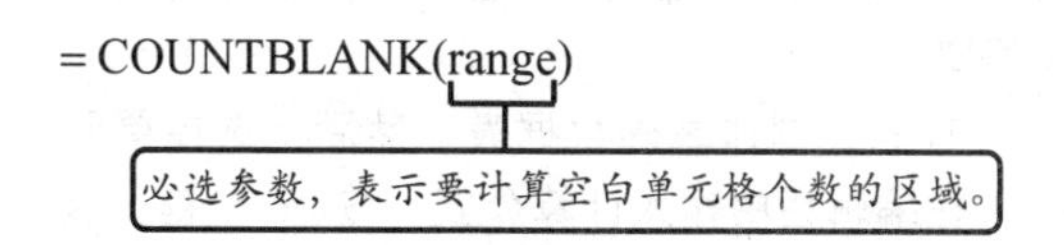

已知某公司产品质量检测统计表，下面运用 IF 函数判断产品的合格性，然后运用 COUNTBLANK 函数计算不合格产品的数量。

首先，制作基础数据表。然后，选择单元格 J3，在编辑栏中输入计算公式，按 Enter 键，返回不合格产品的数量。

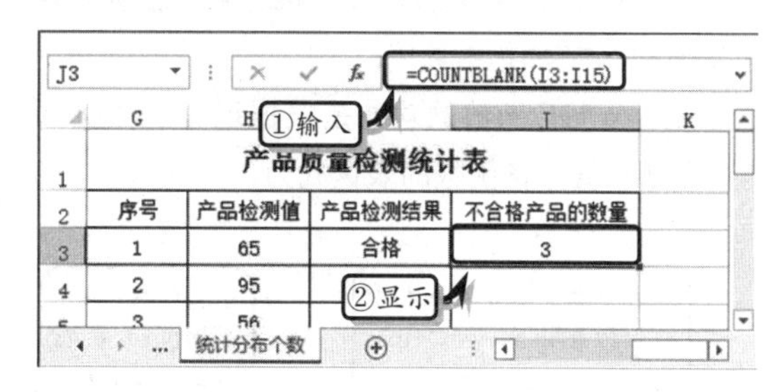

3．COUNTIF 函数

COUNTIF 函数可以对字母开头的所有单元格进行计算，也可以对大于或小于某一指定数值的所有单元格进行计算。

COUNTIF 函数的功能是对区域中满足单个指定条件的单元格进行计数，该函数的表达式为：

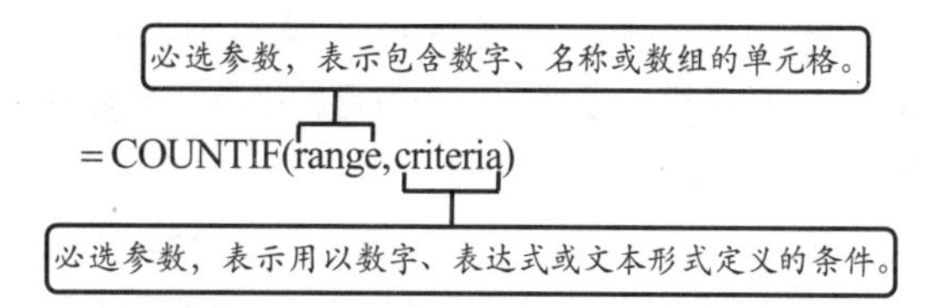

已知某公司产品质量检测统计表，运用 COUNTIF 函数，计算产品检测值大于 85 的产品数量。

首先，制作基础数据表。然后，选择单元格 K3，在编辑栏中输入计算公式，按 Enter 键，返回大于 85 的产品数量。

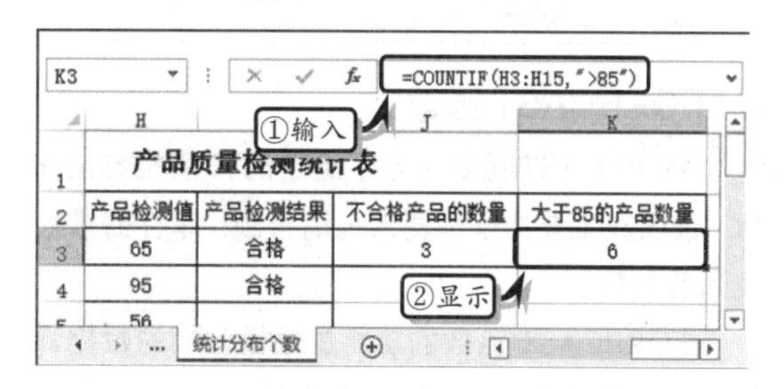

6.3.3 统计值函数

统计值函数主要用于统计给定数值的未来值和增长值，包括 GROWTH 函数和 FORECAST 函数。

1. GROWTH 函数

用户可以使用 GROWTH 函数，来拟合满足现有 X 值和 Y 值的指数曲线。

GROWTH 函数的功能是根据现有的数据预测指数增长值，该函数的表达式为：

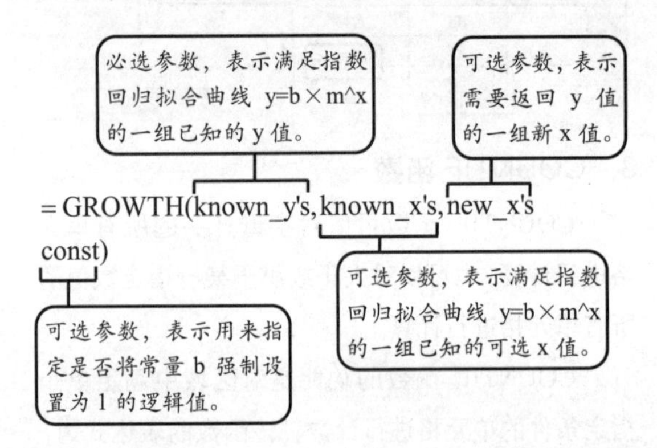

已知某公司前一年的销售额，下面运用 GROWTH 函数，根据前一年每月的销售额预测销售额的增长值。

首先，制作基础数据表。然后，选择单元格 C3，在编辑栏中输入计算公式，按 Enter 键，返回销售额的增长值。

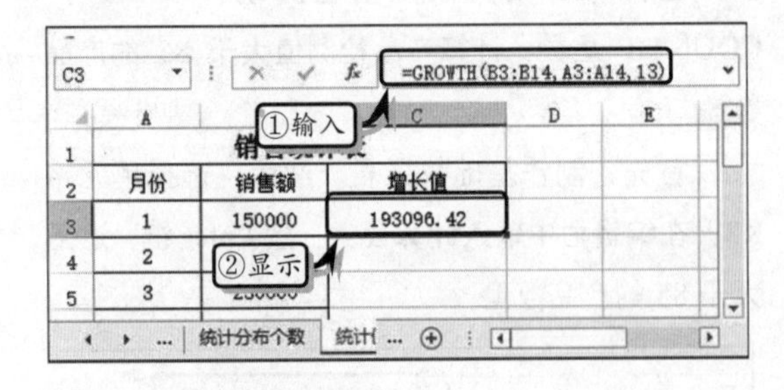

2. FORECAST 函数

FORECAST 函数是基于给定的 X 值推导出 Y 值，该函数主要用于预测未来销售额、库存需求额及消费趋势。

FORECAST 函数的功能是根据已知的数据计算或预测未来值，该函数的表达式为：

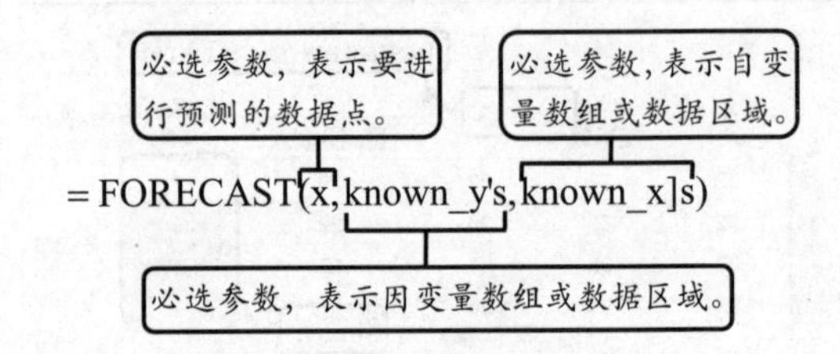

已知某公司 1~11 月份的销售额，下面运用 FORECAST 函数，根据已发生的销售额预测 12 月份的销售额。

首先，制作基础数据表。然后，选择单元格 C14，在编辑栏中输入计算公式，按 Enter 键，返回预测提成额。

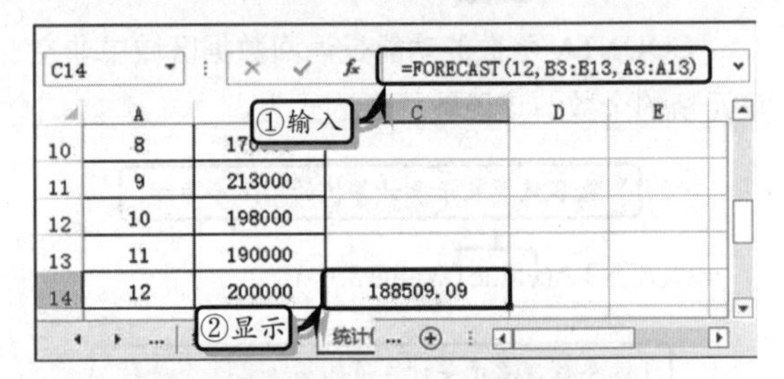

6.3.4 专业统计分析函数

用户还可以借助 Excel 中的统计函数，进行专业的数据统计与分析工作。例如，统计产品的概率、检验产品的质量及显示数据分布的百分点等。

1. PROB 函数

PROB 函数的功能是返回区域中的数值落在指定区间内的概率，该函数的表达式为：

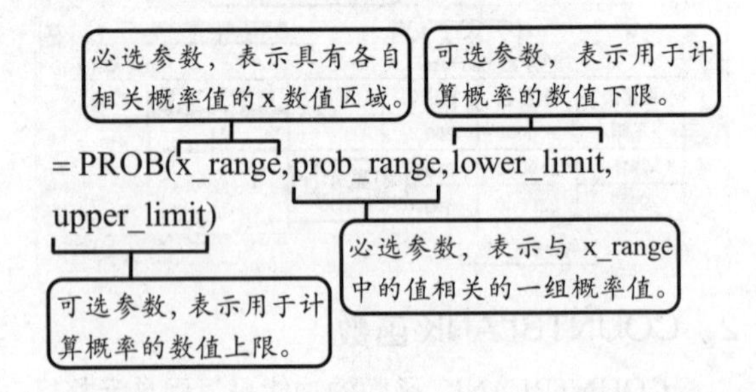

已知某公司的产品的预测次品概率，运用 PROB 函数统计产品 2、产品 3 与产品 4 之间的次品概率。

首先，制作基础数据表。然后，选择单元格 C3，在编辑栏中输入计算公式，按 Enter 键，返回总体概率。

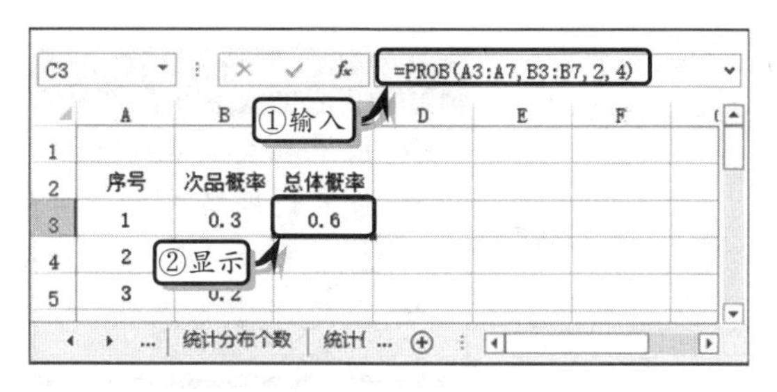

2．T.DIST 函数

用户可以通过使用 T.DIST 函数，来代替 t 分布的临界值表。

T.DIST 函数的功能是返回学生的左尾 t 分布，该分布用于小样本数据集的假设检验。T.DIST 函数的表达式为：

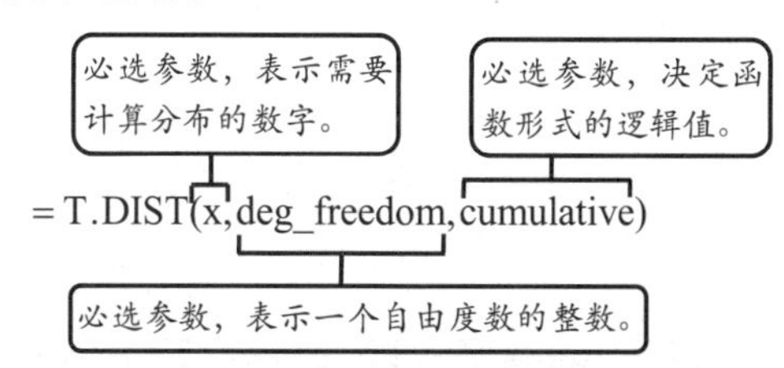

> **提示**
>
> 当参数 cumulative 为 TRUE 时，返回累积分布函数；为 FALSE 时，返回概率密度函数。

已知企业对生产线内的一些数值进行了 t 检验，其中检验数值为 2.5，自由度为 5.2。下面运用 T.DIST 函数计算该生产线左尾 t 分布的累积分布函数和概率密度函数。

首先，制作基础数据表。选择单元格 F4，在编辑栏中输入计算公式，按 Enter 键，返回累积分布函数。

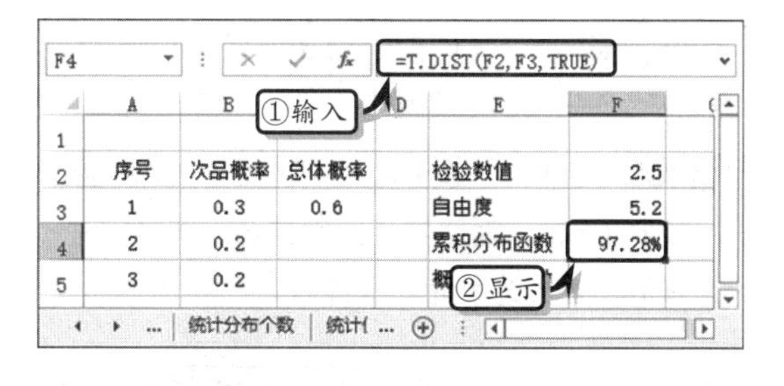

然后，选择单元格 F5，在编辑栏中输入计算公式，按 Enter 键，返回概率密度函数。

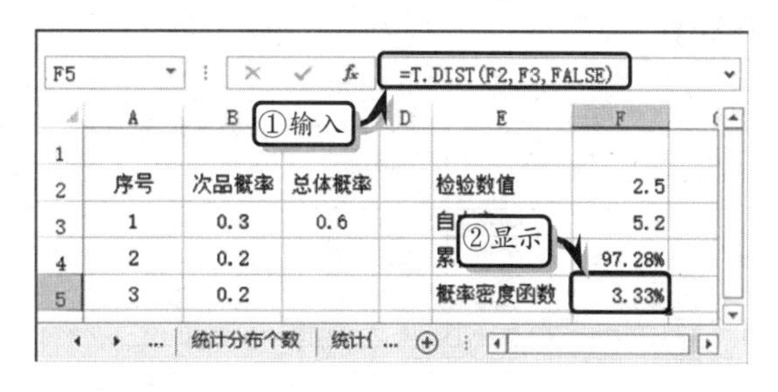

3．PERMUT 函数

PERMUT 函数可用于彩票抽奖的概率计算。其中，排列为存在内部顺序的对象或时间的任意集合或子集，排序与组合不同，组合的内部顺序无任何意义。

PERMUT 函数的功能是返回从给定数目的对象集合中抽取的若干对象的排列数，该函数的表达式为：

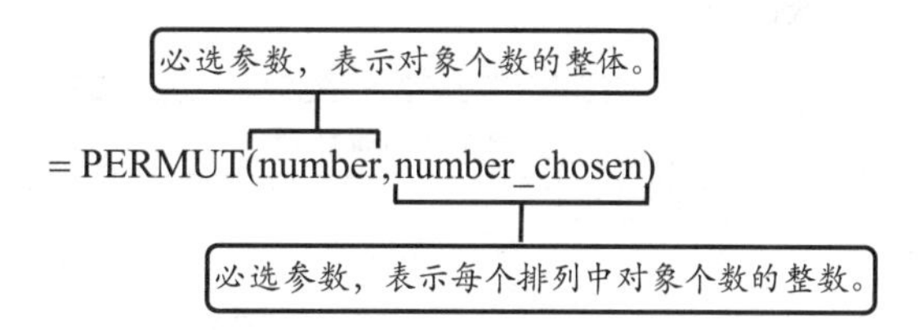

已知某公司组织的抽奖中，共包含不同号码的 36 个数字球，从中选出 6 个数字球作为抽奖结果。下面运用 PERMUT 函数，计算抽中奖品的排列数。

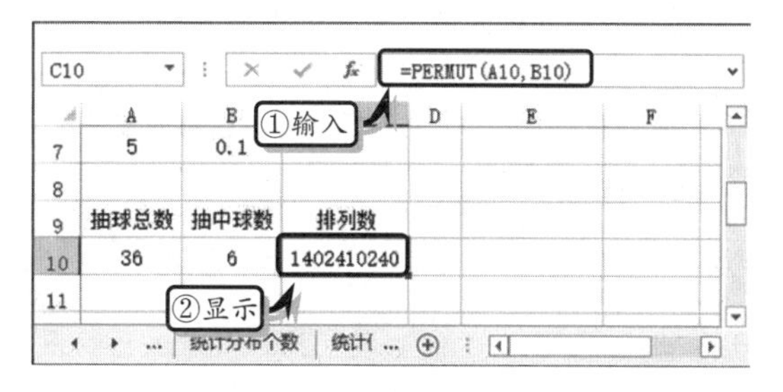

6.4 练习：使用表格

某公司为刺激销售员的积极性，特制定一系列的奖励制度。即对每位销售人员业绩按照累积额百分比情况，给予一定的额外奖励。在本练习中，将运用统计函数，对全部销售员的销售业绩的排名、占总额的百分比排位、最高业绩与最低业绩额等数值进行计算。

练习要点

- 设置文本框格式
- 设置边框格式
- 应用统计函数
- 应用 IF 嵌套函数

销售业绩统计表

销售员	销售业绩		业绩排名		占总额的百分比		提成额	判断奖励资格	分布段数值	分布段个数
	本月	累计	本月	累计	本月	累计				
刘能	90000	602938	5	3	0.636	0.818	18000	奖	60000	1
赵四	87459	559382	8	5	0.363	0.636	8745.9	奖	70000	1
张昕	83928	538728	9	8	0.272	0.363	8392.8		80000	1
陈荣	91283	502938	3	9	0.818	0.272	18256.6		90000	5
王亮	78382	459284	10	10	0.181	0.181	7838.2		100000	4
冉静	58728	369834	12	12	0	0	2936.4		分析业绩	
陆飞	69283	387546	11	11	0.09	0.09	6928.3		本月最高业绩	93874
洪兎	89837	539283	6	6	0.545	0.545	8983.7		本月最低业绩	58728
金鑫	92837	658294	2	1	0.909	1	18567.4	奖	本月平均业绩	84474.75
刘菲	87694	539238	7	7	0.454	0.454	8769.4		累计最高业绩	658294
杨阳	90392	598732	4	4	0.727	0.727	18078.4	奖	累计最低业绩	369834
冯圆	93874	629384	1	2	1	0.909	18774.8	奖	中位数	88765.5

操作步骤

STEP|01 制作标题。新建工作表，设置工作表的行高，合并单元格区域 B1:L1，输入表文本，并设置文本的字体格式。

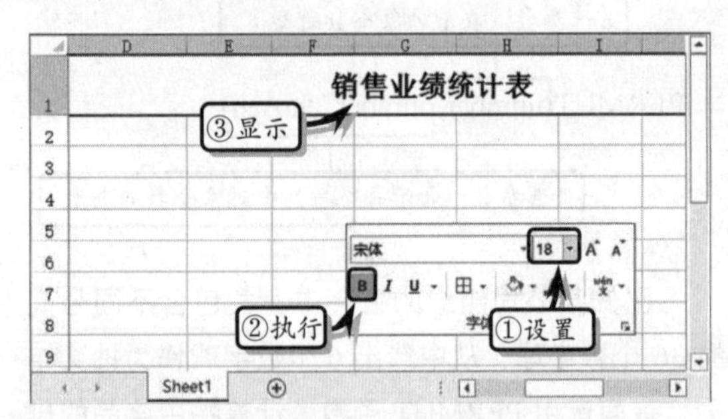

STEP|02 制作列标题。在工作表中的第 2 行中，合并相应的单元格区域，输入列标题字段。

销售业绩统计

销售员	销售业绩		业绩排名		占总额的百分
	本月	累计	本月	累计	本月

STEP|03 制作表格内容。在数据表中输入基础数据，并设置数据区域的居中对齐和所有边框格式。

STEP|04 计算基础数据。选择单元格 E4，在编辑栏中输入计算公式，按 Enter 键，返回本月业绩排名。同样方法，计算其他销售员的本月业绩排名。

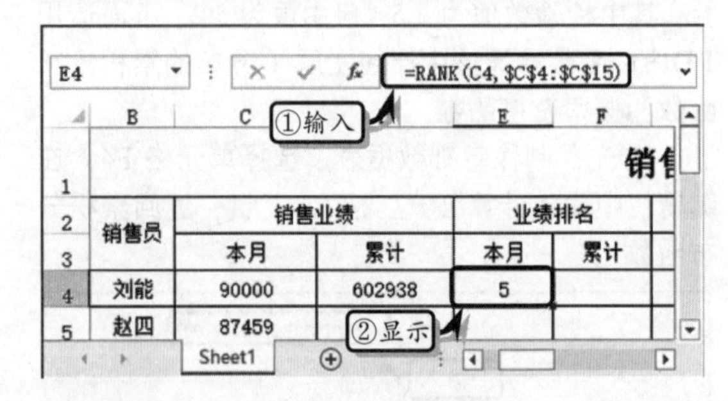

STEP|05 选择单元格 F4，在编辑栏中输入计算公式，按 Enter 键，返回累计业绩排名。同样方法，计算其他销售员的累计业绩排名。

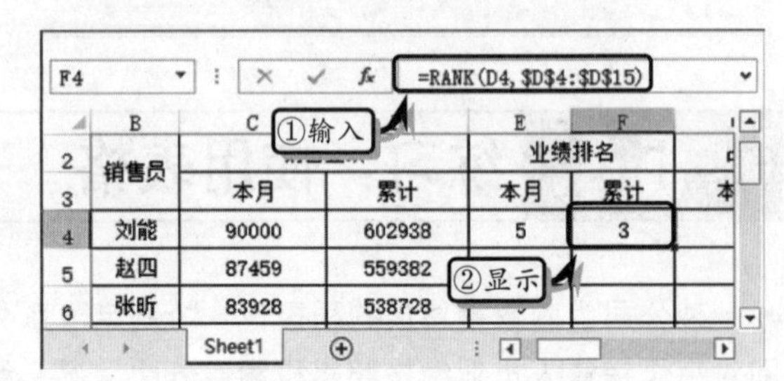

STEP|06 选择单元格 G4，在编辑栏中输入计算公式，按 Enter 键，返回本月占总额的百分比。同样方法，计算其他销售员的本月占总额的百分比。

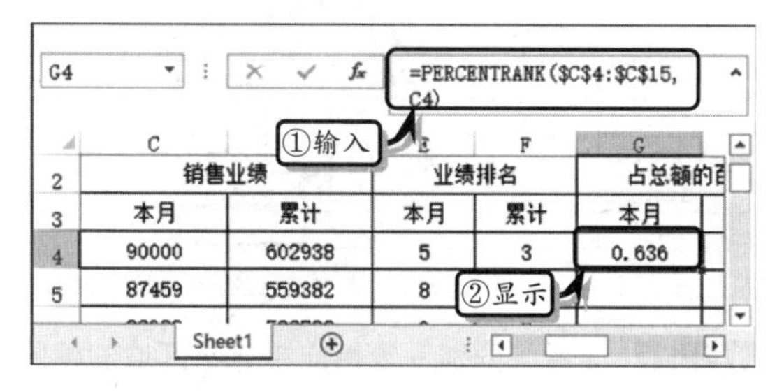

STEP|07 选择单元格 H4，在编辑栏中输入计算公式，按 Enter 键，返回累计占总额的百分比。同样方法，计算其他销售员的累计占总额的百分比。

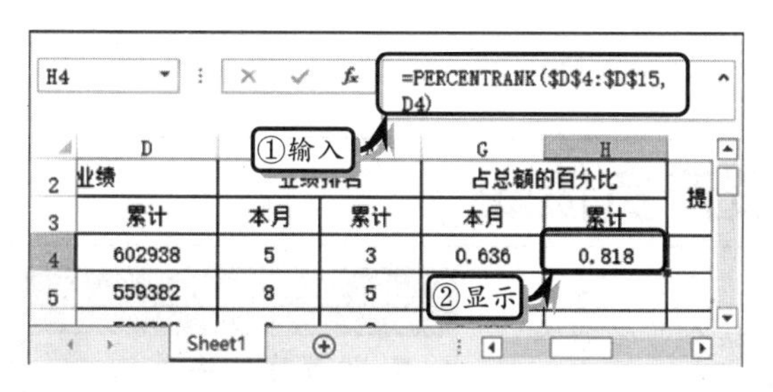

STEP|08 选择单元格 I4，在编辑栏中输入计算公式，按 Enter 键，返回提成额。同样方法，计算其他销售员的提成额。

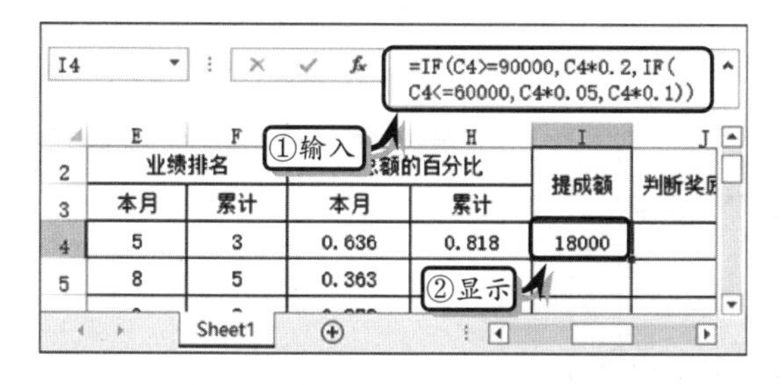

STEP|09 选择单元格 J4，在编辑栏中输入计算公式，按 Enter 键，返回判断奖励资格值。同样方法，计算其他销售员的判断奖励资格值。

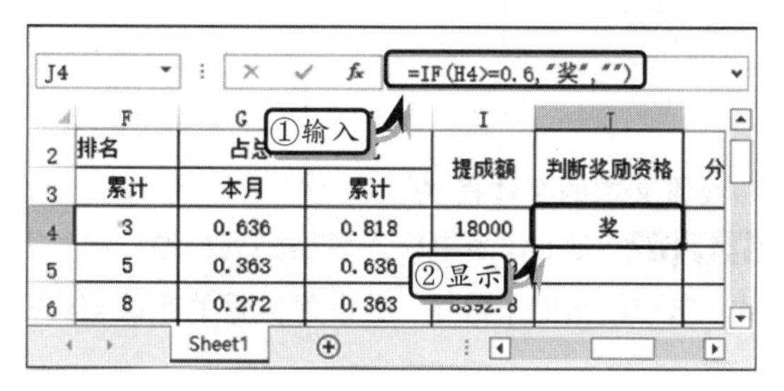

STEP|10 选择单元格 L4:L8，在编辑栏中输入计算公式，按 Shift+Ctrl+Enter 键，返回分布段个数。

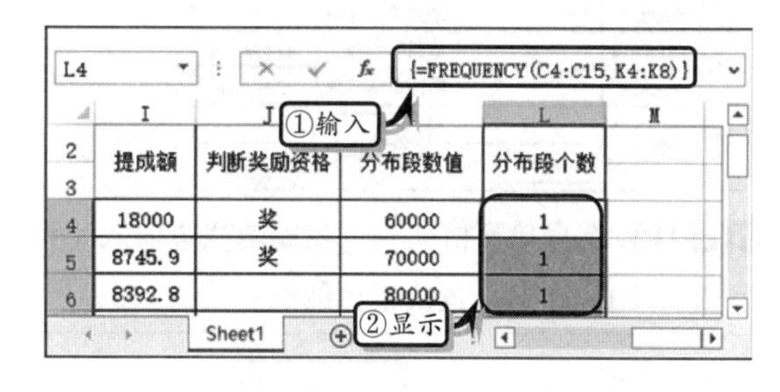

STEP|11 分析业绩。选择单元格 L10，在编辑栏中输入计算公式，按 Enter 键，返回本月最高业绩。

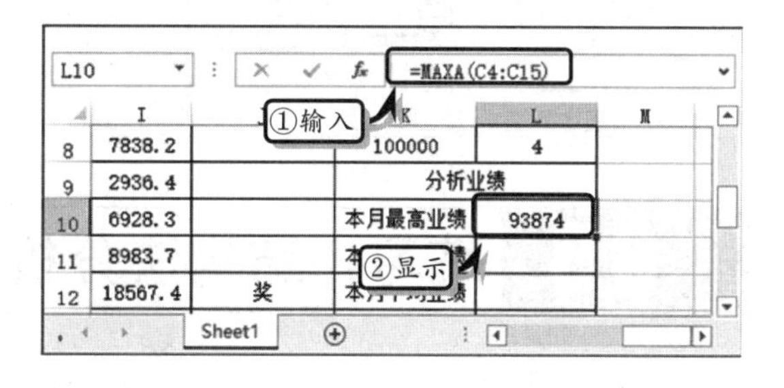

STEP|12 选择单元格 L11，在编辑栏中输入计算公式，按 Enter 键，返回本月最低业绩。

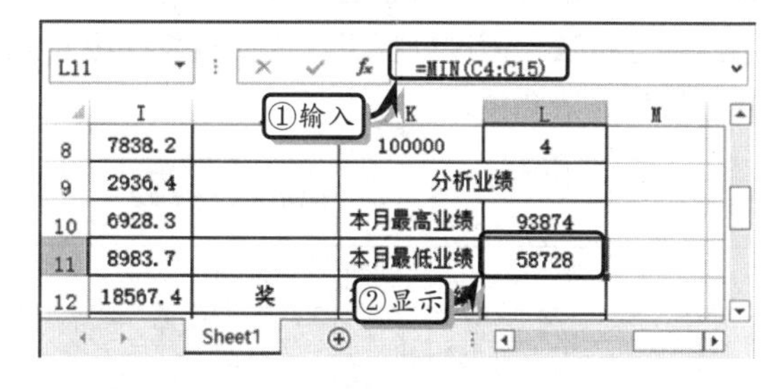

STEP|13 选择单元格 L12，在编辑栏中输入计算公式，按 Enter 键，返回本月平均业绩。

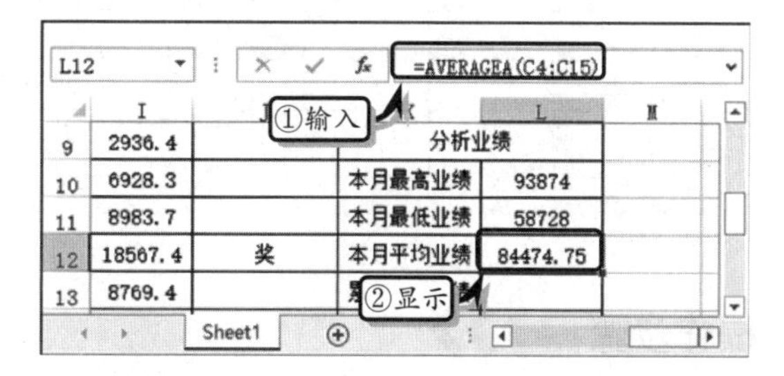

STEP|14 选择单元格 L13，在编辑栏中输入计算公式，按 Enter 键，返回累计最高业绩。

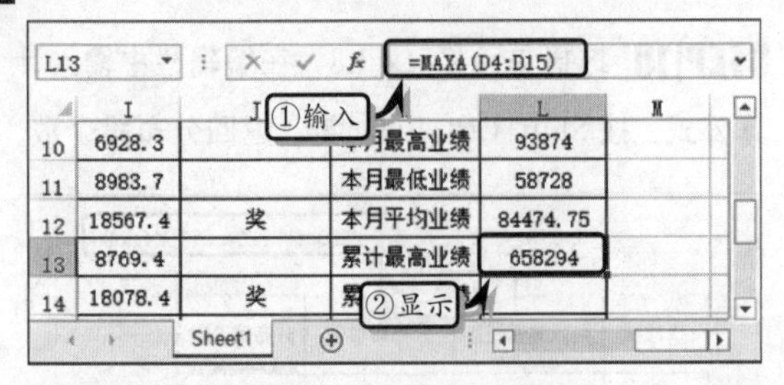

STEP|15 选择单元格 L14，在编辑栏中输入计算公式，按 Enter 键，返回累计最低业绩。

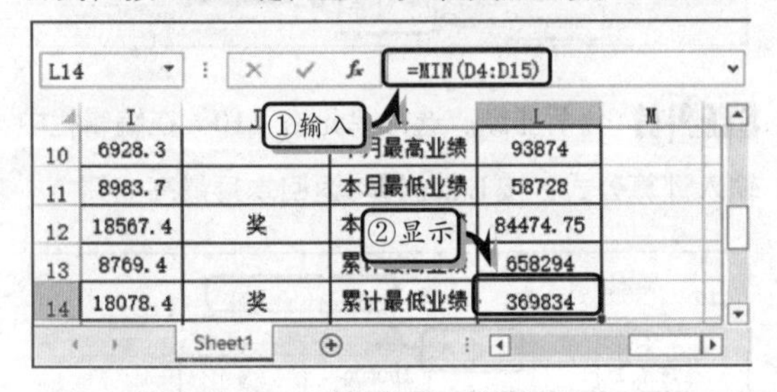

STEP|16 选择单元格 L15，在编辑栏中输入计算公式，按 Enter 键，返回中位数。

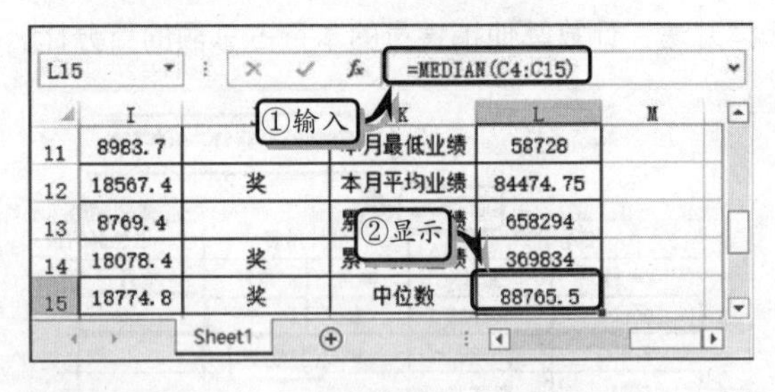

STEP|17 最后，分别设置相应单元格区域的粗匣边框格式，并保存工作簿。

6.5 练习：结构法分析资产负债表

资产负债表是财务三大报表之一，不仅可以分析企业各项资金占用和资金来源的变动情况，检查各项资金的取得和运用的合理性，而且还可以评价企业财务状况的优势。在本练习中，将运用结构分析法，通过分析资产负债表来详细介绍 Excel 中的一些基础操作方法和技巧。

练习要点

- 设置字体格式
- 设置段落格式
- 设置数字格式
- 设置填充颜色
- 使用公式
- 填充公式

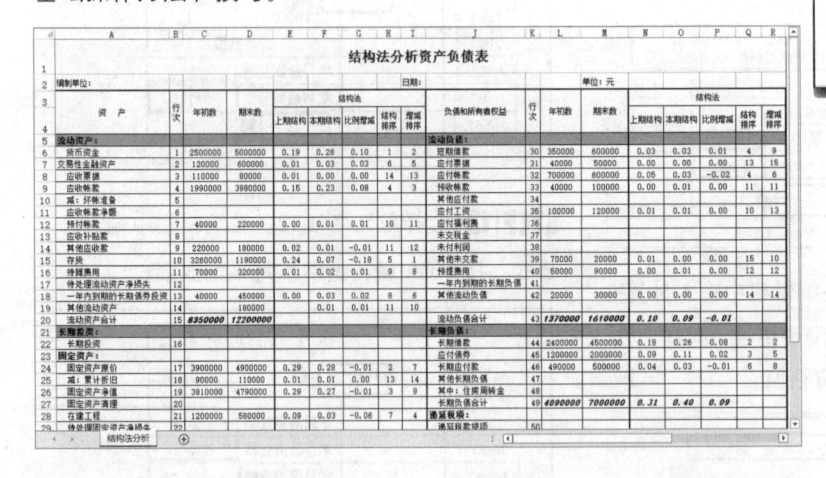

结构法分析资产负债表

编制单位： 日期： 单位：元

资产	行次	年初数	期末数	结构法：上期结构	本期结构	比例增减	结构排序	增减排序	负债和所有者权益	行次	年初数	期末数	结构法：上期结构	本期结构	比例增减	结构排序	增减排序
流动资产：									流动负债：								
货币资金	1	2500000	5000000	0.19	0.28	0.10	1	2	短期借款	30	350000	600000	0.03	0.03	0.01	4	9
交易性金融资产	2	120000	600000	0.01	0.03	0.03	6	5	应付票据	31	40000	50000	0.00	0.00	0.00	13	15
应收票据	3	110000	80000	0.01	0.00	0.00	14	13	应付帐款	32	700000	600000	0.05	0.03	-0.02	4	6
应收帐款	4	1990000	3980000	0.15	0.23	0.08	4	3	预收帐款	33	40000	100000	0.00	0.01	0.00	11	11
减：坏帐准备	5								其他应付款	34							
应收帐款净额	6								应付工资	35	100000	120000	0.01	0.01	0.00	10	13
预付帐款	7	40000	220000	0.00	0.01	0.01	10	11	应付福利费	36							
应收补贴款	8								未交税金	37							
其他应收款	9	220000	180000	0.02	0.01	-0.01	11	12	未付利润	38							
存货	10	3260000	1190000	0.24	0.07	-0.18	5	1	其他未交款	39	70000	20000	0.01	0.00	0.00	15	10
待摊费用	11	70000	320000	0.01	0.02	0.01	9	8	预提费用	40	50000	90000	0.00	0.01	0.00	12	12
待处理流动资产净损失	12								一年内到期的长期负债	41							
一年内到期的长期债券投资	13	40000	450000	0.00	0.03	0.02	8	6	其他流动负债	42	20000	30000	0.00	0.00	0.00	14	14
其他流动资产	14		180000		0.01	0.01	11	10									
流动资产合计	15	*8350000*	*12200000*						流动负债合计	43	*1370000*	*1610000*	*0.10*	*0.09*	*-0.01*		
长期投资：									长期负债：								
长期投资	16								长期借款	44	2400000	4500000	0.18	0.26	0.08	2	2
固定资产：									应付债券	45	1200000	2000000	0.09	0.11	0.02	3	5
固定资产原价	17	3900000	4900000	0.29	0.28	-0.01	2	7	长期应付款	46	490000	500000	0.04	0.03	-0.01	6	8
减：累计折旧	18	90000	110000	0.01	0.01	0.00	13	14	其他长期负债	47							
固定资产净值	19	3810000	4790000	0.29	0.27	-0.01	3	9	其中：住房周转金	48							
固定资产清理	20								长期负债合计	49	*4090000*	*7000000*	*0.31*	*0.40*	*0.09*		
在建工程	21	1200000	580000	0.09	0.03	-0.06	7	4	递延税项：								
待处理固定资产净损失	22								递延税款贷项	50							

结构法分析

操作步骤

STEP|01 构建基础表格。新建工作表，设置工作表的行高。合并单元格区域 A1:R1，输入标题文本并设置文本的字体格式。

STEP|02 在工作表中输入表格的列标题、项目名称、年初数与期末数据，并设置数据的字体与边框

格式。

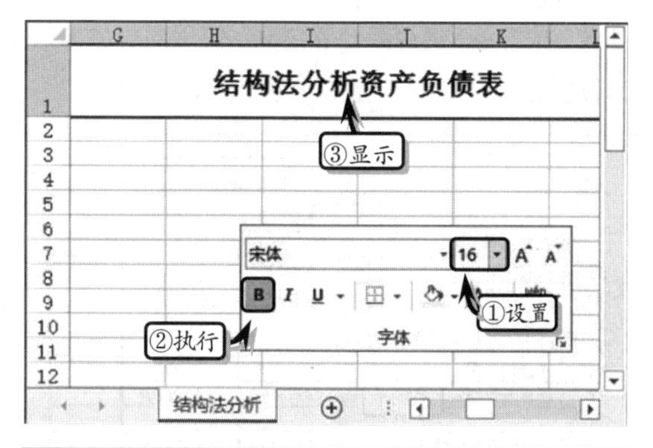

	资　产	行次	年初数	期末数	结构法			
					上期结构	本期结构	比例增减	结构排
1	结构法							
2	编制单位:							
5	流动资产:							
6	货币资金	1	2500000	5000000				
7	交易性金融资产	2	120000	600000				
8	应收票据	3	110000	80000				
9	应收帐款	4	1990000	3980000				
10	减：坏帐准备	5						
11	应收帐款净额	6						
12	预付帐款	7	40000	220000				
13	应收补贴款	8						
14	其他应收款	9	220000	180000				
15	存货	10	3260000	1190000				
16	待摊费用	11	70000	320000				
17	待处理流动资产净损失	12						

STEP|03 选择“流动资产”、“长期投资”等资产类别名称，执行【开始】|【字体】|【加粗】命令，设置其加粗格式。

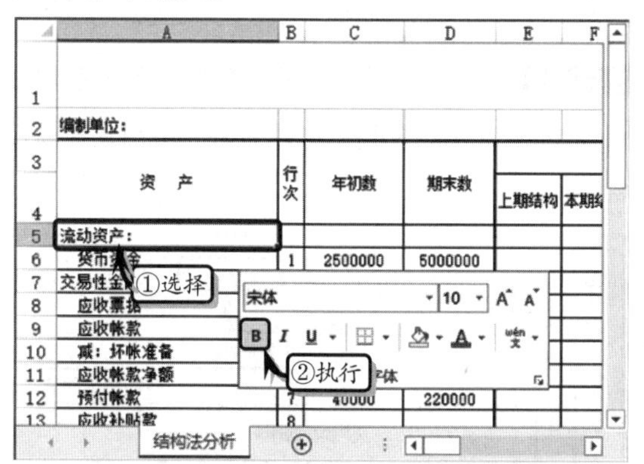

STEP|04 选择资产类别合计额，执行【开始】|【字体】|【加粗】和【倾斜】命令，设置其字体格式。

STEP|05 选择资产类别名称所在行的单元格区域，执行【开始】|【字体】|【填充颜色】命令，在其下拉列表中选择相应的色块。

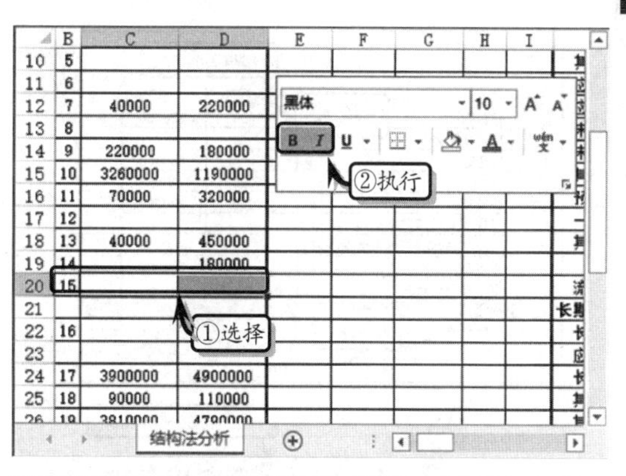

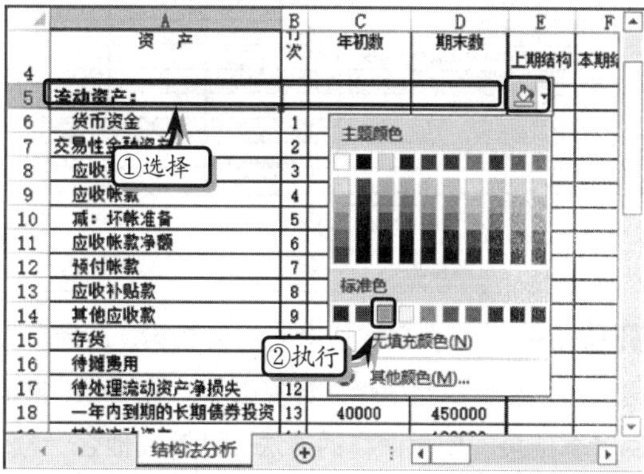

STEP|06 选择单元格区域 A3:D39，执行【开始】|【字体】|【边框】|【粗匣框线】命令，设置其边框格式。

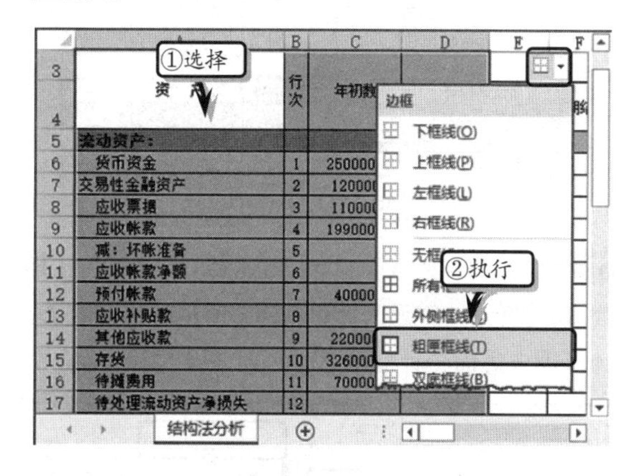

STEP|07 计算资产数据。选择单元格 C20，在编辑栏中输入求和函数，按 Enter 键返回计算结果。使用同样的方法，计算其他合计额。

STEP|08 选择单元格 C39，在编辑栏中输入计算公式，按 Enter 键返回计算结果。使用同样的方法，计算资产期末总计额。

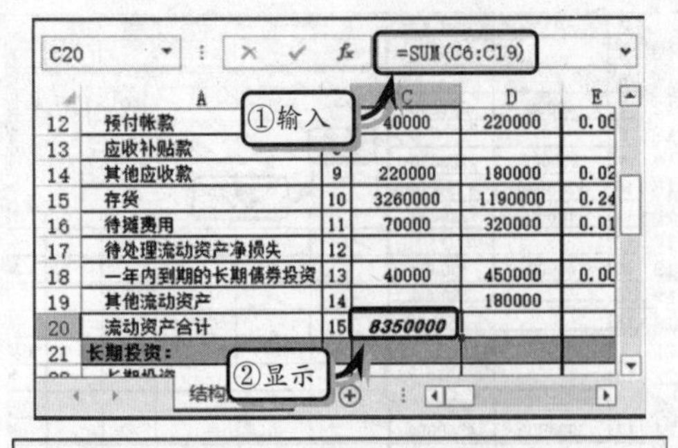

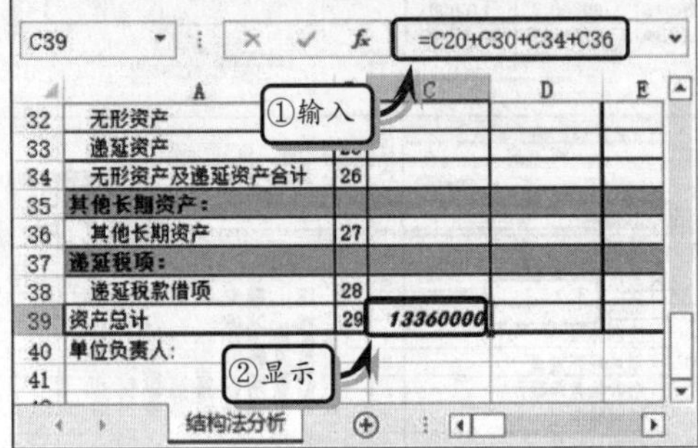

STEP|09 计算负债和所有者权益数据。选择单元格 L20，在编辑栏中输入计算公式，按 Enter 键返回计算结果。使用同样的方法，计算其他合计额。

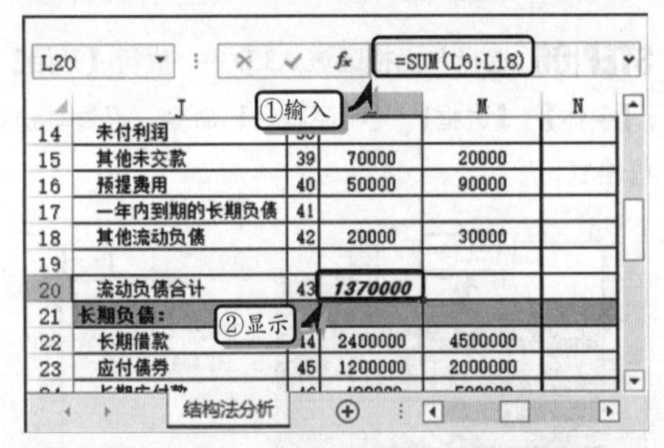

STEP|10 选择单元格 L30，在编辑栏中输入计算公式，按 Enter 键返回计算结果。使用同样的方法，计算期末负债合计额。

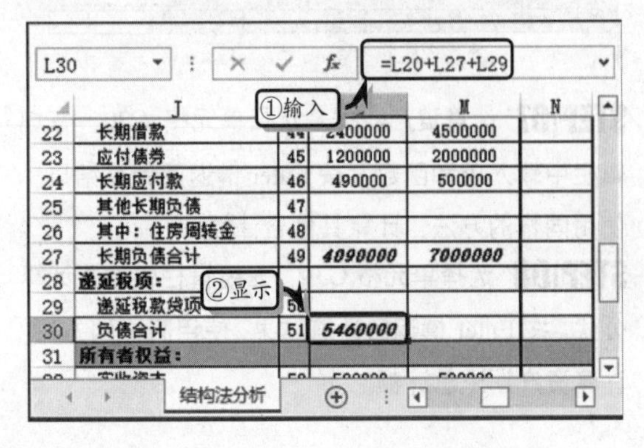

STEP|11 选择单元格 L39，在编辑栏中输入计算公式，按 Enter 键返回计算结果。使用同样的方法，计算负债及所有者权益期末总计额。

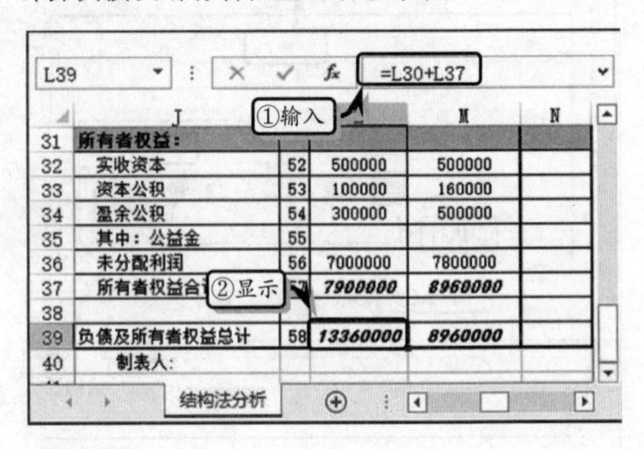

STEP|12 制作辅助列表。制作比较法辅助列表表格，并设置其对齐与边框格式。

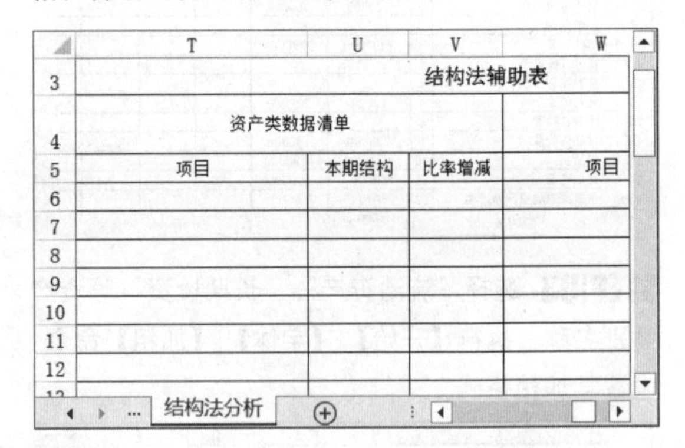

STEP|13 选择单元格 T6，在编辑栏中输入引用公式，按 Enter 键。使用同样的方法，引用其他项目名称。

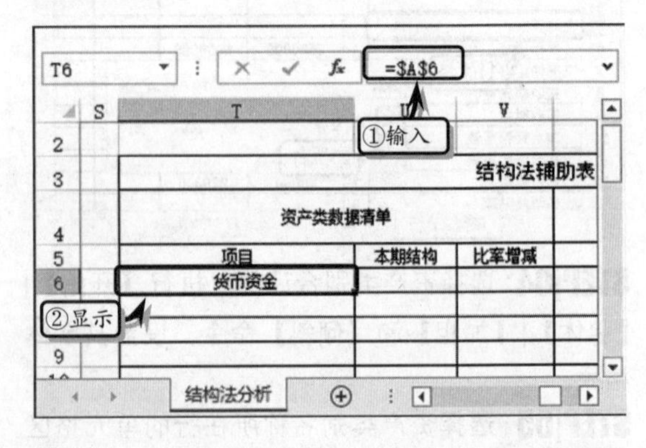

STEP|14 选择单元格 U6，在编辑栏中输入引用公式，按 Enter 键。使用同样的方法，引用其他金额。

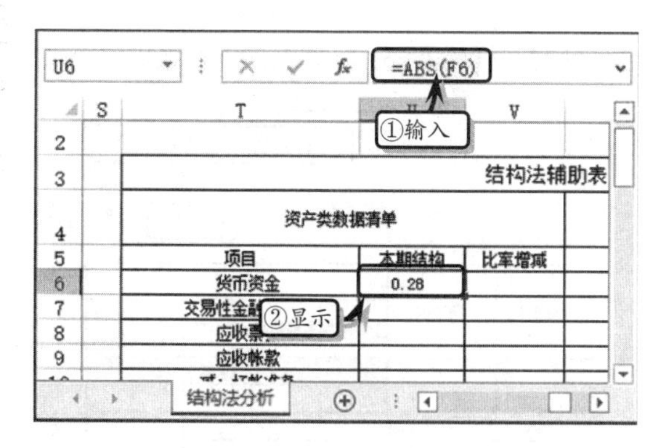

STEP|15 选择单元格 V6，在编辑栏中输入引用公式，按 Enter 键。使用同样的方法，引用其他百分比值。

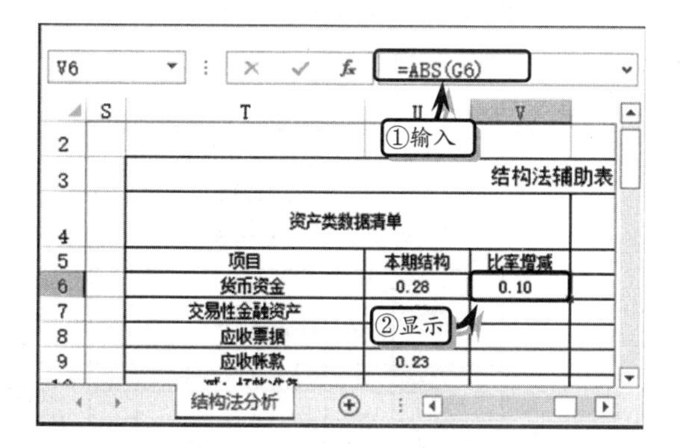

STEP|16 选择单元格 W6，在编辑栏中输入引用公式，按 Enter 键。使用同样的方法，引用其他项目名称。

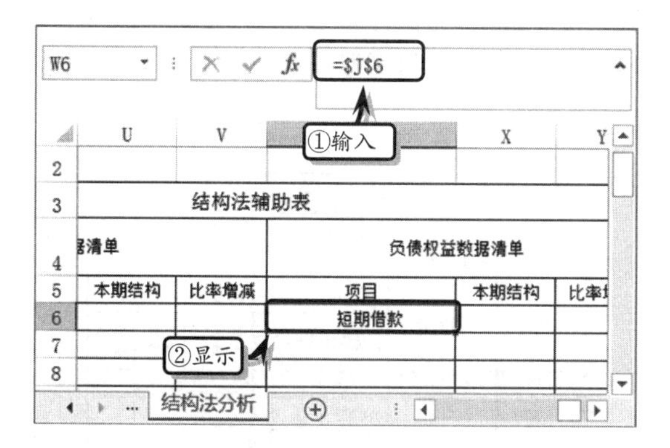

STEP|17 选择单元格 X6，在编辑栏中输入引用公式，按 Enter 键。使用同样的方法，引用其他金额。

STEP|18 选择单元格 Y6，在编辑栏中输入引用公式，按 Enter 键。使用同样的方法，引用其他百分比值。

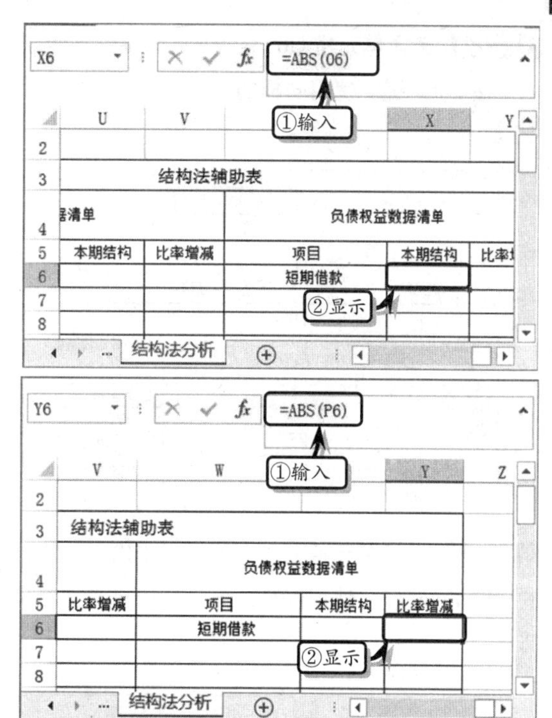

STEP|19 计算资产类分析数据。选择单元格 E6，在编辑栏中输入计算公式，按 Enter 键返回计算结果。使用同样的方法，计算其他上期结构额。

STEP|20 选择单元格 F6，在编辑栏中输入计算公式，按 Enter 键返回计算结果。使用同样的方法，计算其他本期结构值。

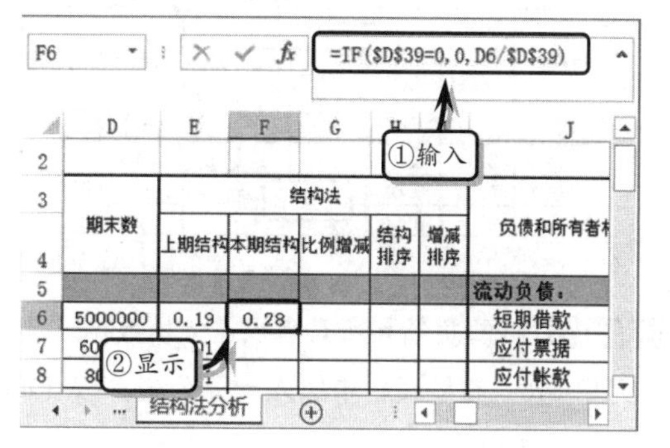

STEP|21 选择单元格 G6，在编辑栏中输入计算公式，按 Enter 键。使用同样的方法，计算其他比例增减。

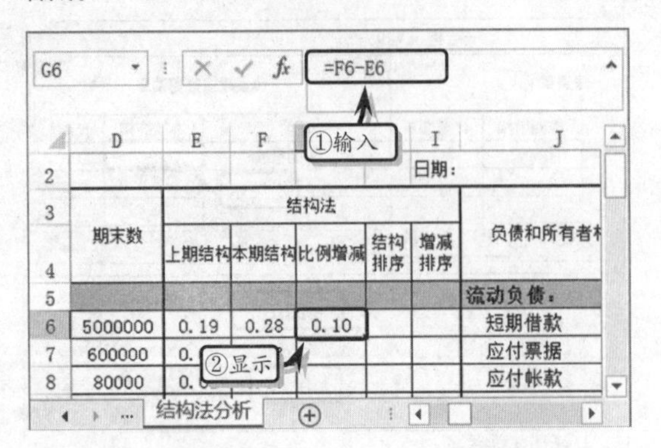

STEP|22 选择单元格 H6，在编辑栏中输入计算公式，按 Enter 键。使用同样的方法，计算其他结构排序。

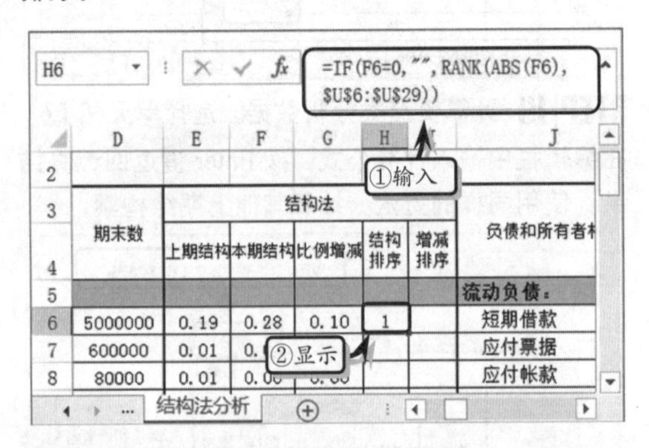

STEP|23 选择单元格 I6，在编辑栏中输入计算公式，按 Enter 键。使用同样的方法，计算其他增减排序。

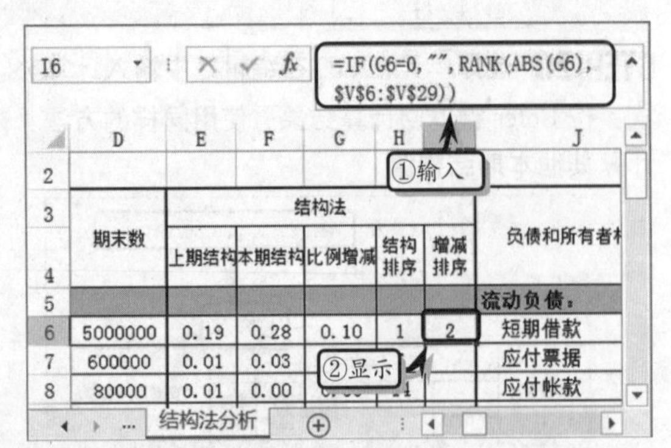

STEP|24 计算负债和所有者权益分析数据。选择单元格 N6，在编辑栏中输入计算公式，按 Enter 键。使用同样的方法，计算其他上期结构值。

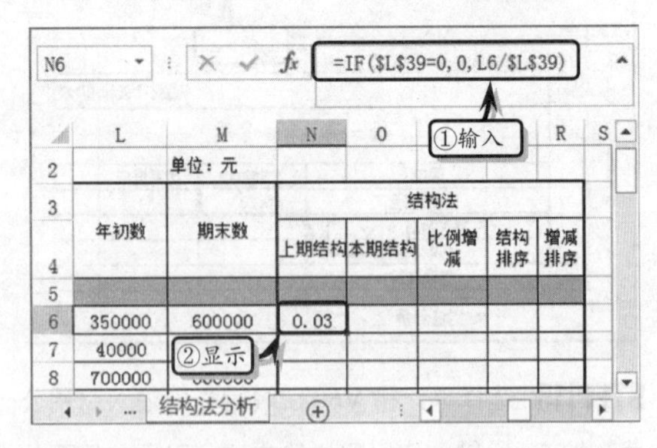

STEP|25 选择单元格 O6，在编辑栏中输入计算公式，按 Enter 键返回计算结果。使用同样的方法，计算其他本期结构值。

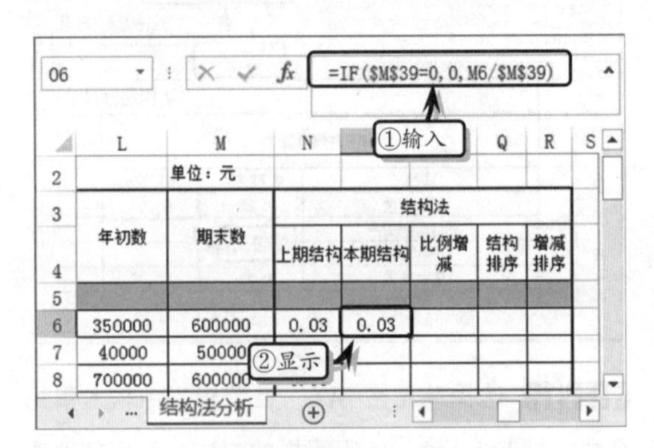

STEP|26 选择单元格 P6，在编辑栏中输入计算公式，按 Enter 键返回计算结果。使用同样的方法，计算其他比例增减值。

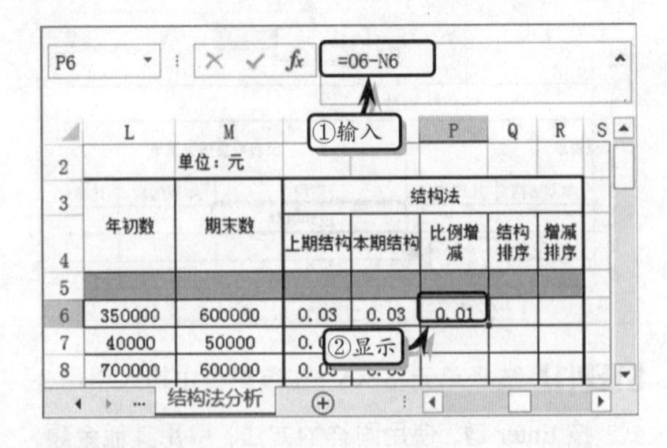

STEP|27 选择单元格 Q6，在编辑栏中输入计算公式，按 Enter 键。使用同样的方法，计算其他结构排序。

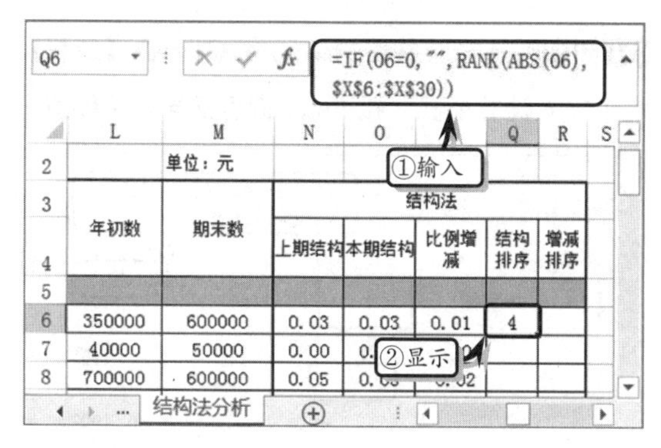

STEP|28 选择单元格 R6，在编辑栏中输入计算公式，按 Enter 键。同样的方法，计算其他增减排序。

6.6 练习：制作万年历

万年只是一种象征，表示时间跨度大。而万年历是记录一定时间范围内的具体阳历、星期的年历，可以方便人们查询很多年以前以及以后的日期。下面通过运用 Excel 中的函数、公式，以及运用 Excel 的数据验证等知识来制作一份万年历。

练习要点

- 设置字符格式
- 设置数字格式
- 使用数据有效性
- 使用公式
- 设置边框格式
- 设置背景颜色

万年历

星期日	星期一	星期二	星期三	星期四	星期五	星期六
						1
2	3	4	5	6	7	8
9	10	11	12	13	14	15
16	17	18	19	20	21	22
23	24	25	26	27	28	29
30	31					

查询年月　2014　年　3　月

操作步骤

STEP|01 制作基础内容。新建工作表，在 J 列和 K 列中输入代表年份和月份的数值。同时，在第 1 行中输入“星期”和“北京时间”文本。

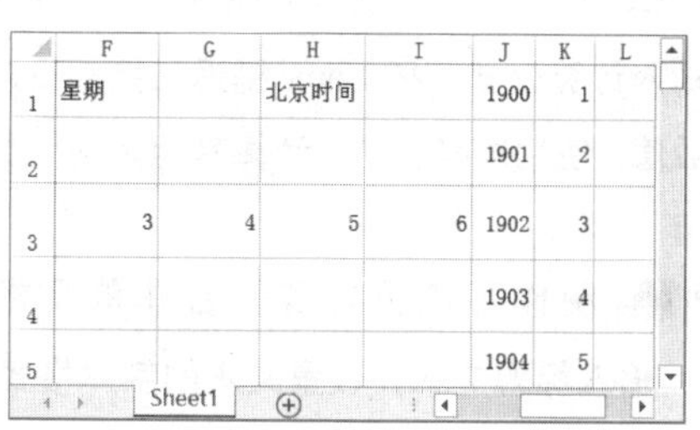

STEP|02 在单元格区域 C13:I13 中输入查询文本，并在【开始】选项卡【字体】选项组中，设置文本的字体格式。

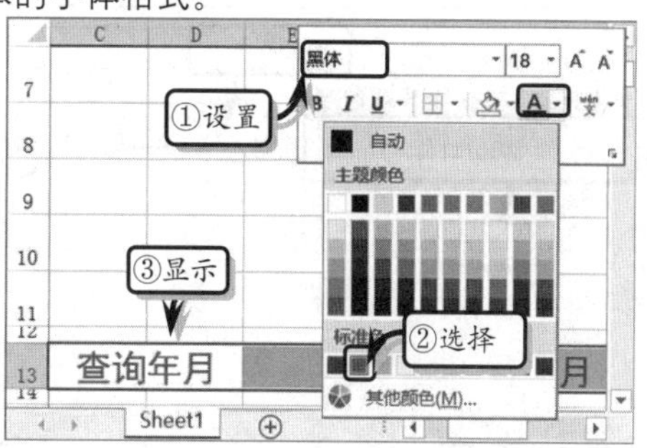

STEP|03 选择单元格 E13，执行【数据】|【数据工具】|【数据验证】|【数据验证】命令，设置数据验证的允许条件。

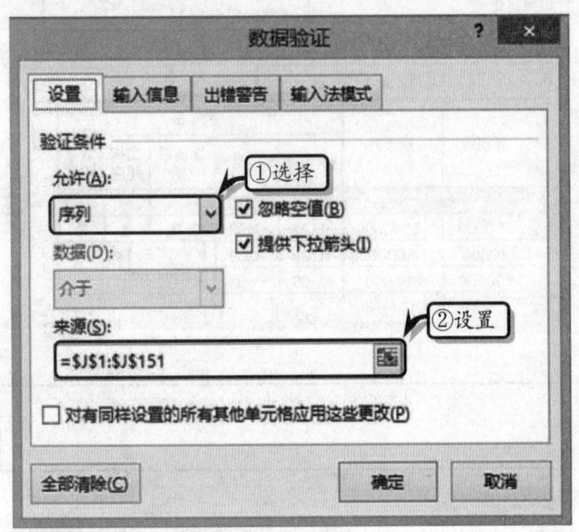

STEP|04 选择单元格 G13，执行【数据】|【数据工具】|【数据验证】|【数据验证】命令，设置数据验证的允许条件。

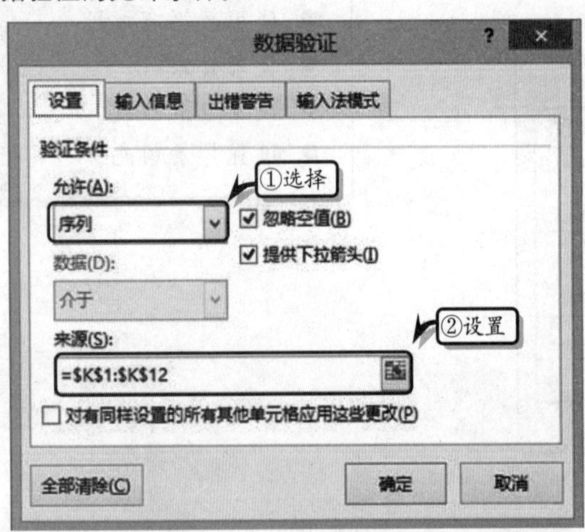

STEP|05 选择合并后的单元格 D1，在【编辑】栏中输入计算公式，按 Enter 键返回当前日期值。

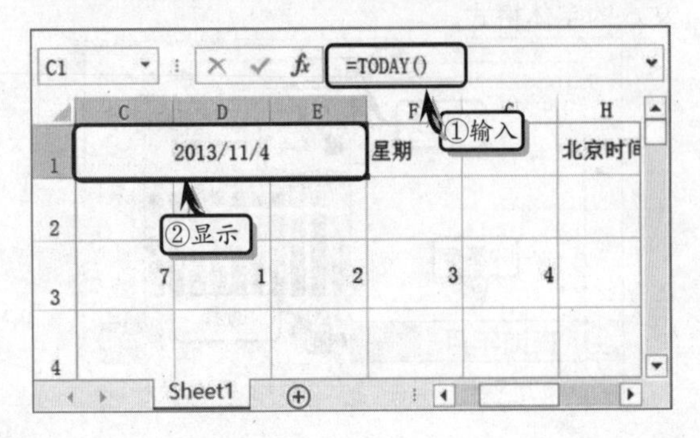

STEP|06 选择合并后的单元格 G1，在【编辑】栏中输入计算公式，按 Enter 键返回当前星期值。

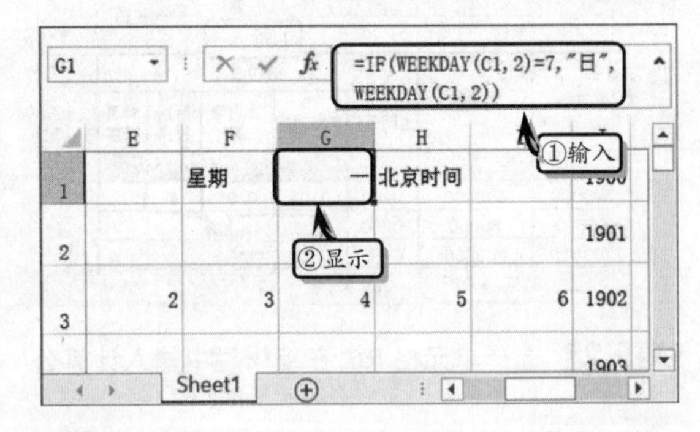

STEP|07 选择合并后的单元格 I1，在【编辑】栏中输入计算公式，按 Enter 键返回当前时间值。

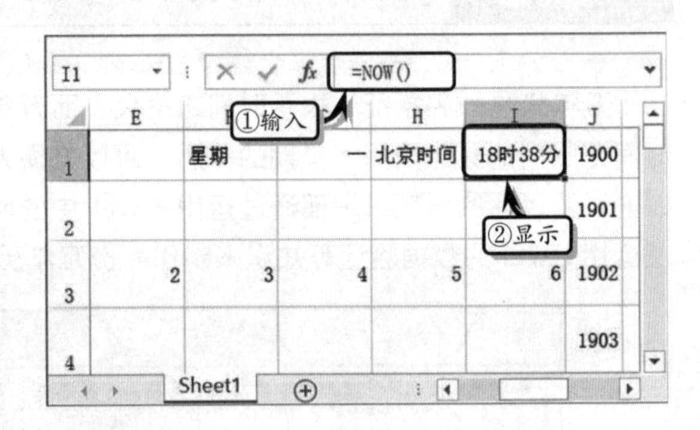

STEP|08 选择合并后的单元格 B2，在【编辑】栏中输入计算公式，按 Enter 键返回查询值。

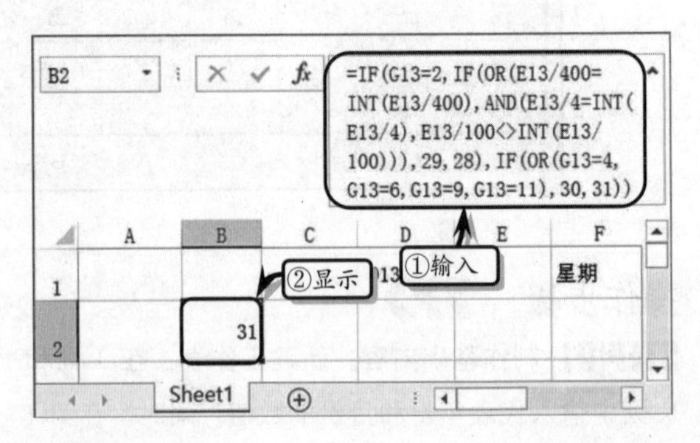

STEP|09 选择合并后的单元格 C2，在【编辑】栏中输入计算公式，按 Enter 键返回星期日对应的查询数值。使用同样方法，计算其他星期天数对应的数值。

STEP|10 制作万年历内容。合并单元格区域 C4:I4，输入标题文本并设置文本的字体格式。

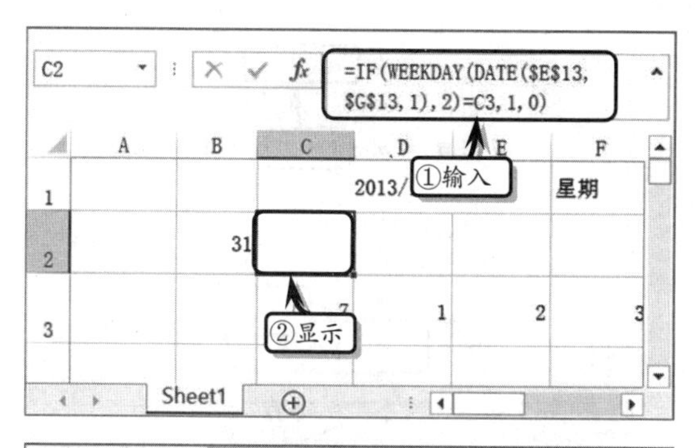

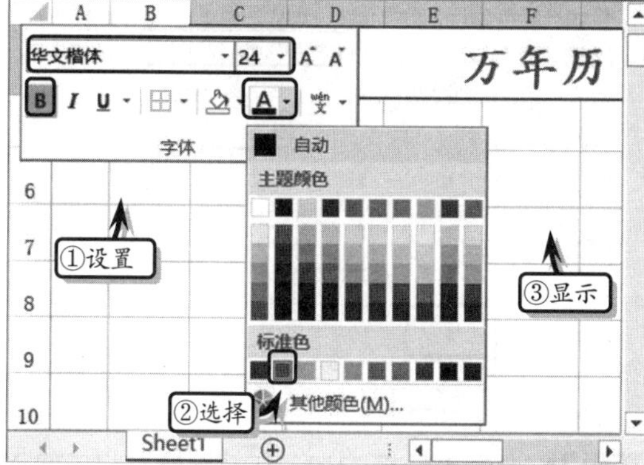

STEP|11 输入星期天数，并设置其字体格式。然后，设置日历区域的对齐格式。

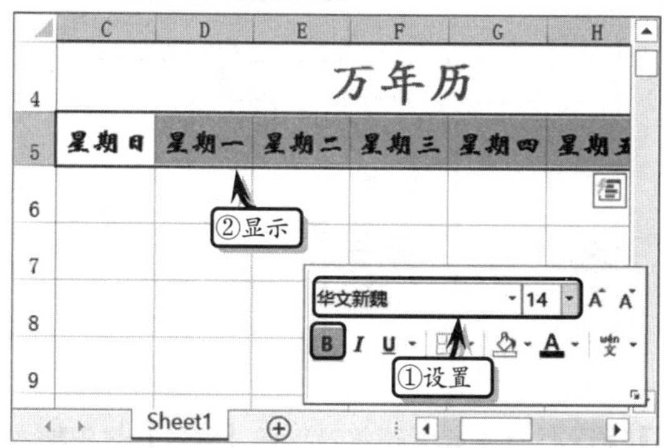

STEP|12 选择单元格 C6，在【编辑】栏中输入计算公式，按 Enter 键完成公式的输入。

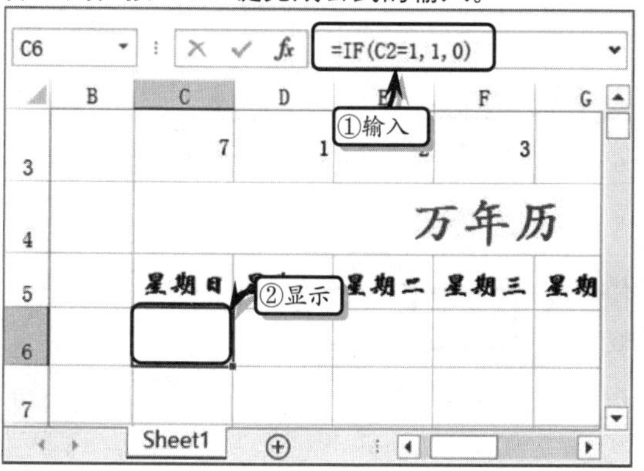

STEP|13 选择单元格 D6，在【编辑】栏中输入计算公式，按 Enter 键完成公式的输入。

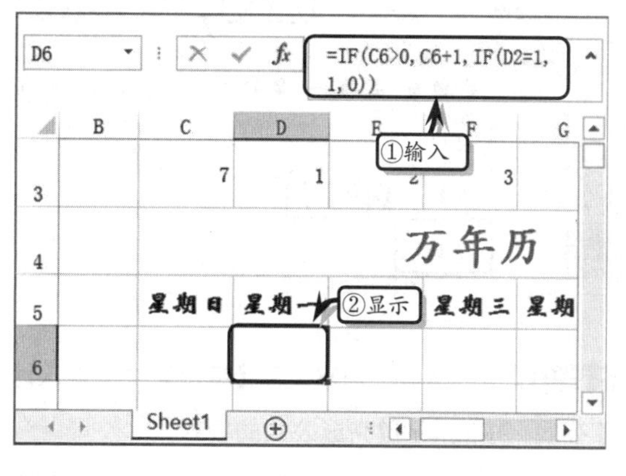

STEP|14 选择单元格 C7，在【编辑】栏中输入计算公式，按 Enter 键完成公式的输入。

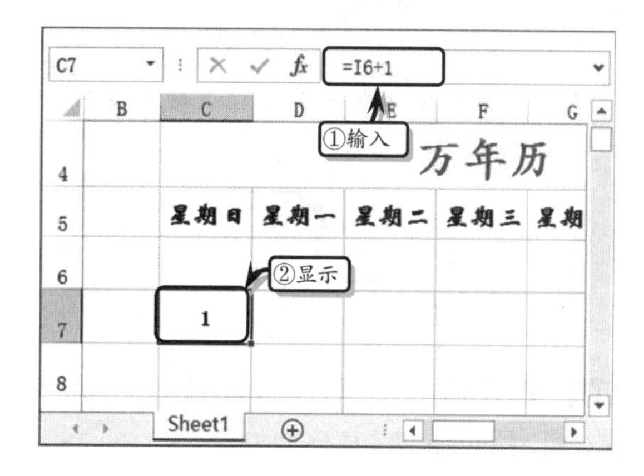

STEP|15 选择单元格 D7，在【编辑】栏中输入计算公式，按 Enter 键完成公式的输入。

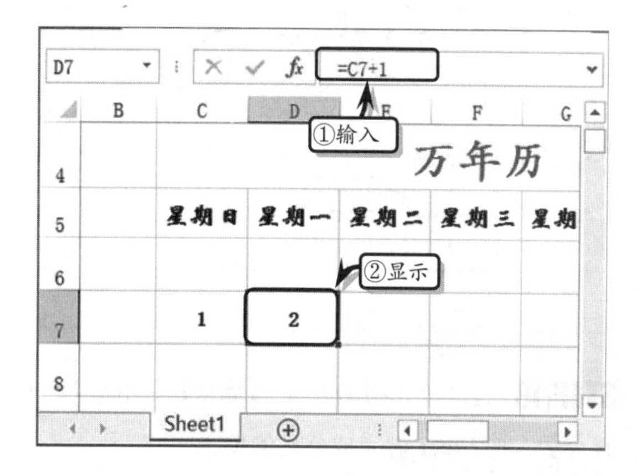

STEP|16 选择单元格 C8，在【编辑】栏中输入计算公式，按 Enter 键完成公式的输入。

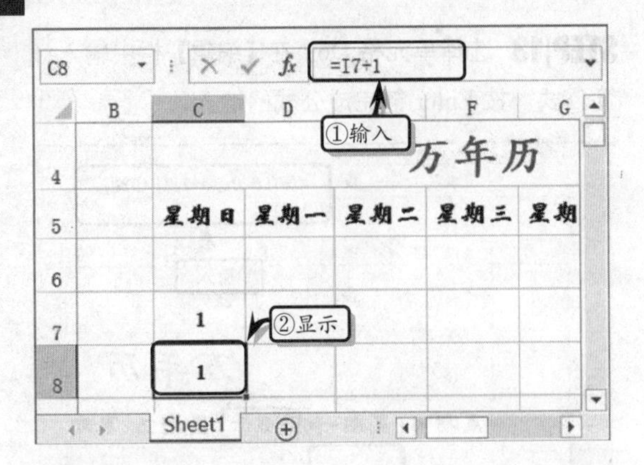

STEP|17 选择单元格 D8，在【编辑】栏中输入计算公式，按 Enter 键完成公式的输入。

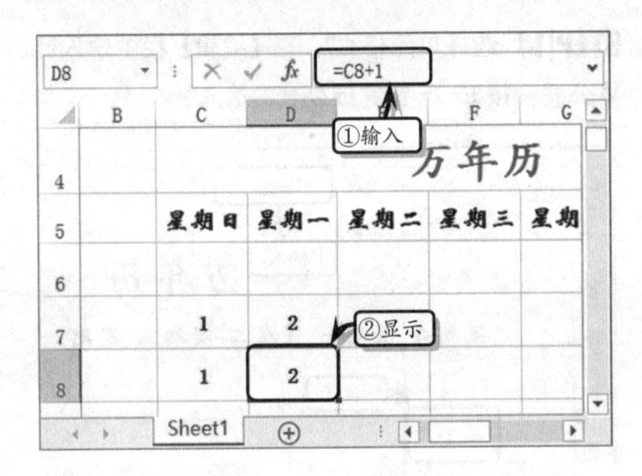

STEP|18 选择单元格 C9，在【编辑】栏中输入计算公式，按 Enter 键完成公式的输入。

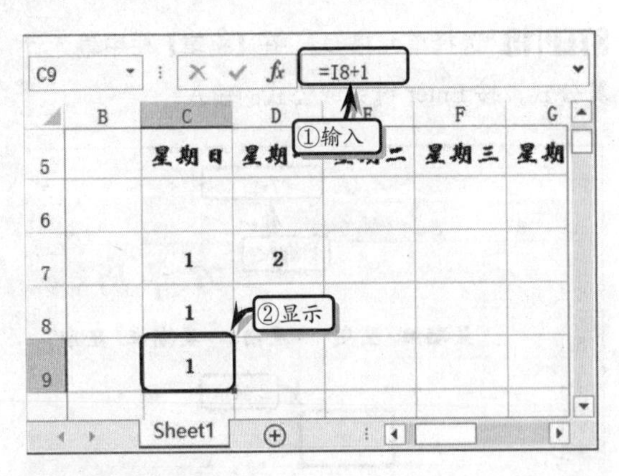

STEP|19 选择单元格 D9，在【编辑】栏中输入计算公式，按 Enter 键完成公式的输入。

STEP|20 选择单元格 C10，在【编辑】栏中输入计算公式，按 Enter 键完成公式的输入。

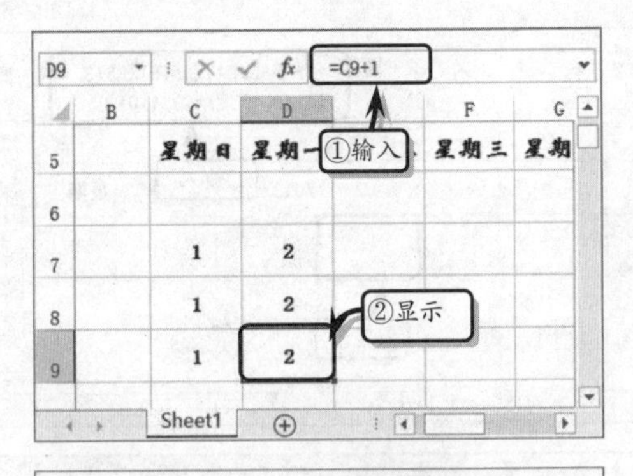

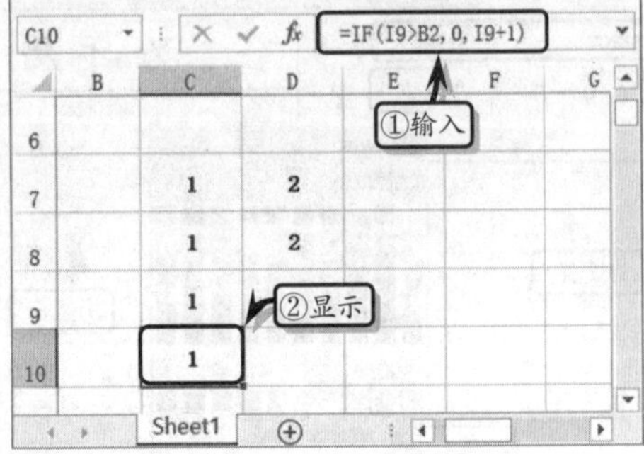

STEP|21 选择单元格 D10，在【编辑】栏中输入计算公式，按 Enter 键完成公式的输入。

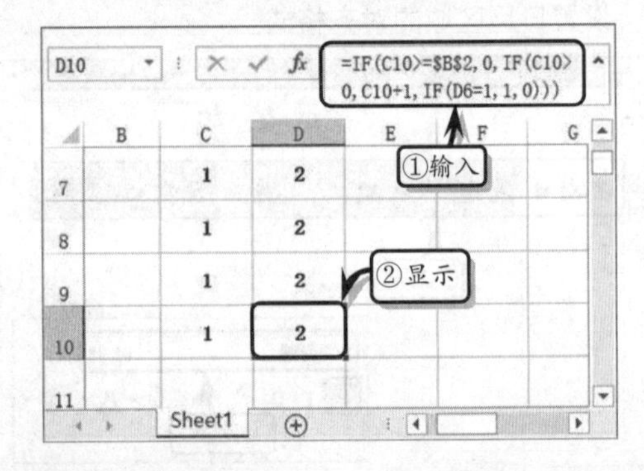

STEP|22 选择单元格 C11，在【编辑】栏中输入计算公式，按 Enter 键完成公式的输入。

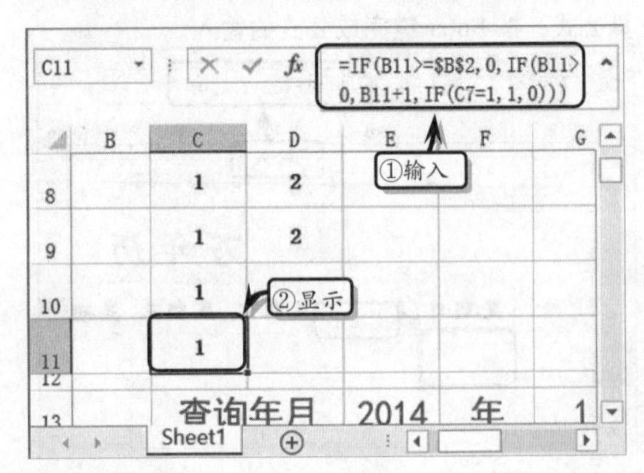

STEP|23 选择单元格 D11，在【编辑】栏中输入计算公式，按 Enter 键完成公式的输入。

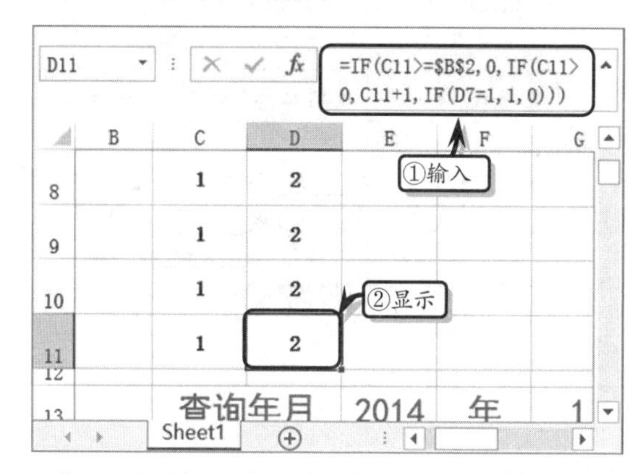

STEP|24 选择单元格区域 D6:I10，执行【开始】|【编辑】|【填充】|【向右】命令，向右填充公式。

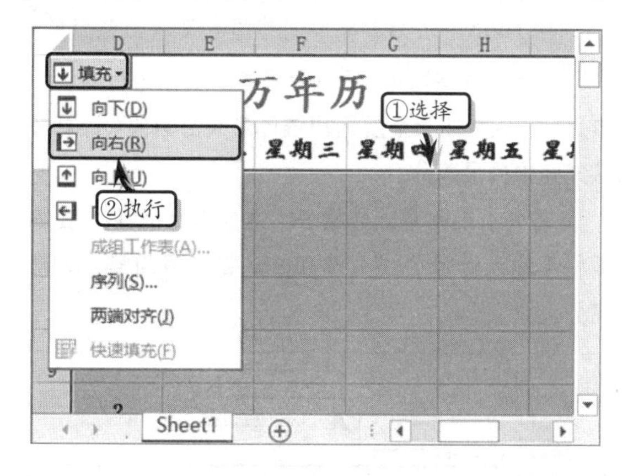

STEP|25 美化表格。选择单元格区域 C5:I11，右击执行【设置单元格格式】命令，在【边框】选项卡中，设置内外边框线条的样式和颜色。

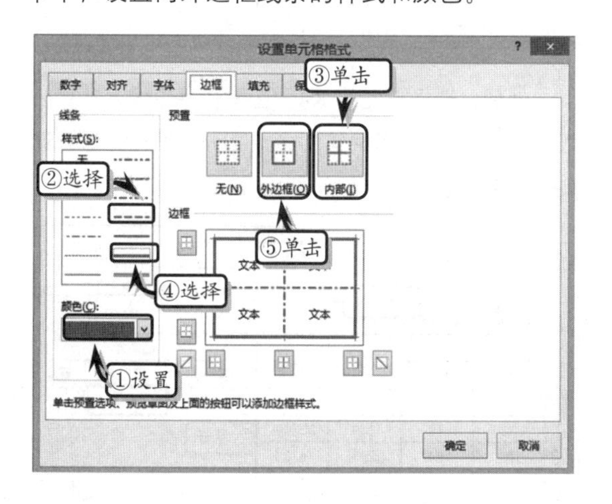

STEP|26 选择包含基础数据和年份、月份值的单元格区域，执行【开始】|【字体】|【字体颜色】|【白色,背景 1】命令，设置数据的字体颜色。

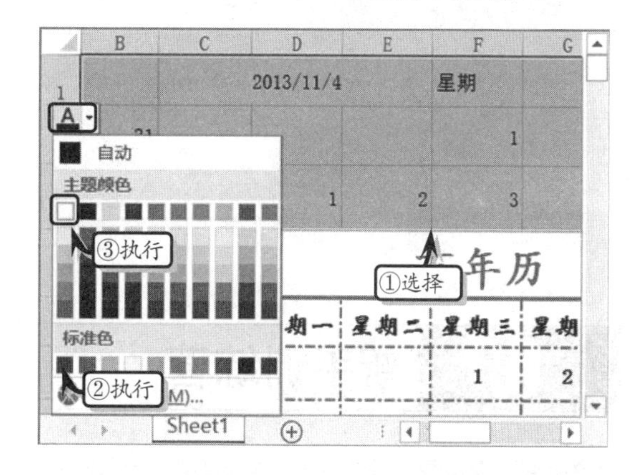

STEP|27 选择单元格区域 B4:J14，执行【开始】|【字体】|【填充颜色】|【绿色，着色 6，淡色 80%】命令，设置单元格区域的填充颜色。

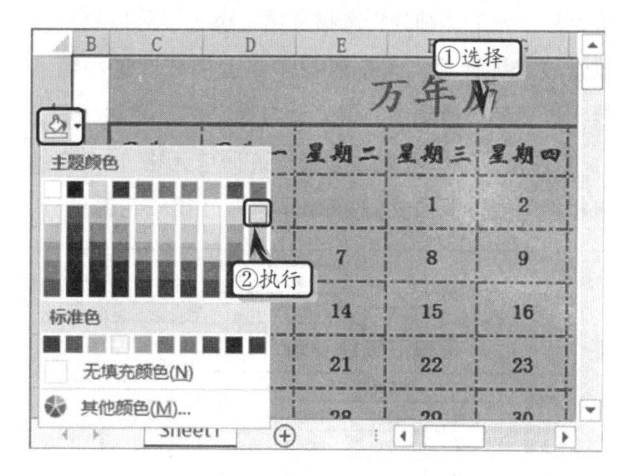

STEP|28 同时，执行【开始】|【字体】|【边框】|【粗匣框线】命令，设置单元格区域的外边框格式。

STEP|29 最后，在【视图】选项卡【显示】选项组中，禁用【网格线】复选框，隐藏工作表中的网格线。

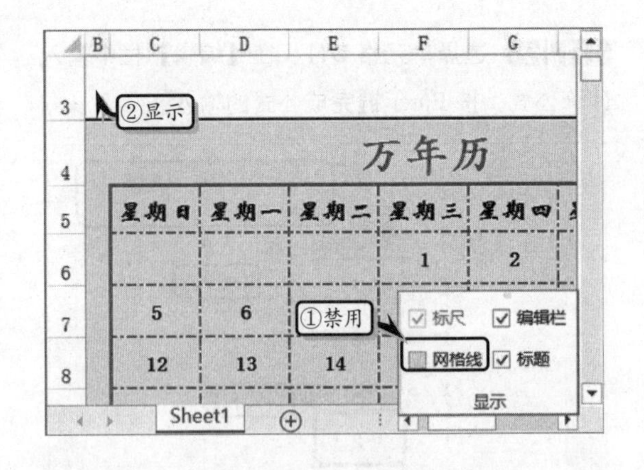

6.7 新手训练营

练习 1：计算考试最低分

downloads\6\新手训练营\计算考试最低分

提示：本练习中，已知企业在对员工进行培训考核之后，为了详细分析考核成绩，也为了可以针对性地修改培训计算，人事职员需要运用统计最小值函数，计算考核成绩中的最低分与第二、三名最低分。

首先，制作基础数据表。选择单元格 I4，在编辑栏中输入计算公式，按 Enter 键返回第一名最低分。

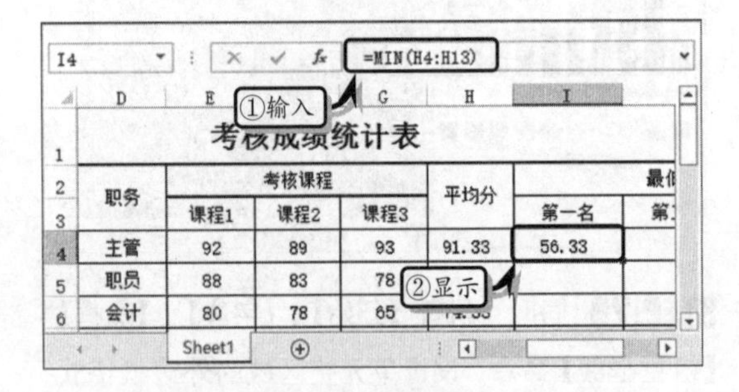

选择单元格 J4，在编辑栏中输入计算公式，按 Enter 键返回第二名最低分。同样方法，计算第三名最低分。

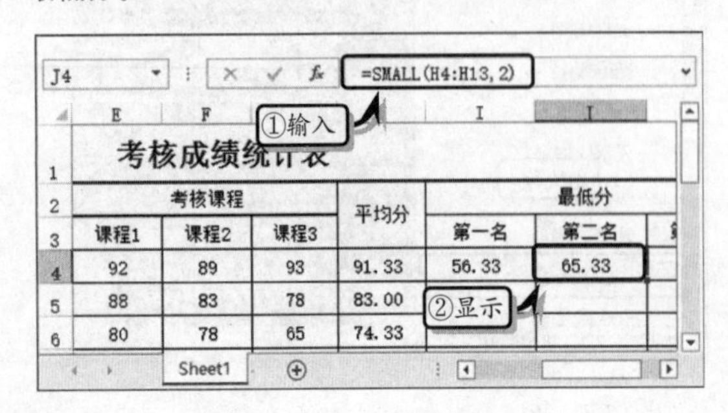

练习 2：计算考试最高分

downloads\6\新手训练营\计算考试最高分

提示：本练习中，已知企业在对员工进行培训考核之后，人事职员需要运用统计最大值函数，计算考核成绩中的最高分。

首先，制作基础数据表。选择单元格 J4，在编辑栏中输入计算公式，按 Enter 键，返回第一名最高分。

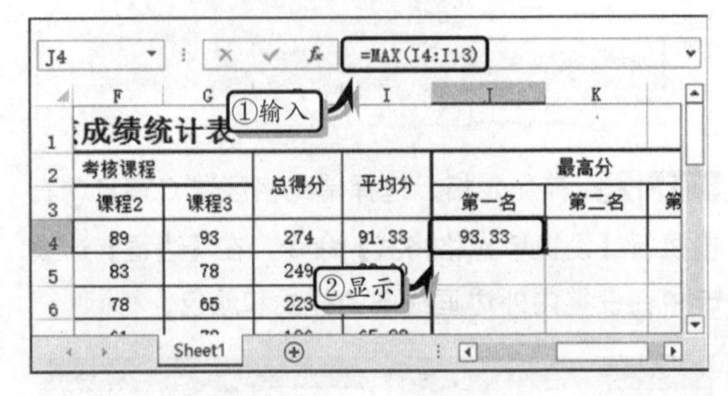

然后，选择单元格 K4，在编辑栏中输入计算公式，按 Enter 键，返回第二名最高分。同样方法，计算第三名最高分。

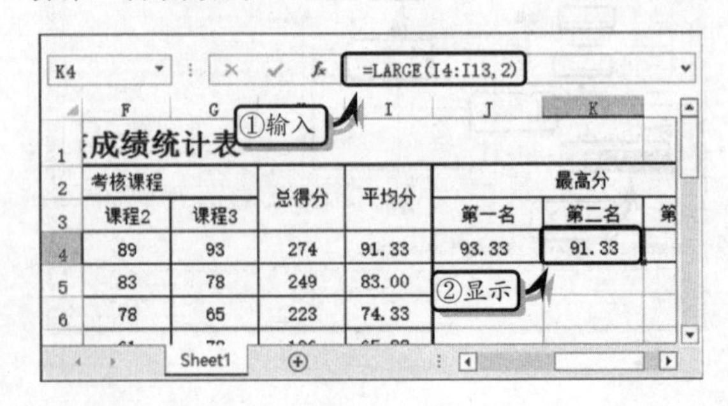

最后，合并单元格区域 J5:L13，执行【插入】|【迷你图】|【折线图】命令，添加显示数据区域 J4:J13 的迷你折线图。

考核课程			总得分	平均分	最高分		
课程1	课程2	课程3			第一名	第二名	第三名
92	89	93	274	91.33	93.33	91.33	85.00
88	83	78	249	83.00			
80	78	65	223	74.33			
62	61	73	196	65.33			
73	87	90	250	83.33			
88	80	87	255	85.00			
72	74	78	224	74.67			
81	85	83.5	249.5	83.17			
96	98	86	280	93.33			
65	62	69	196	65.33			

练习 3：计算条件平均值

downloads\6\新手训练营\计算条件平均值

提示：本练习中，已知企业在对员工进行培训考核后，为分析考核成绩，需要运用平均值函数，计算员工考核成绩的平均值，以及大于 70 分、80 分与 90 分的平均值。

首先，制作基础数据表。然后，选择单元格 I4，在编辑栏中输入计算公式，按 Enter 键，返回平均值。

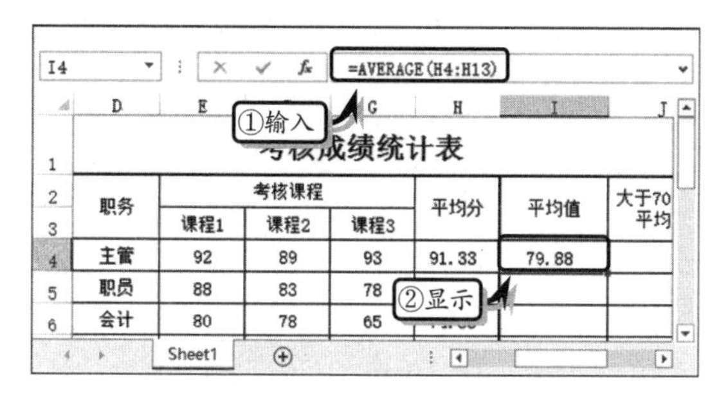

然后，选择单元格 J4，在编辑栏中输入计算公式，按 Enter 键，返回大于 70 分的平均值。使用同样方法，分别计算大于 80 分和大于 90 分的平均值。

=AVERAGEIF(H4:H13,">70")

考核课程			平均分	平均值	大于70分的平均值
课程1	课程2	课程3			
92	89	93	91.33	79.88	83.52
88	83	78	83.00		
80	78	65	74.33		

练习 4：预测销售额

downloads\6\新手训练营\预测销售额

提示：本练习中，已知某公司的 11 月的销售额，为了制定销售计划，需要预测未来 1~3 个月的销售额。在本练习中，将运用 FORECAST 函数，根据已知销售额预测销售额。

首先，制作基础数据表。选择单元格 D14，在编辑栏中输入计算公式，按 Enter 键，返回第 12 个月的预测销售额。

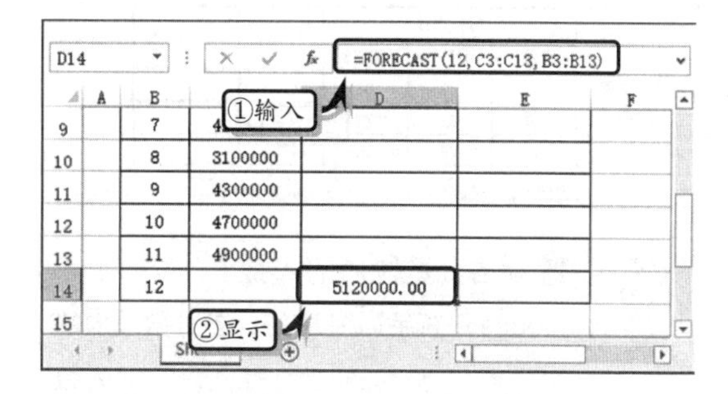

选择单元格 E3，在编辑栏中输入计算公式，按 Enter 键，返回第 13 个月的预测销售额。同样方法，计算第 14 个月的预测销售额。

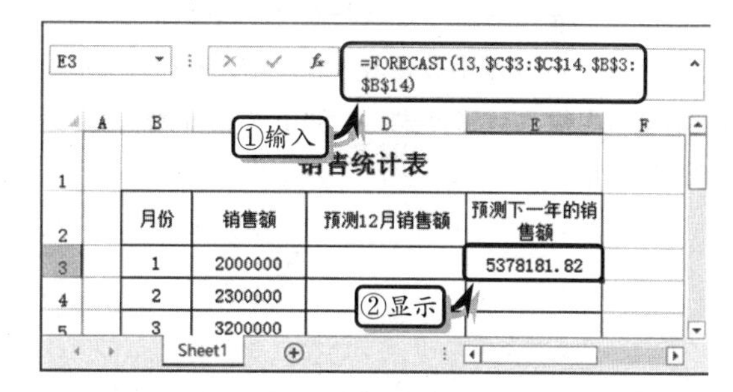

练习 5：统计不及格人数

downloads\6\新手训练营\统计不及格人数

提示：本练习中，已知某公司员工培训考核表，在本练习中，首先运用 IF 函数与 SUM 函数计算考核平均分。然后，运用 COUNTBLANK 函数计算不及格人数。

首先，制作基础数据表。然后，选择单元格 H4，在编辑栏中输入计算公式，按 Enter 键返回平均分。同样方法，计算其他平均分。

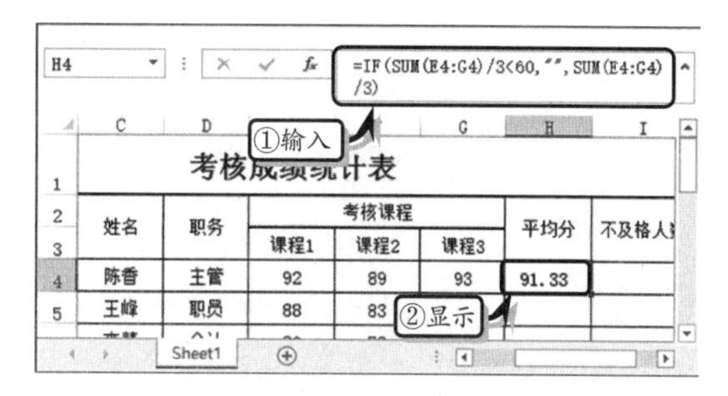

最后，选择单元格 I4，在编辑栏中输入计算公

式，按 Enter 键返回不及格人数。

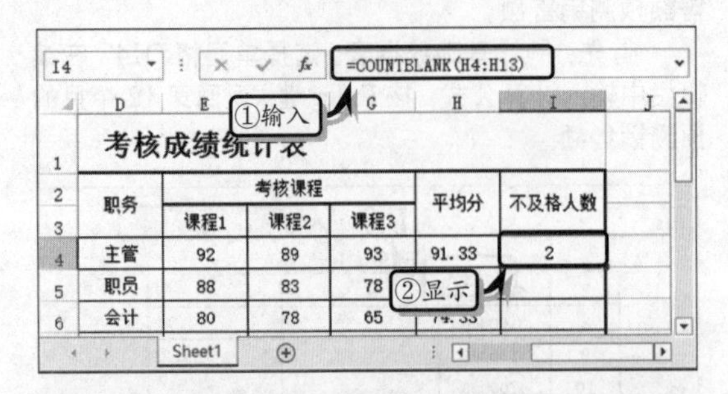

练习 6：统计各分数段内的人数

downloads\6\新手训练营\统计各分数段内的人数

提示：本练习中，已知某公司员工培训考核表，下面运用 FREQUENCY 函数，统计 60 分以下，60~69 分、70~79 分、80~89 分、90~99 分内的员工人数。

首先，制作基础数据表。选择单元格区域 J4:J8，在编辑栏中输入计算公式，按 Shift+Ctrl+Enter 键，返回计算结果。

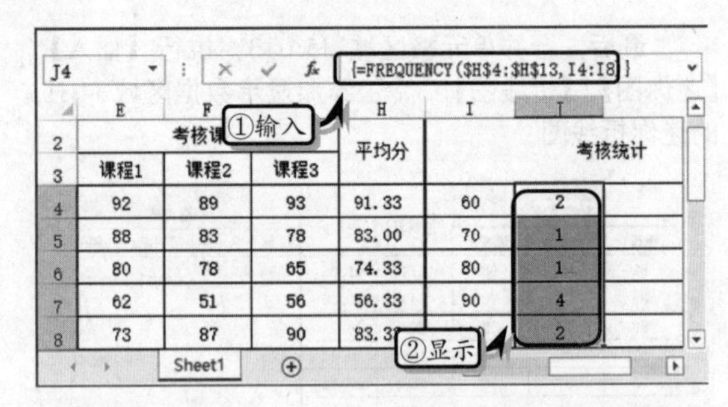

然后，选择单元格 K4，在编辑栏中输入计算公式，按 Enter 键，返回计算结果。同样方法，显示其他统计人数。

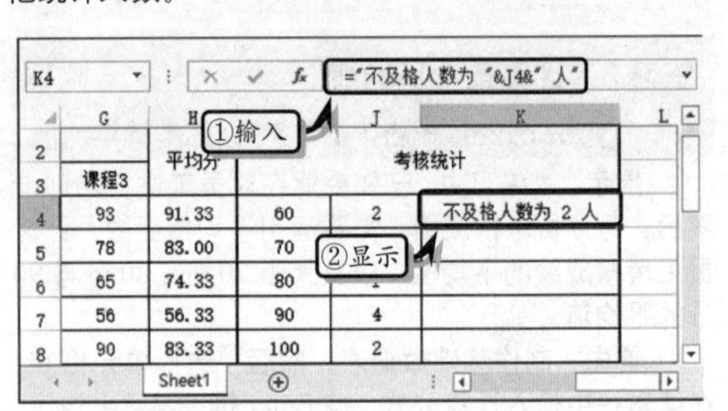

第 7 章

应用财务函数

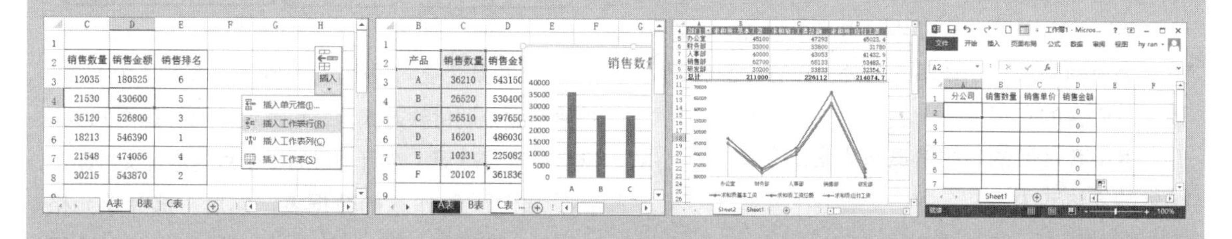

Excel 除了内置了查找与引用函数、日期时间函数和统计函数等函数之外，还内置了可以进行专业财务计算与分析的财务函数。例如，计算投资的未来值、投资净现值、贷款利率、本金偿还额等；以及计算固定资产的折旧与进行投资分析等。通过财务函数，不仅可以帮助管理者调整投资方向，而且还可以帮助财务人员加速财务运算与精确财务分析，从而在节省财务运作时间的基础上为财务人员提供了一种计算投资及内部收益的有利工具。

7.1 贷款信息函数

随着经济的发展，贷款已成为部分人群的必要的资金来源渠道。为了准确地计算以及了解贷款信息，用户还需要运用财务函数计算贷款的偿还额、本金偿还、贷款利率与总期数等贷款数据。

7.1.1 利率与本金函数

利率与本金函数是专门用于计算贷款利率和偿还本金的一类函数，包括 RATE 函数、PPMT 函数、IPMT 函数等。

1. RATE 函数

用户可以运用 Excel 中的 RATE 函数，计算未来现金流的利率或贴现率。另外，RATE 函数还可以计算隐含的利率。

RATE 函数的功能是返回年金的各期利率，该函数的表达式为：

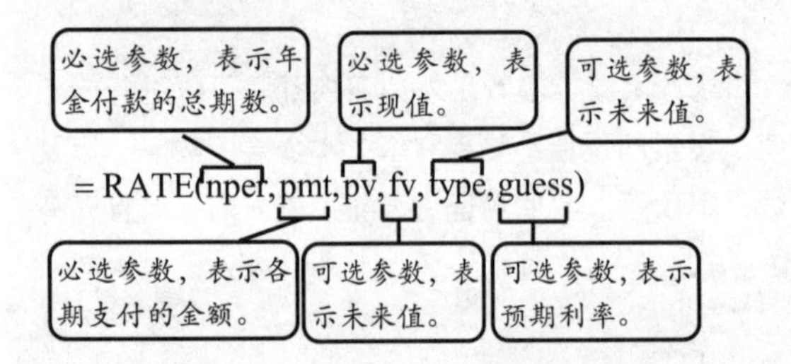

已知工资贷款率是一种短期贷款，其贷款率会非常高。已知某人需要进行 10 次工资贷款，每次贷款的天数为 14 天。每一次的贷款额为 20 000 元，而每次贷款后需要归还 23 000 元。下面运用 RATE 函数计算利率为 1%下的贷款率。

首先，制作基础数据表。然后，选择单元格 C10，在编辑栏中输入计算公式，按 Enter 键返回贷款率。

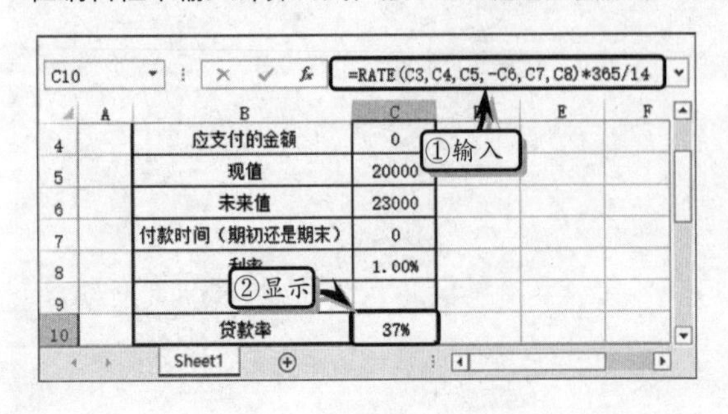

2. PPMT 函数

PPMT 函数的功能是在基于固定利率及等额分期付款方式下，返回投资在某一期间内的本金偿还额。该函数的表达式为：

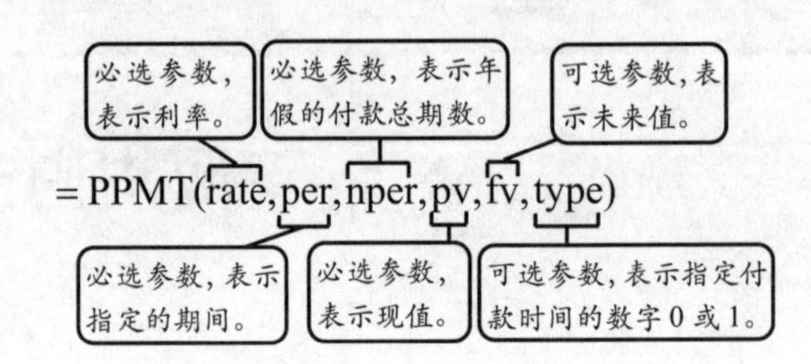

已知某企业向银行贷款 30 万，年利率为 6%，按照等额分期付款方式分三年还清。下面，运用 PPMT 函数计算贷款第 1 个月与最后 1 个月的本金支付额。

首先，制作基础数据表。然后，选择单元格 C5，在编辑栏中输入计算公式，按 Enter 键，返回第 1 个月的支付额。

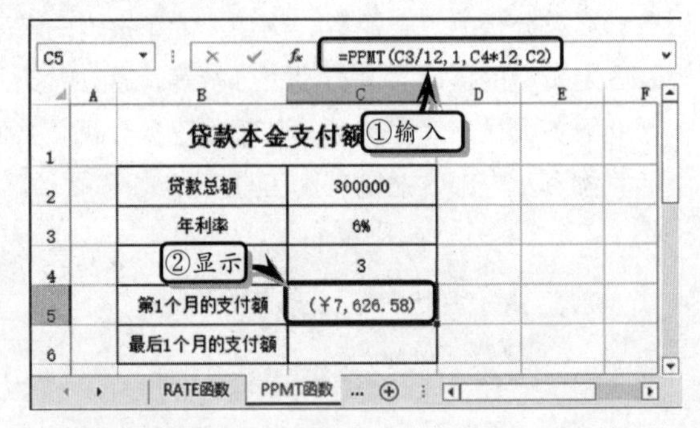

最后，选择单元格 C6，在编辑栏中输入计算公式，按 Enter 键，返回最后 1 个月的支付额。

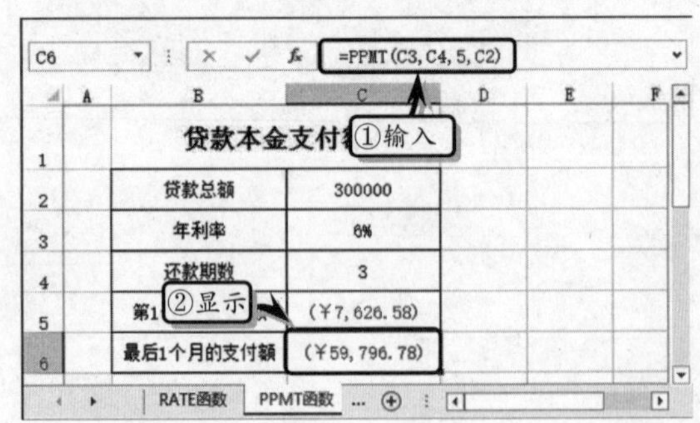

3. IPMT 函数

IPMT 函数的功能是返回基于固定利率及等额分期付款方式，返回给定期数内对投资的利息偿还额。该函数的表达式为：

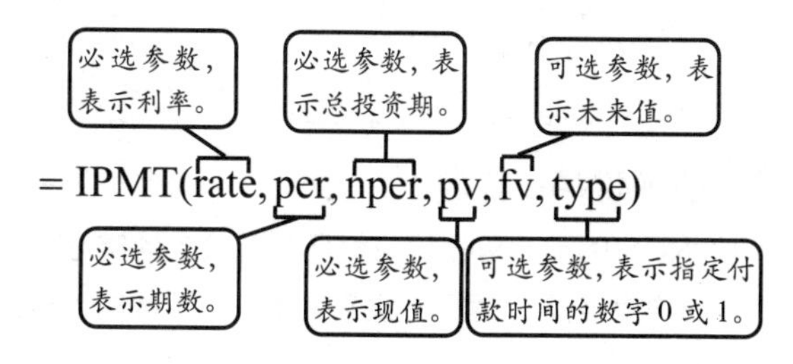

已知某公司向银行贷款 1000 万元，年利率为 6.5%，贷款期限为 6 年。下面，运用 IPMT 函数，计算偿还贷款最后一年的利息偿还额。

首先，制作基础数据表。然后，选择单元格 C6，在编辑栏中输入计算公式，按 Enter 键，返回利息偿还额。

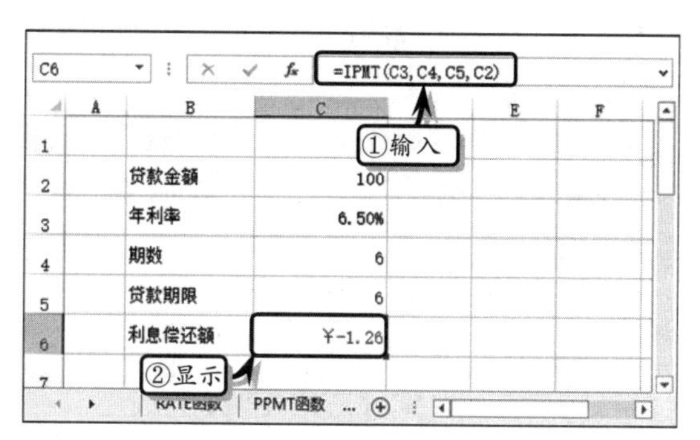

4. CUMIPMT 函数

CUMIPMT 函数的功能是返回一笔贷款在给定的期间累计偿还的利息数额。该函数的表达式为：

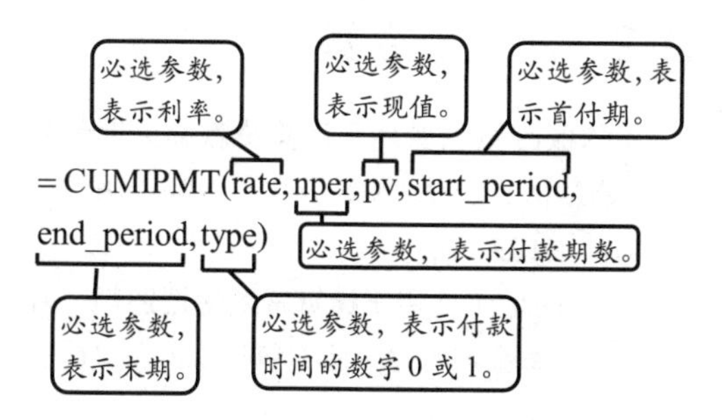

已知某公司向银行贷款 6 000 000 元，此贷款分 4 年还清，按年利率 10%计算，下面利用 CUMIPMT 函数，计算此贷款第一个月所支付的利息，及此贷款在第二年所支付的总利息。

首先，制作基础数据表。然后，选择单元格 C5，在编辑栏中输入计算公式，按 Enter 键，返回第一个月支付利息。

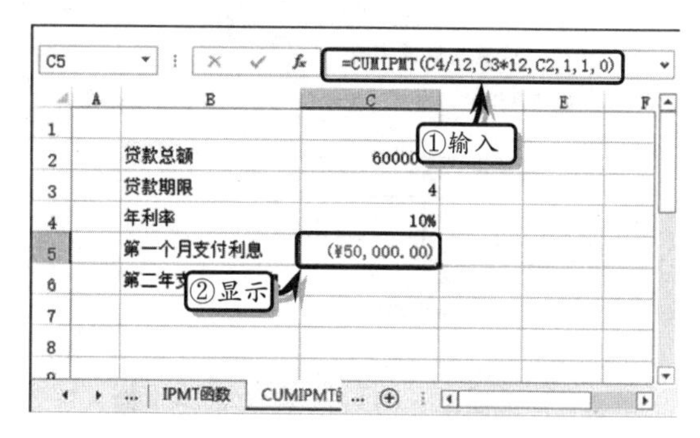

选择单元格 C6，在编辑栏中输入计算公式，按 Enter 键，返回第二年支付的总利息。

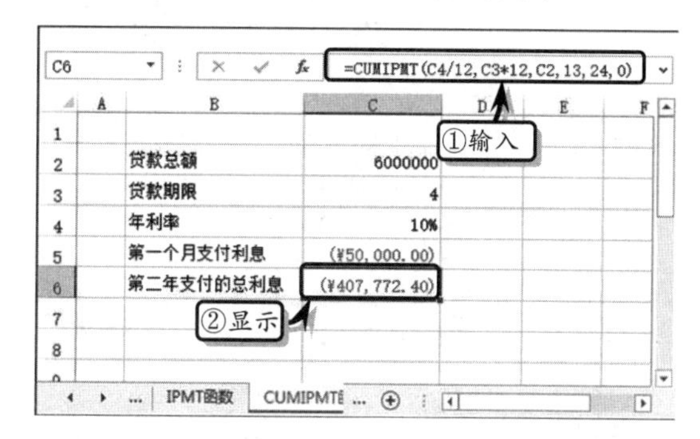

5. CUMPRINC 函数

CUMPRINC 函数的功能是返回一笔贷款在给定期间累计偿还的本金额，该函数的表达式为：

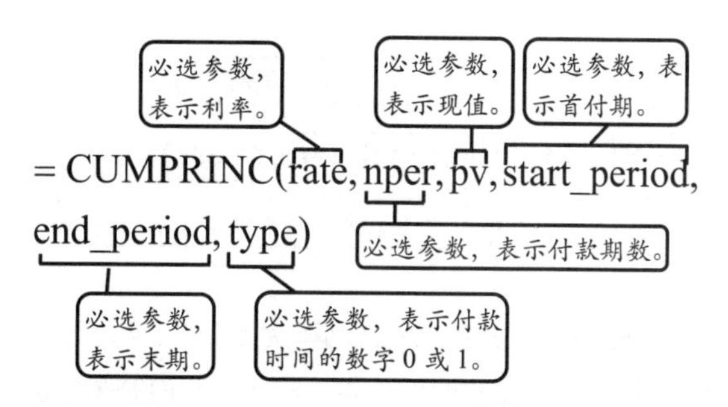

已知某企业向银行贷款 30 万，年利率为 9%，还款期限为 30 年。下面，运用 CUMPRINC 函数计算贷款第 1 个月的本金支付额与第 2 年的本金累计支付额。

首先，制作基础数据表。然后，选择单元格C5，在编辑栏中输入计算公式，按 Enter 键，返回第 2 年偿还本金之和。

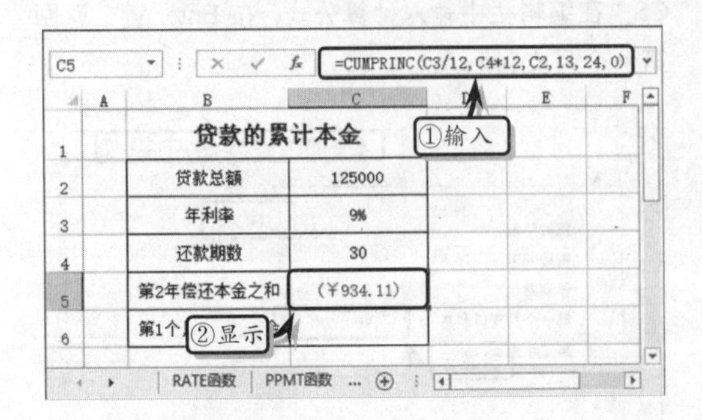

最后，选择单元格 C6，在编辑栏中输入计算公式，按 Enter 键，返回第 1 个月偿还的本金。

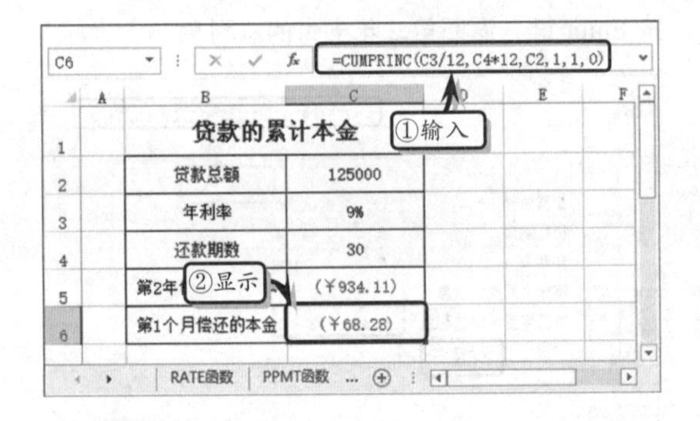

6．EFFECT 函数

EFFECT 函数的功能是利用给定的名义年利率和每年的复利期数，计算有效的年利率。该函数的表达式为：

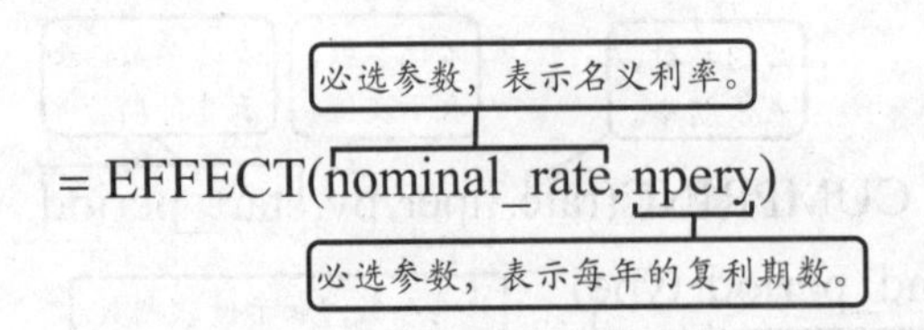

已知某项贷款的名义利率为 5.25%，实际利率为 5.35%，年复利期数为 4。下面运用 EFFECT 函数计算年利率。

首先，制作基础数据表。然后，选择单元格C4，在编辑栏中输入计算公式，按 Enter 键返回年利率。

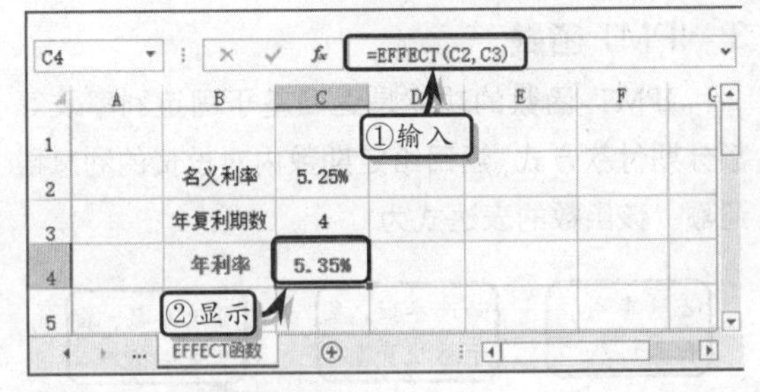

7．NOMINAL 函数

NOMINAL 函数的功能是基于给定的实际利率和年复利期数，返回名义年利率。该函数的表达式为：

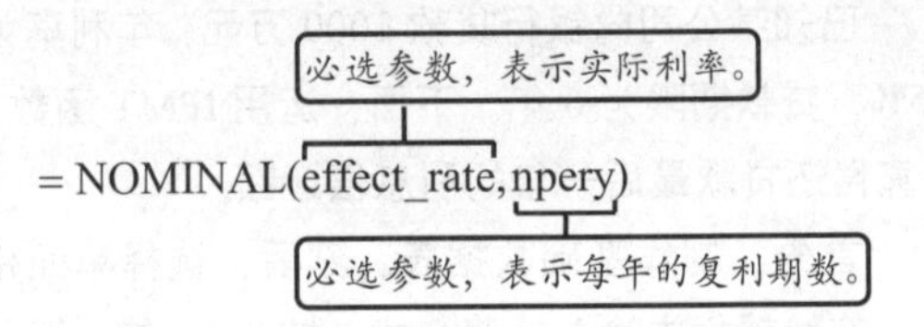

已知某项贷款的名义利率为 5.25%，实际利率为 5.35%，年复利期数为 4。下面运用 NOMINAL 函数计算名义年利率。

首先，制作基础数据表。然后，选择单元格F4，在编辑栏中输入计算公式，按 Enter 键，返回名义年利率。

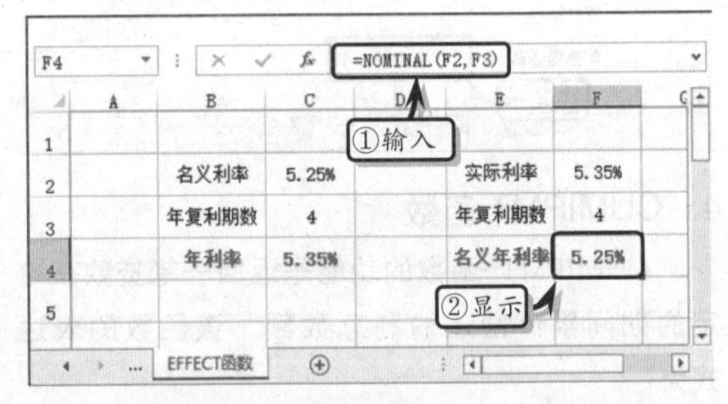

7.1.2 还款额函数

还款额函数主要用于计算贷款和分期付款方式下的还款额，包括 PMT 函数和 NPER 函数。

1．PMT 函数

PMT 函数主要用于计算贷款的偿还额，其偿还额中包括本金与利息，但不包括税款、保留支付或某些贷款有关的费用。

PMT 函数的功能是在基于固定利率及等额分期付款方式下，返回贷款偿还额，该函数的表达式为：

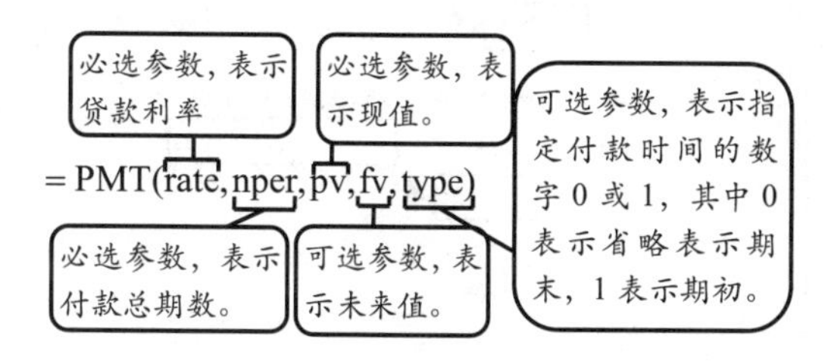

已知某企业需要贷款300万，其年利率为6%，还款期数为5年。下面运用PMT函数，计算贷款还款额。

首先，制作基础表格。然后，选择单元格C5，在编辑栏中输入计算公式，按Enter键，返回每月还款额。

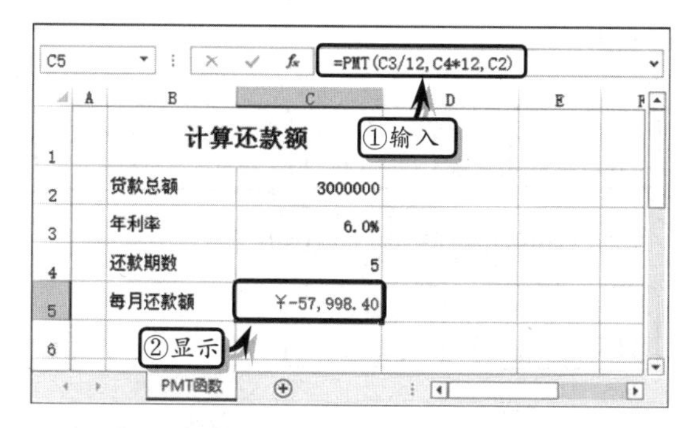

2. NPER 函数

NPER函数的功能是在基于固定利率及等额分期付款方式下，返回某项投资的总期数。该函数的表达式为：

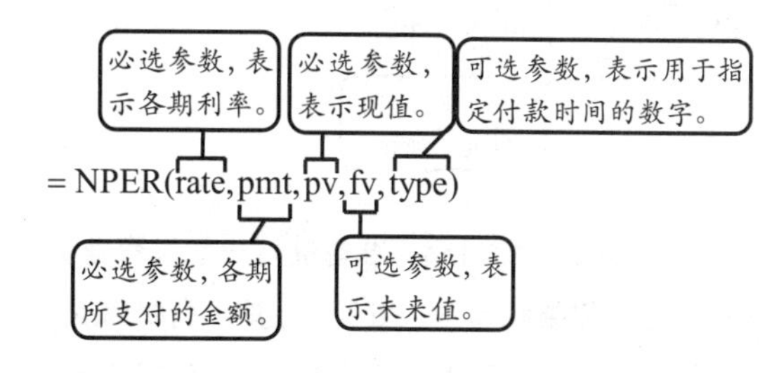

已知某公司前期投入资金200万元，当公司成立后每年投资100万元，按年利率8%计算，运用NPER函数计算当企业获利1000万元时，应投资多少期。

首先，制作基础数据表。然后，选择单元格C6，在编辑栏中输入计算公式，按Enter键，返回投资总期数。

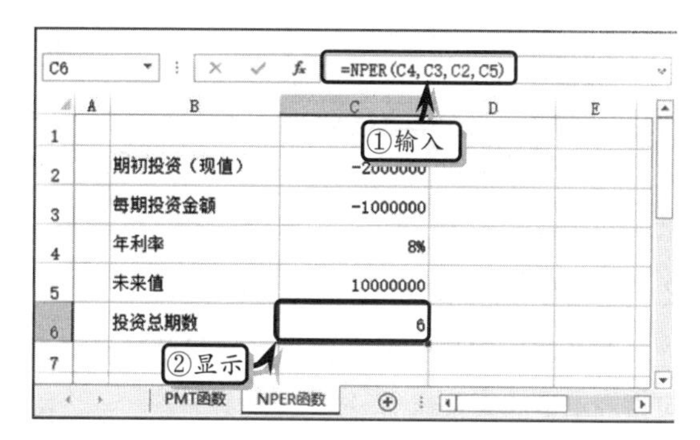

7.2 投资函数

企业在进行投资之前，可以运用Excel中的财务函数预测投资的内部收益率、净现值及未来值，以便帮助管理者选择正确的投资方案。

7.2.1 未来值和现值函数

现值和未来值是投资可行性中的重要指标之一，其中，现值是指把一笔资金或期金可以赚得的利息考虑在内时它现在的价值，而未来值则是把一笔资金或期金可以赚得的利息考虑在内时它在特定的未来时点的价值。Excel为用户提供了专门计算未来值和现值的函数，运用该类型的函数可以方便、快速地计算各种类型的未来值和现值，为用户制定投资计划提供数据依据。

1. FV 函数

FV函数主要用于投资分析行业，其函数中的支出款项表示负数，收入款项表示正数。

FV函数的功能是在基于固定利率及等额分期付款的方式下，返回投资额的未来值。该函数的表达式为：

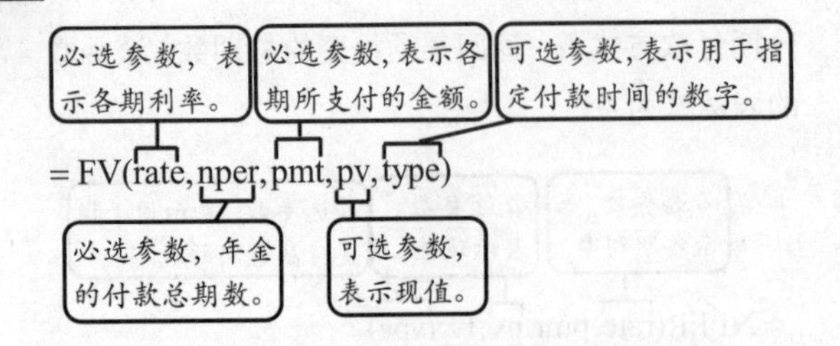

已知某企业即日起，准备进行一笔投资业务。该投资业务需要每年投入 5 万元，其年利率为 5%，投资期限为 5 年。下面，运用 FV 函数计算 5 年后总投资额。

首先，制作基础数据表。然后，选择单元格 C5，在编辑栏中输入计算公式，按 Enter 键，即可返回投资总额。

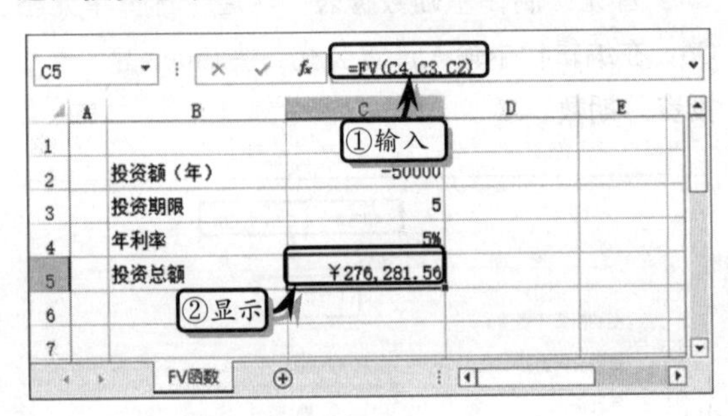

2. FVSCHEDULE 函数

FVSCHEDULE 函数用来计算投资在变动或可调利率下的未来值。

FVSCHEDULE 函数的功能是基于一系列复利返回本金的未来值，该函数的表达式为：

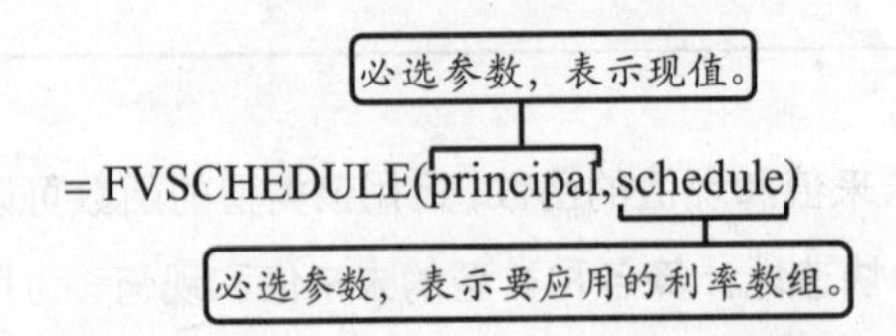

已知某企业为某项目投资 1200 万，由于受市场的影响，在投资 5 年内每年资金回收率分别估计为 5%、5.5%、6%、6.5%与 7%。下面运用 FVSCHEDULE 函数计算 5 年后投资回收的总额。

首先，制作基础数据表。然后，选择单元格 D3，在编辑栏中输入计算公式，按 Enter 键，返回 5 年后投资总回收额。

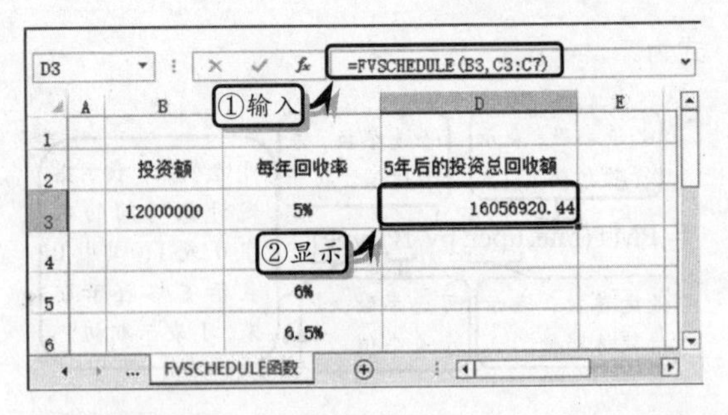

3. PV 函数

PV 函数主要用来判断投资的可行性，例如当购买成本大于投资现值时，则表明该投资不能为投资者带来盈利。

PV 函数的功能是返回投资的现值，其中现值为一系列未来付款的当前值的累积和。该函数的表达式为：

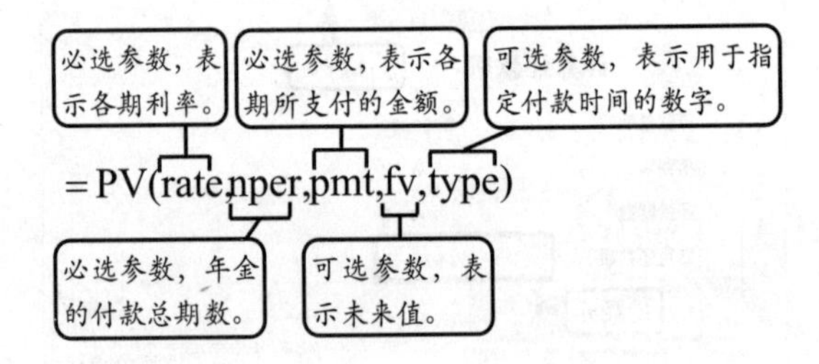

已知某用户购买保险每月支付额，根据保险支付期限与实际收益率，运用 PV 函数计算保险金的现值。

首先，制作基础数据表。然后，选择单元格 C5，在编辑栏中输入计算公式，按 Enter 键，返回现值。

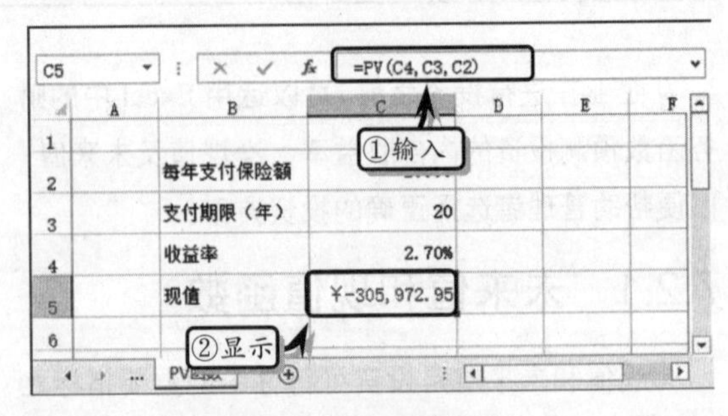

7.2.2 预测投资函数

预测投资函数主要用于计算投资中的内部收益率、修正内部收益率，以及投资净现值等函数类型。

1. IRR 函数

用户可以运用 IRR 函数计算投资的内部收益率，该参数中必须包含一个正数与负数，并根据数值的顺序解释现金流的顺序。

IRR 函数的功能是返回由数值代表的一组现金流的内部收益率，该函数的表达式为：

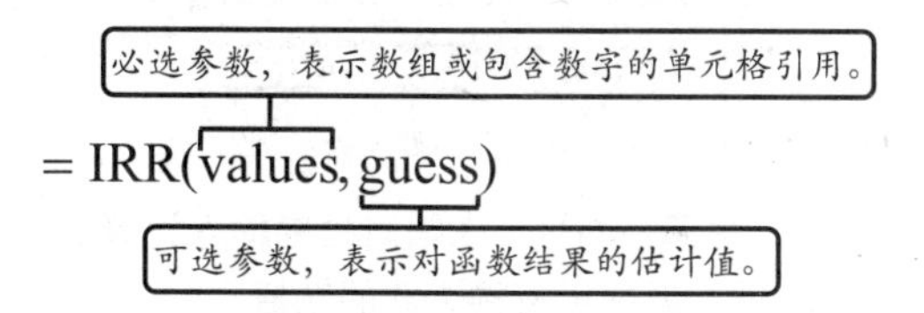

已知某公司的期初投资额，以及每年所经营的利润额，下面运用 IRR 函数计算投资第 1 年开始每年的内部收益率。

首先，制作基础数据表。然后，选择单元格 C9，在编辑栏中输入计算公式，按 Enter 键，返回收益率。

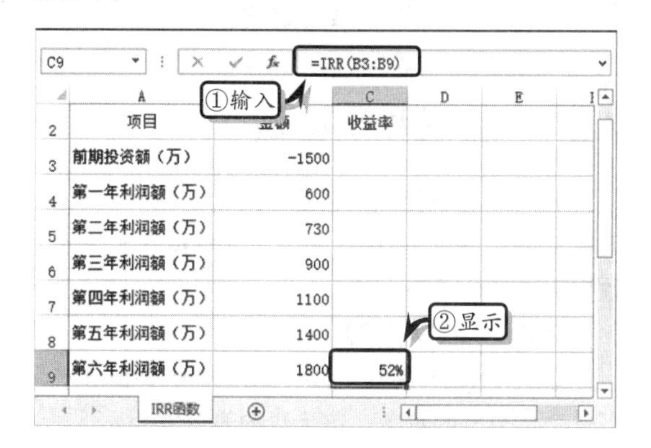

项目	金额	收益率
前期投资额（万）	-1500	
第一年利润额（万）	600	
第二年利润额（万）	730	
第三年利润额（万）	900	
第四年利润额（万）	1100	
第五年利润额（万）	1400	
第六年利润额（万）	1800	52%

2. MIRR 函数

MIRR 函数的功能是返回某一连续期间内现金流的修正内部收益率。MIRR 函数可以同时考虑投资的成本与现金再投资的收益率。该函数的表达式为：

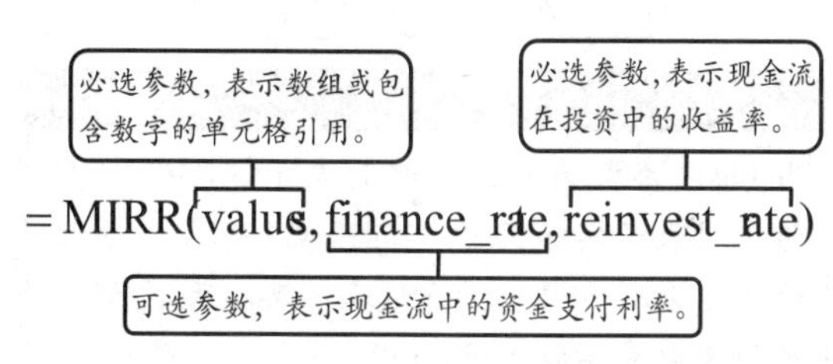

某公司需要投资一项新产品，已知前期投资额与预测利润。下面运用 MIRR 函数计算该产品修正收益率。

首先，制作基础数据表。选择单元格 E3，在编辑栏中输入计算公式，按 Enter 键，返回六年后的修正收益率。

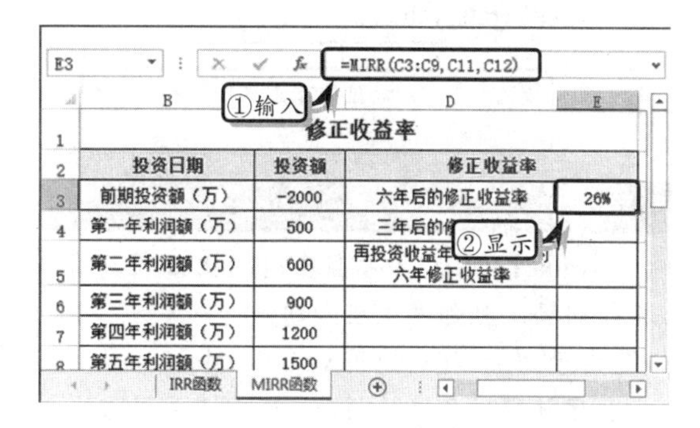

修正收益率

投资日期	投资额	修正收益率	
前期投资额（万）	-2000	六年后的修正收益率	26%
第一年利润额（万）	500	三年后的修正收益率	
第二年利润额（万）	600	再投资收益年利率为15%的六年修正收益率	
第三年利润额（万）	900		
第四年利润额（万）	1200		
第五年利润额（万）	1500		

选择单元格 E4，在编辑栏中输入计算公式，按 Enter 键，返回三年后的修正收益率。

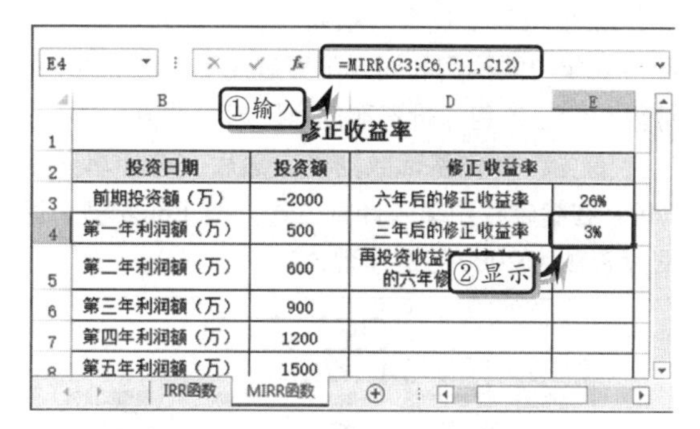

修正收益率

投资日期	投资额	修正收益率	
前期投资额（万）	-2000	六年后的修正收益率	26%
第一年利润额（万）	500	三年后的修正收益率	3%
第二年利润额（万）	600	再投资收益年利率为15%的六年修正收益率	
第三年利润额（万）	900		
第四年利润额（万）	1200		
第五年利润额（万）	1500		

选择单元格 E5，在编辑栏中输入计算公式，按 Enter 键，返回再投资收益年利率为 15%的六年修正收益率。

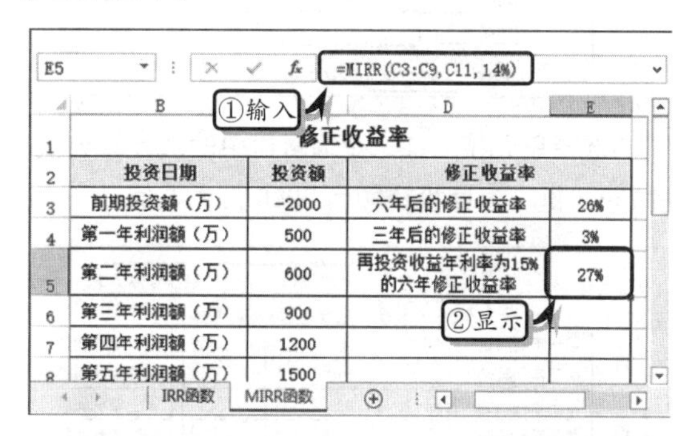

修正收益率

投资日期	投资额	修正收益率	
前期投资额（万）	-2000	六年后的修正收益率	26%
第一年利润额（万）	500	三年后的修正收益率	3%
第二年利润额（万）	600	再投资收益年利率为15%的六年修正收益率	27%
第三年利润额（万）	900		
第四年利润额（万）	1200		
第五年利润额（万）	1500		

3. NPV 函数

NPV 函数假定投资开始于支出与收入现金流所在日期的前一期，结束于最后一笔现金流的当期，并依据未来现金流进行计算。

NPV 函数的功能是通过使用贴现率以及一系列未来支出和收入，返回投资的净现值。该函数的表达式为：

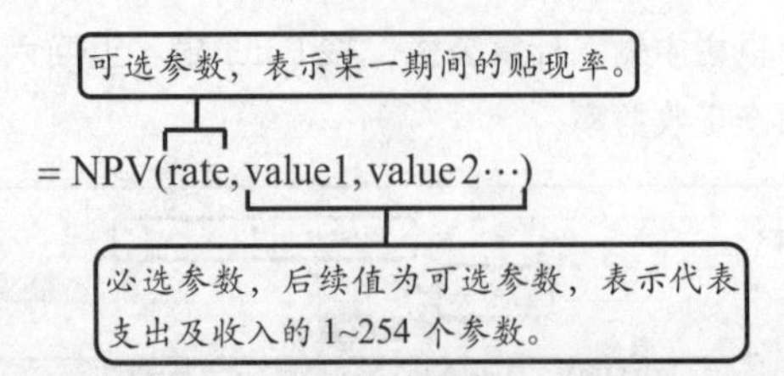

提示

(1) value1,value2···参数在时间上必须具有相等间隔，且都发生在末期。
(2) 由于函数 NPV 使用 value1,value2···参数的顺序解释现金流的顺序，所以需要保证支出和收入数额按正确的顺序输入。

某公司需要投资一项新产品，已知前期投资额与 6 年内的预测利润。下面运用 NPV 函数分别计算包含与未包含投资额的净现值与期值。

首先，制作基础数据表。然后，选择单元格 C10，在编辑栏中输入计算公式，按 Enter 键，返回投资额为 2000 万的净现值。

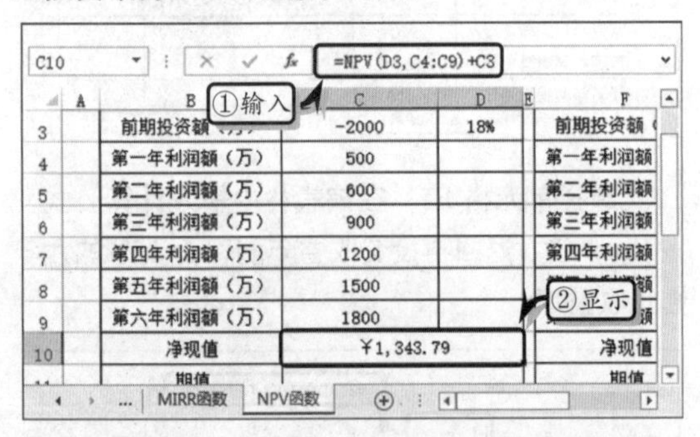

选择单元格 C11，在编辑栏中输入计算公式，按 Enter 键，返回投资额为 2000 万的期值。

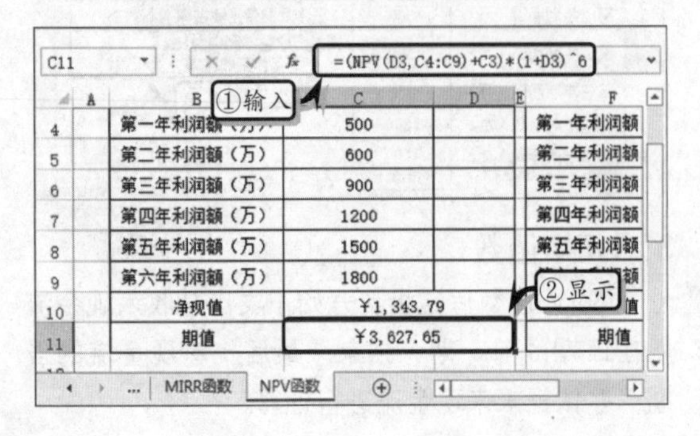

选择单元格 G10，在编辑栏中输入计算公式，按 Enter 键，返回投资额为 0 的净现值。

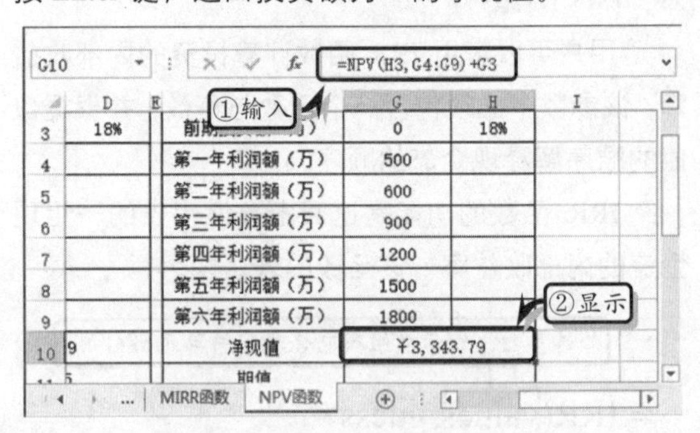

选择单元格 G11，在编辑栏中输入计算公式，按 Enter 键，返回投资额为 0 的期值。

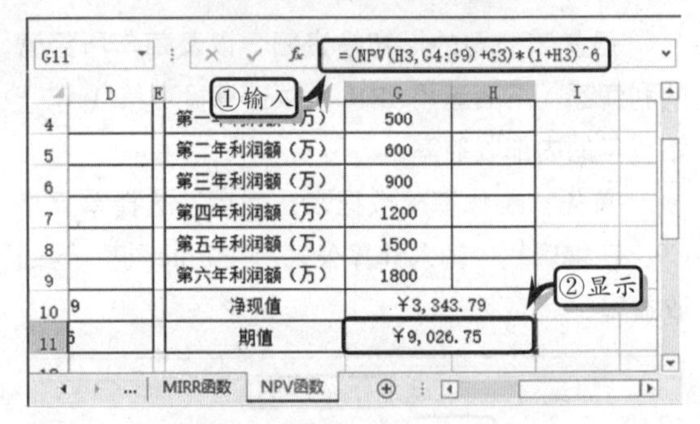

7.2.3 金融投资函数

用户可以运用财务函数，来明确证券的利息、天数及付息日的详情，从而使用证券投资或其他金融投资更加明了。

1. COUPNCD 函数

COUPNCD 函数可以计算表示在结算日之后下一个付息日的数字。该函数的表达式为：

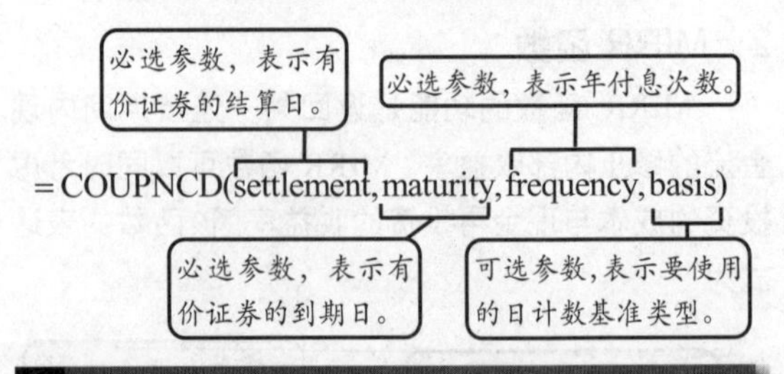

注意

当 basis 参数为 0 或省略时表示 30/360，当为 1 时表示实际天数/实际天数，当为 2 时表示实际天数/360，当为 3 时表示实际天数/365，当为 4 时表示欧洲 30/360。

已知某股票的结算日为 2009 年 12 月 12 日，到期日为 2010 年 12 月 12 日。该股票的支付方式为半年期支付，以实际天数/实际天数为日计数基准，运用 COUPNCD 函数计算结算日之后的付息日。

首先，制作基础数据表。然后，选择单元格 C5，在编辑栏中输入计算公式，按 Enter 键，返回下一个付息日。

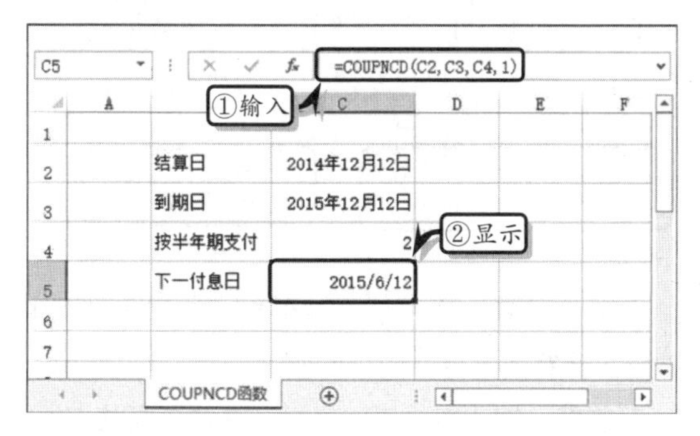

2．YIELDMAT 函数

YIELDMAT 函数可以计算到期付息的有价证券的年收益率，该函数的表达式为：

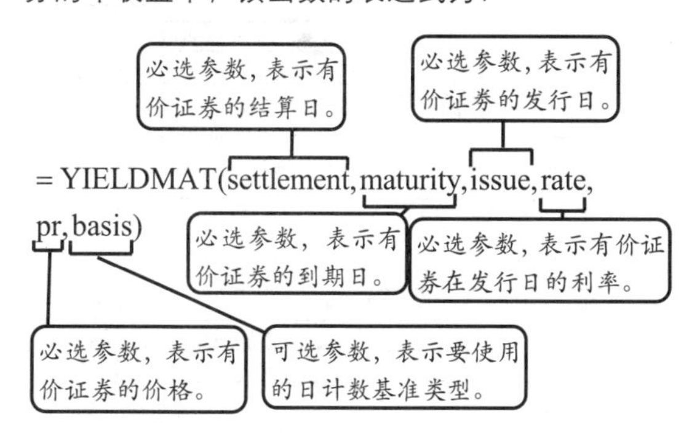

已知某证券的结算日为 2009 年 12 月 12 日，到期日为 2010 年 12 月 12 日，发行日为 2008 年 12 月 1 日，以及证券的价格与息票利率。下面，以实际天数/实际天数为日计数基准，运用 YIELDMAT 函数计算证券的收益率。

首先，制作基础数据表。然后，选择单元格 C7，在编辑栏中输入计算公式，按 Enter 键，返回证券收益率。

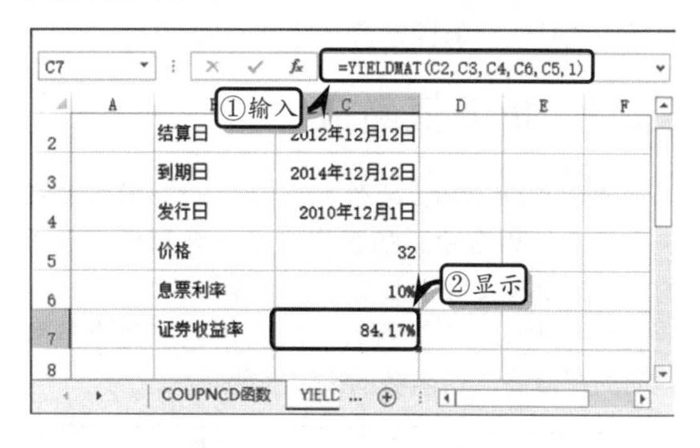

3．DISC 函数

DISC 函数可以计算有价证券的贴现率，该函数的表达式为：

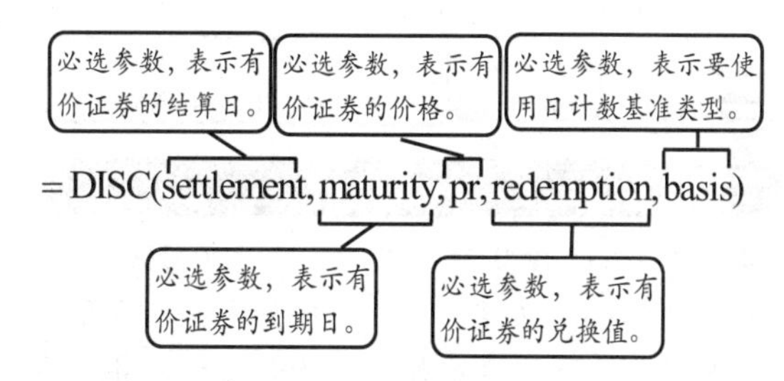

已知某股票的结算日为 2009 年 12 月 12 日，到期日为 2010 年 12 月 12 日，价格为 32 元，清偿价格为 35 元。下面，以实际天数/实际天数，运用 DISC 函数计算股票的贴现率。

首先，制作基础数据表。然后，选择单元格 C6，在编辑栏中输入计算公式，按 Enter 键，返回股票的贴现率。

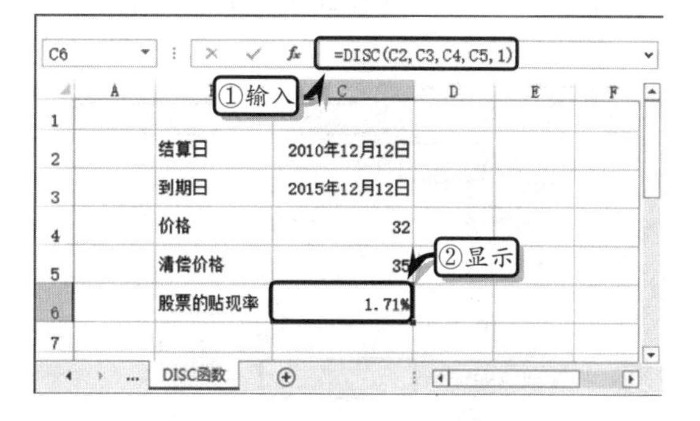

7.3 折旧函数

固定资产是财务管理中的重要工作之一，财务人员可以运用 Excel 制作固定资产管理表，并运用财务函数中的 DB 函数、DDB 函数与 SLN 函数等折旧函数，计算固定资产的折旧值。

7.3.1 折旧值函数

AMORDEGRC 函数用于计算的折旧系数取决于资产使用寿命。如果资产是在结算期间购入的，则需要按直线折旧法进行计算。

AMORDEGRC 函数的功能是返回每个结算期间的折旧值，该函数的表达式为：

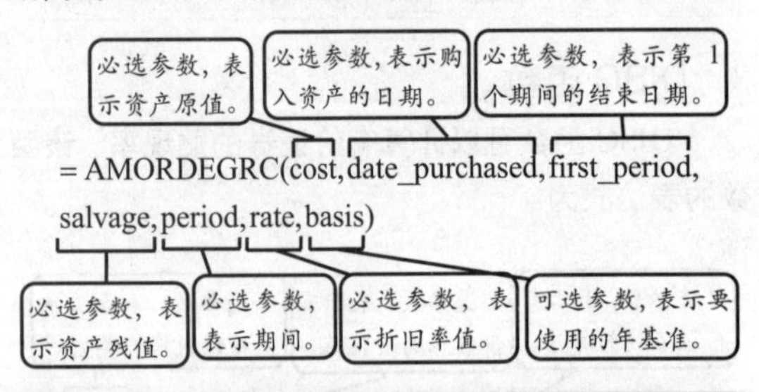

> **注意**
>
> 当参数 basis 为 0 或省略时，表示按 360 天计算（NASD 方法）；为 1 时表示按实际天数计算，为 3 时表示按一年 365 进行计算，为 4 时表示一年按 360 天计算（欧洲方法）。

已知某公司最近购买火车一台，资产原值为 60 万元，经过使用时间的折旧，剩余残值为 10 万元，折旧率为 18%。下面，运用 AMORDEGRC 函数计算第一个期间的折旧值。

首先，制作基础数据表。然后，选择单元格 C8，在编辑栏中输入计算公式，按 Enter 键，返回第一期间的折旧值。

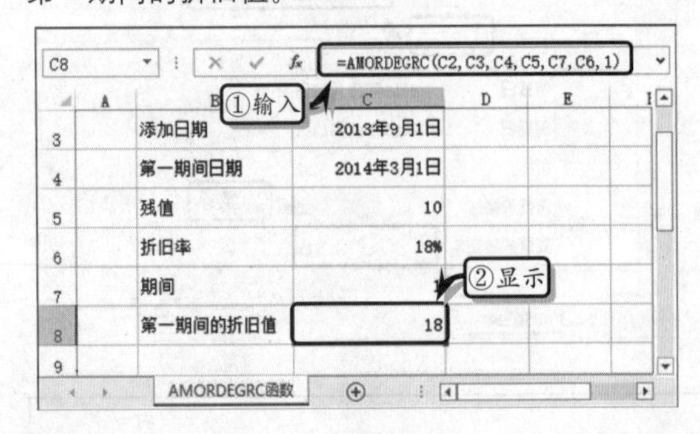

7.3.2 折旧法函数

在财务管理中，计算资产折旧值的方法主要包括固定余额递减法、双倍余额递减法、直线折旧法与年限总和法等方法。

1. DB 函数

用户可以运用 DB 函数，按照固定余额递减法，计算资产在给定期间内的折旧值。该函数的表达式为：

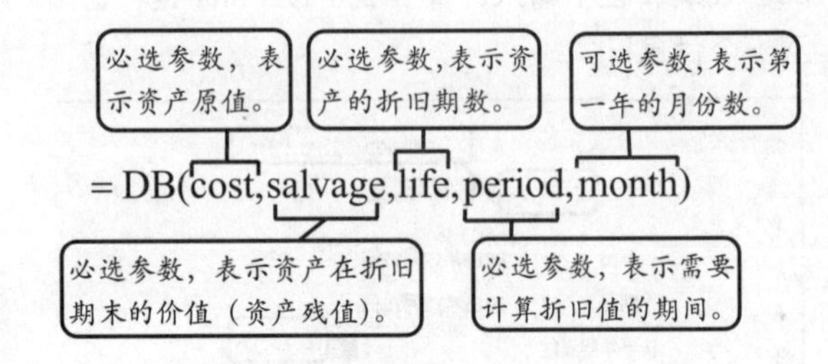

已知某固定资产的详细信息，下面运用 DB 函数，计算固定资产的折旧额。

首先，制作数据表。然后，选择单元格 C9，在编辑栏中输入计算公式，按 Enter 键，返回第一年的折旧额。随后，向下填充公式即可。

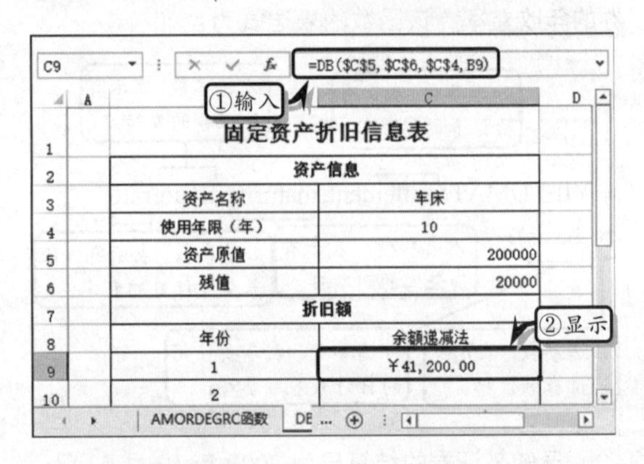

2. DDB 函数

通过 DDB 函数，可以使用双倍余额递减法或其他指定方法，计算资产在给定期间内的折旧值。该函数的表达式为：

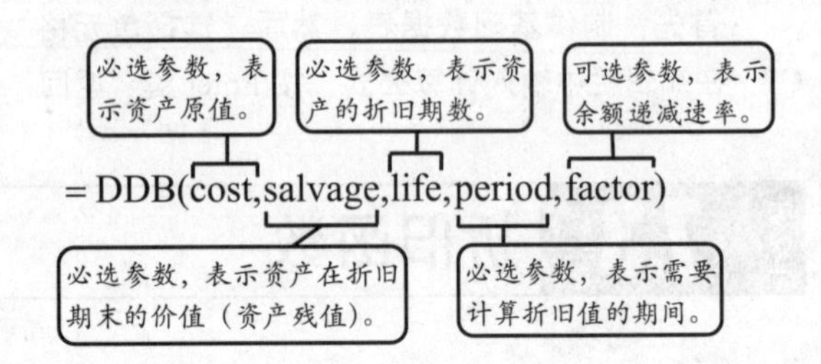

注意

双倍余额递减法以加速的比率计算折旧，其折旧在第一阶段是最高的，但在后续阶段中会逐渐减少。

已知某固定资产的详细信息，下面运用 DDB 函数，计算固定资产的折旧额。

首先，制作数据表。然后，选择单元格 C9，在编辑栏中输入计算公式，按 Enter 键，返回第一年的折旧额。随后，向下填充公式即可。

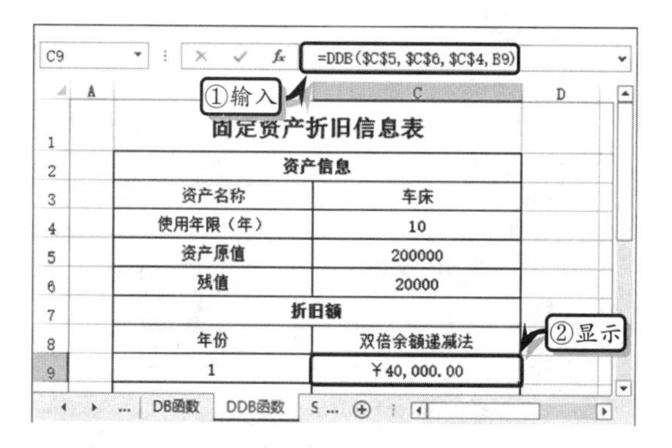

3．SLN 函数

SLN 函数可以计算某项资产在一定期间中的线性折旧值，该函数的表达式为：

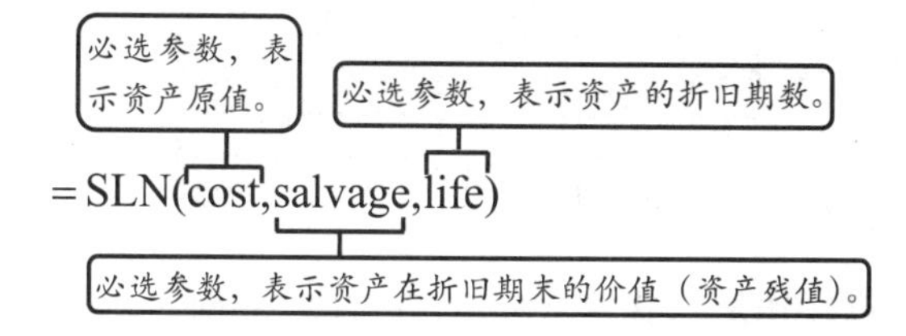

已知某固定资产的详细信息，下面运用 SLN 函数，计算固定资产的折旧额。

首先，制作数据表。然后，选择单元格区域 C9：C18，在编辑栏中输入计算公式，按 Shift+Ctrl+Enter 键，返回折旧额。

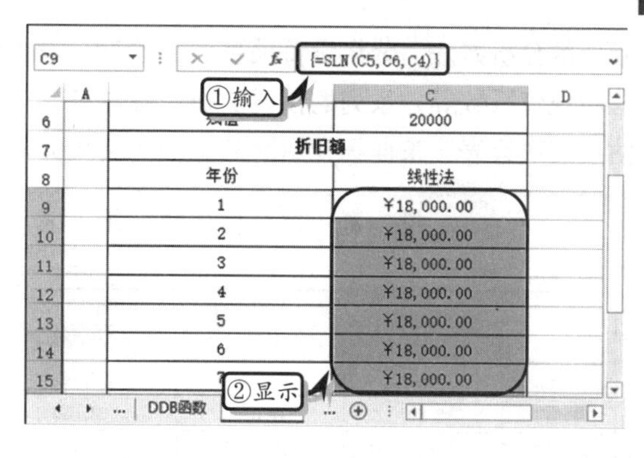

4．SYD 函数

SYD 函数可以计算某些资产按年限总和法计算的指定期间的折旧值，该函数的表达式为：

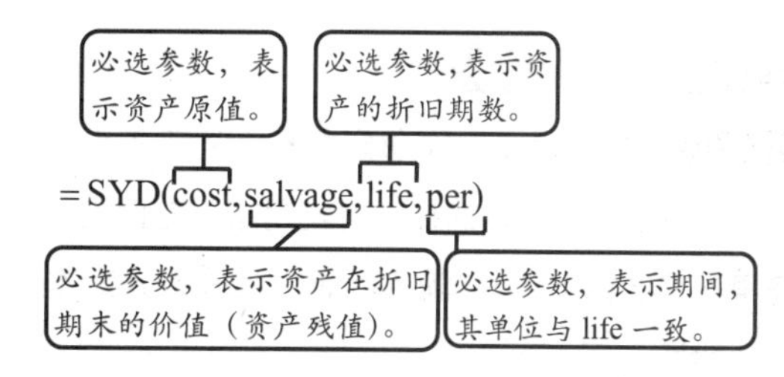

已知某固定资产的详细信息，下面运用 SYD 函数，计算固定资产的折旧额。

首先，制作数据表。然后，选择单元格 C9，在编辑栏中输入计算公式，按 Enter 键，返回第一年的折旧额。随后，向下填充公式即可。

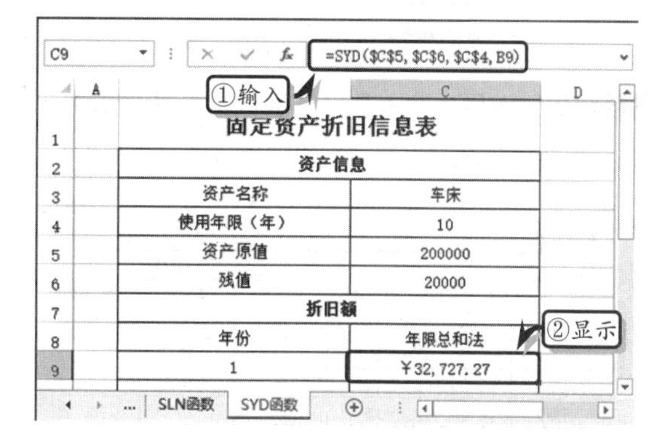

7.4 练习：制作评估投资决策表

财务管理中的投资又称为资本投资，是指企业进行的生产性资本投资。企业在进行投资之前，为谨慎投资还需要运用科学且专业的分析方法，分析投资项目的回收期、净现值、内含报酬率与净现值系数等一系列的投资数据。在本练习中，将通过制作评估投资决策表，来详细介绍财务函数的使用方法。

投 资 评 估 决 策 表

部门：财务部　　　　评估日期：2013-6-8

项目	评估方法			
	回收期法	净现值法	内含报酬率法	净现值系数法
方案A	3.07	27.14	27.16%	1.60
方案B	2.80	34.63	31.55%	1.76
方案C	3.18	18.32	22.76%	1.40
方案D	3.14	16.77	22.08%	1.37
决策分析	方案B			

练习要点

- 设置单元格格式
- IF 函数
- IRR 函数
- RANK 函数
- NPV 函数
- VLOOKUP 函数
- TODAY 函数

操作步骤

STEP|01 构建投资回收期分析表。新建多个工作表，重命名工作表。选择“回收期法”工作表，合并单元格区域 B1:J1，输入标题文本并设置文本的字体格式。

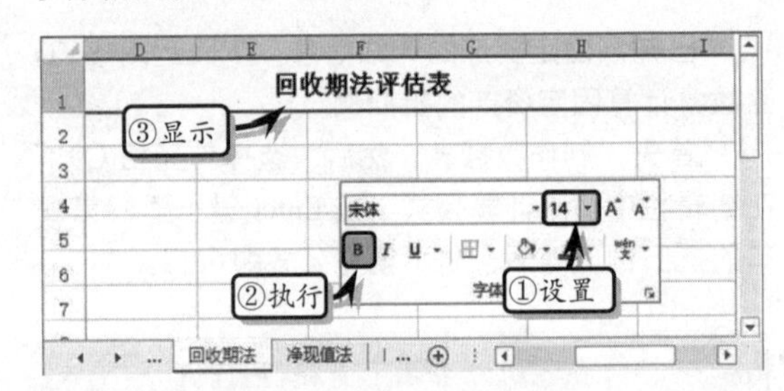

STEP|02 然后，输入表格基础数据，并设置数据的对齐和边框格式。

选择方案：					
可选方案	初期投资	获利金额			
		第一年	第二年	第三年	第四年
方案A	-50	11	16	21	28
方案B	-50	12	18	25	31
方案C	-50	13	15	18	22
方案D	-50	15	12	20	21

STEP|03 同时选择单元格区域 B3:J4 和 B5:B8，执行【开始】|【样式】|【差】命令，设置表格的样式。

STEP|04 选择单元格 I5，在编辑栏中输入计算公式，按 Enter 键返回方案 A 的回收期。

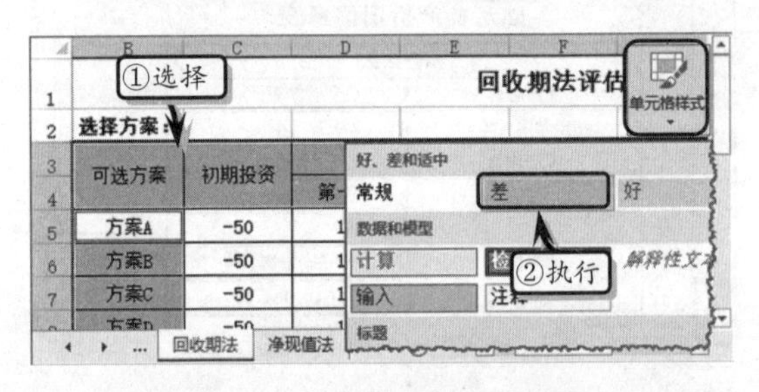

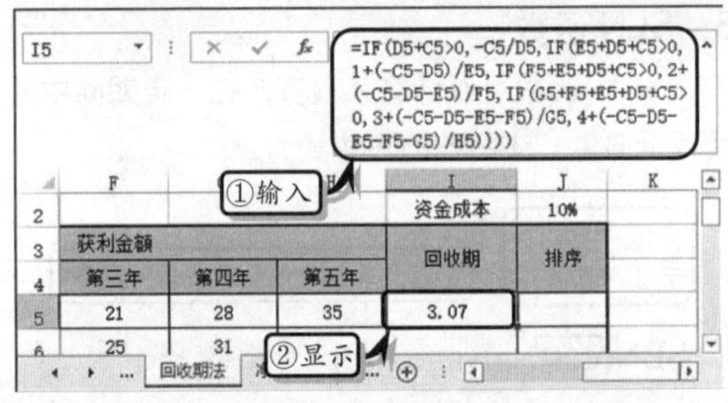

STEP|05 选择单元格 J5，在编辑栏中输入计算公式，按 Enter 键返回回收期排名。使用同样的方法，计算其他方案回收期的排名。

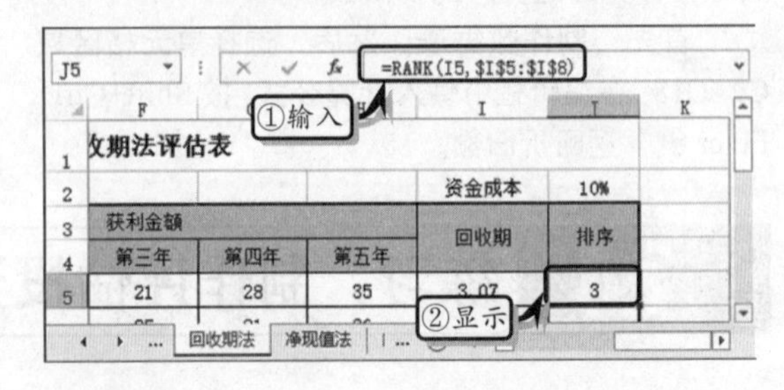

STEP|06 选择单元格 C2，在编辑栏中输入计算公式，按 Enter 键返回计算结果。

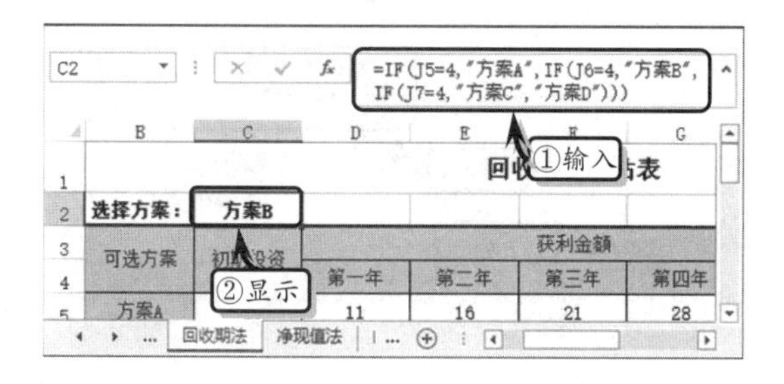

STEP|07 构建净现值法分析表。选择“净现值法”工作表，制作基础表格，并设置表格的对齐、边框、数字格式和表格样式。

净现值法评估表

获利金额					资金成本
第一年	第二年	第三年	第四年	第五年	净现值
11	16	21	28	35	
12	18	25	31	36	
13	15	18	22	28	
15	12	20	21	25	

STEP|08 选择单元格 I5，在编辑栏中输入计算公式，按 Enter 键返回计算结果。使用同样的方法，计算其他净现值。

I5　=NPV($J$2,C5:H5)　①输入

获利金额			资金成本	10%
第三年	第四年	第五年	净现值	排序
21	28	35	¥27.14	
25	31			

②显示

STEP|09 选择单元格 J5，在编辑栏中输入计算公式，按 Enter 键返回计算结果。使用同样的方法，计算其他排名。

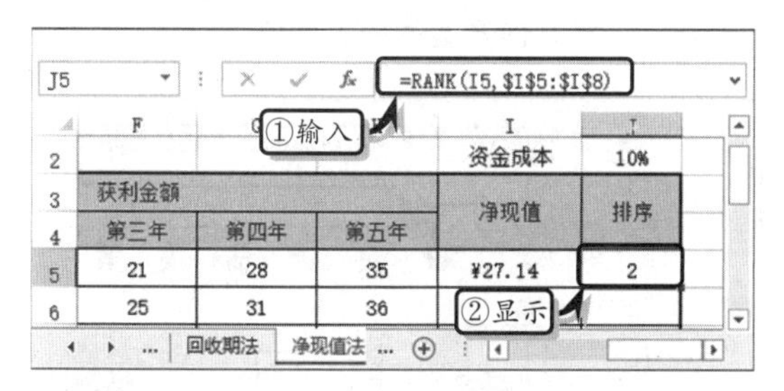

STEP|10 选择单元格 C2，在编辑栏中输入计算公式，按 Enter 键返回最优方案名称。

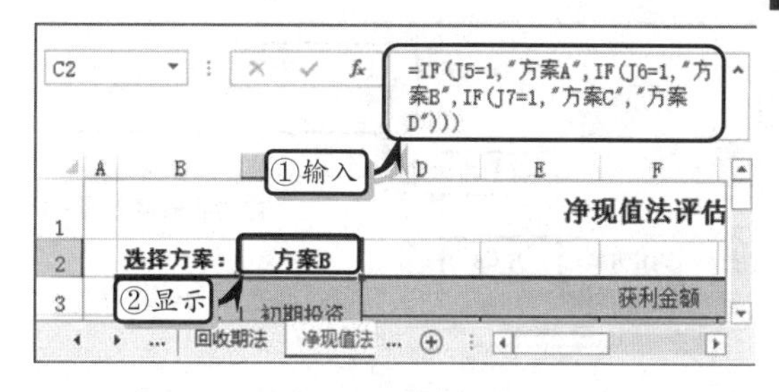

STEP|11 构建内含报酬率法分析表。选择“内含报酬率法”工作表，制作基础表格，并设置表格的对齐、边框、数字格式和表格样式。

内含报酬率法评估表

获利金额					资金成
第一年	第二年	第三年	第四年	第五年	内部收
11	16	21	28	35	
12	18	25	31	36	
13	15	18	22	28	
15	12	20	21	25	

STEP|12 选择单元格 I5，在编辑栏中输入计算公式，按 Enter 键返回计算结果。使用同样的方法，计算其他内部收益率。

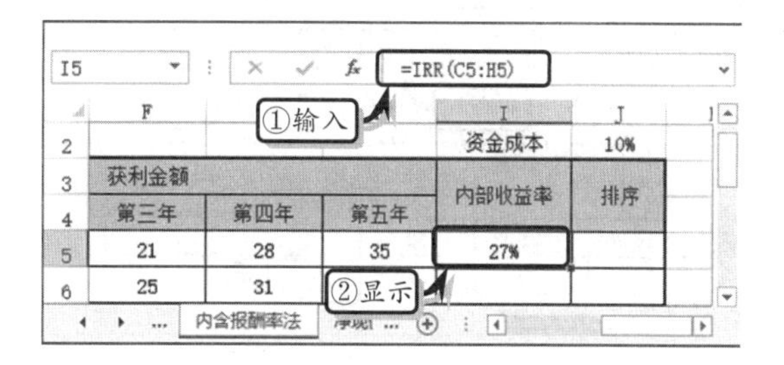

STEP|13 选择单元格 J5，在编辑栏中输入计算公式，按 Enter 键返回计算结果。使用同样的方法，计算其他排名。

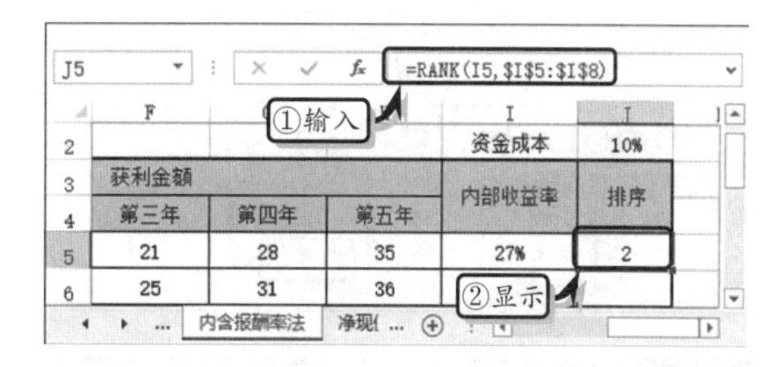

STEP|14 选择单元格 C2，在编辑栏中输入计算公式，按 Enter 键返回最优方案名称。

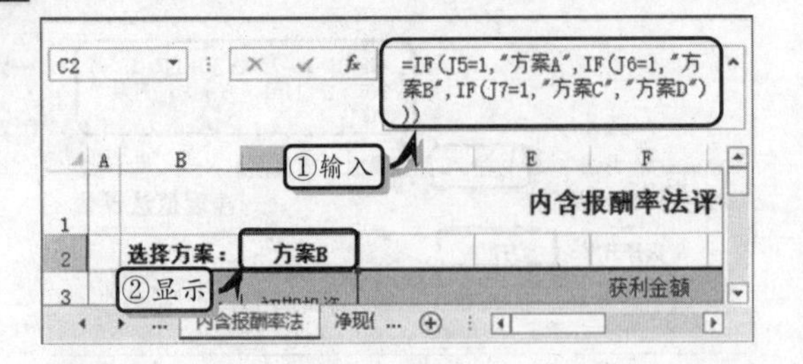

STEP|15 构建净现值系数法分析表。选择“净现值系数法”工作表，制作基础表格，并设置表格的对齐、边框、数字格式和表格样式。

净现值系数法评估表					
初期投资	获利金额				
	第一年	第二年	第三年	第四年	第五年
-50	11	16	21	28	35
-50	12	18	25	31	36
-50	13	15	18	22	28
-50	15	12	20	21	25

STEP|16 选择单元格 I5，在编辑栏中输入计算公式，按 Enter 键返回计算结果。使用同样的方法，计算其他净现值系数。

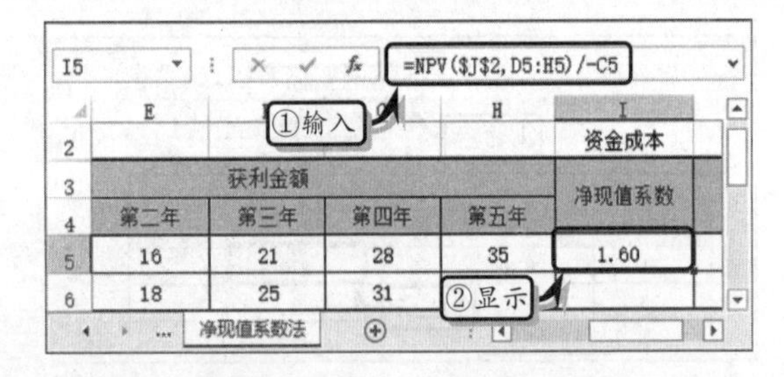

STEP|17 选择单元格 J5，在编辑栏中输入计算公式，按 Enter 键返回计算结果。使用同样的方法，计算其他排名。

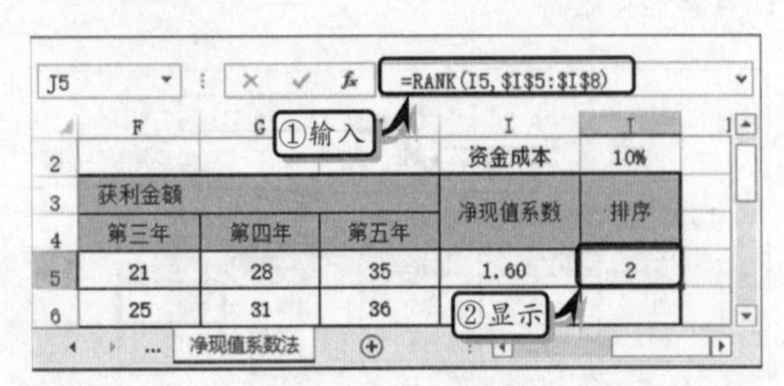

STEP|18 选择单元格 C2，在编辑栏中输入计算公式，按 Enter 键返回最优方案名称。

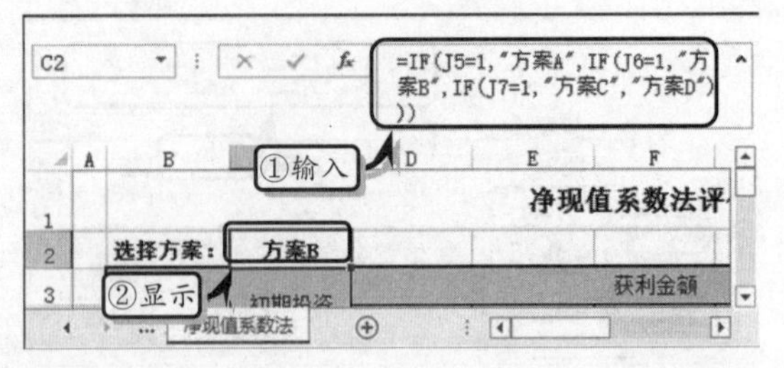

STEP|19 显示决策分析结果。选择“投资评估决策表”工作表，制作基础表格，并设置表格的对齐、边框、数字格式和表格样式。

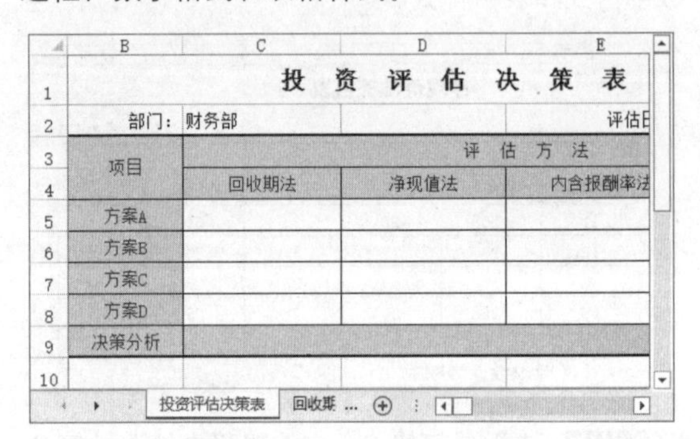

投资评估决策表			
部门：财务部			评估日
项目	评估方法		
	回收期法	净现值法	内含报酬率法
方案A			
方案B			
方案C			
方案D			
决策分析			

STEP|20 选择单元格 F2，在编辑栏中输入计算公式，按 Enter 键返回当前日期值。

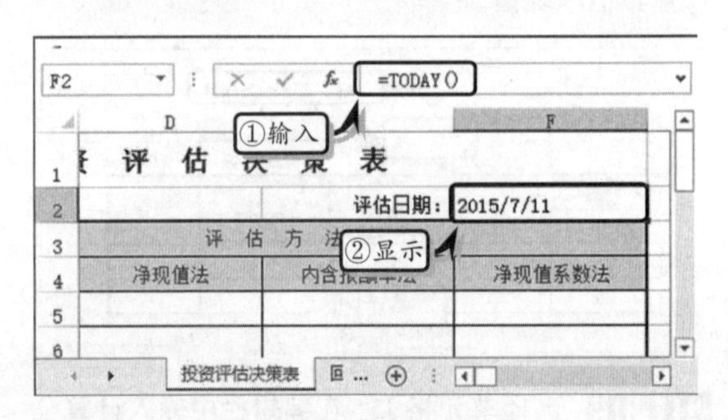

STEP|21 选择单元格 C5，在编辑栏中输入计算公式，按 Enter 键返回方案 A 的回收期值。使用同样的方法，计算其他方案的回收期值。

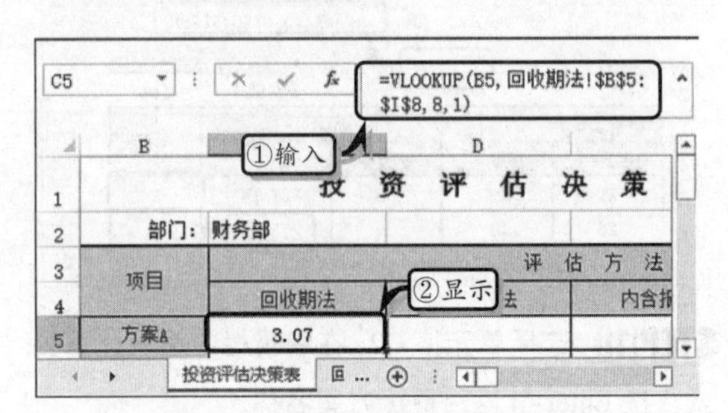

STEP|22 选择单元格 D5，在编辑栏中输入计算公式，按 Enter 键返回方案 A 的净现值。使用同样的方法，计算其他方案的净现值。

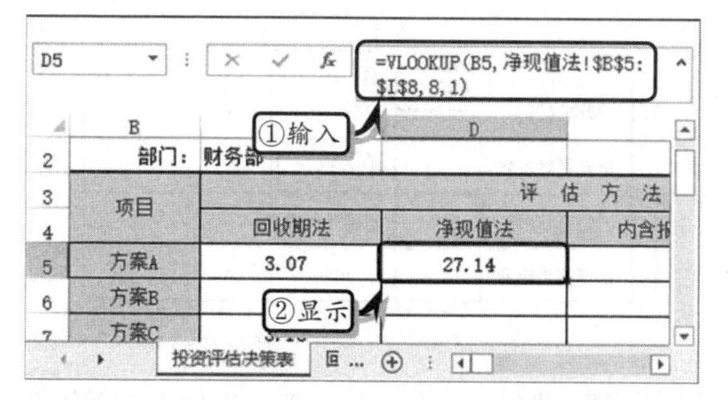

STEP|23 选择单元格 E5，在编辑栏中输入计算公式，按 Enter 键返回方案 A 的内部收益率。使用同样的方法，计算其他方案的内部收益率。

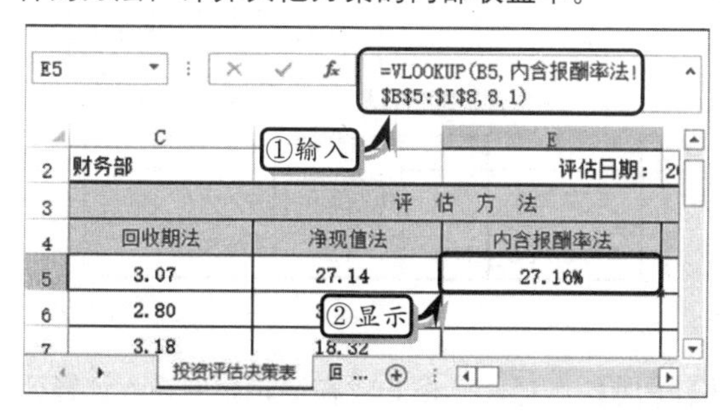

STEP|24 选择单元格 F5，在编辑栏中输入计算公式，按 Enter 键返回方案 A 的净现值系数。使用同样的方法，计算其他方案的净现值系数。

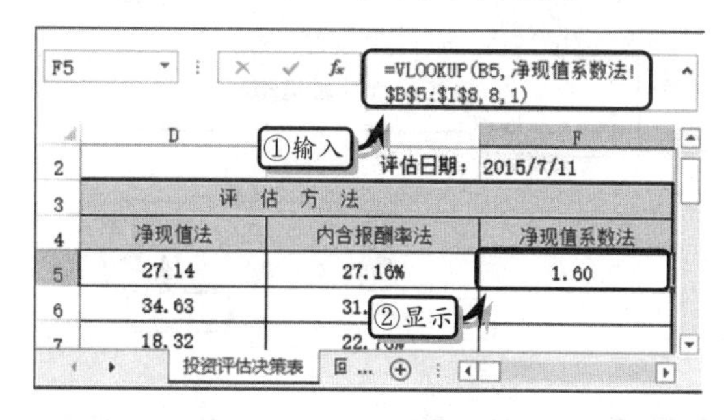

STEP|25 最后，根据各个分析结果值，判断其最优方案为"方案 B"，在单元格 C9 中输入分析结果。

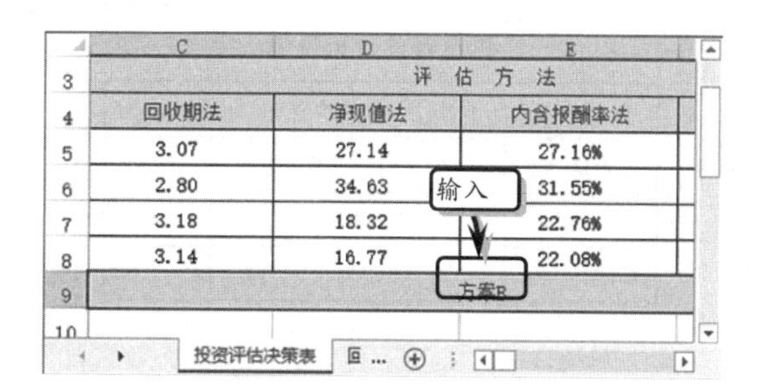

Excel 7.5 练习：制作租赁筹资分析模型

租赁筹资是以收取租金为条件，在合同规定的固定期限内将资产租给承租人使用的一种筹资方式。而租赁筹资分析模型是根据不同的支付方式、支付间隔、租金年利率和租期，运用科学的计算方法计算每期应付租金的一种分析方法。在本练习中，将运用 Excel 中的函数和控件功能，来制作一份租赁筹资分析模型。

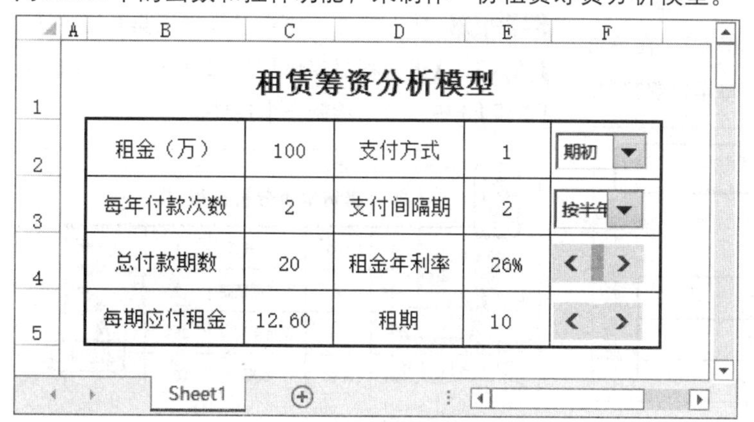

练习要点

- 设置单元格格式
- IF 函数
- PMT 函数
- INDEX 函数
- 使用控件
- 设置控件格式

操作步骤

STEP|01 制作标题。新建工作表，设置行高，合并区域 B1:F1，输入标题文本并设置文本的字体格式。

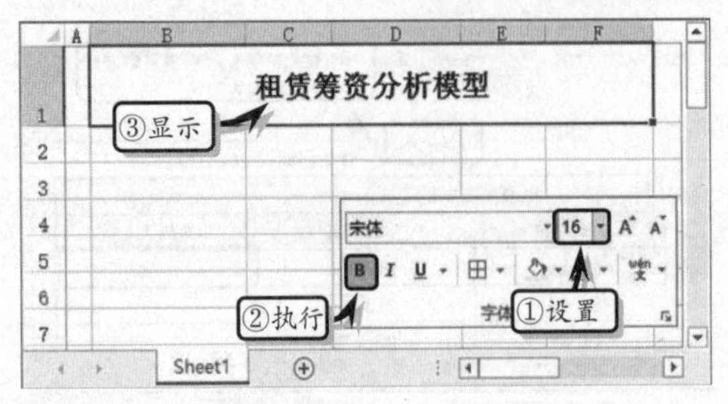

STEP|02 制作基础表格。输入基础数据，调整列宽，并设置表格的居中对齐和边框格式。

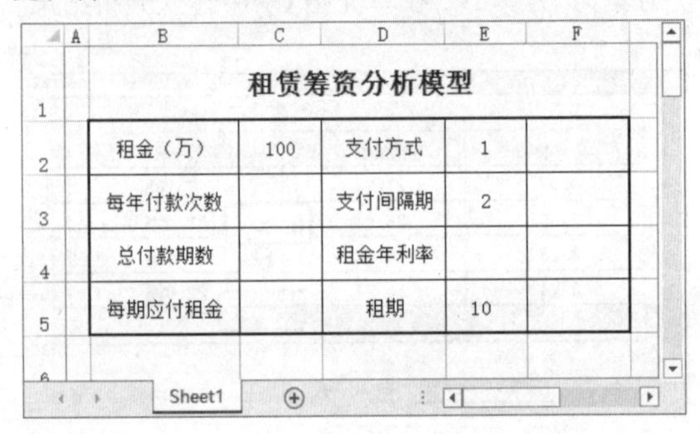

STEP|03 制作辅助列表。在单元格区域 H2:I9 中，输入辅助列表数据，并设置其对齐和边框格式。

辅助列表	
支付方式	间隔期
期初	按年支付
期末	按半年支付
	按季支付

STEP|04 计算基础数据。选择单元格 C3，在编辑栏中输入计算公式，按 Enter 键，返回每年付款次数。

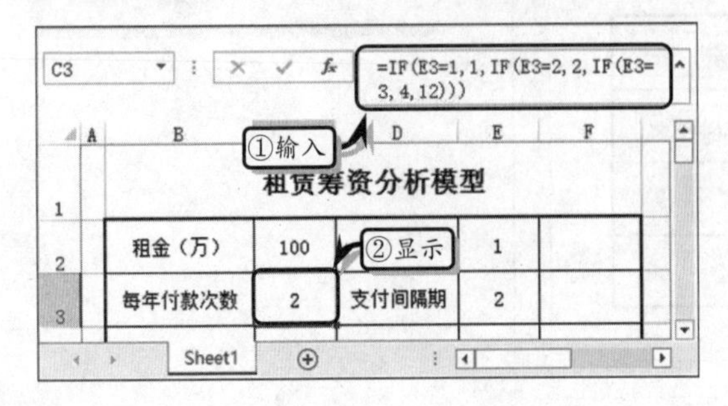

STEP|05 选择单元格 C4，在编辑栏中输入计算公式，按 Enter 键，返回总付款期数。

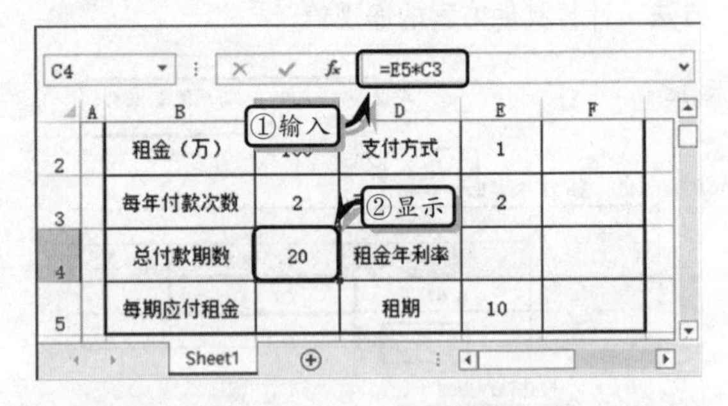

STEP|06 选择单元格 C5，在编辑栏中输入计算公式，按 Enter 键，返回每期应付租金。

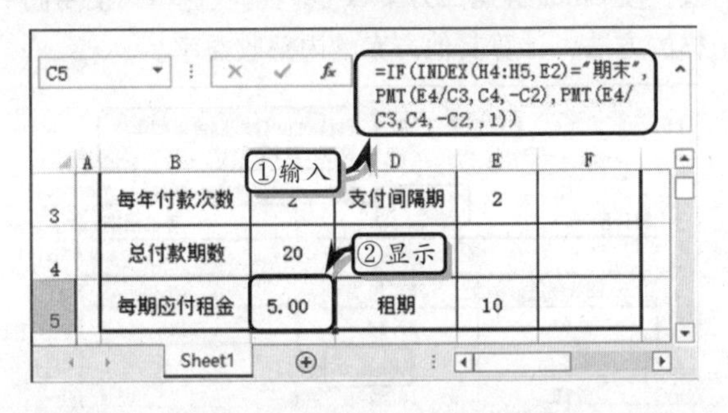

STEP|07 选择单元格 E4，在编辑栏中输入计算公式，按 Enter 键，返回租金年利率。

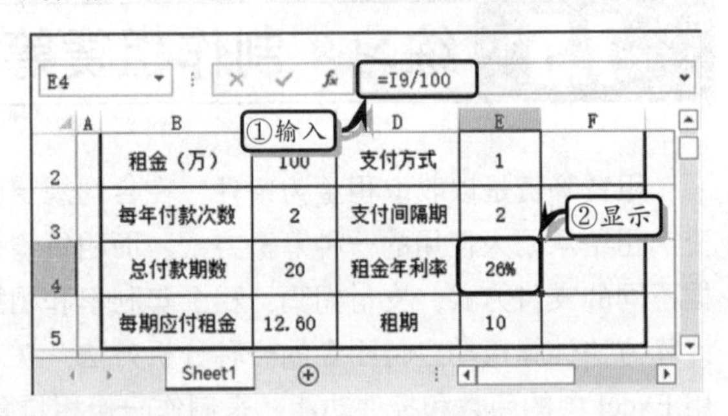

STEP|08 插入控件。执行【开发工具】|【控件】|【插入】|【组合框（窗体控件）】命令，在单元格 F2 和 F3 中，分别绘制一个控件。

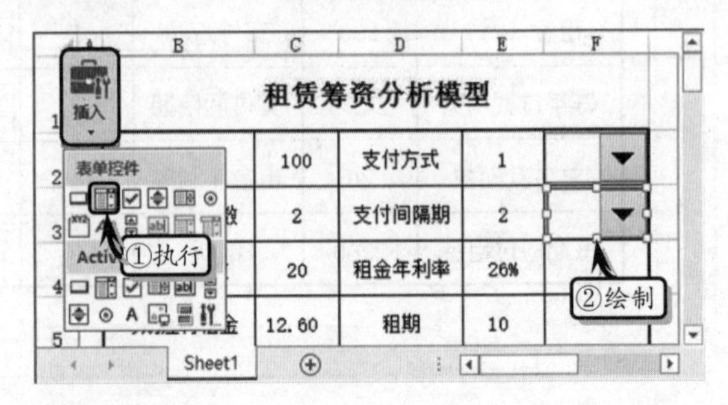

STEP|09 右击单元格 F2 中的控件，执行【设置控件格式】命令，在弹出的【设置控件格式】对话框中的【控制】选项卡中，设置控件参数选项。

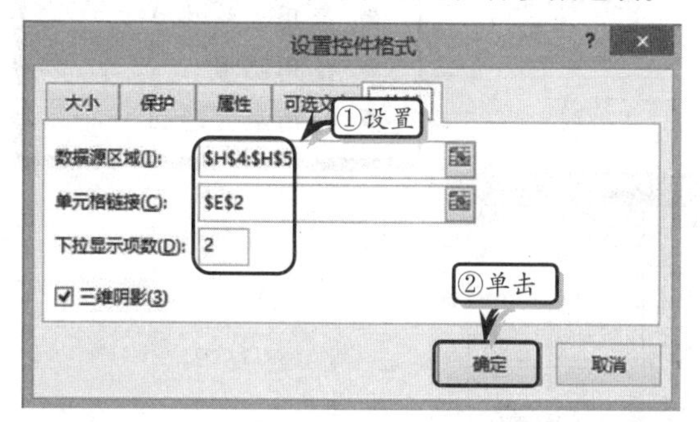

STEP|10 右击单元格 F3 中的控件，执行【设置控件格式】命令，在弹出的【设置控件格式】对话框中的【控制】选项卡中，设置控件参数选项。

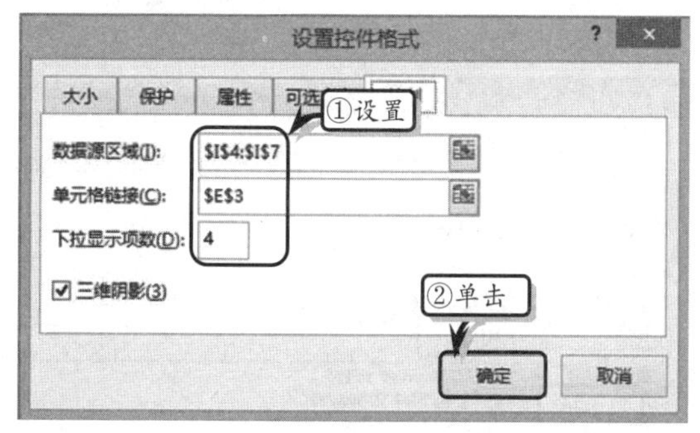

STEP|11 执行【开发工具】|【插入】|【滚动条（窗体控件）】命令，在单元格 F4 和 F5 中，分别绘制一个控件。

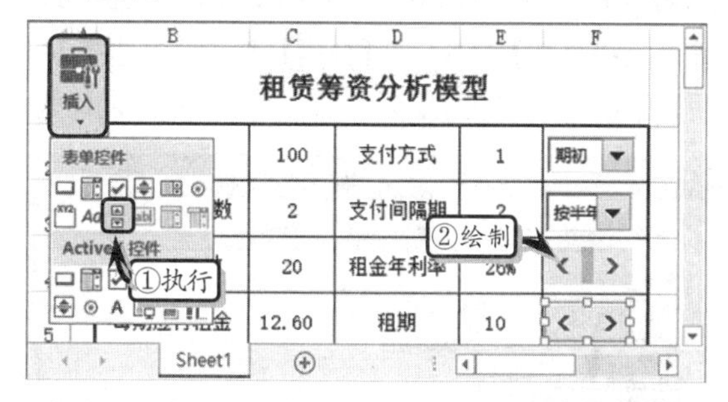

STEP|12 右击单元格 F4 中的控件，执行【设置控件格式】命令，在弹出的【设置控件格式】对话框中的【控制】选项卡中，设置控件参数选项。

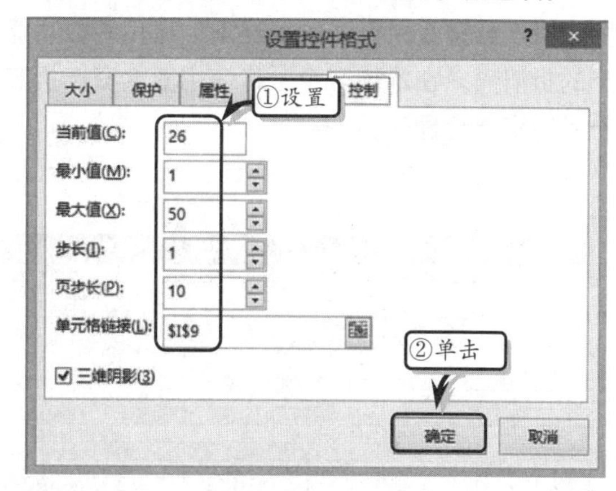

STEP|13 右击单元格 F5 中的控件，执行【设置控件格式】命令，在弹出的【设置控件格式】对话框中的【控制】选项卡中，设置控件参数选项。

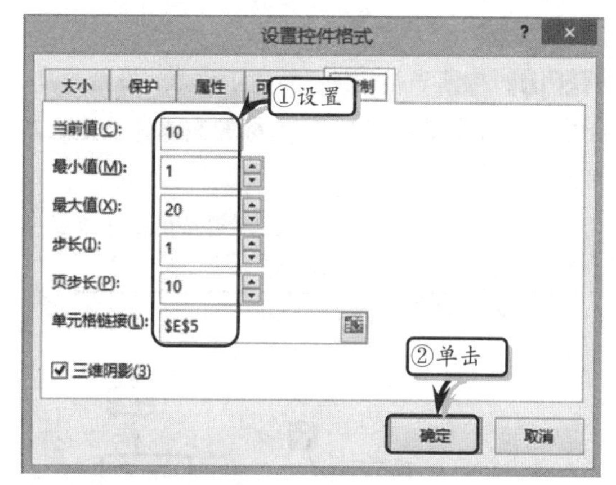

STEP|14 最后，选择 H 列和 I 列，右击执行【隐藏】命令，隐藏列。

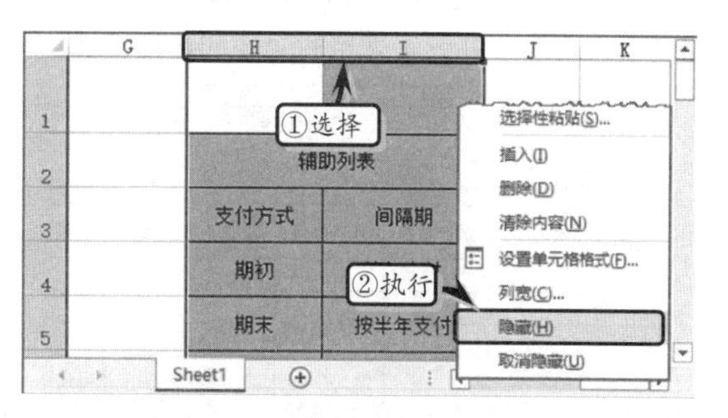

7.6 练习：制作固定资产管理表

在会计人员实际工作过程中，除了手动登录固定资产数据之外，还需要使用 Excel 电子表格快速统计固定资产数据，在保证固定资产数据登录无误的情况下，运用函数功能快速显示固定资产的折旧额。在本练习中，将使用固定资产折旧函数，来制作一份固定资产管理表。

练习要点

- 设置单元格格式
- 套用表格格式
- 使用函数
- 使用数据验证

固定资产管理表

2015/2/6								编制单位：						
资产名称	规格型号	使用状态	使用部门	增加日期	增加方式	可使用年限	已使用年限	资产原值	折旧方法	残值率	已计提月份	至上月止累计折旧	本月计提折旧额	本
办公楼	3万平米	在用	研发部	2010年5月1日	自建	30	5	3,000,000.00	平均年限法	10%	57	427,500.00	7,500.00	2
厂房	20万平米	在用	生产部	2010年2月2日	自建	30	5	20,000,000.00	平均年限法	10%	60	3,000,000.00	50,000.00	16
仓库	10万平米	在用	销售部	2010年2月2日	自建	20	5	1,000,000.00	平均年限法	10%	60	225,000.00	3,750.00	
空调	格兰仕	报废	行政部	2010年3月1日	购入	5	5	10,000.00	平均年限法	2%	59	9,636.67	163.33	
计算机	联想	在用	研发部	2010年4月6日	购入	5	5	6,000.00	平均年限法	2%	58	5,684.00	98.00	
计算机	戴尔	在用	行政部	2010年6月4日	购入	5	5	6,000.00	平均年限法	2%	56	5,488.00	98.00	
传真机	华威	在用	行政部	2010年9月1日	购入	5	4	3,000.00	平均年限法	2%	53	2,597.00	49.00	
货车	10吨	在用	生产部	2010年1月1日	购入	8	5	310,000.00	平均年限法	4%	61	189,100.00	3,100.00	
车床	AHR-1	在用	生产部	2011年1月1日	购入	15	4	520,000.00	双倍余额递减法	4%	49	229,892.33	3,259.64	
车床	AHR-2	在用	生产部	2011年12月1日	购入	15	3	530,000.00	双倍余额递减法	4%	38	192,656.53	3,833.45	
吊车	GHR-1	在用	生产部	2011年3月1日	购入	10	4	800,000.00	双倍余额递减法	4%	47	465,493.33	6,826.67	
复印机	惠普	在用	行政部	2011年3月1日	购入	5	4	8,000.00	双倍余额递减法	2%	47	6,905.60	57.60	
冷暖柜	华凌	在用	生产部	2010年1月1日	购入	8	5	10,000.00	平均年限法	3%	61	6,163.54	101.04	
汽车	奥迪	在用	研发部	2011年12月1日	购入	8	3	1,000,000.00	平均年限法	4%	38	380,000.00	10,000.00	
班车	金杯	在用	后勤部	2010年3月1日	购入	8	5	200,000.00	平均年限法	4%	59	118,000.00	2,000.00	
吊车	GHR-2	在用	生产部	2010年3月1日	购入	10	5	890,000.00	平均年限法	4%	59	420,080.00	7,120.00	

操作步骤

STEP|01 构建表格框架。新建工作表，设置行高，合并单元格区域 B1:S1，输入标题文本并设置文本的字体格式。

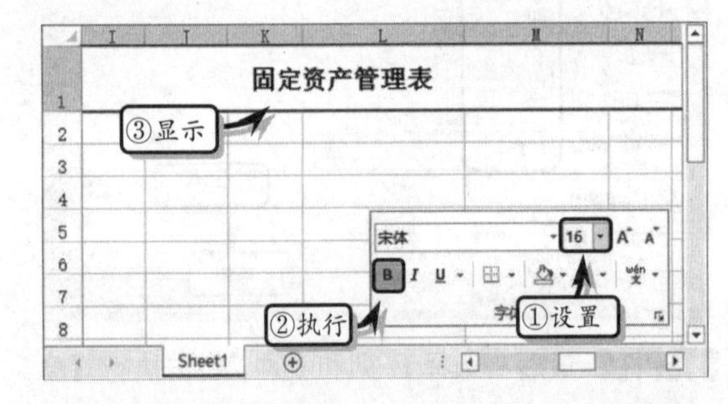

STEP|02 然后，调整列宽，输入列标题，设置其自动换行功能，并设置表格的对齐和边框格式。

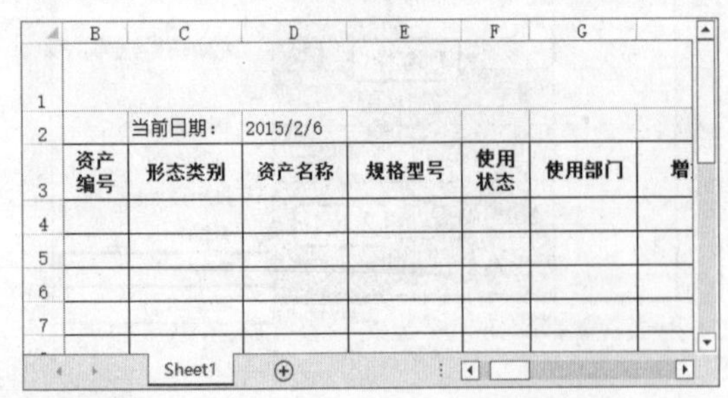

STEP|03 设置数字格式。选择单元格区域 B4:B21，右击执行【设置单元格格式】命令。在【分类】列表框中选择【自定义】选项，并在【类型】文本框中输入自定义代码。

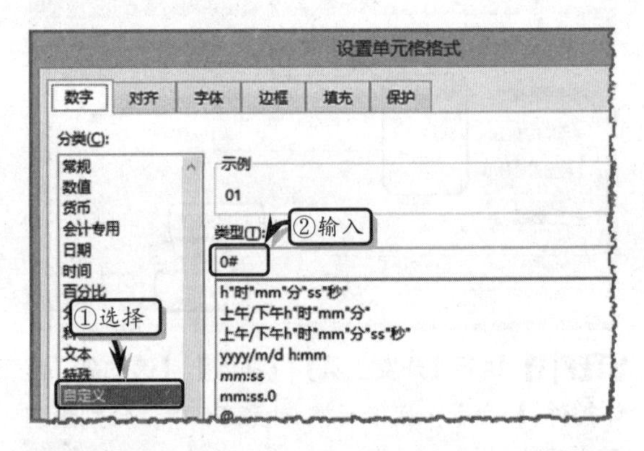

STEP|04 选择单元格区域 H4:H21，右击执行【设置单元格格式】命令。在【分类】列表框中选择【日期】选项，并在【类型】列表框中选择一种日期样式。

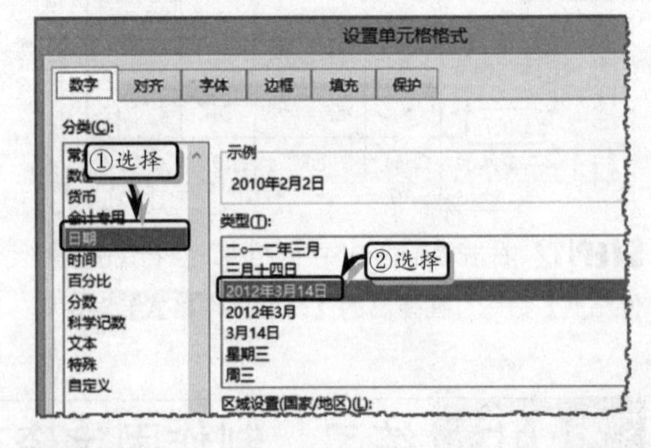

STEP|05 同时选择单元格区域 L4:L21 和 P4:R21，右击执行【设置单元格格式】命令，选择【会计专用】选项，并将【货币符号】设置为【无】。

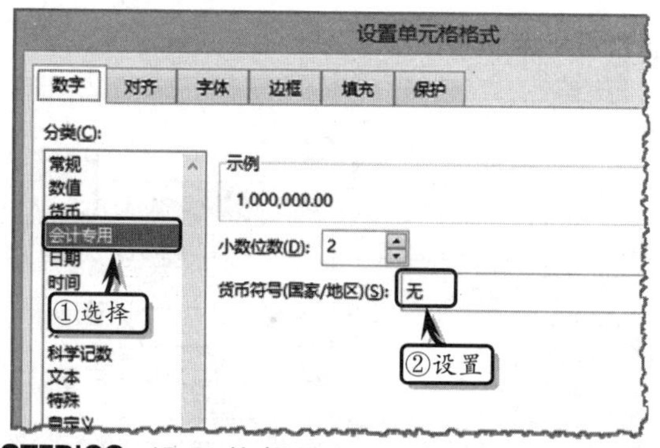

STEP|06 设置数据验证。选择单元格区域C4:C21，执行【数据】|【数据工具】|【数据验证】命令，将【允许】设置为【序列】，并在【来源】文本框中输入序列名称。

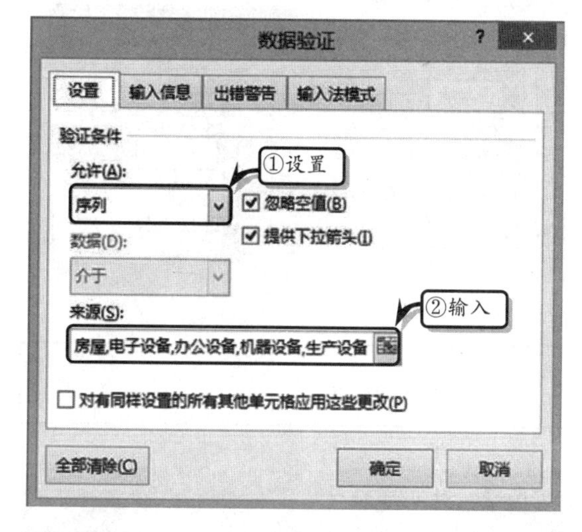

STEP|07 激活【输入信息】选项卡，在【输入信息】文本框中输入提示信息，并单击【确定】按钮。使用同样的方法，设置其他单元格区域的数据验证。

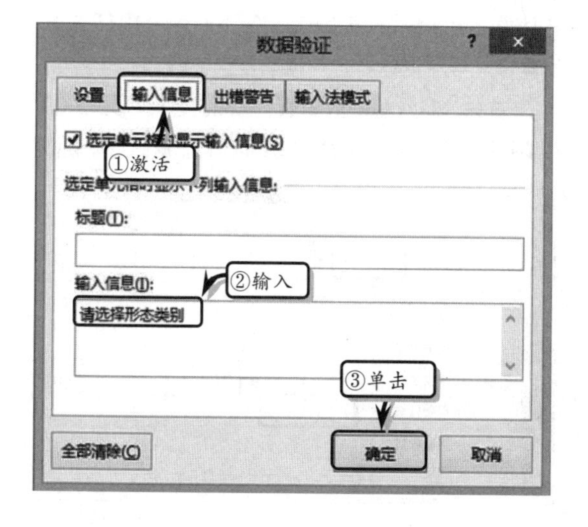

STEP|08 计算基础数据。选择单元格 K4，在编辑栏中输入计算公式，按 Enter 键返回已使用年限。使用同样的方法，计算其他已使用年限。

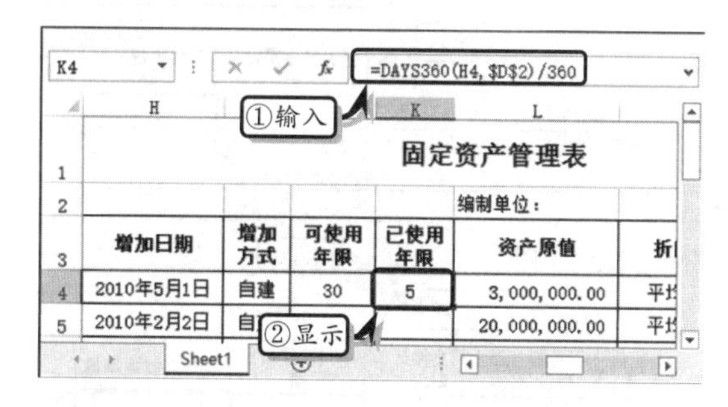

STEP|09 计算已计提月份。选择单元格 O4，在编辑栏中输入计算公式，按 Enter 键返回已计提月份。使用同样的方法，计算其他已计提月份。

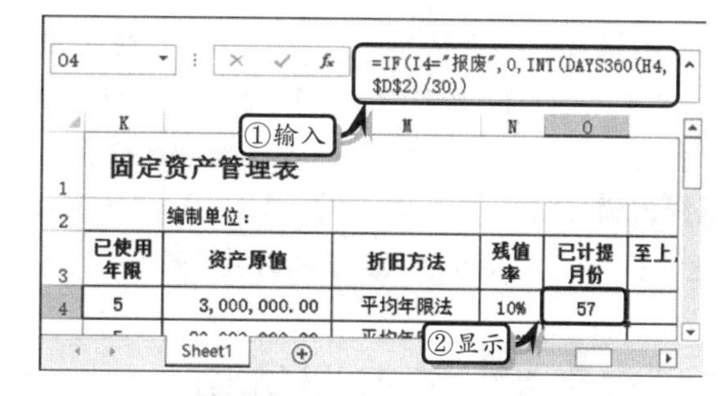

STEP|10 计算折旧数据。选择单元格 P4，在编辑栏中输入计算公式，按 Enter 键返回至上月止累计折旧。使用同样的方法，计算其他至上月止累计折旧。

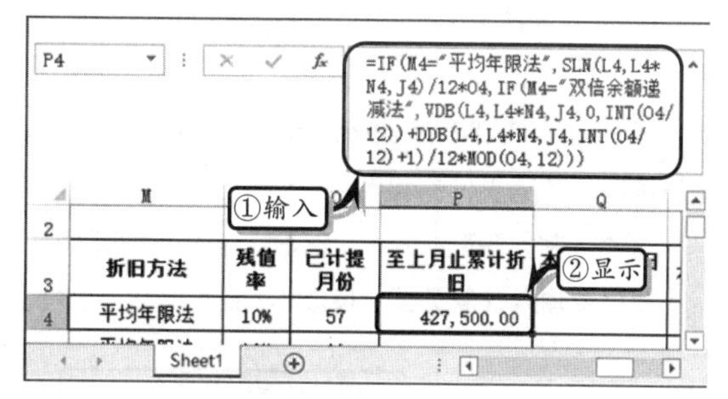

STEP|11 选择单元格 Q4，在编辑栏中输入计算公式，按 Enter 键返回本月计提折旧额。使用同样的方法，计算其他本月计提折旧额。

STEP|12 选择单元格 R4，在编辑栏中输入计算公式，按 Enter 键返回本月末账面净额。使用同样的方法，计算其他本月末账面净额。

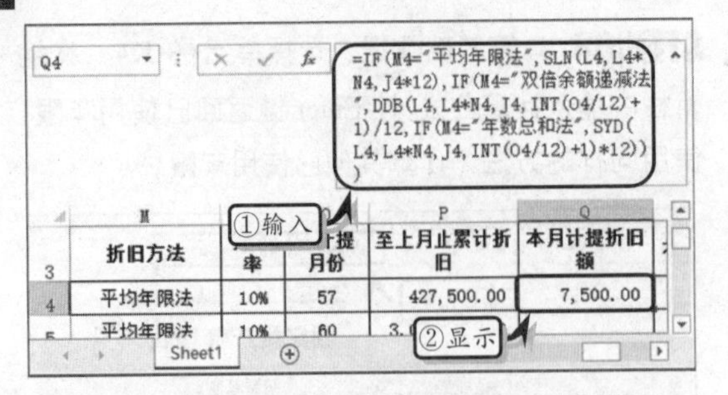

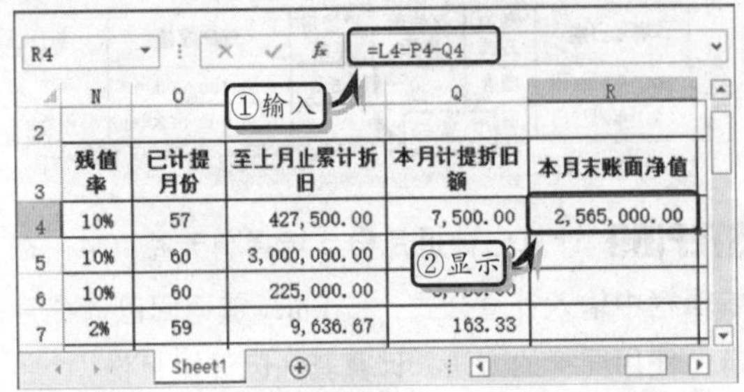

STEP|13 设置表格样式。选择单元格区域 B3:S21，执行【开始】|【样式】|【套用表格格式】|【表样式中等深浅 18】命令，设置表格的样式。

STEP|14 然后，执行【设计】|【工具】|【转换为区域】命令，将表格转换为普通区域，便于后面计算数据所用。

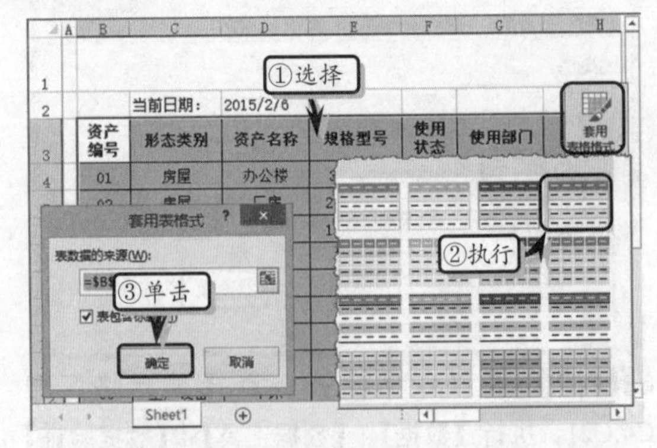

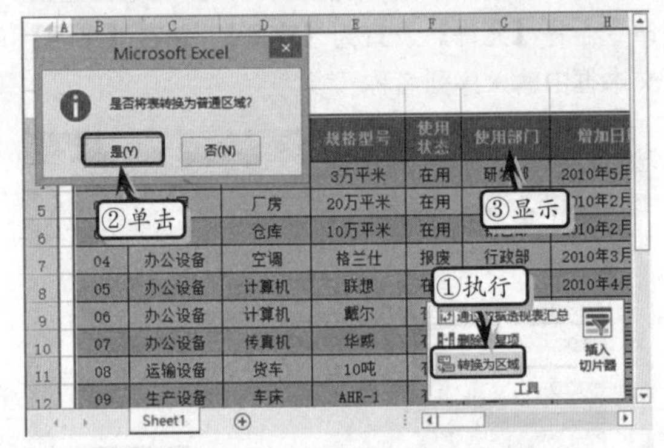

7.7 新手训练营

练习 1：计算免息贷款率

downloads\7\新手训练营\计算免息贷款率

提示：本练习中，已知用户需要购买 50000 元的办公用品，以 12 个月为基准进行无利息的分期付款。下面运用 RATE 函数，计算在每次还款 45 000 元的情况下所需支付的利率。

首先，制作基础数据表。然后，选择单元格 C10，在编辑栏中输入计算公式，按 Enter 键，返回贷款率。

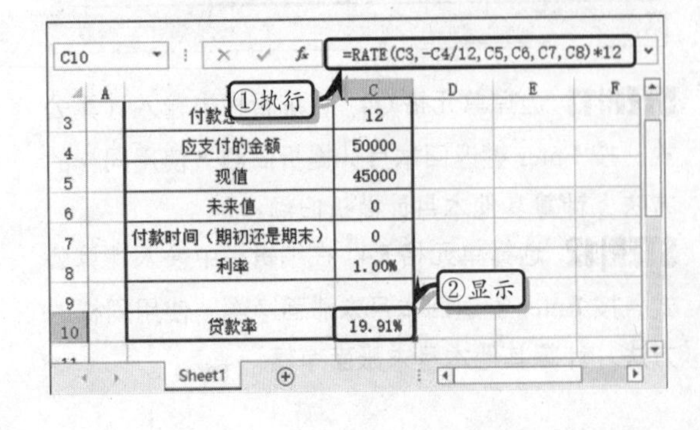

练习 2：计算退休金

downloads\7\新手训练营\计算退休金

提示：本练习中，已知某用户的退休账户上拥有 30 万，该用户需要依赖该 30 万维持 20 年的生计，并且为继承人保留 10 万的遗产。下面运用 PMT 函数，计算每月可从退休账户中提取多少钱。

首先，制作基础数据表。然后，选择单元格 C7，在编辑栏中输入计算公式，按 Enter 键，返回月取款数。

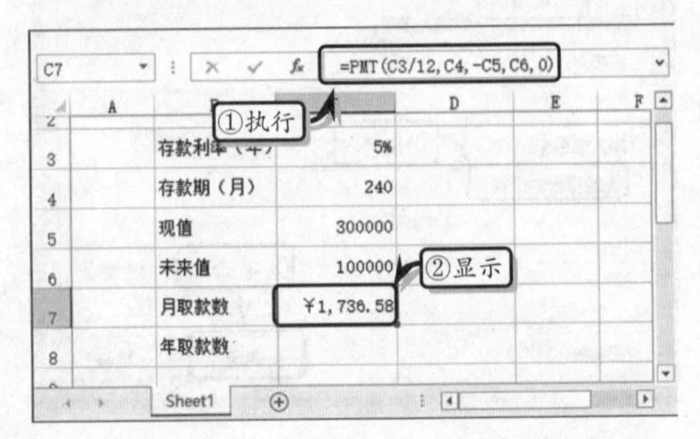

选择单元格 C8，在编辑栏中输入计算公式，按 Enter 键，返回年取款数。

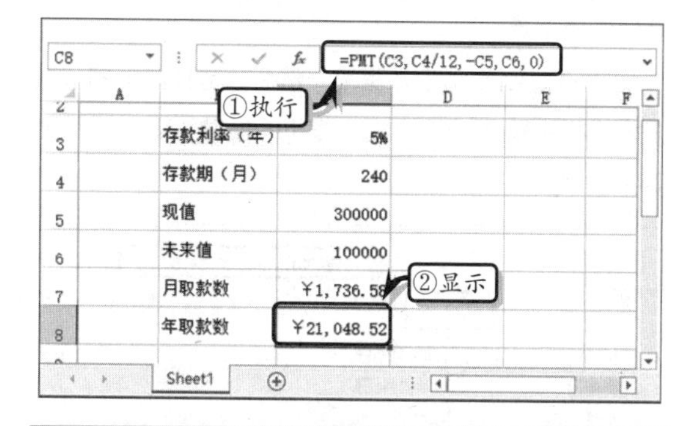

练习 3：计算净现值与内部收益率

downloads\7\新手训练营\计算净现值与内部收益率

提示：本练习中，已知某企业一定时期内的现金流与贴现率，下面运用 XNPV 函数与 XIRR 函数，计算现金流的净现值与内部收益率。

首先，制作基础数据表。选择单元格 C9，在编辑栏中输入计算公式，按 Enter 键，返回不定期现金流的净现值。

然后，选择单元格 C10，在编辑栏中输入计算公式，按 Enter 键，返回不定期现金流的内部收益率。

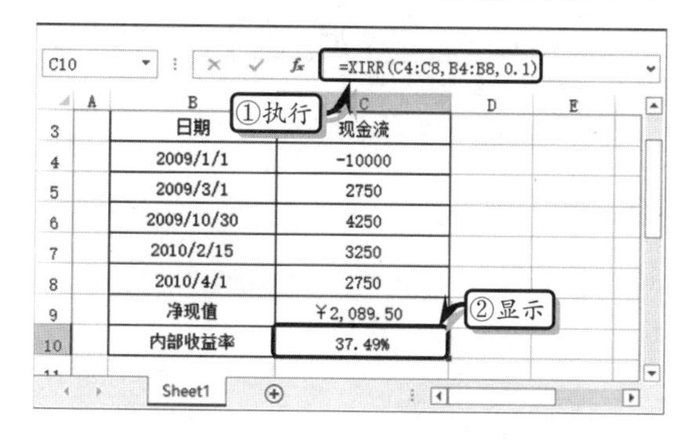

练习 4：计算贷款偿还年限

downloads\7\新手训练营\计算贷款偿还年限

提示：本练习中，已知某用户第一次贷款 20 万，偿还利率为 7.5%，共偿还 20 年。当该用户第二次贷款时，偿还利率为 6%，运用 NPER 函数，计算在每月还款额不变的情况下的偿还年限。

首先，制作基础数据表。然后，选择单元格 C6，在编辑栏中输入计算公式，按 Enter 键，返回偿还年限。

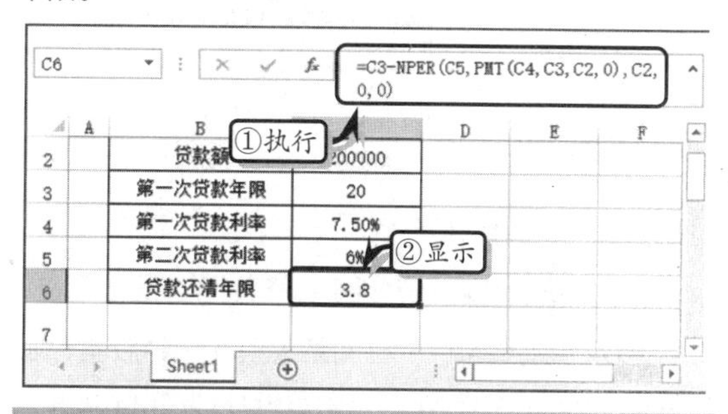

练习 5：计算工资的未来值

downloads\7\新手训练营\计算工资的未来值

提示：本练习中，已知某位员工目前工资存款额为 60 000，下面运用 FV 函数，计算工资额在 20 年后的价值。

首先，制作基础表格。然后，选择单元格 C5，在编辑栏中输入计算公式，按 Enter 键，返回未来值。

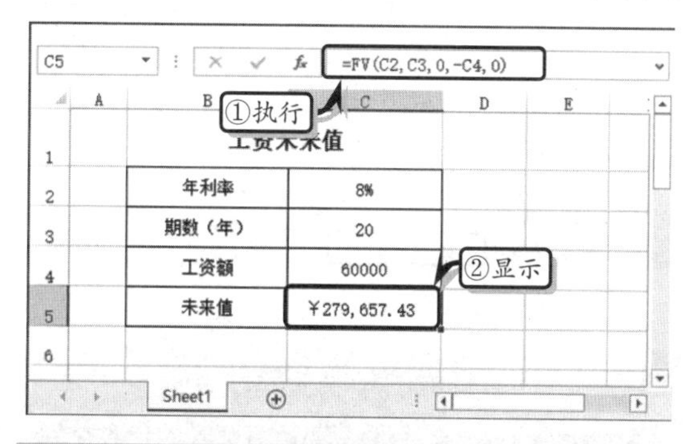

练习 6：计算保险额的现值

downloads\7\新手训练营\计算保险额的现值

提示：本练习中，已知某用户购买一份保险，每年需要缴纳 5000 元的保险额，其支付年限为 20 年。下面运用 PV 函数，在假定利率为 1.3%的情况下，计算保险额的现值。

首先，制作基础数据表。然后，选择单元格 C5，在编辑栏中输入计算公式，按 Enter 键，返回保险额的现值。

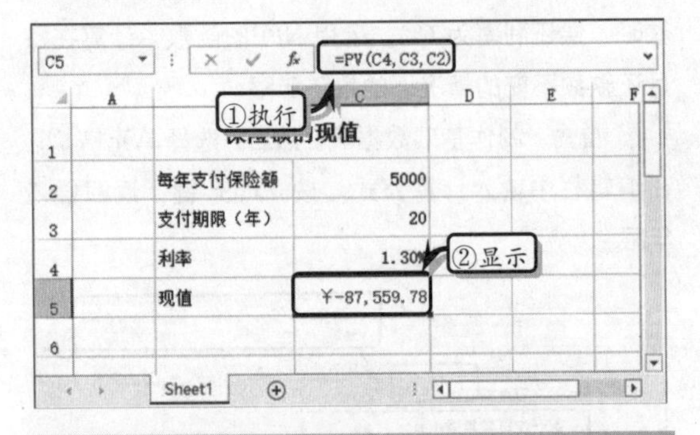

练习 7：计算股票利息

downloads\7\新手训练营\计算股票利息

提示：本练习中，已知某人购买一种股票，发行日为 2014 年 3 月 20 日，首次计息日为 2014 年 8 月 20 日，结算日为 2014 年 6 月 1 日，票利率为 12%，票面值为 2000 元，按半年期付息，计算股票的应付利息。

首先，制作基础数据表。然后，选择单元格 B9，在编辑栏中输入计算公式，按 Enter 键，返回股票应付利息。

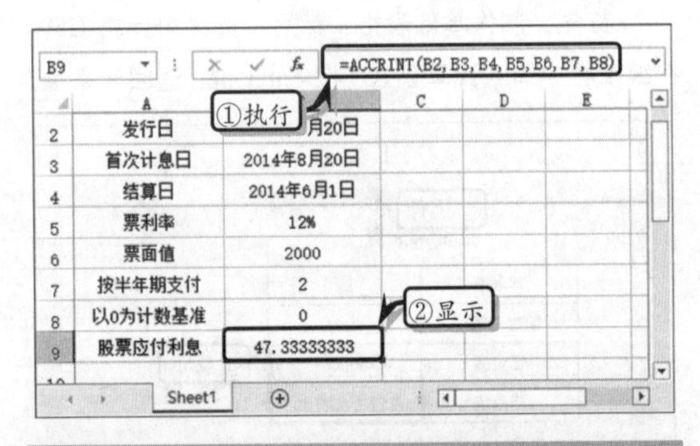

练习 8：计算证券的年收益率

downloads\7\新手训练营\计算证券的年收益率

提示：本练习中，已知某折价发行的证券，结算日为 2014 年 6 月 20 日，到期日 2014 年 12 月 1 日。价格为 96 元，清偿价值为 100 元。下面利用 YIELDDISC 函数，按日计数基准类型的 1 计算此证券的年收益率。

首先，制作基础数据表。然后，选择单元格 B7，在编辑栏中输入计算公式，按 Enter 键，返回证券的年收益率。

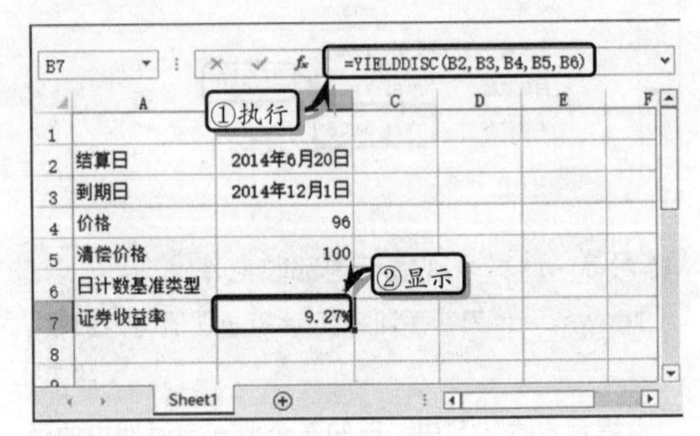

练习 9：计算股票价格

downloads\7\新手训练营\计算股票价格

提示：本练习中，已知某股票结算日为 2011 年 11 月 1 日，到期日 2014 年 2 月 1 日，该股票的收益率为 10%，息票利率为 8%，清偿价格为 100 元，支付类型按半年期支付，日计数基准类型为 1。下面利用 PRICE 函数，计算该股票的价格。

首先，制作基础数据表。然后，选择单元格 B9，在编辑栏中输入计算公式，按 Enter 键，返回证券的股票价格。

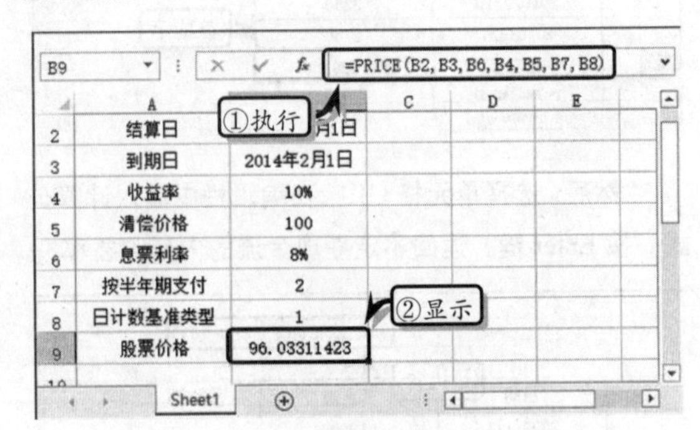

第 8 章

管 理 数 据

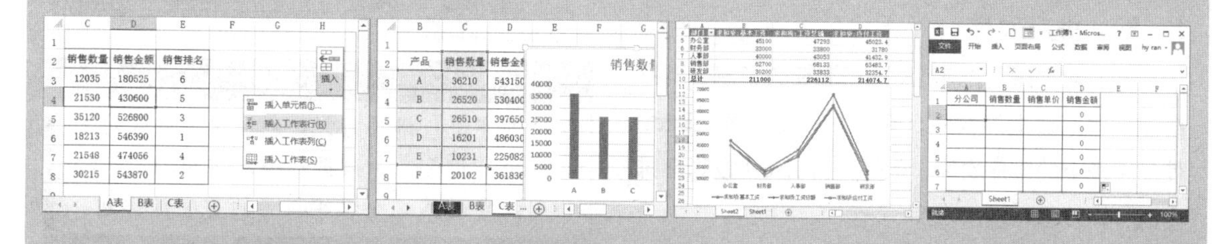

Excel 除了制作电子表格外，还可以对表格中的数据进行管理，如进行排序、数据筛选和汇总等操作，方便地从工作表中获取相关数据，重新整理数据，更好地显示工作表中的明细数据，发现数据反映的变化规律，从而为用户使用数据提供决策依据。另外，条件格式也是 Excel 中非常实用的功能之一，通过设置条件，可以以指定的颜色显示数据所在单元格。而数据有效性具有限制重复值的输入、限制输入电话号码与身份证号码，以及制作下拉列表等多用途显示数据的功能。

本章主要介绍在 Excel 中管理各类数据的操作方法与技巧，通过本章的学习，可以帮助用户从不同的角度去观察与分析数据，管理好当前的工作簿。

8.1 数据排序

对数据进行排序有助于快速直观地显示、理解数据、查找所需数据等，有助于做出有效的决策。在 Excel 中，用户可以对文本、数字、时间等对象进行排序操作。

8.1.1 简单排序

简单排序是运用 Excel 内置的排序命令，对数据按照一定规律进行排列。在排序数据之前，用户还需要先了解一下 Excel 默认的排序次序。

1. 默认排序次序

在对数据进行排序之前，还需要先了解一下系统默认排序数据的次序。在按升序排序时，Excel 使用下表中的排序次序。但是，当 Excel 按降序排序时，则使用相反的次序。

值	次　序
数字	数字按从最小的负数到最大的正数进行排序
日期	日期按从最早的日期到最晚的日期进行排序
文本	字母按从左到右的顺序逐字符进行排序。 文本以及包含存储为文本的数字的文本按以下次序排序：0 1 2 3 4 5 6 7 8 9（空格）!"#$%&()*,./:;?@[\]^_`{|}~+<=>A B C D E F G H I J K L M N O P Q R S T U V W X Y Z (')撇号和(-)连字符会被忽略。但例外情况是：如果两个文本字符串除了连字符不同外其余都相同，则带连字符的文本排在后面
逻辑	在逻辑值中，FALSE 排在 TRUE 之前
错误	所有错误值（如#NUM!和#REF!）的优先级相同
空白单元格	无论是按升序还是按降序排序，空白单元格总是放在最后

2. 对文本进行排序

在工作表中，选择需要排序的单元格区域或单元格区域中的任意一个单元格，执行【数据】|【排序和筛选】|【升序】或【降序】命令。

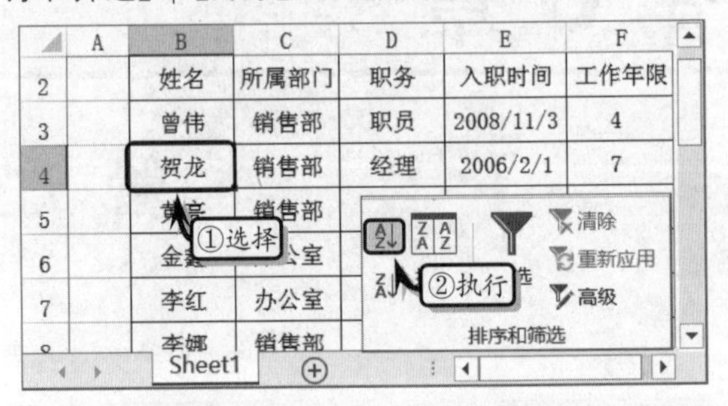

注意

在对汉字进行排序时，首先按汉字拼音的首字母进行排列。如果第一个汉字相同时，按相同汉字的第二个汉字拼音的首字母排列。

另外，如果对字母列进行排序时，即将按照英文字母的顺序排列。如从 A 到 Z 升序排列或者从 Z 到 A 降序排列。

3. 对数字进行排序

选择单元格区域中的一列数值数据，或者列中任意一个包含数值数据的单元格。然后，执行【数据】|【排序和筛选】|【升序】或【降序】命令。

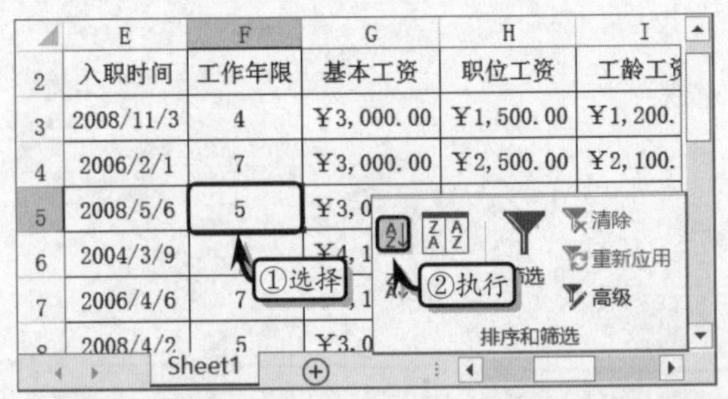

注意

在对数字列排序时，检查所有数字是否都存储为【数字】格式。如果排序结果不正确时，可能是因为该列中包含【文本】格式（而不是数字）的数字。

4. 对日期或时间进行排序

选择单元格区域中的一列日期或时间，或者列中任意一个包含日期或时间的单元格。然后，执行【数据】|【排序和筛选】|【升序】或【降序】命令，对单元格区域中的日期按升序进行排列。

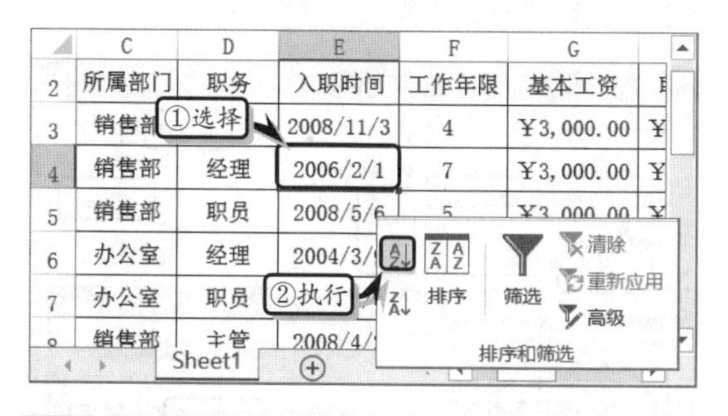

注意

如果对日期或时间排序结果不正确时，可能因为该列中包含【文本】格式（而不是日期或时间）的日期或时间格式。

8.1.2　自定义排序

当 Excel 提供的内置的排序命令无法满足用户需求时，可以使用自定义排序功能创建独特单一排序或多条件排序等排序规则。

1. 单一排序

首先，选择单元格区域中的一列数据，或者确保活动单元格在表列中。然后，执行【数据】|【排序和筛选】|【排序】命令，打开【排序】对话框。

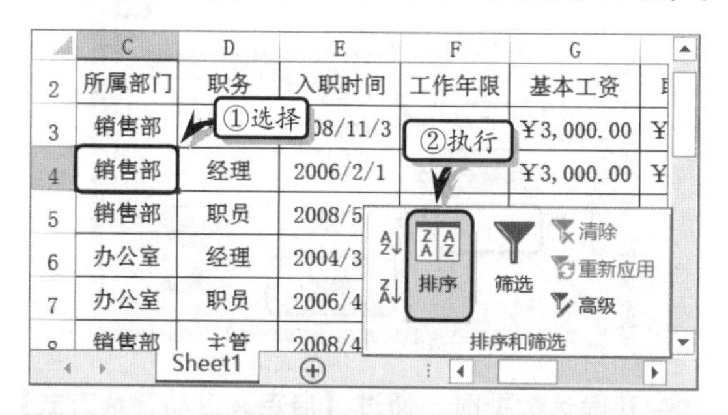

注意

用户也可以通过执行【开始】|【编辑】|【排序和筛选】|【自定义排序】命令，打开【排序】对话框。

在弹出的【排序】对话框中，分别设置【主要关键字】为【所属部门】字段；【排序依据】为【数值】；【次序】为【升序】。

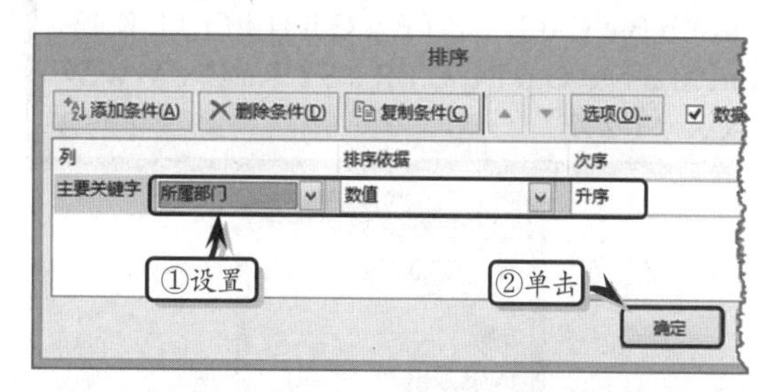

提示

在【排序】对话框中，如果禁用【数据包含标题】复选框时，【主要关键字】中的列表框中将显示列标识（如列 A、列 B 等）。并且字段名有时也将参与排序。

2. 多条件排序

除了单一排序之外，用户还可以在【排序】对话框中，单击【添加条件】按钮，添加【次要关键字】条件，并通过设置相关排序内容的方法，来进行多条件排序。

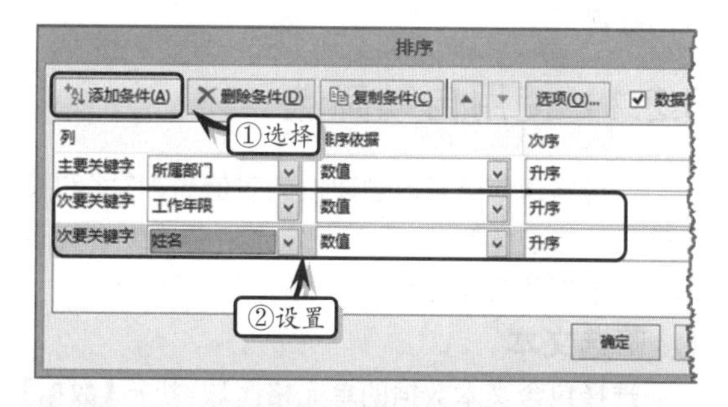

注意

可以通过单击【删除条件】按钮，来删除当前的条件关键字；另外还可以单击【复制条件】按钮，复制当前的条件关键字。

3. 设置排序选项

在【排序】对话框中，单击【选项】按钮，在弹出的【排序选项】对话框中，设置排序的方向和方法。

注意

如果在【排序选项】对话框中，启用【区分大小写】复选框，则字母字符的排序次序为：a A b B c C d D e E f F g G h H i I j J k K l L m M n N o O p P q Q r R s S t T u U v V w W x X y Y z Z。

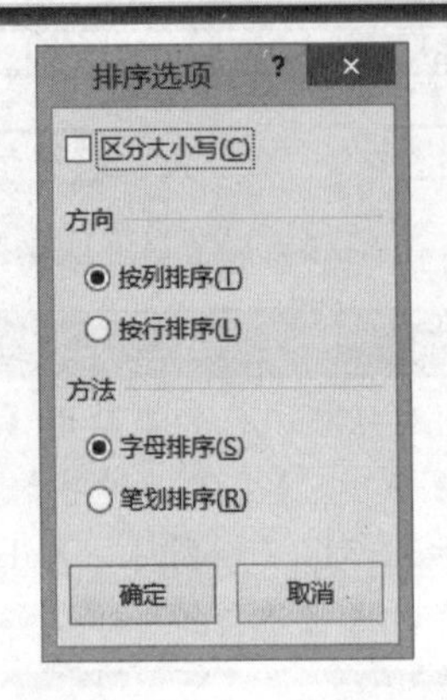

4．设置排序序列类型

在【排序】对话框中，单击【次序】下拉按钮，在其下拉列表中选择【自定义序列】选项。在弹出的【自定义序列】对话框中，选择【新序列】选项，在【输入序列】文本框中输入新序列文本，单击【添加】按钮即可自定义序列的新类别。

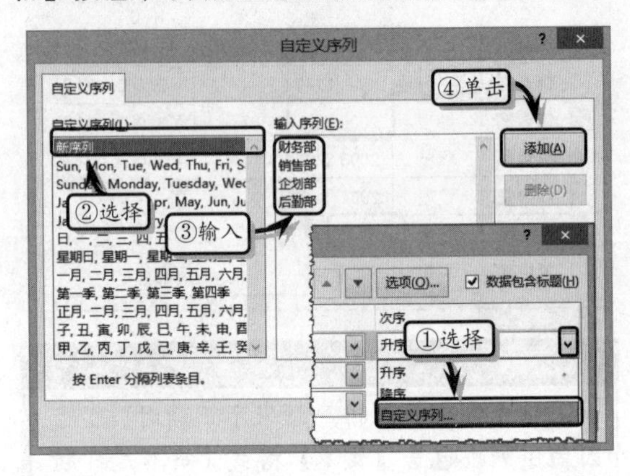

8.2 数据筛选

Excel 具有较强的数据筛选功能，可以从庞杂的数据中挑选并删除无用的数据，从而保留符合条件的数据。

8.2.1 使用自动筛选

使用自动筛选可以创建按列表值、按格式和按条件三种筛选类型。对于每个单元格区域或者列表来说，这三种筛选类型是互斥的。

1．筛选文本

选择包含文本数据的单元格区域，执行【数据】|【排序与筛选】|【筛选】命令，单击【所属部门】筛选下拉按钮，在弹出的文本列表中可以取消作为筛选依据的文本值。

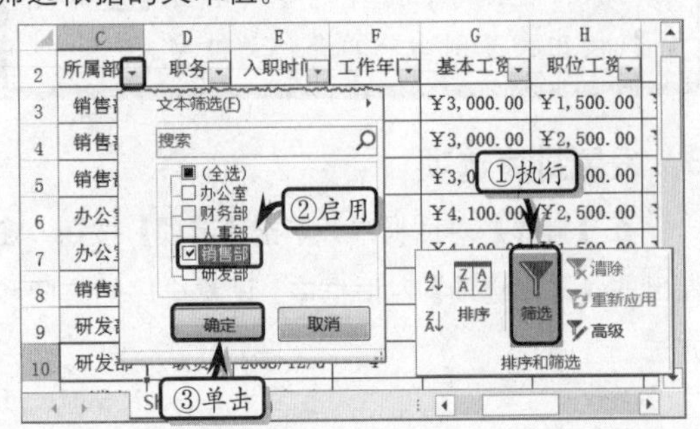

另外，单击【所属部门】下拉按钮，选择【文本筛选】级联菜单中的选项，如选择【不等于】选项，在弹出的对话框中，进行相应设置即可。

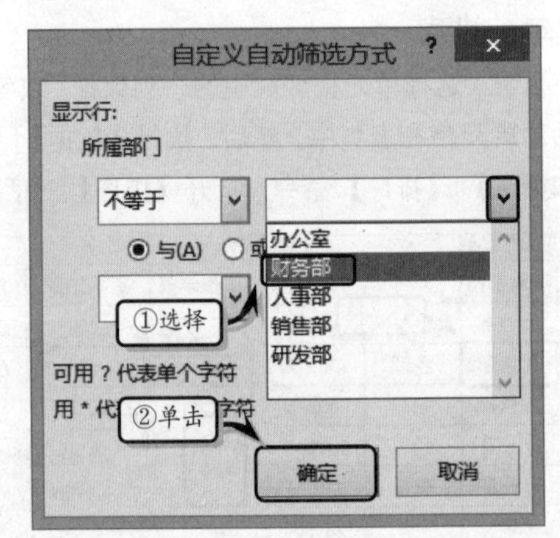

在筛选数据时，通过【自定义自动筛选方式】对话框，可以设置按照多个条件进行筛选。如果用户需要同时满足两个条件，需选择【与】单选按钮；若用户只需满足两个条件之一，可选择【或】单选按钮。

提示

文本值列表最多可以达到 10 000。如果列表很大，请清除顶部的【(全选)】，然后选择要作为筛选依据的特定文本值。

2．筛选数字

选择包含文本数据的单元格区域，执行【数据】|【排序与筛选】|【筛选】命令，单击【基本工资】下拉按钮，在【数字筛选】级联菜单中选择所需选项，如选择【大于】选项。

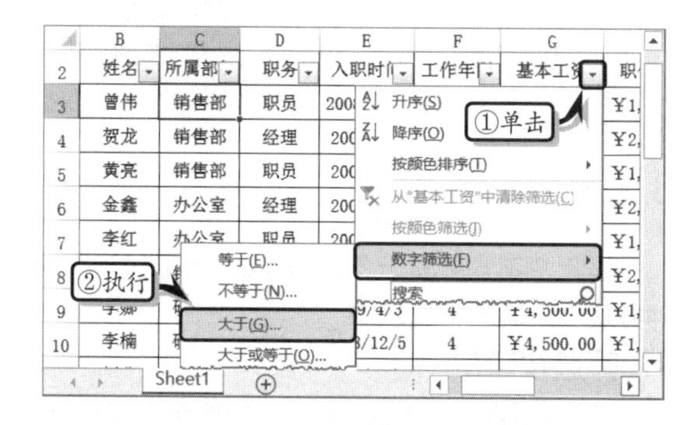

然后，在弹出的【自定义自动筛选方式】对话框中，设置筛选添加，单击【确定】按钮之后，系统将自动显示筛选后的数值。

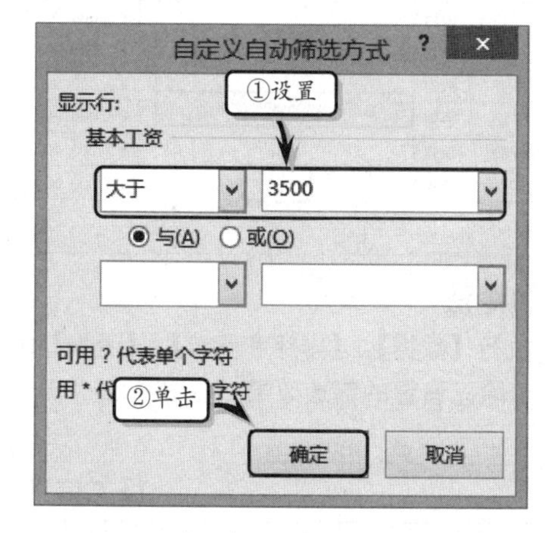

在【自定义自动筛选方式】对话框中最多可以设置两个筛选条件，筛选条件可以是数据列中的数据项，也可以为自定义筛选条件，对每个筛选条件，共有 12 种筛选方式供用户选择，其具体情况如下表所述。

方　式	含　义
等于	当数据项与筛选条件完全相同时显示
不等于	当数据项与筛选条件完全不同时显示
大于	当数据项大于筛选条件时显示
大于或等于	当数据项大于或等于筛选条件时显示
小于	当数据项小于筛选条件时显示
小于或等于	当数据项小于或等于筛选条件时显示
开头是	当数据项以筛选条件开始时显示
开头不是	当数据项不以筛选条件开始时显示
结尾是	当数据项以筛选条件结尾时显示
结尾不是	当数据项不以筛选条件结尾时显示
包含	当数据项内含有筛选条件时显示
不包含	当数据项内不含筛选条件时显示

提示

以下通配符可以用作筛选的比较条件。

(1) ?（问号）　任何单个字符

(2) *（星号）　任何多个字符

8.2.2　使用高级筛选

当用户需要按照指定的多个条件筛选数据时，可以使用 Excel 中的高级筛选功能。在进行高级筛选数据之前，还需要按照系统对数据筛选的规律，制作筛选条件区域。

1．制作筛选条件

一般情况下，为了清晰地查看工作表中的筛选条件，需要在表格的上方或下方制作筛选条件和筛选结果区域。

	D	E	F	G	H	I
22	职员	2007/4/5	6	¥4, 200. 00	¥1, 500. 00	¥1, 800. 00
23	职员	2010/3/1	3	¥4, 200. 00	¥1, 500. 00	¥900. 00
24	总监	2006/3/9	7	¥3, 000. 00	¥4, 000. 00	¥2, 100. 00
25	主管	2005/4/3	8	¥4, 300. 00	¥2, 000. 00	¥2, 400. 00
26	筛选条件					
27	职务	入职时间	工作年限	基本工资	职位工资	工龄工资
28			>5			
29						
30	筛选结果					

Sheet1

提示

在制作筛选条件区域时，其列标题必须与需要筛选的表格数据的列标题一致。

2．设置筛选参数

执行【排序和筛选】|【高级】命令，在弹出的【高级筛选】对话框中，选中【将筛选结果复制到其他位置】选项，并设置【列表区域】、【条件区域】和【复制到】选项。

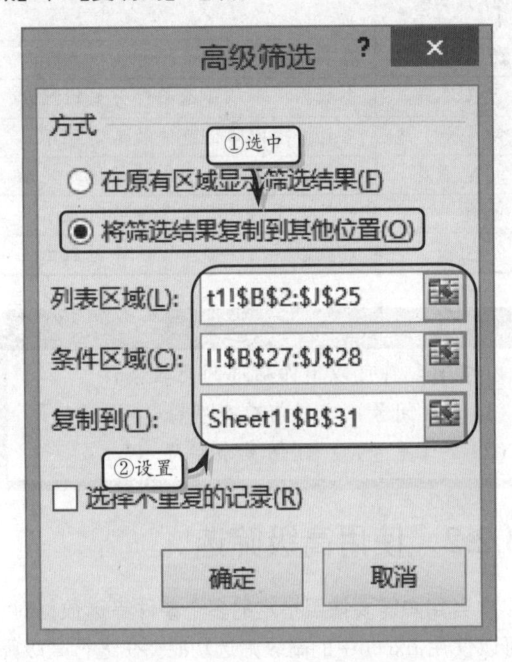

在【高级筛选】对话框中，主要包括下列表格中的一些选项。

选　项	说　明
在原有区域显示筛选结果	表示筛选结果显示在原数据清单位置，且原有数据区域被覆盖
将筛选结果复制到其他位置	表示筛选后的结果将显示在其他单元格区域，与原表单并存，但需要指定单元格区域
列表区域	表示要进行筛选的单元格区域
条件区域	表示包含指定筛选数据条件的单元格区域
复制到	表示放置筛选结果的单元格区域
选择不重复的记录	启用该选项，表示将取消筛选结果中的重复值

3．显示筛选结果

通常情况下，在对包含多行或多列内容的表格数据进行有规律的计算时，可以使用自动填充功能快速填充公式。

在【高级筛选】对话框中，单击【确定】按钮之后，系统将自动在指定的筛选结果区域，显示筛选结果值。

8.2.3　清除筛选

当用户不需要显示筛选结果时，可通过下列两种方法，来清除筛选状态。

1．筛选按钮法

单击【所属部门】字段名后面的筛选下拉按钮，执行【从“所属部门”中清除筛选】命令。

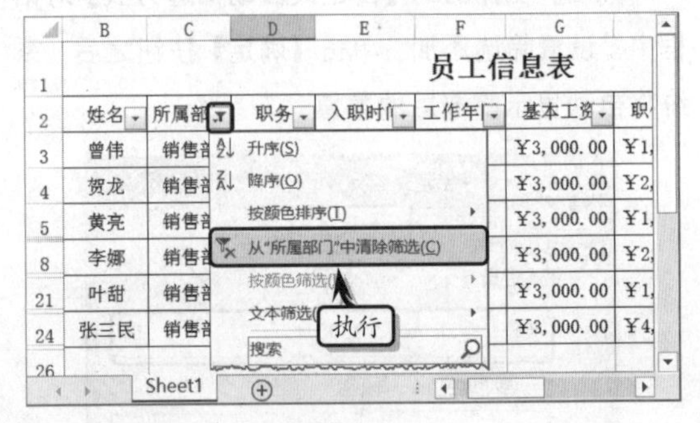

2．命令法

执行【数据】|【排序和筛选】|【清除】命令，即可清除已设置的筛选效果。

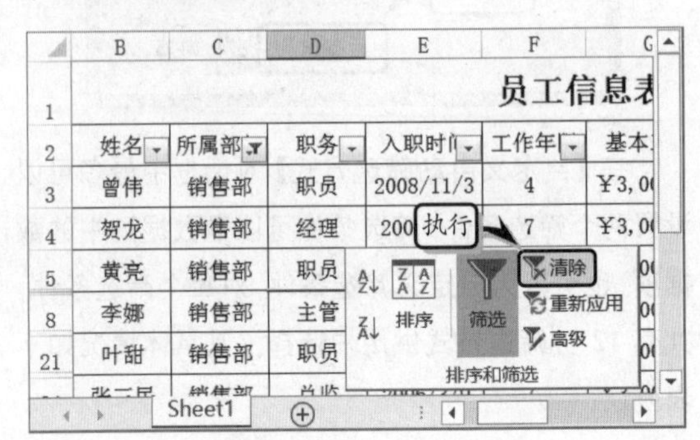

8.3 分类汇总数据

分类汇总是数据处理的另一种重要工具，它可以在数据清单中轻松快速地汇总数据，用户可以通过分类汇总功能对数据进行统计汇总操作。

8.3.1 使用分类汇总

在 Excel 中，用户不仅可以创建分类汇总，而且还可以根据阅读需求展开或折叠汇总数据，以及复制汇总结果。

1. 创建分类汇总

选择列中的任意单元格，执行【数据】|【排序和筛选】|【升序】或【降序】命令，排序数据。然后，执行【数据】|【分组显示】|【分类汇总】命令。

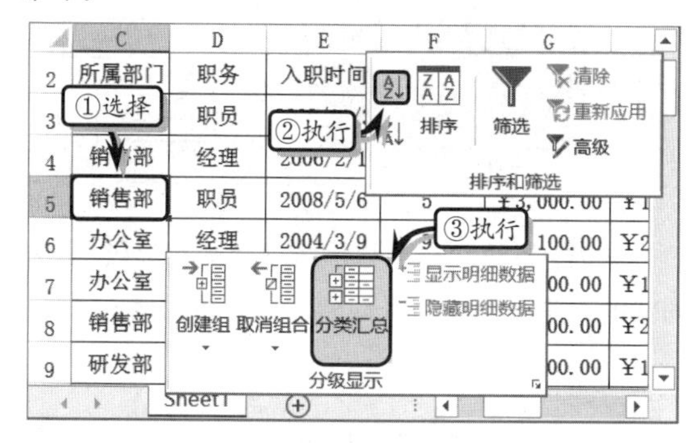

在弹出的【分类汇总】对话框中，将【分类字段】设置为【所属部门】。然后，启用【选定汇总项】列表框中的【基本工资】与【合计】选项。

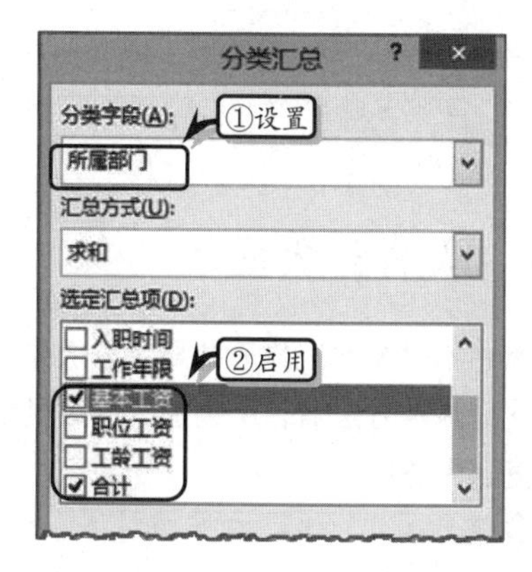

单击【确定】按钮之后，工作表中的数据将以部门为基准进行汇总计算。

	B	C	D	E	F
2	姓名	所属部门	职务	入职时间	工作年限
8		办公室 汇总			
11		财务部 汇总			
12	刘娟	人事部	经理	2004/6/1	9
13	王宏	人事部	职员	2005/8/9	8
14	张杰	人事部	职员	2007/4/5	6

2. 展开或折叠数据细节

在显示分类汇总结果的同时，分类汇总表的左侧自动显示一些分级显示按钮。

图标	名称	功　能
+	展开细节	单击此按钮可以显示分级显示信息
-	折叠细节	单击此按钮可以隐藏分级显示信息
1	级别	单击此按钮只显示总的汇总结果，即总计数据
2	级别	单击此按钮则显示部分数据及其汇总结果
3	级别	单击此按钮显示全部数据
|	级别条	单击此按钮可以隐藏分级显示信息

3. 复制汇总数据

首先，选择单元格区域，执行【开始】|【编辑】|【查找和选择】|【定位条件】命令。在弹出的【定位条件】对话框中，启用【可见单元格】选项，并单击【确定】按钮。

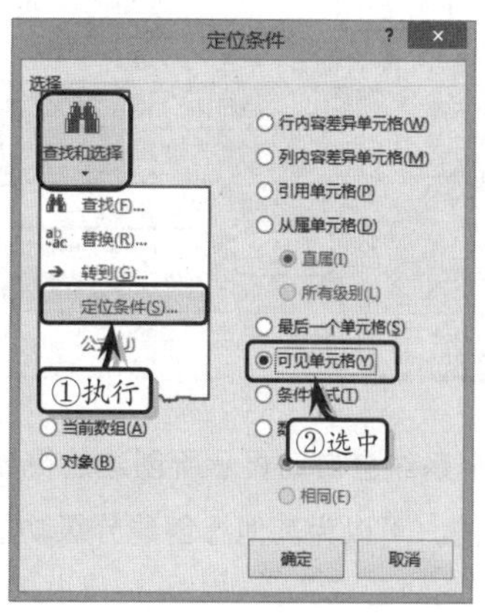

然后，右击鼠标执行【复制】命令，复制数据。

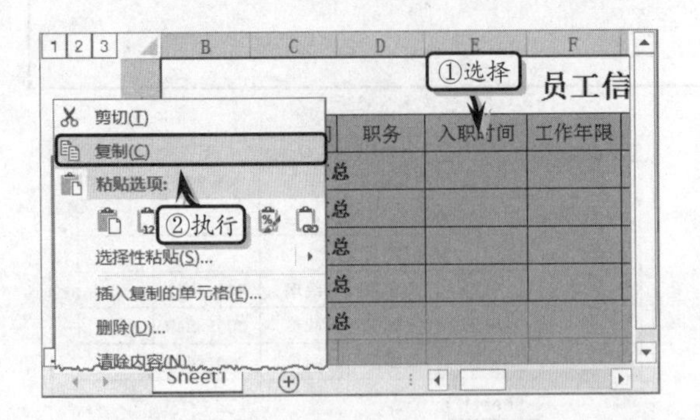

最后，选择需要复制的位置，右击执行【粘贴】|【粘贴】命令，粘贴汇总结果值。

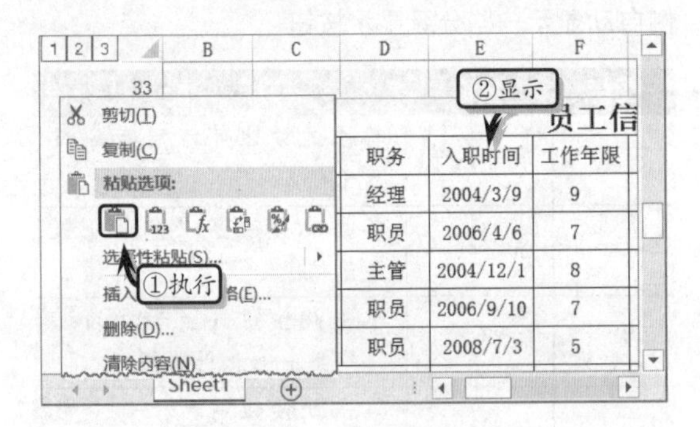

8.3.2 创建分级显示

在 Excel 中，用户还可以通过【创建组】功能分别创建行分级显示和列分级显示。

1. 创建行分级显示

选择需要分级显示的行，执行【数据】|【分级显示】|【创建组】|【创建组】命令。

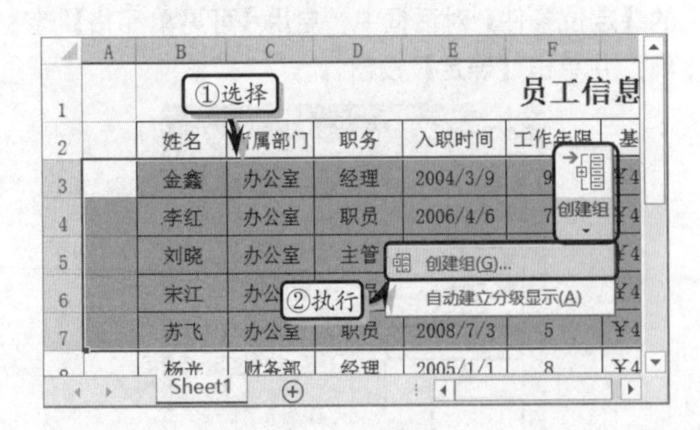

此时，系统会自动显示所创建的行分级。使用同样的方法，可以为其他行创建分级功能。

2. 创建列分级显示

列分级显示与行分级显示操作方法相同。选择需要创建的列，执行【分级显示】|【创建组】|【创建组】命令即可。

此时，系统会自动显示所创建的行分级。使用同样的方法，可以为其他列创建分级功能。

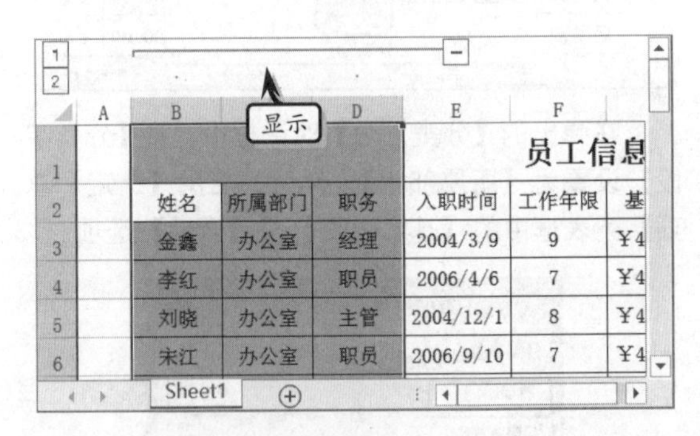

8.3.3 取消分级显示

当用户不需要在工作表中显示分级显示时，可以通过下列两种方法清除所创建的分级显示，将工作表恢复到常态中。

1. 命令法

执行【数据】|【分级显示】|【取消组合】|【清除分级显示】命令，来取消已设置的分类汇总效果。

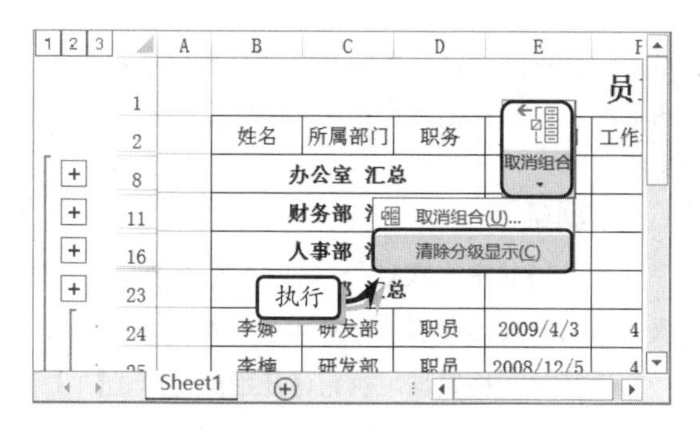

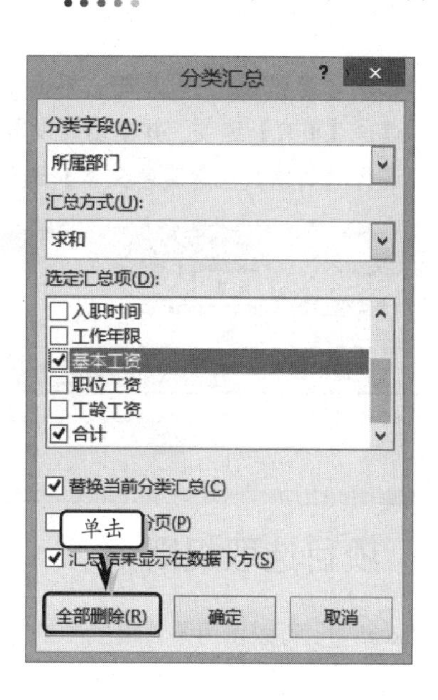

2．对话框法

另外，还可以执行【数据】|【分类显示】|【分类汇总】命令。在弹出的【分类汇总】对话框中，单击【全部删除】按钮，即可取消已设置的分类汇总效果。

8.4 使用条件格式

条件格式可以凸显单元格中的一些规则，除此之外，条件格式中的数据条、色阶和图标集还可以区别显示数据的不同范围。

8.4.1　突出显示单元格规则

突出显示单元格规则是运用Excel中的条件格式，来突出显示单元格中指定范围段的数据规则。

1．突出显示大于值

选择单元格区域，执行【开始】|【样式】|【条件格式】|【突出显示单元格规则】|【大于】命令。

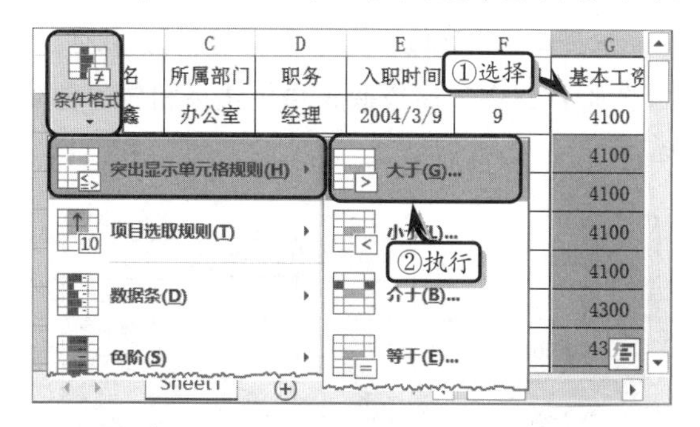

在弹出的【大于】对话框中，可以直接修改数值。或者单击文本框后面的【折叠】按钮，来选择单元格。同时，单击【设置为】下拉按钮，在其下拉列表中选择【绿填充色深绿色文本】选项。

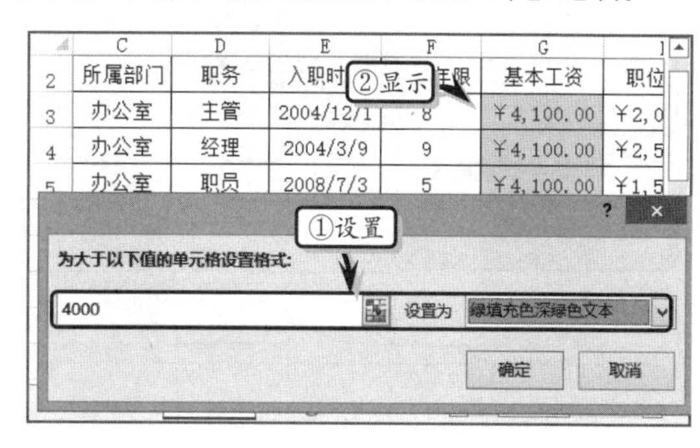

2．突出显示重复值

选择单元格区域，执行【开始】|【样式】|【条件格式】|【突出显示单元格规则】|【重复值】命令。

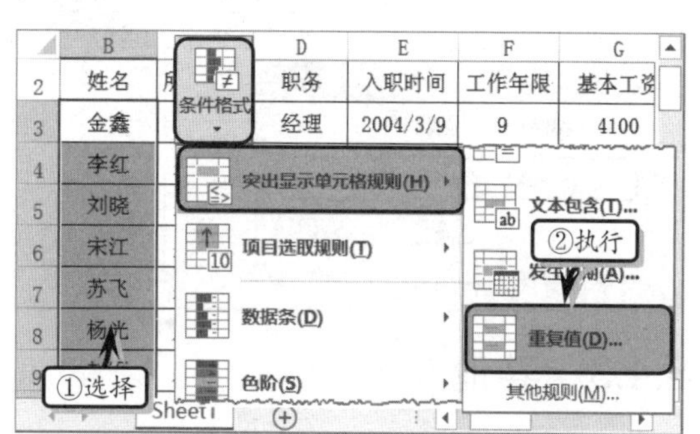

在弹出的【重复值】对话框中，单击【值】下拉按钮，选择【重复】选项。并单击【设置为】下拉按钮，选择【黄填充色深黄色文本】选项。

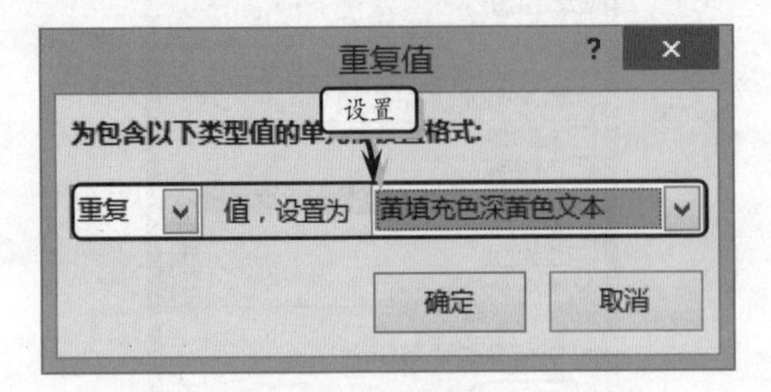

8.4.2 项目选取规则

在 Excel 中，可以使用条件格式中的项目选取规则，来分析数据区域中的最大值、最小值与平均值。

选择单元格区域，执行【开始】|【样式】|【条件格式】|【项目选取规则】|【前 10 项】命令。

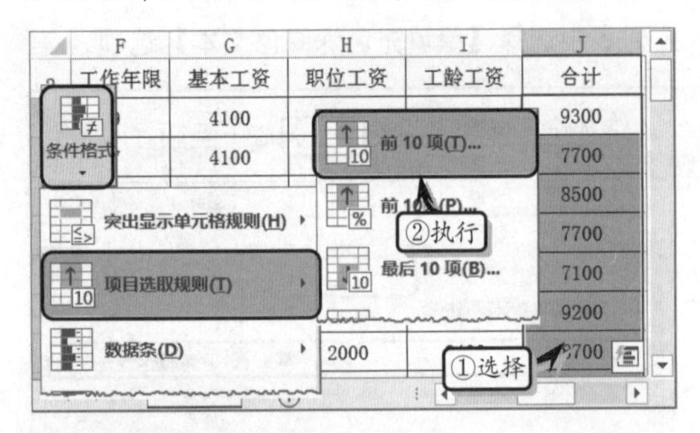

在弹出的【前 10 项】对话框中，设置最大项数，以及单元格显示的格式。单击【确定】按钮，即可查看所突出显示的单元格。

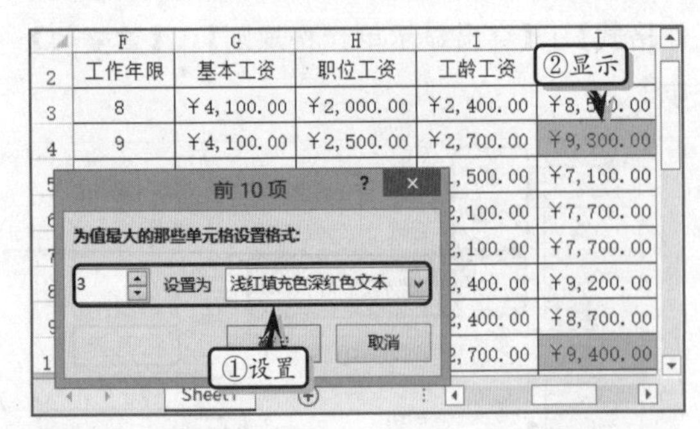

8.4.3 其他规则

在 Excel 2013 中，除了项目选取规则和突出显示单元格规则之外，系统还为用户提供了数据条、图标集和色阶规则，便于用户以图形的方式显示数据集。

1. 数据条

条件格式中的数据条，是以不同的渐变颜色或填充颜色的条形形状，形象地显示数值的大小。

选择单元格区域，执行【开始】|【样式】|【条件格式】|【数据条】命令，并在级联菜单中选择相应的数据条样式即可。

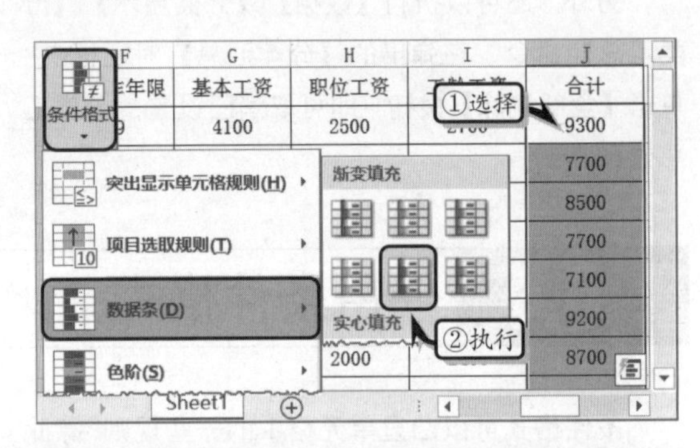

> **提示**
>
> 数据条可以方便用户查看单元格中数据的大小。因为带颜色的数据条的长度表示单元格中值的大小。数据条越长，则所表示的数值越大。

2. 色阶

条件格式中的色阶，是以不同的颜色条显示不同区域段内的数据。

选择单元格区域，执行【样式】|【条件格式】|【色阶】命令，在级联菜单中选择相应的色阶样式。

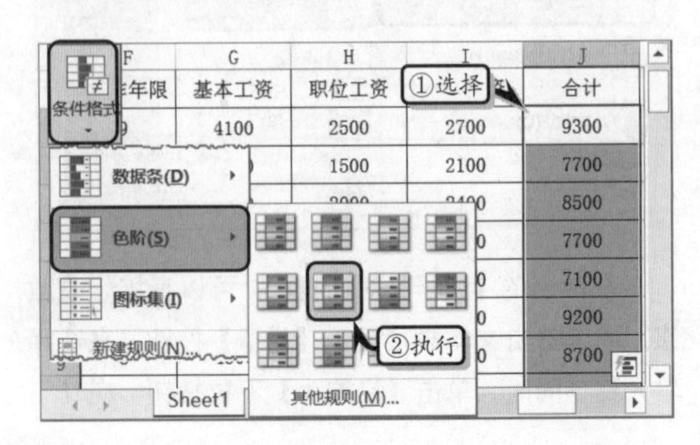

提示

双色刻度通过两种颜色的深浅程度来比较某个区域的单元格。颜色的深浅表示值的高低。

3. 图标集

使用图标集可以对数据进行注释，并可以按阈值将数据分为 3~5 个类别。其中，每个图标代表一个值的范围。

选择单元格区域，执行【开始】|【样式】|【条件格式】|【图标集】命令，在级联菜单中选择相应的图标样式即可。

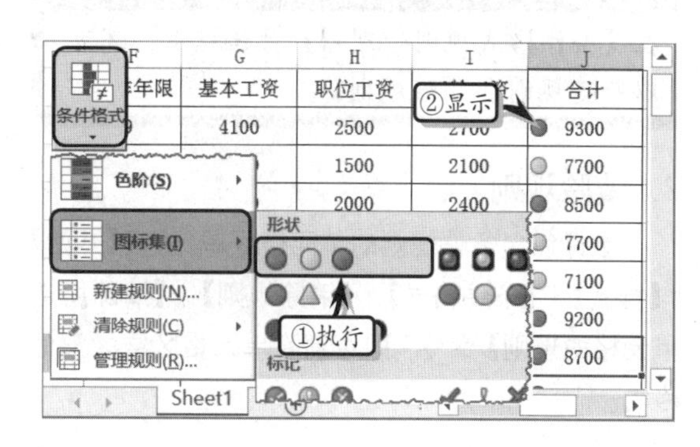

8.5 使用条件规则

规则是用户利用条件格式查看数据、分析数据时的准则，主要用于筛选并突出显示所选单元格区域中的数据。在 Excel 中用户除了可以自己定义所需要的规则，也可以清除所应用的规则，以及管理规则。

8.5.1 新建规则

选择单元格区域，执行【开始】|【样式】|【条件格式】|【新建规则】命令。在弹出的【新建格式规则】对话框中，选择【选择规则类型】列表中的【基于各自值设置所有单元格的格式】选项，并在【编辑规则说明】栏中，设置各项选项。

单击【确定】按钮，即可在工作表中使用红色和绿色，来突出显示符合规则的单元格。

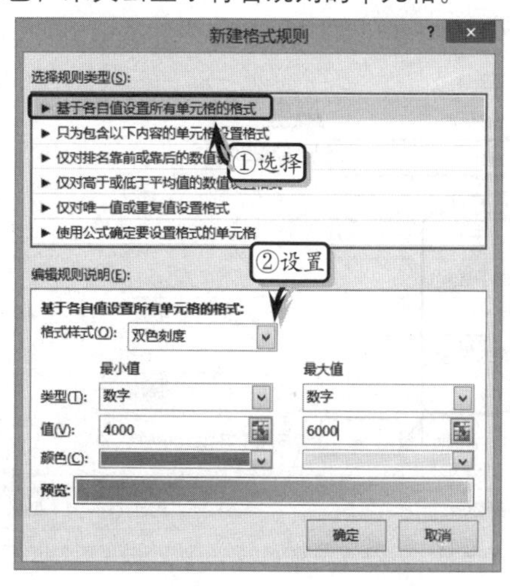

提示

在【选择规则类型】列表框中，可以选择不同类型创建其规则。而创建的规则其样式与默认条件格式（如【突出显示单元格规则】、【项目选取规则】、【数据条】等）样式大同小异。

8.5.2 管理规则

当用户为单元格区域或表格应用条件规则之后，可以通过【管理规则】命令，来编辑规则。或者，使用【清除规则】命令，单独删除某一个规则或整个工作表的规则。

1. 编辑规则

执行【开始】|【样式】|【条件格式】|【管理规则】命令，在弹出的【条件格式规则管理器】对话框中，选择某个规则，单击【编辑规则】按钮，即可对规则进行编辑操作。

提示

在【条件格式规则管理器】对话框中，还可以新建规则和删除规则。

2．清除规则

选择包含条件规则的单元格区域，执行【开始】|【样式】|【条件格式】|【清除规则】|【清除所选单元格的规则】命令，即可清除单元格区域的条件格式。

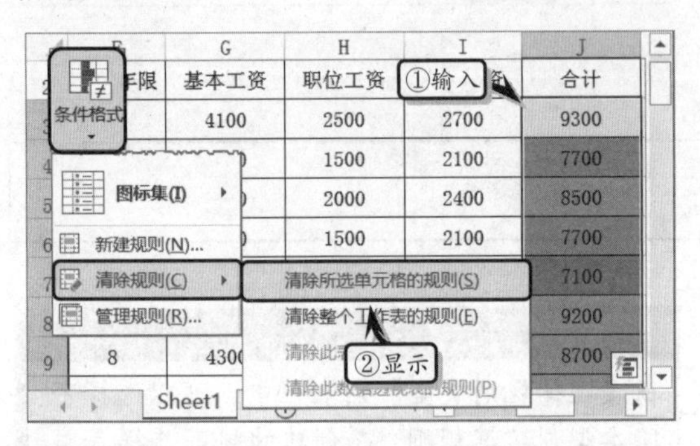

另外，当工作表中应用多个条件格式时，执行【清除规则】|【清除整个工作表的规则】命令，来清除整个工作表中的条件规则。

8.6 使用数据验证

数据验证是指定向单元格中输入数据的权限范围，该功能可以避免数据输入中的重复、类型错误、小数位数过多等错误情况。

8.6.1 设置数据验证

在 Excel 2013 中，不仅可以使用【数据验证】功能设置序列列表，而且还可以设置整数、小数、日期和长数据样式，便于用于限制多种数据类型的输入。

1．设置整数和小数类型

选择单元格或单元格区域，执行【数据】|【数据工具】|【数据验证】|【数据验证】命令，设置【允许】选项，设置其相应选项即可。

另外，用户还可在【数据】、【最小值】、【最大值】文本框中详细设置数据的有效性条件。

提示

设置数据的有效性权限是（A1>=1,<=9）的整数，当在 A1 单元格中输入权限范围以外的数据时，系统自动显示提示对话框。

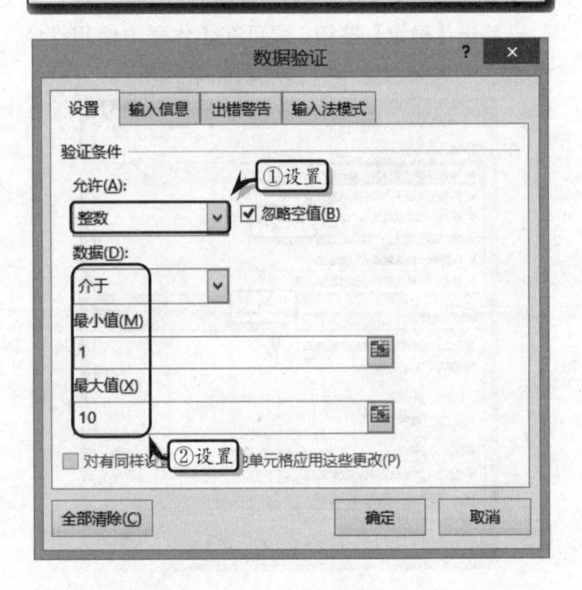

2．设置序列类型

选择单元格或单元格区域，在【数据验证】对话框的【允许】列表中选择【序列】选项，并在【来源】文本框中设置数据来源。

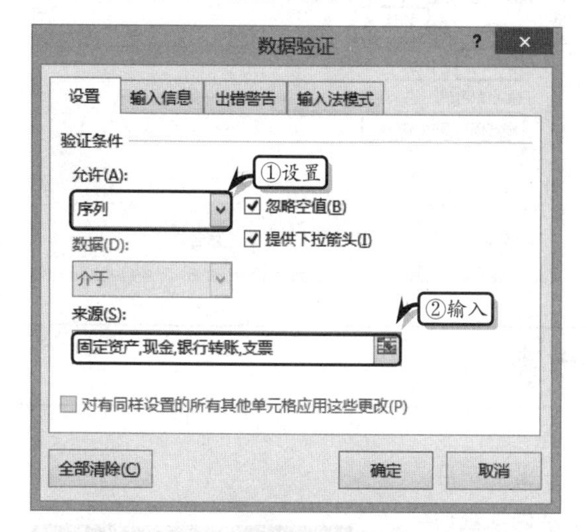

提示

用户也可以在【允许】列表中选择【自定义】选项，通过在【来源】文本框中输入公式的方法，来达到高级限制数据的功效。

3．设置时间或日期类型

在【数据验证】对话框中的【允许】列表中，选择【日期】或【时间】选项，再设置其相应的选项。

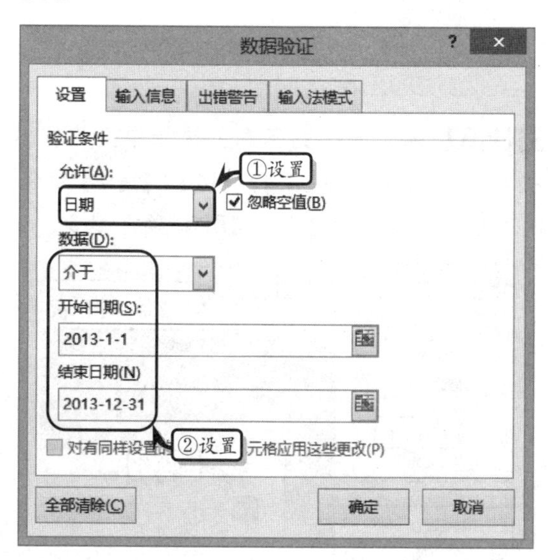

注意

如果指定设置数验证的单元格为空白单元格，启用【数据验证】对话框中的【忽略空值】复选框即可。

4．设置长数据样式

选择单元格或单元格区域，在【数据验证】对话框中，将【允许】设置为【文本长度】，将【数据】设置为【等于】，将【长度】设置为【13】，即只能设置在单元格中输入长度为 13 位的数据。

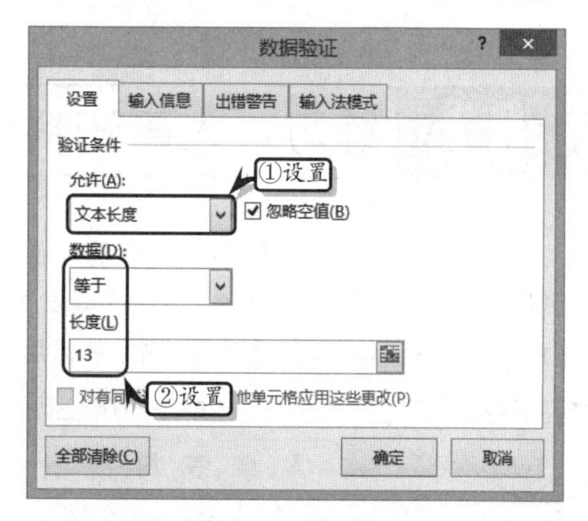

8.6.2　设置提示信息

在单元格区域中设置数据验证功能之后，当用户输入限制之外的数据时，系统将会自动弹出提示信息，提示用户所需输入的数据类型。Excel 为用户提供了出错警告和输入信息两种提示方式。

1．设置出错警告

在【数据验证】对话框中，激活【出错警告】选项卡，设置在输入无效数据时系统所显示的警告样式与错误信息。

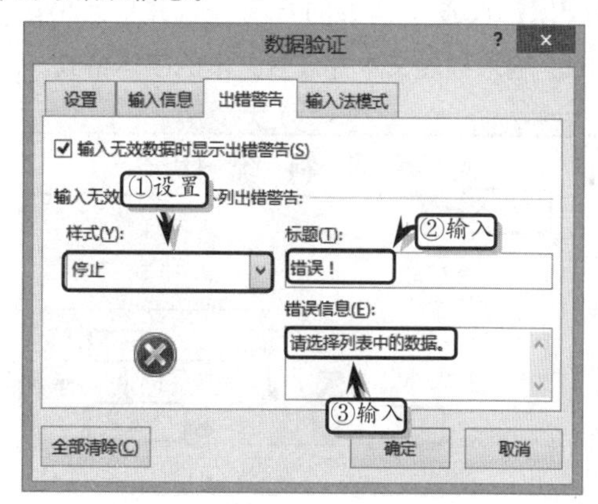

2．设置文本信息

在【数据验证】对话框中，激活【输入信息】选项卡，在【输入信息】文本框中输入需要显示的文本信息即可。

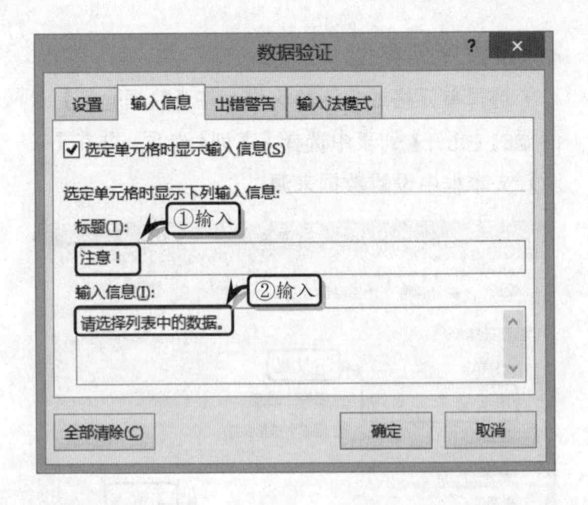

8.7 练习：人事资料统计表

人事资料统计表主要用来统计员工的姓名、性别、出生年月、学历等一些基础信息的电子表格，便于人事职员快速、准确地查询与了解每位员工的具体情况。在本练习中，将运用 Excel 2013 中的美化数据、对齐格式、美化边框等功能来制作一份人事资料统计表。

练习要点

- 使用公式
- 使用函数
- 设置边框
- 设置填充颜色
- 自定义数据格式
- 设置文本格式

人 事 资 料 统 计 表

员工编号	姓名	性别	身份证号码	出生年	出生日	籍贯	学历
000001	金鑫	男	100000197912280002	1979	12-28	山东潍坊	本科
000002	刘能	女	100000197802280002	1978	02-28	河南安阳	硕士
000003	赵四	男	100000193412090001	1934	12-09	四川成都	专科
000004	沉香	男	100000198001280001	1980	01-28	重庆	博士
000005	孙伟	男	100000197709020001	1977	09-02	天津	本科
000006	孙佳	女	100000197612040002	1976	12-04	沈阳	本科
000007	付红	男	100000198603140001	1986	03-14	北京	专科
000008	孙伟	男	100000196802260001	1968	02-26	江苏淮安	硕士
000009	钱云	男	100000197906080001	1979	06-08	山东济宁	硕士
000010	张晶	女	100000198212120000	1982	12-12	四川成都	本科

操作步骤

STEP|01 设置工作表的行高。合并单元格区域 B1:I1，输入标题文本并设置文本的字体格式。

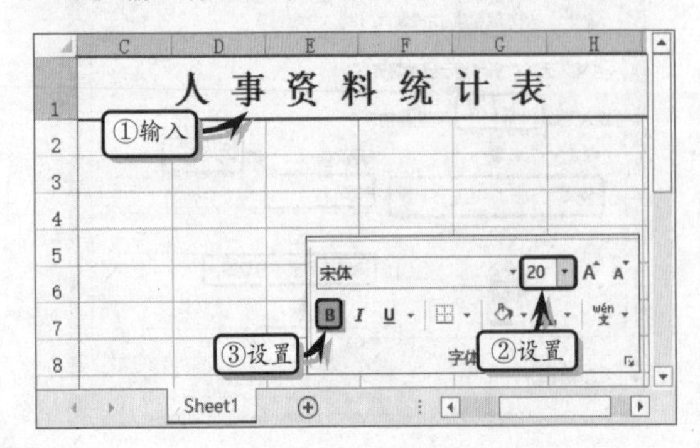

STEP|02 输入表格列标题，选择单元格区域 B2:I22，执行【开始】|【对齐方式】|【居中】命令，同时执行【字体】|【边框】|【所有框线】命令。

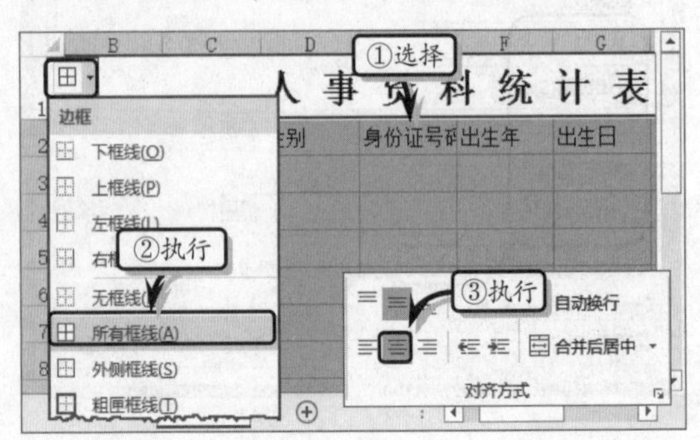

STEP|03 选择单元格区域 B3:B22，右击执行【设置单元格格式】命令，选择【特殊】选项。

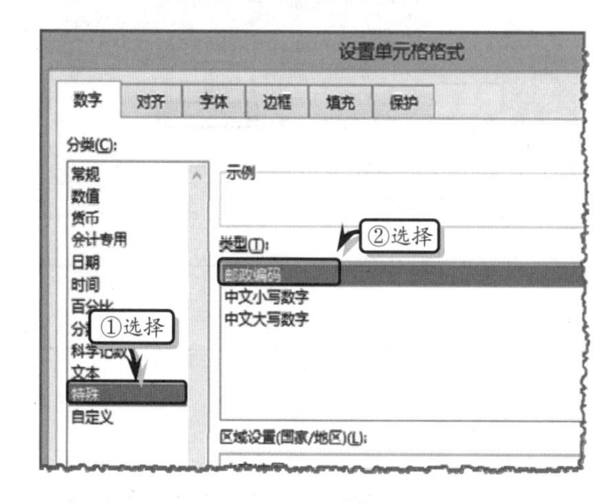

STEP|04 选择单元格区域 E3:E22，执行【开始】|【数字】|【数字格式】|【文本】命令。

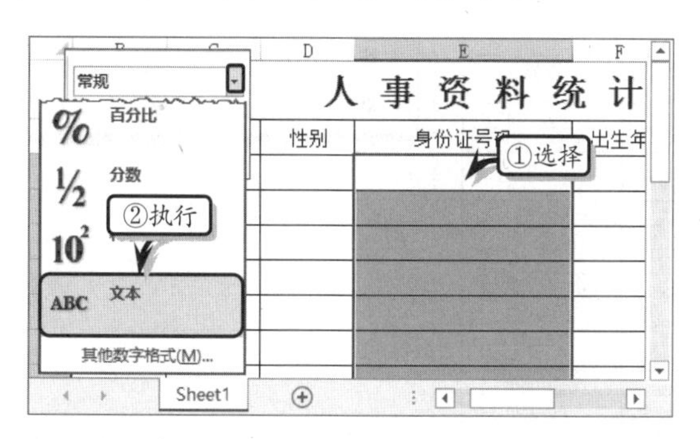

STEP|05 选择单元格区域 F3:G22，执行【开始】|【数字】|【数字格式】|【短日期】命令。

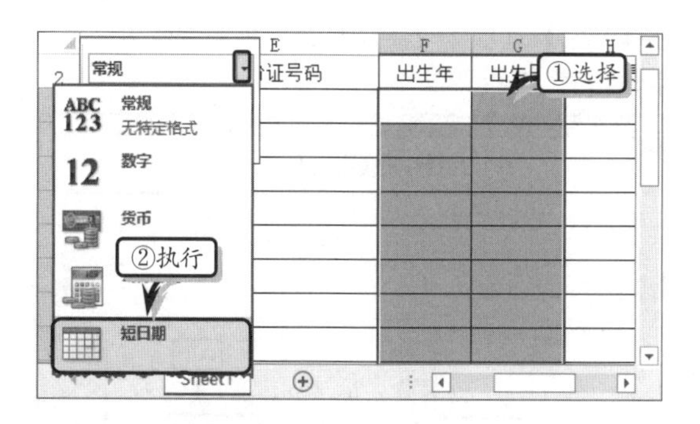

STEP|06 制作表格基础数据。选择单元格 F3，在编辑栏中输入计算公式，按 Enter 键返回出生年。使用同样方法，计算其他出生年。

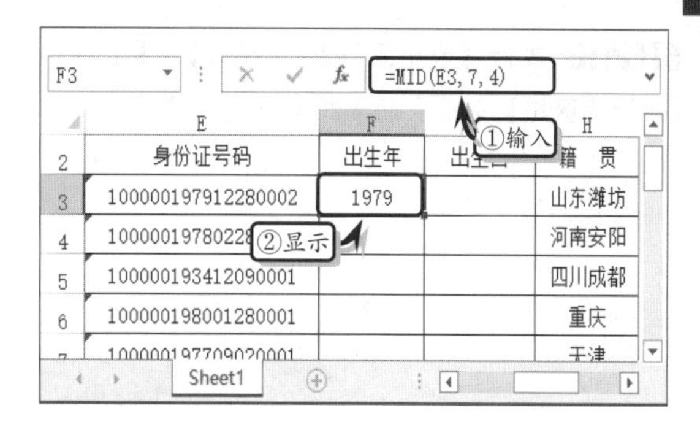

STEP|07 选择单元格 G3，在编辑栏中输入计算公式，按 Enter 键返回出生日。使用同样方法，计算其他出生日。

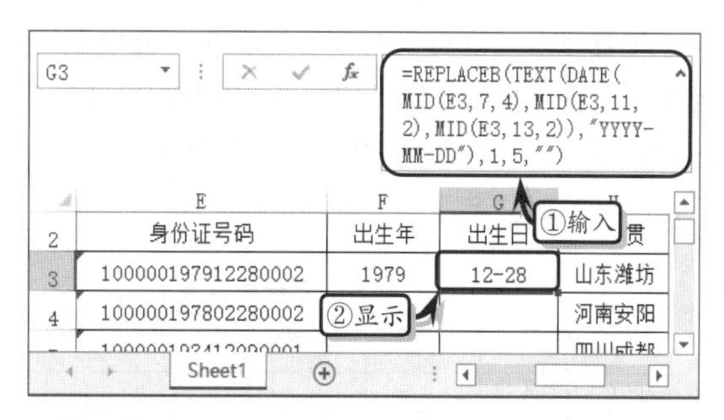

STEP|08 美化工作表。选择单元格区域 B2:I22，执行【开始】|【样式】|【套用表格格式】|【表样式中等深浅 14】命令。

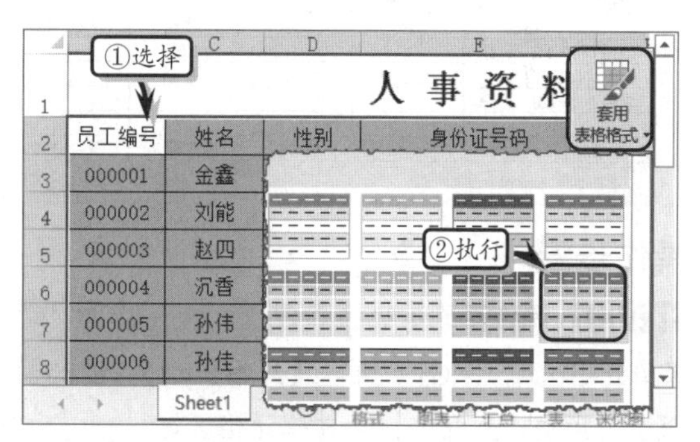

STEP|09 在弹出的【套用表格式】对话框中，保持默认区域，单击【确定】按钮。

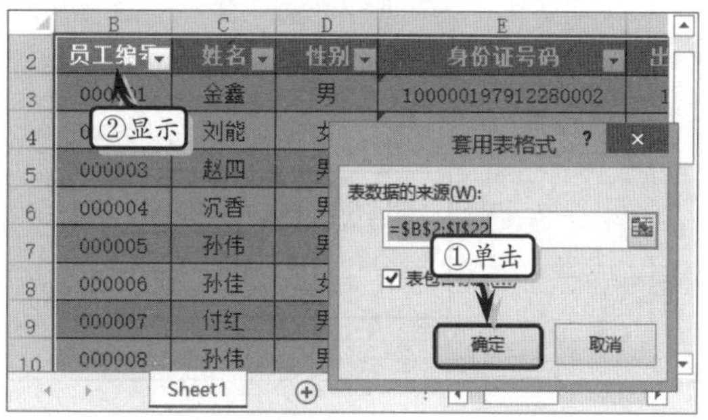

STEP|10 执行【表格工具】|【设计】|【工具】|【转换为区域】命令，将表格转换为普通区域。

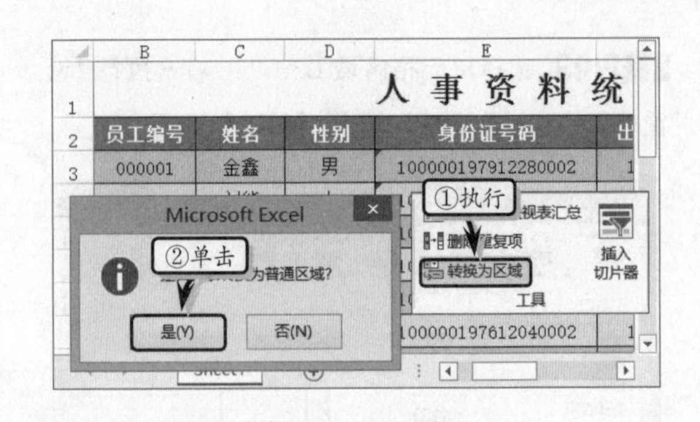

8.8 练习：销售明细表

电器批发商在每天的销售过程中，接触到大量的销售信息，并且要对这些数据进行统计和分析。在数据的统计分析中，分类汇总是经常使用的。在下面的销售明细账工作表中，按照产品编号完成分类汇总，计算每种产品的销量和金额。

练习要点

- 使用公式
- 排序数据
- 分类汇总
- 嵌套分类汇总

	A	B	C	D	E	F	G
1	销售明细账工作表						
2	日期	销售员	产品编号	产品类别	单价	数量	金额
3	2007/1/12	杨昆	C330	冰箱	￥5,300	17	￥90,100
4	**2007-1-12 汇总**						￥90,100
5	2007/1/15	张建军	C330	冰箱	￥5,300	12	￥63,600
6	**2007-1-15 汇总**						￥63,600
7	2007/1/18	魏骊	C330	冰箱	￥5,300	17	￥90,100
8	2007/1/18	杨昆	C330	冰箱	￥5,300	18	￥95,400
9	**2007-1-18 汇总**						￥185,500
10			**C330 汇总**			64	￥339,200
11	2007/1/14	仝明	C340	冰箱	￥5,259	20	￥105,180
12	**2007-1-14 汇总**						￥105,180
13	2007/1/15	闫辉	C340	冰箱	￥5,259	44	￥231,396
14	**2007-1-15 汇总**						￥231,396
15	2007/1/18	杜云鹏	C340	冰箱	￥5,259	12	￥63,108
16	**2007-1-18 汇总**						￥63,108
17			**C340 汇总**			76	￥399,684
18	2007/1/16	王丽华	CL340	冰箱	￥4,099	30	￥122,970

操作步骤

STEP|01 制作基础数据。新建 Excel 工作簿，选择单元格区域 A1:G1，执行【开始】|【对齐方式】|【合并后居中】命令，合并单元格区域。

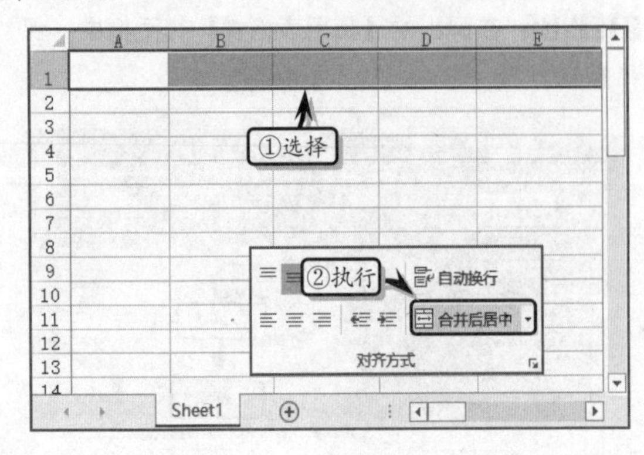

STEP|02 在合并后的单元格中输入标题文本，并在【开始】选项卡【字体】选项组中，设置文本的字体格式。

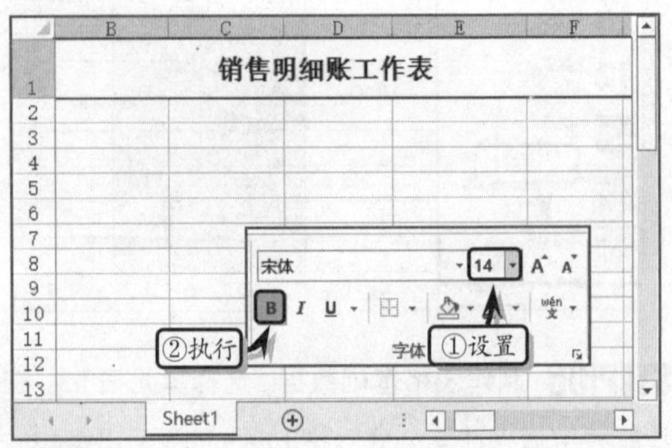

STEP|03 在工作表中输入基础数据，选择数据区域，执行【开始】|【对齐方式】|【居中】命令，

设置数据区域的对齐方式。

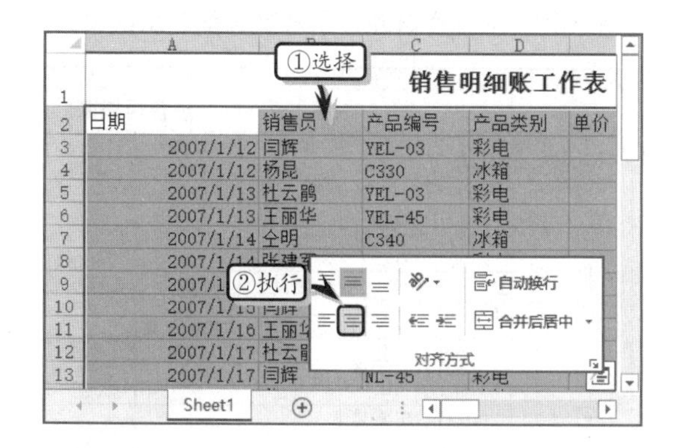

STEP|04 同时，执行【开始】|【字体】|【边框】|【所有框线】命令，设置数据区域的边框格式。

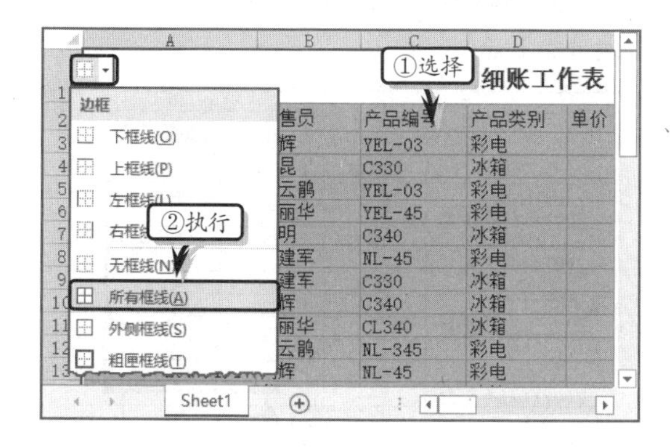

STEP|05 计算金额。选择单元格 G3，在【编辑】栏中输入计算公式，按 Enter 键显示计算结果。

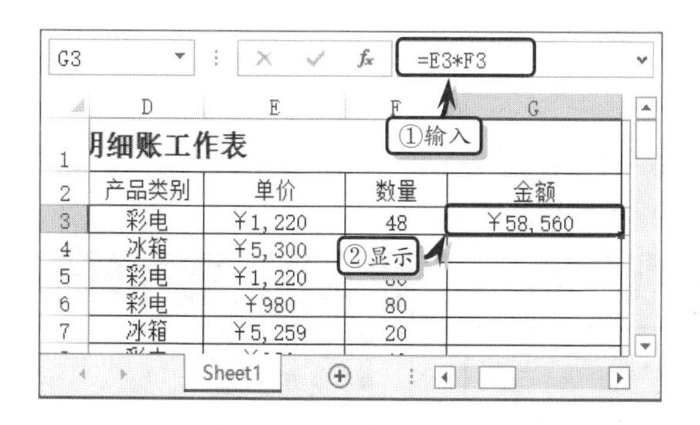

STEP|06 选择单元格区域 G3:G18，执行【开始】|【编辑】|【填充】|【向下】命令，向下填充公式。

STEP|07 排序数据。选择单元格 C2，执行【开始】|【编辑】|【排序和筛选】|【升序】命令，排序数据。

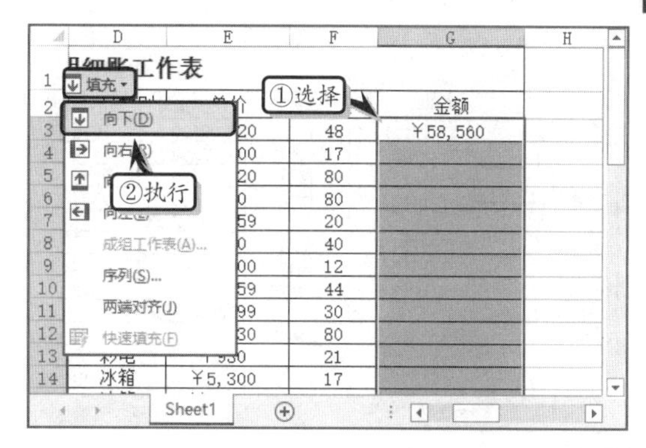

STEP|08 分类汇总数据。执行【数据】|【分级显示】|【分类汇总】命令，将【分类字段】设置为【产品编号】，同时启用【数量】和【金额】复选框。

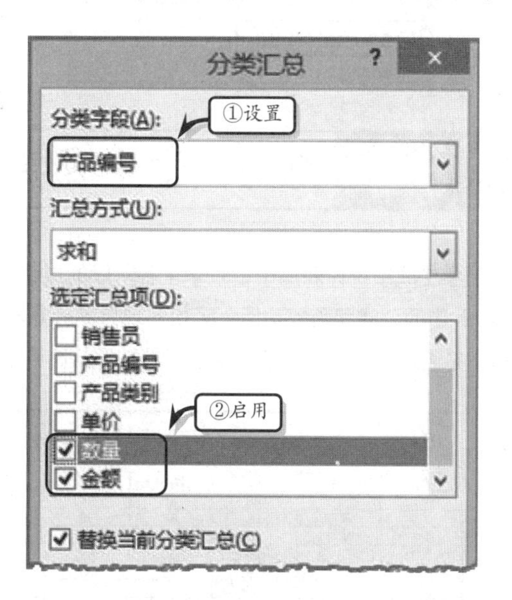

STEP|09 在【分类汇总】对话框中，单击【确定】按钮之后，系统将自动在工作表中显示汇总结果。

STEP|10 嵌套分类汇总。执行【分级显示】|【分类汇总】命令，将【分类字段】设置为【日期】，禁用【数量】复选框，同时禁用【替换当前分类汇总】复选框。

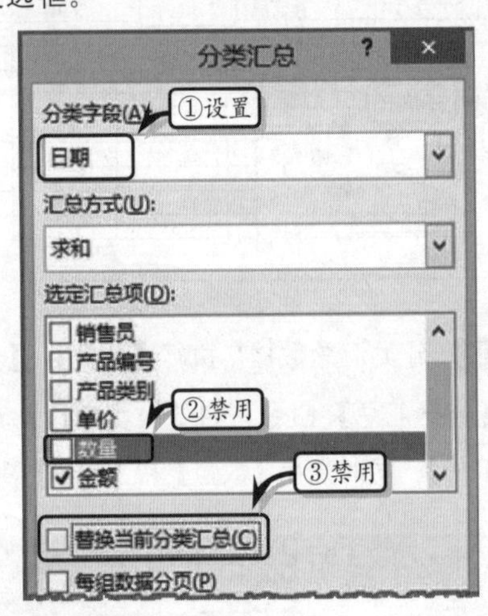

STEP|11 在【分类汇总】对话框中，单击【确定】按钮之后，系统将自动显示嵌套分类汇总结果。

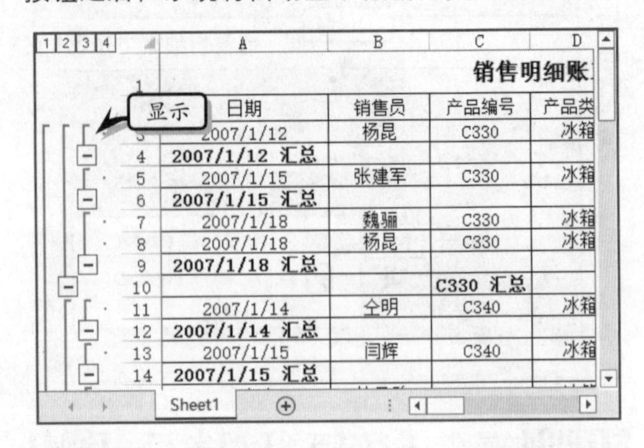

STEP|12 取消分类汇总。最后，执行【数据】|【分级显示】|【取消组合】|【清除分级显示】命令，取消分类汇总。

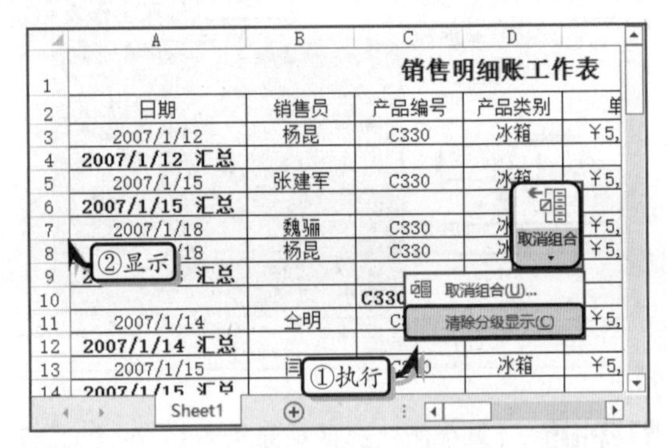

8.9 练习：学生成绩统计表

学生成绩统计表用于记录学生各阶段的成绩。在本练习中，将利用 Excel 中的公式和函数功能，轻松实现自动计算学生总分、平均分的目的；并通过排序功能，使学生的成绩按照从高到低的顺序进行排列。

学生成绩统计表

学号	姓名	平时	期中	期末	总分	平均分	等级分
011	夏小东	98	85	88	271	90.33	优
009	李依	96	68	96	260	86.67	优
006	林林	86	84	62	232	77.33	良
003	陈小娟	89	38	89	216	72.00	良
001	李青	78	78	58	214	71.33	良
004	张依	35	94	77	206	68.67	及格
007	姚文	56	64	74	194	64.67	及格
012	崔泽	57	64	67	188	62.67	及格
010	刘敏	95	29	54	178	59.33	不及格
002	谢红	56	65	46	167	55.67	不及格
005	钟昱	17	72	45	134	44.67	不及格
008	姚章	74	29	31	134	44.67	不及格

练习要点

- 使用公式
- 使用函数
- 设置边框
- 设置填充颜色
- 排序数据
- 筛选数据
- 自定义数据格式
- 设置文本格式

操作步骤

STEP|01 制作基础表格。在表格中输入基础数据，选择单元格区域 B5:B16，右击执行【设置单元格格式】命令，选择【自定义】选项，输入自定义代码。

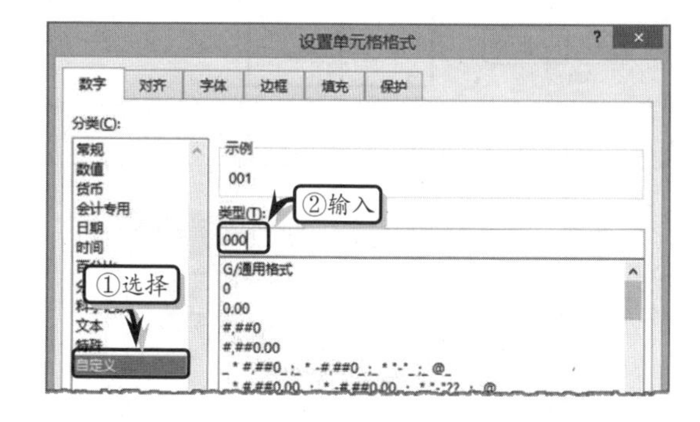

STEP|02 选择数据区域，执行【开始】|【对齐方式】|【居中】命令，设置其对齐格式。

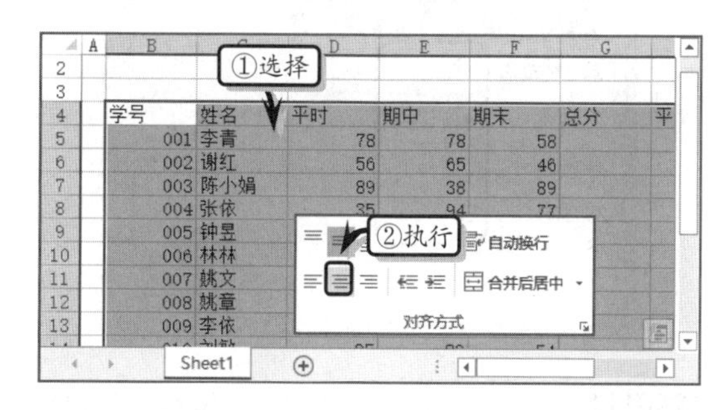

STEP|03 选择单元格区域 H5:H16，右击鼠标执行【设置单元格格式】命令，选择【数值】选项，将【小数位数】设置为【2】。

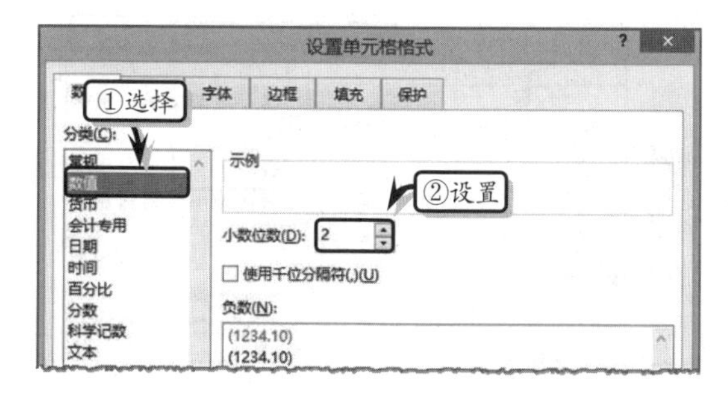

STEP|04 同时选择单元格区域 B2:I2 和 B3:I3，执行【开始】|【对齐方式】|【合并后居中】|【跨越合并】命令，合并单元格区域。

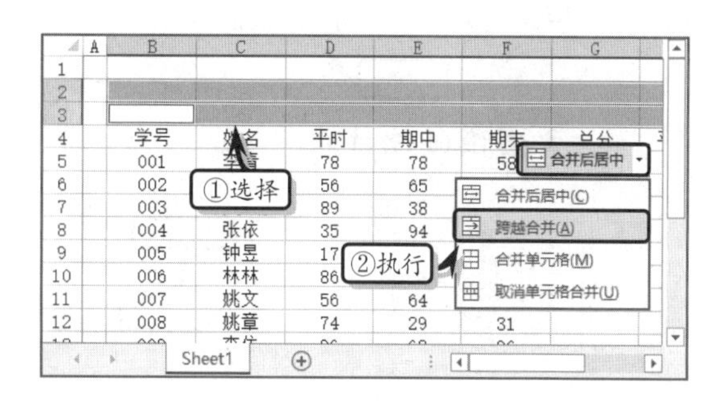

STEP|05 选择单元格 B2，输入标题文本，在【字体】选项组中设置文本的字体格式，并调整标题行的行高。

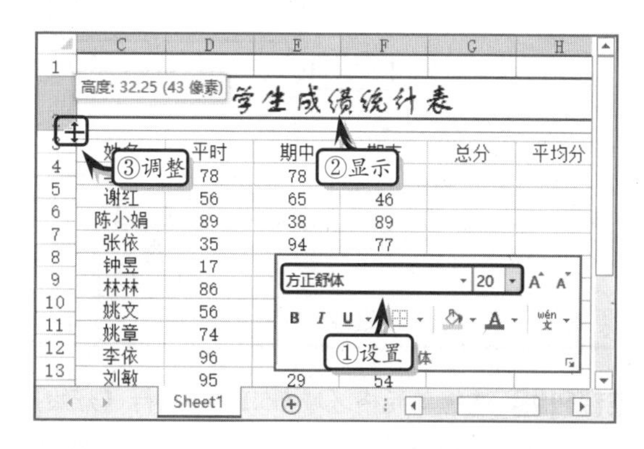

STEP|06 计算数据。选择单元格 G5，在【编辑】栏中输入计算公式，按 Enter 键返回总分。

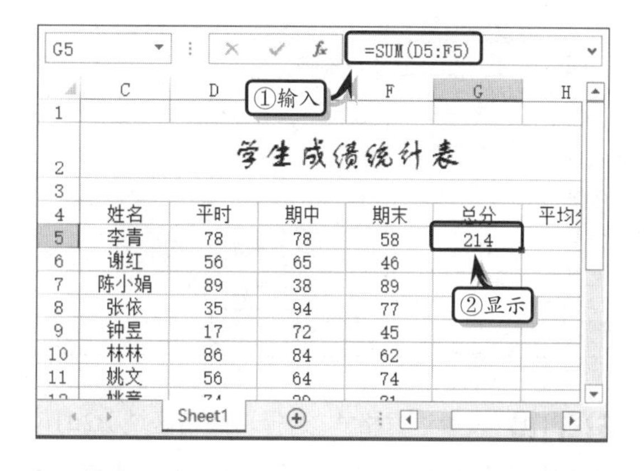

STEP|07 选择单元格 H5，在【编辑】栏中输入计算公式，按 Enter 键返回平均分。

STEP|08 选择单元格 I5，在【编辑】栏中输入计算公式，按 Enter 键返回等级分。

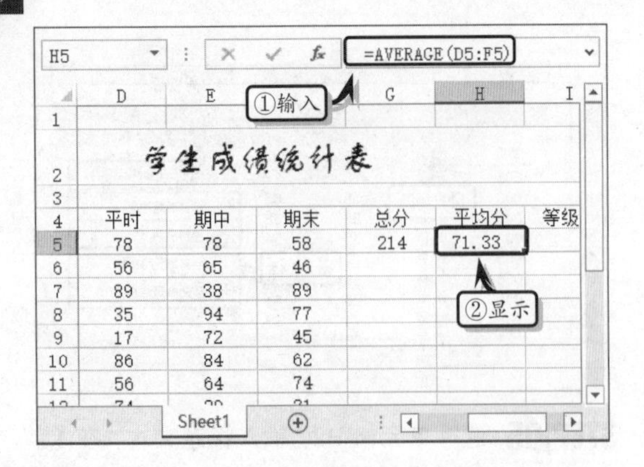

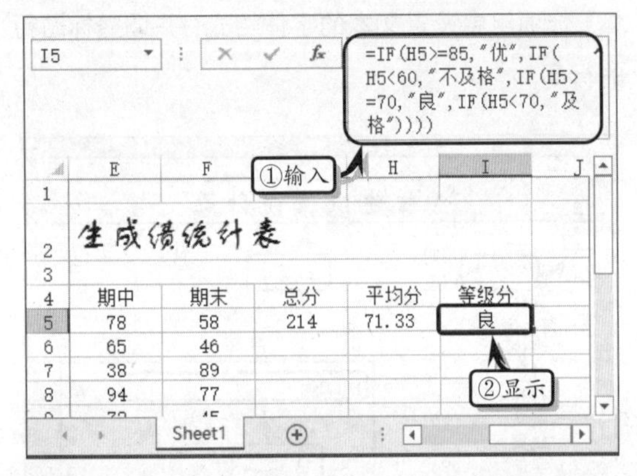

STEP|09 选择单元格区域 G5:I16，执行【开始】|【编辑】|【填充】|【向下】命令，向下填充公式。

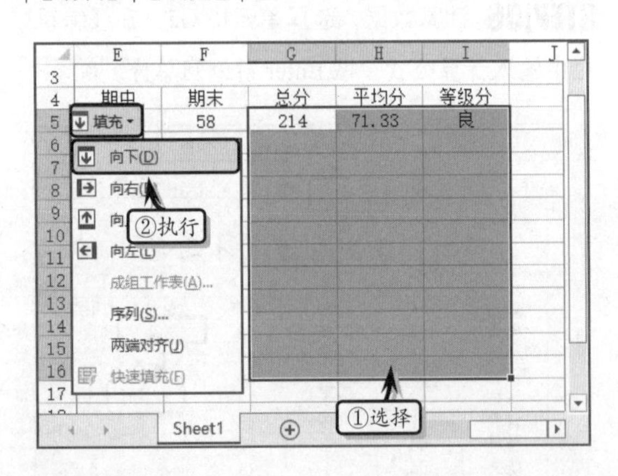

STEP|10 设置边框格式。选择单元格区域 B2:I16，右击执行【设置单元格格式】命令，设置边框样式和位置。

STEP|11 设置填充颜色。选择单元格 B2，执行【开始】|【字体】|【填充颜色】|【其他颜色】命令，自定义填充颜色。

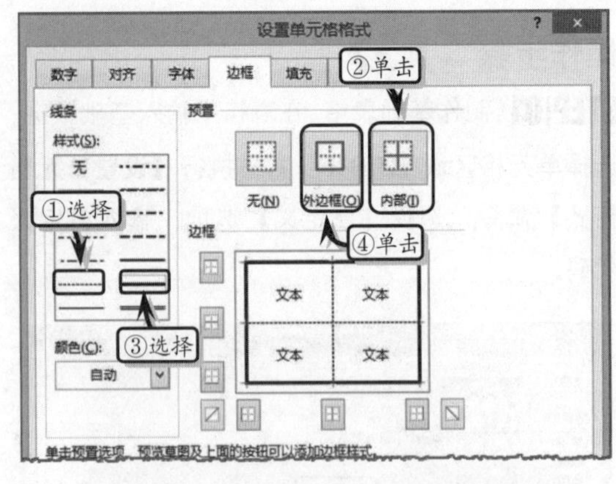

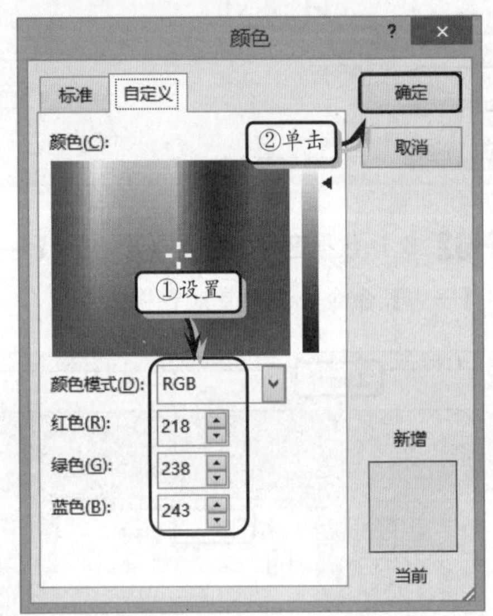

STEP|12 选择单元格区域 B3:I16，执行【开始】|【字体】|【填充颜色】|【白色，背景 1，深色 5%】命令，设置其填充颜色。

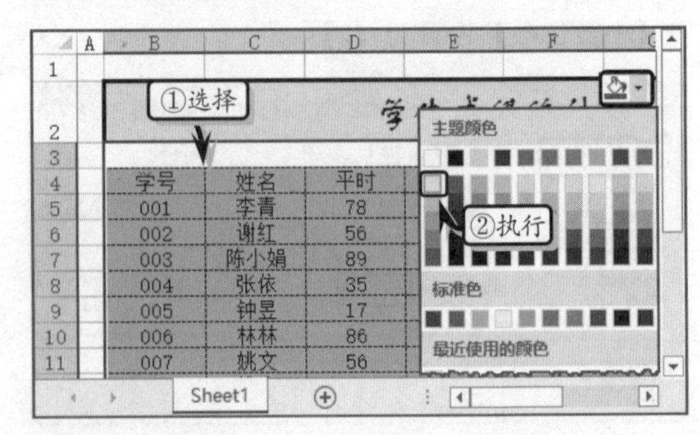

STEP|13 排序数据。选择单元格区域 B4:I16，执行【数据】|【排序和筛选】|【排序】命令，在【排序】对话框中，设置排序关键字、排序依据与次序。

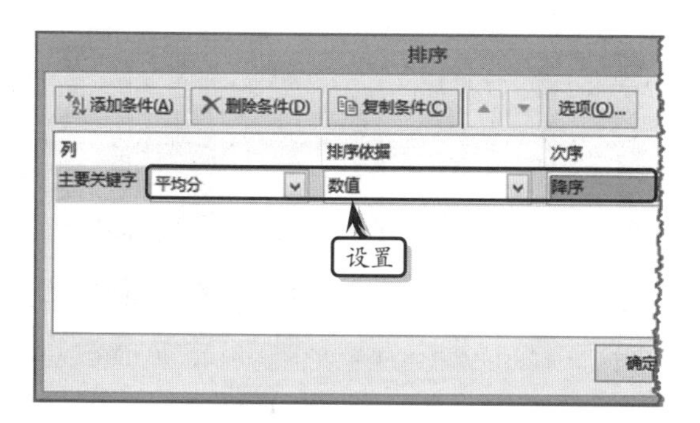

STEP|14 筛选数据。选择单元格区域 B4:I16，执行【开始】|【编辑】|【排序和筛选】|【筛选】命令，显示【筛选】按钮。

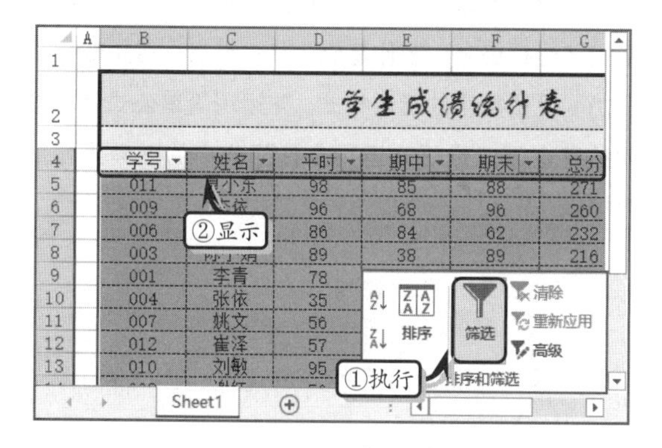

STEP|15 单击【等级分】字段后的下拉按钮，选择【文本筛选】|【等于】选项，在弹出的对话框中，单击【等级分】下拉按钮，选择【不及格】选项。

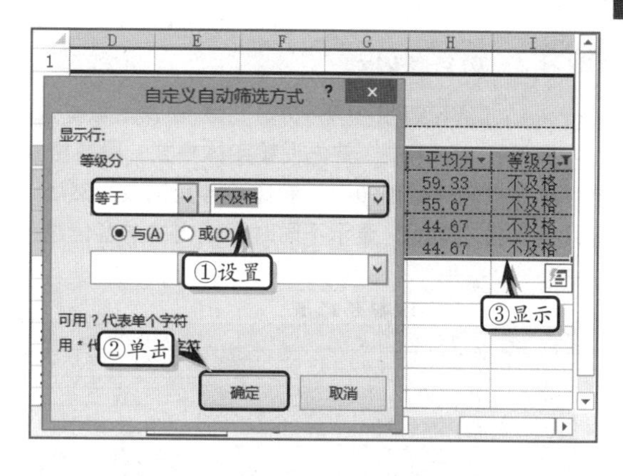

STEP|16 单击【快速访问工具栏】中的【撤销】按钮，撤销筛选状态。然后，选择单元格区域 B4:I4，执行【开始】|【字体】|【加粗】命令。

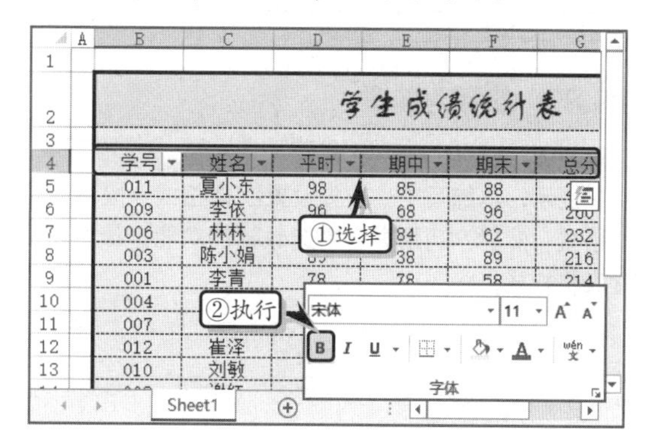

8.10 新手训练营

练习 1：办公用品采购申请表

downloads\8\新手训练营\办公用品采购申请表

提示：本练习中，首先设置字体格式、段落与边框格式，然后，使用函数和求和公式计算总价和估计总价。最后，设置单元格背景色。

练习 2：比赛评分表

downloads\8\新手训练营\比赛评分表

提示：本练习中，首先设置字体格式、段落与边框格式。然后，使用函数计算最终得分和名次以及运用条件格式功能。最后，设置单元格背景色。

练习 3：访客登记表

downloads\8\新手训练营\访客登记表

提示：本练习中，首先设置字体格式、段落格式与填充背景色等基础知识，制作访客登记表。然后，运用条件格式功能，显示不同时间段内的访客信息。

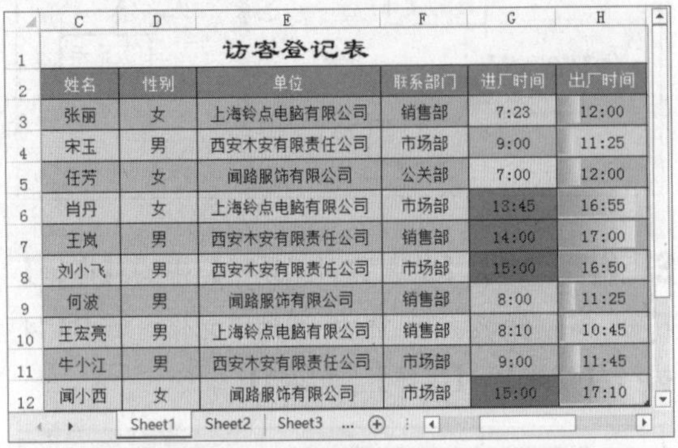

访客登记表

姓名	性别	单位	联系部门	进厂时间	出厂时间
张丽	女	上海铃点电脑有限公司	销售部	7:23	12:00
宋玉	男	西安木安有限责任公司	市场部	9:00	11:25
任芳	女	闻路服饰有限公司	公关部	7:00	12:00
肖丹	女	上海铃点电脑有限公司	市场部	13:45	16:55
王岚	男	西安木安有限责任公司	销售部	14:00	17:00
刘小飞	男	西安木安有限责任公司	市场部	15:00	16:50
何波	男	闻路服饰有限公司	销售部	8:00	11:25
王宏亮	男	上海铃点电脑有限公司	销售部	8:10	10:45
牛小江	男	西安木安有限责任公司	市场部	9:00	11:45
闻小西	女	闻路服饰有限公司	市场部	15:00	17:10

练习 4：业绩考核表

downloads\8\新手训练营\业绩考核表

提示：本练习中，首先设置字体格式、段落与边框格式。然后，运用高级筛选数据的功能。最后，设置表格样式。

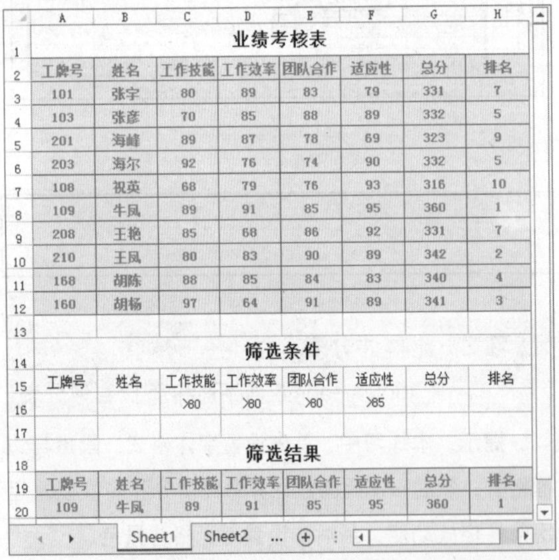

业绩考核表

工牌号	姓名	工作技能	工作效率	团队合作	适应性	总分	排名
101	张宇	80	89	83	79	331	7
103	张彦	70	85	88	89	332	5
201	海峰	89	87	78	69	323	9
203	海尔	92	76	74	90	332	5
108	祝英	68	79	76	93	316	10
109	牛凤	89	91	85	95	360	1
208	王艳	85	68	86	92	331	7
210	王凤	80	83	90	89	342	2
168	胡陈	88	85	84	83	340	4
160	胡杨	97	64	91	89	341	3

筛选条件

工牌号	姓名	工作技能	工作效率	团队合作	适应性	总分	排名
		>80	>80	>80	>85		

筛选结果

工牌号	姓名	工作技能	工作效率	团队合作	适应性	总分	排名
109	牛凤	89	91	85	95	360	1

练习 5：股票价格指数表

downloads\8\新手训练营\股票价格指数表

提示：本练习中，首先运用 Excel 中的设置字体格式与段落等基础操作，制作基本表格。然后，运用套用表格样式，美化表格。最后，运用条件格式突出显示数据。

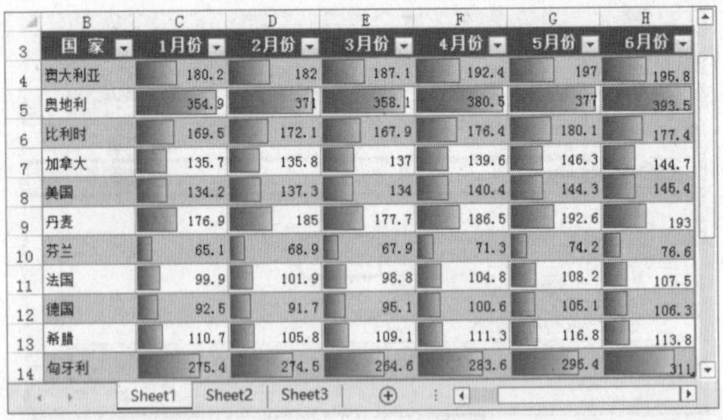

国家	1月份	2月份	3月份	4月份	5月份	6月份
澳大利亚	180.2	182	187.1	192.4	197	195.8
奥地利	354.9	371	358.1	380.5	377	393.5
比利时	169.5	172.1	167.9	176.4	180.1	177.4
加拿大	135.7	135.8	137	139.6	146.3	144.7
美国	134.2	137.3	134	140.4	144.3	145.4
丹麦	176.9	185	177.7	186.5	192.6	193
芬兰	65.1	68.9	67.9	71.3	74.2	76.6
法国	99.9	101.9	98.8	104.8	108.2	107.5
德国	92.5	91.7	95.1	100.6	105.1	106.3
希腊	110.7	105.8	109.1	111.3	116.8	113.8
匈牙利	275.4	274.5	264.6	283.6	296.4	311

练习 6：库存管理表

downloads\8\新手训练营\库存管理表

提示：本练习中，首先运用设置字体格式、段落格式与边框格式，制作基础表格。然后，运用数字格式功能设置数字的货币格式，并运用简单公式计算本期结存金额。最后，运用条件格式中的图标集显示数据。

库存统计表

商品编码	商品名称	上期结存		本期收入		本期发出		本期结存	
		数量	金额	数量	金额	数量	金额	数量	金额
1111	五粮液	15	￥ 28,500.00	16	￥ 32,000.00	20	￥ 40,000.00	11	￥ 20,500.00
1112	茅台	15	￥ 27,300.00	15	￥ 27,000.00	24	￥ 43,200.00	6	￥ 11,100.00
1121	长城	15	￥ 16,500.00	10	￥ 12,000.00	8	￥ 9,600.00	17	￥ 18,900.00
1123	王朝	20	￥ 20,000.00	9	￥ 9,900.00	9	￥ 9,900.00	20	￥ 20,000.00
2211	百事可乐（听）	25	￥ 14,500.00	8	￥ 4,608.00	8	￥ 4,608.00	25	￥ 14,500.00
2212	百事可乐（瓶）	5	￥ 2,800.00	12	￥ 10,368.00	14	￥ 12,096.00	3	￥ 1,072.00
1117	小糊涂仙	10	￥ 8,100.00	10	￥ 8,000.00	13	￥ 10,400.00	7	￥ 5,700.00
1116	迎驾贡酒	8	￥ 8,000.00	10	￥ 10,000.00	9	￥ 9,000.00	9	￥ 9,000.00
1122	张裕	20	￥ 30,000.00	10	￥ 15,000.00	8	￥ 12,000.00	22	￥ 33,000.00
1113	金六福（五星）	5	￥ 9,000.00	10	￥ 18,000.00	12	￥ 21,600.00	3	￥ 5,400.00

练习 7：学生成绩表

downloads\8\新手训练营\学生成绩表

提示：本练习中，首先设置字体格式、段落与边框格式、单元格背景色。然后，插入图片。最后，设置工作表背景图片。

大学计算机系10412班下半学期期末成绩表

计算机应用	C++语言	大学英语	数据
72.00	90.00	80.00	84.00
75.00	72.00	64.00	71.00
65.00	90.00	85.00	81.00
78.00	75.00	58.00	87.00
90.00	78.00	65.00	71.00
70.00	77.00	71.00	57.00
85.00	79.00	64.00	75.00
61.00	64.00	64.00	73.00
62.00	58.00	74.00	76.00
68.00	85.00	62.00	79.00
76.00	83.00	83.00	63.00
80.00	58.00	58.00	69.00
79.00	73.00	77.00	56.00
68.00	67.00	71.00	67.00
74.00	71.00	68.00	65.00
59.00	66.00	81.00	71.00
85.00	75.00	79.00	72.00
67.00	55.00	60.00	56.00

练习 8：多范围的下拉列表

downloads\8\新手训练营\多范围的下拉列表

提示：本练习中，首先运用 Excel 中的设置字体格式、段落与边框格式，制作基础表格。然后，运用数据有效性中的自定义序列与"=OFFSET(汉字，$C$2-1)"公式，制作多范围的下拉列表。

	E	F	G	H
1	序列样式			
2	表示数字	1	2	3
3	序列类别	汉字	日期	数字
4	序列值	甲	A	1
5		乙	B	2
6		丙	C	3
7		丁	D	4
8		戊	E	5
9		己	F	6
10		庚	G	7
11		辛	H	8
12		壬	I	9

Sheet1　Sheet2

练习 9：漂亮的背景色

downloads\8\新手训练营\漂亮的背景色

提示：本练习中，首先在工作表中输入基础数据，并设置数据的对齐格式。然后，选择单元格区域 B2:K31，再执行【条件格式】|【新建规则】命令。选择【使用公式确定要设置格式的单元格】选项，并在【为符合此公式的值设置格式】文本框中输入公式，随后设置条件规则的格式。最后，使用同样的方法，新建另外一种条件规则。

	B	C	D	E	F	G	H	I
1	A	B	C	D	E	F	G	H
2	100	100	100	100	600	120	111	120
3	120	120	111	120	100	300	301	300
4	300	300	301	300	120	500	303	500
5	500	500	303	500	300	567	414	567
6	567	567	414	567	500	600	304	600
7	600	600	304	600	567	100	100	100
8	100	100	100	100	400	500	303	500
9	120	120	111	120	345	567	414	567
10	300	300	301	300	301	600	304	600
11	500	500	303	500	303	100	100	100
12	567	567	414	567	414	120	111	120
13	600	600	304	100	567	435	414	300
14	500	345	303	120	600	600	304	500
15	567	435	414	300	100	120	100	567
16	600	600	304	500	120	130	111	600
17	100	120	100	567	300	400	301	100

Sheet1

第 9 章

使 用 图 表

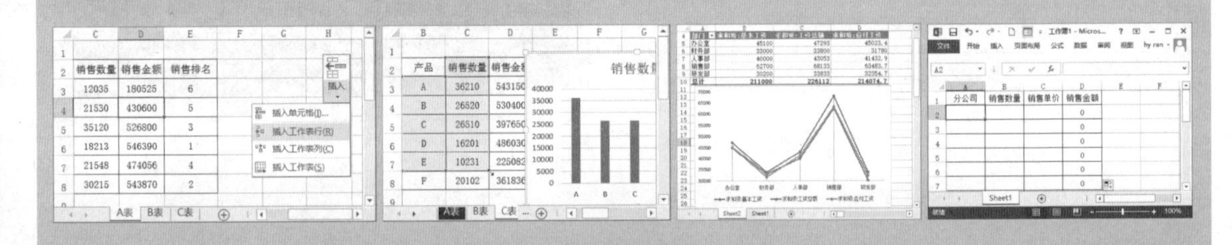

在 Excel 2013 中，不仅可以使用函数计算复杂的数据，而且还可以使用图表对表格中的数据进行分析，可以将数据图形化，并且能够增强表格的视觉效果，使表格数据层次分明、条理清楚且易于理解，从而使用户直接了解到数据之间的关系和变化趋势。利用 Excel 2013 强大的图表功能，可以轻松创建能有效交流数据信息，且具有专业水准的图表。本章首先介绍图表的创建方法，并通过制作一些简单的图表练习，帮助读者掌握对图表数据的编辑和图表格式的设置。

9.1 创建图表

图表是一种生动的描述数据的方式，可以将表中的数据转换为各种图形信息，以方便用户对数据进行观察与分析。

9.1.1　图表概述

在 Excel 中，可以使用单元格区域中的数据，创建自己所需的图表。工作表中的每一个单元格数据，在图表中都有与其相对应的数据点。

1. 图表布局概述

图表主要由图表区域及区域中的图表对象（例如：标题、图例、垂直（值）轴、水平（分类）轴）组成。下面，以柱形图为例向用户介绍图表的各个组成部分。

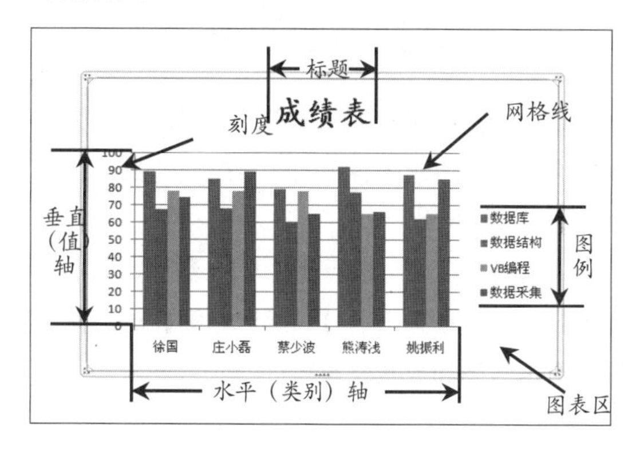

2. Excel 图表类型

Excel 为用户提供了多种图表类型，每种图表类型又包含若干个子图表类型。用户在创建图表时，只需选择系统提供的图表即可方便、快捷地创建图表。其中，Excel 中的具体图表类型，如下表所述。

柱形图	柱形图是 Excel 默认的图表类型，用长条显示数据点的值，柱形图用于显示一段时间内的数据变化或者显示各项之间的比较情况
条形图	条形图类似于柱形图，适用于显示在相等时间间隔下数据的趋势
折线图	折线图是将同一系列的数据在图中表示成点并用直线连接起来，适用于显示某段时间内数据的变化及其变化趋势
饼图	饼图是把一个圆面划分为若干个扇形面，每个扇面代表一项数据值
面积图	面积图是将每一系列数据用直线段连接起来并将每条线以下的区域用不同颜色填充。面积图强调幅度随时间的变化，通过显示所绘数据的总和，说明部分和整体的关系
XY 散点图	XY 散点图用于比较几个数据系列中的数值，或者将两组数值显示为 XY 坐标系中的一个系列
股价图	以特定顺序排列在工作表的列或行中的数据可以绘制到股价图中。股价图经常用来显示股价的波动。这种图表也可用于科学数据。例如，可以使用股价图来显示每天或每年温度的波动。必须按正确的顺序组织数据才能创建股价图
曲面图	曲面图在寻找两组数据之间的最佳组合时很有用。类似于拓扑图形，曲面图中的颜色和图案用来指示出同一取值范围内的区域
雷达图	雷达图是一个由中心向四周辐射出多条数值坐标轴，每个分类都拥有自己的数值坐标轴，并由折线将同一系列中的值连接起来
组合	组合类图表是在同一个图表中显示两种以上的图表类型，便于用户进行多样式数据分析

9.1.2　创建单一图表

单一图表即常用图表，也就是一个图表中只显示一种图表类型。一般情况下，可通过下列两种方法来创建普通图表。

1. 直接创建法

选择数据区域，执行【插入】|【图表】|【插入柱形图】|【簇状柱形图】命令，即可在工作表

中插入一个簇状柱形图。

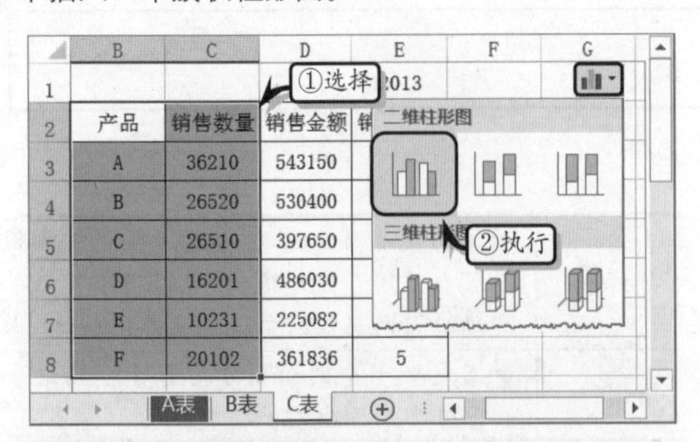

> **提示**
>
> 用户可以通过执行【插入】|【图表】|【插入柱形图】|【更多柱形图】命令，打开【插入图表】对话框，选择更多的图表类型。

2．推荐创建法

Excel 2013 新增加了根据数据类型为用户推荐最佳图表类型的功能。用户只需选择数据区域，执行【插入】|【图表】|【推荐的图表】命令，在弹出的【插入图表】对话框中的【推荐的图表】列表中，选择图表类型，单击【确定】按钮即可。

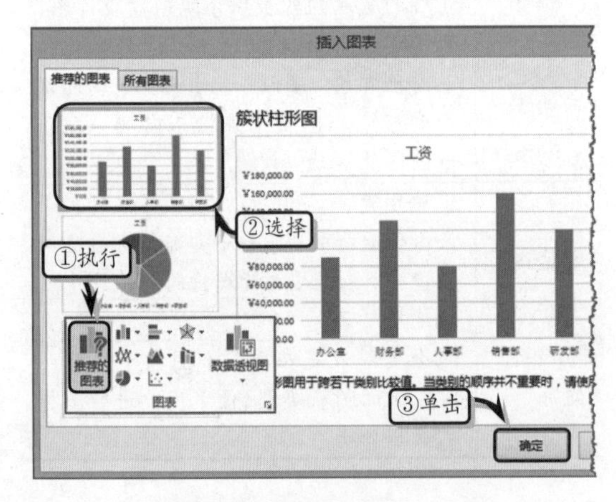

9.1.3 创建组合图表

Excel 2013 为用户提供了创建组合图表的功能，以帮助用户创建簇状柱形图-折线图、堆积面积图-簇状柱形图等组合图表。

选择数据区域，执行【插入】|【图表】|【推荐的图表】命令，激活【所有图表】选项卡，选择【组合】选项，并选择相应的图表类型。

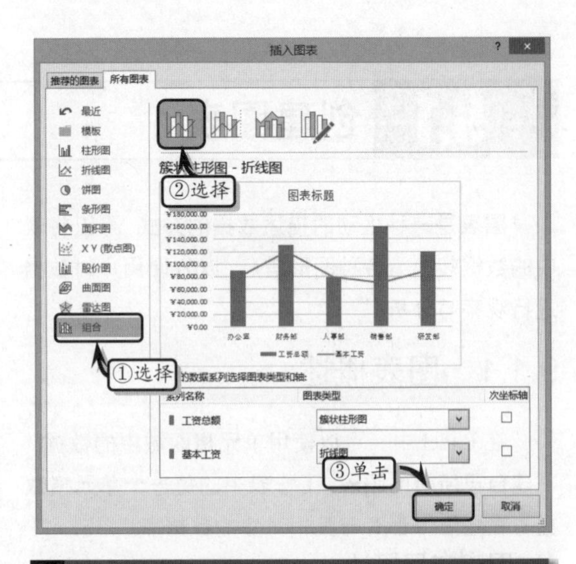

> **提示**
>
> 在【插入图表】对话框中，可通过选择【自定义组合】选项，来自定义组合图表的图表类型和次坐标轴类型。

9.1.4 创建迷你图图表

迷你图图表是放入单个单元格中的小型图，每个迷你图代表所选内容中的一行或一列数据。

1．生成迷你图

选择数据区域，执行【插入】|【迷你图】|【折线图】命令，在弹出的【创建迷你图】对话框中，设置数据范围和放置位置即可。

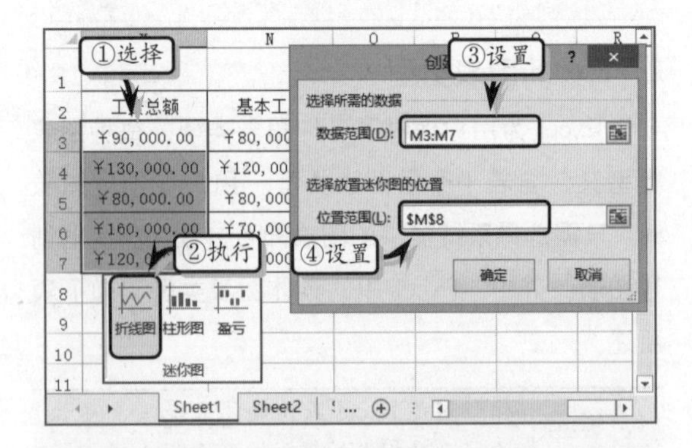

> **提示**
>
> 使用同样的方法，可以为数据区域创建柱形图和盈亏迷你图。

2. 更改迷你图的类型

选择迷你图所在的单元格，执行【迷你图工具】|【类型】|【柱形图】命令，即可将当前的迷你图类型更改为柱形图。

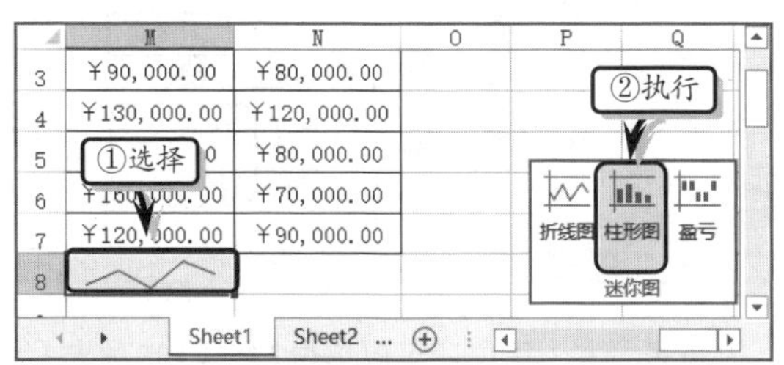

3. 设置迷你图的样式

选择迷你图所在的单元格，执行【迷你图工具】|【样式】|【其他】命令，在展开的级联菜单中，选择一种样式即可。

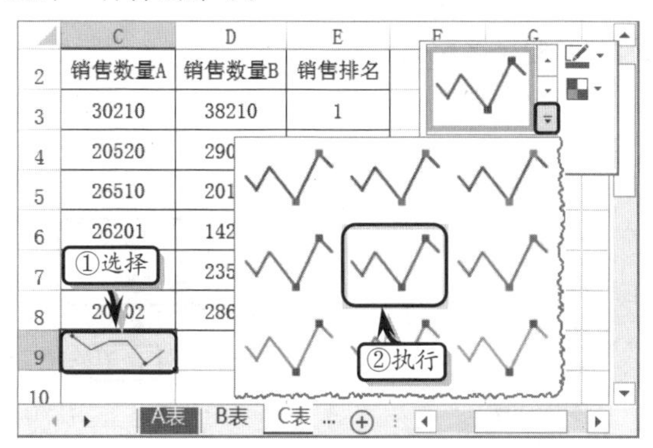

另外，选择迷你图所在的单元格，执行【迷你图工具】|【样式】|【迷你图颜色】命令，在其级联菜单中选择一种颜色，即可更改迷你图的线条颜色。

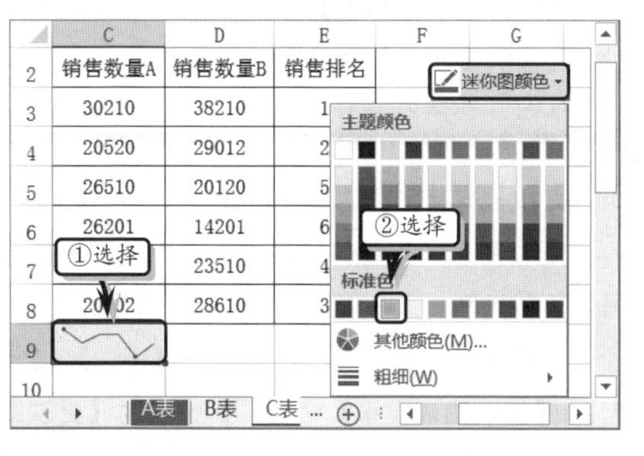

除此之外，用户还可以设置迷你图中各个标记颜色。选择迷你图所在的单元格，执行【迷你图工具】|【样式】|【标记颜色】命令，在其级联菜单中选择标记类型，并设置其显示颜色。

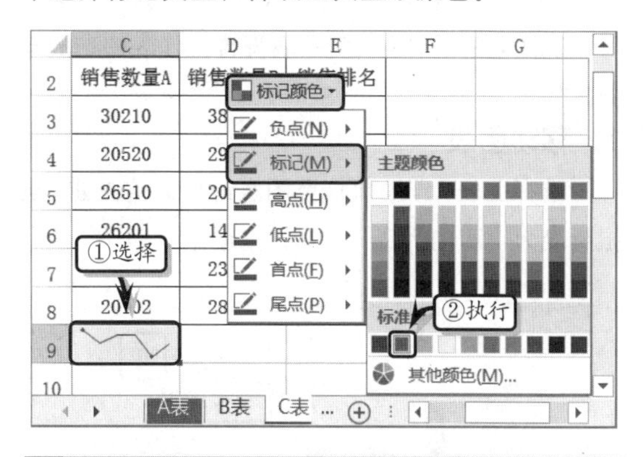

提示

用户可通过启用【设计】选项卡【显示】选项组中的各项复选框，为迷你图添加相应的标记点。

4. 组合迷你图

选择包含迷你图的单元格区域，执行【迷你图工具】|【分组】|【组合】命令，即可组合迷你图。

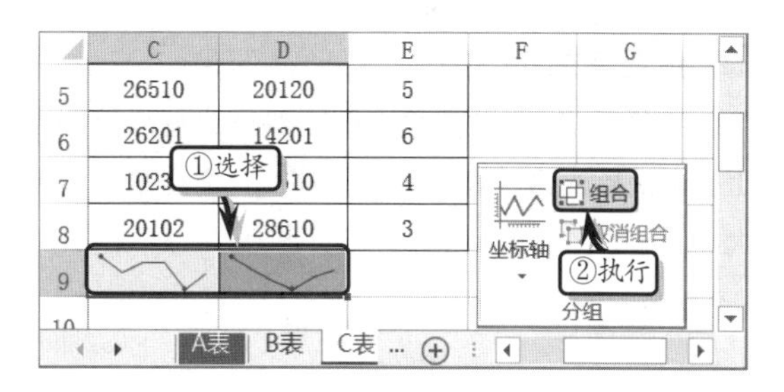

9.2 编辑图表

在工作表创建图表之后，为了达到详细分析图表数据的目的，还需要对图表进行一系列的编辑操作。

9.2.1 调整图表

调整图表是通过调整图表的位置、大小与类型等编辑图表的操作，来使图表符合工作表的布局与数据要求。

1. 移动图表

选择图表，移动鼠标至图表边框或空白处，当鼠标变为“四向箭头”时，拖动鼠标即可。

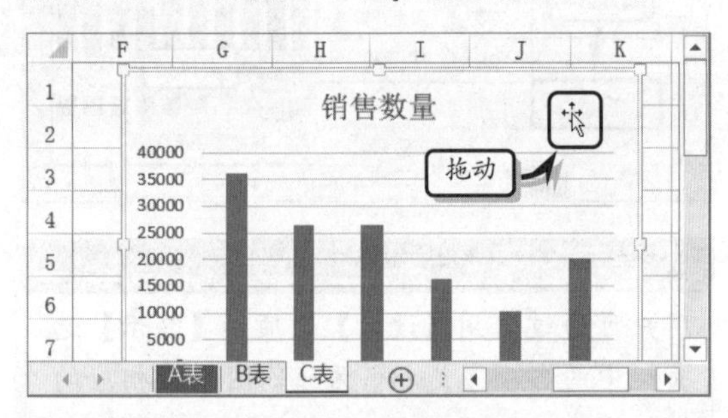

> **注意**
>
> 若将鼠标放置在坐标轴、图例或绘图区等区域拖动时，只是拖动所选区域，而不是整个图表。

2. 调整图表的大小

选择图表，将鼠标移至图表四周边框的控制点上，当鼠标变为“双向箭头”时，拖动鼠标调整大小。

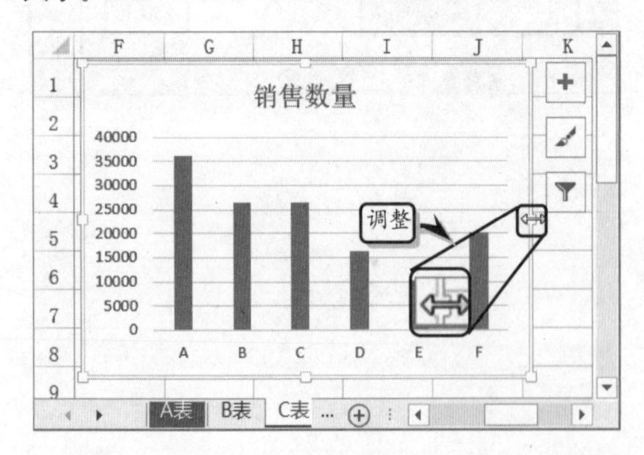

另外，选择图表，在【格式】选项卡【大小】选项组中，输入图表的【高度】与【宽度】值，即可调整图表的大小。

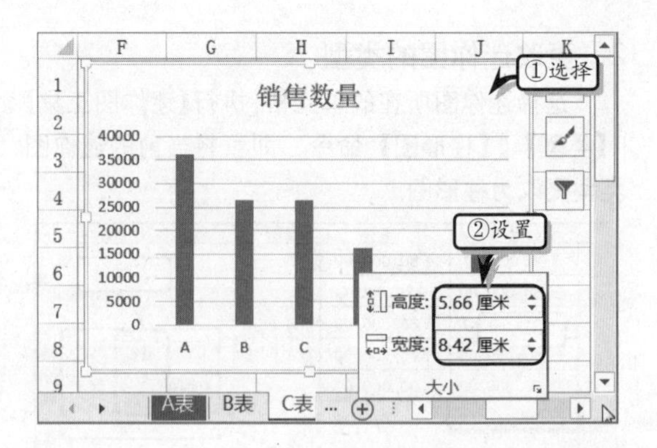

除此之外，用户还可以单击【格式】选项卡【大小】选项组中的【对话框启动器】按钮，在弹出的【设置图表区格式】窗格中的【大小】选项组中，设置图片的【高度】与【宽度】值。

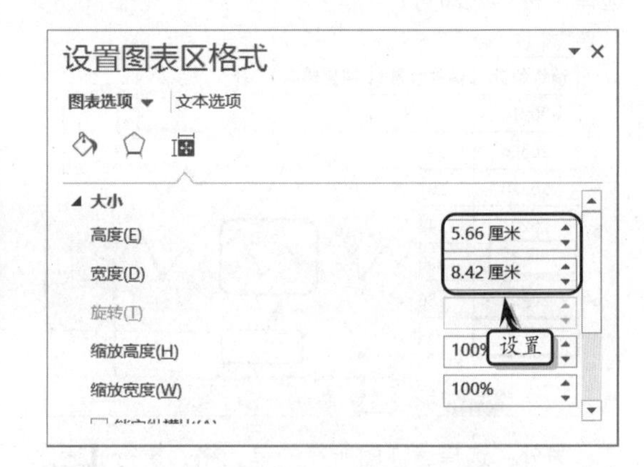

> **提示**
>
> 在【设置图表区格式】窗格中，还可以通过设置【缩放高度】和【缩放宽度】数值，按缩放比例调整图表的大小。

3. 更改图表类型

更改图表类型是将图表由当前的类型更改为另外一种类型，通常用于多方位分析数据。

选择图表，执行【图表工具】|【设计】|【类型】|【更改图表类型】命令，在弹出的【更改图表类型】对话框中选择一种图表类型。

另外，选择图表，执行【插入】|【图表】|【推荐的图表】命令，在弹出的【更改图表类型】对话框中，选择图表类型即可。

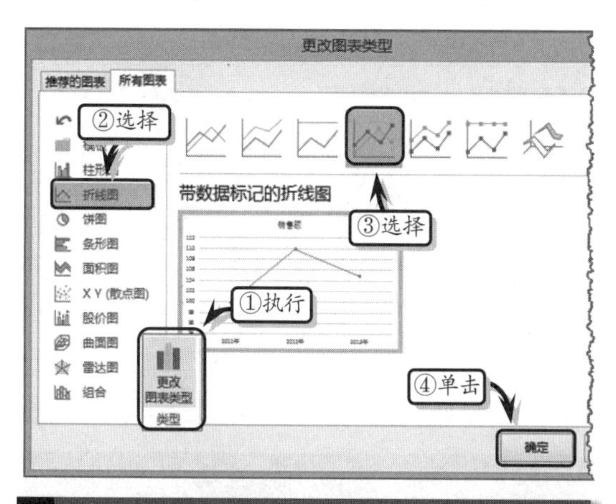

技巧

用户还可以选择图表，右击执行【更改图表类型】命令，在弹出的【更改图表类型】对话框中选择一种图表类型即可。

4．调整图表的位置

默认情况下，在 Excel 中创建的图表均以嵌入图表方式置于工作表中。如果用户希望将图表放在单独的工作表中，则可以更改其位置。

选择图表，执行【图表工具】|【设计】|【位置】|【移动图表】命令，弹出【移动图表】对话框，选择图表的位置即可。

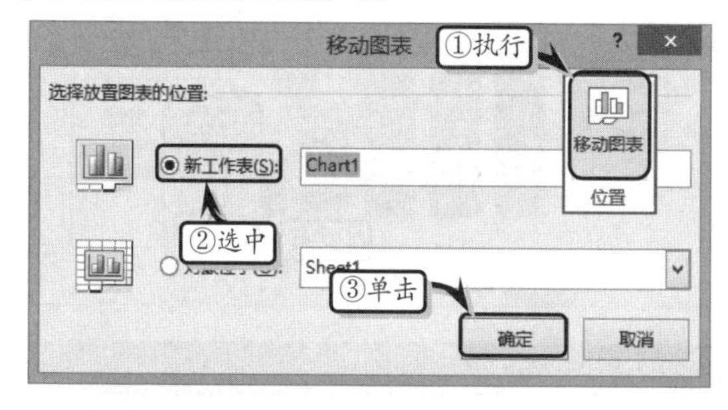

另外，用户还可以将插入的图表移动至其他的工作表中。在【移动图表】对话框中，选中【对象位于】选项，并单击其后的下拉按钮，在其下拉列表中选择所需选项，即可移动至所选的工作表中。

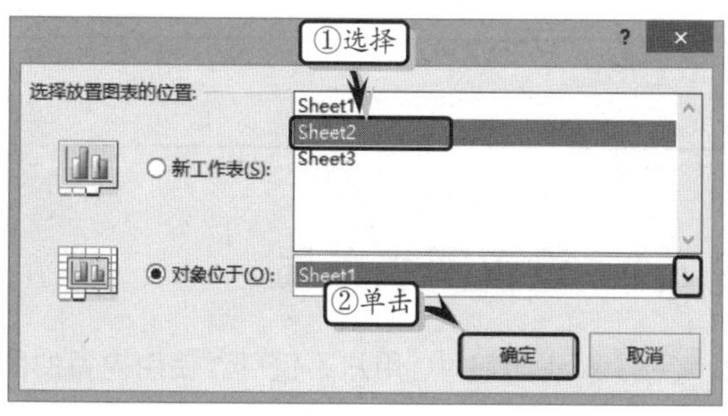

提示

用户也可以右击图表，执行【移动图表】命令，即可打开【移动图表】对话框。

9.2.2　编辑图表数据

创建图表之后，为了达到详细分析图表数据的目的，用户还需要对图表中的数据进行选择、添加与删除操作，以满足分析各类数据的要求。

1．编辑现有数据

选择图表，此时系统会自动选定图表的数据区域。将鼠标置于数据区域边框的右下角，当光标变成“双向”箭头时，拖动数据区域即可编辑现有的图表数据。

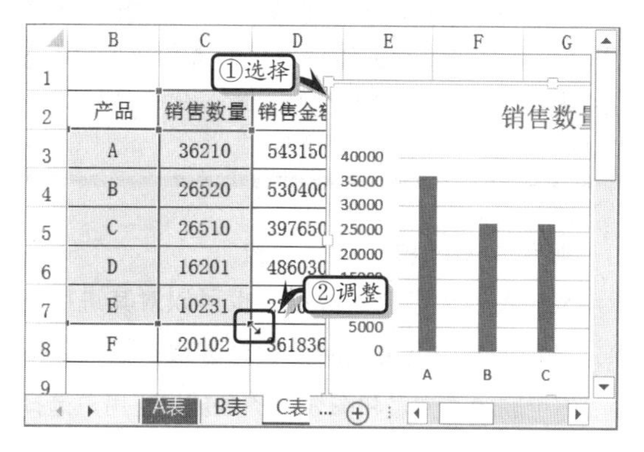

另外，选择图表，执行【图表工具】|【设计】|【数据】|【选择数据】命令，在弹出的【选择数据源】对话框中，单击【图表数据区域】右侧的折叠按钮，并在 Excel 工作表中重新选择数据区域。

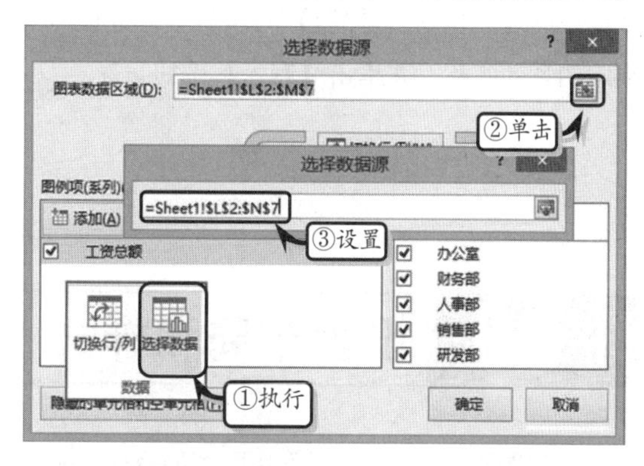

2．添加数据区域

选择图表，执行【图表工具】|【数据】|【选

择数据】命令，单击【添加】按钮。在【编辑数据系列】对话框中，分别设置【系列名称】和【系列值】选项。

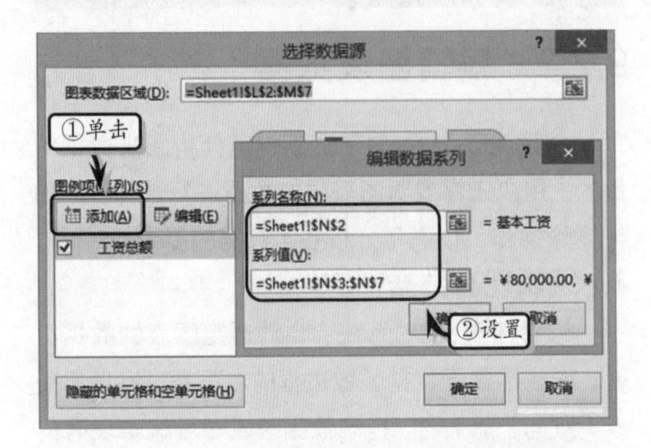

技巧

在【编辑数据系列】对话框中的【系列名称】和【系列值】文本框中直接输入数据区域，也可以选择相应的数据区域。

3．删除数据区域

对于图表中多余的数据，也可以对其进行删除。选择表格中需要删除的数据区域，按 Delete 键，即可删除工作表和图表中的数据。若用户选择图表中的数据，按 Delete 键，此时，只会删除图表中的数据，不能删除工作表中的数据。

另外，选择图表，执行【图表工具】|【数据】|【选择数据】命令，在弹出的【选择数据源】对话框中的【图例项（系列）】列表框中，选择需要删除的系列名称，并单击【删除】按钮。

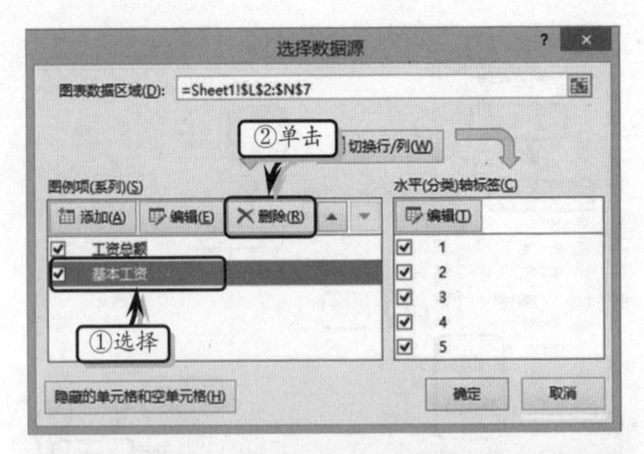

技巧

用户也可以选择图表，通过在工作表中拖动图表数据区域的边框，更改图表数据区域的方法，来删除图表数据。

4．切换水平轴与图例文字

选择图表，执行【图表工具】|【设计】|【数据】|【切换行/列】命令，即可切换图表中的类别轴和图例项。

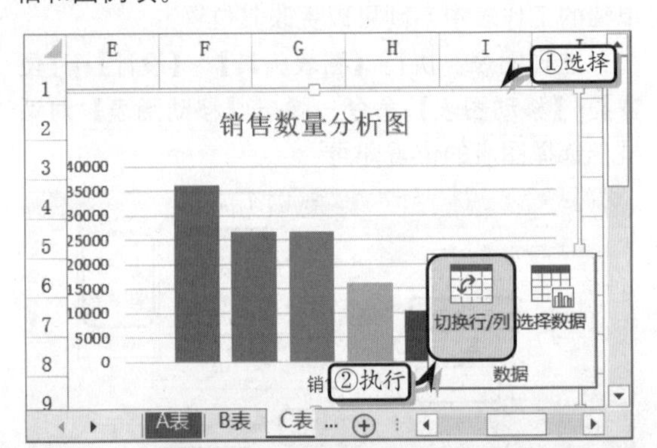

技巧

用户也可以执行【数据】|【选择数据】命令，在弹出的【选择数据源】对话框中，单击【切换行/列】按钮。

9.3 设置布局和样式

创建图表之后，为达到美化图表的目的以及增加图表的整体变现力，也为了使图表更符合数据类型，还需要设置图表的布局和样式。

9.3.1 设置图表布局

在 Excel 2013 中，用户不仅可以使用内置的图表布局样式，来更改图表的布局；而且还可以使用自定义布局功能，自定义图标的布局样式。

1．使用预定义图表布局

选择图表，执行【图表工具】|【设计】|【图表布局】|【快速布局】命令，在其级联菜单中选择相应的布局。

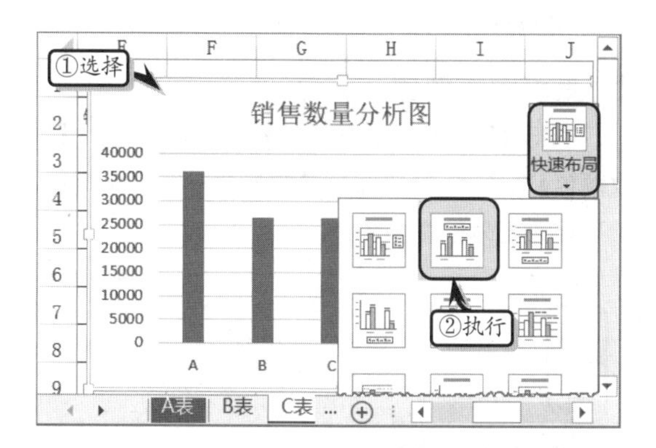

注意

在【快速布局】级联菜单中，其具体布局样式并不是一成不变的，它会根据图表类型的更改而自动更改。

2．自定义图表标题

自定义图表标题是设置图表标题的显示位置，以及显示或隐藏图表标题。

选择图表，执行【图表工具】|【设计】|【图表布局】|【添加图表元素】|【图表标题】命令，在其级联菜单中选择相应的选项即可。

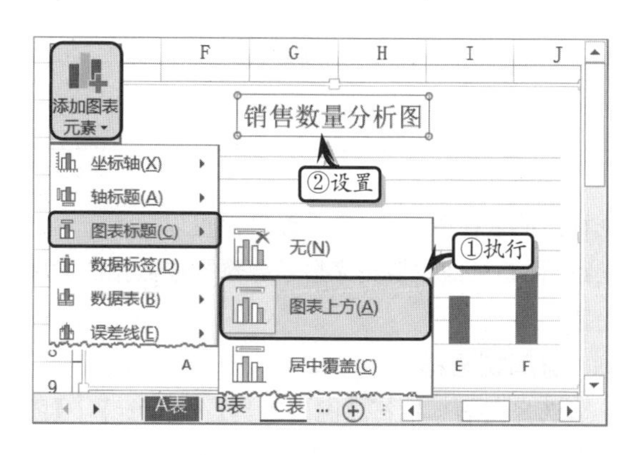

注意

在【图表标题】级联菜单中的【居中覆盖】选项表示在不调整图表大小的基础上，将标题以居中的方式覆盖在图表上。

3．自定义数据表

自定义数据表是在图表中显示包含图例和项表示，以及无图例和标示的数据表。

选择图表，执行【图表工具】|【设计】|【图表布局】|【添加图表元素】|【数据表】命令，在其级联菜单中选择相应的选项即可。

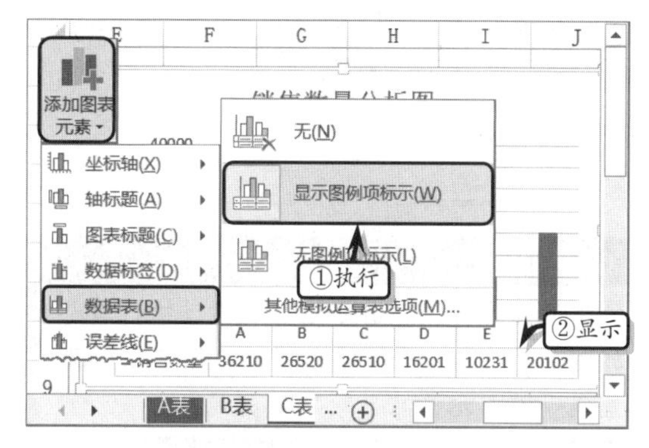

4．自定义数据标签

自定义数据标签是在图表中显示或隐藏数据系列标签，以及设置数据标签的显示位置。

选择图表，执行【图表工具】|【设计】|【图表布局】|【添加图表元素】|【数据标签】命令，在其级联菜单中选择相应的选项即可。

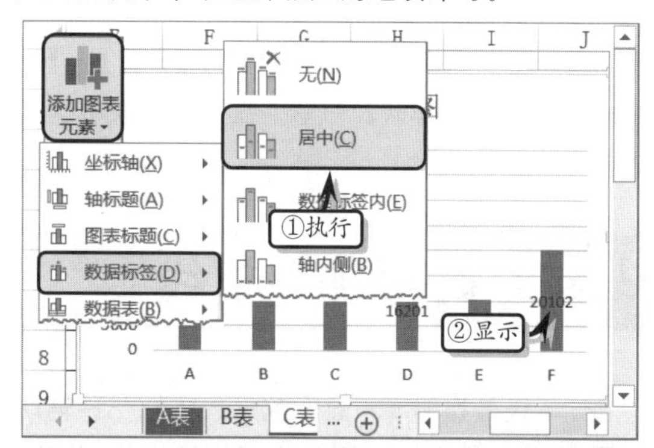

提示

选择图表，执行【添加图表元素】|【数据标签】|【无】命令，即可隐藏图表中的数据标签。

5．自定义坐标轴

默认情况下，系统在图表中显示了坐标轴，此时用户可以通过自定义坐标轴功能，来隐藏图表中的坐标轴。

选择图表，执行【图表工具】|【设计】|【图表布局】|【添加图表元素】|【坐标轴】命令，在其级联菜单中选择相应的选项即可。

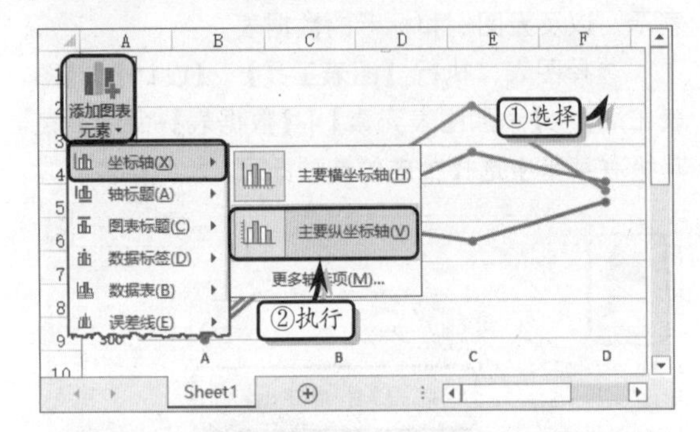

> **提示**
>
> 使用同样的方法，用户还可以通过执行【添加图表元素】命令，添加图例、网格线、误差线等图表元素。

9.3.2 设置图表样式

图表样式主要包括图表中对象区域的颜色属性。Excel 也内置了一些图表样式，允许用户快速对其进行应用。

1．应用快速样式

选择图表，执行【图表工具】|【设计】|【图表样式】|【快速样式】命令，在下拉列表中选择相应的样式即可。

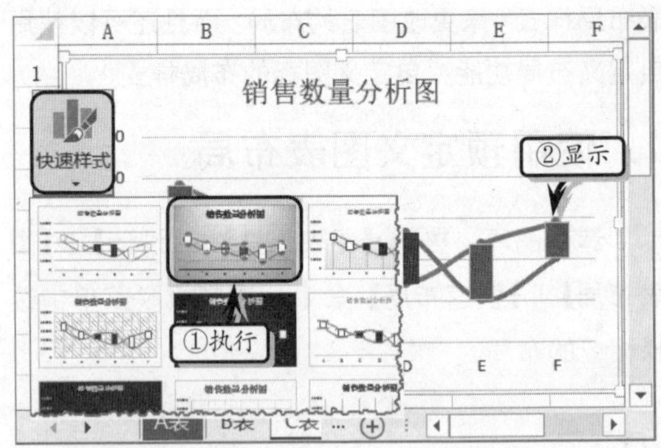

2．更改图表颜色

执行【图表工具】|【设计】|【图表样式】|【更改颜色】命令，在其级联菜单中选择一种颜色类型，即可更改图表的主题颜色。

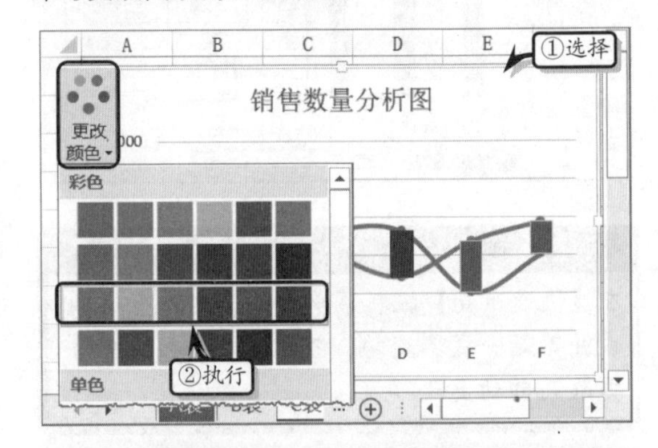

> **技巧**
>
> 用户也可以单击图表右侧的按钮，在弹出的列表中快速设置图表的样式，以及更改图表的主题颜色。

9.4 添加分析线

分析线是在图表中显示数据趋势的一种辅助工具，它只适用于部分图表，包括误差线、趋势线、线条和涨/跌柱线。

9.4.1 添加趋势线和误差线

误差线主要用来显示图表中每个数据点或数据标记的潜在误差值，每个数据点可以显示一个误差线。而趋势线主要用来显示各系列中数据的发展趋势。

1．添加误差线

选择图表，执行【图表工具】|【设计】|【图表布局】|【添加图表元素】|【误差线】命令，在

其级联菜单中选择误差线类型即可。

其各类型的误差线含义如下。

类　型	含　义
标准误差	显示使用标准误差的图表系列误差线
百分比	显示包含 5%值的图表系列的误差线
标准偏差	显示包含 1 个标准偏差的图表系列的误差线

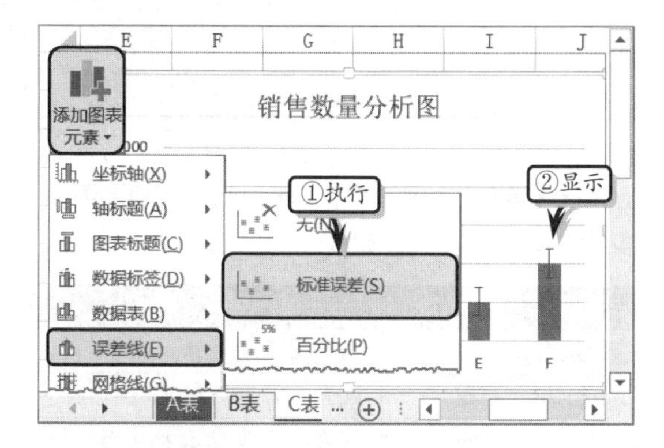

2．添加趋势线

选择图表，执行【图表工具】|【设计】|【图表布局】|【添加图表元素】|【趋势线】命令，在其级联菜单中选择趋势线类型，在弹出的【添加趋势线】对话框中，选择数据系列即可。

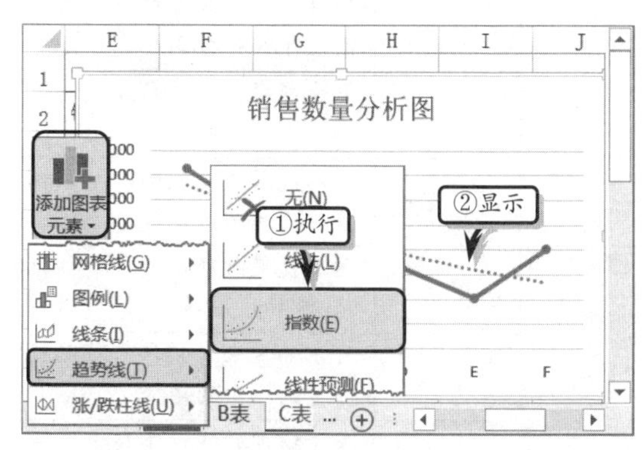

其他类型的趋势线的含义如下。

类　型	含　义
线性	为选择的图表数据系列添加线性趋势线
指数	为选择的图表数据系列添加指数趋势线

续表

类　型	含　义
线性预测	为选择的图表数据系列添加两个周期预测的线性趋势线
移动平均	为选择的图表数据系列添加双周期移动平均趋势线

提示

在 Excel 中，不能向三维图表、堆积型图表、雷达图、饼图与圆环图中添加趋势线。

9.4.2　添加线条和涨/跌柱线

线条主要包括垂直线和高低点线，而涨/跌柱线是具有两个以上数据系列的折线图中的条形柱，可以清晰地指明初始数据系列和终止数据系列中数据点之间的差别。

1．添加线条

选择图表，执行【图表工具】|【设计】|【图表布局】|【添加图表元素】|【线条】命令，在其级联菜单中选择线条类型。

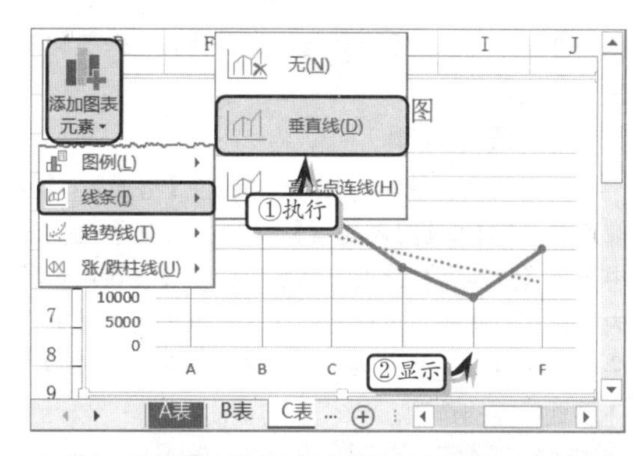

注意

用户为图表添加线条之后，可执行【添加图表元素】|【线条】|【无】命令，取消已添加的线条。

2．添加涨/跌柱线

选择图表，执行【图表工具】|【设计】|【图表布局】|【添加图表元素】|【涨/跌柱线】|【涨/跌柱线】命令，即可为图表添加涨/跌柱线。

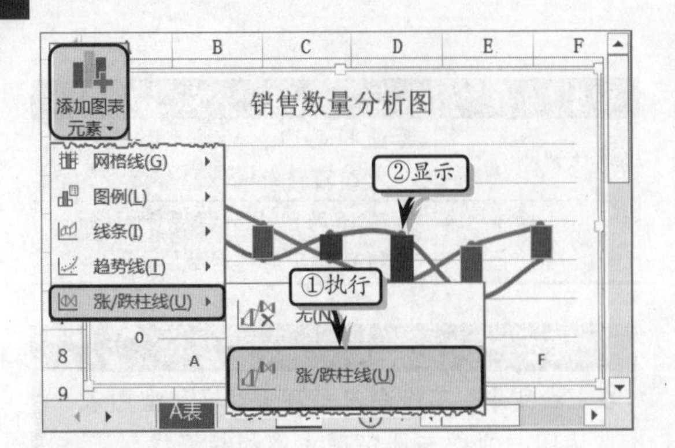

技巧

用户也可以单击图表右侧的+按钮，在弹出的列表中快速添加图表元素。

9.5 设置图表格式

在 Excel 中，除了通过添加分析线和自定义图表布局等方法，来美化和分析图表数据之外。还可以通过设置图表的边框颜色、填充颜色、三维格式与旋转格式等编辑操作，达到美化图表的目的。

9.5.1 设置图表区格式

设置图表区格式是通过设置图表区的边框颜色、边框样式、三维格式与旋转等操作，来美化图表区。

1. 设置填充效果

选择图表，执行【图表工具】|【格式】|【当前所选内容】|【图表元素】命令，在其下拉列表中选择【图表区】选项。然后，执行【设置所选项内容格式】命令，在弹出的【设置图表区格式】窗格中，在【填充】选项组中，选择一种填充效果，并设置相应的选项。

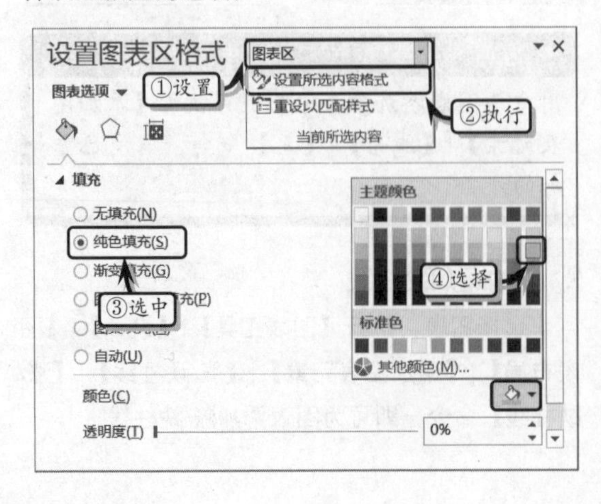

在【填充】选项组中，主要包括 6 种填充方式，其具体情况，如下表所示。

选项	子选项	说　明
无填充		不设置填充效果
纯色填充	颜色	设置一种填充颜色
	透明度	设置填充颜色透明状态
渐变填充	预设渐变	用来设置渐变颜色，共包含 30 种渐变颜色
	类型	表示颜色渐变的类型，包括线性、射线、矩形与路径
	方向	表示颜色渐变的方向，包括线性对角、线性向下、线性向左等 8 种方向
	角度	表示渐变颜色的角度，其值介于 1°~360° 之间
	渐变光圈	可以设置渐变光圈的结束位置、颜色与透明度
图片或纹理填充	纹理	用来设置纹理类型，一共包括 25 种纹理样式
	插入图片来自	可以插入来自文件、剪贴板与剪贴画中的图片
	将图片平铺为纹理	表示纹理的显示类型，选择该选项则显示【平铺选项】，禁用该选项则显示【伸展选项】
	伸展选项	主要用来设置纹理的偏移量
	平铺选项	主要用来设置纹理的偏移量、对齐方式与镜像类型
	透明度	用来设置纹理填充的透明状态

续表

选项	子选项	说　明
图案填充	图案	用来设置图案的类型，一共包括 48 种类型
	前景	主要用来设置图案填充的前景颜色
	背景	主要用来设置图案填充的背景颜色
自动		选择该选项，表示图表的图表区填充颜色将随机进行显示，一般默认为白色

2．设置边框颜色

在【设置图表区格式】窗格中的【边框】选项组中，设置边框的样式和颜色即可。在该选项组中，包括【无线条】、【实线】、【渐变线】与【自动】4 种选项。例如，选中【实线】选项，在列表中设置【颜色】与【透明度】选项，然后设置【宽度】、【复合类型】和【短划线类型】选项。

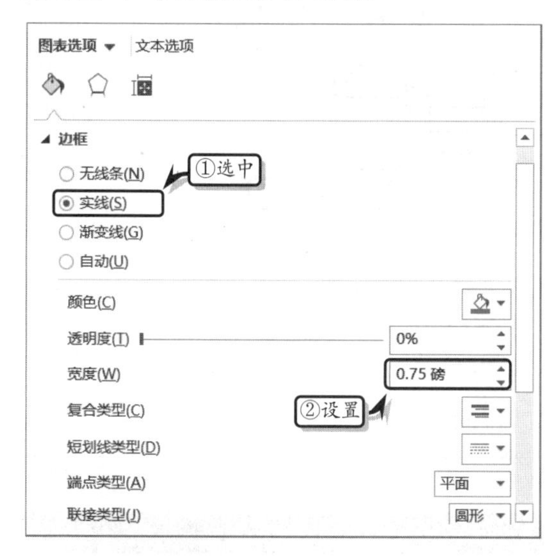

3．设置三维格式

在【设置图表区格式】窗格中的【三维格式】选项组中，设置图表区的顶部棱台、底部棱台和材料选项。

注意

在【效果】选项卡中，还可以设置图表区的发光和柔化边缘效果。

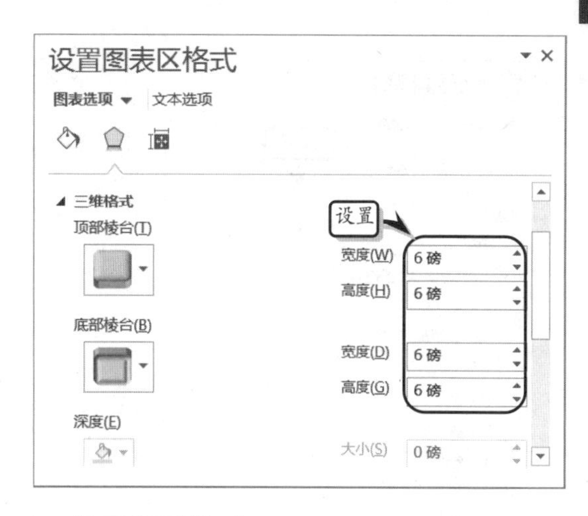

4．设置阴影格式

在【设置图表区格式】窗格中，激活【效果】选项卡，在【阴影】选项组中设置图表区的阴影效果。

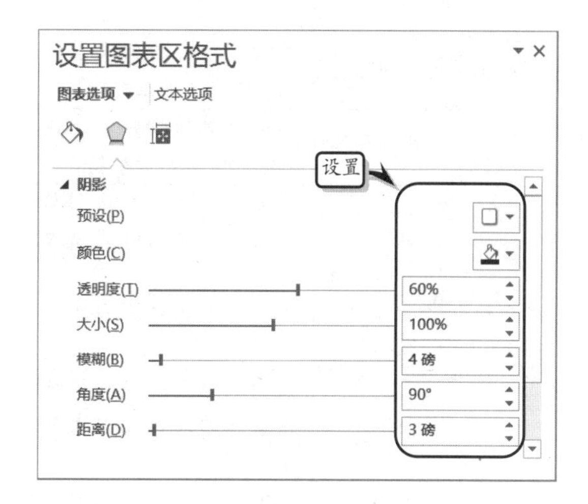

9.5.2　设置坐标轴格式

坐标轴是标示图表数据类别的坐标线，用户可以在【设置坐标轴格式】窗格中，设置坐标轴的数字类别与对齐方式。

1．调整坐标轴选项

双击水平坐标轴，在【设置坐标轴格式】窗格中，激活【坐标轴选项】下的【坐标轴选项】选项卡。在【坐标轴选项】选项组中，设置各项选项。

其中，在【坐标轴选项】选项组，主要包括下表中的各项选项。

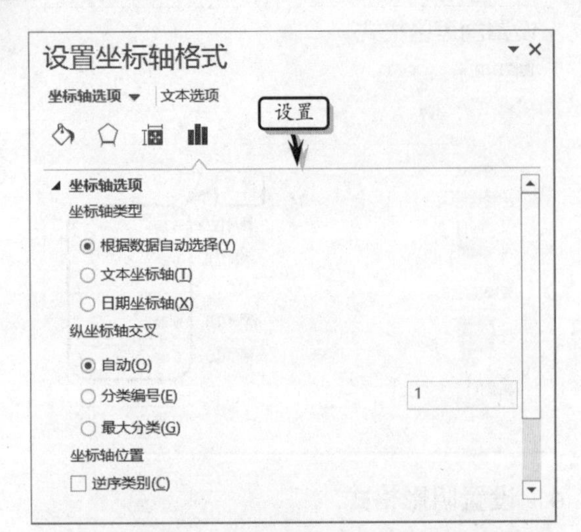

选项	子选项	说　明
坐标轴类型	根据数据自动选择	选中该单选按钮将根据数据类型设置坐标轴类型
	文本坐标轴	选中该单选按钮表示使用文本类型的坐标轴
	日期坐标轴	选中该单选按钮表示使用日期类型的坐标轴
纵坐标轴交叉	自动	设置图表中数据系列与纵坐标轴之间的距离为默认值
	分类编号	自定义数据系列与纵坐标轴之间的距离
	最大分类	设置数据系列与纵坐标轴之间的距离为最大显示
坐标轴位置	逆序类别	选中该复选框，坐标轴中的标签顺序将按逆序进行排列

另外，双击水平坐标轴，在【设置坐标轴格式】窗格中，激活【坐标轴选项】下的【坐标轴选项】选项卡。在【坐标轴选项】选项组中，设置各项选项。

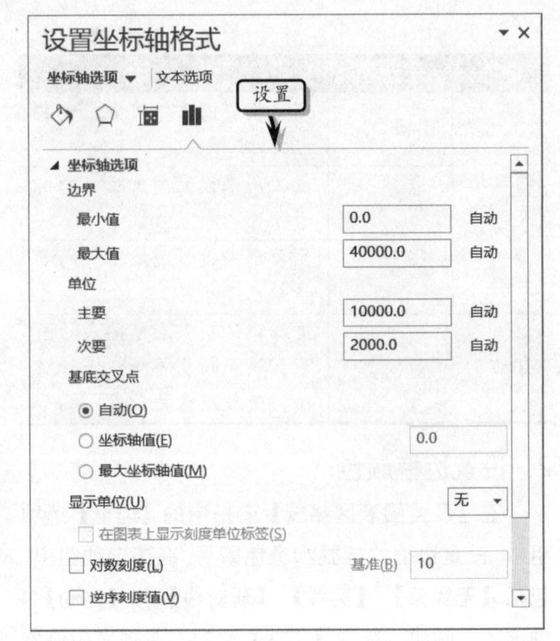

2．调整数字类别

双击坐标轴，在弹出的【设置坐标轴格式】窗格中，激活【坐标轴选项】下的【坐标轴选项】选项卡。然后，在【数字】选项组中的【类别】列表框中选择相应的选项，并设置其小数位数与样式。

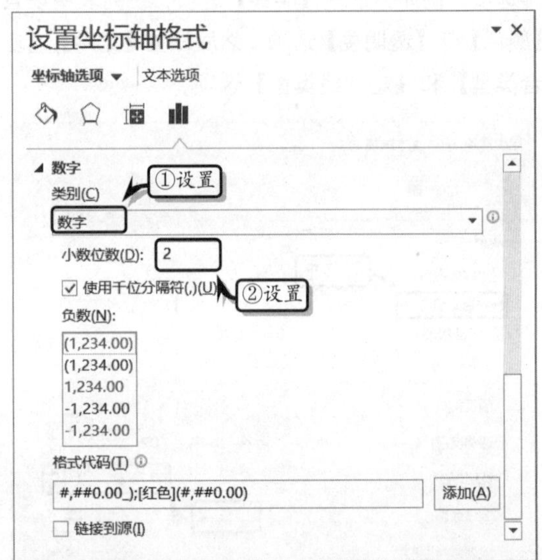

注意

在【系列选项】选项卡中，其形状的样式会随着图表类型的改变而改变。

9.5.3　设置数据系列格式

数据系列是图表中的重要元素之一，用户可以通过设置数据系列的形状、填充、边框颜色和样式、阴影以及三维格式等效果，达到美化数据系列的目的。

1．调整对齐方式

在【设置坐标轴格式】窗格中，激活【坐标轴选项】下的【大小属性】选项卡。在【对齐方式】选项组中，设置对齐方式、文字方向与自定义角度。

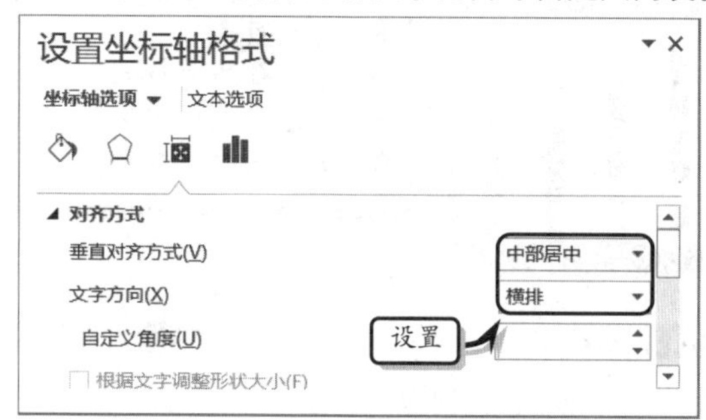

2．更改形状

执行【当前所选内容】|【图表元素】命令，在其下拉列表中选择一个数据系列。然后，执行【设置所选内容格式】命令，在弹出的【设置数据系列格式】窗格中设置【系列选项】选项卡，并选中一种形状。然后，调整或在微调框中输入【系列间距】和【分类间距】值。

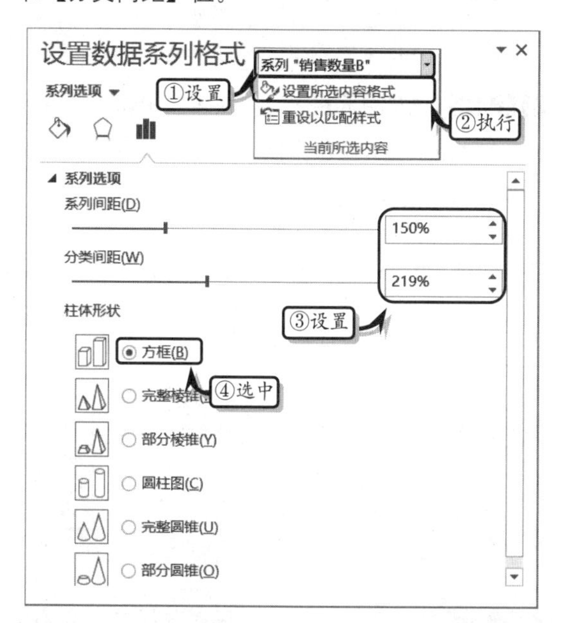

注意

在【系列选项】选项卡中，其形状的样式会随着图表类型的改变而改变。

3．设置线条颜色

激活【填充线条】选项卡，在该选项卡中可以设置数据系列的填充颜色，包括纯色填充、渐变填充、图片和纹理填充、图案填充等。

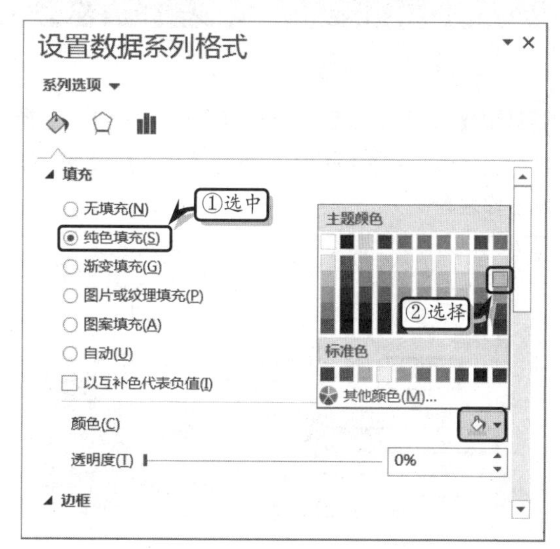

9.6 练习：应收账款图表

应收账款是企业在销售产品、材料等业务时对客户所发生的债权。对于企业来讲，应收账款在无法追回的情况下，将作为坏账处理，这样势必为企业造成很大的损失。为了更好地控制与发现应收账款中存在的问题，用户需要利用图表来直观地查看客户赊销额占总金额的百分率，以及账款的发生与到期日期。在本练习中，将利用应收账款数据，来制作一份应收账款分析图表。

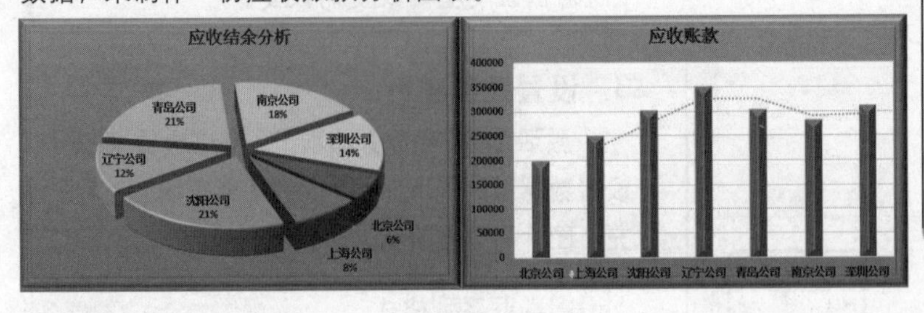

练习要点

- 设置居中格式
- 设置边框格式
- 插入图表
- 设置布局与样式
- 设置图表区格式
- 设置三维旋转

操作步骤

STEP|01 单击工作表左上角【全选】按钮，选择整个工作表，右击行标签，执行【行高】命令，设置工作表行高。

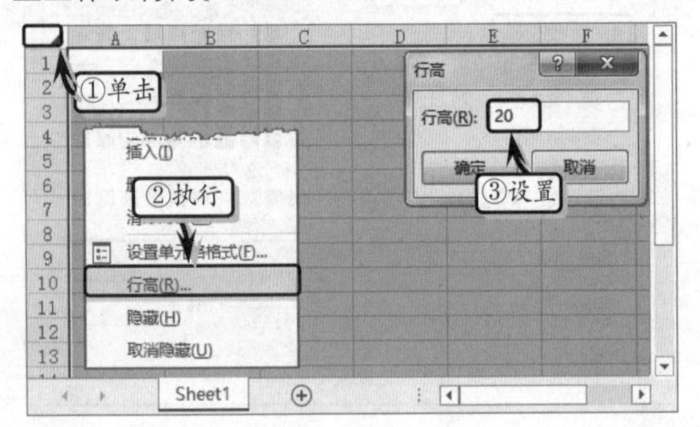

STEP|02 制作表格标题。合并单元格区域 A1:G1，输入标题文本，并设置文本字体格式。

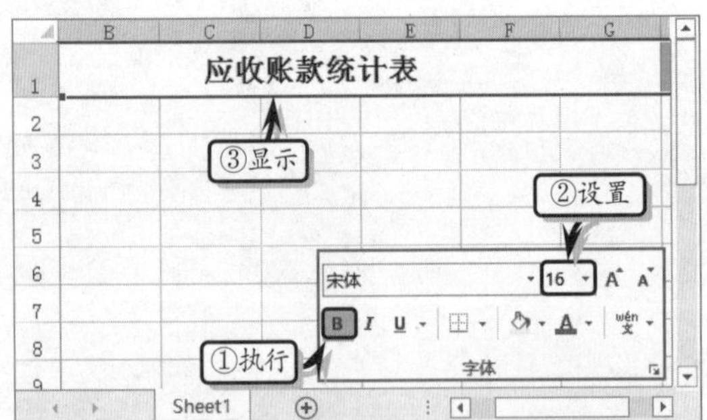

STEP|03 在表格中输入基础数据，并设置数据区域的对齐和边框格式。

	A	B	C	D	E
1	应收账款统计表				
2	当前日期：				
3	客户名称	赊销日期	经办人	应收账款	已收账款
4	北京公司	2014/10/1	小陈	200000	150000
5	上海公司	2014/11/2	小王	250000	180000
6	沈阳公司	2014/10/9	小徐	300000	120000
7	辽宁公司	2010/13/19	小张	350000	250000
8	青岛公司	2014/11/3	小金	302000	120000
9	南京公司	2014/12/9	王三	280000	130000

STEP|04 选择单元格 B2，在编辑栏中输入计算公式，按 Enter 键返回当前日期。

B2 =TODAY()

	A	B	C	D	E
1	应收账款统计表				
2	当前日期：	2015/6/26			
3	客户名称	赊销日期	经办人	应收账款	已收账款
4	北京公司	20	小陈	200000	150000
5	上海公司	2014/11/2	小王	250000	180000
6	沈阳公司	2014/10/9	小徐	300000	120000
7	辽宁公司	2010/13/19	小张	350000	250000

①输入 ②显示

STEP|05 选择单元格 F4，在编辑栏中输入计算公式，按 Enter 键返回结余值。使用同样方法，分别计算其他结余值。

F4 =D4-E4

	B	C	D	E	F
1	应收账款统计表				
2	2015/6/26				
3	赊销日期	经办人	应收账款	已收账款	结余
4	2014/10/1	小陈	200000	150000	50000
5	2014/11/2	小王	250000	180000	
6	2014/10/9	小徐	300000	120000	
7	2010/13/19	小张	350000	250000	

STEP|06 制作柱形分析图。同时选择单元格区域 A3:A10 和 D3:D10，执行【插入】|【图表】|【插入柱形图】|【簇状柱形图】命令。

STEP|07 选择图表，执行【图表工具】|【格式】|【形状样式】|【其他】|【强烈效果-绿色，强调颜色 6】命令，设置其形状样式。

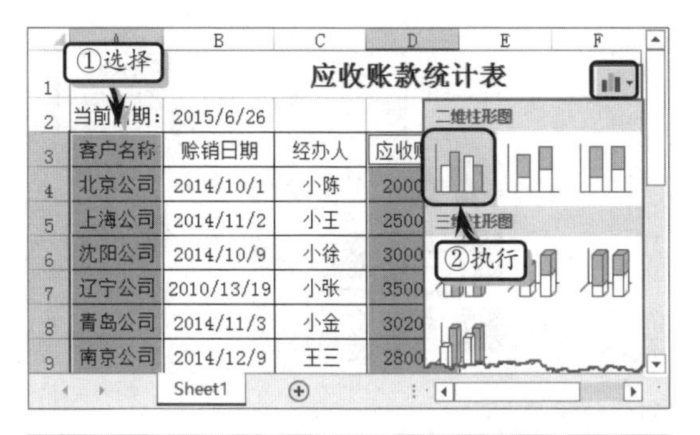

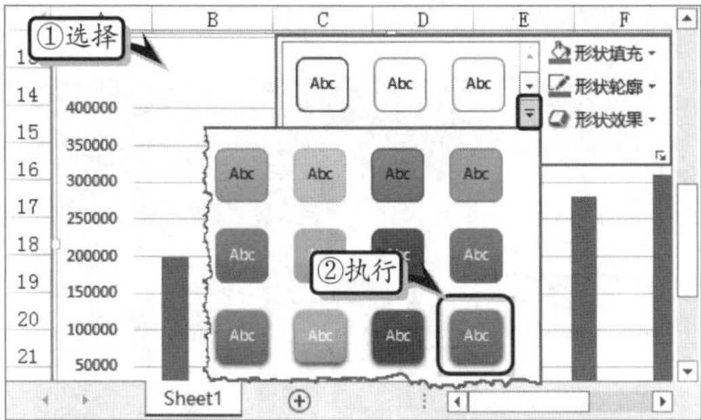

STEP|08 选择绘图区，执行【图表工具】|【格式】|【形状样式】|【形状填充】|【白色，背景 1】命令，设置其填充颜色。

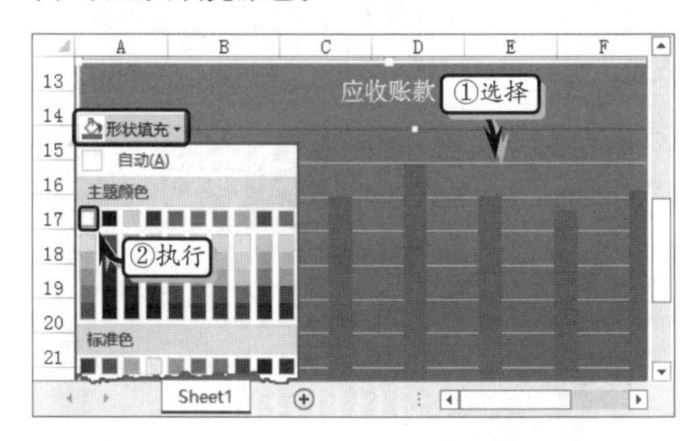

STEP|09 选择数据系列，执行【图表工具】|【格式】|【形状样式】|【形状效果】|【棱台】|【角度】命令，设置其棱台效果。

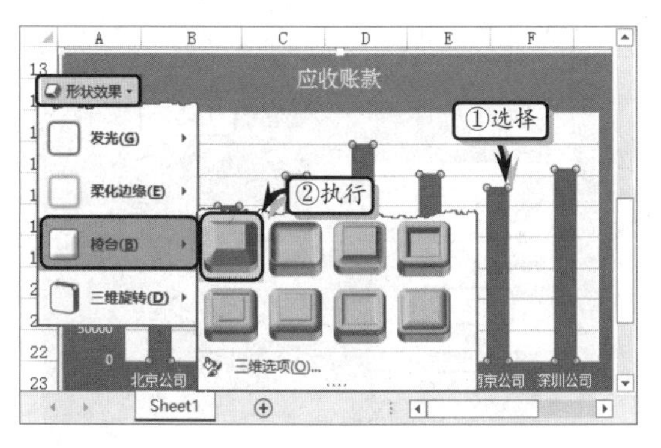

STEP|10 选择图表，执行【图表工具】|【格式】|【形状样式】|【形状效果】|【棱台】|【草皮】命令，设置其棱台效果。

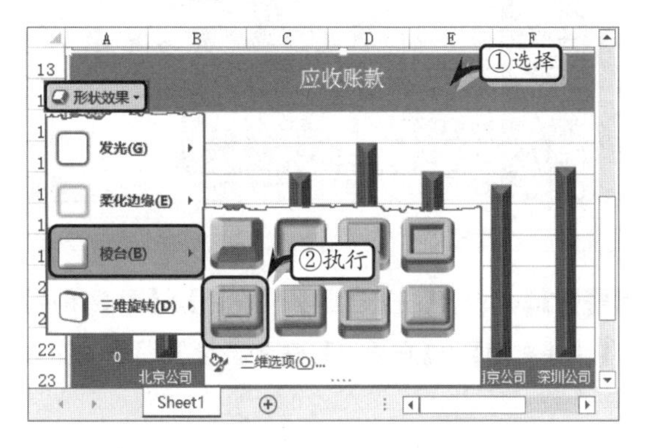

STEP|11 选择图表，执行【开始】|【字体】|【字体颜色】|【黑色，文字 1】命令，同时执行【加粗】命令。

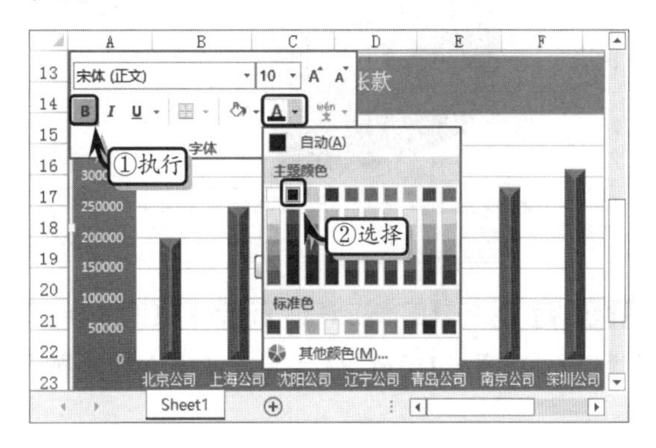

STEP|12 同时，执行【图表工具】|【设计】|【图表布局】|【添加图表元素】|【趋势线】|【移动平均】命令，添加趋势线并设置趋势线的轮廓格式。

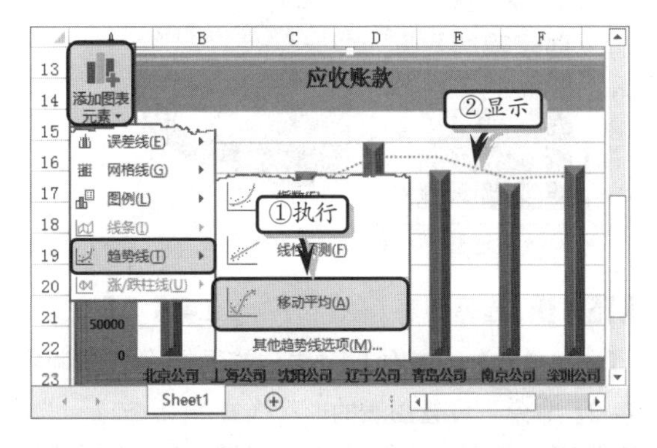

STEP|13 制作饼图分析图。同时选择单元格区域 A3:A10 和 D3:D10，执行【插入】|【图表】|【插入饼图或圆环图】|【三维饼图】命令。

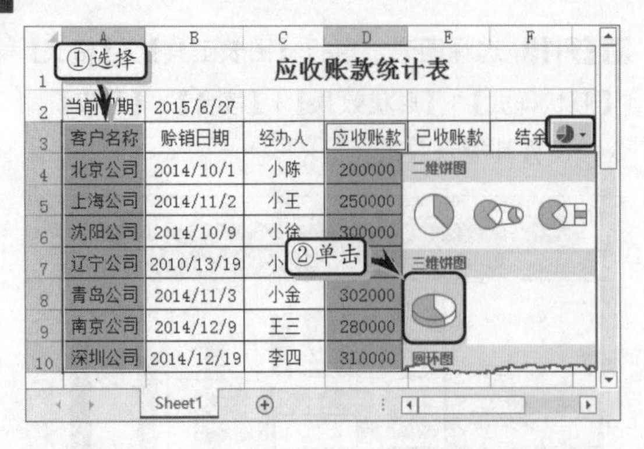

STEP|14 执行【图表工具】|【设计】|【图表布局】|【快速布局】|【布局 1】命令，设置图表的布局样式。

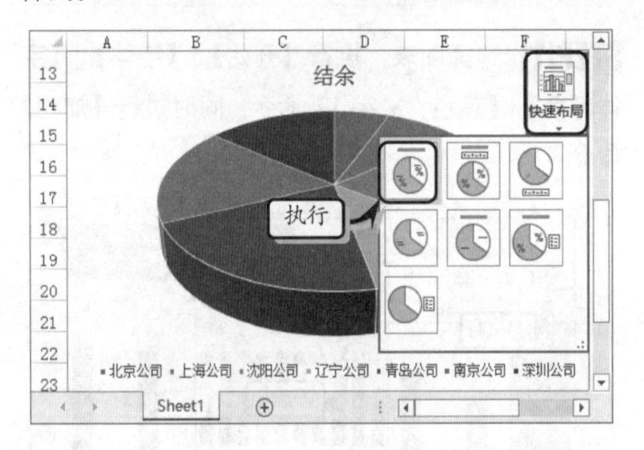

STEP|15 执行【图表工具】|【设计】|【图表样式】|【更改颜色】|【颜色 8】命令，设置图表的显示颜色。

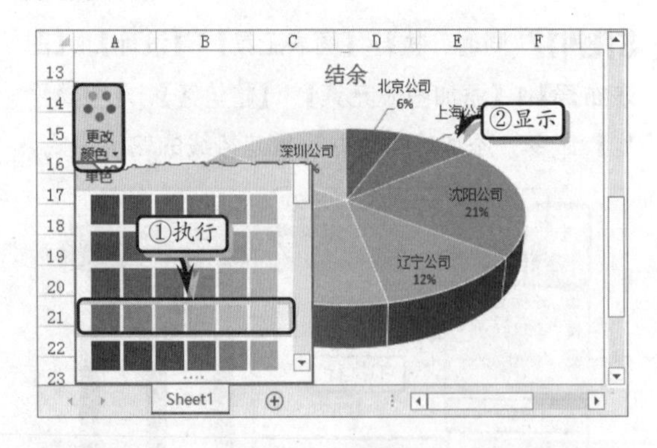

STEP|16 选择图表，执行【图表工具】|【格式】|【形状样式】|【其他】|【强烈效果-橙色，强调颜色 2】命令，设置图表的形状样式。

STEP|17 同时，执行【图表工具】|【格式】|【形状样式】|【形状效果】|【棱台】|【草皮】命令，设置其棱台效果。

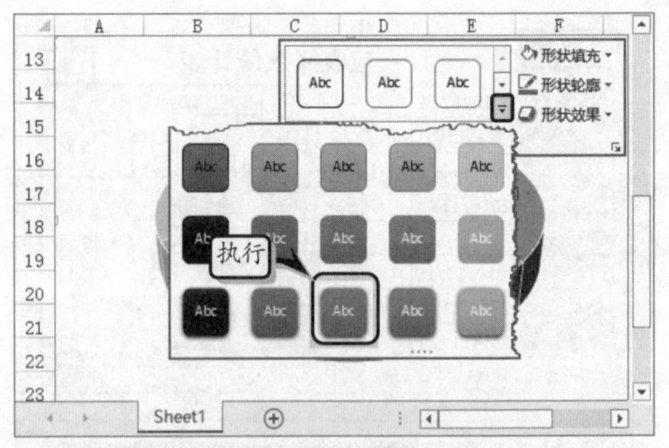

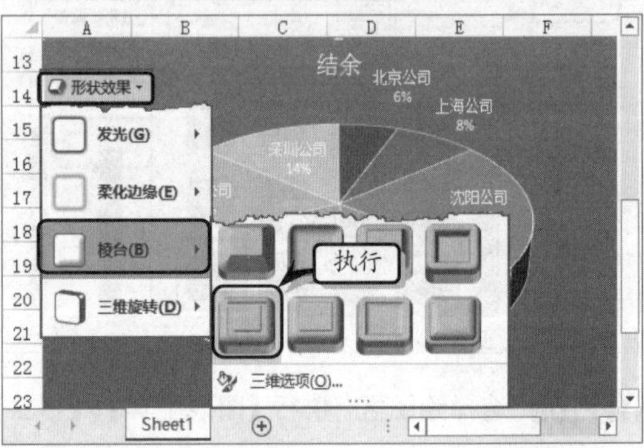

STEP|18 更改图表标题文本，选择整个图表，在【开始】选项卡【字体】选项组中，设置其字体格式。

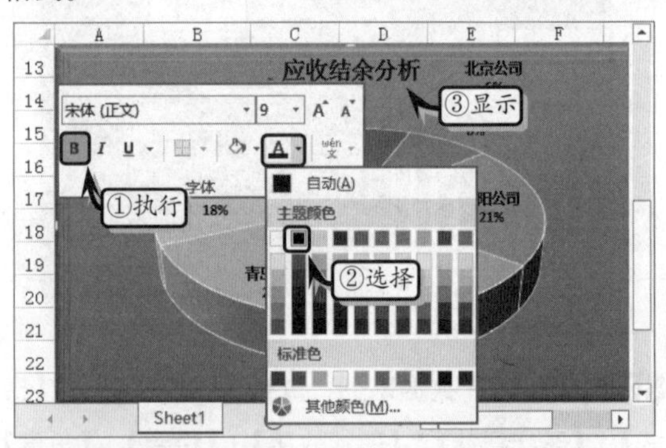

STEP|19 选择数据系列，右击执行【设置数据系列格式】命令。

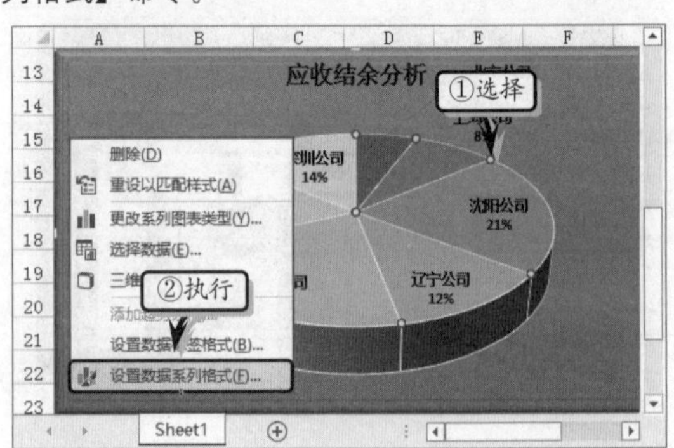

STEP|20 在弹出的【设置数据系列格式】任务窗格中，将【第一扇区起始角度】设置为“109°”，将【饼图分离程度】设置为“10%”。

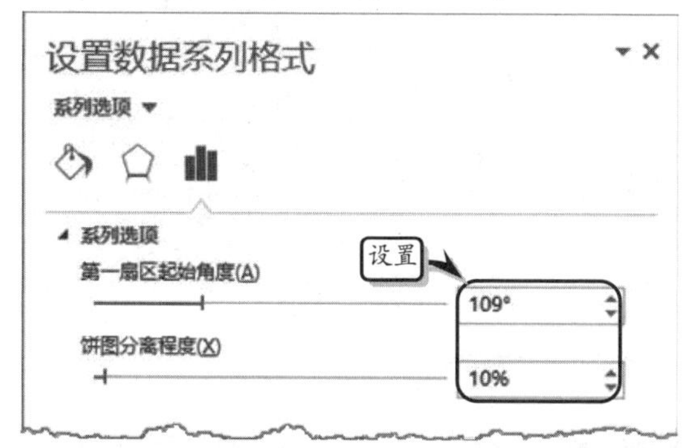

STEP|21 激活【效果】选项卡，展开【三维格式】选项组，设置顶部棱台和底部棱台各项参数即可。

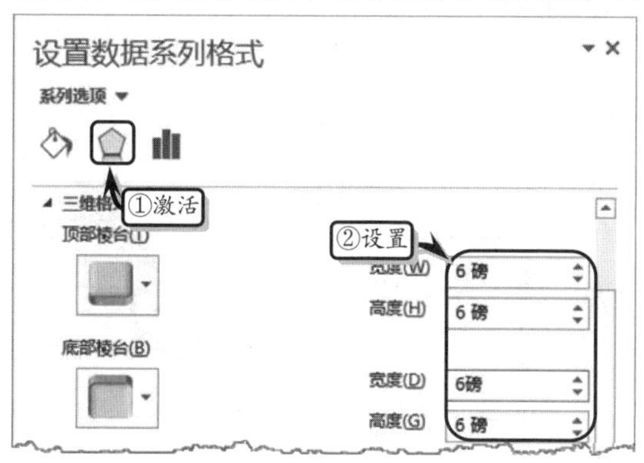

STEP|22 选择图表中的绘图区，右击执行【设置绘图区格式】命令，激活【效果】选项卡，展开【三维旋转】选项组，设置各项参数即可。

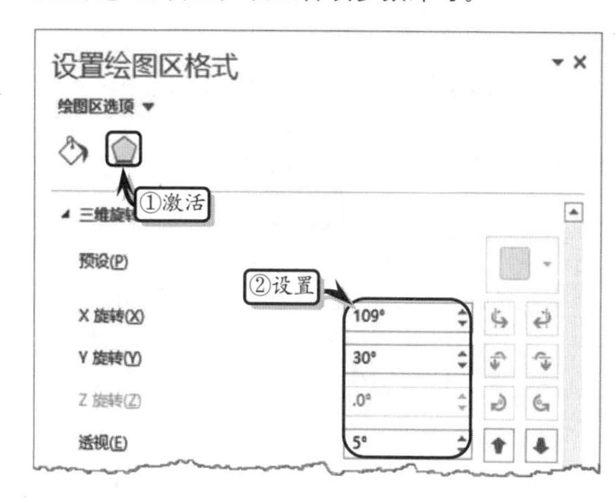

9.7 练习：比赛成绩表

在比赛时，一般使用比赛评分表来记录参赛选手比赛时的详细成绩。赛后，有关人员还需要根据比赛成绩表详细分析参赛选手的比赛情况。例如，分析每位选手的最高分与最低分之间的差距，以及最高分、最低分与总得分的对比分析等。在本练习中，制作一份比赛成绩图表。

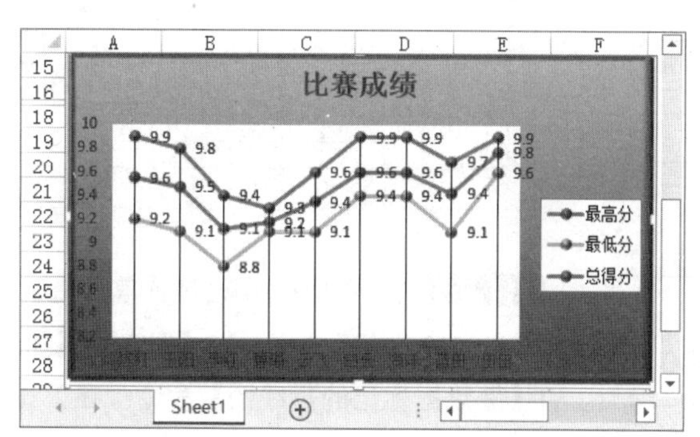

练习要点

- 插入图表
- 设置布局与样式
- 设置图表格式
- 设置数据系列格式
- 编辑图表数据
- 使用函数

操作步骤

STEP|01 制作标题文本。新建工作表，设置行高，合并单元格区域 A1:L1，输入标题文本，并设置文本的字体格式。

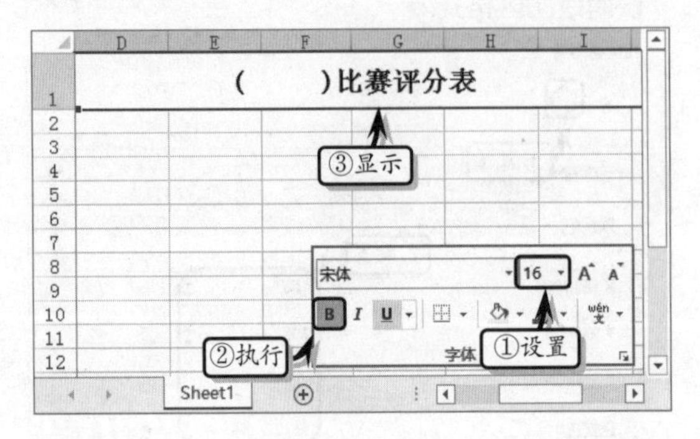

STEP|02 制作基础数据表。在工作表中输入表格基础数据，并设置数据区域的对齐格式和边框格式。

	D	E	F	G	H	I
1	( )比赛评分表					
3	评委评分					最高分
4	评委	评委	评委	评委	评委	
5	9.9	9.6	9.7	9.4	9.5	
6	9.4	9.6	9.7	9.2	9.8	
7	8.9	9.2	9.1	9.4	9.3	
8	9.1	9.1	9.2	9.3	9.2	
9	9.4	9.5	9.6	9.1	9.2	
10	9.6	9.7	9.6	9.4	9.9	
11	9.6	9.7	9.5	9.4	9.9	
12	9.3	9.1	9.6	9.5	9.7	
13	9.7	9.9	9.8	9.6	9.8	

STEP|03 选择单元格 I5，在编辑栏中输入计算公式，按 Enter 键返回最高分。使用同样的方法，计算其他选手的最高分。

I5 =MAX(C5:H5) ①输入

	E	F	G	H	I	J
1	( )比赛评分表					
3	评委评分				最高分	最低分
4	评委	评委	评委	评委		
5	9.6	9.7	9.4	9.5	9.9	
6	9.6	9.7	9.2	9.8		
7	9.2	9.1	9.4	9.3		
8	9.1	9.2	9.3	9.2		
9	9.5	9.6	9.1	9.2		
10	9.7	9.6	9.4	9.9		

②显示

STEP|04 选择单元格 J5，在编辑栏中输入计算公式，按 Enter 键返回最低分。使用同样的方法，计算其他选手的最低分。

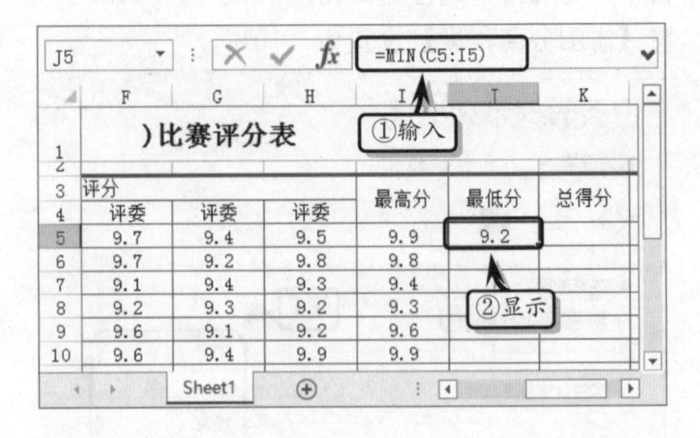

STEP|05 选择单元格 K5，在编辑栏中输入计算公式，按 Enter 键返回总得分。使用同样的方法，计算其他选手的总得分。

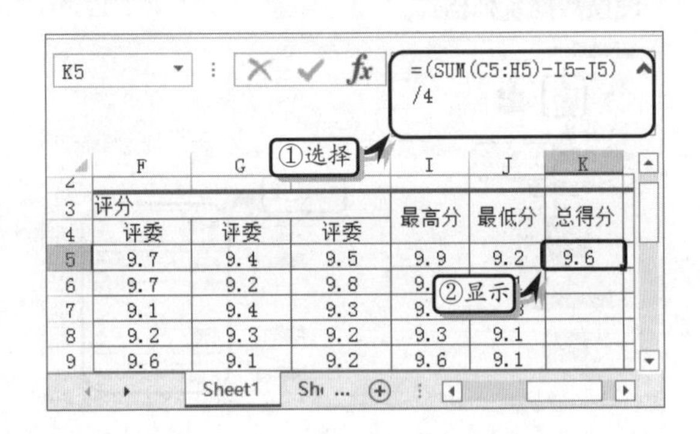

STEP|06 选择单元格 L5，在编辑栏中输入计算公式，按 Enter 键返回排名。使用同样的方法，计算其他选手的排名。

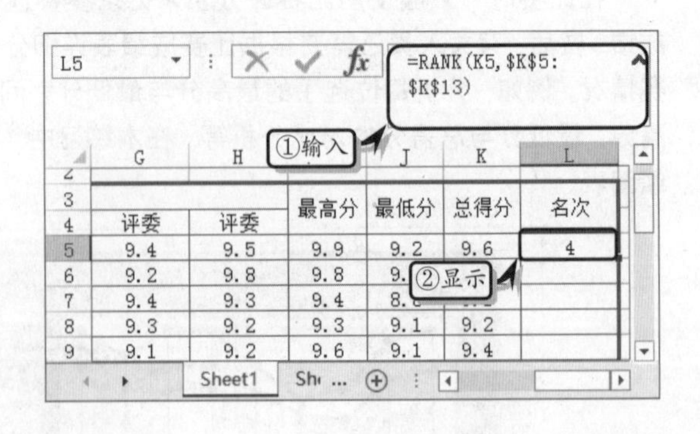

STEP|07 插入图表。同时选择单元格区域 B5:B13 和 I5:K13，执行【插入】|【图表】|【插入折线图】|【带数据标记的折线图】命令，在工作表中插入

一个带数据标记的折线图图表。

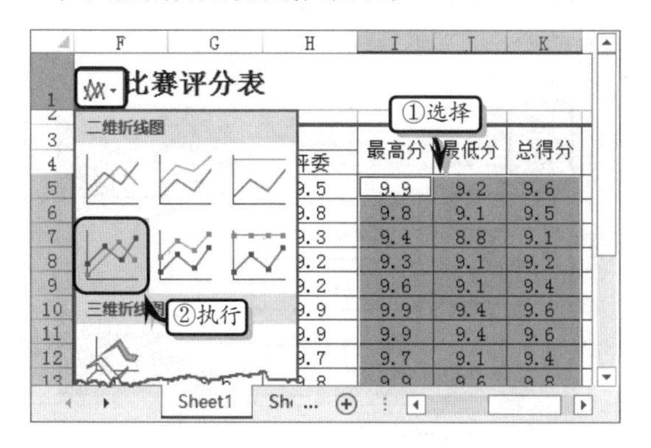

STEP|08 更改图表布局。选择图表，执行【图表工具】|【设计】|【图表布局】|【快速布局】|【布局 9】命令，设置图表的布局样式。

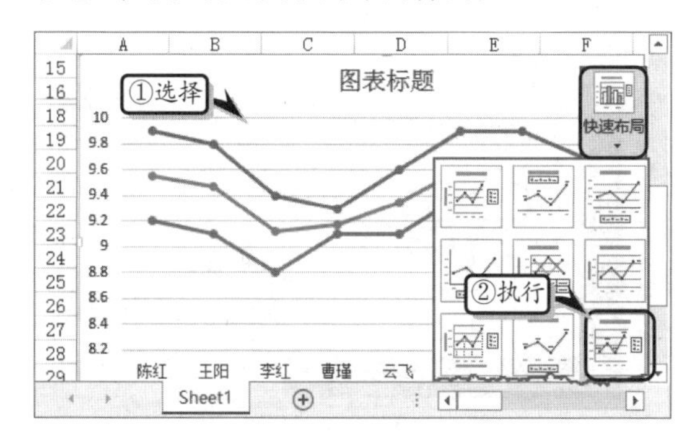

STEP|09 更改图表颜色。执行【图表工具】|【设计】|【图表样式】|【更改颜色】|【颜色 3】命令，更改图表的颜色。

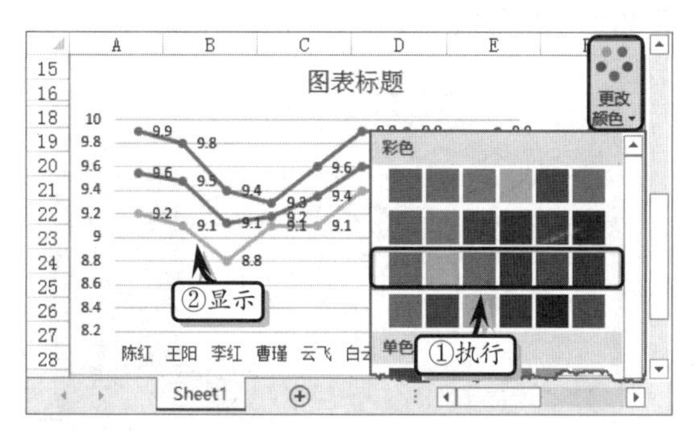

STEP|10 设置图表标题。双击图表标题，在文本框中输入"比赛成绩"文本。然后，在【开始】选项卡【字体】选项组中，设置文本的字体格式。

STEP|11 设置图表格式。选择图表中的绘图区，执行【图表工具】|【格式】|【形状样式】|【形状填充】|【白色，背景 1】命令，设置其填充颜色。

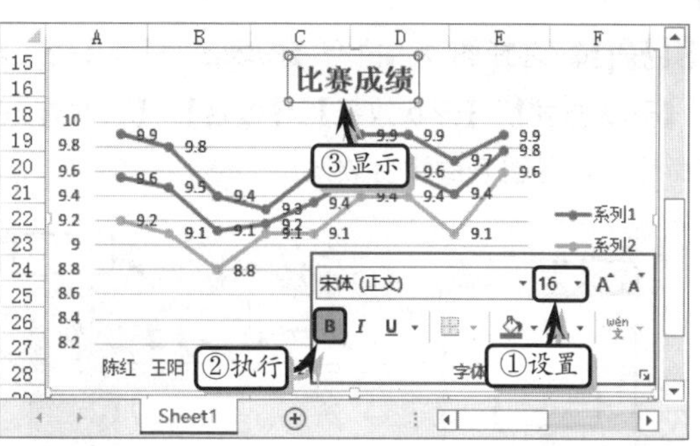

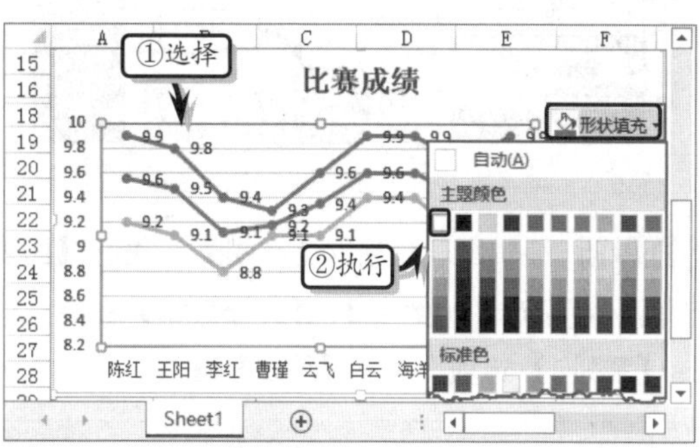

STEP|12 选择图表，右击执行【设置图表区格式】命令，选中【渐变填充】选项，单击【预设渐变】下拉按钮，选择【中等渐变-着色 6】选项。

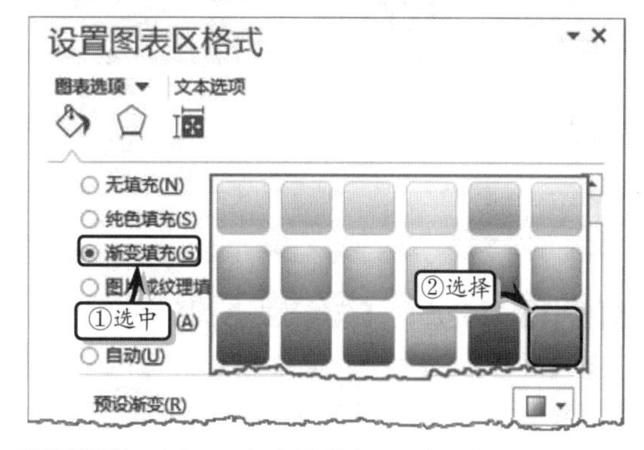

STEP|13 选择图表中的数据系列，执行【图表工具】|【格式】|【形状样式】|【形状效果】|【棱台】|【圆】命令，设置数据系列的形状效果。同样方法，设置其他数据系列的形状效果。

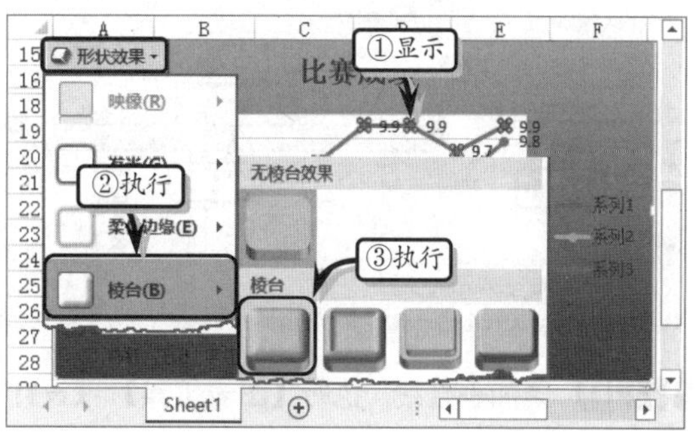

STEP|14 选择图表，执行【图表工具】|【格式】|【形状样式】|【形状效果】|【棱台】|【松散嵌入】命令，设置图表的棱台效果。

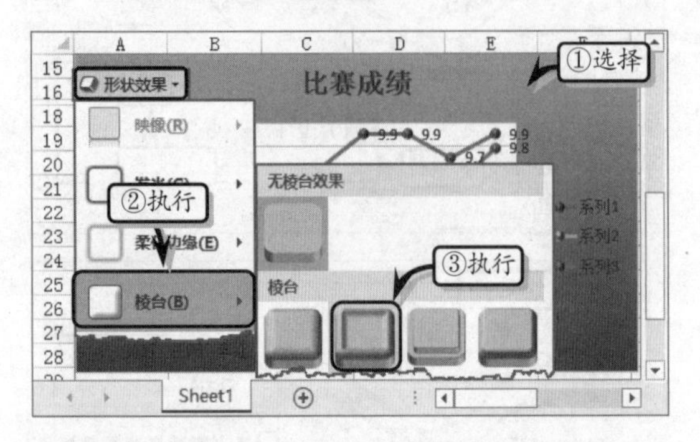

STEP|15 编辑图表数据。选择图表，执行【图表工具】|【设计】|【数据】|【选择数据】命令，选择【系列 1】选项，单击【编辑】按钮。

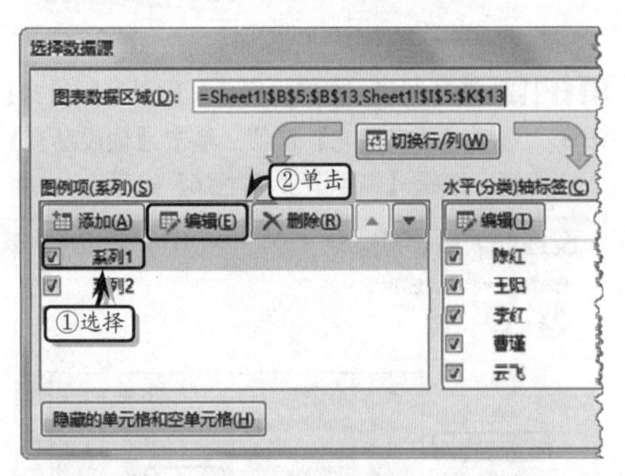

STEP|16 在弹出的【编辑数据系列】对话框中，设置【系列名称】选项，并单击【确定】按钮。使用同样的方法，分别更改其他数据系列的名称。

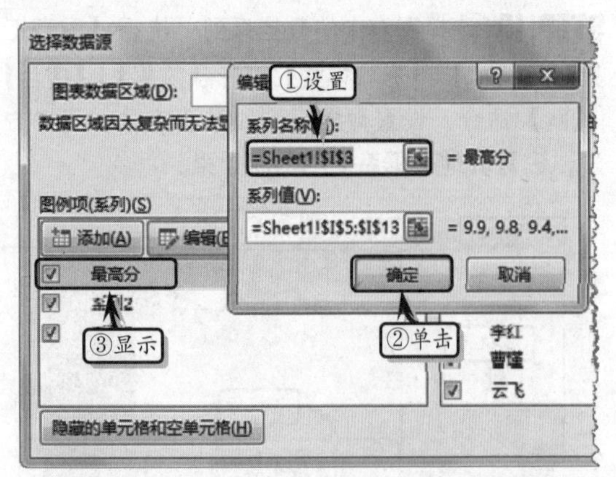

STEP|17 添加垂直线。执行【图表工具】|【设计】|【图表布局】|【添加图表元素】|【线条】|【垂直线】命令，添加垂直线。

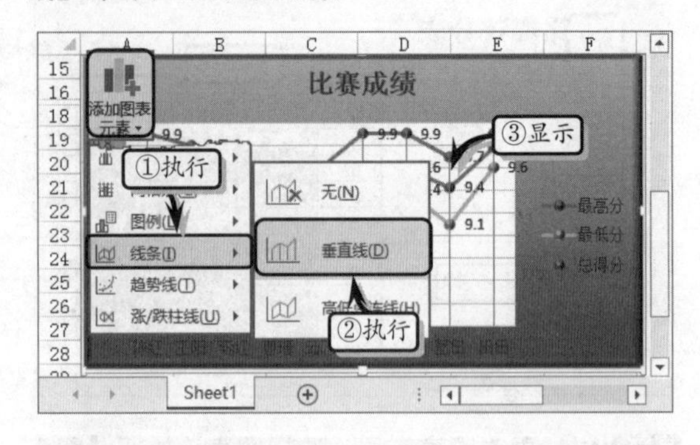

STEP|18 选择垂直线，执行【图表工具】|【格式】|【形状样式】|【形状轮廓】|【黑色，文字 1】命令，设置垂直线的轮廓颜色。

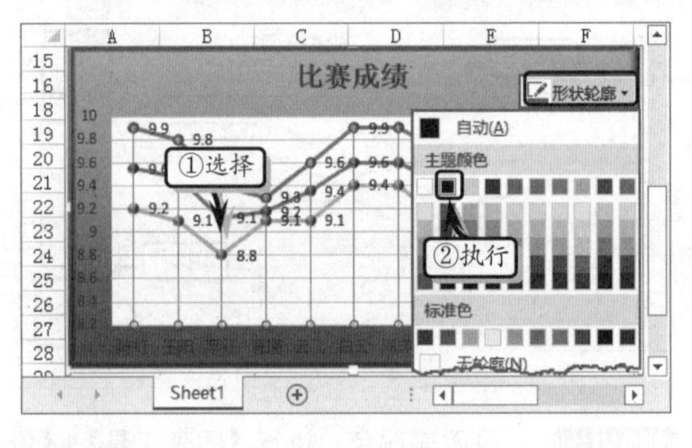

STEP|19 设置图例格式。选择图例，执行【图表工具】|【格式】|【形状样式】|【其他】|【彩色轮廓-橙色，强调颜色 2】命令，设置图例的形状样式。

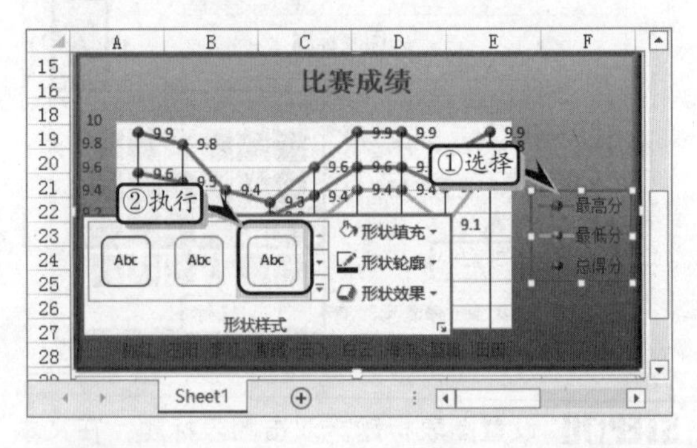

STEP|20 取消网格线。选择图表，执行【图表工具】|【设计】|【图表布局】|【添加图表元素】|【网格线】|【主轴主要水平网格线】命令，取消图表中的网格线。

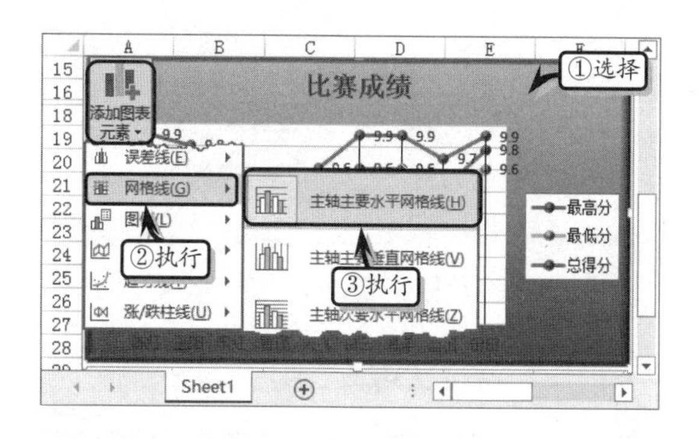

9.8 练习：盈亏平衡分析图

盈亏平衡分析又称为量本利分析，主要用来显示成本、销售收入和销售数量之间的相互性。用户可通过盈亏平衡分析图，分析数据的盈亏变化情况。在本练习中，将运用 Excel 2013 中的散点图、公式和函数，以及设置图表格式等功能，来制作一份盈亏平衡分析图。

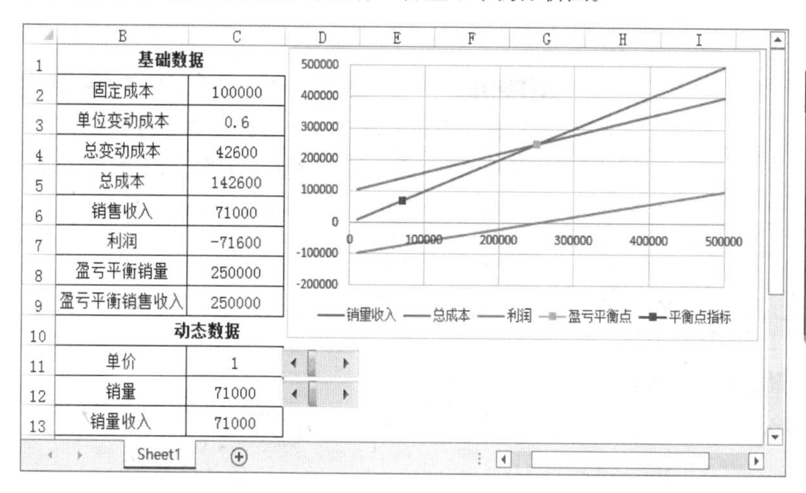

基础数据	
固定成本	100000
单位变动成本	0.6
总变动成本	42600
总成本	142600
销售收入	71000
利润	-71600
盈亏平衡销量	250000
盈亏平衡销售收入	250000
动态数据	
单价	1
销量	71000
销量收入	71000

练习要点

- 新建工作表
- 使用公式和函数
- 插入图表
- 设置图表格式
- 添加控件
- 设置控件格式

操作步骤

STEP|01 制作基础数据表，设置表格的单元格格式，并在相应单元格中输入计算公式。

基础数据	
固定成本	100000
单位变动成本	0.6
总变动成本	36000
总成本	136000
销售收入	60000
利润	-76000
盈亏平衡销量	250000
盈亏平衡销售收入	250000

STEP|02 制作动态数据表，设置表格的单元格格式，并在相应单元格中输入计算公式。

B	C	D
总成本	136000	
销售收入	60000	
利润	-76000	
盈亏平衡销量	250000	
盈亏平衡销售收入	250000	
动态数据		
单价	1	1
销量	60000	60
销量收入	60000	

STEP|03 执行【开发工具】|【控件】|【插入】|

【滚动条（窗体控件）】命令，在单元格 D11 与 D12 后面添加控件。

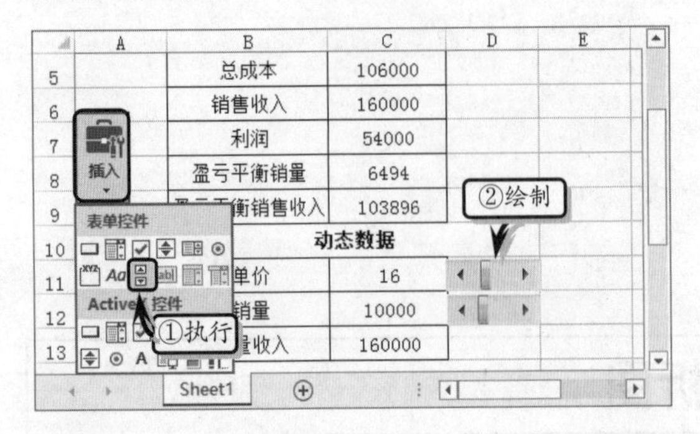

STEP|04 右击控件执行【设置控件格式】命令，在弹出的对话框中设置链接单元格。使用同样的方法，设置另外一个控件的链接单元格。

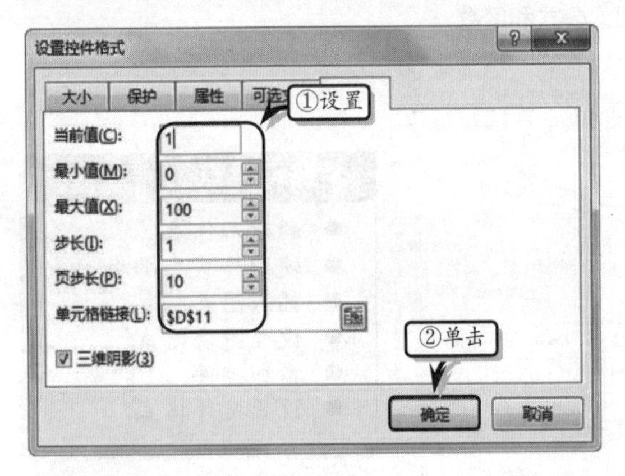

STEP|05 制作销量利润表，设置表格的单元格格式，并在相应单元格中输入计算公式。

	A	B	C	D	E
12		销量	6000		
13		销量收入	6000		
14					
15			最小销量	最大销量	
16		销量	10000	500000	
17		销量收入	10000	500000	
18		总成本	106000	400000	
19		利润	-96000	100000	
20					

STEP|06 选择单元格区域 B16:D19，为工作表插入一个带平滑线的散点图，并删除图表标题。

STEP|07 选择图表，执行【图表工具】|【设计】|【数据】|【切换行/列】命令。切换行/列显示方式，使横向坐标轴中的刻度与纵向坐标轴的一致。

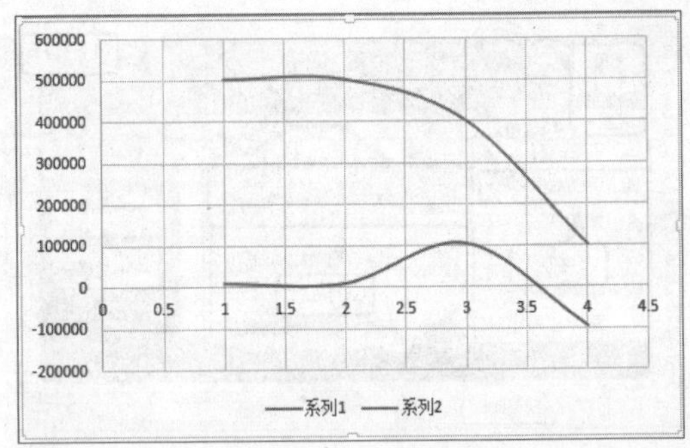

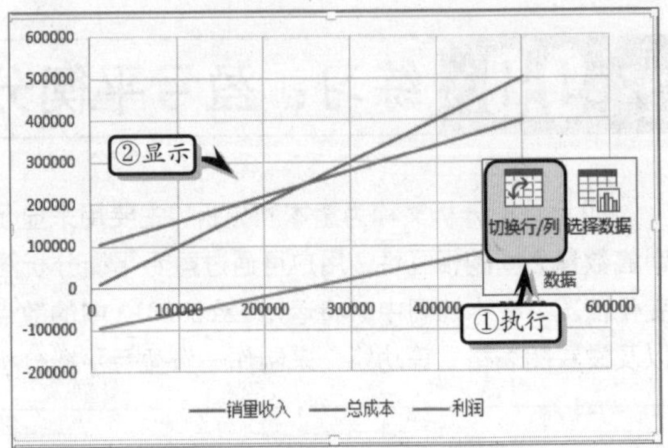

STEP|08 双击“水平（值）轴”，在【坐标轴选项】选项卡中，将【最大值】设置为【50 000】。使用同样的方法，设置【垂直（值）轴】的最大值。

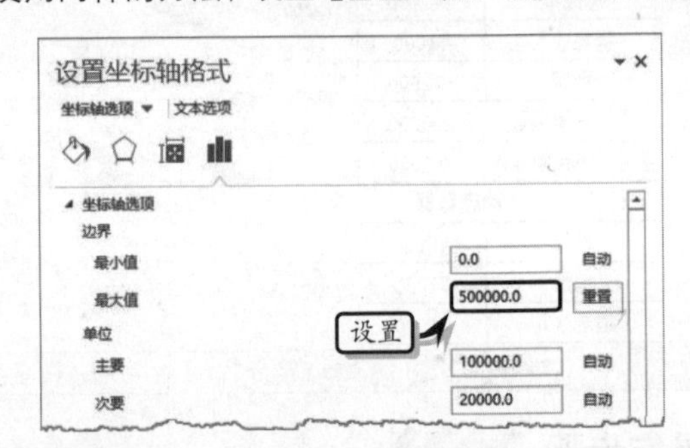

STEP|09 执行【图表工具】|【设计】|【数据】|【选择数据】命令，单击【添加】按钮，设置【系列名称】、【X 轴系列值】和【Y 轴系列值】选项。

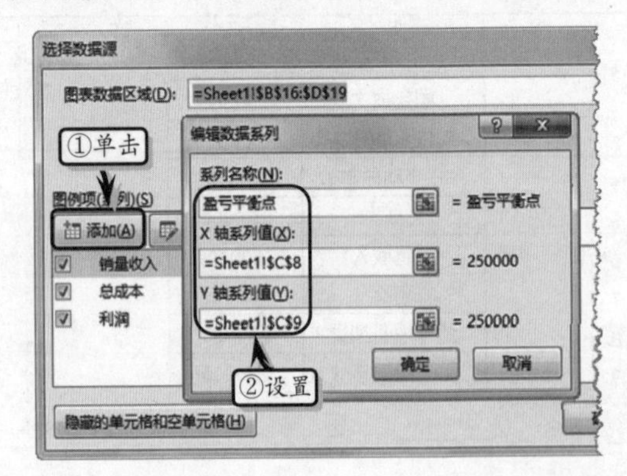

STEP|10 在【选择数据源】对话框中，再次单击【添加】按钮，设置【系列名称】、【X 轴系列值】和【Y 轴系列值】。

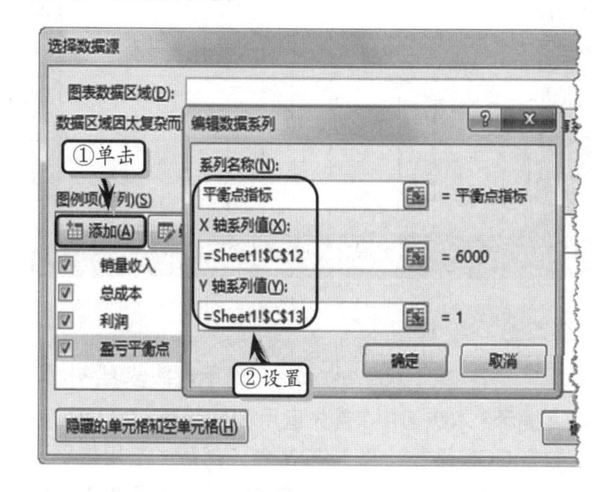

STEP|11 双击“盈亏平衡点”数据系列，设置标记类型和颜色。使用同样的方法，设置“平衡点指标”数据系列的标记样式。

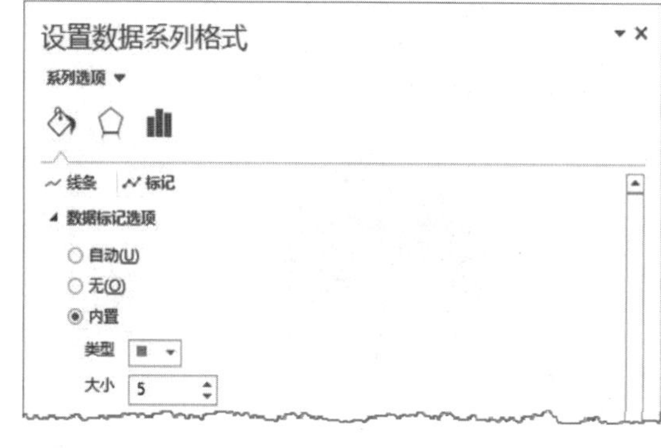

9.9 新手训练营

练习 1：账目支出图表

downloads\9\新手训练营\账目支出图表

提示：本练习中主要体现了 Excel 中插入图表、设置图表区域背景色、设置图表坐标轴等基础操作的使用方法。

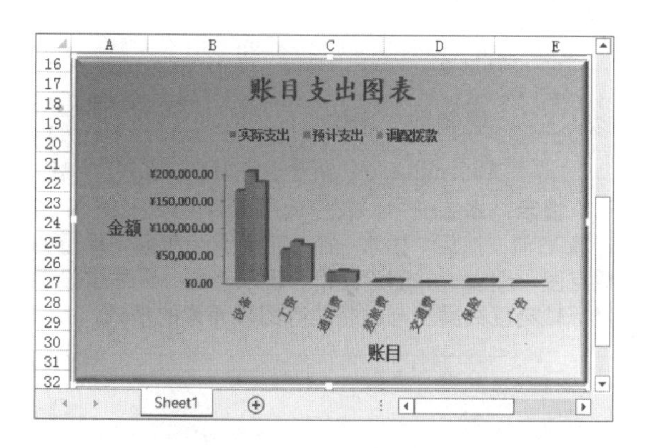

练习 2：手机销售统计图表

downloads\9\新手训练营\手机销售统计图表

提示：本练习中主要体现了设置图表艺术字标题、更改数据系列的显示颜色、设置图表区域的填充颜色，以及添加网格线与调整图例位置的使用方法。

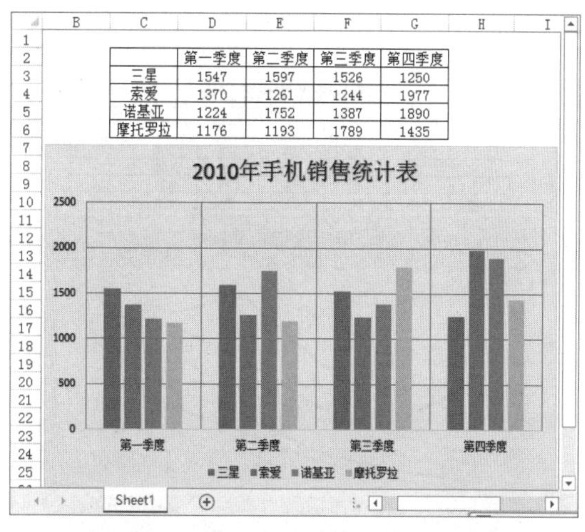

	第一季度	第二季度	第三季度	第四季度
三星	1547	1597	1526	1250
索爱	1370	1261	1244	1977
诺基亚	1224	1752	1387	1890
摩托罗拉	1176	1193	1789	1435

练习 3：服装出口市场占有率图表

downloads\9\新手训练营\服装出口市场占有率图表

提示：本练习中主要体现了设置图表艺术字标题、设置图例格式，以及设置图表布局与样式、美化图表区域与数据系列基础知识的使用方法。

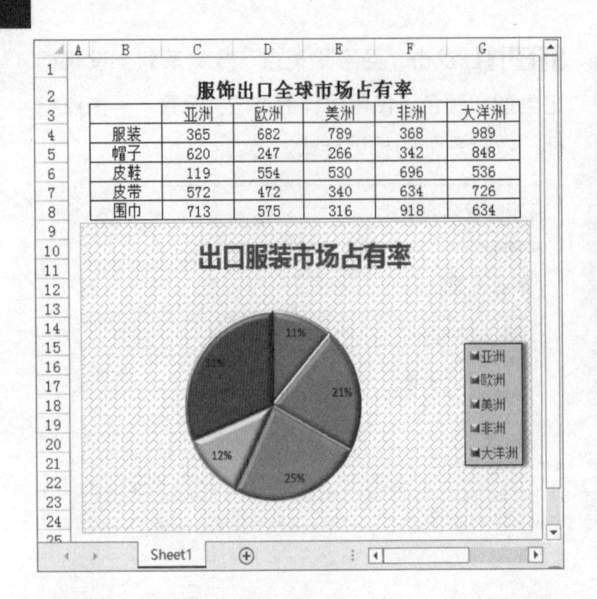

服饰出口全球市场占有率

	亚洲	欧洲	美洲	非洲	大洋洲
服装	365	682	789	368	989
帽子	620	247	266	342	848
皮鞋	119	554	530	696	536
皮带	572	472	340	634	726
围巾	713	575	316	918	634

练习 4：营业额年度增长图表

downloads\9\新手训练营\营业额年度增长图表

提示：本练习中主要体现了图表中的艺术字标题、坐标轴格式、图表区背景颜色，以及数据系列格式的设置方法。

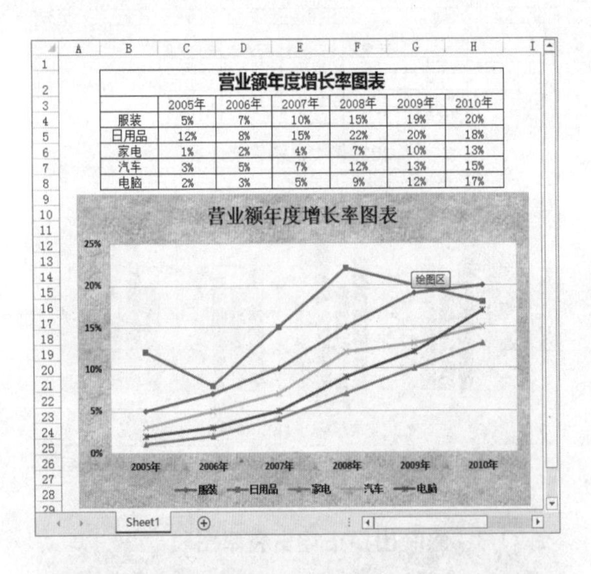

营业额年度增长率图表

	2005年	2006年	2007年	2008年	2009年	2010年
服装	5%	7%	10%	15%	19%	20%
日用品	12%	8%	15%	22%	20%	18%
家电	1%	2%	4%	7%	10%	13%
汽车	3%	5%	7%	12%	13%	15%
电脑	2%	3%	5%	9%	12%	17%

练习 5：数据交叉图表

downloads\9\新手训练营\数据交叉图表

提示：本练习中，首先插入一个带平滑线和数据标记的散点图，然后，设置图表区形状样式和形状效果。最后，设置水平误差线和垂直误差线格式。

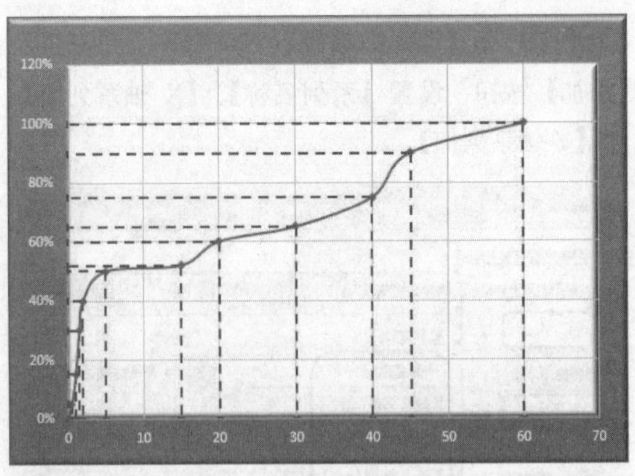

练习 6：绘制圆

downloads\9\新手训练营\绘制圆

提示：本练习中，首先运用 SIN 函数、RADIANS 函数与 COS 函数计算 X 与 Y 值。然后，运用带平滑线的散点图与更改图表小数位数的方法，在图表中绘制一个圆形。

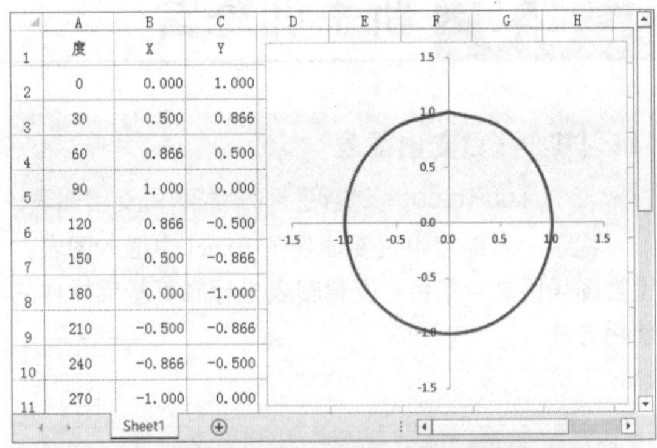

度	X	Y
0	0.000	1.000
30	0.500	0.866
60	0.866	0.500
90	1.000	0.000
120	0.866	-0.500
150	0.500	-0.866
180	0.000	-1.000
210	-0.500	-0.866
240	-0.866	-0.500
270	-1.000	0.000

练习 7：绘制数学函数

downloads\9\新手训练营\绘制数学函数

提示：本练习中，首先运用 SIN 函数根据 X 值计算 Y 值。然后，插入一个“带平滑线和数据标记的散点图”图表，并删除图例与图表标题。最后，设置坐标轴刻度线类型与网格线等图表元素的格式。

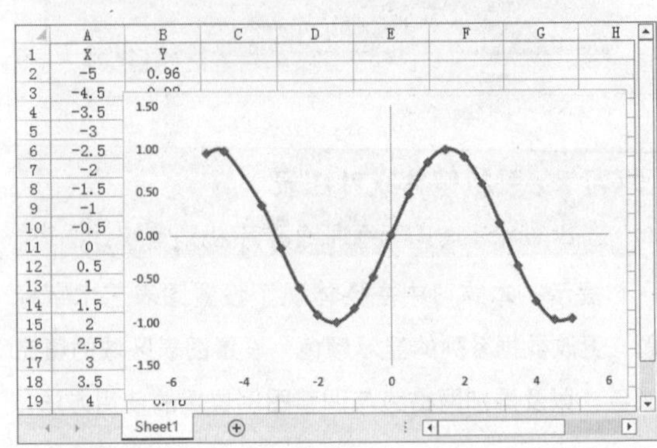

X	Y
-5	0.96
-4.5	
-3.5	
-3	
-2.5	
-2	
-1.5	
-1	
-0.5	
0	
0.5	
1	
1.5	
2	
2.5	
3	
3.5	
4	

第 10 章

数据透视表与数据透视图

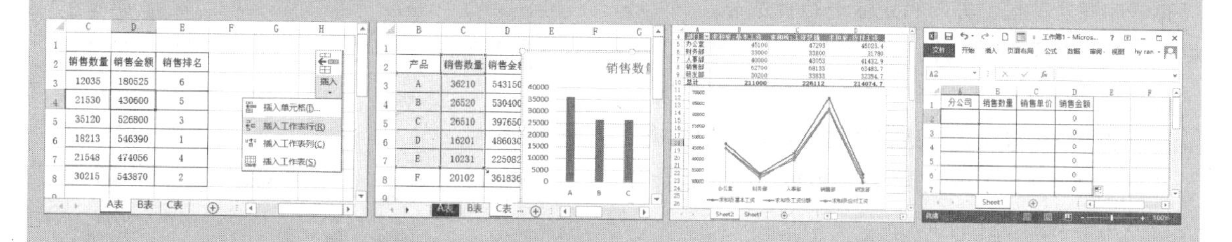

数据透视表是 Excel 中重要的数据处理工具之一，它不仅能够建立数据集的交互视图，对数据进行快速分组；而且还可以在很短的时间内对分组数据进行各种运算，汇总大量数据并以直观的方式显示报表中数值的变化趋势。除此之外，数据透视表还可以交互式地拖放汇总字段，达到动态地分析透视数据的目的。在本章中，将详细介绍数据透视表与数据透视图的基础知识和实用技巧。

Excel 10.1 使用数据透视表

使用数据透视表可以汇总、分析、浏览和提供摘要数据，通过直观方式显示数据汇总结果，为Excel用户查询和分类数据提供了方便。

10.1.1 数据透视表概述

Excel中的数据透视表是计算和整理数据最快最有效的工具，它可以帮助用户完成许多函数和公式无法快速完成的分析工作。例如，将庞大的数据转换为垂直或水平方向进行分析，以及快速查找数据表中特定的值，并对特定值进行计数等。

1. 数据透视表简介

数据透视表是一种可以快速汇总大量数据的交互式方法。使用数据透视表可以深入分析数据，并且可以呈现出一些数据问题。数据透视表是针对以下用途特别设计的。

（1）以多种方式查询大量数据。

（2）对数值数据进行分类汇总和聚合，按分类和子分类对数据进行汇总，创建自定义计算和公式。

（3）展开或折叠重要结果的数据级别，查看区域摘要数据的明细。

（4）将行移动到列或将列移动到行（或“透视”），以查看源数据的不同汇总。

（5）对最有用和最重要的数据子集进行筛选、排序、分组和有条件地设置格式，使重要信息更为突出。

（6）提供简明、突出并且带有批注的联机报表或打印报表。

如果要分析相关的汇总值，尤其是在要合计较大的数字列表并对每个数字进行多种比较时，通常使用数据透视表。

2. 数据透视表的结构

用户在使用数据透视表分析数据之前，还需要先了解一下数据透视表的结构。

通常情况下，数据透视表是由值区域、行区域、列区域、报表筛选区域4个区域组成，而这些区域内的数据则用于定义数据透视表的分析效果和外观。

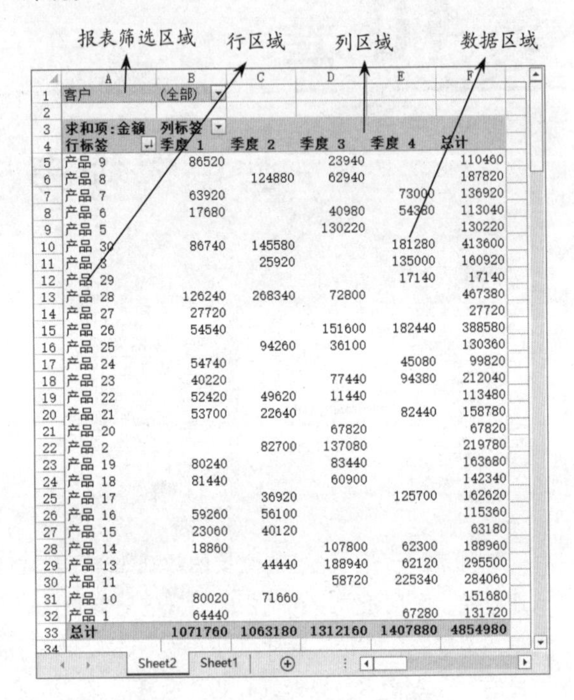

客户	(全部)				
求和项:金额	列标签				
行标签	季度 1	季度 2	季度 3	季度 4	总计
产品 9	86520		23940		110460
产品 8		124880	62940		187820
产品 7	63920			73000	136920
产品 6	17680		40980	54380	113040
产品 5			130220		130220
产品 30	86740	145580		181280	413600
产品 3		25920		135000	160920
产品 29				17140	17140
产品 28	126240	268340	72800		467380
产品 27	27720				27720
产品 26	54540		151600	182440	388580
产品 25		94260	36100		130360
产品 24	54740			45080	99820
产品 23	40220		77440	94380	212040
产品 22	52420	49620	11440		113480
产品 21	53700	22640		82440	158780
产品 20			67820		67820
产品 2		82700	137080		219780
产品 19	80240		83440		163680
产品 18	81440		60900		142340
产品 17		36920		125700	162620
产品 16	59260	56100			115360
产品 15	23060	40120			63180
产品 14	18860		107800	62300	188960
产品 13		44440	188940	62120	295500
产品 11			58720	225340	284060
产品 10	80020	71660			151680
产品 1	64440			67280	131720
总计	1071760	1063180	1312160	1407880	4854980

其中，各区域的具体作用如下所述。

（1）值区域。值区域为计算区域，主要用于度量或计算字段，包括求和项、计数项、平均项等。另外，该区域内至少需要放置一个字段或对该字段的计算。

（2）行区域。行区域位于数据透视表的左侧，其字段类型包括需要分组和分类的数据，例如产品、地点、名称等。另外，系统允许行区域中不包含任何字段。

（3）列区域。列区域是数据透视表各列顶部的标题部分，该区域内的字段主要用于显示面向列的数据项，包括需要显示趋势或并排显示的字段类型，例如年、月份、周期等。

（4）报表筛选区域。报表筛选区域位于数据透视表顶部，为可选区域。在该区域内包括一个或多个下拉按钮，可通过下拉列表来选择筛选内容。

10.1.2　创建数据透视表

Excel 为用户内置了创建数据透视表的多种方法，但在创建数据透视表之前还需要先来了解一下数据透视表源数据表的规格和布局要求，以充分发挥数据透视表的功能。

1．源数据布局要求

数据透视表最理想的布局是表格形式的布局，而用户使用 Excel 制作出的许多漂亮的数据布局并不适合创建数据透视表。数据透视表是数据源，具有严格的规则。

（1）必须具有列标题。
（2）每个字段在每一行中必须存在一个值。
（3）列不包含重复的数据组。
（4）数据必须以表格的形式存在。
（5）杜绝包含分节标题。
（6）杜绝重复组作为列。
（7）杜绝空行或空单元格。
（8）使用适用的类型格式作为字段。
（9）每一列必须表示唯一一类数据。
（10）每一行必须表示各列中的单独一项。

2．创建数据透视表

Excel 为用户提供了两种创建数据透视表的方法，分别为直接创建和推荐创建。

选择单元格区域中的一个单元格，并确保单元格区域具有列标题。然后，执行【插入】|【表格】|【推荐的数据透视表】命令。在弹出的【推荐的数据透视表】对话框中，选择数据表样式，单击【确定】按钮。

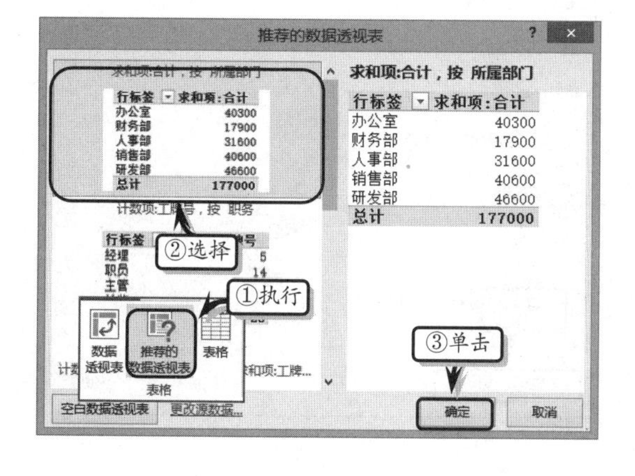

提示

在【推荐的数据透视表】对话框中，单击【空白数据透视表】按钮，即可创建一个空白数据透视表。

另外，选择单元格区域或表格中的任意一个单元格，执行【插入】|【表格】|【数据透视表】命令。在弹出的【创建数据透视表】对话框中，选择数据表的区域范围和放置位置，并单击【确定】按钮。

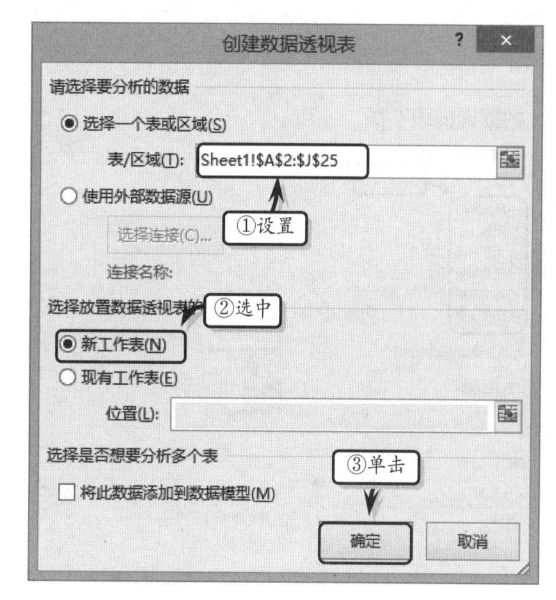

在【创建数据透视表】对话框中，主要包括下表中的一些选项。

选　项	说　明
选择一个表或区域	表示要在当前工作簿中选择创建数据透视表的数据
使用外部数据源	选择该选项，并单击【选择连接】按钮，则可以在打开的【现有链接】对话框中，选择链接到的其他文件中的数据
新工作表	表示可以将创建的数据透视表以新的工作表出现
现有工作表	表示可以将创建的数据透视表，插入到当前工作表的指定位置
将此数据添加到数据模型	选中该复选框，可以将当前数据表中的数据添加到数据模型中

10.1.3 编辑数据透视表

新创建的数据透视表为一个空报表，里面不包含任何字段。此时，用户还需要对数据透视表进行一系列的编辑操作，使其发挥强大的数据分析功能。

1．添加报表字段

在工作表中插入空白数据透视表后，用户便可以在窗口右侧的【数据透视表字段】任务窗格中，启用【选择要添加到报表的字段】列表框中的数据字段，被启用的字段列表将自动显示到数据透视表中。

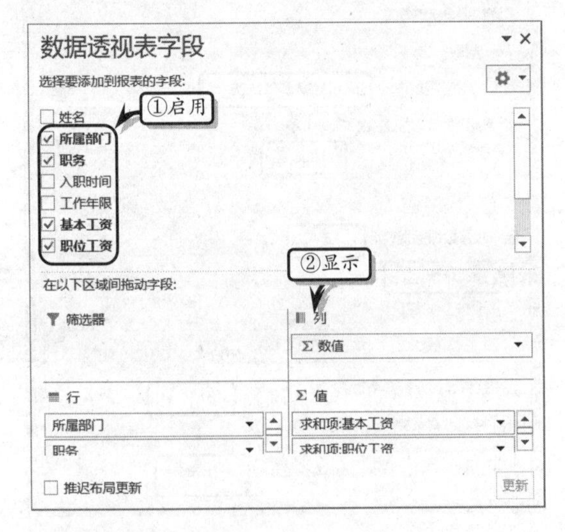

2．创建报表筛选

选择数据透视表，在【数据透视表字段】窗格中，将数据字段拖到【报表筛选列】列表框中，即可在数据透视表上方将显示筛选列表。此时，用户只需单击【筛选】按钮，便可对数据进行筛选分析。

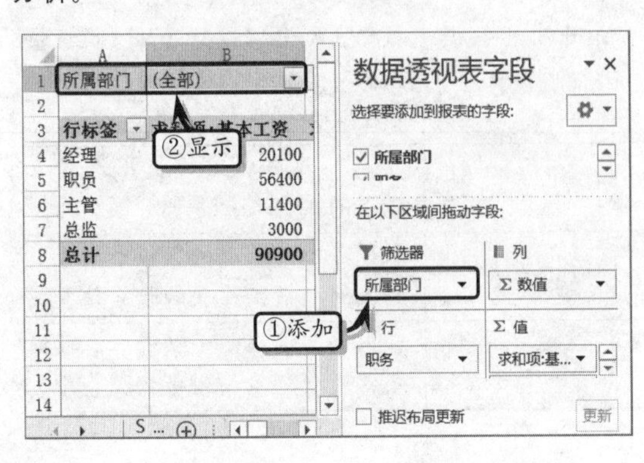

> **技巧**
>
> 在添加数据字段时，用户也可以使用鼠标，将【选择要添加到报表的字段】列表框中的数据字段拖动到指定的区域中。

另外，用户还可以在【行标签】、【列标签】或【数值】列表框中，单击字段名称后面的下拉按钮，在其下拉列表中选择【移动到报表筛选】选项即可。

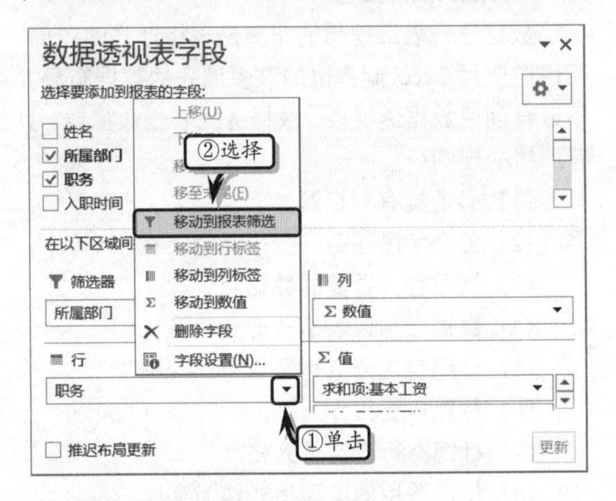

3．推迟布局更新

对于依据大型数据源所创建的数据透视表来讲，每次更新布局是一件非常耗时的工作。此时，用户可以使用“推迟布局更新”功能，推迟数据透视表的布局更新状态，避免更新数据所带来的烦恼。

在【数据透视表字段】窗格中，启用【推迟布局更新】复选框，即可以阻止数据透视表的更新功能。

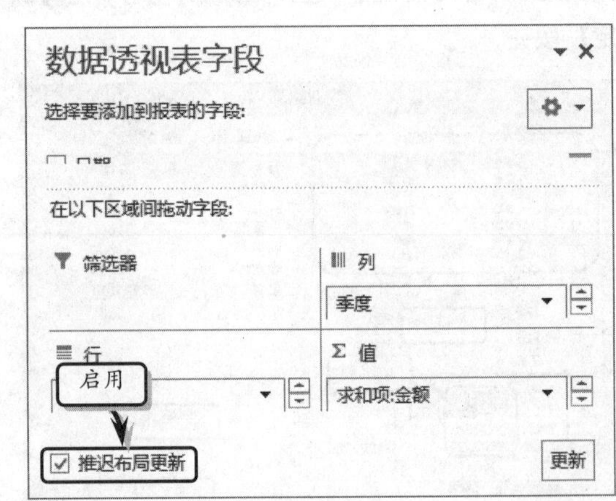

禁用布局更新功能之后，当用户需要更新数据透视表时，则可以单击右下角的【更新】按钮，来更新数据透视表。

Excel 10.2 自定义数据透视表

创建数据透视表之后，用户还需要通过自定义数据透视表的外观，来美化数据透视表，使其符合用户的审美观。同时，还需要通过自定义数据报表的计算项，来发挥数据透视表强大的数据计算功能。

10.2.1　设置数据透视表外观

数据透视表的外观包括网格线、背景颜色、数字格式、字段名称等内容。

1．设置数据透视表样式

Excel 提供了浅色、中等深浅与深色三大类 89 种内置的报表样式，用户只需执行【数据透视表工具】|【设计】|【数据透视表样式】|【其他】|【数据透视表样式浅色 10】命令即可。

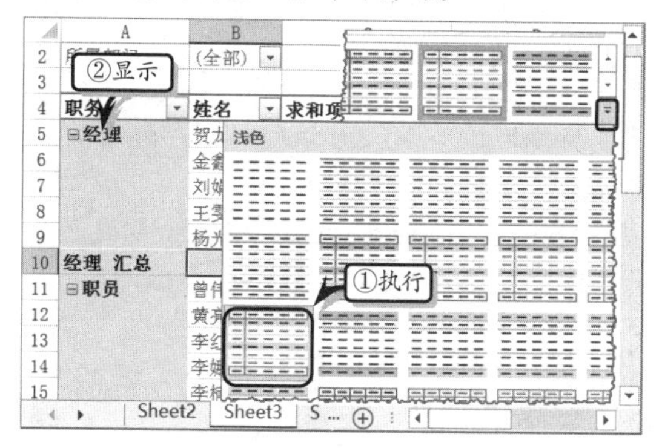

另外，在【设计】选项卡【数据透视表样式选项】选项组中，启用【镶边行】与【镶边列】选项，自定义数据透视表样式。

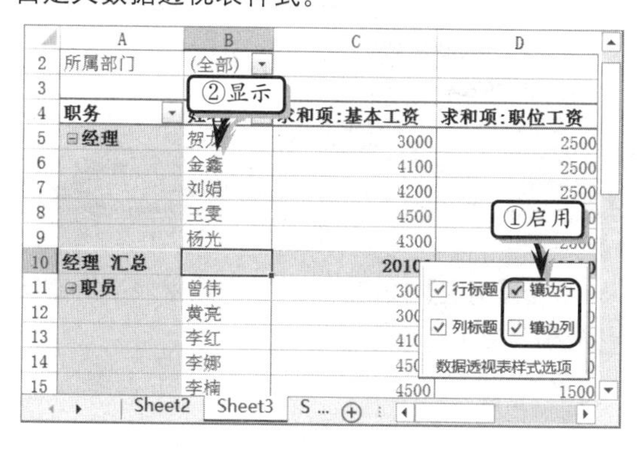

除此之外，执行【数据透视表工具】|【设计】|【数据透视表样式】|【其他】|【新建数据透视表样式】命令。在弹出的【新建数据透视表样式】对话框中，自定义数据透视表样式。

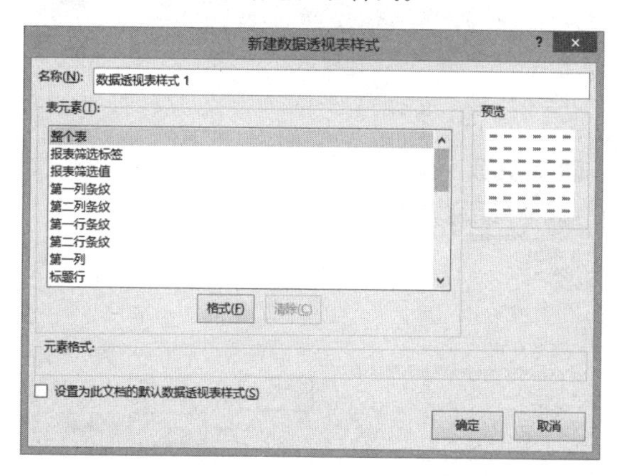

2．设置数据格式

在【数据透视表字段】窗格中，单击【求和项:金额】下拉按钮，在其下拉列表中选择【值字段设置】选项。在弹出的【值字段设置】对话框中，单击左下角的【数字格式】按钮。

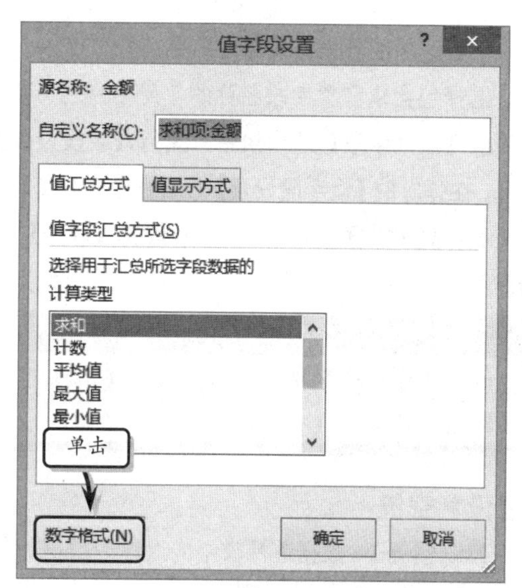

提示

用户也可以在【分析】选项卡【活动字段】选项组中，单击【活动字段】下拉按钮，选择活动字段，单击【字段设置】按钮，即可打开【值字段设置】对话框。

然后，在弹出的【设置单元格格式】对话框中，激活【数字】选项卡，在其列表框中选择数字格式，单击【确定】按钮即可。

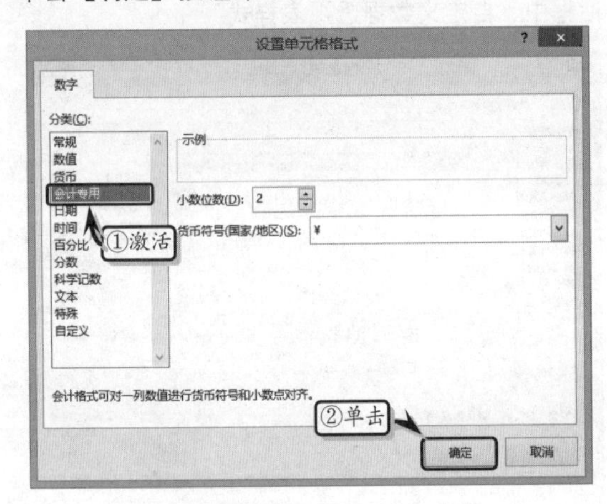

3．修改字段名称

数据透视表中的每一个字段都具有一个名称，行、列和筛选区域内的字段继承了源数据中的标题，而值区域内的字段则被赋予“求和项:金额”的名称。此时，用户可通过数据透视表内置的“值字段设置”功能，来修改字段名称。

选择包含求和类字段名称的单元格，在【分析】选项卡【活动字段】选项组中，执行【字段设置】选项。在弹出的【值字段设置】对话框中，更改【自定义名称】文本框中的字段名称，单击【确定】按钮即可。

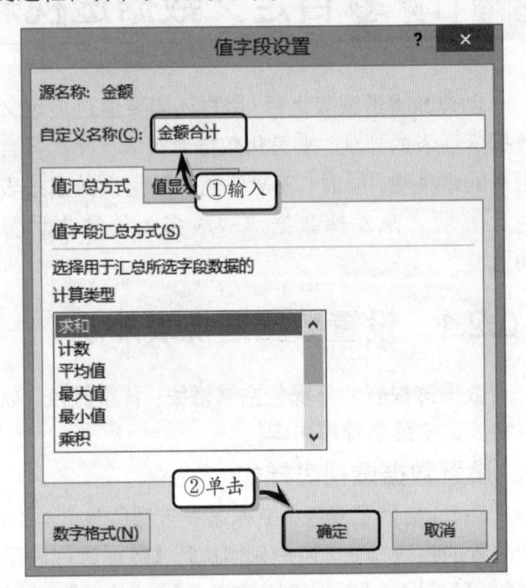

提示

当用户选择非值字段名称时，执行【字段设置】选项将会弹出【字段设置】对话框。

4．设置空值

默认情况下，数据透视表中的对应的数据为零的情况下，会以空值进行显示。此时，用户可执行【分析】|【数据透视表】|【选项】|【选项】命令，在弹出的【数据透视表选项】对话框中，激活【布局和格式】选项卡。启用【对于空单元格，显示】复选框，并在其后的文本框中输入“0”。

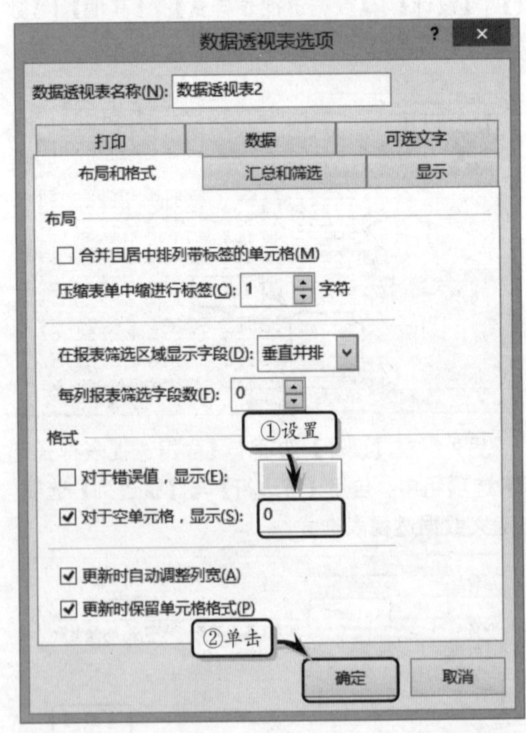

单击【确定】按钮后，其数据透视表中的空值将以“0”值进行显示。

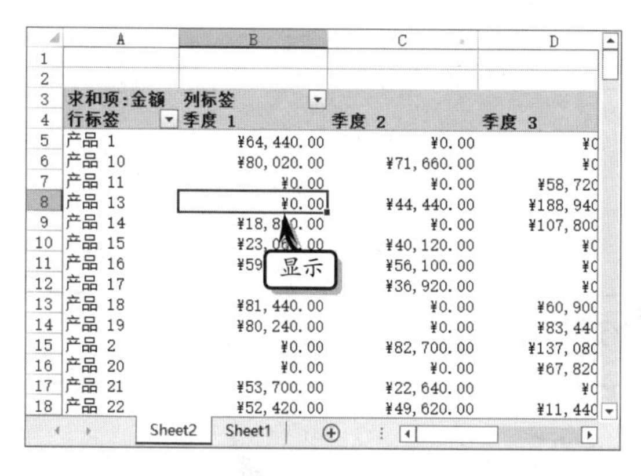

10.2.2　设置布局

Excel 为用户提供了报表布局、空行、总计和分类汇总 4 种数据透视表的布局方式，以帮助用户以不同的报表形式来显示分析结果。

1．设置报表布局

报表布局可以使用压缩、大纲、表格或重复所有项目标签等布局方式。

在数据透视表中选择任意一个单元格，执行【数据透视表工具】|【设计】|【布局】|【报表布局】|【以表格形式显示】命令，设置数据透视表的布局样式。

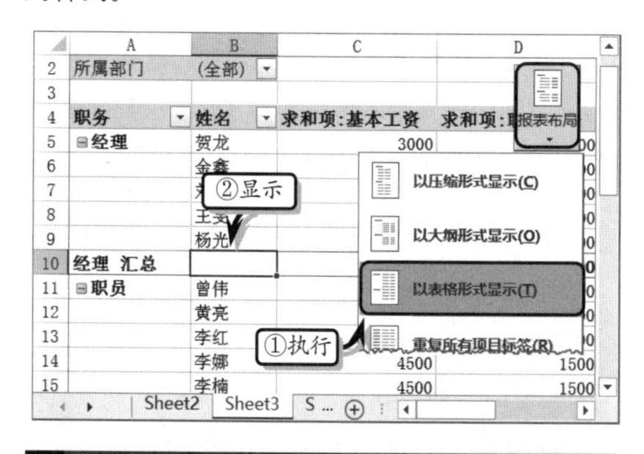

提示

执行【数据透视表工具】|【分析】|【显示】|【字段列表】命令，可显示或隐藏字段列表。

2．设置空行

空行布局是在每一组后插入一个空行，或者删除每一组后所添加的空行。

在数据透视表中选择任意一个单元格，执行【数据透视表工具】|【设计】|【布局】|【空行】|【在每个项目后插入空行】命令，为数据透视表插入空行。

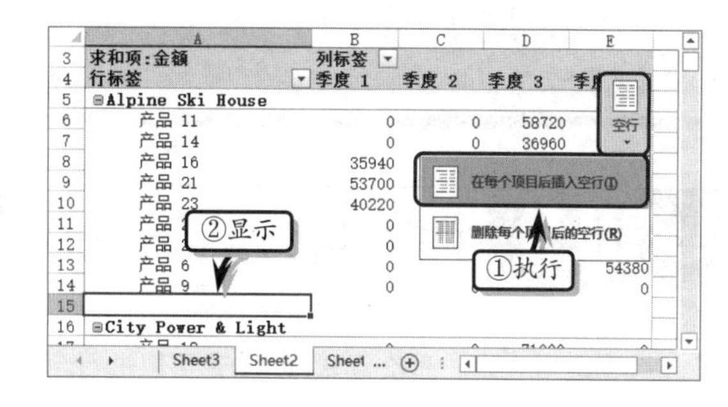

另外，用户可通过执行【设计】|【布局】|【空行】|【删除每个项目后的空行】命令，来删除所添加的空行。

3．设置总计

总计布局主要用于显示或隐藏行和列的总计。在数据透视表中选择任意一个单元格，执行【数据透视表工具】|【设计】|【布局】|【总计】|【对行和列启用】命令，启用行和列中的总计。

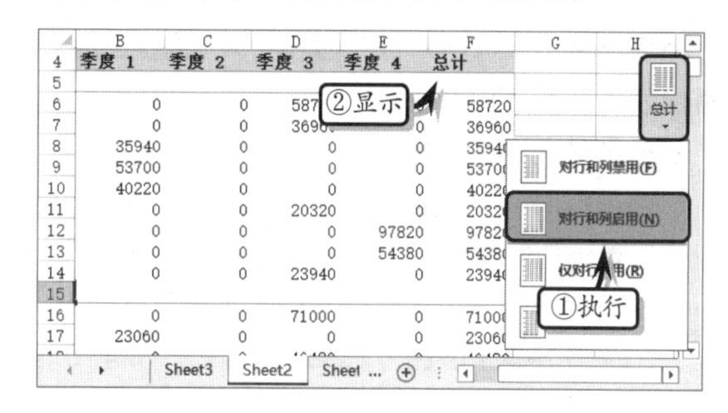

4．设置分类汇总

分类汇总布局是在组的顶部或底部显示分类汇总，或者取消数据透视表中的分类汇总。

在数据透视表中选择任意一个单元格，执行【数据透视表工具】|【设计】|【布局】|【分类汇总】|【在组的顶部显示所有分类汇总】命令，为数据透视表添加分类汇总效果。

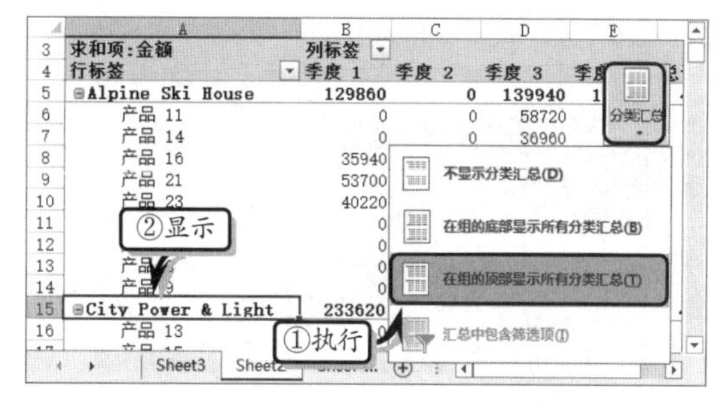

提示

选择分类汇总字段，右击执行【字段设置】命令，在弹出的【字段设置】对话框中，选中【无】选项，即可取消分类汇总。

10.3 计算与分析透视表数据

数据透视表是一种交互式报表，它可以进行全方位的数据分析。除了可以按照数值的汇总和显示方法来分析数据之外，还可以通过组合数据表中项、创建计算字段和计算项，以及排序和筛选数据等方法，来详细地分析各项数据。

10.3.1 设置计算方式

Excel 提供了数据透视表内数据值汇总和普通计算方式，以方便用户运用不同的计算方法来分析相应的数据。除此之外，在数据透视表内还可以通过计算字段和计算项对数据进行计算，以突出数据透视表的交互分析功能。

1. 设置值汇总方式

Excel 为用户提供了求和、计数、平均值、最大值、最小值等 11 种值汇总方式。

在数据透视表中选择相应的单元格，执行【分析】|【活动字段】|【字段设置】命令，在弹出的【值字段设置】对话框中，激活【值汇总方式】选项卡。在【计算类型】列表框中，选择一种计算方式，单击【确定】按钮即可。

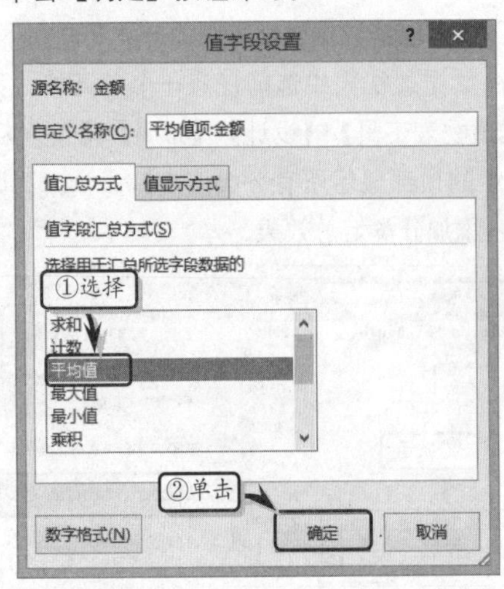

提示

右击值区域内任意一单元格，执行【值汇总依据】命令，在其展开的菜单中选择相应的选项，即可设置值汇总方式。

2. 设置值显示方式

Excel 为用户提供了总计的百分比、列汇总的百分比、行汇总的百分比、百分比等 15 种值汇总方式。

在数据透视表中选择相应的单元格，执行【分析】|【活动字段】|【字段设置】命令，在弹出的【值字段设置】对话框中，激活【值显示方式】选项卡。在【值显示方式】下拉列表中，选择一种计算方式，同时在【基本字段】和【基本项】列表框中选择相应的选项，单击【确定】按钮即可。

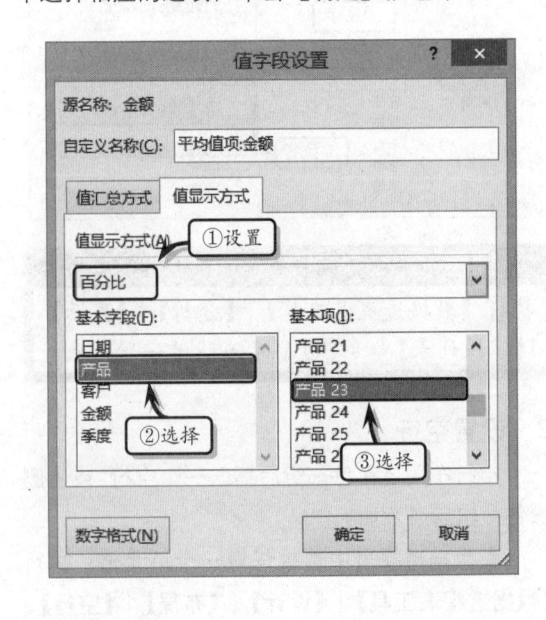

3．组合数据表中的项

在数据透视表中，还可以将多个数据项组合成一个大项，便于用户对数据进行汇总分类。

在行区域内按住 Ctrl 键的同时选择多种类别，执行【分析】|【分组】|【组选择】命令。

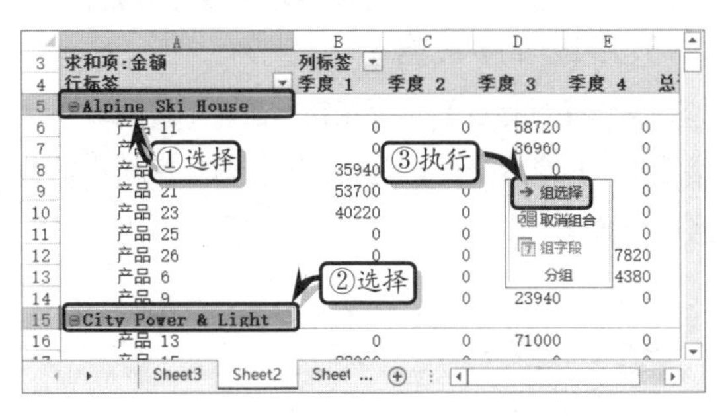

此时，Excel 自动将所选择的类别合并成一个大项，默认的组名称为“数据组 1”。

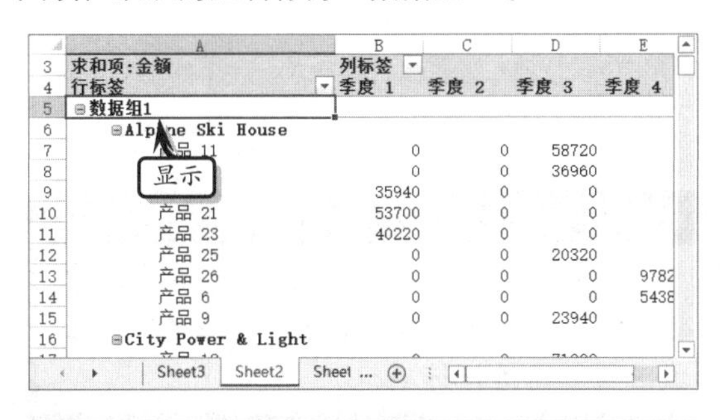

提示

组合项之后，执行【分析】|【分组】|【取消分组】命令，即可取消合并组。

另外，在行区域内选择包含日期的单元格，右击执行【创建组】命令，在弹出的【组合】对话框中，设置相应的选项，单击【确定】按钮即可。

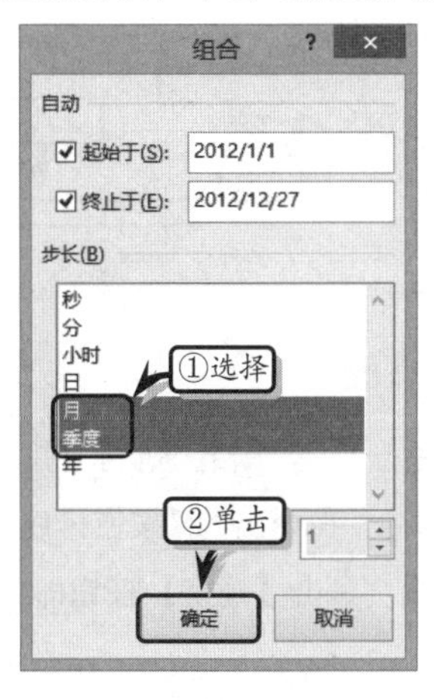

此时，Excel 将自动以季度为基准，创建新的组合项。

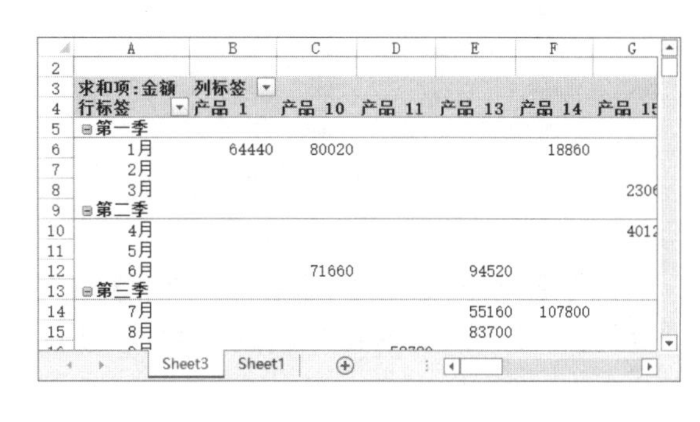

4．创建计算字段

由于数据透视表是一个特殊的数据报表，所以在数据透视表中不能插入行或列，也不能插入公式。用户可以通过在数据透视表中插入计算字段的方法，来弥补数据透视表中的不足。计算字段是显示在数据透视表上的信息，它提供了在数据源中创建新列字段的一种方法。当数据来源为不易操作的数据源时，可以使用计算字段。

首先，在数据透视表中选择任意一个单元格，执行【分析】|【计算】|【字段、项目和集】|【计算字段】命令。在弹出的【插入计算字段】对话框中，设置【名称】选项，在【字段】列表框中选择公式字段，并单击【插入字段】按钮，将字段插入到【公式】文本框内，并单击【确定】按钮。

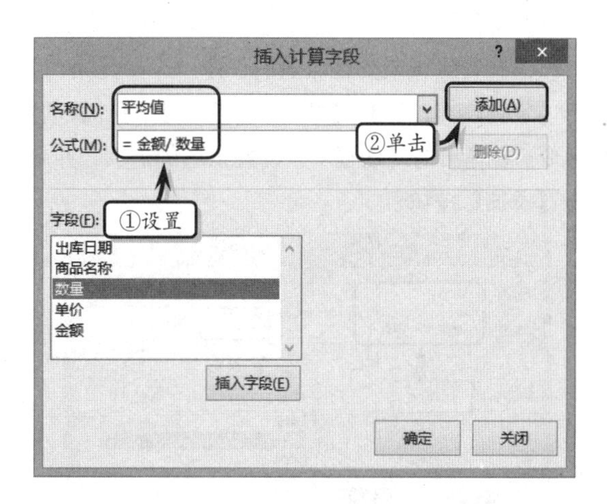

此时，Excel 将自动在数据透视表中添加新创建的计算字段。

	B	C	D	E
3	求和项:金额	求和项:数量	求和项:单价	求和项:平均值
4	336	120	2.8	2.8
5	336	120	2.8	2.8
6	280	100	2.8	2.8
7	280	100	2.8	2.8
8	319	110	2.9	2.9
9	319	110	2.9	2.9
10	72000	120	600	600
11	72000	120	600	600
12	80000	200	400	400
13	80000	200	400	400
14	20000	100	200	200
15	20000	100	200	200

执行【分析】|【计算】|【域、项目和集】|【列出公式】命令，Excel 将在新工作表中显示数据透视表中的公式。

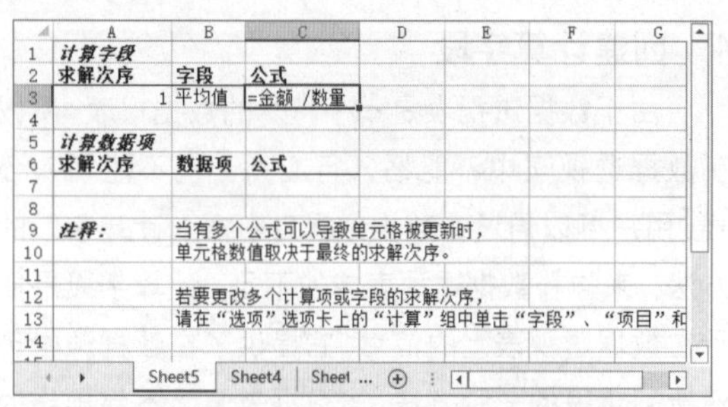

> **提示**
>
> 新创建的数据字段不能移动到【行标签】、【列标签】与【报表筛选】列表框中，只能移动到【数值】列表框中。

5．创建计算项

计算字段是在数据源中添加新字段，而计算项是在数据源中添加新行，该行包含引用其他行的公式。

选择行区域或列区域内的任意一个单元格，执行【分析】|【计算】|【域、项目和集】|【计算项】命令。在弹出的对话框中，设置相应的选项，并单击【添加】按钮。

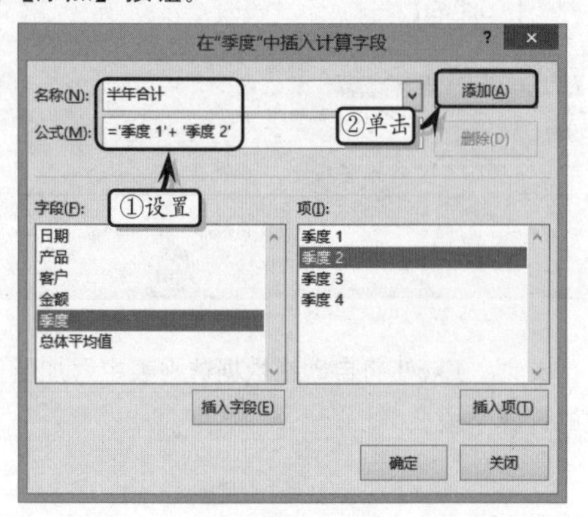

10.3.2 排序数据

数据透视表中的排序功能与普通数据表中的排序功能类似，不仅可以将数据按照升序和降序的方式进行排序，而且还可以自定义排序方式。

1．升序或降序数据

单击【行标签】下拉按钮，在其下拉列表中选择【升序】或【降序】选项，即可对行区域内的数据进行排序。

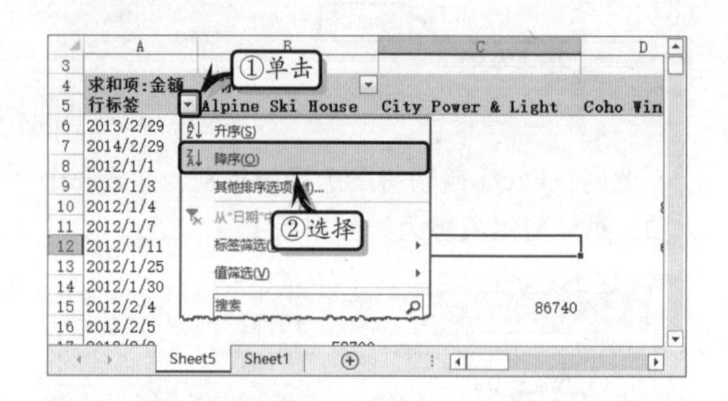

> **提示**
>
> 单击【列标签】下拉按钮，在其下拉列表中选择【升序】或【降序】选项，即可对列区域内的数据进行排序。

除此之外，选择任意一个单元格，右击执行【排序】|【升序】或【降序】命令，即可对该单元格所在的列进行排序。

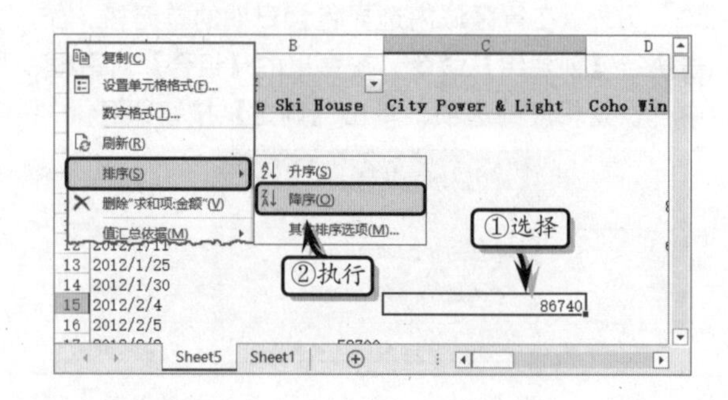

2．自定义排序

右击任意一个单元格，执行【排序】|【其他排序选项】命令。在弹出的【按值排序】对话框中，设置排序选项，单击【确定】按钮即可。

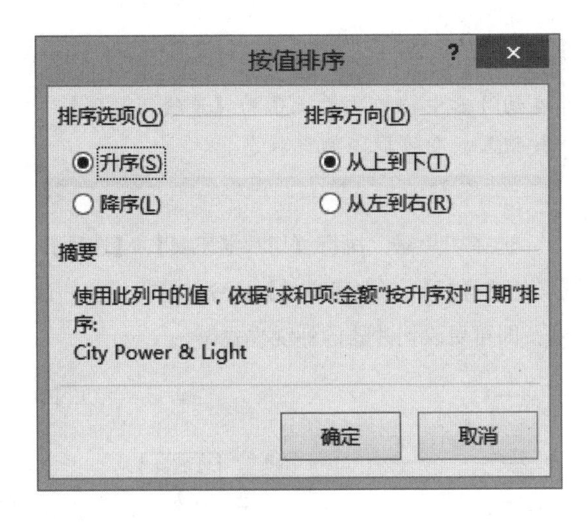

10.3.3　筛选数据

Excel 为数据透视表内置了强大的数据筛选功能，运用该功能可以从庞大的数据中凸显重点数据，便于用户对其进行查看和分析。

1．使用筛选区域

在【数据透视表字段】窗口中，将某字段添加到【筛选器】列表框中，即可在数据透视表的左上角显示筛选区域。

此时，单击筛选区域中的下拉按钮，在其下拉列表中选择所需筛选的数据类型，并单击【确定】按钮。

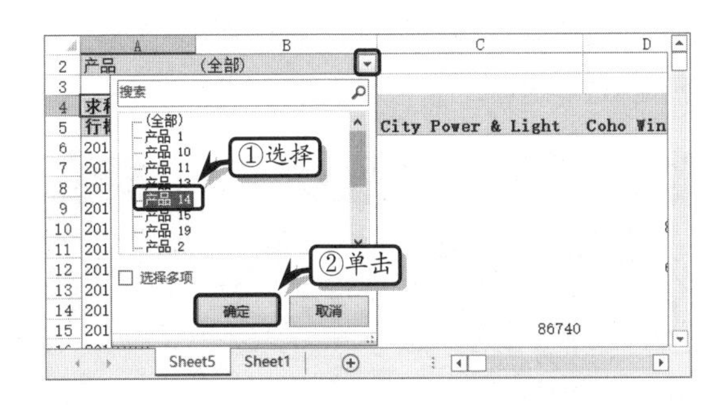

另外，在筛选列表中启用【选择多项】复选框，即可显示多选框，此时系统默认为选择全部数据类型，用户可先禁用【全部】复选框，然后再单独启用所需筛选数据类型的复选框，以方便用户同时筛选多个数据类型。

提示

对数据进行筛选之后，可以单击筛选按钮，在其下拉列表中选择【全部】选项，单击【确定】按钮，即可取消筛选状态。

2．使用筛选按钮

除了筛选区域之外，数据透视表还在行区域和列区域内，为用户提供了【筛选】按钮。单击该按钮，在其下拉列表中选择所需要筛选的数据类型，单击【确定】按钮即可。

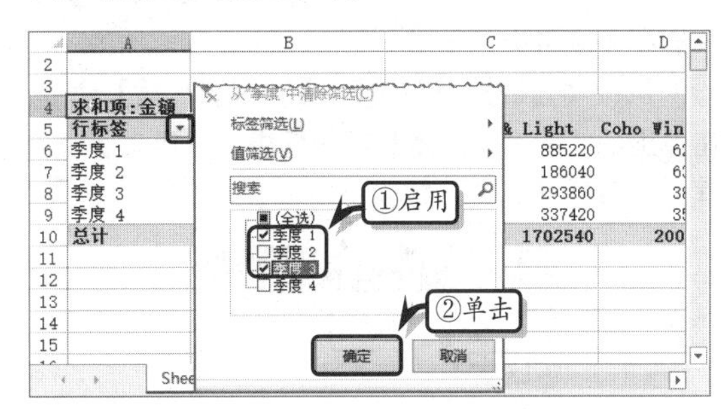

除了筛选普通数据之外，用户还可以按照标签和值进行筛选。其中，标签筛选包括等于、不等于、包含、不包含、大于和介于等 14 种筛选方式。用户只需单击【筛选】按钮，在其下拉列表中选择【标签筛选】选项，并在其级联菜单中选择相应的选项。

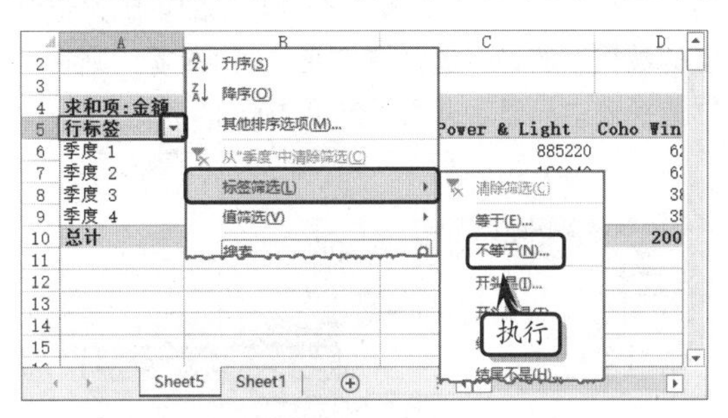

而值筛选则包括等于、不等于、介于、大于、前 10 项等 9 种筛选方式。用户只需单击【筛选】

按钮，在其下拉列表中选择【值筛选】选项，并在其级联菜单中选择相应的选项。

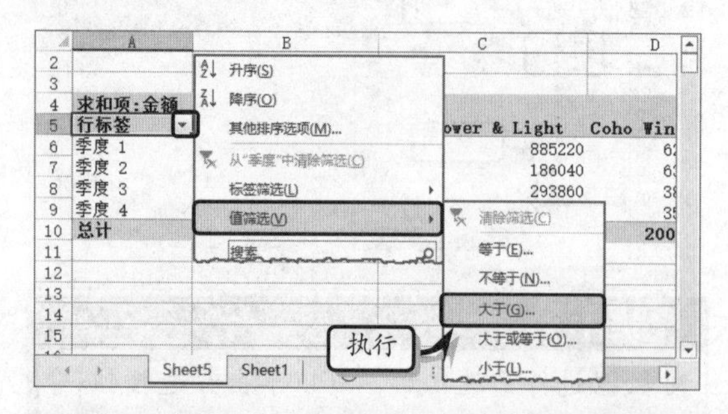

技巧

对数据进行筛选之后，可通过单击【筛选】按钮，在其下拉列表中选择【值筛选】|【清除筛选】选项，来取消筛选状态。

3. 插入切片器

使用切片器可以更加直观地筛选数据，而且还可以更快且更容易地筛选表、数据透视表、数据透视图和多维数据集函数。

执行【分析】|【筛选】|【插入切片器】命令，在弹出的【插入切片器】对话框中，启用数据复选框，并单击【确定】按钮。

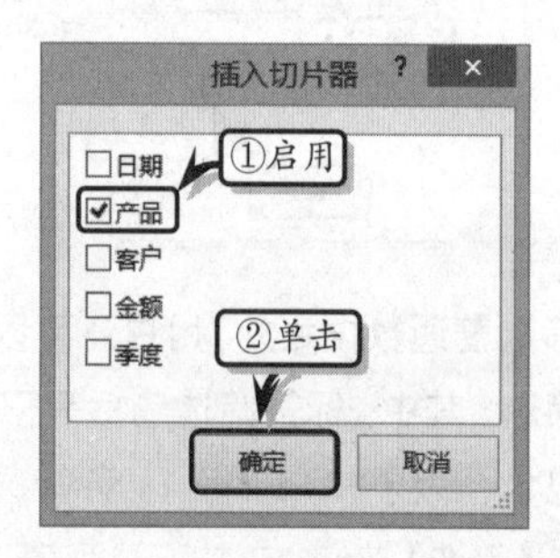

此时，在数据透视表中将显示新插入的切片器。单击切片器中的任意一个选项，即可筛选该类型的数据。例如，选择【产品 10】选项，则在数据透视表中只显示有关"产品 10"的数据。

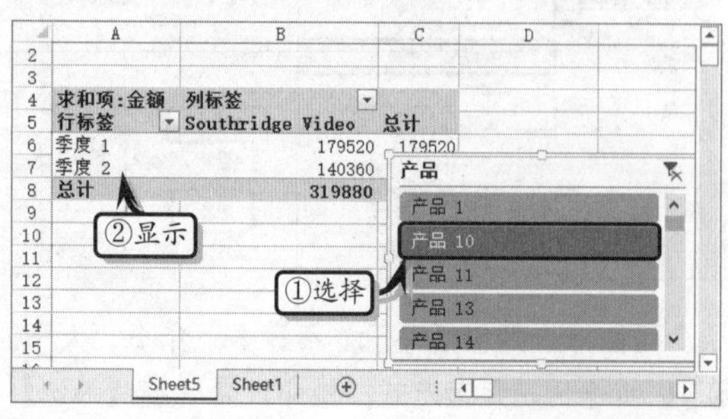

技巧

在切片器中，单击右上角的【清除筛选器】按钮，即可取消筛选状态。

选择切片器，执行【切片器工具】|【选项】|【切片器样式】|【快速样式】命令，选择相应的选项，即可更改切片器的外观样式。

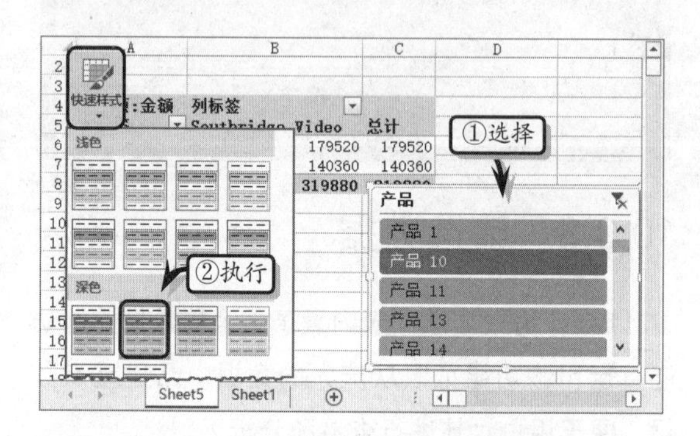

提示

执行【快速样式】|【新建切片器样式】命令，可在弹出的【新建切片器样式】对话框中，自定义切片器的样式。

另外，执行【切片器工具】|【选项】|【切片器】|【切片器设置】命令，在弹出的【切片器设置】对话框中，可以设置切片器的名称、页眉、排序和筛选等选项。

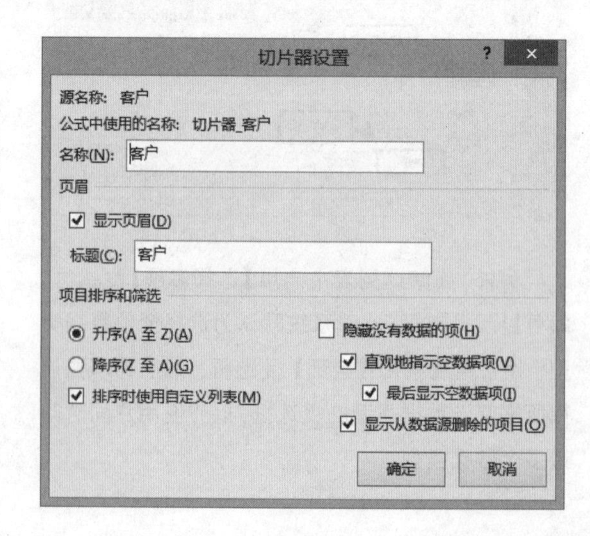

提示

当用户插入多个切片器之后，可以在【选项】选项卡的【排序】选项组中组合所有的切片器。

4．插入日程表

使用日程表控件能够更加快速且轻松地选择筛选时间段，以实现交互式筛选数据的目的。

选择数据透视表，执行【分析】|【筛选】|【插入日程表】命令。在弹出的【插入日程表】对话框中，启用【日期】复选框，并单击【确定】按钮。

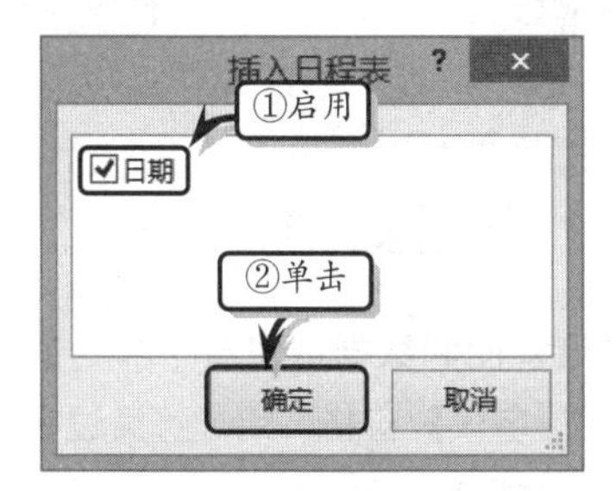

此时，在数据透视表中将显示新插入的日程表控件。单击日程表中的具体月份值，则可以筛选该月份在对应的数据。

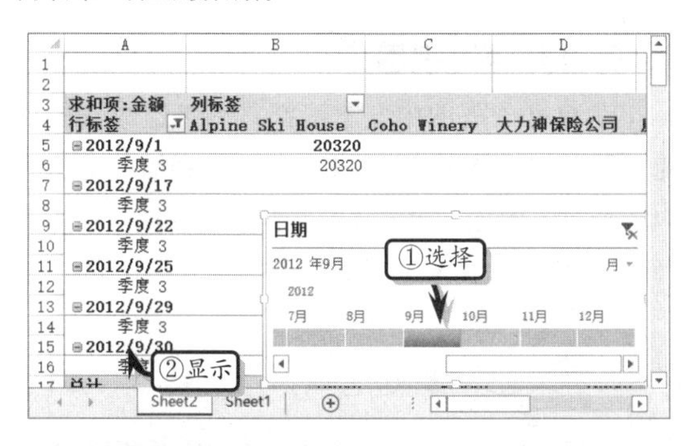

提示

执行【日程表工具】|【选项】|【日程表】|【报表连接】命令，可在弹出的对话框中选择日程表所需连接的数据透视表。

单击日程表右上角的【月】下拉按钮，在其下拉列表中选择【季度】选项。此时，日程表将以季度为单位进行显示。而单击某个季度，则会以季度为单位筛选数据透视表中的数据。

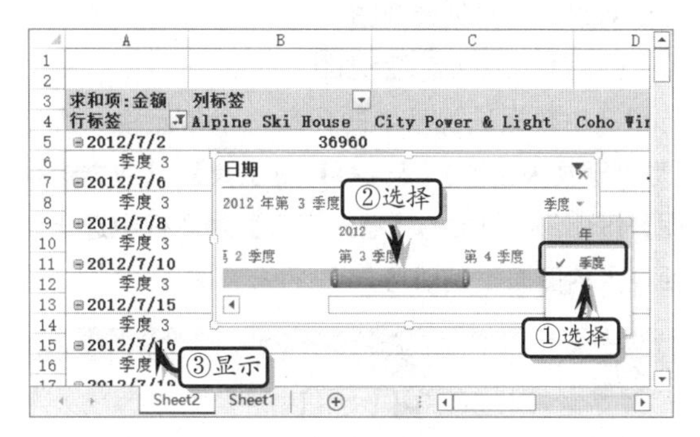

另外，选择日程表，执行【日程表工具】|【选项】|【日程表样式】|【快速样式】命令，在其级联菜单中选择一种样式，即可更改日程表的外观样式。

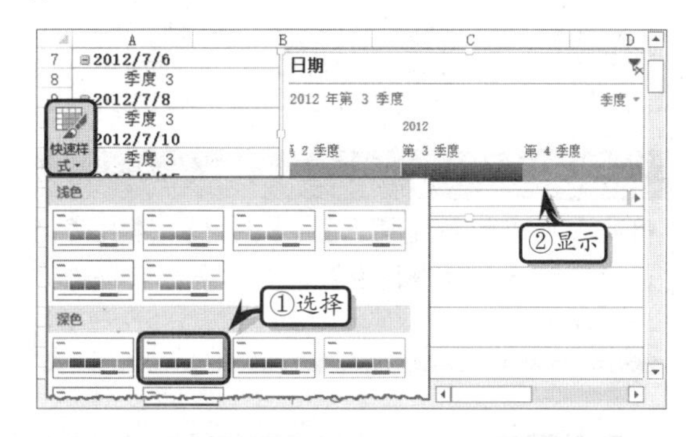

提示

执行【快速样式】|【新建日程表样式】命令，可在弹出的对话框中自定义日程表的样式。

10.4 使用数据透视图

用户也可以在数据透视表中，通过创建透视表透视图的方法，来可视化地显示分析数据。

10.4.1 创建数据透视图

数据透视图的创建方法和图表的创建方法大同小异，不仅可以创建多样格式的数据透视图，而且还可以移动数据透视图。

1. 创建单一数据透视图

选中数据透视表中的任意一个单元格，执行【数据透视表工具】|【分析】|【工具】|【数据透视图】命令，在弹出的【插入图表】对话框中选择需要插入的图表类型即可。

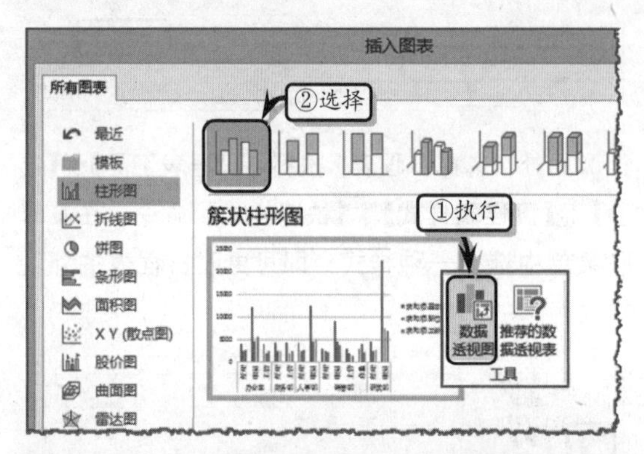

提示

用户也可以执行【插入】|【图表】|【数据透视图】|【数据透视图】命令，来对数据进行可视化分析。

2. 移动图表

选择数据透视图，执行【数据透视图工具】|【分析】|【操作】|【移动图表】命令。在弹出的【移动图表】对话框中，选择移动位置，单击【确定】按钮即可。

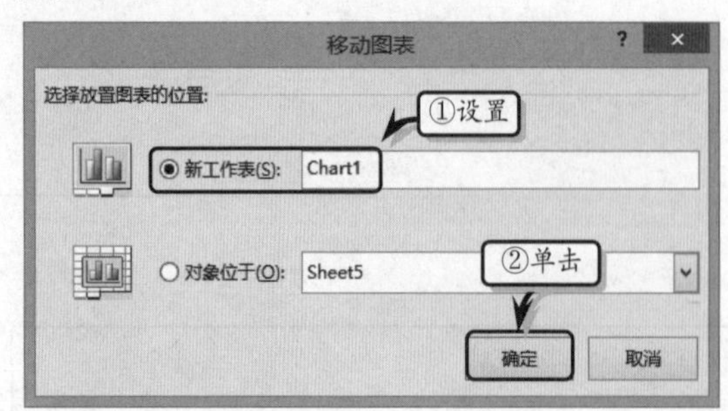

3. 更改图表类型

选择数据透视图，执行【设计】|【类型】|【更改图表类型】命令，在弹出的【更改图表类型】对话框中，选择新的图表类型，单击【确定】按钮即可更改现有图表类型。

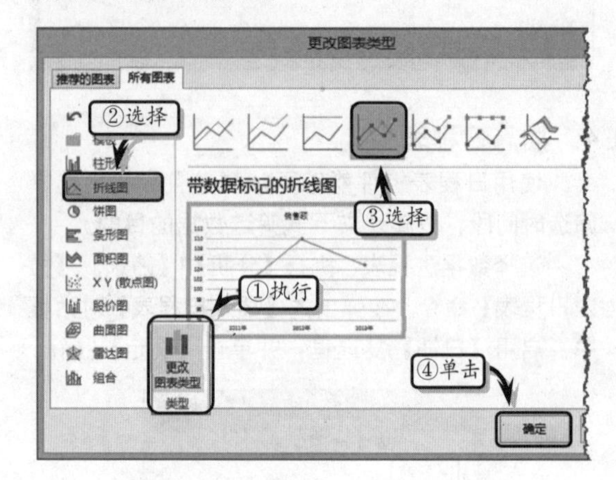

10.4.2 分析数据

数据透视图和数据透视表一样，也具有一个【数据透视图字段】窗格，用户可通过在该窗格中添加或删除数据字段的方法，来显示不同的分析数据。除此之外，还可以通过筛选数据、更改值显示方式等方法，来使用数据透视图全方位地分析表格数据。

1. 筛选数据透视图

在数据透视图中，一般都具有筛选数据的功能。用户只需单击【筛选】按钮，选择需要筛选的内容即可。例如，单击【职务】筛选按钮，只启用【职员】复选框，单击【确定】按钮即可。

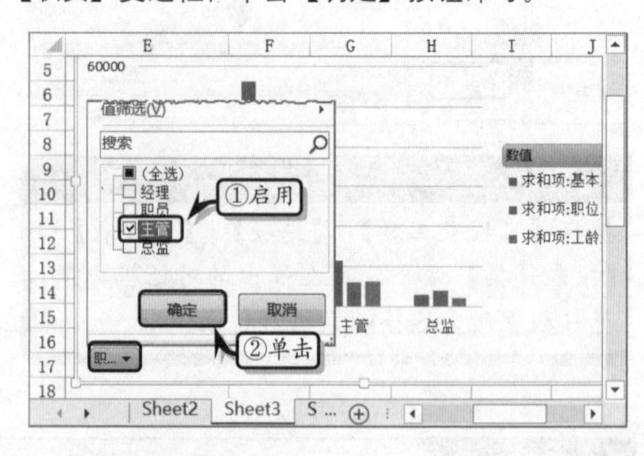

2. 更改值显示方式

右击图表左上角的【求和项:金额】值显示方式，选择【值字段设置】选项。在弹出的【值字段设置】对话框中，选择【计算类型】列表框中的【平均值】选项，单击【确定】按钮，即可在数据透视图中显示各数据段的平均值。

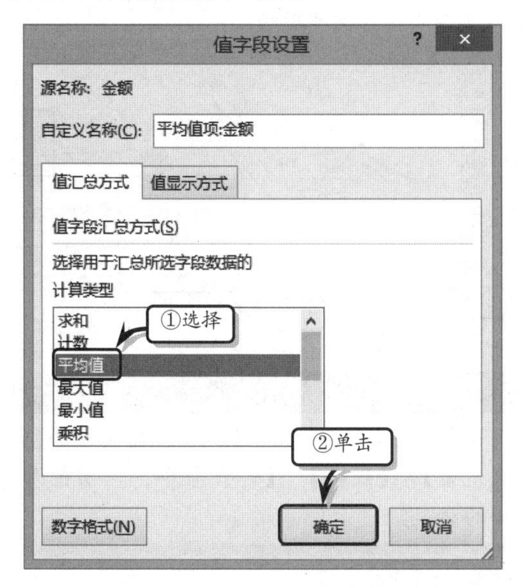

提示

用户更改数据透视图中的值显示方式时，其数据透视表中各字段的值显示方式也会随着一起被更改。

10.4.3　美化数据透视图

数据透视图与普通图表一样，也可以通过设置图表布局和样式等方法，来增加图表的整体表现力和分析能力。

1．设置图表布局

选择图表，执行【图表工具】|【设计】|【图表布局】|【快速布局】命令，在其级联菜单中选择相应的布局。

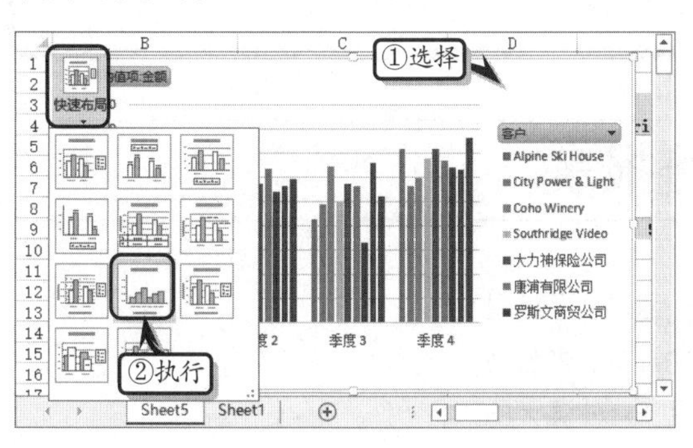

注意

在【快速布局】级联菜单中，其具体布局样式并不是一成不变的，它会根据图表类型的更改而自动更改。

另外，选择图表，执行【图表工具】|【设计】|【图表布局】|【添加图表元素】命令，在其级联菜单中选择相应的选项即可。例如，选择【数据标签】|【居中】命令，为其添加数据标签元素。

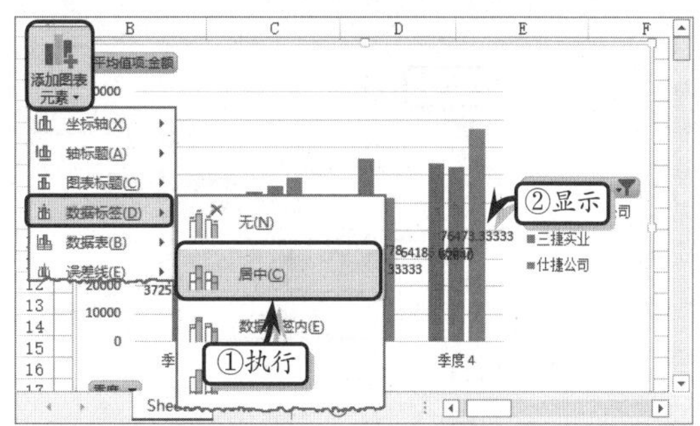

2．设置图表样式

选择图表，执行【图表工具】|【设计】|【图表样式】|【快速样式】命令，在下拉列表中选择相应的样式即可。

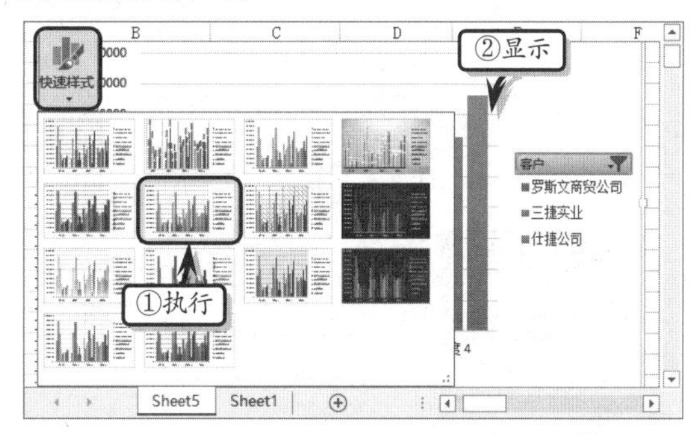

另外，执行【图表工具】|【设计】|【图表样式】|【更改颜色】命令，在其级联菜单中选择一种颜色类型，即可更改图表的主题颜色。

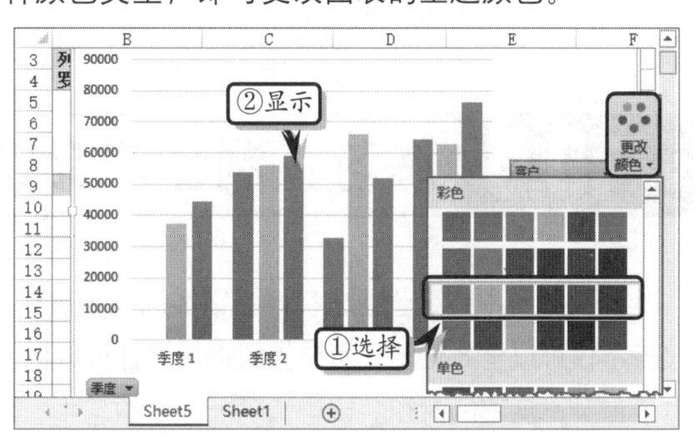

技巧

用户也可以单击图表右侧的按钮，即可在弹出的列表中快速设置图表的样式，以及更改图表的主题颜色。

3. 添加误差线

选择图表，执行【图表工具】|【设计】|【图表布局】|【添加图表元素】|【误差线】命令，在其级联菜单中选择误差线类型即可。

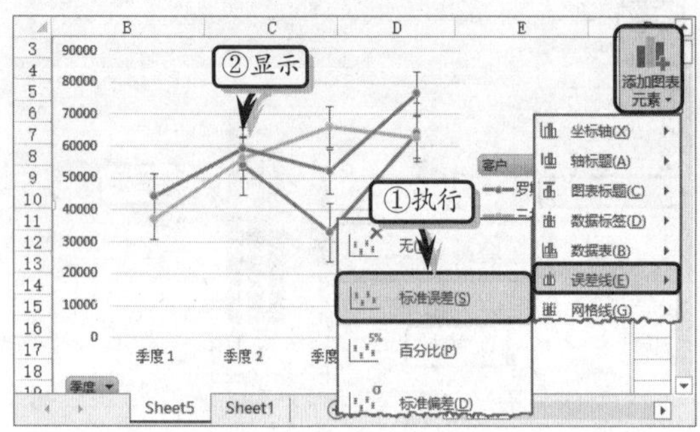

4. 添加趋势线

选择图表，执行【图表工具】|【设计】|【图表布局】|【添加图表元素】|【趋势线】命令，在其级联菜单中选择趋势线类型，在弹出的【添加趋势线】对话框中，选择数据系列即可。

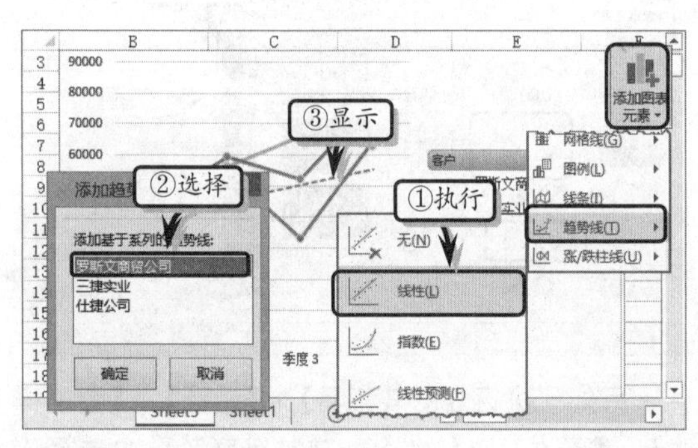

5. 添加线条

选择图表，执行【图表工具】|【设计】|【图表布局】|【添加图表元素】|【线条】命令，在其级联菜单中选择线条类型。

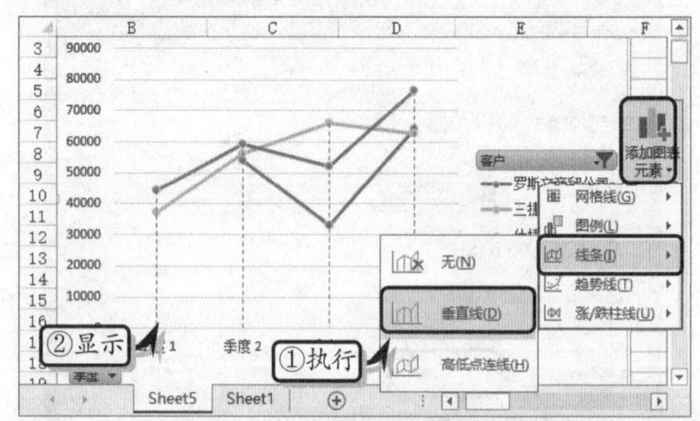

注意

用户为图表添加线条之后，可执行【添加图表元素】|【线条】|【无】命令，取消已添加的线条。

6. 添加涨/跌柱线

选择图表，执行【图表工具】|【设计】|【图表布局】|【添加图表元素】|【涨/跌柱线】|【涨/跌柱线】命令，即可为图表添加涨/跌柱线。

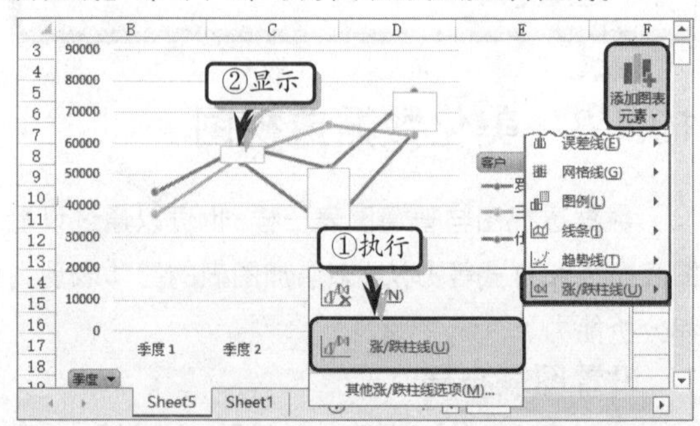

技巧

用户也可以单击图表右侧的按钮，即可在弹出的列表中快速添加图表元素。

10.5 练习：制作产品销售报表

产品销售报表是企业分析产品销量的电子表格之一，通过产品销量报表不仅可以全方位地分析销售数据，而且可以以图表的形式，形象地显示每种产品不同时期的销售情况。在本练习中，将运用 Excel 强大的分析功能，来制作一份产品销售报表。

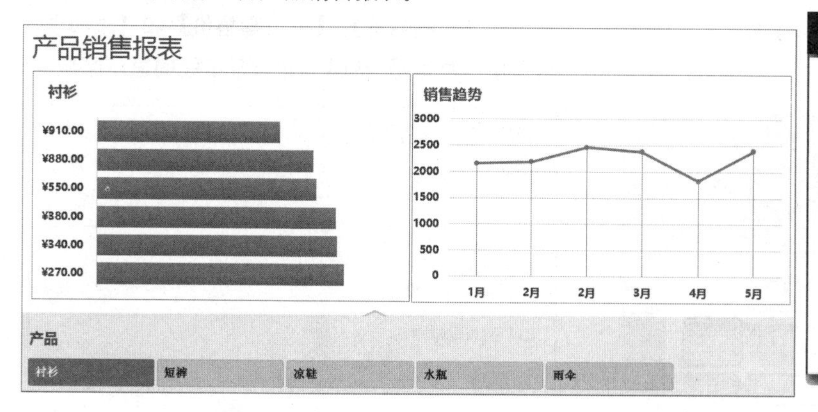

练习要点

- 设置边框格式
- 设置字体格式
- 自定义数字格式
- 使用数据透视表
- 使用数据透视图
- 美化数据透视图使用切片器
- 使用形状
- 设置形状格式

操作步骤

STEP|01 制作产品销售统计表。新建多张工作表，并重命名工作表。选择“产品销售统计表”工作表，设置工作表的行高。然后，合并单元格区域 B1:J1，输入标题文本，并设置文本的字体格式。

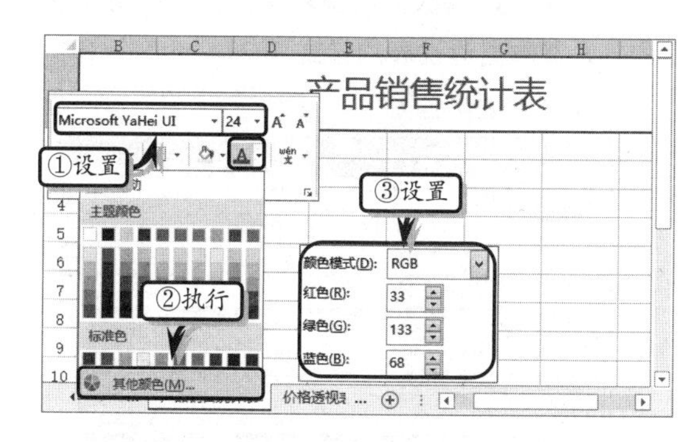

STEP|02 在工作表中输入基础数据，设置其数据格式，并设置其居中对齐格式。

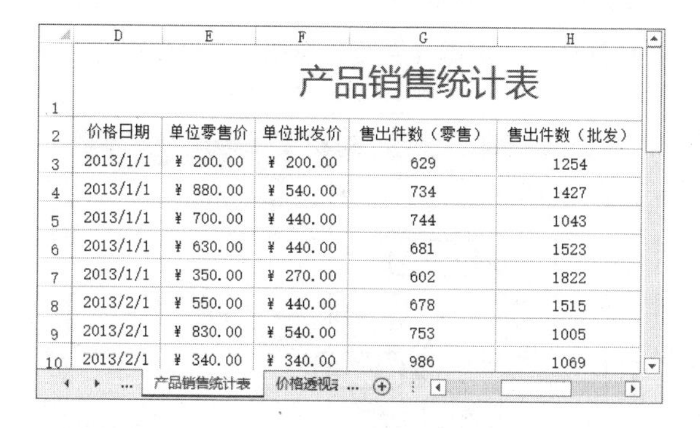

产品销售统计表

价格日期	单位零售价	单位批发价	售出件数（零售）	售出件数（批发）
2013/1/1	¥ 200.00	¥ 200.00	629	1254
2013/1/1	¥ 880.00	¥ 540.00	734	1427
2013/1/1	¥ 700.00	¥ 440.00	744	1043
2013/1/1	¥ 630.00	¥ 440.00	681	1523
2013/1/1	¥ 350.00	¥ 270.00	602	1822
2013/2/1	¥ 550.00	¥ 440.00	678	1515
2013/2/1	¥ 830.00	¥ 540.00	753	1005
2013/2/1	¥ 340.00	¥ 340.00	986	1069

STEP|03 执行【开始】|【字体】|【边框】|【所有框线】命令，设置单元格区域的边框格式。

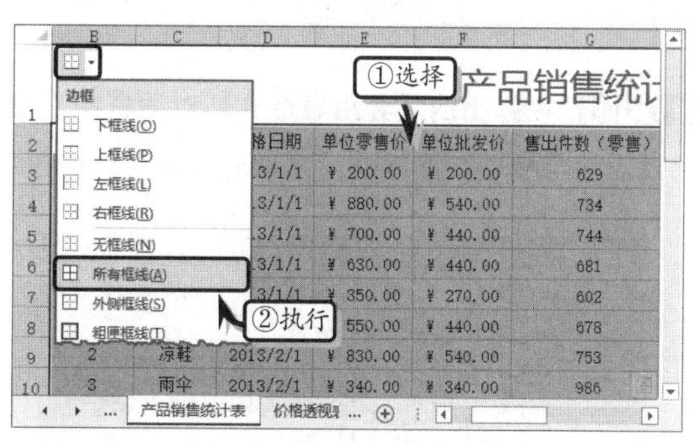

STEP|04 选择单元格 I3，在【编辑】栏中输入计算公式，按 Enter 键返回总销售数量。

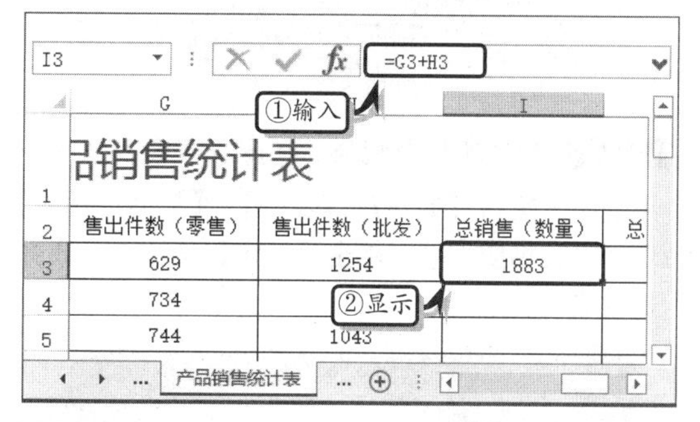

STEP|05 选择单元格 J3，在【编辑】栏中输入计算公式，按 Enter 键返回总销售金额。使用同样的方法，分别计算其他产品的总销售数量和金额。

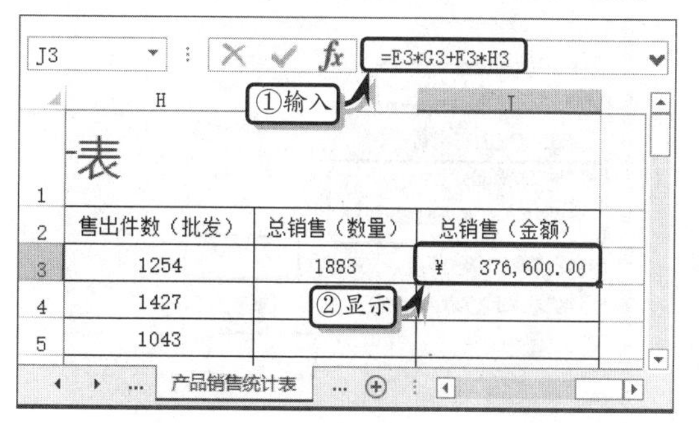

STEP|06 选择单元格区域 B2:J32，执行【开始】|【样式】|【套用单元格格式】|【表样式中等深浅 14】命令。

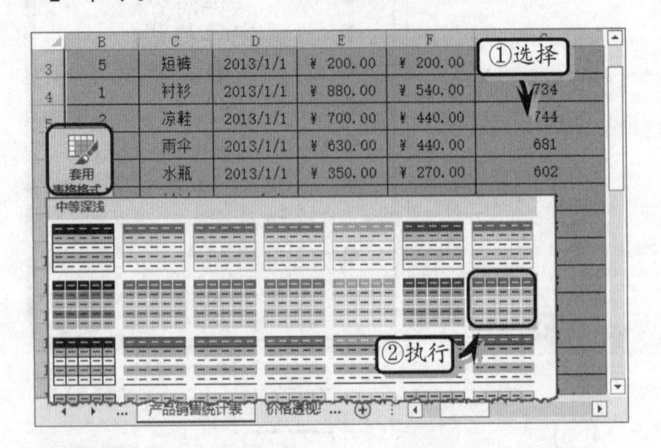

STEP|07 在弹出的【套用表格式】对话框中，启用【表包含标题】复选框，并单击【确定】按钮。

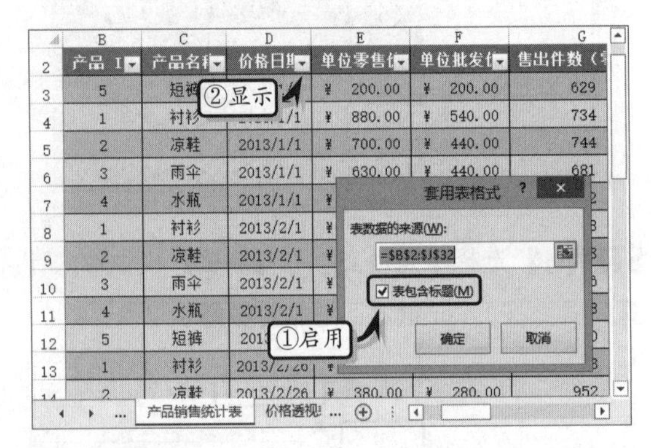

STEP|08 制作价格透视表。选择表格中的任意一个单元格，执行【插入】|【表格】|【数据透视表】命令，设置相应选项，单击【确定】按钮，生成数据透视表。

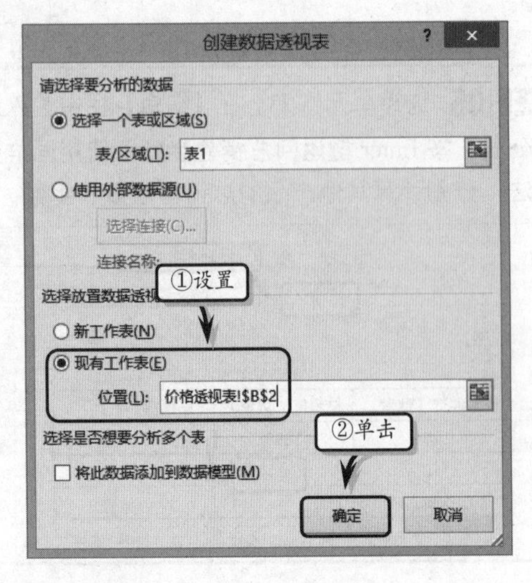

STEP|09 在【数据透视表字段】任务窗格中，分别启用【产品名称】、【单位零售价】和【求和项:总销量（数量）】字段，并调整字段的显示区域。

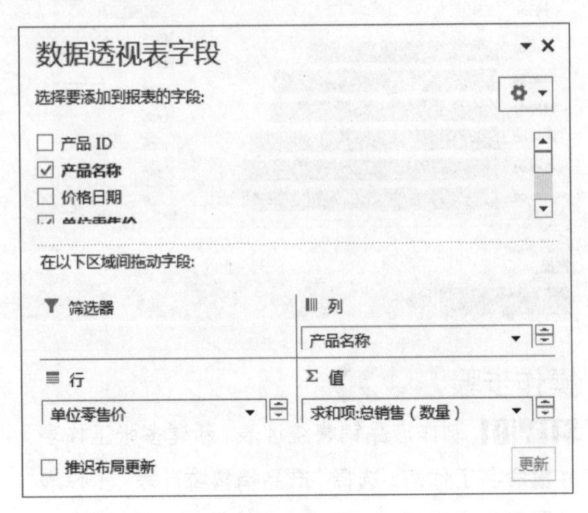

STEP|10 执行【数据透视表工具】|【设计】|【数据透视表样式】|【数据透视表样式中等深浅 14】命令，设置数据透视表的样式。

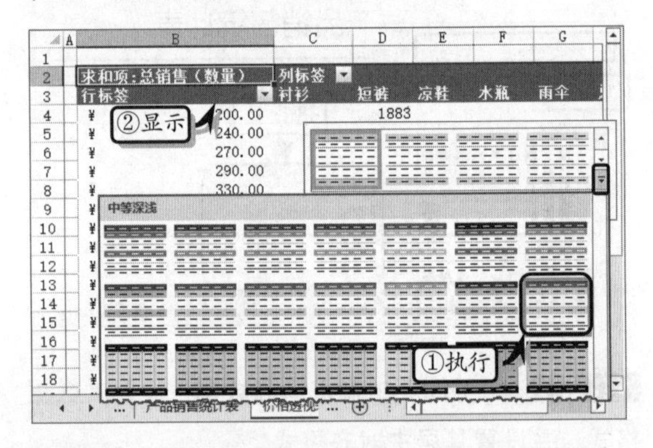

STEP|11 单击【列标签】中的下拉按钮，启用【衬衫】复选框，单击【确定】按钮，筛选数据。

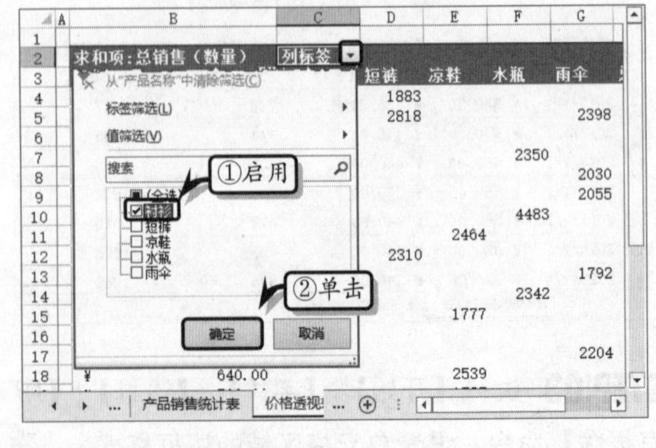

STEP|12 执行【数据透视表工具】|【分析】|【工

具】|【数据透视图】命令，在【插入图表】对话框中，选择图表类型，并单击【确定】按钮。

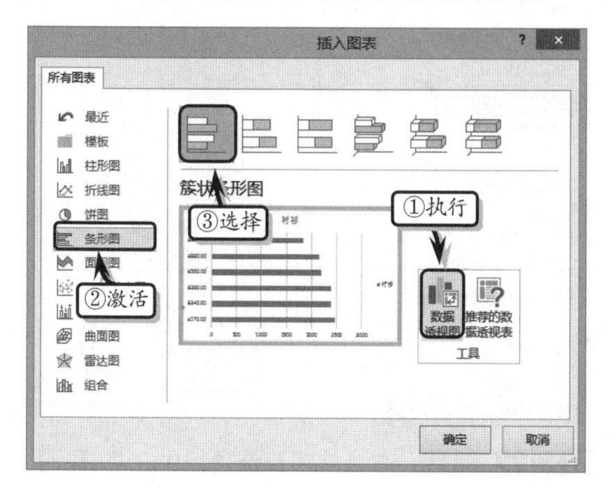

STEP|13 执行【分析】|【显示/隐藏】|【字段按钮】命令，隐藏数据透视图中的按钮。

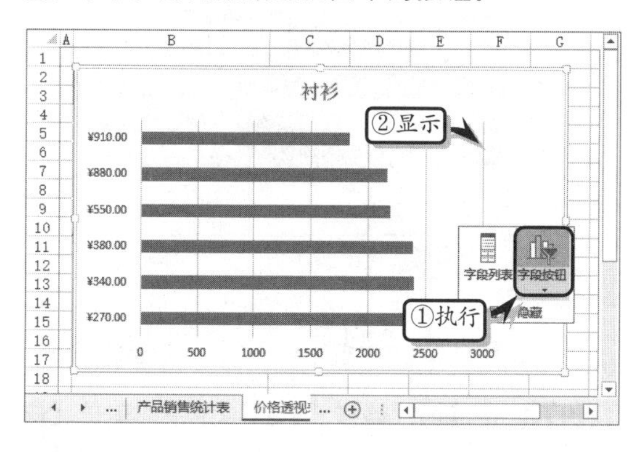

STEP|14 执行【数据透视图工具】|【位置】|【移动图表】命令，在【移动图表】对话框中，选择放置位置，并单击【确定】按钮。使用同样的方法，制作销售趋势透视表和透视图。

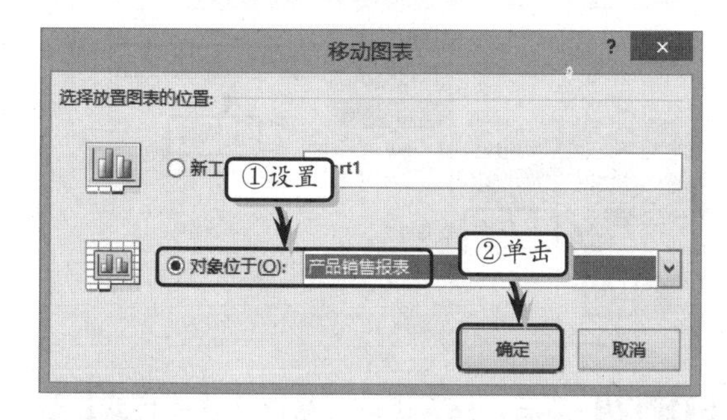

STEP|15 设置数据透视图表。选择数据透视图，执行【数据透视图工具】|【图表样式】|【更改颜色】|【颜色 4】命令，设置图表颜色。

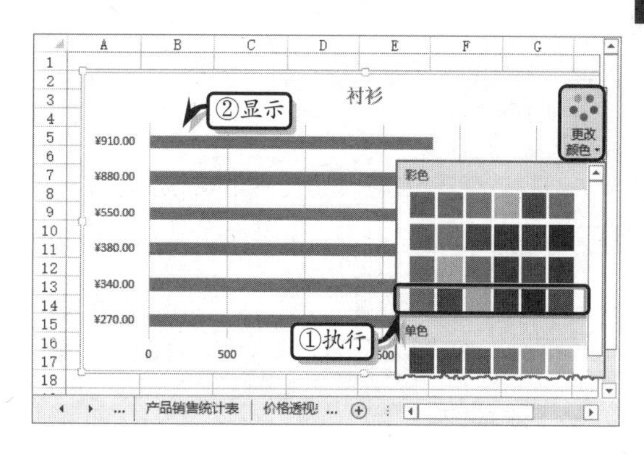

STEP|16 然后，更改图表标题并设置标题文本的字体格式。

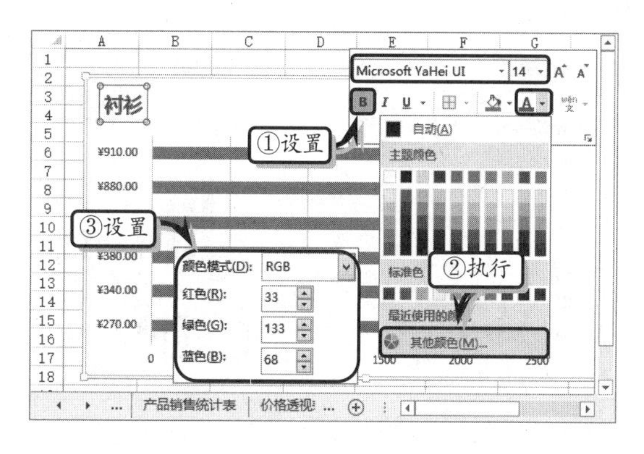

STEP|17 选择条形图数据透视图表中的数据系列，右击执行【设置数据系列】命令，设置系列的【系列重叠】和【分类间距】选项。

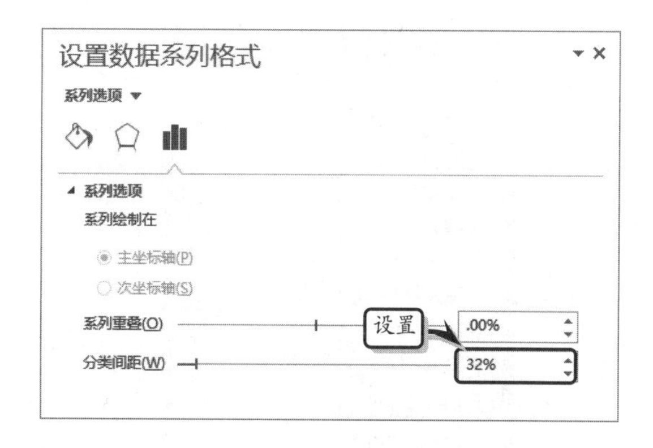

STEP|18 选择销售趋势数据透视图表，执行【设计】|【图表布局】|【添加图表元素】|【线条】|【垂直线】命令，为其添加垂直分析线。

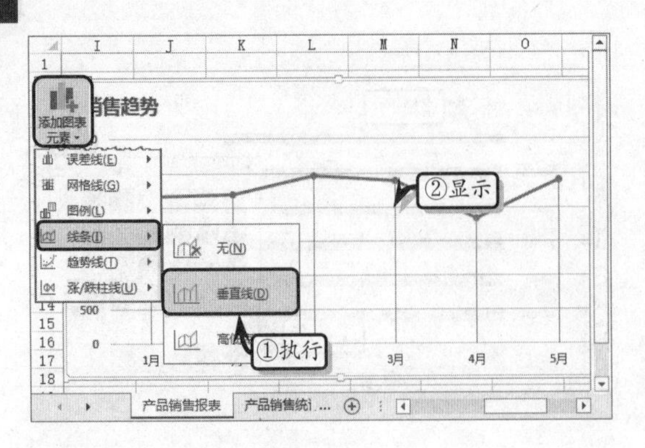

STEP|19 选择数据透视图表，执行【格式】|【形状样式】|【形状轮廓】|【绿色】命令，设置图表的边框样式。

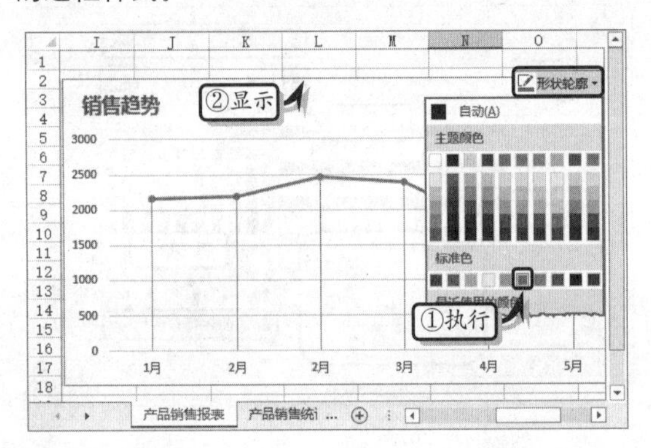

STEP|20 使用切片器。执行【分析】|【筛选】|【插入切片器】命令，启用【产品名称】复选框，单击【确定】按钮插入一个切片器。

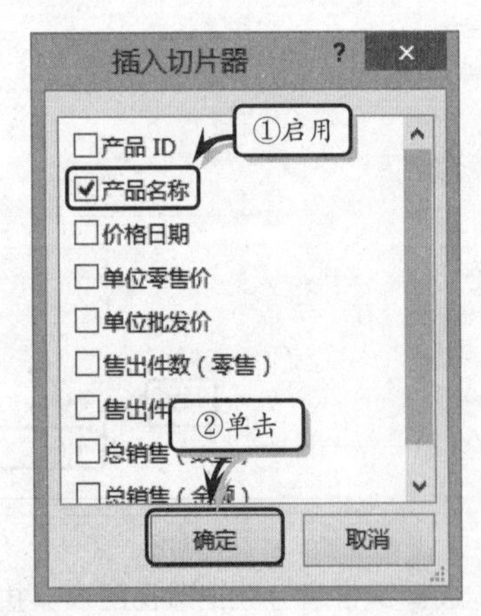

STEP|21 选择切片器，执行【切片器工具】|【选项】|【切片器】|【切片器设置】命令，禁用【显示页眉】复选框，并单击【确定】按钮。

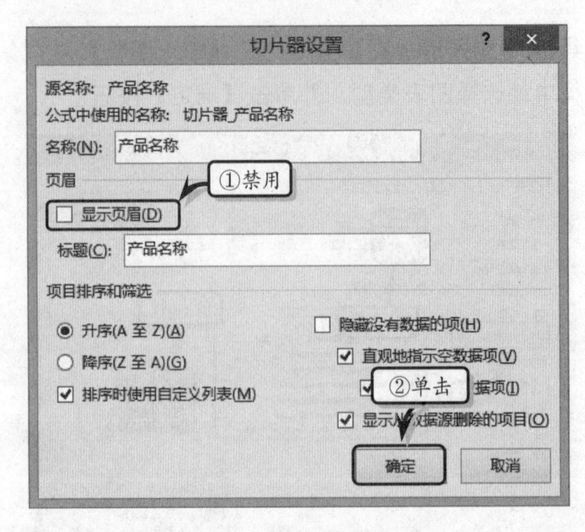

STEP|22 然后，在【按钮】选项组中，将【列】设置为【5】，并调整切片器的大小。

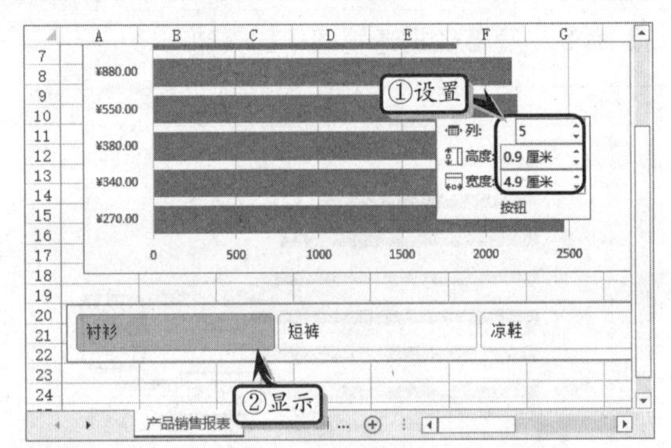

STEP|23 在【切片器样式】选项组中，单击【快速样式】按钮，右击【切片器样式深色 6】样式，执行【复制】命令。

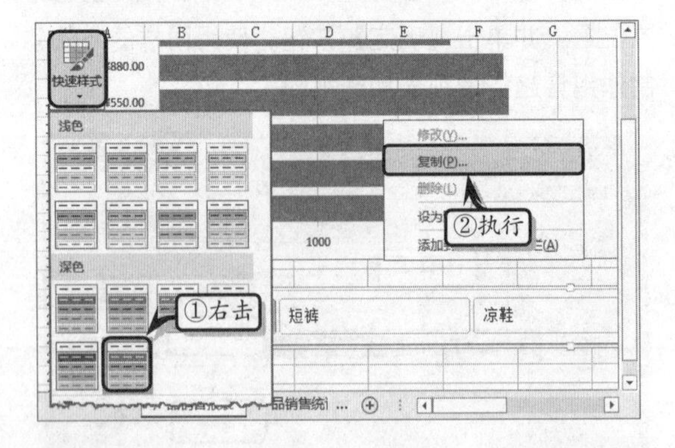

STEP|24 然后，在弹出的【修改切片器样式】对话框中，选择【整个切片器】选项，单击【格式】按钮，设置相应的格式。使用同样的方法，分别设置其他切片器元素的格式，并将其应用到切片

器中。

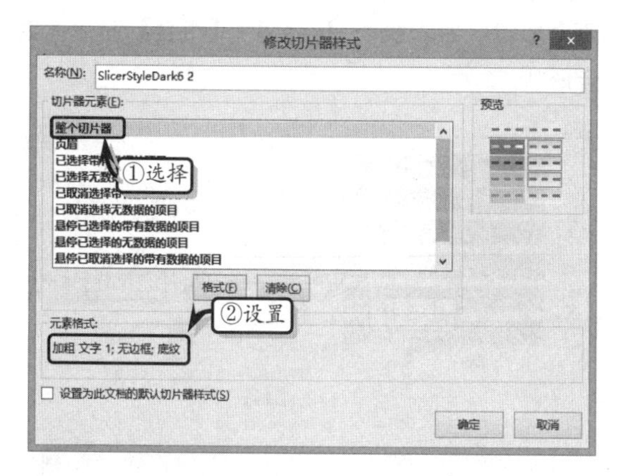

STEP|25 设置填充颜色。选择第 1~18 行，执行【开始】|【字体】|【填充颜色】|【白色，背景 1】命令，设置指定行的填充颜色。

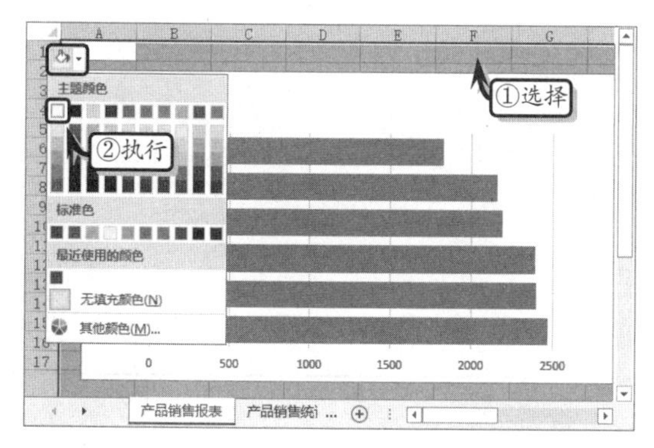

STEP|26 选择第 19~36 行，执行【开始】|【字体】|【填充颜色】|【白色，背景 1，深色 5%】命令，设置指定行的填充颜色。

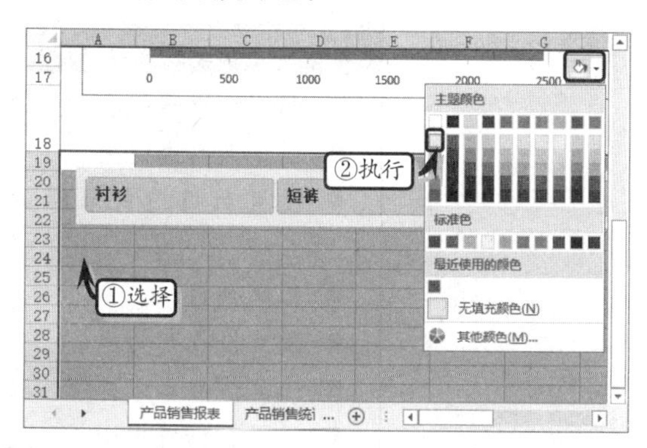

STEP|27 制作指示形状。执行【插入】|【插图】|【形状】|【矩形】命令，插入一个矩形形状。

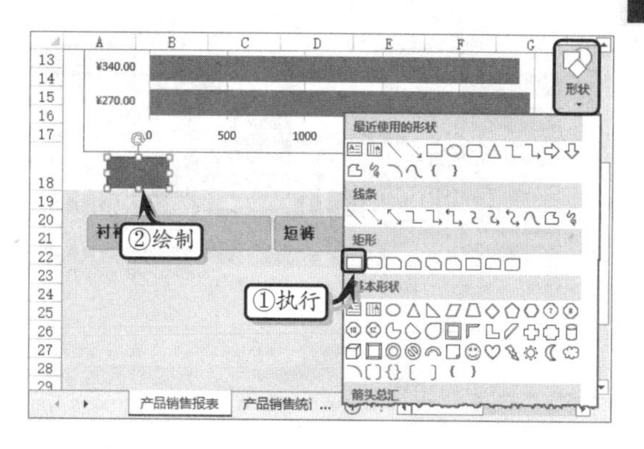

STEP|28 执行【绘图工具】|【格式】|【形状样式】|【形状填充】|【白色，背景 1，深色 5%】命令，同时执行【形状轮廓】|【无轮廓】命令，设置形状样式。

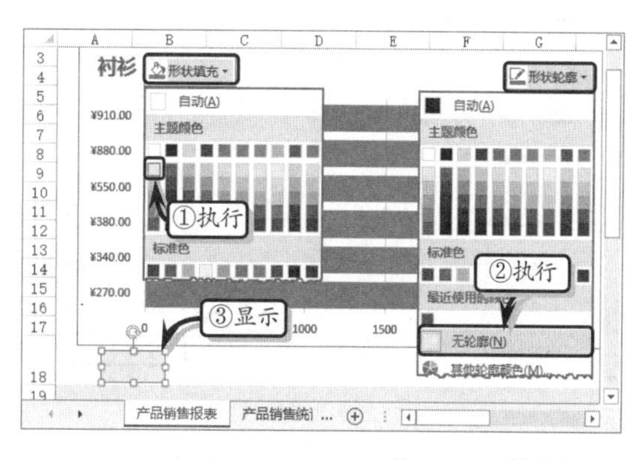

STEP|29 执行【插入】|【插图】|【形状】|【菱形】命令，插入一个菱形形状。

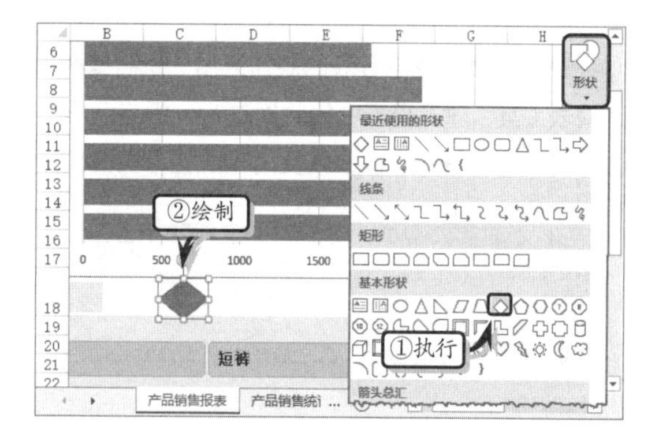

STEP|30 执行【绘图工具】|【格式】|【形状样式】|【形状填充】|【白色，背景 1，深色 5%】命令，同时执行【形状轮廓】|【白色，背景 1，深色 15%】命令，设置形状样式。

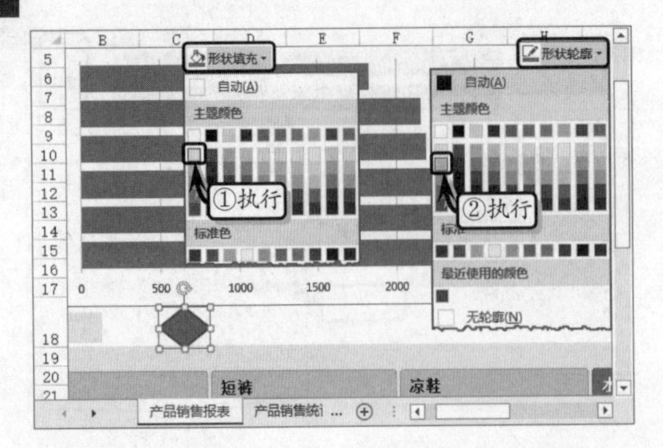

STEP|31 右击菱形形状，执行【设置形状格式】命令，展开【线条】选项组，将【宽度】设置为【1.75 磅】。

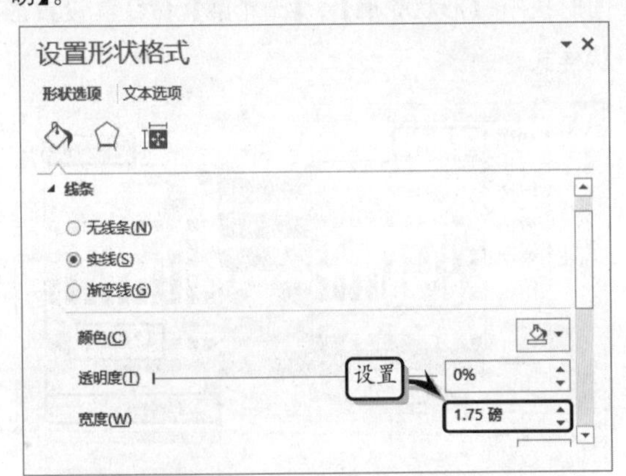

STEP|32 调整两个形状的大小和位置，同时选择两个形状，右击执行【组合】|【组合】命令，组合形状。

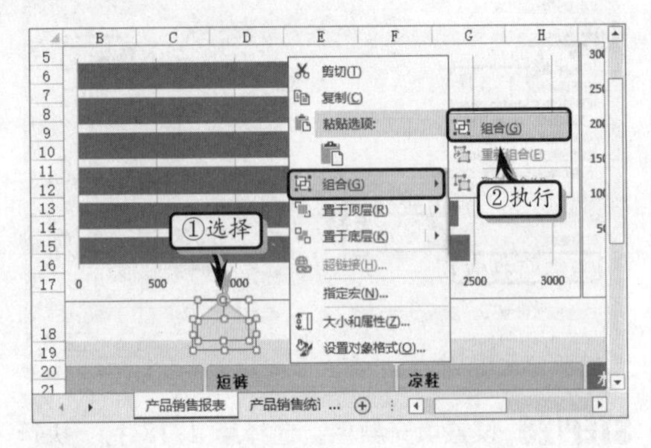

STEP|33 最后，制作报表标题和报表中相应的列标题，设置其字体格式，并保存工作簿。

10.6 练习：分析工资表

财务人员完成工资表的制作之后，还需要利用 Excel 中内置的数据透视表工具，对工资表中的数据进行分析与汇总，以帮助财务人员查看各部门发放工资的总额，以及同等职位下员工工资的差异情况。

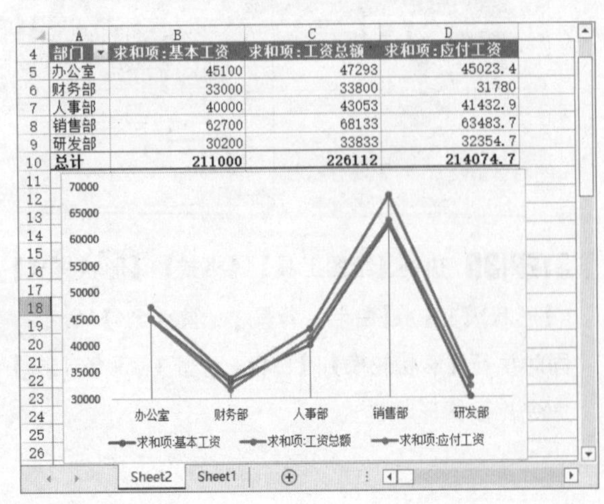

部门	求和项:基本工资	求和项:工资总额	求和项:应付工资
办公室	45100	47293	45023.4
财务部	33000	33800	31780
人事部	40000	43053	41432.9
销售部	62700	68133	63483.7
研发部	30200	33833	32354.7
总计	211000	226112	214074.7

练习要点

- 创建数据透视表
- 创建数据透视图
- 设置数据透视表样式
- 筛选数据
- 设置报表布局
- 设置值显示方式
- 设置数据透视图

操作步骤

STEP|01 创建数据透视表。打开基础数据表，将光标放置在数据表内，执行【插入】|【表格】|【数据透视表】命令。

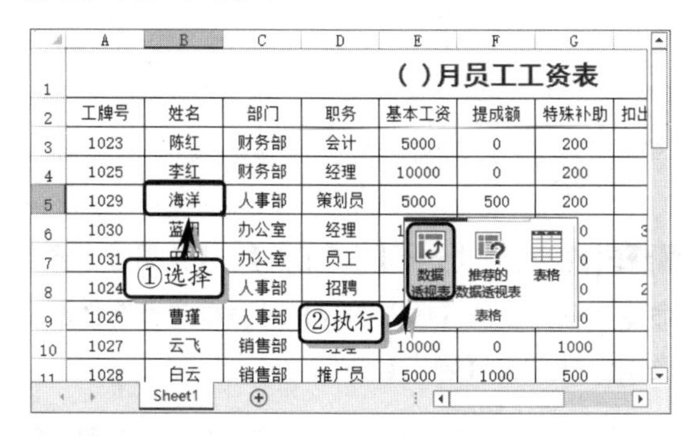

STEP|02 在弹出的【创建数据透视表】对话框中，设置放置位置，单击【确定】按钮。

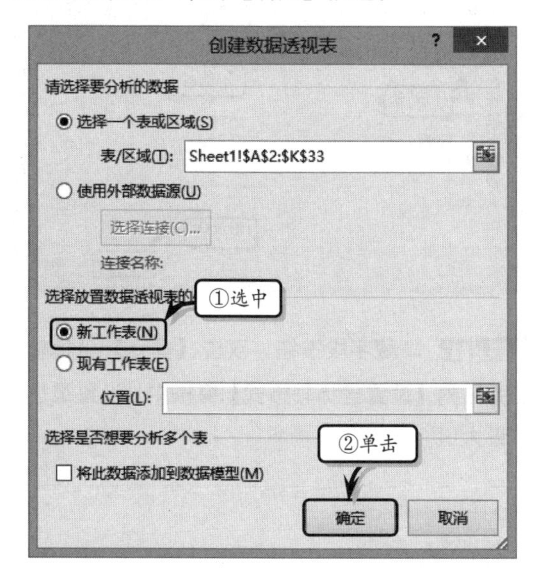

STEP|03 按部门汇总数据。在【数据透视表字段】窗格中，将相应的字段添加到相应的列表框中。

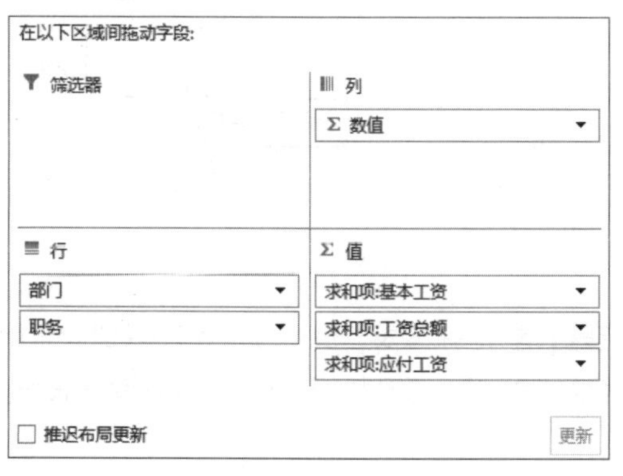

STEP|04 设置数据透视表样式。执行【设计】|【数据透视表样式】|【数据透视表样式中等深浅 14】命令，设置数据透视表的样式。

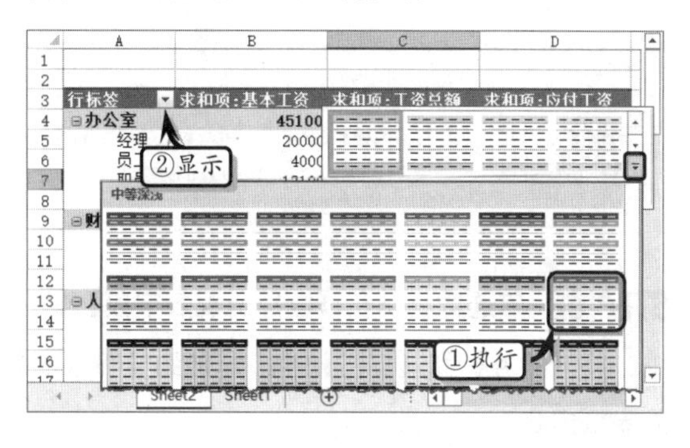

STEP|05 设置布局。执行【设计】|【布局】|【报表布局】|【以表格形式显示】命令，设置报表布局。

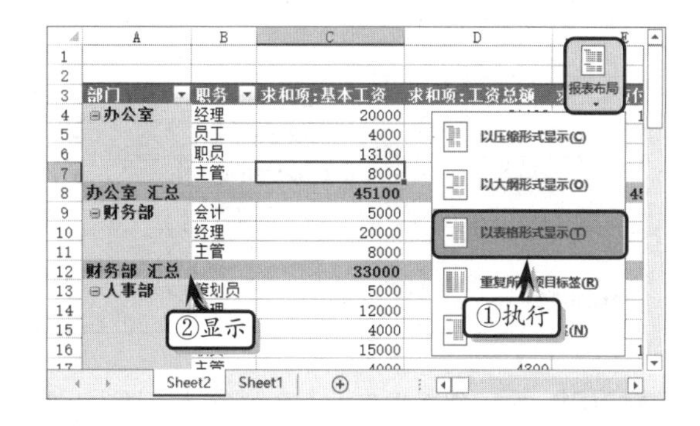

STEP|06 按职务汇总数据。在【数据透视表字段】窗格中，将【职务】和【姓名】字段添加到【行】列表框中。

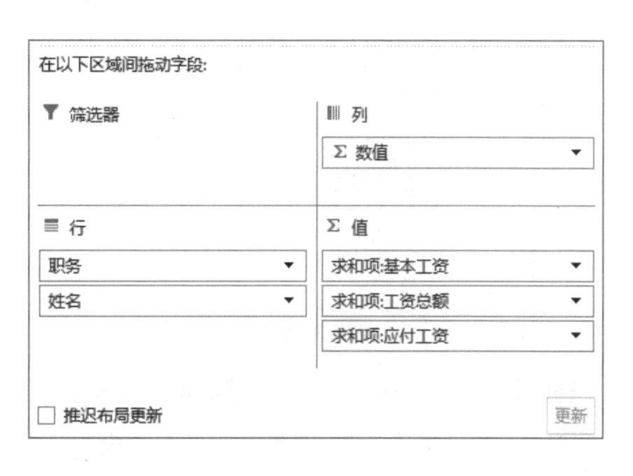

STEP|07 此时，在数据透视表内，将以职务为分组依据，来显示员工的工资额。

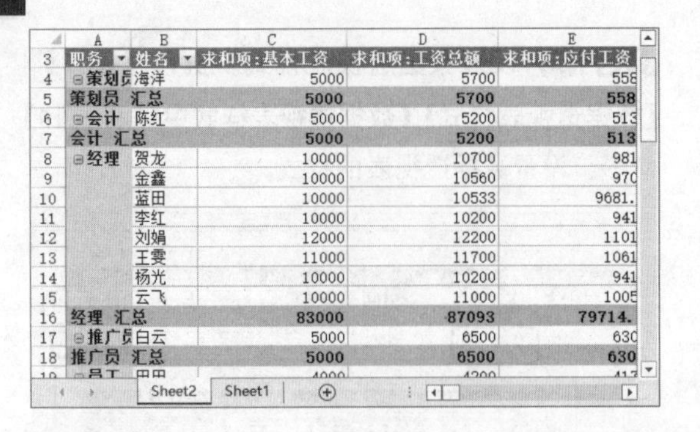

STEP|08 筛选数据。在【数据透视表字段】窗格中，将【职务】和【部门】字段添加到【筛选器】列表框内容。

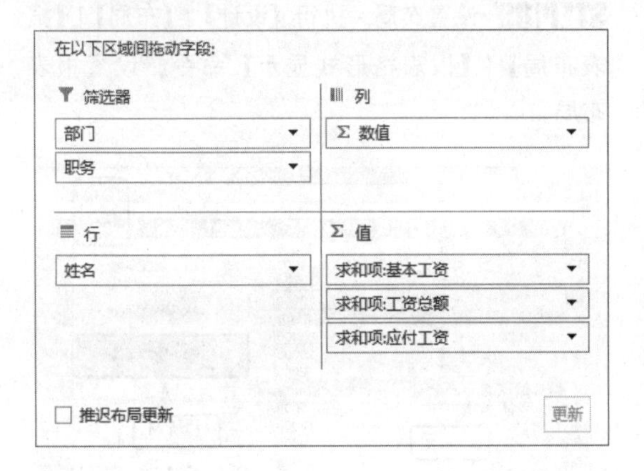

STEP|09 在数据透视表左上角的筛选区域内，筛选【人事部】部门中职务为【职员】的员工工资数据。

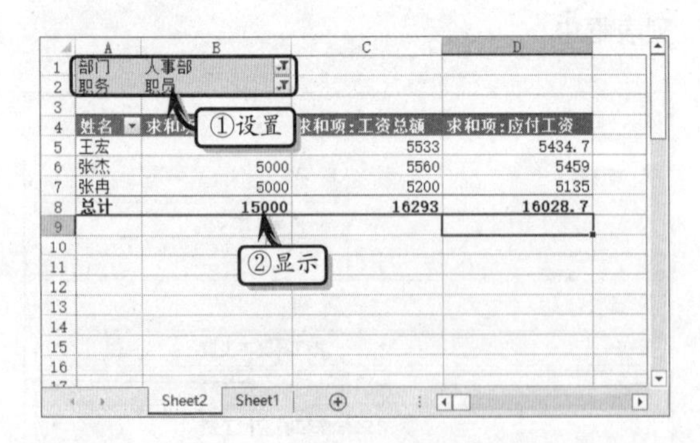

STEP|10 创建数据透视图。在【数据透视表字段】窗格中，取消筛选区域，重新布局数据字段，以部门为依据汇总数据。

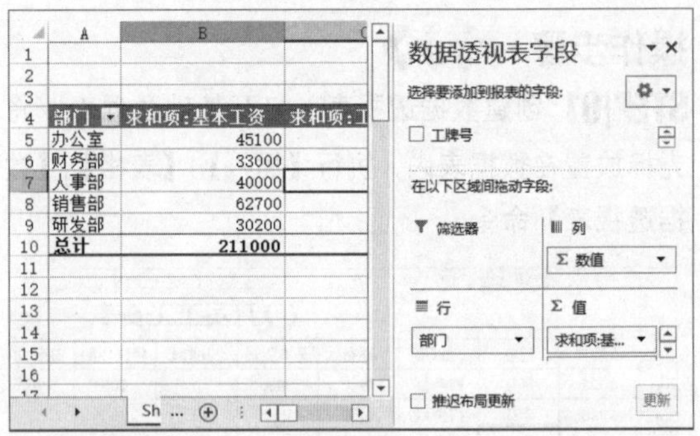

STEP|11 执行【分析】|【工具】|【数据透视图】命令，在弹出的【插入图表】对话框中，选择图表类型，并单击【确定】按钮。

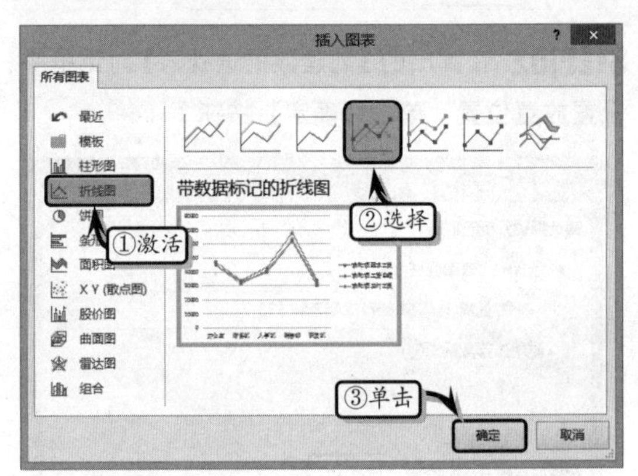

STEP|12 隐藏字段按钮，双击【垂直】坐标轴，在弹出的【设置坐标轴格式】窗格中，设置最小值和最大值。

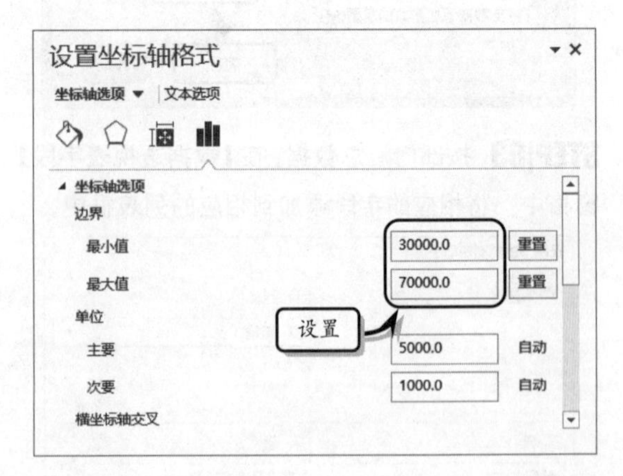

STEP|13 选择图表，执行【设计】|【图表布局】|【快速样式】|【布局 4】命令，设置图表布局。

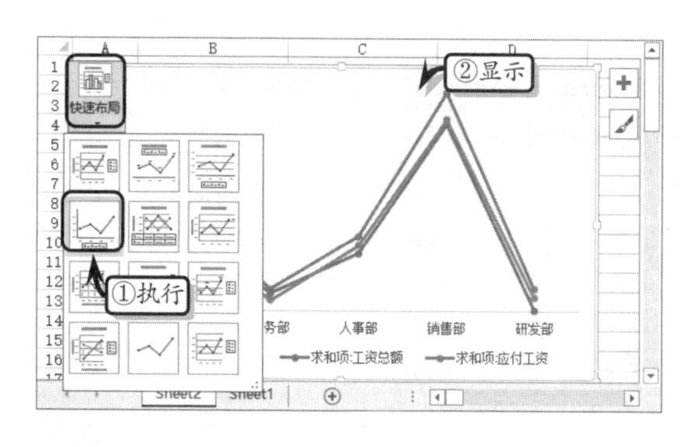

10.7 新手训练营

练习 1：计算重复项目

downloads\10\新手训练营\计算重复项目

提示：本练习中，首先执行【插入】|【表格】|【数据透视表】命令，设置放置位置，并单击【确定】按钮。然后，在【数据透视表字段】窗格中，将【商品名称】字段同时添加到【行】和【值】列表框中，即可显示每种商品的出现次数。

行标签	计数项:商品名称
冰红茶	3
黄金酒	3
可乐	3
青岛啤酒	3
五粮液	3
小糊涂仙	3
雪碧	3
燕京啤酒	3
迎驾贡酒	3
总计	27

练习 2：创建计算项

downloads\10\新手训练营\创建计算项

提示：在本练习中，首先创建数据透视表，并为数据透视表添加数据字段。然后，执行【分析】|【计算】|【字段、项目和集】|【计算项】命令。在弹出的对话框中，设置计算项名称和公式，并单击【添加】按钮，依次添加所有的计算项。最后，在【行标签】列中选中所有的月份，执行【分析】|【分组】|【组选择】命令，对其进行分组。同时选择【行标签】列中的季度名称，执行【分析】|【分组】|【组选择】命令，对其进行分组。

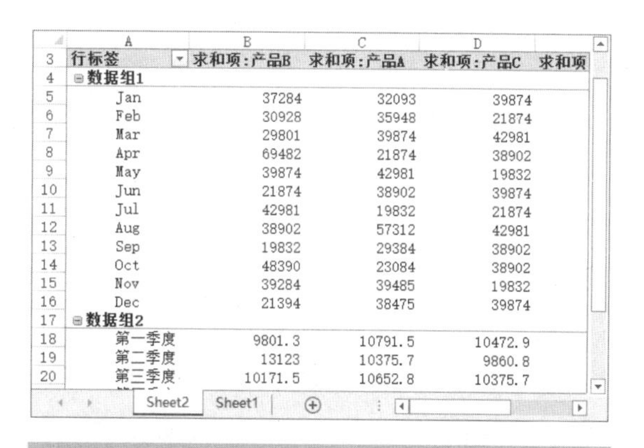

行标签	求和项:产品B	求和项:产品A	求和项:产品C	求和项
⊟数据组1				
Jan	37284	32093	39874	
Feb	30928	35948	21874	
Mar	29801	39874	42981	
Apr	69482	21874	38902	
May	39874	42981	19832	
Jun	21874	38902	39874	
Jul	42981	19832	21874	
Aug	38902	57312	42981	
Sep	19832	29384	38902	
Oct	48390	23084	38902	
Nov	39284	39485	19832	
Dec	21394	38475	39874	
⊟数据组2				
第一季度	9801.3	10791.5	10472.9	
第二季度	13123	10375.7	9860.8	
第三季度	10171.5	10652.8	10375.7	

练习 3：创建计算字段

downloads\10\新手训练营\创建计算字段

提示：在本练习中，首先创建数据透视表，并为数据透视表添加数据字段。然后，执行【分析】|【计算】|【字段、项目和集】|【计算字段】命令，在弹出的【插入计算字段】对话框中，设置名称和公式，并单击【确定】按钮。最后，执行【分析】|【计算】|【字段、项目和集】|【列出公式】命令，在工作表中显示所添加的计算项公式。

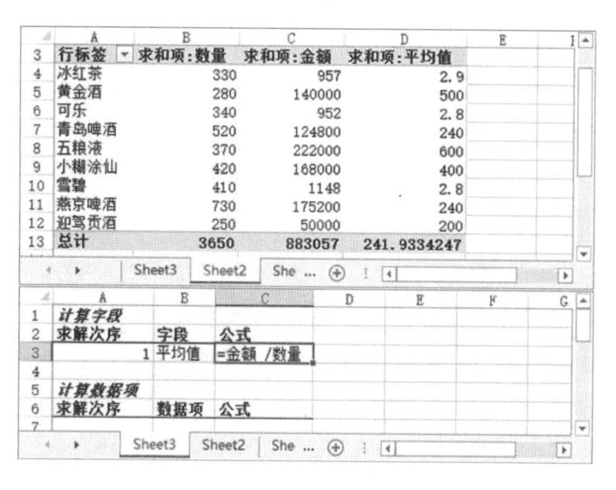

行标签	求和项:数量	求和项:金额	求和项:平均值
冰红茶	330	957	2.9
黄金酒	280	140000	500
可乐	340	952	2.8
青岛啤酒	520	124800	240
五粮液	370	222000	600
小糊涂仙	420	168000	400
雪碧	410	1148	2.8
燕京啤酒	730	175200	240
迎驾贡酒	250	50000	200
总计	3650	883057	241.9334247

计算字段		
求解次序	字段	公式
1	平均值	=金额 /数量
计算数据项		
求解次序	数据项	公式

练习 4：组合数据表中的项

downloads\10\新手训练营\组合数据表中的项

提示：在本练习中，首先创建数据透视表，并为数据透视表添加数据字段。然后，在【行标签】列中选择任意一个单元格，执行【分析】|【分组】|【组选择】命令，在弹出的【组合】对话框中，设置相应的选项，单击【确定】按钮即可。

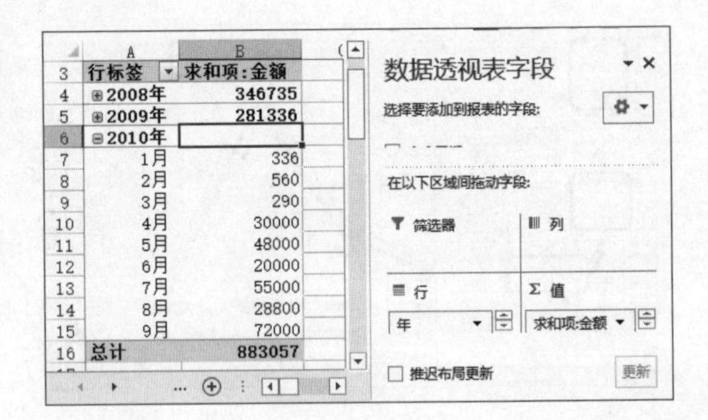

第 11 章

不确定值分析

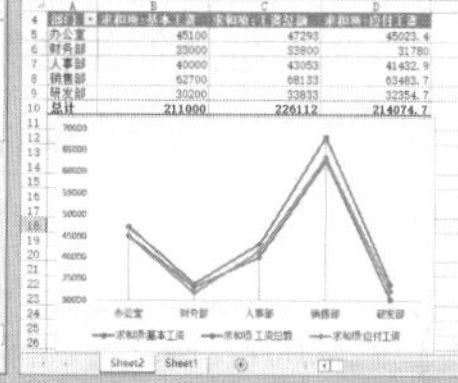
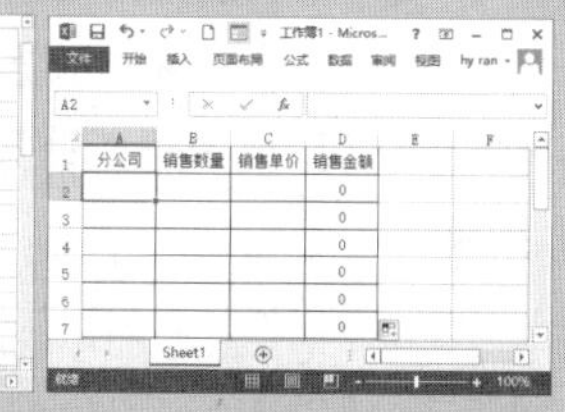

不确定值是在运算中当某一个或几个变量变动时，目标值所发生的不确定性变动。而对于不确定值分析，则可以使用 Excel 中的模拟运算表、数据表、规划求解和方案管理器等变量求解和方案优选工具进行分析。运用上述工具不仅可以完成各种常规且简单的分析工作，而且还可以方便地管理和分析各类复杂的销售、财务、统计等数据，并为用户提供决策性的分析结果。在本章中，将通过循序渐进的方法，详细介绍不确定值分析的基础知识和操作方法。

11.1 使用模拟分析工具

模拟分析是 Excel 内置的分析工具包，可以使用单变量求解和模拟运算表为工作表中的公式尝试各种值。

11.1.1 单变量求解

单变量求解与普通的求解过程相反，其求解的运算过程为已知某个公式的结果，反过来求公式中的某个变量的值。

1．制作基础数据表

使用单变量求解之前，需要制作数据表。首先，在工作表中输入基础数据。然后，选择单元格 B4，在【编辑】栏中输入计算公式，按 Enter 键计算结果。

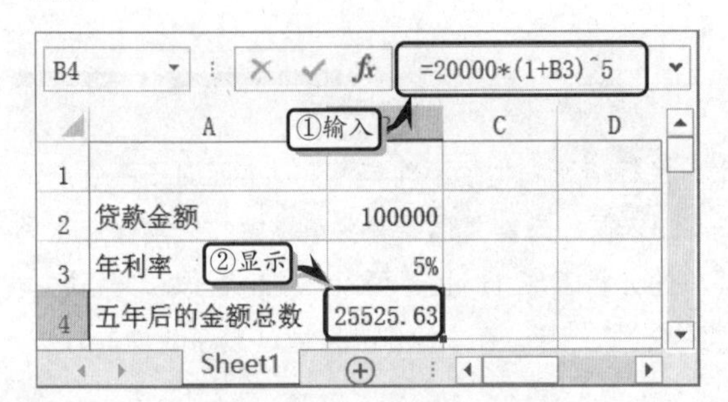

同样，选择单元格 C7，在【编辑】栏中输入计算公式，按 Enter 键计算结果。

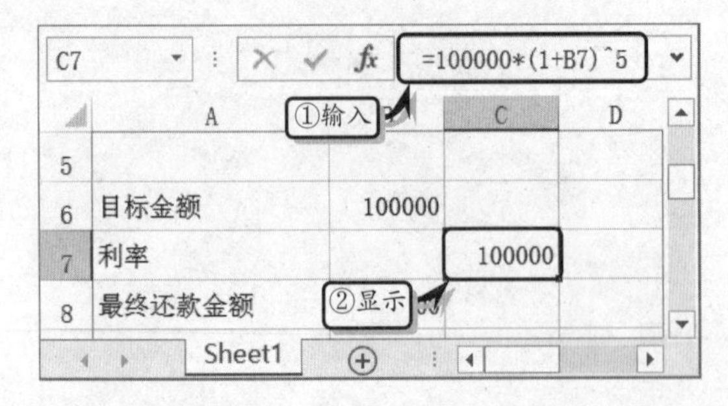

2．使用单变量求解

选择单元格 B7，执行【数据】|【数据工具】|【模拟分析】|【单变量求解】命令。在弹出的【单变量求解】对话框中设置【目标单元格】、【目标值】等参数。

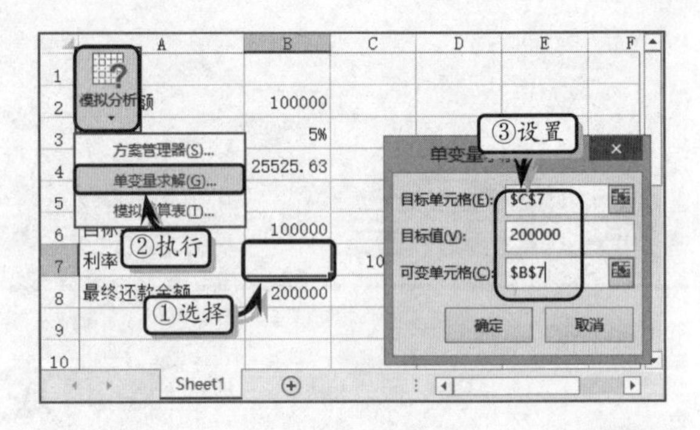

在【单变量求解】对话框中，单击【确定】按钮，系统将在【单变量求解状态】对话框中执行计算，并显示计算结果。单击【确定】按钮之后，系统将在单元格 B7 中显示求解结果。

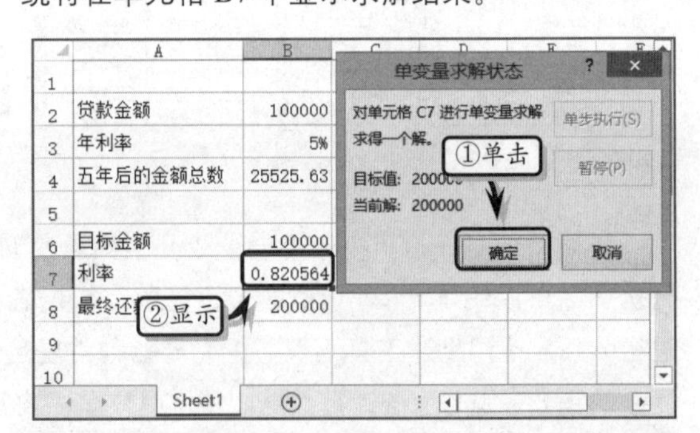

> **注意**
>
> 在进行单变量求解时，在目标单元格中必须含有公式，而其他单元格中只能包含数值，不能包含公式。

11.1.2 使用模拟运算表

一组结果所组成的一个表格，数据表为某些计算中的所有更改提供了捷径。数据表有两种：单变量和双变量模拟运算表。

1．单变量模拟运算表

单变量模拟运算表是基于一个变量预测对公式计算结果的影响，当用户已知公式的预期结果，而未知使公式返回结果的某个变量的数值时，可以使用单变量模拟运算表进行求解。

已知贷款金额、年限和利率，下面运用单变量模拟运算表求解不同年利率下的每期付款额。

首先，在工作表中输入基础文本和数值，并在单元格 B5 中，输入计算还款额的公式。

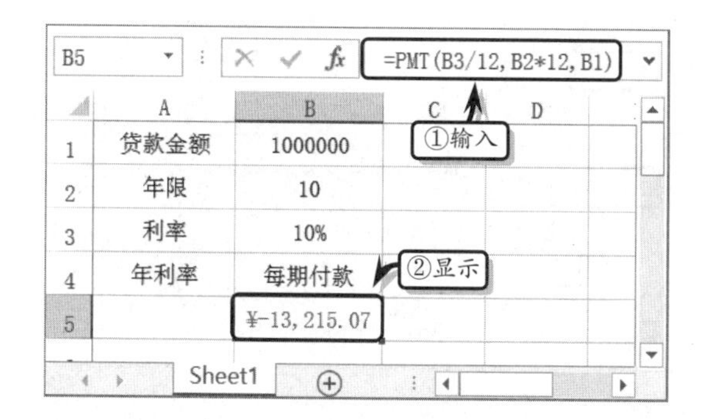

在表格中输入不同的年利率，以便于运用模拟运算表求解不同年利率下的每期付款额。然后，选择包含每期还款额与不同利率的数据区域，执行【数据】|【数据工具】|【模拟分析】|【模拟运算表】命令。

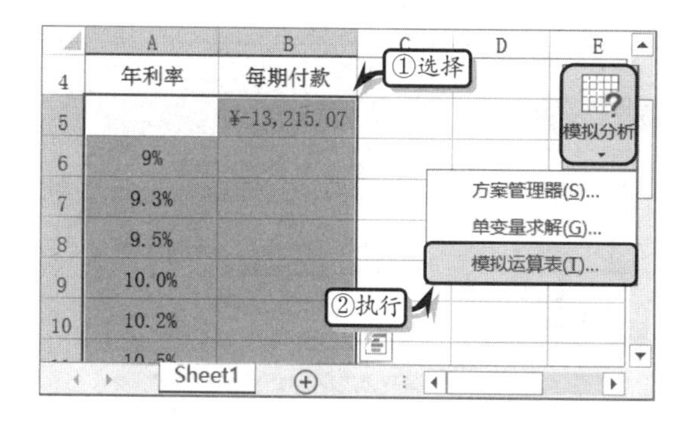

在弹出的【模拟运算表】对话框中，设置【输入引用列的单元格】选项，单击【确定】按钮，即可显示不同年利率下的每期付款额。

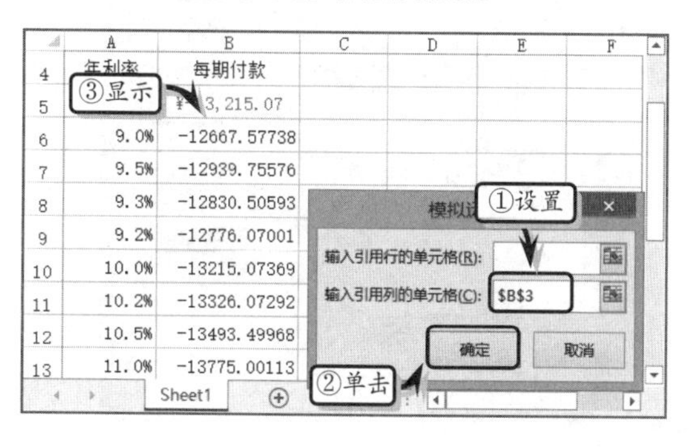

提示

其中，【输入引用行的单元格】选项表示当数据表是行方向时对其进行设置，而【输入引用列的单元格】选项则表示当数据是列方向时对其进行设置。

2. 双变量模拟运算表

双变量模拟运算表是用来分析两个变量的几组不同的数值变化对公式结果所造成的影响。已知贷款金额、年限和利率，下面运用单变量模拟运算表求解不同年利率下和不同贷款年限下的每期付款额。

使用双变量模拟运算表的第一步也是制作基础数据，在单变量模拟运算表基础表格的基础上，添加一行年限值。

	B	C	D	E	F
4	每期付款				
5	¥-13, 215. 07	8	9	10	11
6	9%				
7	9. 3%				
8	9. 5%				
9	10. 0%				
10	10. 2%				

然后，选择包含年限值和年利率值的单元格区域，执行【数据工具】|【模拟分析】|【模拟运算表】命令。

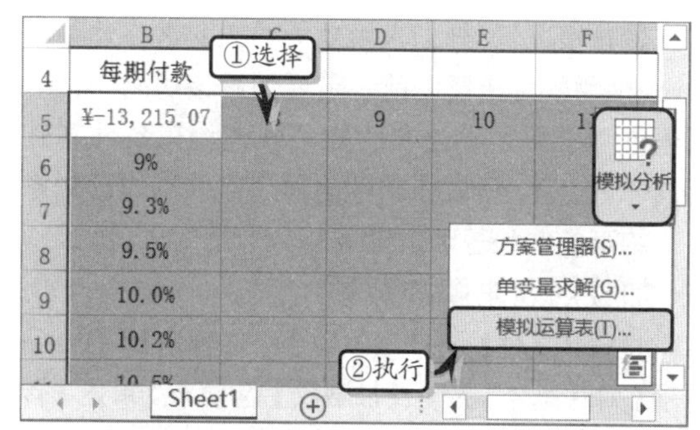

在弹出的【模拟运算表】对话框中，分别设置【输入引用行的单元格】和【输入引用列的单元格】选项，单击【确定】按钮，即可显示每期付款额。

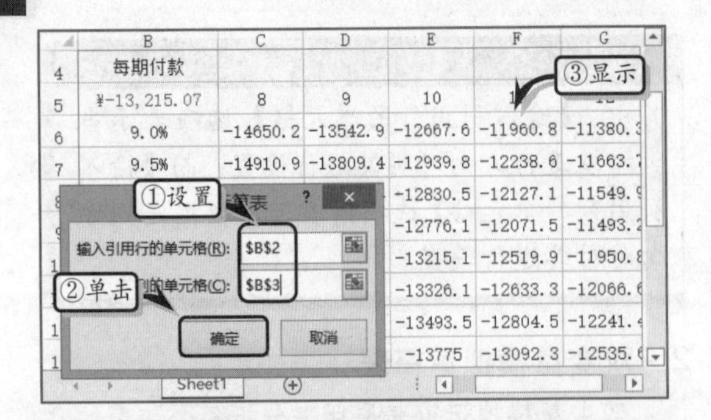

提示

在使用双变量数据表进行求解时，两个变量应该分别放在一行或一列中，而两个变量所在的行与列交叉的那个单元格中放置的是这两个变量输入公式后得到的计算结果。

3. 删除计算结果或数据表

选择工作表中所有数据表计算结果所在的单元格区域，执行【开始】|【编辑】|【清除】|【清除内容】命令即可。

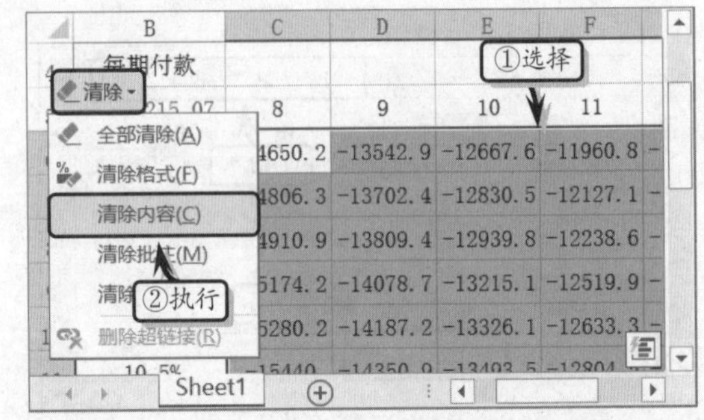

注意

数据表的计算结果存放在数组中，要将其清除就要清除所有的计算结果，而不能只清除个别的计算结果。

11.2 使用规划求解

规划求解又称为假设分析，是一组命令的组成部分，不仅可以解决单变量求解的单一值的局限性，而且还可以预测含有多个变量或某个取值范围内的最优值。

11.2.1 准备工作

默认情况下，规划求解功能并未包含在功能区中，在使用规划求解之前还需要加载该功能。另外，由于规划求解是建立在已知条件与约束条件基础上的一种运算，所以在求解之前还需要制作已知条件、约束条件和基础数据表。

1. 加载规划求解加载项

执行【文件】|【选项】命令，在弹出的【Excel选项】对话框中，激活【加载项】选项卡，单击【转到】按钮。

然后，在弹出的【加载宏】对话框中，启用【规划求解加载项】复选框，单击【确定】按钮，系统将自动在【数据】选项卡中添加【分析】选项组，并显示【规划求解】功能。

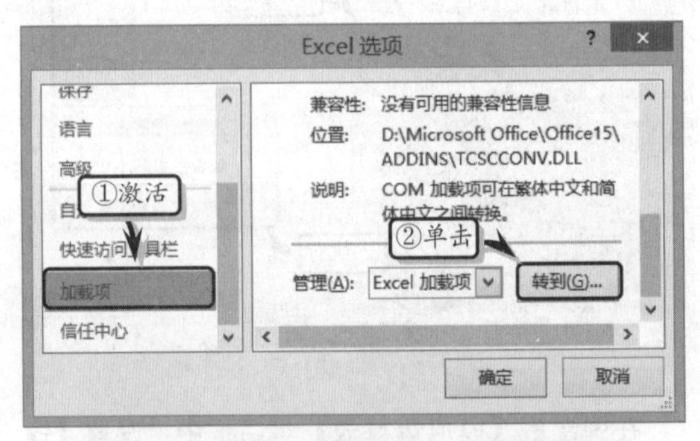

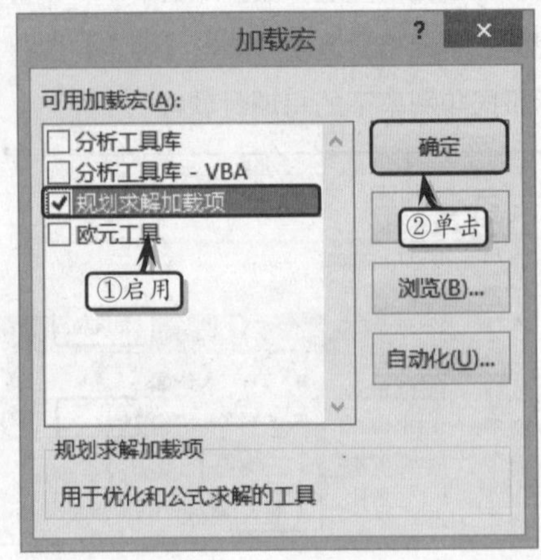

2．制作已知条件

规划求解的过程是通过更改单元格中的值来查看这些更改对工作表中公式结果的影响，所以在制作已知条件时，需要注意单元格中的公式设置情况。

已知某公司计划投资 A、B 与 C 三个项目，每个项目的预测投资金额分别为 160 万、88 万及 152 万，其每个项目的预测利润率分别为 50%、40%及 48%。为获得投资额与回报率的最大值，董事会要求财务部分析三个项目的最小投资额与最大利润率。并且，企业管理者还为财务部附加了以下投资条件。

（1）总投资额必须为 400 万元。

（2）A 的投资额必须为 B 投资额的 3 倍。

（3）B 的投资比例大于或等于 15%。

（4）A 的投资比例大于或等于 40%。

3．制作基础数据

获得已知条件之后，用户需要在工作表中输入基础数据，并选择单元格 D3，在【编辑】栏中输入计算公式，按 Enter 键完成公式的输入。使用同样的方法，计算其他产品的投资利润额。

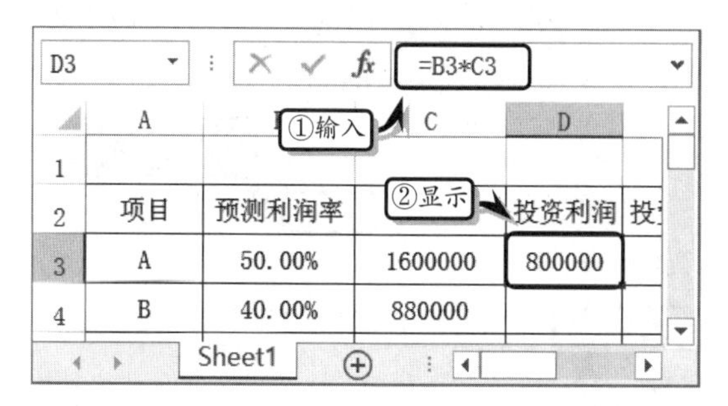

选择单元格 E3，在【编辑】栏中输入计算公式，按 Enter 键完成公式的输入。使用同样的方法，计算其他产品的投资比例。

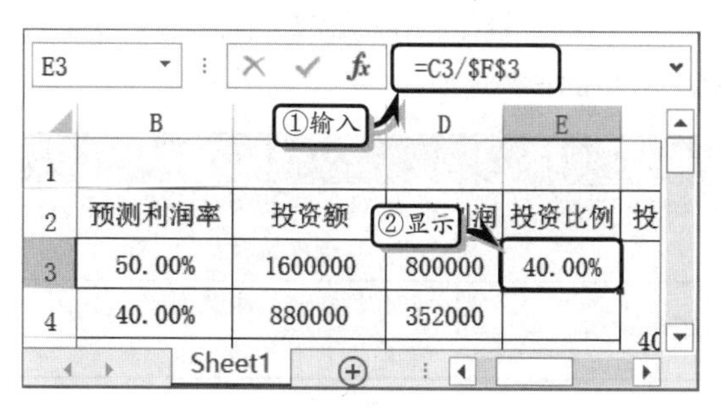

选择单元格 C6，在【编辑】栏中输入计算公式，按 Enter 键完成公式的输入。使用同样的方法，计算其他合计值。

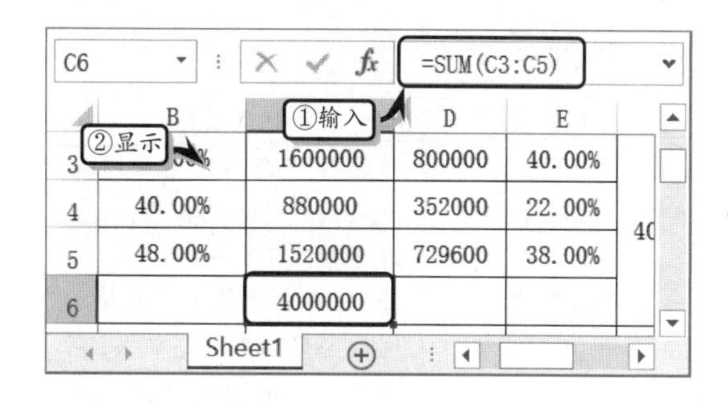

选择单元格 B7，在【编辑】栏中输入计算公式，按 Enter 键，返回总利润额。

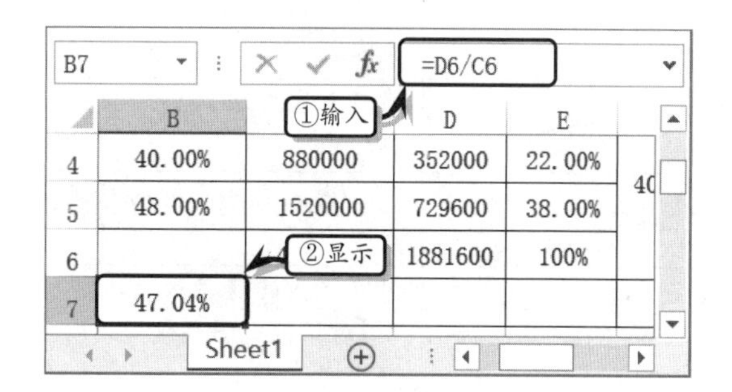

11.2.2　设置求解参数

1．设置目标和可变单元格

执行【数据】|【分析】|【规划求解】命令，将【设置目标】设置为【B7】，将【通过更改可变单元格】设置为【C3:C5】。

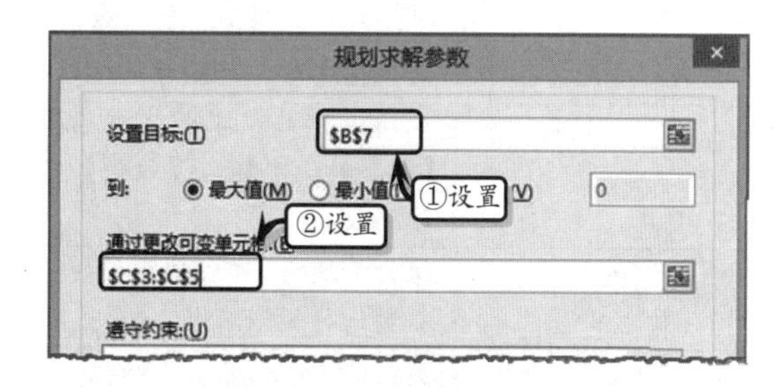

另外，在【规划求解参数】对话框中，主要包括下表中的一些选项。

选　项		说　明
设置目标单元格		用于设置显示求解结果的单元格，在该单元格中必须包含公式
到	最大值	表示求解最大值
	最小值	表示求解最小值
	目标值	表示求解指定值
通过更改可变单元格		用来设置每个决策变量单元格区域的名称或引用，用逗号分隔不相邻的引用。另外，可变单元格必须直接或间接与目标单元格相关。用户最多可指定 200 个变量单元格
遵守约束	添加	表示添加规划求解中的约束条件
	更改	表示更改规划求解中的约束条件
	删除	表示删除已添加的约束条件
全部重置		可以设置规划求解的高级属性
装入/保存		可在弹出的【装入/保存模型】对话框中保存或加载问题模型
使无约束变量为非负数		启用该选项，可以使无约束变量为正数
选择求解方法		启用该选项，可用在下列列表中选择规划求解的求解方法。主要包括用于平滑线性问题的【非线性(GRG)】方法，用于线性问题的【单纯线性规划】方法与用于非平滑问题的【演化】方法
选项		启用该选项，可在【选项】对话框中更改求解方法的【约束精确度】、【收敛】等参数
求解		执行该选项，可对设置好的参数进行规划求解
关闭		关闭【规划求解参数】对话框，放弃规划求解
帮助		启用该选项，可弹出【Excel 帮助】对话框

2．设置约束条件

单击【添加】按钮，将【单元格引用】设置为【C6】，将符号设置为【=】，将【约束】设置为【4000000】，并单击【添加】按钮。使用同样的方法，添加其他约束条件。

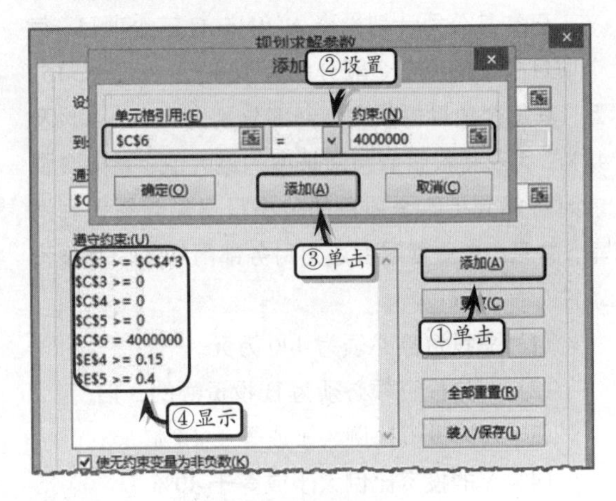

11.2.3　生成求解报告

在【规划求解参数】对话框中，单击【求解】按钮，然后在弹出的【规划求解结果】对话框中设置规划求解保存位置与报告类型即可。

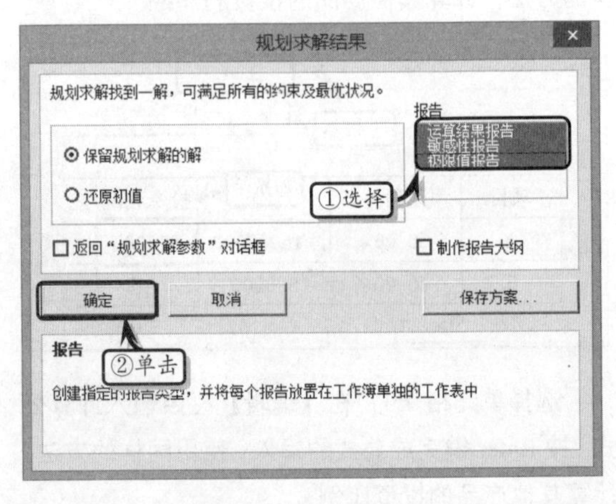

另外，在【规划求解结果】对话框中，主要包括下表中的一些选项。

选　项	说　明
保留规划求解的解	将规划求解结果值替代可变单元格中的原始值
还原初值	将可变单元格中的值恢复成原始值

续表

选　项	说　明
报告	选择用来描述规划求解执行的结果报告，包括运算结果报告、敏感性报告、极限值报告三种报告
返回"规划求解参数"对话框	启用该复选框，单击【确定】按钮之后，将返回到【规划求解参数】对话框中
制作报告大纲	启用该复选框，可在生成的报告中显示大纲结构

续表

选　项	说　明
保存方案	将规划求解设置作为模型进行保存，便于下次规划求解时使用
确定	完成规划求解操作，生成规划求解报告
取消	取消本次规划求解操作

11.3 使用方案管理器

方案是Excel保存在工作表中并可进行自动替换的一组值，用户可以使用方案来预测工作表模型的输出结果，同时还可以在工作表中创建并保存不同的数组值，然后切换任意新方案以查看不同的效果。

11.3.1　创建方案

1. 制作基础数据表

在创建之前，首先输入基础数据，并在单元格B7中输入计算最佳方案的公式。

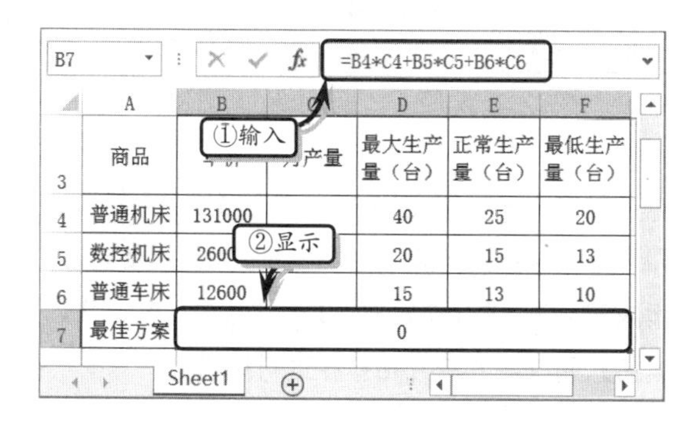

2. 添加方案管理

执行【数据】|【数据工具】|【模拟分析】|【方案管理器】命令。在弹出的【方案管理器】对话框，单击【添加】按钮。

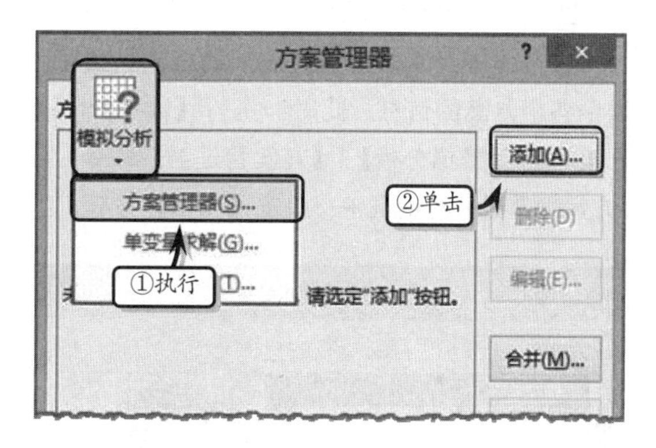

在弹出的【编辑方案】对话框中，设置【方案名】和【可变单元格】，并单击【确定】按钮。

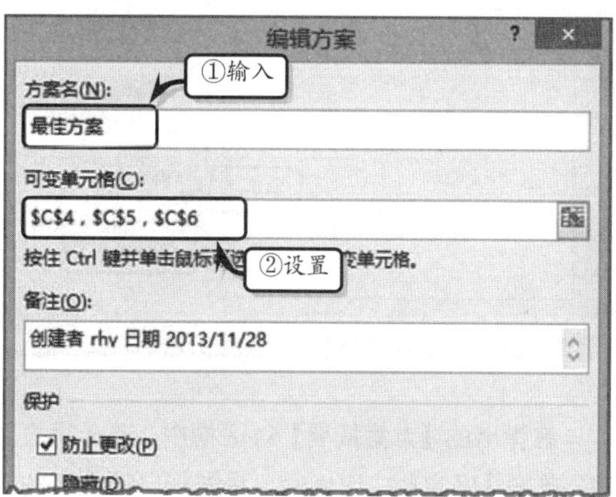

此时，系统会自动弹出【方案变量值】对话框，分别设置每个可变单元格的期望值，单击【确定】按钮返回【方案管理器】对话框中，在该对话框中单击【显示】按钮，即可计算出结果。

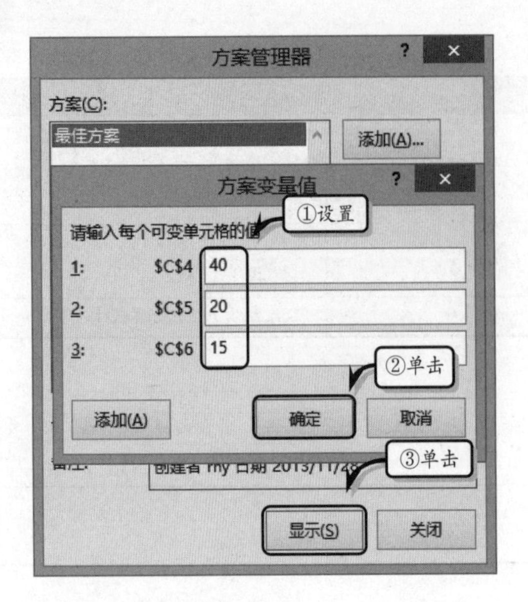

3. 创建方案摘要报告

在工作中经常需要按照统一的格式列出工作表中各个方案的信息。此时，执行【数据】|【数据工具】|【模拟分析】|【方案管理器】命令，在【方案管理器】对话框中，单击【摘要】按钮。

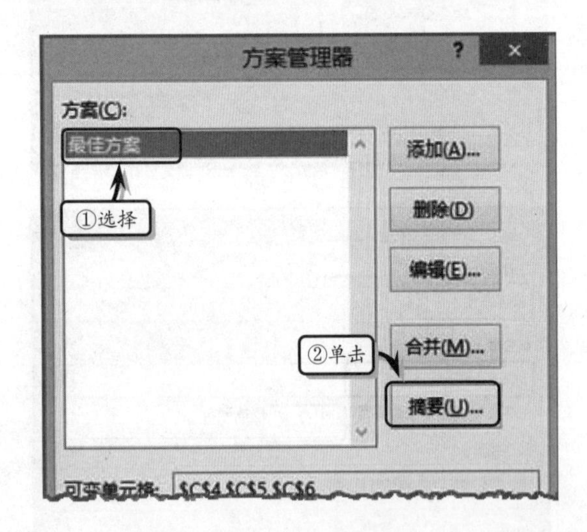

在弹出的【方案摘要】对话框中，选择报表类型，单击【确定】按钮之后，系统将自动在新的工作表中显示摘要报表。

11.3.2 管理方案

建立好方案后，使用【方案管理器】对话框，可以随时对各种方案进行分析、总结。

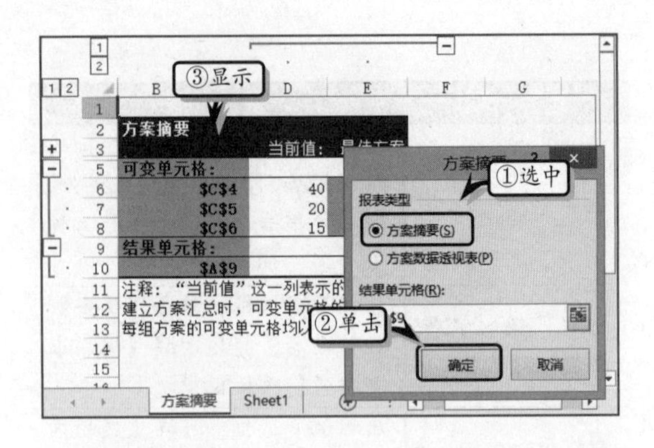

1. 保护方案

执行【数据】|【数据工具】|【模拟分析】|【方案管理器】命令。在弹出的【方案管理器】对话框中，单击【编辑】按钮。在【编辑方案】对话框中，启用【保护】栏中的【防止更改】复选框即可。

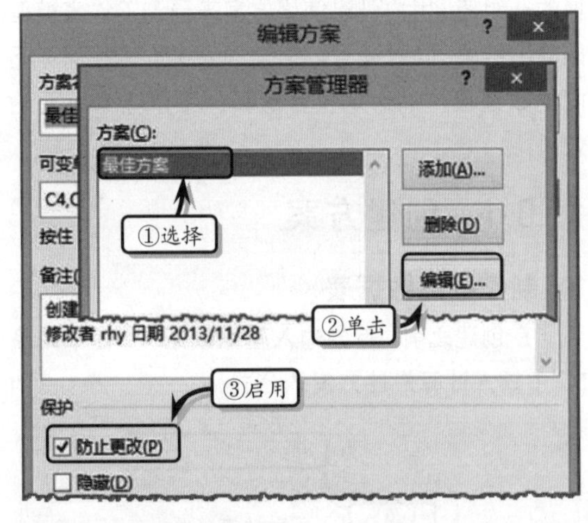

如果用户启用【保护】栏中的【隐藏】复选框，即可隐藏添加的方案。另外，用户如果需要更改方案内容，可以在【编辑方案】对话框中，直接对【方案名】和【可变单元格】栏进行编辑。

2. 合并方案

在实际工作中，如果需要将两个存在的方案进行合并，可以直接单击【方案管理器】对话框中的【合并】按钮。然后，在弹出的【合并方案】对话框中，选择需要合并的工作表名称，单击【确定】按钮即可。

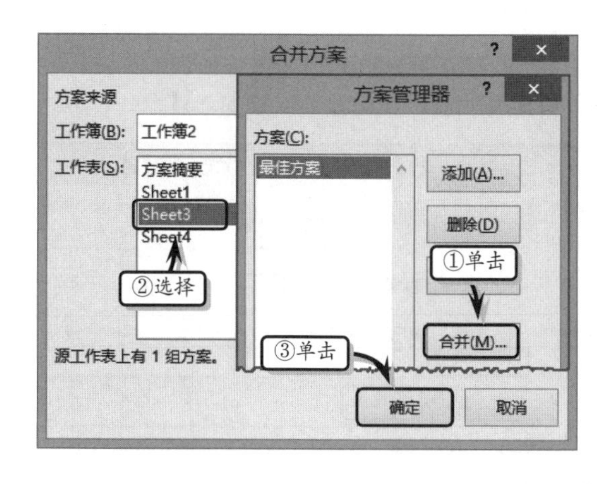

3．删除方案

在【方案管理器】对话框中，选择【方案】列表中的方案名称，单击右侧的【删除】按钮，即可删除。

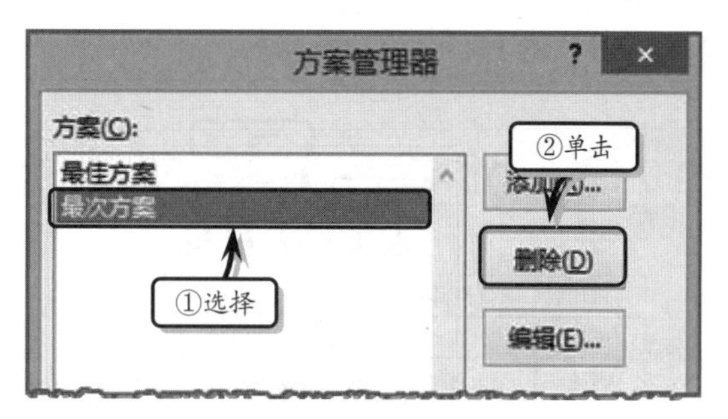

11.4 练习：求解最大利润

一个企业在进行投资之前，需要利用专业的分析工具，分析投资比重与预测投资所获得的最大利润。在本练习中，将利用规划求解功能来求解投资项目的最大利润。

练习要点

- 使用公式
- 使用求和函数
- 使用规划求解

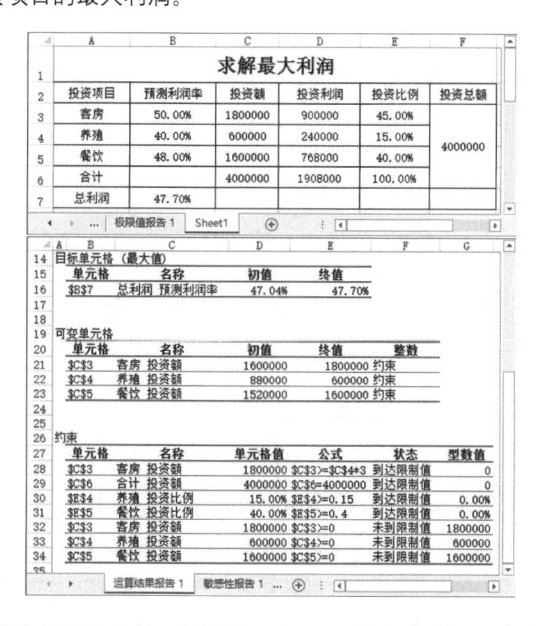

求解最大利润

投资项目	预测利润率	投资额	投资利润	投资比例	投资总额
客房	50.00%	1800000	900000	45.00%	4000000
养殖	40.00%	600000	240000	15.00%	
餐饮	48.00%	1600000	768000	40.00%	
合计		4000000	1908000	100.00%	
总利润	47.70%				

目标单元格（最大值）

单元格	名称	初值	终值
$B$7	总利润 预测利润率	47.04%	47.70%

可变单元格

单元格	名称	初值	终值	整数
$C$3	客房 投资额	1600000	1800000	约束
$C$4	养殖 投资额	880000	600000	约束
$C$5	餐饮 投资额	1520000	1600000	约束

约束

单元格	名称	单元格值	公式	状态	型数值
$C$3	客房 投资额	1800000	$C$3>=$C$4*3	到达限制值	0
$C$6	合计 投资额	4000000	$C$6=4000000	到达限制值	0
$E$4	养殖 投资比例	15.00%	$E$4>=0.15	到达限制值	0.00%
$E$5	餐饮 投资比例	40.00%	$E$5>=0.4	到达限制值	0.00%
$C$3	客房 投资额	1800000	$C$3>=0	未到限制值	1800000
$C$4	养殖 投资额	600000	$C$4>=0	未到限制值	600000
$C$5	餐饮 投资额	1600000	$C$5>=0	未到限制值	1600000

求解最大利润之前，需要先了解一下投资条件。已知某公司计划投资客房、养殖与餐饮三个项目，每个项目的预测投资金额分别为 160 万元、88 万元及 152 万元，每个项目的预测利润率分别为 50%、40%及 48%。为获得投资额与回报率的最大值，董事会要求财务部分析三个项目的最小投资额与最大利润率，并且企业管理者还为财务部附加了以下投资条件。

（1）总投资额必须为 400 万元。

（2）客房的投资额必须为养殖投资额的 3 倍。

（3）养殖的投资比例大于或等于 15%。

（4）客房的投资比例大于或等于 40%。

操作步骤

STEP|01 在工作表中制作标题并输入基本数据，在单元格 D3 中输入"=B3*C3"公式，按 Enter 键返回计算结果。

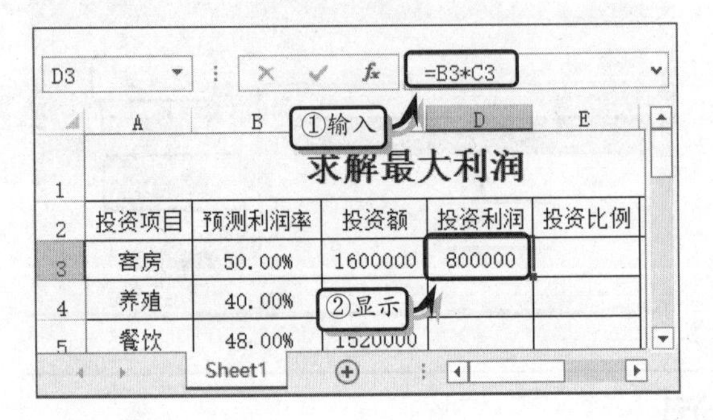

STEP|02 在单元格 E3 中输入"=C3/$F$3"公式，按 Enter 键返回计算结果。使用同样的方法，分别计算其他投资比例。

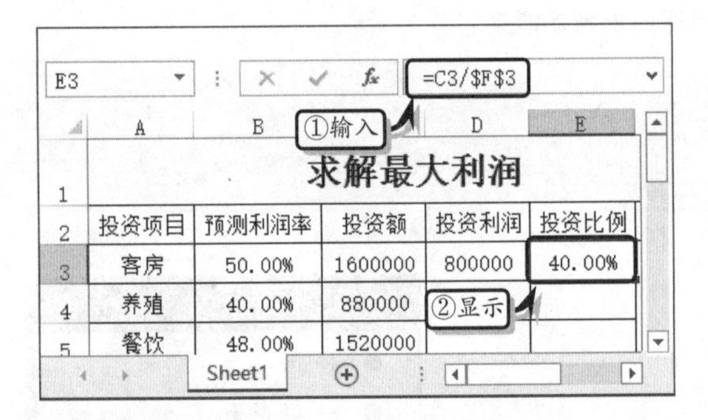

STEP|03 在单元格 C6 中输入求和公式"=SUM(C3:C5)"，按 Enter 键并拖动填充柄向右复制公式。然后在单元格 B7 中输入"=D6/C6"公式，按 Enter 键返回计算结果。

	A	B	C	D	E
1	求解最大利润				
2	投资项目	预测利润率	投资额	投资利润	投资比例
3	客房	50.00%	1600000	800000	40.00%
4	养殖	40.00%	880000	352000	22.00%
5	餐饮	48.00%	1520000	729600	38.00%
6	合计		4000000	1881600	100.00%
7	总利润	47.04%			

Sheet1

STEP|04 执行【数据】|【分析】|【规划求解】命令，将【设置目标】设置为【$B$7】，将【通过更改可变单元格】设置为【$C$3:$C$5】。

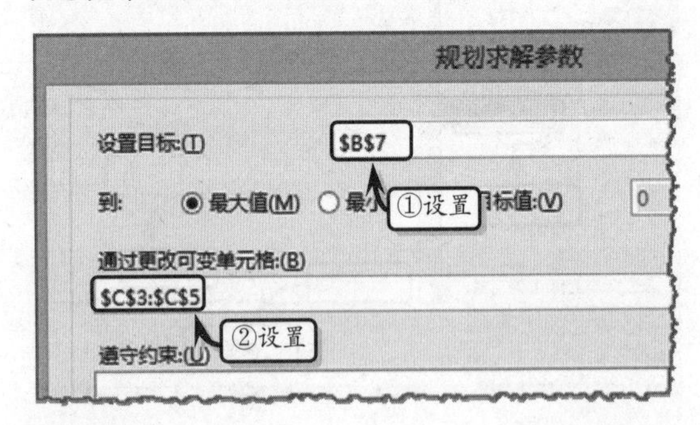

STEP|05 单击【添加】按钮，将【单元格引用】设置为【$C$6】，将符号设置为【=】，将【约束】设置为【4000000】，单击【添加】按钮即可。

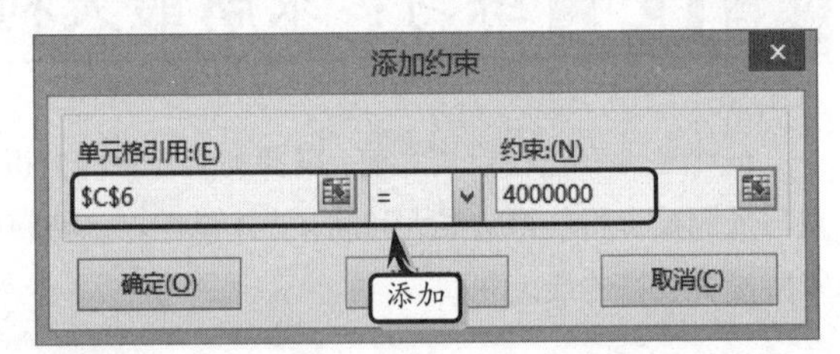

STEP|06 重复步骤（5）中的操作，分别添加"$C$3>=$C$4*3"、"$E$4>=0.15"、"$E$5>=0.4"、"$C$3>=0"、"$C$4>=0"、"$C$5>=0"约束条件。

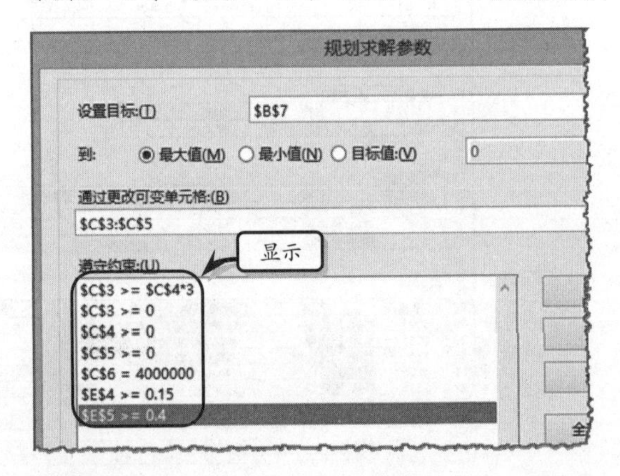

STEP|07 单击对话框中的【选项】按钮，在弹出的【选项】对话框中启用【使用自动缩放】复选框，单击【确定】按钮。

STEP|08 单击【求解】按钮，选中【保留规划求解的解】单选按钮。在【报告】列表框中，按住 Ctrl 键同时选择所有报告。

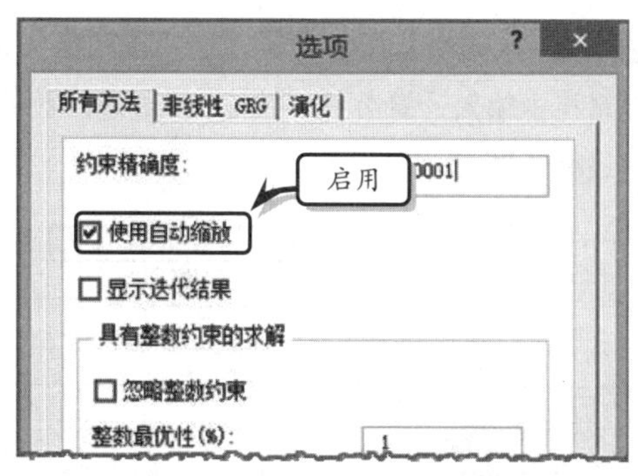

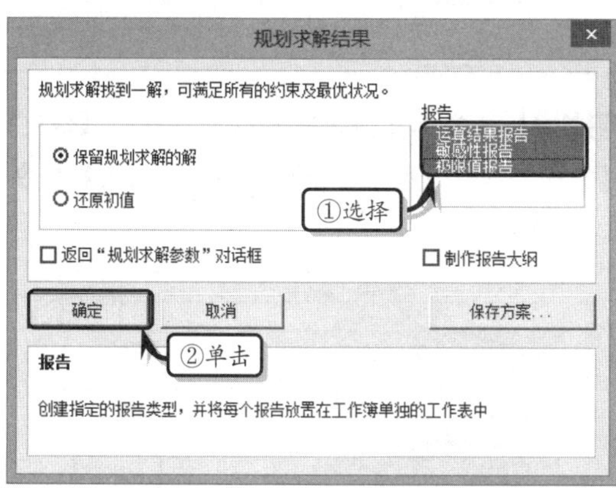

STEP|09 单击【确定】按钮，即可在工作表中显示求解结果与求解报告。

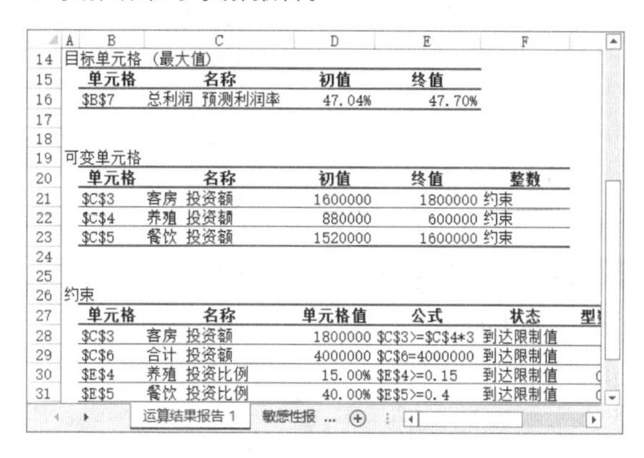

11.5 练习：制作长期借款筹资分析模型

当为序列应用特效之前，需要对序列进行嵌套。在本练习中，将通过制作穿梭效果，来详细介绍嵌套序列，以及视频效果、音频过渡效果和动画关键帧的使用方法和操作技巧。

长期借款筹资分析模型

基础数据									
借款金额（万）	100	借款年利率	6%	借款期限	5	每年还款期数	1	还款总期数	5
数据表分析还款额		分析年利与期数							
借款额	还款金额	年利率	还款期数						
	(23.74)	(24)	2	3	4	5	6	7	8
80	(18.99)	4%	(53.02)	(36.03)	(27.55)	(22.46)	(19.08)	(16.66)	(14.85)
100	(23.74)	5%	(53.78)	(36.72)	(28.20)	(23.10)	(19.70)	(17.28)	(15.47)
150	(35.61)	6%	(54.54)	(37.41)	(28.86)	(23.74)	(20.34)	(17.91)	(16.10)
200	(47.48)	7%	(55.31)	(38.11)	(29.52)	(24.39)	(20.98)	(18.56)	(16.75)
300	(71.22)	8%	(56.08)	(38.80)	(30.19)	(25.05)	(21.63)	(19.21)	(17.40)

练习要点

- 数值边框格式
- 设置数据格式
- 使用公式
- 使用 PMT 函数
- 使用模拟运算表

操作步骤

STEP|01 制作基础数据表。设置工作表的行高，合并单元格区域 B1:K1，输入标题文本并设置文本的字体格式。

STEP|02 使用同样的方法合并其他单元格区域，输入基础数据并设置数据区域的对齐和所有边框格式。

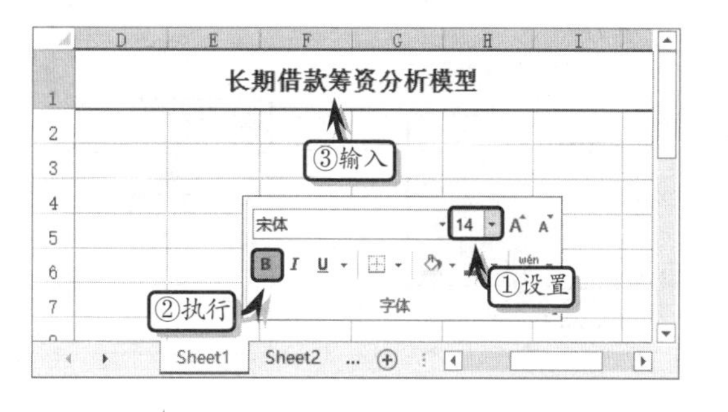

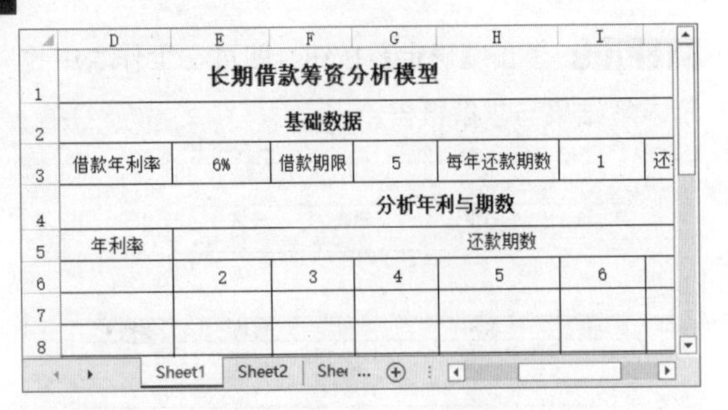

STEP|03 选择单元格 K3，在编辑栏中输入计算公式，按 Enter 键返回还款总期数。

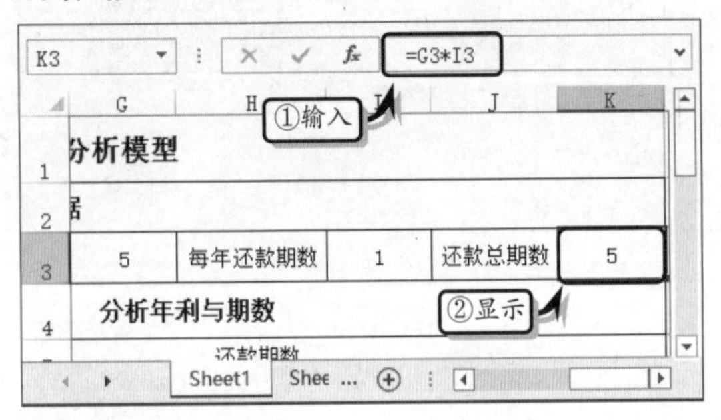

STEP|04 同时选择单元格区域 C6:C11 与 E7:K11，以及单元格 D6，右击鼠标执行【设置单元格格式】命令。在【数字】选项卡中，设置数字的显示格式。

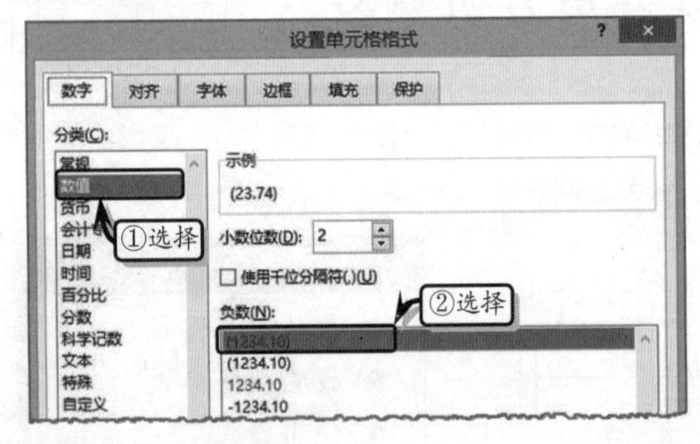

STEP|05 选择单元格区域 D7:D11，执行【开始】|【数字】|【数字格式】|【百分比】命令，设置百分比数字格式，并输入相应数据。

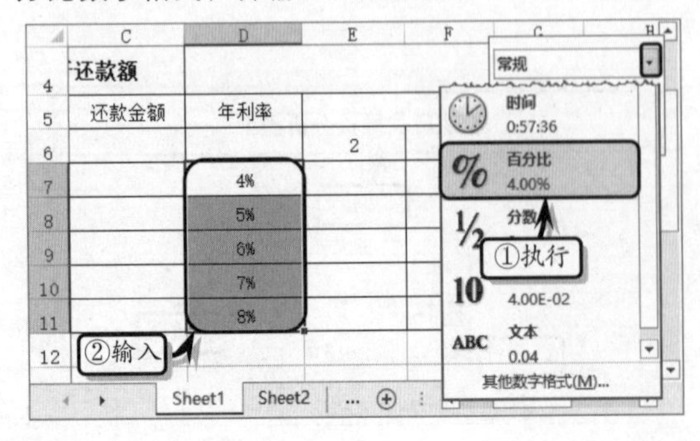

STEP|06 数据表分析还款额。选择单元格 C6，在编辑栏中输入计算公式，按 Enter 键返回数据表下的还款金额。

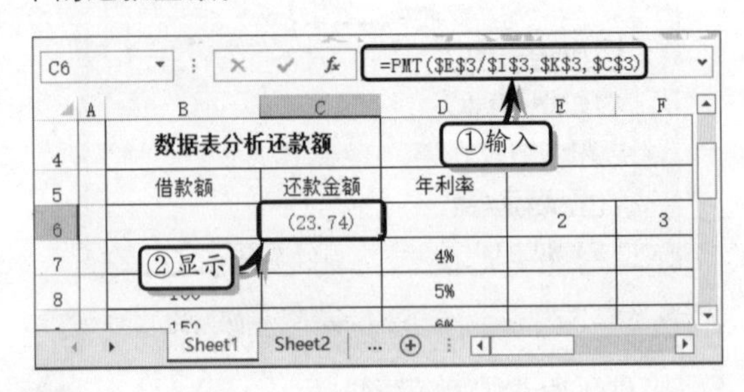

STEP|07 选择单元格区域 B6:C11，执行【数据】|【数据工具】|【模拟分析】|【模拟运算表】命令。

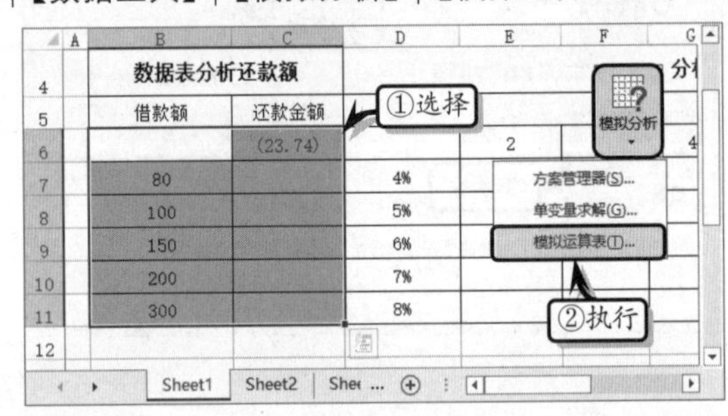

STEP|08 在弹出的【模拟运算表】对话框中，设置【输入引用列的单元格】选项，并单击【确定】按钮。

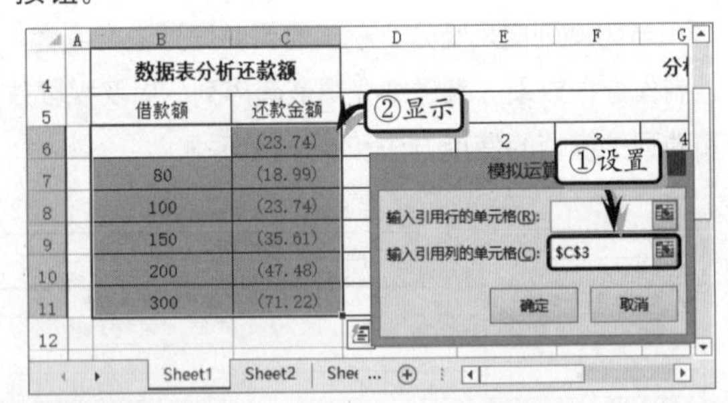

STEP|09 分析年利与期数。选择单元格 D6，在编辑栏中输入计算公式，按 Enter 键返回分析年利率下的还款金额。

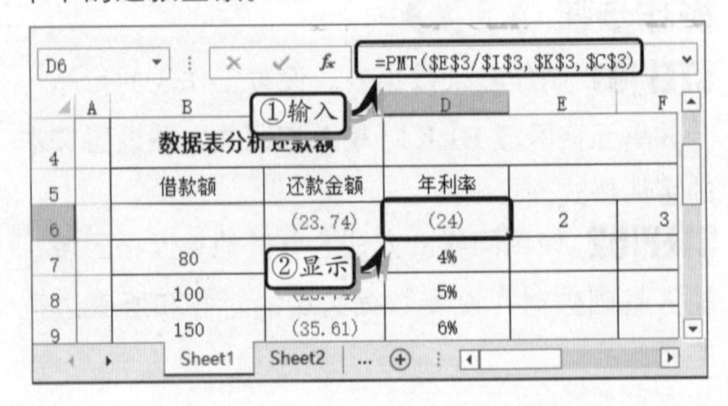

STEP|10 选择单元格区域 D6:K11，执行【数据】|【数据工具】|【模拟分析】|【模拟运算表】命令。设置【输入引用行的单元格】与【输入引用列的单元格】选项，并单击【确定】按钮。

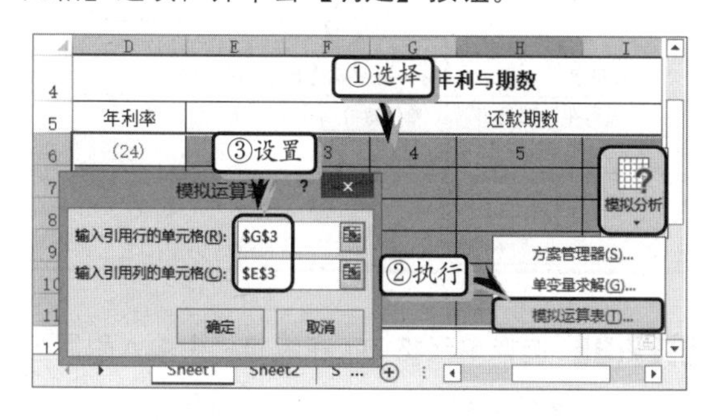

STEP|11 美化工作表。同时选择单元格区域 B2:K3、B4:C11 和 C4:K11，执行【开始】|【字体】|【边框】|【粗匣框线】命令，设置单元格区域的外边框样式。

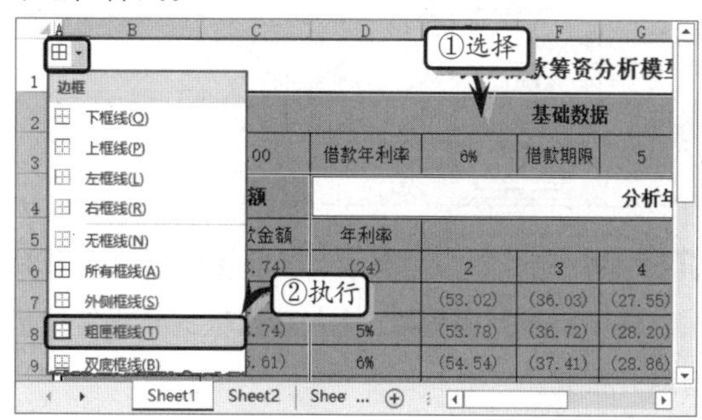

11.6 练习：预测单因素盈亏平衡销量

单因素盈亏平衡销量属于本量利分析中的一种，在此以预测的固定成本、单位可变成本、单位售价等基础数据，来预测单因素下的盈亏平衡销量。除此之外，用户还可以运用图表控件构建的随动态数据变化的单因素盈亏平衡销量，以帮助用户更详细地分析售价和销量之间的变化趋势。在本练习中，将运用 Excel 中的查找和引用函数与控件功能，来制作不同单位售价下的动态预测图表。

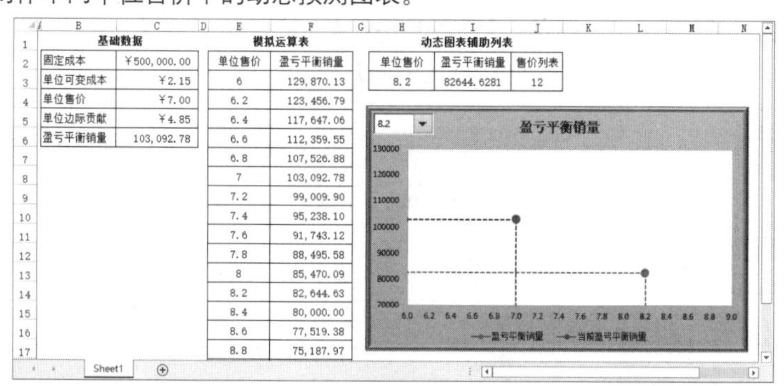

练习要点

- 应用函数
- 插入控件
- 设置控件格式
- 应用图表
- 设置图表格式
- 应用模拟运算表

操作步骤

STEP|01 制作基础数据表。在单元格区域 B2:C6 中制作基础数据表框架，输入基础数据并设置边框格式。

基础数据	
固定成本	￥500,000.00
单位可变成本	￥2.15
单位售价	￥7.00
单位边际贡献	
盈亏平衡销量	

STEP|02 选择单元格 C5，在编辑栏中输入计算单位边际贡献的公式，按 Enter 键返回计算结果。

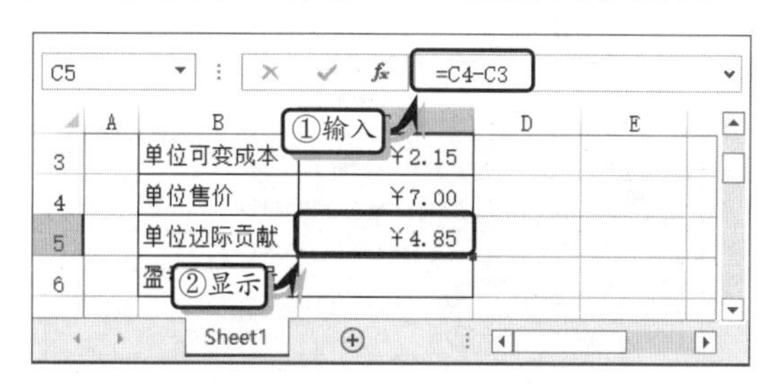

STEP|03 选择单元格 C6，在编辑栏中输入计算

盈亏平衡销量的公式，按 Enter 键返回计算结果。

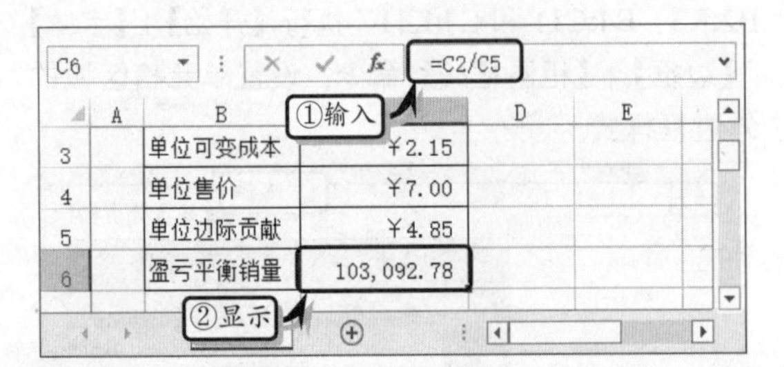

STEP|04 制作模拟运算表。在单元格区域 E2:F18 中制作模拟运算表框架，输入基础数据并设置边框与对齐格式。

	A	B	C	D	E	F
1		基础数据			模拟运算表	
2		固定成本	¥500,000.00		单位售价	盈亏平衡销量
3		单位可变成本	¥2.15		6	
4		单位售价	¥7.00		6.2	
5		单位边际贡献	¥4.85		6.4	
6		盈亏平衡销量	103,092.78		6.6	
7					6.8	

STEP|05 选择单元格 F3，在编辑栏中输入计算盈亏平衡销量的公式，按 Enter 键返回计算结果。

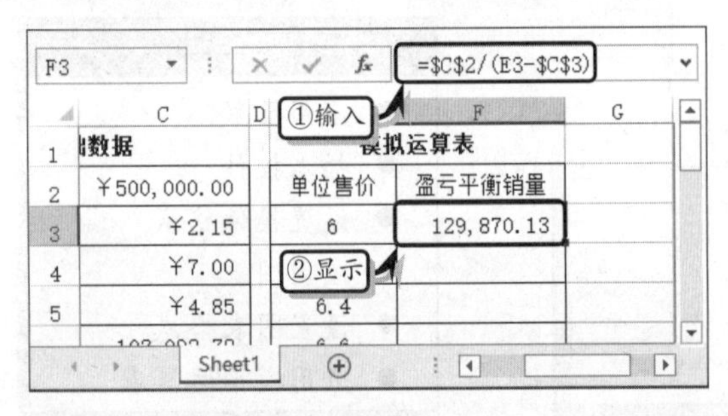

STEP|06 选择单元格区域 E3:F18，执行【数据】|【数据工具】|【模拟分析】|【模拟运算表】命令，将【输入引用列的单元格】选项设置为【$E$3】。

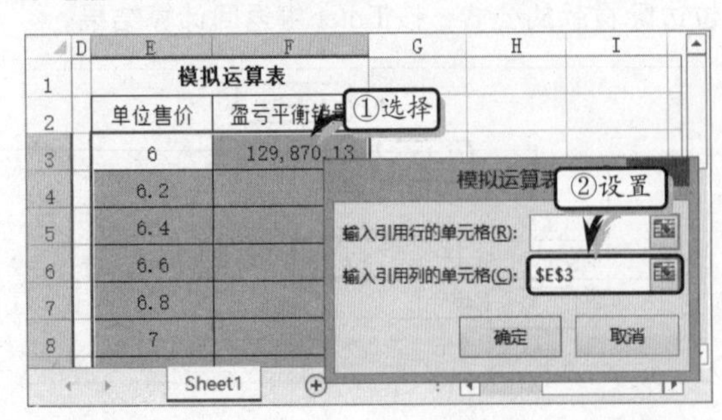

STEP|07 制作辅助列表。制作辅助列表基础表格，选择单元格 H3，在编辑栏中输入引用公式，按 Enter 键返回计算结果。

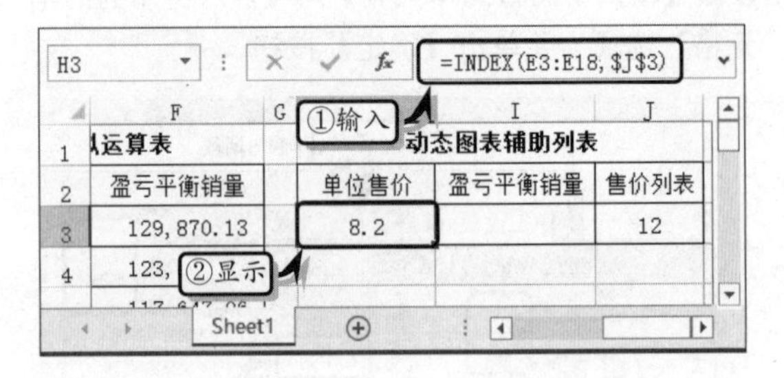

STEP|08 选择单元格 I3，在编辑栏中输入引用盈亏平衡销量的公式，按 Enter 键返回计算结果。

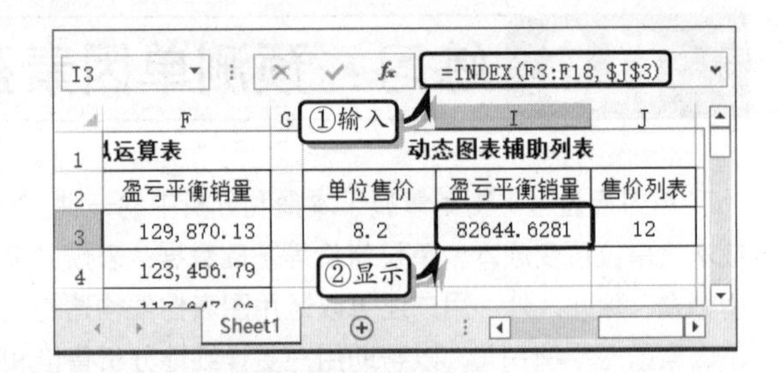

STEP|09 选择单元格 J3，执行【数据】|【数据工具】|【数据有效性】|【数据有效性】命令，设置【允许】与【来源】选项。

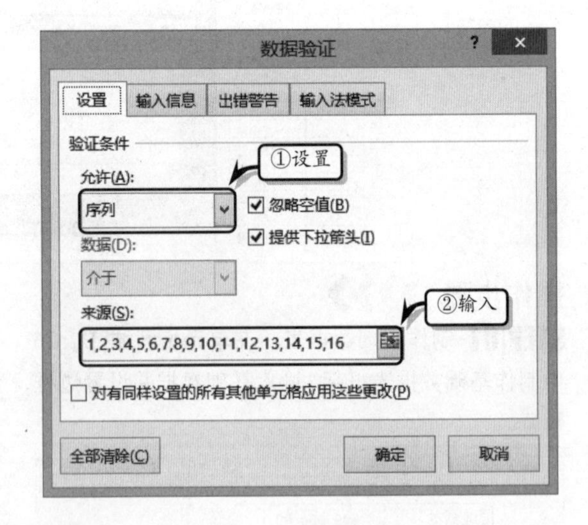

STEP|10 插入图表。同时选择单元格该区域 E3:E18 与 F3:F18，执行【插入】|【散点图】|【带平滑线和数据标记的散点图】命令。

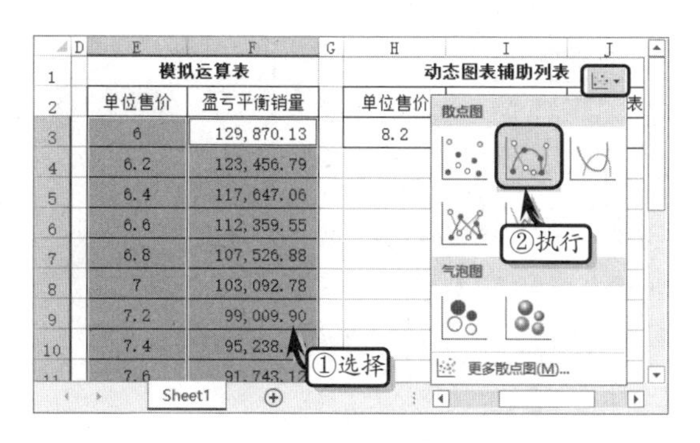

STEP|11 执行【设计】|【图表布局】|【快速布局】|【布局 8】命令，修改图表标题，并修改标题文本。

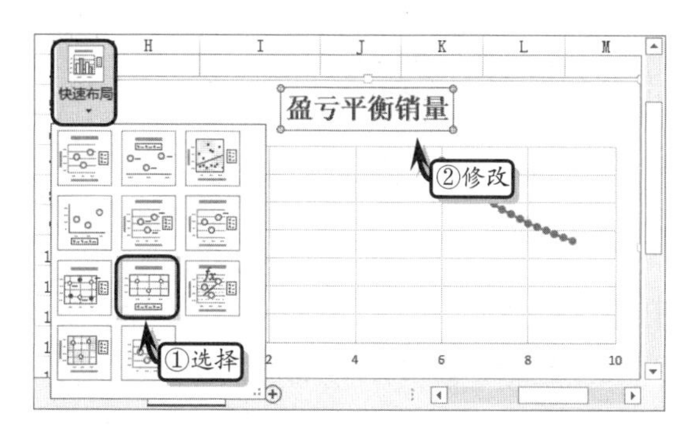

STEP|12 编辑图表数据。选择图表，执行【设计】|【数据】|【选择数据】命令，单击【编辑】按钮，设置【系列名称】选项。

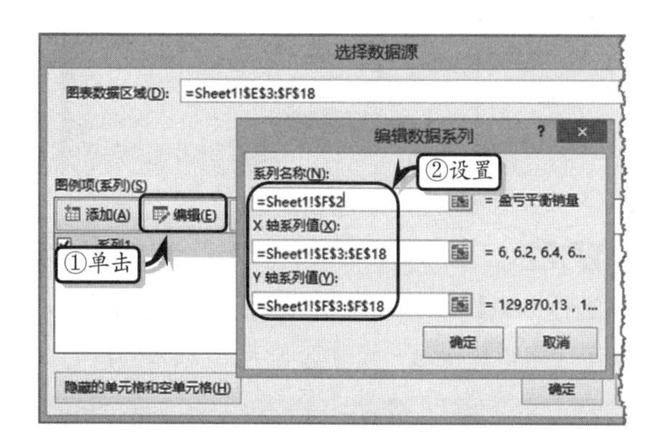

STEP|13 在【选择数据源】对话框中，单击【添加】按钮，设置数据系列的相应选项。

STEP|14 设置坐标轴格式。右击图表中的【垂直（值）轴】，执行【设置坐标轴格式】命令，设置最大值、最小值与主要刻度单位值。

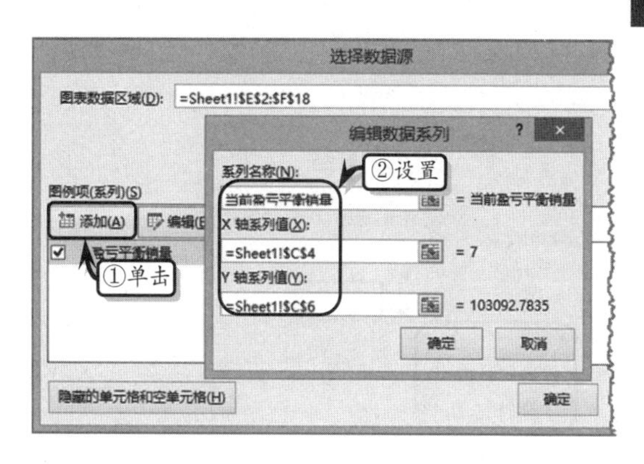

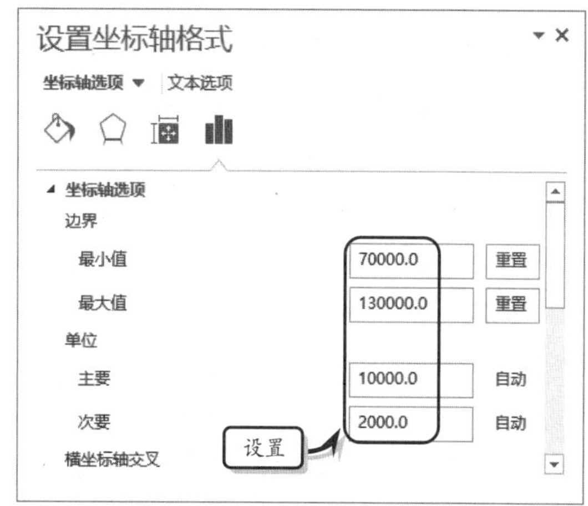

STEP|15 右击图表中的【水平（值）轴】，执行【设置坐标轴格式】命令，设置最大值、最小值与主要刻度单位值。

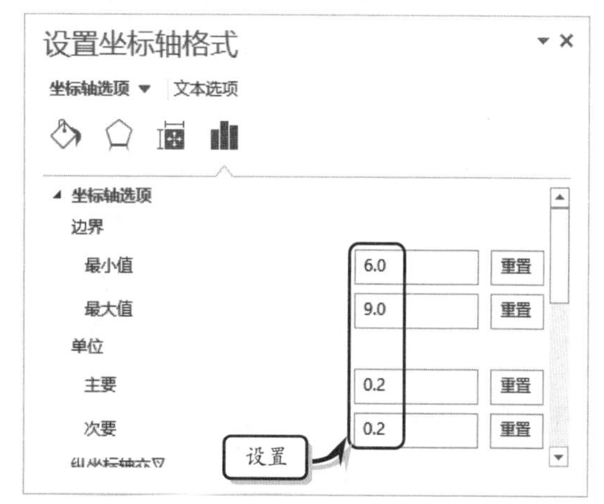

STEP|16 设置数据系列格式。双击【盈亏平衡销量】数据系列，激活【数据标记选项】选项卡，选中【内置】选项，并设置数据系列的类型。

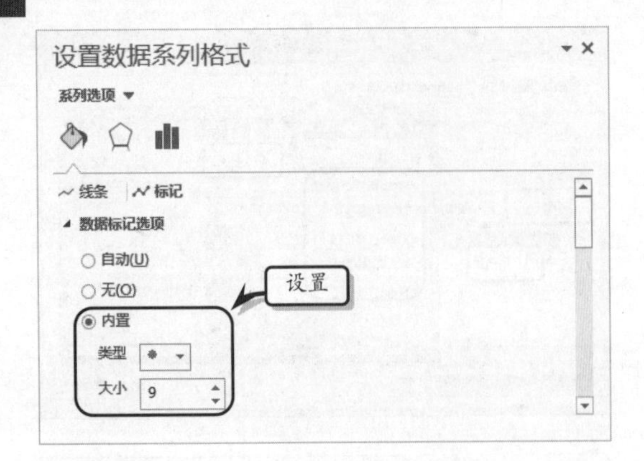

STEP|17 双击【当前盈亏平衡销量】数据系列，激活【填充】选项卡，设置数据标记的填充颜色。

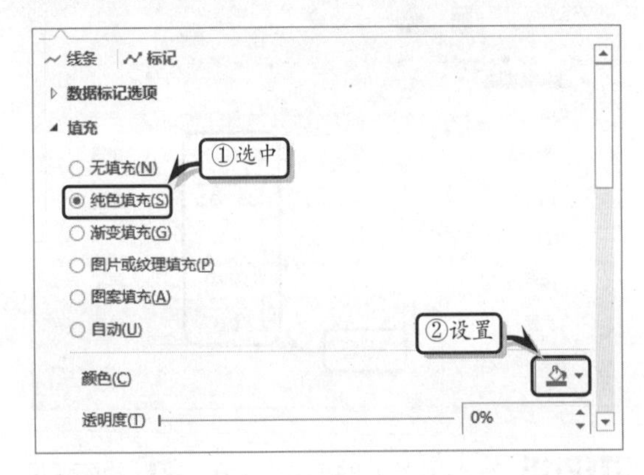

STEP|18 美化图表。选择图表，执行【格式】|【形状样式】|【细微效果-绿色，强调颜色 6】命令，设置图表的样式。

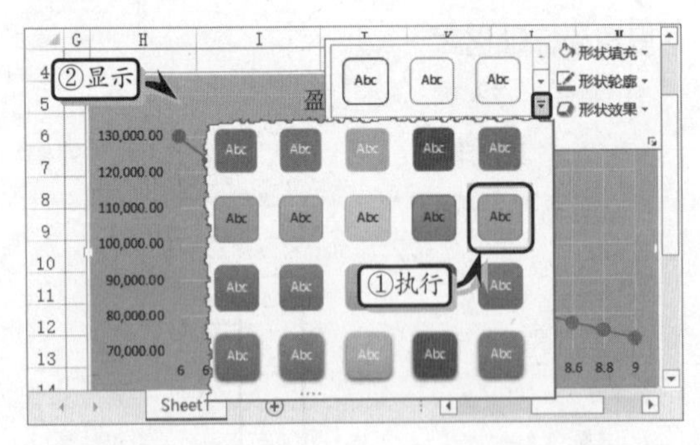

STEP|19 选择绘图区，执行【格式】|【形状样式】|【形状填充】|【白色】命令，设置绘图区的填充颜色。

STEP|20 选择图表，执行【格式】|【形状样式】|【形状效果】|【棱台】|【松散嵌入】命令，设置图表的形状效果。

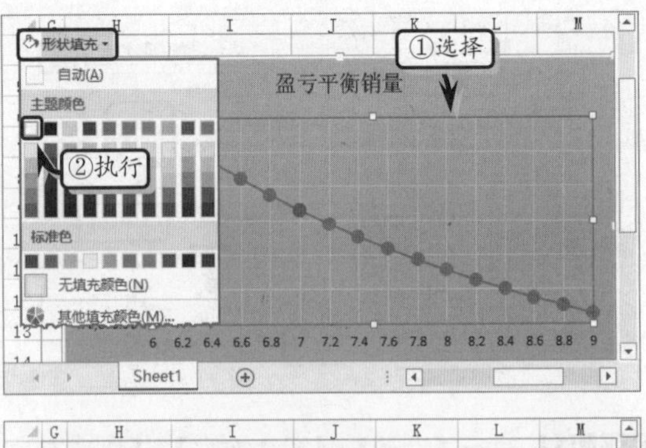

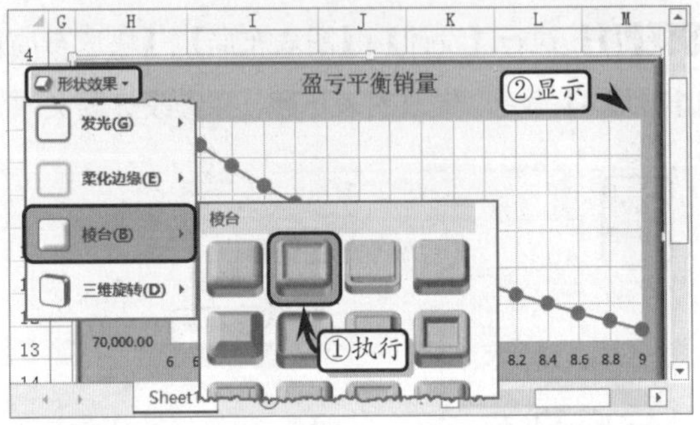

STEP|21 执行【设计】|【图表布局】|【添加图表元素】|【网格线】|【主轴主要水平网格线】命令，隐藏横网格线。使用同样的方法，隐藏主要纵网格线。

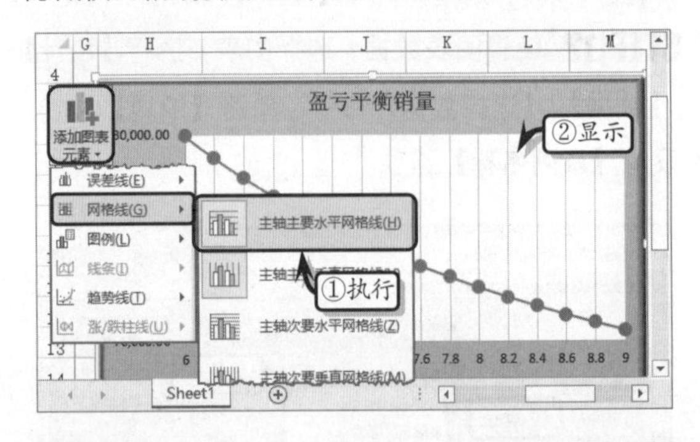

STEP|22 设置图表数据。执行【设计】|【数据】|【选择数据】命令，选择【盈亏平衡销量】选项，单击【编辑】按钮，修改 X 轴与 Y 轴系列值。

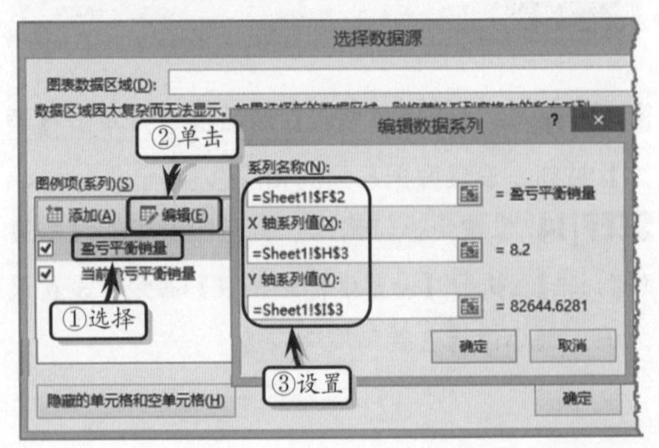

STEP|23 添加分析线。选择图表中的【盈亏平衡销量】数据系列，执行【设计】|【图表布局】|【添加图表元素】|【误差线】|【标准误差】命令。

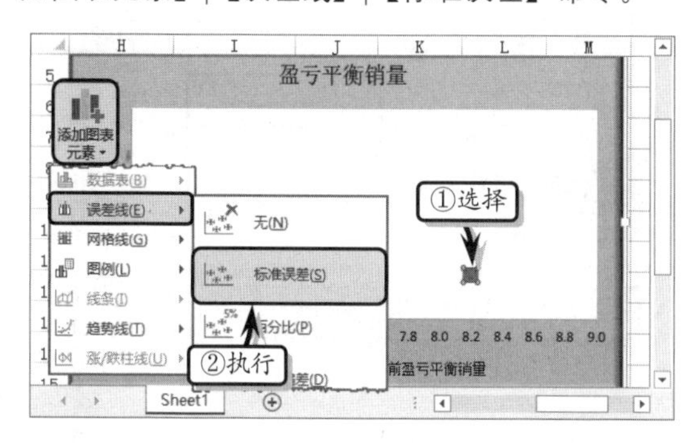

STEP|24 执行【格式】|【当前所选内容】|【图表元素】|【系列“盈亏平衡销量”X 误差线】命令，同时执行【设置所选内容格式】命令，并选中【负偏差】选项。

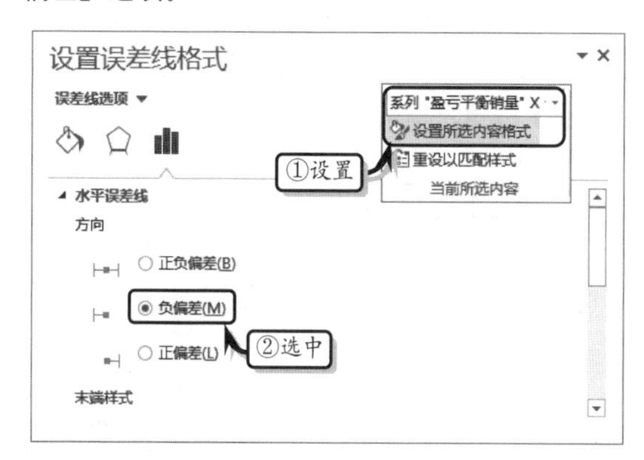

STEP|25 然后，选中【自定义】选项，单击【指定值】按钮，在弹出的对话框中设置【负错误值】选项。

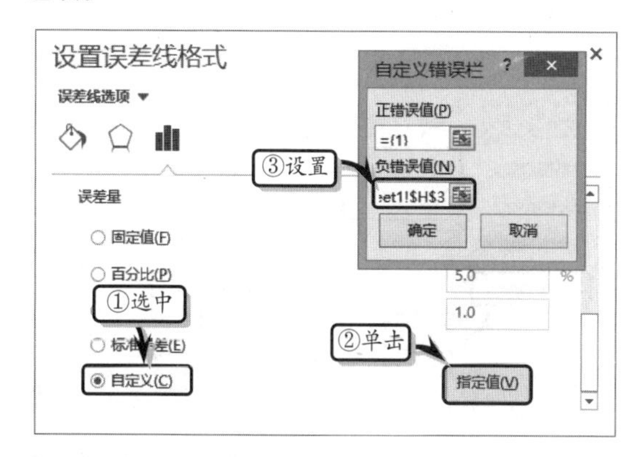

STEP|26 激活【填充线条】选项卡，在【线条】选项组中，选中【实线】选项，并设置线条的颜色。

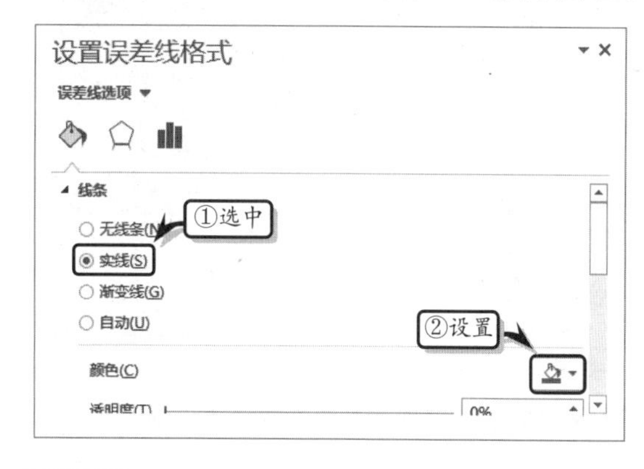

STEP|27 然后，将【宽度】设置为【1.25 磅】，将【短划线类型】设置为【方点】。

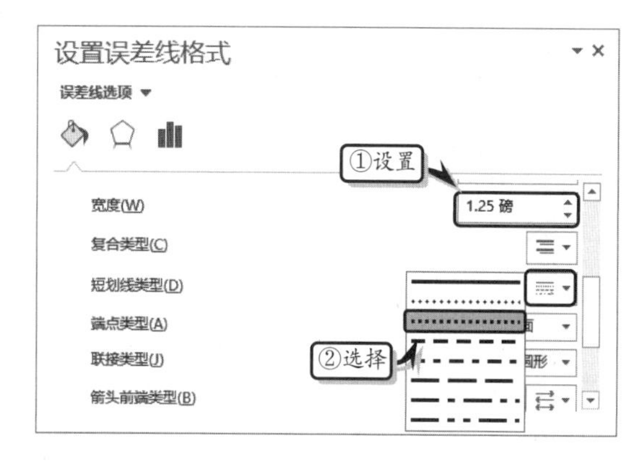

STEP|28 执行【布局】|【当前所选内容】|【图表元素】|【系列“盈亏平衡销量”Y 误差线】命令，同时执行【设置所选内容格式】命令，并选中【负偏差】选项。

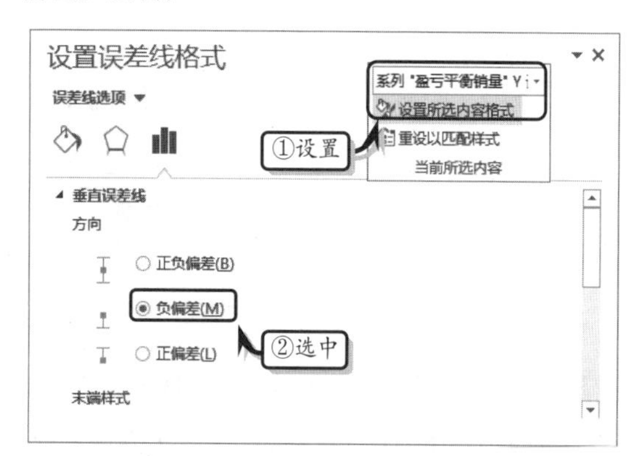

STEP|29 然后，选中【自定义】选项，单击【指定值】按钮，在弹出的对话框中设置【负错误值】选项。

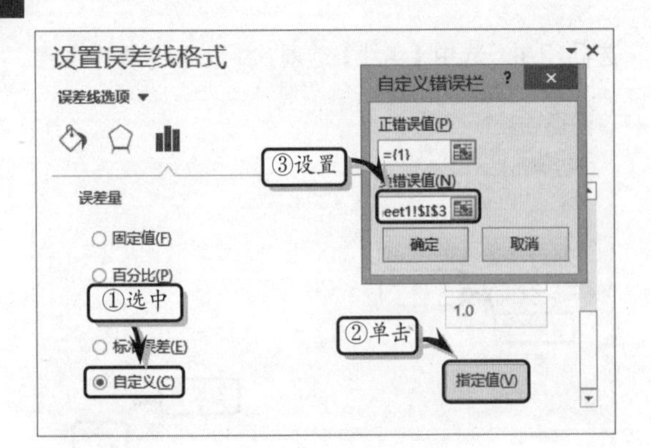

STEP|30 激活【线条颜色】选项卡，选中【实线】选项，并设置线条的颜色。

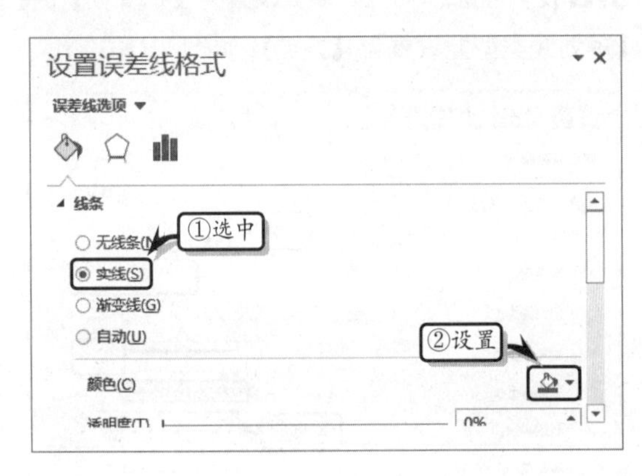

STEP|31 激活【线型】选项卡，分别设置线条的【宽度】与【短划线类型】选项。

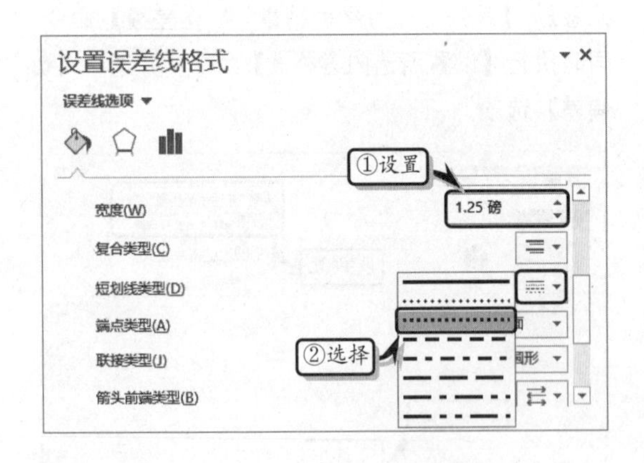

STEP|32 选择【盈亏平衡销量】数据系列，执行【设计】|【图表布局】|【添加图表元素】|【误差线】|【标准误差】命令。

STEP|33 重复步骤（23）~步骤（32）中的方法，为【当前盈亏平衡销量】数据系列添加数据交叉线。

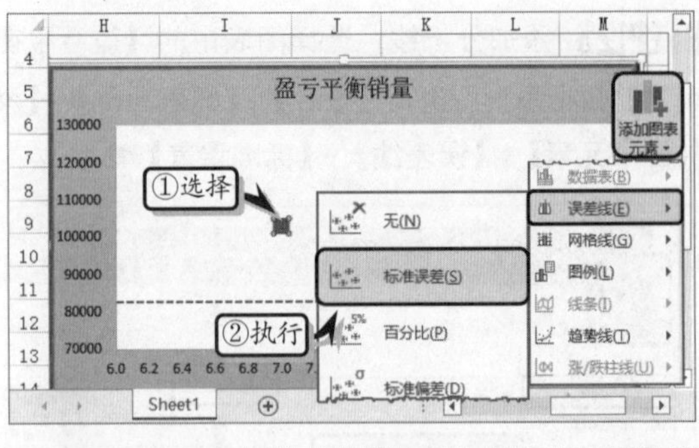

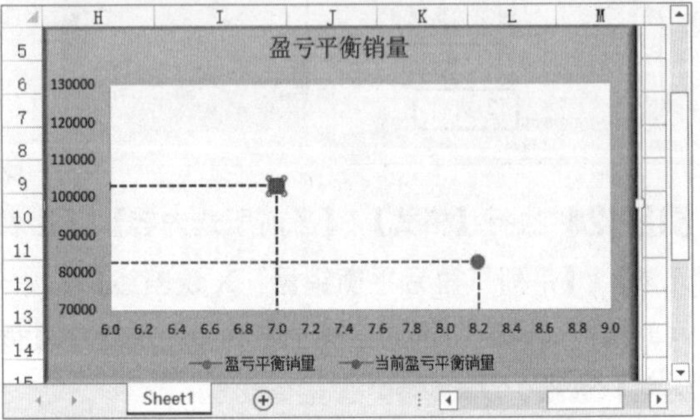

STEP|34 插入控件。执行【开发工具】|【控件】|【插入】|【组合框（窗体控件）】命令，绘制控件。

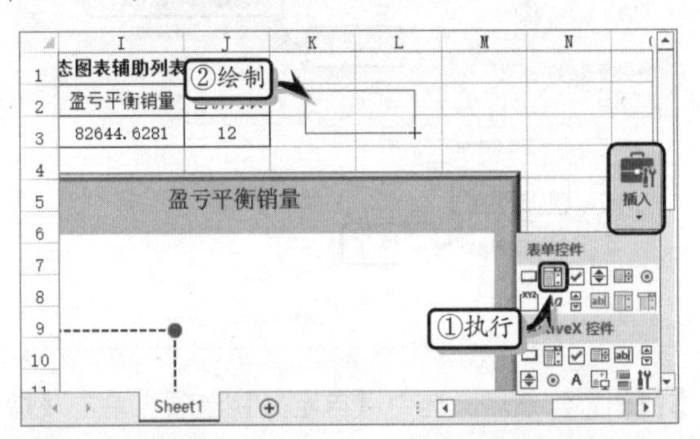

STEP|35 右击控件执行【设置控件格式】命令，激活【控件】选项卡，并设置相应的选项。

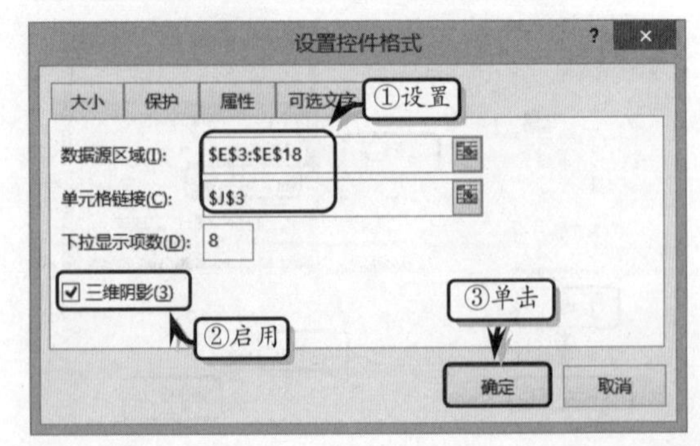

STEP|36 将控件移至图表左上角，设置标题文本格式，调整单元格 J3 中的数值，同时查看图表中

数据的变化情况。

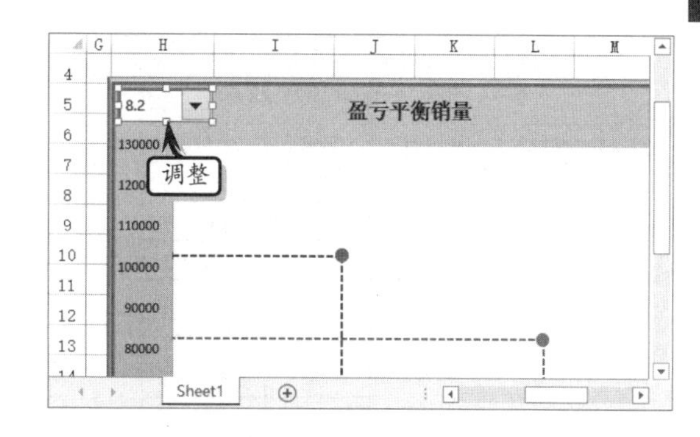

11.7 新手训练营

练习 1：单变量求解利率

downloads\11\新手训练营\单变量求解利率

提示：在本练习中，已知某产品的销售额为 100 万元，产品的成本额为 58 万元，产品的利率为 42%。下面运用单变量求解功能，求解目标利润为 60 万时的利润率。

首先，制作进行单变量求解的基础数据表，并在单元格 C4 中输入计算利润的公式。然后，执行【数据】|【数据工具】|【模拟分析】|【单变量求解】命令，在弹出的【单变量求解】对话框中，将【目标单元格】设置为【C4】，将【目标值】设置为【600000】，将【可变单元格】设置为【C5】，并单击【确定】按钮。最后，在弹出的【单变量求解状态】对话框中，单击【确定】按钮即可。

销售额	1000000
成本额	580000
利润	600000
利率	60%

练习 2：求解最大利润

downloads\11\新手训练营\求解最大利润

提示：本练习中，首先在工作表中制作基础数据，并设置数据区域的对齐和边框格式。然后，在单元格 D6 中输入计算实际生产成本的公式，在单元格 D7 中输入计算生产时间的公式，在单元格 E7 中输入计算最大利润的公式。最后，执行【数据】|【分析】|【规划求解】命令，设置规划求解各项参数即可。

求解最大利润

商品	消耗成本（克/瓶）	生产时间（分钟/瓶）	利润（元/瓶）	产量
A	2	3.2	26	0
B	2.3	3	28	300

生产成本限制	1500	实际生产成本	690	最大利润
生产时间限制	900	实际生产时间	900	8400

目标单元格（最大值）

单元格	名字	初值	终值
$E$7	实际生产时间 最大利润	8400	8400

可变单元格

单元格	名字	初值	终值
$E$3	A 产量	0	0
$E$4	B 产量	300	300

约束

单元格	名字	单元格值	公式	状态	型数值
$D$6	实际生产成本 利润（元/瓶）	690	$D$6<=$B$6	未到限制值	81
$D$7	实际生产时间 利润（元/瓶）	900	$D$7<=$B$7	到达限制值	
$E$3	A 产量	0	$E$3>=0	到达限制值	
$E$4	B 产量	300	$E$4>=0	未到限制值	30

练习 3：分析不同利率下的贷款还款额

downloads\11\新手训练营\分析不同利率下的贷款还款额

提示：在本练习中，已知贷款额为 10 万元，利率为 5%，贷款期限为 20 年，下面将运用单变量模拟运算表，计算不同利率下的还款额。

首先，制作不同利率下还款额的基础数据表，并在单元格 E3 中输入计算还款额的函数。然后，选择单元格区域 D3:E10，执行【数据】|【数据工具】|【模拟分析】|【模拟运算表】命令，设置【输入引用列的单元格】选项。最后，设置单元格区域内的数据格式。

不同利率下的贷款还款额			
贷款额	期限（月）	利率	还款额
100000	240	5%	￥659.96
		4.0%	￥605.98
		4.5%	￥632.65
		5.0%	￥659.96
		5.5%	￥687.89
		6%	￥716.43
		6.5%	￥745.57
		7%	￥775.30

练习 4：分析不同利率和期限下的还款额

downloads\11\新手训练营\分析不同利率和期限下的还款额

提示：在本练习中，已知某人贷款 10 万元，利率为 5%，贷款期限为 20 年，下面将运用双变量模拟运算表，计算不同利率与不同期限下的还款额。

首先，制作不同利率不同期限下还款额的基础数据表，并在单元格 D3 中输入计算还款额的函数。然后，选择单元格区域 D3:E10，执行【数据】|【数据工具】|【模拟分析】|【模拟运算表】命令，设置【输入引用行的单元格】和【输入引用列的单元格】选项。最后，设置单元格区域内的数据格式。

不同期限和利率下的还款额						
还款额	还款期限					
￥8,024.26	5	10	15	20	25	
3.0%	￥21,835.46	￥11,723.05	￥8,376.66	￥6,721.57	￥5,742.79	￥5,
3.5%	￥22,148.14	￥12,024.14	￥8,682.51	￥7,036.11	￥6,067.40	￥5,
4.0%	￥22,462.71	￥12,329.09	￥8,994.11	￥7,358.18	￥6,401.20	￥5,
4.5%	￥22,779.16	￥12,637.88	￥9,311.38	￥7,687.61	￥6,743.90	￥6,
5.0%	￥23,097.48	￥12,950.46	￥9,634.23	￥8,024.26	￥7,095.25	￥6,
5.5%	￥23,417.64	￥13,266.78	￥9,962.56	￥8,367.93	￥7,454.94	￥6,
6.0%	￥23,739.64	￥13,586.80	￥10,296.28	￥8,718.46	￥7,822.67	￥7,
6.5%	￥24,063.45	￥13,910.47	￥10,635.28	￥9,075.64	￥8,198.15	￥7,
7.0%	￥24,389.07	￥14,237.75	￥10,979.46	￥9,439.29	￥8,581.05	￥8,

练习 5：预测最佳生产方案

downloads\11\新手训练营\预测最佳生产方案

提示：在本练习中，首先制作基础数据表，并在单元格 B6 中输入计算最佳方案的公式。然后，执行【数据】|【数据工具】|【模拟分析】|【方案管理器】命令。在弹出的对话框中，单击【添加】按钮，在弹出的【编辑方案】对话框中设置方案选项，并单击【确定】按钮。最后，在弹出的【方案变量值】对话框中，将各数值分别设置为 400、200 和 150，单击【确定】按钮即可。

预测最佳生产方案					
	单价	月产量	最大生产量	正常生产量	最低生产量
A	131	400	400	260	200
B	260	200	200	150	130
C	126	150	150	130	100
最佳方案	123300				

第 12 章

描述性统计分析

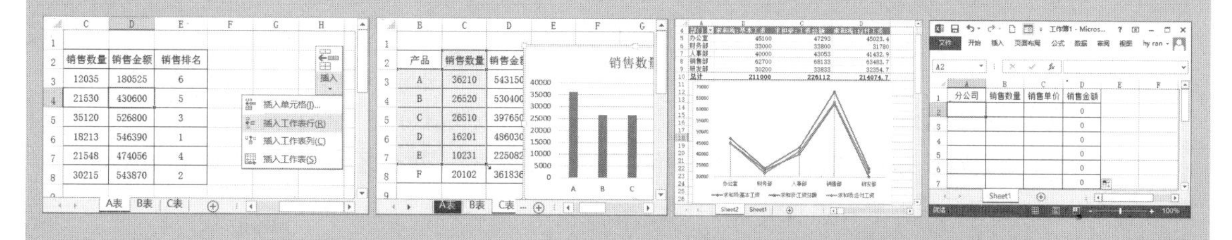

描述性统计分析是统计学中的基础内容，主要用于研究数据的基本统计特征，从而掌握数据的整体分布形态。描述性统计分析是对分析数据进行正确统计推断的先决条件，其分析结果对进一步的数据建模起到了关键性的指导和参考作用。例如，在分析定量类型数据时，可以获得其均数、标准差、方差等指标；而对于一些计数类型及分类数据时，则可以获得其频率、比率等指标。在本章中，将以描述性统计分析实例为基础，逐一介绍运用 Excel 进行描述性统计分析的操作方法和技巧，为用户学习高深的统计分析技术奠定基础。

12.1 频数分析

频数也称为次数，是指同一观测值在一组数据中出现的次数。使用该分析方法可以将零散的、分散的数据进行有次序的整理，从而形成一系列反映总体各组之间单位分布状况的数列。在变量分配数列中，频数表明对应组标志值的作用程度，其值越大表明该组标志值对于总体水平所起的作用越大，反之亦然。

12.1.1 单项式频数分析

单项式频率分析又称为单项式分组的频数分析，它主要是运用 Excel 中的 COUNTIF 函数，对数据进行频数分析。

1. COUNTIF 函数概述

COUNTIF 函数属于 Excel 中的统计分析类函数，它可以对以字母开头的所有单元格进行计算，也可以对大于或小于某一指定数值的所有单元格进行计算。

COUNTIF 函数的功能是对区域中满足单个指定条件的单元格进行计数，该函数的表达式为：

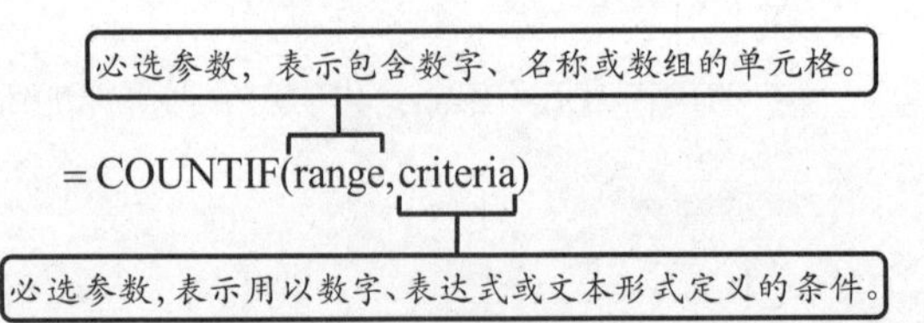

另外，函数中的条件参数不区分大小写。除此之外，在条件参数中还可以使用通配符，即问号（？）和星号（*）。其中，问号匹配任意单元格字符，而星号则匹配任意一串字符。如果需要查找实际的问号或星号，则需要在字符前输入波形符（~）。

注意

使用 COUNTIF 函数匹配超过 255 个字符的字符串时，将会返回不正确的结果#VALUE!。

2. 制作频数表

已知某机构统计的 90 名儿童的体重数据，通过统计数据可以发现，该类型的数据为离散型数据，而且数据之间的振幅相对较小，应运用 COUNTIF 函数进行单项式分组法来计算其频数。

	A	B	C	D	E	F	G
1	30	31	31	34	34	32	
2	30	32	34	33	31	33	
3	33	30	32	31	33	30	
4	33	31	31	30	31	32	
5	34	34	30	33	34	33	
6	31	31	30	32	31	32	
7	31	30	33	30	32	34	
8	34	34	32	30	30	31	
9	30	30	32	34	32	30	
10	33	33	30	32	33	33	
11	30	31	31	34	33	34	
12	30	30	32	31	34	31	
13	32	30	30	30	32	31	
14	32	30	34	31	31	34	
15	33	30	31	33	31	34	

仔细观察数据会发现，体重数据介于 30~34 之间，可以将其分为 5 个组别，分别为 30、31、32、33 和 34，并在区域表中制作基础数据表。

	E	F	G	H	I	J	K
1	34	32		频数统计			
2	31	33		体重	频数	频率	
3	33	30		30			
4	31	32		31			
5	34	33		32			
6	31	32		33			
7	32	34		34			
8	30	31					
9	32	30					

选择单元格 I3，在编辑栏中输入 COUNTIF 函数，并输入其参数，按 Enter 键，返回体重为 30 的频数值。

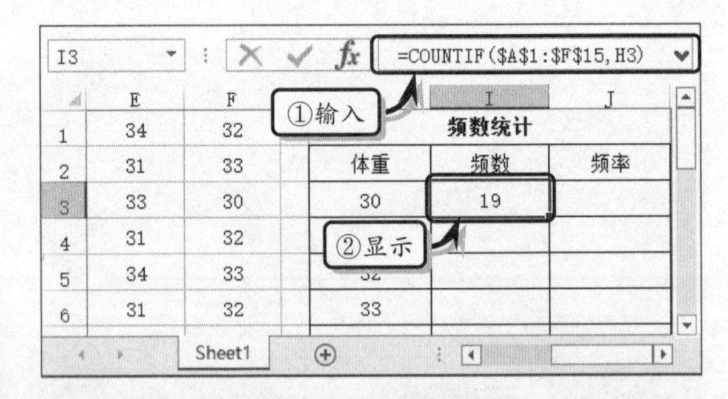

提示

由于公式中的数据区域是固定不变的，因此需要添加绝对值引用符号“$”，以方便填充公式。

然后，选择单元格 J3，在编辑栏中输入计算公式，按 Enter 键，返回体重为 30 的频率值。

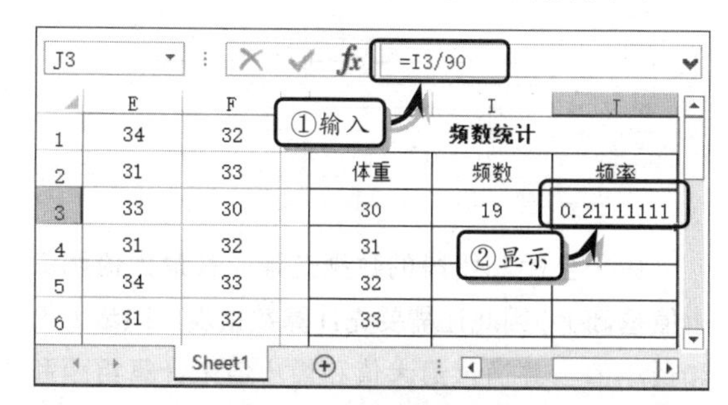

提示

由于总体数据的个数为 90，因此在计算频率的时候需要除以 90。

选择单元格区域 I3:H7，执行【开始】|【编辑】|【填充】|【向下】命令，向下填充公式。

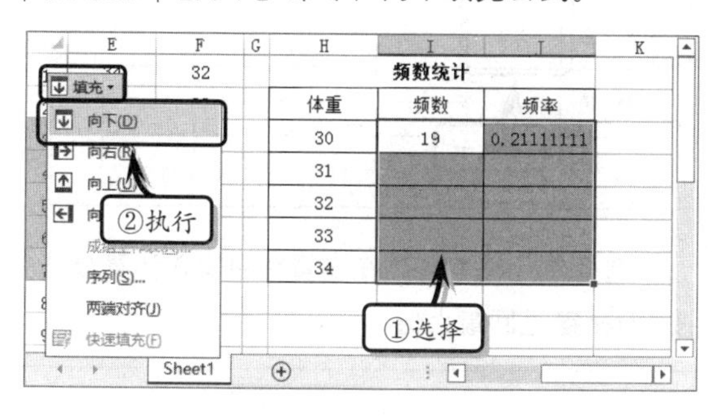

12.1.2　组距式频数分析

组距式频率分析又称为组距式分组的频数分析，它主要是运用 Excel 中的各类函数，对连续变量的数据进行频数分析。

1．组距式频数分析概述

组距式频数分析相对于单项式频数分析相对复杂一些，在计算频数和频率之前，还需要计算全距、组距等数据。其中，各项数据的计算公式和含义如下所述。

（1）全距。全距又称为极差，其公式表现为：全距=最大值-最小值。

（2）组距。通常分为多个组，取全距的十分之一，其公式表现为：组距=全距/10。而在等距分组时，其公式表现为：组距=全距/组数。

（3）组段。组段的确定应该体现出数据总体分布的特点，组段中的最小组的下限（起点值）应该低于最小变量值，而最大组的上限（终点值）应该高于最大变量值。

（4）相对频数。相对频数又称为频率，为频数在总样数中所占的比例。

（5）累计频数。累计频数是对频数进行累计计算所得。

（6）相对累计频数。相对累计频数是对相对频数进行累计计算所得。

2．相关函数概述

在组距式频率分析中，一般会应用到 MAX、MIN、IF、FREQUENCY、COUNT 和 ISERROR 函数，每种函数的具体含义如下所述。

MAX 函数的功能是返回一组值中的最大值，该函数的表达式为：

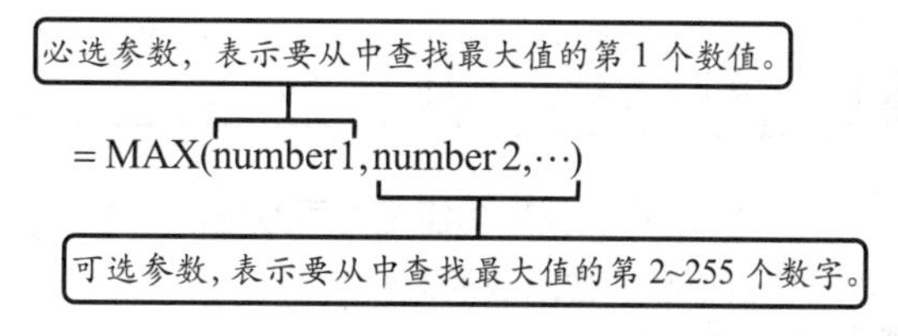

MIN 函数的功能是返回一组值中的最小值，该函数的表达式为：

必选参数，表示要从中查找最小值的第 1 个数值。

= MIN(number1,number2,⋯)

可选参数，表示要从中查找最小值的第 2~255 个数字。

FREQUENCY 函数的功能是返回数值在区域内出现的频率，该函数必须以数组公式的形式进行输入。该函数的表达式为：

必选参数，表示一个值数组或对一组数值的引用。

= FREQUENCY(data_array,bins_array)

必选参数，表示一个区间数组或对区间的引用。

ISERROR 函数属于 IS 类函数，其功能是检查一个值是否为错误值，返回 FALSE 或 TRUE。该函数的表达式为：

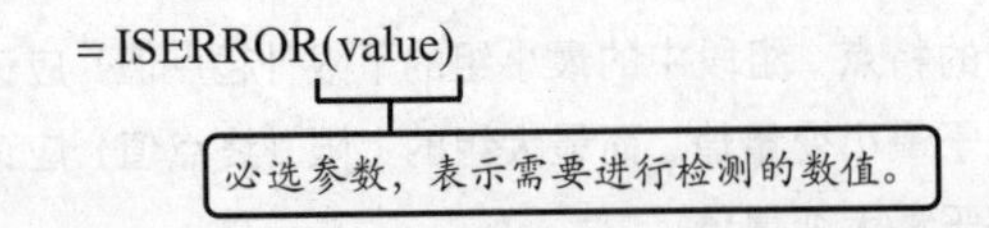

注意

该函数只有一个 value 参数，是不可以转换的，任何使用双引号括起的数值都将被视为文本。

IF 函数的功能是判断指定的数据是否满足一定的条件，如满足返回相应的值，否则返回另外一个值。该函数的表达式为：

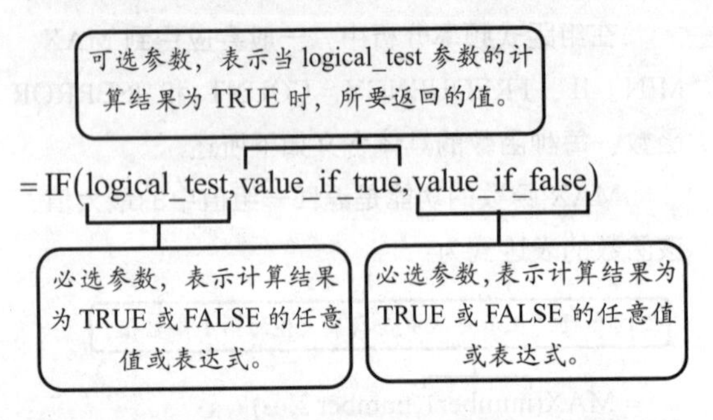

COUNTA 函数的功能是返回数据区域中非空单元格的个数，该函数的表达式为：

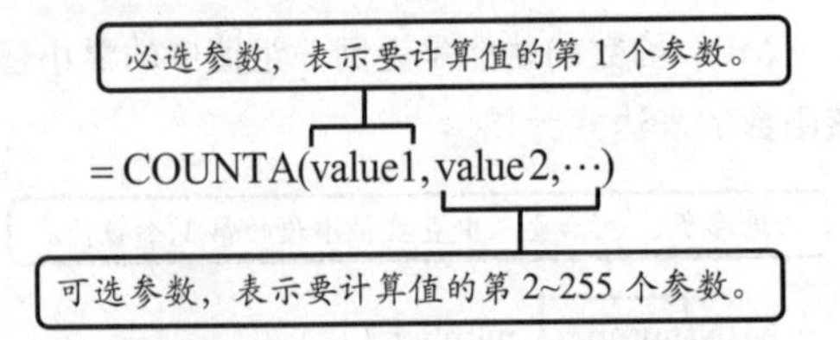

3．制作频数表

已知某机构统计的 120 名人员的空腹血糖值，通过统计数据可以发现，该类型的数据为连续型变量分组类数据，应运用组距式分析方法来分析其频数。

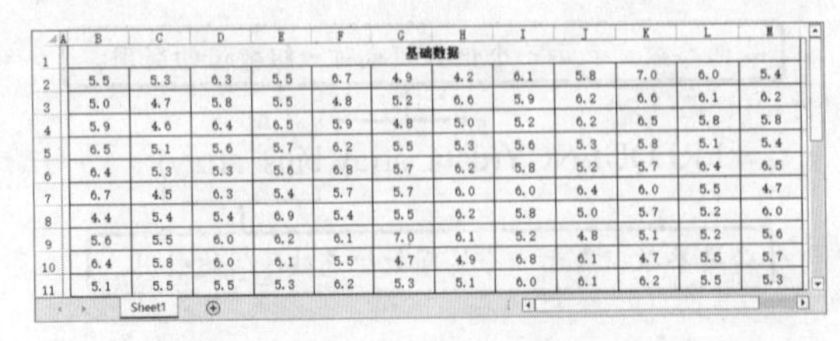

	B	C	D	E	F	G	H	I	J	K	L	M
1	基础数据											
2	5.5	5.3	6.3	5.5	6.7	4.9	4.2	6.1	5.8	7.0	6.0	5.4
3	5.0	4.7	5.8	5.5	4.8	5.2	6.6	5.9	6.2	6.6	6.1	6.2
4	5.9	4.6	6.4	6.5	5.9	4.8	5.0	5.2	6.2	6.5	5.8	5.8
5	6.5	5.1	5.6	5.7	6.2	5.5	5.3	5.6	5.3	5.8	5.1	5.4
6	6.4	5.3	5.3	5.6	6.8	5.7	6.2	5.8	5.2	5.7	6.4	6.5
7	6.7	4.5	6.3	5.4	5.7	5.7	6.0	6.0	6.4	6.0	5.5	4.7
8	4.4	5.4	5.4	6.9	5.4	5.5	6.2	5.8	5.0	5.7	5.2	6.0
9	5.6	5.5	6.0	6.2	6.1	7.0	6.1	5.2	4.8	5.1	5.2	5.6
10	6.4	5.8	6.0	6.1	5.5	4.7	4.9	6.8	6.1	4.7	5.5	5.7
11	5.1	5.5	5.5	5.3	6.2	5.3	5.1	6.0	6.1	6.2	5.5	5.3

在基础数据表下方制作分析表格，并设置表格的对齐和边框格式。

	C	D	E	F	G	H	I	J	K
13	参考数据		组段（下限）	组段	组段（上限）	频数	累计频数	相对频数	相对累计频数
14–15	最小值								
16–17	最大值								
18–19	全距								
20–21	组段								
22	确定组距								
23	总样数								

由于全距和组段的数据是建立在最大值和最小值基础上，因此还需要先计算数据表中的最大值和最小值，并通过最大值和最小值来计算组距和组段。

选择单元格 D14，在编辑栏中输入计算公式，按 Enter 键返回最小值。

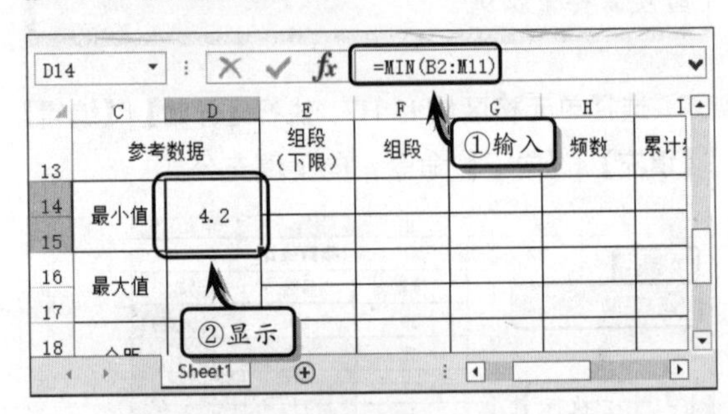

选择单元格 D16，在编辑栏中输入计算公式，按 Enter 键返回最大值。

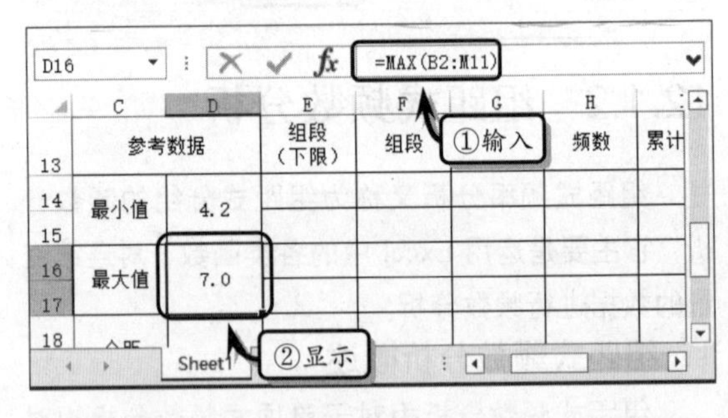

选择单元格 D18，在编辑栏中输入计算公式，按 Enter 键返回全距值。

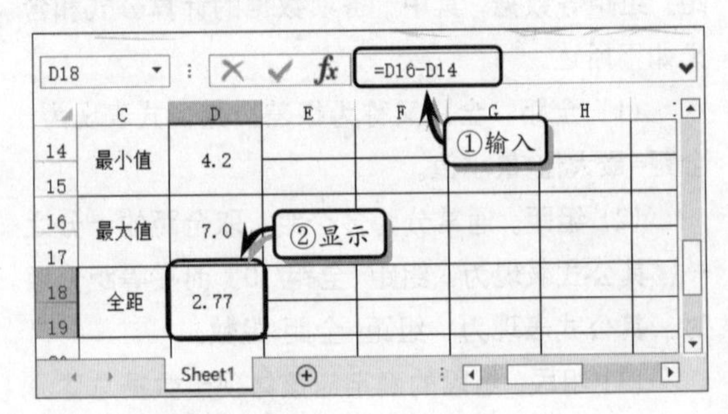

选择单元格 D20，在编辑栏中输入计算公式，按 Enter 键返回组段值。

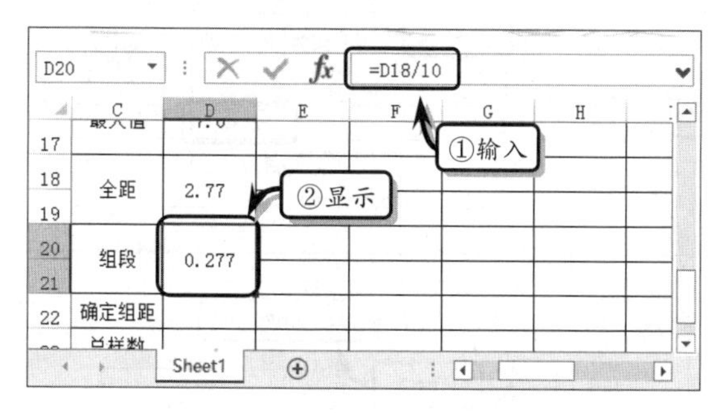

选择单元格 D23，在编辑栏中输入计算公式，按 Enter 键返回总样数。

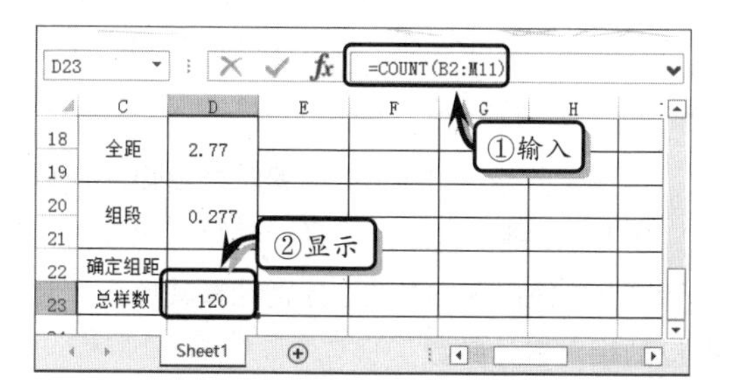

计算全距和组段值之后，需要根据组段值来制定确定组距值。同时，还需要根据最小值和组距值，来指定组段的最小下限值。

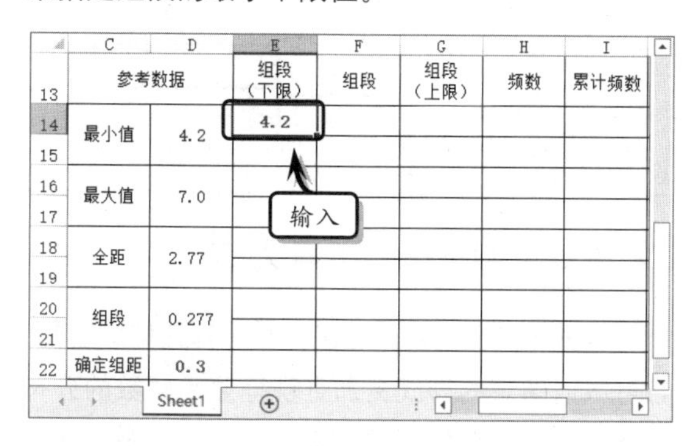

确定组段下限的最小值之后，便可以依据最大值和确定组距值，来计算组段的下限、组段和组段上限值了。

选择单元格 E15，在编辑栏中输入计算公式，按 Enter 键，返回组段的下限值。使用同样的方法，分别计算其他下限值。

选择单元格 F15，在编辑栏中输入计算公式，按 Enter 键，返回组段值。使用同样的方法，分别计算其他组段值。

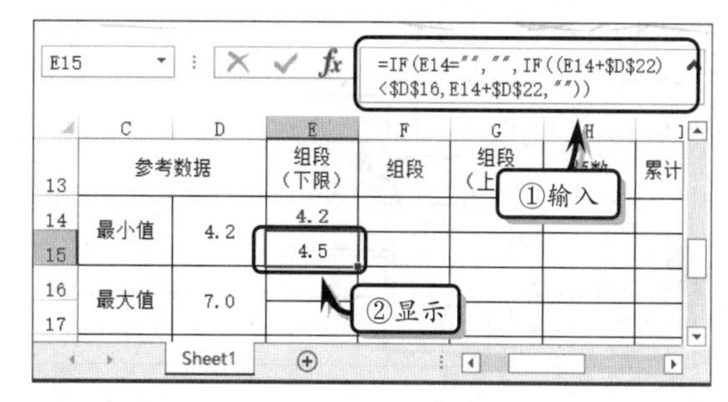

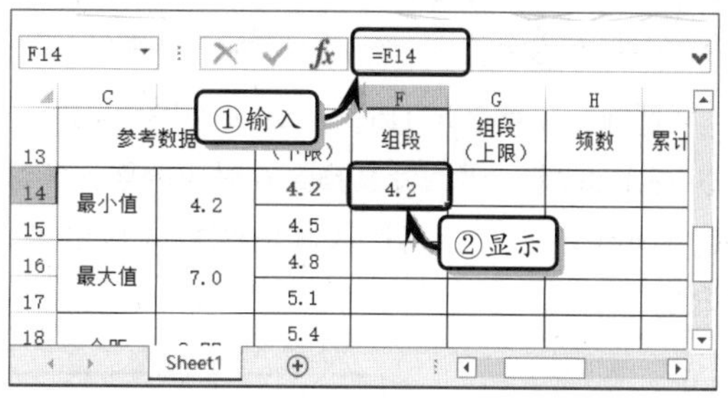

选择单元格 G15，在编辑栏中输入计算公式，按 Enter 键，返回组段上限值。使用同样的方法，分别计算其他组段上限值。

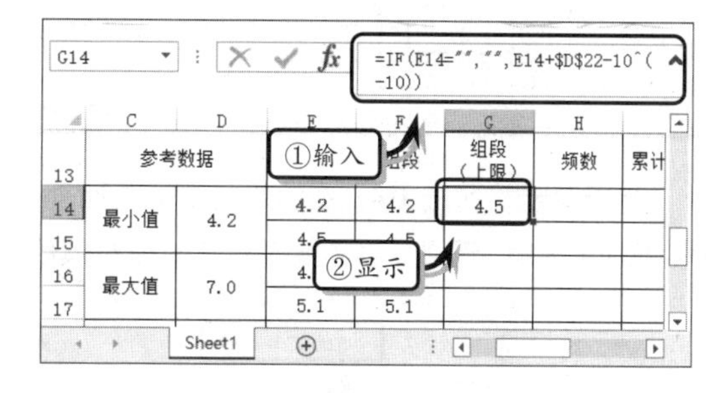

计算组段上限值之后，便可以使用 FREQUENCY 函数，依据基础数据和组段上限值，来计算不同组段的频数、累计频数、相对频数和相对累计频数值。

选择单元格区域 H14:H23，在编辑栏中输入数组公式，按 Shift+Ctrl+Enter 组合键，返回计算结果。

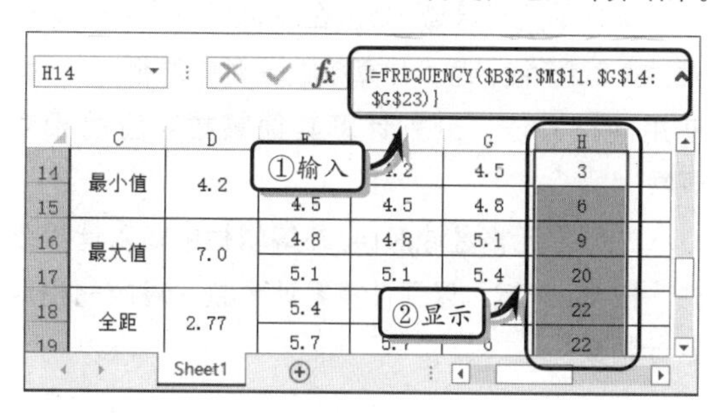

选择单元格区域 I14，在编辑栏中输入计算公式，按 Enter 键，返回计算频数 3 对应的累计频数。

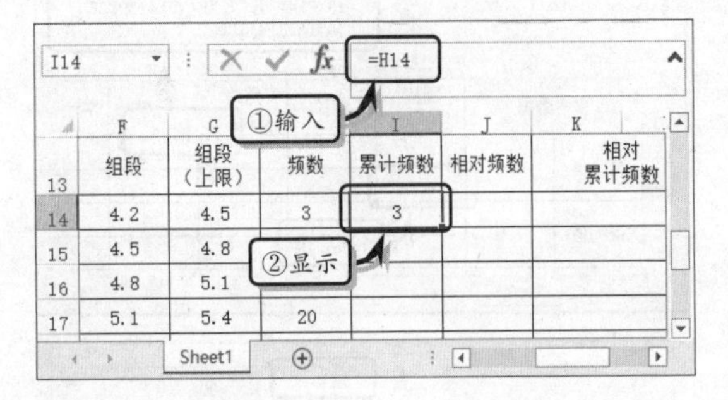

选择单元格区域 I15，在编辑栏中输入计算公式，按 Enter 键，返回计算频数 6 对应的累计频数。使用同样方法，分别计算其他频数对应的累计频数。

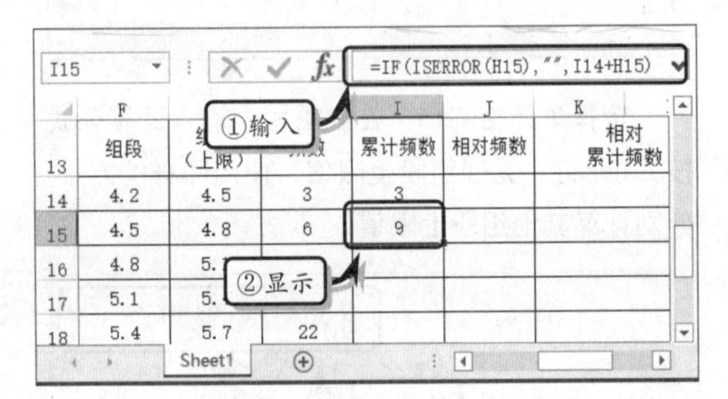

选择单元格区域 J14，在编辑栏中输入计算公式，按 Enter 键，返回计算频数 3 对应的相对频数。

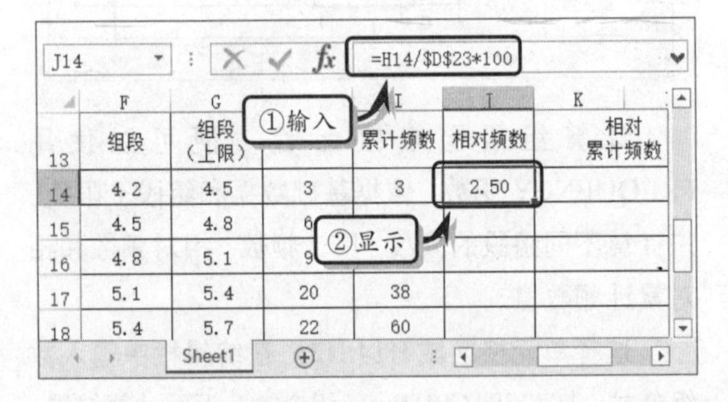

选择单元格区域 J15，在编辑栏中输入计算公式，按 Enter 键，返回计算频数 6 对应的相对频数。使用同样方法，分别计算其他频数对应的相对频数。

选择单元格区域 K14，在编辑栏中输入计算公式，按 Enter 键，返回计算累计频数 3 对应的相对累计频数。

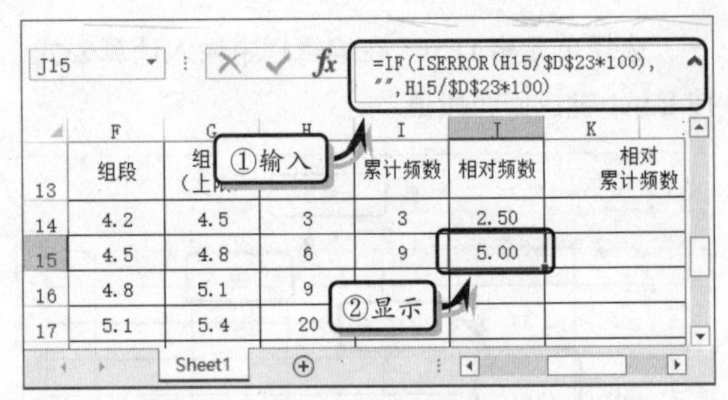

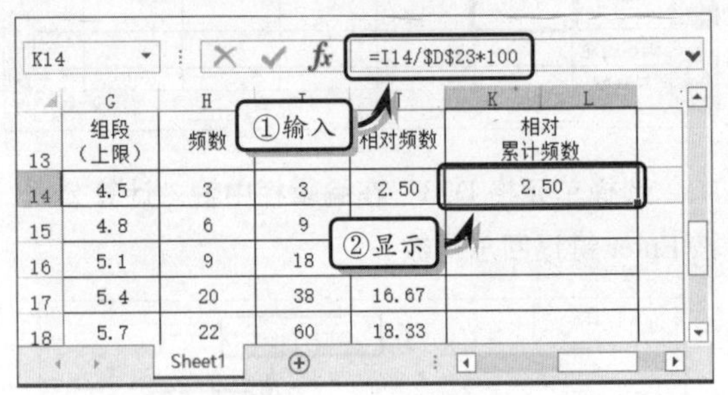

选择单元格区域 K15，在编辑栏中输入计算公式，按 Enter 键，返回计算累计频数 6 对应的相对累计频数。使用同样方法，分别计算其他累计频数对应的相对累计频数。

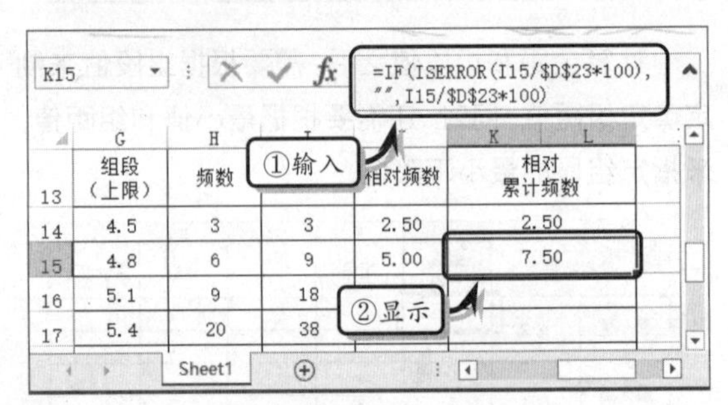

12.1.3 频数统计直方图

直方图又称质量分布图，是一种几何形图表，它可以以图表的形式更加直观地显示频数的分布状态。Excel 为用户内置了直方图分析工具，通过该工具可以计算给定单元格区域与接受区间中数据的单个与累计频率，不仅可以统计区域中单个数值的出现频率，而且可以创建数据分布与直方图表。

1. 加载分析工具

分析工具属于 Excel 中的一个组件，因此在使用数据分析工具库分析数据之前，还需要加载该组件。

执行【文件】|【选项】命令，在弹出的【Excel 选项】对话框中，激活【加载项】选项卡，单击【转到】按钮。

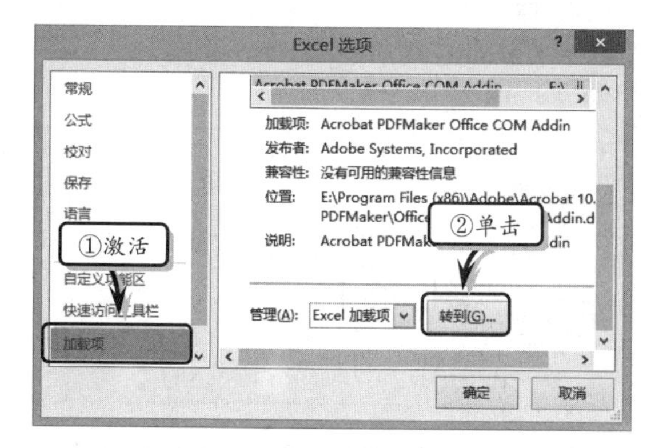

在弹出的【加载宏】对话框中，启用【分析工具库】复选框，单击【确定】按钮即可。

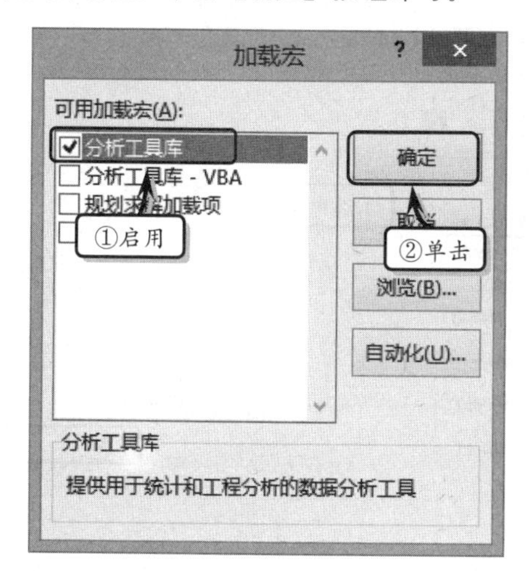

2. 使用直方图分析工具

执行【数据】|【分析】|【数据分析】命令，在弹出的【数据分析】对话框中选择【直方图】选项，并单击【确定】按钮。

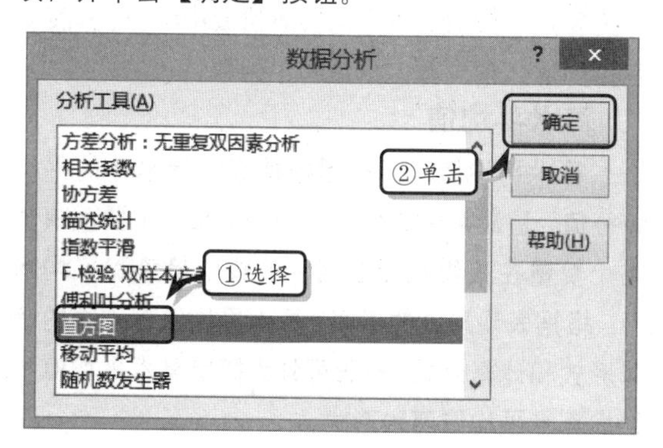

然后，在弹出的【直方图】对话框中，设置输入区域、接收区域和输出区域，启用【图表输出】复选框，并单击【确定】按钮。

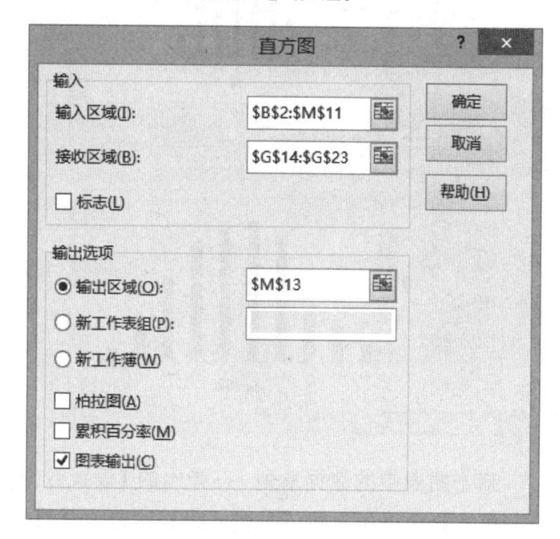

其中，【直方图】对话框中各选项的含义，如下表所述。

选项	子选项	含　义
输入	输入区域	表示包含任意数目的行与列的数据区域
	接收区域	表示直方图每列的值域
	标志	表示数据范围是否包含标志
输出选项	输出区域	表示统计结果的存放在当前工作表中的位置
	新工作表组	表示统计结果存储在新工作表中
	新工作簿	标记统计结果存储在新工作簿中
	柏拉图	表示在统计结果中显示柏拉图
	累积百分率	表示在统计结果中显示累积百分率

此时，在工作表中的指定单元格中，将显示直方图所生成的接收和频率数据，并显示直方图图表。

由于最后一行的频率值为 0，因此在此需要删除最后一行数值。同时，为了更好地查看分析数据，还需要删除图表中的标题和图例元素，并分别修改坐标轴文本。

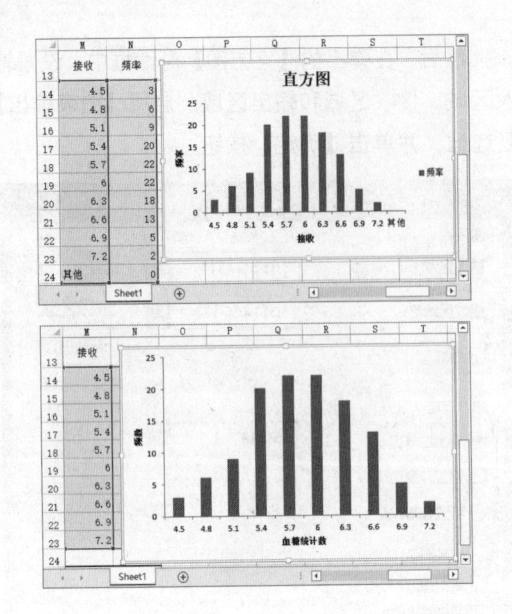

双击图表中的数据系列，在弹出的【设置数据系列格式】窗格中，将【分类间距】设置为【0】。

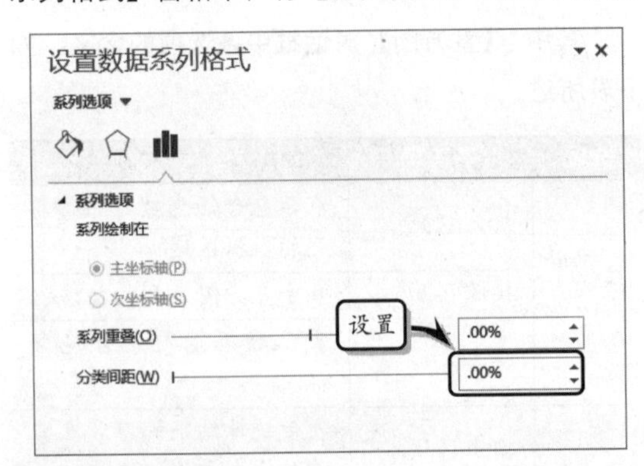

激活【填充线条】选项卡，展开【填充】选项组，选中【图案填充】选项，使用默认填充设置。

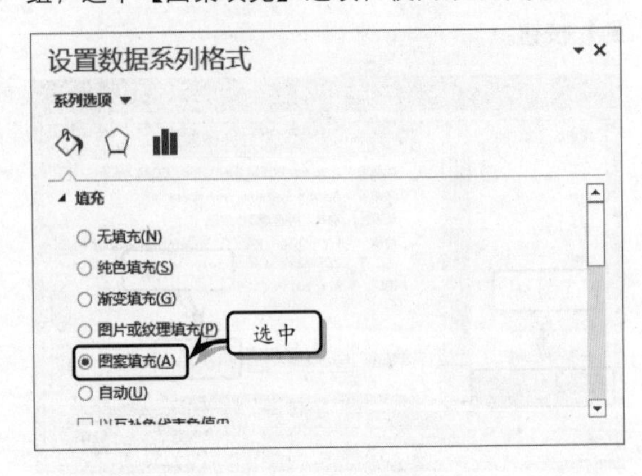

然后，展开【边框】选项组，选中【实线】选项，并将【宽度】设置为【1 磅】。

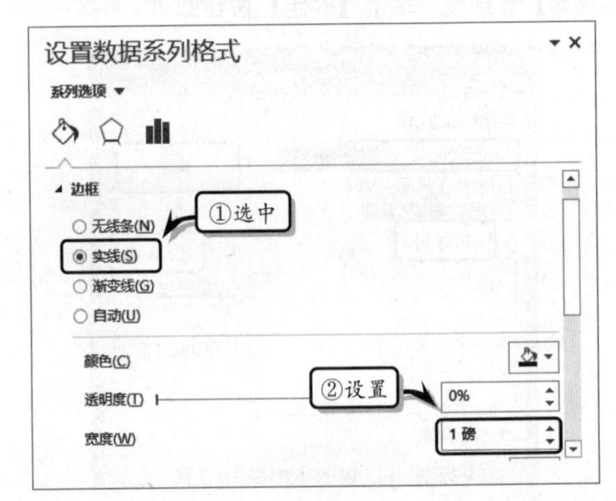

12.2 描述分析

描述分析是将研究中所得的数据加以整理、归类、简化或绘制成图表，以此分析数据的观测个数、中心趋势，以及到中心值的变异或离散程度的一种过程。运用描述分析，可以精确获得定距型数据的分布特征，主要涉及数据的集中趋势、离散程度和分布形态，最常用的指标有平均数、标准差和方差等。

12.2.1 集中趋势分析

集中趋势是指一组数据向某一中心值靠拢的程度，反映了该组数据中心点的位置。集中趋势统计主要是寻找数据水平的代表值或中心值，其度量包括均值、中位数、众数和中列数。

1. 算术平均值

算术平均值表示一组数据或统计总体的平均特征值，是最常见的代表值或中心值，主要反映了某个变量在该组观测数据中的集中趋势和平均水平。根据表现形式的不同，算术平均值有不同的计算形式和计算公式，一般可分为简单算术平均值和加权算术平均值两种形式。

1）简单算术平均值

简单算术平均值是计算平均指标最常用的方法和形式，其计算公式表示为：

$$\bar{x}=\frac{\sum_{i=1}^{n}x_i}{n}$$

公式中的 n 代表总体样本数，x_i 代表各样本值。该公式适用于随机变量 x_i 的数据满足对称分布或正态分布，但通过公式用户可以发现均值的大小比较容易受到数据中极端值的影响。

在 Excel 中，用户可以使用 AVERAGE 函数来计算数值的平均值。AVERAGE 函数的功能是返回参数的平均值（算术平均值），该函数的表达式为：

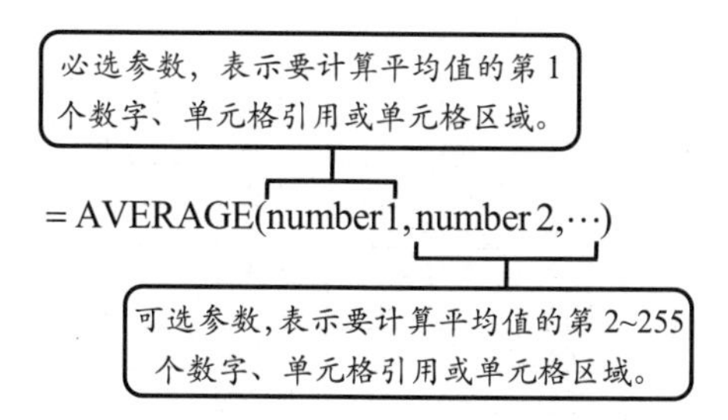

已知某公司组织的业务考核成绩表，下面运用 AVERAGE 函数，来计算员工的平均考核成绩。

业绩考核表

工牌号	姓名	工作技能	工作效率	团队合作	适应性	平均分
101	张宇	80	92	83	79	
103	张彦	80	95	88	89	
201	海峰	89	87	78	69	
203	海尔	92	76	74	90	
108	祝英	68	79	76	93	
109	牛凤	89	91	85	95	
208	王艳	85	68	86	92	
210	王凤	80	83	90	89	
168	胡陈	88	85	84	83	
160	胡杨	97	64	91	89	
平均成绩						

首先，选择单元格 H3，在编辑栏中输入计算公式，按 Enter 键，返回员工的平均成绩。使用同样的方法，分别计算其他员工的平均成绩。

然后，选择单元格 D13，在编辑栏中输入计算公式，按 Enter 键，返回科目的平均成绩。使用同样的方法，分别计算其他科目的平均成绩。

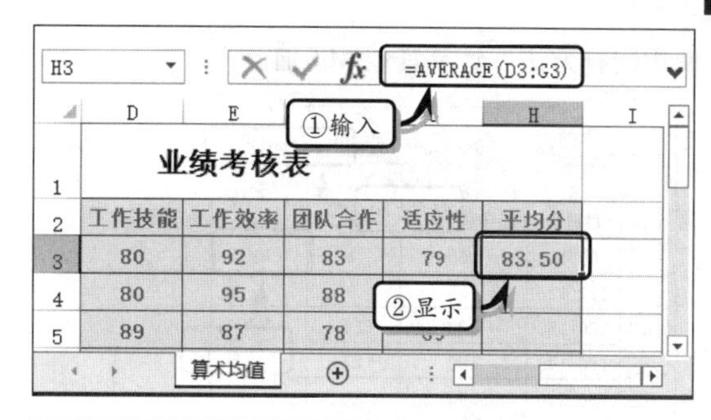

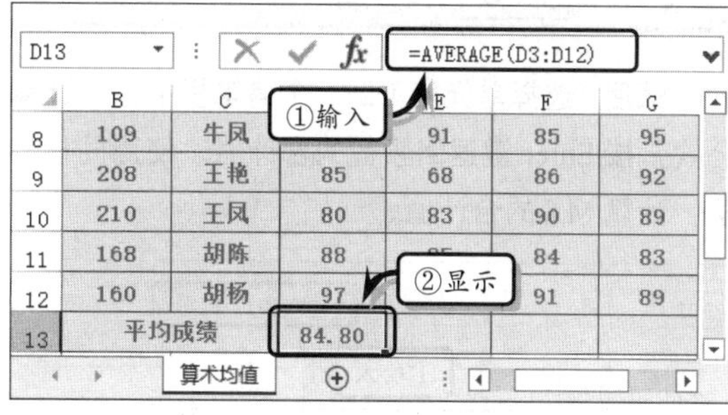

2）加权算术平均值

加权算术平均值主要用于计算经分组整理的数据。假设原始数据被分为 K 组，各组中的值为 X_1，X_2，$\cdots X_i$，而各组变量值出现的频数分别为 f_1，f_2，$\cdots f_i$ 来表示，而 n 为样本量，其计算公式表示为：

$$\bar{x}=\frac{\sum_{i=1}^{n}X_i f_i}{n}$$

在 Excel 中，用户可以使用 SUM 函数，来计算样本加权算术平均值。

已知某数据段内的组中值和频数，下面运用 SUM 函数和普通运算公式，来计算该数据区域的加权算术平均值。

数据段	组中值（M_i）	频数（f_i）	M_if_i	加权算术平均值
100~110	100	4		
110~120	110	9		
120~130	120	16		
130~140	130	27		
140~150	140	20		
150~160	150	18		
160~170	160	10		
170~180	170	9		
180~190	180	7		
190~200	190	3		
合计				

首先，需要计算 M_if_i 值。选择单元格 E17，在编辑栏中输入计算公式，按 Enter 键返回计算结果。

使用同样方法，计算其他 M_if_i 值。

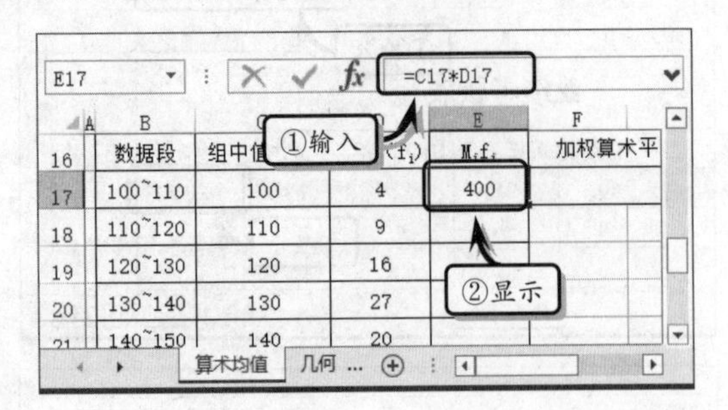

然后，选择单元格 D27，在编辑栏中输入计算公式，按 Enter 键返回频数的合计值。使用同样方法，计算 M_if_i 的合计值。

D27 =SUM(D17:D26) ①输入 ②显示

	B	C	D	E	F
23	160~170	160		1600	
24	170~180	170	9	1530	
25	180~190	180	7	1260	
26	190~200	190	3	570	
27		合计	123		

最后，选择单元格 F17，在编辑栏中输入计算公式，按 Enter 键返回加权算术平均值。

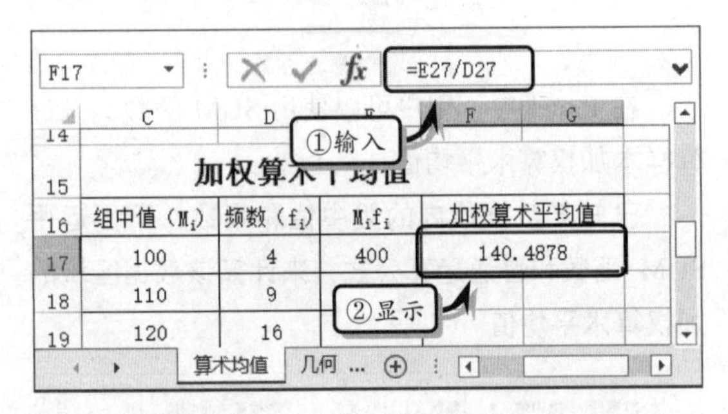

2. 几何平均值

几何平均值是指 n 个观测值连乘积的 n 次方根，适用于随机变量数据服从对数正态分布的数据。假设一组数据为 x_1，x_2，…，x_n，其计算公式表示为：

$$G=\sqrt[n]{x_1x_2\cdots x_n}$$

而当计算平均发展速度时，最常用的一种计算公式为：

$$G=\sqrt[n]{\frac{x_n}{x_o}}$$

在 Excel 中，用户可以使用 GEOMEAN 函数来计算数值的几何平均值。GEOMEAN 函数的功能是返回一正整数数组或数值区域的几何平均数，该函数的表达式为：

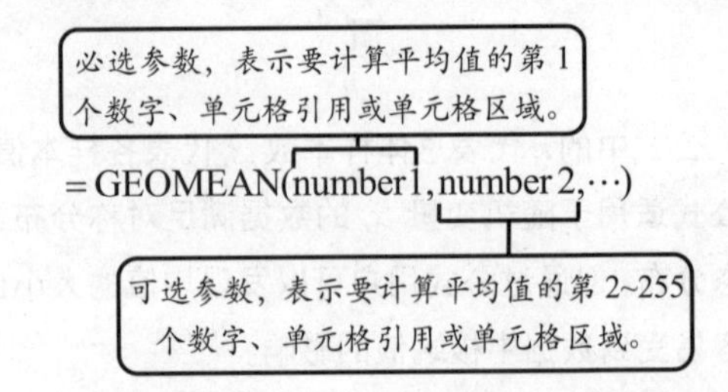

已知某工厂某产品每批产品检验的合格率，下面使用 GEOMEAN 函数计算该产品的平均合格率。

	年度	批次	合格率	说明
3	2014	2014-1-1	98.8%	
4	2014	2014-1-2	99.8%	
5	2014	2014-1-3	96.7%	
6	2014	2014-1-4	98.9%	
7	2014	2014-2-1	99.2%	
8	2014	2014-2-2	98.1%	
9	2014	2014-2-3	92.4%	
10	2014	2014-3-1	96.8%	
11	2014	2014-3-2	99.2%	
12	2014	2014-3-3	99.3%	

选择单元格 D18，在编辑栏中输入计算公式，按 Enter 键，返回平均合格率。

注意

如果变量值中存在负值，那么所计算出的几何平均值将会成为负数或虚数。

3. 调和平均值

调和平均值又称为倒数平均值，是总体各统计变量倒数的算术平均数的倒数。调和平均值的应用范围比较小，比较容易受到极端值的影响，在众多变量中只要有一个变量为零，它便无法进行计算。调和平均值一般使用 H 进行表示，其计算公式为：

$$H=\frac{n}{\sum_{i=1}^{n}\frac{1}{X_i}}$$

在 Excel 中，用户可以使用 HARMEAN 函数来计算数值的调和平均值。HARMEAN 函数的功能是返回一组正数的调和平均值，调和平均值与倒数的算术平均值互为倒数，该函数的表达式为：

必选参数，表示要计算平均值的第 1 个数字、单元格引用或单元格区域。

= HARMEAN(number1, number2, ⋯)

可选参数，表示要计算平均值的第 2~255 个数字、单元格引用或单元格区域。

已知某公司组织的业务考核成绩表，下面运用 HARMEAN 函数，来计算员工的调和平均成绩。

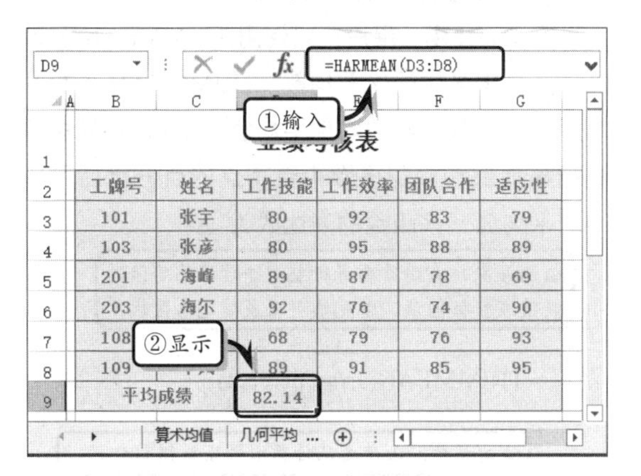

工牌号	姓名	工作技能	工作效率	团队合作	适应性
101	张宇	80	92	83	79
103	张彦	80	95	88	89
201	海峰	89	87	78	69
203	海尔	92	76	74	90
108	[illegible]	68	79	76	93
109	[illegible]	89	91	85	95
平均成绩		82.14			

4. 众数

众数是指一组数据中出现最多的数值，也是明显集中趋势的数值。在统计分析数据中，鉴于数据分组区别于单项式和组距不同类型的分组，所以计算众数的方法也各不相同。

1）单项式众数

单项式分组确定众数的方法比较简单，即表示出现次数最多的数值，该方法也是最常用的方法之一。

在 Excel 中，用户可以使用 MODE 函数，来计算单项式分组数值的众数。MODE 函数的功能是返回在某一组数据或数据区域中出现频率最多的数值，该函数的表达式为：

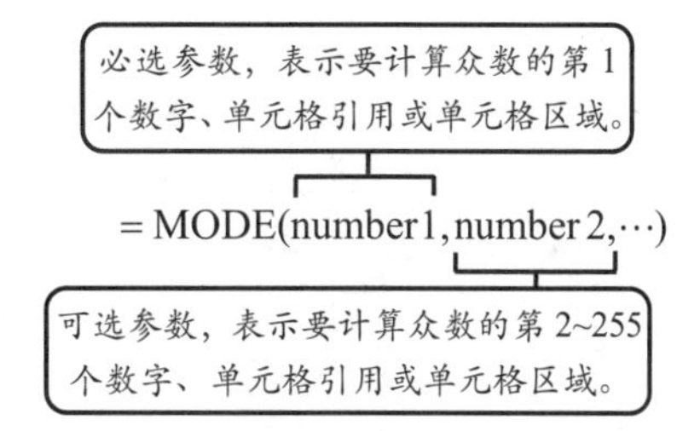

已知一个介于某一数据段的数据集合，下面运用 MODE 函数，来计算该数据集合中的众数。

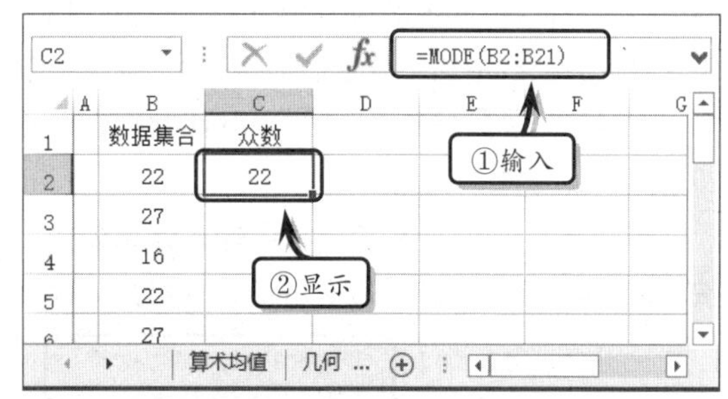

提示

如果数据呈正态分布，则众数=均数=中位数。但是，当出现若干个最高相同的频数时，则众数具有多个观察值。

2）组距式众数

组距分组确定的众数需要先确定众数组，然后再根据计算公式计算出众数的近似值。而众数值是依据众数组的次数与众数组相邻的两组次数的关系近似值，其计算公式分为上限与下限公式，表示如下。

上限公式：

$$M_o=U_{M_o}-\frac{f_{M_o}-f_{M_{o+1}}}{(f_{M_o}-f_{M_{o-1}})+(f_{M_o}-f_{M_{o+1}})}\times d_{M_o}$$

下限公式：

$$M_o=L_{M_o}+\frac{f_{M_o}-f_{M_{o-1}}}{(f_{M_o}-f_{M_{o-1}})+(f_{M_o}-f_{M_{o+1}})}\times d_{M_o}$$

公式中的 M_o 代表众数，L_{Mo} 代表众数组的下限，U_{Mo} 代表众数的上限，f_{Mo} 代表众数组的次数，f_{Mo-1} 代表众数组前一次的次数，f_{Mo+1} 代表众数组后一组的次数，d_{Mo}代表众数组的组距。

已知某数据段内的组中值、频数和M_if_i值，下面根据计算公式运用 Excel 中的公式功能来计算组距式众数。

	D	E	F	G	H	I	J
2		数据段	组中值（M_i）	频数（f_i）	M_if_i	上限式众数	
3		100~110	100	4	400		
4		110~120	110	9	990	下限式众数	
5		120~130	120	16	1920		
6		130~140	130	27	3510		
7		140~150	140	20	2800		
8		150~160	150	18	2700		
9		160~170	160	10	1600		
10		170~180	170	9	1530		
11		180~190	180	7	1260		
12		190~200	190	3	570		

首先，通过数据表可以获得其“频数”为“27”的组即为众数组，其组段为“130~140”。其中，“130”为众数计算公式中的下限值，而“140”则为上限值。而【数据段】列中一共包含 10 组数据，因此 10 表示为众数组的组距。

选择单元格 I3，在编辑栏中输入计算公式，按 Enter 键，返回使用上限公式所计算出的众数。

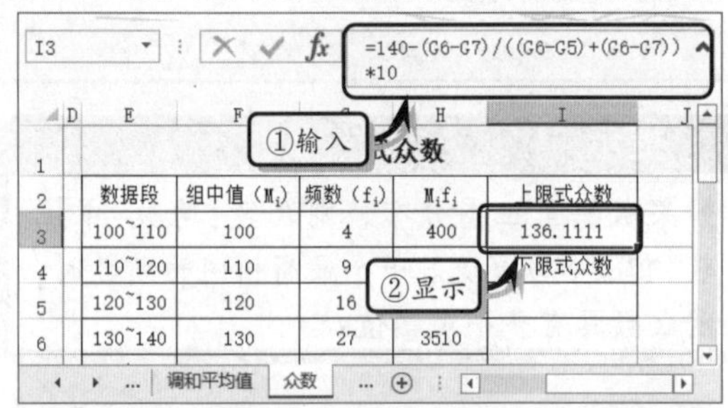

选择单元格 I5，在编辑栏中输入计算公式，按 Enter 键，返回使用下限公式所计算出的众数。

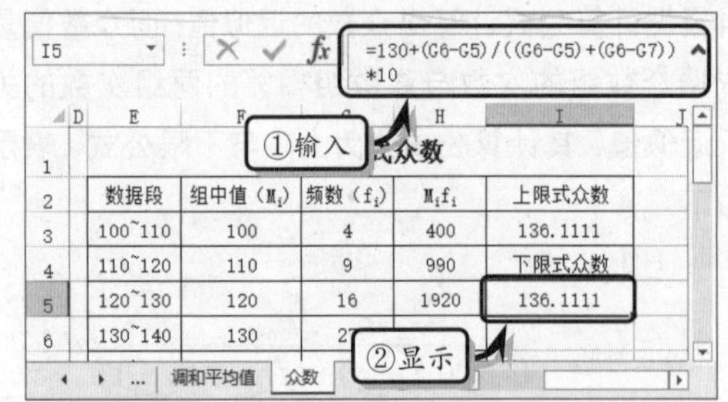

5. 中位数

中位数又称为中值，是指将数值按照大小进行排列，其位置居中的数值。中位数将数据集合划分为相等的上下两部分，当变量值的项数 n 为奇数时，处于中间位置的变量即为中位数，而当变量值的项数 n 为偶数时，则处于中间位置两个变量的平均数为中位数。一般中位数用 M_e 来表示，其计算公式表示为：

$$M_e = \frac{x_n + 1}{2} \quad (n=\text{奇数})$$

$$M_e = \frac{x_{\frac{n}{2}} + x_{\frac{n}{2}+1}}{2} \quad (n=\text{偶数})$$

在 Excel 中，用户可以使用 MEDIAN 函数来计算数据区域的中位数。MEDIAN 函数的功能是返回一组已知数字的中值，该函数的表达式为：

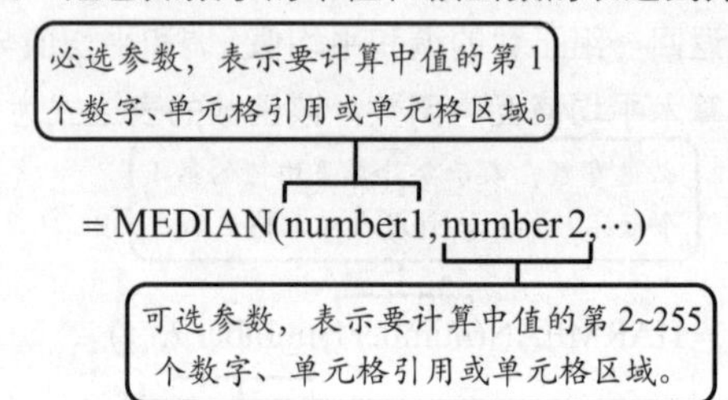

6. 修剪均数

修剪均数是按照一定的百分比，通过修剪首尾两端的观察者而计算的平均值。通过修剪均数可以获得更加稳定的平均值。

在 Excel 中，用户可以使用 TRIMMEAN 函数来计算数据区域的修剪均数。TRIMMEAN 函数的功能是返回数据集的内部平均值，也就是计算排除数据集顶部和底部尾数中数据点的百分比后所取得的平均值，该函数的表达式为：

必选参数，表示需要进行整理并计算平均值的数值或数据区域、单元格引用或单元格区域。

= TRIMMEAN(array, percent)

必选参数，表示要从计算中排除数据的分数。

已知某数据区域，下面运用 TRIMMEAN 函数计算除去 20%的平均值。

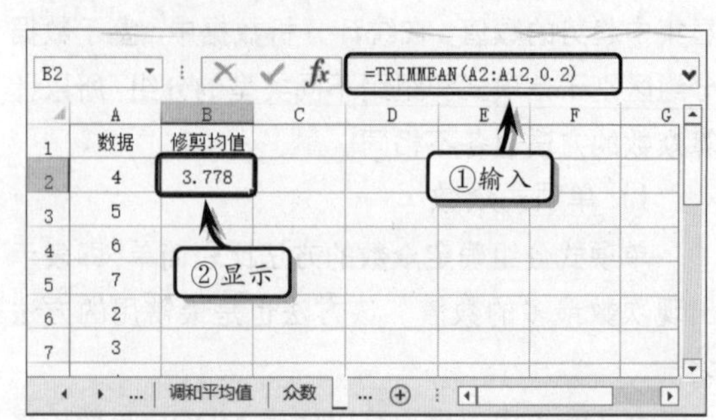

12.2.2 离散程度分析

离散程度是观测各个取值之间的差异程度，也可以理解为一组数据远离其中心值的程度。通过对数据离散程度的分析，不仅可以反映各个数值之间的差异大小，而且还可以反映分布中心的数值对各个数值代表性的高低。观测度量包括样本方差、标准差与全距等。

1. 全距

全距又称为极差，是观测变量的最大值与最小值之间的绝对差，也可以理解为是观测变量的最大值与最小值之间的区间跨度。全距的计算公式表示为：

$$R=\text{Max}(x_i)-\text{Min}(x_i)$$

在使用全距统计分析数据时，在相同数值的情况下，其值越大表明数据的分散程度越大，反之则表明数据的集中性越好。

2. 百分位数

百分位数是将一组数据从小到大进行排列，计算相应的累计百分位，则某一个百分位所对应的数据值称为这一百分位的百分位数。

在百分位数中第 50 个百分位数为中位数，第 0 百分位数为最小值，第 100 百分位数为最大值，其中可分为第 5、25、75、95 百分位数。

如果有 n 例，则第 x 百分位数的位置观察值的公式表现为：

$$L_x=(n+1)\times x\%$$

而第 x 百分位数的内插法观察值的公式需要取第 L_x 整数所处的位置值（p），加上 L_x 小数值(z)与第（Lx+1）整数位置值减去第 Lx 整数位置值的乘积。则第 x 百分位数的位置内插法的公式表现为：

$$N_x=p+z\times[(L_x+1)-L_x]$$

在 Excel 中，用户可以使用 PERCENTILE 函数来计算百分位数。PERCENTILE 函数的功能是返回区域中数值的第 k 个百分点值，该函数的表达式为：

必选参数，表示相对位置的数值或数据区域。

= PERCENTILE(array, k)

必选参数，表示从 0~1 之间的百分点值。

> **提示**
>
> 如果 k 为非数值，则函数会返回错误值 #VALUE!；如果 k<0 或 k>1，则函数会返回错误值#NUM!；如果 k 非 1/(n-1)的倍数，则函数会使用插值法来确定第 k 个百分点值。

但对于 0、25、50、75 和 100 这 5 个百分位数则可使用 Excel 中的 QUARTILE 函数来计算，该函数属于四分位函数，其功能是返回一组数据的四分位点，该函数的表达式为：

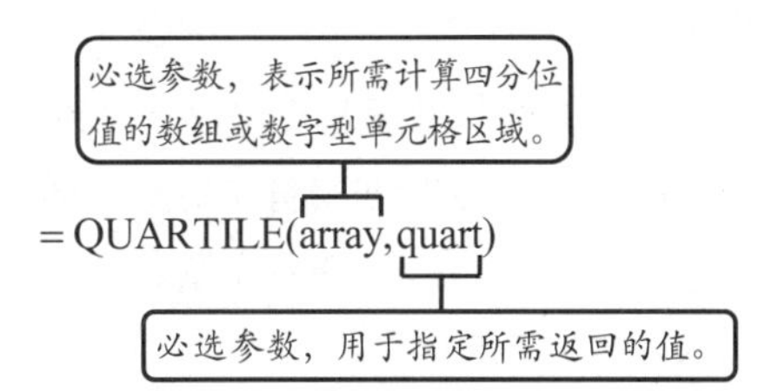

> **提示**
>
> 当 Quart 参数值为 0 时返回最小值，为 1 时返回第一个四分位数（25 个百分点），为 2 时返回中分位数（50 个百分点），为 3 时返回第三个百分位数（75 个百分点），为 4 时返回最大值。

除此之外，Excel 还为用户提供了计算第 k 最小值和第 k 最大值的 SMALL 函数和 LARGE 函数。其中，SMALL 函数的表达式为：

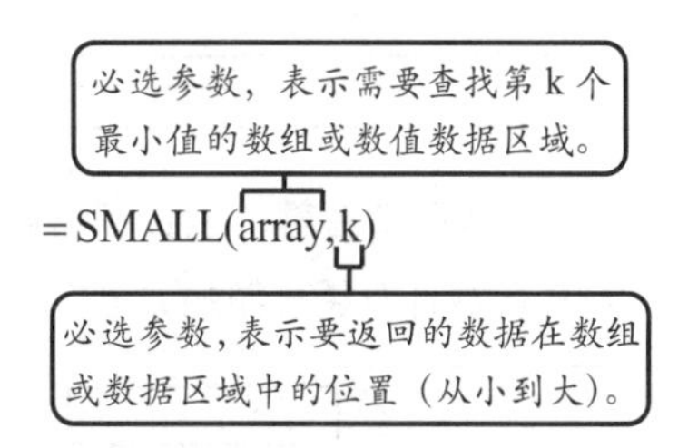

而 LARGE 函数的表达式为：

必选参数，表示需要查找第 k 个最大值的数组或数值数据区域。

= LARGE(array, k)

必选参数，表示要返回的数据在数组或数据区域中的位置（从大到小）。

已知某公司年度销售额，以该销售数据为基础，运用百分位数函数，来计算销售额的百分位数。

	A	B	C	D
1	月份	销售（万）		百分位
2	1	100	25个百分位	=PERCENTILE(B2:B13,0.25)
3	2	140	50个百分点	=QUARTILE(B2:B13,2)
4	3	150	第3个最小值	=SMALL(B2:B13,3)
5	4	160	第3个最大值	=LARGE(B2:B13,3)
6	5	170		
7	6	190		
8	7	170		
9	8	170		

百分位数 | 方差 | 标准 ...

3. 方差

样本方差是各个数据与平均数之差的平方的平均数，主要用于研究随机变量和均值之间的偏离程度。样本方差的值越大，表示变量之间的差异性越大。其计算公式表示为：

$$S^2=\frac{\sum_{i=1}^{n}(x_i-\bar{x})^2}{n-1}$$

在 Excel 中，用户可以使用 VAR 函数来计算样本方差。VAR 函数的功能是用于计算给定样本的方差（忽略样本中的逻辑值及文本），该函数的表达式为：

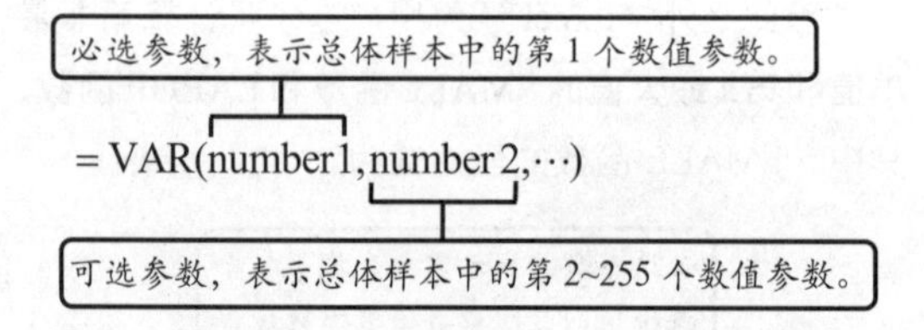

已知某公司年度销售额，以该销售数据为基础，运用 VAR 函数计算销售额的方差。

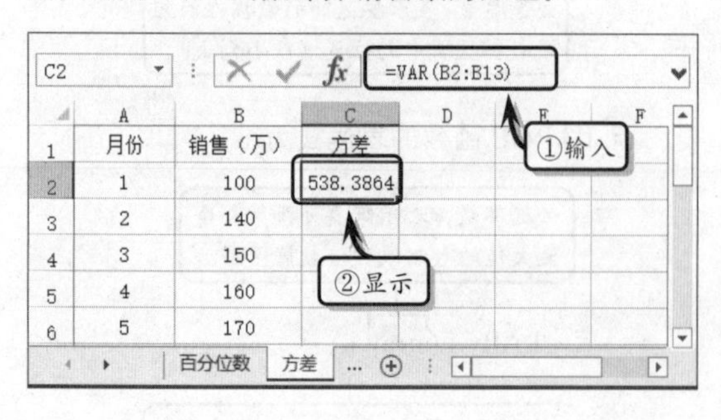

提示

Excel 还为用户提供了用于估算基本样本方差的 VAR.函数，以及用于计算基于整个样本总体方差的 VAR.P 函数。

4. 标准差

标准差也称为样本均方差，是随机变量偏离平均数的距离的平均数，是方差的平方根，是反映随机变量分布离散程度的一种指标。标准差跟方差一样，其数值越大表明变量值之间的差异越大。在实际应用中，需要注意平均数相同的，标准差未必相同。标准差的计算公式表示为：

$$S=\sqrt{\frac{\sum_{i=1}^{n}(x_i-\bar{x})^2}{n-1}}$$

在 Excel 中，用户可以使用 STDEV 函数来计算标准方差。STDEV 函数的功能是根据样本估计标准偏差，主要用于测量值在平均值（中值）附近分布的范围大小，该函数的表达式为：

必选参数，表示总体样本中的第 1 个数值参数。

= STDEV(number1,number2,......)

可选参数，表示总体样本中的第 2~255 个数值参数。

已知某公司年度销售额，以该销售数据为基础，运用 STDEV 函数计算销售额的标准差。

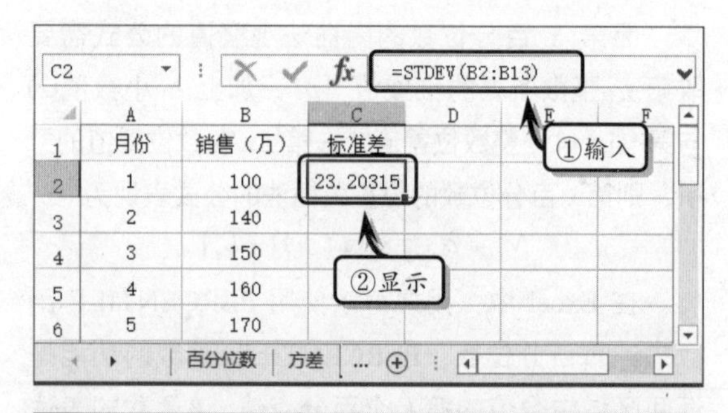

提示

Excel 还为用户提供了基于样本估算标准偏差的 STDEV.S，以及用于计算基于以参数形式给出的整个样本的标准偏差的 STDEV.P 函数。

12.3 描述总体分布形态分析

描述总体分布形态分析包括描述总体分析和分布形态分析。其中，分布形态分析主要是通过偏度和峰度分析方法，来分析数据的分布情况；而描述总体分析是通过 Excel 中的描述分析工具，对数据进行整体的描述性分析，包括偏度、峰度、均值、方差等分析内容。

12.3.1　分布形态分析

分布形态主要用于分析数据的具体分布情况，例如分析数据的分布是否对称、数据的偏斜度，以及分析数据的分布陡缓情况等。一般情况下，可以使用偏度与峰度两个统计量进行分析。

1. 偏度

偏度是描述统计量取值分布对称或偏斜程度的一种指标。偏度计算公式表现为：

$$\mathrm{SK}=\frac{n\sum(x_i-\overline{x})^3}{(n\text{-}1)(n\text{-}2)S^3}$$

当数据分布为正态时，偏度值等于 0；当数据分布为正偏斜时，偏度值大于 0；当数据分布为负偏斜时，偏度值小于 0；而偏度的绝对值越大，表明数据分布的偏斜度越大。

在 Excel 中，用户可以使用 SKEW 函数来计算数据的偏度。SKEW 函数的功能是返回分布的偏斜度，而偏斜度表明分布相对于平均值的不对称程度，正偏斜度表明分布的不对称尾部趋向于更多正值，而负偏斜度则相反，该函数的表达式为：

必选参数，表示计算偏斜度的第 1 个数值参数。

= SKEW(number1, number 2, ···)

可选参数，表示计算偏斜度的第 2~255 个数值参数。

已知某公司年度销售额，以该销售数据为基础，运用 SKEW 函数计算销售额的偏斜度。

2. 峰度

峰度是描述统计量取值分布陡缓程度的统计量，也用于衡量取值分配的集中程度，其计算公式表现为：

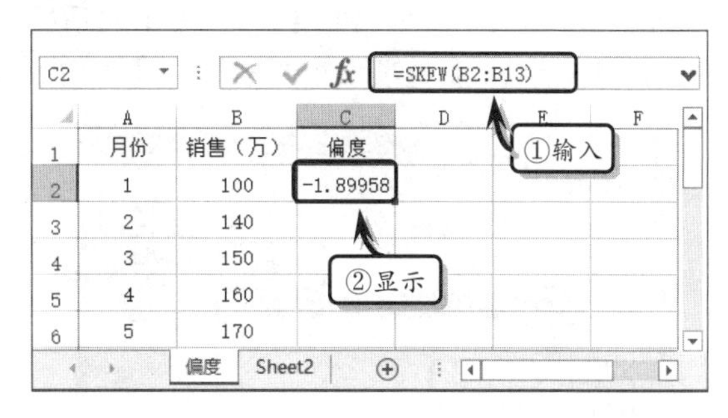

$$K=\frac{n(n+1)\sum(x_i-\overline{x})^4-3\left[\sum(x_i-\overline{x})^2\right]^2(n\text{-}1)}{(n\text{-}1)(n\text{-}2)(n\text{-}3)S^4}$$

当峰值结果值等于 0 时，表示数据分布与正态分布的陡缓程度相同；当峰值结果值大于 0 时，表示数据分布比正态分布更加集中，其平均数的代表性更大；而当峰值结果值小于 0 时，表示数据分布比正态分布更加分散，其平均数的代表性更小。

在 Excel 中，用户可以使用 KURT 函数来计算数据的偏度。KURT 函数的功能是返回一组数据的峰值，该函数的表达式为：

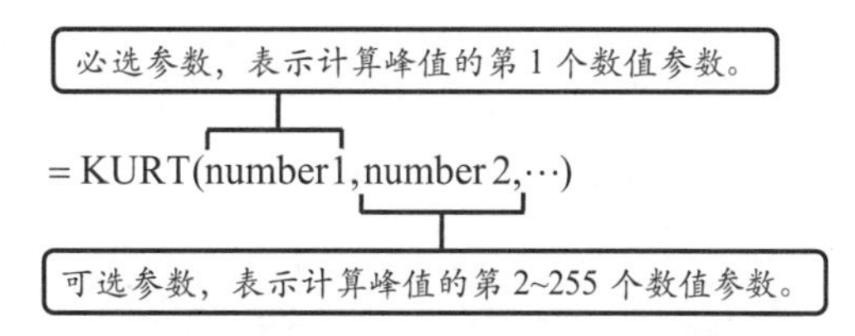

已知某公司年度销售额，以该销售数据为基础，运用 KURT 函数计算销售额的峰值。

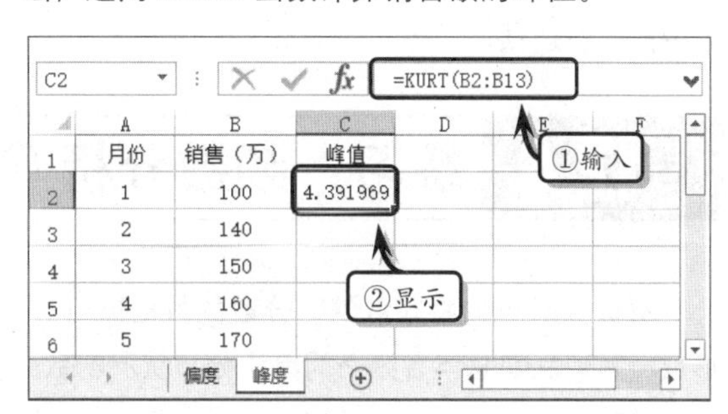

12.3.2 描述总体分析

描述分析工具是生成数据趋势的一种单变量分析报表，用户可以使用描述统计分析工具对数据进行描述总体分析。

制作基础数据之后，执行【数据】|【分析】|【数据分析】命令，在弹出的【数据分析】对话框中选择【描述统计】选项，并单击【确定】按钮。

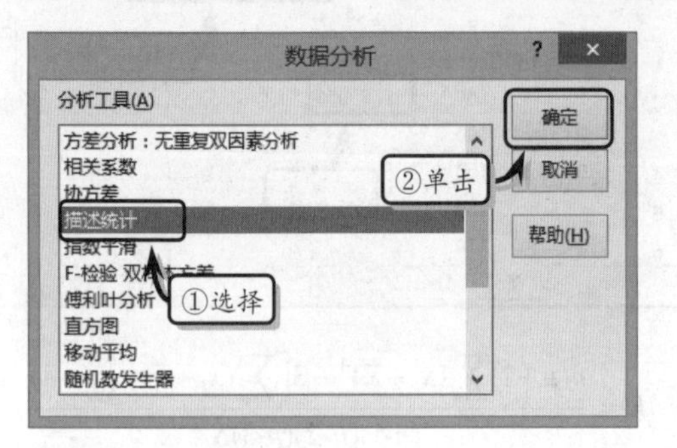

然后，在弹出的【描述统计】对话框中，设置各项参数，并单击【确定】按钮。

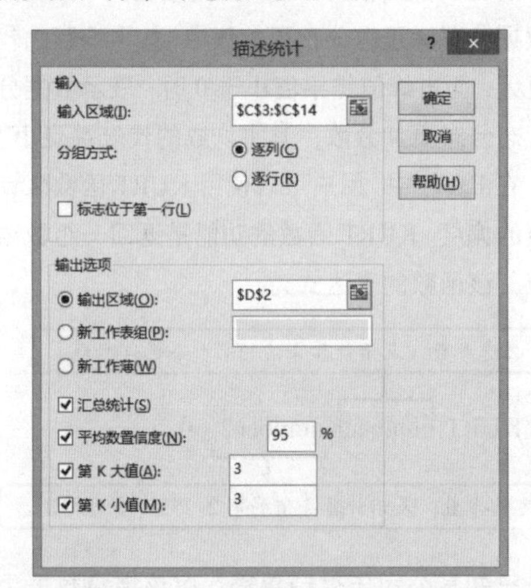

其中，在【描述统计】对话框中，主要包括下表中的一些选项。

选项	子选项	含　义
输入	输入区域	用于输入需要统计的数据区域
	分组方式	表示统计数据的分析方式，包括【逐行】和【逐列】两种方式
	标志位于第一行	表示数据范围是否包含标志，并将标志指定为第一行
输出选项	输出区域	表示统计结果的存放在当前工作表中的位置
	新工作表组	表示统计结果存储在新工作表中
	新工作簿	标记统计结果存储在新工作簿中
	汇总统计	可在统计结果中添加汇总分析
	平均数量信度	可增加平均数量的可信度
	第 k 大值	可在统计结果中显示第 k 最大值
	第 k 小值	可在统计结果中显示第 k 最小指

此时，在工作表指定位置中，将显示描述统计分析结果，包括平均值、标准误差、中位数、方差、标准差、偏度等数值。

	A	B	C	D	E	F	G
1		基础数据		描述统计分析			
2		月份	销售（万）	平均	161.75		
3		1	100	标准误差	6.698173654		
4		2	140	中位数	170		
5		3	150	众数	170		
6		4	160	标准差	23.20315417		
7		5	170	方差	538.3863636		
8		6	190	峰度	4.391969189		
9		7	170	偏度	-1.899577035		
10		8	170	区域	90		
11		9	171	最小值	100		
12		10	172	最大值	190		
13		11	173	求和	1941		
14		12	175	观测数	12		
15				最大(3)	173		
16				最小(3)	150		
17				置信度(95.0%)	14.74258081		

描述统计分析工具

12.4 练习：频数分析 GDP 增长率

频数分析可以将零散的、分散的数据进行有次序的整理，从而形成一系列反映总体各组之间单位分布状况的数列。在本练习中，将运用频数分析功能，分析某 100 个城市某年的 GDP 的增长率。

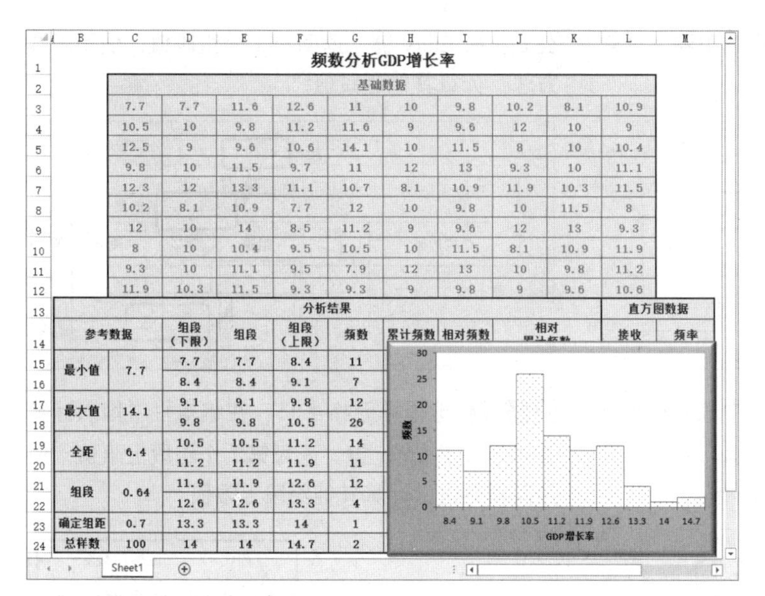

练习要点

- 设置单元格格式
- 设置单元格样式
- 使用函数
- 使用数组公式
- 使用直方图工具
- 设置字体格式
- 隐藏网格线

操作步骤

STEP|01 制作表格框架。新建工作表，设置工作表的行高，合并单元格区域 B1:M1，输入标题文本，并设置文本的字体格式。

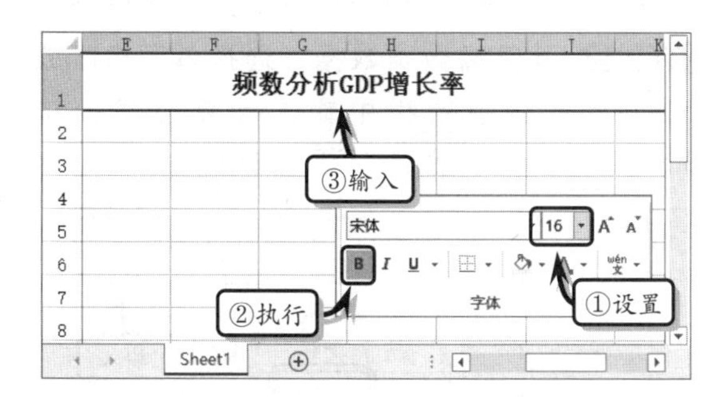

STEP|02 制作基础数据表，输入基础数据并设置其对齐和边框格式。

	E	F	G	H	I	J	K
2	基础数据						
3	11.6	12.6	11	10	9.8	10.2	8.
4	9.8	11.2	11.6	9	9.6	12	1(
5	9.6	10.6	14.1	10	11.5	8	1(
6	11.5	9.7	11	12	13	9.3	1(
7	13.3	11.1	10.7	8.1	10.9	11.9	10.
8	10.9	7.7	12	10	9.8	10	11.
9	14	8.5	11.2	9	9.6	12	1
10	10.4	9.5	10.5	10	11.5	8.1	10.

STEP|03 制作分析结果表框架，输入标题文本和基础内容，设置文本的字体格式，对齐和边框格式。

	B	C	D	E	F	G	H
13	分析结果						
14	参考数据		组段（下限）	组段	组段（上限）	频数	累计
15	最小值						
16							
17	最大值						
18							
19	全距						
20							

STEP|04 计算参考数据。择单元格 C15，在编辑栏中输入计算公式，按 Enter 键，返回最小值。

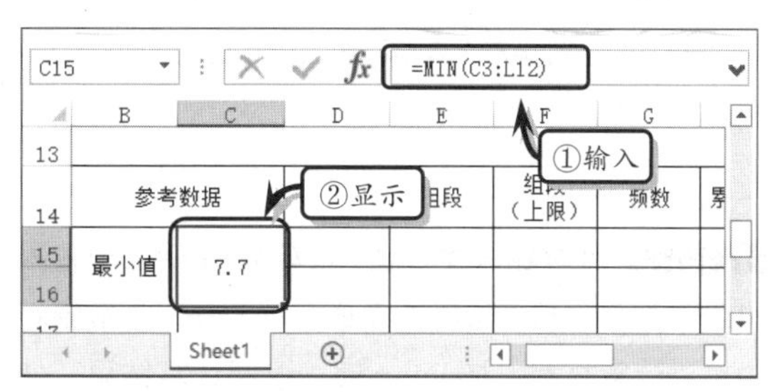

STEP|05 选择单元格 C17，在编辑栏中输入计算公式，按 Enter 键，返回最大值。

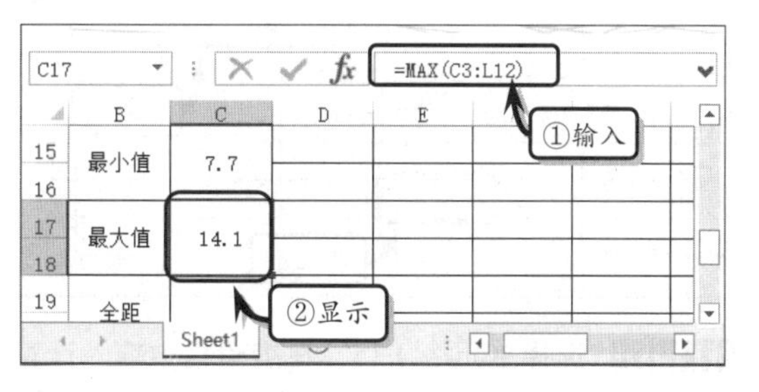

STEP|06 选择单元格 C19，在编辑栏中输入计算公式，按 Enter 键，返回全距值。

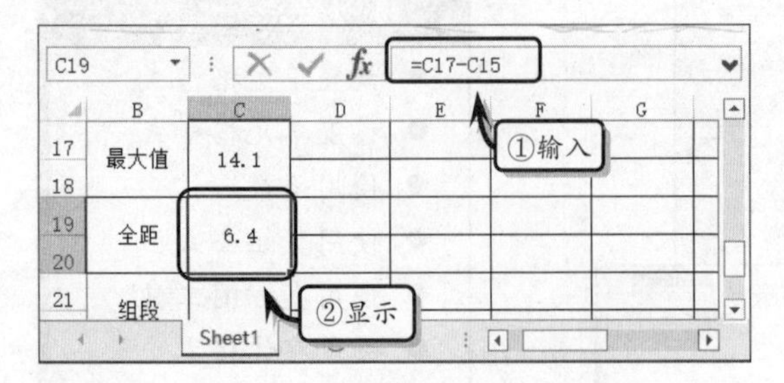

STEP|07 选择单元格 C21 在编辑栏中输入计算公式，按 Enter 键，返回组段值。

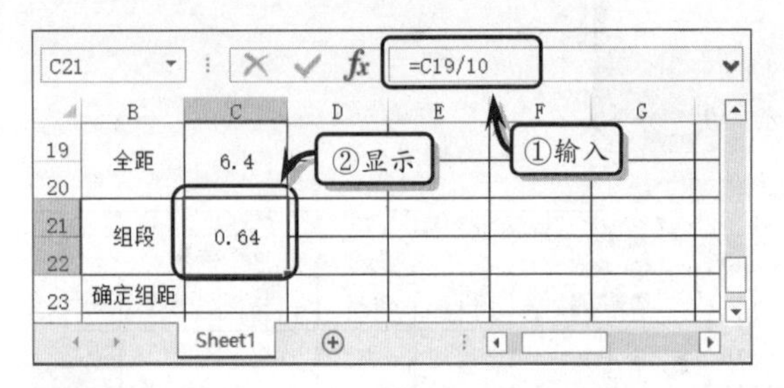

STEP|08 在单元格 C23 中输入确定组距值，然后选择单元格 C24，在编辑栏中输入计算公式，按 Enter 键，返回总样数。

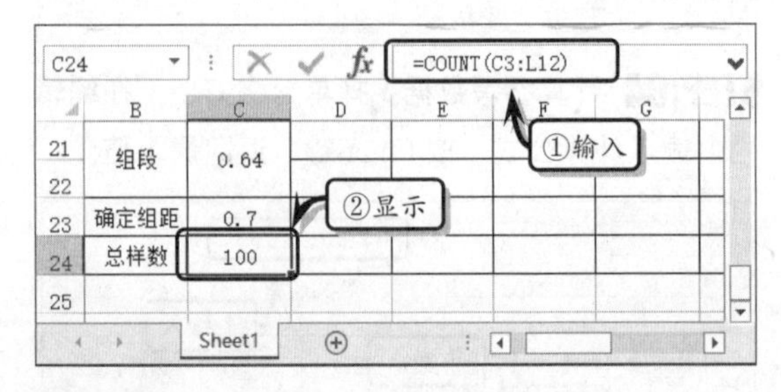

STEP|09 计算组段类数值。在单元格 D15 中输入组段下限最小值，然后选择单元格 D16，在编辑栏中输入计算公式，按 Enter 键，返回计算结果。使用同样方法，计算其他组段下限值。

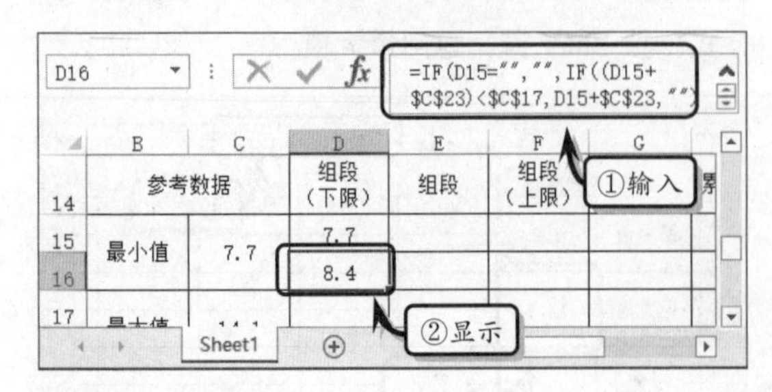

STEP|10 选择单元格 E15，在编辑栏中输入计算公式，按 Enter 键，返回第 1 个组段值。使用同样方法，计算其他组段值。

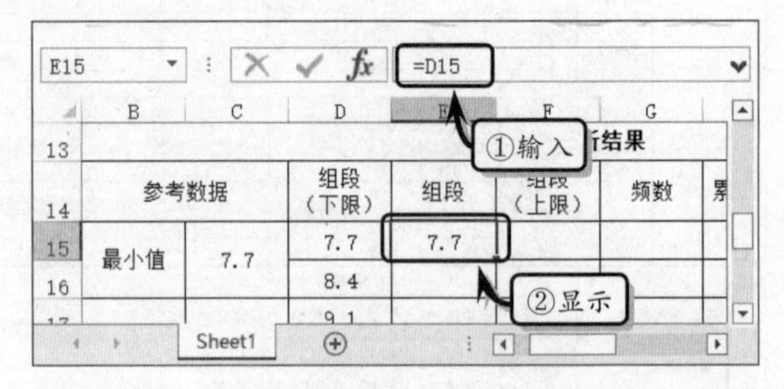

STEP|11 选择单元格 F15，在编辑栏中输入计算公式，按下 Enter 键，返回第 1 个组段上限值。使用同样方法，计算其他组段上限值。

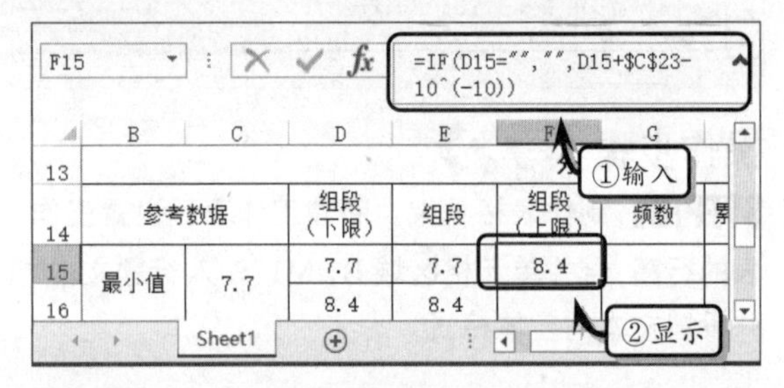

STEP|12 计算频数类数据。选择单元格区域 G15:G24，在编辑栏中输入计算公式，按 Shift+Ctrl+Enter 组合键，返回频数值。

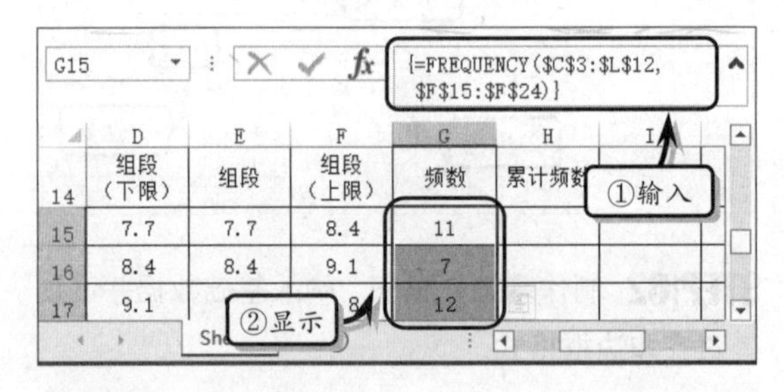

STEP|13 选择单元格 H15，在编辑栏中输入计算公式，按 Enter 键，返回第 1 个累计频数值。

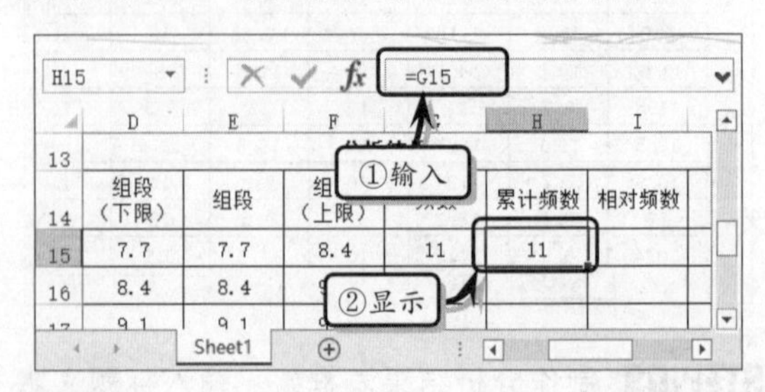

STEP|14 选择单元格 H16，在编辑栏中输入计算公式，按 Enter 键，返回第 2 个累计频数值。使用

同样方法，计算其他累计频数值。

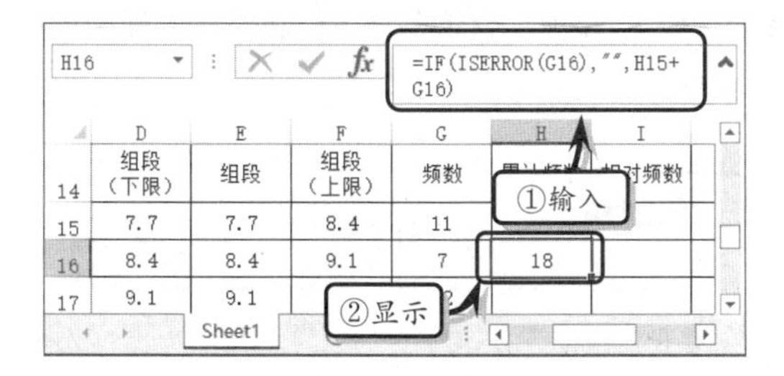

STEP|15 选择单元格 I15，在编辑栏中输入计算公式，按 Enter 键，返回相对频数值。使用同样方法，计算其他相对频数值。

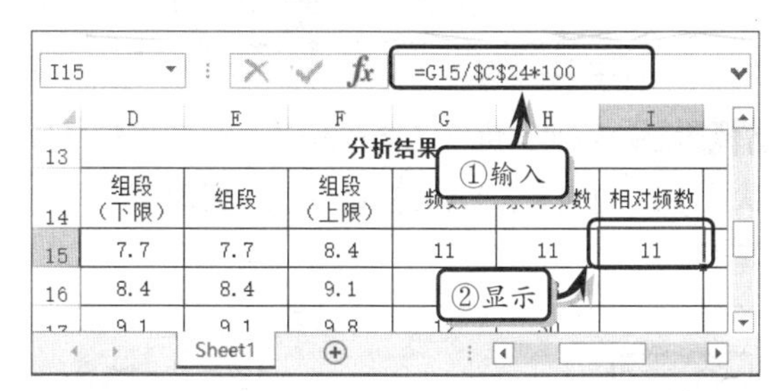

STEP|16 选择单元格 J15，在编辑栏中输入计算公式，按 Enter 键，返回相对累计频数值。使用同样方法，计算其他相对累计频数值。

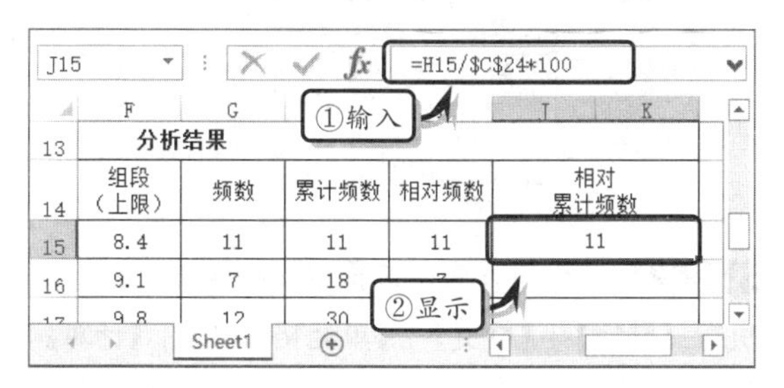

STEP|17 使用直方图分析工具。执行【数据】|【分析】|【数据分析】命令，在弹出的【数据分析】对话框中，选择【直方图】选项，并单击【确定】按钮。

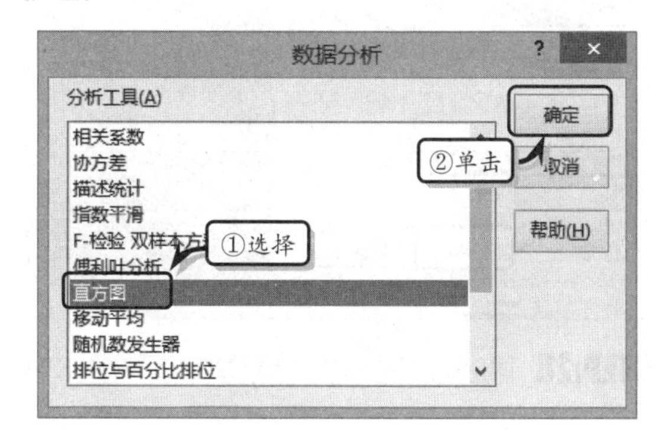

STEP|18 在弹出的【直方图】对话框中，设置相应的选项，单击【确定】按钮即可。

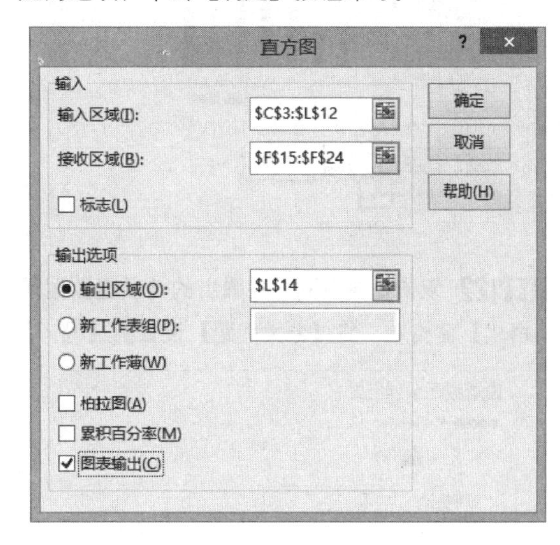

STEP|19 删除直方图数据中的最后一行，并设置数据区域的对齐和边框格式。

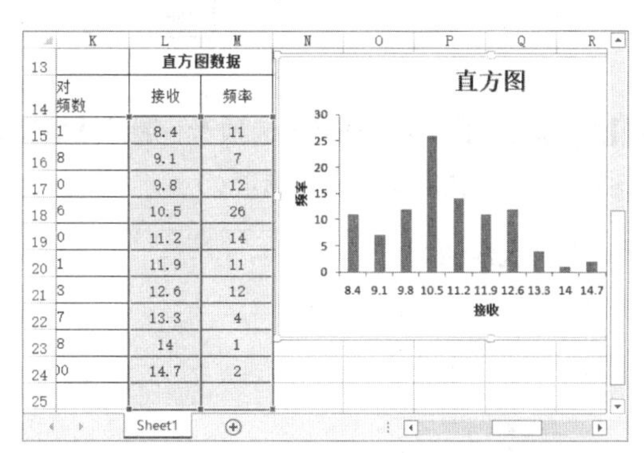

STEP|20 选择直方图图表，删除图例和标题，并依次选中每个坐标轴，修改坐标轴的标题文本。

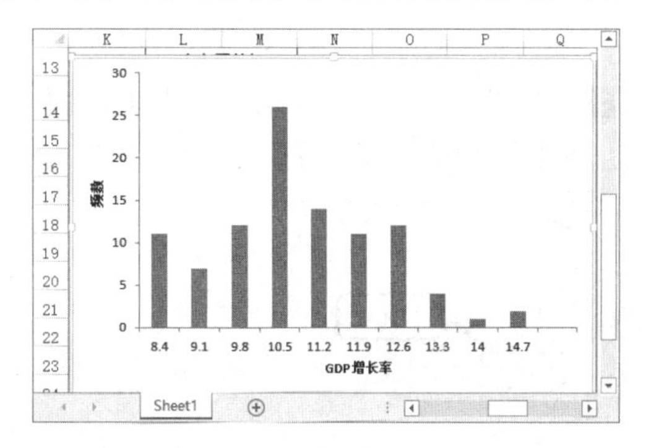

STEP|21 选择图表，拖动数据表中的图表数据区域，重新调整图表数据区域，删除数据区域内的空行。

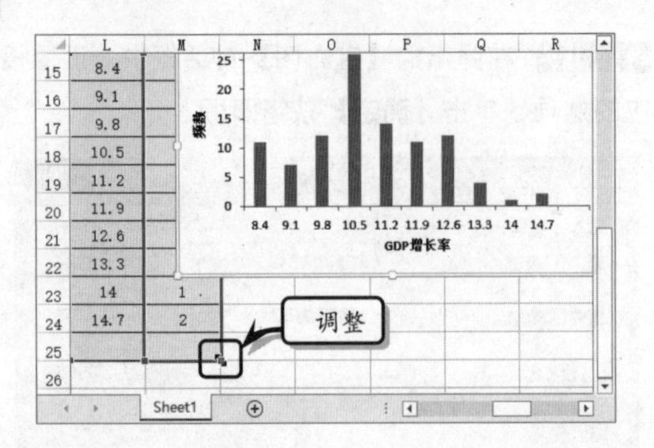

STEP|22 双击数据系列，在弹出的【设置数据系列格式】窗格中，将【分类间距】设置为【0】。

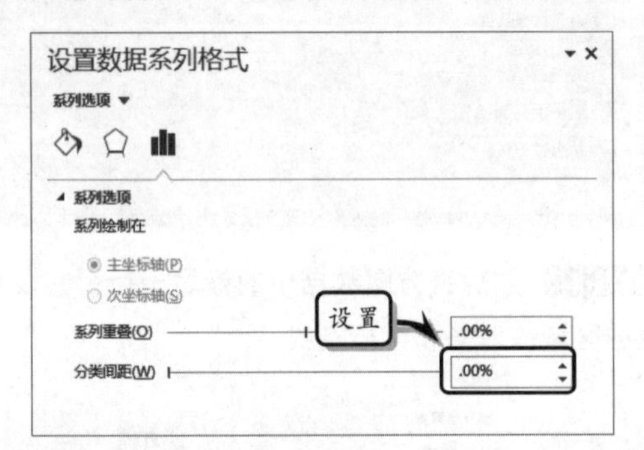

STEP|23 激活【填充线条】选项卡，展开【填充】选项组，选中【图案填充】选项。

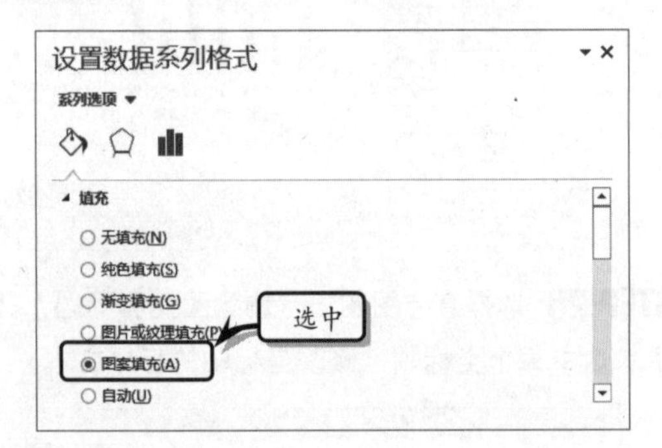

STEP|24 展开【边框】选项组，选中【实线】选项，并将【宽度】设置为【1 磅】。

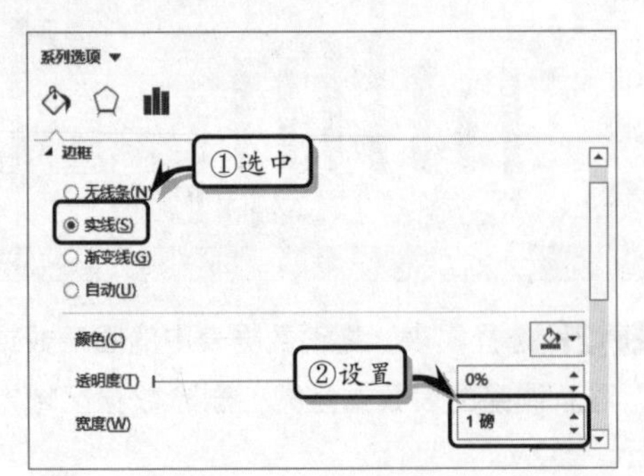

STEP|25 执行【格式】|【形状样式】|【其他】|【细微效果-绿色，强调颜色 6】命令，设置图表的外观样式。

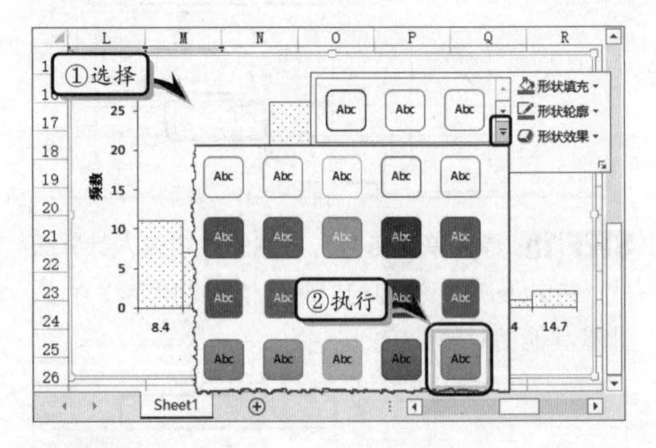

STEP|26 同时，执行【格式】|【形状样式】|【形状效果】|【棱台】|【圆】命令，设置图表的棱台效果。

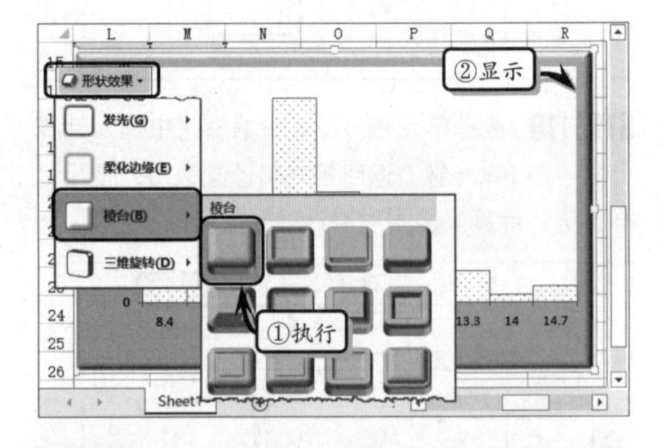

STEP|27 美化工作表。选择单元格区域 C2:L12，执行【开始】|【样式】|【单元格样式】|【计算】命令，设置表格样式。同样方法，设置其他单元格区域的表格样式。

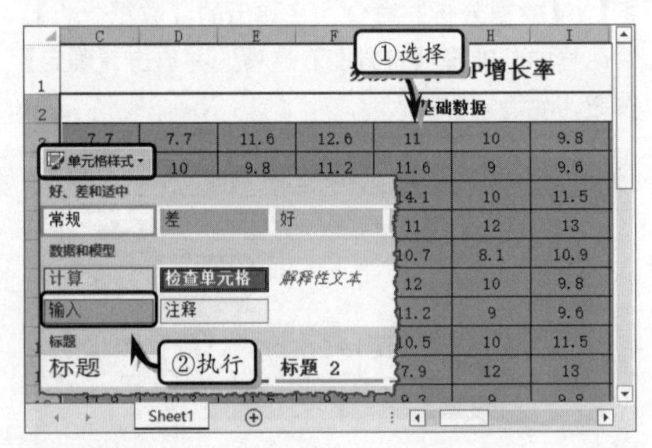

STEP|28 同时选择单元格区域 C2:L12、B13:K24

和 L13:M24，执行【开始】|【边框】|【粗匣框线】命令，设置表格的外边框样式。

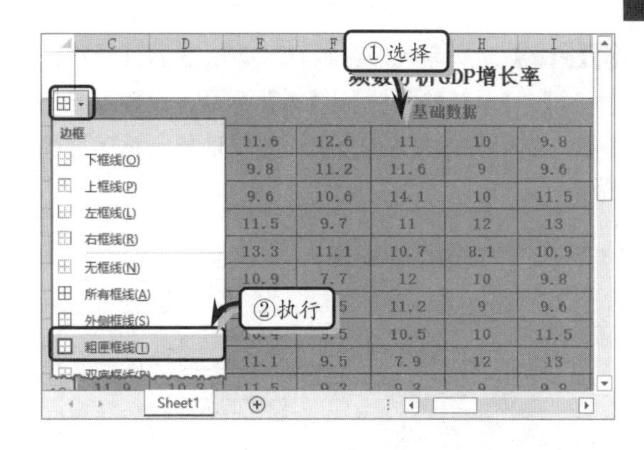

Excel 12.5 练习：描述分析销售额

描述分析包括集中趋势和离散程度分析，运用它可以精确地获得定距型数据的分布特征，主要涉及数据的集中趋势、离散程度和分布形态。在本练习中，将运用 Excel 中的描述分析函数，详细地分析某公司两个年度内的销售额，从而以分析结果来帮助管理人员制定下一步的销售目标。

练习要点

- 设置对齐格式
- 设置边框格式
- 设置单元格样式
- 使用函数

描述分析销售额

年度	月度	销售额（万）	集中趋势分析	
2013	1月	120	算术平均值	126.13
	2月	110	修剪平均值	126.4
	3月	115	众数	120
	4月	122	中位数	127
	5月	120	离散程度分析	
	6月	130	第25个百分位数	119.5
	7月	102	第75个百分位数	135
	8月	128	最大值	145
	9月	132	最小值	102
	10月	136	第2个最大值	142
	11月	124	第2个最小值	110
	12月	112	第3个最大值	140
	1月	115	第3个最小值	112
	2月	118	方差	119.77
	3月	130	标准差	10.94

操作步骤

STEP|01 制作基础数据表。设置工作表的行高，合并单元格 B1:F1，输入标题文本并设置其字体格式。

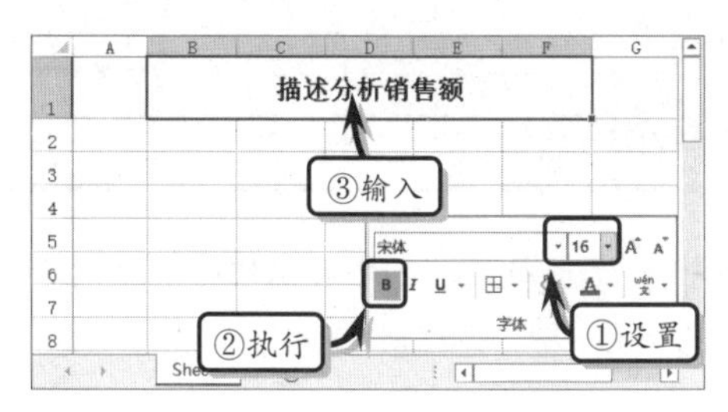

STEP|02 在工作表中合并相应的单元格区域，输入基础数据，并设置数据的对齐和边框格式。

年度	月度	销售额（万）	集中趋势分析	
2013	1月	120	算术平均值	
	2月	110	修剪平均值	
	3月	115	众数	
	4月	122	中位数	
	5月	120	离散程度分析	
	6月	130	第25个百分位数	
	7月	102	第75个百分位数	
	8月	128	最大值	

STEP|03 选择单元格区域 B2:D26，执行【开始】|【样式】|【单元格样式】|【差】命令，设置单元格样式。使用同样方法，分别设置其他单元格区域的样式。

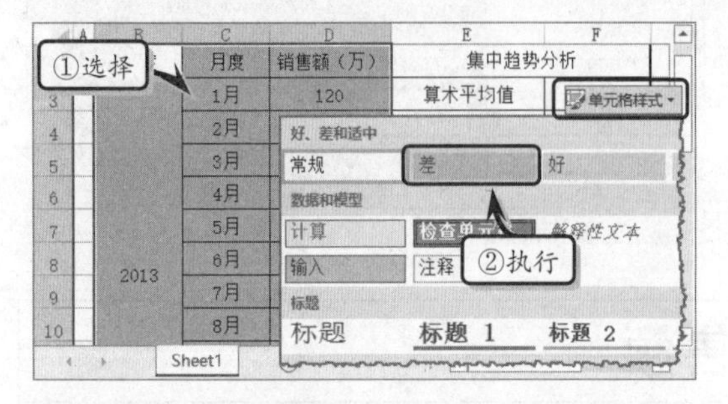

STEP|04 集中趋势分析。选择单元格 F3，在编辑栏中输入计算公式，按 Enter 键，返回算术平均值。

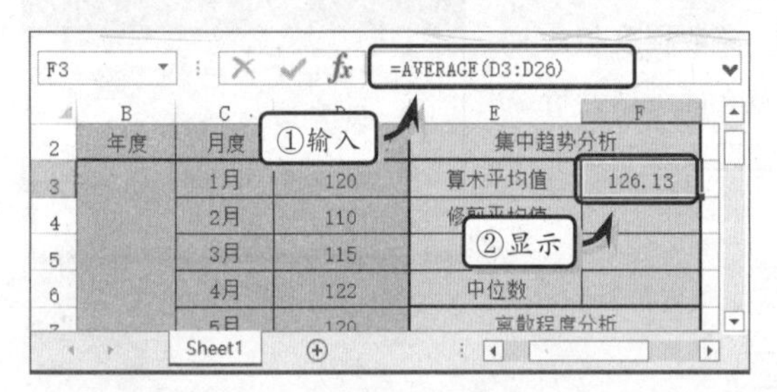

STEP|05 选择单元格 F4，在编辑栏中输入计算公式，按 Enter 键，返回修剪平均值。

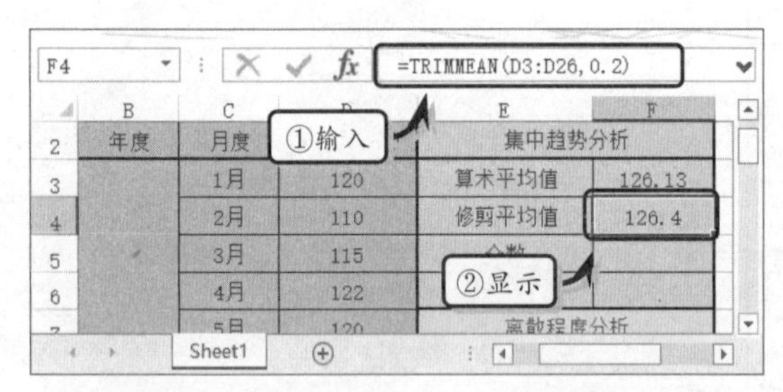

STEP|06 选择单元格 F5，在编辑栏中输入计算公式，按 Enter 键，返回众数。

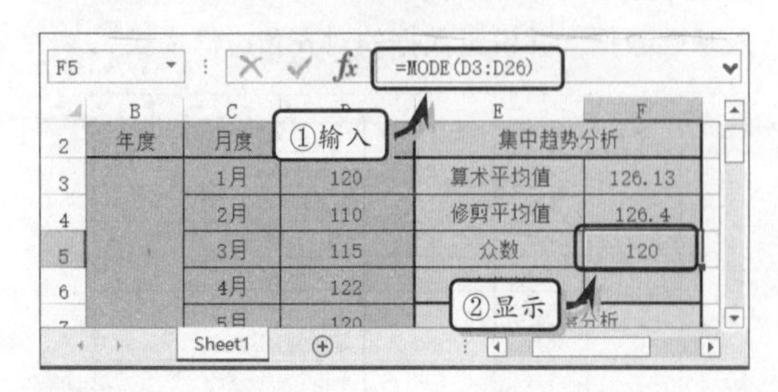

STEP|07 选择单元格 F6，在编辑栏中输入计算公式，按下 Enter 键，返回中位数。

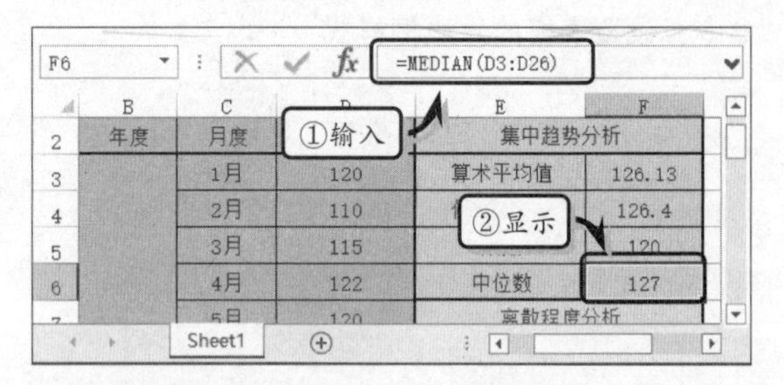

STEP|08 离散程度分析。选择单元格 F8，在编辑栏中输入计算公式，按 Enter 键，返回第 25 个百分位数。

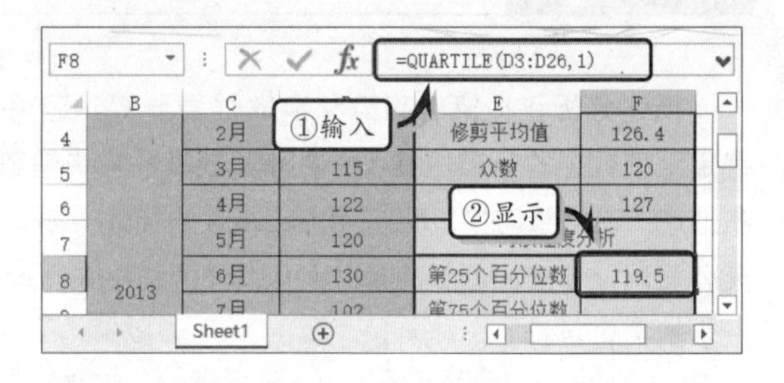

STEP|09 选择单元格 F9，在编辑栏中输入计算公式，按 Enter 键，返回第 50 个百分位数。

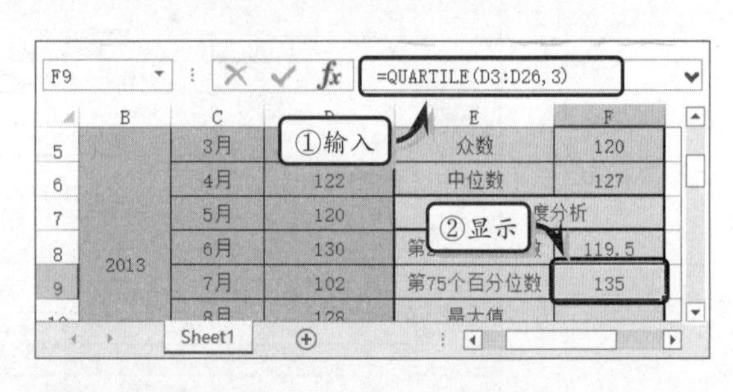

STEP|10 选择单元格 F10，在编辑栏中输入计算公式，按 Enter 键，返回最大值。

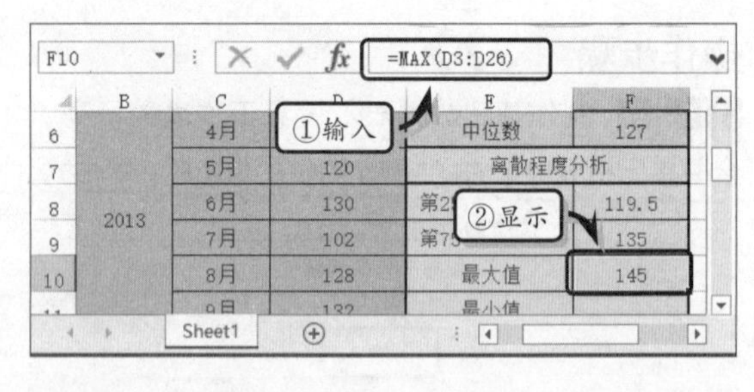

STEP|11 选择单元格 F11，在编辑栏中输入计算公式，按 Enter 键，返回最小值。

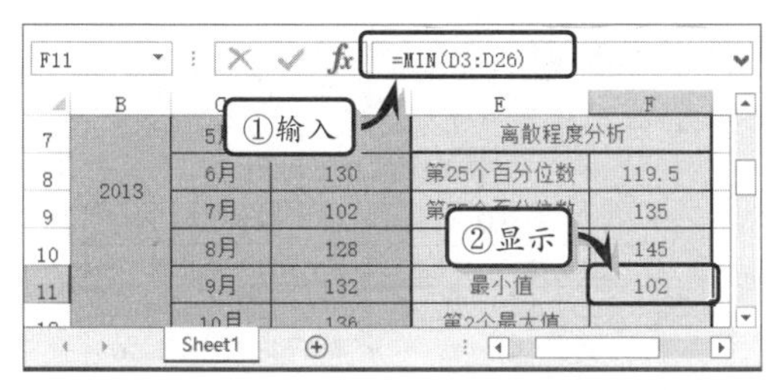

STEP|12 选择单元格 F12，在编辑栏中输入计算公式，按 Enter 键，返回第 2 个最大值。

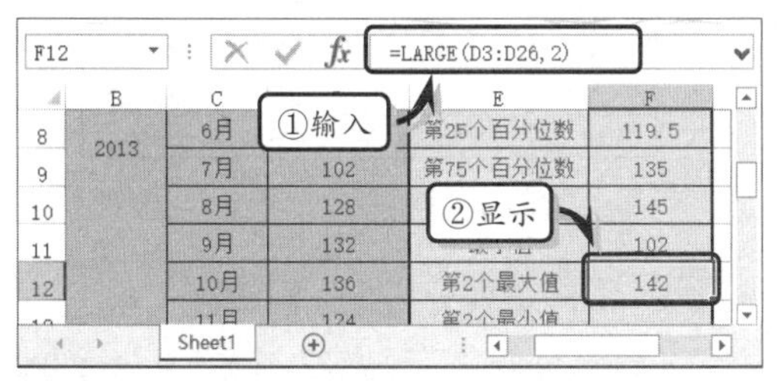

STEP|13 选择单元格 F13，在编辑栏中输入计算公式，按 Enter 键，返回第 2 个最小值。

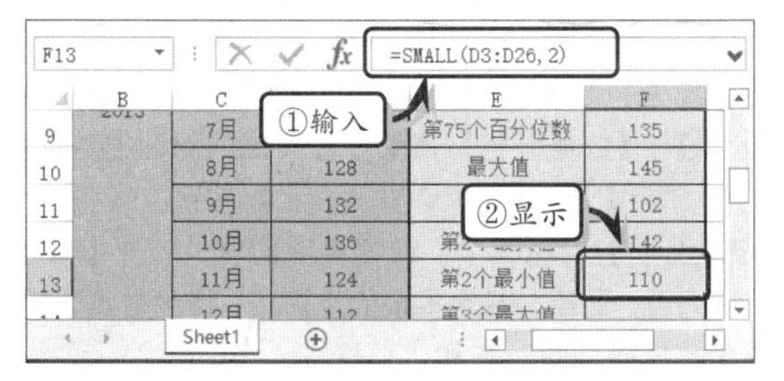

STEP|14 选择单元格 F14，在编辑栏中输入计算公式，按 Enter 键，返回第 3 个最大值。

STEP|15 选择单元格 F15，在编辑栏中输入计算公式，按 Enter 键，返回第 3 个最小值。

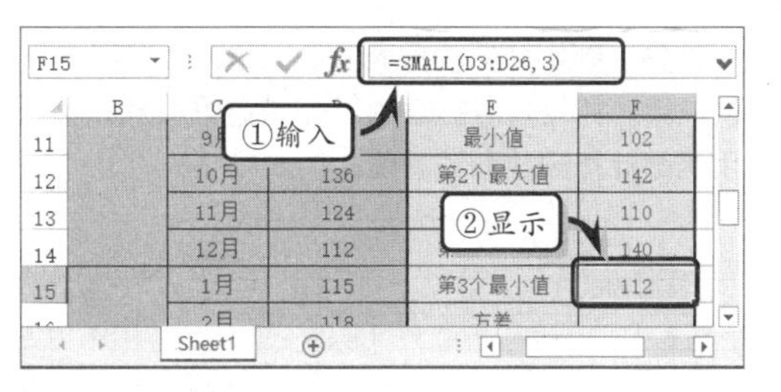

STEP|16 选择单元格 F16，在编辑栏中输入计算公式，按 Enter 键，返回方差。

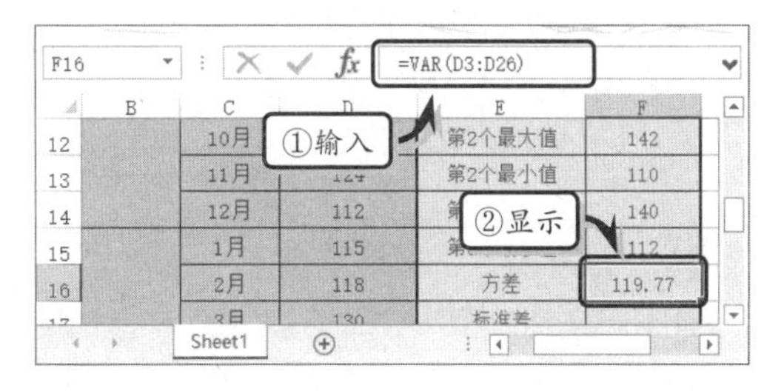

STEP|17 选择单元格 F17，在编辑栏中输入计算公式，按 Enter 键，返回标准差。

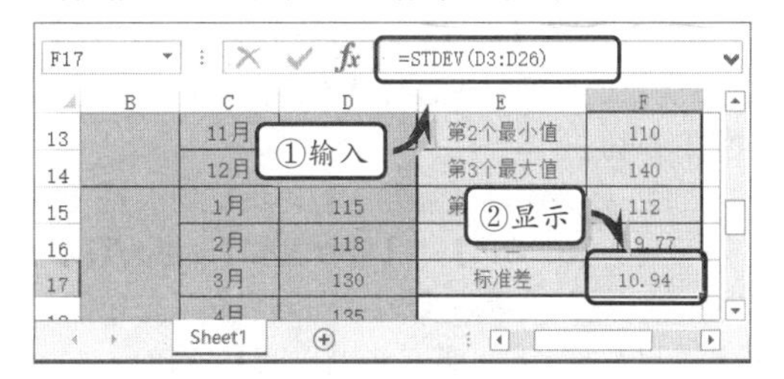

STEP|18 最后，在【视图】选项卡【显示】选项组中，禁用【网格线】复选框，隐藏工作表中的网格线。

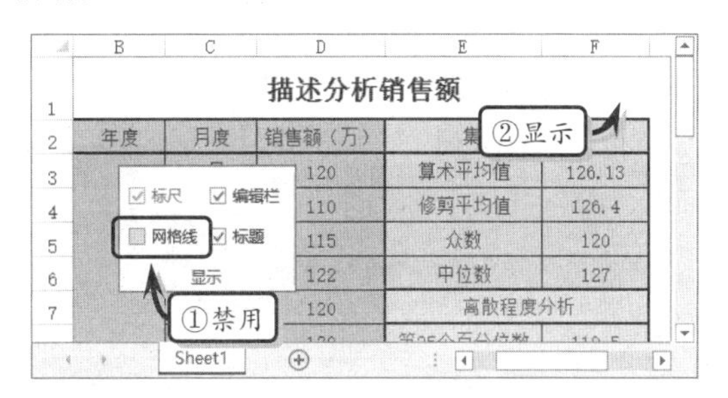

12.6 新手训练营

练习 1：频数分析考试成绩

downloads\12\新手训练营\频数分析考试成绩

提示：本练习中，已知某培训机构统计的 90 名培训人员的考试成绩，通过统计数据可以发现，该类型的数据为离散型数据，而且数据之间的振幅相对较小，应运用 COUNTIF 函数进行单项式分组法来计算其频数。

首先，制作基础数据表，输入 90 名培训人员的考试成绩，并设置数据表的对齐和边框格式。然后，使用函数计算频数和频率值。

基础数据						频数统计		
90	91	91	94	94	92	体重	频数	频率
92	92	94	99	91	99	90	16	0.17777778
99	90	92	91	99	90	91	25	0.27777778
99	91	91	90	91	92	92	15	0.16666667
94	94	91	99	93	99	93	7	0.07777778
91	91	93	92	91	92	94	10	0.11111111
91	90	99	91	92	91	99	17	0.18888889
94	94	91	93	99	91			
90	90	92	94	92	99			
99	99	90	92	99	99			
90	91	91	94	99	93			

练习 2：直方图分析考试成绩

downloads\12\新手训练营\直方图分析考试成绩

提示：本练习中，已知某培训机构统计的 90 名培训人员的考试成绩，下面运用直方图分析工具，来分析考试成绩的分布形态。

首先，执行【数据】|【分析】|【数据分析】命令，在弹出的对话框中选择【直方图】选项，并单击【确定】按钮。

然后，在弹出的【直方图】对话框中，将【输入区域】设置为【B2:G16】，将【接收区域】设置为【I3:I8】，将【输出区域】设置为【I9】，同时启用【柏拉图】和【图表输出】复选框，并单击【确定】按钮。

最后，删除多余的数据行，选择图表，双击数据系列，设置数据系列的系列格式即可。

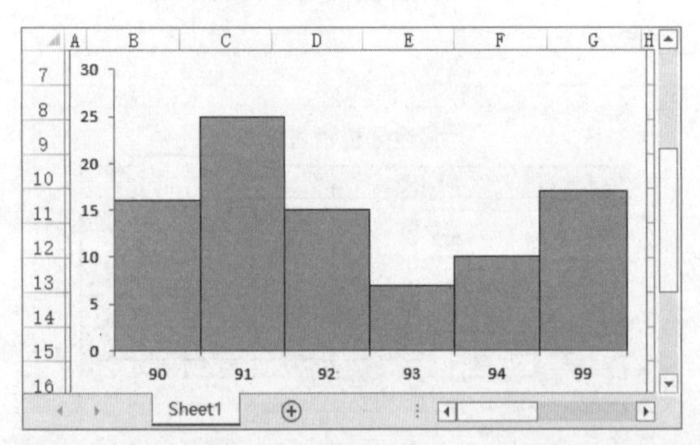

练习 3：描述分析产品加工时间

downloads\12\新手训练营\描述分析产品加工时间

提示：本练习中，已知某企业所有产品的加工时间，下面运用描述分析功能，来分析产品加工时间的集中趋势、离散程度和分布形态。

首先，制作基础数据表。然后，使用函数计算相应的分析数值即可。

分析产品加工时间			
车间	产品加工时间	分析结果	
1	22	算术平均值	25.9
2	25	几何平均值	25.782535
3	28	调和平均值	25.665479
4	29	修剪平均值	25.875
5	30	众数	25
6	25	中位数	25.5
7	24	方差	6.7666667
8	27	标准差	2.6012817
9	26	偏度	0.1363481
10	23	峰度	-0.944211

练习 4：描述工具分析企业利润额

downloads\12\新手训练营\描述工具分析企业利润额

提示：本练习中，已知某企业 12 月内的销售利润额，下面运用描述工具来分析企业利润额。

首先，制作基础数据表。然后，执行【数据】|【分析】|【数据分析】命令，在弹出的对话框中选择【描述统计】选项，并单击【确定】按钮。在弹出的【描述分析】对话框中，设置各项选项，单击【确定】按钮即可。最后，删除多余的空白行，移动数据表格，并设置数据表的对齐和边框格式。

描述工具分析企业利润额			
基础数据		分析结果	
月份	利润额（万）	平均	1224
1	1015	标准误差	24.040055
2	1152	中位数	1252
3	1230	众数	1258
4	1158	标准差	83.2771932
5	1258	方差	6935.09091
6	1263	峰度	2.77883117
7	1246	偏度	-1.5447688
8	1312	区域	297
9	1204	最小值	1015
10	1306	最大值	1312
11	1258	求和	14688
12	1286	观测数	12
		最大(1)	1312
		最小(1)	1015

练习 5：描述分析快递包裹数量

downloads\12\新手训练营\描述分析快递包裹数量

提示：本练习中，已知某快递公司抽样调查的包裹数据，下面运用描述分析方法，分析不同重量组段内包裹的数量。

首先，制作基础数据表，并设置表格的对齐和边框格式。然后，使用函数分布计算包裹重量的算术平均值、众数和中位数，以及方差和标准差。

	A	B	C	D	E
2		单只包裹重量（千克）	包裹数量	分析结果	
3		0~10	48	算术平均值	18.00
4		10~15	45	众数	13
5		15~20	38	中位数	13
6		20~25	26	方差	209.29
7		25~30	18	标准差	14.47
8		30~35	13		
9		35~40	10		
10		40~45	13		
11		45~50	8		

Sheet1

第 13 章

相关与回归分析

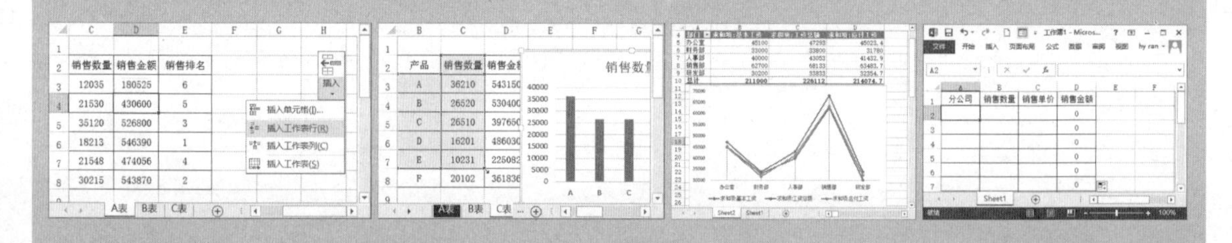

在统计学中，相关关系是一种确定性的关系，可以使用相关分析方法，来研究两个或多个随机变量之间的相关性，以确定变量之间的方向和密切程度。而回归分析是通过试验和观测来推断变量之间依存关系的一种统计分析方法，该分析方法是运用统计学的方法获得其数学模型，以确定自变量与因变量之间的关系，并通过自变量的给定值来推算或估计因变量的值。

其回归分析和相关分析存在密切的相似关系，但是回归分析是使用数学公式的方式来表达变量之间的关系，而相关分析则是检验和度量变量之间关系的密切程度，在分析数据方面两者是相辅相成的。在本章中，将详细介绍相关与回归分析的基础知识，以及利用 Excel 函数和分析工具实现相关与回归分析的操作方法。

Excel 13.1 简单相关分析

简单相关分析是对两个变量进行相关关系分析的一种相关分析方法，它主要是通过计算两个变量之间的相关系数，来判断变量之间是否存在相关性。

13.1.1　相关分析概述

通过相关分析，可以确定变量之间的关系及其密切程度。用户在使用相关分析方法分析数据之前，还需要先了解一下相关分析的基本理论与原理。

1．相关关系概述

相关分析是研究变量之间是否存在某种依赖关系，其分析目的是为了了解变量间相互联系的密切程度。另外，这种关系并非确定和严格依存的关系。也就是当一个或几个变量在取值时，另一变量并不会存在相对应的确定值，此时另一变量可能会出现若干个数值与之相对应。由于相对应的数值比较多，所以相关关系会出现一定的波动性。

在实际分析中，相关关系可以按照不同的形态，以及不同的标准进行划分。一般包括按相关程度、相关形式、相关方向和相关关系涉及的因素进行划分。

1）按相关程度划分

相关关系按照相关关系的程度进行划分，可以分为完全相关、不完全相关和零相关三种类型，其每种类型的具体显示方式如下。

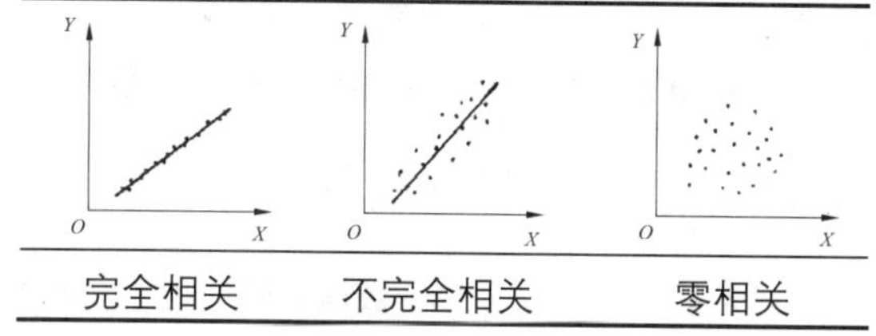

完全相关　　不完全相关　　零相关

其中，每种相关分类类型的具体含义如下所述。

（1）完全相关。完全相关关系指变量之间的关系是一一对应的，即一个变量的数量发生变化完全是由另一个变量的数量变化所确定的。该类型的相关关系为函数关系，是相关关系中的一种特例。

（2）不完全相关。不完全相关关系是指变量之间的关系并非一一对应的，即两个现象之间的关系介于完全相关和不相关之间。统计分析中的一般的相关现象都是指这种不完全相关，该相关关系是相关分析的主要研究对象。

（3）零相关。零相关关系又称为不相关关系，是指两个变量之间彼此互不影响，其数量变化各自独立的关系。

2）按相关形式划分

相关关系按照相关形式划分，可以分为线性相关和非线性相关两种类型。每种相关类型的具体表现形式如下。

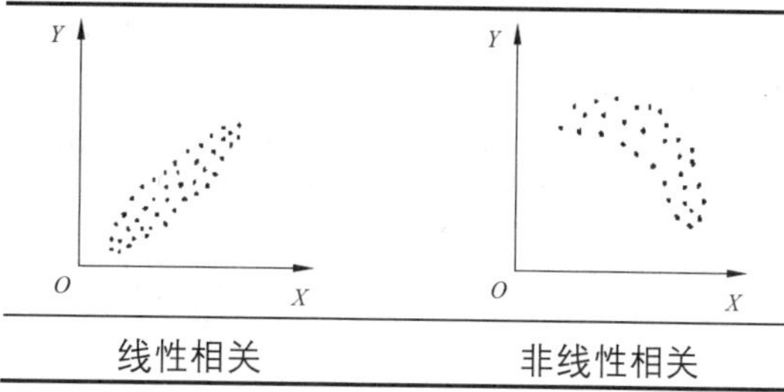

线性相关　　非线性相关

其中，线性相关和非线性相关关系类型的具体含义如下所述。

（1）线性相关。线性相关是指一个变量在增加或减少时，另一个变量随之会发生大致均等的增加或减少变化，其图形中所表现的观测点会分布在某一条直线附近。

（2）非线性相关。非线性相关是指一个变量在增加或减少时，另一个变量也随之发生不均等的增加或减少变化，其图形中所表现的观测点会分布在某一曲线附近。

3）按相关方向划分

相关关系按照相关方向划分，可以分为正相关和负相关两种类型。每种相关类型的具体表现形式如下。

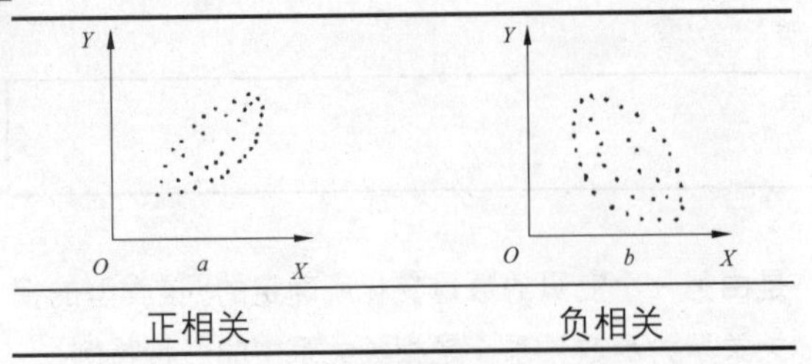

正相关　　负相关

其中，正相关和负相关关系类型的具体含义如下所述。

(1) 正相关。正相关是指两个变量按照相同的方向发生变化，即一个变量增加或减少时，另外一个变量也随之增加或减少。

(2) 负相关。负相关是指两个变量按照相反的方向发生变化，即一个变量增加或减少时，另外一个变量相反地呈现减少或增加变化。

4) 按相关关系涉及的因素划分

相关关系按照其涉及的因素划分，可以分为单相关、复相关和偏相关三种类型。

(1) 单相关。单相关又称为一元相关，是指两个变量之间的相关关系，即仅限于一个变量与另一个变量之间的依存关系。

(2) 复相关。复相关又称为多元相关，是指 3 个或 3 个以上变量间的相关关系。

(3) 偏相关。偏相关是指某一变量和多种变量相关时，当假定其他变量不变，其中两个变量的相关关系。

2. 相关系数

相关系数是变量间相关程度的数字表现形式，一般以 ρ 表示总体相关系数，以 r 表示样本相关系数，r 的取值范围是[-1,1]。

单相关是相关所有关系中最基本的相关关系，也是复相关和偏相关的基础。该处的相关关系主要从线性的但相关系数出发，也就是在线性条件下研究两个变量之间相关系数密切程度的统计指标。一般情况下，相关系数使用 r 表示，其计算公式表现为：

$$r=\frac{\sum(x-\bar{x})(y-\bar{y})}{\sqrt{\sum(x-\bar{x})^2(y-\bar{y})^2}}$$

另外，相关系数 r 还具有下列特征。

(1) 取值范围。相关系数的取值范围介于-1~1 之间，常用小数形式进行表示。另外，相关系数不存在相等单位和绝对零点，只能说明两个相关系数之间的程度高低，不能表述为两个相关系数数值的大小。

(2) 正负相关。相关系数的正负取值决定于公式中的分子，当分子>0 时，$r>0$，说明 x 和 y 为正相关，反正为负相关。

(3) 线性相关。当 $0<|r|<1$ 时，表示 x 和 y 存在一定的线性相关。$|r|$数值越接近 1 时，表示其相关性越高；当$|r|$数值越接近 0 时，表示其相关性越低。通常的判断标准为当$|r|<3$ 时，表示微相关；当 $0.3<|r|<0.5$ 时，表示低度相关；当 $0.5<|r|<0.8$ 时，表示显著相关；当 $0.8<|r|<1$ 时，表示高度相关。

(4) 完全线性相关。当 $r=1$ 时，表示 x 和 y 之间存在完全线性相关，即表示 x 和 y 之间存在确定性的函数关系。

(5) 不完全线性相关。当 $r=0$ 时，表示 x 和 y 之间不存在相关性。

3. 协方差

协方差用于衡量两个变量的总体误差，可以衡量两个变量之间的关系。对于 n 对随机样本，其协方差的计算公式表现为：

$$\mathrm{cov}(X,Y)=\frac{\sum(x-\bar{x})(y-\bar{y})}{n}$$

而一般情况下的样本数据的协方差的计算公式表现为：

$$\mathrm{cov}(X,Y)=\frac{\sum(x-\bar{x})(y-\bar{y})}{n-1}$$

协方差的绝对值越大，表示两个变量的相关程度越强；当协方差为 0 时，表示两个变量不相关；当协方差>0 时，表示两个变量之间存在正相关；当协方差<0 时，表示两个变量之间存在负相关。

13.1.2 散点图分析法

散点图可以直观地显示数值之间的关系，用户可以使用 Excel 中的散点图图表，来分析两个变量之间的相关性。

1. 生成散点图

已知某公司一年内产品投入的成本与利润数

据，下面运用散点图对其进行简单的相关分析。

首先，制作基础数据表，选择包含成本和利润数据的单元格区域，执行【插入】|【图表】|【插入散点图或气泡图】|【散点图】命令。

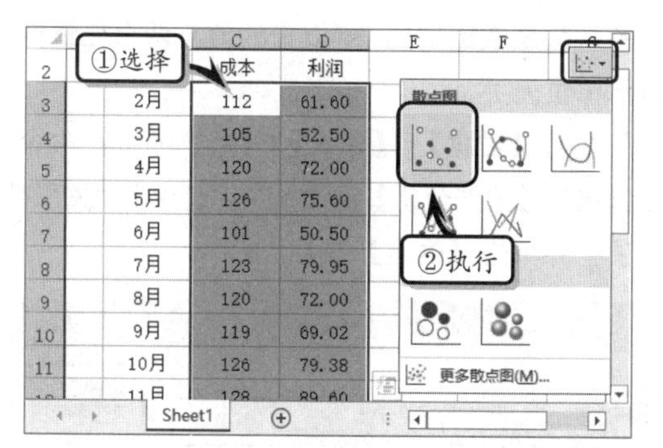

此时，系统将根据所选数据自动显示散点图。通过散点图，用户可以看出数据点几乎呈一条直线进行显示，表明成本与利润数据之间具有显著的正相关性。

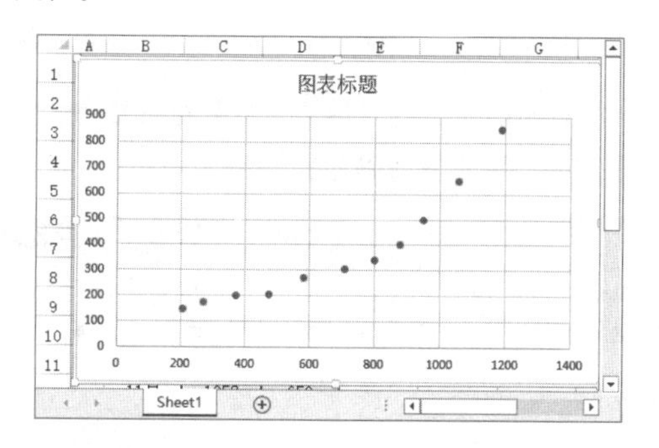

2．调整散点图

上述图表中，只是使用了 Excel 默认的布局，为了明确图表中的数据，还需要对图表进行一系列的布局操作。

选择图表，执行【设计】|【图表布局】|【快速布局】|【布局 6】命令，设置图表的布局。

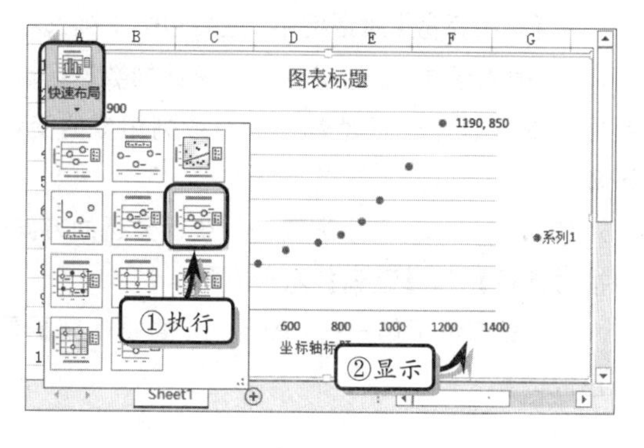

然后，选择图例，按 Delete 键删除图例。同时，更改坐标轴和标题名称，并设置图表的字体格式。

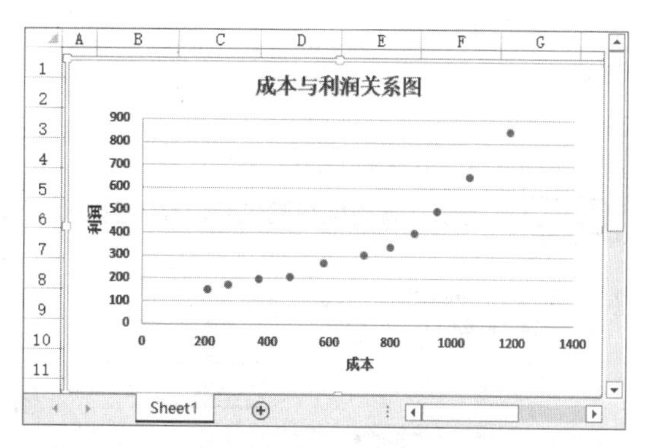

> **提示**
>
> 用户也可以选择图表，在【格式】选项卡【形状样式】选项组中，设置图表的外观样式。

13.1.3 函数分析法

虽然散点图可以直观地显示两个变量的相关关系，但是却无法精确地度量两个变量相关性的强度。此时，用户还需要使用 Excel 中的 CORREL 函数，来计算两个变量之间的相关性。

CORREL 函数主要用于返回两组数值的相关系数，并使用相关关系确定两个属性之间的关系，该函数的表达式为：

必选参数，表示第一组数值的单元格区域。

= CORREL(array1,array2)

必选参数，表示第二组数值的单元格区域。

已知某公司一年内产品投入的成本与利润数据，下面运用 CORREL 函数对其进行简单的相关分析。

首先，制作基础数据表，选择单元格 E3，单击编辑栏中的【插入函数】按钮，在弹出的【插入函数】对话框中，将【或选择类别】设置为【统计】，在列表框中选择 CORREL 选项，单击【确定】按钮。

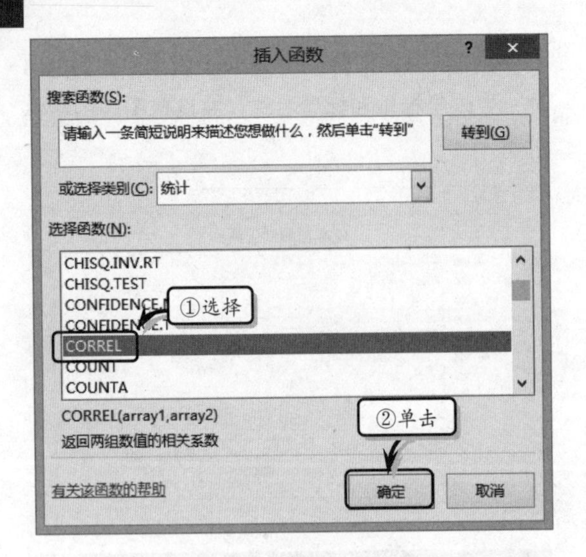

然后，在弹出的【函数参数】对话框中，分别设置 Array1 和 Array2 参数区域，并单击【确定】按钮。

此时，在单元格 E3 中，将显示所计算的相关系数值。由于该值为 0.93，介于 0~1 之间，因此表示两个变量之间存在正相关，所以可以判断企业成本和利润之间存在正相关关系。

	A	B	C	D	E	F	G
2		1月	成本	利润	相关系数		
3		2月	208	150	0.93		
4		3月	271	174			
5		4月	372	199			
6		5月	474	206			
7		6月	581	270			
8		7月	710	306			
9		8月	800	340			

散点图相关分析

13.1.4 分析工具分析法

在 Excel 中，除了使用散点图和函数来计算两组变量的相关关系之外，还可以使用相关系数和协方差分析工具来对数据进行简单的相关分析。

1. 相关系数分析工具

相关系数工具是描述两个变量之间离散程度的指标，其相关系数的值必须介于-1~1 之间。由于相关系数是成比例的，所以它的值与两个变量值的表示单位无关。

执行【数据】|【分析】|【数据分析】命令，在弹出的【数据分析】对话框中，选择【相关系数】选项，并单击【确定】按钮。

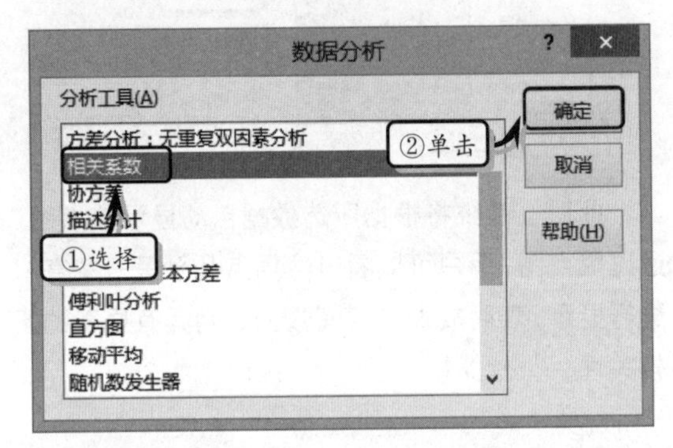

然后，在弹出的【相关系数】对话框中，设置各项选项，并单击【确定】按钮。

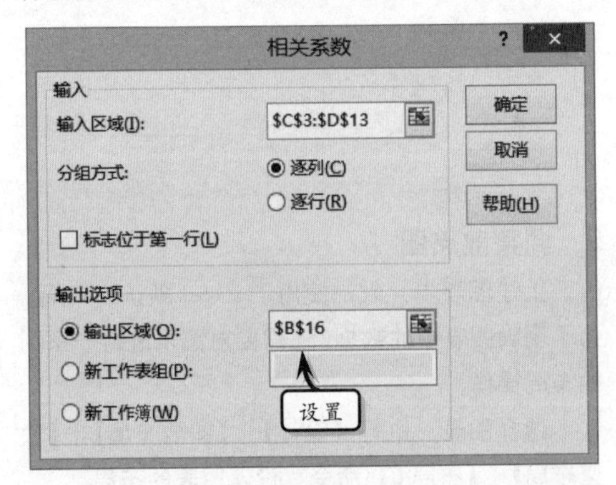

在【相关系数】对话框中，主要包括下列选项。

（1）输入区域。表示需要进行统计的数据区域，数据区域可以包含任意数目的行或列组成的变量区域。

（2）分组方式。表示需要进行统计分析的方向，包括【逐行】和【逐列】两种方向。

（3）标志位于第一行。表示指定数据的范围是否包含标签。

（4）输出区域。表示统计结果存放在当前工作表中的位置。

（5）新工作表组。表示系统会自动新建一个工作表，并将数据分析结果存放在新建工作表中。

（6）新工作簿。表示会自动建立一个工作簿，并将数据分析结果存放在新建工作簿中。

此时，在工作表中的指定单元格中，将显示相关系数分析结果。通过分析结果，可以看出两组数据之间的相关系数值为 0.926561，表示两组数据之间存在正相关关系。

	A	B	C	D	E	F	G
13		12月	1190	850			
14							
15		相关系数分析工具					
16			成本	利润			
17		成本	1				
18		利润	0.926561	1			
19							
20							

简单相关分析　多 ...

2．协方差分析工具

协方差分析工具是测量两组数据相关性的量度，主要用于返回各数据点的一对均值偏差之间的乘积的平均值，可以确定两个区域中数据的变化是否相关。

执行【数据】|【分析】|【数据分析】命令，在弹出的【数据分析】对话框中，选择【协方差】选项，并单击【确定】按钮。

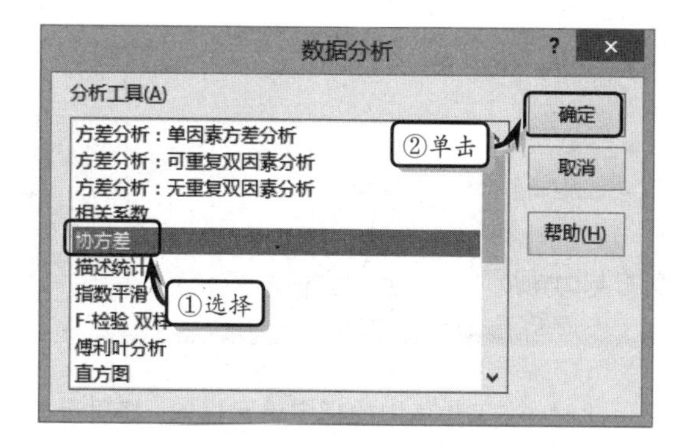

然后，在弹出的【协方差】对话框中，设置各项选项，并单击【确定】按钮。

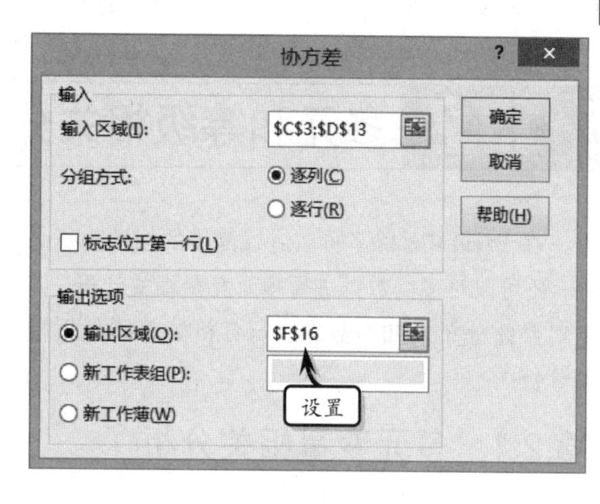

在【协方差】对话框中，主要包括下列选项。

（1）输入区域。表示需要进行统计的数据区域，数据区域可以包含任意数目的行或列组成的变量区域。

（2）分组方式。表示需要进行统计分析的方向，包括【逐行】或【逐列】两种方向。

（3）标志位于第一行。表示指定数据的范围是否包含标签。

（4）输出选项。用于设置分析结果的输出位置，如选中【输出区域】选项，则表示将结果存放在当前工作表的指定位置中；选中【新工作表组】选项，则表示将分析结果存放在新建工作表中，而选中【新工作簿】选项，则表示将分析结果存在新建的工作簿中。

此时，在工作表中的指定单元格中，将显示协方差分析结果。通过分析结果，可以看出两组数据之间的协方差为 60600.71。根据协方差 $cov(x,y)>0$，表明两个变量之间存在正相关的统计理论，可以判断成本与利润之间存在正相关关系。

	E	F	G	H	I	J
13						
14						
15		协方差分析工具				
16			成本	利润		
17		成本	97121.11			
18		利润	60600.71	44044.74		
19						
20						

简单相关分析　多 ...

13.2 多元和等级相关分析

在 Excel 中，除了可以进行简单的相关分析之外，还可以对多组数据进行多元变量相关分析，以及对整体分布未知的数据进行分析的等级数据相关分析。

13.2.1 多元变量相关分析

多元变量相关分析是对三个或三个以上变量进行相关关系分析的一种相关分析方法，它主要通过计算多个变量之间的相关性，来判断变量之间是否存在相关关系。

1. 多元变量相关分析概述

一般情况下，多元变量相关分析包括多元相关系数和多元协方差两种分析方法。

其中，多元变量相关系数是用来度量因变量与一组自变量之间相关程度的分析方法。例如，以三个变量为例，其三个变量分别为 X_1、X_2 和 X_3，所对应的变量的取值分别为 X_{11}、X_{12}…、X_{21}、X_{22}…和 X_{31}、X_{32}…。那么，变量 X_1 和 X_2 之间的相关关系为 r_{12}，变量 X_1 和 X_3 之间的相关关系为 r_{13}，变量 X_2 和 X_3 之间的相关关系为 r_{23}；而因变量 X_1 和自变量 X_2、X_3 总相关关系为 $R_{1,23}$。多元变量的计算公式表示为：

$$R_{1,23}=\sqrt{\frac{r_{12}^3+r_{13}^2-2r_{12}r_{13}r_{23}}{1-r_{23}^2}}$$

当 $0<R_{1,23}<1$ 时，其绝对值越小表示因变量与自变量之间的相关程度越小，绝对值越大表示相关程度越大。而当 $R_{1,23}=1$ 时，则表示因变量和自变量之间完全线性相关。

而多元协方差也用于描述多个变量之间的相关关系，例如，以三个变量为例，其三个变量分别为 X_1、X_2 和 X_3，其任意两个变量之间协方差的公式表示为：

$$\mathrm{cov}(x_i,y_j)=\frac{\sum_{k=1}^{n}(x_{ik}-\frac{\sum_{k=1}^{n}x_{ik}}{n})(x_{jk}-\frac{\sum_{k=1}^{n}x_{jk}}{n})}{n}$$

2. 多元相关系数分析

已知某城市连续 10 年的 GDP、资产投资和居民消费支出数据，下面运用相关系数分析工具，对上述变量进行相关分析。

首先，执行【数据】|【分析】|【数据分析】命令，在弹出的【数据分析】对话框中，选择【相关系数】选项，并单击【确定】按钮。

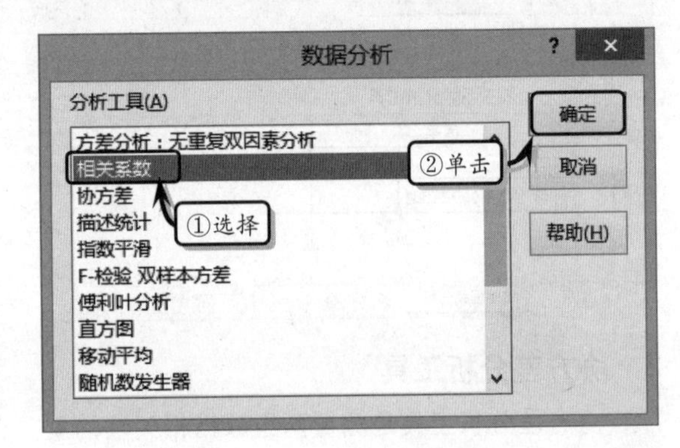

然后，在弹出的【相关系数】对话框中，设置各项选项，并单击【确定】按钮。

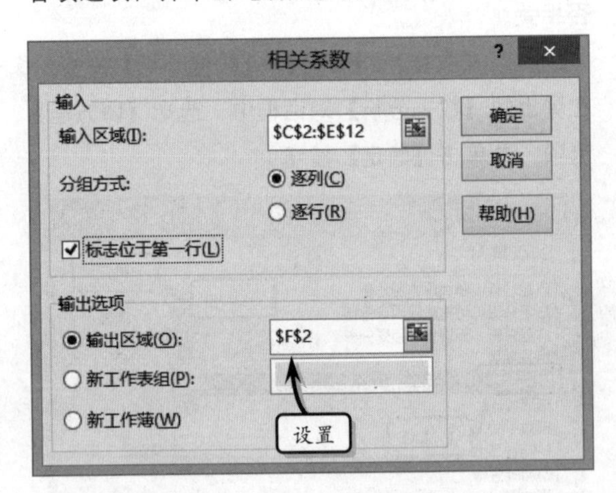

此时，在工作表中的指定单元格中，将显示多元相关系数分析结果。通过分析结果，可以看出各变量两两之间的相关关系为正相关。

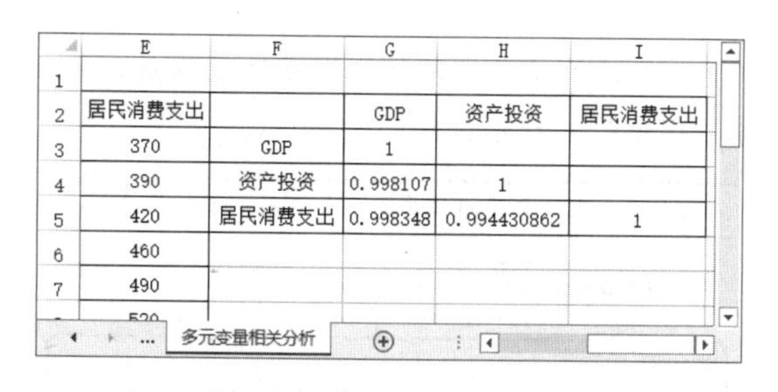

	E	F	G	H	I
1					
2	居民消费支出		GDP	资产投资	居民消费支出
3	370	GDP	1		
4	390	资产投资	0.998107	1	
5	420	居民消费支出	0.998348	0.994430862	1
6	460				
7	490				

通过矩阵用户会发现使用相关系数所分析出来的结果，包括 GDP 和资产投资、居民消费支出和 GDP，以及居民消费支出和资产投资之间的相关关系，并没有三个变量之间的相关关系分析结果。用户可通过 Excel 中的 SQRT 函数，来获得三个变量之间的相关关系。

其中，SQRT 函数主要用于返回正的平方根，该函数表达式为：

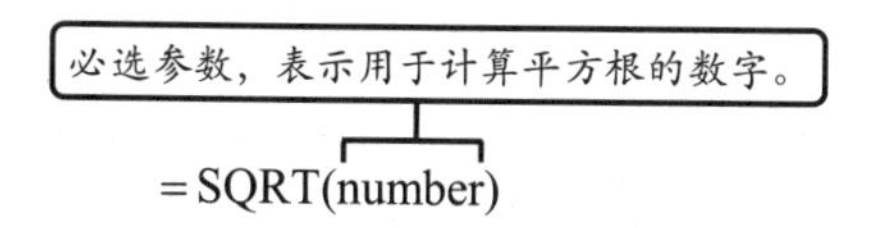

选择单元格 G6，在编辑栏中输入计算公式，按 Enter 键，即可返回 GDP 与资产投资和居民消费支出变量的相关系数。

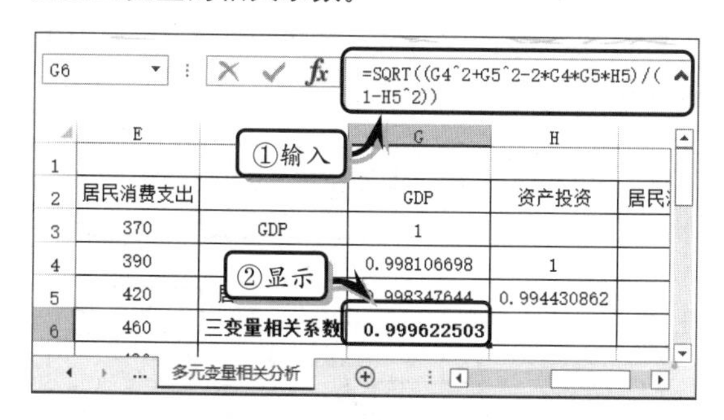

	E	F	G	H
1				
2	居民消费支出		GDP	资产投资
3	370	GDP	1	
4	390		0.998106698	1
5	420		0.998347644	0.994430862
6	460	三变量相关系数	0.999622503	

通过计算结果，可以发现三个变量的相关系数为 0.99622503，介于 0~1 之间，可以推断三个变量之间存在明显的正相关关系。

3．多元协方差分析

已知某城市连续 10 年的 GDP、资产投资和居民消费支出数据，下面运用协方差分析工具，对上述变量进行相关分析。

执行【数据】|【分析】|【数据分析】命令，在弹出的【数据分析】对话框中，选择【协方差】选项，并单击【确定】按钮。

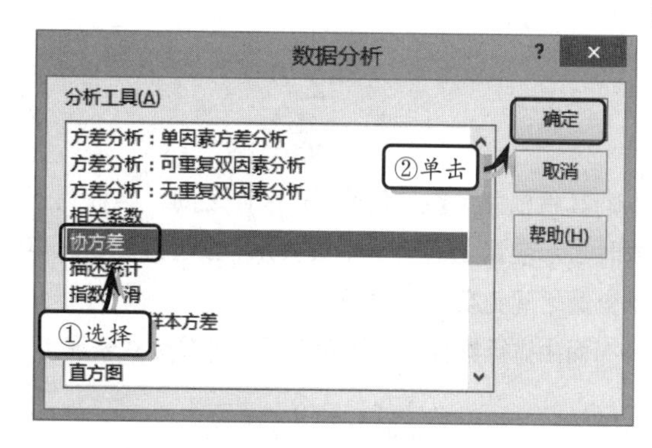

然后，在弹出的【协方差】对话框中，设置各项选项，并单击【确定】按钮。

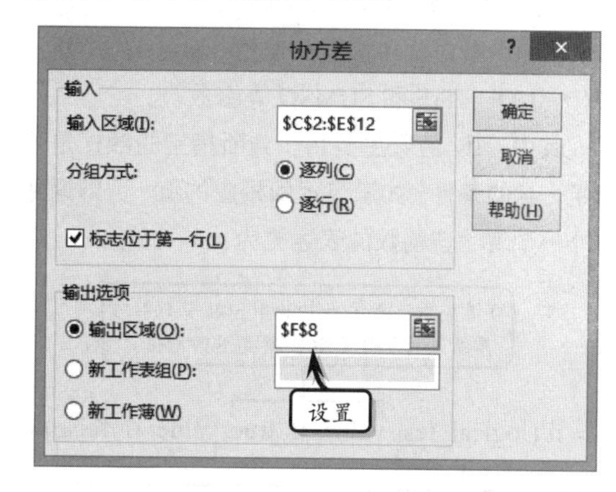

此时，在工作表中的指定单元格中，将显示多元协方差分析结果。通过分析结果，可以发现协方差矩阵中对角线上的各变量之间的相关关系为正相关。

	F	G	H	I
7	多元协方差分析			
8		GDP	资产投资	居民消费支出
9	GDP	174822.09		
10	资产投资	87370.59	43830.89	
11	居民消费支出	56377.3	28118.3	18241
12				

13.2.2　秩相关系数分析

秩相关分析又称为等级相关，是一种非参数统计方法。当任意一个变量为非正态分布，或未知类型的总体分布状态以及原始数据使用等级表示的数据，都需要使用秩相关系数进行分析。

1．秩相关系数分析概述

常用的秩相关分析方法为 Spearman 等级相关分析方法，由排行差分集合 D 的计算公式表现为：

$$r_s = 1 - \frac{6\sum_{i=1}^{n} D_i^2}{n(n^2-1)}$$

其秩相关系数的值介于–1~1 之间，当值为正数时表示变量之间为正相关关系，当值为负数时表示变量之间为负相关关系。

而由排行集合 x、y 计算而得的计算公式表现为：

$$r_s = \frac{\sum_{i=1}^{n}(x_i-\overline{x})(y_i-\overline{y})}{\sqrt{\sum_{i=1}^{n}(x_i-\overline{x})^2\sum_{i=1}^{n}(y_i-\overline{y})^2}}$$

在该分析过程中，需要使用 Excel 中的 IF、AND、COUNTIF 和 SUMSQ 等函数。

其中，IF 函数主要用于判断指定的数据是否满足一定的条件，如满足返回相应的值，否则返回另外一个值。该函数的表达式为：

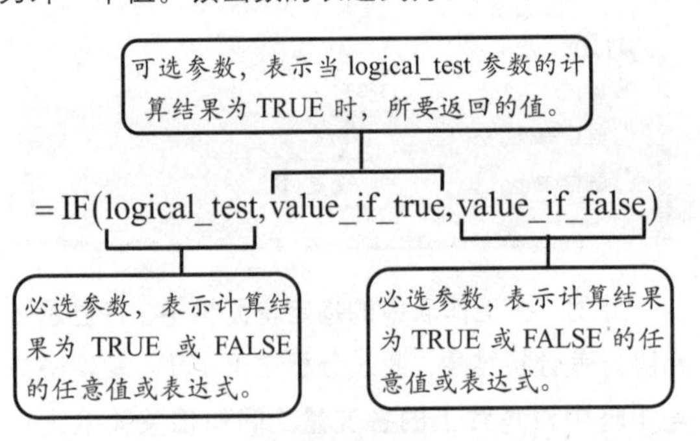

AND 函数的功能是当所有参数为 TRUE 时，返回 TRUE；而当所有的参数中有一个参数的计算结果为 FALSE 时，返回 FALSE。AND 函数的表达式为：

必选参数，表示用于检测的第 1 个条件。

= AND(logical1, logical2…)

可选参数，表示用于检测的第 2~256 个条件。

COUNTIF 函数的功能是对区域中满足单个指定条件的单元格进行计数，该函数的表达式为：

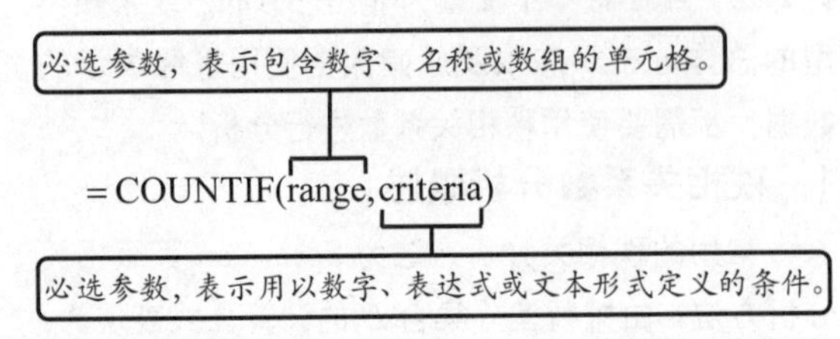

SUMSQ 函数主要用于返回指定数值的平方和，该函数的表达式为：

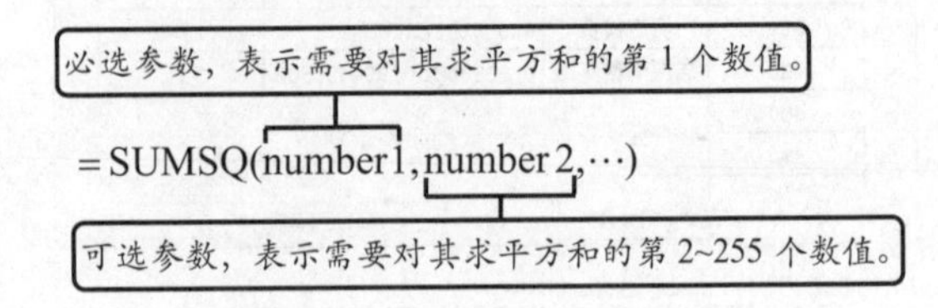

2. 秩相关系数分析实例

已知两组数据，下面运用秩相关系数分析，来分析 X 和 Y 组数据之间的相关性。

首先确定 X 和 Y 组数据的秩次（等级信息）。选择单元格 E3，在编辑栏中输入计算公式，按 Enter 键，返回 X 秩次。同样方法，计算其他 X 值的秩次。

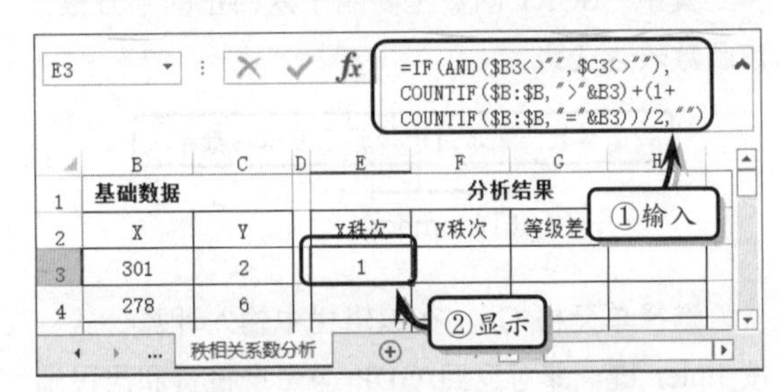

选择单元格 F3，在编辑栏中输入计算公式，按 Enter 键，返回 Y 秩次。使用同样方法，计算其他 Y 值的秩次。

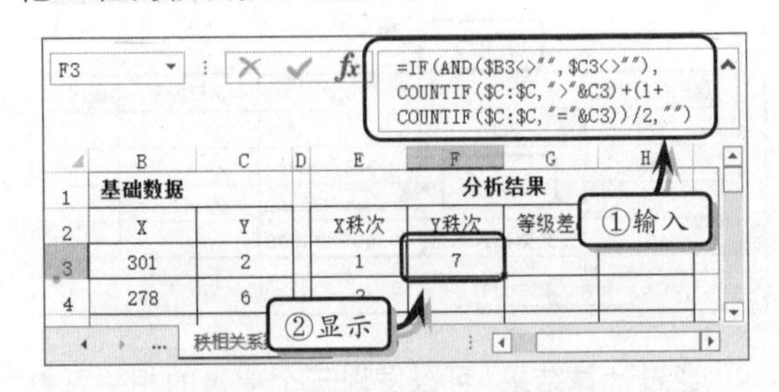

然后，需要计算 d^2 的合计值。选择单元格 G3，在编辑栏中输入计算公式，按 Enter 键，返回等级差 d 值。使用同样方法，计算其他等级差 d 值。

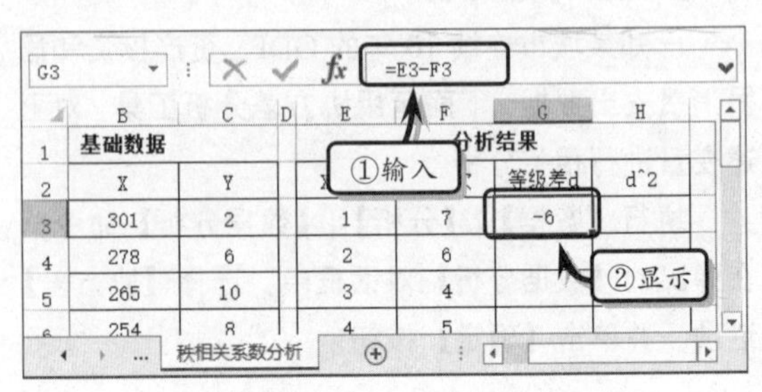

选择单元格 H3，在编辑栏中输入计算公式，按 Enter 键，返回 d^2 值。使用同样方法，计算其他 d^2 值。

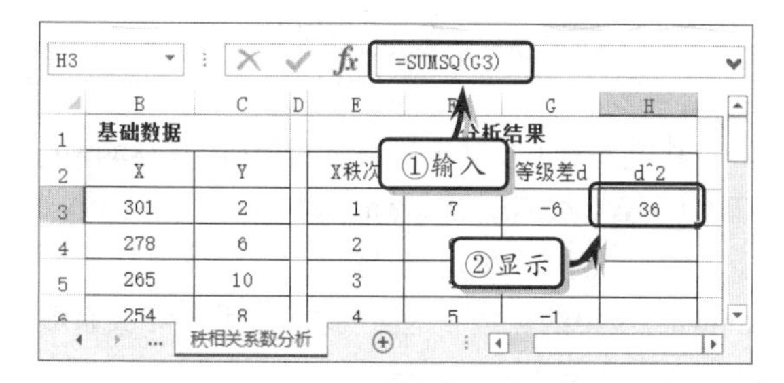

选择单元格 H10，在编辑栏中输入计算公式，按 Enter 键，返回 d^2 值的合计值，也就是公式中的 $\sum_{i=1}^{n} D_i^2$ 部分。

最后，选择单元格 H11，在编辑栏中输入计算公式，按 Enter 键，返回秩相关系数。

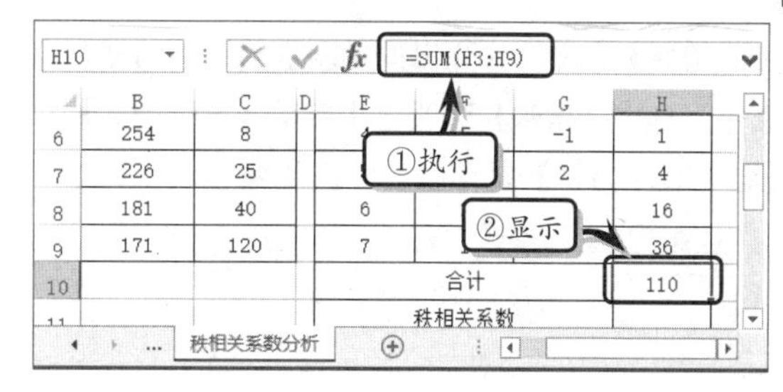

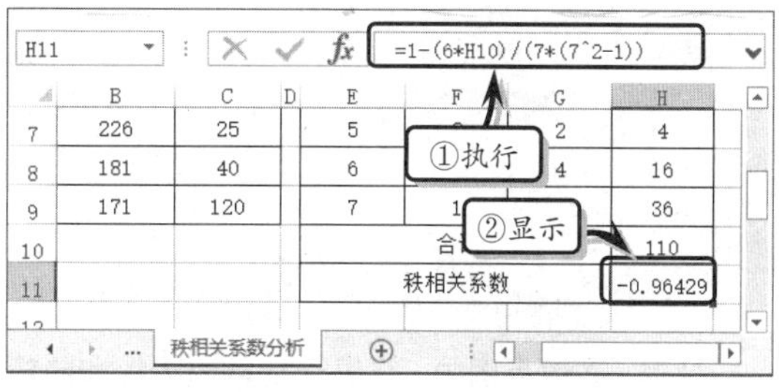

此时，用户会发现秩相关系数为-0.96429，表示两个变量之间为负相关。

13.3 简单回归分析

回归分析是通过最小二乘法拟合进行分析，主要用于确定一个或多个变量的变化对另一个变量的影响程度。而简单回归分析，则是使用 Excel 中的散点图、回归函数和回归分析工具等，对变量进行简单的回归分析。

13.3.1 趋势线分析法

趋势线分析法是建立在散点图图表的基础上的一种分析方法，主要通过为散点图添加趋势线的方法，来达到一元线性回归分析的目的。

Excel 中的散点图的趋势线包括对数、指数、多项式、线性等类型，不同类型的趋势线所使用的分析方法也各不相同，用户需要根据分析目的来选择相应的趋势线。

1. 对数趋势线

首先，制作基础数据表，选择数据区域，执行【插入】|【图表】|【插入散点图（X,Y）或气泡图】|【散点图】命令，插入散点图图表。

然后，右击图表中的数据系列，执行【添加趋势线】命令。在弹出的【设置趋势线格式】窗格中，选中【对数】选项，并启用【显示公式】和【显示 R 平方值】复选框，并关闭窗格。

此时，在散点图中，将显示对数趋势线和趋势线公式：$y=103.3\ln(x)+633.36$，$R^2=0.6$。回归公式中的斜率为 103.3，反映了两个变量之间关系的强弱，即随着月份的增长，其成本值也随之上升 103.3；而 $R^2=0.6$ 则表示了该数据的拟合对数曲线相对较好。

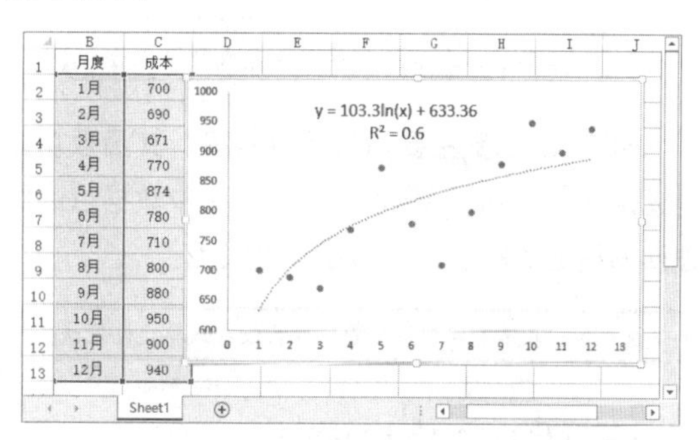

2. 指数趋势线

选择散点图，右击图表中的数据系列，执行【添加趋势线】命令。在弹出的【设置趋势线格式】窗格中，选中【指数】选项，并启用【显示公式】和【显示 R 平方值】复选框，并关闭窗格。

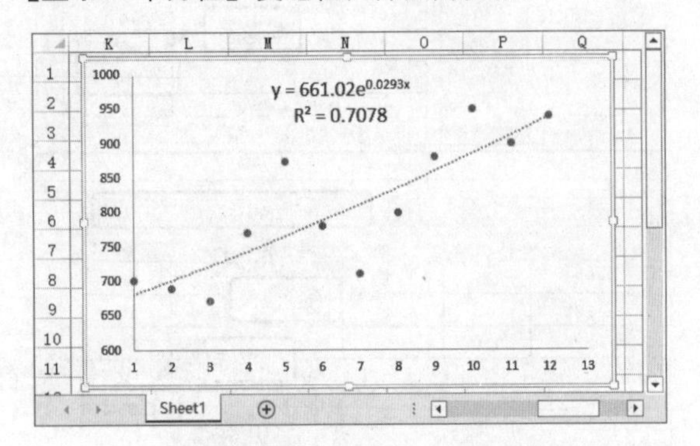

此时，在散点图中，将显示指数趋势线和趋势线公式：$y=661.02e^{0.0293x}$，决定系数 $R^2=0.7078$。与对数趋势线相比，拟合指数曲线的决定系数 R^2 更大。

13.3.2 回归函数分析法

回归函数分析法主要运用 Excel 中的 INTERCEPT、SLOPE 和 RSQ 函数，通过对数据变量进行截距、斜率和判定系数计算，达到回归分析的目的。

1. 回归分析函数分析概述

INTERCEPT 函数主要用于计算截距，其函数功能是利用已知 X 值和 Y 值来计算直线与 Y 轴交叉点，该函数的表达式为：

必选参数，表示因变量观察者或数据集合。

= INTERCEPT(known_y's,known_x's)

必选参数，表示自变量观察者或数据集合。

SLOPE 函数主要用来计算斜率，其函数功能是返回通过 known_y's 和 known_x's 中数据点的线性回归线上的斜率，该函数表达式为：

必选参数，表示数字型因变量数据点数组或单元格区域。

= SLOPE(known_y's,known_x's)

必选参数，表示自变量数据点集合。

而回归线 a 的截距的计算公式为：

$$a=\bar{y}-b\bar{x}$$

公式中线斜率 b 的计算公式为：

$$b=S\frac{\sum(x-\bar{x})(y-\bar{y})}{\sum(x-\bar{x})^2}$$

其中，x 和 y 是样本平均值 AVERAGE（known_x's）和 AVERAGE（known_y's）。

RSQ 函数的功能是通过 known_y's 和 known_x's 中的数据点返回皮尔生乘积矩相关系数的平方，该函数表达式为：

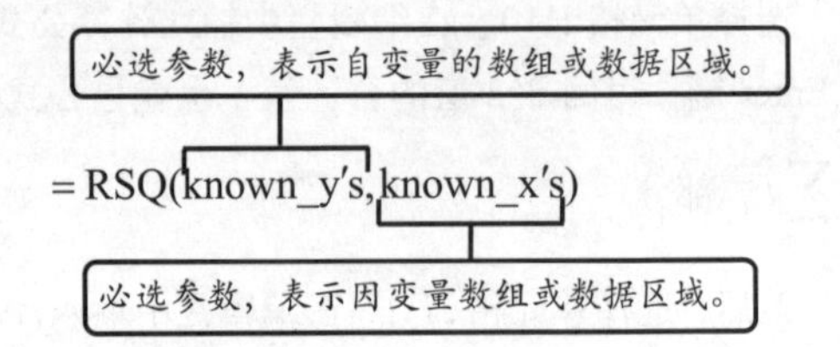

2. 回归分析函数实例

已知某机构统计某产品 3 个月和 6 个月的销售价格，下面运用回归分析函数法，对数据进行简单回归分析。

制作基础数据表，选择单元格 D3，在编辑栏中输入计算公式，按 Enter 键，返回截距值。

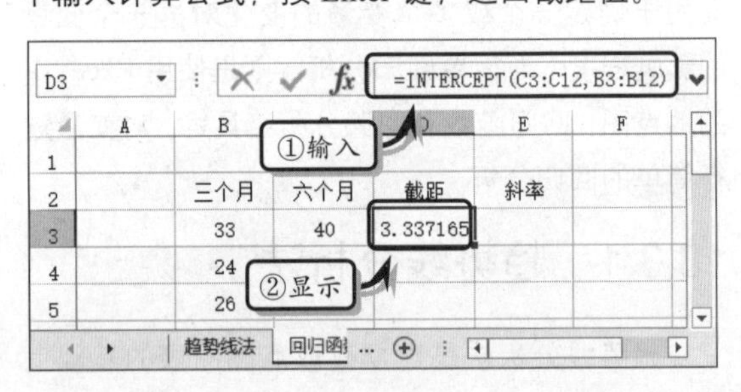

选择单元格 E3，在编辑栏中输入计算公式，按 Enter 键，返回斜率值。

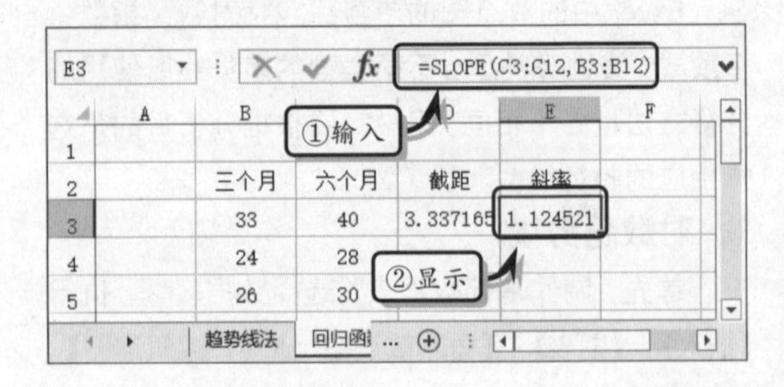

通过分析结果，可以发现斜率为 1.124521，截

距为 3.337165。此时，在单元格 F3 中输入验证公式，按 Enter 键会发现 3 个月商品价格等于 6 个月商品价格的 1.124521 倍并加上 3.337165 元，也就是说三个月商品价格每增加 1 元，而 6 个月的商品价格则会增加 1.124521 元。

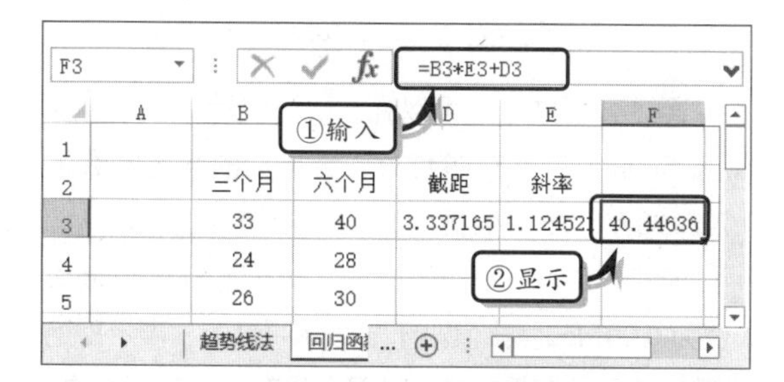

提示

在 Excel 中，用户还可以使用 LINEST 函数，以数组的方式计算斜率和截距值。

选择单元格 G3，在编辑栏中输入计算公式，按 Enter 键，返回判定系数值。

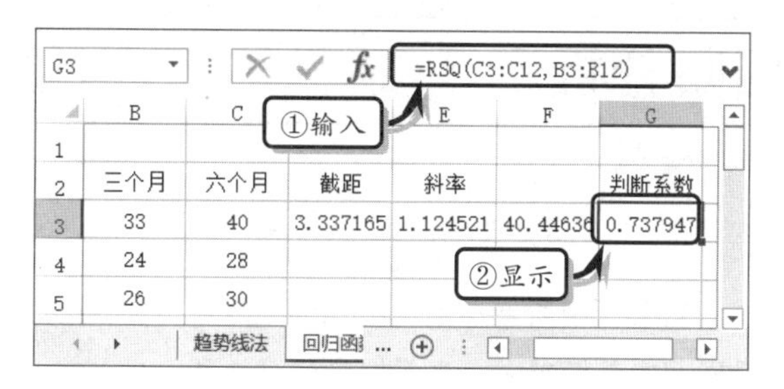

通过计算结果可以得出该数判定该回归公式能够解释 74%左右的数据，说明该组数据的整体拟合效果比较好。

13.3.3　回归分析工具分析法

回归分析工具是对一组观察值使用"最小二乘法"直线拟合进行的线胜回归分析，不仅可以分析单因变量受自变量影响的程度，而且还可以执行简单和多重线性回归。

执行【数据】|【分析】|【数据分析】命令，在弹出的【数据分析】对话框中，选择【回归】选项，并单击【确定】按钮。

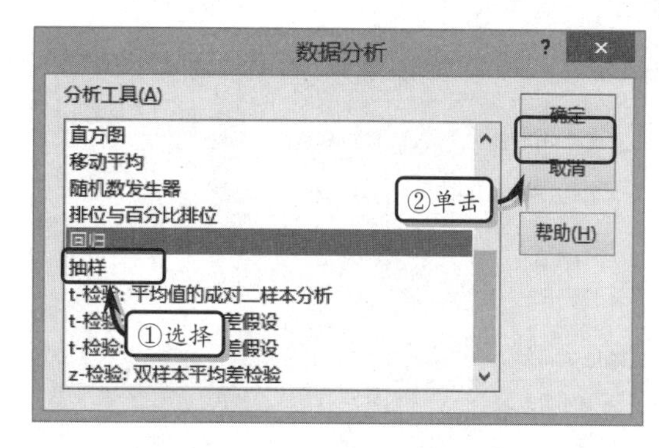

然后，在弹出的【回归】对话框中，设置各选项，并单击【确定】按钮。

【回归】对话框中各选项的含义，如下表所述。

选项	子选项	含　义
输入	X 值输入区域	表示独立变量的数据区域
	Y 值输入区域	表示一个或多个独立变量的数据区域
	标志	表示所指定的区域是否包含标签
	置信度	表示分析工具的置信水平
	常数为零	表示所选择的常量中是否包含零值
输出选项	输出区域	表示统计结果存放在当前工作表中的位置
	新工作表组	表示统计结果存储在新工作表中
	新工作簿	标记统计结果存储在新工作簿中
残差	残差	启用该复选框，可以在统计结果中显示预测值与观察值的差值
	残差图	启用该复选框，可以在统计结果中显示残差图
	标准残差	启用该复选框，可以在统计结果中显示标准残差值
	线性拟合图	启用该复选框，可以在统计结果中显示线性拟合图
正态分布		启用该复选框，可以在统计结果中显示正态概率图

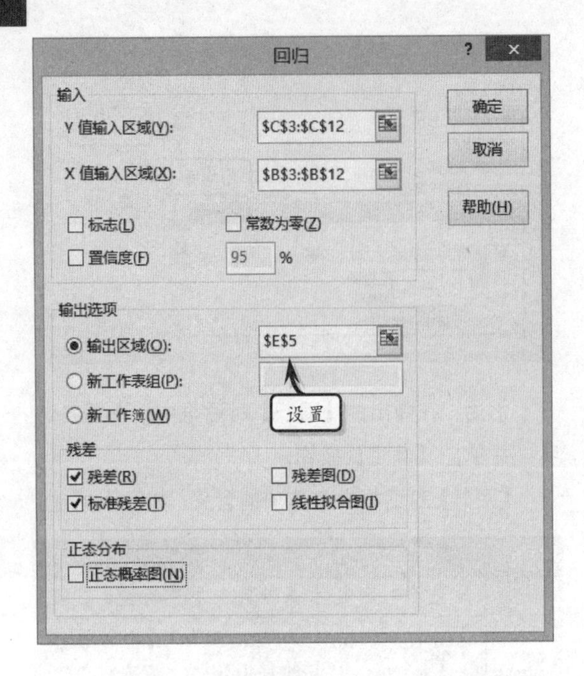

此时，在工作表中的指定位置中，将显示回归分析工具所分析的所有结果。

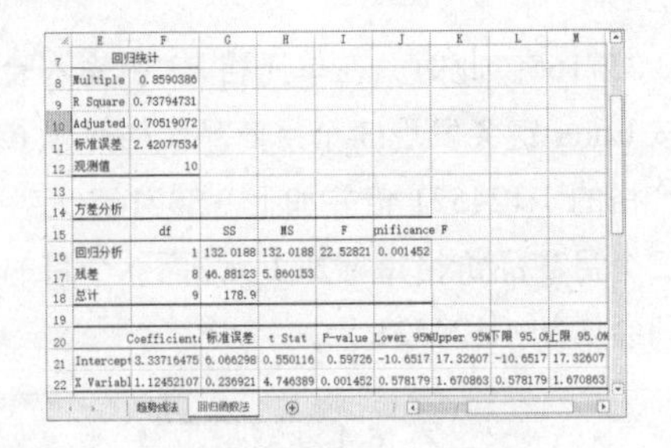

	E	F	G	H	I	J	K	L	M
7	回归统计								
8	Multiple	0.8590386							
9	R Square	0.73794731							
10	Adjusted	0.70519072							
11	标准误差	2.42077534							
12	观测值	10							
13									
14	方差分析								
15		df	SS	MS	F	gnificance F			
16	回归分析	1	132.0188	132.0188	22.52821	0.001452			
17	残差	8	46.88123	5.860153					
18	总计	9	178.9						
19									
20		Coefficient	标准误差	t Stat	P-value	Lower 95%	Upper 95%	下限 95.0%	上限 95.0%
21	Intercept	3.33716475	6.066298	0.550116	0.59726	-10.6517	17.32607	-10.6517	17.32607
22	X Variabl	1.12452107	0.236921	4.746389	0.001452	0.578179	1.670863	0.578179	1.670863

通过分析结果，可以在“回归统计”区域内发现 R Square 为 0.73794731，调整后的判定系数为 0.70519072，表明数据的回归拟合程度很好。

通过“方差分析”区域，可以发现 Significance F 值为 0.001452，该值小于显著水平 0.05，表示拒绝原假设，可以判断自变量对因变量有着显著的影响。

而在下方区域内，可以发现截距为 3.33716475，斜率为 1.12452107，表示三个月商品价格等于 6 个月商品价格的 1.124521 倍并加上 3.337165 元，也就是说三个月商品价格每增加 1 元，而六个月的商品价格则会增加 1.124521 元。

13.4 多元线性与非线性回归分析

多元线性回归，顾名思义，是包含多个自变量的一种线性回归分析方法。而非线性回归是对不存在线性关系的因变量和自变量的数据进行的一种回归分析方法，它可估计自变量和因变量之间具有任意关系的模型。

13.4.1 多元线性回归分析

多元线性回归是指两个或两个以上自变量的线性回归模型，可以解释因变量与多个自变量之间的线性关系。

1．表现公式

一般情况下，多元线性回归分析的表现公式为：

$$y = b_0 + b_1x_1 + b_2x_2 + b_3x_3 + \ldots + b_ix_i$$

公式中的 b_0 为截距，而 b_1、b_2…为回归系数。

多元线性回归方程的拟合优度检验采用了 $\overline{R}^2$ 统计量，其表现公式为：

$$\overline{R}^2 = 1-(1-R^2)\frac{n-1}{n-k-1}$$

该公式中所考虑的为平均的残差平方和，在线性回归中其值越大，表示拟合优度越高。

另外，在多元线性回归方程中，当偏回归系数为 0 时，y 和 x 的全体不存在线性关系，其 F 检验统计量的表现公式为：

$$F = \frac{R^2/p}{(1-R^2)/(n-p-1)}$$

通过该公式可以发现，回归方程的拟合优度越高，其回归方程的显著性检验也就越显著。

2．回归函数分析

在 Excel 中，用户可以使用 LINEST 和 FINV 函数进行多元线性回归分析。

其中，LINEST 函数的功能是返回线性回归方程的参数，它可通过使用最小二乘法计算与现有数据最佳拟合的直线，来计算某直线的统计值，然后返回描述该直线的数值；该函数的表达式为：

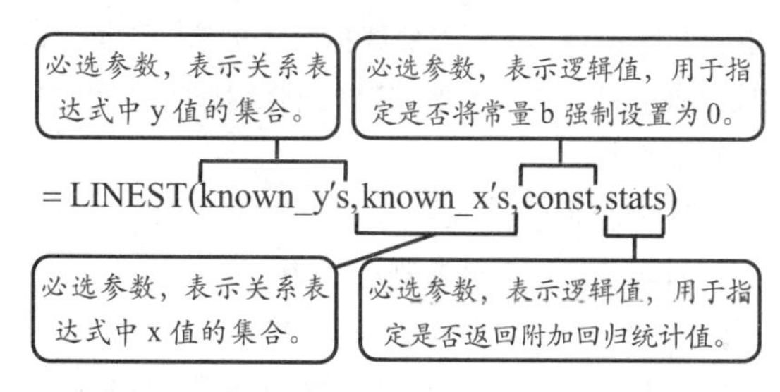

而 FINV 函数的功能是返回（右尾）*F* 概率分布函数的反函数值，该函数的表达式为：

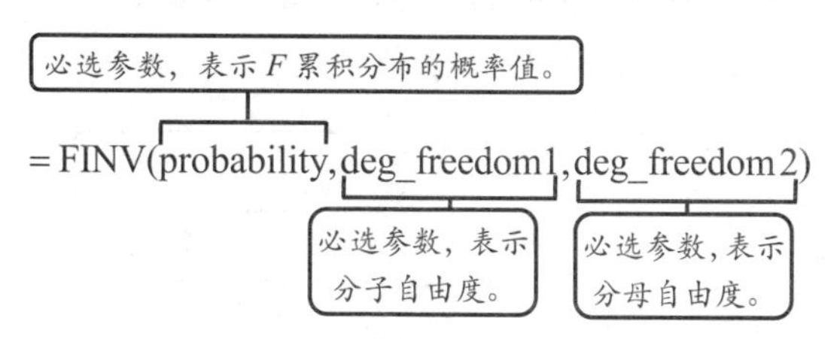

已知某企业购进和销售商品的价格，以及销售成本，下面运用 Excel 中的回归函数来分析三者之间的相关性。

	A	B	C
1	销售价（y）	购买价（X_1）	销售成本（X_2）
2	128	70	30
3	120	60	31
4	116	80	23
5	130	85	28
6	131	81	30
7	115	90	21

选择单元格区域 B13:D17，在编辑栏中输入计算公式，按 Shift+Ctrl+Enter 组合键，返回分析结果。

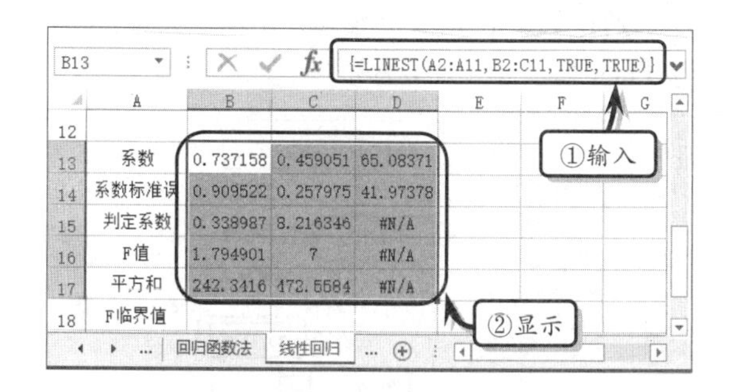

然后，选择单元格 B18，在编辑栏中输入计算公式，按 Enter 键返回 F 临界值。该公式中的 0.05 表示显著性水平值，10-1 表示自由度，10-2 表示样本个数-自变量个数。

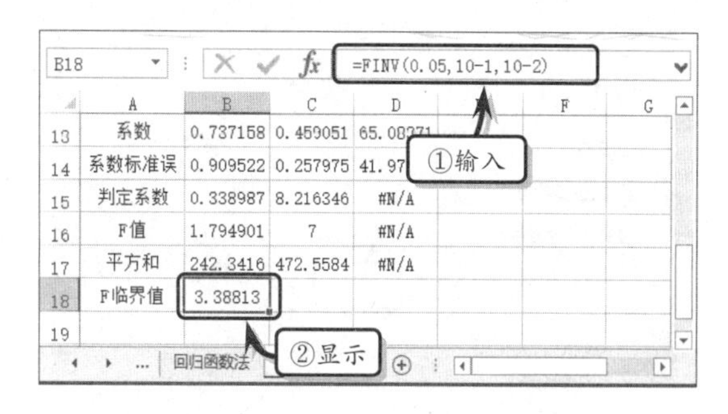

通过上述计算结果，可以发现 x_1 系数的估计值为 0.737158，x_2 系数的估计值为 0.459051，截距 b 的估计值为 65.08371，通过三者的关系可以得到的回归方程为：

销售价=0.737158×购买价+0.459051×销售价+65.08371

除此之外，由于判定系数为 0.338987，说明其拟合程度为 34%左右，对数据的解释力比较弱。而 F 值为 1.794901，小于 F 临界值，无法拒绝原假设，因此可以判断三个变量之间不存在显著线性关系。

3．回归分析工具分析

执行【数据】|【分析】|【数据分析】命令，在弹出的【数据分析】对话框中，选择【回归】选项，并单击【确定】按钮。

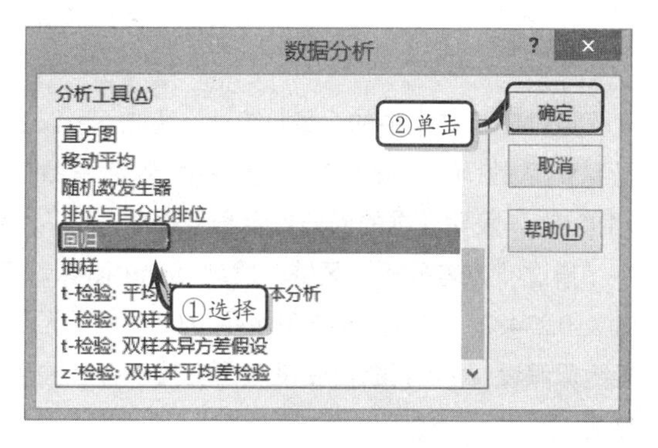

然后，在弹出的【回归】对话框中，设置各选项，并单击【确定】按钮。

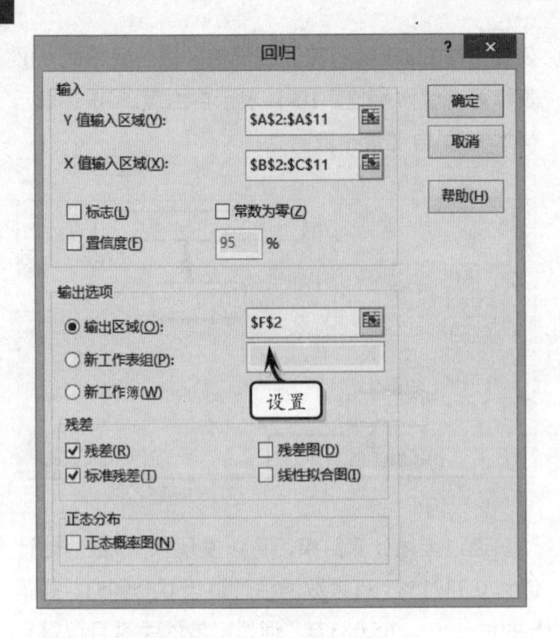

此时，在工作表中的指定位置中，将显示回归分析工具所分析的所有结果。

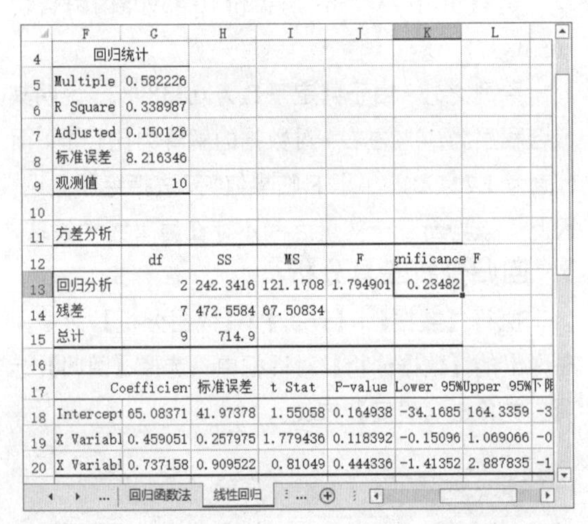

	F	G	H	I	J	K	L	
4	回归统计							
5	Multiple	0.582226						
6	R Square	0.338987						
7	Adjusted	0.150126						
8	标准误差	8.216346						
9	观测值	10						
10								
11	方差分析							
12		df	SS	MS	F	gnificance F		
13	回归分析	2	242.3416	121.1708	1.794901	0.23482		
14	残差	7	472.5584	67.50834				
15	总计	9	714.9					
16								
17		Coefficien	标准误差	t Stat	P-value	Lower 95%	Upper 95%	下限
18	Intercept	65.08371	41.97378	1.55058	0.164938	-34.1685	164.3359	-3
19	X Variabl	0.459051	0.257975	1.779436	0.118392	-0.15096	1.069066	-0
20	X Variabl	0.737158	0.909522	0.81049	0.444336	-1.41352	2.887835	-1

通过分析结果中的“回归统计”区域，可以发现判定系数为 0.338987，调整后的判定系数为 0.150126，表明数据的回归拟合程度很弱。

通过“方差分析”区域，发现 Significance F 值为 0.23482，该值大于显著水平 0.05，表示无法拒绝原假设，可以判断自变量对因变量不存在显著影响。

13.4.2 非线性回归分析

在 Excel 中，用户可以使用“规划求解”功能，对数据进行非线性回归分析，包括对数曲线拟合、指数曲线拟合、多项式曲线拟合等内容。下面，以对数曲线拟合方法为例，来详细介绍非线性回归分析的操作方法。

1. 设置基础数据表

对数曲线拟合的表现公式为：

$$\hat{y} = a + b \cdot \ln(X)$$

在 Excel 中，首先制作基础数据表，输入 X 和 Y 列数据。然后，选择单元格 C3，在编辑栏中输入计算公式，按 Enter 键返回变量的预测值。使用同样方法，计算其他预测值。

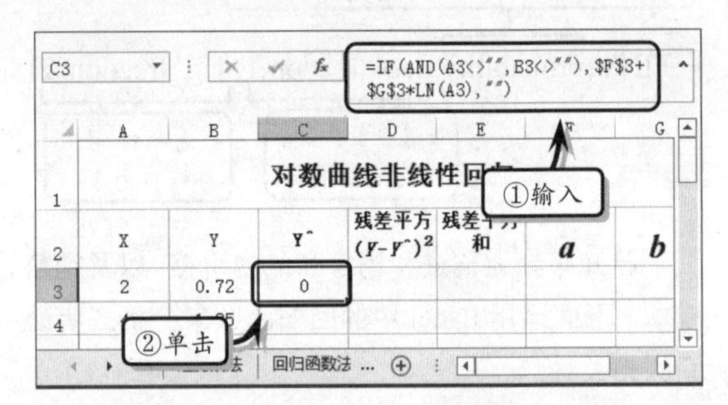

选择单元格 D3，在编辑栏中输入计算公式，按 Enter 键返回残差平方。使用同样的方法，计算其他残差平方。

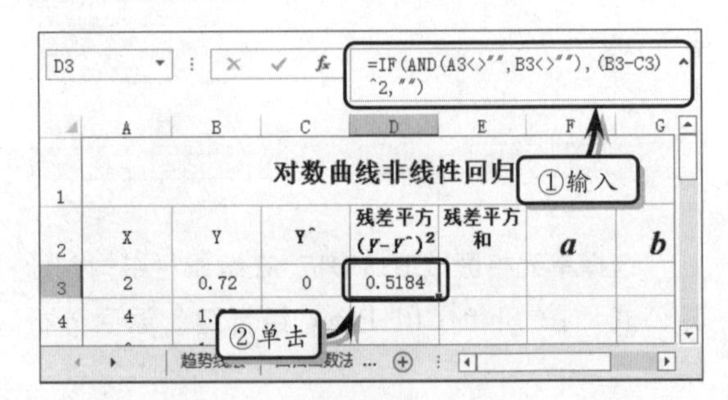

选择单元格 E3，在编辑栏中输入计算公式，按 Enter 键返回残差平方和。

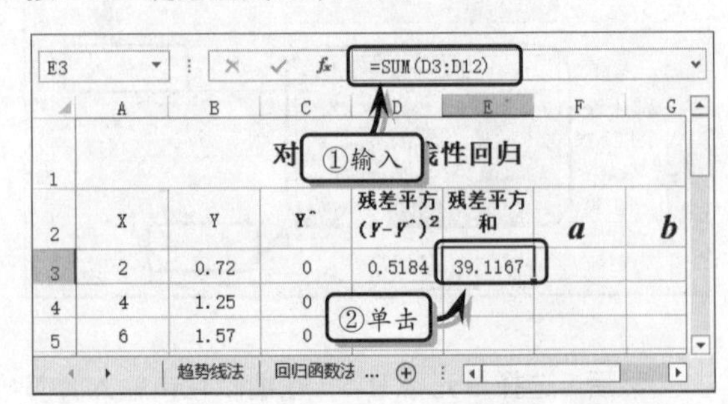

2. 规划求解对数曲线拟合

最后，执行【数据】|【分析】|【规划求解】命令，在弹出的【规划求解】对话框中，将【设置目标】设置为【E3】，选中【最小值】选项，将【通过更改可变单元格】设置为【F3:G3】，禁用【使无约束变量为非负数】复选框，并单击【求解】按钮。

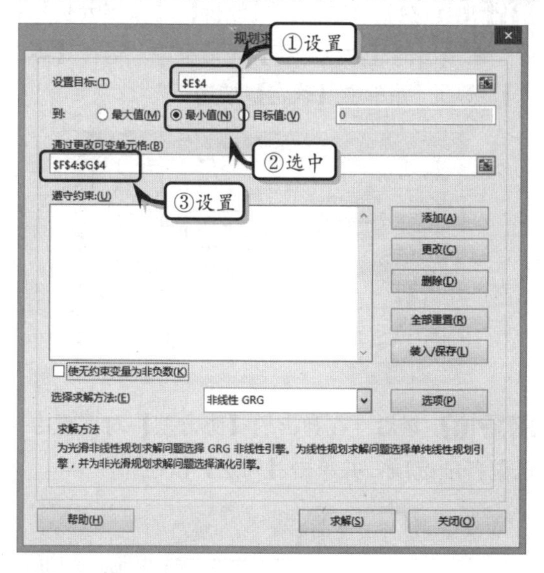

此时，在单元格 F3 和 G3 中，将显示求解结果。

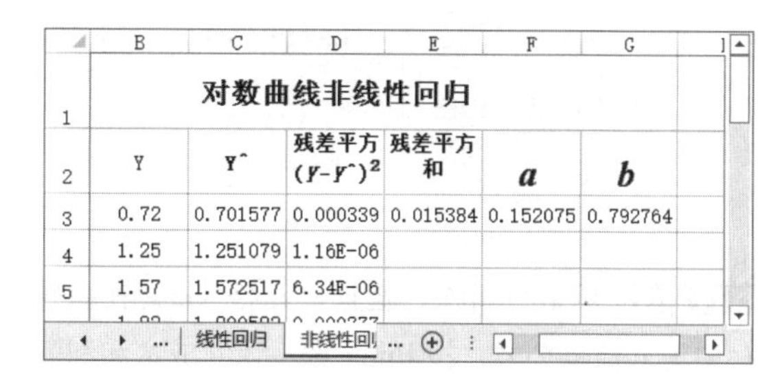

	B	C	D	E	F	G
1	对数曲线非线性回归					
2	Y	Y^	残差平方 (Y-Y^)²	残差平方和	a	b
3	0.72	0.701577	0.000339	0.015384	0.152075	0.792764
4	1.25	1.251079	1.16E-06			
5	1.57	1.572517	6.34E-06			

13.5 练习：分析成本与利润相关关系

相关分析是一种确定性的关系，主要用来研究两个或多个随机变量之间的相关性，以确定变量之间的方向和密切程度。在本练习中，将运用 Excel 中的函数、图表、相关系数和协方差分析工具，来分析利润和成本之间的相关性。

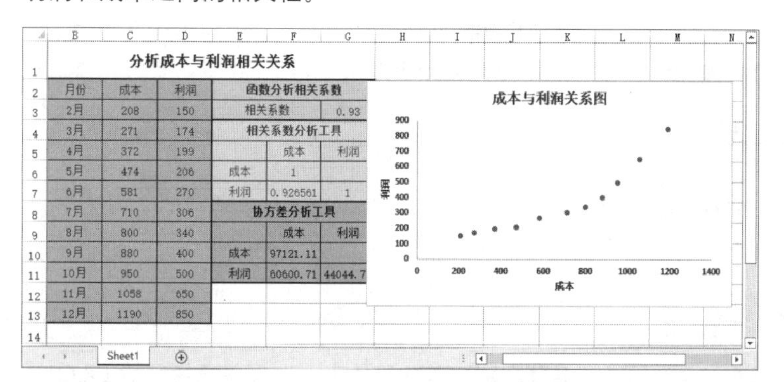

	B	C	D	E	F	G
1	分析成本与利润相关关系					
2	月份	成本	利润	函数分析相关系数		
3	2月	208	150	相关系数		0.93
4	3月	271	174	相关系数分析工具		
5	4月	372	199		成本	利润
6	5月	474	206	成本	1	
7	6月	581	270	利润	0.926561	1
8	7月	710	306	协方差分析工具		
9	8月	800	340		成本	利润
10	9月	880	400	成本	97121.11	
11	10月	950	500	利润	60600.71	44044.7
12	11月	1058	650			
13	12月	1190	850			

练习要点

- 设置对齐格式
- 设置边框格式
- 使用函数
- 使用分析工具
- 使用图表
- 美化图表
- 使用单元格样式

操作步骤

STEP|01 制作基础数据表。新建工作表，设置行高，制作标题文本，输入基础数据并设置其对齐、字体和边框格式。

月份	成本	利润	函数分析相关系数		
2月	208	150	相关系数		
3月	271	174	相关系数分析工具		
4月	372	199			
5月	474	206			
6月	581	270			
7月	710	306	协方差分析工具		
8月	800	340			

分析成本与利润相关关系

STEP|02 函数分析法。选择单元格 G3，在编辑栏中输入计算公式，按 Enter 键，返回成本和利润数据的相关系数值。

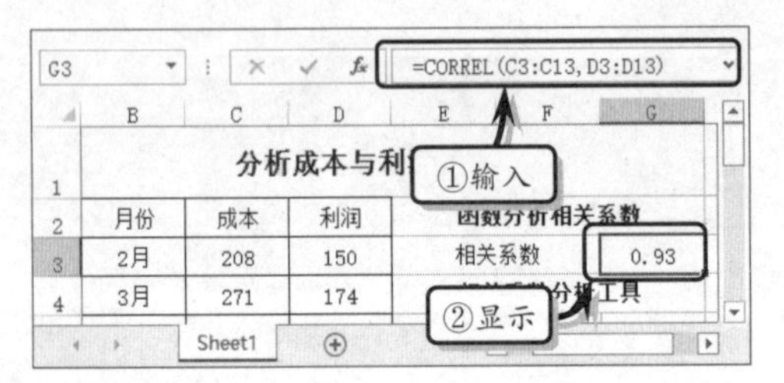

STEP|03 分析工具法。执行【数据】|【分析】|【数据分析】命令，在弹出的【数据分析】对话框中，选择【相关系数】选项，并单击【确定】按钮。

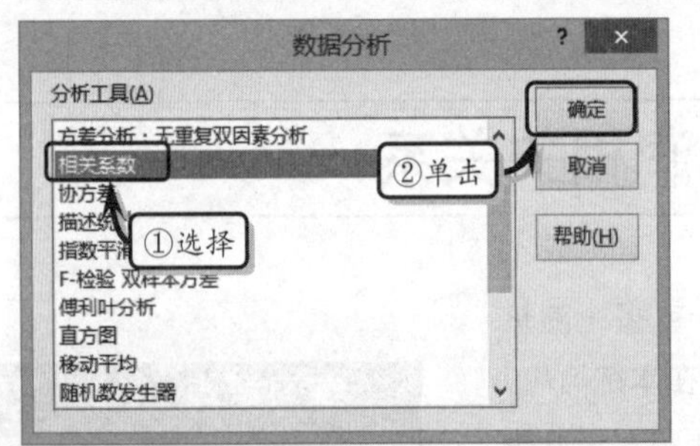

STEP|04 在弹出的【相关系数】对话框中，设置各项选项，并单击【确定】按钮。

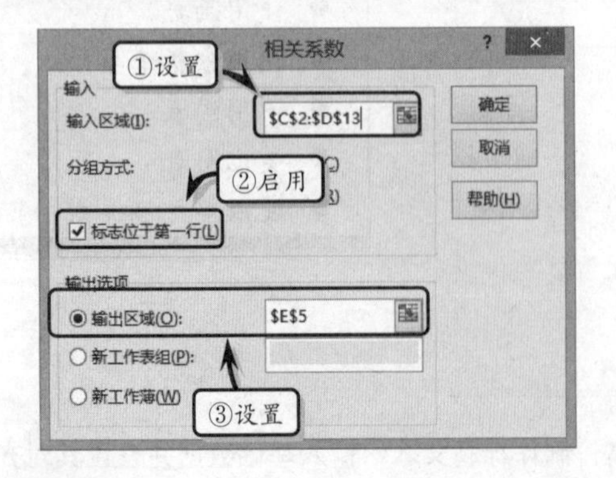

STEP|05 此时，在工作表中的指定单元格中，将显示相关系数分析结果。

月份	成本	利润	函数分析相关系数		
2月	208	150	相关系数		
3月	271	174	相关系数分析工具		
4月	372	199		成本	利润
5月	474	206	成本	1	
6月	581	270	利润	0.926561	1

STEP|06 执行【数据】|【分析】|【数据分析】命令，在弹出的【数据分析】对话框中，选择【协方差】选项，并单击【确定】按钮。

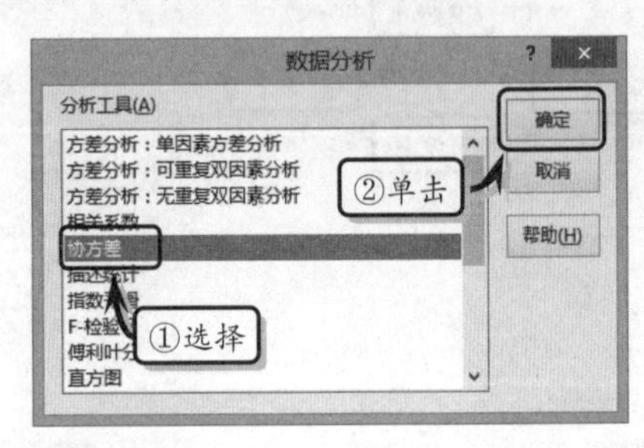

STEP|07 然后，在弹出的【协方差】对话框中，设置各项选项，并单击【确定】按钮。

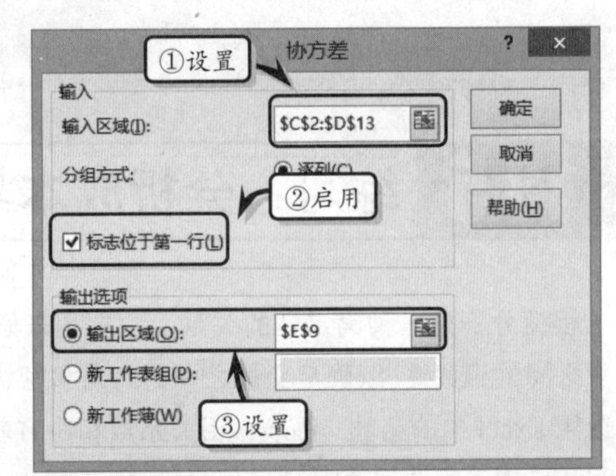

STEP|08 此时，在工作表中的指定单元格中，将显示协方差分析结果。

	B	C	D	E	F	G
5	4月	372	199		成本	利润
6	5月	474	206	成本	1	
7	6月	581	270	利润	0.926561	1
8	7月	710	306	协方差分析工具		
9	8月	800	340		成本	利润
10	9月	880	400	成本	97121.11	
11	10月	950	500	利润	60600.71	44044.74
12	11月	1058	650			

STEP|09 美化工作表。选择单元格区域 E8:G11，执行【开始】|【字体】|【边框】|【所有框线】命令，同时执行【边框】|【粗匣框线】命令。使用同样方法，分别设置其他单元格区域的边框格式。

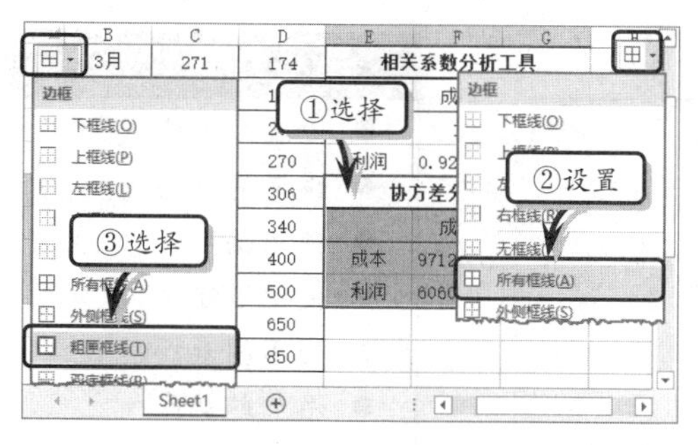

STEP|10 选择单元格区域 B2:D13，执行【开始】|【样式】|【单元格样式】|【差】命令，设置单元格样式。同样方法，设置其他单元格区域的样式。

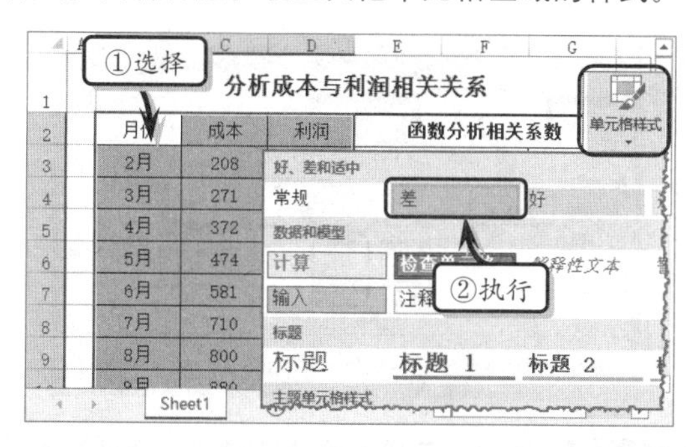

STEP|11 图表法。选择单元格区域 C2:D13，执行【插入】|【图表】|【插入散点图或气泡图】|【散点图】命令。

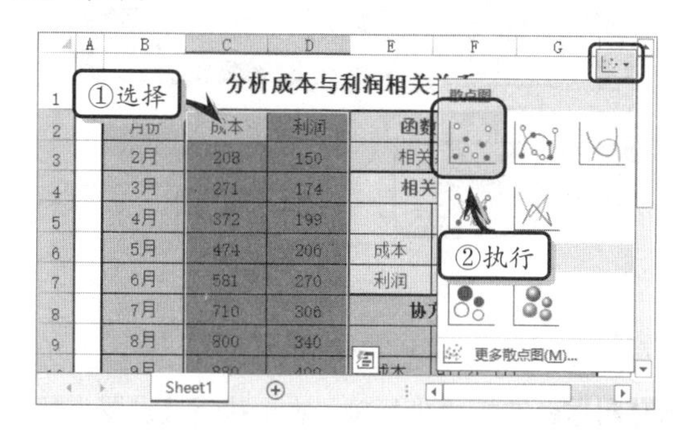

STEP|12 选择图表，执行【设计】|【图表布局】|【快速布局】|【布局 6】命令，设置图表的布局。

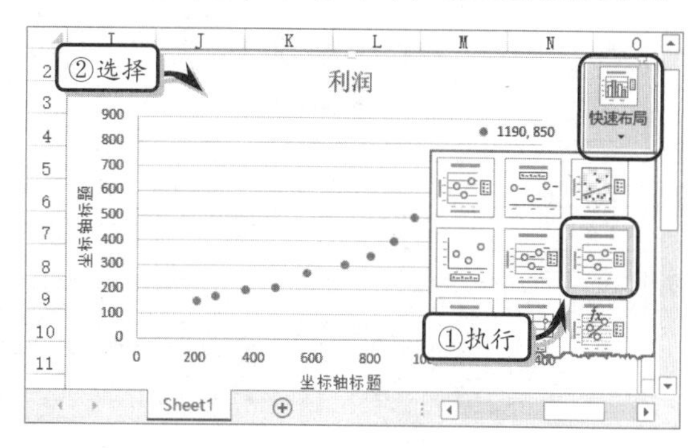

STEP|13 选择图例，按下 Delete 键删除图例、数据标签网格线。同时，更改坐标轴和标题名称，并设置图表的字体格式。

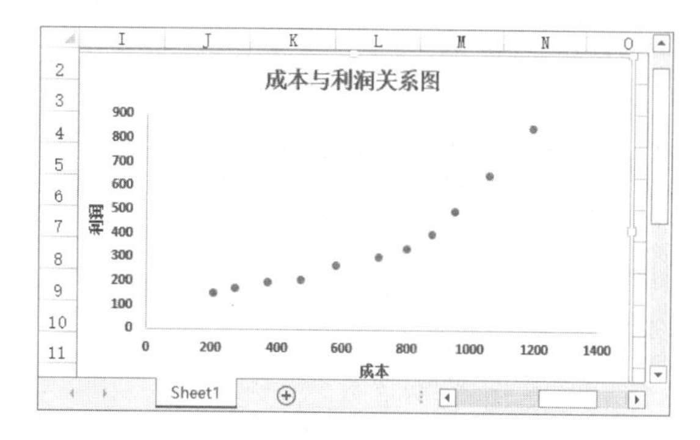

结果分析：通过协方差分析结果可以发现两组数据之间的相关系数值为 0.926561，通过协方差分析结果可以看出两组数据之间的协方差为 60600.71，通过散点图可以看出数据点几乎呈一条直线进行显示；而单元格 G3 中的相关系数显示为 0.93，介于 0~1 之间。因此，通过上述三种分析结果，可以判断成本与利润之间存在正相关关系。

13.6 练习：回归分析进销关系

回归分析是通过试验和观测来推断变量之间依存关系的一种统计分析方法，主要用于确定自变量与因变量之间的关系，并通过自变量的给定值来推算或估计因变量的值。在本练习中，将运用 Excel 中的函数、数组公式、图表和分析工具，来分析进销之间的关系。

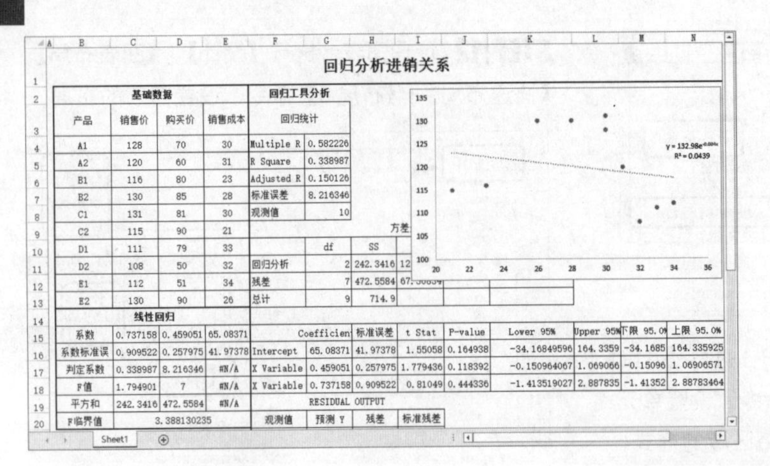

回归分析进销关系

基础数据			
产品	销售价	购买价	销售成本
A1	128	70	30
A2	120	60	31
B1	116	80	23
B2	130	85	28
C1	131	81	30
C2	115	90	21
D1	111	79	33
D2	108	50	32
E1	112	51	34
E2	130	90	26

线性回归			
系数	0.737158	0.459051	65.08371
系数标准误	0.909522	0.257975	41.97378
判定系数	0.338987	8.216346	#N/A
F值	1.794901	7	#N/A
平方和	242.3416	472.5584	#N/A
F临界值	3.388130235		

回归工具分析

回归统计	
Multiple R	0.582226
R Square	0.338987
Adjusted R	0.150126
标准误差	8.216346
观测值	10

	df	SS
回归分析	2	242.3416
残差	7	472.5584
总计	9	714.9

	Coefficien	标准误差	t Stat	P-value	Lower 95%	Upper 95%	下限 95.0%	上限 95.0%
Intercept	65.08371	41.97378	1.55058	0.164938	-34.16849596	164.3359	-34.1685	164.335925
X Variable	0.459051	0.257975	1.779436	0.118392	-0.150964067	1.069066	-0.15096	1.06906571
X Variable	0.737158	0.909522	0.81049	0.444336	-1.413519027	2.887835	-1.41352	2.88783464

RESIDUAL OUTPUT

观测值	预测 Y	残差	标准残差

练习要点

- 设置对齐格式
- 设置边框格式
- 使用函数
- 使用数组公式
- 使用图表
- 添加趋势线
- 使用回归分析工具

操作步骤

STEP|01 制作基础数据表。新建工作表，设置行高，制作表格标题，输入基础数据并设置数据区域的对齐和字体格式。

基础数据			
产品	销售价	购买价	销售成本
A1	128	70	30
A2	120	60	31
B1	116	80	23
B2	130	85	28
C1	131	81	30
C2	115	90	21
D1	111	79	33
D2	108	50	32
E1	112	51	34

STEP|02 分析销售价与成本关系。同时选择单元格区域 C4:C13 和 E4:E13，执行【插入】|【图表】|【插入散点图（X,Y）或气泡图】|【散点图】命令，插入散点图图表。

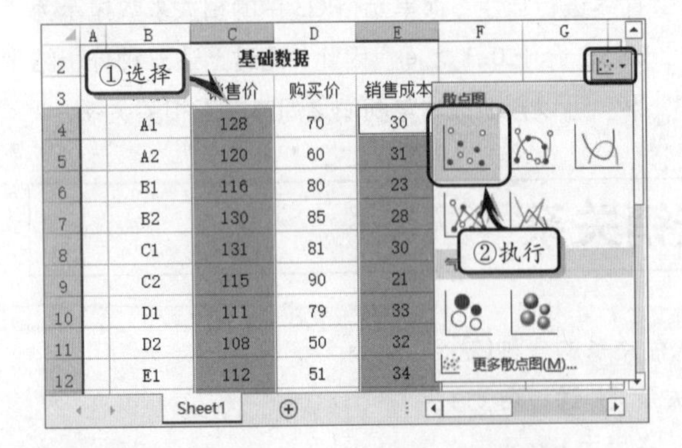

STEP|03 选择图表，执行【设计】|【数据】|【选择数据】命令，在弹出的【选择数据源】对话框中，单击【编辑】按钮。

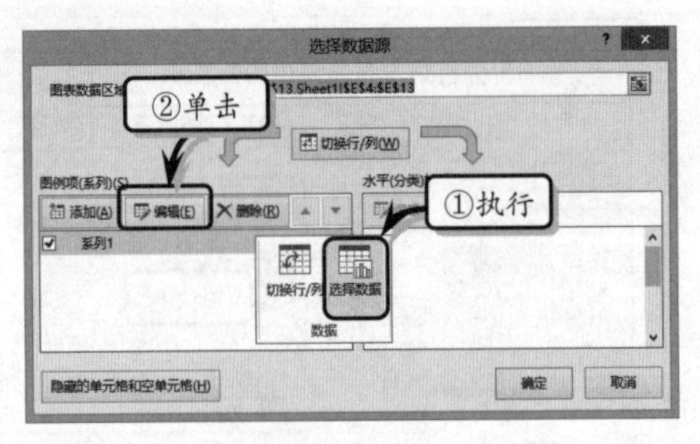

STEP|04 然后，在弹出的【编辑数据系列】对话框中，设置【X 轴系列值】和【Y 轴系列值】选项，并单击【确定】按钮。

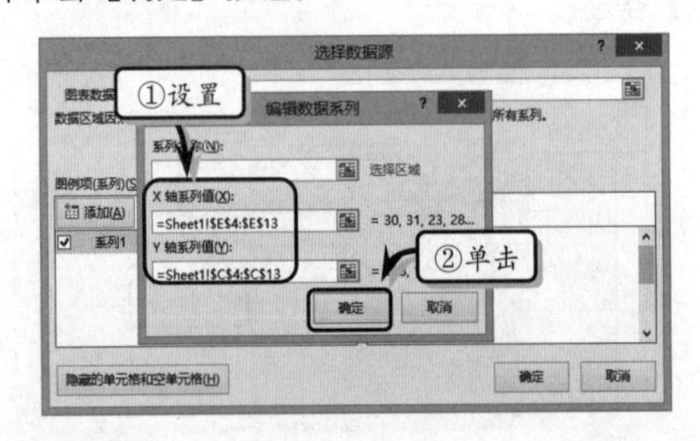

STEP|05 选择横坐标轴，右击执行【设置坐标轴格式】命令，将【最小值】设置为【20】。

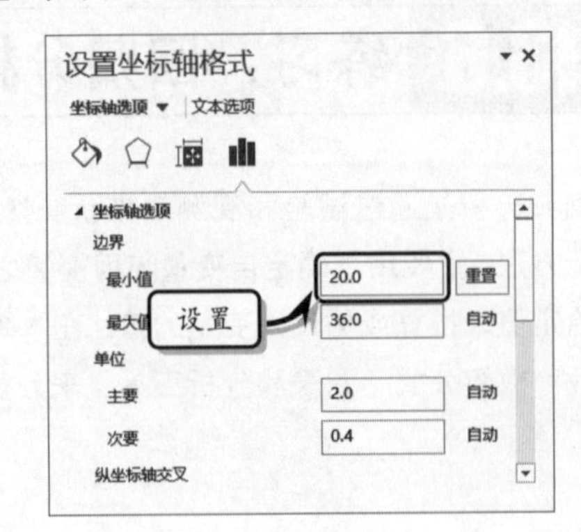

STEP|06 选择纵坐标轴，将【最小值】设置为【100】，并关闭【设置坐标轴式】窗格。

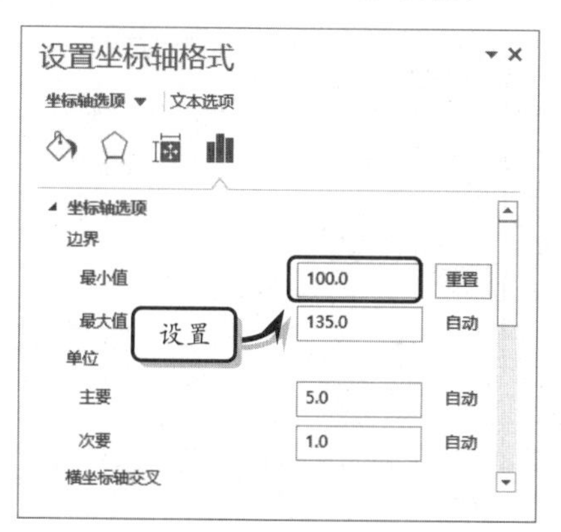

STEP|07 然后，删除图表标题，横向网格线和纵向网格线。

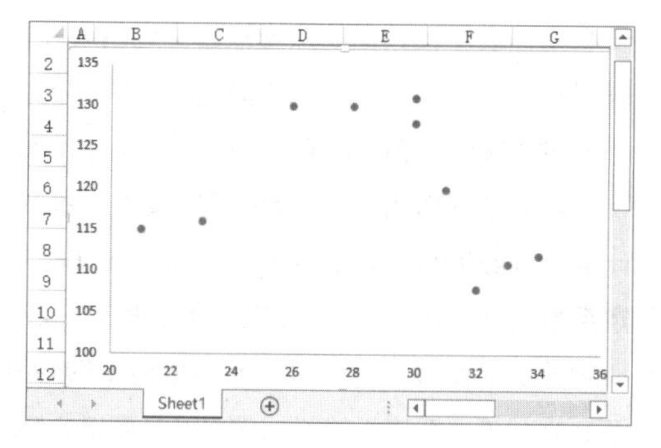

STEP|08 右击数据系列，执行【添加趋势线】命令，选中【指数】选项，并启用【显示公式】、【显示 R 平方值】复选框。

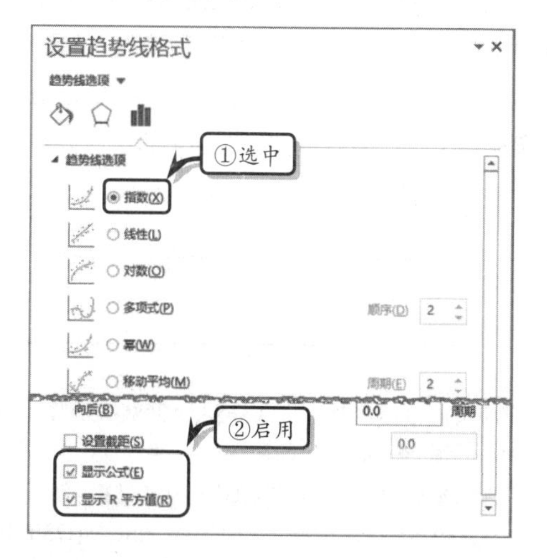

STEP|09 选择图表，执行【格式】|【形状样式】|【其他】|【彩色轮廓-橙色，强调颜色 2】命令，设置图表的样式。

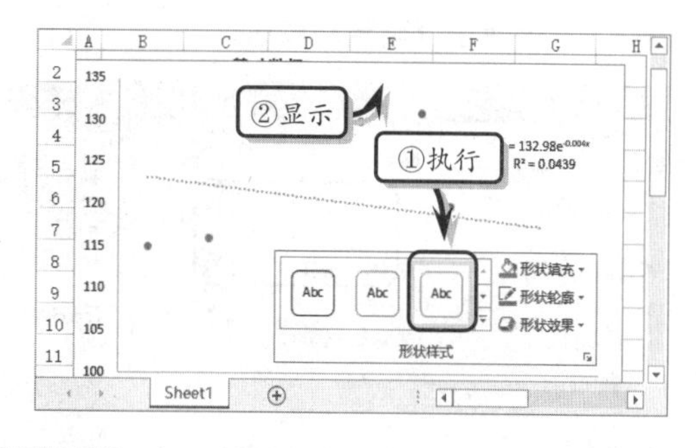

STEP|10 多元线性回归分析。选择单元格区域 C15:E19，在编辑栏中输入计算公式，按 Shift+Ctrl+Enter 组合键，返回分析结果。

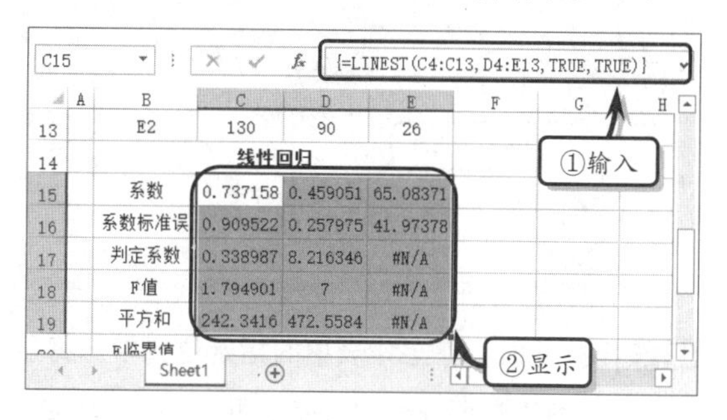

STEP|11 选择单元格 C20，在编辑栏中输入计算公式，按 Enter 键，返回 F 临界值。

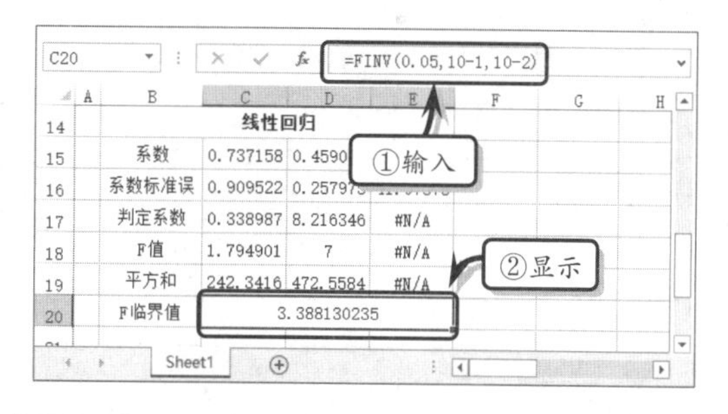

STEP|12 执行【数据】|【分析】|【数据分析】命令，在弹出的【数据分析】对话框中，选择【回归】选项，并单击【确定】按钮。

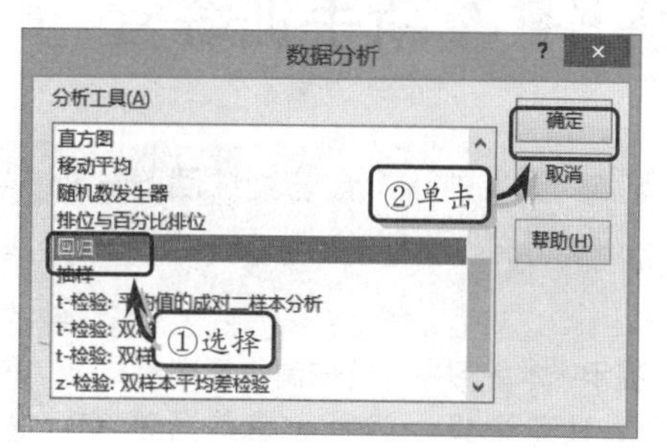

STEP|13 然后，在弹出的【回归】对话框中，设置各选项，并单击【确定】按钮。

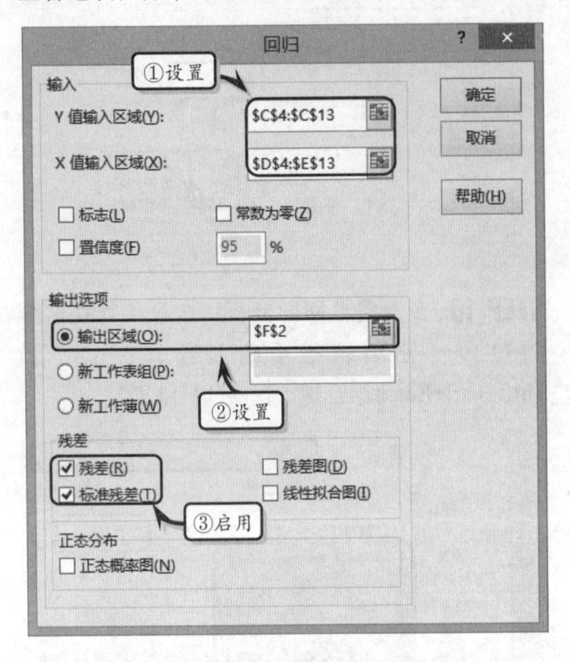

STEP|14 此时，在工作表中的指定位置中，将显示回归分析工具所分析的所有结果。

	D	E	F	G	H	I	J	K
4	70	30	回归统计					
5	60	31	Multiple	0.582226				
6	80	23	R Square	0.338987				
7	85	28	Adjusted	0.150126				
8	81	30	标准误差	8.216346				
9	90	21	观测值	10				
10	79	33						
11	50	32	方差分析					
12	51	34		df	SS	MS	F	gnifica
13	90	26	回归分析	2	242.3416	121.1708	1.794901	0.234
14	回归		残差	7	472.5584	67.50834		
15	0.459051	65.08371	总计	9	714.9			

Sheet1

STEP|15 调整分析结果的实际位置，更改分析标题。同时，设置整个数据表区域的边框和外边框格式。

	E	F	G	H	I	J	K
2		回归工具分析					
3	销售成本	回归统计					
4	30	Multiple R	0.582226				
5	31	R Square	0.338987				
6	23	Adjusted R	0.150126				
7	28	标准误差	8.216346				
8	30	观测值	10				
9	21				方差分析		
10	33		df	SS	MS	F	Significance F
11	32	回归分析	2	242.3416	121.1708	1.794901	0.234820334
12	34	残差	7	472.5584	67.50834		
13	26	总计	9	714.9			
14							
15	65.08371		Coefficien	标准误差	t Stat	P-value	Lower 95%

Sheet1

结果分析：在散点图中，显示了指数趋势线和趋势线公式：$y=132.98e^{-0.004x}$，决定系数 $R^2=0.0439$，小于 0.05，表示该数据的拟合指数曲线相对较弱，可以判断销售价和销售成本之间的相关性不大。

通过“线性回归”计算结果，可以发现“销售价”系数的估计值为 0.737158，“购买价”系数的估计值为 0.459051，截距 b 的估计值为 65.08371，判定系数为 0.338987，说明其拟合程度为 34%左右，对数据的解释力比较弱。而 F 值为 1.794901，小于 F 临界值，无法拒绝原假设，因此可以判断三个变量之间不存在显著性线性关系。

另外，通过“回归统计”区域，可以发现判定系数为 0.338987，调整后的判定系数为 0.150126，表明数据的回归拟合程度很弱。而通过“方差分析”区域，发现 Significance F 值为 0.23482，该值大于显著水平 0.05，表示无法拒绝原假设，可以判断自变量对因变量不存在显著影响。

Excel 13.7 新手训练营

练习 1：乘幂曲线拟合非线性回归分析

downloads\13\新手训练营\乘幂曲线拟合非线性回归分析

提示：本练习中，首先制作基础数据表，并设置表格的对齐格式。然后，在单元格 C3 中输入“=IF(AND(A3<>"",B3<>""),$F$3*A3^$G$3,"")”公式，并向下填充公式，在单元格 D3 中输入“=IF(AND(A3<>"",B3<>""),(B3-C3)^2,"")”公式，并向下填充公式，在单元格 E3 中输入“=SUM(D3:D10)”公式。

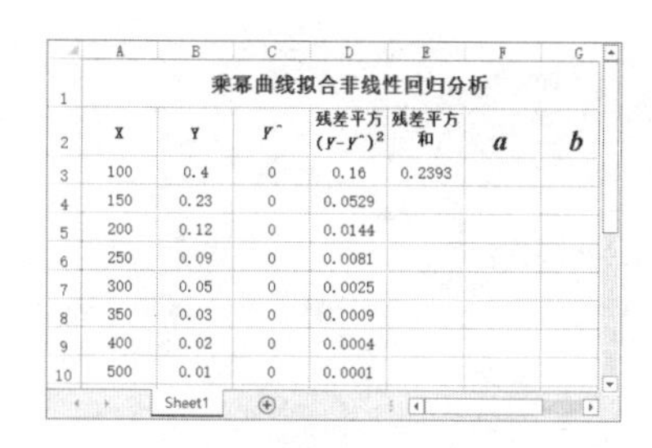

	A	B	C	D	E	F	G
1	乘幂曲线拟合非线性回归分析						
2	X	Y	Y^	残差平方 (Y-Y^)²	残差平方和	a	b
3	100	0.4	0	0.16	0.2393		
4	150	0.23	0	0.0529			
5	200	0.12	0	0.0144			
6	250	0.09	0	0.0081			
7	300	0.05	0	0.0025			
8	350	0.03	0	0.0009			
9	400	0.02	0	0.0004			
10	500	0.01	0	0.0001			

Sheet1

最后，执行【数据】|【分析】|【规划求解】命令，在弹出的【规划求解】对话框中，将【设置目标】设置为【E3】，选中【最小值】选项，将【通过更改可变单元格】设置为【F3:G3】，禁用【使无约束变量为非负数】复选框，并单击【求解】按钮。此时，在单元格 F3 和 G3 中，将显示求解结果。

	A	B	C	D	E	F	G
1	乘幂曲线拟合非线性回归分析						
2	X	Y	Y^	残差平方 (Y-Y^)²	残差平方和	a	b
3	100	0.4	0.410059	0.000101	0.001784	1338.532	-1.75689
4	150	0.23	0.201128	0.000834			
5	200	0.12	0.12133	1.77E-06			
6	250	0.09	0.08198	6.43E-05			
7	300	0.05	0.059511	9.05E-05			
8	350	0.03	0.045392	0.000237			
9	400	0.02	0.0359	0.000253			
10	500	0.01	0.024257	0.000203			

Sheet1

练习 2：多项式曲线拟合非线性回归分析

downloads\13\新手训练营\多项式曲线拟合非线性回归分析

提示：本练习中，首先制作基础数据表，并设置表格的对齐格式。然后，在单元格 C3 中输入"=IF(AND(A3<>"",B3<>""),$F$3+$G$3*A3+$H$3*A3^2,"")"公式，并向下填充公式，在单元格 D3 中输入"=IF(AND(A3<>"",B3<>""),(B3-C3)^2,"")"公式，并向下填充公式，在单元格 E3 中输入"=SUM(D3:D8)"公式。

	A	B	C	D	E	F	G	H
1	多项式曲线拟合非线性回归分析							
2	X	Y	Y^	残差平方 (Y-Y^)²	残差平方和	a	b_1	b_2
3	30	22	0	484	1626			
4	40	9	0	81				
5	50	10	0	100				
6	60	14	0	196				
7	70	18	0	324				
8	75	21	0	441				

Sheet1

最后，执行【数据】|【分析】|【规划求解】命令，在弹出的【规划求解】对话框中，将【设置目标】设置为【E3】，选中【最小值】选项，将【通过更改可变单元格】设置为【F3:H3】，禁用【使无约束变量为非负数】复选框，并单击【求解】按钮。此时，在单元格中，将显示求解结果。

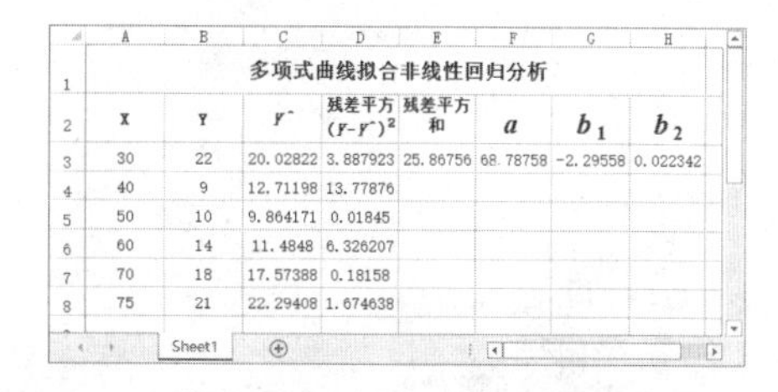

	A	B	C	D	E	F	G	H
1	多项式曲线拟合非线性回归分析							
2	X	Y	Y^	残差平方 (Y-Y^)²	残差平方和	a	b_1	b_2
3	30	22	20.02822	3.887923	25.86756	68.78758	-2.29558	0.022342
4	40	9	12.71198	13.77876				
5	50	10	9.864171	0.01845				
6	60	14	11.4848	6.326207				
7	70	18	17.57388	0.18158				
8	75	21	22.29408	1.674638				

Sheet1

练习 3：多项式曲线拟合线性回归分析

downloads\13\新手训练营\多项式曲线拟合线性回归分析

提示：本练习中，首先制作基础数据表，并设置表格的对齐格式。然后，选择数据区域，插入散点图并设置图表的布局。最后，右击图表中的数据系列，执行【添加趋势线】命令。在弹出的【设置趋势线格式】窗格中，选中【多项式】选项，并启用【显示公式】和【显示 R 平方值】复选框，并关闭窗格。

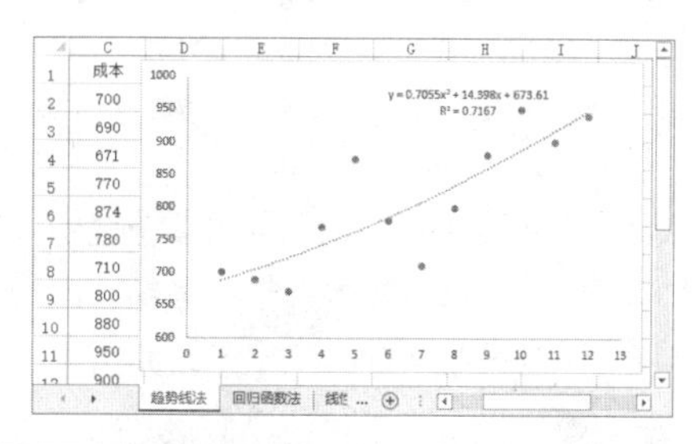

练习 4：多元协方差分析相关系数

downloads\13\新手训练营\多元协方差分析相关系数

提示：本练习中，首先制作基础数据表，并设置表格的对齐格式。然后，执行【数据】|【分析】|【数据分析】命令，在弹出的【数据分析】对话框中，选择【协方差】选项，并单击【确定】按钮。最后，在弹出的【协方差】对话框中，设置各项选项，并单击【确定】按钮。

	C	D	E	F	G	H	I
2	基础数据						
3	投资	营业成本	营业费用		投资	营业成本	营业费用
4	790	260	370	投资	257700.7		
5	844	290	390	营业成本	133321.9	70036.35	
6	897	310	420	营业费用	84172.08	43822.92	27658.33
7	990	338	460				
8	1100	380	490				
9	1200	440	520				

Sheet1

第 14 章

假设检验分析

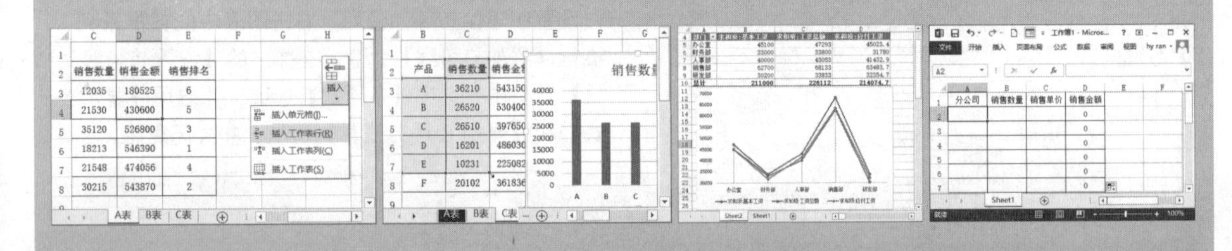

假设检验又称为零假设，是数理统计学中根据一定假设条件由样本推断总体的一种方法，是用来判断样本与样本、样本与总体所产生差异原因的一种统计推断方法。其基本原理是先对总体的参数或分布提出假设，然后选取合适的统计量，并由实测的样本计算出统计量的值，再根据预先给定的显著性水平进行检验，最终做出拒绝或接受假设的推断。在本章中，将详细介绍运用 Excel 进行单样本假设检验、双样本假设检验、单尾检验等一些假设检验分析的基础知识和实用技巧。

Excel 14.1 假设检验概述

假设检验为显著性检验，是用来判断样本与样本、样本与总体的差异造成原因的一种统计推断方法，也是数理统计学中根据一定假设条件由样本推断总体的一种推论统计方法。在使用假设检验方法进行检验时，往往由于各种限制而无法得到总体的参数，这也是假设检验的一种缺陷。

14.1.1　假设检验的基本原理

在统计学中，假设一般用来指对总体参数所做的假定性说明。而假设检验是指先提出一个假设，一般是对总体参数或总体分布形态的假设，然后通过检验样本统计量的差异来推断总体参数之间是不是存在差异。假设检验是以最小概率为标准，对总体的状况所做出的假设进行判断。而最小概率是指一个发生概率接近 0 的事件，是一种不可能出现的事件。

在统计学内，假设检验被划分为原假设（虚无假设）和备择假设（对立假设）。在检验之前需要先确定原假设和备择假设。

（1）原假设。原假设通常用 H_0 表示。

（2）备择假设。备择假设是与原假设对立的一种假设，通常用 H_1 表示。备择假设是在原假设被否认时可能成立的另外一种结论。在实际分析中，一般情况是需要将期望出现的结论作为备择假设。

确定原假设和备择假设之后，还需要一个统计量来决定接受/拒绝原假设或备择假设。其后，需要利用统计的分布及显著水平，来确定检验统计量的杜绝域。在给定的显著水平 α 下，检验统计量的可能取值范围被分为小概率与大概率区域。

（1）小概率区域。小概率区域是原假设的拒绝区域，其概率不超过显著水平 α 的区域。

（2）大概率区域。大概率区域是原假设的接受区域，其概率为 1-α 的区域。

当样本统计量位于拒绝域内，则拒绝原假设而接受备择假设；当样本统计量位于接受区域内，则接受原假设。

14.1.2　假设检验中的错误类型

虽然小概率事件发生的可能性很小，但仍有发生的可能。因此，在假设检验中经常会出现一些错误。一般情况下，假设检验中存在 α 错误和 β 错误两种错误类型。

在了解假设检验中的错误类型之前，还需要先了解一下假设检验中的决策类型。由于假设检验是通过比较检验量的样本数量来做出统计决策的，因此一般情况下根据分析统计量会出现正确的判断、弃真错误、取伪错误等决策类型，其具体情况如下表所示。

类　型	接受原假设（H_0）	拒绝原假设（H_0）
原假设（H_0）真实	正确的判断	弃真错误（α）
原假设（H_0）不真实	取伪错误（β）	正确的判断

其中，弃真错误又称为假设检验的“第一类错误”，取伪错误又称为假设检验的“第二类错误”。两种类型的错误都是检验失真的表现，应当尽可能地避免或加以控制两种类型错误的出现。

第一类错误又称为 α 错误，是在原假设为真的情况下，检验统计量位于小概率的拒绝区域内而造成的结果。因此，第一类错误小概率的大小应等于显著水平的大小 α。反过来会发现，控制第一类错误的可能性取决于显著水平的大小。α 越小，第一类错误所发生的概率也越小。例如，当 α=0.05 时，表示第一类错误发生的可能性为 5%，也就是在进行 100 次判断中所产生的弃真错误为 5 次。

第二类错误又称为 β 错误，是在原假设为假的情况下，接受原假设的一种情况。第二类错误的大小概率为 β，与第一类错误中的 α 呈反向关系，即 α 越小，β 越大。在统计分析中，用户可以通过增大样本容量，减小抽样分布的离散性的方法，来同

时减小 α 与 β。其中，α 与 β 的关系可通过正态分布的统计检验图来显示。

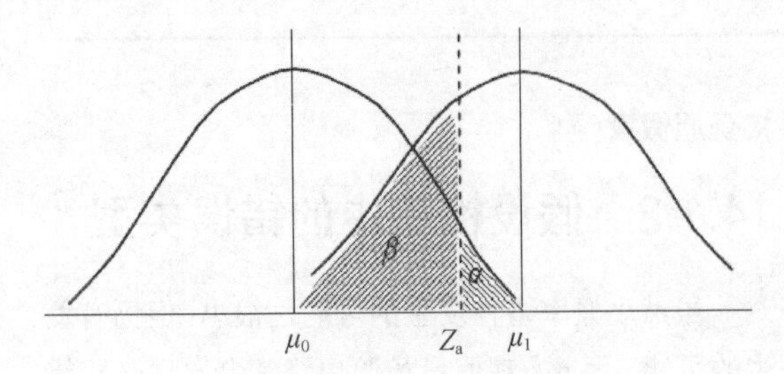

14.1.3 单侧和双侧检验

假设检验中，根据是否强调检验的方向性，可以将检验分为单侧检验和双侧检验。而绝境区域则是检测统计量取值的小概率区域，该小概率区域可以位于分布的一侧或双侧。当小概率位于区域的一侧时，称为单侧检验；而当小概率区域位于双侧时，则称为双侧检验。

其中，双侧检验只显示两个总体参数之间的差异性，并不关心数值的大小问题。当设置显著水平 α 时，双侧检验则在总体分布的两端各设定一个临界点，临界点以外的阴影部分为拒绝 H_0 的区域，而阴影部分面积比率各为 $\alpha/2$。

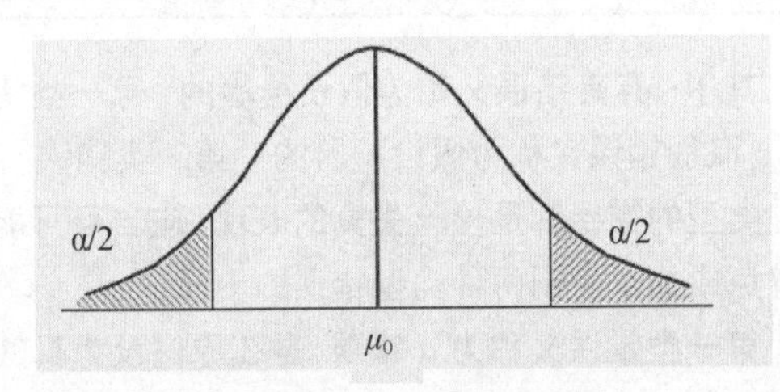

单侧检验只关心研究对象是高于还是低于某一总体水平，按照拒绝域是位于左侧或右侧，又分为左侧检测与右侧检测，主要用来强调差异的方向性。在单侧检验中，当样本低于总体水平时，拒绝域分布在左侧，称为左侧检查。而当样本高于总体水平时，则拒绝域分布在右侧。

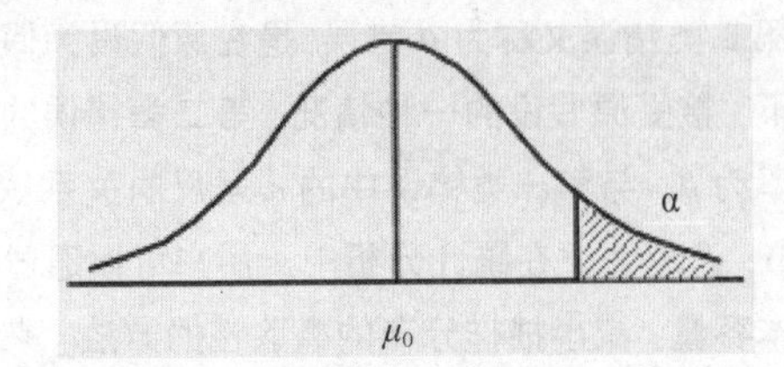

在实际数据分析中，是使用单侧检验还是双侧检验，取决于备选假设的性质。例如，当总体标准差为已知数据时，在进行正态总体的均值检验时，主要有下列三种情况。

（1）H_0 为 $\overline{x}=\overline{x_0}$，而 H_1 为 $\overline{x}\neq\overline{x_0}$，该情形中备择假设的总均值不等于确定的 $\overline{x_0}$，检验统计量取极端值，有利于拒绝原假设，接受备择假设，适用于双侧检验。

（2）H_0 为 $\overline{x}=\overline{x_0}$，而 H_1 为 $\overline{x}<\overline{x_0}$，该情形中备择假设的总均值小于确定的 $\overline{x_0}$，拒绝域应安排在左侧，使用单侧检验中的左侧检验。

（3）H_0 为 $x=\overline{x_0}$，而 H_1 为 $x>\overline{x_0}$，该情形中的备择假设的总均值大于确定的 $\overline{x_0}$，拒绝原假设的拒绝域应安排在左侧，使用单侧检验中的右侧检验。

14.1.4 假设检验的步骤

在进行假设检验时，一般情况下应遵循提出假设、选择检验统计量、选择显著性水平、计算统计量等 4 个步骤。

1. 提出假设

假设检验的首要步骤便是根据分析目的提出假设，该假设包括原假设 H_0 和备择假设 H_1。以平均数差异检验为例，可以提出下列三种类型的假设。

（1）双侧检验假设：H_0：$\mu_1=\mu_0$；H_1：$\mu_1\neq\mu_0$。

（2）左侧单侧检验假设：H_0：$\mu_1\nless\mu_0$；H_1：$\mu_1<\mu_0$。

（3）右侧单侧检验假设：H_0：$\mu_1\ngtr\mu_0$；H_1：$\mu_1>\mu_0$。

2. 选择检验统计量

提出假设之后，便可以根据分析方法选择合适的检验统计量。此时，可以从样本情况推断总体情况所需要的抽样方法、容量大小、总体分布是否正态、方差是否已知等条件，来选择合适的统计量。另外，对于不同的假设检验问题以及总体条件，会存在不同的选择统计量的理论或方法；此时用户只需依据实际情况，明确分析目的，遵循理论方法进行套用即可。

3. 选择检验统计量

提出假设并选择合适的检验统计量之后，还需要选中分析中的显著性水平α。其中，α是“第一类错误”的概率，其α选择太小会导致“第二类错误”发生的概率增大，而α选择太大又会导致“第一类错误”发生的概率增大。在统计学和 Excel 实际操作中，一般选择 0.05 或 0.01 作为差异的显著性水平。

4．做出统计决策

选择检验统计量之后，可以运用 Excel 中的分析功能，计算检验统计量值。然后，根据显著性水平α和统计量的分布，以及分析统计表差值临界值，并将检验统计量的数值和临界值进行比较，通过查看其分布在拒绝区域中的具体情况，来判断是否接受或拒绝原假设的决策。

Excel 14.2 单样本假设检验

单样本假设检验的过程是检验单个变量的均值是否与指定的总体均值具有统计学意义上的差异，通常会用到 Z 统计量、t 统计量和 x^2 统计量。其中，Z 统计量和 t 统计量主要用于均值的检验，而 x^2 统计量则用于方差的检验。

14.2.1　已知总体方差的均值检验

在进行单样本假设检验过程中，当已知总体方差 σ 时，应先确定原假设与备择假设，从而决定使用哪种检测方法。既然总体标准差是已知的，那么可以确定抽样平均数服从正态分布，对其进行标准化变换后，可以使用 Z 统计量。

设原假设 H_0：$\mu=\mu_0$；备择假设 H_1：$\mu\neq\mu_0$，其 Z 检验统计量公式为：

$$Z=\frac{\overline{x}-\mu_0}{\sigma/\sqrt{n}}$$

当$\mu=\mu_0$时，Z 检验统计量服从正态分布。给定显著水平α，当 $P<\alpha$时，拒绝 H_0，当 $P>\alpha$时，则接受 H_0。

在 Excel 中，用户可以使用 NORM.S.DIST 函数，来计算正态分布的 P 值。NORM.S.DIST 函数的功能是返回标准正态分布函数值（该分布的平均值为 0，标准偏差为 1），该函数的表达式为：

必选参数，表示需要计算其分布的数值。

= NORM.S.DIST(z,cumulative)

必选参数，表示决定函数形式的逻辑值，TRUE 表示返回累积分布函数，FALSE 表示返回概率密度函数。

已知某公司所有产品利润的方差为 16，下面通过对多个产品的利润额的均值检验，来验证该公司产品利润的均值是否等于 18 万（显示水平 $\alpha=0.05$）。在该已知条件中，需要设原假设 H_0：$\mu=18$；备择假设 H_1：$\mu\neq18$。

	A	B	C	D	E
1		利润（万）	总方差	16	
2		20	样本数		
3		15	样本均值		
4		14	Z值		
5		17	P值		
6		25			
7		22			

Sheet1

首先，选择单元格 D2，在编辑栏中输入计算公式，按 Enter 键，返回样本数。

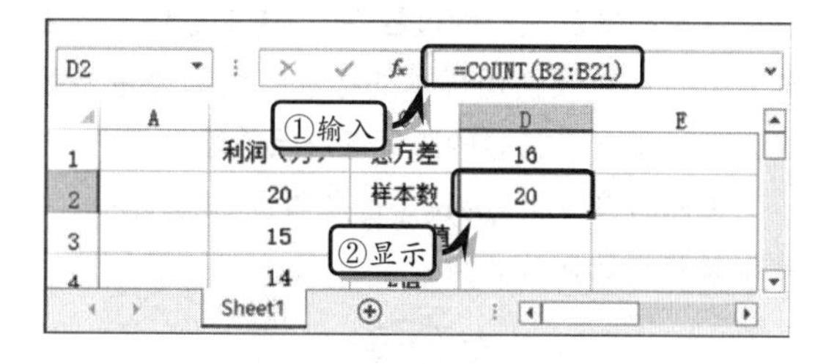

选择单元格 D3，在编辑栏中输入计算公式，按 Enter 键，返回样本均值。

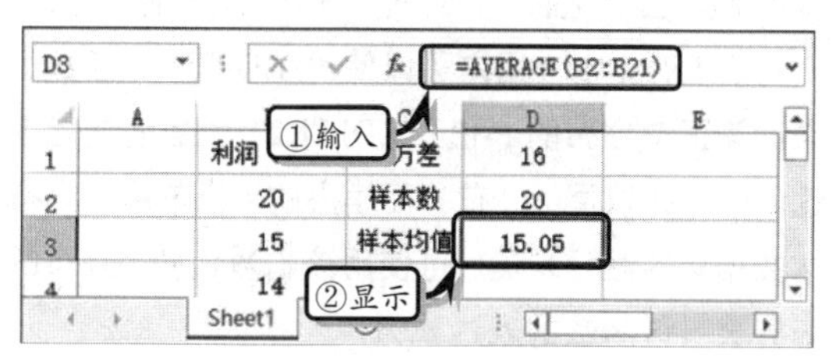

选择单元格 D4，在编辑栏中输入计算公式，按 Enter 键，返回 Z 值。

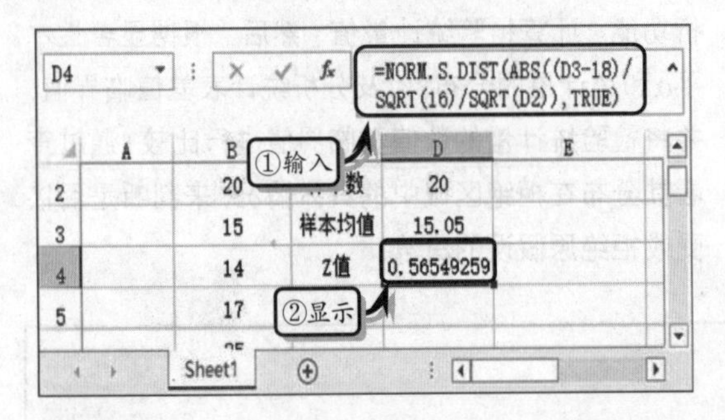

选择单元格 D5，在编辑栏中输入计算公式，按 Enter 键，返回 P 值。

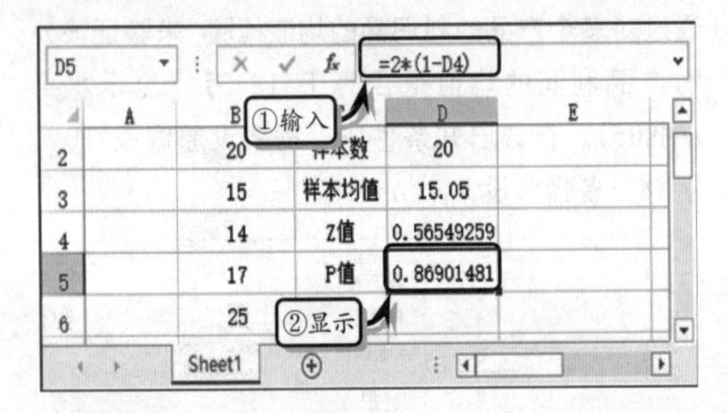

通过计算结果可以发现其 Z 值为 0.56549259，而 P 值则为 0.86901481，$P>\alpha$，表示接受原假设，可以推断该公司产品利润的均值等于 18 万。

14.2.2 未知总体方差的均值检验

在单样本假设检验过程中，当未知总体标准差或方差时，需要使用样本的标准差或方差进行替代，可以使用 T 检验的统计量进行检验。

设原假设 H_0：$\mu=\mu_0$；备择假设 H_1：$\mu\neq\mu_0$，其 T 检验统计量公式为：

$$t=\frac{\overline{x}-\mu_0}{s/\sqrt{n}}$$

当$\mu=\mu_0$时，T 检验统计量服从 $t(n-1)$。给定显著水平α，当$P<\alpha$时，拒绝 H_0，当$P>\alpha$时，则接受 H_0。

在 Excel 中，用户可以使用 T.DIST.2T 函数，来计算正态分布的 P 值。T.DIST.2T 函数的功能是返回学生的双尾 t 分布，而学生的 t 分布用于小样本数据集的假设检验，可使用该函数代替 t 分布的临界表，该函数的表达式为：

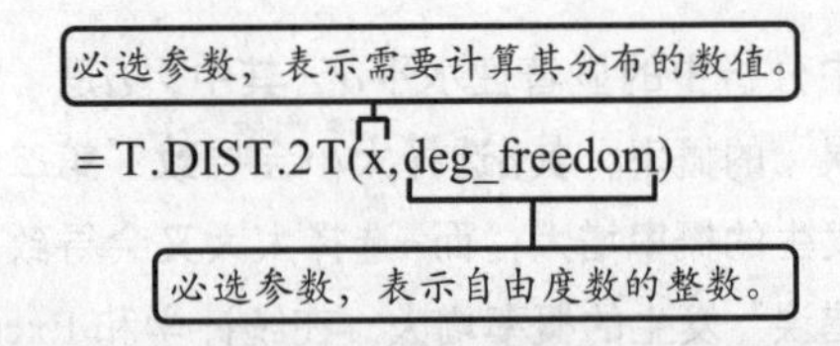

注意

如任何一参数为非数值，则该函数将会返回错误值#VALUE!；如果 deg_freedom<1,则函数将会返回错误值#NUM!。

已知某公司多个产品的利润额，在利润方差未知的情况下，使用 T 检验来验证该公司产品例如均值是否等于 18 万（显示水平$\alpha=0.05$）。在该已知条件中，需要设原假设 H_0：$\mu=18$；备择假设 H_1：$\mu\neq18$。

	B	C	D	E	F
1		已知总方差		未知总方差	
2	利润（万）	总方差	16	样本个数	
3	20	样本数	20	样本均值	
4	15	样本均值	15.05	样本方差	
5	14	Z值	0.56549259	T值	
6	17	P值	0.86901481	P值	
7	25				

选择单元格 F2，在编辑栏中输入计算公式，按 Enter 键，返回样本数。

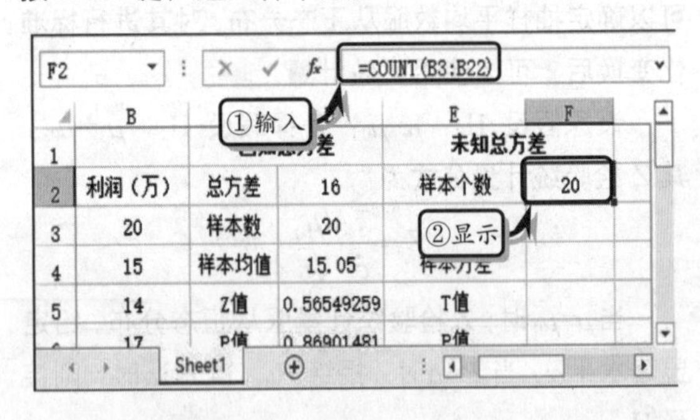

选择单元格 F3，在编辑栏中输入计算公式，按 Enter 键，返回样本均值。

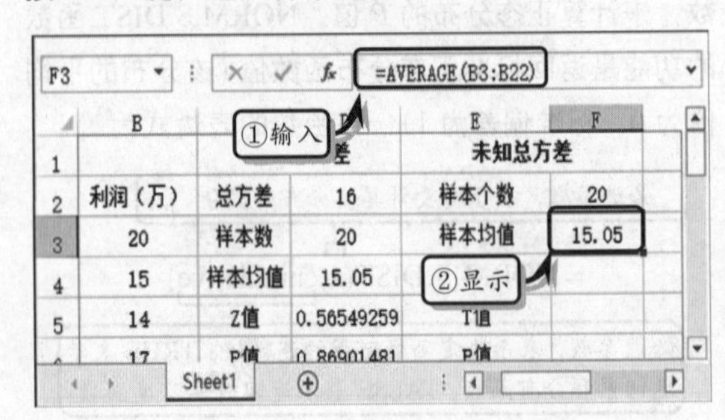

选择单元格 F4，在编辑栏中输入计算公式，按 Enter 键，返回样本方差。

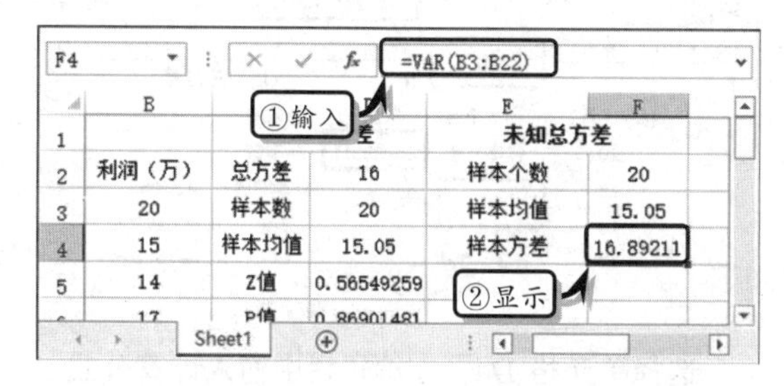

选择单元格 F5，在编辑栏中输入计算公式，按 Enter 键，返回 T 值。

F5　=(F3-18)/SQRT(F4)/SQRT(F2)　①输入　②显示

	B			E	F
2	利润（万）	总方差	16	样本个数	20
3	20	样本数	20	样本均值	15.05
4	15	样本均值	15.05	样本方差	16.89211
5	14	Z值	0.56549259	T值	-0.1605
6	17	P值	0.86901481		

选择单元格 F6，在编辑栏中输入计算公式，按 Enter 键，返回 P 值。

F6　=T.DIST.2T(ABS(F5),F2-1)　①输入　②显示

	B			E	F
2	利润（万）	总方差	16	样本个数	20
3	20	样本数	20	样本均值	15.05
4	15	样本均值	15.05	样本方差	16.89211
5	14	Z值	0.56549259	T值	-0.1605
6	17	P值	0.86901481	P值	0.874184

通过计算结果可以发现其 T 值为-0.1605，而 P 值则为 0.874184，P>α，表示接受原假设，可以推断该公司产品利润的均值等于 18 万。

14.2.3　已知均值的方差检验

在单样本假设检验过程中，当已知均值时，可以使用 x^2 检验的统计量进行检验。

设原假设 H$_0$：$\sigma^2=\sigma_0^2$；备择假设 H$_1$：$\sigma^2\neq\sigma_0^2$，其 x^2 检验统计量公式为：

$$x^2=\frac{\sum(x_i-u)^2}{\sigma_0^2}$$

当 H$_0$：$\sigma^2=\sigma_0^2$ 时，x^2 服从 x^2（n-1），给定显著水平 α。而当 $x^2\geqslant$ 下侧临界值或 $x^2\leqslant$ 上侧临界值时，拒绝原假设，否则接受原假设。

在 Excel 中，用户可以使用 CHISQ.INV.RT 函数，来计算 x^2 的临界值。CHISQ.INV.RT 函数的功能是返回具有给定概率的右尾 x^2 分布的区间点，该函数的表达式为：

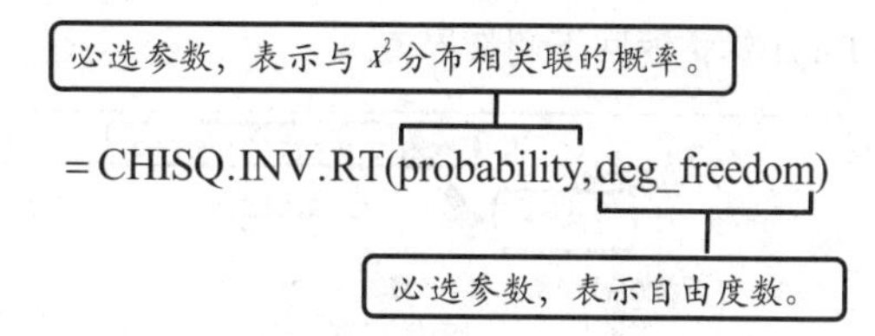

已知某公司产品利润额的均值为 18 万，下面运用 x^2 统计检验，来验证该公司产品利润方差是否等于 16 万（显示水平 α=0.05）。在该已知条件中，需要设原假设 H$_0$：σ^2=16；备择假设 H$_1$：$\sigma^2\neq16$。

首先，选择单元格 G3，在编辑栏中输入计算公式，按 Enter 键，返回观测值与均值差。使用同样方法，分布计算其他数值的观测值与均值差。

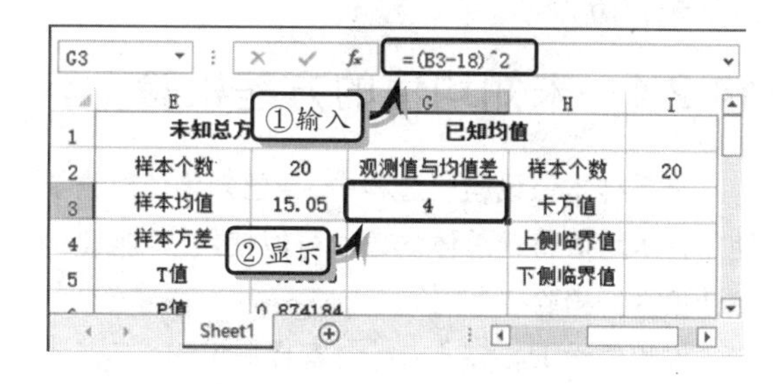

选择单元格 I3，在编辑栏中输入计算公式，按 Enter 键，返回卡方值。

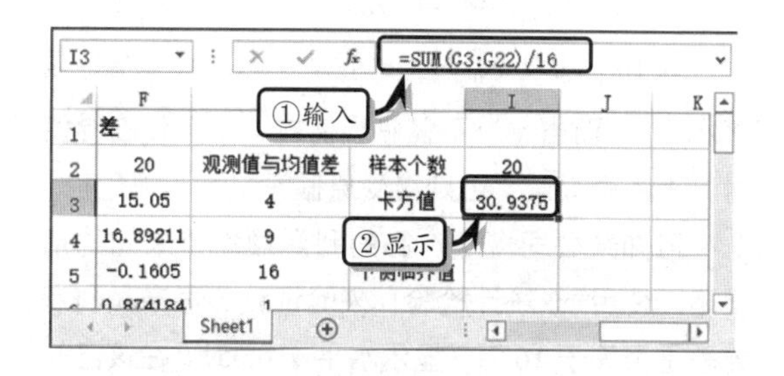

选择单元格 I4，在编辑栏中输入计算公式，按下 Enter 键，返回上侧临界值。

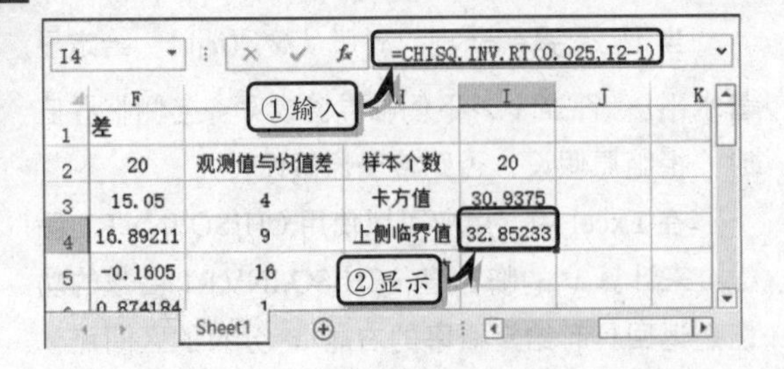

选择单元格 I5，在编辑栏中输入计算公式，按 Enter 键，返回下侧临界值。

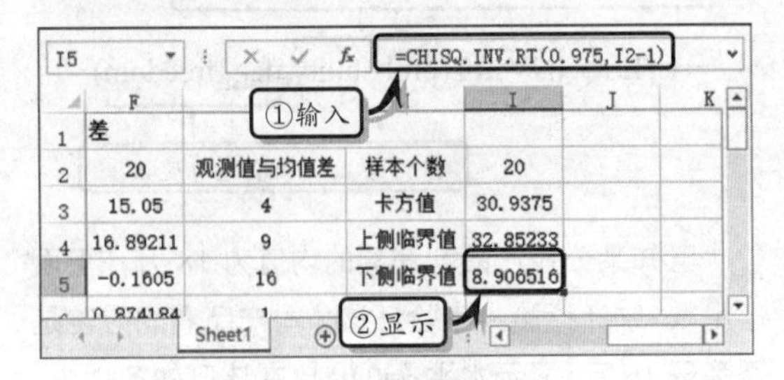

通过计算结果可以发现其卡方值为 30.9375，而上侧临界值为 32.85233，下侧临界值为 8.906516。卡方值介于上侧临界值和下侧临界值之间，表示接受原假设，可以推断该公司产品利润的方差等于 16 万。

14.2.4 未知均值的方差检验

在单样本假设检验过程中，当已知均值时需要使用样本均值替代总体均值，可以使用 x^2 检验的统计量进行检验。

设原假设 H_0：$\sigma^2=\sigma_0^2$；备择假设 H_1：$\sigma^2\neq\sigma_0^2$，其 x^2 检验统计量公式为：

$$x^2=\frac{(n-1)s^2}{\sigma_0^2}$$

当 H_0：$\sigma^2=\sigma_0^2$ 时，x^2 服从 x^2（n-1），给定显著水平 α。而当 $x^2\geqslant$ 下侧临界值或 $x^2\leqslant$ 上侧临界值时，拒绝原假设，否则接受原假设。

已知某公司多个产品的利润额均值未知的情况下，使用 x^2 统计检验，来验证该公司产品利润方差是否等于 16 万（显示水平 α=0.05）。在该已知条件中，需要设原假设 H_0：σ^2=16；备择假设 H_1：$\sigma^2\neq 16$。

首先，选择单元格 D3，在编辑栏中输入计算公式，按 Enter 键，返回样本方差。

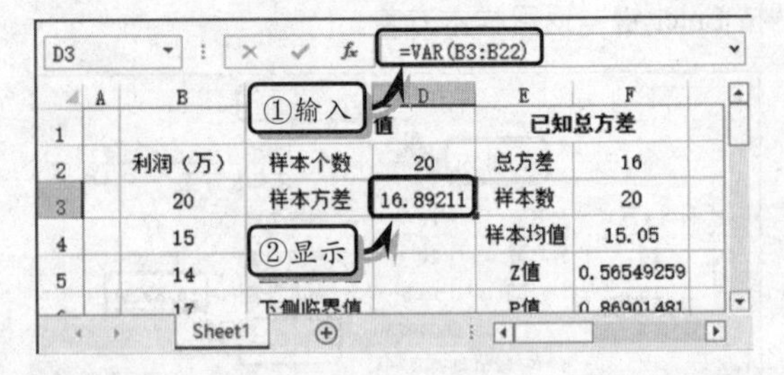

选择单元格 D4，在编辑栏中输入计算公式，按 Enter 键，返回卡方值。

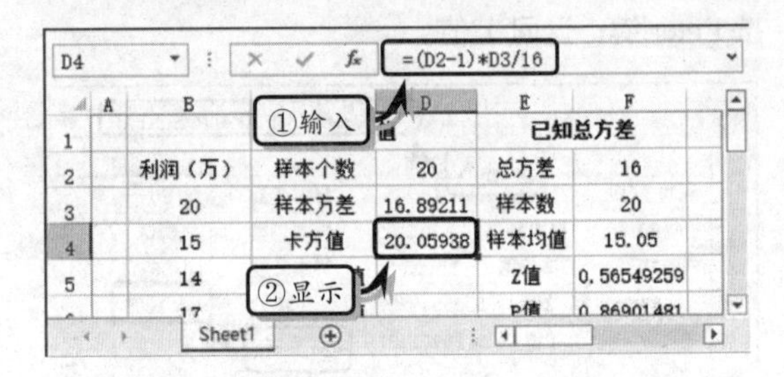

选择单元格 D5，在编辑栏中输入计算公式，按 Enter 键，返回上侧临界值。

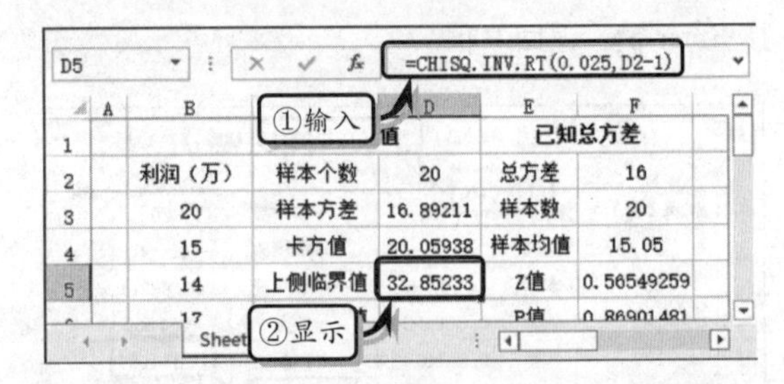

选择单元格 D6，在编辑栏中输入计算公式，按 Enter 键，返回下侧临界值。

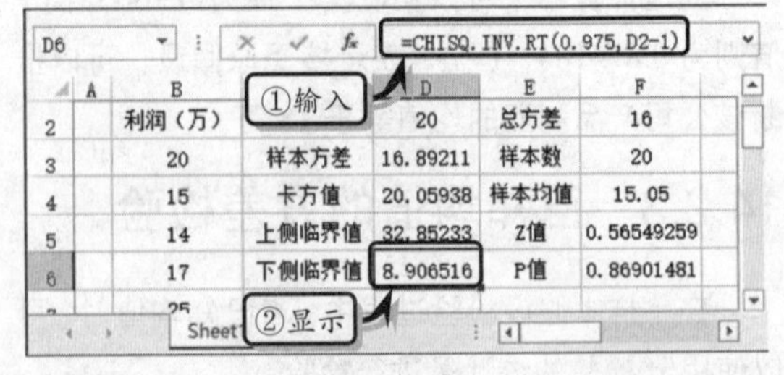

通过计算结果可以发现其卡方值为 20.05938，而上侧临界值为 32.85233，下侧临界值为 8.906516。卡方值介于上侧临界值和下侧临界值之间，表示接受原假设，可以推断该公司产品利润的方差等于 16 万。

Excel 14.3 双样本的假设检验

双样本假设检验是根据来自两个总体的独立样本，来推断两个总体的均值是否存在显著差异，适用于检验两个样本是否来自具有相同均值的总体。另外，双样本假设检验相对于单样本假设检验要复杂一些，除了考虑两个样本的总体的正态分布性和总体方差的已知性之外，还需要考虑两个总体方差的齐性。

14.3.1　双样本均差检验

当已知正态总体中两个总体方差时，可以使用 z 检验统计量，对两样本进行均值差检验。

设原假设 H_0：$\mu_1-\mu_2=d_0$；备择假设 H_1：$\mu_1-\mu_2\neq d_0$，其 z 检验统计量公式为：

$$z=\frac{\bar{x}-\bar{y}-d_0}{\sqrt{\frac{\sigma_1^2}{n_1}+\frac{\sigma_2^2}{n_2}}}$$

当 H_0：$\mu_1-\mu_2=d_0$ 时，z 服从 n（0,1），给定显著水平α。当 $P<\alpha$时，拒绝原假设，而当 $P>\alpha$时，则接受原假设。

在 Excel 中，用户可以使用“z-检验：双样本平均差检验”分析工具，对具有已知方差的平均值进行双样本 Z 检验。

已知某工厂为了比较新旧两种机器的生产率，分别测试新旧两种机器在固定时间内的生产量，且新旧两个产量的总体方差分别为 23 和 34，下面运用 Z 检验工具，来比较新旧机器的平均产量是否相等（显示水平α=0.05）。

在该已知条件中，需要设原假设 H_0：$\mu_1-\mu_2=0$；备择假设 H_1：$\mu_1-\mu_2\neq 0$。

首先，执行【数据】|【分析】|【数据分析】命令，在弹出的【数据分析】对话框中，选择【z-检验：双样本平均差检验】选项，并单击【确定】按钮。

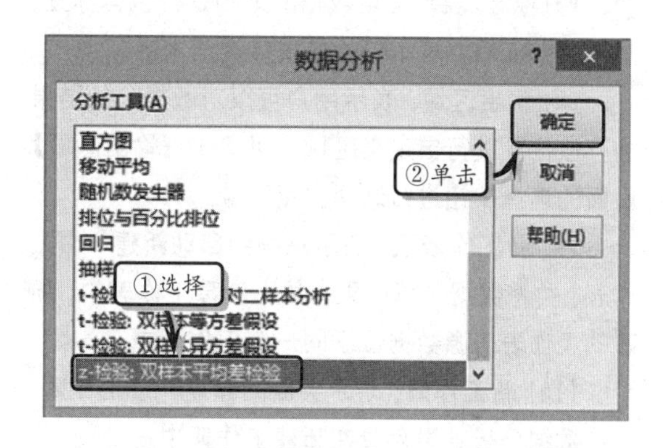

然后，在弹出的【z 检验：双样本平均差检验】对话框中，设置各选项，单击【确定】按钮即可。

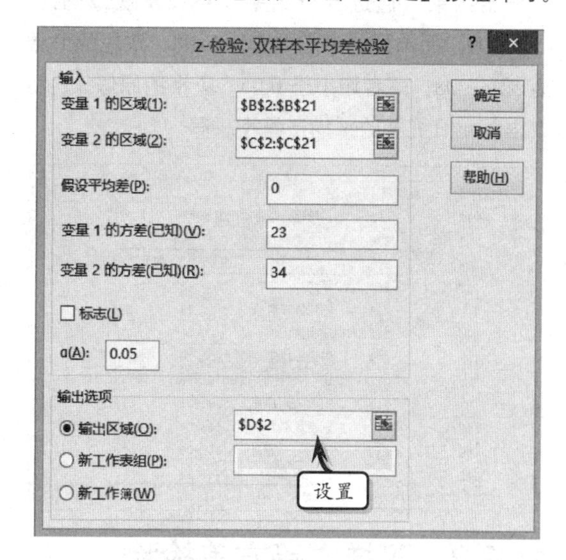

其中，【z 检验：双样本平均差检验】对话框中的各选项的具体含义，如下所述。

（1）变量 1 的区域。表示需要进行统计的第 1 个数据区域，即第一个样本。对于数据区域的选择，用户可单击【变量 1 的区域】后面的选择按钮进行选择数据区域。

（2）变量 2 的区域。表示需要进行统计的第 2 个数据区域，即第二个样本。

（3）假设平均差。表示两个平均值之间的假设差异。

（4）变量 1 的方差。表示变量 1 区域数据的方差。

(5) 变量 2 的方差。表示变量 2 区域数据的方差。

(6)标志。表示指定数据的范围是否包含标签。

(7) α(A)。表示检验的统计置信水平。

(8) 输出区域。表示用户可以对数据分析结果的存放位置进行自定义区域，可单击【输出区域】后面的选择按钮进行选择数据区域。

(9) 新工作表组。表示系统会自动新建一个工作表，并将数据分析结果存放在新建工作表中，新建的工作表与源数据位于同一个工作簿中。

(10) 新工作簿。表示会自动建立一个工作簿，并将数据分析结果存放在新建工作簿中。

此时，在工作表指定的位置中，将显示 z 检验的分析结果。通过分析结果，可以发现 z 值为 -5.41999，而单尾的 P 值为 2.98E-08，双尾的 P 值为 5.96E-08，两者均小于 0.05，应拒绝原假设，可以推断新旧机器的平均产量不相等。

	B	C	D	E	F	G
1	旧机器（分）	新机器（分）				
2	199	212	z-检验：双样本均值分析			
3	202	206				
4	197	206		变量 1	变量 2	
5	209	210	平均	200.45	209.6	
6	201	209	已知协方差	23	34	
7	194	211	观测值	20	20	
8	188	218	假设平均差	0		
9	201	211	z	-5.41999		
10	197	210	P(Z<=z) 单尾	2.98E-08		
11	198	212	z 单尾临界	1.644854		
12	208	210	P(Z<=z) 双尾	5.96E-08		
13	202	202	z 双尾临界	1.959964		

双样本均差检验　双样本等方 ...

14.3.2　双样本等方差检验

当未知正态总体中两个相等的总体方差时，可以使用 t 检验统计量，对两样本进行均值差检验。

设原假设 H_0：$\mu_1-\mu_2=d_0$；备择假设 H_1：$\mu_1-\mu_2 \neq d_0$，其 t 检验统计量公式为：

$$t=\frac{\overline{x}-\overline{y}-d_0}{s_p\sqrt{\frac{1}{n_1}+\frac{2}{n_2}}}$$

其中，$S_p=\sqrt{\frac{(n_1-1)S_1^2+(n_2-1)S_2^2}{n_1+n_2-2}}$

当 H_0：$\mu_1-\mu_2=d_0$ 时，t 服从 t (n_1+n_2-2)，给定显著水平 α。当 $P<\alpha$ 时，拒绝原假设，而当 $P>\alpha$ 时，则接受原假设。

在 Excel 中，用户可以使用“t-检验：双样本等方差假设”分析工具，对具有未知且相等的数据进行 t 检验。

已知某工厂为了比较新旧两种机器的生产率，分别测试新旧两种机器在固定时间内的生产量，且新旧两个产量的总体方差未知但相等，下面运用 t 检验工具，来比较新旧机器的平均产量是否相等（显示水平 α=0.05）。

在该已知条件中，需要设原假设 H_0：$\mu_1-\mu_2=0$；备择假设 H_1：$\mu_1-\mu_2 \neq 0$。

首先，执行【数据】|【分析】|【数据分析】命令，在弹出的【数据分析】对话框中，选择【t-检验：双样本等方差假设】选项，并单击【确定】按钮。

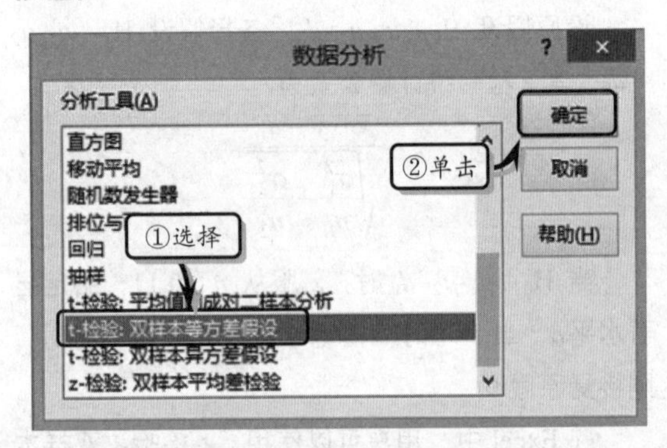

然后，在弹出的【t-检验：双样本等方差假设】对话框中，设置相应选项，并单击【确定】按钮。

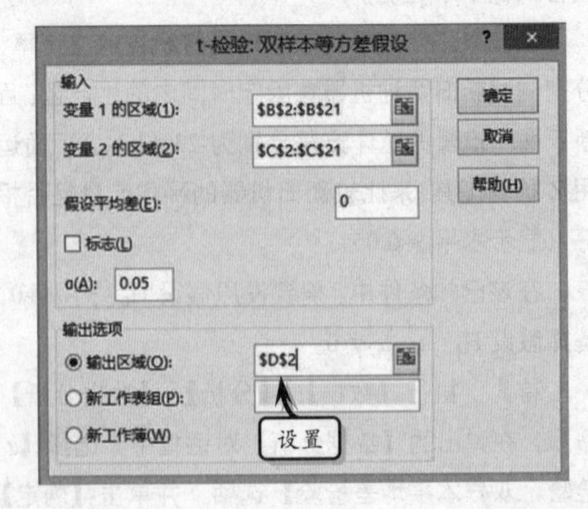

此时，在工作表指定的位置中，将显示 t 检验的分析结果。通过分析结果，可以发现 t 值为

-5.79383，而单尾的 P 值为 5.46E-07，双尾的 P 值为 1.09E-06，两者均小于 0.05，应拒绝原假设，可以推断新旧机器的平均产量不相等。

	A	B	C	D	E	F	G
1		旧机器（分）	新机器（分）				
2		199	212	t-检验：双样本等方差假设			
3		202	206				
4		197	206		变量 1	变量 2	
5		209	210	平均	200.45	209.6	
6		201	209	方差	22.78684	27.09474	
7		194	211	观测值	20	20	
8		188	218	合并方差	24.94079		
9		201	211	假设平均差	0		
10		197	210	df	38		
11		198	212	t Stat	-5.79383		
12		208	210	P(T<=t) 单尾	5.46E-07		
13		202	202	t 单尾临界	1.685954		
14		198	218	P(T<=t) 双尾	1.09E-06		
15		199	200	t 双尾临界	2.024394		

双样本等方差检验

14.3.3　双样本异方差检验

当未知正态总体中两个不相等的总体方差时，可以使用 t 检验统计量，对两样本进行均值差检验。

设原假设 H_0：$\mu_1-\mu_2=d_0$；备择假设 H_1：$\mu_1-\mu_2 \neq d_0$，其 t 检验统计量公式为：

$$t=\frac{\overline{x}-\overline{y}-d_0}{\sqrt{\frac{s_1^2}{n_1}+\frac{s_2^2}{n_2}}}$$

当 H_0：$\mu_1-\mu_2=d_0$ 时，t 服从自由度为 f 的 t 分布，给定显著水平 α。当 $P<\alpha$ 时，拒绝原假设，而当 $P>\alpha$ 时，则接受原假设。其 f 的计算公式为：

$$f=\frac{\left(\frac{s_1^2}{n_1}+\frac{s_2^2}{n_2}\right)^2}{\frac{\left(\frac{s_1^2}{n_1}\right)^2}{n_1-1}+\frac{\left(\frac{s_2^2}{n_2}\right)^2}{n_2-1}}$$

在 Excel 中，用户可以使用“t-检验：双样本异方差假设”分析工具，对具有未知且不相等的数据进行 t 检验。

已知某工厂为了比较新旧两种机器的生产率，分别测试新旧两种机器在固定时间内的生产量，且新旧两个产量的总体方差未知但不相等，下面运用 t 检验工具，来比较新旧机器的平均产量是否相等（显示水平 α=0.05）。

在该已知条件中，需要设原假设 H_0：$\mu_1-\mu_2=0$；备择假设 H_1：$\mu_1-\mu_2 \neq 0$。

首先，执行【数据】|【分析】|【数据分析】命令，在弹出的【数据分析】对话框中，选择【t-检验：双样本异方差假设】选项，并单击【确定】按钮。

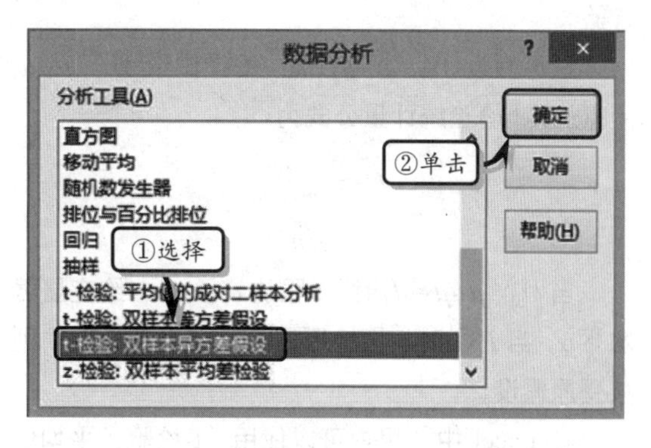

然后，在弹出的【t-检验：双样本异方差假设】对话框中，设置相应选项，并单击【确定】按钮。

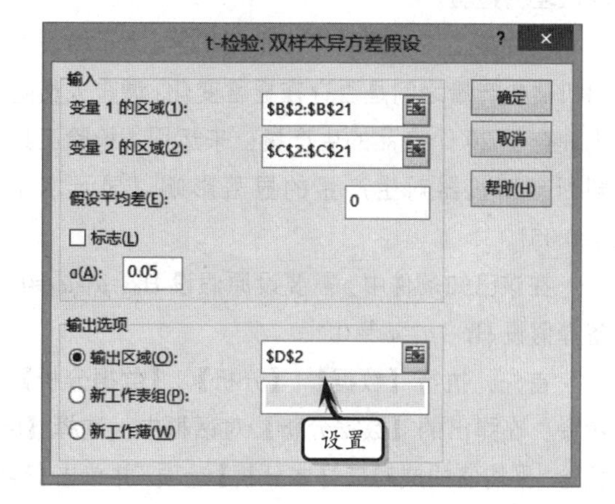

此时，在工作表指定的位置中，将显示 t 检验的分析结果。通过分析结果，可以发现 t 值为 -5.79383，而单尾的 P 值为 5.46E-07，双尾的 P 值为 1.09E-06，两者均小于 0.05，应拒绝原假设，可以推断新旧机器的平均产量不相等。

	B	C	D	E	F	G
2	199	212	t-检验：双样本异方差假设			
3	202	206				
4	197	206		变量 1	变量 2	
5	209	210	平均	200.45	209.6	
6	201	209	方差	22.78684	27.09474	
7	194	211	观测值	20	20	
8	188	218	假设平均差	0		
9	201	211	df	38		
10	197	210	t Stat	-5.79383		
11	198	212	P(T<=t) 单尾	5.46E-07		
12	208	210	t 单尾临界	1.685954		
13	202	202	P(T<=t) 双尾	1.09E-06		
14	198	218	t 双尾临界	2.024394		

双样本异方差检验

14.3.4 均值的成对分析

当用户需要检验两组数据的均值是否相等时，可以使用 t 检验中的“平均值的成对二样本”进行检验。

设原假设 H_0：$\mu_1-\mu_2=d_0$；备择假设 H_1：$\mu_1-\mu_2 \neq d_0$，其 t 检验统计量公式为：

$$t=\frac{\overline{d}-d_0}{\frac{s_d}{\sqrt{n}}}$$

当 H_0：$\mu_1-\mu_2=d_0$ 时，t 服从 t（n-1），给定显著水平α。当 $P<\alpha$时，拒绝原假设，而当 $P>\alpha$时，则接受原假设。

在 Excel 中，用户可以使用“t-检验：平均值的成对二样本分析”分析工具，对成对数据进行平均值差的检验。

已知某工厂新购买了一批新机器，为了验证新旧机器生产量之间是否存在显著变化，调查人员随机抽查了 20 个产品的生产量，来运用 t 检验工具判断新旧机器对生产量的显著影响（显示水平 α=0.05）。

在该已知条件中，需要设原假设 H_0：$\mu_1-\mu_2=0$；备择假设 H_1：$\mu_1-\mu_2 \neq 0$。

首先，执行【数据】|【分析】|【数据分析】命令，在弹出的【数据分析】对话框中，选择【t-检验：平均值的成对二样本分析】选项，并单击【确定】按钮。

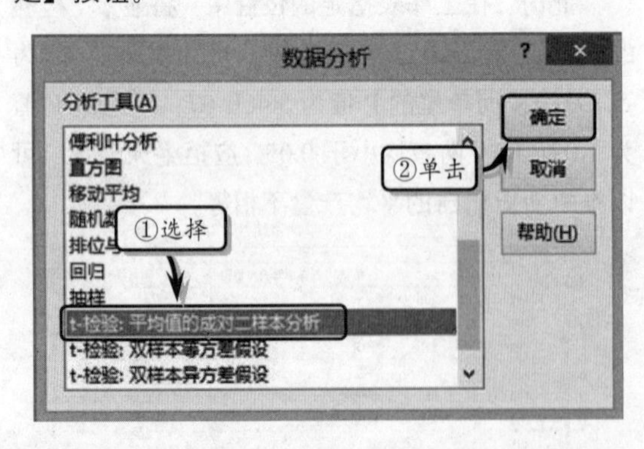

然后，在弹出的【t-检验：平均值的成对二样本分析】对话框中，设置相应选项，并单击【确定】按钮。

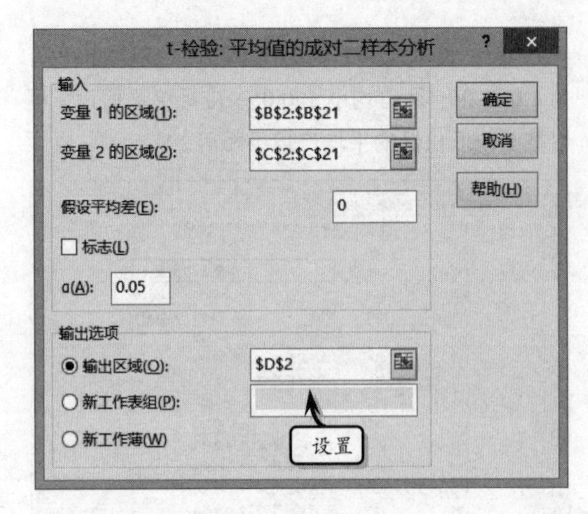

此时，在工作表指定的位置中，将显示 t 检验的分析结果。通过分析结果，可以发现 t 值为 -5.37172，而单尾的 P 值为 1.74E-05，双尾的 P 值为 3.49-05，两者均小于 0.05，应拒绝原假设，可以推断新旧机器对产量有着显著的影响。

	B	C	D	E	F	G
2	199	212	t-检验：成对双样本均值分析			
3	202	206				
4	197	206		变量 1	变量 2	
5	209	210	平均	200.45	209.6	
6	201	209	方差	22.78684	27.09474	
7	194	211	观测值	20	20	
8	188	218	泊松相关系数	-0.16395		
9	201	211	假设平均差	0		
10	197	210	df	19		
11	198	212	t Stat	-5.37172		
12	208	210	P(T<=t) 单尾	1.74E-05		
13	202	202	t 单尾临界	1.729133		
14	198	218	P(T<=t) 双尾	3.49E-05		
15	199	200	t 双尾临界	2.093024		

均值的成对分析

14.3.5 双样本方差

在双样本假设检验过程中，可以使用 F 检验对已知的双样本方差进行检验。

设原假设 H_0：$\sigma_1^2=\sigma_2^2$；备择假设 H_1：$\sigma_1^2 \neq \sigma_2^2$，其 F 检验统计量公式为：

$$F=\frac{s_1^2}{s_2^2}$$

当 H_0：$\sigma_1^2=\sigma_2^2$ 时，服从 F（n_1-1,n_2-1），给定显著性水平α。当 $P<\alpha$时，拒绝原假设，而当 $P>\alpha$时，则接受原假设。

在 Excel 中，用户可以使用“F-检验：双样本方差”分析工具，对数据进行方差检验。

已知某工厂新购买了一批新机器，为了验证新旧机器生产量之间是否存在显著变化，调查人员随机抽查了 20 个产品的生产量，来运用 F 检验工具判断新旧机器对生产量的显著影响（显示水平 α=0.05）。

在该已知条件中，需要原假设 H_0：$\sigma_1^2=\sigma_2^2$；备择假设 H_1：$\sigma_1^2 \neq \sigma_2^2$。

首先，执行【数据】|【分析】|【数据分析】命令，在弹出的【数据分析】对话框中，选择【F-检验：双样本方差】选项，并单击【确定】按钮。

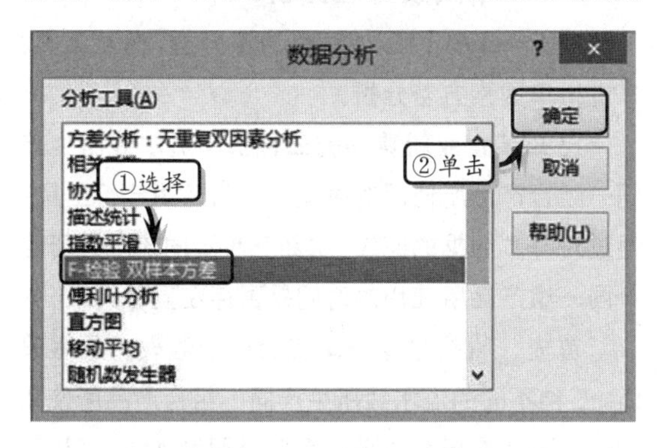

然后，在弹出的【F-检验：双样本方差】对话框中，设置相应选项，并单击【确定】按钮。

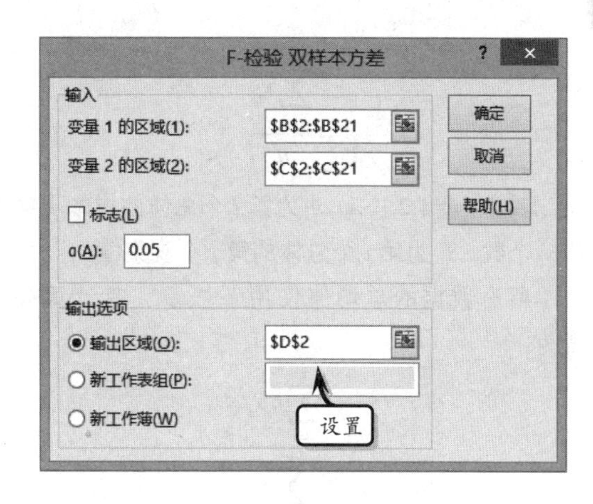

此时，在工作表指定的位置中，将显示 F 检验的分析结果。通过分析结果，可以发现 F 值为 0.841006，而 P 值为 0.354863，大于 0.05，应接受原假设，表示两样本的方差相同。

	B	C	D	E	F
1	旧机器（分）	新机器（分）			
2	199	212	F-检验 双样本方差分析		
3	202	206			
4	197	206		变量 1	变量 2
5	209	210	平均	200.45	209.6
6	201	209	方差	22.78684	27.09474
7	194	211	观测值	20	20
8	188	218	df	19	19
9	201	211	F	0.841006	
10	197	210	P(F<=f) 单尾	0.354863	
11	198	212	F 单尾临界	0.461201	

双样本方差

14.4 方差分析

方差分析（Analysis Of Variance，ANOVA）最早由英国统计学家 R.A.Fisher 提出，主要应用于对三个以上的数据样本进行差异性检验，它是线性回归的一种延续。使用方差分析，可以对两组以上的数据进行差异性分析，能够解决 t 检验、z 检验所无法解决的问题，对统计学和行为科学的发展起到了巨大的促进作用。

14.4.1 单因素方差分析

单因素方差又称为一维方差分析，主要用于研究单个因素对观测变量的影响，也可以理解为是研究一个大于或等于两个处理水平的自变量对因变量影响的分析方法。

1．单因素方差分析概述

单因素方差分析中的假设可以设定为原假设 H_0 和备选假设 H_1，其检验过程是对原假设的结果进行判断，只有当原假设被推翻后才可以接受备选假设。其表达方式为：

（1）H_0：当检验过程中表示自变量对因变量未产生影响，其表达公式 H_0 为：

$$\mu_1=\mu_2=\mu_3=\ldots=\mu_k$$

（2）H_1：μ_i 不全相等，在检验过程中表示自变量对因变量产生了影响。

在进行单因素方差分析时，第 i 个总体的样本均值使用 $\overline{x}_i$ 进行表示，其计算公式为：

$$\overline{x}_i=\frac{\sum_{j=1}^{n_i}x_{ij}}{n_i}$$

其中，n=1,2,⋯,k，n_i 为第 i 个总体的样本观察值的个数，x_{ij} 为第 i 个总体的第 j 个观察值。

所有数据的总均值使用 $\overline{x}$ 表示，其计算公式为：

$$\overline{x}=\frac{\sum_{i=1}^{k}n_i\overline{x}_i}{\sum_{i=1}^{k}n}$$

总平方和反映全部观察值的离散状况，使用 SST 进行表示，其计算公式为：

$$\text{SST}=\sum_{i=1}^{k}\sum_{j=1}^{n_i}(x_{ij}-\overline{x})^2$$

组间平方和反映各总体样本之间的差异程度，使用 SSA 进行表示，其计算公式为：

$$\text{SSA}=\sum_{i=1}^{k}n_i(\overline{x}_i-\overline{x})^2$$

组内平方和反映每个样本各观察值的离散程度，使用 SSE 进行表示，其计算公式为：

$$\text{SSE}=\sum_{i=1}^{k}\sum_{j=1}^{n_i}(x_{ij}-\overline{x}_i)^2$$

而组间均方的计算公式使用 MSA 进行表示，其计算公式为：

$$\text{MSA}=\frac{\text{SSA}}{k-1}$$

组内均方的计算公式使用 MSE 进行表示，其计算公式为：

$$\text{MSE}=\frac{\text{SSE}}{n-k}$$

F 统计量的计算公式为：

$$F=\frac{\text{MSA}}{\text{MSE}}\sim F(k-1,n-k)$$

当原假设为真时，F 统计量服从分子自由度为 k-1，分母自由度为 n-k 的 F 分布。

通过上述公式，读者已大概明白单元素方差分析的基本计算过程，但在分析计算结果时，还需要遵循下列方法。

（1）使用 F 统计量计算出 P 值，并与 α 值进行比较，当 $P<\alpha$ 时，拒绝原假设，而当 $P>\alpha$ 时，则接受原假设。

（2）拒绝原假设表明自变量和观察值之间存在显著性关系。

（3）组间平方和 SSA 非零的情况下，表示两变量之间存在关系。

（4）当组间平方和比组内平方和 SSE 大，表示两变量之间的关系显著，其值越大表示关系越强。

2．Excel 单因素方差分析

在 Excel 中，可以使用“方差分析”分析工具，来进行单因素方差分析。

已知某企业新购买的三种不同流水线所生产同一组合产品所使用的时间，下面运用分析工具，通过对样本数据的比较，推断三种不同流水线所生产同一组产品所使用的时间是否存在显著关系。

首先，根据数据样本提出分析假设。原假设 H_0：三种不同的流水线所生产同一组合产品所使用的时间不存在显著关系，而备择假设 H_1：三种不同的流水线所生产同一组合产品所使用的时间存在显著关系。

在 Excel 中，输入基础数据。执行【数据】|【分析】|【数据分析】命令，在弹出的【数据分析】对话框中，选择【方差分析：单因素方差分析】选项，并单击【确定】按钮。

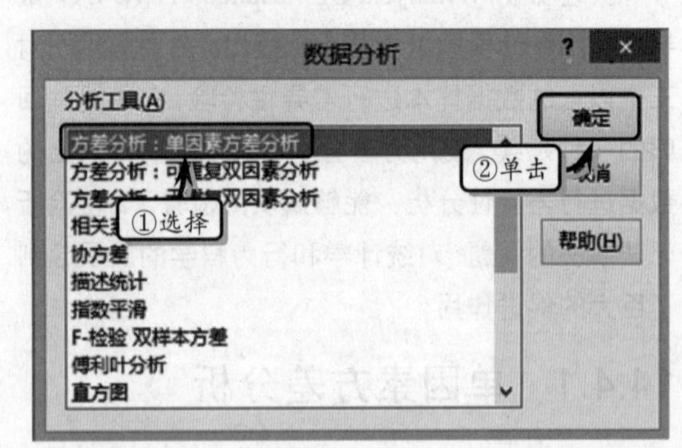

然后，在弹出的【方差分析：单因素方差分析】对话框中，设置相应选项，单击【确定】按钮即可。

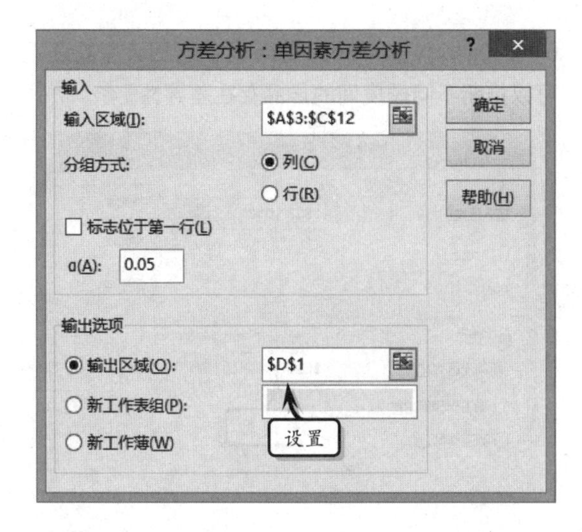

此时，在工作表中将显示分析结果。通过分析结果，可以发现 F 值为 7.523682，而 F 临界值为 3.354131，其 F 值明显大于 F 临界值。同时可发现 P 值为 0.002529，小于α=0.05，表示拒绝原假设。综上所述，可以推断三种流水线所生产同一组合产生所使用的时间存在显著关系。

14.4.2　双因素方差分析

双因素方差分析是一种分析由两因素实验设计得到的数据的方法，主要通过研究因变量的均值是否存在显著性差异，来探讨一个因变量是否受到多个自变量的影响。

1．无重复双因素方差分析

无重复双因素方差分析，是一种不考虑两个影响因素之间相互影响的方差分析方法。在进行无重复双因素方差分析时，其行因素的第 i 个水平下各观察值的平均值，使用 $\overline{x}_i$ 进行表示，计算公式为：

$$\overline{x}_i = \frac{\sum_{j=1}^{r} x_{ij}}{r} \quad (i=1,2,\cdots,k)$$

列因素的第 j 个水平下各观察值的平均值，使用 $\overline{x}_j$ 进行表示，计算公式为：

$$\overline{x}_j = \frac{\sum_{i=1}^{k} x_{ij}}{k} \quad (j=1,2,\cdots,r)$$

而 kr 个样本数据的总均值使用 $\overline{x}$ 表示，其计算公式为：

$$\overline{x} = \frac{\sum_{i=1}^{k}\sum_{j=1}^{r} x_{ij}}{kr}$$

总平方和反映全部观察值的离散情况，使用 SST 进行表示，其计算公式为：

$$\text{SST} = \sum_{i=1}^{k}\sum_{j=1}^{r}(x_{ij} - \overline{x})^2$$

行因素误差平方和使用 SSR 进行表示，其计算公式为：

$$\text{SSR} = \sum_{i=1}^{k}\sum_{j=1}^{r}(\overline{x}_i - \overline{x})^2$$

列因素误差平方和使用 SSC 进行表示，其计算公式为：

$$\text{SSC} = \sum_{i=1}^{k}\sum_{j=1}^{r}(\overline{x}_j - \overline{x})^2$$

随机误差项平方和使用 SSE 进行表示，其计算公式为：

$$\text{SSE} = \sum_{i=1}^{k}\sum_{j=1}^{r}(x_{ij} - \overline{x}_i - \overline{x}_j - \overline{x})^2$$

而行因素的均方，使用 MSR 进行表示，其计算公式为：

$$\text{MSR} = \frac{\text{SSR}}{k-1}$$

列因素的均方，使用 MSC 进行表示，其计算公式为：

$$\text{MSC} = \frac{\text{SSC}}{r-1}$$

误差项的均方，使用 MSE 进行表示，其计算公式为：

$$\text{MSE} = \frac{\text{SSE}}{(k-1)(r-1)}$$

检验行因素的统计量，使用 F_r 进行表示，其计算公式为：

$$F_r = \frac{\text{MSR}}{\text{MSE}} \sim F\left(\text{k}-1,(k-1)(r-1)\right)$$

检验列因素的统计量，使用 F_c 进行表示，其计算公式为：

$$F_c = \frac{\text{MSC}}{\text{MSE}} \sim F\left(r-1,(k-1)(r-1)\right)$$

在无重复双因素方差分析过程中，可以使用 F

统计量计算出 P 值，并与α值进行比较，当 $P<\alpha$时，拒绝原假设，而当 $P>\alpha$时，则接受原假设。而拒绝行因素原假设表示均值之间的差异存在显著性关系，所检验的列因素对观察值存在显著的影响；而拒绝列因素原假设则表示均值之间的差异存在显著性关系，所检验的列因素对观察值存在显著的影响。

在 Excel 中，用户可以使用"无重复双因素方差分析"分析工具，对数据进行双因素方差分析。

已知某企业所有产品三个季度的销售额，下面运用分析工具分析不同产品间的销售额，以及不同季度间的销售额是否存在差异性。

首先，根据数据样本提出分析假设。各假设分析如下所述。

（1）行因素假设。原假设 H_0：不同季度间的销售额不存在差异性，而备择假设 H_1：不同季度间的销售额存在差异性。

（2）列因素假设。原假设 H_0：不同产品间的销售额不存在差异性，而备择假设 H_1：不同产品间的销售额存在差异性。

在 Excel 中，输入基础数据。执行【数据】|【分析】|【数据分析】命令，在弹出的【数据分析】对话框中，选择【方差分析：无重复双因素分析】选项，并单击【确定】按钮。

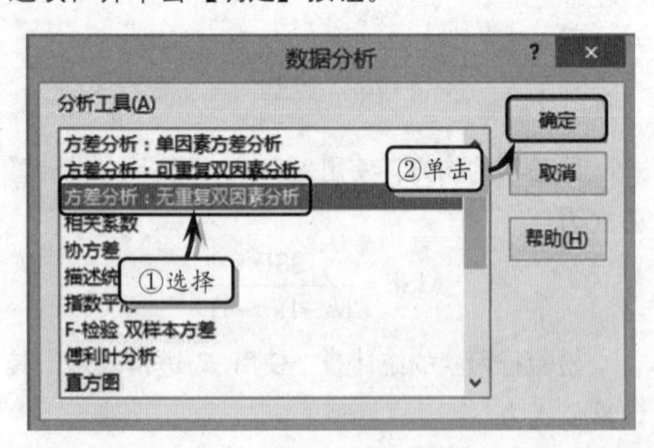

然后，在弹出的【方差分析：无重复双因素分析】对话框中，设置相应选项，单击【确定】按钮即可。

此时，在工作表中将显示分析结果。通过分析结果，可以发现对于行因素的检验，其 F 值为 6.933333，明显大于 F 临界值，同时发现 P 值为 0.002305，小于α=0.05，表示拒绝行因素原假设，可以推断不同季度间的产品存在差异性。

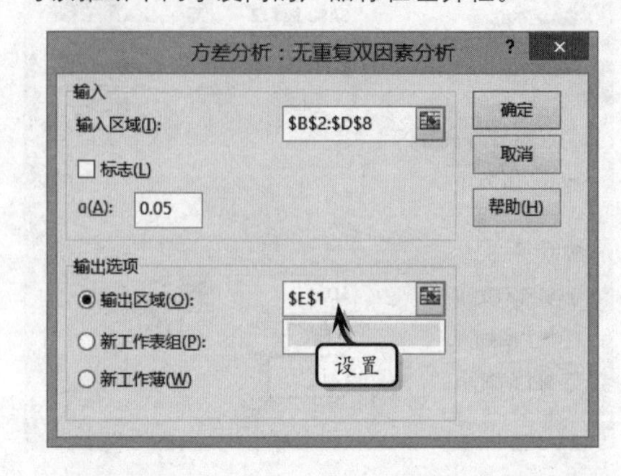

对于列因素的检验，其 F 值为 1.233333，明显小于 F 临界值，而 P 值为 0.325744，大于α=0.05，表示接受列因素原假设，可以推断不同产品间的销售额不存在差异性。

	B	C	D	E	F	G	H	I	J	K
1	第一季度	第二季度	第三季度	方差分析：无重复双因素分析						
2	200	220	190							
3	180	200	210	SUMMARY	观测数	求和	平均	方差		
4	210	215	200	行 1	3	610	203.3333	233.3333		
5	230	240	235	行 2	3	590	196.6667	233.3333		
6	190	185	200	行 3	3	625	208.3333	58.33333		
7	220	215	230	行 4	3	705	235	25		
8	215	220	235	行 5	3	575	191.6667	58.33333		
9				行 6	3	665	221.6667	58.33333		
10				行 7	3	670	223.3333	108.3333		
11										
12				列 1	7	1445	206.4286	305.9524		
13				列 2	7	1495	213.5714	297.619		
14				列 3	7	1500	214.2857	353.5714		
15										
16				方差分析						
17				差异源	SS	df	MS	F	P-value	F crit
18				行	4457.143	6	742.8571	6.933333	0.002305	2.99612
19				列	264.2857	2	132.1429	1.233333	0.325744	3.885294
20				误差	1285.714	12	107.1429			

单因素方差分析　无重复双因素方差分析

2. 可重复双因素方差分析

可重复双因素方差分析是当两个因素的联合效应不等于两因素的单独效应值和时，所需要对两因素的每一组合至少做两次试验（重复）的考察交互作用的一种分析行为。

在使用可重复双因素方差分析时，需要保证各组样本的重复次数相等。总平方和使用 SST 进行表示，计算公式为：

$$SST = \sum_{i=1}^{k}\sum_{j=1}^{r}\sum_{t=1}^{m}(x_{ijt} - \overline{x})^2$$

行因素误差平方和使用 SSR 进行表示，其计算公式为：

$$SSR = rm\sum_{i=1}^{k}(\overline{x}_i - \overline{x})^2$$

列因素误差平方和使用 SSC 进行表示，其计算公式为：

$$SSC = km\sum_{j=1}^{r}(\overline{x}_j - \overline{x})^2$$

交互作用项平方和使用 SSRC 进行表示，其计算公式为：

$$SSRC = m\sum_{i=1}^{k}\sum_{j=1}^{r}(\overline{x}_{ij} - \overline{x}_i - \overline{x}_j + \overline{x})^2$$

随机误差项平方和使用 SSE 进行表示，其计算公式为：

$$SSE = SST - SSR - SSC - SSRC$$

交互作用的均方计算公式使用 MSRC 进行表示，其计算公式为：

$$MSRC = \frac{SSRC}{(k-1)(r-1)}$$

误差项的均方计算公式使用 MEC 进行表示，其计算公式为：

$$MEC = \frac{SSE}{kr(m-1)}$$

检验交互作用的计算公式使用 F_{rc} 进行表示，其计算公式为：

$$F_{rc} = \frac{MSRC}{MSE}$$

在 Excel 中，用户可以使用“可重复双因素方差分析”分析工具，对数据进行双因素方差分析。

已知某学校抽出三个班级中 5 名学生，分别使用不同的学习方法进行学习。下面运用方差分析，分析不同班级和不同学习方法对学生考试成绩是否存在显著性影响。

首先，根据数据样本提出分析假设。其各假设分析如下所述。

（1）行因素假设。原假设 H0：不同班级学生的考试成绩不存在差异，而备择假设 H1：不同班级学生的考试成绩存在差异。

（2）列因素假设。原假设 H0：不同的学习方法下的考试成绩不存在差异，而备择假设 H1：不同的学习方法下的考试成绩存在差异。

（3）交互作用假设。原假设 H0：不同班级和不同学习方法之间不存在交互关系，而备择假设 H1：不同班级和不同学习方法之间存在交互关系。

在 Excel 中，输入基础数据。执行【数据】|【分析】|【数据分析】命令，在弹出的【数据分析】对话框中，选择【方差分析：可重复双因素分析】选项，并单击【确定】按钮。

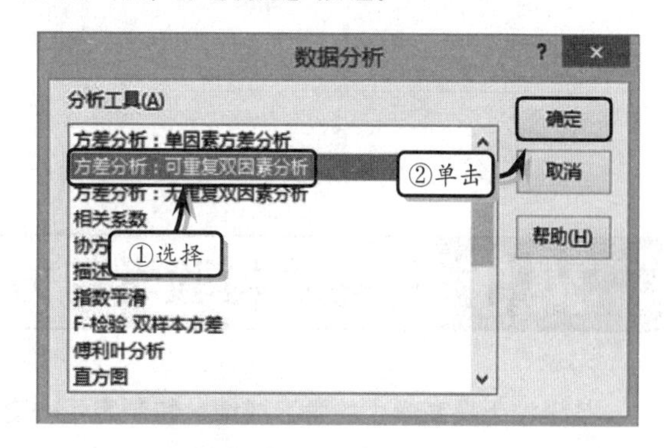

在弹出的【方差分析：可重复双因素分析】对话框中，设置相应选项，单击【确定】按钮即可。

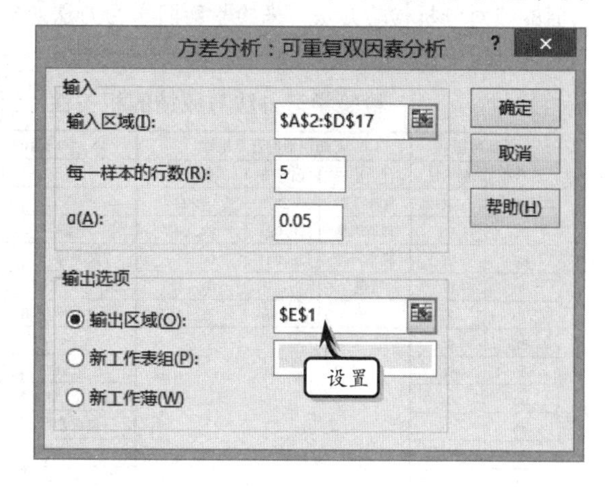

此时，在工作表中将显示分析结果。其 SUMMARY 部分，显示了不同列和行的观测值、和、均值和方法；而“总计”和“方差分析”则显示了双因素分析的方差分析表。

通过方差分析表，可以发现行因素检验中的 F 值为 4.178549，大于 F 临界值，而 P 值为 0.02334，小于 α=0.05，表示拒绝原假设，可以推断不同班级学生的考试成绩存在差异。

列因素检验中的 F 值为 0.289401，小于 F 临界值，而 P 值为 0.750437，大于 α=0.05，表示接受原假设，可以推断不同的学习方法下的考试成绩不存在差异。

交互因素检验中的 F 值为 0.088851，小于 F 临界值，而 P 值为 0.985366，大于α=0.05，表示接受原假设，可以推断不同班级和不同学习方法之间不存在交互关系。

	A	B	C	D	E	F	G	H	I	J	K
16		68	62	92	三班						
17		94	88	90	观测数	5	5	5	15		
18					求和	419	414	428	1261		
19					平均	83.8	82.8	85.6	84.06667		
20					方差	127.2	201.7	32.8	104.781		
21											
22					总计						
23					观测数	15	15	15			
24					求和	1285	1297	1315			
25					平均	85.66667	86.46667	87.66667			
26					方差	57.2381	81.40952	29.09524			
27											
28											
29					方差分析						
30					差异源	SS	df	MS	F	P-value	F crit
31					样本	438.9333	2	219.4667	4.178549	0.02334	3.259446
32					列	30.4	2	15.2	0.289401	0.750437	3.259446
33					交互	18.66667	4	4.666667	0.088851	0.985366	2.633532
34					内部	1890.8	36	52.52222			
35											
36					总计	2378.8	44				

单因素方差分析 | 无重复双因素方差分析 | 可重复双因...

14.5 练习：检验学习方法与成绩的相关性

某学校为提高学生的学习成绩，特制定了一套新的学习方法。为了获取新学习方法的可行性和实用性，特抽查了不同班级不同成绩层次的学生进行测验。在本练习中，运用未知总体方差的均值检验和均值的成对分析检验方法，来检验新旧学习方法对成绩的影响程度。

练习要点

- 设置表格格式
- 使用函数
- 使用分析工具

	B	C	D	E	F	G	H	I
1	检验学习方法与成绩的相关性							
2	基础数据		未知均值的方差检验			均值的成对分析		
3	旧方法	新方法	分析项目	旧方法	新方法		变量 1	变量 2
4	80	86	样本个数	22	22	平均	80.09091	84.68182
5	86	93	样本均值	80.091	84.682	方差	38.94372	66.7987
6	80	88	样本方差	38.944	66.799	观测值	22	22
7	86	80	T值	0.003	0.122	泊松相关系数	0.402992	
8	79	82	P值	0.998	0.904	假设平均差	0	
9	82	96				df	21	
10	80	93				t Stat	-2.67842	
11	83	94				P(T<=t) 单尾	0.007033	
12	86	92				t 单尾临界	1.720743	
13	86	92				P(T<=t) 双尾	0.014066	
14	85	86				t 双尾临界	2.079614	

Sheet1

操作步骤

STEP|01 未知总体方差的均值检验。首先，由于在本练习中未知考试成绩的方差，因此需要使用 t 检验来验证新旧学习方法下，学生考试成绩的均值是否为 80 分（显示水平α=0.05）。在该已知条件中，需要设原假设 H_0：μ=80；备择假设 H_1：$\mu\neq 80$。

STEP|02 制作基础数据表，并设置表格的对齐和字体格式。

	B	C	D	E	F	G	H
1	检验学习方法与成绩的相关性						
2	基础数据		未知均值的方差检验			均值的成对分析	
3	旧方法	新方法	分析项目	旧方法	新方法		
4	80	86	样本个数				
5	86	93	样本均值				
6	80	88	样本方差				
7	86	80	T值				
8	79	82	P值				
9	82	96					
10	80	93					
11	83	94					
12	86	92					
13	86	92					

Sheet1

STEP|03 选择单元格 E4，在编辑栏中输入计算公

式，按 Enter 键，返回旧方法下的样本个数。

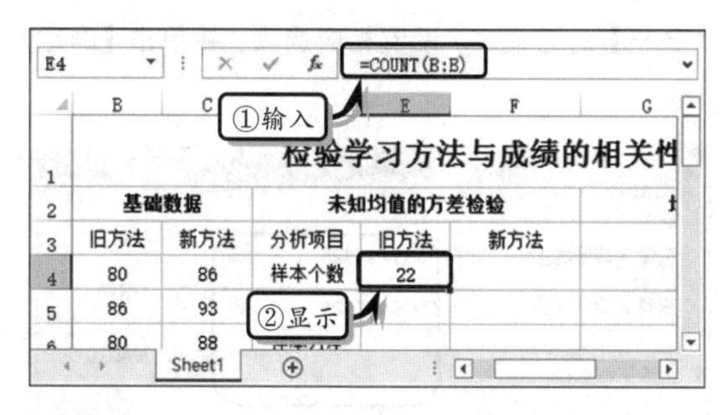

STEP|04 选择单元格 E5，在编辑栏中输入计算公式，按 Enter 键，返回旧方法下的样本均值。

STEP|05 选择单元格 E6，在编辑栏中输入计算公式，按 Enter 键，返回旧方法下的样本方差。

STEP|06 选择单元格 E7，在编辑栏中输入计算公式，按 Enter 键，返回旧方法下的 T 值。

STEP|07 选择单元格 E8，在编辑栏中输入计算公式，按 Enter 键，返回旧方法下的 P 值。

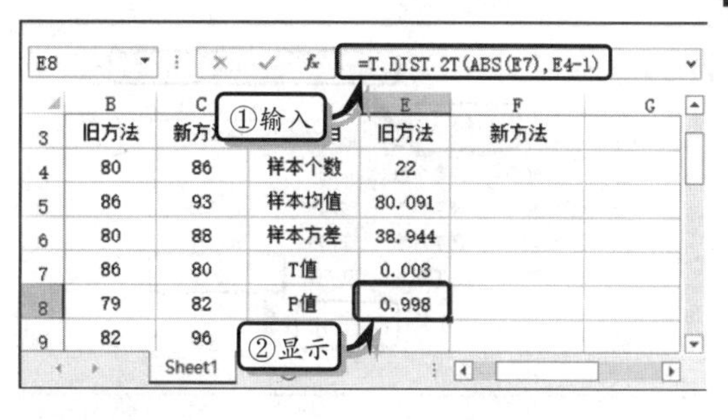

STEP|08 选择单元格 F4，在编辑栏中输入计算公式，按 Enter 键，返回新方法下的样本个数。

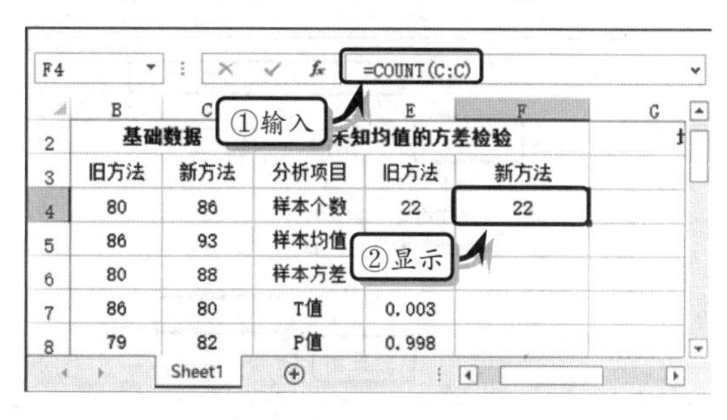

STEP|09 选择单元格 F5，在编辑栏中输入计算公式，按 Enter 键，返回新方法下的样本均值。

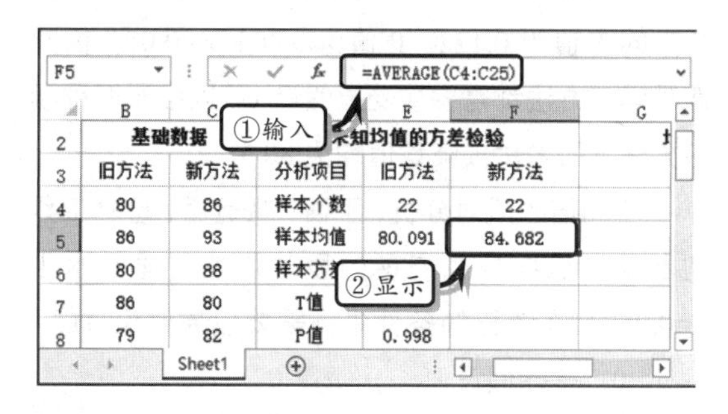

STEP|10 选择单元格 F6，在编辑栏中输入计算公式，按 Enter 键，返回新方法下的样本方差。

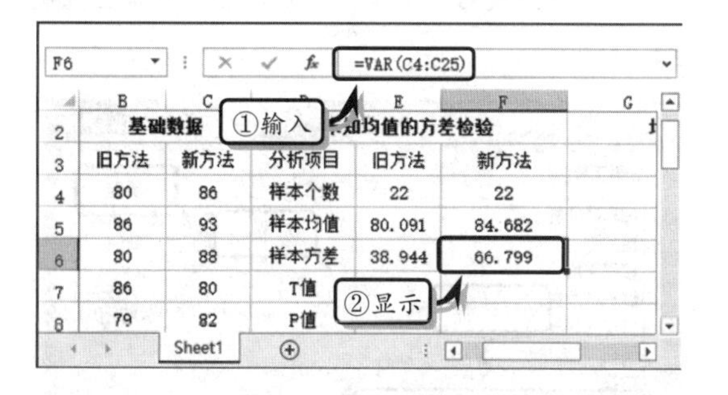

STEP|11 选择单元格 F7，在编辑栏中输入计算公式，按 Enter 键，返回新方法下的 T 值。

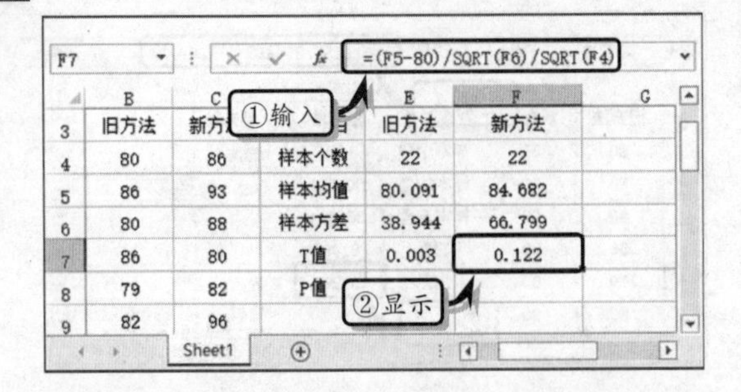

STEP|12 选择单元格 F8，在编辑栏中输入计算公式，按 Enter 键，返回新方法下的 P 值。

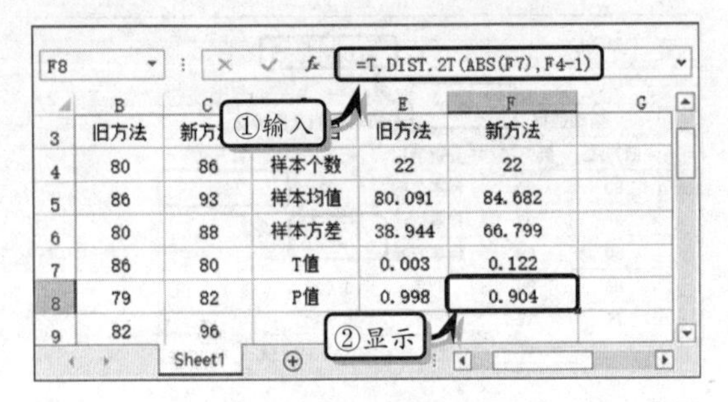

结果分析：通过计算结果，可以发现新方法下的 T 值为 0.003，P 值为 $0.998>\alpha=0.05$；而新方法下的 T 值为 0.122，P 值为 $0.904>\alpha=0.05$；因此两种学习方法都需要接受原假设，可以推断两种学习方法下的考试成绩均值均为 80 分。

平均值的成对分析。下面，将运用 t 检验工具判断新旧机器对生产量的显著影响（显示水平 $\alpha=0.05$）。在该已知条件中，需要设原假设 H_0：$\mu_1-\mu_2=0$；备择假设 H_1：$\mu_1-\mu_2\neq0$。

STEP|01 执行【数据】|【分析】|【数据分析】命令，在弹出的【数据分析】对话框中，选择【t-检验：平均值的成对二样本分析】选项，并单击【确定】按钮。

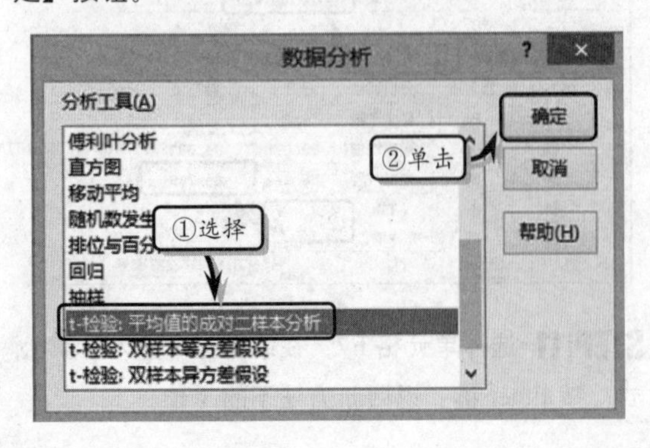

STEP|02 在弹出的【t-检验：平均值的成对二样本分析】对话框中，设置相应选项，并单击【确定】按钮。

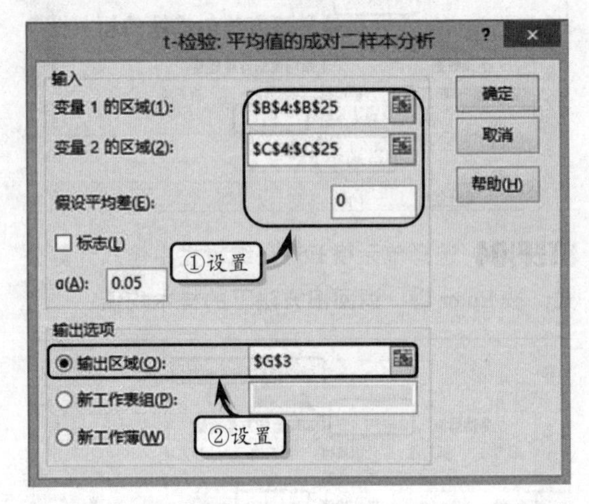

STEP|03 此时，在工作表指定的位置中，将显示分析结果。为了便于查看分析数据，还需要调整分析数据的具体位置，并设置整体表格的边框格式。

检验学习方法与成绩的相关性

未知均值的方差检验			均值的成对分析		
分析项目	旧方法	新方法		变量 1	变量 2
样本个数	22	22	平均	80.09091	84.68182
样本均值	80.091	84.682	方差	38.94372	66.7987
样本方差	38.944	66.799	观测值	22	22
T值	0.003	0.122	泊松相关系数	0.402992	
P值	0.998	0.904	假设平均差	0	
			df	21	
			t Stat	-2.67842	
			P(T<=t) 单尾	0.007033	
			t 单尾临界	1.720743	
			P(T<=t) 双尾	0.014066	
			t 双尾临界	2.079614	

结果分析：通过分析结果，可以发现 t 值为 -2.67842，而单尾的 P 值为 0.007033，双尾的 P 值为 0.014066，两者均小于 0.05，应拒绝原假设，可以推断新旧学习方差对考试成绩有着显著的影响。

14.6 练习：方差分析销售数据

练习要点

- 设置单元格格式
- 单因素方差分析工具
- 可重复双因素方差分析工具

在练习中，已知某公司为测试产品包装对销售额的影响，特别在三个季度内使用三种不同的包装方法来测试销售额。下面运用单因素方差分析和可重复双因素方差分析，来分析不同的包装方法对销售的影响，以及不同季节和不同的包装方法对产品销售是否存在显著影响。

季度	A	B	C
	销售数据		
一季度	80	90	78
	85	78	82
	90	82	86
	78	86	92
	82	92	90
二季度	86	90	92
	92	92	90
	90	90	92
	95	95	90
	88	88	95
三季度	76	76	78
	89	89	82
	92	99	86
	68	62	92
	94	88	90

方差分析：单因素方差分析

SUMMARY

组	观测数	求和	平均	方差
列 1	15	1285	85.66667	57.2381
列 2	15	1297	86.46667	81.40952
列 3	15	1315	87.66667	29.09524

方差分析

差异源	SS	df	MS	F	P-value	F crit
组间	30.4	2	15.2	0.271845	0.763303	3.219942
组内	2348.4	42	55.91429			
总计	2378.8	44				

方差分析：可重复双因素分析

SUMMARY	A	B	C	总计
一季度				
观测数	5	5	5	15
求和	415	428	428	1271
平均	83	85.6	85.6	84.73333
方差	22	32.8	32.8	26.6381
二季度				
观测数	5	5	5	15
求和	451	455	459	1365
平均	90.2	91	91.8	91
方差	12.2	7	4.2	7.142857
三季度				
观测数	5	5	5	15
求和	419	414	428	1261
平均	83.8	82.8	85.6	84.06667
方差	127.2	201.7	32.8	104.781

操作步骤

STEP|01 单因素方差分析。下面运用分析工具，通过对样本数据的比较，推断三种不同包装方法和销售额之间是否存在显著关系。根据数据样本提出分析假设。原假设 H_0：三种不同的包装方法和销售额之间不存在显著关系，而备择假设 H_1：三种不同的包装方法和销售额之间存在显著关系。

STEP|02 首先，制作基础表格，输入表格数据，并设置表格的对齐和边框格式。

季度	A	B	C
	销售数据		
一季度	80	90	78
	85	78	82
	90	82	86
	78	86	92
	82	92	90
二季度	86	90	92
	92	92	90
	90	90	92
	95	95	90
	88	88	95
	76	76	78

STEP|03 然后，执行【数据】|【分析】|【数据分析】命令，在弹出的【数据分析】对话框中，选择【方差分析：单因素方差分析】选项，并单击【确定】按钮。

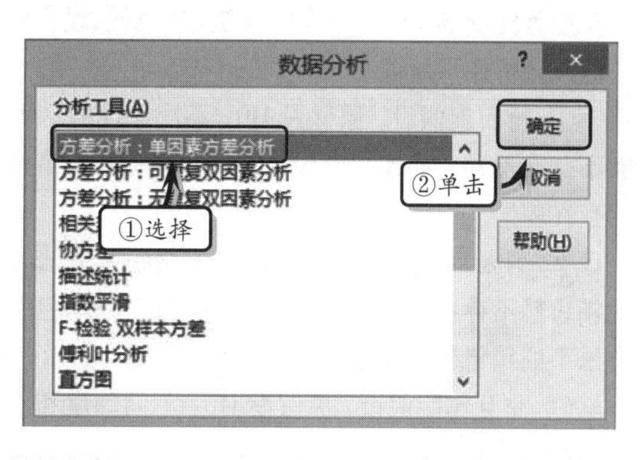

STEP|04 在弹出的【方差分析：单因素方差分析】对话框中，设置相应选项，单击【确定】按钮即可。

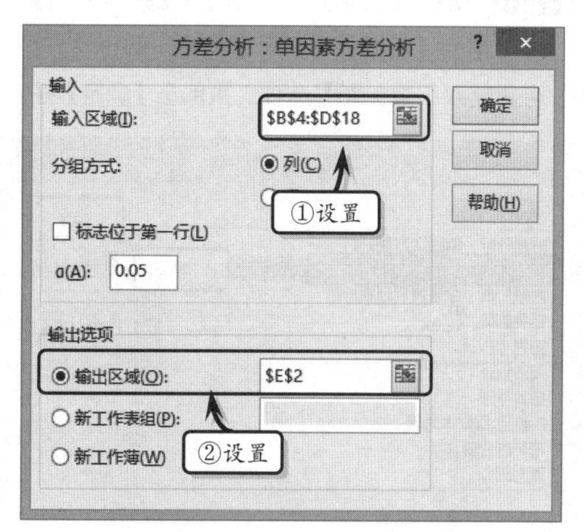

STEP|05 此时，在工作表中将显示分析结果。为了便于查看分析数据，还需要调整分析结果的显示位置，并设置其对齐和边框格式。

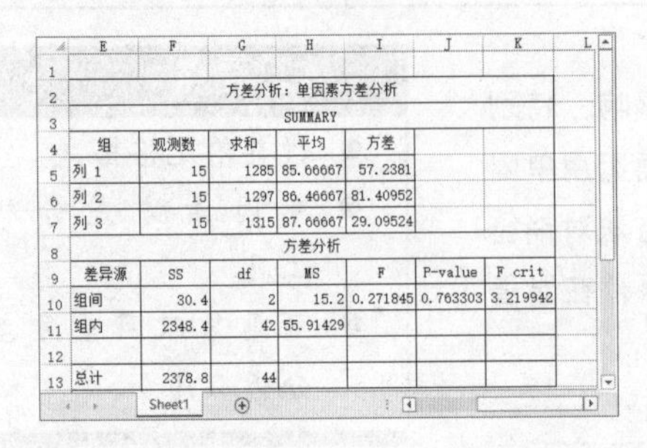

组	观测数	求和	平均	方差		
方差分析：单因素方差分析						
SUMMARY						
组	观测数	求和	平均	方差		
列 1	15	1285	85.66667	57.2381		
列 2	15	1297	86.46667	81.40952		
列 3	15	1315	87.66667	29.09524		
方差分析						
差异源	SS	df	MS	F	P-value	F crit
组间	30.4	2	15.2	0.271845	0.763303	3.219942
组内	2348.4	42	55.91429			
总计	2378.8	44				

分析结果：通过分析结果，可以发现 F 值为 0.271845，而 F 临界值为 3.219942，其 F 值明显小于 F 临界值。同时可发现 P 值为 0.763303>α=0.05，表示接受原假设，可以推断三种不同的包装方法和销售额之间不存在显著关系。

可重复双因素方差分析。下面运用方差分析，分析不同季度和不同包装方法和销售额之间是否存在显著性影响。根据数据样本提出分析假设。其各假设分析如下所述。

① 行因素假设。原假设 H0：不同季度的销售额不存在差异，而备择假设 H1：不同季度的销售额存在差异。

② 列因素假设。原假设 H0：不同包装方法下的销售额不存在差异，而备择假设 H1：不同包装方法下的销售额存在差异。

③ 交互作用假设。原假设 H0：不同季度和不同包装方法之间不存在交互关系，而备择假设 H1：不同季度和不同包装方法之间存在交互关系。

STEP|01 执行【数据】|【分析】|【数据分析】命令，在弹出的【数据分析】对话框中，选择【方差分析：可重复双因素分析】选项，并单击【确定】按钮。

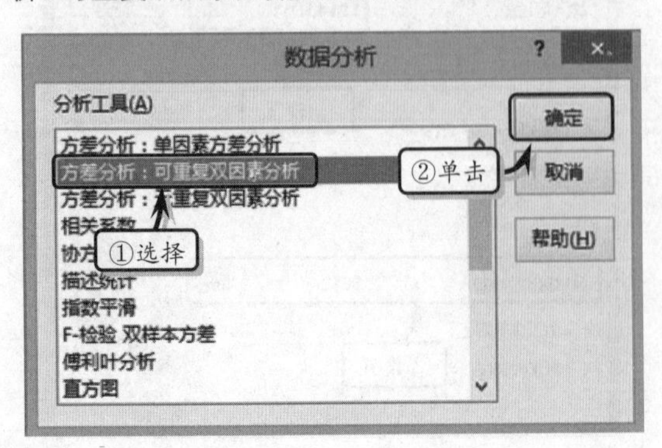

STEP|02 然后，在弹出的【方差分析：可重复双因素分析】对话框中，设置相应选项，单击【确定】按钮即可。

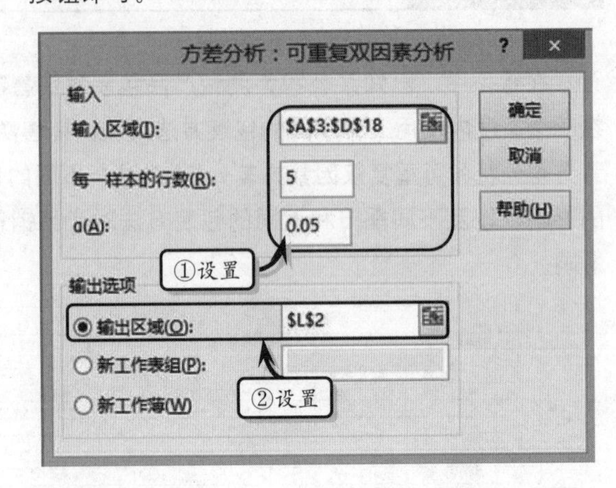

STEP|03 此时，在工作表中的指定位置将显示分析结果。为了便于查看分析数据，还需要调整数据的显示位置，并设置其对齐和边框格式。

三季度						
观测数	5	5	5	15		
求和	419	414	428	1261		
平均	83.8	82.8	85.6	84.06667		
方差	127.2	201.7	32.8	104.781		
总计						
观测数	15	15	15			
求和	1285	1297	1315			
平均	85.66667	86.46667	87.66667			
方差	57.2381	81.40952	29.09524			
方差分析						
差异源	SS	df	MS	F	P-value	F crit
样本	438.9333	2	219.4667	4.178549	0.02334	3.259446
列	30.4	2	15.2	0.289401	0.750437	3.259446
交互	18.66667	4	4.666667	0.088851	0.985366	2.633532
内部	1890.8	36	52.52222			
总计	2378.8	44				

结果分析：分析数据中的 SUMMARY 部分，显示了不同列和行的观测值、和、均值和方法；而“总计”和“方差分析”则显示了双因素分析的方差分析表。

通过方差分析表，可以发现行因素检验中的 F 值为 4.178549，大于 F 临界值，而 P 值为 0.02334，小于α=0.05，表示拒绝原假设，可以推断不同包装方法和销售额之间存在差异。

列因素检验中的 F 值为 0.289401，小于 F 临界值，而 P 值为 0.750437，大于α=0.05，表示接受原假设，可以推断不同包装方法和销售额不存在差异。

交互因素检验中的 F 值为 0.088851，小于 F 临界值，而 P 值为 0.985366，大于α=0.05，表示接受原假设，可以推断不同季度和不同包装方法之间不存在交互关系。

Excel 14.7 新手训练营

练习 1：已知总体方差的均值检验

downloads\14\新手训练营\已知总体方差的均值检验

提示：本练习中，已知某地区家庭年收入的方差为 12，下面通过对多个样本的均值检验，来验证该地区家庭年收入的均值是否等于 10 万（显示水平α=0.05）。在该已知条件中，需要设原假设 H0：μ=10；备择假设 H1：$\mu \neq 10$。

首先，制作基础数据表。然后，在单元格 D3 中输入 "=COUNT(B2:B21)" 计算公式，在单元格 D4 中输入 "=AVERAGE(B2:B21)" 计算公式，在单元格 D5 中输入 "=NORM.S.DIST(ABS((D4-18)/SQRT(12)/SQRT(D3)),TRUE)" 计算公式，在单元格 D6 中输入 "=2*(1-D5)" 计算公式。

最后，通过计算结果，可以发现其 Z 值为 0.673147，而 P 值则为 0.653705，P>α，表示接受原假设，可以推断该地区家庭收入的均值等于 10 万。

	A	B	C	D	E
1		收入（万）			
2		12	总方差	12	
3		9	样本数	20	
4		8	样本均值	11.05	
5		11	Z值	0.673147	
6		13	P值	0.653705	
7		15			

Sheet1

练习 2：未知均值的方差检验

downloads\14\新手训练营\未知均值的方差检验

提示：本练习中，已知某地区家庭收入均值未知的情况下，使用卡方统计检验，来验证地区家庭收入的方差是否等于 12 万（显示水平α=0.05）。在该已知条件中，需要设原假设 H0：$\sigma^2=12$；备择假设 H1：$\sigma^2 \neq 12$。

首先，制作基础数据表。然后，在单元格 D2 中输入 "=COUNT(B2:B21)" 计算公式，在单元格 D3 中输入 "=VAR(B2:B21)" 计算公式，在单元格 D4 中输入 "=(D2-1)*D3/16" 计算公式，在单元格 D5 中输入 "=CHISQ.INV.RT(0.025,D2-1)" 计算公式，在单元格 D6 中输入 "=CHISQ.INV.RT(0.975,D2-1)" 计算公式。

最后，通过分析结果可以发现其卡方值为 14.93438，而上侧临界值为 32.85233，下侧临界值为 8.906516。卡方值介于上侧临界值和下侧临界值之间，表示接受原假设，可以推断该地区家庭收入的方差等于 12 万。

	A	B	C	D	E
1		收入（万）			
2		12	样本个数	20	
3		9	样本方差	12.57632	
4		8	卡方值	14.93438	
5		11	上侧临界值	32.85233	
6		13	下侧临界值	8.906516	
7		15			

Sheet1

练习 3：双样本均差检验

downloads\14\新手训练营\双样本均差检验

提示：本练习中，已知某机构为比较新旧肥料对产量的影响，特选择了面积、土壤条件、水分等条件相同的 40m^2 地，分别施用不同的肥料，最终得到每平方米地的产量值，且新旧肥料下量的总体方差分别为 2300 和 3400，下面运用 z 检验工具，来比较新旧机器的平均产量是否相等（显示水平α=0.05）。在该已知条件中，需要设原假设 H0：$\mu1-\mu2=0$；备择假设 H1：$\mu1-\mu2 \neq 0$。

首先，执行【数据】|【分析】|【数据分析】命令，在弹出的【数据分析】对话框中，选择【z-检验：双样本平均差检验】选项，并单击【确定】按钮。然后，在弹出的【z 检验：双样本平均差检验】对话框中，设置各选项，单击【确定】按钮即可。

最后，在工作表指定的位置中，将显示 z 检验的分析结果。通过分析结果，可以发现 z 值为-3.56298，而单尾的 P 值为 0.000183，双尾的 P 值为 0.000367，两者均小于 0.05，应拒绝原假设，可以推断新旧肥料的平均产量是不相等的。

	B	C	D	E	F	G
2	旧肥料	新肥料	z-检验：双样本均值分析			
3	900	1100				
4	1100	1200		变量 1	变量 2	
5	1000	960	平均	1031.6	1091.75	
6	800	1020	已知协方差	2300	3400	
7	880	980	观测值	20	20	
8	910	890	假设平均差	0		
9	920	1030	z	-3.56298		
10	1050	1220	P(Z<=z) 单尾	0.000183		
11	1200	1310	z 单尾临界	1.644854		
12	1150	1105	P(Z<=z) 双尾	0.000367		
13	1080	1150	z 双尾临界	1.959964		

Sheet1

练习 4：双样本方差分析

downloads\14\新手训练营\双样本方差分析

提示：本练习中，已知某机构为验证辅导中心英文课学员在培训前后的英语成绩是否具有显著性变化，特随机抽取了 20 名学员，运用 *F* 检验工具判断培训对成绩是否具有的显著影响（显示水平α=0.05）。在该已知条件中，需要原假设 H0：$\sigma_1^2=\sigma_2^2$；备择假设 H1：$\sigma_1^2 \neq \sigma_2^2$。

首先，执行【数据】|【分析】|【数据分析】命令，在弹出的【数据分析】对话框中，选择【F-检验：双样本方差】选项，并单击【确定】按钮。然后，在弹出的【F-检验：双样本方差】对话框中，设置相应选项，并单击【确定】按钮。

最后，在工作表指定的位置中，将显示 *F* 检验的分析结果。通过分析结果，可以发现 F 值为 5.002239，而 P 值为 0.000481，小于 0.05，应拒绝原假设，可以推断培训对成绩具有显著的影响。

	B	C	D	E	F	G
2	培训前	培训后	F-检验 双样本方差分析			
3	80	84				
4	83	88		变量 1	变量 2	
5	84	85	平均	74.8	84.45	
6	70	85	方差	52.90526	10.57632	
7	64	80	观测值	20	20	
8	68	83	df	19	19	
9	66	82	F	5.002239		
10	75	88	P(F<=f) 单尾	0.000481		
11	79	82	F 单尾临界	2.168252		

Sheet1

练习 5：单因素方差分析

downloads\14\新手训练营\单因素方差分析

提示：本练习中，已知某企业人力资源部对新员工实施了三种不同的培训方法后所完成同一件工作所需要的时间，下面运用分析工具，通过样本数据比较三种不同培训方式对工作完成时间的多少是否存在显著影响。

首先，根据数据样本提出分析假设。原假设 H0：三种不同的培训方式对工作完成时间的多少无显著影响，而备择假设 H1：三种不同的培训方式对工作完成时间的多少存在显著影响。

然后，执行【数据】|【分析】|【数据分析】命令，在弹出的【数据分析】对话框中，选择【方差分析：单因素方差分析】选项，并单击【确定】按钮。在弹出的【方差分析：单因素方差分析】对话框中，设置相应选项，单击【确定】按钮即可。

最后，在工作表中将显示分析结果。通过分析结果，可以发现 F 值为 4.756833，而 F 临界值为 3.354131，其 F 值明显大于 F 临界值。同时可发现 P 值为 0.016993，小于α=0.05，表示拒绝原假设。综上所述，可以推断三种培训方法与完成工作时间直接存在显著关系。

	B	C	D	E	F	G	H	I	J	K
2	A	B	C	方差分析：单因素方差分析						
3	8	8.2	8.6							
4	9.3	6.7	9.3	SUMMARY						
5	8.2	7.2	9.1	组	观测数	求和	平均	方差		
6	9.1	8.6	8.2	列 1	10	85.7	8.57	0.266778		
7	8.6	8.2	8.3	列 2	10	81.4	8.14	0.542667		
8	8.5	7.8	8.8	列 3	10	89.6	8.96	0.251556		
9	9.2	8.3	9.8							
10	8.8	8.4	9.4							
11	7.9	9.1	8.9	方差分析						
12	8.1	8.9	9.2	差异源	SS	df	MS	F	P-value	F crit
13				组间	3.364667	2	1.682333	4.756833	0.016993	3.354131
14				组内	9.549	27	0.353667			
15										
16				总计	12.91367	29				

Sheet1

练习 6：无重复双因素方差分析

downloads\14\新手训练营\无重复双因素方差分析

提示：本练习中，已知某企业 4 个产品 6 个月的销售额，下面运用分析工具分析不同产品间的销售额，以及不同月份间的销售额是否存在差异性。

首先，根据数据样本提出分析假设。各假设分析如下所述：

（1）行因素假设。原假设 H0：不同月份间的销售额不存在差异性，而备择假设 H1：不同月份间的销售额存在差异性。

（2）列因素假设。原假设 H0：不同产品间的销售额不存在差异性，而备择假设 H1：不同产品间的销售额存在差异性。

然后，执行【数据】|【分析】|【数据分析】命令，在弹出的【数据分析】对话框中，选择【方差分析：无重复双因素分析】选项，并单击【确定】按钮。

在弹出的【方差分析：无重复双因素分析】对话框中，设置相应选项，单击【确定】按钮即可。

最后，在工作表中将显示分析结果。通过分析结果，可以发现对于行因素的检验，其 F 值为 3.192458，小于 F 临界值，同时发现 P 值为 0.054146，大于 α=0.05，表示接受行因素原假设，可以推断不同月份间的产品不存在差异性。对于列因素的检验，其 F 值为 0.90117，明显小于 F 临界值，而 P 值为 0.505508，大于 α=0.05，表示接受列因素原假设，可以推断不同产品间的销售额不存在差异性。

	A	B	C	D	E	F	G
7	SUMMARY	观测数	求和	平均	方差		
8	行 1	6	1185	197.5	157.5		
9	行 2	6	1255	209.1667	304.1667		
10	行 3	6	1295	215.8333	134.1667		
11	行 4	6	1335	222.5	237.5		
12							
13	列 1	4	820	205	433.3333		
14	列 2	4	875	218.75	272.9167		
15	列 3	4	835	208.75	372.9167		
16	列 4	4	825	206.25	189.5833		
17	列 5	4	830	207.5	241.6667		
18	列 6	4	885	221.25	239.5833		
19	方差分析						
20	差异源	SS	df	MS	F	P-value	F crit
21	行	2045.833	3	681.9444	3.192458	0.054146	3.287382
22	列	962.5	5	192.5	0.90117	0.505508	2.901295
23	误差	3204.167	15	213.6111			
24							
25	总计	6212.5	23				

Sheet1

第 15 章

概 率 分 布

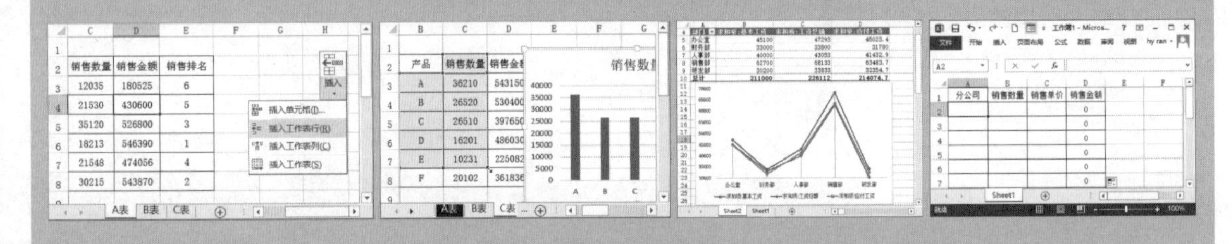

概率是某事件发生的可能性或机率，而概率分布则是用于表述随机变量取值的概率规律。概率分布是概率论的基本概念之一，存在不同的表现形式，一般分为连续概率分布和离散概率分布两类。其中，连续分布概率具有连续、无限可分的特性，而离散概率分布则具有离散的、分布的且只能取整数数值的分布特性。在本章中，将详细介绍概率分布的基础知识，以及使用 Excel 实现概率分布的操作方法和实用技巧。

15.1 正态分布

正态分布又名高斯分布，是一个在数学、物理、工程等领域都非常重要的概率分布。正态分布中的概率密度函数的位置是由正态分布的期望值 μ 决定，而分布的幅度则由标准差 σ 决定，而通常所讲的标准正态分布则是 $\mu=0,\sigma=1$ 的正态分布。另外，由于正态分布的曲线呈钟形，因此被称为钟形曲线。

15.1.1　正态分布概述

正态分布是应用最广泛的连续概率分布，记作 N（μ，σ^2），其参数 μ 是服从正态分布的随机变量的均值，而参数 σ^2 是此随机变量的方差。

服从正态分布的随机变量的概率规律具有下列特点。

（1）概率。取与 μ 邻近的值的概率大，而取离 μ 越远的值的概率越小。

（2）分布集中。σ 越小，分布越集中在 μ 附近，σ 越大，分布越分散。

服从正态分布的变量的频数分布由 μ、σ 完全决定，通常具有下列特征。

（1）集中性。正态曲线的高峰位于正中央，也就是均数所在的位置。

（2）对称性。正态曲线以均数为中心，左右对称，曲线两端不与横轴相交。

（3）均匀变动性。正态曲线由均数所在处开始，分别向左右两侧逐渐均匀下降。其均数 μ 决定了正态曲线的中心位置，而标准差 σ 则决定了正态曲线的陡峭或扁平程度，σ 越小，曲线越陡峭；σ 越大，曲线越扁平。

（4）离散程度。σ 主要用于描述正态分布的离散程度，其 σ 越大，数据分布越分散；而 σ 越小，数据分布越集中。同时，σ 越大，曲线越扁平，反之 σ 越小，曲线越瘦高。

（5）面积分布。正态曲线下横轴上一定区间的面积反映了该区间的例数占总例数的百分比，或变量值落在该区间的概率。而正态曲线呈钟型，两头低，中间高，左右对称，曲线与横轴间的面积总和等于 1。

正态分布的概率函数的计算公式为：

$$f(X)=\frac{1}{\sigma\sqrt{2\pi}}e^{\frac{(x-\mu)^2}{2\sigma^2}},-\infty<X<+\infty$$

正态分布的累积概率函数的计算公式为：

$$P(x)=\int_{-\infty}^{x}\frac{e^{-\lambda}\lambda^t}{t!}\mathrm{d}t,x\in R$$

15.1.2　公式图表分析法

在 Excel 中，用户可以使用公式法，来计算不同均数和总体标准差下的正态分布数据。

已知三个正态分布为 $N(0，1^2)$、$N(-1，0.9^2)$和 $N(1，1.1^2)$，下面运用公式图表法，来计算正态分布数据和正态分布曲线图。

1．计算正态数据

在制作正态分布数据时，为了使所绘制的曲线图中的曲线两端不至于过长或过短，需要假设 X 值最小值为-3，最大值为 3，X 步长为 0.1。

首先，制作基础数据表。在单元格 A2 中输入数值“-3”，在单元格 A3 中输入数值“-2.9”，选择单元格区域 A2：A3，向下拖动填充柄填充数据至单元格 A62。

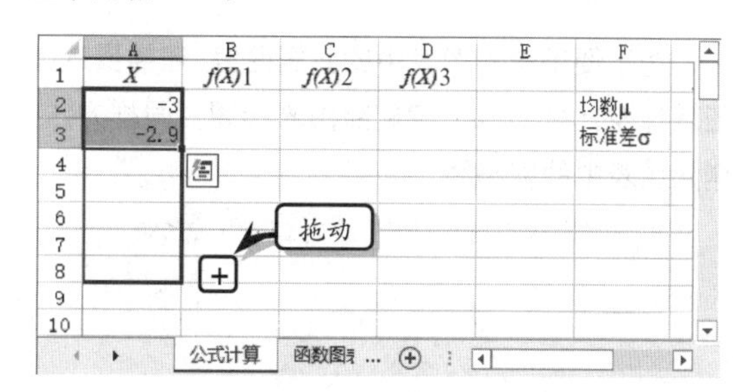

选择单元格 B2，在编辑栏中输入计算公式，按 Enter 键，返回 $f(X)1$ 的正态分布数据。

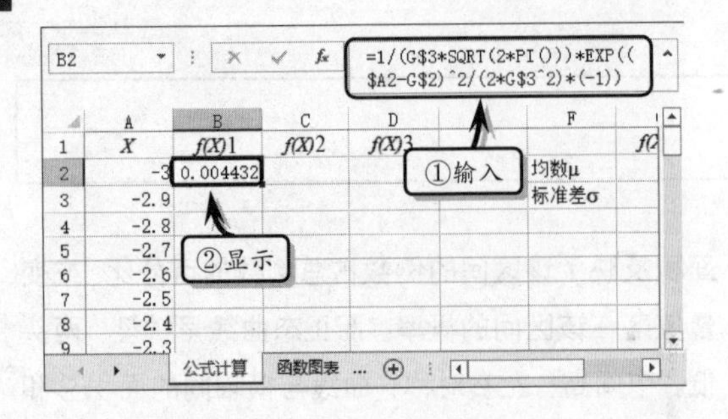

选择单元格 B2，向右拖动鼠标填充公式；同时选择单元格 B2:D2，向下拖动鼠标填充公式。

2. 绘制曲线图

计算出三个正态数据之后，用户可以使用 Excel 中的散点图图表，来绘制正态曲线图。

选择单元格区域 A1:D62，执行【插入】|【图表】|【插入散点图（X、Y）或气泡图】|【散点图】命令，插入一个散点图。

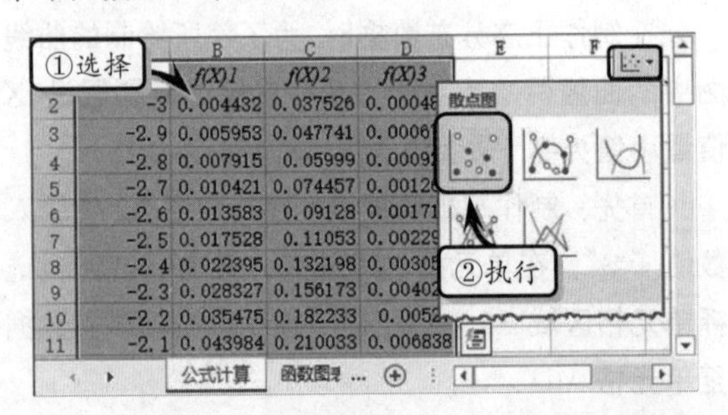

为了便于查看图表中的数据曲线，还需要选择图表标题，按 Delete 键删除图表标题。同样方法，删除图表中的网格线。

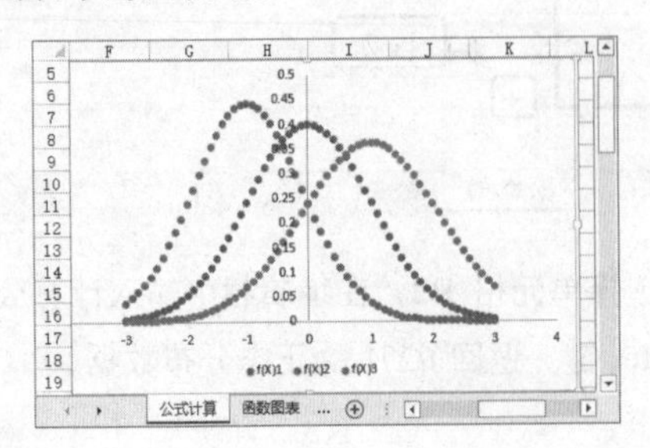

> **提示**
>
> 用户只需更改单元格区域 G2:I3 中的均数和标准差，便可以获取不同形状的正态曲线图。

15.1.3 函数图表分析法

在 Excel 中，用户可以通过 NORM.DIST 函数，来获取正态分布的概率和累积函数。其中，NORM.DIST 函数的功能是返回正态分布的函数值，该函数的表达式为：

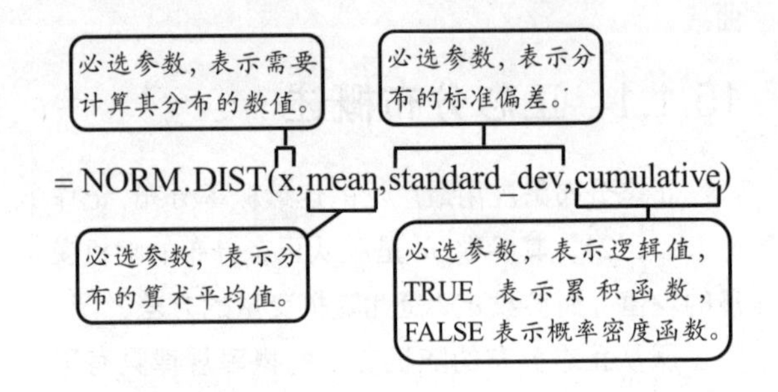

1. 函数计算

首先，制作基础数据表，并输入 X 值。然后，选择单元格 H3，在编辑栏中输入计算公式，按 Enter 键返回均数值。

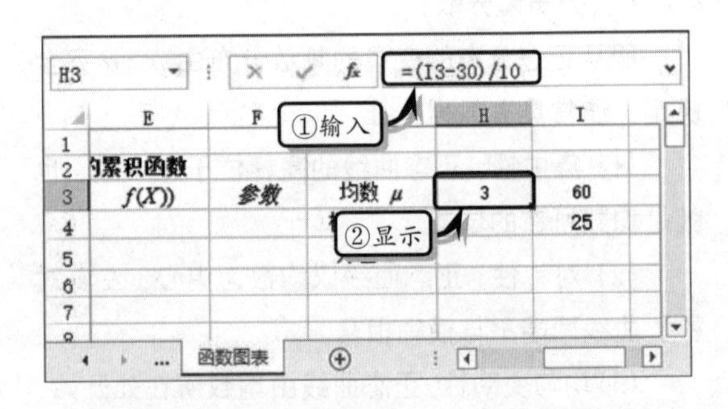

选择单元格 H4，在编辑栏中输入计算公式，按 Enter 键返回标准差。

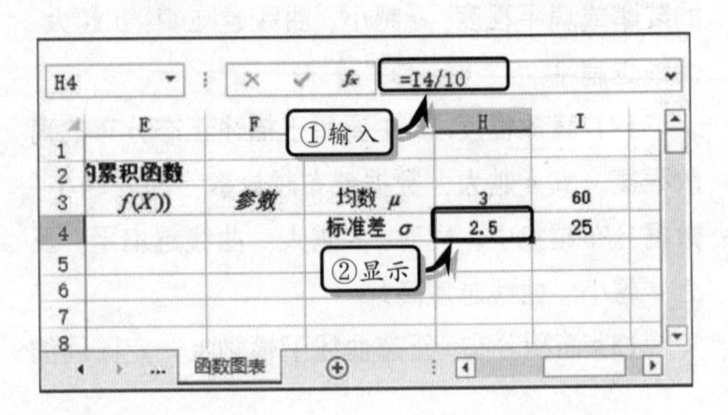

选择单元格 H5，在编辑栏中输入计算公式，按 Enter 键返回方差。

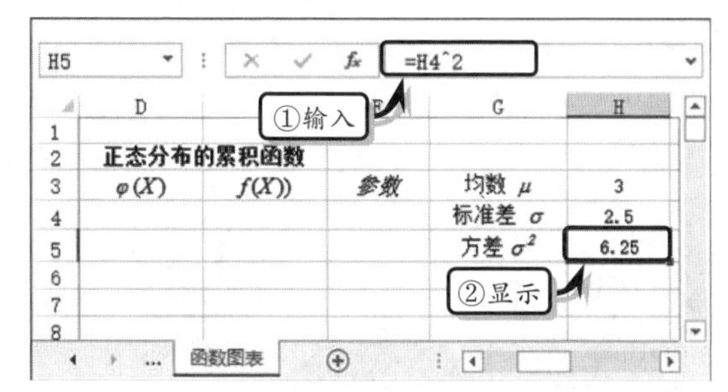

选择单元格 B4，在编辑栏中输入计算公式，按 Enter 键返回概率函数中的 X 值。同样方法，计算其他概率函数的 X 值。

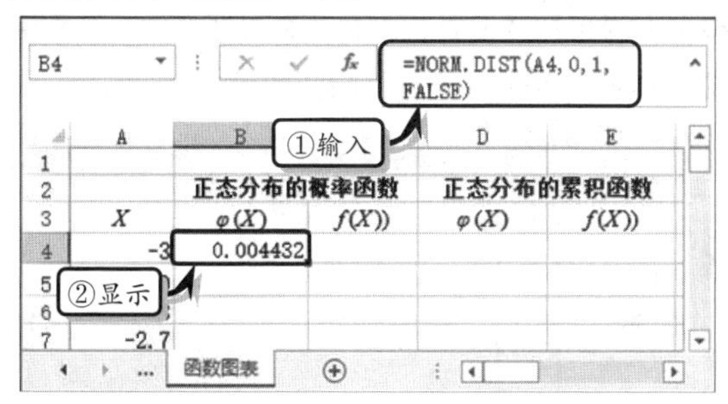

选择单元格 C4，在编辑栏中输入计算公式，按 Enter 键返回概率函数中的 Y 值。同样方法，计算其他概率函数的 Y 值。

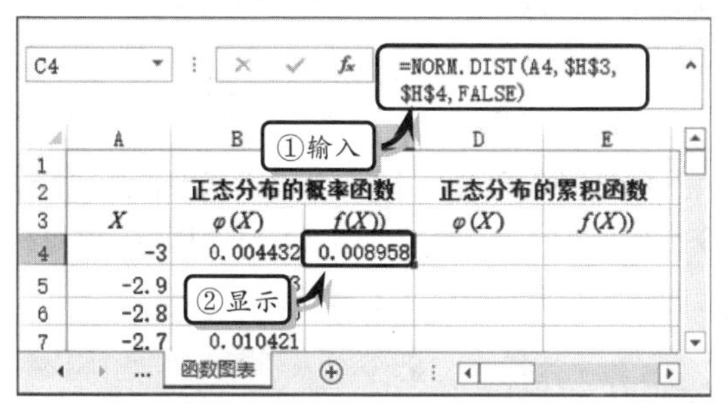

选择单元格 D4，在编辑栏中输入计算公式，按 Enter 键返回累积函数中的 X 值。同样方法，计算其他累积函数的 X 值。

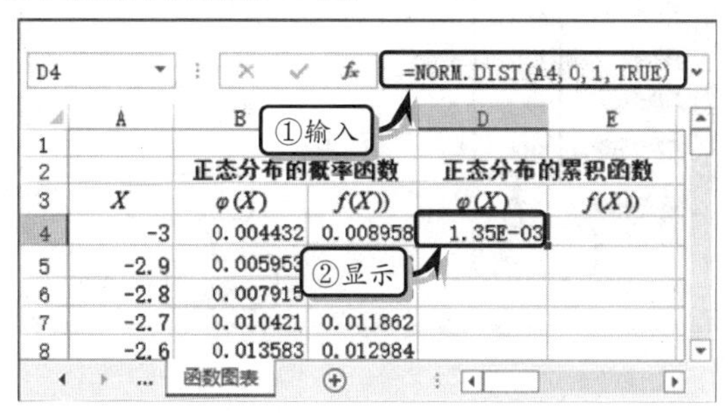

选择单元格 E4，在编辑栏中输入计算公式，按 Enter 键返回累积函数中的 Y 值。同样方法，计算其他累积函数的 Y 值。

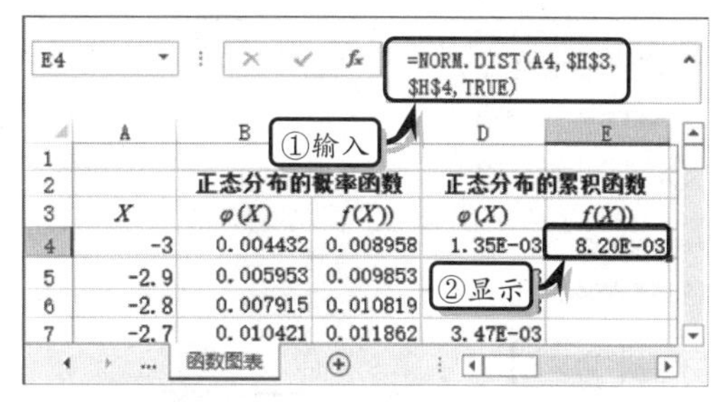

2．绘制面积图

选择单元格区域 A3:C64，执行【插入】|【图表】|【插入面积图】|【更多面积图】命令，在弹出的【插入图表】对话框中，选择【堆积面积图】选项，同时选择图表类型并单击【确定】按钮。

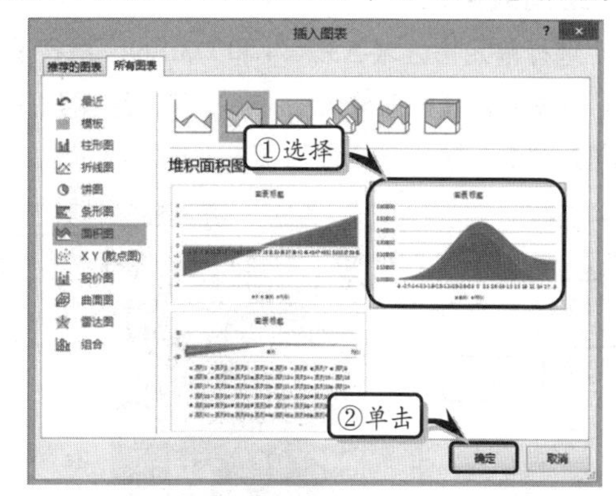

此时，在工作表中将显示所插入的面积图。选择图表，删除图表标题和网格线。选择纵坐标轴，右击执行【设置坐标轴格式】命令，在弹出的【设置坐标轴格式】窗格中，展开【数字】选项组，设置数字代码格式，并单击【添加】按钮。

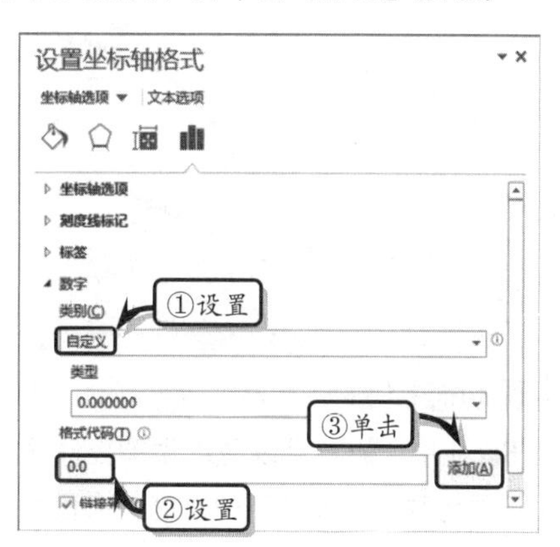

选择横向坐标轴，在【设置坐标轴格式】对话框中，展开【标签】选项组。选中【指定间隔单位】选项，并在文本框中输入【10】。

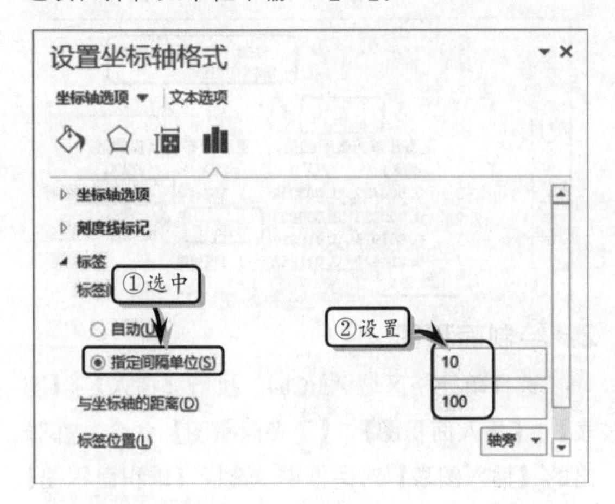

3. 绘制散点图

选择单元格区域 A3:A64 和 D3:E64，执行【插入】|【图表】|【插入散点图 X、Y 和气泡图】|【散点图】命令，插入一个散点图。

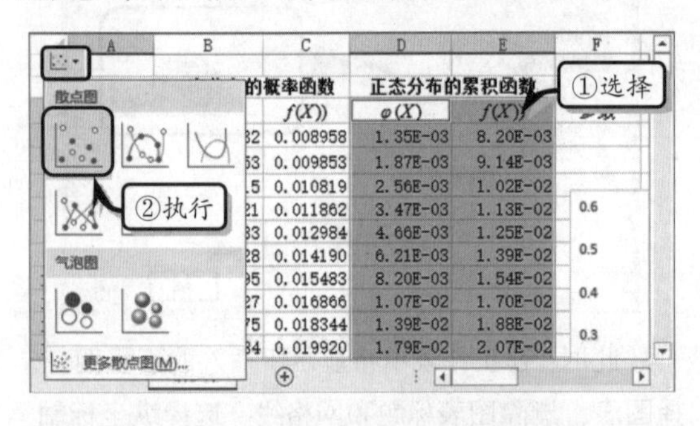

选择散点图图表，删除图表中的标题和网格线，并调整其显示位置。

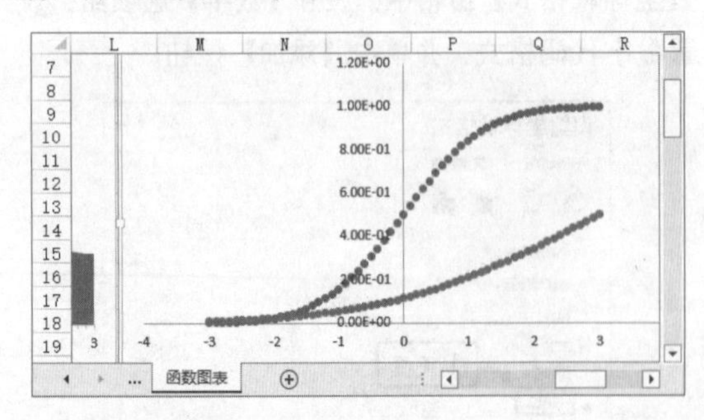

4. 实现动态控图

在 Excel 中，用户可以通过添加控件的方法，来实现不同均数和标准差下的正态分布图。

执行【开发工具】|【控件】|【插入】|【滚动条（窗体控件）】命令，在工作表中绘制两个滚动条控件。

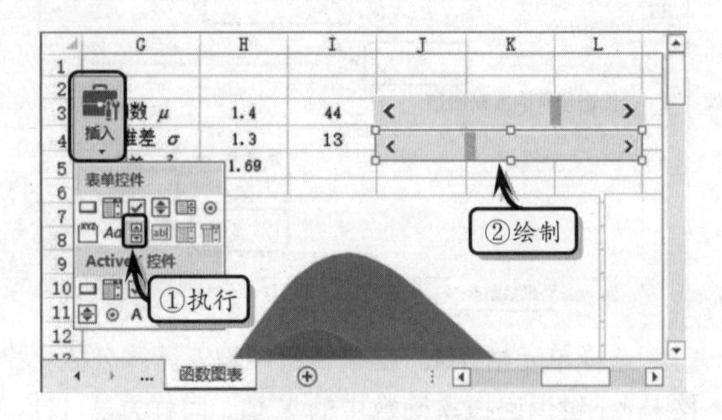

右击第 1 个滚动条，执行【设置控件格式】命令。在弹出的【设置控件格式】对话框中，设置相应的选项，单击【确定】按钮即可。

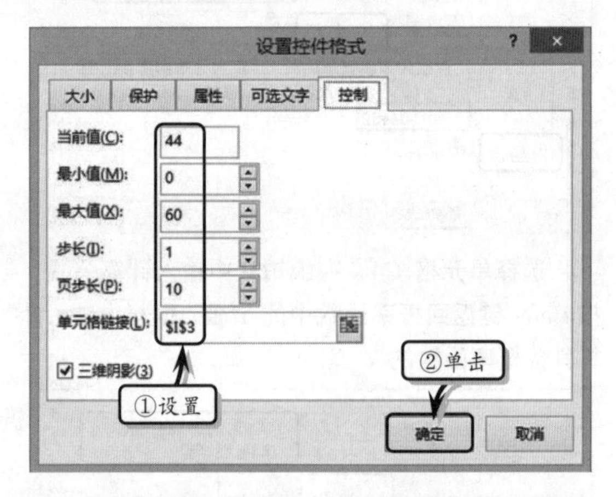

右击第 2 个滚动条，执行【设置控件格式】命令。在弹出的【设置控件格式】对话框中，设置相应的选项，单击【确定】按钮即可。

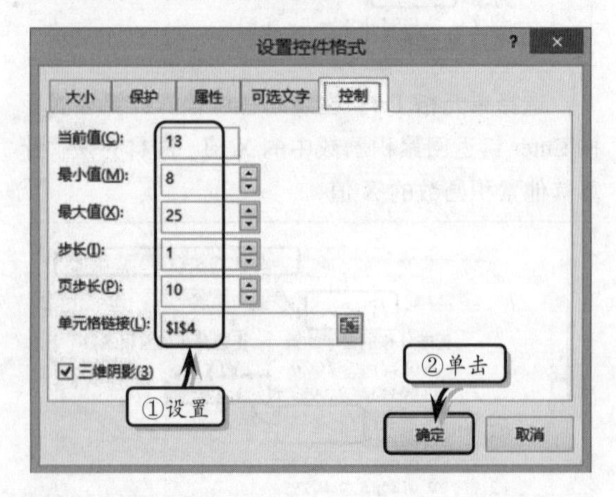

此时，单击其他单元格，取消控件的选择。然后，左右拖动滚动条，来查看不同均数和标准差下的图表数据系列的分布状态。

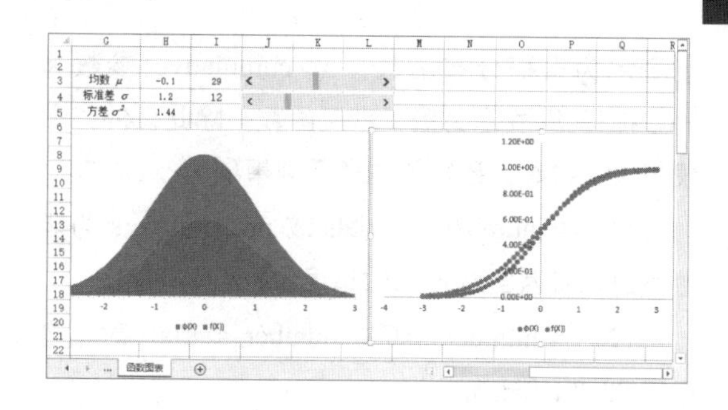

15.2 二项分布

二项分布又叫贝努里分布，是一种具有广泛用途的离散型随机变量的概率分布。由于二项式分布在试验中可能出现的结果只有互相对立与独立的两种，与其他各次试验结果无关，因此二项式分布也可以理解成两个对立事件的概率分布。

15.2.1　二项分布概率

二项分布概率可以分为概率质量和累积分布概率两种函数形式，其每种形式都具有以下特点。

（1）变量结果。二项分布变量的结果只有两种结果，且相互排斥（A 与非 A）。

（2）观察个体的结果。二项式分布概率中每次观察个体的结果为两个互相排序的结果之一（A 或非 A），

（3）观察个体的条件。二项分布概率中每次观察个体的条件保持不变，也就是每个个体所发生的概率均为常数 π。

（4）个体间的独立性。二项分布概率中每次观察个人之间是相互独立的，也就是观察个体与其他个体出现的结果不存在关联性，是相互独立的。

1．概率质量函数

在二项式分布概率中，假设从总体中抽取 n 次独立试验，检验结果 A 的概率为 π，非 A 的概率为 $1-\pi$，其中有 x 次试验结果为 A 的概率质量函数为：

$$f(X=x)=\binom{n}{x}\pi^{x}(1-\pi)^{n-x}$$

其中，$X=0,1,\cdots,x,\cdots,n$

而 $\binom{n}{x}=\dfrac{n!}{x!(n-x)!}$

在该公式中，随机变量 X 服从二项式分布，记为 $X\sim B(n,p)$。其中，参数 n 表示试验次数，而参数 p 则表示总体概率。

2．累积分布函数

累积分布函数又称为概率分布函数，根据概率质量函数可以推出 n 次实现至多有 x 次独立结果为 A 的概率函数表现为：

$$F(X=x)=\sum_{i=0}^{x}\binom{n}{i}\pi^{i}(1-\pi)^{n-i}=P(X\leqslant x)$$

其中，$i=0,1,\cdots,x$

该公式表现为变量 X 取小于 x 值的概率累加结果，而离散随机变量对应的累积分布函数曲线呈阶梯状，为不连续曲线。

15.2.2　二项分布函数

在 Excel 中，用户可以通过 BINOM.DIST 函数，来计算给定参数条件下的二项分布概率。其中，BINOM.DIST 函数的功能是返回一元二项式分布的概率，该函数的表达式为：

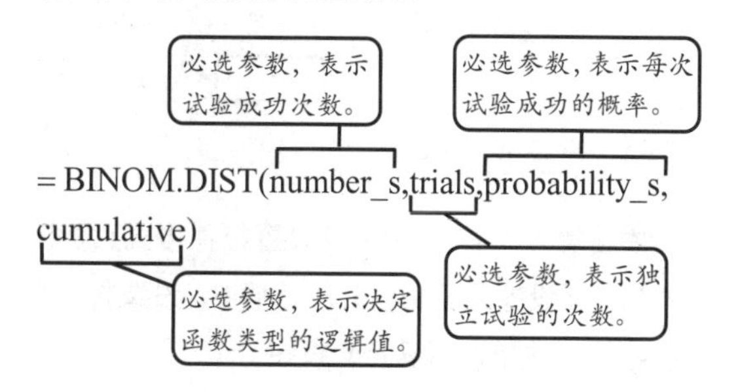

在该函数中，当 cumulative 参数为 TRUE 时，

则表示为累积分布函数；当 cumulative 参数为 FALSE 时则表示为概率密度函数。除此之外，在使用该函数时，还需要注意下列事项。

（1）当 number_s、trials 或 probability_s 为非数值时，将返回#VALUE!错误值。

（2）当 number_s<0 或 number_s>trials 时，将返回#NUM!错误值。

（3）当 probability_s<0 或 probability_s>1 时，将返回#NUM!错误值。

已知某批产品的次品率为 0.5%，随机抽取 50 件产品，下面使用 BINOM.DIST 函数，分别计算 $B(50,0.5)$和 $B(n,p)$的二项式概率。

1．计算二项式概率

首先，在工作表中输入基础数据。选择单元格 G4，在编辑栏中输入计算公式。

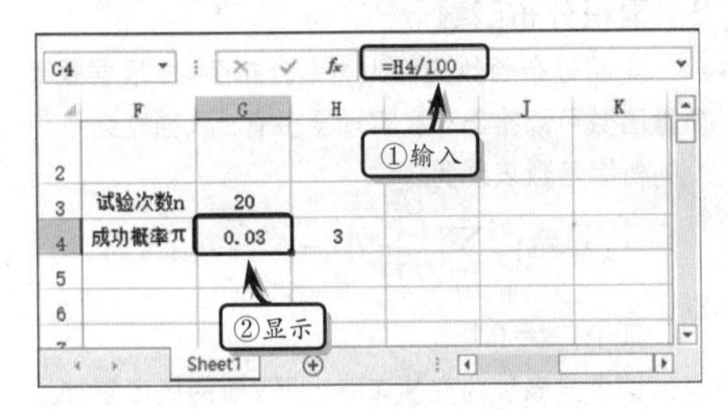

然后，执行【开发工具】|【控件】|【插入】|【滚动条（窗体控件）】命令，在工作表中绘制两个滚动条控件。

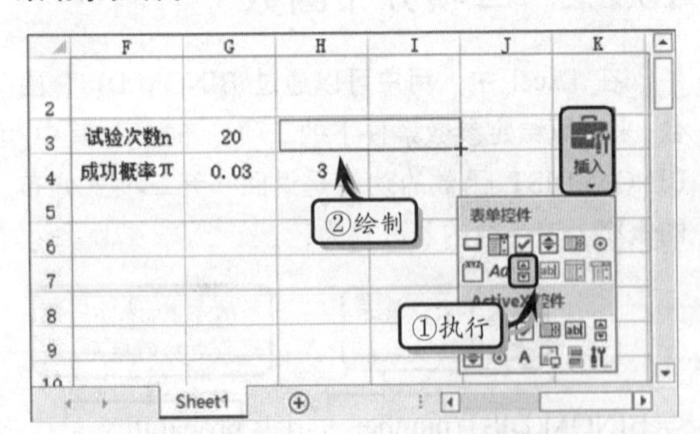

右击第 1 个控件，执行【设置控件格式】命令，在弹出的【设置对象格式】对话框中，设置控件各项参数值，并单击【确定】按钮。

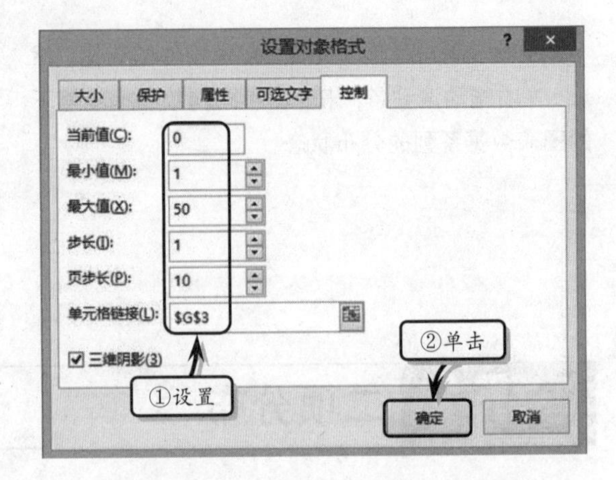

然后，右击第 2 个单元格，执行【设置控件格式】命令，在弹出的【设置控件格式】对话框中，设置控件各项参数值，并单击【确定】按钮。

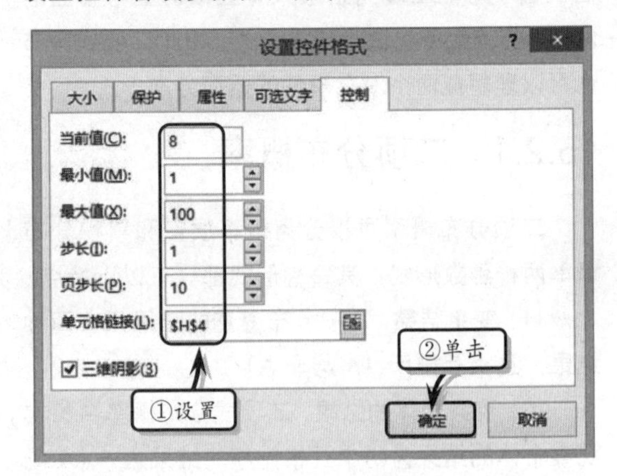

选择单元格 B3，在编辑栏中输入计算公式，按 Enter 键，返回二项式分布 $B(50,0.5)$对应成功次数变量 0 的 X 的概率值。

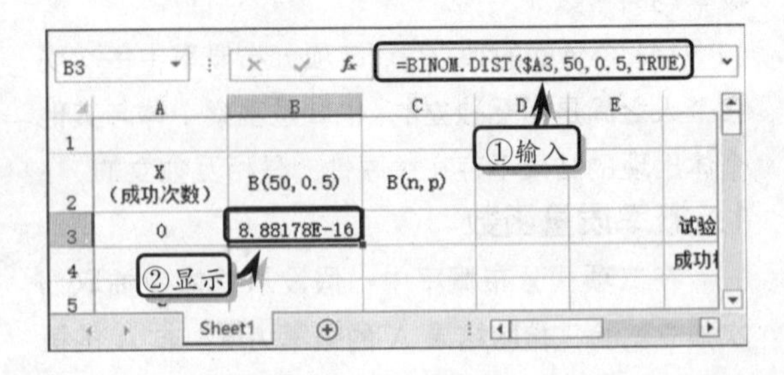

选择单元格 C3，在编辑栏中输入计算公式，按 Enter 键，返回二项式分布 $B(n,p)$对应成功次数变量的 X 的概率值。

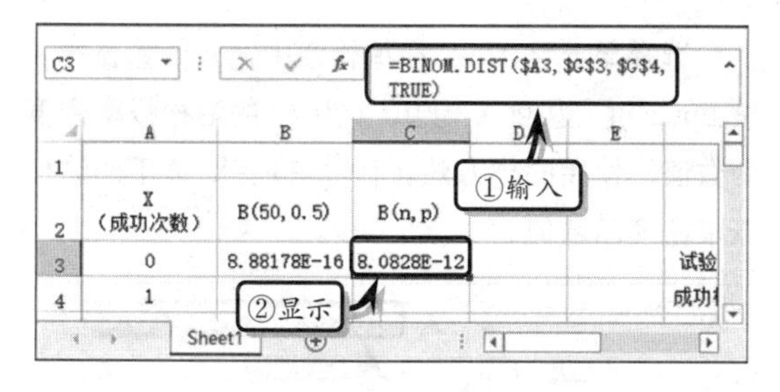

选择单元格区域 B2:C53，执行【开始】|【编辑】|【填充】|【向下】命令，向下填充公式。

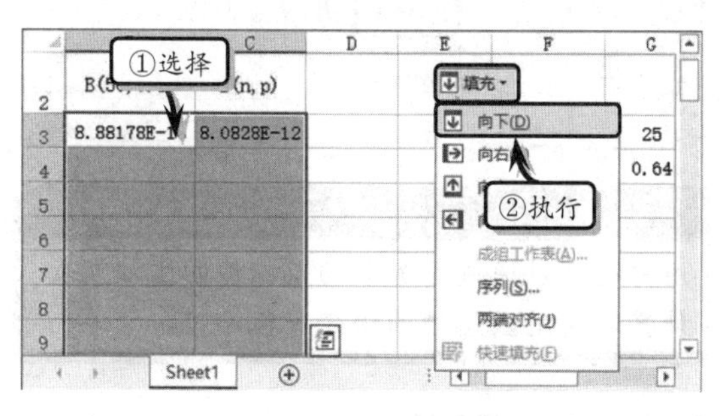

此时，用户可单击【试验次数】和【成功概率】对应的滚动条，来查看不同试验次数和成功概率值下的二项式分布概率。

2．绘制二项式概率图

首先，选择单元格 D3，在编辑栏中输入计算公式，按 Enter 键，返回概率密度值。使用同样方法，分别计算其他次数的概率密度值。

选择单元格区域 A3:B53，执行【插入】|【图表】|【插入散点图 X、Y 或气泡图】|【散点图】命令，插入累积分布函数的散点图。

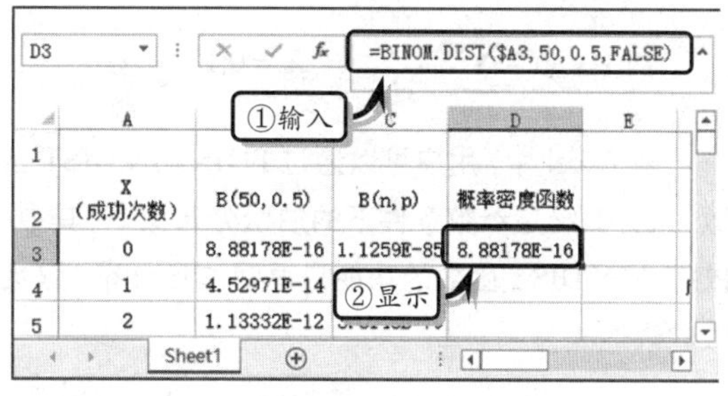

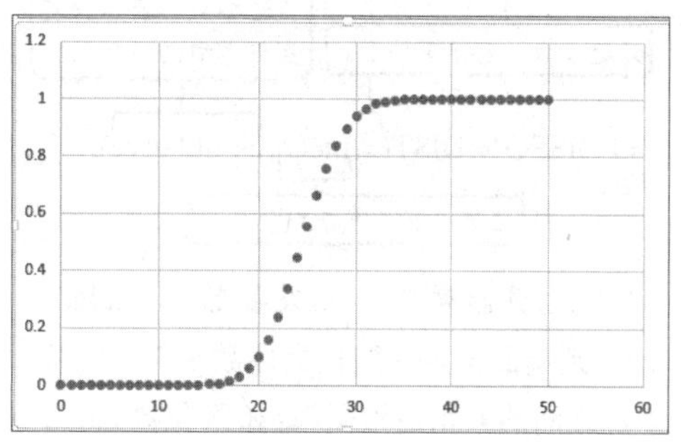

然后，选择单元格区域 A3:B53，执行【插入】|【图表】|【插入散点图 X、Y 或气泡图】|【散点图】命令，插入概率质量分布函数的散点图。

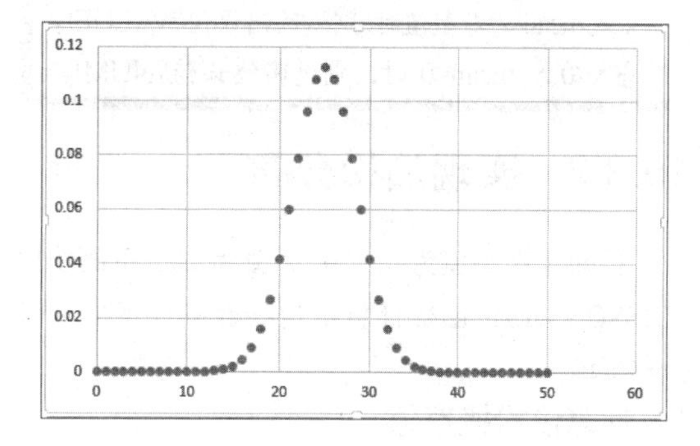

15.3 泊松分布

泊松分布由法国数学家西莫恩·德尼·泊松（Siméon-Denis Poisson）于 1838 年时发表，是一种统计与概率学里常见到的离散概率分布，适合于描述单位时间内随机事件发生的次数。

15.3.1　泊松分布概率

当二项分布的 n 很大且 p 很小时，二项式分布则近似于泊松分布，其中 λ 是单位时间(或单位面积)内随机事件的平均发生率，为 np。而当 $n \geqslant 10$，$p \leqslant 0.1$ 时，就可以用泊松公式近似地计算。

泊松分布的概率质量函数表现为：

$$P(X=x)=\frac{e^{-\lambda}\lambda^{x}}{x!}，\quad X=0,1,\cdots，x\cdots$$

其中，随机变量 X 的取值必须为整数 x，e=2.718 为自然数的底数。而 λ 是泊松分布的唯一参数，其值为均数，因此常将泊松分布记作为 $X \sim P(\lambda)$。

泊松分布的累积概率函数表现为：

$$P(X \leqslant x)=\sum_{i=0}^{x}\frac{\mathrm{e}^{-\lambda}\lambda^{x}}{x!},\quad X=0,1,\cdots,\ x\cdots$$

在 Excel 中，用户可以通过 POISSON.DIST 函数，来计算给定参数条件下的泊松分布概率。其中，POISSON.DIST 函数的功能是返回泊松分布，该函数的表达式为：

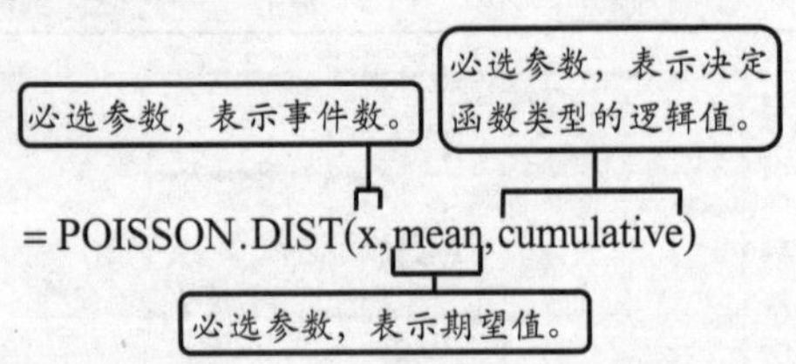

在使用该函数中，如果参数 cumulative 为 TRUE，则返回发生的随机事件数在零（含零）和 x（含 x）之间的累积泊松概率；如果参数 cumulative 为 FALSE，则函数返回发生的事件数正好是 x 的泊松概率密度函数。

提示

当 x 或 mean 为非数值时，则返回错误值#VALUE!。而当 x<0 或 mean<0 时，则返回错误值#NUM!。

15.3.2 实现泊松分布

已知 X 范围值为 0～50，λ 值为 20，下面使用 POISSON.DIST 函数计算给定参数条件下的泊松分布概率。

1．计算泊松概率值

首先，在表格中输入 X 范围值和均值数，以及其他基础数据。

然后，选择单元格 C3，在编辑栏中输入计算公式，按 Enter 键，返回 X 为 0，λ 为 20 的累积泊松概率值。使用同样方法，计算其他 X 值下的累积泊松概率值。

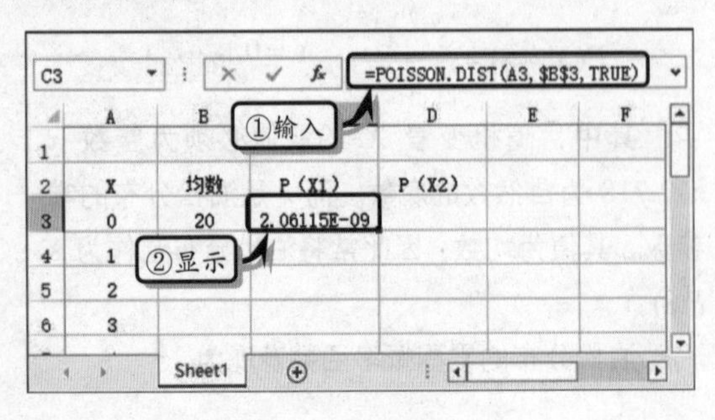

选择单元格 D3，在编辑栏中输入计算公式，按 Enter 键，返回 X 为 0，λ 为 20 的泊松概率密度函数值。使用同样方法，计算其他 X 值下的泊松概率密度函数值。

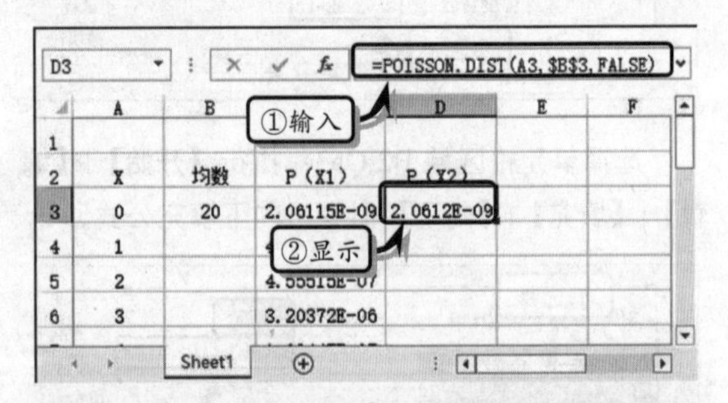

注意

用户也可以通过添加滚动条控件的方法，来计算不同均数下的泊松分布概率值。

2．绘制泊松概率图

同时选择单元格区域 A3:A23 和 C3:C23，执行【插入】|【图表】|【插入散点图 X、Y 或气泡图】|【散点图】命令，插入累积分布函数的散点图。

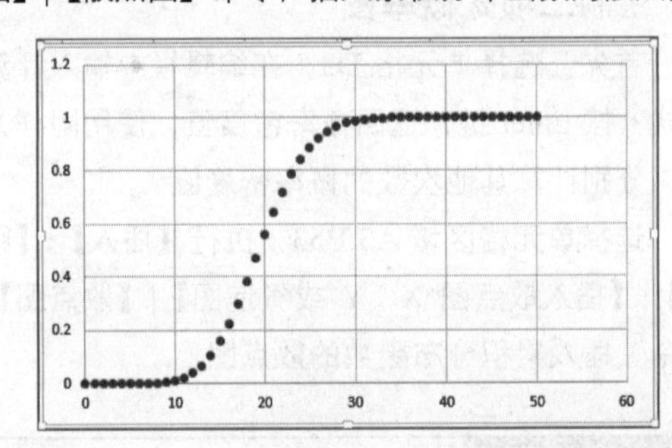

然后，同时选择单元格区域 A3:A23 和 D3:D23，执行【插入】|【图表】|【插入散点图 X、Y 或气泡图】|【散点图】命令，插入概率密度函数的散点图。

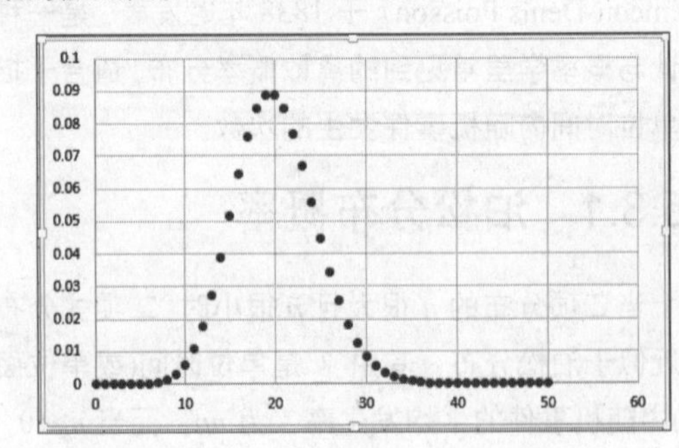

15.4 其他概率分布

概率分布中的其他分布包括其他连续分布和离散分布两种类型，其每种类型又包含多个小类型，以协助用户运用 Excel 进行多类型概率分析。

15.4.1 其他连续分布

除了前面章节中所介绍的正态分布之外，其他连续分布还包括对数正态分布、指数分布、Beta 分布等连续分布。

1．对数正态分布

对数正态分布是对数为正态分布的任意随机变量的概率分布。当 X 为服从正态分布的随机变量时，则 exp(X)服从对数正态分布；当 Y 服从对数正态分布时，则 ln(Y)服从正态分布。

在 Excel 中，用户可以通过 LOGNORM.DIST 函数，来计算给定参数条件下的对数正态分布。其中，LOGNORM.DIST 函数的功能是返回对数正态分布，该函数的表达式为：

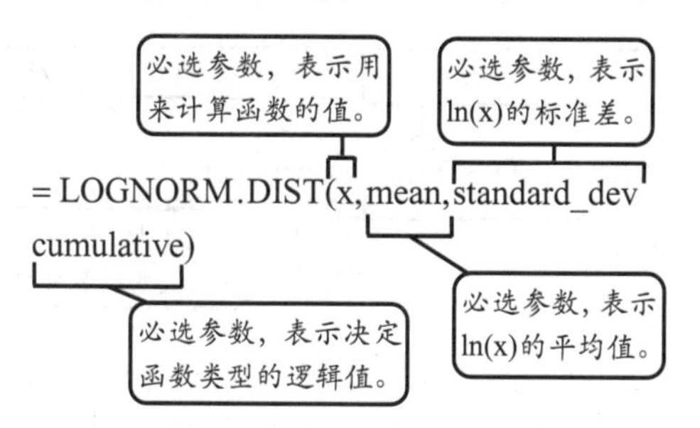

已知 X 值介于 0.004～0.32 之间，其数值之间的间隔为 0.004；下面运用 LOGNORM.DIST 函数，计算均数为 0.2 和 0，以及标准差为 0.3 和 1 下的对数正态分布值。

首先，在表格中输入基础数据。然后，选择单元格 B3，在编辑栏中输入计算公式，按 Enter 键返回累积分布函数值。同样方法，计算其他值。

选择单元格 C3，在编辑栏中输入计算公式，按 Enter 键返回概率密度函数值。同样方法，计算其他值。

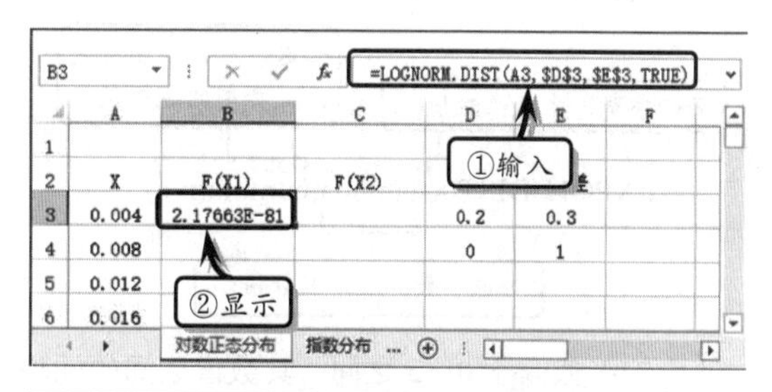

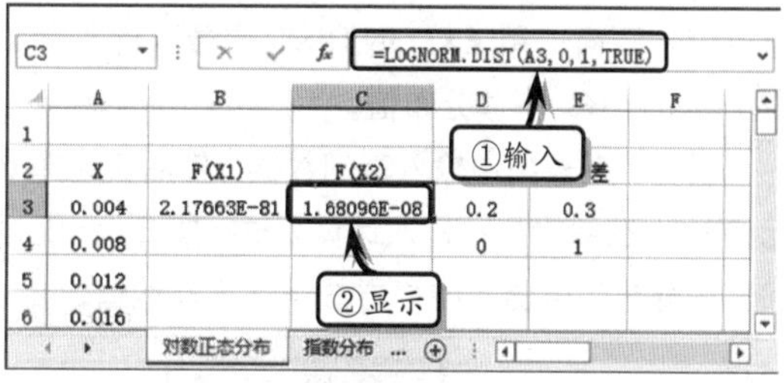

选择单元格区域 A3:C802，执行【插入】|【图表】|【插入散点图 X、Y 或气泡图】|【带平滑线的散点图】命令，插入累积分布函数的散点图。

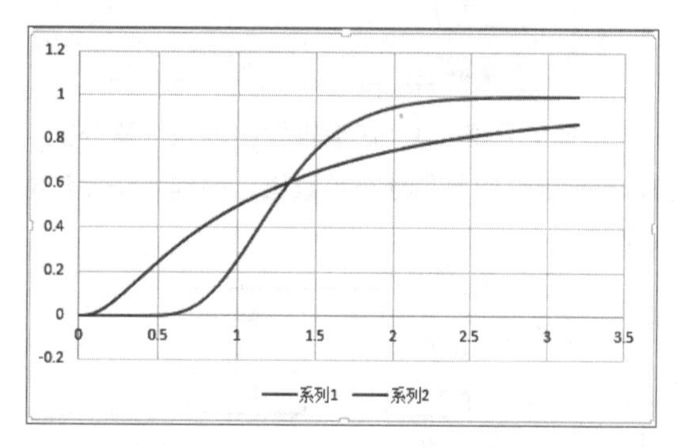

通过图表可以发现，当均值为 0，标准差为 1 时，其累积分布函数将显示为正态分布。

2．指数分布

在概率论分布中，指数分布是一种连续概率分布，主要用于表示独立随机事件发生的时间间隔。

指数分布只存在一个 λ 参数，其累积分布函数的表达式为：

$$F(X=x)=1-\mathrm{e}^{-\lambda x}, \quad 0 \leqslant x \leqslant \infty, \quad \lambda>0$$

指数分布的概率密度函数的表达式为：

$$f(X=x)=\lambda e^{-\lambda x}, \quad 0 \leqslant x \leqslant \infty, \quad \lambda>0$$

在 Excel 中，用户可以通过 EXPON.DIST 函数，来计算给定参数条件下的指数分布。其中，EXPON.DIST 函数的功能是返回指数分布，该函数的表达式为：

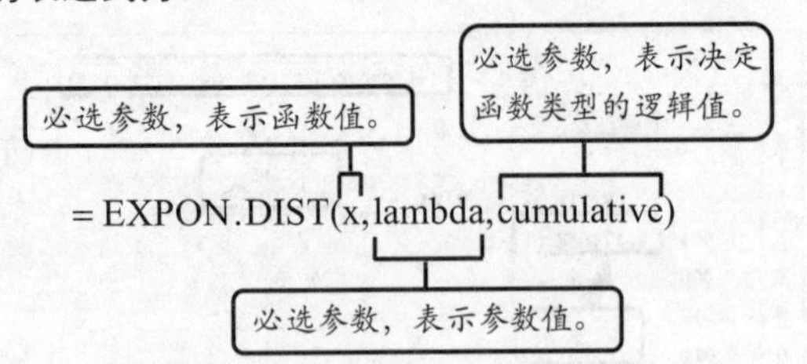

已知 X 值介于 0~5 之间，其数值之间的间隔为 0.01；下面运用 EXPON.DIST 函数，计算参数为 1 和 0.1 下的指数分布值。

首先，在表格中输入基础数据。然后，选择单元格 B3，在编辑栏中输入计算公式，按 Enter 键返回累积分布函数值。同样方法，计算其他值。

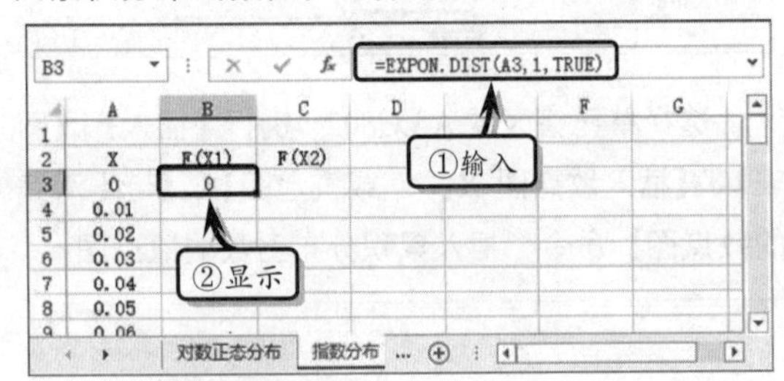

选择单元格 C3，在编辑栏中输入计算公式，按 Enter 键返回累积分布函数值。同样方法，计算其他值。

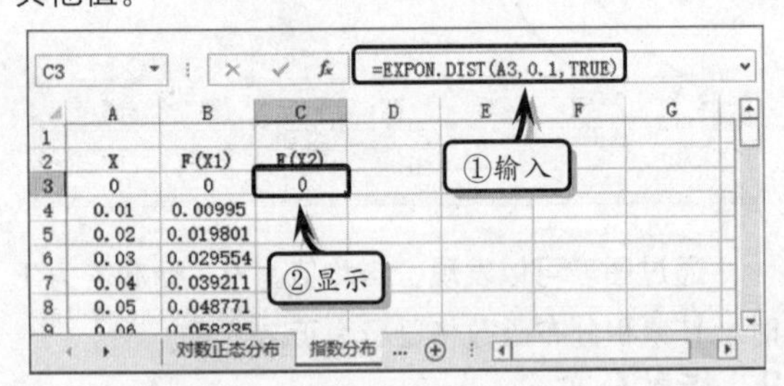

选择单元格区域 A2:C503，执行【插入】|【图表】|【插入散点图 X、Y 或气泡图】|【带平滑线的散点图】命令，插入累积分布函数的散点图。

通过图表可以发现，当参数值为 1 时，指数分布的累积函数显示为正态分布。

3. Weibull 分布

Weibull 分布（韦伯分布），又称为韦布尔分布或威布尔分布，是可靠性分析和寿命检验的理论基础。

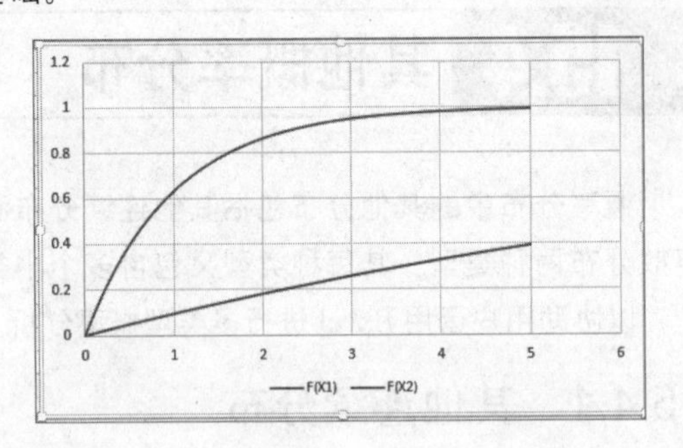

Weibull 分布包含形状参数 k 和尺度参数 λ，其概率密度函数的表达式为：

$$f(X=x)=\frac{k}{\lambda}\left(\frac{x}{\lambda}\right)^{k-1}\mathrm{e}^{-(\frac{x}{\lambda})^k}$$

$$0\leqslant x\leqslant\infty,\quad k>0,\quad \lambda>0$$

Weibull 分布的累积分布函数的表达式为：

$$F(\mathrm{X}=\mathrm{x})=1-\mathrm{e}^{-(\frac{x}{\lambda})^k}$$

$$0\leqslant x\leqslant\infty,\quad k>0,\quad \lambda>0$$

在 Excel 中，用户可以通过 WEIBULL.DIST 函数，来计算给定参数条件下的 Weibull 分布。其中，WEIBULL.DIST 函数的功能是返回 Weibull 分布，该函数的表达式为：

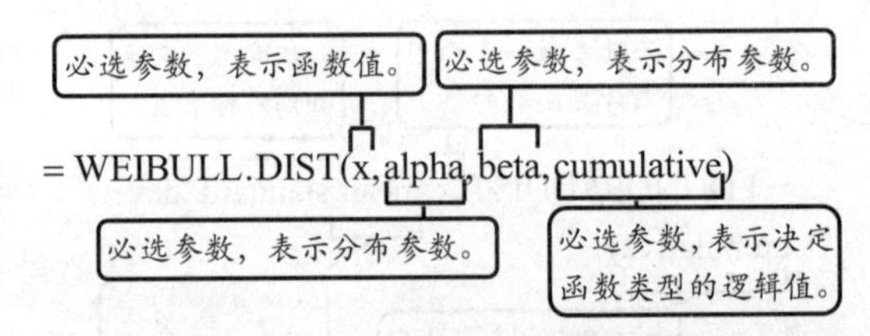

已知 X 值介于 0~5 之间，其数值之间的间隔为 0.01；下面运用 WEIBULL.DIST 函数，计算 k 参数为 5 和 1，以及 λ 参数为 1.5 和 2 下的 Weibull 分布。

首先，在表格中输入基础数据。然后，选择单元格 B3，在编辑栏中输入计算公式，按 Enter 键返回累积分布函数值。同样方法，计算其他值。

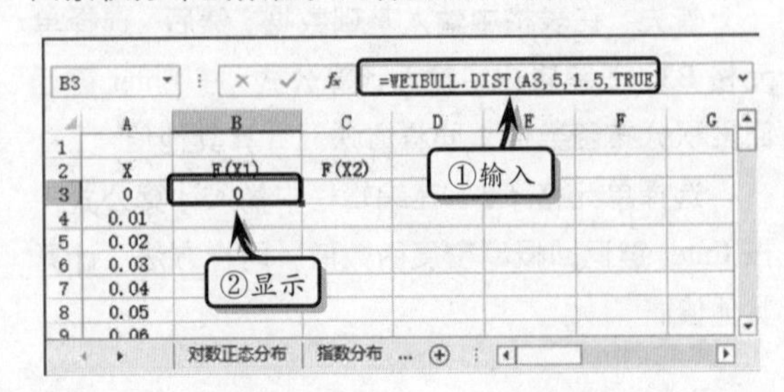

选择单元格 C3，在编辑栏中输入计算公式，按 Enter 键返回累积分布函数值。同样方法，计算其他值。

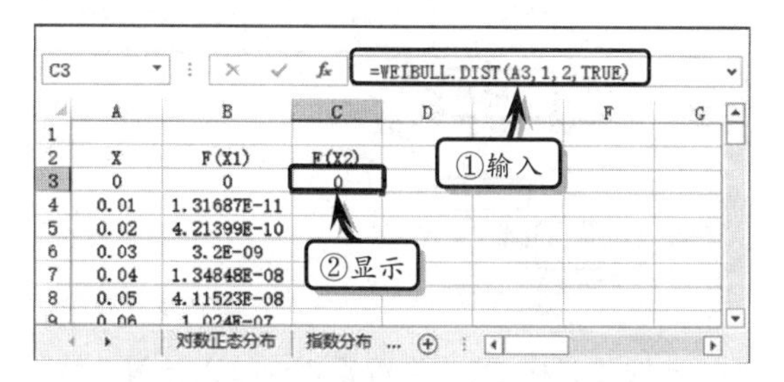

选择单元格区域 A2:C503，执行【插入】|【图表】|【插入散点图 X、Y 或气泡图】|【带平滑线的散点图】命令，插入累积分布函数的散点图。

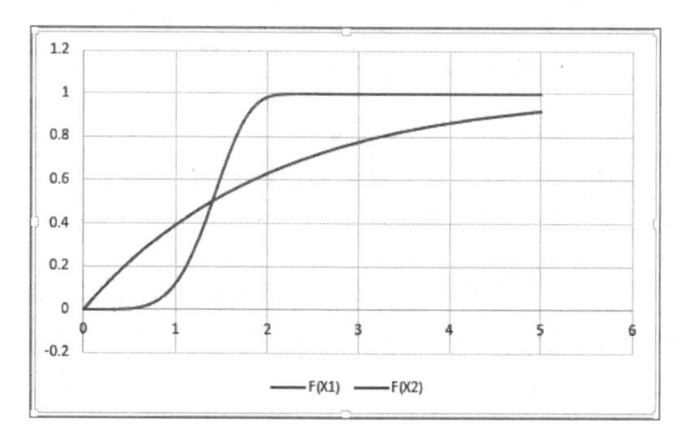

通过上图，可以发现当 k 为 5，λ 为 1.5 时，其曲线图显示为可变 Weibull 分布。

4．Beta 分布

Beta 分布（贝塔分布）是一个作为伯努利分布和二项式分布的共轭先验分布的密度函数。

Beta 分布也存在两个参数，分别为形状参数 α 和尺度参数 β，其概率密度函数的表达为：

$$f(X=x)=\frac{\Gamma(\alpha+\beta)}{\Gamma(\alpha)\Gamma(\beta)}x^{a-1}(1-x)^{\beta-1}$$

$$0\leqslant x\leqslant 1，\ \alpha>0，\ \beta>0$$

Beta 分布的累积分布函数的表达式为：

$$f(X=x)=\frac{B_x(\alpha,\beta)}{B(\alpha,\beta)}$$

在 Excel 中，用户可以通过 BETA.DIST 函数，来计算给定参数条件下的 Beta 分布。其中，BETA.DIST 函数的功能是返回 Beta 分布，该函数的表达式为：

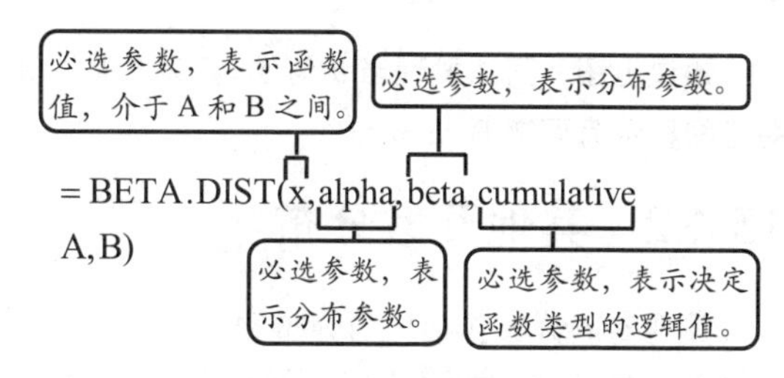

其中，该函数中的 A 和 B 参数，分别表示 X 所属区间的下界和 X 所属区间的上界。

已知 X 值介于 0～1 之间，其数值之间的间隔为 0.01；下面运用 BETA.DIST 函数，计算 α 参数为 5 和 1，以及 β 参数为 5 和 2 下的 Beta 分布。

选择单元格 B3，输入计算公式，按 Enter 键返回累积分布函数值。同样方法，计算其他值。

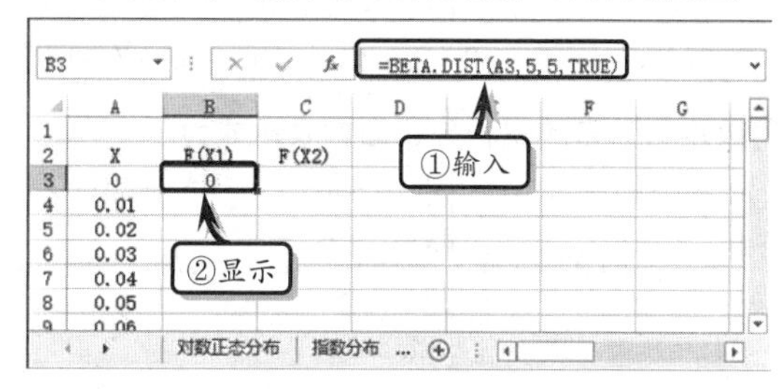

选择单元格 C3，在编辑栏中输入计算公式，按 Enter 键返回累积分布函数值。同样方法，计算其他值。

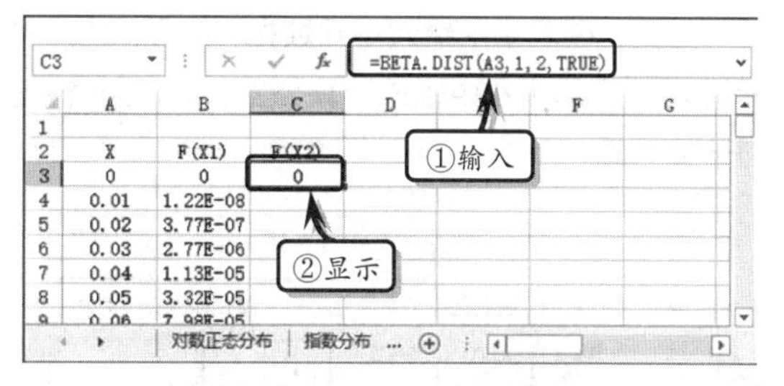

选择单元格区域 A2:C103，执行【插入】|【图表】|【插入散点图 X、Y 或气泡图】|【带平滑线的散点图】命令，插入累积分布函数的散点图。

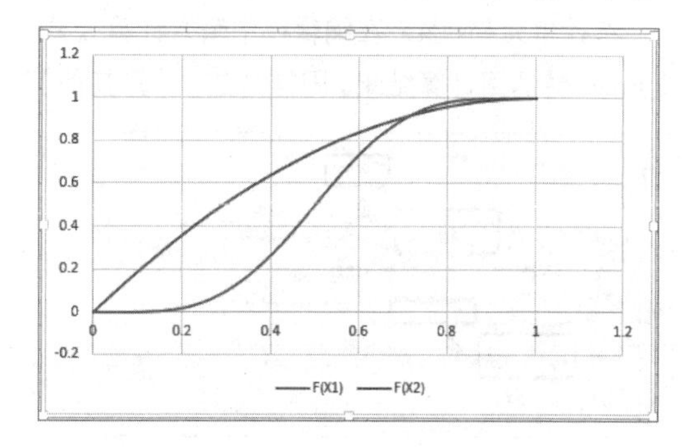

通过上图，可以发现当 α 为 5，β 为 5 时，其曲线图显示为可变 Beta 分布。

15.4.2 其他离散分布

其他离散分布包括均匀分布和超集合分布两种概率分布。

1．均匀分布

均匀分布既可以为连续的也可以为离散的，其 X 变量的取值也可以为不连续取值。离散均匀分布的概率质量函数表达式为：

$$f(X=x)=\begin{cases}\dfrac{1}{b-a+1}, & a\leqslant x\leqslant b\\ 0,\ \text{其他}\end{cases}$$

$$a,b\in(\cdots,-2,-1,0,1,2,\cdots),\ x\in(a,a+1,\cdots,b-1,b)$$

离散均匀分布的累积分布函数表达式为：

$$F(X=x)=\begin{cases}0,\ x<a\\ \dfrac{x-a+1}{b-a+1}, & a\leqslant x\leqslant b\\ 1, x>b\end{cases}$$

已知 X 值介于-10～10 之间，其数值之间的间隔为 1；下面运用 Excel 中的计算公式，计算 a 为 0 和-5，以及 b 为 1 和 5 下的均匀分布。

首先，在表格中输入基础数据。然后，选择单元格 C3，在编辑栏中输入计算公式，按 Enter 键返回计算结果。

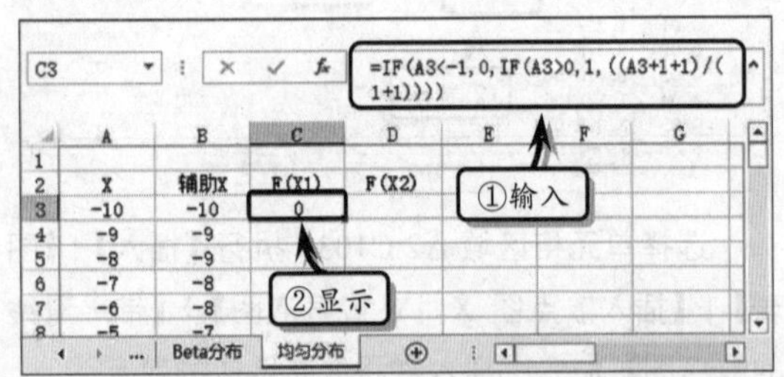

选择单元格 C4，在编辑栏中输入计算公式，按 Enter 键返回计算结果。同样方法，计算其他值。

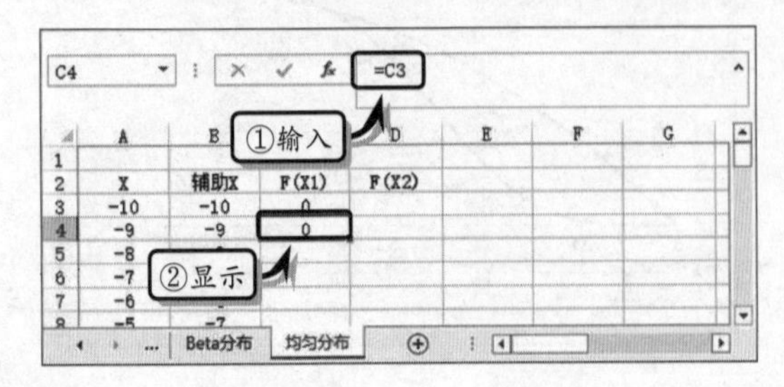

选择单元格 C5，在编辑栏中输入计算公式，按 Enter 键返回计算结果。同样方法，计算其他值。

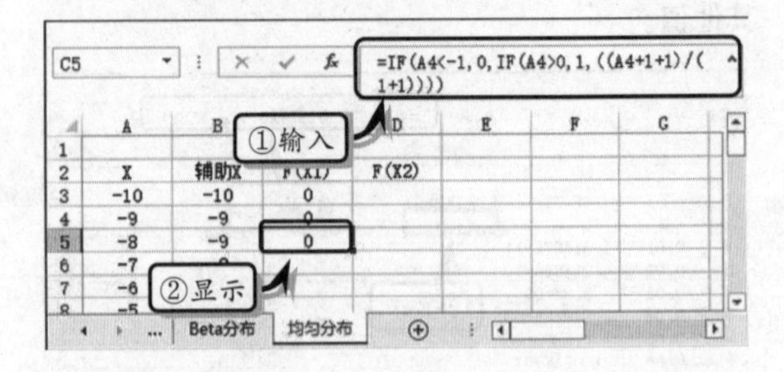

选择单元格 D3，在编辑栏中输入计算公式，按 Enter 键返回计算结果。

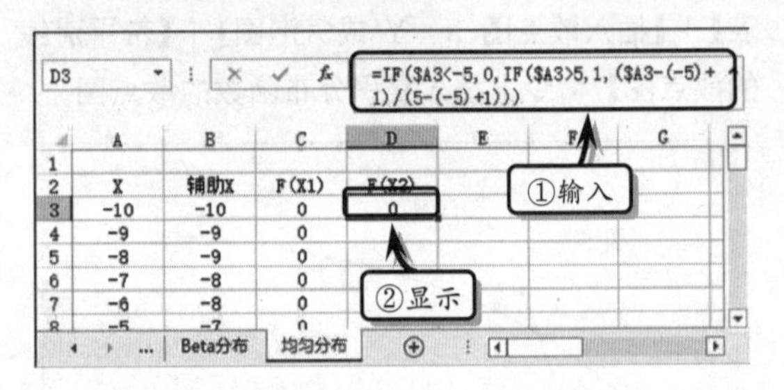

选择单元格 D4，在编辑栏中输入计算公式，按 Enter 键返回计算结果。同样方法，计算其他值。

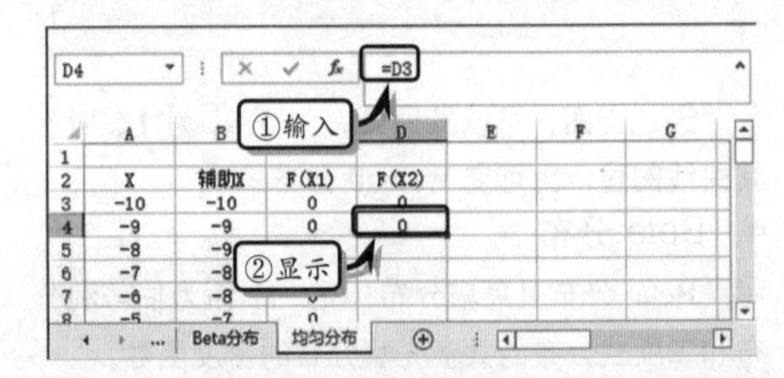

选择单元格 D5，在编辑栏中输入计算公式，按 Enter 键返回计算结果。同样方法，计算其他值。

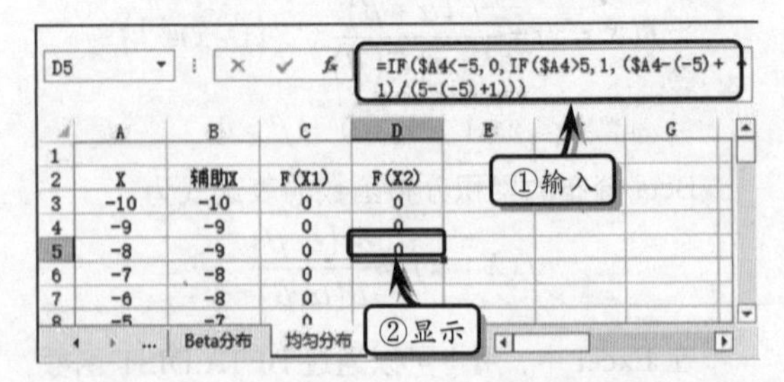

选择单元格区域 B2:D43，执行【插入】|【图表】|【插入散点图 X、Y 或气泡图】|【带平滑线的散点图】命令，插入均匀分布的散点图。

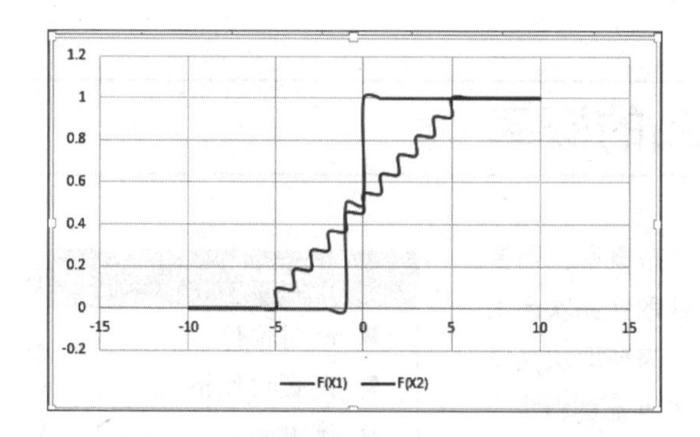

通过上图，可以发现当 a 为 0，b 为 1 时，其曲线图显示为可变均匀分布。

2．超几何分布

超几何分布是统计学上一种离散概率分布，主要用于描述由有限个总体中抽出 n 个无放回个体，成功抽出指定种类的个体的概率 x。

超几何分布的概率质量函数的表达式为：

$$f(X=x)=\frac{\binom{m}{x}\binom{N-m}{n-x}}{\binom{N}{n}}$$

$$x\in \max(0,n+m-N),\cdots,\min(m,n)$$
$$N\in 0,1,2,\cdots;m,n\in 0,1,2,\cdots,N$$

超几何分布的累积分布函数的表达式为：

$$F(X=x)=\sum_{i-0}^{x}f(X=i)$$

在 Excel 中，用户可以通过 HYPGEOM.DIST 函数，来计算给定参数条件下的超几何分布。其中，HYPGEOM.DIST 函数的功能是返回超几何分布，该函数的表达式为：

必选参数，表示样本中成功的次数。　必选参数，表示样本量。

= HYPGEOM.DIST(sample_s,number_sample,population_s,number_pop,cumulative)

必选参数，表示总体中成功的次数。　必选参数，表示总体大小。　必选参数，表示决定函数类型的逻辑值。

已知 X 值介于 0～20 之间，其数值之间的间隔为 1；下面运用 HYPGEOM.DIST 函数，计算样本含量分别为 25 和 20、样本总体成功次数分别为 25 和 10，总体样本数分别为 100 和 70 下的超几何分布。

首先，在表格中输入基础数据。然后，选择单元格 B3，在编辑栏中输入计算公式，按 Enter 键返回计算结果。使用同样方法，计算其他值。

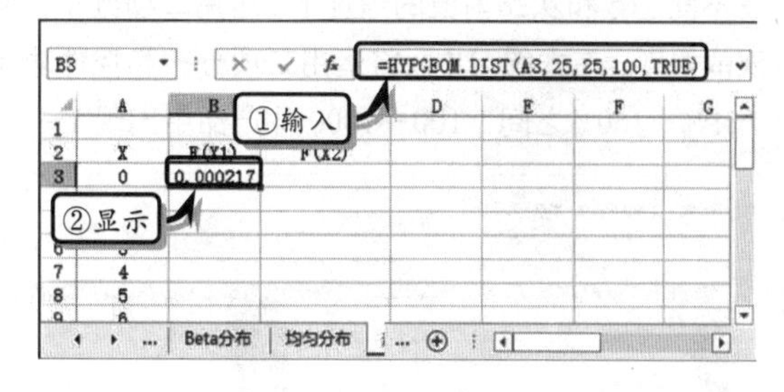

选择单元格 C3，在编辑栏中输入计算公式，按 Enter 键返回计算结果。使用同样方法，计算其他值。

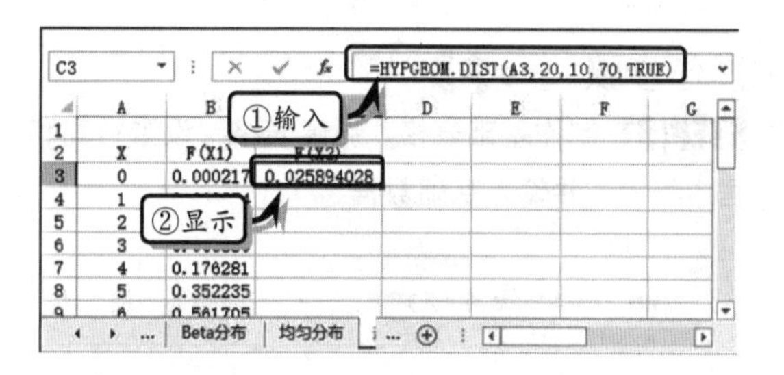

选择单元格区域 A2:C23，执行【插入】|【图表】|【插入散点图 X、Y 或气泡图】|【带平滑线的散点图】命令，插入超几何分布的散点图。

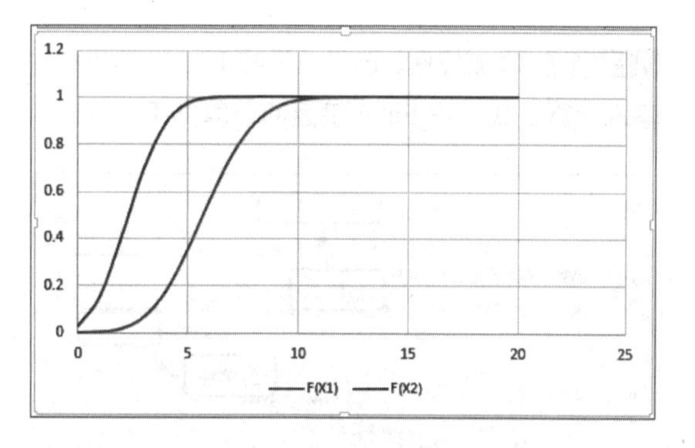

通过上图，可以发现当样本含量为 25，样本总体成功次数为 25，总体样本数为 100 时，其曲线表现为超几何分布。

15.5 练习：分析产品次品的概率

某企业新购买一批生产设备，为了获取次品的分布概率，需要在不同总数和次品率值的情况下，运用二项分布，来获取产品次品出现的概率。在本练习中，将运用二项分布和控件功能，来获取次品率为 1%～100%之间，100～1000 件产品中出现 1～50 件次品的概率。

练习要点

- 绘制控件
- 设置控件格式
- 使用函数
- 填充公式
- 使用图表
- 设置图表格式

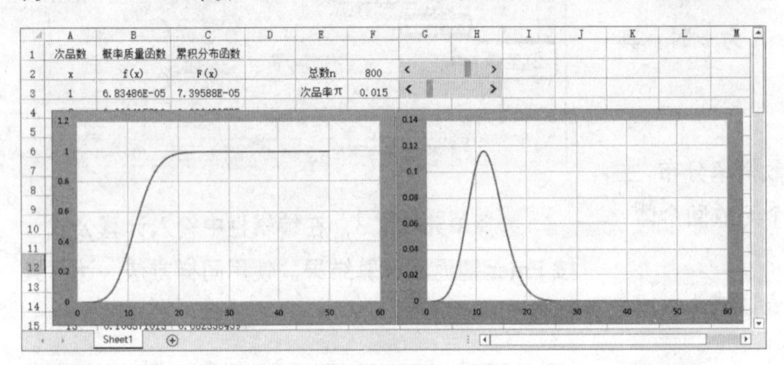

操作步骤

STEP|01 制作基础表格。新建表格，设置行高和居中格式，并输入基础数据。

STEP|02 添加控件。选择单元格 F3，在编辑栏中输入计算公式，按 Enter 键返回计算结果。

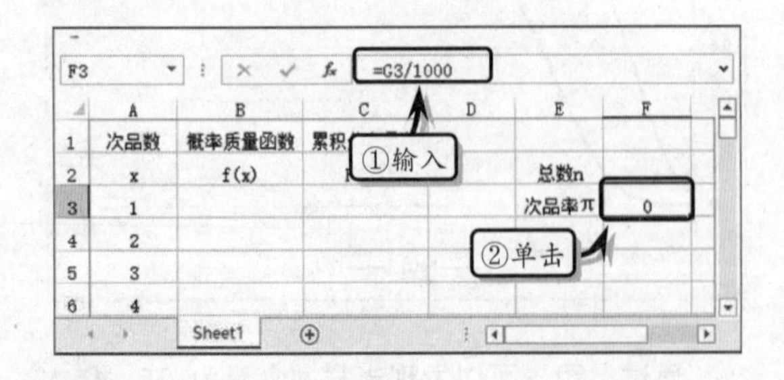

STEP|03 执行【开发工具】|【控件】|【插入】|【滚动条（窗体控件）】命令，在表格中绘制两个控件。

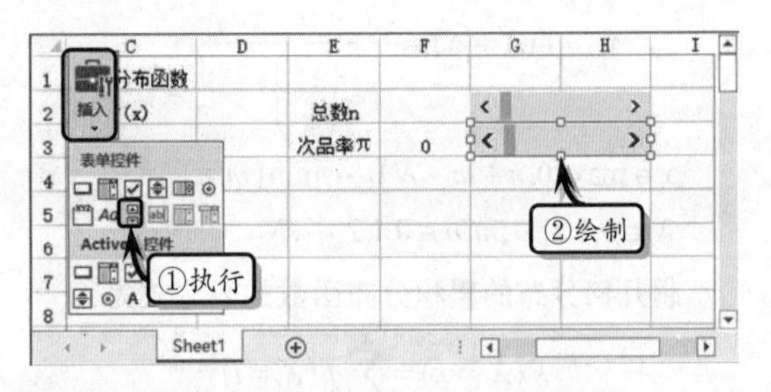

STEP|04 选择单元格 G2 中的控件，右击执行【设置控件格式】命令，在弹出的【设置控件格式】对话框中，设置控件选项，并单击【确定】按钮。

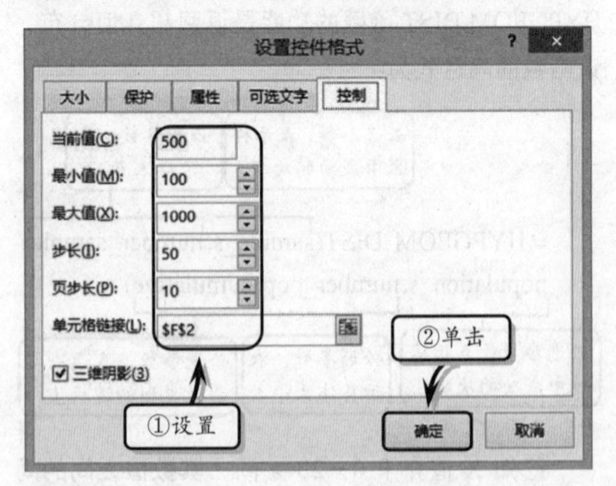

STEP|05 选择单元格 G3 中的控件，右击执行【设置控件格式】命令，在弹出的【设置控件格式】对

话框中，设置控件选项，并单击【确定】按钮。

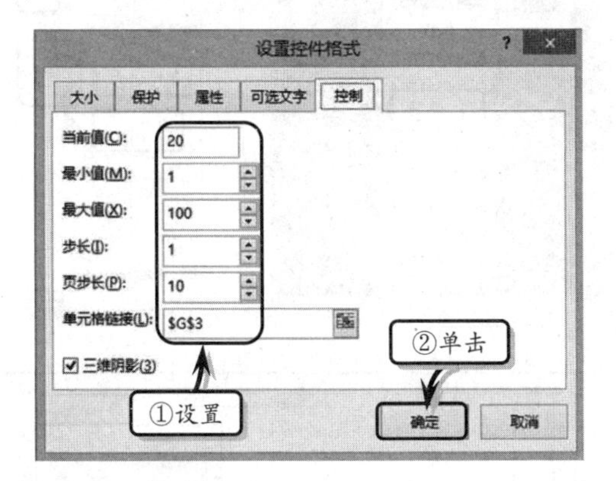

STEP|06 计算概率质量函数值。选择单元格 B3，在编辑栏中输入计算公式，按 Enter 键，返回次品数为 1 的概率质量函数值。

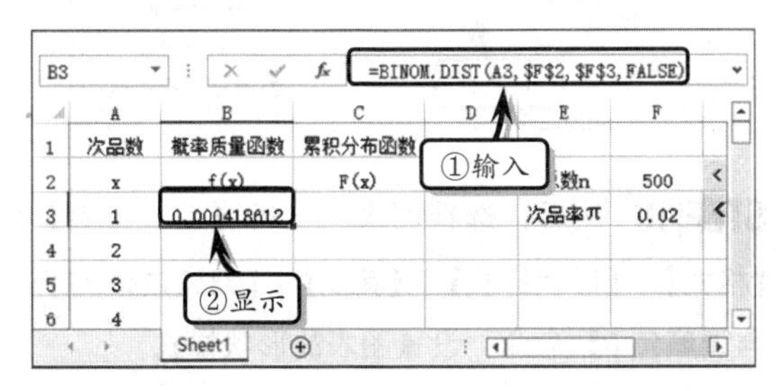

STEP|07 选择单元格区域 B3:B52，执行【开始】|【编辑】|【填充】|【向下】命令，向下填充公式。

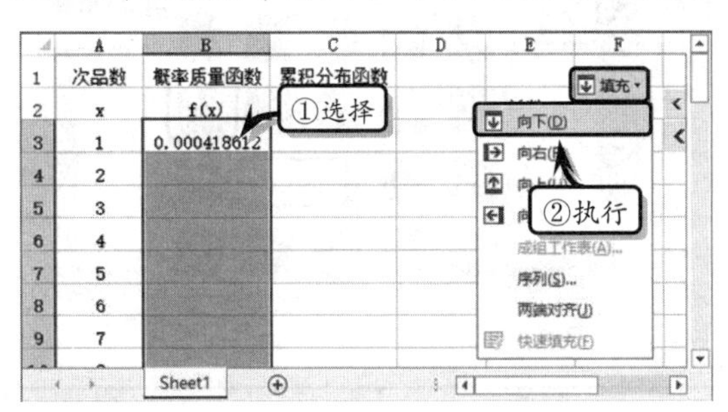

STEP|08 计算累积分布函数值。选择单元格 C3，在编辑栏中输入计算公式，按 Enter 键，返回次品数为 1 的累积分布函数值。

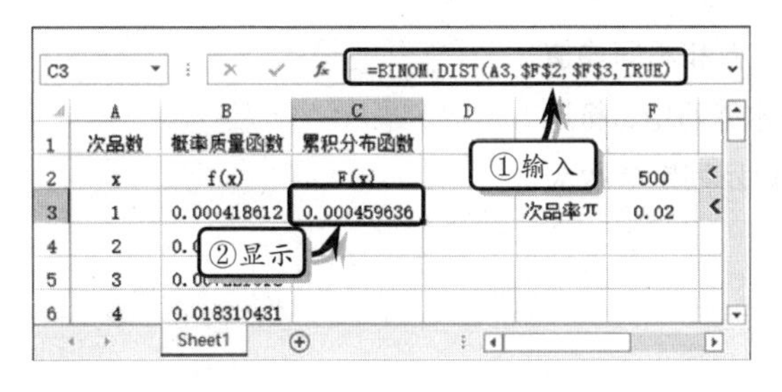

STEP|09 选择单元格区域 C3:C52，执行【开始】|【编辑】|【填充】|【向下】命令，向下填充公式。

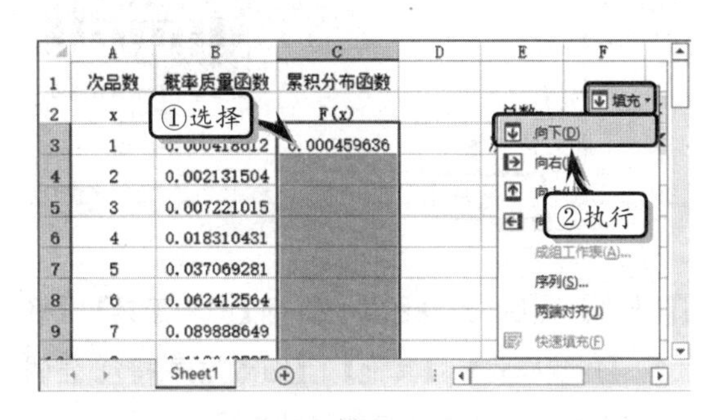

STEP|10 概率质量函数曲线图。选择单元格区域 A2:B52，执行【插入】|【图表】|【插入散点图 X、Y 或气泡图】|【带平滑线的散点图】命令，插入概率密度函数的散点图。

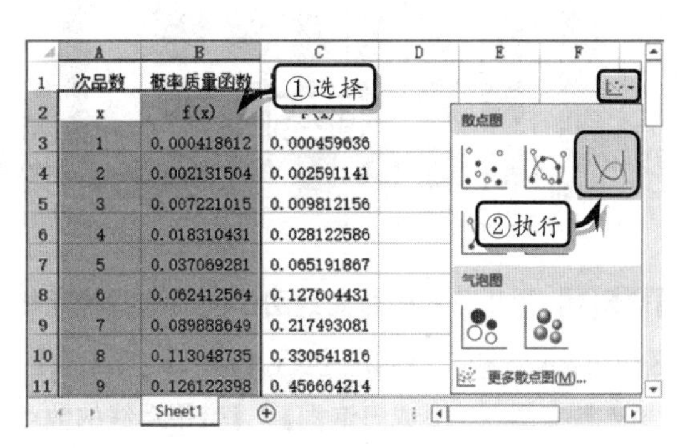

STEP|11 选择图表中的标题，按 Delete 键，删除图表标题。

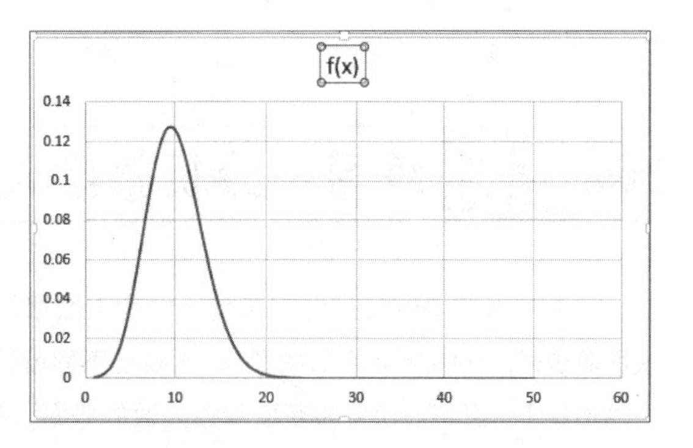

STEP|12 选择图表绘图区，执行【图表工具】|【格式】|【形状样式】|【形状填充】|【白色，背景 1】命令，设置绘图区的填充颜色。

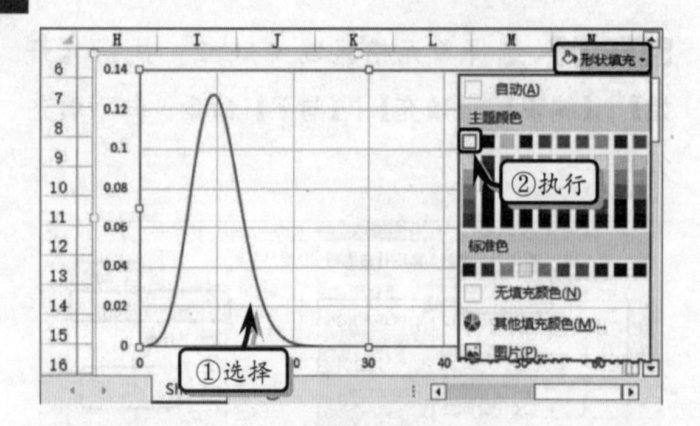

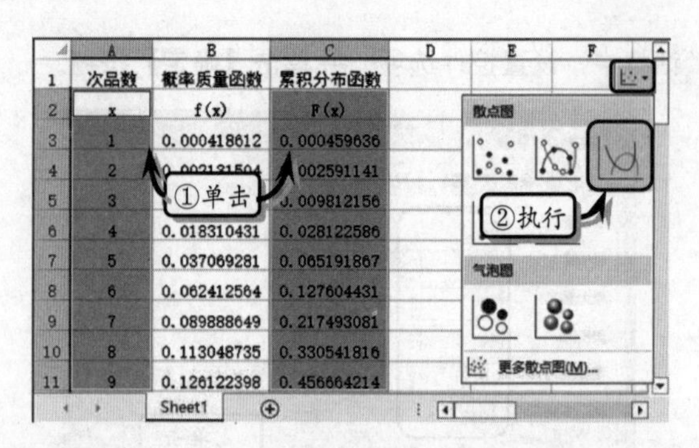

STEP|13 然后，选择图表，执行【图表工具】|【格式】|【形状样式】|【其他】|【细微效果,橙色,强调颜色 2】命令，设置图表的形状样式。

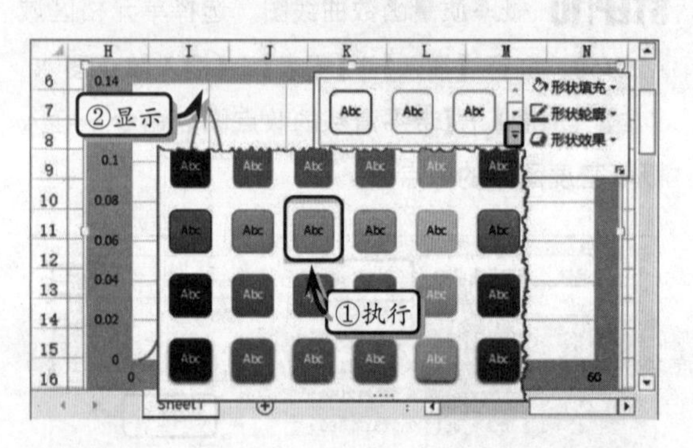

STEP|14 累积分布函数曲线图。同时选择单元格区域 A2:A22 和 C2:C22，执行【插入】|【图表】|【插入散点图 X、Y 或气泡图】|【带平滑线的散点图】命令，插入累积分布函数的散点图。

STEP|15 删除图表标题，选择绘图区，执行【图表工具】|【格式】|【形状样式】|【形状填充】|【白色,背景 1】命令，设置绘图区的填充颜色。

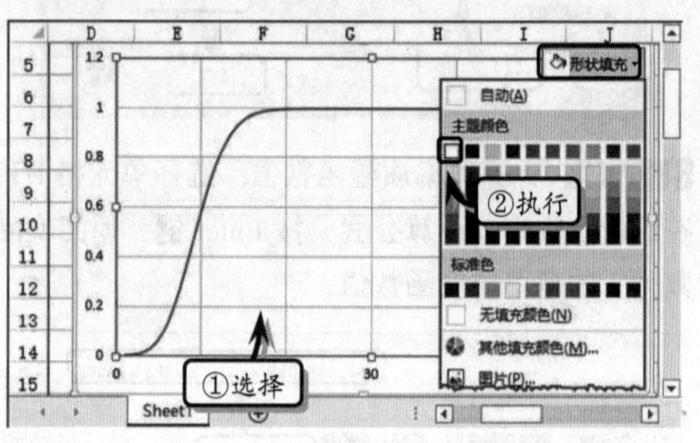

STEP|16 然后，选择图表，执行【图表工具】|【格式】|【形状样式】|【其他】|【细微效果,绿色,强调颜色 6】命令，设置图表的形状样式。

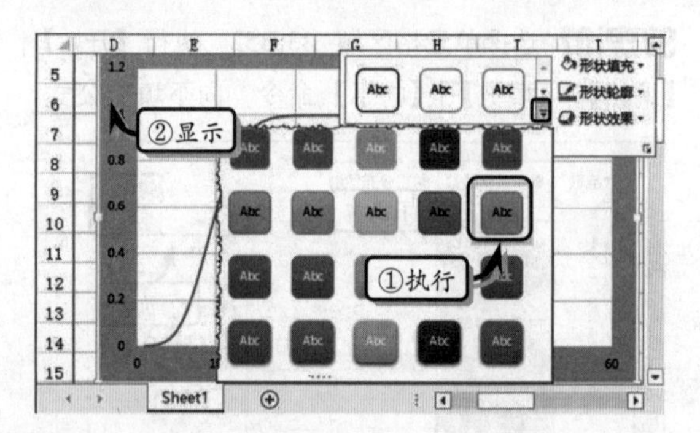

15.6 练习：分析就诊人数

已知某医院单位时间内前来就诊的病人数服从泊松分布，为了获取单位时间内就诊病人数的概率，需要在不同就诊人数和不同均值下的情况下，运用泊松分布获取就诊人数的概率。在本练习中，将运用控件、函数等功能，获取就诊人数为 1～50 之间，以及固定参数为 20 和连续参数范围为 1～50 之间的就诊人数的概率。

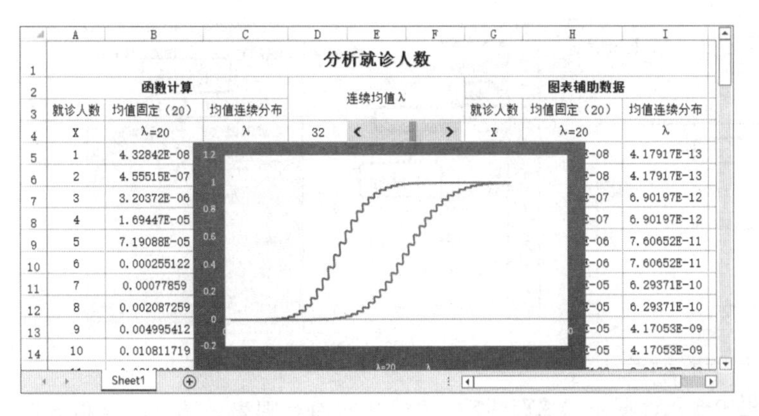

练习要点

- 绘制控件
- 设置控件格式
- 使用函数
- 填充公式
- 使用图表
- 设置图表格式

操作步骤

STEP|01 制作基础表格。新建表格，设置行高和居中格式，并输入基础数据。

STEP|02 添加控件。执行【开发工具】|【控件】|【插入】|【滚动条（窗体控件）】命令，在表格中绘制一个控件。

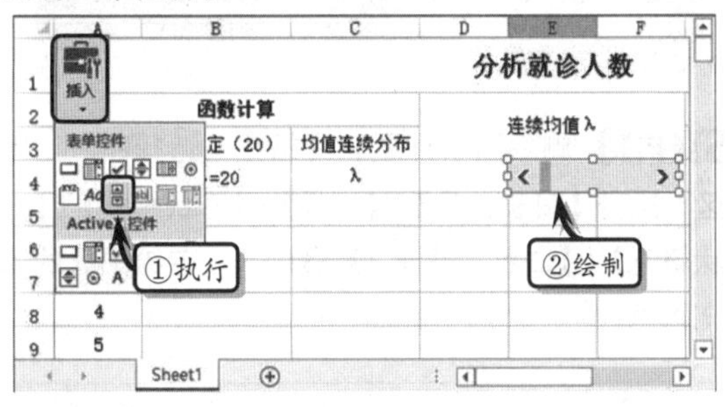

STEP|03 右击控件，执行【设置控件格式】命令，在弹出的【设置控件格式】对话框中，设置各项选项，并单击【确定】按钮。

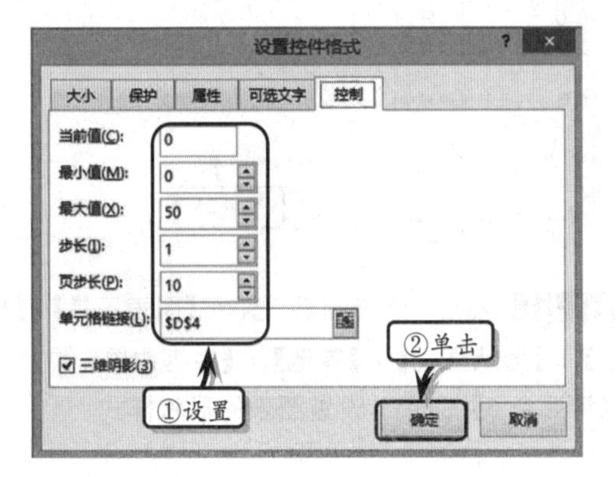

STEP|04 函数计算。选择单元格B5，在编辑栏中输入计算公式，按Enter键，返回计算结果。

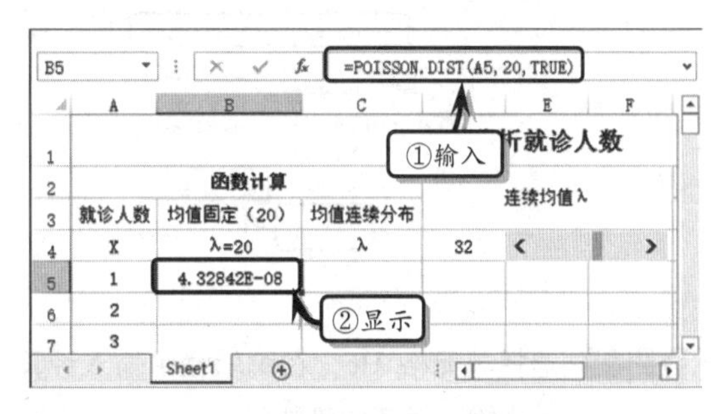

STEP|05 选择单元格C5，在编辑栏中输入计算公式，按Enter键，返回计算结果。

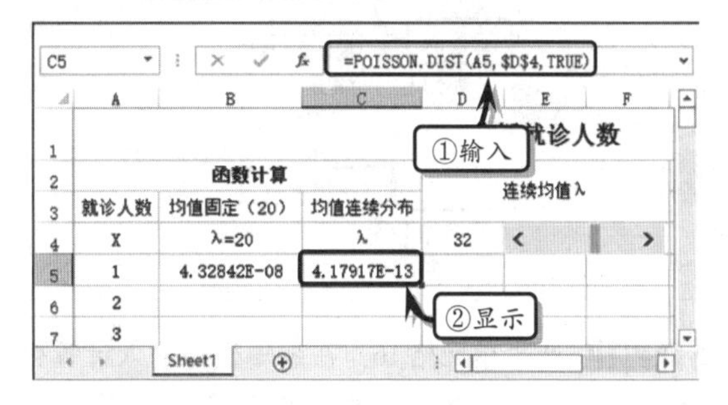

STEP|06 选择单元格区域B5:C54，执行【开始】|【编辑】|【填充】|【向下】命令，向下填充公式。

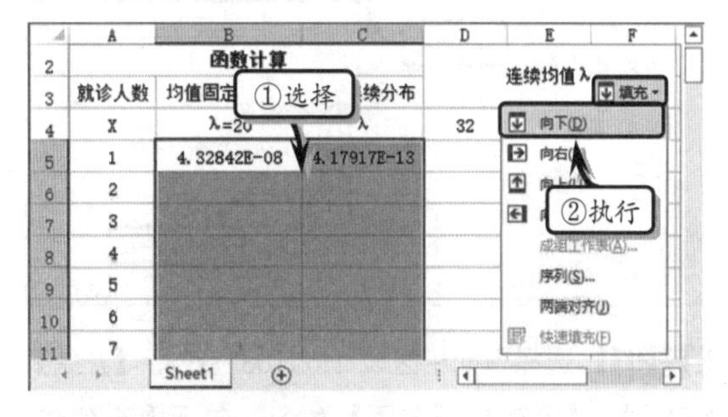

STEP|07 制作图表辅助数据。输入就诊人数，选

择单元格 H5，在编辑栏中输入计算公式，按 Enter 键，返回计算结果。

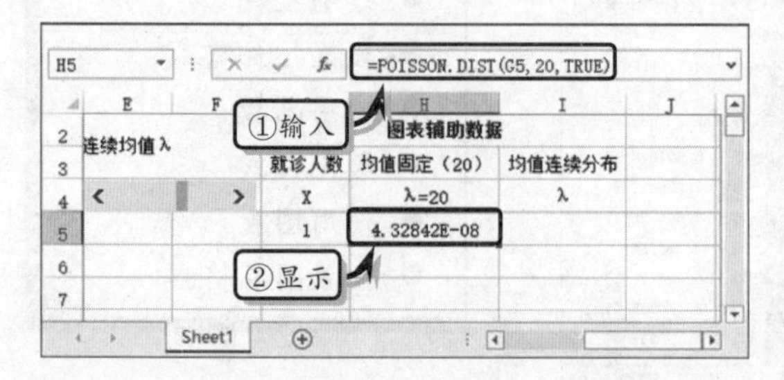

STEP|08 选择单元格 I5，在编辑栏中输入计算公式，按 Enter 键，返回计算结果。

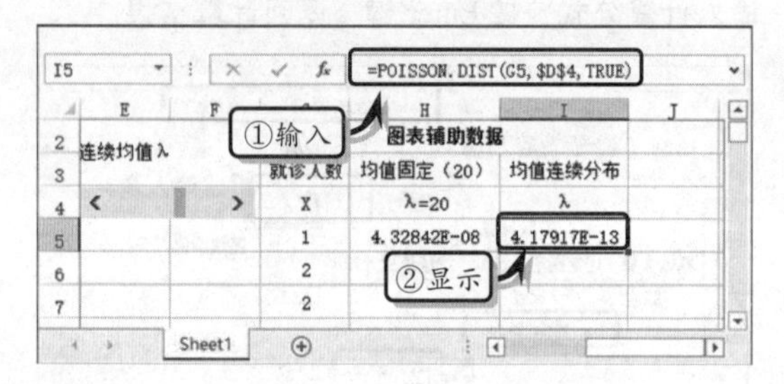

STEP|09 选择单元格 H6，在编辑栏中输入计算公式，按 Enter 键，返回计算结果。

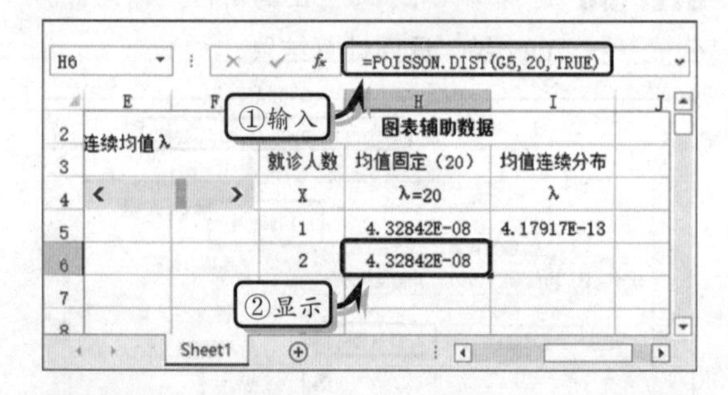

STEP|10 选择单元格 I6，在编辑栏中输入计算公式，按 Enter 键，返回计算结果。

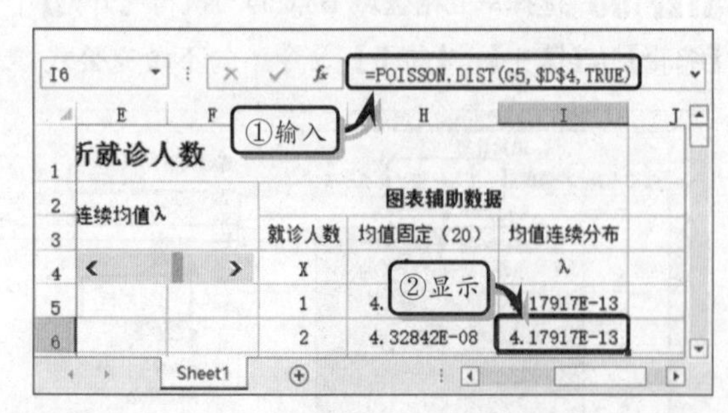

STEP|11 选择单元格区域 H6:I103，执行【开始】|【编辑】|【填充】|【向下】命令，向下填充公式。

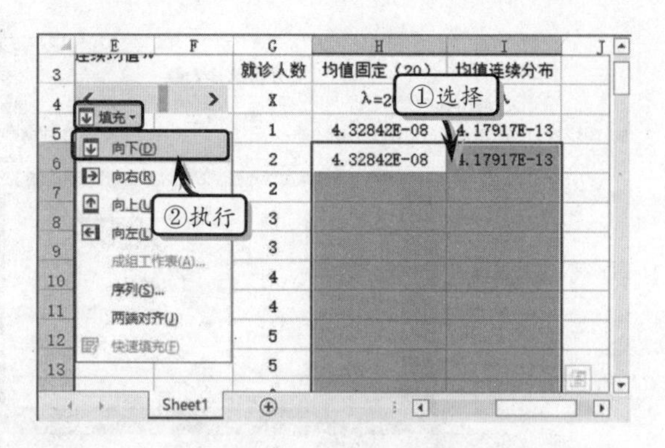

STEP|12 泊松分布曲线图表。选择单元格区域 G4:I103，执行【插入】|【图表】|【插入散点图 X、Y 或气泡图】|【带平滑线的散点图】命令，插入累积分布函数的散点图。

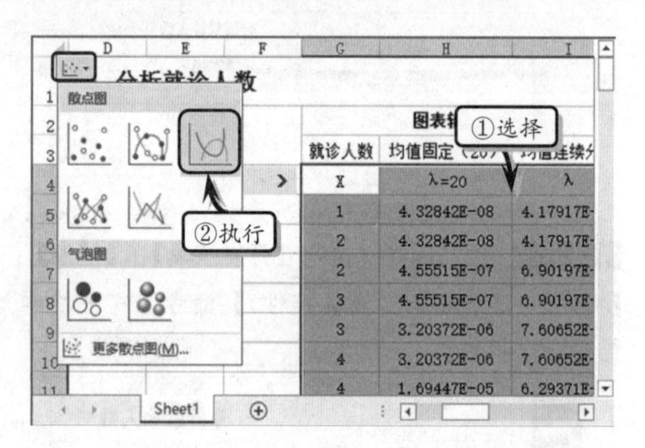

STEP|13 删除图表标题和网格线，选择图表绘图区，执行【图表工具】|【格式】|【形状样式】|【形状填充】|【白色，背景 1】命令，设置绘图区的填充颜色。

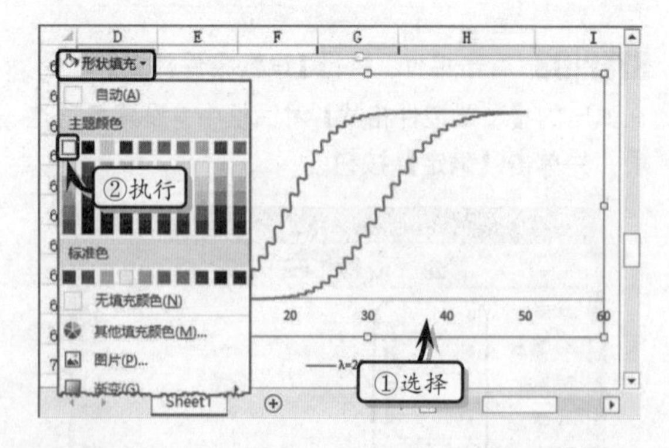

STEP|14 然后，选择图表，执行【图表工具】|【格式】|【形状样式】|【其他】|【中等效果，绿色，强调颜色 6】命令，设置图表的形状样式。

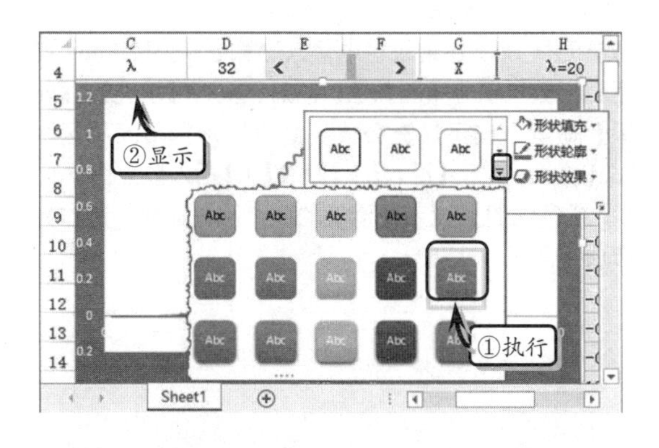

15.7 新手训练营

练习 1：正态分析居民寿命

downloads\15\新手训练营\正态分析居民寿命

提示：本练习中，假设某地区居民的平均寿命为 80 岁，其寿命方差为 10 000，如果从当地居民中随意抽取一名居民，那么该居民寿命为 90 的概率是多少？

首先，根据已知条件制作基础数据表。然后，选择单元格 D2，在编辑栏中输入计算公式，按 Enter 键即可返回居民寿命为 60～90 的概率。最后，选择单元格区域 P2:P8，执行【开始】|【编辑】|【填充】|【向下】命令，向下填充公式。

	A	B	C	D	E
1	X	均数	标准差	P	
2	60	80	10000	0.499202116	
3	65			0.499401587	
4	70			0.499601058	
5	75			0.499800529	
6	80			0.5	
7	85			0.500199471	
8	90			0.500398942	

练习 2：二项分析产品次品率

downloads\15\新手训练营\二项分析产品次品率

提示：本练习中，已知某批次的产品次品率为 2%，当随机抽取 500 件产品时，其中有 5 件和 10 件次品率的概率是多少？

首先，根据已知条件制作基础数据表。然后，在单元格 D2 中输入计算公式，按 Enter 键返回 5 件次品的累积分布函数。最后，在单元格 D3 中，输入计算公式，按 Enter 键返回 10 件次品的概率密度函数。

	A	B	C	D	E	F
1	次品数（x）	总数(n)	次品率(π)	二项分布		
2	5	500	0.02	0.065192		
3	10	500	0.02	0.12638		
4						
5						

练习 3：泊松分析景区人数

downloads\15\新手训练营\泊松分析景区人数

提示：本练习中，已知某景区单位时间内的客流人数服从参数为 50 的泊松分布，那么在这段时间内景区客流人数为 60 的概率是多少？

	A	B	C	D	E	F
1	X	均数	P（X1）	P(X2)		
2	60	50	0.92784	0.020105		
3						
4						
5						

练习 4：显示超几何分布曲线

downloads\15\新手训练营\显示超几何分布曲线

提示：本练习中，已知 X 值介于 0～10 之间，其数值之间的间隔为 1；下面运用 HYPGEOM.DIST 函数，计算样本含量为 25、样本总体成功次数为 10，总体样本数为 100 下的超几何分布。

首先，根据已知条件制作基础数据表。然后，选择单元格 B2，在编辑栏中输入计算公式，按 Enter 键返回超几何函数。同时，选择单元格区域 B2:B12，执行【开始】|【编辑】|【填充】|【向下】命令，向下填充公式。最后，选择区域 A1:B12，执行【插入】

|【图表】|【插入散点图（X、Y）或气泡图】|【带平滑线的散点图】命令，制作超几何分布曲线图。

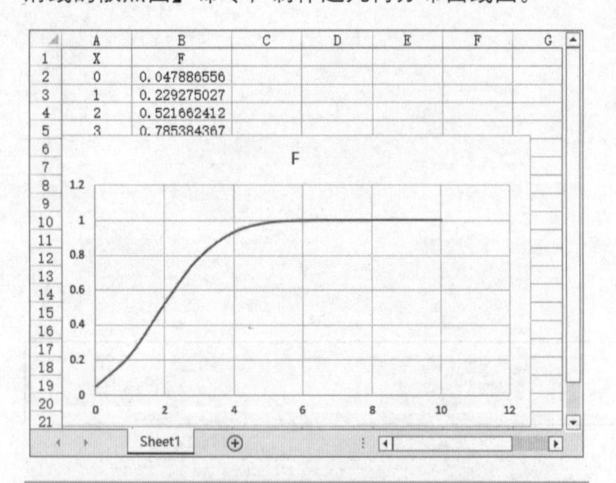

练习 5：显示 Beta 分布曲线

downloads\15\新手训练营\显示 Beta 分布曲线

提示：本练习中，已知 X 值介于 0~1 之间，其数值之间的间隔为 0.01；下面运用 BETA.DIST 函数，计算 α 参数为 5 和 1，以及 β 参数为 5 的 Beta 分布。

首先，根据已知条件制作基础数据表。然后，选择单元格 B3，在编辑栏中输入计算公式，按 Enter 键返回 Beta 累积分布函数。同时，使用【填充】|【向下】命令，向下填充公式。最后，选择单元格区域 A2:B103，执行【插入】|【图表】|【插入散点图（X、Y）或气泡图】|【带平滑线的散点图】命令，制作分布曲线图。

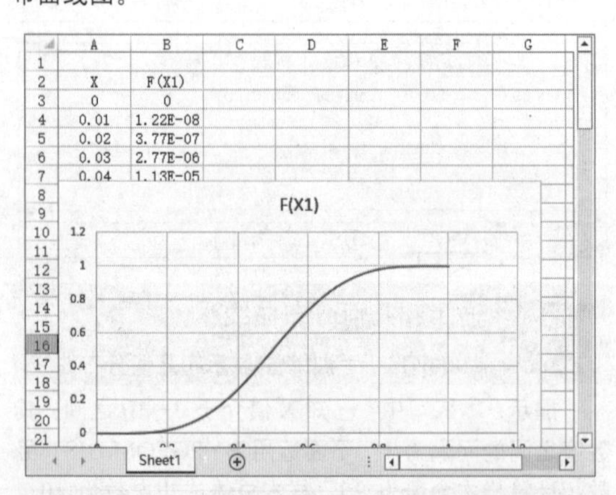

练习 6：显示指数分布曲线

downloads\15\新手训练营\显示指数分布曲线

提示：本练习中，已知 X 值介于 0~5 之间，其数值之间的间隔为 0.01；下面运用 EXPON.DIST 函数，计算参数为 1 下的指数分布曲线。

首先，根据已知条件制作基础数据表。然后，选择单元格 B3，在编辑栏中输入计算公式，按 Enter 键返回指数累积分布函数值。同时，执行【填充】|【向下】命令，向下填充公式。最后，选择单元格区域 A2:B503，执行【插入】|【图表】|【插入散点图（X、Y）或气泡图】|【带平滑线的散点图】命令，制作分布曲线图。

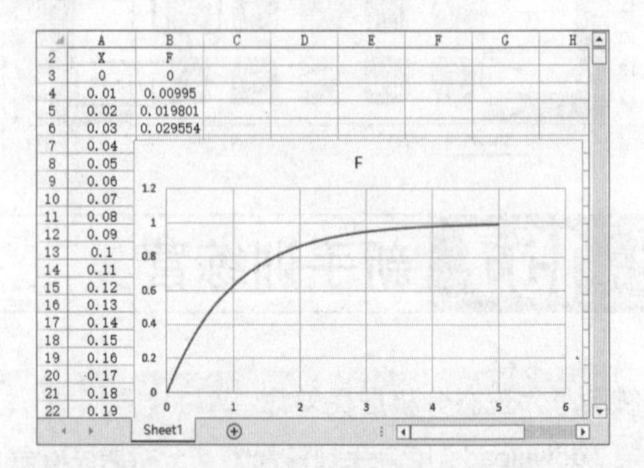

练习 7：显示 Weibull 分布曲线

downloads\15\新手训练营\显示 Weibull 分布曲线

提示：本练习中，已知 X 值介于 0~5 之间，其数值之间的间隔为 0.01；下面运用 WEIBULL.DIST 函数，计算 k 参数为 5，以及 λ 参数为 1.5 下的 Weibull 分布曲线。

首先，根据已知条件制作基础数据表。然后，选择单元格 B3，在编辑栏中输入计算公式，按 Enter 键，返回累积分布函数。同时，执行【填充】|【向下】命令，向下填充公式。最后，选择单元格区域 A2:B503，执行【插入】|【图表】|【插入散点图（X、Y）或气泡图】|【带平滑线的散点图】命令，制作分布曲线图。

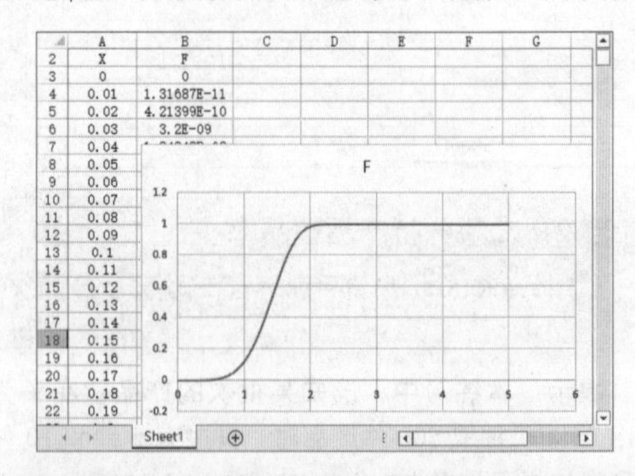

练习 8：显示正态分布曲线

downloads\15\新手训练营\显示正态分布曲线

提示：本练习中，已知正态分布分布为 $N(0, 12)$，下面运用公式图表法，来计算正态分布数据和正态分布曲线图。

首先，根据已知条件制作基础数据表。然后，选择单元格 B4，在编辑栏中输入计算公式，按 Enter 键返回累积分布函数。同时，执行【填充】|【向下】命令，向下填充公式。最后，选择单元格区域 A2:B64，执行【插入】|【图表】|【插入面积图】|【更多面积图】命令，选择【堆积面积图】选项，同时选择图表类型并单击【确定】按钮。

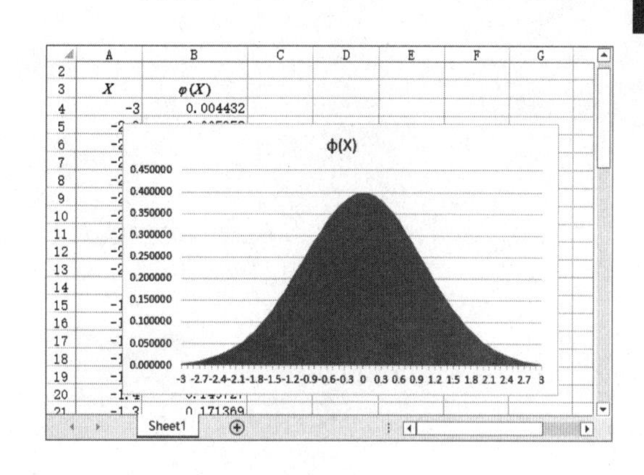